复杂高层建筑结构抗震理论与应用

（第2版）

吕西林　著

科学出版社

北京

内 容 简 介

本书较系统地阐述了复杂高层建筑结构抗震设计的基本理论、分析方法和创新技术，以及重大工程应用的主要成果。内容包括复杂高层建筑出现的背景和特点；复杂高层建筑的结构体系；复杂高层建筑结构抗震分析方法，包括模态推覆分析方法、弹塑性时程分析方法和增量动力分析方法及实际工程应用；复杂高层建筑结构抗震模型试验理论与方法；复杂高层建筑结构抗震设计指南；复杂高层建筑结构的消能减震新体系，包括组合消能减震支撑体系、组合基础隔震体系、阻尼器连接的耦联结构消能减震体系和颗粒阻尼器减震体系及其各种工程应用；高层建筑结构-桩-土动力相互作用体系的理论与应用；复杂高层建筑工程抗震研究应用实例。

本书可供土木建筑工程设计和研究人员参考，也可作为土建类专业的研究生教材。

图书在版编目(CIP)数据

复杂高层建筑结构抗震理论与应用/吕西林著.—2 版.—北京：科学出版社，2015

ISBN 978-7-03-042279-8

Ⅰ.①复… Ⅱ.①吕… Ⅲ.①高层建筑-建筑结构-防震设计 Ⅳ.①TU973

中国版本图书馆 CIP 数据核字(2014)第 248204 号

责任编辑：吴凡洁 乔丽维 / 责任校对：郭瑞芝
责任印制：徐晓晨 / 封面设计：耕者设计工作室

科学出版社 出版
北京东黄城根北街 16 号
邮政编码：100717
http://www.sciencep.com

北京凌奇印刷有限责任公司 印刷
科学出版社发行 各地新华书店经销

*

2007 年 9 月第 一 版 开本：787×1092 1/16
2015 年 1 月第 二 版 印张：47 3/4
2015 年 2 月第二次印刷 字数：1 107 000

POD定价： 198.00元
(如有印装质量问题，我社负责调换)

第2版前言

自从本书第1版2007年9月出版以来，已经过了7年时间。在这7年中，高层建筑工程的建设一直蓬勃发展，新的项目不断出现，新的分析和设计方法也不断得到工程应用，同时，大量工程的建设也向科学研究提出了新的要求和挑战。国家自然科学基金委员会工程与材料学部在2008年启动了重大研究计划：重大工程的动力灾变研究，其中重大高层建筑工程抗震抗风研究是非常重要的研究内容之一。本书作者有幸参加了这一重大研究计划的工作，并承担了有关高层建筑结构新体系及其抗震研究的重点项目和国际合作项目，在与国内外同行的交流与合作中，学到了许多创新理念和应用技术。通过与工程界同行的交流与合作，部分研究成果得到了应用和推广，也增加了实践经验，为进一步的研究开拓了思路。

在这7年中，本书作者与团队成员共主持或参与完成了下列高层建筑抗震相关的重点项目：①国家自然科学基金委员会优秀研究群体项目——土木工程防灾研究(第2期)；②科学技术部“十一五”科技支撑计划子课题——大型复杂结构振动台模型试验技术；③上海市工程建设标准化办公室——《超限高层建筑工程抗震设计指南》修订；④国家自然科学基金委员会重大研究计划重点项目——强地震作用下超高层建筑损伤机理及破坏全过程研究；⑤北京市“十一五”重大科技攻关项目——大型复杂高层建筑抗震关键技术研究与示范；⑥国家自然科学基金重大国际合作项目——城市重大超高层建筑工程地震灾害效应评价与减灾研究，并将上述部分研究成果应用于十多个重大高层建筑工程的抗震分析和设计。在上述工作的基础上，本书第2版在绪论中增加了“高层建筑的地震破坏”，在结构分析方面增加了“增量动力非线性分析方法”，在构件的恢复力模型方面增加了“高含钢率型钢混凝土柱的恢复力模型”，在消能减震方面增加了“颗粒阻尼器的研究与工程实例”等内容；并对第1版中的各章内容和所有实例进行了精炼和简化，全面更新了“复杂高层建筑抗震设计指南”的内容，在简化抗震研究实例的基础上，增加了三个大型复杂工程的抗震研究实例。

本书第2版的修改是作者与团队成员及研究生共同完成的，他们是蒋欢军、卢文胜、李培振、周颖、鲁正及十多名博士生和硕士生，正是他们的辛勤努力才使本团队的研究工作能逐步深入。本书的工程实例来源于国内的几个大型设计研究院，是他们的大力支持才使本团队的成果能在重大工程中应用并得到检验，并最终为提炼设计标准或设计指南提供了工程实例依据。在此，作者对他们表示衷心感谢。

由于作者水平所限，书中难免有疏漏之处，对于本书中可能存在的问题，衷心希望读者不吝指正。

作　者

2014年9月

第1版前言

建设“节能省地”型的公共建筑和住宅建筑是我国城市建设中的一项基本战略，而建造高层建筑则是实现“节能省地”战略的重要内容。随着我国经济的发展和建筑技术的进步，功能多样、形体独特的复杂高层建筑大量涌现，一方面增加了城市的景观，另一方面也对结构设计特别是抗震设计提出了新的挑战，同时也吸引了国内外的建筑师和工程师参与其中，为我国的高层建筑建设市场带来了活力。但随之而来一个日益突显的问题是，我国目前在建的高度在300m以上的复杂高层建筑工程，大部分是外方做的设计方案，在结构体系确定后由中方进行施工图设计，设计的主动权掌握在外方设计师手中。从结构设计的角度看，主要原因是我国现行的复杂高层建筑的设计理论和技术标准还不成熟。而目前，国内大型复杂超高层建筑工程还在不断出现，这些复杂高层建筑工程的建设必然需要新的设计理论和技术标准来指导，因此，进行大型复杂高层建筑工程的抗震基础理论研究，为我国独立设计和建造大型复杂高层建筑工程提供理论和技术支撑，就显得尤其重要，并成为一项迫切的任务。

在过去的15年中，作者及其研究团队在复杂高层建筑结构抗震防灾新理论新技术研究和应用方面进行了较多的研究工作，取得了相应的成果，该研究成果在很多重大工程中得以应用。为了向广大的研究人员和设计人员介绍复杂高层建筑抗震的最新研究成果，特撰写了本书。本书共8章，主要论述了复杂高层建筑结构抗震理论及工程应用问题。主要内容有：①高层建筑结构体系的发展过程、复杂高层建筑结构的出现及对设计的影响、高层建筑结构体系的发展趋势；②常用的结构体系和新出现的结构体系；③复杂高层建筑结构抗震分析新方法，包括模态推覆分析方法和弹塑性时程分析方法，重点介绍了作者及其研究团队发展的分析方法、计算程序和工程应用成果；④高层建筑抗震模型试验的相似理论和实现方法，论述了高层建筑结构抗震模型试验的特点及控制因素，阐述了高层建筑结构抗震模型试验结果的分析和评价方法，分析了结构抗震模型试验中存在的问题和发展趋势；⑤复杂高层建筑结构抗震设计指南的编制原则和详细内容，主要包括抗震概念设计、结构抗震分析和抗震构造措施、结构模型试验的基本要求及地基基础抗震设计要点；⑥复杂高层建筑结构的消能减震新体系，重点介绍了作者及其研究团队开发的组合消能减震支撑体系、组合基础隔震体系和阻尼器连接的耦联结构消能减震体系的技术特点和分析方法，以及工程应用示范；⑦高层建筑结构-桩-土动力相互作用体系的理论与应用，主要包括高层建筑桩基础的震害、高层建筑结构-桩-土动力相互作用体系的特点、振动台模型试验方法和计算机模拟分析技术；⑧按结构类型介绍了各类复杂高层建筑结构抗震研究成果的工程应用实例，包括结构特点、模型试验、计算分析和现场实测等内容。

本书的主要内容源自以下复杂高层建筑结构抗震研究项目的部分成果：①国家教育委员会“跨世纪优秀人才”专项基金项目——高层建筑抗震控制理论与应用研究(1994～1997)；②国家自然科学基金重大项目三级专题——超高层建筑结构体系及其需要解决的

力学问题(59895410)；③国家自然科学杰出青年基金项目——高层建筑结构抗震研究(50025821)；④国家自然科学基金重点项目——结构与地基相互作用体系的振动台试验和计算分析(59823002)；⑤上海市优秀学科带头人资助计划——超限高层建筑抗震研究与应用(1998XD14013)；⑥上海市科学技术委员会项目——钢管混凝土结构抗震关键技术研究；⑦上海市重点学科建设研究项目——复杂体系高层混凝土结构抗震研究；⑧国家自然科学基金委员会创新研究群体项目——土木工程防灾研究(50321803)；⑨国家自然科学基金重点项目——结构振动台模型试验技术及其远程协同试验方法研究(50338040)。

本书的成果是作者与团队成员及研究生共同完成的，他们是周德源、钱江、施卫星、卢文胜、朱杰江、李培振、周颖、翁大根、吴晓涵、蒋欢军、赵斌及十多名博士生和硕士生，正是他们的辛勤工作才使研究能逐步深入。本书中的工程实例来源于国内的几个大型设计研究院，是他们的大力支持才使研究成果能在重大工程中得以检验和应用，并最终为提炼设计标准或设计指南提供工程实例依据。在此，对他们表示衷心感谢。

由于作者水平所限，书中难免有疏漏之处，衷心希望读者不吝指正。

作　者

2007年1月

目　　录

第 2 版前言
第 1 版前言
第 1 章　绪论 …… 1
1.1　高层建筑的特点 …… 1
1.2　高层建筑结构的发展概况 …… 2
1.3　高层建筑的地震破坏 …… 4
1.4　高层建筑结构的发展趋势 …… 11
1.5　复杂高层建筑的出现及对结构设计的影响 …… 14
参考文献 …… 14
第 2 章　复杂高层建筑的结构体系 …… 15
2.1　常用结构体系 …… 15
2.2　筒体结构体系 …… 28
2.3　混合结构体系 …… 33
2.4　巨型组合结构体系 …… 48
2.5　未来的结构体系 …… 55
参考文献 …… 57
第 3 章　复杂高层建筑结构抗震分析方法 …… 58
3.1　常用的抗震分析方法 …… 58
3.2　弹性及弹塑性时程分析方法 …… 62
3.3　静力非线性分析(推覆分析)方法 …… 71
3.4　增量动力非线性分析方法 …… 80
3.5　非线性分析中的单元模型 …… 89
3.6　材料和构件的恢复力模型 …… 106
3.7　非线性分析方法的工程应用 …… 153
3.8　抗震结构体系的优化理论与应用实例 …… 180
参考文献 …… 199
第 3 章附录　考虑材料非线性的单元切线刚度矩阵 …… 200
第 4 章　复杂高层建筑抗震模型试验理论与方法 …… 204
4.1　结构抗震模型试验的相似理论 …… 204
4.2　高层建筑抗震试验的相似模型 …… 210
4.3　不同材料结构体系模型的相似要求 …… 216
4.4　高层建筑抗震试验模型相似关系的试验验证 …… 220

4.5　高层建筑抗震模型试验结果的分析与应用 …… 253
4.6　高层建筑抗震模型试验研究进展与存在的问题 …… 269
参考文献 …… 271
第5章　复杂高层建筑抗震设计指南 …… 273
5.1　概述 …… 273
5.2　超限高层建筑工程的认定和抗震概念设计 …… 274
5.3　结构抗震体系的基本要求 …… 281
5.4　结构抗震性能设计的基本要求 …… 285
5.5　结构抗震计算分析的基本要求 …… 288
5.6　结构抗震构造措施要点 …… 300
5.7　地基基础抗震设计要求 …… 302
5.8　结构抗震模型试验的基本要求 …… 303
第6章　复杂高层建筑结构的消能减震新体系 …… 304
6.1　高层建筑常用的振动控制技术 …… 304
6.2　组合消能减震支撑的开发研究及工程应用 …… 306
6.3　组合基础隔震系统的开发研究与工程应用 …… 338
6.4　用阻尼器连接的耦联结构体系减震研究与工程应用 …… 365
6.5　阻尼墙的开发研究与理论分析 …… 398
6.6　位移型阻尼装置的研发与工程应用 …… 431
6.7　颗粒阻尼器的研发与工程应用 …… 447
参考文献 …… 459
第7章　高层建筑结构-桩-土动力相互作用体系的理论与应用 …… 460
7.1　高层建筑地基基础的震害 …… 460
7.2　动力相互作用体系的特点 …… 474
7.3　动力相互作用体系的分析和试验方法 …… 477
7.4　动力相互作用体系的模型试验 …… 487
7.5　动力相互作用体系的计算机模拟分析 …… 512
7.6　考虑动力相互作用的简化抗震设计 …… 540
7.7　考虑地基土液化影响的桩基-高层建筑体系地震反应分析 …… 549
参考文献 …… 564
第8章　复杂高层建筑工程抗震研究实例 …… 567
8.1　复杂体型框架结构 …… 567
8.2　复杂体型剪力墙结构 …… 572
8.3　复杂体型框架-剪力墙结构 …… 580
8.4　复杂体型框架-筒体结构 …… 593
8.5　复杂体型多塔楼弱连接结构 …… 619
8.6　复杂体型钢管混凝土结构 …… 638

8.7　复杂体型混合结构 …………………………………………………………………… 648
8.8　复杂体型多筒体结构 ………………………………………………………………… 677
8.9　立面开大洞门式结构 ………………………………………………………………… 709
8.10　巨型组合结构……………………………………………………………………… 719
参考文献………………………………………………………………………………………… 746

Contents

Preface 2

Preface 1

Chapter 1 Introduction 1

1.1 Characteristics of High-rise Buildings 1

1.2 Development History of High-rise Building Structures 2

1.3 Seismic Damage of High-rise Building Structures 4

1.4 Development Tendencies of High-rise Building Structural Systems 11

1.5 Emerging of Complex High-rise Buildings and its Influence on Seismic Analysis and Design 14

References 14

Chapter 2 Structural Systems for Complex High-rise Buildings 15

2.1 Conventional Structural Systems for High-rise Buildings 15

2.2 Tubular Structural Systems 28

2.3 Hybrid Structural Systems 33

2.4 Composite Mega Structural Systems 48

2.5 New Structural Systems for the Future 55

References 57

Chapter 3 Seismic Analysis Methods for Complex High-rise Structures 58

3.1 Conventional Methods for Seismic Analysis 58

3.2 Elastic and Elasto-plastic Time History Analysis 62

3.3 Push-over Analysis Method for Static Nonlinear analysis 71

3.4 Increment Dynamic Analysis Methods 80

3.5 Element Models in Nonlinear Analysis 89

3.6 Restoring Force Models for Structural Materials and Members 106

3.7 Engineering Applications of Nonlinear Methods in Seismic Analysis ... 153

3.8 Optimization of Earthquake Resistant Structural Systems and Application 180

References 199

Appendix 200

Chapter 4 Theory and Method of Seismic Model Testing for Complex High-rise Structures 204

4.1 Similitude Theory for Structural Seismic Model Testing 204

4.2 Special Requirements for Seismic Model Testing of High-rise Structures ········ 210
4.3 Similitude Requirements for the Structures with Different Material Systems ········ 216
4.4 Experimental Verification of the Similitude Requirements for Seismic Model Testing of High-rise Structures ········ 220
4.5 Evaluation and Interpretation for the Results of Seismic Model Testing of High-rise Structures ········ 253
4.6 Research Developments and Existing Problems in Seismic Model Testing of High-rise Structures ········ 269
References ········ 271
Chapter 5 Seismic Design Guidelines for the Complex High-rise Structures ········ 273
5.1 Background and Scope ········ 273
5.2 Identification of Structural Regularity and Conceptual Design ········ 274
5.3 Basic Requirements for Seismic System ········ 281
5.4 Basic Requirements for Performance Based Seismic Design ········ 285
5.5 Basic Requirements for Structural Analysis ········ 288
5.6 Detailing and Constructional Measures ········ 300
5.7 Design Requirements for Foundation and Subsoil ········ 302
5.8 Basic Requirements for Structural Model Testing ········ 303
Chapter 6 Seismic Energy Dissipation Systems for Complex High-rise Structures ········ 304
6.1 Overview of Structural Control Technologies in High-rise Building Application ········ 304
6.2 Innovation of Combined Energy Dissipation Bracing System with Application ········ 306
6.3 Innovation of Combined Base Isolation System with Application ········ 338
6.4 Innovation of Damper-connected Structural System with Application ········ 365
6.5 Test and Analysis of Viscous Damping Walls ········ 398
6.6 Research and Application of Deformation Based Damping Devices ········ 431
6.7 Research and Application of Particle Dampers ········ 447
References ········ 459
Chapter 7 Theory of Dynamic Soil-Pile-Structure Interaction Systems with Application ········ 460
7.1 Earthquake Damages of Subsoil and Foundation of High-rise Buildings ········ 460
7.2 Characteristics of Dynamic Soil-Pile-High-rise Structure Interaction Systems ········ 474

7.3 Analysis and Testing Methods for Dynamic Soil-Pile-High-rise Structure Interaction Systems ········ 477
7.4 Model Testing of Dynamic Soil-Pile-High-rise Structure Interaction Systems ········ 487
7.5 Computer Simulation of Dynamic Soil-Pile-High-rise Structure Interaction Systems ········ 512
7.6 Simplified Seismic Design of Dynamic Soil-Pile-High-rise Structure Interaction Systems ········ 540
7.7 Seismic Response Analysis of Soil-Pile-High-rise Structure Interaction System Considering Soil Liquefaction ········ 549
References ········ 564
Chapter 8 Case Studies of Seismic Design of Complex High-rise Buildings ········ 567
8.1 Complex Frame Structure ········ 567
8.2 Complex Shear Wall Structure ········ 572
8.3 Complex Frame-Shear Wall Structure ········ 580
8.4 Complex Frame-Tubular Structure ········ 593
8.5 Complex Weakly Coupled Two Towers ········ 619
8.6 Complex Concrete Filled Tubular Frame Structure ········ 638
8.7 Complex Hybrid Structure ········ 648
8.8 Complex Bundled Tubes Structure ········ 677
8.9 Triumphal Arch Type Structure ········ 709
8.10 Complex Composite Mega Structure ········ 719
References ········ 746

第1章　绪　　论

本章主要介绍了高层建筑的特点、高层建筑的地震破坏，阐述了高层建筑结构的发展概况和未来趋势，探讨了复杂高层建筑结构出现的背景，以及对结构分析和抗震设计的要求。

1.1　高层建筑的特点

城市中的高层建筑是反映这个城市经济繁荣和社会进步的重要标志。人们往往将摩天大楼和芝加哥、纽约这样的国际大都市联系在一起，这说明高层建筑对塑造城市社会形象作出了不可磨灭的贡献。20世纪90年代以来，随着社会与经济的蓬勃发展，特别是城市建设的发展，要求建筑物所能达到的高度与规模不断增加。目前世界上高度超过300m的高层建筑已达几十幢，国际上正在筹划的100～300层的巨型建筑的高度均超过500m，中国在1998年建成并投入使用的上海金茂大厦高度为420.5m，已建成并投入使用的位于马来西亚首都的石油大厦(或称双塔大厦)高度达452m，已经超过了美国芝加哥443m高的西尔斯大厦。中国台湾已建成了高度为508m(天线顶高度)的台北国际金融中心，上海已于2008年建成结构高度达492m的上海环球金融中心，阿联酋于2011年建成了高度达到828m的哈利法塔楼，目前人类正在向1000m级的高层建筑冲刺。从技术层面来看，高层建筑在全球范围内突飞猛进的建设，得益于力学分析方法和计算技术的发展、结构设计和施工技术的进步以及现代机械和电子技术的贡献。

多少层的建筑或什么高度的建筑称为高层建筑，不同的国家有不同的规定。我国《高层建筑混凝土结构技术规程》(JGJ 3—2010)规定，10层及10层以上或房屋高度大于28m的住宅建筑以及房屋高度大于24m的其他民用建筑为高层建筑。当建筑物高度超过100m时，不论住宅建筑或公共建筑，均为超高层建筑。在实际应用中，我国建设主管部门自1984年起，将无论是住宅建筑还是公共建筑的高层建筑范围，一律定为10层及10层以上。联合国1972年国际高层建筑会议将9层直到高度为100m的建筑定为高层建筑，而将30层或高度100m以上的建筑定为超高层建筑。日本将5～15层的建筑定为高层建筑，而将15层以上的建筑定为超高层建筑。

高层建筑的特点(包括有利的和不利的)有以下几个方面。

(1) 高层建筑能够节约城市用地，有效利用建筑空间。当建设用地相同时，建造高层建筑可以获得更多的建筑面积，这样可以部分解决城市用地紧张和地价高涨的问题。在建筑容积率相同的情况下，建造高层建筑可以大幅度降低建筑密度，取得更高的绿化率。在新加坡的新建居住区中，由于建造了高层建筑群，留下了更多地面空间，增大了人们休闲活动范围，提高了城市绿化率，从而改善了城市生活环境。但高层建筑太多、太密集也会对城市带来热岛效应，玻璃幕墙过多的高层建筑群还可能造成光污染现象。

(2) 高层建筑可以增加城市景观，美化城市空间。建筑是凝固的音乐，是城市的雕塑，高层建筑向高空纵深发展，能够为建筑师带来更大的想象空间，富于变化的外立面可以为城市增加景观，如马来西亚首都的石油大厦和上海的金茂大厦等都以其优秀的建筑方案成为了全球闻名的景观。

(3) 高层建筑可以缩小城市的平面规模，缩短城市道路和各种公共管线的长度，从而节约城市建设与管理的投资。建造高层建筑可以增加人们的聚集密度，缩短相互间的距离，水平交通与竖向交通相结合，使人们在地面上的活动走向空间化，节约了时间，提高了效率。但人口的过分密集有时也会造成交通拥挤、出行困难等问题。

(4) 高层建筑的建造和运营成本高于中低层建筑。高层建筑中的竖向交通一般由电梯来完成，这样就会增加建筑物的造价，从建筑防火的角度看，高层建筑的防火要求要高于中低层建筑，也会增加高层建筑的工程造价和运行成本。

(5) 高层建筑的设计施工比中低层建筑复杂得多。从结构受力特性来看，侧向荷载(风荷载和地震作用)在高层建筑分析和设计中将起着重要的作用，特别是在超高层建筑中将起主要作用，高层建筑一旦在地震或强台风中遭到严重破坏，将会产生重大的经济损失和社会影响。因此高层建筑的结构分析和设计要比一般的中低层建筑复杂得多。

高层建筑具有上述特点，虽然建造高层建筑存在一定的弊端，但其给人类带来的巨大的社会效益现阶段还难以有其他建筑形式能够替代。而合理规划和设计的高层建筑不仅能够解决城市用地紧张的问题，还可以达到美化城市环境的效果，并且，从技术层面上看，建造高层建筑的经验和理论也在不断地完善和积累。所以，可以预见在相当长的一段时间内，高层建筑仍将是世界上大部分国家在城市建设中的主要建筑形式。

1.2　高层建筑结构的发展概况

高层建筑的结构体系是随着社会生产的发展和科学技术的进步而不断发展的。早期高层建筑的发展是由于大工业的兴起促使人口向城市集中，造成城市用地紧张。为了在有限的建筑场地内获得更多的建筑面积，建筑物不得不向高空延伸，多层建筑发展成为高层建筑。世界上第一幢近代高层建筑是美国芝加哥的家庭保险(Home Insurance)大楼，该楼有11层，高55m，建成于1885年，采用铁柱和砖墙作为主要结构构件。此后10年中，在芝加哥和纽约相继建成了30幢类似的高层建筑。1895年奥提斯(Otis)安全电梯首次在纽约某16层宾馆应用，19世纪末，型钢的生产应用迅猛发展，1889年巴黎埃菲尔铁塔建成，所有这些，特别是钢结构与电梯的应用，对高层建筑的发展有很大的推动作用。20世纪30年代出现了高层建筑发展的第一个高潮。1931年建成的纽约帝国大厦，共102层，高381m，在结构体系上采用框架支撑体系，在电梯井纵横方向设置了支撑，连接采用铆接，在钢框架中填充了墙体以共同承受侧向力，该建筑保持了世界最高建筑纪录达41年之久。

第二次世界大战使高层建筑的发展几乎处于停顿状态，直到20世纪50年代，高层建筑又开始了新一轮的发展。战后，焊接技术在钢结构制造中的推广和50年代高强螺栓的进一步应用，使60年代以来钢结构的加工既可以在工厂焊接制造，也可以在现场用螺栓安装。美国在60年代末和70年代初建成了415m和417m高的纽约世界贸易中心双塔楼、443m高的芝加哥西尔斯大厦和344m高的芝加哥汉考克大厦等一批100层以上的超高层建筑，是这个时期最有代表性的建筑物，它们至今仍位于世界上少数最高的建筑物之列。这些建筑能达到如此新的高度，主要是因为采用了适应这种高度的新的结构体系，即60年代美国坎恩(Fazler Khan)提出的框筒体系，为建造超高层建筑提供了一种较为理想的结构形式。从这种体系衍生出来的筒中筒、多束筒和斜撑筒等体系各有特色，将高层建筑的发展推向了新阶段。如纽约世界贸易中心大楼在规模和技术上的创新是前所未有的。该工程首次进行了模型风洞试验，首次采用了压型钢板组合楼板，首次在楼梯井道采用了轻质防火隔墙，首次用黏弹性阻尼器减轻风振动效应等，对后来的高层建筑结构的设计和建造都具有重要的参考价值。可惜的是这两栋塔楼在2001年9月11日由于恐怖袭击导致的飞机撞击而烧毁倒塌。

高层建筑结构抗震研究的发展，促使地震活动比较频繁的日本在1963年取消了房屋高度不得超过31m的限制，此后，日本的高层建筑也得到了迅速的发展。美国早在1957年就取消了地震区高层建筑不得超过13层的限制，推动了地震区高层建筑的发展。

钢筋混凝土高层建筑是20世纪初出现的。世界上第一幢钢筋混凝土高层建筑是1903年在美国辛辛那提市建成的英格尔斯(Ingalls)大楼，16层，高64m。钢筋混凝土高层建筑的结构体系和高层钢结构类似。它的发展也经历了由低到高的过程，目前已出现了高度超过300m的混凝土结构高层建筑。由于高性能混凝土材料的发展和施工技术的不断进步，钢筋混凝土结构仍将是今后高层建筑的主要结构体系。与全钢结构和全混凝土结构相比，钢和混凝土的组合结构具有良好的抗震性能和耐腐蚀、耐火等性能，在当今的超高层建筑结构中应用颇多。第一幢组合结构高层建筑是1955年在华沙建成的文化科学宫(Palac Kultury I Nauki)大楼，42层，241m，它至今仍然是欧洲最高的建筑。香港的中国银行大厦，采用空间桁架和大截面的组合柱，是组合结构在高层建筑结构中的新发展。上海的金茂大厦采用框架-筒体结构，在钢筋混凝土筒体中设置了型钢，在外框部分设置了8根截面尺寸较大的钢与混凝土组合柱，是组合结构在高层建筑中的最新应用。日本从20世纪80年代开始，在高层建筑结构的抗风和抗震控制中，开创性地使用了结构主动控制技术和混合控制技术，代表了现代机械和电子技术在高层建筑工程中的应用方向。

我国自行建造高层建筑是从20世纪50年代开始的。50年代中期建造了几幢8～10层的砖混结构住宅和旅馆。1959年在北京建成了几幢钢筋混凝土高层公共建筑，如民族饭店(12层，47.7m)、民航大楼(15层，60.8m)。60年代，我国建成了广州宾馆(27层，88m)。70年代，在北京、上海建成了一批剪力墙结构住宅(12～16层)。1974年建成了北京饭店(19层，87.15m)，使我国地震区高层建筑突破了80m。1975年，在广州建成了白云宾馆(33层，114.05m)，标志着我国高层建筑开始突破100m。80年代是我国高层建筑发展的兴盛时期，在北京、广州、深圳、上海等三十多个大中城市建造了一批高层建筑。进入90年代，随着我国经济实力的增强和城市建设的快速发展，我国的高层建筑得到了前所未有的发展，各种新型的结构体系在高层建筑工程中得到了广泛应用，高层建筑的规模和高度不断地突破。据不完全统计，我国目前建成的和在建的高度超过150m的高层建筑已达到1000多幢，超过200m的高层建筑已达到300多幢。

高层建筑结构体系的发展过程可以大致地归纳在表 1.1 中。

表 1.1 高层建筑结构体系的发展过程

使用年代	结构体系和特点
1885 年	砖墙、铸铁柱、钢梁
1889 年	钢框架
1903 年	钢筋混凝土框架
20 世纪初	钢框架＋支撑
1945 年以后	钢筋混凝土框架＋剪力墙、钢筋混凝土剪力墙、预制钢筋混凝土结构
20 世纪 50 年代	钢框架＋钢筋混凝土核心筒、钢骨钢筋混凝土结构
20 世纪 60 年代末和 70 年代初	框筒、筒中筒、束筒、悬挂结构、偏心支撑和带缝剪力墙板框架
20 世纪 80 年代	巨型结构、应力蒙皮结构、被动耗能结构
20 世纪 80 年代后期	主动控制结构、混合控制结构、桁架＋筒体结构
21 世纪以来	多重混合结构(如上海环球金融中心的巨型框架、伸臂行架、核心筒等三重组合结构)

1.3 高层建筑的地震破坏

高层建筑也可能由于设计、施工或使用不当,在强烈地震中遭到严重破坏,而高层建筑一旦发生严重破坏,修复或加固将十分困难,费用将会更高。在最近 20 年来的强烈地震中,已有许多不同类型的高层建筑发生了严重的破坏,造成了重大的经济损失和社会影响。

1. 1995 年日本阪神地震中高层建筑的主要破坏[1]

在 1995 年 1 月 17 日发生的日本阪神地震中,不同年代建成的高层建筑发生了不同的地震破坏。图 1.1 为由于建筑物平面不规则而引起扭转破坏的实例。

图 1.1 阪神地震建筑物扭转破坏实例

图1.2为中间有薄弱层建筑物的典型破坏实例，其中图1.2(a)为钢筋混凝土结构，图1.2(b)为钢结构。图1.3为建筑物底层为薄弱层时的地震破坏实例，其中图1.3(a)为底层柱子强度明显不足引起的破坏，图1.3(b)为底层剪力墙强度不足引起的破坏。图1.4为高层钢结构的典型破坏实例，其中图1.4(a)为在高层钢结构住宅中发生的破坏：梁、柱、支撑的节点附近，箱形截面柱子断裂，H形支撑的端部则发生局部失稳。图1.4(b)是框架梁柱节点的两种不同的破坏模式，前者是梁与柱子相连的焊缝发生断裂，后者是柱子加劲肋板在节点处的断裂。

(a) 钢筋混凝土结构

(b) 钢结构

图1.2　阪神地震建筑物中间有薄弱层破坏实例

(a) 底层柱子强度明显不足引起的破坏

(b) 底层剪力墙强度不足引起的破坏

图 1.3 阪神地震中建筑物底层为薄弱层时的破坏实例

(a) 节点区附近典型柱的地震破坏

(b) 典型节点的地震破坏

图 1.4 阪神地震中高层钢结构建筑中构件和节点的破坏实例

2. 1999 年中国台湾集集地震中高层建筑的主要破坏[2]

在 1999 年 9 月 21 日发生的集集地震中，体型复杂或设计不合理的高层住宅建筑和办公楼建筑遭受了严重的破坏甚至倒塌。图 1.5 为底部有薄弱层建筑物的倒塌，倒塌后上部结构损伤不大，主要是上部墙体较多，而下部是大开间。

图 1.5 集集地震中高层建筑的倒塌

图 1.6 为高层建筑由于体型复杂、强度及刚度不均匀引起的地震破坏。这些破坏虽然也是裂而不倒，但基本上已经很难修复，而且拆除也非常困难。

图 1.6 集集地震中高层住宅楼的地震破坏

3. 2008 年中国汶川地震中高层建筑的破坏[3]

在 2008 年 5 月 12 日发生的汶川地震中，遭受破坏的大部分建筑是农村和中小城市的多层建筑，包括住宅、办公楼和学校。汶川地震灾区中高层建筑的数量较少且绝大部分是新建的，因此，高层建筑的地震破坏很少，主要集中在中等城市。图 1.7 为都江堰市某高层建筑连梁的破坏，其开裂形式与实验室试验结果非常相似，这种破坏震后很难修复。

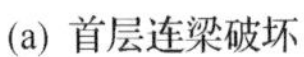
(a) 首层连梁破坏

(b) 3层连梁破坏

图 1.7 高层建筑的连梁破坏

图 1.8 为某高层建筑梁柱节点的破坏，这些破坏体现了强柱弱梁的特点，主要是由于高层建筑中柱子截面尺寸较大。但大部分多层框架结构中出现了强梁弱柱的破坏现象，这也是汶川地震后学术界和工程界热议的话题。

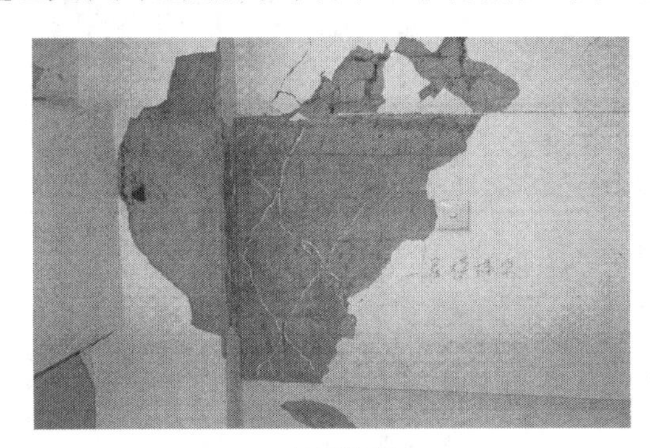
(a) 2层梁端破坏

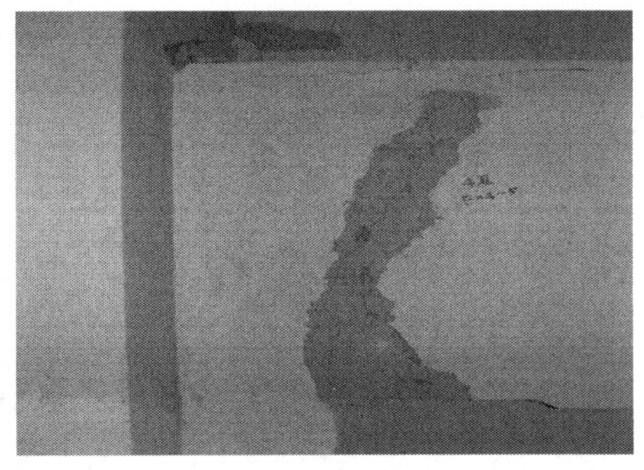
(b) 4层梁端有斜裂缝

图 1.8 高层建筑梁柱节点中梁端的开裂

图 1.9 为某高层建筑中剪力墙底部边缘构件的破坏，表现为混凝土压碎爆裂，钢筋压屈。这种破坏由于集中在剪力墙底部，震后也很难修复。

4. 2010 年智利地震中高层建筑的破坏[4,5]

在 2010 年 2 月 27 日的智利地震中，按现代抗震设计规范设计的钢筋混凝土高层建筑遭受了严重的地震破坏，甚至出现了整体倒塌的现象，这给地震工程界提出了新的挑战，促使人们重新审视现有的抗震设防准则、抗震设计理论和施工方法。

智利是一个高度城市化的国家，其中 85%的居民居住在城市，50%的居民集中住在圣地亚哥(Santiago)、维尼亚德马(Viña del Mar)、塔卡胡亚诺(Talcahuano)这三个大城

图 1.9 高层建筑中楼梯间剪力墙暗柱的破坏

市,因此,城市中的高层和超高层建筑林立,并在此次地震中经历了 8.8 级地震的考验。这是近年来现代钢筋混凝土高层建筑经历的最大地震,又因智利地处南美洲西侧,与美国、加拿大同样涉及美洲板块与太平洋板块的交界区域,所以,智利高层建筑震害调查及对混凝土结构设计规范的修订工作引起了全世界地震工程和结构工程人员的极大关注。

图 1.10 为智利地震中某立面收进办公楼结构的破坏,该结构共 21 层,其立面收进层位于 11 层,于 2008 年建成。地震造成其立面收进层的整层破坏及高位连体楼层的破坏,这种破坏也很难修复。

图 1.10 智利地震中立面收进建筑的破坏

图 1.11 为一个 14 层剪力墙住宅结构的整体倒塌。过去地震工程界认为剪力墙结构抗震性能好,墙体多,地震时不易倒塌。但这个实例说明,如果结构布置不合理、设计或施工不当,剪力墙结构也可能发生整体倒塌。

图 1.11　高层建筑剪力墙结构的整体倒塌

图 1.12 为 18 层剪力墙结构中一字形剪力墙的地震破坏，这种破坏在多栋 14 层、16 层及 18 层剪力墙住宅中看到，说明具有一定的普遍性。初步分析原因可能是墙体太薄，轴压力很大，又没有设置合适的边缘构件，导致混凝土压碎，钢筋压屈，这种破坏属于典型的轴压比过大发生的破坏。

图 1.12　一字形剪力墙的典型地震破坏

图 1.13 为典型的短肢剪力墙的地震破坏，这种破坏在剪力墙结构中也比较普遍，分析原因可能与一字形剪力墙相同，主要是墙体偏薄和未设置边缘构件。

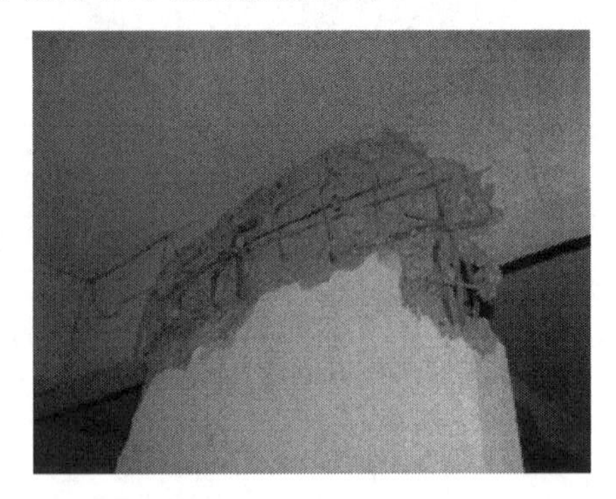

图 1.13　短肢剪力墙的典型地震破坏

这次智利地震中高层混凝土剪力墙结构破坏的原因可能有以下几个方面:①剪力墙在平面布置不合理,在立面上有收进但未采取有效措施;②高层结构剪力墙厚度与中低层结构剪力墙厚度相近,造成剪力墙轴压比过大,在此次地震中发生严重破坏;③虽然智利国家设计规范在钢筋混凝土剪力墙设计中参考美国规范,但允许对边缘约束构件设计予以放松;④混凝土强度偏低、构造钢筋不足、施工质量不好。

1.4 高层建筑结构的发展趋势

根据高层建筑的发展过程和目前世界经济和科学技术的发展水平,可以预测今后高层建筑结构的发展趋势如下。

1. 新材料将不断地应用于高层建筑

随着高性能混凝土材料的研制和不断发展,混凝土的强度等级不断提高,韧性性能也不断得到改善,当前,混凝土的强度等级已经可以达到C100以上。在高层建筑中应用高强度混凝土,可以减小结构构件的尺寸,减轻结构自重,必将对高层建筑结构的发展产生重大影响。

高强度且具有良好可焊性的厚钢板将成为今后高层建筑钢结构的主要用钢,而耐火钢材FR钢的出现为钢结构的抗火设计提供了新的发展空间。当采用FR钢材建造高层钢结构时,其防火保护层的厚度可大大减小,在有些情况下可以不采用防火保护材料,从而降低钢结构的造价,使钢结构更具有竞争性。

2. 高层建筑的高度将出现进一步突破

表1.2为目前世界上已建成的最高的十大建筑(截至2014年7月底)[6,7],表1.3为我国内地已建成的最高的十大建筑。从表1.2和表1.3可以看出,在这些高层建筑中,20世纪90年代后期建成的只有两栋,大部分都是21世纪近10年建成的,而且高度也在不断地刷新;世界上最高的十大建筑在439m以上,而我国的十大高层建筑在333m以上,与6年前分别提高了一百多米。表1.4为目前世界上正在施工建设的十大最高建筑,它们都是高度超过500m的超高层建筑组合体,其中我国就占了7栋。由于高层建筑中的科技含量越来越高,已成为反映一个国家或城市科技实力和建设水平的指标之一,目前世界上不少国家都设想设计和建造更高的高层建筑。近7年来,国际上已经建成了高度超过500m、层数超过100层的超高层建筑(表1.2)。在建的高度达632m的上海中心大厦已于2013年8月完成结构封顶,达到585m,我国天津、深圳目前正在建设结构高度达到600m的超高层建筑。中东地区几个国家目前也正在设计或建造高度接近或超过1000m的超高层建筑,看来未来10年内在结构高度上突破1000m从技术上和经济上都是可能的。

3. 组合结构高层建筑将增多

采用组合结构可以使多种材料的优良特性得以充分发挥,建造比单纯混凝土结构或

表 1.2　世界上已建成的最高的十大建筑

排名	建筑名称	城市	建成年份	层数	高度/m	结构材料	用途
1	哈利法塔	迪拜	2010	163	828	组合	多用途
2	麦加皇家钟塔饭店	沙特	2012	120	601	组合	多用途
3	台北国际金融中心	台北	2004	101	508	组合	多用途
4	上海环球金融中心	上海	2008	101	492	组合	多用途
5	香港国际商务中心	香港	2010	108	484	组合	多用途
6	石油大厦	吉隆坡	1996	88	452	组合	多用途
7	紫峰大厦	南京	2010	66	450	组合	多用途
8	威利斯大厦	芝加哥	1974	108	442	钢	办公
9	京基 100	深圳	2011	100	442	组合	多用途
10	广州国际金融中心	广州	2010	103	439	组合	多用途

表 1.3　我国内地已建成的最高的十大建筑

排名	建筑名称	城市	建成年份	层数	高度/m	结构材料	用途
1	上海环球金融中心	上海	2008	101	492	组合	多用途
2	紫峰大厦	南京	2010	66	450	组合	多用途
3	京基 100	深圳	2011	100	442	组合	多用途
4	广州国际金融中心	广州	2010	103	439	组合	多用途
5	上海金茂大厦	上海	1998	88	420	组合	多用途
6	中信广场	广州	1997	80	390	混凝土	办公
7	地王大厦	深圳	1996	69	384	组合	办公
8	广晟国际大厦	广州	2012	60	360	混凝土	办公
9	天津环球金融中心	天津	2011	75	337	组合	办公
10	上海世茂国际广场	上海	2006	60	333	混凝土	多用途

表 1.4　世界上正在施工建设的十大最高建筑

排名	建筑名称	城市	开工/建成日期	层数	高度/m	结构材料	用途
1	Kingdom Tower	Jeddah	2008/2019	167	1000	混凝土	多用途
2	平安金融中心	深圳	2009/2014	118	660	组合	多用途
3	武汉绿地中心	武汉	2011/2017	125	636	组合	多用途
4	上海中心	上海	2008/2014	121	632	组合	多用途
5	天津高银 117	天津	2009/2014	117	597	组合	多用途
6	Lotte World Tower	首尔	2008/2015	123	555	组合	多用途
7	One World Trade Center	纽约	2006/2014	104	541	组合	办公
8	广州东塔	广州	2009/2017	111	539	组合	多用途
9	天津周大福海滨中心	天津	2010/2017	97	530	组合	多用途
10	中国尊	北京	2011/2017	108	528	组合	多用途

钢结构性能更为优良的建筑。在强震国家日本，组合结构高层建筑发展迅速，其数量已超过混凝土结构高层建筑。除了外包混凝土组合柱（型钢混凝土柱或称为钢骨混凝土柱），钢管混凝土组合柱应用也很广泛，外包混凝土和钢管混凝土双重组合柱的应用也很多。由于钢管内混凝土处于三轴受压状态，能提高构件的竖向承载力，从而可以节省钢材。巨型组合柱首次在香港的中国银行大厦中应用，取得了很大的经济效益，上海金茂大厦结构中也成功地应用了巨型组合柱。已经建成投入使用的高度为 828m 的迪拜哈利法塔，其结构体系是下部约 2/3 高度为混凝土结构、上部 1/3 高度为钢结构的组合结构。随着混凝土强度的提高以及结构构造和施工技术的改进，组合结构在高层建筑中的应用将进一步扩大。

4. 新型结构形式的应用将增多

已建成的香港中国银行大厦和正在筹划中的芝加哥 532m 高的摩天大楼方案，都采用了桁架筒体，并将全部垂直荷载传至周边结构，它们的单位面积用钢量都仅约为 150kg/m^2，是特别节省钢材的。预计这种结构体系今后在 300m 以上的高层建筑中将得到更多的应用。巨型框架体系由于其刚度大，便于在内部设置大空间，今后也将得到更多的应用。多束筒体系已表明在适应建筑场地、丰富建筑造型、满足多种功能和减小剪力滞后等方面具有很多优点，预计今后也将扩大应用。

对于新一代超高层建筑，多重混合结构体系将成为发展方向之一。例如，钢-混凝土混合结构（指内部采用钢筋混凝土核心筒，外围采用钢框架柱或型钢混凝土柱组成的结构体系）和钢结构都会有所发展，特别是在高度超过 200m 的高层建筑中，采用钢-混凝土混合结构的可能性将增加。上海环球金融中心的结构采用了巨型框架、伸臂桁架、核心筒三重组合结构，在承受竖向荷载、风和地震作用方面都具有明显的优势，已逐渐被同类高度的高层建筑采用。

进入 20 世纪 90 年代，值得注意的发展趋势是：原来从高层钢结构起步的美国和日本，钢筋混凝土和钢-混凝土混合结构的高层建筑也迅速发展起来。尤其是日本，以前基本上采用钢结构，现在正在大力发展钢筋混凝土和钢-混凝土混合结构。钢筋混凝土结构主要用在 20～30 层的高层建筑中，最高达到 40 层。其主要原因是：钢筋混凝土结构整体性好、刚度大、变形小；阻尼比高、舒适性佳；且钢筋混凝土结构耐腐蚀、耐火、维护方便、造价低。所以，一定时期内，钢筋混凝土结构在高层建筑结构的发展中仍将继续占据重要地位。

5. 减震控制技术的应用将得到发展

建筑结构的减震控制技术有被动耗能减震和主动减震（有时也称为被动控制和主动控制）。在高层建筑中的被动耗能减震构件有耗能支撑、带竖缝耗能剪力墙、被动调谐质量阻尼器以及安装各种被动耗能的阻尼器等。主动减震则是计算机控制的、由各种作动器驱动的调谐质量阻尼器对结构进行主动控制或混合控制的各种作用过程。结构主动减震的基本原理是：通过安装在结构上的各种驱动装置和传感器，与计算机系统相连接，计算机系统对地震动（或风振）和结构反应进行实时分析，向驱动装置发出信号，驱动装置对结构不断施加各种作用，以达到在地震（或风振）作用下减小结构反应的目的。目前在日本高层建筑结构中应用各种振动控制的实例已超过30个，在中国内地和台湾有10多个高层建筑工程应用了这种技术，上海环球金融中心在第90层安装了两台ATMD控制结构的风振，是目前在超高层建筑工程中使用振动控制技术的最高建筑。随着人类进入信息时代，计算机、通信设备和各类办公电子设备不受干扰而安全平稳地运行，对保障通信顺畅和财产安全的意义也越来越重大，这就要求创造安全、平稳、舒适的办公室环境，并要能对各种扰动进行有效的隔离和控制，因此，高层建筑的减震控制将有很大的发展前景。

1.5　复杂高层建筑的出现及对结构设计的影响

复杂高层建筑工程指平面和立面很不规则、体型特别复杂、内部空间多变的高层建筑工程，其结构形式主要包括平面不规则结构、立面收进或悬挑结构、带转换层或加强层结构、连体结构或多塔楼结构、错层结构和不同复杂形式组合成的结构。

复杂高层建筑工程是20世纪80年代在我国逐步出现的，它的出现有着其社会背景：由于城市高速发展和用地紧张，建筑物逐渐向高空和地下发展；公众审美观的多样化促使建筑师对建筑形态不断变化和创新；房产市场需求的不断变化、用户对居住建筑中“四明”(明卧、明厅、明卫、明厨)的要求以及需求的多样化使设计方案不断翻新；也有些来自建筑地块本身形状的制约，这是复杂高层建筑工程越来越多的外在原因。从国际上的发展趋势来看，2011年9月在英国伦敦召开的国际空间结构协会和国际桥梁与结构工程协会联合举办的学术年会上，主题是未来的工程结构将“更高、更长、更轻，以适应社会和环境的可持续发展”。另外，由于结构体系不断创新、结构分析理论不断发展、新型材料不断出现和建造技术逐步提高，也使得很多更高更轻的复杂高层建筑的设计和建造成为可能，这是复杂高层建筑工程出现的内在原因。

复杂高层建筑工程的出现对结构设计提出了新的挑战，例如，结构体系要合理有效以适应复杂体型的要求；结构分析的难度和规模越来越大；抗震设计时要搞清楚结构的地震破坏机理并采取合理有效的措施；要使用成熟的新技术以确保工程安全和降低造价；性能设计的理念和方法要逐步体现到整个设计和运营的全过程中等。可以认为，复杂高层建筑工程的出现对结构设计理论的发展具有相当大的促进作用。

参考文献

[1] 日本建设省建筑研究所. 平成7年兵库县南部地震被害调查报告书(概要版). 东京：日本建设省建筑研究所，1996.

[2] 蔡万来. 921集集大地震建筑物破坏分析与对策. 台北：詹氏书局，2000.

[3] 同济大学土木工程防灾国家重点实验室. 汶川地震震害. 上海：同济大学出版社，2008.

[4] Los Angeles Tall Buildings Structural Design Council. Performance of tall buildings during the 2/27/2010 Chile Magnitude 8.8 Earthquake—A Preliminary Briefing. Los Angeles，2010.

[5] 周颖，吕西林. 智利地震钢筋混凝土高层建筑震害对我国高层结构设计的启示. 建筑结构学报，2011，32(5)：17-23.

[6] Binder G. One hundred one of the world's tallest buildings. Victoria：Images Publishing Group Pty Ltd，2006.

[7] Database of the CTBUT. Website of Council on Tall Buildings and Urban Habitat[2014-03-02]. www.ctbuh.org.

第2章　复杂高层建筑的结构体系

本章首先介绍了高层建筑常用的结构体系：框架结构体系、剪力墙结构体系、框架-剪力墙结构体系等，包括其衍生的结构形式，如异形柱结构、支撑框架结构、短肢剪力墙、暗支撑剪力墙和带竖缝剪力墙、异形柱-剪力墙和板柱-剪力墙等。然后介绍了复杂高层建筑结构体系，如筒体结构体系、混合结构体系、钢管混凝土结构体系、巨型组合结构体系等，指出混合结构体系包括材料混合结构体系、平面混合结构体系和竖向混合结构体系等。详细介绍了钢管混凝土结构体系及其三种组合形式：①钢管混凝土柱＋钢梁＋钢筋混凝土核心筒；②钢管混凝土柱＋钢梁＋支撑钢框架；③钢管混凝土柱＋混凝土梁＋钢筋混凝土核心筒。对巨型框架结构和巨型支撑桁架结构、巨型悬挂结构体系、多重巨型组合结构等工程应用也做了叙述。不同的结构体系，适用于高层建筑不同的层数、高度和功能要求。最后对高层建筑结构体系发展趋势进行了探讨。

2.1　常用结构体系

2.1.1　概述

目前国际上高层建筑高度已经超过800m；从理论上讲，人类有能力建造高度超过1000m的高层建筑。随着层数和高度的增加，地震作用和风荷载等水平力对高层建筑结构安全的控制作用更加显著。高层建筑所采用的结构体系与建筑物的高度、高宽比、结构材料、承载能力、抗侧刚度、抗震性能、造价高低、场地条件和施工条件等密切相关。

以结构材料用量为例，高层建筑中用于承担重力荷载的结构材料用量与建筑高度呈线性比例增加；而用于抵抗侧向荷载的结构材料用量则与建筑高度呈二次曲线增加，见图2.1[1]。综合考虑高层建筑结构受力性能和安全使用等方面的问题，采用合理的结构体系显得尤为重要。

以建筑总高度为例，《高层建筑混凝土结构技术规程》(JGJ 3—2010)将钢筋混凝土高层建筑结构的最大适用高度和高宽比分为A级和B级。B级高层建筑结构的最大适用高度和高宽比可比A级适当放宽，其结构抗震等级、有关计算和构造措施则相应加严。A级和B级钢筋混凝土乙类和丙类高层建筑的最大适用高度应符合表2.1和表2.2的规定，最大高宽比应符合表2.3的规定。

事实上，工程实践中许多高层建筑的高度超过规范标准的适用范围。图2.2和图2.3为钢筋混凝土结构和钢结构高层建筑适用层数示意图[1]。目前在亚洲经济高速发展的国家和地区，混合结构体系得到了较多的应用。目前已建成的最高建筑物——迪拜哈利法塔楼，则采用了扶壁束筒(buttressed cores)结构体系。

高层建筑的设计和建造既要满足业主的需求，又要适应社会和经济的发展状况。一方面，高层建筑是城市发展的重要标志，其高度越来越高，建筑形体越来越独特；另一方面，建筑结构工程师一直尝试探索和寻找受力性能良好、合理、高效的结构体系，通过技术

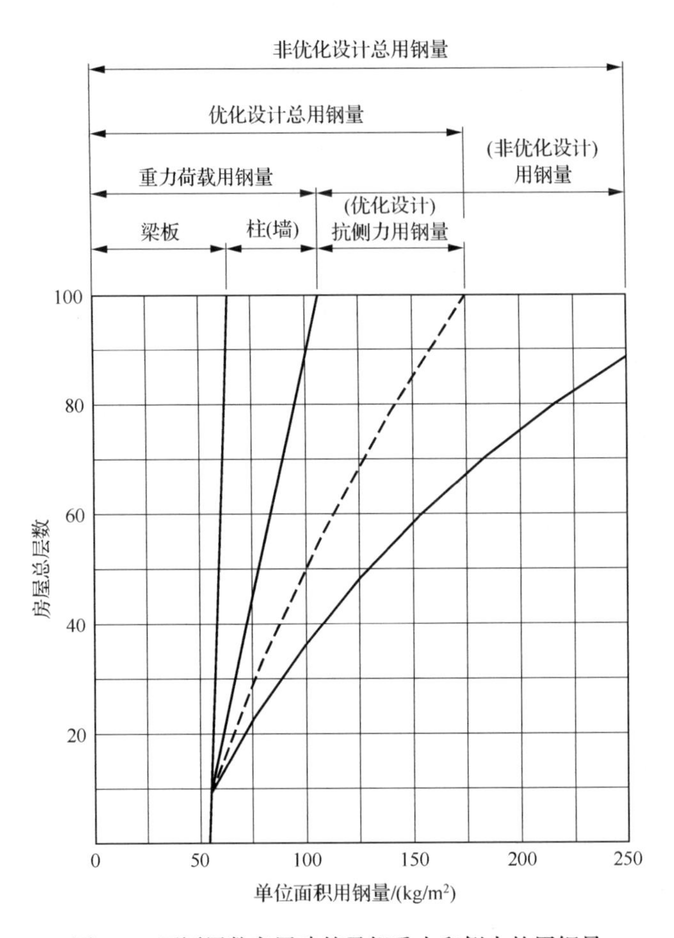

图 2.1　不同层数高层建筑承担重力和侧力的用钢量

表 2.1　A 级钢筋混凝土高层建筑最大适用高度　　(单位：m)

结构体系		非抗震设计	抗震设防烈度			
			6 度	7 度	8 度	9 度
框　架		70	60	50	35～40	—
框架-剪力墙		150	130	120	80～100	50
剪力墙	全部落地剪力墙	150	140	120	80～100	60
	部分框支剪力墙	130	120	100	50～80	不应采用
筒体	框架-核心筒	160	150	130	90～100	70
	筒中筒	200	180	150	100～120	80
板柱-剪力墙		110	80	70	40～55	不应采用

表 2.2　B 级钢筋混凝土高层建筑最大适用高度　(单位：m)

结构体系		非抗震设计	抗震设防烈度		
			6 度	7 度	8 度
框架-剪力墙		170	160	140	100～120
剪力墙	全部落地剪力墙	180	170	150	110～130
	部分框支剪力墙	150	140	120	80～100
筒体	框架-核心筒	220	210	180	120～140
	筒中筒	300	280	230	150～170

表 2.3　钢筋混凝土高层建筑结构适用的最大高宽比

结构体系	非抗震设计	抗震设防烈度		
		6 度、7 度	8 度	9 度
框架	5	4	3	—
板柱-剪力墙	6	5	4	—
框架-剪力墙、剪力墙	7	6	5	4
框架-核心筒	8	7	6	4
筒中筒	8	8	7	5

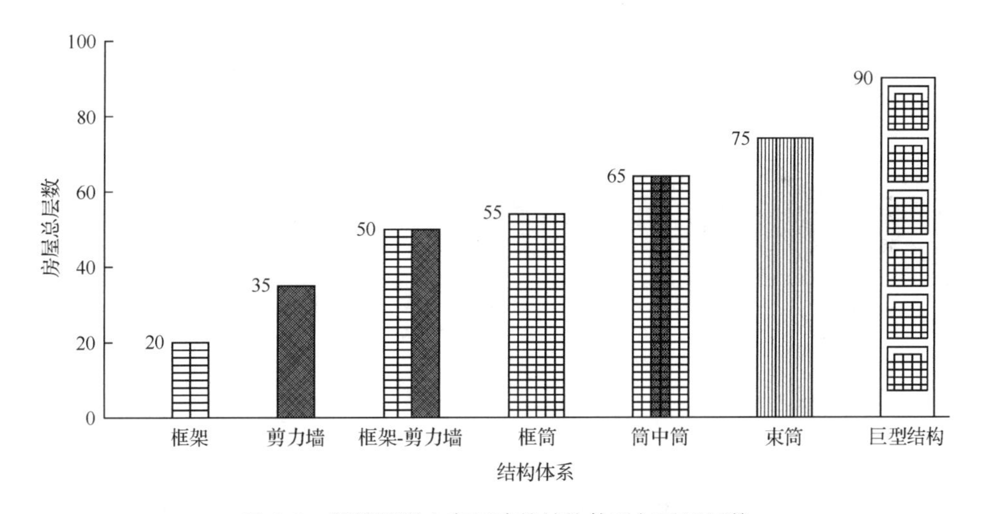

图 2.2　钢筋混凝土高层建筑结构体系与适用层数

途径对高层建筑结构体系完善和优化。总体而言，高层建筑不应采用严重不规则的结构体系，并符合以下基本要求：①应具有必要的承载能力、刚度和变形能力；②应避免因部分结构或构件的破坏而导致整个结构丧失承受重力荷载、风荷载和地震作用的能力；③结构竖向和水平布置宜有合理的刚度和承载力分布，避免因局部突变和扭转效应而形成薄弱部位；④对可能出现的薄弱部位，应采取有效的措施予以加强；⑤宜有多道抗震防线。

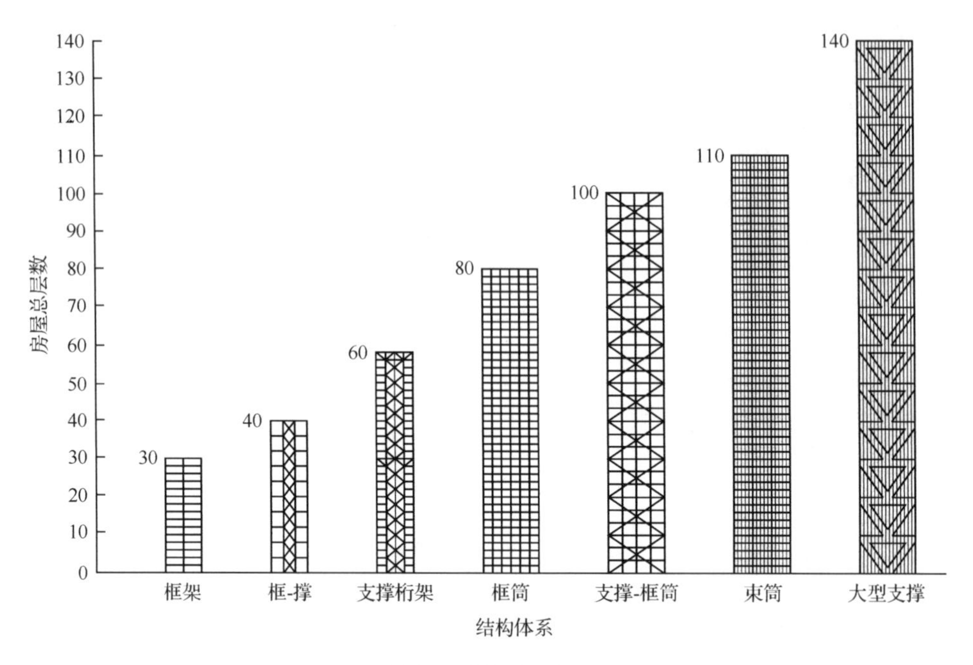

图 2.3　钢结构高层建筑结构体系与适用层数

2.1.2　框架结构体系

框架结构体系是由梁、柱构件通过节点连接构成的承载结构体系，主要有钢筋混凝土结构框架和钢结构框架。框架形成可灵活布置的建筑空间，使用较方便。钢筋混凝土框架按施工方法的不同，又可分为梁、板、柱全部现场浇筑的现浇框架；楼板预制，梁、柱现场浇筑的现浇框架；梁、板预制，柱现场浇筑的半装配式框架及梁、板、柱全部预制的全装配式框架等。

在工程实践中，钢筋混凝土框架结构还有许多变化的形式，如异形柱结构、支撑框架结构等。

1. 普通框架结构

框架柱的截面为正方形、矩形或者圆形等，是最常使用的一种结构形式，如图 2.4 所示。

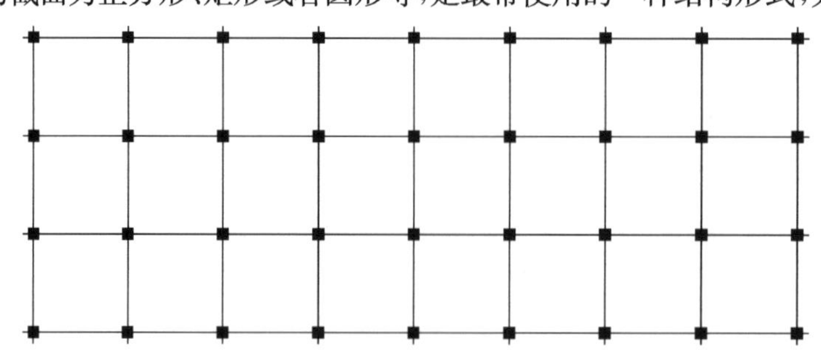

图 2.4　框架结构平面示意图

随着结构高度增加，水平力作用使得框架底部梁柱构件的弯矩和剪力显著增加，从而导致梁柱截面尺寸和配筋量增加。框架结构超过一定高度后，会在材料用量和造价方面趋于不合理，因此在设计中层数和高度会受到一定限制。

框架结构抗侧刚度较小，在水平力作用下将产生较大的侧向位移。其中一部分是结构弯曲变形，即框架结构产生整体弯曲，由柱子的拉伸和压缩所引起的水平位移；另一部分是剪切变形，即框架结构整体受剪，层间梁柱杆件发生弯曲而引起的水平位移。通常情况下，当框架的高宽比 $H/B\leqslant 4$ 时，框架结构以剪切变形为主，弯曲变形较小而可忽略，其位移曲线呈剪切型，特点是结构层间位移随楼层增高而减小，见图 2.5。

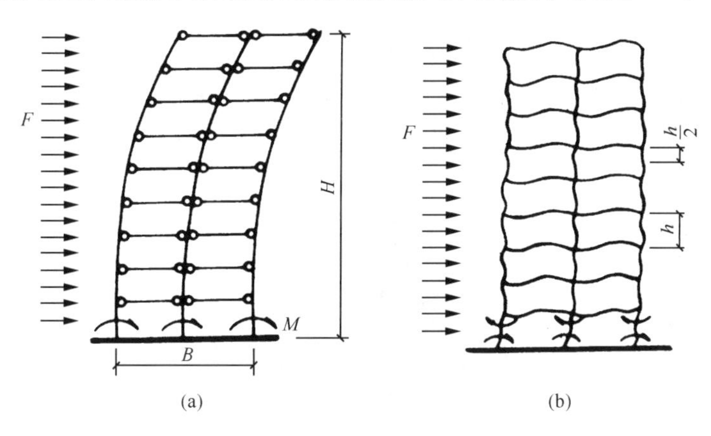

图 2.5　框架结构水平变形示意图

F 为水平力；H 为结构总高度；B 为结构总宽度；M 为底部弯距；h 为结构层高

框架节点是内力集中、关系到结构整体安全的关键部位。震害表明，节点常常是导致结构破坏的薄弱环节，而单跨框架结构，尤其是多层及高层建筑，节点震害严重。抗震设计的框架结构应确保强节点、弱构件，强剪、弱弯，且不宜采用单跨框架。抗震设计的框架结构除了需加强梁、柱和节点的抗震措施，还需注意填充墙的材料以及填充墙与框架的连接方式等，以避免框架变形过大时因填充墙破坏、倒塌而加剧震害。

2. 异形柱框架结构

混凝土异形柱结构是以 T 形、L 形、十字形等异形截面柱（以下简称异形柱）代替一般框架柱作为竖向支承构件而构成的结构，见图 2.6。其主要特点就是柱肢厚度与墙体厚度一致，可避免框架柱在室内凸出，少占建筑空间，改善建筑观瞻，为建筑设计及使用功

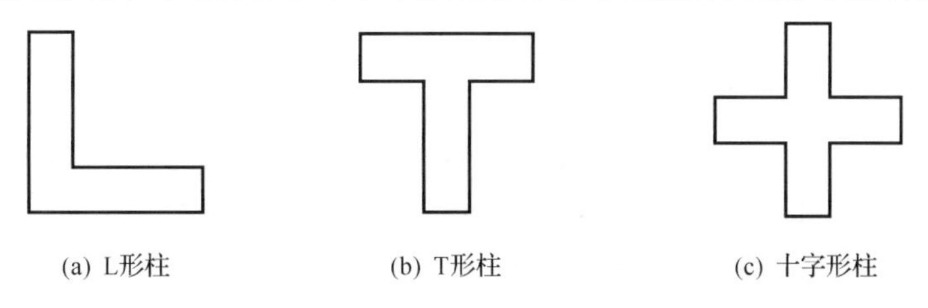

图 2.6　常用异形柱截面形式图

能带来灵活性和方便性；同时可以结合墙体改革，采用保温、隔热、节能、隔声、防火、防水、防潮及防裂、轻质、高效的墙体材料作为框架填充墙和内隔墙，代替传统的烧结黏土砖墙，以贯彻国家关于节约能源、节约土地、利用废料、保护环境的政策。

混凝土异形柱结构体系(图 2.7)原来主要用于住宅建筑，近年来逐渐扩展到用于平面及竖向布置较为规则的宿舍及办公建筑等，工程实践表明其效果良好。异形柱结构体系也可用于类似的较为规则的一般民用建筑。

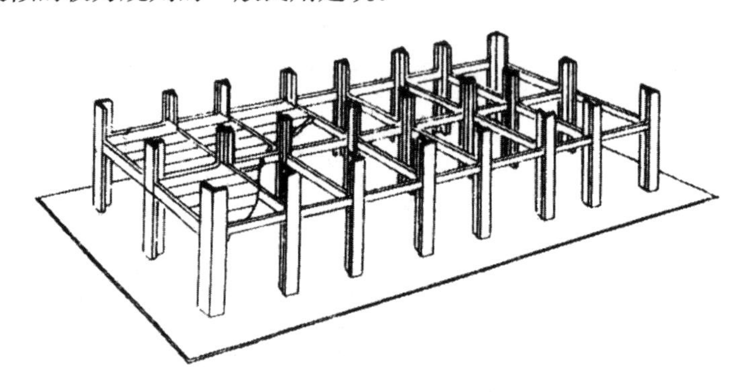

图 2.7 异形柱框架结构体系示意图

近年来国内许多高等院校和设计、研究单位对异形柱结构的基本性能、设计方法、构造措施及工程应用等方面进行了大量基础性的科学研究与工程实践，包括异形柱正截面、斜截面、梁柱节点的试验及理论研究，异形柱结构模型的模拟地震作用试验(振动台试验和低周反复水平荷载试验)研究，异形柱结构抗震分析及抗震性能研究，异形柱结构专用设计软件研究及异形柱结构标准设计研究等。一些省市制定并实施了异形柱结构地方标准，一些地方的国家级住宅示范小区中也建成了异形柱结构住宅建筑，我国异形柱结构的科学研究成果不断充实，工程实践经验不断积累。我国标准《混凝土异形柱结构技术规程》于 2006 年颁布执行，并于 2013 年修订升版，这将更加有利于该类型结构的推广应用。

3. 支撑框架结构

在普通框架结构中增加斜撑，形成结构抗侧刚度、承载能力增强，延性改善的结构形式。按支撑作用效应可分为弯曲型支撑和剪切型支撑。两者的不同在于剪切型支撑只影响相邻层，而弯曲型支撑的所有层都与其余各层存在相互作用。按支撑的形状可分为单斜撑、交叉撑、K 支撑和偏心支撑等，如图 2.8 所示。

偏心支撑框架是后期发展起来的一种支撑结构形式。一般是为了避开门窗洞口而设置支撑，以形成偏心支撑框架，如图 2.8(e)所示。试验研究和工程应用表明，偏心支撑框架具有良好的抗震性能，美国于 1970 年后首先将其应用于一些高层建筑工程作为抗侧力体系的一部分，特别是抗震要求高的高层结构。偏心支撑的主要特点是每一根支撑斜杆的两端，至少有一端与梁不在柱节点处相连。这种支撑与柱之间，或支撑与支撑之间就构成了一个耗能梁段。在罕遇地震时，耗能梁段先形成塑性铰变形耗能，保护支撑斜杆不屈曲，从而有效地提高结构抗震性能。

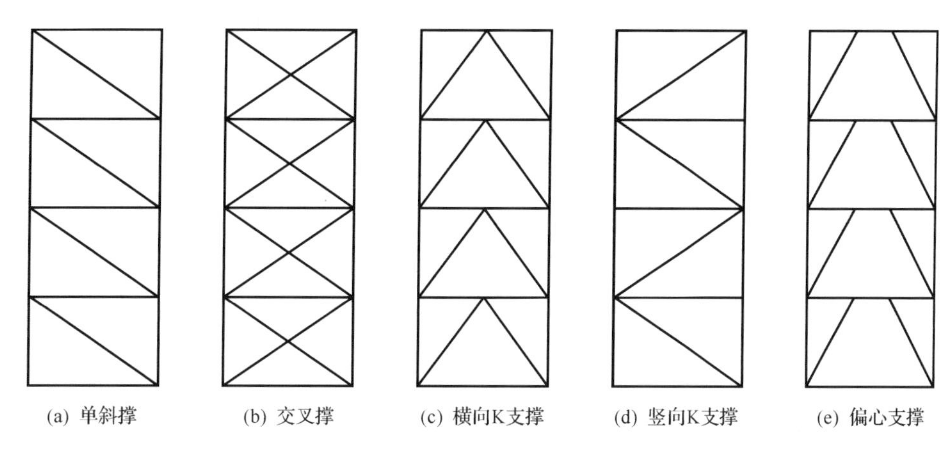

图 2.8　支撑框架示意图

4. 耗能支撑框架结构

耗能支承框架结构是指在结构的适当部位，用耗能支撑构件代替普通支撑而形成的结构体系。同济大学教学科研综合楼为21层的高层建筑，采用了耗能支撑框架结构。该建筑总面积约 40000m^2，平面尺寸约 49m×49m，高度约 96m。该建筑外形方正，平面呈正方形，但楼板布置呈螺旋状：每三层为一建筑单元，由两层 L 形平面和一层正方形平面楼层组成，各单元自下而上顺时针旋转。从立面上看，建筑物每过三层均有规律的缺失楼层，形成细而长的柱子，其结构如图 2.9 所示。

该工程特殊的建筑造型给结构构件的布置造成了很大的困难。主体结构采用钢管混凝土柱-钢梁组成的框架结构形式。主要柱网尺寸为 16.2m，层高 4.0m；其中框架柱采用方钢管混凝土结构，框架梁为钢梁；楼板为压型钢板混凝土板。由于特殊的建筑体型，结构的扭转振型明显。在框架中局部布置耗能阻尼器支撑和每三层环通的带状桁架，以降低结构整体扭转反应的趋势。设计时支撑与阻尼器以三层为一单元随楼板旋转布置，如图 2.9(c)所示。

结构计算分析和现场测试表明，该结构第一阶自振频率为 0.243Hz，振动形态为 X 向平动；结构第二阶自振频率为 0.243Hz，振动形态为 Y 向平动；由于有效布置了少量耗能支撑，结构扭转振型已不明显。结构安装耗能阻尼器后的抗侧刚度无明显变化，自振频率保持不变，但阻尼比有一定程度增大；结构在地震作用下的加速度反应减小，层间剪力减小；结构在地震作用下的楼层位移、层间位移和扭转反应都有不同程度的减小。

2.1.3　剪力墙结构体系

1. 普通剪力墙结构

剪力墙结构体系一般用于钢筋混凝土结构中，由墙体承受全部水平作用和竖向荷载。根据施工方法的不同，可以分为全部现浇的剪力墙、全部用预制墙板装配而成的剪力墙、内墙现浇外墙预制装配的剪力墙等。普通剪力墙的肢高/肢厚比往往大于8，具有良好的

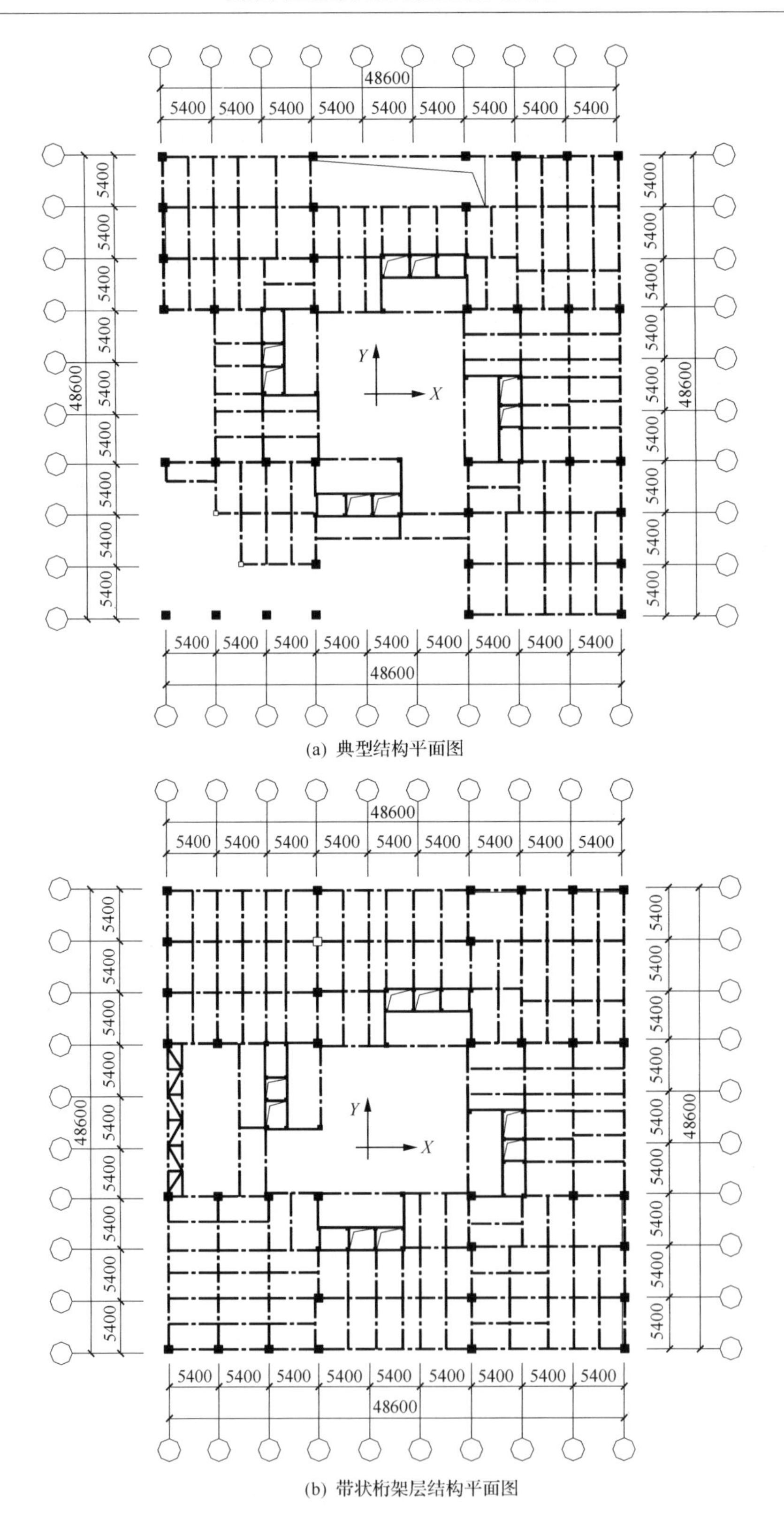

(a) 典型结构平面图

(b) 带状桁架层结构平面图

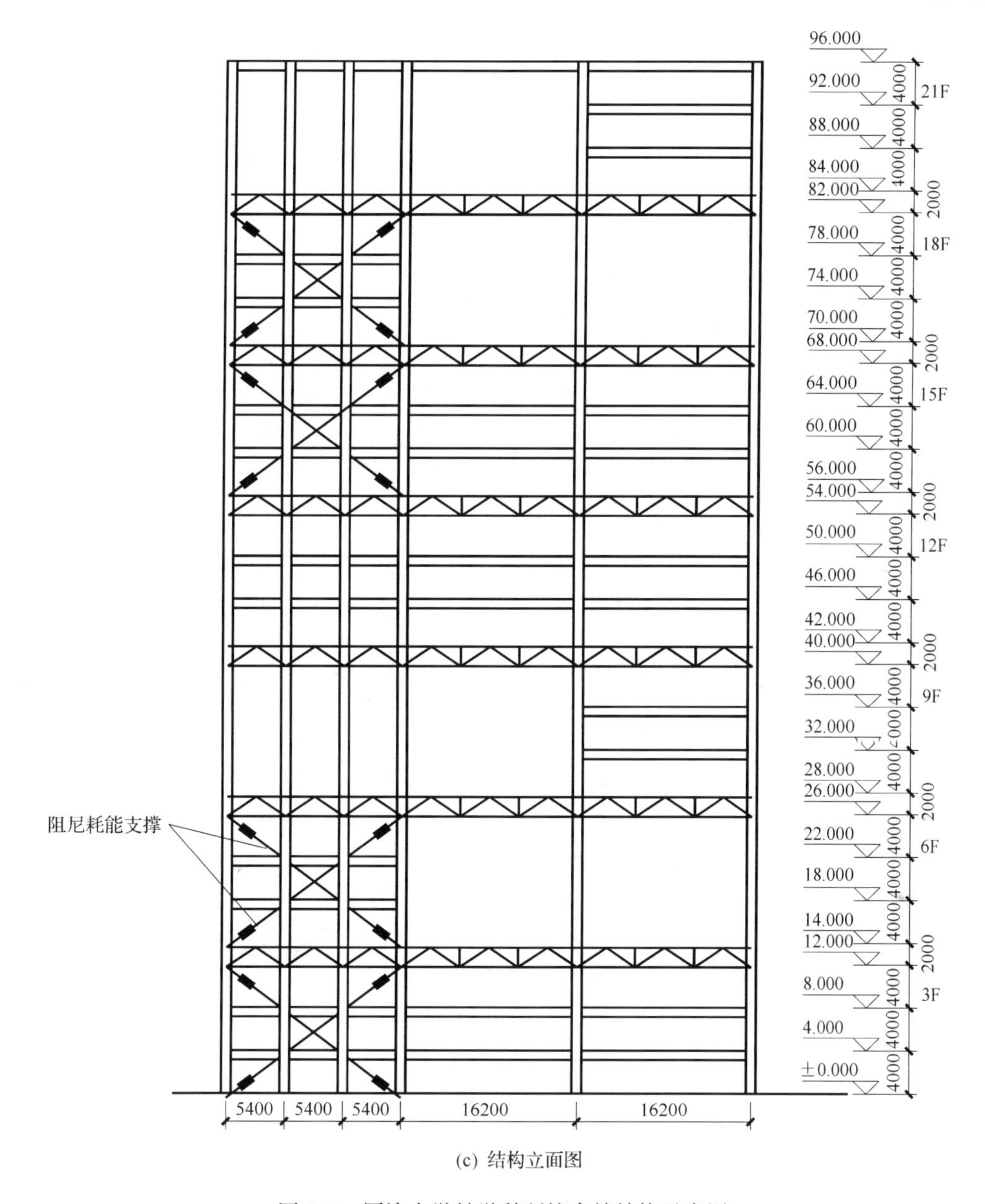

(c) 结构立面图

图 2.9　同济大学教学科研综合楼结构示意图

抵抗水平剪力的能力。在承受水平作用时，剪力墙相当于一根下部嵌固的悬臂深梁。剪力墙的水平位移由弯曲变形和剪切变形两部分组成。高层建筑剪力墙结构以弯曲变形为主，其位移曲线呈弯曲型，特点是结构层间位移随楼层增高而增加，如图 2.10 所示。

剪力墙结构比框架结构刚度大，空间整体性好，用钢量较省，结构顶点水平位移和层间位移通常较小，能够满足抗震设计变形要求。历次地震中，剪力墙结构表现出良好的抗震性能，震害较轻。

住宅和旅馆客房具有开间较小、墙体较多、房间面积不太大的特点，采用剪力墙结构比较适合，而且房间内不露出梁柱棱角、整体美观。但剪力墙结构墙体多，使建筑平面布

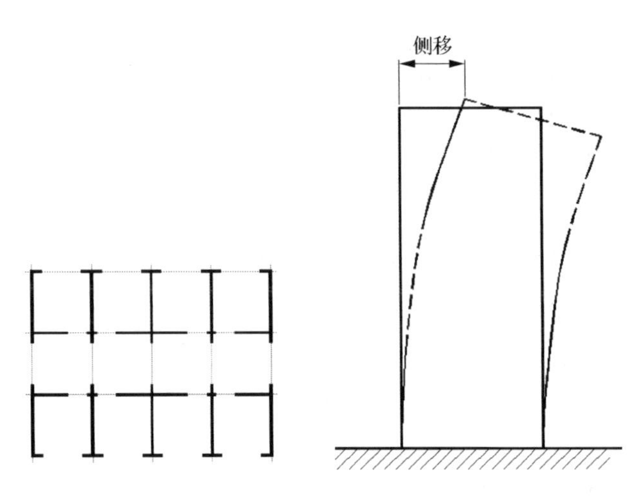

图 2.10 剪力墙结构平面及变形特征示意

置和使用要求受到一定的限制，不容易形成大空间。为了满足布置门厅、餐厅、会议室、商店和公用设施等大空间的要求，可以在底部一层或数层取消部分剪力墙而代之以框架，形成框支剪力墙结构。

剪力墙结构中，剪力墙宜沿两个主轴方向布置；抗震设计的剪力墙结构应避免仅单向布置墙的结构形式。剪力墙墙肢截面宜简单、规则，且侧向刚度不宜过大。

剪力墙宜上下连续布置，避免刚度突变。剪力墙的较大洞口宜上下对齐、成列布置，形成明确的墙肢和连梁，避免采用使墙肢刚度相差悬殊的洞口设计方式。较长的剪力墙宜设置洞口，将其分成长度较为均匀的若干墙段，墙段间宜采用弱连梁连接。每个独立墙段的总高度与其截面高度之比不应小于 2。墙肢截面高度不宜大于 8m。

应控制剪力墙平面外弯矩。当剪力墙墙肢与其平面外方向的楼面梁连接时，应采取有效的结构措施，减小梁端弯矩对墙的不利影响。

一、二级抗震等级的剪力墙底部加强部位，其重力荷载代表值作用下墙肢的轴压比不宜超过表 2.4 的限值。

表 2.4 剪力墙墙肢轴压比限值

抗震等级	一级(9 度)	一级(6 度、7 度、8 度)	二、三级
N/f_cA	0.4	0.5	0.6

注：N 为轴力设计值；f_c 为混凝土抗压强度设计值；A 为截面面积。

在高层建筑中，还有短肢剪力墙、暗支撑剪力墙和带竖缝剪力墙等形式。

2. 短肢剪力墙结构

短肢剪力墙是截面厚度不大于 300mm、各肢截面高度与厚度之比的最大值大于 4 但不大于 8 的剪力墙。由于其可以提供较大的外墙开洞，如落地门窗等，常常在高层住宅中使用。高层建筑结构不应采用全部为短肢剪力墙的剪力墙结构。当短肢剪力墙较多时，应布置筒体或普通剪力墙构件，形成共同抵抗水平力的剪力墙结构。此外，在各类设计规范中,对短肢剪力墙结构高层建筑的高度、墙肢尺寸、配筋构造和轴压比限值等有更加严格的要求。

上海世茂滨江花园住宅小区内有六幢东西朝向的46～53层住宅大厦和一幢约60层的酒店服务式公寓,均采用了短肢剪力墙加核心筒的结构形式。2号住宅大厦为地下2层、地上53层的高层建筑,底层层高4.8m,标准层层高3.0m。建筑物平面略呈凹字形,其南北向总长80～100m,东西向宽度约20.4m,中部屋顶最高160.8m,两翼屋顶高度为150.85m。该高层建筑采用现浇钢筋混凝土短肢剪力墙带多核心筒结构体系,结构平面如图2.11所示。由于外立面有很多落地窗且内部墙体有较多门洞,形成了较多的短肢剪力墙和较多的开口筒体,给结构布置和受力分析带来挑战。因此,在结构设计阶段进行了系列的抗震研究,包括结构模型风荷载试验、振动台模型试验和精细的结构抗震分析。

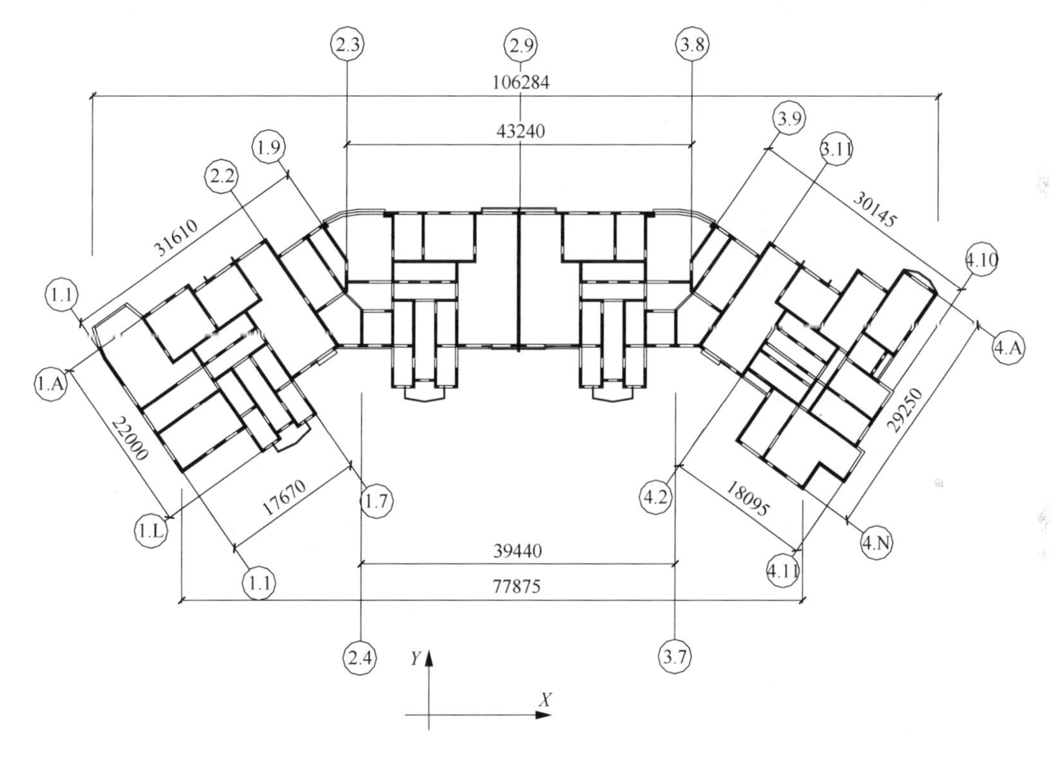

图2.11　上海世茂滨江花园2号楼结构平面简图

3. 带竖缝剪力墙结构

在剪力墙中设置竖缝可降低剪力墙结构的初始刚度,并可改善剪力墙的延性性能。竖缝两侧水平钢筋可以不断开,并在竖缝处设置素混凝土键或其他耗能材料,或在竖缝两侧设暗柱等,改善带竖缝剪力墙的性能。竖缝两侧的钢筋也可以大部分断开而仅在楼板高度处连续,这样就可以在竖缝中填充耗能材料,以达到更好的消能减震效果。

本书作者在上海邮电通信设备有限公司高层住宅楼(地下一层,地上20层,总高56.5m)的电梯井的剪力墙设计施工中,为了减少扭转效应和降低地震作用,采用了带竖缝剪力墙结构。剪力墙中设竖缝宽度 30mm，内填氯丁橡胶带，用以消耗地震能量，并通过开竖缝后调整剪力墙刚度，改善结构扭转效应。带竖缝剪力墙的布置示意图如图 2.12 所示，该工程于 1995 年建成并投入使用。

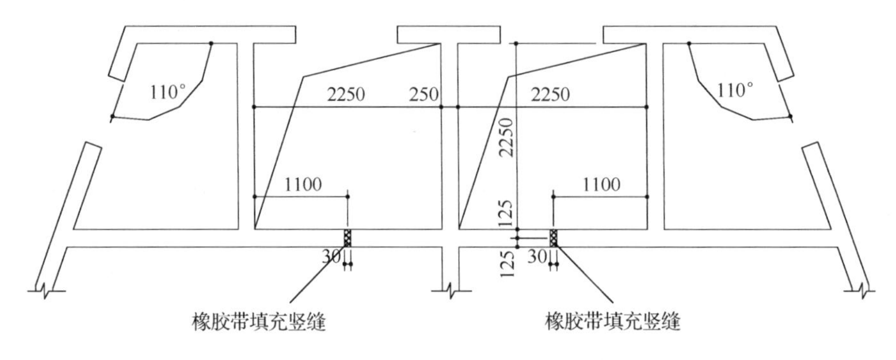

图 2.12　带竖缝剪力墙工程实例

4. 暗支撑剪力墙结构

在剪力墙中设置暗支撑是改善剪力墙抗震性能的有效措施[2]。在普通钢筋混凝土剪力墙配筋的基础上，增加暗支撑纵筋和箍筋，浇筑混凝土后，在剪力墙中形成钢筋混凝土暗支撑，如图 2.13 所示。暗支撑的存在，可以改善剪力墙的抗震性能，提高其抗震耗能能力。

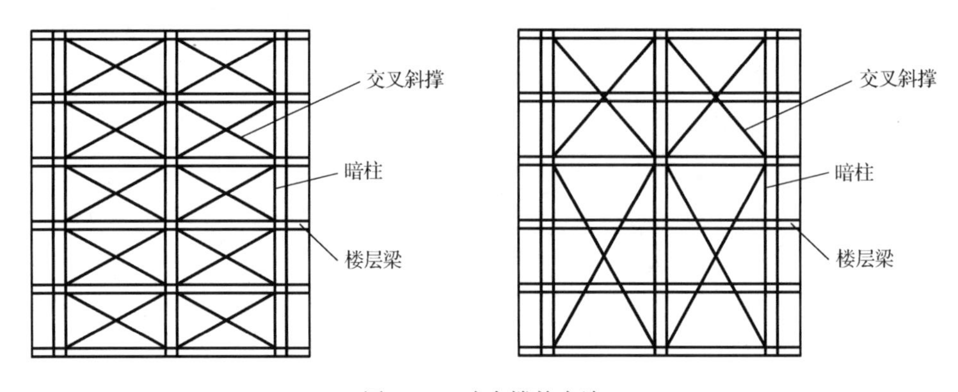

图 2.13　暗支撑剪力墙

2.1.4　框架-剪力墙结构体系

框架-剪力墙结构体系是把框架和剪力墙两种结构共同组合在一起形成的结构体系。建筑结构的竖向荷载分别由框架和剪力墙共同承担，而水平作用主要由抗侧刚度较大的剪力墙承担。这种结构既具有框架结构布置灵活、使用方便的特点，又有较大的刚度和较强的抗震能力，因此广泛应用于高层办公建筑和旅馆建筑，框架-剪力墙结构平面示意图如图 2.14 所示。

由于剪力墙承担了大部分的剪力，框架的受力状况和内力分布得到改善。主要表现

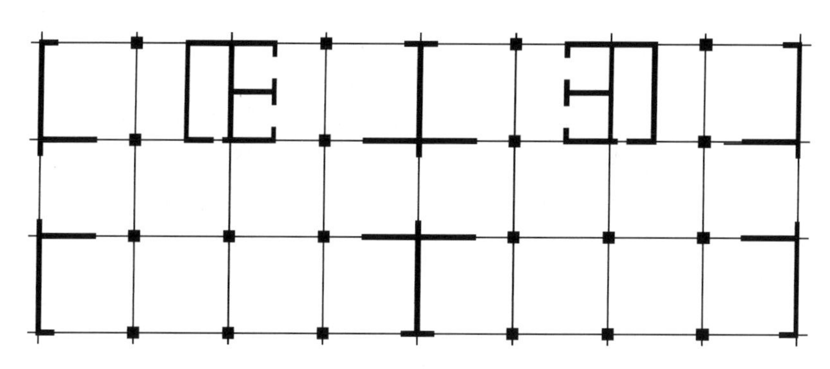

图 2.14　框架-剪力墙结构平面示意图

为:框架所承受的水平剪力减少且沿高度分布比较均匀;剪力墙所承受的剪力越接近结构底部越大,有利于控制框架的变形;而在结构上部,框架的水平位移比剪力墙的位移小,有利于减小剪力墙的侧向变形,如图 2.15 所示。

1. 普通框架-剪力墙结构

框架-剪力墙结构应设计成双向抗侧力体系。抗震设计时,结构两主轴方向均应布置剪力墙。

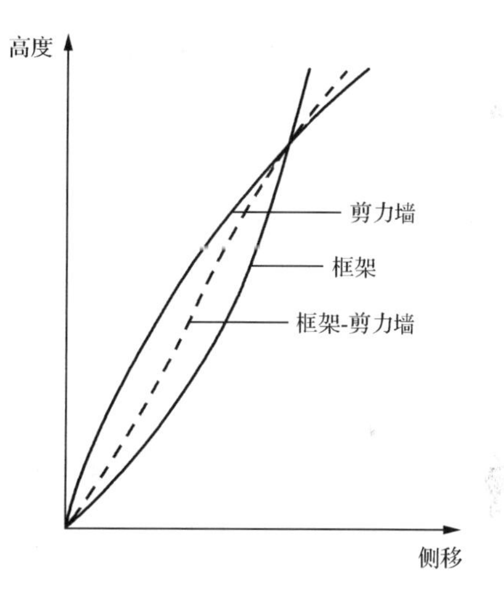

图 2.15　框架-剪力墙结构的变形特征

框架-剪力墙结构中,主体结构构件之间除了个别节点外,不应采用铰接;梁与柱、柱与剪力墙的中心线宜重合。框架-剪力墙结构中,剪力墙的布置按如下考虑:①剪力墙宜均匀布置在建筑物的周边附近、楼梯间、电梯间、平面形状变化及恒载较大的部位,剪力墙间距不宜太大;②当平面形状凹凸较大时,宜在凸出部分的端部附近布置剪力墙;③纵、横剪力墙宜组成 L 形、T 形和 Z 形等形式,尽量避免一字形的布置形式;④单片剪力墙底部承担的水平剪力不宜超过底部总水平剪力的 40%;⑤剪力墙宜贯穿建筑物的全高,避免刚度突变,当剪力墙开洞时,洞口宜上下对齐;⑥抗震设计时,剪力墙的布置宜使结构各主轴方向的侧向刚度接近。

长矩形平面或者平面有一部分较长的建筑中,其横向剪力墙沿长度方向的间距宜满足表 2.5 的最大间距限值要求。当楼盖有较大洞口时,剪力墙间距应适当减小。

表 2.5　剪力墙最大间距　(单位: m)

楼盖形式	非抗震设计	抗震设防烈度		
		6 度、7 度	8 度	9 度
现浇	5.0B,60	4.0B,50	3.0B,40	2.0B,30
装配整体	3.5B,50	3.0B,40	2.5B,30	—

注: B 为楼面宽度。

2. 异形柱框架-剪力墙结构

异形柱框架-剪力墙结构体系包括全部由异形柱框架与一般剪力墙作为竖向和水平受力构件组成的结构体系，也包括主要采用一般剪力墙而部分采用短肢剪力墙的情形。为满足在建筑物底部设置大空间的建筑功能要求，这种结构体系也可以采用底部大空间带转换层的异形柱框架-剪力墙结构。

异形柱框架-剪力墙结构在地震作用下，框架部分承受的地震倾覆力矩若大于结构总地震倾覆力矩的45%，其最大适用高度不宜再按框架-剪力墙结构的要求执行，但可比框架-剪力强结构的要求适当放松，放松的幅度可根据剪力墙的数量及剪力墙承受的地震倾覆力矩确定。

当异形柱结构中采用少量一般框架柱时，其适用的建筑最大高度仍按全部为异形柱的结构采用。基于对异形柱抗震性能特点的考虑，异形柱不应用于多塔、连体等复杂结构形式。

利用楼、电梯间位置合理设置剪力墙，对电梯设备运行、结构抗震、抗风均有好处，但若剪力墙布置不合理，将导致平面不规则，加剧扭转效应，反而会对抗震带来不利影响，故应强调合理地布置剪力墙。

对高度不大的异形柱结构的楼、电梯间，可以采用框架柱，但考虑到异形柱的特性，在楼、电梯间只允许采用一般框架柱。异形柱肢厚度中心线与框架梁及剪力墙中心线宜对齐。

3. 板柱-剪力墙结构

板柱-剪力墙结构是由楼板、柱和剪力墙共同组成的结构体系，其中楼板直接搁置在柱或剪力墙上，结构中一般没有梁构件，是一种无梁楼盖体系。竖向荷载由柱和剪力墙共同承受，而水平力主要由剪力墙承受。板柱结构具有结构施工支模及绑扎钢筋较简单、室内布置简洁灵活的优点。但板柱结构(无剪力墙)抗震性能较差，在遭受较强地震作用时，其板柱节点的抗震性能不如框架梁柱节点。此外，地震作用产生的不平衡弯矩要由板柱节点传递，它在柱周边将产生较大的附加应力，当剪应力很大而又缺乏有效的抗剪措施时，有可能发生冲切破坏。因此，规范对板柱-剪力墙结构的适用高度做了较严格的规定，且板柱-剪力墙结构的布置符合下列要求：①应布置成双向抗侧力体系、两轴线方向均应布置剪力墙；②结构周边应设置框架梁，结构顶层及地下一层顶板宜采用梁板结构；③当有较大开洞时，洞口宜设置框架梁或者边梁。

当板跨度较小时，可采用平板或者有柱帽的形式；而当板跨度较大时，可采用现浇空心板的结构形式。

2.2　筒体结构体系

随着层数、高度的增加，高层建筑结构承受的水平地震作用大大增加，常见的框架、剪力墙和框架-剪力墙等结构体系往往不能满足要求。此时可将剪力墙在平面内围合成箱型，形成一个竖向布置的空间刚度很大的薄壁筒体；也可加密框架的柱距（通常不大于3m），并加强梁的刚度，形成空间整体受力的框筒等，从而形成具有很好的抗风和抗震性能的筒体结构体系。该类体系根据筒体的布置、组成和数量等又可分为框架-筒体结构体系、筒中筒结构体系、束筒结构体系等。

2.2.1 框架-筒体结构体系

框架-筒体结构体系一般为中央布置剪力墙薄壁筒，它承受大部分水平力；周边布置大柱距的普通框架，它的受力特点类似于框架-剪力墙结构，平面布置示意图如图2.16所示；也有把多个筒体布置在结构的端部，中部为框架的框架-筒体结构形式。

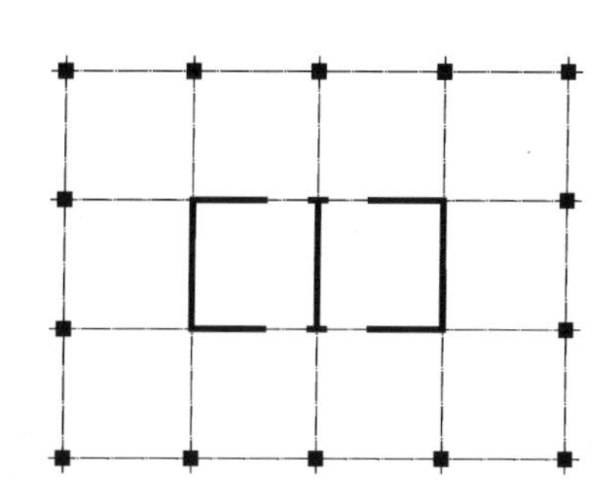

图2.16 框架-筒体结构平面布置

核心筒应有较好的整体性，并满足下列要求：①墙肢宜均匀、对称布置；②筒体角部附近不宜开洞；③框架-核心筒的周边柱间必须设置框架梁。

2.2.2 筒中筒结构体系

筒中筒结构体系由内外几层筒体组合而成，通常内筒为剪力墙薄壁筒，外筒为密柱框架组成的筒体，平面布置示意图如图2.17所示。核心筒宜贯通建筑物全高，核心筒的宽度不宜小于筒体高度的1/12，当筒体结构设置角筒、剪力墙或增强结构整体刚度的构件时，核心筒的宽度可适当减小。

2.2.3 束筒结构体系

束筒结构体系又称为组合筒结构体系，在平面内设置多个筒体组合在一起，形成整体刚度很大的结构形式，平面布置示意图如图2.18所示。建筑结构内部空间也较大，平面可以灵活划分，适用于多功能、多用途的超高层建筑。

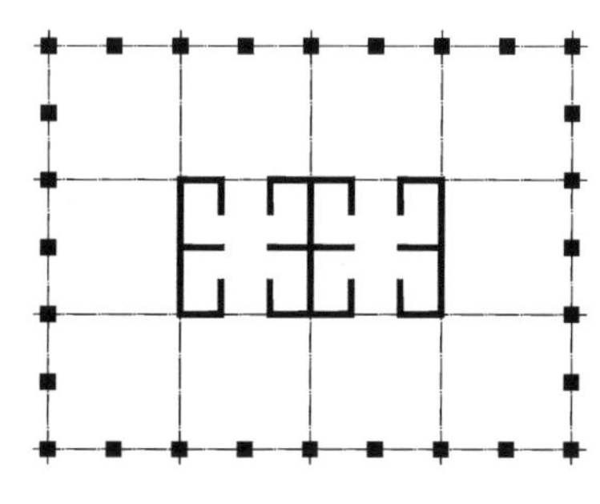

图2.17 筒中筒结构平面布置

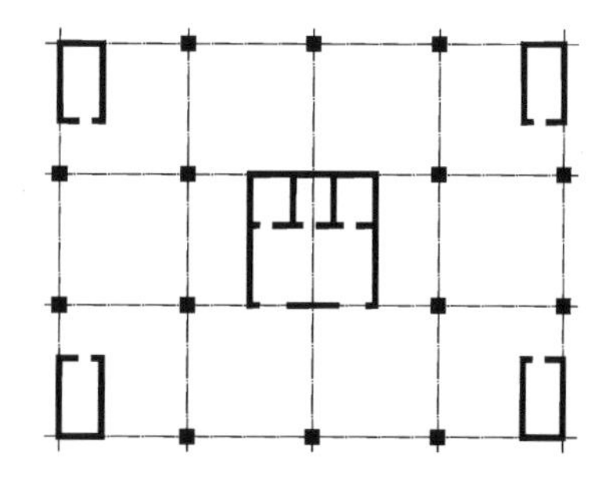

图2.18 束筒体结构平面布置

广州南航大厦结构平面由四个角筒和一个核心筒组成。该大厦总建筑面积11.32万m^2，主楼地上61层，地下3层，结构顶标高为204.2m。主楼结构为现浇钢筋混凝土多筒-框架结构，其中地下3层至地上6层框架柱为钢管混凝土柱，7～15层为钢管混凝土芯柱，

16 层以上为钢筋混凝土柱。主楼设有两个水平加强层，位于 23 层和 40 层，中心筒与角筒及框架柱用整层高的钢桁架相连。

美国芝加哥 Willis 塔楼可视为成束框筒结构的代表性建筑，主塔楼共 109 层，高 442m，基本周期 7.8s。主塔楼底部尺寸为 68.55m×68.55m，按井字形分隔成 9 个 22.85m 见方的框筒单元；柱距 4.57m；从 51 层开始，减去对角线的两个框筒单元；从 67 层开始，减去另一对角线上的两个单元；从 91 层开始，仅保留两个框筒单元，如图 2.19 所示。29～31 层，以及 60 层和 90 层为三个设备层。在所有柱间设置斜撑，形成刚性桁架层。采用束筒结构体系，具有较好的经济指标，节省钢材，单位建筑面积的结构用钢量仅为 161kg/m^2。梁和柱均采用拼接工字形截面，柱截面尺寸为 1070mm×609mm×102mm～990mm×305mm×19mm；梁截面尺寸为 1070mm×406mm×70mm～1070mm×254mm×25mm[3]。

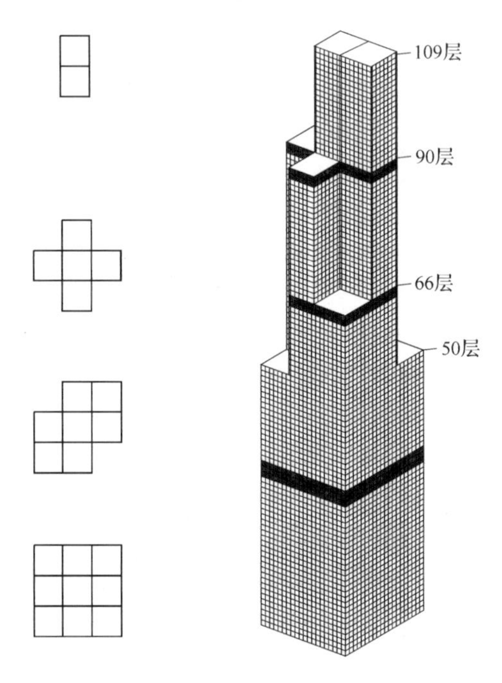

图 2.19　Willis 塔楼建筑结构布置示意图

已经建成的世界第一高楼——迪拜哈利法塔楼也采用了扶壁束筒结构体系，总高度达到了 828m，层数达到了 163 层。为抵抗地震和大风的作用，该塔楼采用了多筒体结合在一起的扶壁束筒结构，多筒在平面上组合成“Y”形，并沿高度逐渐内收和减少筒数，形成刚度极大、质量分布合理的超高层建筑，如图 2.20 所示[4]。

2.2.4　支撑框筒结构体系

支撑框筒结构是新型的结构体系之一。该结构体系由斜向布置的支撑构件(斜柱)交叉围合，并受水平拉梁约束，从而形成抗侧刚度极大的巨型筒体。

广州珠江新城西塔采用了支撑框筒结构体系，以承受巨大的风荷载和地震作用。该

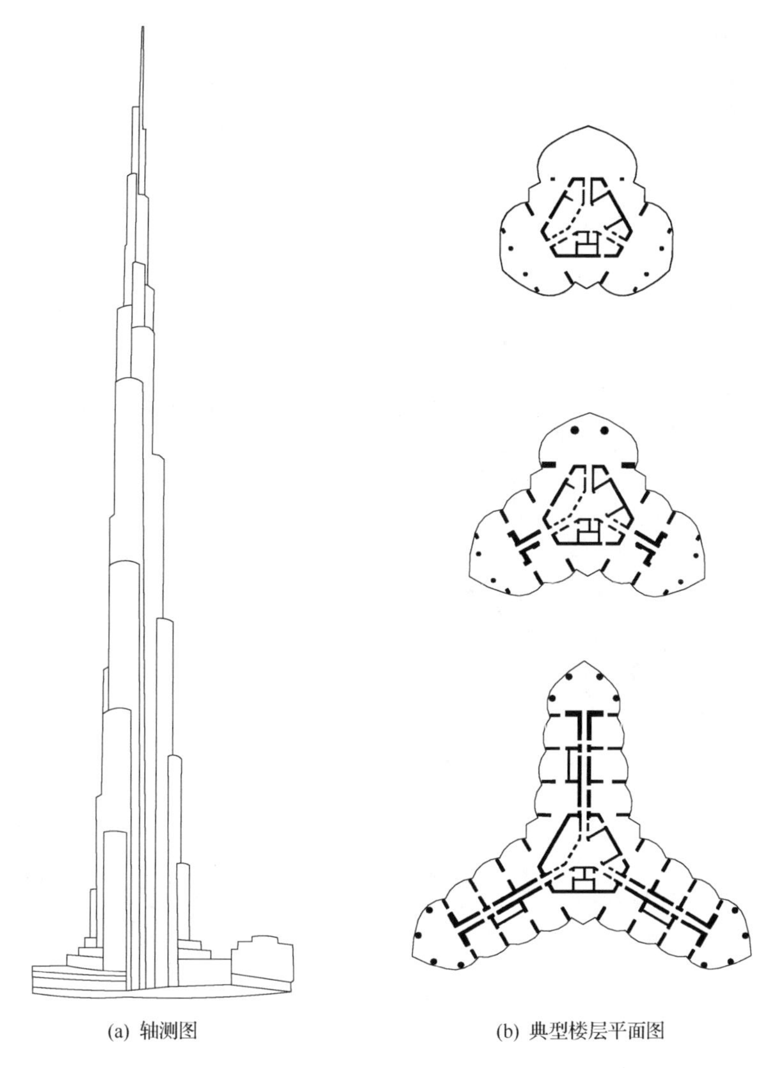

(a) 轴测图　　(b) 典型楼层平面图

图2.20　“迪拜哈利法塔楼”建筑结构布置示意图

塔楼地下4层,地下室底板面标高为−18.7m,地上103层,外筒斜柱柱顶标高432m,平面近似正三角形,由6段曲率不同的圆弧连成,周长约200m;立面为中间大、上下端稍小的纺锤形状。该结构按7度抗震设防,设计使用年限为100年。在主体结构所采用的巨型支撑框筒结构体系中,其外筒为钢管混凝土构件斜交组成巨型支撑筒,设置水平环梁和楼面梁约束法向变形;内筒为钢筋混凝土筒体(−1～12层加强部位为钢管混凝土墙)。内外筒分区段布置水平刚性连梁,以确保共同工作。广州珠江新城西塔的建筑效果图和结构示意图如图2.21所示。

(a) 建筑效果图

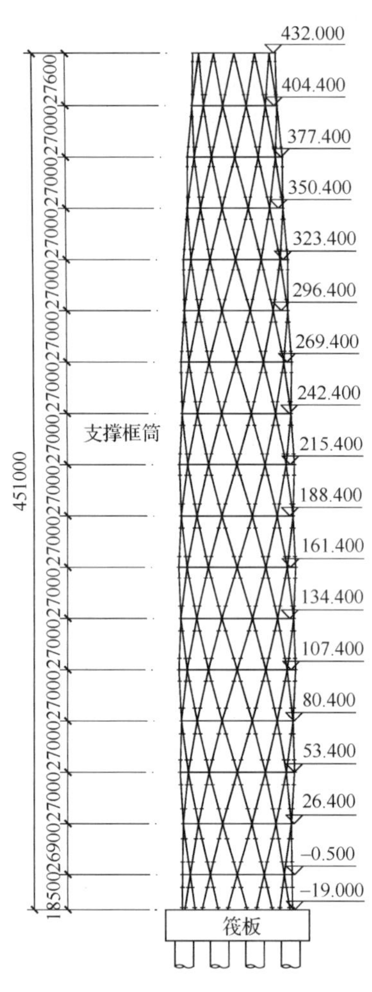

(b) 外支撑框筒

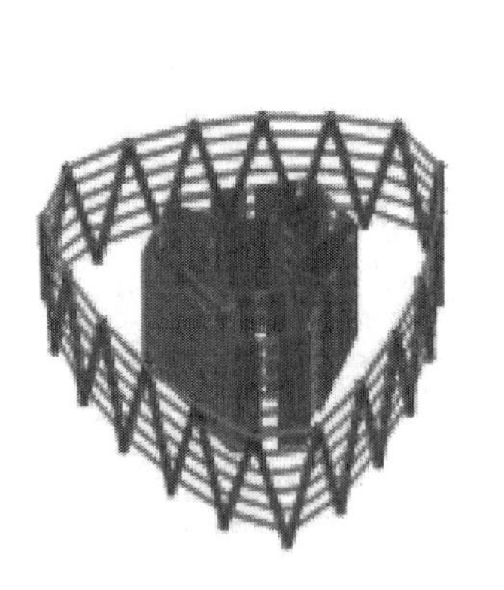

(c) 内外筒结构形式

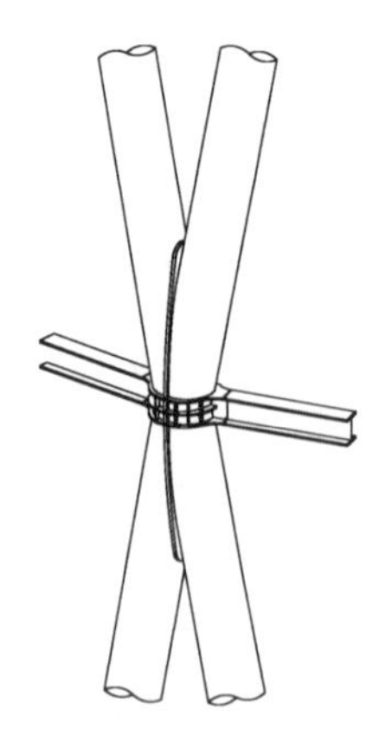

(d) 典型外支撑节点

图 2.21　广州珠江新城西塔建筑结构布置示意图

2.3　混合结构体系

由多种不同材料及其构件共同组成的结构体系统称为混合结构体系。若能发挥不同材料构件各自的优点,则混合结构体系成为不同材料及构件优化组合的结构形式。本节所指的混合结构体系包括钢-混凝土混合结构体系、钢管混凝土混合结构体系、型钢混凝土混合结构体系和竖向混合结构体系。

混合结构体系由核心筒和外框架共同组成抗侧力体系,结构抗震分析中的难题是,两种材料组成的结构体系的阻尼比很难确定;而结构抗震设计的核心问题是,核心筒和外框架能否共同工作、外框架结构能否形成有效的第二道防线。一般情况下,混合结构框架柱所承担的地震剪力不应小于结构底部总剪力的 25%和框架部分地震剪力最大值的 1.8 倍二者的较小者,而由混凝土筒体或混凝土剪力墙承受主要水平力,并应采取如下相应措施,保证混凝土筒体的延性:①通过增加墙厚降低剪力墙的剪应力水平;②剪力墙配置多层钢筋;③剪力墙端部设型钢柱,四周配纵向钢筋、箍筋形成暗柱;④连梁采用斜向配筋方式,或者设置水平缝;⑤保证核心筒角部的完整性;⑥核心筒位置尽量对称均匀。

混合结构体系最大的优势是将钢、混凝土及钢-混凝土组合构件等进行有效组合,协同承受外荷载。与普通钢筋混凝土结构体系相比,混合结构体系有以下优点:①结构构件尺寸小,占用建筑面积和净高小;②结构自重轻,降低基础造价;③施工速度快;④抗震性能好。同时,该体系具有以下缺点:①结构用钢量大;②施工要求高。与钢结构体系相比,混合结构体系有以下优点:①用钢量少;②整体刚度好;③结构抗火、防腐蚀性能好。同时,该体系有以下缺点:①混凝土用量大;②施工要求高。

2.3.1　钢-混凝土混合结构体系

钢-混凝土混合结构体系指钢框架与核心筒组成的共同抵抗重力和侧向力的高层建筑结构体系,外围的钢框架在自身平面内一般为刚接框架,有时从经济性和易施工性考虑也可以设计为铰接,但这时柱子必须是贯通的。连接外框架与核心筒的钢梁,大部分情况下与核心筒铰接而与钢框架刚接,也有极少采用两端铰接的工程实例。

钢-混凝土混合结构体系最早的工程实例有芝加哥的 Gateway Ⅲ大厦(1972 年,36 层)和巴黎的 Mantaparnasse 大厦(1973 年,64 层),此后的典型工程有西雅图的美洲中心银行(1985 年,76 层)和日本神奈川县的海老名塔楼(1992 年,25 层)等。然而,在美国阿拉斯加地震中,混合结构出现了较严重的震害,人们对混合结构的抗震性能心存疑虑。此外,发达国家人工成本较高,混合结构比钢结构并无优势。而正因为经济环境、技术条件的原因,该体系在亚洲得到迅速发展。由于其在设计构造简单、降低结构自重、减少结构断面尺寸、加快施工进度等方面的明显优势,1990 年以后我国建成了一批高度在 150～250m 的建筑,如上海浦东国际金融大厦、上海国际航运大厦、上海新金桥大厦、大连云山大厦、上海远洋大厦等,还有一些高度超过 300m 的高层建筑也采用或部分采用了钢-混凝土混合结构。表 2.6 列出了部分有代表性的钢-混凝土混合结构高层建筑[5]。

上海新金桥大厦是很有代表性的钢框架-混凝土核心筒结构的工程,由外圈钢框架、

表 2.6 部分有代表性的钢-混凝土混合结构高层建筑

名称	高度/m	层数	结构体系
上海香港新世界大厦	265	58	钢框架+钢筋混凝土核心筒
上海浦东国际金融大厦	230	53	钢框架+钢筋混凝土核心筒
上海国际航运大厦	210	48	钢框架+钢筋混凝土核心筒
大连云山大厦	208	52	钢框架+钢筋混凝土核心筒
上海远洋大厦	201	51	钢框架+钢筋混凝土核心筒
上海信息枢纽大厦	196	41	钢框架+钢筋混凝土核心筒
上海期货大厦	187	37	钢框架+钢筋混凝土核心筒
上海 21 世纪大厦	184	49	钢框架+钢筋混凝土核心筒
天津云顶花园	175	46	钢框架+钢筋混凝土核心筒
深圳发展中心	166	41	钢框架+钢筋混凝土核心筒
北京国贸中心二期	160	38	钢框架+钢筋混凝土核心筒

中央混凝土核心筒组成抗侧力结构体系，钢框架柱距为 4m，每边 9 跨，外框到内筒之间最大跨度达 12m，采用钢梁和组合楼板形成的楼盖体系。主楼 41 层，建筑屋面高度为 164m，自 25 层起四根角柱向中央倾斜，形成一个锥形塔，塔尖高度为 212m，标准层高为 3.8m。主楼 25 层以下平面为正方形，典型平面图和立面示意图如图 2.22 所示[6]。

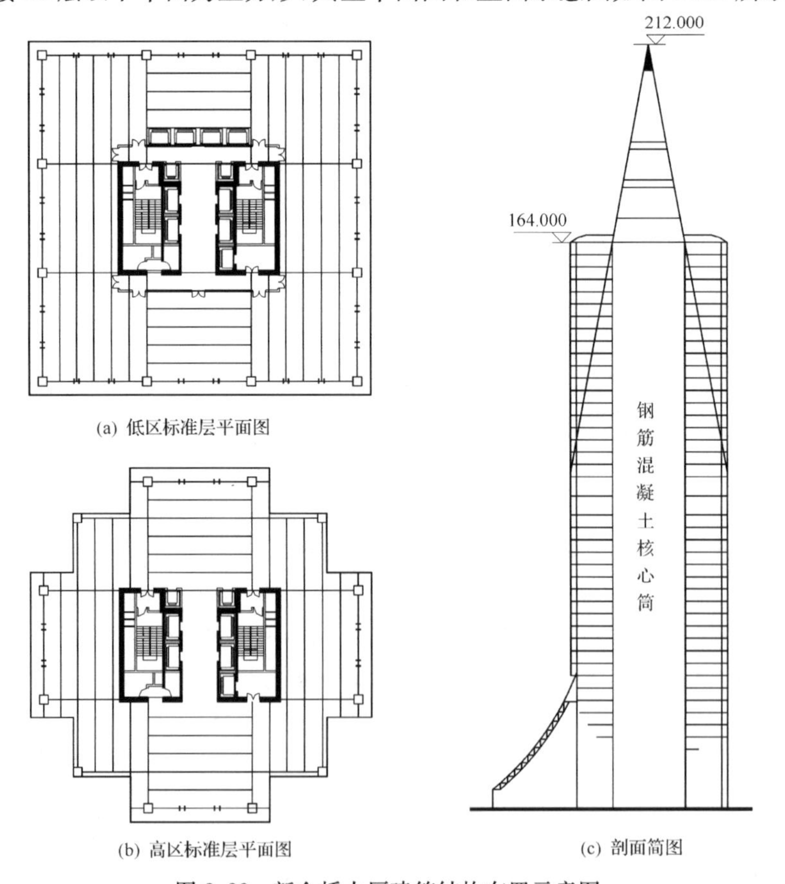

(a) 低区标准层平面图

(b) 高区标准层平面图

(c) 剖面简图

图 2.22 新金桥大厦建筑结构布置示意图

上海国际设计中心为一体型特别复杂的钢框架-混凝土核心筒体系。该建筑位于国康路与中山北二路交汇处，紧邻同济大学，为一座综合办公楼。该工程由主塔楼与副塔楼等组成，均采用了钢框架-混凝土核心筒结构体系，主塔楼外围采用平面钢框架，楼面钢梁一端与钢框架刚接，另一端与核心筒铰接，总建筑面积 47055m^2。主塔楼地上 24 层，高 96m，高宽比 3.76，平面为 31.6m×25.6m，呈矩形状；副塔楼地上 12 层，高 48m，高宽比 3.86，平面为 12.5m×30.0m 矩形，设斜柱向外逐层挑出共 12.6m；两塔楼相距 17.5m，在 11～12 层形成连体，体型上为不等高双塔连体结构。图 2.23 为底层结构平面布置图；图 2.24 为第 11 层结构平面布置图；图 2.25 为建筑正立面图。地下设有两层整体地下室，埋深约 9.8m。

2.3.2　钢管混凝土混合结构体系

钢管混凝土混合结构是指由钢管混凝土柱与钢筋混凝土核心筒组成的结构体系。钢管混凝土构件的主要优点是抗压强度高、延性好，浇灌混凝土时也不需要模板。该构件广泛应用于高层建筑框架柱、巨型桁架的受压弦杆等。

由于钢管混凝土具有较大的截面承载力和良好的抗震性能，且适宜采用高强混凝土，正发展成为强风、强震地区的高层建筑的一种主要的结构类型。早期的工程界更多地关注圆钢管对内填混凝土的约束所导致的截面抗压承载力提高效应，从而使之在工程中得到较多应用；近年来，矩形钢管混凝土由于其具有截面形状规则、节点连接相对方便的优点，从而在工程中得到推广应用。表 2.7 列出了部分国内外的采用钢管混凝土结构的高层建筑。

钢管混凝土混合结构体系主要包括以下三种组合形式：①钢管混凝土柱＋钢梁＋钢筋混凝土核心筒；②钢管混凝土柱＋钢梁＋支撑钢框架；③钢管混凝土柱＋混凝土梁＋钢筋混凝土核心筒。下面对这三种主要钢管混凝土结构体系一一介绍。

1. 钢管混凝土柱＋钢梁＋钢筋混凝土核心筒结构体系

该结构体系中，钢管混凝土柱主要用做承重柱，钢筋混凝土核心筒一方面承担了部分建筑重量，另一方面承担了主要的风荷载和水平地震作用，是我国已建钢管混凝土高层结构中的一种主要体系。该体系中的钢管混凝土柱主要为圆钢管或矩形钢管混凝土。

杭州瑞丰国际商务大厦主体结构采用了矩形钢管混凝土柱＋钢梁＋钢筋混凝土核心筒结构，建成时间是 2001 年，总建筑面积 51095m^2，西楼为 28 层，建筑总高度为 89.7m；东楼为 15 层，建筑总高度为 59.1m，柱网尺寸为 7.6m×7.6m。柱采用矩形钢管混凝土组合柱，钢柱内灌混凝土强度等级由 C55 渐变至 C35；主梁截面高度为 400mm，次梁截面高度为 350mm。梁采用焊接 H 形钢-混凝土连续组合梁，楼盖采用压型钢板组合楼盖，筒体采用钢筋混凝土结构。

大连国际贸易中心大厦主体结构为方钢管混凝土柱外框架和混凝土核心筒组成的混合结构体系，平面布置见图 2.26[5]。该大厦建于大连市中心区友好广场，主体建筑地上 78 层，地下 5 层，高 341m。地下部分为停车场、设备用房和员工用房，地上部分为商业和酒店餐饮，塔楼中部为高级办公楼层，顶部为酒店。结构设计中控制筒体墙轴压比小于

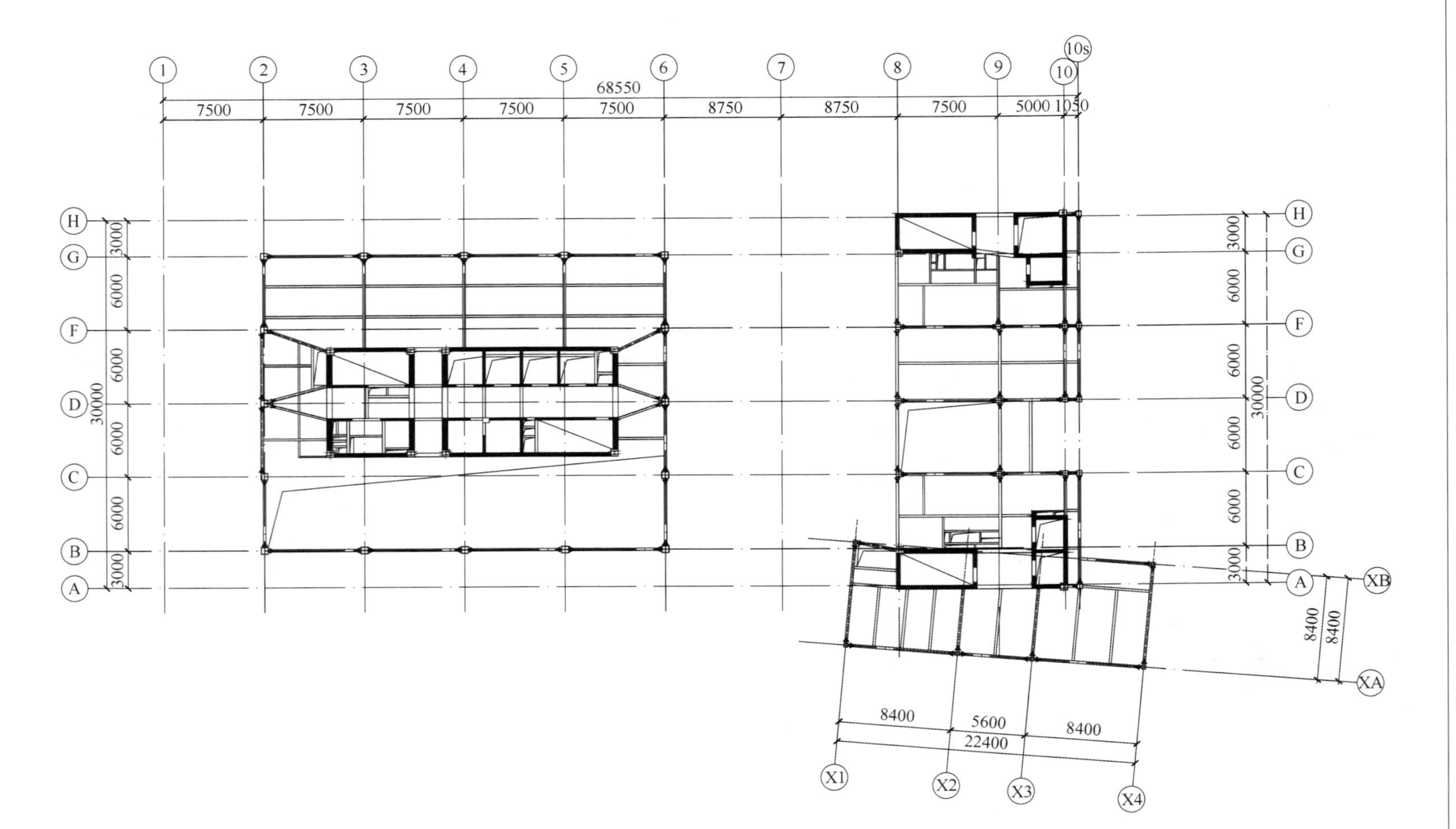

图 2.23　上海国际设计中心底层结构平面布置图

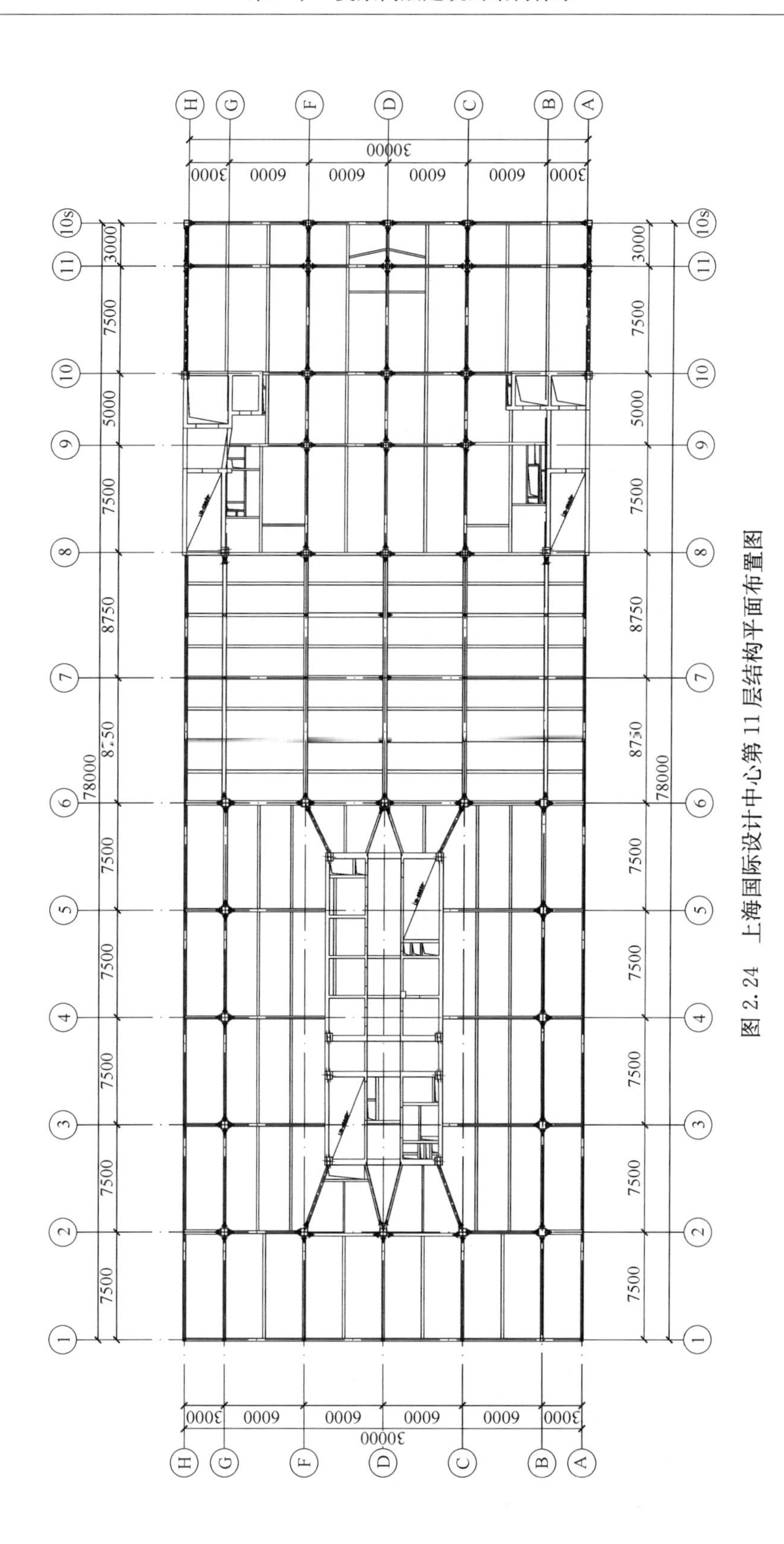

图 2.24　上海国际设计中心第 11 层结构平面布置图

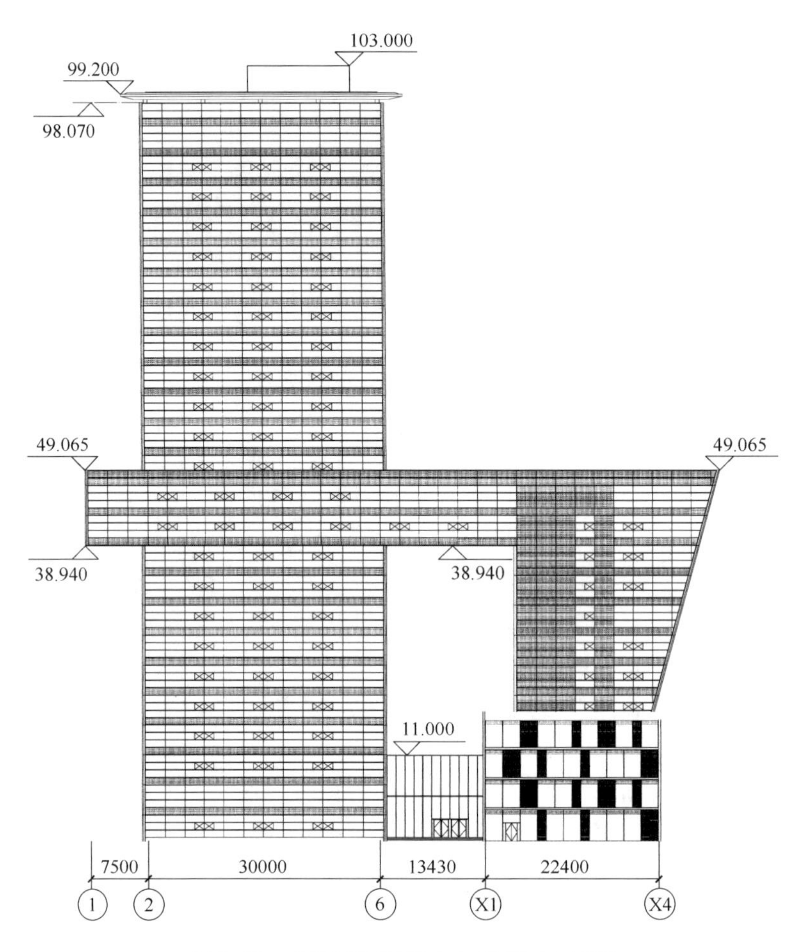

图 2.25　上海国际设计中心建筑正立面图

表 2.7　国内外部分采用钢管混凝土的高层建筑

序号	建筑名称	地点	层数	高度/m	钢管最大截面/mm	混凝土强度等级	建成时间/年
1	泉州邮电中心	泉州	16	63.5	Φ800	C35	1990
2	厦门阜康大厦	厦门	27	86.5	Φ1000	C35	1994
3	Two Union Square	西雅图	56	220	Φ3200	C130	1989
4	合银广场	广州	59	213	Φ1600	C70	2001
5	广东邮电通信枢纽综合楼	广州	74	249.8	Φ1400	C60	2001
6	赛格广场	深圳	76	291.6	Φ1600	C60	1999
7	瑞丰国际商务大厦	杭州	28	89.7	600×600	C60	2001
8	武汉国际证券大厦	武汉	71	249.3	1400×1400	C60	2003
9	台北国际金融中心	台北	101	508	2400×3000	C70	2004
10	同济教学科研综合楼	上海	21	100	900×900	C70	2006

0.5,并在筒体墙内布置间距5m的竖向型钢骨架;为了提高筒体墙开裂后的延性,在底部加强层区域布置钢筋混凝土暗支撑,也在伸臂桁架层及其上下各一个楼层中采用了钢筋混凝土暗支撑结构布置形式。

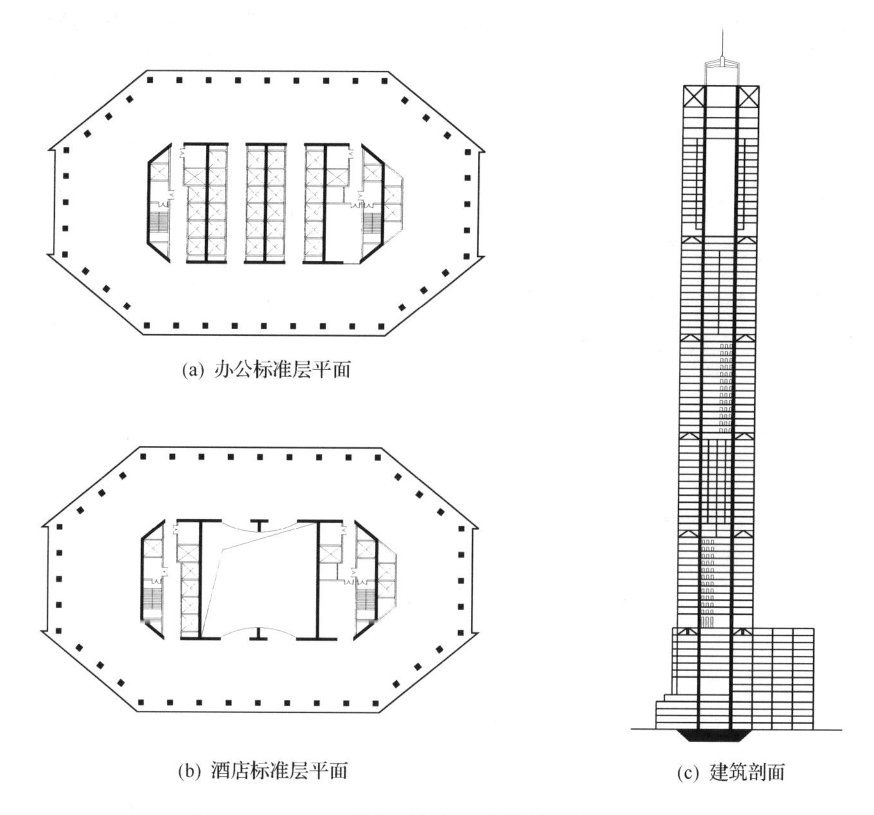

(a) 办公标准层平面

(b) 酒店标准层平面

(c) 建筑剖面

图2.26　大连国际贸易中心建筑结构布置示意图

2. 钢管混凝土柱+钢梁+支撑钢框架结构体系

该结构体系中,钢管混凝土柱主要用做承重柱,由于支撑钢框架结构具有较大的抗侧刚度和强度,且自重较小,一般作为该体系中的抗侧力结构。支撑钢框架结构系中的柱要承受较大的轴向力,工程中将这种柱设计为钢管混凝土构件。

武汉国际证券大厦采用了矩形钢管混凝土柱+钢梁+钢支撑内筒结构,如图2.27所示。该工程建成于2003年,地上68层,建筑总高度为249.3m。该工程6层以下为型钢混凝土结构、钢筋混凝土结构,6层以上转换成钢框架支撑结构体系,在避难层(25层、43层)与观光层(65层)设置三道伸臂桁架。该工程采用矩形钢管柱,最大截面尺寸为1400mm×1400mm,钢板最厚为46mm,边柱内浇筑混凝土(矩形钢管混凝土柱),梁采用焊接H型钢梁,下部采用两层一节柱,上部采用三层一节柱。

3. 钢管混凝土柱+混凝土梁+钢筋混凝土核心筒结构体系

该结构体系中,目前使用较多的框架柱以圆钢管混凝土为主。

图 2.27　武汉国际证券大厦照片

广州合银广场采用了圆钢管混凝土柱＋混凝土梁＋钢筋混凝土内筒结构形式，平面布置见图 2.28。该广场建成于 2000 年，地上 56 层，屋面标高 208m。该建筑的 11 层、27 层、42 层设置了多道伸臂钢桁架以加强结构的整体抗侧刚度。

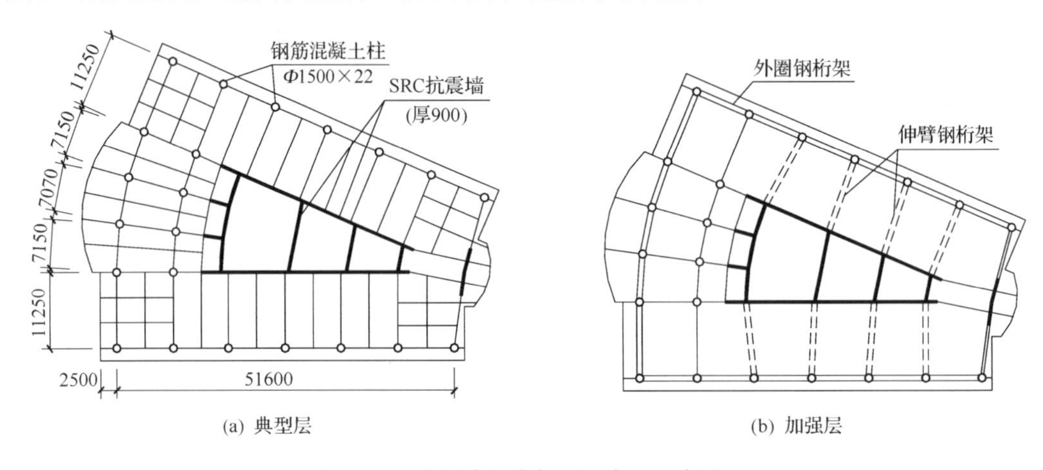

图 2.28　广州合银广场平面布置示意图

2.3.3　型钢混凝土混合结构体系

型钢混凝土混合结构体系是型钢混凝土框架与混凝土核心筒或钢筋混凝土剪力墙共同组成的承受竖向和水平作用的高层建筑结构体系，该体系包括型钢混凝土框架-混凝土剪力墙、型钢混凝土框架-混凝土核心筒等。这种结构体系是目前高层建筑中使用最多的混合结构体系。

在钢筋混凝土结构构件内部布置型钢，可以组成型钢混凝土柱、组合梁、型钢混凝土剪力墙、型钢混凝土筒体等。在钢筋混凝土构件中增加型钢，可在一定程度上改善钢筋混凝土构件的延性。由于型钢骨架的作用，混合结构构件承载能力和变形能力均明显高于同条件下的普通钢筋混凝土构件;同时,型钢混凝土结构的刚度衰减较为缓慢,滞回环较为饱满,整体结构抗震耗能能力明显增强,构件及结构体系的延性得到提高。因此,型钢混凝土构件的特点是强度高、刚度大、断面小、延性和抗震性能好、防火性能好等。

在剪力墙或者筒体中增设型钢的方式有如下几种:①在混凝土墙体两端暗柱内增设型钢,或者在墙体截面内均匀布置型钢,形成型钢混凝土剪力墙;②将型钢边缘构件和钢梁形成暗型钢框架;③在上述型钢框架中增设型钢斜撑,形成暗型钢支撑结构;④在混凝土墙体中增设钢板墙,形成钢板配筋混凝土剪力墙。钢板可以是整块的,也可以是带竖缝的,钢板与周边构件可以有多种连接形式。

陕西法门寺合十舍利塔为双手合十造型,总高 148m;该塔地下一层为地宫,层高 14.80m;裙房一层,平面为 180m×180m,层高 24.00m;主塔 11 层,各层层高 10.00m,其中 2 层设置型钢混凝土桁架转换层,2 层以上为不规则双塔楼,2、3 层内倾,4～6 层向外倾斜,7～11 层向内收拢,4 层(标高 54m)放有 600t 唐塔,以上双塔完全分开,形成空间倾斜弯折的竖向悬臂结构,并在标高 109.00m 处由 8m 高连桥连接形成连体结构[7]。合十舍利塔建筑体型复杂,建筑正立面外倾内收,有大量的殿堂、夹层和开孔,质量分布不均匀,为竖向特别不规则的高层建筑,如图 2.29(a)和图 2.29(b)所示。

在结构设计中,主要竖向构件倾斜弯折布置,有多个转换层,如底层为大底盘、框支转换结构;竖向构件大多为斜向布置,在多处形成弯折点;54m 高度处通过桁架转换支撑上部塔楼;顶部天桥处为型钢混凝土桁架连接,连体结构受力性能复杂。为保证结构在水平和竖向地震作用下的抗震性能,主体结构体系优化为剪力墙-折线形束筒形式,并在剪力墙和束筒墙体中布置了型钢框架,如图 2.29(c)和图 2.29(d)所示。

若钢板剪力墙与钢筋混凝土墙结合,则产生了一种新型的高层抗侧力结构体系——组合钢板剪力墙。该组合墙已经在工程中得到应用,并表现出良好的抗震性能。在混凝土墙内设置钢板墙的形式可分为非加劲钢板墙、加劲钢板墙、开竖缝钢板墙和低屈服点钢板墙等不同形式。采用带缝钢板或者低屈服点钢板的剪力墙可以大大增加墙体的延性,耗散更多的地震能量。

北京国际贸易中心三期工程主塔楼为带有钢板剪力墙的混合结构体系。主塔楼总高 317m,73 层,8 度设防,外形规则,采用了含钢率很高的钢筋混凝土柱和型钢混凝土内筒,在外框筒设置了两层高的腰桁架与内外筒之间的伸臂桁架形成加强层,如图 2.30 所示[5]。该工程高度超限,内筒尺寸约为平面尺寸的 40%,高宽比约为 15.5;外框筒承担的地震作用与内筒相当。抗震性能设计要求小震下位移按 1/500 严格控制;外框筒与内筒承载力均满足中震不屈服。为此,在内筒下部 1/4 楼层设置了钢板组合剪力墙,上部采用钢支撑。腰桁架的承载力全部由钢结构构件承担,且按中震弹性设计。

目前在全球最高的 100 幢高层建筑中,混合结构占 35 幢;高度超过 400m 的前 16 名中则占 10 幢,且大部分集中在亚洲。表 2.8 列出了部分有代表性的型钢混凝土混合结构高层建筑。

表中 LG 北京大厦的两座塔楼为典型的混合结构体系,其外围为型钢混凝土柱框架,平面中部为带型钢的钢筋混凝土核心筒。大厦地下 4 层,地上裙房 5 层,塔楼 31 层,地面以上结构总高度 141m,塔楼高宽比约为 3.4。该大厦塔楼结构平面布置较规则,结构竖向无转换层或加强层，除了核心筒剪力墙从 17 层开始部分取消，以及为满足建筑造型需要，结构立面从 24 层起逐层收进，结构竖向构件基本连续，抗侧刚度无明显突变。大厦单塔(东塔)典型结构平面布置及立面示意图如图 2.31 所示。

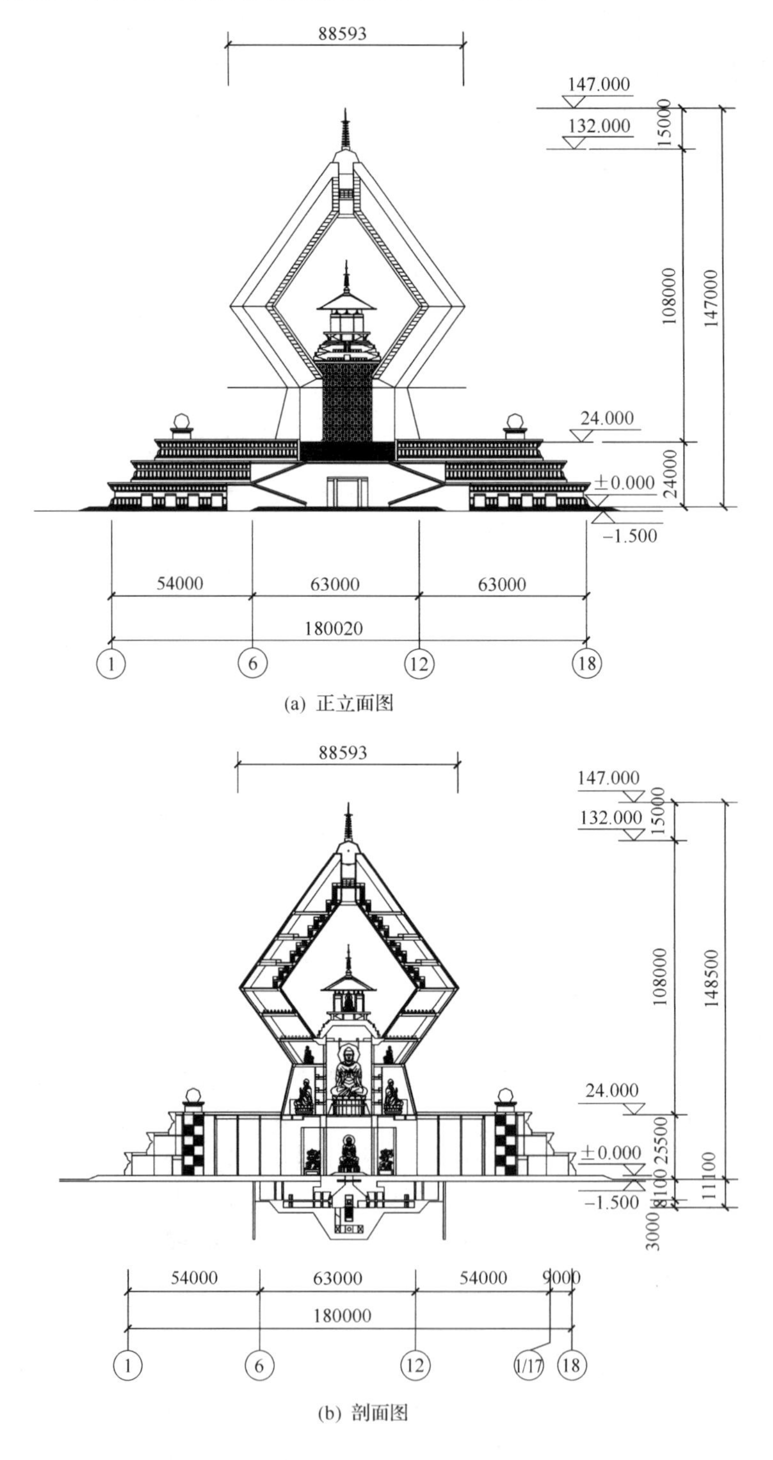

(a) 正立面图

(b) 剖面图

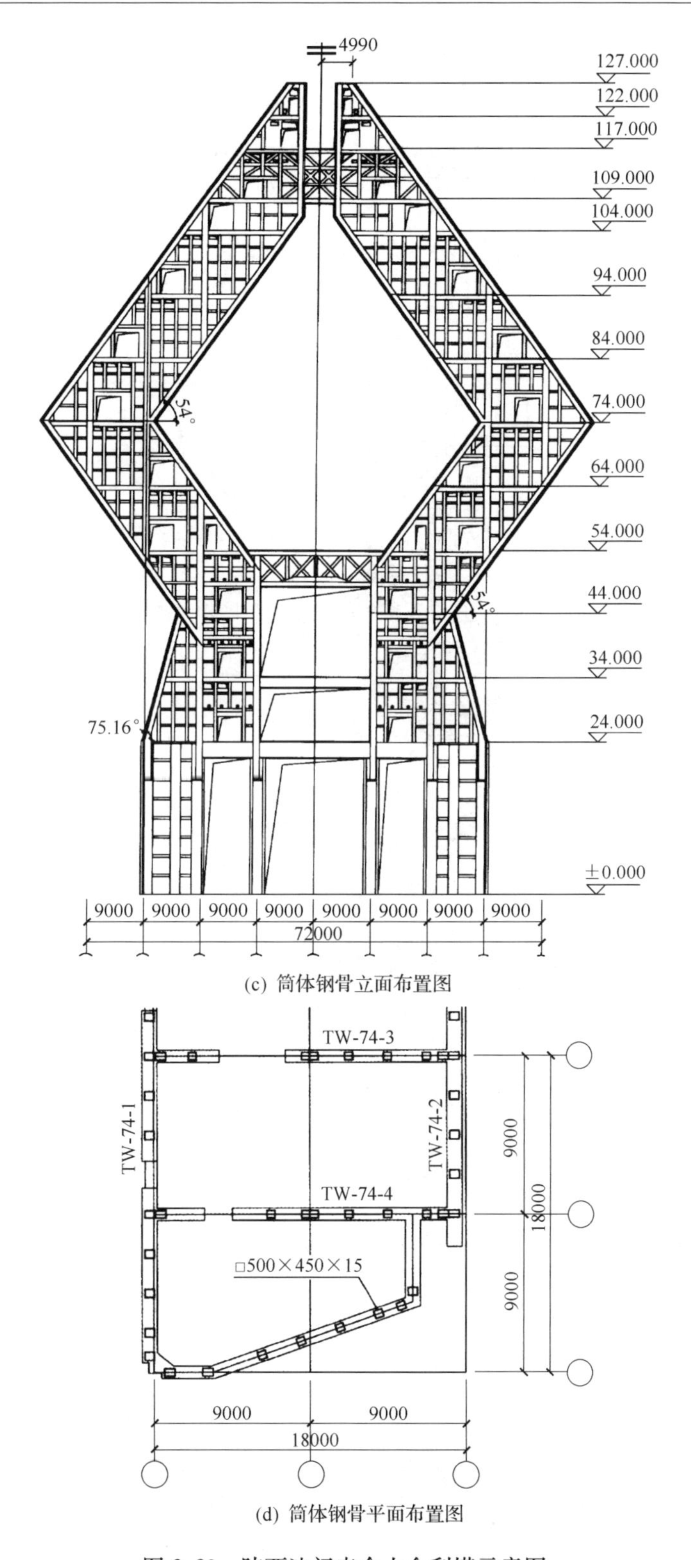

(c) 筒体钢骨立面布置图

(d) 筒体钢骨平面布置图

图 2.29　陕西法门寺合十舍利塔示意图

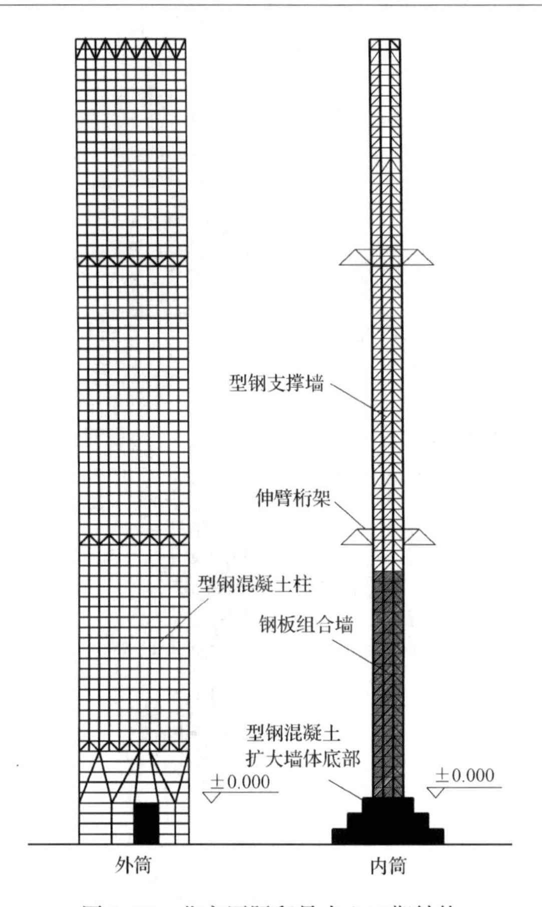

图 2.30 北京国际贸易中心三期结构

表 2.8 部分有代表性的型钢混凝土混合结构高层建筑

名称	高度/m	层数	结构体系
上海环球金融中心	492	101	型钢混凝土柱、巨型支撑＋核心筒
吉隆坡石油大厦	452	88	型钢混凝土柱框架＋核心筒
上海金茂大厦	421	88	型钢混凝土柱及钢柱框架＋核心筒
上海世茂国际广场	333	60	型钢混凝土柱及钢柱框架＋核心筒
深圳地王大厦	325	81	型钢混凝土柱框架＋核心筒
北京国贸中心三期	317	73	型钢混凝土柱框架＋核心筒
上海森茂大厦	198	48	型钢混凝土柱框架＋核心筒
上海世界金融中心	176	43	型钢混凝土柱框架＋核心筒
上海力宝中心	172	40	型钢混凝土柱框架＋核心筒
LG 北京大厦	141	31	型钢混凝土柱框架＋核心筒

LG 北京大厦地上结构裙房部分采用钢框架:热轧工字钢梁,热轧工字钢柱或组合焊接钢柱。塔楼部分采用型钢混凝土框架-核心筒混合结构体系,核心筒剪力墙和框架柱为其主要抗侧力构件。框架柱采用劲型混凝土柱,框架梁为钢梁,楼面梁为钢桁架或钢梁。核心筒由钢筋混凝土剪力墙组成,为改善核心筒的延性,筒体四角、纵横墙体交接及各层

楼面标高处均设有型钢钢骨。外围框架梁柱节点采用刚性节点，楼面钢梁（钢桁架）与钢筋混凝土核心筒采用铰接连接。

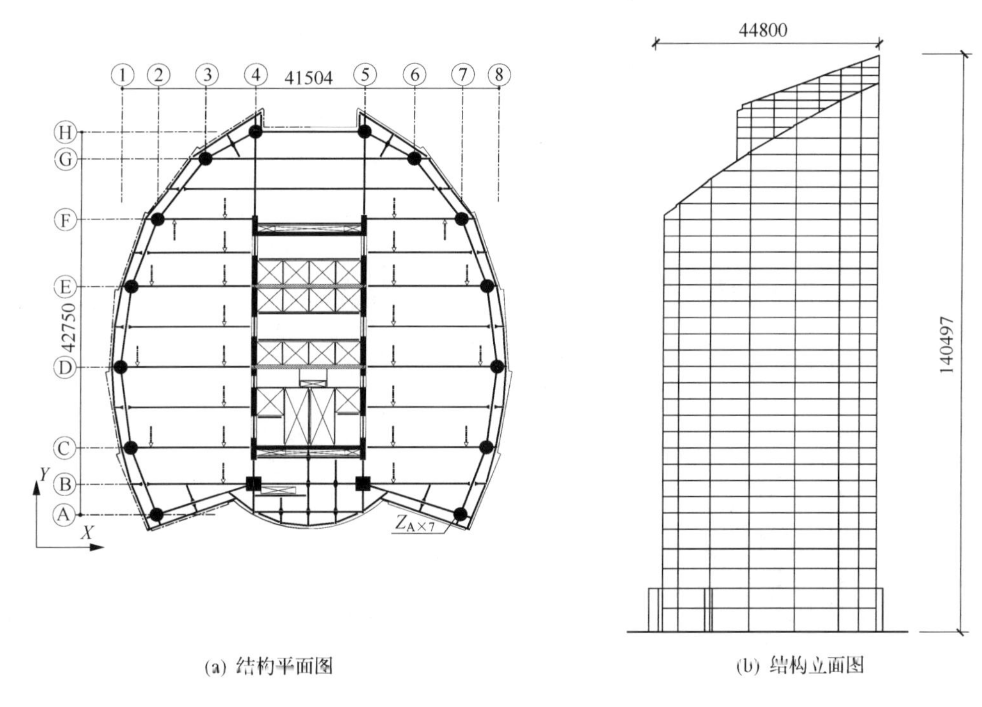

图 2.31　LG 北京大厦结构平面及立面示意图

上海世茂国际广场主塔楼为混合结构超高层建筑，地上 60 层，地下 3 层；主体建筑高度 246.16m，总高度为 333.00m，如图 2.32 所示。

上海世茂国际广场结构体系及结构布置的复杂性主要体现在以下几个方面：①结构类型为混合结构，主塔楼为型钢混凝土巨型外框架加型钢混凝土核心筒；②主塔楼平面形状为等腰直角三角形，尺寸为 51.775m×51.775m，体型规则性差；③结构整体的质心与刚度中心不重合，在地震激励下容易产生扭转效应；④结构立面变化较大，主塔楼的上部有前后两个斜面，是楼层平面分两次逐渐内收形成的，即自 37 层直角斜边开始内收至 46 层为第一个斜面，自 51 层直角顶点开始内收至 60 层为第二个斜面；⑤主塔楼的结构刚度沿竖向有突变，其 11 层（54.840m）、28 层（118.310m）、47 层（188.880m）为加强层，亦为钢桁架层；⑥屋顶桅杆仅在一个方向设置一根斜撑，高度为 83.350m。上海世茂国际广场主塔楼为体型规则性和高度均超限的复杂高层建筑工程。

2.3.4　竖向混合结构体系

竖向混合结构是指高层建筑沿高度采用多种结构形式的结构体系，如底部若干层为钢筋混凝土或者型钢混凝土结构，而上部结构则采用钢结构形式。目前采用竖向混合结构体系的高层建筑实例较少，只有当建筑功能要求特殊，或者需要减轻结构自重，或者在现有结构上加层时，才有可能全部或者局部采用竖向混合结构这种特殊结构形式。

上海环球金融中心大厦结构设计中，核心筒采用了竖向混合结构体系。79 层以下核

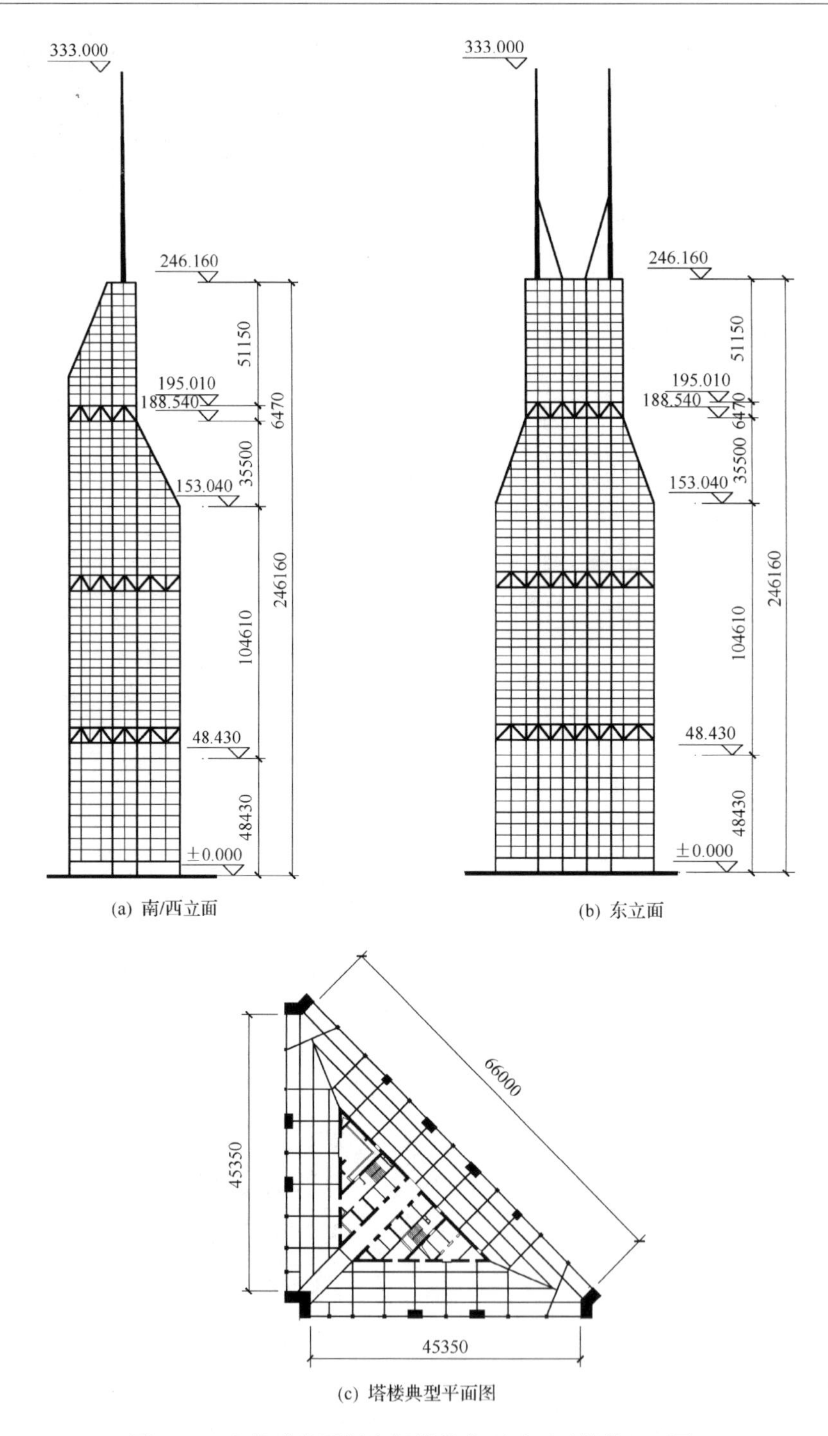

图 2.32　上海世茂国际广场塔楼典型平面及结构立面图

心筒为型钢混凝土筒体;79 层以上为减轻结构自重,增加延性,核心筒采用内置钢框架的钢筋混凝土筒体;而在 95 层以上,则改变为空间钢桁架筒体形式。

中国民生银行大厦原是一幢地下 2 层、地上 35 层的钢筋混凝土框架-核心筒结构高层建筑，高度为 135m。该大厦于 1997 年竣工，建成后一直未投入使用。2005 年结构改造中，采用钢结构加层至 45 层，总高达到 175.8m，其中，36 层以下为钢筋混凝土结构体系，36 层以上为钢框架-混凝土核心筒结构体系，典型平面图如图 2.33 所示。改造前进

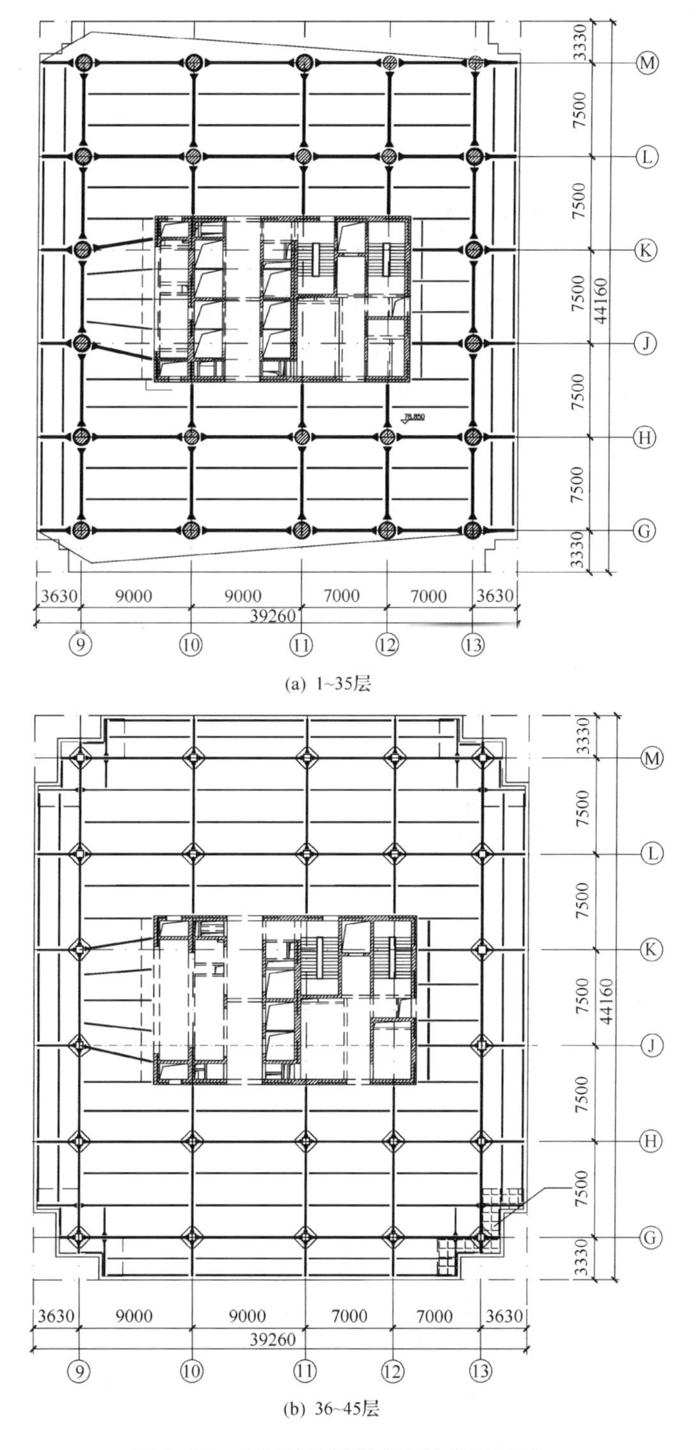

(a) 1~35层

(b) 36~45层

图 2.33　中国民生银行大厦结构平面图

行检测分析,对原结构地下室采用增大截面法加固,对外框架柱采用外套钢管的方式进行加固,对筒体墙采用粘贴钢板条的方式进行加固。新增钢结构与原结构的连接节点采用植筋法和暴露钢筋焊接相结合的方式。

2.4 巨型组合结构体系

2.4.1 概述

巨型结构包括由巨型构件组成的巨型框架结构和巨型支撑桁架结构等主体结构形式,并与其他结构构件组成的次结构共同工作,从而获得更大的使用灵活性和较高的承载性能。在超高层建筑结构体系中,其他结构形式如悬挂结构体系、多重组合结构等也可以看做巨型结构的特例。巨型结构有以下优点。

(1) 巨型结构传力明确。巨型结构是一种新型结构体系,巨型柱作为主要的抗侧力体系和承重体系,次结构只起辅助作用和大震下的耗能作用,并将竖向荷载传给主结构,传力路线非常明确。

(2) 巨型结构能够满足建筑功能多变的要求。巨型结构体系的出现很好地协调了建筑功能与结构布置的矛盾,沿竖向每个大层中的次结构可以自由布置,同时并不会造成结构上的不利作用。

(3) 巨型结构体系整体性能好。在高层建筑结构中,抗侧力体系的抗侧能力强弱是结构体系是否经济有效的关键,巨型结构的大梁作为刚臂,使得整个结构具有极其良好的整体性,可有效地控制侧移,同时也可以在不规则的建筑中采取适当的结构单元组成规则的巨型结构,有利于抗震。

(4) 巨型结构可将多种结构形式及不同材料进行组合。由于巨型结构体系的主结构和次结构可以采用不同的材料和体系,所以体系可以有不同的变化和组合,如主体结构采用高强材料,次结构采用普通材料。

(5) 巨型结构体系施工速度快。巨型结构体系可先施工主体结构,待主体结构施工完毕后,各个工作面同时进行次结构施工,大大加快施工速度。

(6) 巨型结构体系可以节约材料,降低造价。在巨型结构体系中,虽然主结构的截面尺寸、材料用量大,但量大面广的次结构只承受有限几层竖向荷载的作用,故其截面尺寸比一般超高层建筑小得多,对材料性能要求也较低,从总体上看可以节约材料和造价。

(7) 巨型结构体系可以较好地实现结构抗震多道设防的思想。在传统结构体系中,每层中的所有结构柱和大部分梁均承受水平地震力,当地震发生时首先是梁进入塑性,由梁提供耗能作用,然后是才是竖向结构屈服。在巨型结构中,结构的耗能装置由二级结构体系提供,在常遇地震作用下,二级结构体系进入塑性,在罕遇地震作用下,巨型结构梁进入塑性,巨型结构柱不进入塑性或者部分进入塑性,以保证整个结构在罕遇地震下不至于倒塌。在可能情况下,还可以在结构上安装耗能装置以保证结构的安全。

2.4.2　巨型框架结构体系

巨型框架结构由楼、电梯井组成大尺寸箱形截面巨型柱，有时也可以是大截面实体柱；每隔若干层设置一道1～2层楼高的巨型梁，一般是巨型桁架结构。它们组成刚度极大的巨型框架，承受主要的水平力和竖向荷载；巨型框架结构为一级结构或称主结构，巨型构件间的楼层梁柱框架可组成二级结构或称次结构，其荷载直接传递到一级结构。由于二级结构承受的荷载较小，构件截面较小，增加了建筑布置的灵活性和有效使用面积。紧靠上层巨型梁的楼层，甚至可以不设柱，形成较大的建筑使用空间。

巨型框架的梁柱构件一般有两种类型：①筒体型巨型框架的“柱”由筒体构成，“梁”由空间桁架构成[图2.34(a)]；②桁架型巨型框架的“柱”由空间桁架围合而成，“梁”由空间桁架构成[图2.34(b)]。

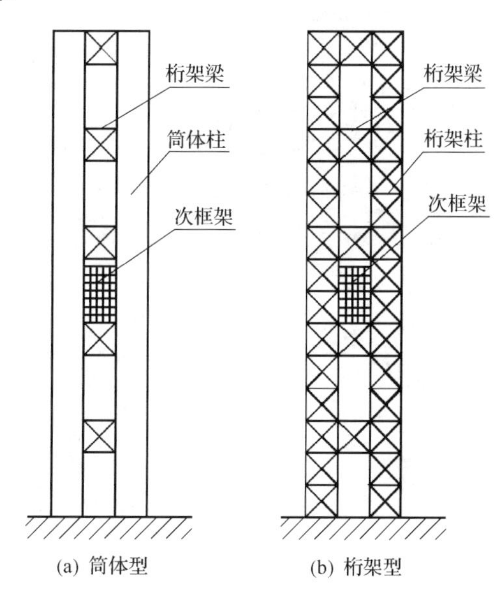

图2.34　巨型框架结构形式

巨型框架主结构的“柱”，一般布置在建筑平面的四角；当多于四根时，除了角柱，其余柱也尽量沿周边布置。巨型框架的“梁”，一般每隔8～15个楼层设置一道。其中间楼层则常设置承担重力荷载的一般小框架，称为二级结构或次结构。因为巨型框架体系的“柱”布置在四角，所以要比多根柱沿周围布置的框筒体系具有更大的抵抗倾覆力矩的能力。

南京电信局鼓楼多媒体综合楼主楼结构采用了巨型框架结构体系，如图2.35所示。建筑平面四角布置四个大小相等的钢筋混凝土筒体，筒体尺寸为7.6m×5.6m，内置电梯间、疏散楼梯、卫生间和设备管井。在6层、13层、20层和顶层设置四道桁架加强层，桁架与四个角筒形成巨型框架结构体系，主结构或者一级结构，承受全部竖向荷载和水平作用；各桁架层间5～10层框架结构为次结构或者二级结构，承受各自范围内竖向荷载及所在位置水平力作用，并将其传递给主结构。巨型结构中主次结构受力明确，传力途径合理、简明。一般楼层采用普通钢筋混凝土梁板式结构，桁架加强层采用型钢混凝土结构[8]。

图 2.35　南京电信局鼓楼多媒体综合楼施工现场

2.4.3　巨型支撑结构体系

巨型支撑结构以大截面的竖杆和斜杆组成巨型空间桁架，以承受水平和竖向荷载。楼层竖向荷载通过楼盖、梁和柱传递到桁架的主要杆件上。

美国芝加哥汉考克大厦总层数为 100，高 332 m(图 2.36)。采用巨型支撑结构体系，在外围框架上增设大型交叉支撑。框架柱距不受密排柱框筒限制，最大柱距为 13.2m。该支撑框筒由“主体系”和“次体系”两部分组成，主体系由斜撑和主楼层之间的各楼层梁组成，主体系自身具有连续性，且各杆具有传递轴力的能力；次体系由主楼层之间的各楼层梁组成，由主体系支承，不参与抵抗侧向荷载，而仅按重力荷载设计。结构形体上呈截锥状体形，使结构受力条件得到进一步改善。柱梁和支撑斜杆，均采用焊接工字形截面，柱截面为 915 mm×915 mm×150mm。

香港中国银行大厦总层数为 70，高 310m，也采用了巨型支撑结构体系。主体结构由四根巨大的角柱和沿建筑物四周布置的大型交叉支撑所组成，如图 2.37 所示。巨型支撑以 13 个楼层作为一个模数，每隔 13 层，沿大厦周围和内部设置一层楼高的加强桁架，与 12 层楼高的交叉支撑斜杆形成一个结构体系共同工作，将大厦内部和周围柱子的荷载传递到四个巨大的角柱上。角柱采用型钢混凝土柱，在 4m×4m 的混凝土柱内，设置一个由三根 H 型钢组成的型钢混凝土柱，三根 H 型钢分别与三个方向的竖直面支撑相连接。支撑斜杆采用 1000mm×500mm×90mm 的矩形管状截面，承担全部侧向力。

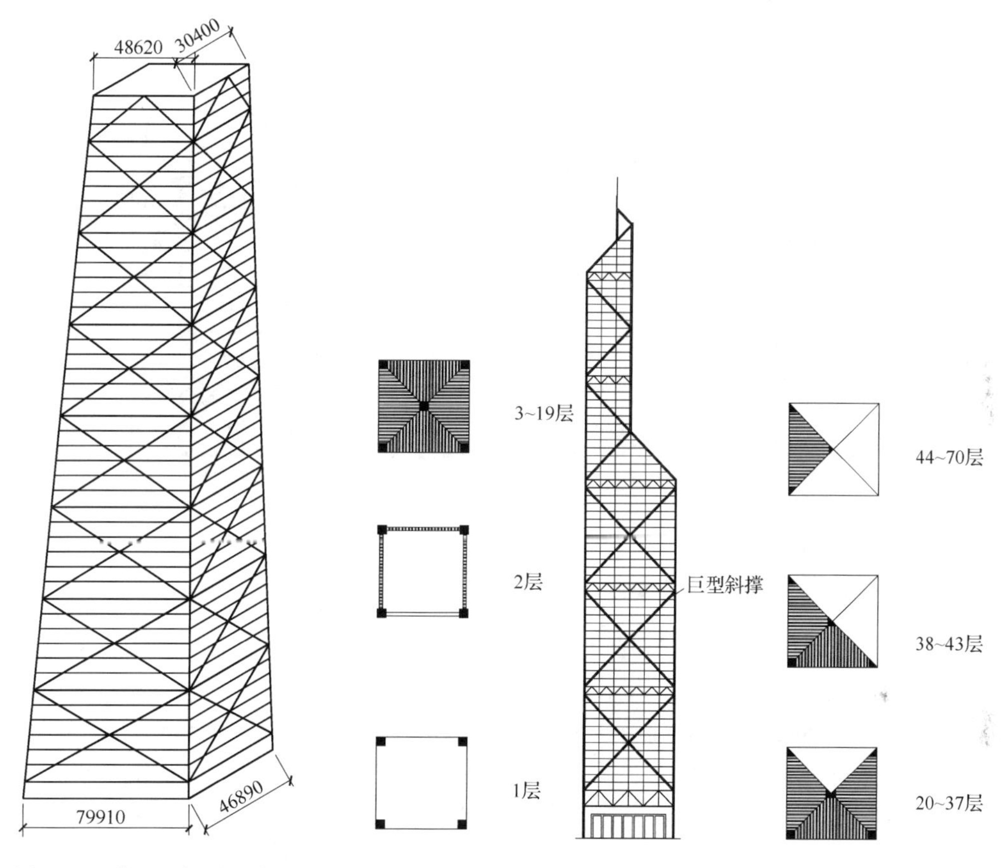

图 2.36　美国芝加哥汉考克大厦结构布置示意图

图 2.37　香港中国银行大厦结构布置示意图

2.4.4　悬挂结构体系

悬挂结构体系是指将次结构以悬挂方式布置在主体结构中，并通过悬挂体系将重力和外荷载传递给主体结构的一种结构形式。该结构体系使得次结构的设计十分简便，也可将次结构作为改善主结构受力性能的主要措施之一。1985 年建成的香港汇丰银行大楼为典型的悬挂结构体系，如图 2.38 所示。

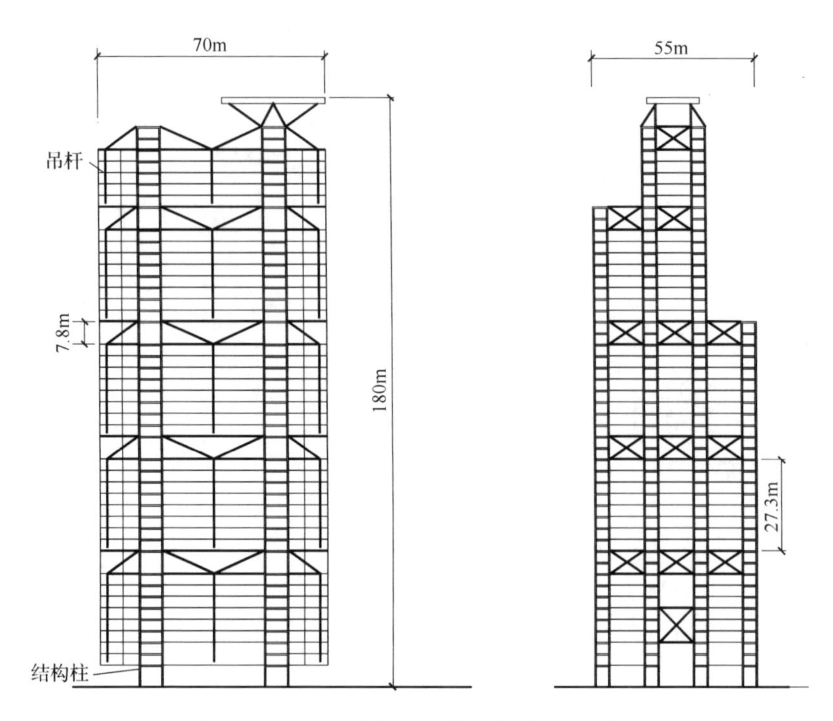

图 2.38 香港汇丰银行大楼结构布置示意图

2.4.5 多重组合巨型结构体系

当高层建筑高度较高，结构抗侧力要求较高时，可以将上述多种巨型结构体系融合应用，从而形成多重组合巨型结构体系。典型的案例是上海环球金融中心结构，采用了三重巨型结构体系共同承担重力、风和地震的侧向作用。其主要结构体系组成如下：①巨型柱、巨型斜撑和带状桁架构成的空间巨型支撑框架结构体系，如图 2.39(a)所示；②钢筋混凝土核心筒结构和带混凝土端墙的钢支撑核心筒组成的巨型核心筒结构体系，如图 2.39(b)所示；③巨型核心筒和巨型支撑框架结构之间用伸臂钢桁架连接，形成巨型空间伸臂桁架结构体系，如图 2.39(c)所示。

上海环球金融中心结构体系及结构布置的复杂性主要体现在以下几个方面[9]。

(1) 结构高度和高宽比都超过《高层建筑混凝土结构技术规程》(JGJ 3—2002)的限值。

(2) 结构类型为巨型混合结构，核心筒在 79 层以下采用钢筋混凝土筒体，79 层以上则采用内置钢框架的钢筋混凝土筒体，95 层以上采用空间钢桁架筒体；巨型斜撑、伸臂桁架采用钢管混凝土；带状桁架和转换桁架采用钢桁架；巨型柱采用型钢混凝土。

(3) 核心筒沿高度方向不连续，在 57～60 层及 78～79 层楼层处核心筒进行了二次转换，连接部分构造复杂。

(4) 沿结构高度设置了三道伸臂桁架，但每道伸臂桁架均未在核心筒内贯通，核心筒内与伸臂桁架对应的水平位置处设置了周边桁架，作为伸臂桁架的支座，伸臂桁架的作用相当复杂。

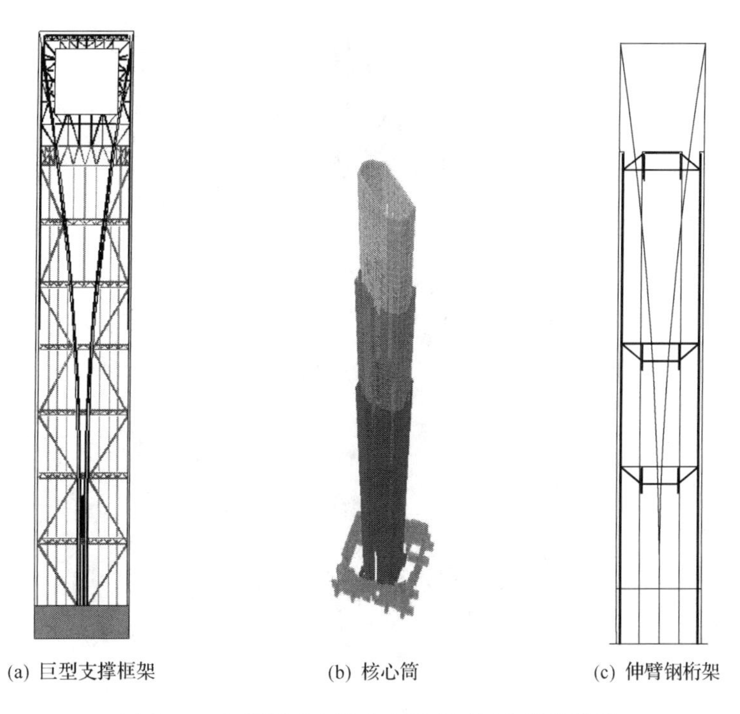

(a) 巨型支撑框架　　(b) 核心筒　　(c) 伸臂钢桁架

图 2.39　上海环球金融中心的多重组合结构体系

(5) 周边巨型斜撑布置不封闭，在巨型柱 B 分叉后形成的倾斜面上未设置斜撑，且该巨型斜撑是单向斜杆，它与巨型柱、带状桁架形成的巨型框架的空间作用机理复杂。

(6) 周边竖向小柱与斜撑、带状桁架的传力关系复杂，结构整体协同作用机理复杂。

四角巨型柱内设型钢，如图 2.40 所示，含钢率为 3%～5%，位于建筑物的角部，既承担大部分的重力荷载，又可以抵抗水平地震和风作用的弯矩和轴力。巨型支撑则采用矩形钢管混凝土构件，以增加斜撑构件的刚度、延性和长细比。带状桁架每 12 层设置一道，一层楼高，由矩形钢管和热轧宽翼缘构件焊接而成。建设中的上海环球金融中心如图 2.41 所示，从图中可以看出巨型支撑、巨型柱和带状桁架的构成。该工程已于 2008 年建成并投入使用。

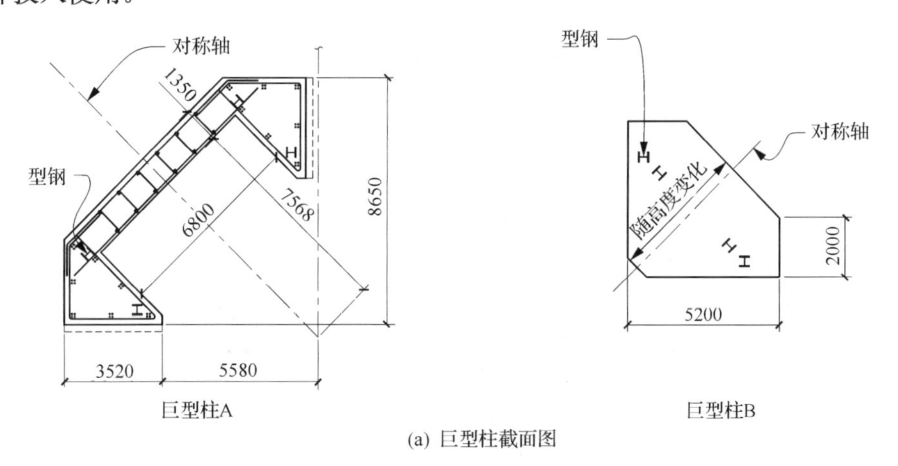

(a) 巨型柱截面图

(b) 巨型柱内的型钢布置

图 2.40　巨型柱截面及型钢布置

图 2.41　建设中的上海环球金融中心

2.5　未来的结构体系

在现有的设计标准中，高层建筑结构体系有比较明确的含义和适用范围，但实际工程常常将多种结构形式交融组合，形成更加合理适用和安全的新型结构体系。可以预见，在建筑、结构、材料、施工等研究和应用成果相互影响下，更多、更合理的高层建筑结构体系将不断涌现出来，并建造出更高、更壮观的高层建筑。以下是规划中的超高层建筑采用新型结构体系的例子。

1. 动力智能大厦[10]

动力智能大厦地下 7 层，地上 200 层，高 800m，总建筑面积为 150 万 m^2。该大楼由 12 个单元体组成，每个单元体是一个直径为 50m、高 50 层的筒形建筑。该大楼的主体结构采用由支撑框筒作柱，空间桁架作梁所组成的巨型框架体系。该空间框架由 12 根巨型柱和 10 根巨型梁构成，每段柱是一个直径为 50m、高 200m 的支撑框筒。在平面布置上，1～100 层四个支撑框筒布置在方形平面的四个角，两个方向的中心距为 80m，101～105 层三个支撑框筒布置在三角形平面的三个角，151～200 层为一个支撑框筒，如图 2.42 所示。

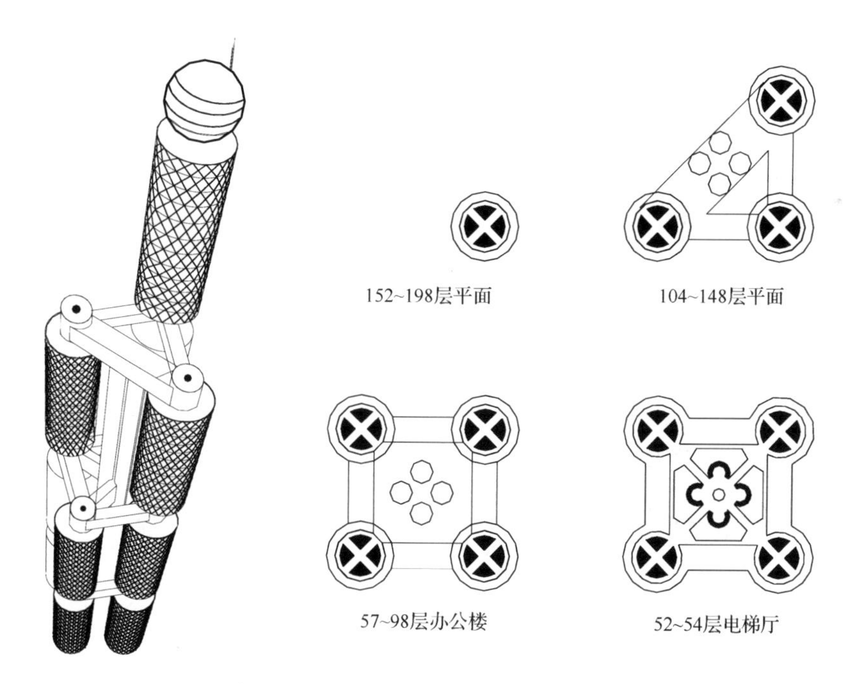

图 2.42　动力智能大厦结构概念示意图

2. 空中城市大厦[10]

空中城市大厦总高 1000m，总建筑面积可达 $8\times10^5 m^2$，预计可住 3.5 万人，供 13 万人工作。该大厦拟采用组合巨型框架结构体系：六根巨型支撑筒体，呈六角形布置，形成巨型框架柱；14 层高的巨型悬索桁架作为水平构件，将支撑筒体连接成整体，如图 2.43 所示。

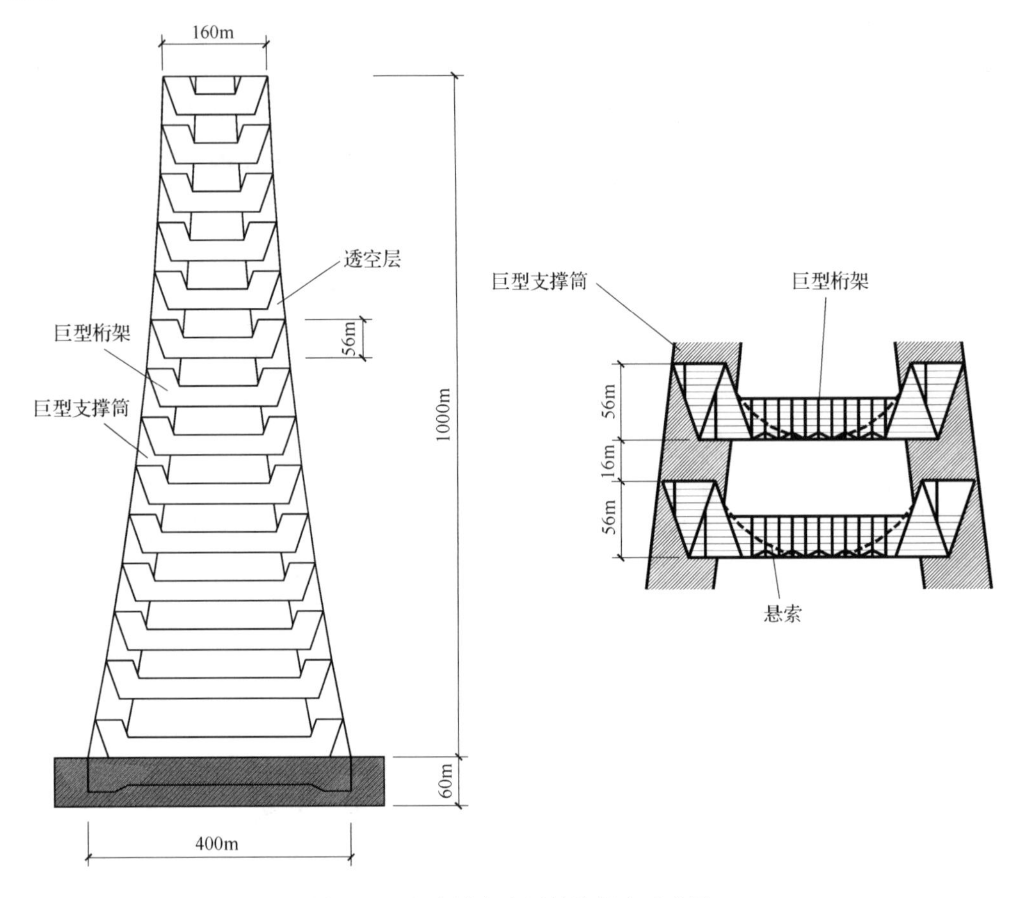

图 2.43　空中城市大厦结构概念示意图

3. 千年塔[11]

千年塔高约 800m，底部直径 150m，总体上呈圆锥状，总建筑面积达 $1\times10^6\mathrm{m}^2$，预计可住 5 万人。该塔拟采用组合巨型支撑结构体系：外筒为螺旋形的巨型支撑筒，由 12 条正反向交织的斜柱，以及 12 根沿斜面竖直布置的巨型柱组合而成；内部则为扇形布置的六个巨大的钢筋混凝土筒体组成的巨大束筒核心筒。内外筒体通过数个水平加强层连接成整体，以承受千年塔巨大的建筑结构自重和强风及强烈的地震作用。其结构示意图如图 2.44 所示。

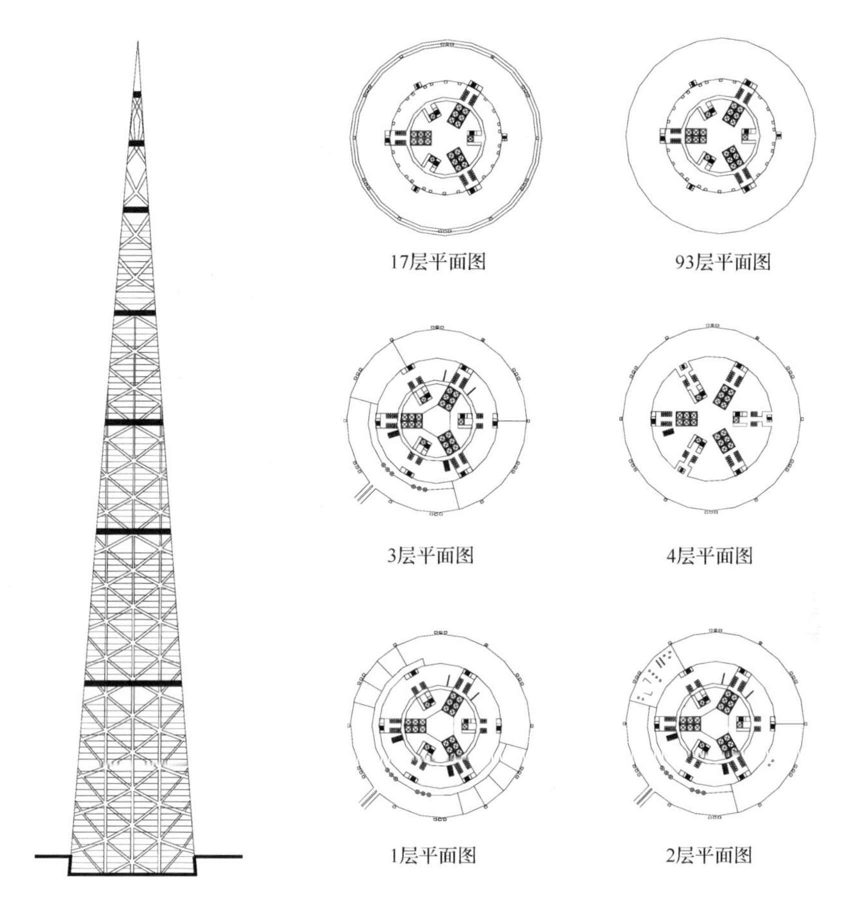

图 2.44　千年塔结构概念示意图

参考文献

[1] 刘大海，杨翠如. 高层建筑结构方案优选. 北京：中国建筑工业出版社，1996.

[2] 曹万林，胡国振，周明杰，等. 带暗支撑抗震墙研究. 世界地震工程，1998，14(4)：76-80.

[3] 徐永基，刘大海，钟锡根，等. 高层建筑钢结构设计. 西安：陕西科学技术出版社，1993.

[4] Binder G. One hundred and one of the world's tallest buildings. Victoria：Images Publishing Group Pty Ltd，2006.

[5] 徐培福. 复杂高层建筑结构设计. 北京：中国建筑工业出版社，2005.

[6] 沈恭. 上海高层超高层建筑设计与施工——结构设计. 上海：上海科学普及出版社，2004.

[7] 建学建筑与工程设计所有限公司. 法门寺合十舍利塔建设纪实. 北京：中国建筑工业出版社，2012.

[8] 建筑结构优秀设计图集编委会. 建筑结构优秀设计图集(3). 北京：中国建筑工业出版社，2005.

[9] 吕西林. 超限高层建筑工程抗震设计指南. 上海：同济大学出版社，2009.

[10] 赵西安. 现代高层建筑结构设计(上册). 北京：科学出版社，2000.

[11] 贝伦·加西亚. 世界名建筑抗震设计方案设计. 刘伟庆，欧谨译. 北京：中国水利水电出版社，知识产权出版社，2002.

第 3 章　复杂高层建筑结构抗震分析方法

由于地震作用的复杂性，常规的建筑结构抗震分析手段并不能全面认识建筑物在地震作用下的性能，所以对于实际工程，除了要进行抗震计算分析，还必须辅助以结构抗震概念设计。而抗震概念设计往往都是一些定性的条文，缺乏量化的依据，这给实际工程的抗震设计带来很大的困惑和不确定性，不同的工程技术人员对抗震概念设计的理解也是千差万别。此外，结构抗震概念设计亦大大制约了建筑物的平面形状和立面造型。我国的《建筑抗震设计规范》(GB 50011—2010)和《高层建筑混凝土结构技术规程》(JGJ 3—2002)都要求建筑物尽量做到平面和立面布置规则、对称；结构的侧向刚度沿房屋高度方向均匀变化，避免抗侧力结构的侧向刚度和承载力突变。但往往这些规则性的要求很难满足实际高层建筑的需要。随着时代的发展和进步，建筑物的体型会越来越复杂，层数也会越造越高，因此传统的理论计算并辅助以抗震概念设计的抗震设计方法越来越不能适应形势发展的需要，必须要探索和研究新的抗震设计方法，并能将这些新的抗震设计方法尽快地应用于实际工程。

对于近年来大地震所造成的严重破坏和生命财产的重大损失，美国地震工程专家进行了深刻的总结后发现，按现行的以保障生命安全为基本目标的抗震设计规范所设计和建造的建筑物，在地震中虽然没有倒塌，保障了生命安全，但无法做到房屋结构特别是非结构部分不坏，从而造成严重的经济损失并影响社会生活。人们认识到必须从以往只注重结构安全，转向全面注重结构的性能。因此有必要从性能的观点对现有抗震设计思想和方法进行反思，而基于性能的抗震设计就是在这种背景下提出的。

基于性能的抗震设计的关键一步就是结构性能评价分析。通过性能评价分析，可以检查结构设计的合理性以及是否要对该设计进行一定的优化。常用的求解地震作用的方法是反应谱法，即后来发展的底部剪力法和振型分解反应谱法。常用的性能评价分析方法有弹性时程分析、静力非线性(推覆)分析、弹塑性时程分析、能力谱方法和位移需求谱方法等。

本章首先总结了常用的抗震分析方法；其次详述了弹性和弹塑性时程分析方法、静力非线性(推覆)分析方法和增量动力非线性分析方法，介绍了非线性分析中的单元模型、材料和构件的恢复力模型，重点介绍了本研究梯队发展的分析方法和计算程序；再次给出了课题组进行非线性分析的几个复杂高层建筑工程应用实例，最后介绍了抗震结构体系的优化理论和课题组进行的工程应用。

3.1　常用的抗震分析方法

常用的抗震分析方法可分为两大类：一类是等效地震作用的静力计算方法，运用反应谱法(包括底部剪力法和振型分解反应谱法)求得作用于建筑物上的等效地震力，并将其作为静力荷载进行结构反应分析，得到结构的内力和位移；另一类是直接求解地震作用下结构内力和变形的方法，如弹性和弹塑性时程分析方法等。

我国的抗震设计思想为“三水准设防目标，两阶段设计步骤”。所谓两阶段设计步骤指的是小震作用下的弹性内力和变形分析以及大震作用下的弹塑性变形分析。小震作用下的弹性分析包括反应谱法和弹性时程分析法，这两种分析方法现有的商品化软件做得较为成熟；大震作用下的弹塑性变形分析包括弹塑性时程分析和静力非线性(推覆)分析，这两种非线性分析目前还不太完善。

3.1.1　反应谱

1. 地震反应谱

对于单自由度体系，当体系的动力特性自振频率 ω 和阻尼比 ξ 已知时，对于某一次地震时根据强震仪记录到的加速度时程曲线 $\ddot{x}_g(t)$，可通过数值计算方法求出单自由度体系的位移、速度和加速度反应。体系的这些地震反应是随时间而变化的，对于大多数工程设计，不必过多地关注这些地震反应的时间历程，往往起控制作用的是地震反应的最大值，以体系的自振周期 T 为横坐标，最大地震反应为纵坐标，就可以得到地震最大反应值 S 与周期 T 的关系曲线，当最大反应值 S 为位移 S_d、速度 S_v、加速度 S_a 时，所对应的关系曲线分别称为位移、速度和加速度反应谱。

加速度反应谱的确定过程如图 3.1 所示。

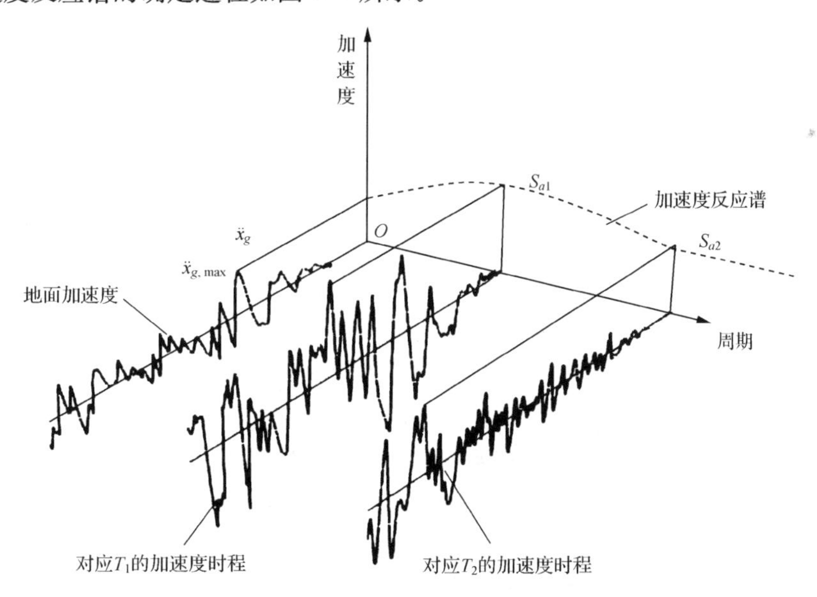

图 3.1　加速度反应谱的确定过程

地震反应谱建立了结构体系本身的动力特性与地震反应之间的关系，反映了地震动的强度和频谱特性。反应谱的幅值反映了地震动的强度，反应谱的形状反映了地震动的频谱特性。另外，反应谱也反映出了一般结构地震反应的某些基本特征，如随着体系阻尼比的减少，反应谱的谱值增大，但增大值是有限的，即使阻尼比为零，也不会出现谱值趋于无穷大的情况。因为地震动是一种极不规则的随机振动，含有多种频率成分，不同频率分量所造成的反应是相互制约的，从而使结构的最大反应不会趋于无穷大。

由于实际的地震动记录千差万别，据此得到的地震反应谱具有很大的离散性。为了研究反应谱的共同特征，得到具有代表性的反应谱以便于工程应用，研究人员提出了地震反应谱的标准化及平均地震反应谱的问题。所谓反应谱的标准化就是指反应谱与引起该反应的地震动最大幅值之比，该比值即为标准化反应谱。对反应谱进行标准化处理，可以消除地震动强度的影响，突出地震动频谱特性的影响。

由不同地震动记录计算得到的标准反应谱的形状差异很大，为了尽可能地消除这种影响，较为可行的做法就是取大量地震动记录计算结果的平均值，这就是平均反应谱的概念。

2. 设计反应谱

根据大量地震动记录并按场地类别和震中距远近分别统计所得的平均标准反应谱，可作为建筑结构抗震设计的依据。为了便于应用，抗震规范引入了地震影响系数的概念。

单质点弹性体系的最大等效地震作用可表示为

$$F = mS_a = mg\frac{|\ddot{x}_g|_{\max}}{g}\frac{S_a}{|\ddot{x}_g|_{\max}} = Gk\beta = \alpha G \tag{3.1}$$

式中，α 为地震影响系数，其物理意义为质点上的水平地震力与该质点的重力之比$|\ddot{x}_g|_{\max}$为地面运动加速度最大值；S_a 为质点最大绝对加速度；G 为质点重力；k 为地震系数；β 为放大系数。我国《建筑抗震设计规范》将地震影响系数曲线分为四个部分，覆盖的房屋自振周期为 0～6s。借助于地震影响系数，可以很方便地计算出作用在建筑物上的等效地震作用。

3.1.2　底部剪力法

底部剪力法是适合于手算的常用简化方法，该计算方法的要点就是首先根据地震影响系数求出结构底部总的剪力，然后将此剪力按照沿结构竖向倒三角形分布的模式分配到各个楼层。结构底部总的等效地震水平剪力为

$$F_{\mathrm{Ek}} = \alpha_1 G_{\mathrm{eq}} \tag{3.2}$$

式中，α_1 为相应于结构基本自振周期的水平地震影响系数值；G_{eq}为结构等效总重力荷载，单质点应取总重力荷载代表值，多质点可取总重力荷载代表值的 85%。

底部剪力法仅考虑了结构的基本自振周期，未考虑高阶振型的影响，因此该方法具有较大的局限性，仅适合于高度不超过 40m、以剪切变形为主且质量和刚度沿高度分布比较均匀的结构，以及近似于单质点体系的结构。

3.1.3　振型分解反应谱法

振型分解反应谱法是利用单自由度体系的加速度设计反应谱和振型分解原理，求出各阶振型所对应的等效地震作用以及相应的内力和变形，然后按照一定的组合原则对各阶振型的地震作用效应进行组合得到多自由度体系地震作用效应的计算方法。

振型分解反应谱法的地震作用计算分为两种情况：一种为平动的振型分解反应谱法，即只考虑单方向的地震作用，并且不考虑结构的扭转振型；另一种为扭转耦联的振型分解反应谱法，即不仅考虑两个方向的平动振型，还同时考虑扭转振型。

1. 平动的振型分解反应谱法

该法适用于平面较为规则的结构，地震作用可沿两个主轴方向分别进行计算。结构 j 振型 i 质点的水平地震作用标准值按下列公式确定：

$$F_{ji}=\alpha_j\gamma_j X_{ji}G_i\quad(i=1,2,\cdots,n;j=1,2,\cdots,m)\tag{3.3}$$

$$\gamma_j=\sum_{i=1}^{n}X_{ji}G_i\Big/\sum_{i=1}^{n}X_{ji}^2G_i\tag{3.4}$$

式中，F_{ji} 为 j 振型 i 质点的水平地震作用标准值；G_i 为 i 质点的重力荷载代表值；α_j 为相应于 j 振型自振周期的地震影响系数；X_{ji} 为 j 振型 i 质点的水平相对位移；γ_j 为 j 振型的参与系数。

对于每一阶振型，可以分别求出各质点位置处的水平地震作用并进行内力和位移分析。在实际的结构振动过程中，各阶振型在同一时刻并不会同时达到其最大值，因此较为合理的地震作用效应组合方法常常采用平方和开平方根的方法（SRSS 方法），各阶振型组合的内力及位移为

$$S_{\mathrm{Ek}}=\sqrt{\sum_{j=1}^{m}S_j^2}\tag{3.5}$$

式中，S_{Ek}为水平地震作用标准值的效应；S_j 为 j 振型水平地震作用标准值的效应，可只取前 2～3 个振型，当基本自振周期大于 1.5s 或房屋高宽比大于 5 时，振型个数应适当增加。

当采用振型分解反应谱法计算时，为使高柔建筑的分析精度满足要求，其组合的振型个数不能太少，振型个数一般可以取振型参与质量达到总质量 90%所需的振型数。

2. 扭转耦联的振型分解反应谱法

当结构的质量和刚度明显不对称、不均匀时，结构会产生扭转振动，此时每个楼层有三个自由度（两个平动和一个转动），n 个楼层将会有 $3n$ 个振型。根据我国《建筑抗震设计规范》规定，在计算等效地震作用时，可只考虑 x、y 方向地震分别作用，但要计算 x、y 方向及扭转的效应。

j 振型 i 层的水平地震作用标准值计算公式为

$$\begin{cases}F_{xji}=\alpha_j\gamma_{tj}X_{ji}G_i\\F_{yji}=\alpha_j\gamma_{tj}Y_{ji}G_i\\F_{tji}=\alpha_j\gamma_{tj}r_i^2\varphi_{ji}G_i\end{cases}\tag{3.6}$$

式中，F_{xji}、F_{yji}、F_{tji} 分别为 j 振型 i 层的 x 方向、y 方向和转角方向的地震作用标准值；X_{ji}、Y_{ji} 分别为 j 振型 i 层质心在 x、y 方向的水平相对位移；φ_{ji} 为 j 振型 i 层的相对扭转角；r_i 为 i 层转动半径，可取 i 层绕质心的转动惯量除以该层质量的商的正二次方根；γ_{tj} 为计入扭转的 j 振型的参与系数，可按下列公式确定：

当仅取 x 方向地震作用时

$$\gamma_{tj} = \sum_{i=1}^{n} X_{ji} G_i \Big/ \sum_{i=1}^{n} (X_{ji}^2 + Y_{ji}^2 + \varphi_{ji}^2 r_i^2) G_i \tag{3.7}$$

当仅取 y 方向地震作用时

$$\gamma_{tj} = \sum_{i=1}^{n} Y_{ji} G_i \Big/ \sum_{i=1}^{n} (X_{ji}^2 + Y_{ji}^2 + \varphi_{ji}^2 r_i^2) G_i \tag{3.8}$$

当取与 x 方向斜交的地震作用时

$$\gamma_{tj} = \gamma_{xj} \cos\theta + \gamma_{yj} \sin\theta \tag{3.9}$$

式中，γ_{xj}、γ_{yj} 分别为由式(3.7)和式(3.8)求得的参与系数；θ 为地震作用方向与 x 方向的夹角。

对于扭转耦联振动，各振型频率比较接近，SRSS组合方法不再适用，此外振型组合时需要考虑各振型的相互影响，所以现在广泛采用的是完全二次项组合法(CQC方法)。

单向水平地震作用的扭转效应，可按下列公式确定：

$$S_{\mathrm{Ek}} = \sqrt{\sum_{j=1}^{m} \sum_{k=1}^{m} \rho_{jk} S_j S_k} \tag{3.10}$$

$$\rho_{jk} = \frac{8\zeta_j \zeta_k (1+\lambda_T) \lambda_T^{1.5}}{(1-\lambda_T^2)^2 + 4\zeta_j \zeta_k (1+\lambda_T)^2 \lambda_T} \tag{3.11}$$

式中，S_j、S_k 分别为 j、k 振型地震作用标准值的效应，可取前 9～15 个振型；ζ_j、ζ_k 分别为 j、k 振型的阻尼比；ρ_{jk} 为 j 振型与 k 振型的耦联系数；λ_T 为 k 振型与 j 振型的自振周期比。

质量和刚度分布明显不对称的结构，应考虑双向水平地震作用下的扭转效应，可按下列公式中的较大值确定：

$$S_{\mathrm{Ek}} = \sqrt{S_x^2 + (0.85 S_y)^2} \tag{3.12}$$

$$S_{\mathrm{Ek}} = \sqrt{S_y^2 + (0.85 S_x)^2} \tag{3.13}$$

式中，S_x、S_y 分别为 x 向、y 向单向水平地震作用按式(3.10)计算的扭转效应。

3.2 弹性及弹塑性时程分析方法

时程分析方法是一种直接动力法，它是将地震动产生的地面加速度直接输入结构的振动方程中，采用逐步积分的方法进行结构的动力分析，可以得到各个时刻点结构的内力、位移、速度和加速度等反应。时程分析法完整地考虑了地震动的三个要素(强度、频谱、持时)，在理论意义上要比振型分解反应谱法完美，但它的计算工作量巨大，再加之目前还有很多不确定的因素，如地震波的选取、材料恢复力特性等问题，因此该方法在现阶段只能作为振型分解反应谱法的补充。

在结构动力分析中，荷载是时间的函数，结构的内力和变形也是时间的函数，并且与结构本身的动力特性有关。在结构的动力平衡方程中，除了动力荷载和结构恢复力，还有因质量而产生的惯性力、与质点运动有关的阻尼力等。

3.2.1 动力分析的基本要求

在用有限元方法进行结构的动力分析时，除了应满足静力分析中的各种要求，还必须考虑质量分布、结构的单元尺寸大小以及反映其动力特性的参数，如动弹性模量、材料和构件的滞回关系等。

1. 单元尺寸大小的要求

将结构划分为有限单元之后，单元的振动频率必须高于整个结构的计算频率。若出现低于整体计算的频率，则需将相应的单元再划分得小一些，这是因为，在结构动力计算时，总是希望首先找出整体结构的频率和振型，而不希望局部振动的频率混杂在结构整体振动的频率中。例如，在多层或高层建筑的抗震分析中，如果采用振型分解反应谱法计算地震作用，就必须求得整体结构的前几阶自振频率和振型，再计算结构在各个振型时的地震作用并进行适当的组合。在所选用的前几阶自振频率和振型中，如果有局部振动的成分，就会掩盖其他振型的贡献，从而得出不合理的结果，这种情况对于复杂体型的建筑结构需特别注意。当然，工程师对计算结果的正确判断和合理使用也是很重要的。

2. 材料动力特性的适当考虑

结构材料承受动力荷载时的性能与承受静力荷载时的性能往往有较大的差别。已有的试验研究结果表明，钢筋的屈服强度随着加载速率的增加而提高，但弹性模量基本上不变化，钢筋的极限强度只有很微小的提高。试验也表明，屈服强度低的钢筋，当加载速率提高时，强度增加得比较显著，而屈服强度高的钢筋，当加载速率提高时，强度的增长要比前者低一些。

混凝土的力学性质也受加载速率的影响。对在单轴受压下的混凝土应力-应变关系曲线的试验结果表明，不仅最大强度，而且应力-应变曲线的形状也与加载速率有较大的关系。

加载速率对钢筋与混凝土之间的黏结强度以及滑移特性都有一定的影响。根据 Vos 所做的试验结果，对于光圆钢筋，加载速率对黏结强度的影响很小，而对于变形钢筋，这种影响较为明显。因此，在动力分析时可以根据构件的配筋情况，来决定是否考虑加载速率对黏结强度的影响。当必须考虑这种影响时，还需要做一些必要的试验，为有限元计算提供更切合实际的计算参数[1,2]。

在结构动力分析中，材料动力强度的取值要根据加载速率的大小来确定，当计算冲击荷载下结构的反应时，就应考虑这种高应变速率对材料性能和计算参数的影响。但在计算结构的地震反应时，由于地震作用属于低周反复荷载，地震时结构物的应变速率通常小于 0.001/s，而这样的应变速率对混凝土强度的影响很小，因此，可以采用静力试验得到的力学性能指标。

3. 材料或构件滞回关系的选用

材料或构件在反复荷载作用下得到的力-变形曲线称为滞回曲线，这种滞回曲线的数学描述就是材料或构件在反复荷载作用下的本构关系或叫本构方程。材料在反复荷载作用下本构关系的选用与单元的划分和选取密切相关。计算中，若采用平面单元或实体单元，就应该在应力-应变层次上选用本构关系，若在有限元模型中采用杆系单元，可以在弯矩-曲率层次上选用本构关系，也可以在应力-应变层次上选用本构关系。

结构构件的弯矩-曲率曲线还受到轴向力的影响。在一般情况下，梁受的轴向力比较小，可以忽略轴向力对弯矩-曲率曲线的影响。但柱子是以承受轴向力为主的构件，在选取或计算柱截面的弯矩-曲率关系时必须反映轴向力的影响。在建筑结构的非线性地震反应分析中，柱截面上所受的轴向力是交替变化的，因此，每时每刻的弯矩-曲率曲线都是不同的。这样，在进行结构整体分析时，就应该根据即时的轴力来确定截面上的弯矩-曲率关系，以求得比较符合实际的计算结果。

已有的试验研究表明，剪力的存在对受弯构件截面的弯矩-曲率曲线也有明显的影响，使得滞回曲线变成“梭形”，并明显地降低了构件的耗能能力。因此，当采用杆系单元进行动力分析时，如果在计算单元特性时没有考虑剪力的作用，则应在恢复力模型中反映这种影响。

3.2.2 动力方程及单元特性

1. 结构振动方程

类似于静力有限元中的方法，按节点集合在一起可得到任意时刻结构整体的动力平衡方程：

$$[K]\{\delta\}+[C]\{\delta'\}+[M]\{\delta''\}=-[M]\{\delta''_g\} \tag{3.14}$$

式中，$[K]$为总体刚度矩阵；$[C]$为总体阻尼矩阵；$[M]$为总体质量矩阵；$\{\delta''_g\}$为地震动地面加速度时程曲线；$\{\delta\}$为结构位移向量；$\{\delta'\}$为结构速度向量；$\{\delta''\}$为结构加速度向量。

结构的阻尼力是非常复杂的。一般来说，在任何真实结构中所看到的阻尼现象都是由各种各样很复杂的能量耗散机理所引起的，结构材料的基本阻尼特性通常是不易确切知道的，因此，人们往往通过与同类结构中已观察到的阻尼特性进行比较，再来建立所要分析的结构的阻尼性质。在结构动力分析中使用最多的是瑞利(Rayleigh)阻尼假定，即认为阻尼力正比于质点运动速度和应变速度，并可以取这两种速度引起的阻尼力的线性组合。

2. 质量矩阵

在用有限单元法分析动力问题时，单元质量矩阵有一致质量矩阵和集中质量矩阵两种形式。

在计算单元的一致质量矩阵时，采用了与刚度矩阵中相同的形函数。在计算单元的集中质量矩阵时，简单地将单元质量等效集中分配给各个节点，且某个节点的加速度不引起其他节点处的惯性力，因此它是对角线方阵。

一致质量矩阵能有效地给出较高的频率精度，从上限趋向于正确的频率值，但它比集中质量矩阵需要大得多的存储单元和计算工作量，而集中质量矩阵是对角线矩阵，只需存储对角线元素的值。采用集中质量矩阵往往得到比较低的频率值，但由于协调单元离散化结构的刚度往往比原结构大，实际计算表明采用集中质量矩阵仍能得到较好的结果。

3.2.3　动力反应的求解方法

求解结构振动微分方程式(3.14)一般有两种方法。第一种是振型分解法，利用振型的正交性，把这些联立的方程组分解为一个个相互独立的振动方程，逐个求解后再叠加，因此这个方法有时也称振型叠加法。使用这个方法需要先计算出系统的各阶振型，而且也仅适合于线性振动系统和比例阻尼的情况。第二种是数值积分方法，直接对多自由度系统的微分方程式(3.14)进行积分，在积分计算中把时间历程划分为有限个微小的时段，将动力方程式化解成为矩阵形式的代数方程，用计算机逐步求解，这个方法有时也称为逐步积分法或时程分析法。这个方法可用于一般的阻尼情况，并且可以用逐段线性化的方法求解非线性动力系统的计算问题。

1. 振型分解法

对于多自由度系统，结构的动力反应可以用各个振型动力反应的线性组合来表示，即

$$\{\delta(t)\} = [A]\{q(t)\} \tag{3.15}$$

式中，$\{\delta(t)\}$ 为位移向量；$\{q(t)\}$ 为广义坐标向量；$[A]$ 为振型矩阵，振型矩阵中第 i 列向量 $\{A\}_i$ 即系统的第 i 个振型向量。

将式(3.15)代入系统的运动方程式(3.14)，并左乘振型向量 $\{A\}_j^{\mathrm{T}}$ 后，可得

$$\{A\}_j^{\mathrm{T}}[K][A]\{q(t)\} + \{A\}_j^{\mathrm{T}}[C][A]\{q'(t)\} + \{A\}_j^{\mathrm{T}}[M][A]\{q''(t)\} = -\{A\}_j^{\mathrm{T}}[M]\{\delta_g''\} \tag{3.16}$$

利用振型关于质量矩阵的正交性以及振型关于刚度矩阵的正交性，并假定阻尼矩阵也满足正交性条件，可以得到

$$\bar{M}_j q_j''(t) + \bar{C}_j q_j'(t) + \bar{K}_j q_j(t) = \bar{P}_j, \qquad (j = 1,2,\cdots,n) \tag{3.17}$$

式中，$\bar{M}_j$、$\bar{K}_j$ 分别为振型质量和振型刚度；$\bar{C}_j$ 为振型阻尼，根据假定也满足正交性条件；当采用瑞利阻尼时，$\bar{P}_j = \{A\}_j^{\mathrm{T}}[M]\{\delta_g''\}$ 称为振型结点荷载。

逐个求解式(3.17)，即可得到 n 个广义坐标 $q_j(t)(j = 1,2,\cdots,n)$，代入式(3.15)，即得到了结构系统的动力反应。用振型分解法求得的结点位移 $\{\delta(t)\}$ 是时间的函数，由它插值得到单元内部位移、应力、应变的计算与静力方法一样，不同的是这些量都是时间的函数。

用振型分解法求解结构系统的动力反应时有两个明显的优点：①n 个相互耦联的方程利用振型正交性解耦后相互独立，变成了 n 个单自由度方程，使计算过程大大简化；②只需按要求求解少数几个振型的方程，就可以得到满意的解答，因为在大多数情况下，结构的动力反应主要是前面几个低阶振型起控制作用。例如，对于一般的高层钢筋混凝土建筑，在进行结构的地震反应计算时，通常情况下，考虑前面 3～5 个振型，就可获得足够精确的结果。对于体型比较复杂的高层建筑，有时需要多考虑几个振型的影响，但也不是考虑全部的振型。

2. 直接积分法

采用直接积分法进行求解的步骤如下。

(1) 将整个地震持续的时间划分为一系列微小时段，每一微小时段的长度为步长，记为 Δt。Δt 取值越小，计算精度越高，但计算时间也越长。对于高层建筑，一般取 $\Delta t=0.01\sim0.02$s。在每一个微小时段 Δt 内，M、C、K 及 δ''_g 可看做常数。

(2) 根据结构体系的初始条件，逐步求得各个时刻点 t_i 的 δ_i、δ'_i、δ''_i，即得到整个时程的结构地震反应。

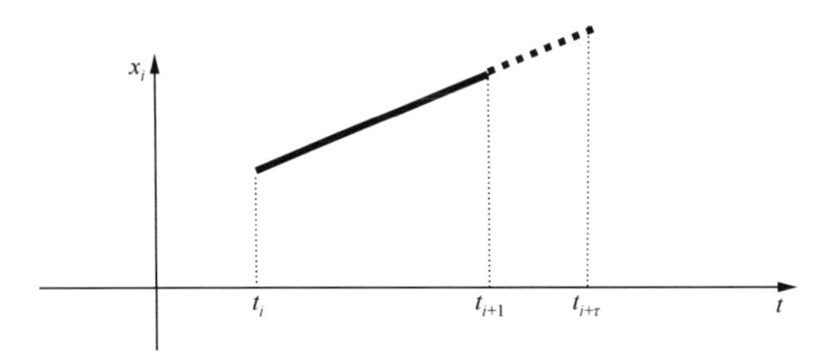

图 3.2 Wilson-θ 法的基本假定

目前，在动力时程分析中主要采用两种逐步积分法，Wilson-θ 法和 Newmark-β 法。Wilson-θ 法是 Wilson 于 1966 年提出的一个简单而有效的方法，它是在线性加速度方法的基础上改进得到的一种无条件收敛的数值方法。它的基本假定仍然是加速度按线性变化，但其范围延伸到时间步长为 $\theta\Delta t$ 的区段，如图 3.2 所示。当 $\theta\geqslant1.37$ 时，该方法是无条件稳定的。然而，当 θ 的取值过大时，会出现较大的误差，所以通常取 $\theta=1.4$。下面简单介绍 Wilson-θ 法的计算步骤。

在时刻 $t+\theta\Delta t$，结构的振动方程为

$$[K]\{\delta(t+\theta\Delta t)\}+[C]\{\delta'(t+\theta\Delta t)\}+[M]\{\delta''(t+\theta\Delta t)\}=-[M]\{\delta''_g(t+\theta\Delta t)\} \tag{3.18}$$

根据 Wilson-θ 法的假定，加速度反应在 $[t,t+\theta\Delta t]$ 上线性变化，可求得时刻 $t+\theta\Delta t$ 时的加速度反应为

$$\{\delta''(t+\theta\Delta t)\}=\frac{6}{\theta\Delta t}(\{\delta(t+\theta\Delta t)\}-\{\delta(t)\})-\frac{6}{\theta\Delta t}\{\delta'(t)\}-2\{\delta''(t)\} \tag{3.19}$$

在 $[t,t+\theta\Delta t]$ 时段内采用内插法，可以求得 $t+\Delta t$ 时刻的加速度为

$$\{\delta''(t+\Delta t)\}=\frac{6}{\theta(\theta\Delta t)^2}(\{\delta(t+\theta\Delta t)\}-\{\delta(t)\})-\frac{6}{\theta(\theta\Delta t)}\{\delta'(t)\}-\left(1-\frac{3}{\theta}\{\delta''(t)\}\right) \tag{3.20}$$

根据线性加速度法的基本关系式，利用 $\{\delta''(t+\Delta t)\}$ 可得 $t+\theta\Delta t$ 时刻的速度、位移反应为

$$\{\delta'(t+\Delta t)\}=\{\delta'(t)\}+\frac{\Delta t}{2}(\{\delta''(t+\Delta t)\}+\{\delta''(t)\}) \tag{3.21}$$

$$\{\delta(t+\Delta t)\}=\{\delta(t)\}+\Delta t\{\delta'(t)\}+\frac{1}{3}(\Delta t)^2\{\delta''(t)\}+\frac{1}{6}(\Delta t)^2\{\delta''(t+\Delta t)\} \tag{3.22}$$

在式(3.20)～式(3.22)中，关键是要求出 $t+\theta\Delta t$ 时刻的位移 $\{\delta(t+\theta\Delta t)\}$。为了求出 $\theta\Delta t$ 时刻内的增量位移，将振动微分方程式(3.16)写成如下增量形式的方程：

$$[K]\{\Delta\delta(t)\}+[C]\{\Delta\delta'(t)\}+[M]\{\Delta\delta''(t)\}=-[M]\{\Delta\delta''_g(t)\} \tag{3.23}$$

根据式(3.23)可以解得位移增量为

$$\{\Delta\delta(t)\}=[K^*]^{-1}\{\Delta F^*\} \tag{3.24}$$

式中

$$[K^*]=[K]+\frac{3}{\theta\Delta t}[C]+\frac{6}{\theta(\theta\Delta t)^2}[M] \tag{3.25}$$

$$\{\Delta F^*\}=-[M]\{\Delta\delta''_g(t)\}+[M]\left(\frac{6}{\theta\Delta t}\{\delta'(t)\}+3\{\delta''(t)\}\right)+ [C]\left(3\{\delta'(t)\}+\frac{\theta\Delta t}{2}\{\delta''(t)\}\right) \tag{3.26}$$

这样可以根据 t 时刻的状态得到 $t+\Delta t$ 时刻的状态。重复上述步骤,可逐步求得各时刻结构的瞬时位移、速度和加速度。

3.2.4 动力系统的简化方法

由3.2.3节中介绍的动力分析过程可知,结构有限元动力分析的计算相当于多次的静力计算,当时间步长 Δt 很小时,计算工作量是相当大的。特别是在进行非线性分析时,由于在每一个时间步长内都需要调整结构的刚度矩阵,或者进行迭代,这样,计算工作量将更大,花费的机时将更多。为了减少计算工作量和节省计算时间,一般可以采取两种途径:第一种是选用合理的数值方法和计算程序;第二种是从结构和力学的角度简化动力方程及缩减自由度。本节将简要介绍第二种途径。

1. 集中质量矩阵

集中质量法是以某种等效原则将各单元的分布质量直接集中到节点上,如静力等效原则是将节点分担区域的质量集中到该结点上,比较简单而常用;另外,还有动能等效原则,其相对较为合理。

质量集中后,每一节点某方向的加速度只在本节点相同方向上产生惯性力,因此形成的集中质量矩阵为对角矩阵,一般形式为

$$[m]=\begin{bmatrix} m_1 & & & & \\ & m_2 & & 0 & \\ & & \ddots & & \\ & 0 & & m_{n-1} & \\ & & & & m_n \end{bmatrix} \tag{3.27}$$

集中质量矩阵的优点是计算简单、成本低,并且能满足一般工程所需要的精确度。

2. 子结构技术

为了减少结构计算的自由度,可以将一根柱或一根梁用一个梁单元模拟。由于单元非线性开展的程度沿单元轴线方向变化较大,为了提高计算精度,将一个梁单元分成若干个子单元,如图3.3所示。

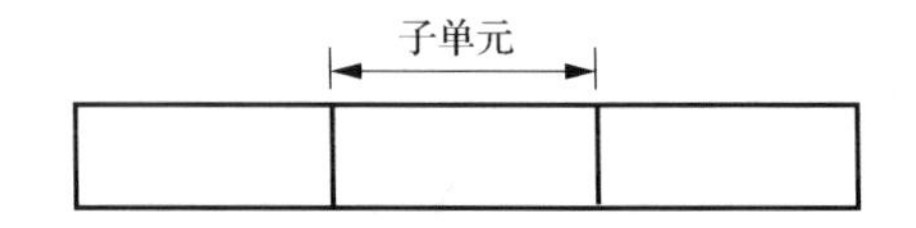

图 3.3　子结构单元的划分

一个梁单元的支配方程可以写为

$$\begin{Bmatrix} \Delta P_1 \\ \Delta P_2 \end{Bmatrix} = \begin{bmatrix} K_{11} & K_{12} \\ K_{21} & K_{22} \end{bmatrix} \begin{Bmatrix} \Delta u_1 \\ \Delta u_2 \end{Bmatrix} \tag{3.28}$$

式中，$\{\Delta u_1\}$为单元边界上的增量位移；$\{\Delta P_1\}$为单元边界上的增量力；$\{\Delta u_2\}$为单元内部的增量位移；$\{\Delta P_2\}$为单元内部的增量力。

由式(3.28)可得单元内部的增量位移为

$$\{\Delta u_2\} = -[K_{22}]^{-1}([K_{21}]\{\Delta u_1\} - \{\Delta P_2\}) \tag{3.29}$$

将式(3.29)代入式(3.28)可得到凝聚的切线刚度矩阵为

$$[K] = [K_{11}] - [K_{12}][K_{22}]^{-1}[K_{21}] \tag{3.30}$$

这样可以根据经凝聚的单元切线刚度矩阵装配成整体结构刚度矩阵，在已知的荷载增量下可得到外部节点的位移增量，再通过式(3.29)可得到子结构单元内部的节点位移增量。

求解非线性平衡方程组的关键问题就是在每一荷载增量步计算失衡力向量，以此作为迭代是否继续进行的依据。为了尽可能准确地计算单元节点力，采用沿单元轴线方向5点高斯积分技术[1]。

单元节点力可以表达为

$$I = \int_0^L [\beta']^{\mathrm{T}} \{\sigma\} \mathrm{d}x \tag{3.31}$$

式中

$$[\beta'] = [\beta_{\mathrm{l}} + \beta_{\mathrm{nl}}] \tag{3.32}$$

$$\{\sigma\} = \begin{Bmatrix} P \\ M_y \\ M_z \end{Bmatrix} \tag{3.33}$$

其中，β_{l} 为应变-位移矩阵中的线性部分；β_{nl}为应变-位移矩阵中的非线性部分；P 为轴力；M_z 和 M_y 分别为沿 z 方向和 y 方向的弯矩。

将式(3.31)用高斯积分点的形式表示为

$$I = \frac{L}{2} \sum_{i=1}^{5} w_i [\beta']^{\mathrm{T}} \{\sigma\} \tag{3.34}$$

式中，w_i 为第 i 个积分点的权重系数。

5 个积分点的坐标分别为

$$x_1 = 0.04691L,\quad x_2 = 0.2308L,\quad x_3 = 0.5L,\quad x_4 = 0.7692L,$$
$$x_5 = 0.9531L$$

式中，L 为子结构单元的长度。

5 个积分点的权重系数分别为

$$w_1 = 0.23693,\quad w_2 = 0.47863,\quad w_3 = 0.56889,\quad w_4 = 0.47863,\quad w_5 = 0.23693$$

计算子结构单元内力的过程如下：

(1) 确定单元积分点的位置，根据当前总的位移，计算积分点处截面形心的总的轴向应变和曲率。

(2) 根据截面形心的应变，计算积分点处的截面内力$\{\sigma\}$。

(3) 使用子结构外部的位移，计算积分点处的非线性应变-位移矩阵$[\beta']$。

(4) 使用式(3.33)计算子结构单元的内力。

有了单元的内力，可以装配成整个结构的内力，它与节点荷载向量之间的差就是该荷载步的失衡力向量。

3. 刚臂约束

在结构非线性分析中，剪力墙常常用杆单元来模拟，这样可以大大减少结构的自由度。但当用杆单元代替实际的剪力墙构件时，与剪力墙连接的构件会产生失真，因此在墙宽范围内必须增加刚臂。假定空间梁单元的两端与刚臂相连，如图 3.4 所示。

1) 节点位移的转换关系

考察图 3.5，从节点 s 以刚臂与主节点 m 相连的一般情形。整体坐标系 $OXYZ$ 下任一节点的 6 个位移分量如图 3.5 所示。

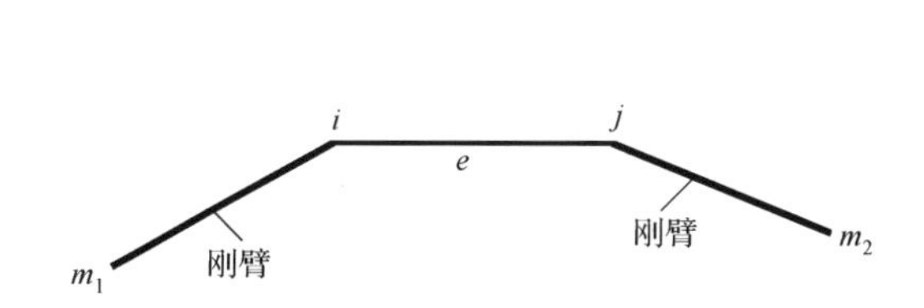

图 3.4　具有刚臂的梁单元

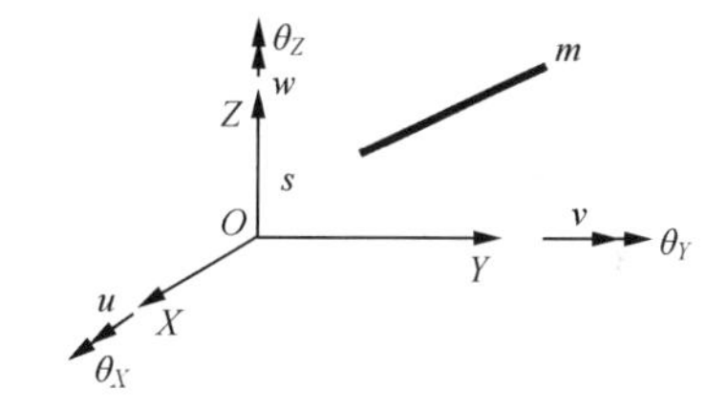

图 3.5　从节点 s 以刚臂与主结点 m 相连

节点 s 和节点 m 的坐标分别记为(X_s, Y_s, Z_s) 和(X_m, Y_m, Z_m)，并记

$$X_{sm} = X_s - X_m,\quad Y_{sm} = Y_s - Y_m,\quad Z_{sm} = Z_s - Z_m$$

节点 s 和节点 m 之间通过刚臂相连，因此从节点 s 不是独立的，它与主节点 m 有相互的关系。由刚体运动学可得到它们之间的关系为

$$\begin{Bmatrix} u_s \\ v_s \\ w_s \\ \theta_{X_s} \\ \theta_{Y_s} \\ \theta_{Z_s} \end{Bmatrix} = \begin{bmatrix} 1 & 0 & 0 & 0 & Z_{sm} & -Y_{sm} \\ 0 & 1 & 0 & -Z_{sm} & 0 & X_{sm} \\ 0 & 0 & 1 & Y_{sm} & -X_{sm} & 0 \\ 0 & 0 & 0 & 1 & 0 & 0 \\ 0 & 0 & 0 & 0 & 1 & 0 \\ 0 & 0 & 0 & 0 & 0 & 1 \end{bmatrix} \begin{Bmatrix} u_m \\ v_m \\ w_m \\ \theta_{X_m} \\ \theta_{Y_m} \\ \theta_{Z_m} \end{Bmatrix} \tag{3.35}$$

简记为

$$\boldsymbol{\delta}_s = \boldsymbol{D}\boldsymbol{\delta}_m \tag{3.36}$$

式中，$\boldsymbol{D}$ 为位移变换矩阵。由此可知，对图 3.4 所示情形即有

$$\boldsymbol{\delta}_i = \boldsymbol{D}_i \boldsymbol{\delta}_{m_1} \tag{3.37}$$

$$\boldsymbol{\delta}_j = \boldsymbol{D}_j \boldsymbol{\delta}_{m_2} \tag{3.38}$$

2）单元节点力的转换关系

图 3.4 中，节点 s 是 e 号梁单元的一个端节点。梁单元的 s 端节点力记为

$$\boldsymbol{F}_s = [F_x, F_y, F_z, M_x, M_y, M_z]_s^{\mathrm{T}}$$

作用在刚臂端截面上的节点力记为

$$\boldsymbol{F}_m = [F_x, F_y, F_z, M_x, M_y, M_z]_m^{\mathrm{T}}$$

由刚体平衡的虚功原理可得

$$\boldsymbol{F}_m = \boldsymbol{D}^{\mathrm{T}} \boldsymbol{F}_s \tag{3.39}$$

对图 3.4 所示 e 号梁单元即有

$$\boldsymbol{F}_{m_1} = \boldsymbol{D}_i^{\mathrm{T}} \boldsymbol{F}_i \tag{3.40}$$

$$\boldsymbol{F}_{m_2} = \boldsymbol{D}_j^{\mathrm{T}} \boldsymbol{F}_j \tag{3.41}$$

3）单元刚度矩阵的转换关系

e 号梁单元的平衡方程为

$$\begin{Bmatrix} \boldsymbol{F}_i \\ \boldsymbol{F}_j \end{Bmatrix} = \boldsymbol{K}^e \begin{Bmatrix} \delta_i \\ \delta_j \end{Bmatrix} \tag{3.42}$$

记

$$\bar{\boldsymbol{D}} = \begin{bmatrix} \boldsymbol{D}_i & 0 \\ 0 & \boldsymbol{D}_j \end{bmatrix} \tag{3.43}$$

将式(3.42)和式(3.43)代入式(3.40)和式(3.41)可得

$$\begin{Bmatrix} \boldsymbol{F}_{m_1} \\ \boldsymbol{F}_{m_2} \end{Bmatrix} = \bar{\boldsymbol{D}}^{\mathrm{T}} \boldsymbol{K}^e \bar{\boldsymbol{D}} \begin{Bmatrix} \delta_{m_1} \\ \delta_{m_2} \end{Bmatrix} \tag{3.44}$$

故转换到主结点 m_1 和 m_2 上的 e 号梁单元的单元刚度矩阵为

$$\bar{\boldsymbol{K}}^e = \bar{\boldsymbol{D}}^{\mathrm{T}} \boldsymbol{K}^e \bar{\boldsymbol{D}} \tag{3.45}$$

4. 层间模型

在高层建筑的抗震动力分析中，目前国内外使用较多的是以假定楼板刚度无限大为基础的层间模型，即以每一层楼面为一个集中质量块，每层楼面考虑 1～3 个自由度。这种模型的优点是大大压缩了自由度的数量，适合计算整体结构的动力特性和动力反应，找出结构的薄弱层，也适合初步设计阶段的计算。但剪切型层间模型不能考虑整体弯曲的影响，弯剪型层间模型只能考虑相邻层的影响，而且无法判断每根杆的工作状态，因此局限性较大。为了解决这一问题，可以采用一种杆系-层间模型，即每层考虑一个集中质量，而层间的刚度则由杆系形成。计算的大体过程是：首先按杆系形成每片抗侧力结构的总刚度矩阵，然后用分别在各层处作用单位水平力的方法求出阶数等于层数的抗侧力结构的片柔度矩阵；片柔度矩阵求逆即得到片刚度矩阵；利用楼板在平面内刚度无限大的假定，由各片抗侧力结构的片刚度矩阵形成整个结构的空间总刚度短阵。这时，以质量集中

于楼面处的层间模型来求解运动方程，得到某一时刻的总体位移后再回到杆系，考虑各片抗侧力结构的空间协同工作，按片刚度矩阵分配各片所承受的外力，再解出内力，以此内力来判断每根杆件所处的弹塑性(非线性)状态，重新形成每个杆件的刚度矩阵进而组成新的空间总刚度矩阵。这样往返计算，直至达到结构强度极限或变形极限或计算完输入地震波的全部时程。这种杆系-层间模型的特点可以概括为：静按杆系、动按层间、分别判断、合并运动。关于这一模型的详细计算过程可参阅文献[3]。

3.3　静力非线性分析(推覆分析)方法

采用推覆分析(pushover analysis)可以避免采用非线性时程分析法的复杂性和不确定性。通过推覆分析，可以了解整个结构中每个构件的内力和承载力的关系以及各构件承载力之间的相互关系，以便检查是否符合强柱弱梁(或强剪弱弯)，并找出结构的薄弱部位，此外还可以得到不同受力阶段的侧移变形，给出底部剪力-顶点变形关系曲线和楼层剪力-层间变形关系曲线等。后者即可作为各楼层的层剪力-层间位移骨架线，它是进行层模型弹塑性时程分析所必需的参数。因此，在现阶段，推覆分析被认为是切实可行的基于性能抗震设计的分析方法之一。

3.3.1　推覆分析方法的主要过程

对结构进行推覆分析计算的大致过程如下。

(1) 计算结构竖向荷载。竖向荷载由结构自重(构件自重、找平、装修等)和楼面使用荷载组成。竖向荷载是一开始就作用在结构上的，并且在整个推覆过程中，竖向荷载的大小始终保持不变。

(2) 施加水平荷载。按小震反应谱计算求得结构基底剪力，水平推覆荷载沿结构高度的分布规律根据振型分解反应谱法取前若干阶振型计算得到，当结构沿竖向刚度分布较为均匀时，也可采用倒三角形的分布规律，然后分级加载，求得每个杆件在各级荷载下的内力和变形。由于考虑了材料和几何的非线性，在每级荷载作用下，都要修改结构刚度矩阵(在每级荷载下，结构的自振周期也将不同)，一直推覆到结构破坏。

(3) 从宏观上判定结构的性能水准。将每一个不同的结构自振周期及其对应的水平力总量(基底剪力)与竖向荷载(重力荷载代表值)的比值(地震影响系数)绘成曲线，也把相应场地的各条反应谱曲线绘在一起，如图 3.6 所示。这样，如果结构反应曲线能够穿过某条反应谱曲线，就说明结构能够抵抗那条反应谱曲线所对应的地震烈度。

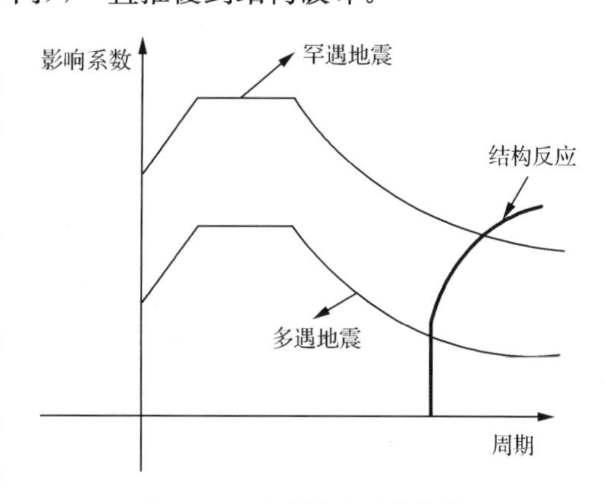

图 3.6　地震影响系数曲线

(4) 判定结构构件的非线性性能和结构的层间变形性能。在不同的水平推覆荷载阶段，检查输出结构的变形、开裂和屈服等状况,并与目标设计指标进行对比,以评价结构的非线性性能。

3.3.2 推覆分析方法的整体计算模型

对结构进行推覆分析可采用二维或三维整体模型。二维推覆模型不能反映结构的扭转效应,仅能用于平面及立面规则对称的结构。在实际工程应用中,三维推覆模型更为合理。为了减少计算分析时间和提高计算稳定性,对楼盖往往采用刚性楼板假定,对于有错层或楼板开有大洞口的情况,可采用局部弹性楼板假定。

一般情况下,可在建筑结构的两个主轴方向分别施加水平荷载并进行推覆分析。水平荷载作用点的位置,对于刚性楼板,在每一层的质心处;对于弹性楼板,在每一层的各个节点处。

一般的高层钢筋混凝土结构如图 3.7(a)所示。梁和柱采用杆单元,墙可采用壳单元、多垂杆单元或考虑剪切变形的等效杆单元,当用等效杆单元代替实际的墙构件时,与墙连接的构件会产生失真,因此在墙宽范围内必须增加刚臂,如图 3.7(b)所示。当楼板开有大的洞口或不连续时,必须废除楼盖刚度无穷大的假定,用弹性楼板代替之。为了实现一个结构构件用一个单元来模拟,在单元内部可采用子结构技术,即在计算单元刚度矩阵时,将一个单元再分成三个子单元,大大减少了结构计算的自由度。为了能搜索到结构的软化段,同时又能减少计算时间,可以采用 Newton-Raphson 方法和弧长法相结合的非线性方程组的求解技术。

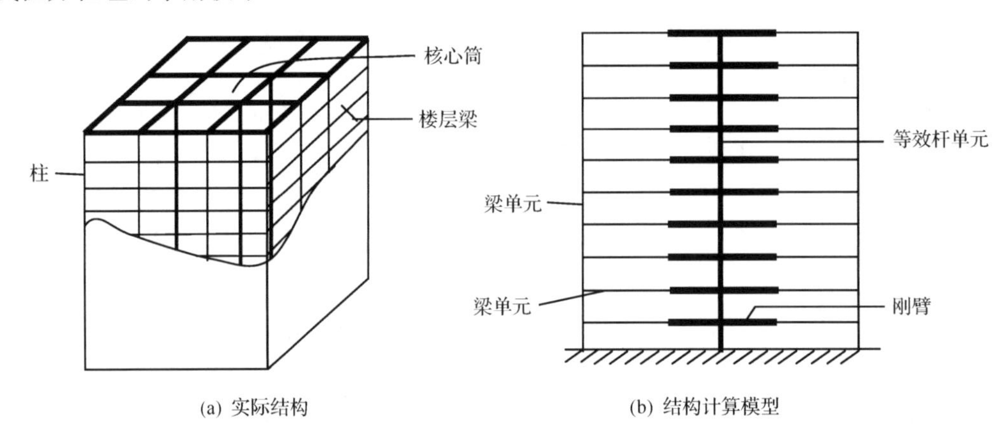

(a) 实际结构　　(b) 结构计算模型

图 3.7 实际结构与计算模型

3.3.3 模态推覆分析方法

模态推覆分析(MPA)的基本思路来源于弹性结构的振型分解反应谱分析方法,通过一定的假设与近似,将这种思路推广应用于非线性系统,其基本假设为:①忽略结构屈服后各模态坐标之间的耦合;②结构的地震需求值是通过各模态反应平方和开方组合(SRSS)得到。

严格地说,上述两条假设对于线性体系是成立的,对于非线性体系将引入一定的误差。另外,在对模态推覆分析得到的能力曲线进行二折线的过程中,也将产生一定的误差。

3.3.4 模态推覆分析对现有推覆分析方法的改进

推覆分析的结果在很大程度上依赖于水平荷载分布模式,常用的水平力分布方式有均匀分布、倒三角分布、振型分解法组合得到的水平力分布等,不同的分布模式得到的结构能力曲线差异较大。这样得出的等效单自由度体系的特性有较大的差别,而单自由度体系的特性在很大程度上影响结构地震需求指标的量值。一般来说,采用倒三角分布的水平侧向力,只考虑了对应基本振型的地震作用,忽略了高阶振型的影响。而实际结构的位移向量是由 n 阶振型共同决定的,尤其是长周期结构,高阶振型对结构的地震作用效应是不可忽略的,仅考虑某阶振型确定结构的位移需求精度不高。从前面的两条假设中可以看出,常规推覆分析的问题主要在于振型的选取和考虑上。因此,要想提高其计算精度和扩大应用范围,在建立等效体系时应适当地考虑高阶振型的影响。

为了考虑高阶振型的影响、结构屈服后惯性力的重分布和振动特性的变化,有人建议采用适应性的侧力分布。Eberhard 提出侧力分布应由各荷载段割线刚度导出的振型来确定;Fajar 提出结构屈服后侧力分布应调整为与当前弹塑性位移相一致;Gupta 和 Kunnath 提出用弹塑性变形状态的瞬时振型组合来确定地震力的分布。这些改进方法考虑了其他振型的影响以及结构屈服后动力特性的变化,要更为合理一些,但这样做显然很费事,而且概念较为复杂。

一种方法能否在实际应用中得到推广,不但要求方法本身有一定的精度,而且要概念简洁、易于理解。Chopra 和 Geol 提出的模态推覆分析法就是其中一种较好的改进。这种方法保留了概念的简洁性,侧向力或侧向位移分布保持不变,而且在估算结构地震需求方面具有较好的精度。

3.3.5 模态推覆分析过程及验证

1. 分析过程

模态推覆分析的基本步骤如下。

(1) 根据多自由度结构的弹性刚度、质量矩阵求解结构的前 n 阶动力参数:周期 T_n 和振型 Φ_n,其中振型以顶点幅值为 1 进行标准化。

(2) 对于 n 阶模态,建立基底剪力-顶点位移的推覆分析曲线。这一步可以采用力的控制法进行推覆分析,也可以采用位移控制法。力的控制法是指侧向力的分布与对应模态的振型幅值和质量乘积成正比,位移控制法是指侧向位移的分布始终与对应振型一致。

(3) 将推覆分析能力曲线理想化为二折线,确定基底屈服剪力 V_{by}、顶点屈服位移 u_{ry}。采用 FEMA273 建议的折线化方法,如图 3.8(c)所示,其操作过程如下。

① 根据能力曲线选择屈服后的顶点 B,计算能力曲线与坐标轴所围面积 S_0。

② 估算基底屈服剪力 V_{by},并在能力曲线上找出 $0.6V_{by}$所对应点 C,由 OC 延长至纵坐标值为 V_{by}处确定点 A。

③ 计算 OAB 与坐标轴所围面积 S,若 $(S-S_0)/S_0$ 小于设定的误差,则 A 点即为理想二折线化后的屈服点 (u_{ry}, V_{by}),否则重新估算 V_{by},重复步骤 ②、③,直至 $(S-S_0)/S_0$ 小

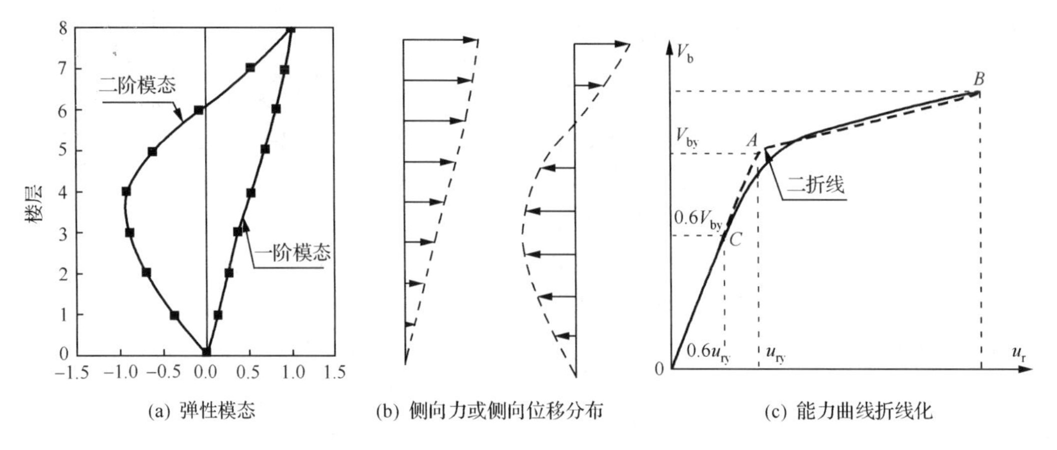

图 3.8　模态推覆分析基本过程

于预设误差。

这就是模态推覆分析的基本过程，图 3.8 以某结构的前两阶振型为例，说明模态推覆分析的基本过程。单纯的静力弹塑性分析并不能得到各阶模态的地震响应值，还需要结合能力谱或非线性反应谱等方法，以确定结构在指定强度地震下的反应值。

图 3.9　12 层框架结构模型

2. 对比验证

1) 12 层框架结构模型试验及与计算对比

为了研究模态推覆分析方法的计算结果与时程反应分析方法计算结果的差异，本节对这个框架结构的振动台试验结果进行了对比分析。模型比例为 1/10，梁、柱、板的尺寸由实际高层框架结构的尺寸按相似关系折算。图 3.9 为模型示意图，原型和模型概况见表 3.1。

对结构在 0.266gSHW2、 0.511gSHW2、0.256gELCN 和 0.538gELCN 地震波下，振动台试验结果与 MPA 方法及 THA 方法计算结果的最大楼层位移及层间位移进行了比较分析，如表 3.2～表 3.5 和图 3.10～图 3.13 所示。其中误差 ε 的计算以试验值为基准。发现在各地震波下，结构无明显薄弱层，计算与试验的楼层位移及层间位移均吻合得较好，其中在 0.538gELCN 作用下的层间位移误差相对较大。因此，通过与振动台试验的位移响应结果比较，说明模态推覆分析方法(MPA)和时程反应分析方法(THA)的计算结果与试验结果的吻合是较好的。

表 3.1　原型和模型概况

项目	原型	1/10 模型
层数	12	12
结构高宽比(H/B)	6	6
层高	3m	0.3m
总高	36m	3.6m
平面尺寸	6m×6m	0.6m×0.6m
梁截面	300mm×600mm	30mm×60mm
柱截面	500mm×600mm	50mm×60mm
楼板厚度	120mm	12mm
材料	C30 混凝土	微粒混凝土

表 3.2　0.266gSHW2 地震波下的楼层位移及层间位移比较

楼层	楼层位移/mm					层间位移/mm				
	MPA	THA	TEST	ε/%(MPA)	ε/%(THA)	MPA	THA	TEST	ε/%(MPA)	ε/%(THA)
1	0.77	0.92	0.83	−7.50	10.34	0.77	0.94	0.83	−7.50	12.74
2	1.69	1.84	1.67	1.17	10.46	0.92	1.03	0.83	10.29	23.78
3	3.11	3.07	3.46	−10.30	−11.29	1.42	1.27	1.80	−20.79	−29.27
4	4.57	4.69	5.26	−13.15	−10.77	1.47	1.65	1.80	−18.39	−8.10
5	6.07	6.03	6.96	−12.74	−13.33	1.56	1.71	1.70	−8.01	0.52
6	7.70	7.61	8.66	−11.07	−12.15	1.67	1.81	1.70	−2.07	6.40
7	9.76	9.62	10.04	−2.82	−4.18	2.24	2.26	1.68	33.58	34.52
8	11.73	10.95	11.42	2.74	−4.11	2.03	1.83	1.68	20.94	8.93
9	12.28	11.21	12.03	2.06	−6.82	0.75	0.84	0.61	23.00	37.64
10	12.90	11.63	12.64	2.05	−7.99	0.65	0.76	0.61	7.33	24.26
11	13.79	12.15	13.10	5.27	−7.24	0.92	1.03	0.75	22.36	37.33
12	14.47	12.97	13.56	6.76	−4.32	0.76	0.87	0.75	1.33	16.00

表 3.3　0.511gSHW2 地震波下的楼层位移及层间位移比较

楼层	楼层位移/mm					层间位移/mm				
	MPA	THA	TEST	ε/%(MPA)	ε/%(THA)	MPA	THA	TEST	ε/%(MPA)	ε/%(THA)
1	2.24	2.07	2.04	10.03	1.51	2.24	2.41	2.04	10.03	18.18
2	5.09	4.52	4.08	24.71	10.83	2.85	2.64	2.04	39.76	29.46
3	9.98	9.18	8.33	19.82	10.26	5.36	4.73	4.25	26.14	11.37
4	15.62	14.13	12.57	24.22	12.38	5.82	5.23	4.25	36.95	23.13
5	20.60	19.26	17.39	18.47	10.74	5.08	5.67	4.82	5.36	17.66
6	24.30	21.67	22.21	9.40	−2.44	4.67	4.98	4.82	−3.03	3.32
7	27.57	24.34	26.18	5.33	−7.02	4.48	4.47	3.97	12.90	12.66

续表

楼层	楼层位移/mm					层间位移/mm				
	MPA	THA	TEST	ε/%(MPA)	ε/%(THA)	MPA	THA	TEST	ε/%(MPA)	ε/%(THA)
8	29.93	27.25	30.14	−0.70	−9.59	3.15	3.78	3.97	−20.57	−4.64
9	32.24	30.29	31.85	1.22	−4.91	2.67	3.11	2.23	19.66	39.55
10	34.38	32.03	33.56	2.43	−4.57	2.77	2.97	2.23	24.21	33.32
11	35.78	33.32	34.31	4.28	−2.90	1.85	1.98	1.75	5.63	13.31
12	37.54	34.37	35.06	7.07	−1.98	2.20	2.34	1.75	25.59	33.71

表 3.4　0.256gELCN 地震波下的楼层位移及层间位移比较

楼层	楼层位移/mm					层间位移/mm				
	MPA	THA	TEST	ε/%(MPA)	ε/%(THA)	MPA	THA	TEST	ε/%(MPA)	ε/%(THA)
1	0.30	0.31	0.23	29.30	33.82	0.30	0.32	0.23	29.30	38.14
2	0.62	0.56	0.46	33.91	20.87	0.32	0.34	0.23	40.10	46.77
3	1.07	1.03	0.90	18.92	14.05	0.51	0.56	0.44	16.12	27.32
4	1.44	1.26	1.34	7.28	−6.18	0.41	0.36	0.44	−6.88	−18.16
5	1.76	1.53	1.73	1.62	−11.52	0.35	0.31	0.39	−9.32	−19.73
6	2.13	1.98	2.12	0.66	−6.40	0.43	0.46	0.39	10.35	19.11
7	2.49	2.43	2.51	−0.93	−3.23	0.41	0.47	0.40	4.27	18.78
8	2.83	2.74	2.91	−2.64	−5.74	0.41	0.43	0.40	4.33	8.67
9	3.06	3.08	3.13	−2.39	−1.69	0.31	0.35	0.26	20.03	34.62
10	3.23	3.31	3.36	−3.71	−1.46	0.26	0.24	0.26	1.74	-7.69
11	3.38	3.47	3.53	−4.19	−1.57	0.22	0.22	0.17	34.16	32.29
12	3.49	3.61	3.69	−5.59	−2.21	0.19	0.18	0.17	16.15	8.24

表 3.5　0.538gELCN 地震波下的楼层位移及层间位移比较

楼层	楼层位移/mm					层间位移/mm				
	MPA	THA	TEST	ε/%(MPA)	ε/%(THA)	MPA	THA	TEST	ε/%(MPA)	ε/%(THA)
1	1.57	2.01	1.71	−8.14	17.54	1.57	2.05	1.71	−8.14	19.88
2	3.42	3.87	3.23	5.83	19.81	1.85	2.11	1.52	21.58	38.82
3	5.63	5.23	4.89	15.23	6.95	2.24	2.06	2.66	−15.64	−22.56
4	8.00	7.95	7.55	6.02	5.30	2.45	2.87	2.66	−7.83	7.89
5	10.95	11.35	10.32	6.07	9.98	3.04	3.45	2.77	9.83	24.55
6	13.95	14.31	13.10	6.50	9.24	3.51	3.18	2.78	26.25	14.39
7	16.81	16.82	15.30	9.89	9.93	3.31	3.63	2.41	37.33	50.62
8	17.94	17.94	17.51	2.43	2.46	1.65	1.85	2.50	−33.99	−26.00
9	19.63	18.519	18.46	6.34	0.32	2.63	2.39	1.85	42.04	29.19
10	21.28	19.17	19.41	9.64	−1.24	2.13	2.11	1.85	15.26	14.05
11	22.59	20.13	19.91	13.48	1.10	1.81	1.98	1.50	20.96	31.67
12	23.80	21.62	21.20	12.28	1.98	1.71	1.87	1.49	14.80	25.23

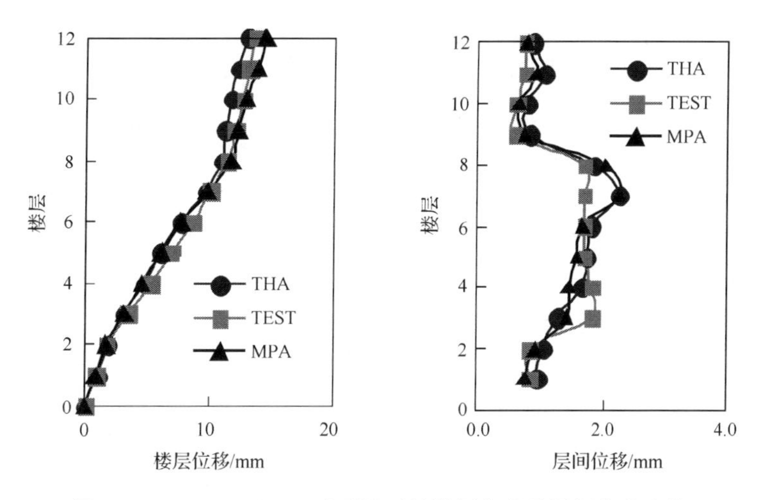

图 3.10 0.266gSHW2 地震波下的楼层位移及层间位移比较

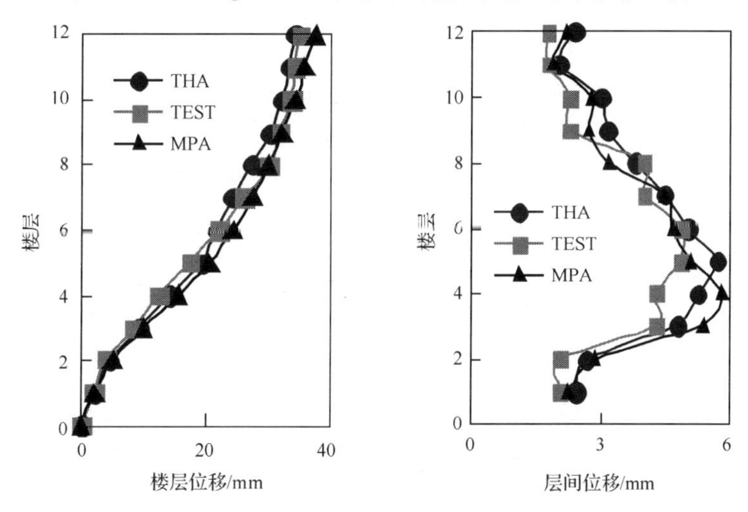

图 3.11 0.511gSHW2 地震波下的楼层位移及层间位移比较

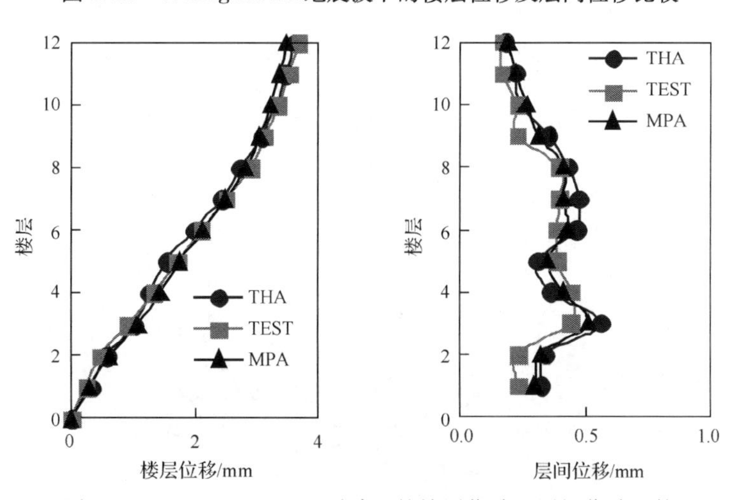

图 3.12 0.256gELCN 地震波下的楼层位移及层间位移比较

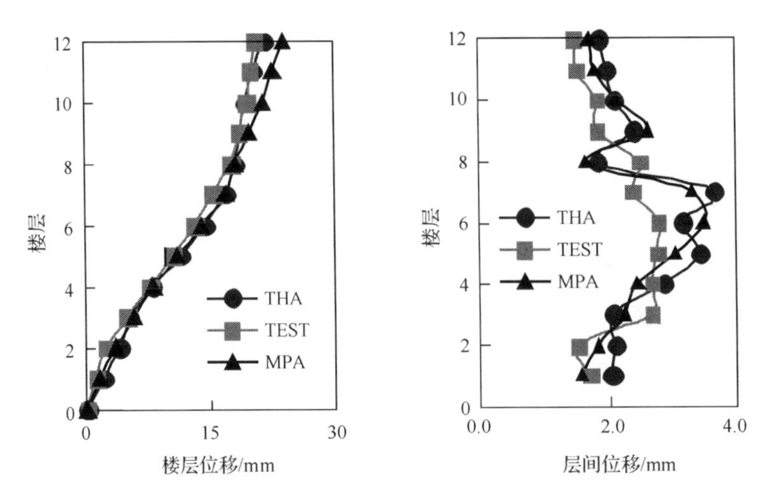

图 3.13　0.538gELCN 地震波下的楼层位移及层间位移比较

2）浦东香格里拉酒店模型试验及计算对比

该工程塔楼部分总高度为 152.8m，顶部钢桁架局部高度达到 180m。振动台试验模型总高度为 7200mm，其中模型本身高 6900mm。模型底座厚 300mm，模型总质量为 14.8t，其中模型和附加质量为 9.8t，底座质量为 5.0t。模型试验的全景如图 3.14 所示。

图 3.14　模型试验全景

对结构在 0.035*g*SHW2、0.1*g*SHW2 和 0.22*g*SHW2 地震波下的振动台试验结果与 MPA 方法及 THA 方法计算结果的最大楼层位移及层间位移进行了比较分析(图 3.15～图 3.17)。发现在各地震波下,结构各楼层变形总体比较均匀,无明显薄弱层,

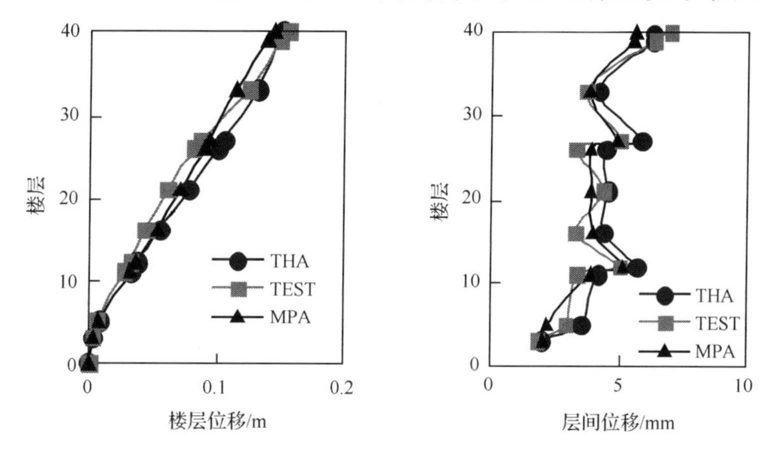

图 3.15　0.035*g*SHW2 地震波下的楼层位移及层间位移比较

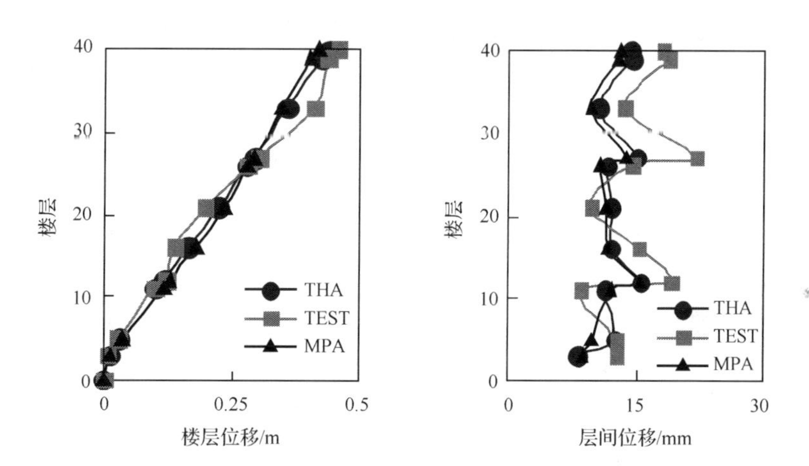

图 3.16　0.1*g*SHW2 地震波下的楼层位移及层间位移比较

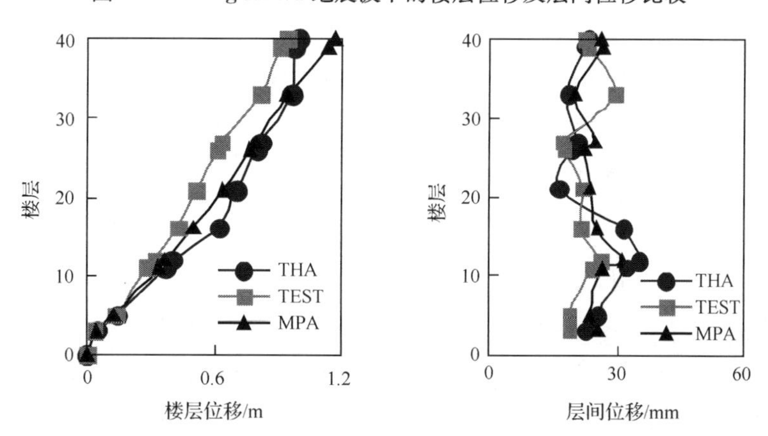

图 3.17　0.22*g*SHW2 地震波下的楼层位移及层间位移比较

计算与试验的楼层位移及层间位移均吻合得较好，其中在0.1gSHW2作用下的层间位移误差相对较大。因此，通过与振动台试验的位移响应结果比较，说明采用MPA方法和THA计算方法进行结构非线性分析得到的结果均与试验结果相吻合。

通过对12层框架结构和40层浦东香格里拉酒店的振动台模型试验以及与计算结果进行对比，发现试验结果与计算结果在结构自振频率、振型形态、最大楼层位移及层间位移、顶层位移时程等方面均吻合良好，说明MPA方法是较为有效的、能适合高层建筑的抗震非线性分析方法。

3.4　增量动力非线性分析方法

3.4.1　基本原理

目前，动力弹塑性时程分析都是采用一个或几个不同地震动记录进行分析，每一次分析都形成一个或几个“单点”的分析过程，大都用来检验结构设计。而基于性能的抗震设计和性能评估的发展必然要求确定结构不同危险性水平地震作用下的性能。借鉴静力推覆分析中将单一的静力分析扩展到增量静力分析的思想，将单一的动力时程分析扩展到增量的动力时程分析，得到不同水准地震作用下结构的动力响应，这种方法称为增量动力分析法(incremental dynamic analysis, IDA)。

增量动力分析法的基本思想最早于1977年由Bertero提出[4]，他建议将多个非线性时程分析的结果放在一起，以观察逐级放大的地震作用对结构非线性发展的影响规律。但是限于当时数值计算手段和方法的发展，未引起重视。直到20世纪末，其思想在一些文献中得到应用，在当时称为dynamic pushover、incremental dynamic collapse analysis。2000年，美国联邦紧急救援署(Federal Emergency Management Agency, FEMA)将该方法纳入FEMA350/351，并命名为incremental dynamic analysis，作为评估钢抗弯框架(steel moment resisting frame, SMRF)结构整体倒塌能力的一种方法[5,6]。2002年，Vamvatsikos对IDA方法的基本原理、实施过程做了详细的总结[7]。

IDA方法的基本原理是，对结构施加一个或多个地震动记录，对每一条地震动记录乘以一系列比例系数，从而调幅成为具有多重强度水平的一系列地震动记录；计算结构在这组调幅地震动作用下的非线性动力时程反应；选择地震动强度参数和所研究的结构工程需求参数对分析结果进行后处理，得到地震动强度参数和结构工程需求参数的关系曲线，即IDA曲线；每一条地震动记录对应一条IDA曲线，变换地震动记录，可获得多记录IDA曲线簇；按照一定的统计方法对其进行统计分析，从概率意义上评价在不同地震危险性水平下的结构性能，如可立即使用性能(immediate occupancy, IO)、防止倒塌性能(collapse prevention, CP)、整体失稳性能(global instability, GI)等。

通过增量动力分析，可以对结构在潜在危险性水平地震动作用下的结构反应或者“需求”的变化范围有一个完全详细的描述，有助于更好地理解结构在遭遇罕遇或极罕遇地震时的性能；能够反映随着地震动强度的增加，结构性能的变化(如峰值反应的变化、刚度和强度退化的开始，以及其形式和幅值的变化)；采用特定结构、特定地震动记录的单记录

IDA 曲线，可以估计该结构体系的动力能力；通过对多记录 IDA 曲线簇的统计分析，研究结构工程需求参数对于地震动记录的稳定性和变异性等。

3.4.2 基本概念

1. 原始地震动记录

原始地震动记录 a_λ 是指从地震动记录数据库中选择的能够代表结构场地特性的地震动记录数据。

2. 比例系数

比例系数(scale factor，SF)λ 是一个非负数，和原始记录相乘获得不同强度水平的地震动记录。当 $\lambda=1$ 时，即为原始记录；当 $\lambda<1$ 时，表示缩小原始记录；反之，当 $\lambda>1$ 时，表示放大原始记录。目前常用的做法是首先确定一个用于初始弹性分析的地震动强度水平，再按照一定的增量逐级提高地震动强度水平。

3. 地震动强度参数

地震动强度参数(intensity measure，IM)是用来表征地震动强度的参数，应具有单调性和可缩放性。能够表征地震动强度的参数很多，常用的可缩放的地震动强度参数有峰值加速度(peak ground acceleration，PGA)、峰值速度(peak ground velocity，PGV)、结构基本周期对应的 5%阻尼比加速度反应谱 $S_a(T_1, 5\%)$、结构强度折减系数 R 等。

4. 工程需求参数

工程需求参数(engineering demand parameters，EDP)或者称为结构状态变量(structural state variable)，是用来表征结构在地震作用下动力响应的参数。EDP 要求能够描述结构在地震作用下的响应，并且能够直接从相应的非线性分析中提取或者推导得到。常用的 EDP 有最大基底剪力、节点转动、楼层最大延性、各种能够描述损伤的参数(如整体累积滞回耗能、整体 Park-Ang 指数)、结构顶点位移、楼层最大层间位移角等。

EDP 的选择取决于研究目的和结构自身的特点。为了满足基于性能的地震工程的要求，可以通过选用多种不同的 EDP 来反映不同的响应特性、极限状态和破坏形式。例如，对一个多层框架结构的非结构构件进行评估，可选择楼面峰值加速度作为 EDP；而对于抗剪结构的整体破坏，可选择最大层间位移角作为 EDP，因为它能够很好地反映节点转动以及楼层整体和局部破坏情况。

5. 单记录 IDA 分析、单记录 IDA 曲线

单记录 IDA 分析是指对一个原始地震动记录，通过比例系数调幅成为多重 IM 强度水平的地震动记录，然后分别对结构进行动力弹塑性时程分析，记录每一个 IM 强度水平地震动记录作用下结构的 EDP 值，从而绘制 IM 和 EDP 的一一对应关系曲线，即单记录 IDA 曲线。

6. 多记录 IDA 分析、多记录 IDA 曲线簇

由于地震发生的不确定性，不同的地震记录所包含的频谱、强度和持时特性都是不同的，单个地震动记录的 IDA 分析并不能完全捕捉结构在未来地震中的实际行为。因此，为准确评估结构的抗震性能，应选择足够多的地震动记录进行 IDA 分析，且所选的地震动记录应覆盖未来结构可能遭遇到的最强烈的地震动。由多条地震动记录分别进行 IDA 分析，获得多个记录的 IDA 曲线，即多记录 IDA 曲线簇。每条地震动记录相应的 IDA 曲线都具有各自的特点，呈现出不同的性质，要全面考察结构的抗震性能，需要尽可能多地获取不同的地震记录的 IDA 曲线，然后通过统计分析，得到具有统计意义的 IDA 曲线。

3.4.3 实施步骤

FEMA-350/351 中对 IDA 实施步骤的描述如下。

(1) 建立可用于结构弹性分析和弹塑性分析的计算模型。

(2) 选择代表结构所处场地地震危险性的地震动记录。研究表明，对于中高层建筑，10～20 条地震动记录能产生足够的精度评估结构抗震能力。选择地震动强度参数 IM 和工程需求参数 EDP。

(3) 对地震动记录进行单调调幅，得到调幅后的一系列地震动记录。

(4) 单记录 IDA 曲线分析。选择一个小调幅地震动记录，进行结构的弹性时程分析，得到第一个 IM-EDP 点，记作 Δ_1；将原点与 Δ_1 之间连线的弹性斜率记作 K_e；继续计算下一调幅地震动记录下结构的动力反应，得到第二个 IM-EDP 点，记作 Δ_2，连接 Δ_1 和 Δ_2，如果该线的斜率大于 $0.2K_e$，继续进行下一调幅地震动下的弹塑性时程分析，直至 Δ_i 和 Δ_{i+1} 连线的斜率小于 $0.2K_e$，认为结构将发生倒塌，Δ_{i+1} 是 EDP 的极限值；如果 $\Delta_{i+1} \geqslant 0.1$，则认为 EDP 限值为 0.10；所有点的连线即 IDA 曲线。

(5) 变换原始地震动记录，重复步骤(3)、(4)，得到多条 IM-EDP 曲线，即多记录 IDA 曲线簇，按照一定的方法进行统计得到具有统计意义的 IDA 曲线。

3.4.4 单记录 IDA 曲线的基本特性

(1)同一个计算模型，在不同地震动作用下，所得到的 IDA 曲线具有显著差别。图 3.18为某六层钢筋混凝土框架结构在不同地震动输入作用下的 IDA 曲线。其中，结构需求参数 θ_{max} 为楼层最大层间位移角。从图中可以看出，不同地震动输入所得到的 IDA 曲线具有不同的形状：随着地震动输入强度的增大，图 3.18(a)曲线斜率呈逐渐减小的特点；图 3.18(b)和图 3.18(c)曲线斜率呈现减小—增大—减小的特点，甚至出现非单调的往返扭曲现象。此外，不同地震动作用下，结构达到倒塌极限的地震动强度也不同：图 3.18(a)曲线在 PGA 为 $0.55g$ 时，结构即将发生倒塌；而图 3.18(b)和图 3.18(c)曲线 PGA 可达 $1.5g$ 甚至更大值。

(2) IDA 曲线在低强度水平段的特性：钢结构在不同地震动作用下所得到的 IDA 曲线在弹性部分基本一致(图 3.19)；而钢筋混凝土结构的 IDA 分析结果显示，即使在弹性段，不同地震动作用下的 IDA 曲线也存在显著差别(图 3.18)。这是因为相比钢材而言，

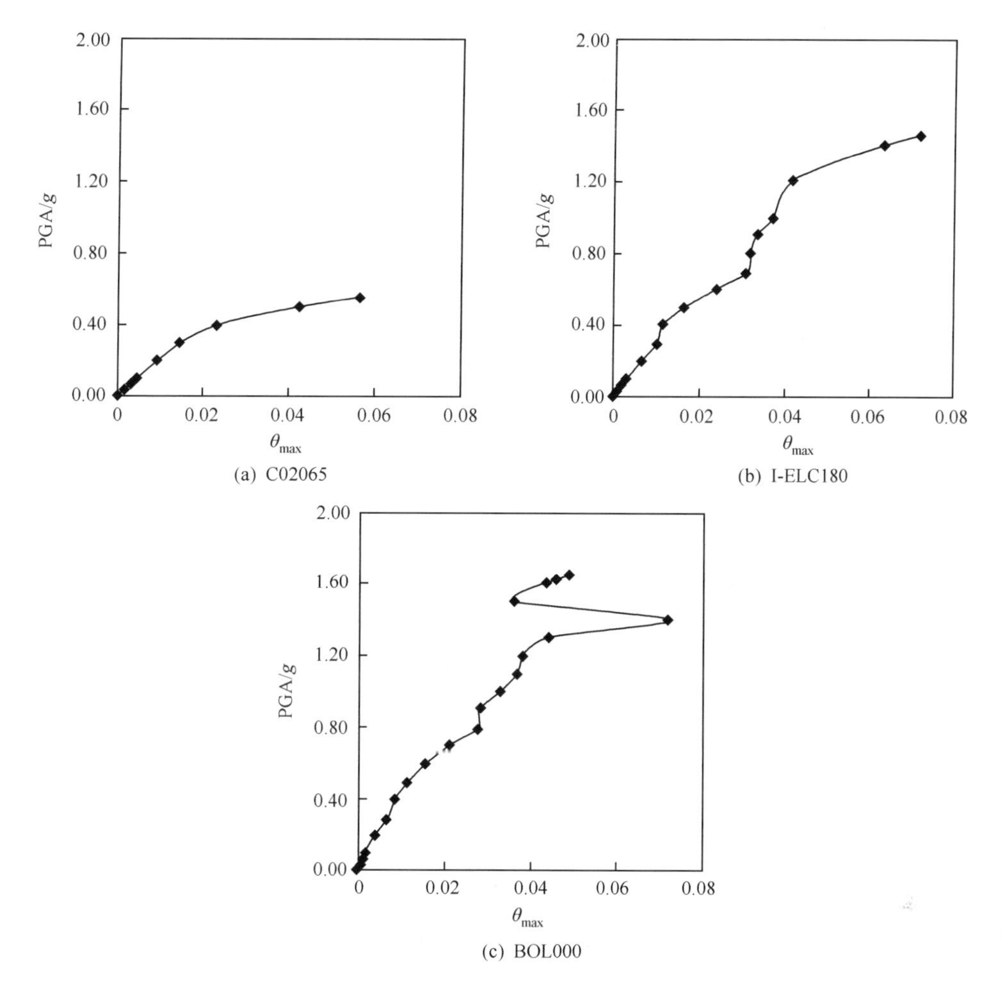

图 3.18　某六层钢筋混凝土框架结构在不同地震动记录作用下的 IDA 曲线

混凝土材料是一个多相结构，由于砂浆的离析、收缩和热膨胀等引起的微裂纹在加载前就已经存在，造成离散性大的非线性特性。

(3) IDA 曲线具有硬化、软化以及两者兼有的扭曲现象。从图 3.18 中可以看出，各曲线的末端所对应的 EDP 值不同。图 3.18(a)曲线在第一个构件屈服而进入非线性之后，IDA 曲线呈现迅速的“软化”，位移迅速增大，并最终倒塌；而图 3.18(b)和图 3.18(c)的曲线都呈现一定的“扭曲”现象，曲线的斜率时而大于弹性区域的斜率，时而小于弹性斜率。曲线的这种扭曲现象可以用连续的软化和硬化段来表示。当曲线的局部斜率小于弹性斜率，称为软化段；反之，称为硬化段。在工程中，软化表示 EDP 的累积速度呈加速趋势，而硬化则表示呈减速趋势，有时候这种减速甚至可以使 EDP 的增加停止或者减小，从而使得 IDA 曲线呈现出局部的非单调性，就产生了 IDA 曲线的扭曲现象。造成这种现象的原因不仅与地震动强度有关，而且与其形式和作用的时间有关。

(4) 结构在某一强度水平地震作用下发生倒塌，却能够承受更高水平地震作用而保持不倒塌的现象，称为结构的“复活”。在 IDA 曲线上表现为，随着 IM 的增大，EDP 值呈

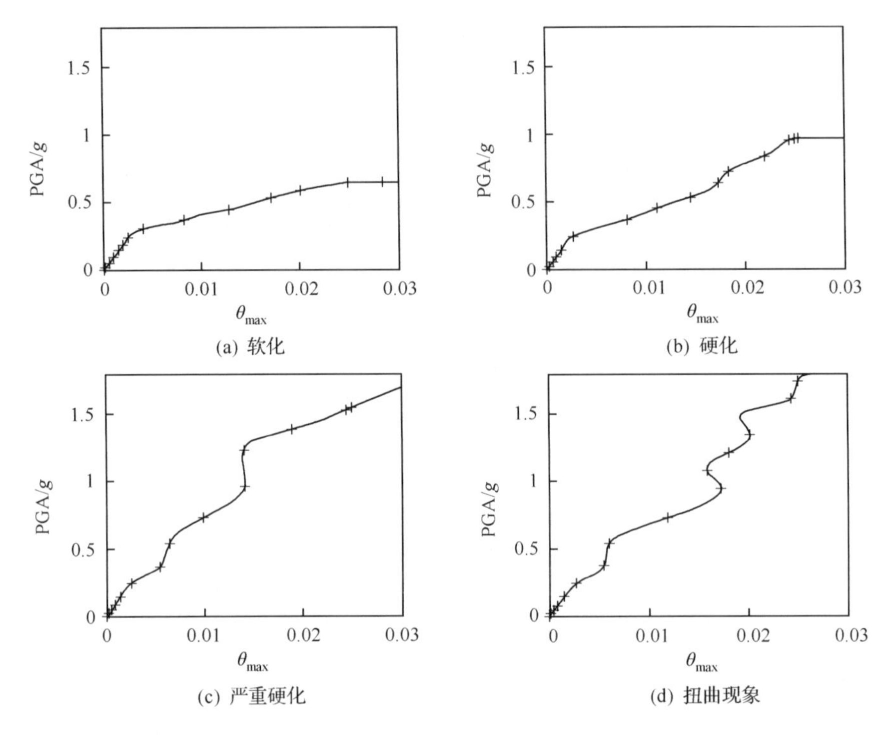

图 3.19 五层钢支撑框架结构在不同地震动记录作用下的 IDA 曲线

现迅速增长的趋势，当 IM 的增量非常小甚至可以忽略不计时，EDP 的增长却呈现不可控制的趋势，即达到动力失稳状态，IDA 曲线呈现平台状；然而，当地震波以更大的 IM 值输入时，结构却能够再次表现为非动力失稳的现象，如图 3.20 所示。这是硬化现象的一种极端情况。

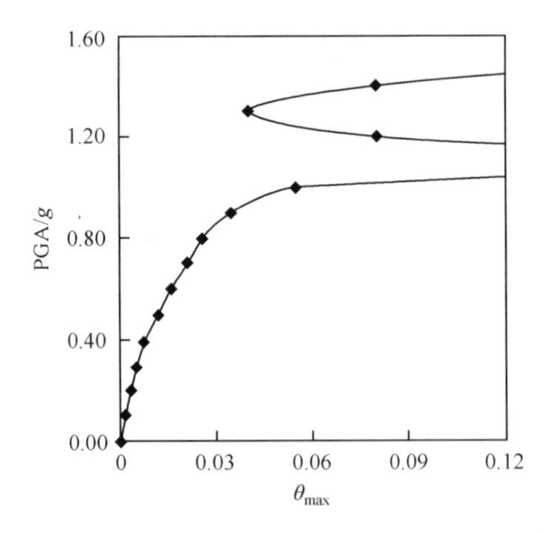

图 3.20 IDA 曲线中的“复活”现象

3.4.5 多记录 IDA 曲线及其统计分析

当结构模型和地震动记录确定后，结构的单记录 IDA 分析是一个确定性问题。然而，建筑场地在未来可能遇到的地震危险性难以预测，因此结构的地震反应分析具有不确定性，为了考虑这种不确定性，工程上常用的做法是选择多条地震动记录进行分析，以包络值或统计参数表示结构的反应。为此，在IDA分析中引入多条地震动记录，将单记录IDA分析扩展为多记录IDA分析，当地震动记录数量足够多时，计算结构在使用期内可能遭受的地震危险性水平下的响应及其统计特性，实现基于概率的抗震性能评估。

此时IDA曲线簇是一个随机函数，即EDP=f(IM)。可以通过求取数学特征值获得IDA曲线簇的统计特性，如平均值和标准差等。在确定统计参数之前，首先要确定随机变量的分布。假定EDP对于IM的条件概率分布满足对数正态分布，如图3.21所示。采用这一假定的优势在于，在对数坐标空间，ln(EDP)和ln(IM)呈线性关系。

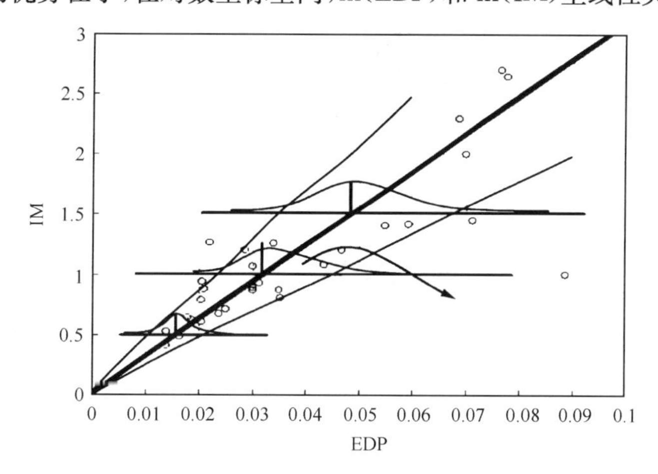

图3.21　在给定的IM水平下EDP的条件概率分布

当IM=x时，EDP的条件概率分布满足对数正态分布，那么IM=x条件下EDP的自然对数ln(EDP|IM=x)服从正态分布$N(\mu,\sigma)$，其中$\mu=\text{mean}[\ln(\text{EDP})]=\ln\eta_{\text{EDP}|\text{IM}}$，$\sigma=\beta_{\text{EDP}|\text{IM}}$，$\eta_{\text{EDP}|\text{IM}}$和$\beta_{\text{EDP}|\text{IM}}$分别为IM=$x$条件下EDP的中位数和标准差。除了平均值、标准差和中位数外，工程上还比较关心的统计量是$\mu\pm\sigma$，即$\ln\eta_{\text{EDP}|\text{IM}}\pm\beta_{\text{EDP}|\text{IM}}=\ln(\eta_{\text{EDP}|\text{IM}}\cdot e^{\pm\beta_{\text{EDP}|\text{IM}}})$。

根据正态分布的性质可知，$\dfrac{\ln(\text{EDP}\mid\text{IM}=x)-\mu}{\sigma}\sim N(0,1)$分布，所以

$$\begin{aligned}P[\text{EDP}\leqslant\eta_{\text{EDP}|\text{IM}}\mid\text{IM}=x]&=P[\ln(\text{EDP})\leqslant\ln\eta_{\text{EDP}|\text{IM}}\mid\text{IM}=x]\\&=P\left[\frac{\ln\eta_{\text{EDP}|\text{IM}}-\ln\eta_{\text{EDP}|\text{IM}}}{\beta_{\text{EDP}|\text{IM}}}\middle|\text{IM}=x\right]\\&=\Phi(0)=1-0.5=0.5\end{aligned}\tag{3.46}$$

$$\begin{aligned}P[\text{EDP}\leqslant\eta_{\text{EDP}|\text{IM}}e^{\beta_{\text{EDP}|\text{IM}}}\mid\text{IM}=x]&=P\left[\frac{\ln\eta_{\text{EDP}|\text{IM}}e^{\beta_{\text{EDP}|\text{IM}}}-\ln\eta_{\text{EDP}|\text{IM}}}{\beta_{\text{EDP}|\text{IM}}}\middle|\text{IM}=x\right]\\&=\Phi(1)=0.8413\end{aligned}\tag{3.47}$$

$$\begin{aligned}P[\text{EDP}\leqslant\eta_{\text{EDP}|\text{IM}}e^{-\beta_{\text{EDP}|\text{IM}}}\mid\text{IM}=x]&=P\left[\frac{\ln\eta_{\text{EDP}|\text{IM}}e^{-\beta_{\text{EDP}|\text{IM}}}-\ln\eta_{\text{EDP}|\text{IM}}}{\beta_{\text{EDP}|\text{IM}}}\middle|\text{IM}=x\right]\\&=\Phi(-1)=1-0.8413=0.1587\end{aligned}\tag{3.48}$$

由此可知，$\eta_{\mathrm{EDP|IM}}\mathrm{e}^{-\beta_{\mathrm{EDP|IM}}}$、$\eta_{\mathrm{EDP|IM}}$、$\eta_{\mathrm{EDP|IM}}\mathrm{e}^{\beta_{\mathrm{EDP|IM}}}$分别对应于 IM$=x$ 条件下 EDP 值的16%、50%和 84%分位数，相应的超越概率分别为 84%、50%和 16%。因此，可以通过计算 IDA 曲线簇的分位数曲线，确定以上的统计量，实现其在基于概率的性能评估中的应用。当然也可以采用其他的统计量进行分析。

3.4.6 多记录 IDA 曲线簇的特性

图 3.22～图 3.29 为摘录文献[8]～[15]中对不同体系及不同高度结构多记录 IDA 分析的结果，为了便于进行对比，均采用 $S_a(T_1,\xi)$ 作为地震动强度参数，ξ 为结构阻尼比，结构需求参数选择最大层间位移角 $\theta_{\max}$，从中可以看出以下两点。

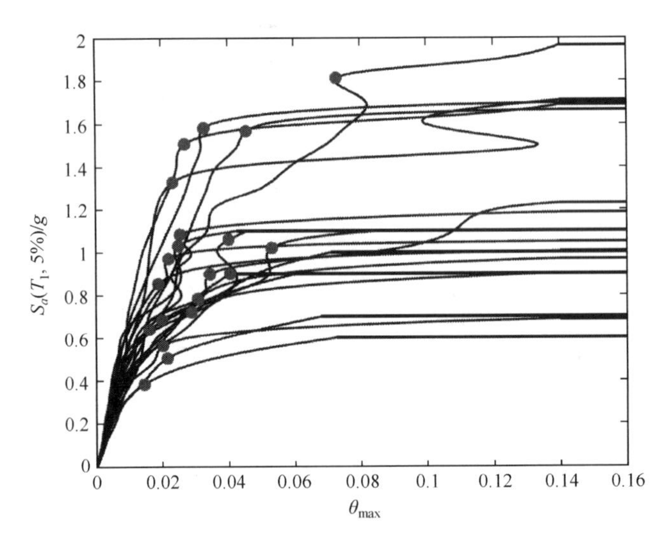

图 3.22 七层平面 RC 框架(一榀，高 20.2m)

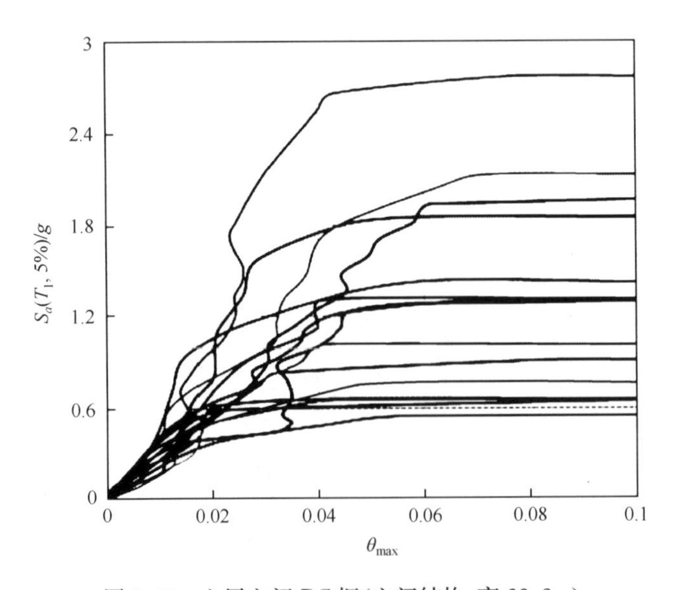

图 3.23 六层空间 RC 框(空间结构，高 22.2m)

(1) 在结构的整个反应过程中，不同地震波作用下结构的 IDA 曲线簇均不同，甚至结构弹性范围内的 IDA 曲线也存在显著的差异。

(2) 在最大层间位移角小于 0.1 的范围内，钢框架(SMRF)和钢筋混凝土结构(RC)框架结构 IDA 曲线均有明显的平台段，且基本开始于最大层间位移角为 0.02～0.04；而型钢混凝土结构(SRC)框架结构 IDA 曲线开始出现平台段的最大层间位移角比框架结构大。

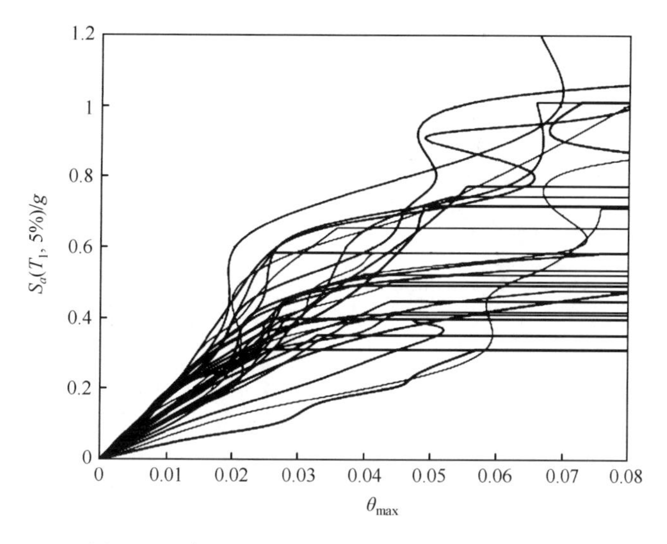

图 3.24　九层平面 SMRF 框架(一榀，高 37.17m)

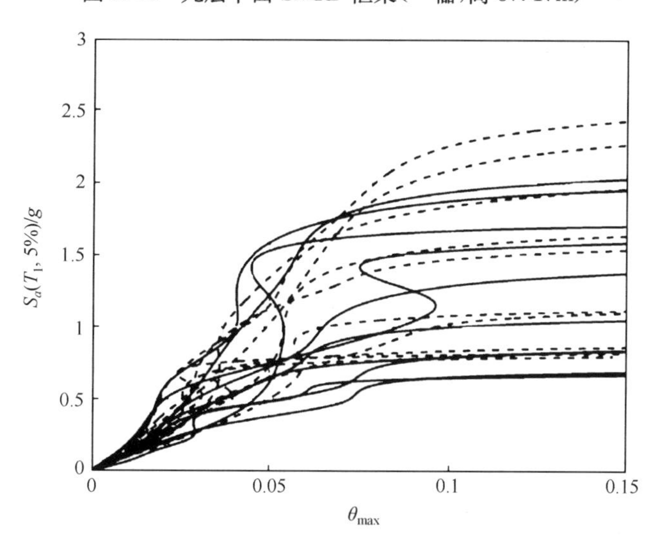

图 3.25　九层 SMRF 框架

3.4.7　增量动力分析法在 PBEE 性能评估中的应用

美国太平洋地震工程研究中心(Pacific Earthquake Engineering Research Center，PEER)提出的新一代基于性能地震工程的概率框架中，通过四个中间变量——地震动强

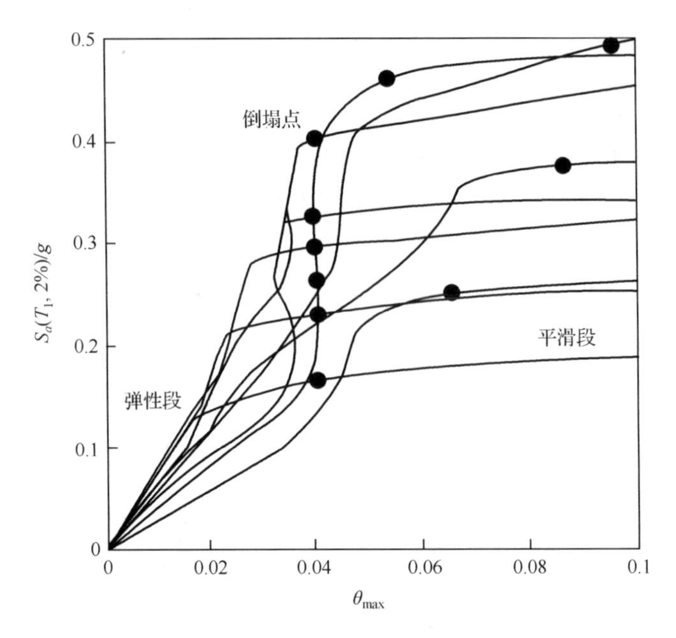

图 3.26 20 层钢框架(高 80.77m)

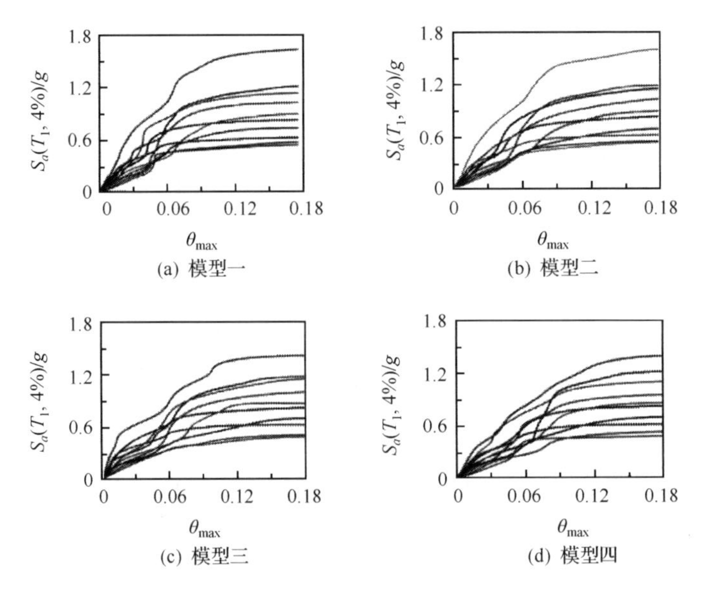

图 3.27 9 层型钢混凝土框架结构(四种不同的截面形式,高 32.4m)

度参数、工程需求参数、损伤参数(damage measure, DM)和决策变量(decision variable, DV),将性能评估的全过程分为既相互独立又逻辑联系的四个阶段——地震危险性分析(hazard analysis)、结构反应分析(structural analysis)、损伤分析(damage analysis)和损失决策评估(loss analysis)。这一概率框架可表示为

$$\lambda(\mathrm{DV}) = \iiint G(\mathrm{DV} \mid \mathrm{DM})\mathrm{d}G(\mathrm{DM} \mid \mathrm{EDP})\mathrm{d}G(\mathrm{EDP} \mid \mathrm{IM})\mathrm{d}\lambda(\mathrm{IM}) \tag{3.49}$$

式中,$\lambda(\mathrm{IM})$为地震危险性曲线;$G(\mathrm{EDP}|\mathrm{IM})$、$G(\mathrm{DM}|\mathrm{EDP})$和$G(\mathrm{DV}|\mathrm{DM})$均表示两个

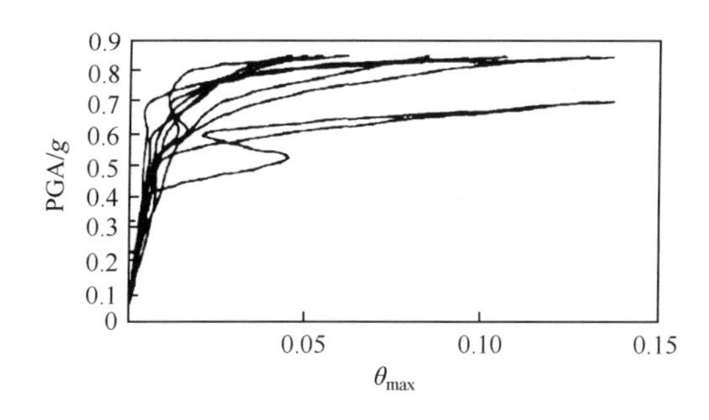

图 3.28　15 层钢框架-钢筋混凝土核心筒结构(高 60m)

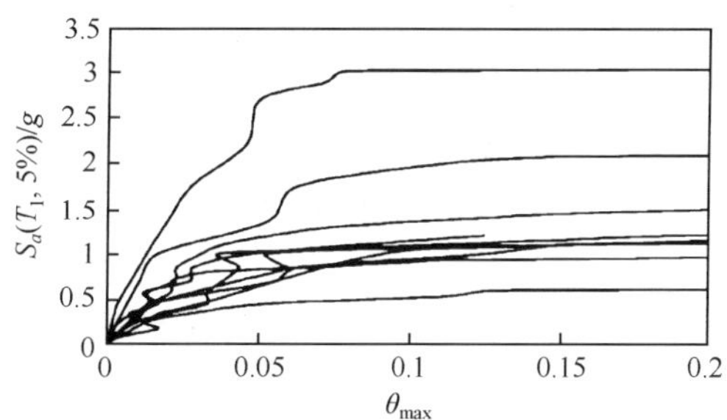

图 3.29　25 层钢框架-钢筋混凝土核心筒结构(高 98.04m)

参数之间的条件概率,如 $G(\mathrm{EDP}|\mathrm{IM})$ 表示结构在某一指定强度的地震动作用下 EDP 对某一极限状态的超越概率。通过 IDA 分析即可获得 $G(\mathrm{EDP}|\mathrm{IM})$。结合地震危险性分析,按照下面公式计算 IM$=x$ 条件下 EDP$\geqslant y$ 的年平均频率,即概率地震需求分析。

$$\lambda_{\mathrm{EDP}}(y)=\int P[\mathrm{EDP}\geqslant y \mid \mathrm{IM}=x] \mid \mathrm{d}\lambda_{\mathrm{IM}}(x) \mid \tag{3.50}$$

要将 IDA 的分析结果更具体地应用于基于性能的地震工程中,需要在 IDA 曲线上定义极限状态(也称为性能水准)。目前的基本做法是根据 IDA 曲线的特点,将曲线上的某些特征点与结构性能的变化联系起来。例如,FEMA350/351 将 IDA 曲线[IM 为谱加速度 $S_a(T_1,5\%)$,EDP 为最大层间位移角 θ_{max}]上 $\theta_{max}=2\%$的点定义为结构完好、可以立即使用(immediate occupancy,IO)的极限状态;将曲线斜率小于 20%弹性斜率 K_e 的点或 $\theta_{max}=1\%$的点定义为防止倒塌(collapse prevention, CP)极限状态。在 FEMA350/351 的基础上定义达到平台段的点为整体动力失稳(global dynamic instability, GI)极限状态。将 IDA 曲线的斜率和结构的刚度联系起来,结合工程经验和混合结构振动台试验,提出了与 FEMA 四性能水准相对应的 IDA 曲线斜率下降幅值,将 IDA 曲线斜率下降 10%、20%、50%和 80%的点分别定义为基本完好、轻微损坏、生命安全和防止倒塌极限状态。

在定义极限状态后,就可以根据 IDA 的分析结果进行概率地震需求分析,评估在给定时间内,结构性能超过某一极限状态(或不能达到某一性能水平)的概率。

3.5　非线性分析中的单元模型

结构非线性有限元分析方法可分为两大类:①严格非线性有限元方法,也可称为精细方法;②工程非线性有限元方法,也可称为宏观方法。

钢筋混凝土精细有限元方法是将每一构件均细密离散,钢筋、混凝土分别采用不同的单元模拟,且遵循各自的本构关系。两者之间可以加入连接单元,以描述其相互作用。这一分析方法随着计算机技术的发展,越来越显示出其强大的生命力。虽然如此,目前混凝土在复杂应力状态下的滞变性能以及与钢筋之间的相互作用关系等问题尚处于研究阶段,加之分析复杂结构体系地震反应的数值计算工作量非常庞大,因此离实际应用尚有一定距离。

工程非线性有限元一般以一个构件或构件的一部分作为一个单元,单元的本构关系通过试验或有限元分析计算得到。某些情况下，构件本构关系描述较为准确，优于微观分析结果。目前宏观分析方法是实际复杂结构非线性反应分析的主要研究工具。

最常用的宏观有限单元是梁单元模型，这种单元假定钢筋和混凝土之间无相对滑移、单元截面在变形之后保持平面。为了适合于任何横截面，将截面分成若干层，同一层的混凝土弹性模量 E 是相同的。梁单元模型是最简单的非线性分析模型，而且它能取得高精度的结果。许多研究者的试验结果和理论分析都证明了这一点。

3.5.1 宏观梁(柱)单元

宏观梁(柱)单元模型分成两类：一类不考虑剪切变形，通常称为 Bernoulli 梁；另一类考虑剪切变形，通常称为 Timoshenko 梁。不考虑剪切变形的宏观梁(柱)单元模型可以较好地模拟普通的梁、柱构件，而模拟墙以及深梁、短柱则误差较大。

1. 梁(柱)单元横截面模型

当混凝土和钢筋的应力-应变关系曲线为非线性时，截面刚度矩阵的计算要复杂得多。钢筋混凝土截面非线性主要表现在材料的影响、混凝土开裂、钢筋的屈服、受压混凝土的塑性开展、钢筋和混凝土之间的黏结等。在作者自编程序(TBPOA 和 TBNLDA)中采用了两种横截面模型：横截面线积分模型和纤维模型，下面分别讨论。

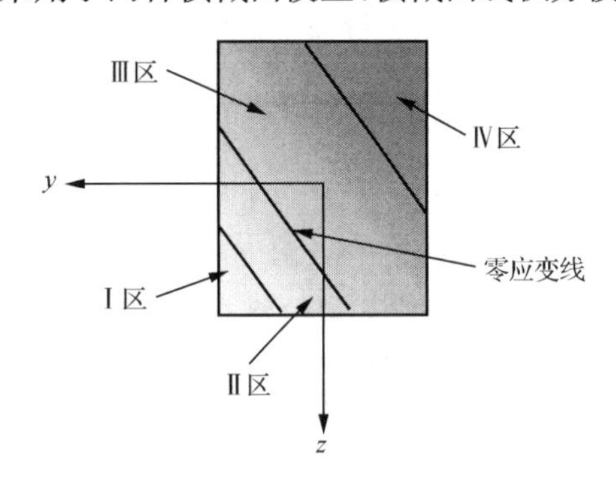

图 3.30 横截面的分区

1) 横截面线积分模型

(1) 混凝土的横截面切线刚度矩阵。

在横截面线积分模型中，钢筋和混凝土的本构关系是分段模拟的，因此各段将横截面分成几个区域，截面划分如图 3.30 所示。由截面平衡条件可推出，截面混凝土和钢筋的刚度分别等于各区域刚度之和。以下以混凝土的上升段(第Ⅲ段)为例推导截面区域刚度。

横截面上的力向量以增量形式表示为

$$\delta\tilde{\boldsymbol{\sigma}} = \iint_A \tilde{\boldsymbol{y}}\,\delta\boldsymbol{\sigma}(y,z)\mathrm{d}A \tag{3.51}$$

由分段混凝土应力-应变关系曲线可得

$$\delta\boldsymbol{\sigma}_\mathrm{c} = C_1\delta\boldsymbol{\varepsilon}_\mathrm{c} + 2C_2\boldsymbol{\varepsilon}_\mathrm{c}\delta\boldsymbol{\varepsilon}_\mathrm{c} + 3C_3\boldsymbol{\varepsilon}_\mathrm{c}^2\delta\boldsymbol{\varepsilon}_\mathrm{c} = (C_1\tilde{\boldsymbol{y}}^\mathrm{T} + 2C_2\boldsymbol{\varepsilon}_\mathrm{c}\tilde{\boldsymbol{y}}^\mathrm{T} + 3C_3\boldsymbol{\varepsilon}_\mathrm{c}^2\tilde{\boldsymbol{y}}^\mathrm{T})\delta\tilde{\boldsymbol{\varepsilon}} \tag{3.52}$$

将式(3.52)代入截面刚度矩阵得

$$\delta\tilde{\boldsymbol{\sigma}}_\mathrm{c} = \iint (C_1\tilde{\boldsymbol{y}}\tilde{\boldsymbol{y}}^\mathrm{T} + 2C_2\boldsymbol{\varepsilon}_\mathrm{c}\tilde{\boldsymbol{y}}\tilde{\boldsymbol{y}}^\mathrm{T} + 3C_3\boldsymbol{\varepsilon}_\mathrm{c}^2\tilde{\boldsymbol{y}}\tilde{\boldsymbol{y}}^\mathrm{T}\mathrm{d}A_\mathrm{c})\delta\tilde{\boldsymbol{\varepsilon}} \tag{3.53}$$

令

$$\boldsymbol{D}_\mathrm{Tc}^1 = C_1\iint_{A_\mathrm{c}} \tilde{\boldsymbol{y}}\tilde{\boldsymbol{y}}^\mathrm{T}\mathrm{d}A_\mathrm{c} \tag{3.54}$$

$$\boldsymbol{D}_\mathrm{Tc}^2 = 2C_2\iint_{A_\mathrm{c}} \boldsymbol{\varepsilon}_\mathrm{c}\tilde{\boldsymbol{y}}\tilde{\boldsymbol{y}}^\mathrm{T}\mathrm{d}A_\mathrm{c} \tag{3.55}$$

$$\boldsymbol{D}_{\mathrm{Tc}}^{3}=3C_{3}\iint_{A_{\mathrm{c}}}\boldsymbol{\varepsilon}_{\mathrm{c}}^{2}\widetilde{\boldsymbol{y}}\widetilde{\boldsymbol{y}}^{\mathrm{T}}\mathrm{d}A_{\mathrm{c}} \tag{3.56}$$

$$\boldsymbol{D}_{\mathrm{Tc}}=\boldsymbol{D}_{\mathrm{Tc}}^{1}+\boldsymbol{D}_{\mathrm{Tc}}^{2}+\boldsymbol{D}_{\mathrm{Tc}}^{3} \tag{3.57}$$

式(3.53)可以写为

$$\delta\widetilde{\boldsymbol{\sigma}}_{\mathrm{c}}=\boldsymbol{D}_{\mathrm{Tc}}\delta\widetilde{\boldsymbol{\varepsilon}} \tag{3.58}$$

式中，$\boldsymbol{D}_{\mathrm{Tc}}$ 为混凝土的切线刚度矩阵。

对式(3.54)～式(3.56)进行矩阵运算可得

$$\boldsymbol{D}_{\mathrm{Tc}}^{1}=C_{1}\begin{bmatrix}\iint_{A_{\mathrm{c}}}\mathrm{d}A & \iint_{A_{\mathrm{c}}}z\mathrm{d}A & -\iint_{A_{\mathrm{c}}}y\mathrm{d}A\\ \iint_{A_{\mathrm{c}}}z\mathrm{d}A & \iint_{A_{\mathrm{c}}}z^{2}\mathrm{d}A & -\iint_{A_{\mathrm{c}}}yz\mathrm{d}A\\ -\iint_{A_{\mathrm{c}}}y\mathrm{d}A & -\iint_{A_{\mathrm{c}}}yz\mathrm{d}A & \iint_{A_{\mathrm{c}}}y^{2}\mathrm{d}A\end{bmatrix} \tag{3.59}$$

$$\boldsymbol{D}_{\mathrm{Tc}}^{2}=2C_{2}\begin{bmatrix}\iint_{A_{\mathrm{c}}}\widetilde{\boldsymbol{y}}^{\mathrm{T}}\mathrm{d}A\widetilde{\boldsymbol{\varepsilon}} & \iint_{A_{\mathrm{c}}}\widetilde{\boldsymbol{y}}^{\mathrm{T}}z\mathrm{d}A\widetilde{\boldsymbol{\varepsilon}} & -\iint_{A_{\mathrm{c}}}\widetilde{\boldsymbol{y}}^{\mathrm{T}}y\mathrm{d}A\widetilde{\boldsymbol{\varepsilon}}\\ \iint_{A_{\mathrm{c}}}\widetilde{\boldsymbol{y}}^{\mathrm{T}}z\mathrm{d}A\widetilde{\boldsymbol{\varepsilon}} & \iint_{A_{\mathrm{c}}}\widetilde{\boldsymbol{y}}^{\mathrm{T}}z^{2}\mathrm{d}A\widetilde{\boldsymbol{\varepsilon}} & -\iint_{A_{\mathrm{c}}}\widetilde{\boldsymbol{y}}^{\mathrm{T}}yz\mathrm{d}A\widetilde{\boldsymbol{\varepsilon}}\\ -\iint_{A_{\mathrm{c}}}\widetilde{\boldsymbol{y}}^{\mathrm{T}}y\mathrm{d}A\widetilde{\boldsymbol{\varepsilon}} & -\iint_{A_{\mathrm{c}}}\widetilde{\boldsymbol{y}}^{\mathrm{T}}yz\mathrm{d}A\widetilde{\boldsymbol{\varepsilon}} & \iint_{A_{\mathrm{c}}}\widetilde{\boldsymbol{y}}^{\mathrm{T}}y^{2}\mathrm{d}A\widetilde{\boldsymbol{\varepsilon}}\end{bmatrix} \tag{3.60}$$

$$\boldsymbol{D}_{\mathrm{Tc}}^{3}=3C_{3}\begin{bmatrix}\widetilde{\boldsymbol{\varepsilon}}^{\mathrm{T}}\iint_{A_{\mathrm{c}}}\widetilde{\boldsymbol{y}}\widetilde{\boldsymbol{y}}^{\mathrm{T}}\mathrm{d}A\widetilde{\boldsymbol{\varepsilon}} & \widetilde{\boldsymbol{\varepsilon}}^{\mathrm{T}}\iint_{A_{\mathrm{c}}}\widetilde{\boldsymbol{y}}\widetilde{\boldsymbol{y}}^{\mathrm{T}}z\mathrm{d}A\widetilde{\boldsymbol{\varepsilon}} & -\widetilde{\boldsymbol{\varepsilon}}^{\mathrm{T}}\iint_{A_{\mathrm{c}}}\widetilde{\boldsymbol{y}}\widetilde{\boldsymbol{y}}^{\mathrm{T}}y\mathrm{d}A\widetilde{\boldsymbol{\varepsilon}}\\ \widetilde{\boldsymbol{\varepsilon}}^{\mathrm{T}}\iint_{A_{\mathrm{c}}}\widetilde{\boldsymbol{y}}\widetilde{\boldsymbol{y}}^{\mathrm{T}}z\mathrm{d}A\widetilde{\boldsymbol{\varepsilon}} & \widetilde{\boldsymbol{\varepsilon}}^{\mathrm{T}}\iint_{A_{\mathrm{c}}}\widetilde{\boldsymbol{y}}\widetilde{\boldsymbol{y}}^{\mathrm{T}}z^{2}\mathrm{d}A\widetilde{\boldsymbol{\varepsilon}} & -\widetilde{\boldsymbol{\varepsilon}}^{\mathrm{T}}\iint_{A_{\mathrm{c}}}\widetilde{\boldsymbol{y}}\widetilde{\boldsymbol{y}}^{\mathrm{T}}yz\mathrm{d}A\widetilde{\boldsymbol{\varepsilon}}\\ -\widetilde{\boldsymbol{\varepsilon}}^{\mathrm{T}}\iint_{A_{\mathrm{c}}}\widetilde{\boldsymbol{y}}\widetilde{\boldsymbol{y}}^{\mathrm{T}}y\mathrm{d}A\widetilde{\boldsymbol{\varepsilon}} & -\widetilde{\boldsymbol{\varepsilon}}^{\mathrm{T}}\iint_{A_{\mathrm{c}}}\widetilde{\boldsymbol{y}}\widetilde{\boldsymbol{y}}^{\mathrm{T}}yz\mathrm{d}A\widetilde{\boldsymbol{\varepsilon}} & \widetilde{\boldsymbol{\varepsilon}}^{\mathrm{T}}\iint_{A_{\mathrm{c}}}\widetilde{\boldsymbol{y}}\widetilde{\boldsymbol{y}}^{\mathrm{T}}y^{2}\mathrm{d}A\widetilde{\boldsymbol{\varepsilon}}\end{bmatrix} \tag{3.61}$$

对混凝土本构关系中的其余三段，由于应力应变之间的关系为直线，即 C_2 和 C_3 均为 0，因此这些区域的刚度矩阵为

$$\boldsymbol{D}_{\mathrm{Tc}}=\boldsymbol{D}_{\mathrm{Tc}}^{1} \tag{3.62}$$

(2) 钢筋的横截面切线刚度矩阵。

第 i 根钢筋的应变为

$$\varepsilon_{i}=\begin{bmatrix}1 & z_{i} & -y_{i}\end{bmatrix}\begin{Bmatrix}\varepsilon_{0}\\ \theta_{y}\\ \theta_{z}\end{Bmatrix}=\widetilde{\boldsymbol{y}}_{i}^{\mathrm{T}}\widetilde{\boldsymbol{\varepsilon}} \tag{3.63}$$

应变增量为

$$\delta\varepsilon_{i}=\widetilde{\boldsymbol{y}}_{i}^{\mathrm{T}}\delta\widetilde{\boldsymbol{\varepsilon}} \tag{3.64}$$

由钢筋的应力-应变关系,可得增量应力-应变关系为

$$\delta\sigma_{si} = C_{s1}\tilde{\boldsymbol{y}}_i^{\mathrm{T}}\delta\tilde{\boldsymbol{\varepsilon}} \tag{3.65}$$

钢筋内力增量为

$$\delta\tilde{\sigma}_s = \sum_{i=1}^{n}\tilde{\boldsymbol{y}}_i A_i \delta\sigma_{si} = \sum_{i=1}^{n} C_{s1}\tilde{\boldsymbol{y}}_i A_i \tilde{\boldsymbol{y}}_i^{\mathrm{T}}\delta\tilde{\boldsymbol{\varepsilon}} \tag{3.66}$$

故钢筋的横截面切线刚度矩阵为

$$D_{Ts} = \sum_{i=1}^{n} C_{s1}\tilde{\boldsymbol{y}}_i A_i \tilde{\boldsymbol{y}}_i^{\mathrm{T}} \tag{3.67}$$

对式(3.67)进行矩阵运算可得

$$\boldsymbol{D}_{Ts} = C_{s1}\begin{bmatrix} \sum_{i=1}^{n} A_i & \sum_{i=1}^{n} z_i A_i & -\sum_{i=1}^{n} y_i A_i \\ \sum_{i=1}^{n} z_i A_i & \sum_{i=1}^{n} z_i^2 A_i & -\sum_{i=1}^{n} y_i z_i A_i \\ \sum_{i=1}^{n} y_i A_i & \sum_{i=1}^{n} y_i z_i A_i & \sum_{i=1}^{n} y_i^2 A_i \end{bmatrix} \tag{3.68}$$

2) 横截面纤维模型

将单元横截面离散为许多混凝土条块和离散的钢筋面积(图 3.31)。计算精度随条块数的增加而提高,但这会增加计算时间。

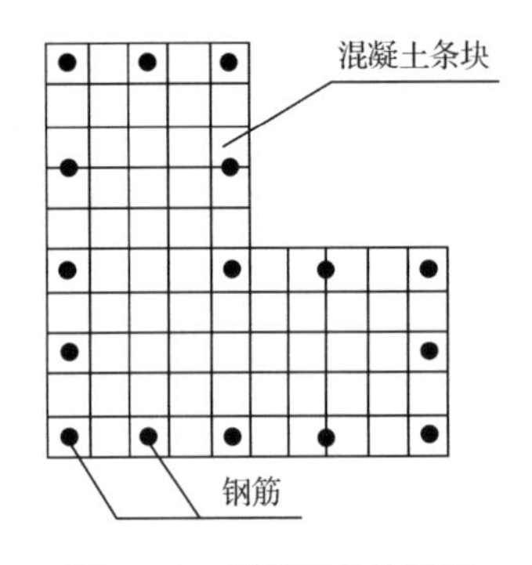

图 3.31 横截面条块示意

以增量形式表示的截面内力和应力之间的关系为

$$\mathrm{d}N = \iint_A \mathrm{d}\sigma(y,z)\mathrm{d}A \tag{3.69}$$

$$\mathrm{d}M_y = \iint_A \mathrm{d}\sigma(y,z)z\mathrm{d}A \tag{3.70}$$

$$\mathrm{d}M_z = \iint_A \mathrm{d}\sigma(y,z)y\mathrm{d}A \tag{3.71}$$

混凝土和钢筋的增量应力和增量应变之间的关系可以表达为

$$\mathrm{d}\sigma_c = E_{Tc}\mathrm{d}\varepsilon_c \tag{3.72}$$

$$\mathrm{d}\sigma_s = E_{Ts}\mathrm{d}\varepsilon_s \tag{3.73}$$

式中,σ_c、σ_s 分别为混凝土和钢筋的应力;ε_c、ε_s 分别为混凝土和钢筋的应变;E_{Tc}为混凝土的切线模量;E_{Ts}为钢筋的切线模量。

将式(3.72)和式(3.73)代入式(3.69)~式(3.71)得

$$\mathrm{d}N = \iint_A(\mathrm{d}\sigma_c + \mathrm{d}\sigma_s)\mathrm{d}A = \iint_{A_c} E_{Tc}\mathrm{d}\varepsilon_c\mathrm{d}A_c + \iint_{A_s} E_{Ts}\mathrm{d}\varepsilon_s\mathrm{d}A_s \tag{3.74}$$

$$\mathrm{d}M_y = \iint_A(\mathrm{d}\sigma_c + \mathrm{d}\sigma_s)z\mathrm{d}A = \iint_{A_c} E_{Tc}\mathrm{d}\varepsilon_c z\mathrm{d}A_c + \iint_{A_s} E_{Ts}\mathrm{d}\varepsilon_s z\mathrm{d}A_s \tag{3.75}$$

$$\mathrm{d}M_z = \iint_A(\mathrm{d}\sigma_c + \mathrm{d}\sigma_s)y\mathrm{d}A = \iint_{A_c} E_{Tc}\mathrm{d}\varepsilon_c y\mathrm{d}A_c + \iint_{A_s} E_{Ts}\mathrm{d}\varepsilon_s y\mathrm{d}A_s \tag{3.76}$$

将式(3.64)代入式(3.74)～式(3.76)得

$$\mathrm{d}N = \left(\iint_{A_c} E_{Tc}\tilde{\boldsymbol{y}}^{T}\mathrm{d}A_c + \iint_{A_s} E_{Ts}\tilde{\boldsymbol{y}}^{T}\mathrm{d}A_s\right)\mathrm{d}\tilde{\boldsymbol{\varepsilon}} \tag{3.77}$$

$$\mathrm{d}M_y = \left(\iint_{A_c} E_{Tc}\tilde{\boldsymbol{y}}^{T}z\mathrm{d}A_c + \iint_{A_s} E_{Ts}\tilde{\boldsymbol{y}}^{T}z\mathrm{d}A_s\right)\mathrm{d}\tilde{\boldsymbol{\varepsilon}} \tag{3.78}$$

$$\mathrm{d}M_z = \left(\iint_{A_c} E_{Tc}\tilde{\boldsymbol{y}}^{T}y\mathrm{d}A_c + \iint_{A_s} E_{Ts}\tilde{\boldsymbol{y}}^{T}y\mathrm{d}A_s\right)\mathrm{d}\tilde{\boldsymbol{\varepsilon}} \tag{3.79}$$

将式(3.77)～式(3.79)用矩阵表示为

$$\begin{Bmatrix} \mathrm{d}N \\ \mathrm{d}M_y \\ \mathrm{d}M_z \end{Bmatrix} = [D_T]\mathrm{d}\tilde{\boldsymbol{\varepsilon}} \tag{3.80}$$

式中

$$[D_T] = \begin{bmatrix} EA_T & ES_{Ty} & ES_{Tz} \\ & EI_{Ty} & ES_T \\ \text{对} & \text{称} & EI_{Tz} \end{bmatrix} \tag{3.81}$$

这里

$$EA_T = \sum_{i=1}^{n_c} E_{Tci}A_{ci} + \sum_{i=1}^{n_s} E_{Tsi}A_{si}$$

$$ES_{Ty} = \sum_{i=1}^{n_c} E_{Tci}z_{ci}A_{ci} + \sum_{i=1}^{n_s} E_{Tsi}z_{si}A_{si}$$

$$ES_{Tz} = -\left(\sum_{i=1}^{n_c} E_{Tci}y_{ci}A_{ci} + \sum_{i=1}^{n_s} E_{Tsi}y_{si}A_{si}\right)$$

$$EI_{Ty} = \sum_{i=1}^{n_c} E_{Tci}z_{ci}^2A_{ci} + \sum_{i=1}^{n_s} E_{Tsi}z_{si}^2A_{si}$$

$$ES_{Tyz} = -\left(\sum_{i=1}^{n_c} E_{Tci}y_{ci}z_{cij}A_{ci} + \sum_{i=1}^{n_s} E_{Tsi}y_{si}z_{sij}A_{si}\right)$$

$$EI_{Tz} = \sum_{i=1}^{n_c} E_{Tci}y_{ci}^2A_{ci} + \sum_{i=1}^{n_s} E_{Tsi}y_{si}^2A_{si}$$

式中，n_c 为截面混凝土纤维数；n_s 为钢筋棒的根数；A_{ci} 为第 i 混凝土纤维面积；A_{si} 为第 i 根钢筋面积。

2. 梁单元刚度矩阵

1) 梁单元位移形函数

由有限单元的概念，单元在纵向任意点处的位移 $u(x)$、$v(x)$、$w(x)$ 能够通过形函数(或插值函数)来确定，插值函数的选取直接影响到单元之间的变形协调，这里采用一阶导数连续的条件来确定形函数，单元节点位移如图 3.32 所示。

从而

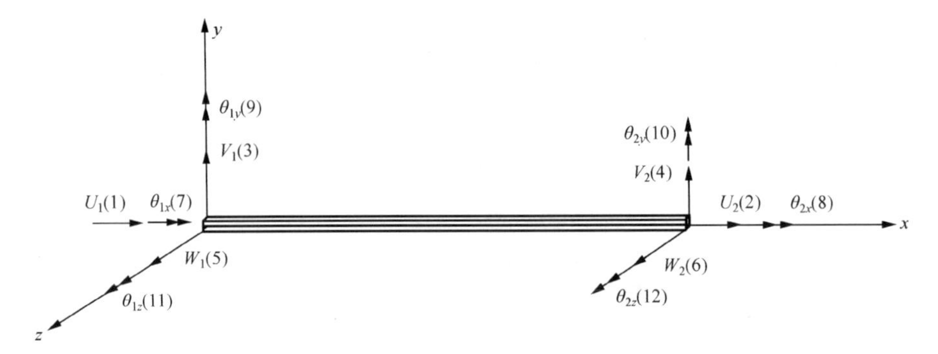

图 3.32　单元节点位移

图中括号内数字表示自由度编号

$$u(x) = N_1U_1 + N_2U_2 \tag{3.82}$$

$$v(x) = N_3V_1 + N_4V_2 + N_5\theta_{1z} + N_6\theta_{2z} \tag{3.83}$$

$$w(x) = N_3W_1 + N_4W_2 - N_5\theta_{1y} - N_6\theta_{2y} \tag{3.84}$$

式中，$N_1 = 1 - x/L$，$N_2 = x/L$，$N_3 = 1 - 3x^2/L^2 + 2x^3/L^3$，$N_4 = 3x^2/L^2 - 2x^3/L^3$，$N_5 = x - 2x^2/L + x^3/L^2$，$N_6 = -x^2/L + x^3/L^2$

式(3.82)～式(3.84)以矩阵形式表示为

$$\begin{Bmatrix} u(x) \\ v(x) \\ w(x) \end{Bmatrix} = \begin{bmatrix} N_1 & N_2 & 0 & 0 & 0 & 0 & 0 & 0 & 0 & 0 & 0 & 0 \\ 0 & 0 & N_3 & N_4 & 0 & 0 & 0 & 0 & 0 & 0 & N_5 & N_6 \\ 0 & 0 & 0 & 0 & N_3 & N_4 & 0 & 0 & -N_5 & -N_6 & 0 & 0 \end{bmatrix} \{\delta^e\} \tag{3.85}$$

式中

$$\boldsymbol{\delta}^e = [U_1 \quad U_2 \quad V_1 \quad V_2 \quad W_1 \quad W_2 \quad \theta_{1x} \quad \theta_{2x} \quad \theta_{1y} \quad \theta_{2y} \quad \theta_{1z} \quad \theta_{2z}]^{\mathrm{T}}$$

位移形函数矩阵为

$$\boldsymbol{N} = \begin{bmatrix} N_1 & N_2 & 0 & 0 & 0 & 0 & 0 & 0 & 0 & 0 & 0 & 0 \\ 0 & 0 & N_3 & N_4 & 0 & 0 & 0 & 0 & 0 & 0 & N_5 & N_6 \\ 0 & 0 & 0 & 0 & N_3 & N_4 & 0 & 0 & -N_5 & -N_6 & 0 & 0 \end{bmatrix} \tag{3.86}$$

2) 梁单元应变与位移之间的关系

(1) 几何方程。

非线性问题包含材料非线性和几何非线性问题，其中几何非线性问题又包含大位移和大应变问题，根据有限变形理论[16]，在直角坐标系下，单元轴线处的轴向应变 ε_0 和截面曲率 ψ 的公式为

$$\varepsilon_0 = \frac{\partial u}{\partial x} + \frac{1}{2}\left[\left(\frac{\partial u}{\partial x}\right)^2 + \left(\frac{\partial v}{\partial x}\right)^2 + \left(\frac{\partial w}{\partial x}\right)^2\right] \tag{3.87}$$

$$\psi_z = \frac{\dfrac{\partial^2 v}{\partial x^2}}{\left[1 + \left(\dfrac{\partial v}{\partial x}\right)^2\right]^{3/2}} \tag{3.88}$$

$$\psi_y = -\frac{\dfrac{\partial^2 w}{\partial x^2}}{\left[1 + \left(\dfrac{\partial w}{\partial x}\right)^2\right]^{3/2}} \tag{3.89}$$

由于 $\left(\frac{\partial u}{\partial x}\right)^2$ 与$\frac{\partial u}{\partial x}$ 相比为高阶无穷小量可忽略不计，方程式(3.87)可以写为

$$\varepsilon_0 = \frac{\partial u}{\partial x} + \frac{1}{2}\left[\left(\frac{\partial v}{\partial x}\right)^2 + \left(\frac{\partial w}{\partial x}\right)^2\right] \tag{3.90}$$

对于小转动问题，$(\partial v/\partial x)^2$、$(\partial w/\partial x)^2$ 与单元尺寸相比是小量，方程式(3.88)和式(3.89)可以近似地表达为

$$\psi_z = \frac{\partial^2 v}{\partial x^2} \tag{3.91}$$

$$\psi_y = -\frac{\partial^2 w}{\partial x^2} \tag{3.92}$$

(2) 线性应变形函数。

线性应变形函数 β_l 可通过考虑应变-位移关系式中的线性部分而得到，即

$$\varepsilon_0 = \frac{\partial u}{\partial x} \tag{3.93}$$

$$\psi_z = \frac{\partial^2 v}{\partial x^2} \tag{3.94}$$

$$\psi_y = -\frac{\partial^2 w}{\partial x^2} \tag{3.95}$$

以矩阵形式表示为

$$\tilde{\boldsymbol{\varepsilon}} = \begin{Bmatrix} \varepsilon_0 \\ \psi_y \\ \psi_z \end{Bmatrix} = \begin{bmatrix} \frac{\partial}{\partial x} & 0 & 0 \\ 0 & 0 & -\frac{\partial^2}{\partial x^2} \\ 0 & \frac{\partial^2}{\partial x^2} & 0 \end{bmatrix} \begin{Bmatrix} u \\ v \\ w \end{Bmatrix} \tag{3.96}$$

对式(3.96)进行求导运算可得单元应变与单元节点位移的关系为

$$\{\varepsilon\} = [\beta_l]\{\delta^e\} \tag{3.97}$$

式中，线性应变形函数矩阵为

$$[\beta_l] = \begin{bmatrix} a & -a & 0 & 0 & 0 & 0 & 0 & 0 & 0 & 0 & 0 & 0 \\ 0 & 0 & 0 & 0 & -b & -b & 0 & 0 & c & d & 0 & 0 \\ 0 & 0 & b & -b & 0 & 0 & 0 & 0 & 0 & 0 & c & d \end{bmatrix} \tag{3.98}$$

这里，$a=-1/L$，$b=6(2x/L-1)/L^2$，$c=2(3x/L-2)/L$，$d=2(3x/L-1)/L$。

(3) 增量非线性应变形函数。

非线性应变形函数 β_{nl} 通过考虑应变-位移关系式中的非线性部分而得到，即

$$\varepsilon_0 = \frac{1}{2}\left[\left(\frac{\partial v}{\partial x}\right)^2 + \left(\frac{\partial w}{\partial x}\right)^2\right] \tag{3.99}$$

以矩阵形式表示为

$$\tilde{\boldsymbol{\varepsilon}} = \begin{Bmatrix} \varepsilon_0 \\ \psi_y \\ \psi_z \end{Bmatrix} = \frac{1}{2} \begin{bmatrix} \frac{\partial v}{\partial x} & \frac{\partial w}{\partial x} \\ 0 & 0 \\ 0 & 0 \end{bmatrix} \begin{Bmatrix} \frac{\partial v}{\partial x} \\ \frac{\partial w}{\partial x} \end{Bmatrix} = \frac{1}{2}\tilde{\tilde{\boldsymbol{J}}}\tilde{\boldsymbol{z}} \tag{3.100}$$

那么

$$\tilde{\boldsymbol{z}} = \begin{Bmatrix} \dfrac{\partial v}{\partial x} \\ \dfrac{\partial w}{\partial x} \end{Bmatrix} = \frac{\partial}{\partial x}\begin{Bmatrix} v \\ w \end{Bmatrix} = \tilde{\tilde{\boldsymbol{H}}}\boldsymbol{\delta}^{\mathrm{e}} \tag{3.101}$$

式中

$$\tilde{\tilde{\boldsymbol{H}}} = \begin{bmatrix} 0 & 0 & \dfrac{\partial N_3}{\partial x} & \dfrac{\partial N_4}{\partial x} & 0 & 0 & 0 & 0 & 0 & 0 & \partial N_5 & \partial N_6 \\ 0 & 0 & 0 & 0 & \dfrac{\partial N_3}{\partial x} & \dfrac{\partial N_4}{\partial x} & 0 & 0 & -\dfrac{\partial N_5}{\partial x} & -\dfrac{\partial N_6}{\partial x} & 0 & 0 \end{bmatrix} \tag{3.102}$$

式(3.100)可以重新写为

$$\tilde{\boldsymbol{\varepsilon}} = \frac{1}{2}\tilde{\tilde{\boldsymbol{J}}}\tilde{\boldsymbol{z}} = \frac{1}{2}\tilde{\tilde{\boldsymbol{J}}}\tilde{\tilde{\boldsymbol{H}}}\boldsymbol{\delta}^{\mathrm{e}} \tag{3.103}$$

以增量形式表示为

$$\mathrm{d}\tilde{\boldsymbol{\varepsilon}} = \frac{1}{2}\tilde{\tilde{\boldsymbol{J}}}\mathrm{d}\tilde{\boldsymbol{z}} + \frac{1}{2}\mathrm{d}\tilde{\tilde{\boldsymbol{J}}}\tilde{\boldsymbol{z}} = \tilde{\tilde{\boldsymbol{J}}}\mathrm{d}\tilde{\boldsymbol{z}} = \tilde{\tilde{\boldsymbol{J}}}\tilde{\tilde{\boldsymbol{H}}}\mathrm{d}\boldsymbol{\delta}^{\mathrm{e}} \tag{3.104}$$

非线性应变形函数为

$$[\beta_{\mathrm{nl}}] = \tilde{\tilde{\boldsymbol{J}}}\tilde{\tilde{\boldsymbol{H}}} = \begin{bmatrix} 0 & 0 & e_1c_1 & e_1c_2 & e_2c_1 & e_2c_2 & 0 & 0 & -e_2c_3 & -e_2c_4 & e_1c_3 & e_1c_4 \\ 0 & 0 & 0 & 0 & 0 & 0 & 0 & 0 & 0 & 0 & 0 & 0 \\ 0 & 0 & 0 & 0 & 0 & 0 & 0 & 0 & 0 & 0 & 0 & 0 \end{bmatrix} \tag{3.105}$$

式中

$$c_1 = -6x/L + 6x^2/L^2,\quad c_2 = -c_1,\quad c_3 = 1 - 4x/L + 3x^2/L^2,\quad c_4 = -2x/L + 3x^2/L^2$$

$$e_1 = c_1V_1 + c_2V_2 + c_3\theta_{1z} + c_4\theta_{2z},\quad e_2 = c_1W_1 + c_2W_2 - c_3\theta_{1y} - c_4\theta_{2y}$$

3）梁单元切线刚度矩阵

根据变分原理，可以得到增量形式表示的平衡方程为

$$\{\mathrm{d}P\} = \int_l [\beta]^{\mathrm{T}}[D_{\mathrm{T}}][\beta]\mathrm{d}x\{\mathrm{d}\delta^{\mathrm{e}}\} \tag{3.106}$$

式中

$$[\beta] = [\beta_{\mathrm{l}}] + [\beta_{\mathrm{nl}}] \tag{3.107}$$

因此，单元切线刚度矩阵为

$$[K] = [K_{\mathrm{l}}] + [K_{\mathrm{nl}}] = \int_l [\beta]^{\mathrm{T}}[D_{\mathrm{T}}][\beta]\mathrm{d}x \tag{3.108}$$

式中

$$[K_{\mathrm{l}}] = \int_l [\beta_{\mathrm{l}}]^{\mathrm{T}}[D_{\mathrm{T}}][\beta_{\mathrm{l}}]\mathrm{d}x \tag{3.109}$$

$$[K_{\mathrm{nl}}] = \int_l [\beta_{\mathrm{l}}]^{\mathrm{T}}[D_{\mathrm{T}}][\beta_{\mathrm{nl}}]\mathrm{d}x + \int_l [\beta_{\mathrm{nl}}]^{\mathrm{T}}[D_{\mathrm{T}}][\beta_{\mathrm{l}}]\mathrm{d}x + \int_l [\beta_{\mathrm{nl}}]^{\mathrm{T}}[D_{\mathrm{T}}][\beta_{\mathrm{nl}}]\mathrm{d}x \tag{3.110}$$

式中，$[K_{l}]$是仅考虑材料非线性时的单元切线刚度矩阵；$[K_{nl}]$是考虑几何非线性时所附加的单元切线刚度矩阵，后者是与节点位移$\{\boldsymbol{\delta}^e\}$有关的。

根据截面分析可以得到截面切线刚度矩阵为

$$[D_{T}] = \begin{bmatrix} d_{11} & d_{12} & d_{13} \\ d_{21} & d_{22} & d_{23} \\ d_{31} & d_{32} & d_{33} \end{bmatrix} \tag{3.111}$$

线性应变形函数$[\beta_{l}]$与位置坐标x有关，非线性应变形函数$[\beta_{nl}]$不仅与位置坐标x有关，还与单元节点位移有关。在式(3.111)中，截面刚度矩阵与该截面形心处的应变有关，而应变又与位置坐标x和单元节点位移有关，并且这种关系是无法显式表达的，也就是说截面刚度矩阵$[D_{T}]$是不能直接用位置坐标x和单元节点位移$\{\boldsymbol{\delta}^e\}$的显式函数表达。研究表明，采用单元长度方向中点的$D_{T}$值代替沿长度方向变化的$D_{T}$值，并没有带来明显的误差。根据此简化假定，式(3.109)和式(3.110)的积分可以得到显式函数表达式。采用 Mathematics 的符号运算，可以得到考虑材料非线性的单元切线刚度矩阵，该刚度矩阵详见本章附录。

3.5.2　墙单元

1. 平面应力膜单元

在平面应力膜单元中，每个节点有两个自由度，不考虑平面外的自由度，可采用三角形单元、矩形单元和四边形等参单元。由于三角形单元是常应变单元，利用细网格才能求得满意的计算结果；矩形单元不适应曲线边界等复杂的边界形状；四边形等参单元具有较高的计算精度，且其网格的划分不受边界形状的影响，所以目前应用最多。四边形等参单元有四个节点、八个自由度，图3.33(a)为实际单元，图3.33(b)为母单元。

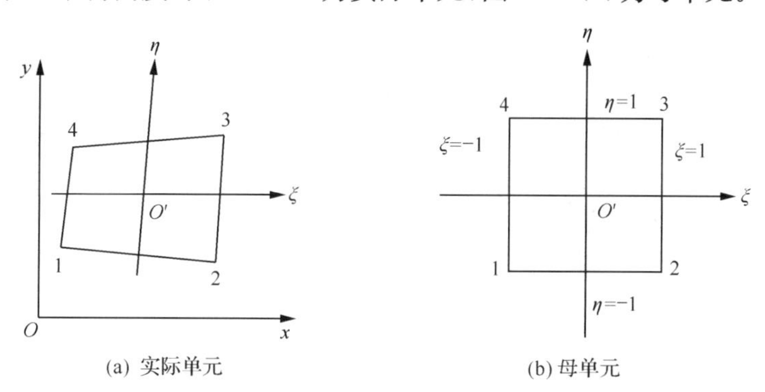

图3.33　四边形等参单元

2. 板壳单元

板壳单元是平面应力问题和板弯曲问题的组合，每个节点有六个自由度，三个为平移，三个为转角。在板壳单元上假想有一层与板厚相同的膜，由膜承受平面应力，板承受弯曲应力，既具有剪力墙所在平面内的刚度，又具有平面外的刚度，单元精度高，单元的局

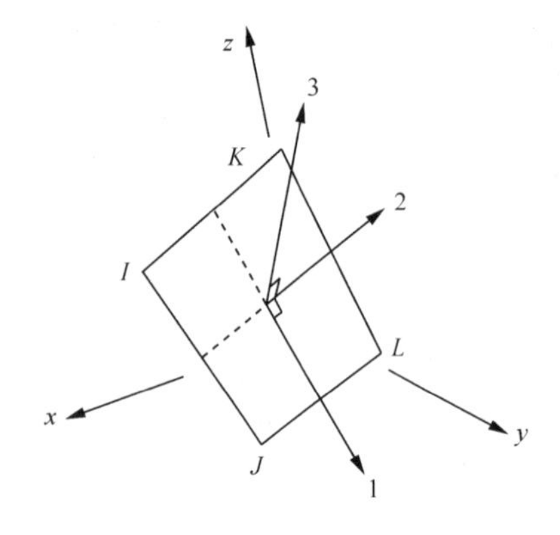

图 3.34　板壳单元

部坐标系与整体坐标系的关系如图 3.34 所示。为了计算简单，局部坐标取在单元的中平面上。显然，板壳单元由于考虑了平面外的自由度，比平面应力膜单元更为精确，但计算量也增加了不少。

3. 改进的梁(柱)单元

1) 剪切弹簧

Bernoulli 梁模型能够用来模拟刚臂或墙的轴向和弯曲变形部分。为了真正模拟刚臂或墙的性能，应在梁柱单元中增加非线性剪切弹簧，从而形成墙单元，如图 3.35 所示。

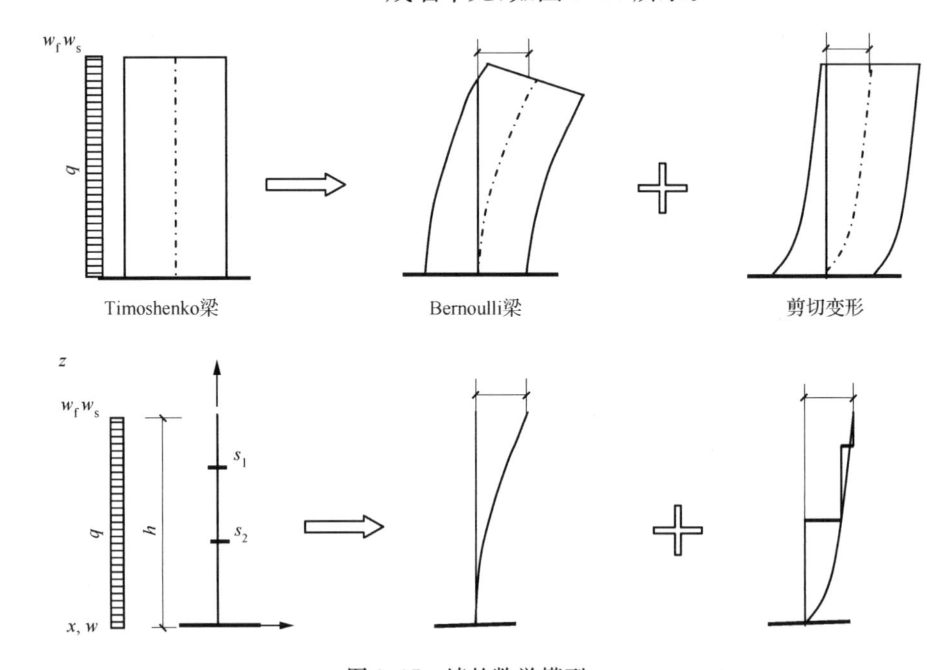

图 3.35　墙的数学模型

给定剪力 Q-剪切角 γ 的关系曲线，它沿着墙高而变化。根据余虚功原理，能够得到剪切变形位移 w_s

$$w_s = \int_0^h \gamma(Q)\,\mathrm{d}z = h\int_0^1 \gamma \mathrm{d}\xi \tag{3.112}$$

式中，$\xi = \dfrac{z}{h}$。

对方程式(3.112)进行数值积分可得如下形式：

$$w_s = h\sum_{i=1}^{n} A_i\gamma(Q(\xi_i)) = \sum_{i=1}^{n} \Delta w_i \tag{3.113}$$

式中，n 为积分点数；A_i 为权重因子；w_i 为每一个积分点的剪切变形位移。

为了使问题简化，假定剪切变形沿墙单元长度方向不变，式(3.113)可以写为

$$w_s = h\gamma \tag{3.114}$$

这样，剪切弹簧的位置并不影响计算结果。

2）几何方程

墙单元的变形由弯曲变形和剪切变形两部分组成，并且弯曲变形和剪切变形是相互独立的。利用梁单元的结论可得到单元应变和位移的关系如下：

$$\varepsilon_0 = \frac{\partial u}{\partial x} + \frac{1}{2}\left(\frac{\partial v}{\partial x}\right)^2 \tag{3.115}$$

$$\psi = \frac{\partial^2 (v - \gamma x)}{\partial x^2} \tag{3.116}$$

$$\gamma = \frac{\partial u}{\partial y} + \frac{\partial v}{\partial x} \tag{3.117}$$

由于采用的是局部坐标，位移函数 u、v 仅和 x 有关，并且 γ 在单元内部为常数，所以单元应变可以写成如下形式：

$$\varepsilon_0 = \frac{\partial u}{\partial x} + \frac{1}{2}\left(\frac{\partial v}{\partial x}\right)^2 \tag{3.118}$$

$$\psi = \frac{\partial^2 v}{\partial x^2} \tag{3.119}$$

$$\gamma = \frac{\partial v}{\partial x} \tag{3.120}$$

3）线性应变形函数

线性应变-位移关系以矩阵形式表示为

$$\{\varepsilon^{w}\} = \begin{Bmatrix} \varepsilon_0 \\ \psi \\ \gamma \end{Bmatrix} = \begin{bmatrix} \dfrac{\partial}{\partial x} & 0 \\ 0 & \dfrac{\partial^2}{\partial x^2} \\ 0 & \dfrac{\partial}{\partial x} \end{bmatrix} \begin{Bmatrix} u(x) \\ v(x) \end{Bmatrix} \tag{3.121}$$

采用与梁单元中相同的位移形函数，可得墙线性应变矩阵为

$$[\beta_l^{w}] = \begin{bmatrix} [\beta_l] \\ [S] \end{bmatrix} \tag{3.122}$$

式中，上标“w”表示用于墙单元，下同；β_l 同梁单元。

$$[S] = \left[0 \quad 0 \quad -\frac{6x}{L^2} + \frac{6x^2}{L^3} \quad \frac{6x}{L^2} - \frac{6x^2}{L^3} \quad 1 - \frac{4x}{L} - \frac{3x^2}{L^2} \quad -\frac{2x}{L} + \frac{3x^2}{L^2}\right] \tag{3.123}$$

4）增量非线性应变形函数

参照梁单元的推导过程可得墙单元非线性应变形函数为

$$[\beta_{nl}^{w}] = \begin{bmatrix} [\beta_{nl}] \\ [0] \end{bmatrix} \tag{3.124}$$

式中，β_{nl} 同梁单元。

5）墙单元切线刚度矩阵

墙单元应变矩阵为线性应变和非线性应变两部分之和，即

$$[\beta^{w}]=[\beta_{l}^{w}]+[\beta_{nl}^{w}] \tag{3.125}$$

因此，单元切线刚度矩阵为

$$[K^{w}]=[K_{l}^{w}]+[K_{nl}^{w}]=\int_{l}[\beta^{w}]^{T}[D_{T}^{w}][\beta^{w}]\mathrm{d}x \tag{3.126}$$

式中

$$[K_{l}^{w}]=\int_{l}[\beta_{l}^{w}]^{T}[D_{T}^{w}][\beta_{l}^{w}]\mathrm{d}x \tag{3.127}$$

$$[K_{nl}^{w}]=\int_{l}[\beta_{l}^{w}]^{T}[D_{T}^{w}][\beta_{nl}^{w}]\mathrm{d}x+\int_{l}[\beta_{nl}^{w}]^{T}[D_{T}^{w}][\beta_{l}^{w}]\mathrm{d}x+\int_{l}[\beta_{nl}^{w}]^{T}[D_{T}^{w}][\beta_{nl}^{w}]\mathrm{d}x \tag{3.128}$$

其中，$[K_{l}^{w}]$是仅考虑材料非线性时的单元切线刚度矩阵；$[K_{nl}^{w}]$是考虑几何非线性时所附加的单元切线刚度矩阵，后者是和节点位移 $\boldsymbol{\delta}^{e}$ 有关的。

截面切线刚度矩阵为

$$[D_{T}^{w}]=\begin{bmatrix}[D_{T}] & 0\\ 0 & k_{s}\end{bmatrix} \tag{3.129}$$

式中，k_s 为剪力 Q-剪切变形关系曲线的切线斜率；D_T 同梁单元。

对方程式(3.127)和式(3.128)积分可以得到单元切线刚度矩阵如下：

$$[K_{l}^{w}]=[K_{l}]+k_{s}\begin{bmatrix}0 & 0 & 0 & 0 & 0 & 0\\ & 0 & 0 & 0 & 0 & 0\\ & & \frac{1.2}{L} & -\frac{1.2}{L} & -\frac{13}{5} & \frac{1}{10}\\ & & & \frac{1.2}{L} & -\frac{13}{5} & -\frac{1}{10}\\ \text{对称} & & & & \frac{122L}{15} & -\frac{19L}{30}\\ & & & & & \frac{2L}{15}\end{bmatrix} \tag{3.130}$$

$$[K_{nl}^{w}]=[K_{nl}] \tag{3.131}$$

式中，K_l 和 K_{nl}同梁柱单元。

6) 墙单元的剪力与剪切变形之间的关系

墙单元的剪切变形是非常复杂的，为了简化，采用三线性剪切模型(图 3.36)。在开裂剪切强度 V_c 之前，剪力和剪切变形之间的关系为线性关系，剪切刚度为弹性剪切刚度。到达剪切屈服强度 V_y 之后，剪切刚度基本为 0，为了避免刚度矩阵的病态，假定屈服以后的剪切刚度 k_3 为弹性剪切刚度 k_e 的 1%。墙单元的开裂和屈服剪切强度分别为

$$V_{c}=\frac{0.6(f_{c}'+7.11)}{M/(VL_{w})+1.7}b_{e}L_{w} \tag{3.132}$$

$$V_{y}=\left[\frac{0.08\rho_{t}^{0.23}(f_{c}'+2.56)}{M/(VL_{w})+0.12}+0.32\sqrt{f_{y}\rho_{w}}+0.1f_{a}\right]b_{e}L_{w} \tag{3.133}$$

式中，$M/(VL_w)$ 为剪跨比；ρ_t 为受拉钢筋的配筋率；ρ_w 为墙配筋率；b_e 为墙厚；L_w 为墙宽度；f_a 为墙单元的截面应力，f_c'为混凝土的受压强度。

剪切屈服时的割线剪切刚度为

$$k_{\mathrm{y}}=\beta_{\mathrm{s}}k_{\mathrm{e}},\quad \beta_{\mathrm{s}}=\frac{0.5M}{VL_{\mathrm{w}}}\tag{3.134}$$

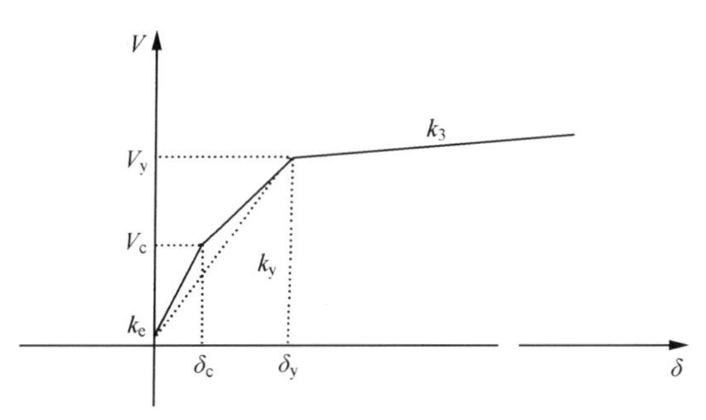

图 3.36　三线性退化型恢复力模型

4. 多垂直杆单元

设墙体单元在两端的位移为 $\{d\}^{\mathrm{T}}=\{u_i,\ v_i,\theta_i,\ u_j,\ v_j,\ \theta_j\}$，其中 u_i、v_i、θ_i 分别表示 i 端的水平位移、形心轴处的竖向位移和转角，其余三个符号对应于 j 端的位移。杆端力矢量为 $\{F\}^{\mathrm{T}}=\{X_i,\ Y_i,\ M_i,\ X_j,\ Y_j,\ M_j\}$，其中 X_i、Y_i、M_i 分别表示 i 端的剪力、轴力和弯矩，其余三个符号对应于 j 端的杆端力，各符号的正方向如图 3.37 所示。设 i 端、j 端由于剪切变形引起的水平位移分别为 u'_i、u'_j，则

$$u_i=u'_i-rh\sin\theta_i\tag{3.135}$$

$$u_j=u'_j+(1-r)h\sin\theta_j\tag{3.136}$$

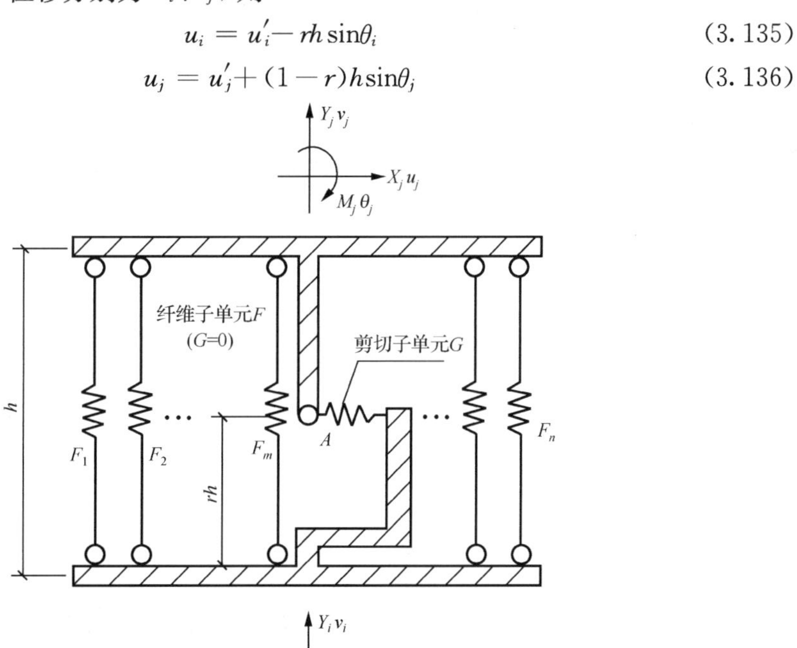

图 3.37　墙体单元模型示意图

式(3.136)减去式(3.135)得

$$u_j' - u_i' = u_j - u_i - (1-r)h\sin\theta_j - rh\sin\theta_i$$

基于小变形假定,$\sin\theta_i \approx \theta_i$,$\sin\theta_j \approx \theta_j$,则由上面公式得水平抗剪弹簧的变形为

$$\delta u = u_j - u_i - (1-r)h\theta_j - rh\theta_i \tag{3.137}$$

第 m 根竖向杆 i 端的轴向位移为

$$v_{im}' = -\theta_i l_m + rh(1-\cos\theta_i) + v_i \tag{3.138}$$

第 m 根竖向杆 j 端的轴向位移为

$$v_{jm}' = -\theta_j l_m - (1-r)h(1-\cos\theta_j) + v_j \tag{3.139}$$

式中,l_m 为第 m 根竖向杆距横截面形心轴的水平距离,在形心轴右侧为正,左侧为负,则第 m 根竖向杆的轴向变形由式(3.138)和式(3.139)得

$$\delta v_m = (\theta_i - \theta_j)l_m + v_j - v_i - (1-r)h(1-\cos\theta_j) - rh(1-\cos\theta_i)$$

同样基于小变形的假定,$\cos\theta_i = 1$,$\cos\theta_j = 1$,则上面公式化为

$$\delta v_m = (\theta_i - \theta_j)l_m + v_j - v_i \tag{3.140}$$

给单元一虚位移 $\{d^*\}^{\mathrm{T}} = \{u_i^*, v_i^*, \theta_i^*, u_j^*, v_j^*, \theta_j^*\}$,则外力在虚位移上所做的功为

$$W = \{d^*\}^{\mathrm{T}}\{F\}$$

内力在虚变形上所做的功为

$$U = k_{\mathrm{h}}\delta u\delta u^* + \sum_{m=1}^{n} k_{\mathrm{v}m}\delta v_m \delta v_m^*$$

式中,k_{h} 为水平抗剪弹簧的刚度;$k_{\mathrm{v}m}$ 为第 m 根垂直杆的轴向刚度。

由虚功原理得

$$\{d^*\}^{\mathrm{T}}\{F\} = k_{\mathrm{h}}\delta u\delta u^* + \sum_{m=1}^{n} k_{\mathrm{v}m}\delta v_m \delta v_m^* \tag{3.141}$$

把式(3.139)和式(3.140)代入式(3.141),整理后得

$$\{d^*\}^{\mathrm{T}}\{F\} = \{d^*\}^{\mathrm{T}}[K_{\mathrm{e}}]\{d\}$$

即可得

$$\{F\} = [K_{\mathrm{e}}]\{d\}$$

$$[K_{\mathrm{e}}] = \begin{bmatrix} k_{\mathrm{h}} & 0 & k_{\mathrm{h}}rh & -k_{\mathrm{h}} & 0 & k_{\mathrm{h}}h(1-r) \\ & \sum_{m=1}^{n} k_{\mathrm{v}m} & -\sum_{m=1}^{n} k_{\mathrm{v}m}l_m & 0 & -\sum_{m=1}^{n} k_{\mathrm{v}m} & \sum_{m=1}^{n} k_{\mathrm{v}m}l_m \\ & & k_{\mathrm{h}}r^2h^2 + \sum_{m=1}^{n} k_{\mathrm{v}m}l_m^2 & -k_{\mathrm{h}}rh & \sum_{m=1}^{n} k_{\mathrm{v}m}l_m & (1-r)rh^2k_{\mathrm{h}} - \sum_{m=1}^{n} k_{\mathrm{v}m}l_m^2 \\ & & & k_{\mathrm{h}} & 0 & -k_{\mathrm{h}}h(1-r) \\ & & & & \sum_{m=1}^{n} k_{\mathrm{v}m} & -\sum_{m=1}^{n} k_{\mathrm{v}m}l_m \\ & \text{对称} & & & & (1-r)^2h^2k_{\mathrm{h}} + \sum_{m=1}^{n} k_{\mathrm{v}m}l_m^2 \end{bmatrix} \tag{3.142}$$

式中，$[K_e]$为单元刚度矩阵。

许多文献在应用这一模型时，对相对转动中心高度 r 的取值比较模糊，主要在 0～0.5 中取值，而这一取值与墙体的曲率分布有关，这给使用者造成了困惑。从式(3.142)知，墙体单元的刚度与此值有很大关系。考虑到在实际剪力墙结构中同一层剪力墙的上下端弯矩变化比较缓慢，很少出现反弯点，故本节在推导墙体单元相对转动中心高度时假设曲率呈均匀分布，以平均曲率作为曲率值，而在计算分析时通过增加单元数来减小误差。下面推导基于均匀曲率分布假定的转动中心高度的取值。

墙体的变形包括弯曲变形、剪切变形和轴向变形，其水平侧移包括由弯曲变形引起的和剪切变形引起的两个部分，在此模型中表现为 A 点的转动引起的和水平抗剪弹簧的变形引起的，如图 3.38 所示。

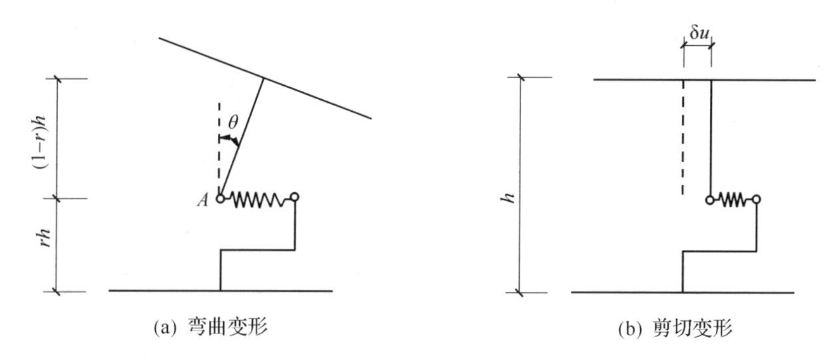

图 3.38　墙体单元变形示意图

由弯曲变形引起的水平位移 u_b 为

$$u_b = \int_0^h x\psi \mathrm{d}x$$

式中，x 为积分点离自由端的距离；ψ 为截面曲率。由于 ψ 为常数，则上面公式化为

$$u_b = \frac{1}{2}\psi h^2 \tag{3.143}$$

在图 3.38(a)中，由 A 点转动 θ 角度引起的水平位移为

$$u_b = \theta(1-r)h = \psi h(1-r)h \tag{3.144}$$

模型的变形应与原型的变形相等，由式(3.143)和式(3.144)相等可解得 r=0.5。

3.5.3　筒体单元

1. 宏观筒体单元

将多个单片墙单元组合在一起，并在墙-墙交界处考虑位移协调，这样就形成了筒体墙单元(图 3.39)。根据同样的方法，也可以组合成其他截面形式，如工字形、L 形等。

2. 精细化筒体单元

选用八节点平面等参单元作为有限元分析的基本单元。精细化筒体单元如图 3.40 所示，在求解二维问题时，八节点平面等参单元比四节点平面等参单元精度更高，更能适合各种不规则形状的边界。在筒体构件翼缘墙体平面外弯曲作用的模拟方面，是该计算模型的盲区。采用基于薄板理论的板单元可以解决这一问题，但是这一类单元在边界上必须满足 C_1 连续性。在二维问题中，构造 C_1 连续性的插值函数非常困难。考虑横向剪切变形的 Mindlin 平板理论的板单元，挠度 ω 及法线转动 θ_x 和 θ_y 是各自独立的场函数，将构造 C_1 连续性的插值函数转化为构造 C_0 连续性的插值函数，使问题得到简化。但是剪切锁死问题和边界上两种单元自由度的协调问题会使在解非线性方程时很容易产生歧义。考虑到筒体构件翼缘墙体实际工作中产生的挠度很小，本节采用平面单元建立计算模型，在边界上采用位移协调原则，节点力只按单元平面投影方向分配。

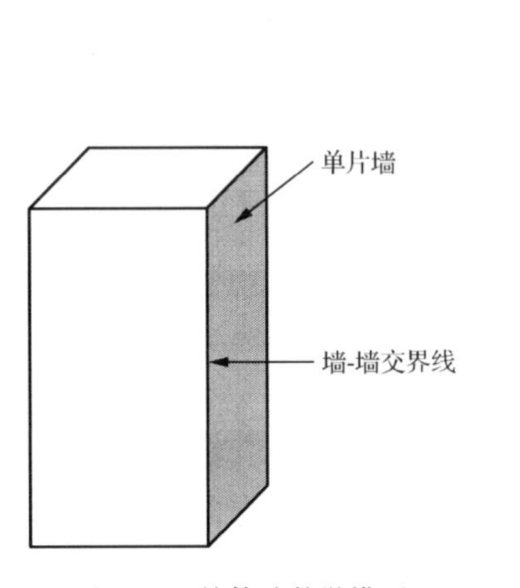

图 3.39　筒体墙数学模型

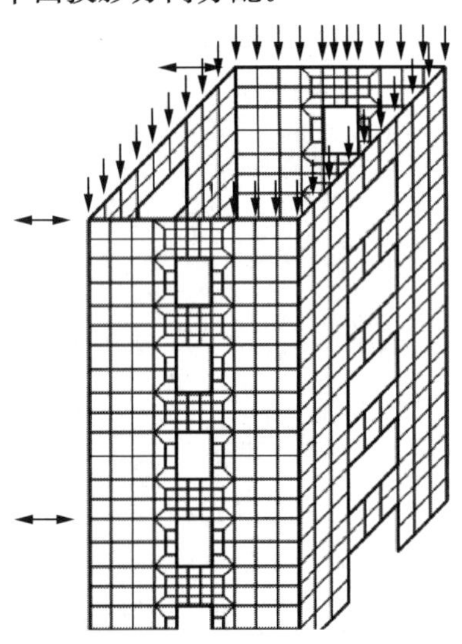

图 3.40　精细化筒体单元

在有限元分析中，随着单元节点数目的增加，插值函数的方次也增加，因此用于实际问题的分析时，达到的精度也随之提高。对于一个给定的求解域，用较少的单元就可以获得需要精度的解答。但是用较少的形状规则的单元离散几何形状比较复杂的求解域经常会遇到困难。因此，需要寻找适当的方法把形状规则的单元转化为边界为曲线或曲面的相应单元。在有限单元法中，最普遍采用的方法是等参变换，即单元几何形状的变换和单元内的场函数采用相同数目的结点参数和相同的插值函数进行变换。采用等参变换的单元称为等参单元。等参变换的采用使等参单元的刚度、质量、阻尼、荷载等特性矩阵的计算仍然在规则单元域内进行，因此无论各个矩阵的被积函数多么复杂，都可以方便地采用标准化的数值积分方法计算，从而使不同工程实际问题的有限元分析纳入统一的通用化程序。

3.5.4　连接单元

对于钢筋混凝土结构，由于它是由钢筋和混凝土两种不同材料组成的，如果混凝土和钢筋两者之间的相互黏结很好，不会发生相对滑移，则分别采用代表混凝土和钢筋的单元就足够了，这些混凝土单元相互之间及它们与钢筋单元之间都只是在结点处相互铰接。

如果要考虑混凝土和钢筋之间的相对滑移，考虑到黏结力可能发生破坏，那么还需要引入另一种能反映钢筋与混凝土两者间界面性能的单元，即连接单元。连接单元的特点是：它能沿着与联结面垂直方向传递压应力，也能沿着与联结面平行方向传递剪应力，但不能传递拉应力。

钢筋与混凝土的界面性能是极其复杂的，它不仅与混凝土的材性有关，而且受到很多因素的影响，如钢筋的外形特征、直径粗细、混凝土保护层厚度、横向约束钢筋以及受力状况等。连接单元模型种类较多，有双垂直弹簧连接模型、黏结区单元、斜压杆单元、四结点线性节理单元、六结点曲边节理单元等。本节主要讨论双弹簧连接单元、四节点线性节理单元和六节点曲边节理单元。

1. 双弹簧连接单元

如图 3.41 所示，在垂直于钢筋和平行于钢筋表面方向设置互相垂直的一组弹簧。这组弹簧是设想的力学模型，具有弹性刚度，但并无实际几何尺寸，所以它可以放置在需要设置联系的任何地方。在沿钢筋长度方向上肯定不会产生黏结破坏的节点，例如，简支梁端部(当黏结锚固得较好时)以及对称情况下的跨中，可以不设置连接单元，其余部位可根据具体情况按需要设置。平行于两种单元接触面的弹簧用以计算相对滑移和黏结应力，垂直于两种单元接触面的弹簧用以考虑钢筋的销栓作用。两种弹簧刚度分别为 k_h 和 k_v。

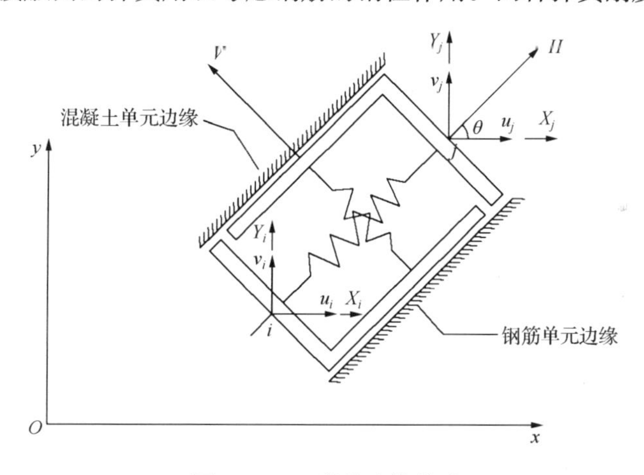

图 3.41 双弹簧连接单元

弹簧刚度 k_h 和 k_v 受钢筋表面性质、直径和间距、混凝土的品种、强度、构件尺寸、单元划分等许多因素的影响，所以应从试验数据出发，根据具体不同的情况确定。

双弹簧连接单元具有形式简单，可以很方便地设置在钢筋与混凝土单元之间，而不影响单元划分的优点。但也有明显的不足，不能反映变形钢筋对混凝土的销栓作用。

2. 四节点线性节理单元

这种单元是一种退化了的四边形单元，即宽度等于零的四边形单元。它首先由 Goodman 用于岩石力学中作为节理单元，后又引申用于各种边界接触面的单元，如钢筋与混凝土间的黏结滑移单元。由于这种单元宽度等于零，所以可以很方便地放置于钢筋和混凝土之间而不影响钢筋与混凝土单元的几何划分。又由于这种单元从四边形单元退化而来，可以与四节点平面等参单元建立更为协调的关系。

3. 六节点曲边节理单元

如果节理单元要与八节点等参单元连接时，为保证单元边界的连续性，宜采用六节点曲边节理单元。六节点节理单元的上下边界都是曲线，如图 3.42 所示，单元的宽度可以采用有限厚度，也可假定单元宽度为零。

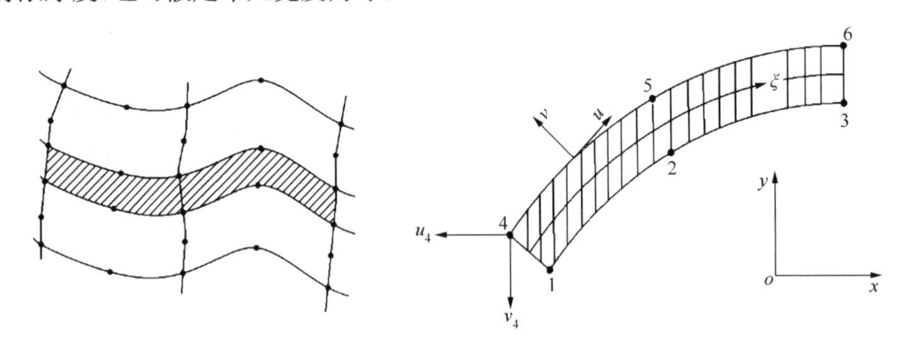

图 3.42 六结点曲边节理单元

ξ为自然坐标；(u,v)为单元直角坐标；(x,y)为总体直角坐标

3.6 材料和构件的恢复力模型

恢复力特性是结构在反复荷载作用下(如地震作用)所表现出的力(应力)与位移(应变)之间的关系，它是在对结构进行弹塑性分析时必须体现的特征之一。恢复力模型包括骨架曲线和滞回规律两大部分。骨架曲线为所有的状态点(x,y)划定了界限，滞回规律则体现了结构的高度非线性。针对钢筋混凝土结构，由于材料本身的不均匀性，骨架曲线要能反映开裂、屈服、破坏等特征，每种特征有相应的破坏准则。例如，受拉区外侧混凝土达到抗拉强度时算作开裂，受拉钢筋屈服算作结构的屈服以及受压区混凝土达到极限压应变算作结构的破坏等。滞回部分要能反映结构的强度退化、刚度退化和滑移特征，这就说明动力作用下的结构具有某种记忆，使得下一步状态点的确定，不仅取决于该状态点的位置，还和历史上经历过的状态点有关。因此恢复力模型的描述必须遵照一定的方法以使得计算的每一步都准确、有序。

3.6.1 材料层次的恢复力模型

1. 混凝土应力-应变关系

为了能在计算程序中得以有效运用，反复加载下混凝土应力-应变曲线的选用不仅要考虑到反映混凝土应力-应变关系的精确性，还要顾及程序实现的可能性、计算程序的效率和计算机容量等。有关文献中虽然给出了混凝土在反复加载下各区段的理论应力-应变曲线，但这些曲线要想真正用于计算模型则非常困难，因为在反复加载下混凝土的应力应变路径忽上忽下，跨越各个应力应变区段，在计算过程中要对二次或二次以上应力-应变曲线进行追踪几乎无法进行。由于这个原因，许多已有的分析模型采用了分段直线来描述反复荷载下混凝土的应力-应变关系，其分析结果同样能与试验较好地吻合。综合多种因素，本节采用图3.43所示的反复加载下混凝土应力-应变理想化曲线。大量数据表明，受反复加载的混凝土应力-应变骨架曲线与单调加载下的应力-应变曲线完全相同。图中，骨架曲线同单调加载下应力-应变关系曲线。以下用切线模量描述卸载和再加载曲线。

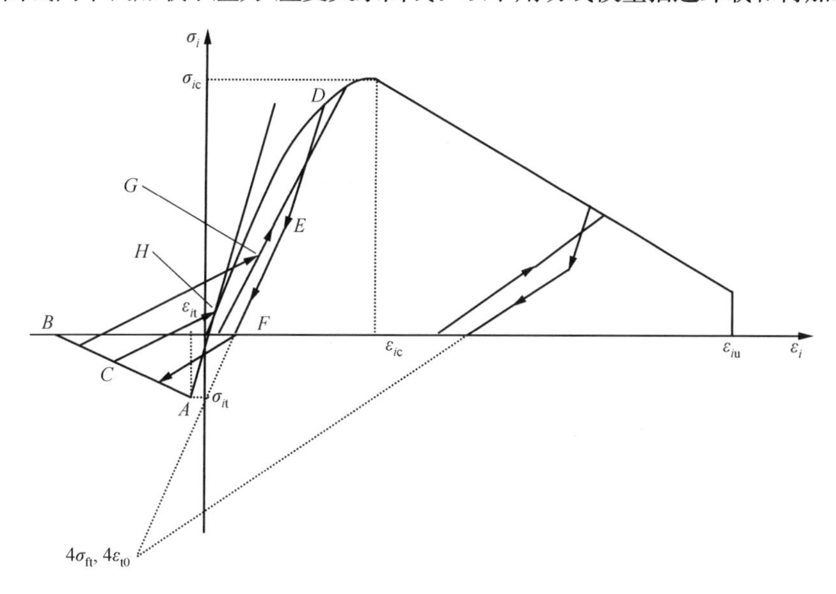

图3.43　混凝土反复加载应力-应变关系模型

1) 压应变区域卸载曲线

当$\sigma_i > 0.5\sigma_{i,\max}$时，对图3.43中的$DE$段有

$$E_i = E_0 \tag{3.145}$$

式中，$\sigma_{i,\max}$为混凝土曾达到的最大等效单向受压应变所对应的压应力；E_i为对应于主应力方向i所引起的切线模量；E_0为原点的切线模量。

当$0 < \sigma_i < 0.5\sigma_{i,\max}$时，对图3.43中的$EF$段有

$$E_i = \frac{\sigma_i - 4\sigma_{it}}{\varepsilon_i - 4\varepsilon_{it}} \tag{3.146}$$

式中，σ_{it}为方向为i的主拉应力；ε_{it}为与σ_{it}对应的等效单向拉应变。

当$\sigma_i < 0$，混凝土未曾开裂时，有

$$E_i = \frac{\sigma_i - \sigma_{it}}{\varepsilon_i - \varepsilon_{it}} \tag{3.147}$$

当$\sigma_i < 0$，混凝土曾开裂时，有

$$E_i = \frac{\sigma_i - \sigma_{i,\min}}{\varepsilon_i - \varepsilon_{i,\min}} \tag{3.148}$$

式中，$\sigma_{i,\min}$为混凝土曾达到的最大受拉应变所对应的拉应力；$\varepsilon_{i,\min}$为混凝土曾达到的最大受拉应变。

2) 压应变区域再加载曲线

设

$$E' = \frac{\sigma_{1.1\mathrm{m}} - \sigma_i}{\varepsilon_{1.1\mathrm{m}} - \varepsilon_i} \tag{3.149}$$

式中

$$\varepsilon_{1.1\mathrm{m}} = 1.1\varepsilon_{i,\max}, \quad \varepsilon_{1.1\mathrm{m}} \geqslant 0.05\varepsilon_{ic} \tag{3.150}$$

$$\varepsilon_{1.1\mathrm{m}} = 0.05\varepsilon_{ic}, \quad \varepsilon_{1.1\mathrm{m}} < 0.05\varepsilon_{ic} \tag{3.151}$$

$\sigma_{1.1\mathrm{m}}$为混凝土骨架曲线中$\varepsilon_{1.1\mathrm{m}}$所对应的应力。

当$E' \geqslant \dfrac{\sigma_{1.1\mathrm{m}} - 4\sigma_{\mathrm{ft}}}{\varepsilon_{1.1\mathrm{m}} - 4\varepsilon_{\mathrm{t0}}}$时,取

$$E_i = \frac{\sigma_{1.1\mathrm{m}} - \sigma_i}{\varepsilon_{1.1\mathrm{m}} - \varepsilon_i} \tag{3.152}$$

若$E' < \dfrac{\sigma_{1.1\mathrm{m}} - 4\sigma_{\mathrm{ft}}}{\varepsilon_{1.1\mathrm{m}} - 4\varepsilon_{\mathrm{t0}}}$时,则

当$E' > 0.01E_0$时,取

$$E_i = 0.01E_0 \tag{3.153}$$

当$E' \leqslant 0.01E_0$时,取

$$E_i = \frac{\sigma_{1.1\mathrm{m}} - \sigma_i}{\varepsilon_{1.1\mathrm{m}} - \varepsilon_i} \tag{3.154}$$

3) 拉应变区域卸载曲线

当$\sigma_i<0$时

$$E_i = \frac{\sigma_{\mathrm{a}} - \sigma_i}{\varepsilon_{\mathrm{a}} - \varepsilon_i} \tag{3.155}$$

式中

$$\sigma_{\mathrm{a}} = -\varepsilon_{i\mathrm{t}}E_0 \tag{3.156}$$

$$\varepsilon_{\mathrm{a}} = -\varepsilon_{i\mathrm{t}} \tag{3.157}$$

当$\sigma_i>0$时

$$E_i = 0.01E_0 \tag{3.158}$$

4) 拉应变区域再加载曲线

$$E_i = \frac{\sigma_i - \sigma_{i,\min}}{\varepsilon_i - \varepsilon_{i,\min}} \tag{3.159}$$

2. 钢筋应力-应变关系

钢筋的反复荷载下应力-应变关系采用双线性弹塑性模型,并考虑钢筋屈服硬化,钢筋屈服后取$E_{\mathrm{s}}'=0.01E_{\mathrm{s0}}$。钢筋应力-应变关系如图3.44所示。

3.6.2 构件层次的恢复力模型

到目前为止,试验研究仍然是构件恢复力模型研究的重要手段。国内外学者对钢筋混凝土构件的试验研究已经取得了一定的成果,作者及其团队近年来进行了一系列的型

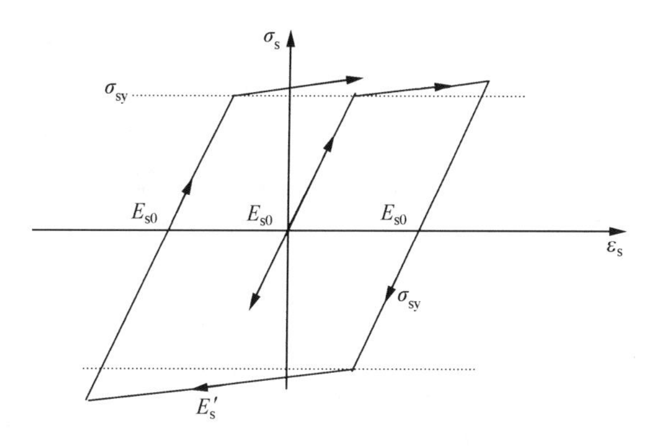

图 3.44　钢筋应力-应变关系模型

钢混凝土构件、耗能剪力墙和联肢剪力墙的试验研究，以下主要介绍这方面的研究成果。

1. 型钢混凝土柱[17]

一般来说，在构造恢复力模型时，通常由比较可靠的理论公式确定骨架曲线上的关键点，而由低周反复荷载试验确定滞回规律。简单的恢复力模型比较实用，本节以 5 根型钢混凝土柱(含钢率小于 10%)为例，介绍由试验提出简单恢复力模型的建立方法。

1) 骨架曲线的关键点

试验试件的承载力各有不同[图 3.45(a)]，为提出统一的恢复力模型，以较为准确的

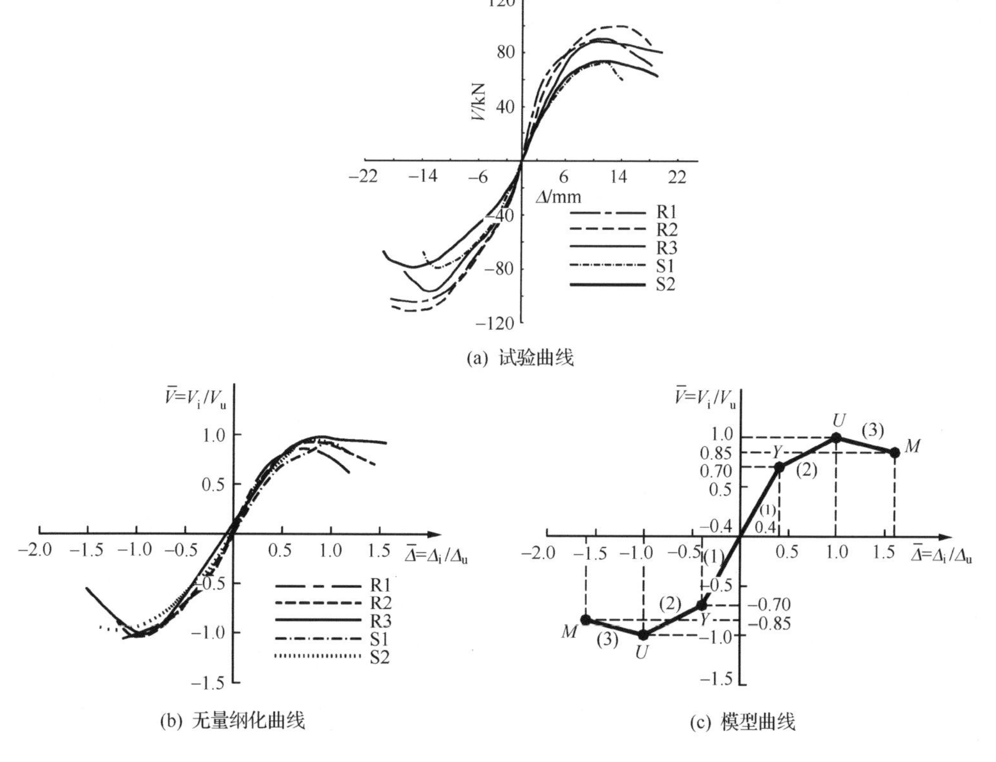

图 3.45　恢复力模型骨架曲线的提出

试验极限承载力点的荷载和位移作为无量纲化基础点，对骨架曲线进行无量纲化[图 3.45(b)]。观察无量纲后曲线，其主要被屈服点 Y、极限承载力点 U 和最大位移点 M 划分为屈服前段、屈服后强化段和下降段三段，无量纲化后各试件的反应在前两段中相同，仅下降段呈现不同规律。因此建立的简单恢复力模型除了最大位移点的位移与轴压比相关，其余的关键点荷载和位移均与极限承载力点 U 的荷载和位移相关。线性恢复力骨架曲线如图 3.45(c)所示。

(1) 极限承载力点 U：即与正则化坐标(1.0，1.0)对应的点。

① 极限承载力。

按已有钢筋混凝土构件的机理分析，结合参数回归提出型钢钢筋混凝土构件的极限承载力为

$$V_u = \frac{0.2}{\lambda+1.5} f_c b h_0 + 1.25\left(f_{sv}\frac{A_{sv}}{s_{sv}}h_0 + f_{av}\frac{A_{av}}{s_{av}}h_0\right) + 0.07$$

$$\frac{V_u}{f_c b h_0} = \frac{0.2}{\lambda+1.5} + 1.25\left(\rho_{sv}\frac{f_{sv}}{f_c} + \rho_{av}\frac{f_{av}}{f_c}\right) + 0.07 n_0 \tag{3.160}$$

式中，λ 为剪跨比；f_{sv}、f_{av}分别为钢筋屈服强度和型钢屈服强度；n_0 为柱的轴压比；A_{sv}为同一截面内箍筋截面面积；A_{av}为同一截面高度内水平分布钢筋的截面面积；s_{sv}为箍筋间距；s_{av}为水平分布钢筋的间距；ρ_{sv}为箍筋配筋率；ρ_{av}为水平分布钢筋配筋率。

② 峰值变形。

通过参数分析和试验结构统计分析，极限承载力点对应位移的表达式为

$$\Delta_u = \frac{2\lambda^2}{\lambda+2}(1.2 - n_0)(0.6\lambda + 5\sqrt{\rho_{sv}\rho_{av}})L_0/1000 \tag{3.161}$$

(2) 屈服点 Y。

由图 3.45(b)，Y 点对应的变形约为极限变形的 0.4 倍，对应的强度约为屈服强度的 0.7 倍，即

$$\Delta_y = 0.4\Delta_u \tag{3.162}$$

$$V_y = 0.7V_u \tag{3.163}$$

(3) 最大位移点 M。

试验中试件的最大位移为极限荷载下降 85%时对应的变形，考虑到不同试件不同轴压比下受荷的延性不同，定义试件的延性系数 $u = \Delta_{max}/\Delta_y = \Delta_{max}/(0.4\Delta_u)$，正则化坐标表示为$(0.4u,\ 0.85)$。型钢钢筋混凝土柱的延性系数随着轴压比的增大而降低，由回归试验数据得到

$$u = 2.9 n_0^{-0.2} \tag{3.164}$$

不同截面、不同轴压比下型钢钢筋混凝土柱三线型恢复力模型骨架曲线上的关键点均已确定，三线型骨架曲线的表达式如下(以正向为例)。

当 $\bar{\Delta} \leqslant 0.4$ 时

$$\bar{V} = 1.75\bar{\Delta}$$

当 $0.4 < \bar{\Delta} \leqslant 1.0$ 时

$$\bar{V} = 0.7 + 0.5(\bar{\Delta} - 0.4)$$

当 $1.0 < \bar{\Delta} \leqslant 0.4(2.9n^{-0.2})$ 时

$$\bar{V} = 1.0 - 0.15 \frac{\bar{\Delta} - 1.0}{0.4(2.9n^{-0.2}) - 1.0} \tag{3.165}$$

式中，$\bar{V} = V/V_u$，$\bar{\Delta} = \Delta/\Delta_u$，$V_u$、$\Delta_u$ 分别由式(3.160)和式(3.161)确定。

2）滞回规律的确定

滞回规律反映结构的强度退化、刚度退化和滑移等特征，体现在典型 Park 三参数模型中，如图 3.46 所示。

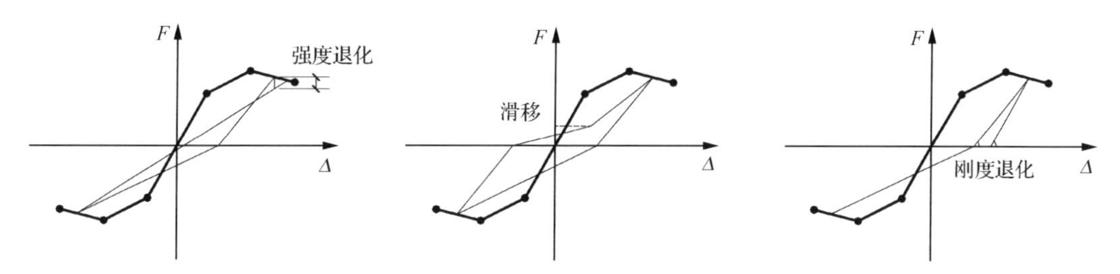

图 3.46 滞回规律中的强度退化、刚度退化和滑移特征

型钢钢筋混凝土试件的滞回曲线如图 3.47 所示。在超过屈服点循环的加载初期，加载曲线的走向基本上指向骨架曲线上的某一定点，属定点指向型，回归这些定点，取指向点在正则化骨架曲线上的纵坐标为 0.4。在循环的加载末期，加载曲线的走向基本上指向前一周期曾到达过的最大位移点，超前指向现象并不明显，属原点指向型，不存在明显的强度退化现象。试件的黏结滑移现象也不明显。对于卸载刚度，在最初试验循环中，它

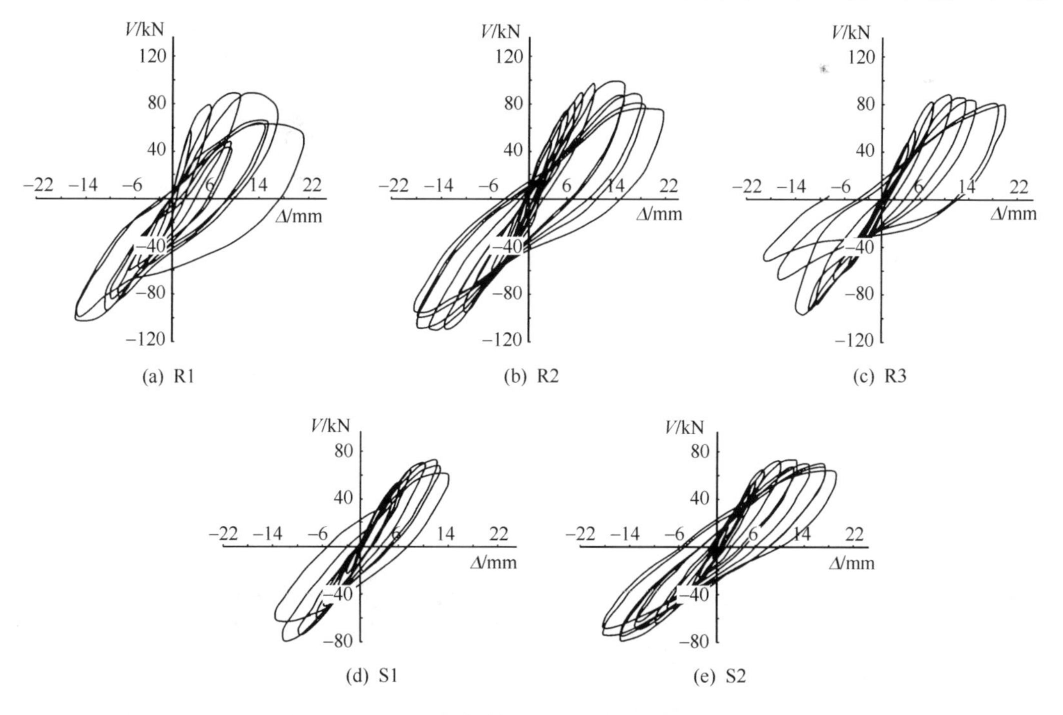

图 3.47 型钢钢筋混凝土试件的滞回曲线

与加载初始刚度相同，随着试验的进行，构件的卸载刚度明显降低，回归该试验和多个同类试验数据得到不同轴压比试件的刚度退化与位移之间的关系(图 3.48)，从图中可以看出，不同轴压比作用下刚度退化规律趋势基本相同，故忽略轴压比的影响，得到刚度退化公式为

$$\frac{K_i}{K_0} = 0.8\left(\frac{|d_i|}{d_u}\right)^{-0.3} \tag{3.166}$$

式中，K_i 为退化后的刚度；K_0 为原始刚度。

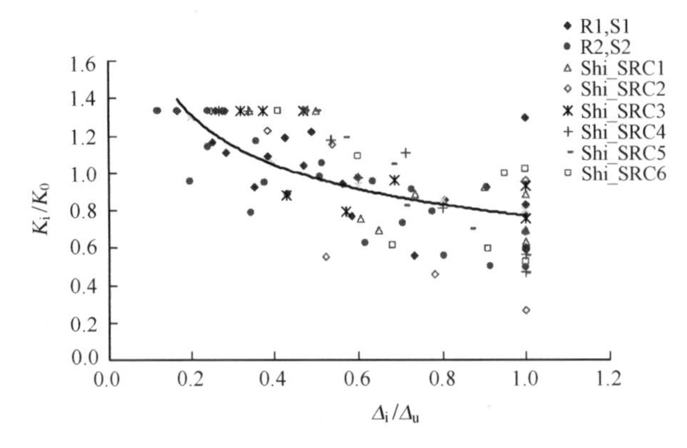

图 3.48 刚度退化与位移关系图

提出的简单恢复力模型与试验对比如图 3.49 所示。

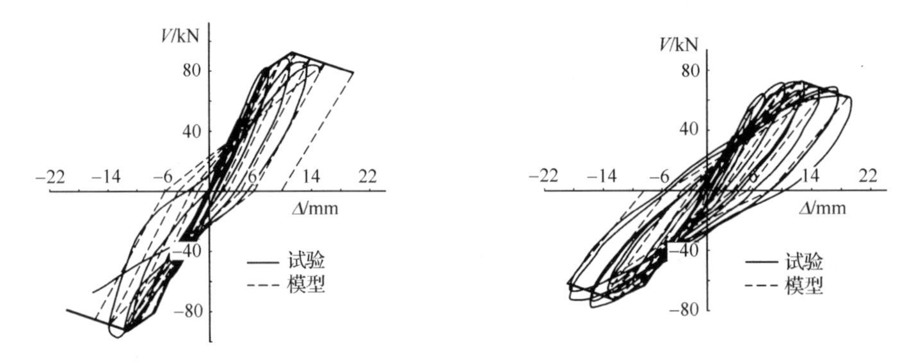

图 3.49 提出恢复力模型与试验曲线对比图

2. 沿竖向耗能的剪力墙

耗能装置作为控制整个耗能剪力墙结构动力反应的控制元件，其设计至关重要。考虑到耗能材料应具有良好的耗能能力、价格合理，耗能装置应构造简单、不易损坏、便于施工，作者及其团队提出了在竖缝中设置氯丁橡胶带，并在橡胶带的某些部位设置穿越其中的钢筋，一方面可以固定橡胶带，便于施工，另一方面与橡胶带协同工作，提高竖缝处联结面的剪力传递能力和耗能能力。

1) 试验研究

作者及其团队已进行了带有此耗能装置的带竖缝剪力墙的模型振动台试验，所有试

件的外部尺寸均相同，与原型的尺寸比例为 1∶3。根据剪力联结面中材料的不同，试件分成三类，共 5 组 11 个，以便于对比分析和参数研究。编号为 MD 的试件剪力联结面中只有钢筋连接，编号为 ME1、ME2、ME3 的试件剪力联结面中只有橡胶带连接，其余各试件的剪力联结面为有钢筋穿越的橡胶带连接，试件尺寸如图 3.50 所示。

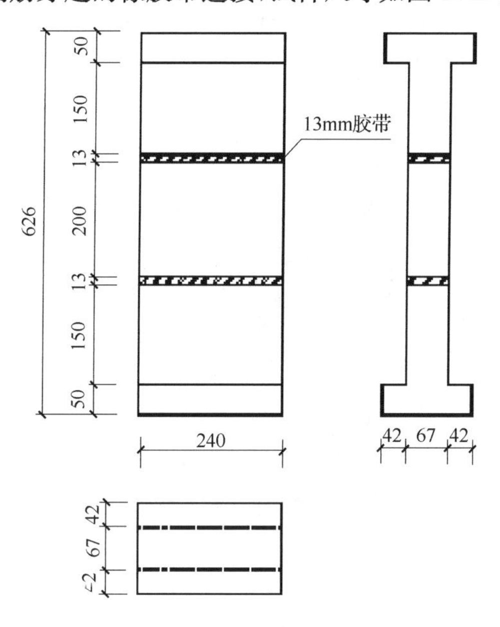

图 3.50　试件尺寸

为了消除试件顶部由于加压力而产生的摩擦力，试件分成三部分，上下两部分通过特制的反力架固定在压机上，限制其水平移动，水平荷载加在试件中部上，由申克机通过安装在试件中部上的拉压杆施加，压力由压力机作用在试件顶部。试件安装如图 3.51 所示。

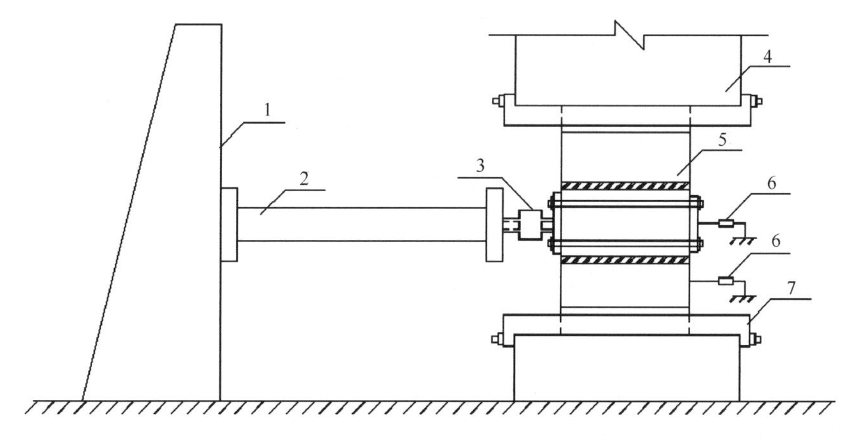

图 3.51　加载装置图

1. 反力架；2. 申克机；3. 力传感器；4. 压力机；5. 试件；6. 位移计；7. 钢支架

为了测定橡胶带与混凝土的摩擦系数及研究其摩擦滞回规律，对于橡胶带中无钢筋穿越的试件施加压应力，一次完成，然后施加水平反复荷载，而其余试件均只施加水平反复荷载。编号为ME1、ME2、ME3的试件所加竖向压力分别为4kN、8kN、16kN。水平反复荷载均由位移控制，2mm一级，每级循环一次，直至试件破坏。为了研究加载频率对试件受力性能的影响，对编号为MB3的试件施加了按正弦规律变化的频率为0.2Hz的水平动力荷载，而其余试件的水平荷载均为低周反复荷载。

2）试验结果

(1) 各试件的破坏过程。

对于由钢筋穿越的橡胶带组成联结面的试件，不论钢筋直径的大小、加载频率的变化，其开裂形式、破坏情况基本相同。当外力增加到极限荷载的20%～30%时，沿受力纵筋的位置出现了劈裂裂缝，由剪切面逐渐向内延伸，如图3.52所示。随着荷载的增加，橡胶带与两侧的混凝土块开始产生滑移错动，交界面处不断有混凝土磨落，劈裂裂缝逐渐变宽变长。当受力纵筋达到屈服强度后，其两侧的混凝土保护层开始酥裂剥落时，试件达到了极限承载力。最后纵筋两侧的保护层已基本剥落，内侧的混凝土也有部分压碎，试件已完全破坏，承载力降低不多，呈延性破坏状态，试件最终破坏形态如图3.53所示。对于受力纵筋直径大的试件，混凝土保护层剥落的范围更广，破坏更严重。在整个加载过程中，试件中的橡胶带一直处于弹性状态，在卸载后能恢复原位。

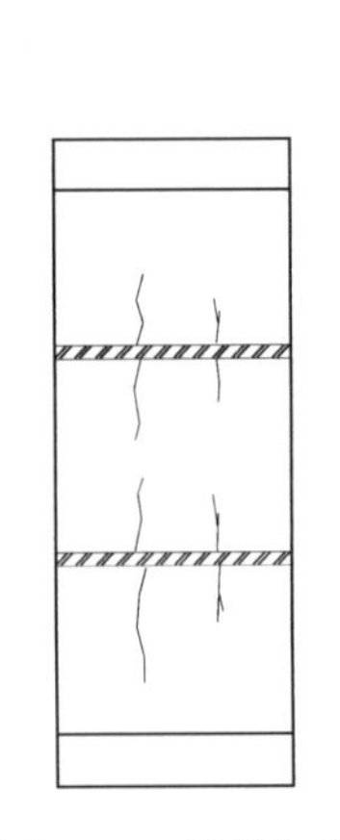

图3.52　试件初裂

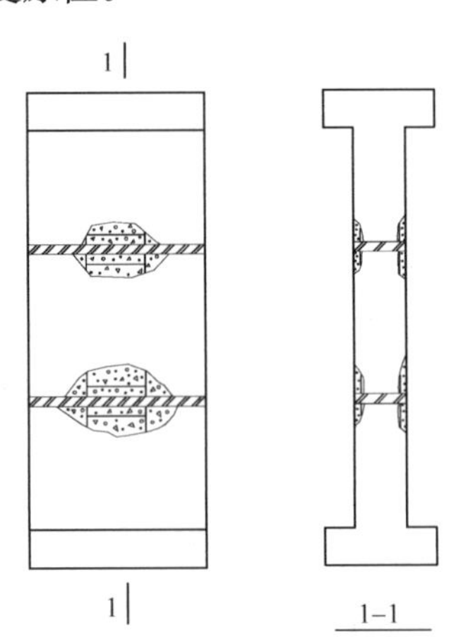

图3.53　试件最终破坏形态

对于只有钢筋组成联结面的试件MD，其开裂、破坏情况与上述试件基本一致，但极限状态比上述试件要提前到达。达到极限承载力后，承载力下降更快，延性要差一些。

对于只有橡胶带组成联结面的试件，随着荷载的增加，混凝土与橡胶带的黏结作用遭到破坏，试件达到极限承载力。接着几个循环，橡胶带与混凝土块位移不一致，发生摩擦滑移现象，交界面上不断有混凝土磨落。随着循环次数的增多，橡胶带与混凝土间的摩擦系数逐渐减小，承载力不断降低。

各试件的开裂点和极限点的荷载和位移如表3.6所示。开裂点定义为荷载-位移骨架曲线上刚度发生突变的转折点，极限点定义为最大承载力对应的点，荷载和位移取正负两个方向上的平均值。

表 3.6　加载特征点试验结果

参数	编号							
	MA1	MA2	MB1	MB2	MB3	MC1	MC2	MD
开裂荷载/kN	9.62	11.05	10.86	12.44	13.07	11.65	13.58	11.34
开裂位移/mm	0.44	0.52	0.33	0.37	0.39	0.24	0.29	0.26
极限荷载/kN	28.05	30.26	42.17	45.48	46.20	58.17	62.66	45.01
极限位移/mm	17.88	16.30	15.68	13.61	15.71	13.23	13.74	7.24

从表 3.6 可以看出，随着穿越橡胶带的钢筋直径的增加，试件的极限承载力明显增加，开裂荷载略有增加，而混凝土的强度对极限承载力的影响很小，随着混凝土强度的增加，开裂荷载和极限荷载略有增加。对于配筋和混凝土强度相同的有、无橡胶带的两类试件，极限承载力有较大的区别，如 MC1(有橡胶带)的极限荷载比 MD(无橡胶带)提高了 29%，这主要是它们的受力机理不同造成的。

(2) 试验曲线。

各试件的荷载-位移滞回曲线如图 3.54 所示。对于由钢筋穿越的橡胶带组成联结面的试件，在试件出现劈裂裂缝前，滞回曲线近似于直线变化，在劈裂裂缝出现时产生第一个转折点，刚度有明显减小。接着几个循环，加载时刚度有明显退化，而卸载时刚度退化不明显。随后，骨架曲线上出现第二个转折点，刚度又有明显退化。此后，承载力略有增加，由于滑移现象的产生，曲线中捏拢效应开始逐渐显著。加载时，随着荷载的增加，刚度明显分成由小到大的两个阶段。各个循环之间，刚度退化比较明显，而强度退化并不显著，显示出较强的变形能力和延性，有利于抗震。加载频率的变化对曲线没有显著的影响。

对于只有钢筋组成联结面的试件，其极限承载力和变形能力都比相同配筋但有橡胶带的试件明显降低，滞回曲线的捏拢效应更明显，表明其耗能能力要差一些。

对于只有橡胶带组成联结面的试件，加载和卸载基本呈线性变化。开始时，荷载随着位移的增加而增大。达到极限承载力后，随着橡胶带与混凝土黏结作用的破坏，仅靠两种材料间的摩擦作用来提供承载力，滞回曲线呈典型的摩擦滑移特性。随着循环次数的增加，橡胶带与混凝土间的摩擦系数逐渐减小，承载力逐渐降低，滞回曲线越来越扁长，最后逐步趋于稳定。在整个加卸载过程中，橡胶带一直处于弹性阶段。

试验中还量测了穿越橡胶带的钢筋的应变，各个试件的该曲线的变化规律基本相同：随着荷载方向的交替变化，钢筋应变也呈正负交替变化，说明钢筋受弯产生的弯矩在做正负交替变化，最后钢筋达到屈服。

3) 骨架曲线的理论计算

(1) 开裂点的计算。

对于只有钢筋组成联结面的试件，应用弹性地基上的弹性桩在水平侧向力作用下的线弹性地基反力法——张氏法[18]，假定：①混凝土水平反力系数为与深度无关的常数；②钢筋的入土深度很大，入土深度 $l \geqslant \pi/\beta$，当做半无限长桩处理时，该试验满足此条件。

沿钢筋的反弯点切开，其中一部分的受力如图 3.55 所示。

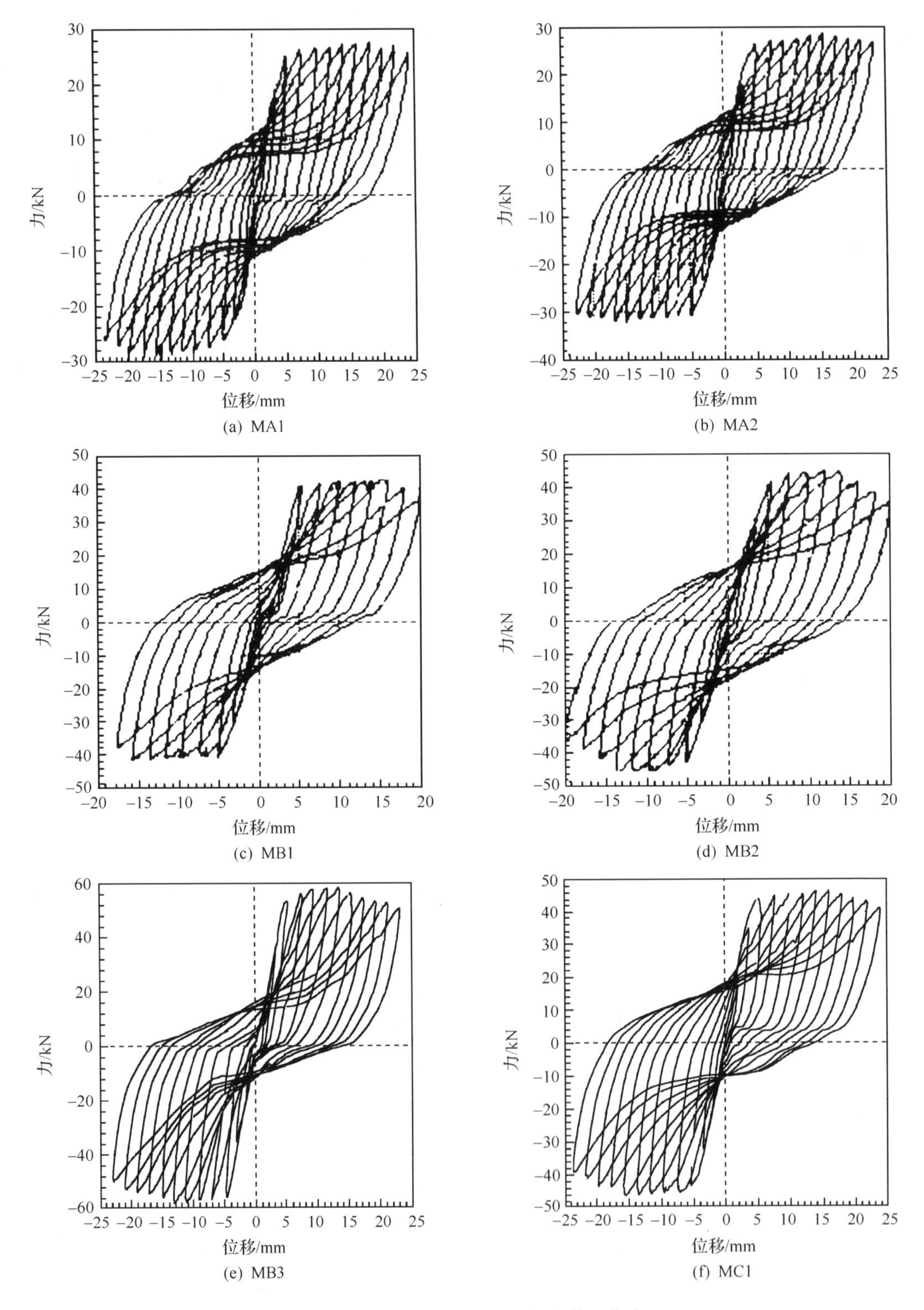

图 3.54　部分试件的荷载-位移滞回曲线

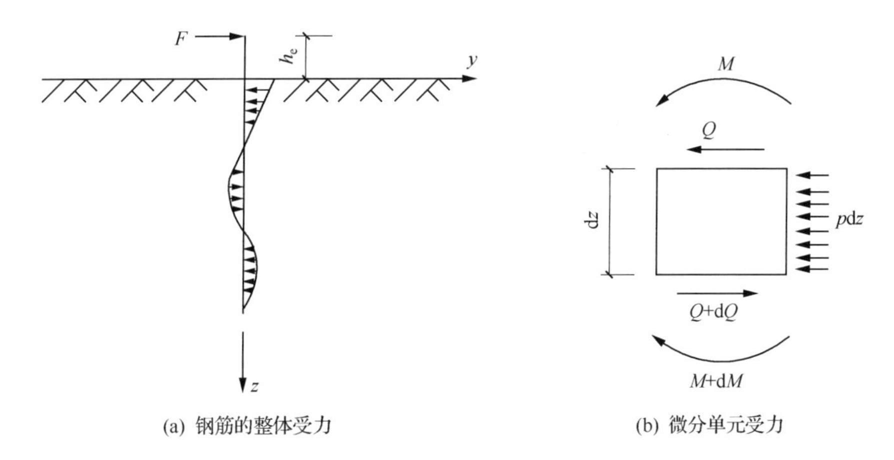

图 3.55　钢筋的受力情况

根据桩身中取出的一个微分单元水平方向上力的平衡条件得

$$EI\frac{\mathrm{d}^4 y}{\mathrm{d}z^4}+d_{\mathrm{b}}ky=0 \tag{3.167}$$

式中，EI 为钢筋的抗弯刚度；d_{b} 为钢筋的直径；k 为地基水平反力系数(反力模量或基床系数)，由于混凝土的强度等级对此值的影响很小，统一取混凝土的 k 值为 272MPa/mm。

此微分方程的通解为

$$y=\mathrm{e}^{\beta z}[c_1\cos(\beta z)+c_2\sin(\beta z)]+\mathrm{e}^{-\beta z}[c_3\cos(\beta z)+c_4\sin(\beta z)] \tag{3.168}$$

式中，β 为桩的特征值，$\beta=\sqrt[4]{\frac{kd_{\mathrm{b}}}{4EI}}$。

对式(3.168)逐次微分得

$$\begin{aligned}\frac{\mathrm{d}y}{\mathrm{d}z}=&\beta\mathrm{e}^{\beta z}\{c_1[\cos(\beta z)-\sin(\beta z)]+c_2[\cos(\beta z)+\sin(\beta z)]\}\\&-\beta\mathrm{e}^{-\beta z}\{c_3[\cos(\beta z)+\sin(\beta z)]-c_4[\cos(\beta z)-\sin(\beta z)]\}\end{aligned} \tag{3.169}$$

$$\frac{\mathrm{d}^2 y}{\mathrm{d}z^2}=2\beta^2\mathrm{e}^{\beta z}[-c_1\sin(\beta z)+c_2\cos(\beta z)]+2\beta^2\mathrm{e}^{-\beta z}[c_3\sin(\beta z)-c_4\cos(\beta z)] \tag{3.170}$$

$$\begin{aligned}\frac{\mathrm{d}^3 y}{\mathrm{d}z^3}=&2\beta^3\mathrm{e}^{\beta z}\{-c_1[\cos(\beta z)+\sin(\beta z)]+c_2[\cos(\beta z)-\sin(\beta z)]\}\\&+2\beta^3\mathrm{e}^{-\beta z}\{c_3[\cos(\beta z)-\sin(\beta z)]+c_4[\cos(\beta z)+\sin(\beta z)]\}\end{aligned} \tag{3.171}$$

考虑转角 θ、弯矩 M、剪力 Q 和地基反力 p 的正负号，有如下关系：

$$\theta=-\frac{\mathrm{d}y}{\mathrm{d}z} \tag{3.172}$$

$$M=-EI\frac{\mathrm{d}^2 y}{\mathrm{d}z^2} \tag{3.173}$$

$$Q=-EI\frac{\mathrm{d}^3 y}{\mathrm{d}z^3} \tag{3.174}$$

$$p=kd_{\mathrm{b}}y \tag{3.175}$$

由边界条件：$z \to \infty, M \to 0, Q \to 0$ 可得 $C_1 = C_2 = 0$，则

$$y = e^{-\beta z}[c_3\cos(\beta z) + c_4\sin(\beta z)] \tag{3.176}$$

由作用于地面的横向力 F，弯矩 M，可得

$$M_{z=0} = -EI\left(\frac{d^2 y}{dz^2}\right)_{z=0} = 2EI\beta^2 c_4 = -M = -Fh_e$$

$$Q_{z=0} = -EI\left(\frac{d^3 y}{dz^3}\right)_{z=0} = -2EI\beta^3(c_3 + c_4) = -F$$

由以上两式解得

$$c_3 = \frac{F(1+\beta h_e)}{2EI\beta^3}$$

$$c_4 = \frac{-Fh_e}{2EI\beta^2}$$

把以上两式代入式(3.176)得

$$y = \frac{Fe^{-\beta z}}{2EI\beta^3}[(1+\beta h_e)\cos(\beta z) - \beta h_e\sin(\beta z)] \tag{3.177}$$

当 $z=0$ 时

$$y_0 = \frac{F(1+\beta h_e)}{2EI\beta^3}$$

$$\theta_0 = \frac{-F(1+2\beta h_e)}{2EI\beta^2}$$

则柱顶处的位移为

$$\begin{aligned} y_d &= y_0 - \theta_0 h_e + \frac{Fh_e^3}{3EI} \\ &= \frac{F(3+6\beta h_e + 6\beta^2 h_e^2 + 2\beta^3 h_e^3)}{6EI\beta^3} \end{aligned}$$

根据对称性的关系可知，该试验中试件中部与试件两侧的相对位移为 $2y_d$，根据抗剪刚度的定义，每根钢筋提供的抗剪刚度为

$$k_e = \frac{F}{2y_d} = \frac{3EI\beta^3}{3+6\beta h_e + 6\beta^2 h_e^2 + 2\beta^3 h_e^3} \tag{3.178}$$

试件中产生劈裂裂缝时的受力情况如图 3.56 所示。假设当钢筋两侧 2-2 截面处(从自由端到第一位移零点的范围内)混凝土的拉应力达到其抗拉强度时，其两侧出现劈裂裂缝。

根据 $p(z) = kd_b y$ 的假定可得钢筋的第一位移零点满足

$$y_{z=h_0} = \frac{Fe^{-\beta h_0}}{2EI\beta^3}[(1+\beta h_e)\cos(\beta h_0) - \beta h_e\sin(\beta h_0)] = 0$$

解得

$$\tan(\beta h_0) = \frac{1+\beta h_e}{\beta h_e}$$

则

$$h_0 = \frac{1}{\beta}\arctan\frac{1+\beta h_e}{\beta h_e} \tag{3.179}$$

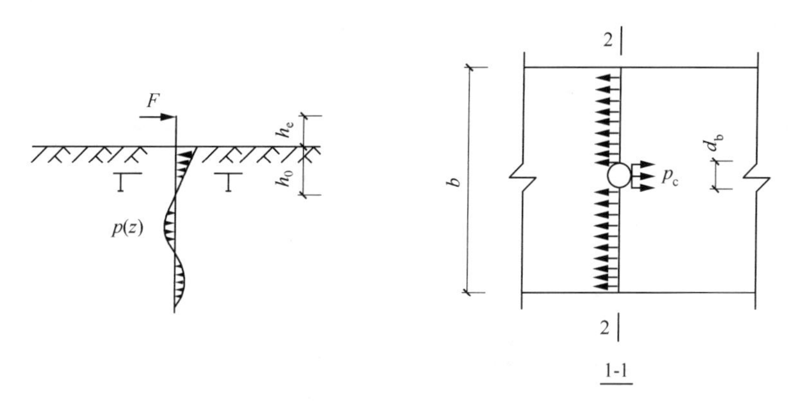

图 3.56　开裂时受力情况

根据力的平衡关系

$$
\begin{aligned}
F_c &= \int_0^{h_0} p(z)\mathrm{d}z \\
&= \int_0^{h_0} kd_b y(z)\mathrm{d}z \\
&= \int_0^{h_0} \frac{Fkd_b e^{-\beta z}}{2EI\beta^3}[(1+\beta h_e)\cos(\beta z)-\beta h_e\sin(\beta z)]\mathrm{d}z \\
&= \{2\beta h_e e^{-\beta h_0}\sin(\beta h_0)+e^{-\beta h_0}[\sin(\beta h_0)-\cos(\beta h_0)]+1\}F
\end{aligned}
$$

令 $\lambda = 2\beta h_e e^{-\beta h_0}\sin(\beta h_0)+e^{-\beta h_0}[\sin(\beta h_0)-\cos(\beta h_0)]+1$，则

$$F_t = h_0 b_{ct} f_{ct} = F_c = \lambda F$$

则

$$F = \frac{1}{\lambda}h_0 b_{ct} f_{ct}$$

即开裂荷载为

$$F_{cr} = \frac{1}{\lambda}h_0 b_{ct} f_{ct} \tag{3.180}$$

开裂位移为

$$y_{cr} = \frac{F_{cr}}{k_e} \tag{3.181}$$

式中，$b_{ct} = b - d_b$，本节取 $f_{ct} = 0.623\sqrt{f_c}$，f_c 的单位为 MPa。当有多根钢筋时，不考虑它们之间的相互影响，即不考虑群桩效应，只做简单的线性叠加。

对于有钢筋穿越的橡胶带组成联结面的试件，根据试验发现，当橡胶带与混凝土黏结可靠，且橡胶带比较厚，其抗剪刚度比较小时，在联结面位移很小时，橡胶带与混凝土无相对位移，则其弹性刚度为

$$
\begin{aligned}
k'_e &= k_e + k_r \\
&= \frac{3EI\beta^3}{3+6\beta h_e+6\beta^2 h_e^2+2\beta^3 h_e^3}+\frac{GA}{2h_e}
\end{aligned} \tag{3.182}
$$

其开裂荷载为

$$F'_{cr}=\frac{1}{\lambda}h_0b_{ct}f_{ct}\left(1+\frac{k_r}{k_e}\right) \tag{3.183}$$

式中，k_r 为橡胶带的抗剪刚度；G 为橡胶的剪切模量；A 为橡胶带与混凝土的接触面积；其余符号的意义同前面。按此理论计算得到的各试件的开裂荷载和弹性刚度如表 3.7 所示，试验值与理论值比较吻合，其中开裂荷载的理论值比试验值偏小，弹性刚度的理论值比试验值偏大。

表 3.7　理论值和试验值对比

参数		编号							
		MA1	MA2	MB1	MB2	MB3	MC1	MC2	MD
开裂荷载/kN	试验值	9.62	11.05	10.86	12.44	13.07	11.65	13.58	11.34
	理论值	8.83	10.08	9.91	11.33	11.33	10.90	12.47	10.46
理论值/试验值		91.8%	91.2%	91.3%	91.1%	86.7%	93.6%	91.8%	92.2%
弹性刚度/(kN/mm)	试验值	21.86	21.25	32.91	33.62	33.51	48.54	46.83	43.62
	理论值	22.68	22.68	36.36	36.36	36.36	55.94	55.94	53.71
理论值/试验值		103.8%	106.7%	110.5%	108.1%	108.5%	115.2%	119.5%	123.1%
极限荷载/kN	试验值	28.05	30.26	42.17	45.48	46.20	58.17	62.66	45.01
	理论值	24.21	24.42	37.80	37.64	37.64	54.43	54.23	39.07
理论值/试验值		86.3%	80.7%	89.6%	82.8%	81.5%	93.4%	86.5%	86.8%

(2) 极限点的计算。

对于只有钢筋组成联结面的试件，假定试件达到极限承载力时，钢筋在最大弯矩点形成塑性铰，且同时钢筋下面的混凝土被压碎，受力情况如图 3.57 所示。下面先求最大弯矩点的位置。

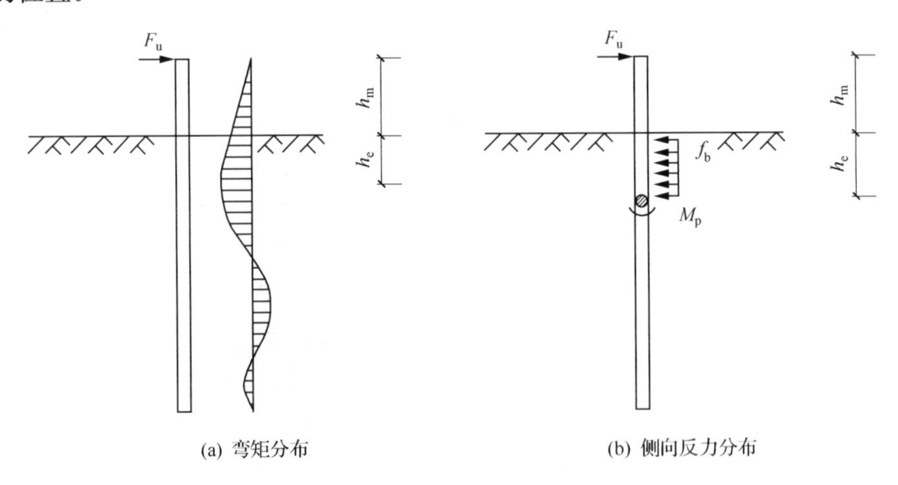

(a) 弯矩分布　　(b) 侧向反力分布

图 3.57　极限状态时受力情况

由结构力学的知识可知，截面剪力为零的位置处即最大弯矩点，设最大弯矩点的深度为 h_m，假设在深度为 h_m 范围内，钢筋一侧的混凝土都达到极限承压强度 f_b。对于 f_b 的取法，各种文献很不统一，根据试验结果，本节取 $f_b=37.6\sqrt{f_c}/\sqrt[3]{d_b}$。则由力的平衡关系得水平方向合力 Q

$$Q=F_u-f_b d_b h_m=0$$

解得

$$F_u=f_b d_b h_m \tag{3.184}$$

由力矩平衡关系得

$$F_u(h_e+h_m)-\frac{1}{2}f_b d_b h_m^2=M_p \tag{3.185}$$

由弹塑性理论知

$$M_p=\frac{f_y d_b^3}{6} \tag{3.186}$$

式中，f_y 为钢筋的屈服强度。

把式(3.184)和式(3.186)代入式(3.185)得

$$h_m=\sqrt{h_e^2+\frac{f_y d_b^2}{3f_b}}-h_e \tag{3.187}$$

对于有钢筋穿越的橡胶带组成联结面的试件，其极限承载力由两部分组成：钢筋的销栓力和混凝土与橡胶带之间的摩擦力。其中销栓力的计算可以借鉴上述一类试件，而摩擦力的大小主要由钢筋的拉伸引起的压力和摩擦系数决定。根据文献[19]，当钢筋同时承受拉应力时，其销栓力会减小。文献[20]建议采用调整钢筋的塑性弯矩值来考虑拉应力的影响，即取

$$M_p=\frac{f_y d_b^3}{6}\left(1-\frac{T^2}{T_y^2}\right) \tag{3.188}$$

式中，T 为钢筋所受的拉力；T_y 为钢筋屈服所需的拉力。

摩擦系数的大小已在试验中测定，由于摩擦系数在橡胶带的反复错动下逐渐减小，而在试件达到极限承载力时橡胶带的错动滑移还不多，在计算极限承载力时摩擦系数取橡胶带初始滑移时的摩擦系数 0.25。根据上述分析，考虑式(3.187)和式(3.188)，极限承载力的计算公式为

$$\begin{aligned}F_u&=\frac{f_y d_b^3\left(1-\dfrac{T^2}{T_y^2}\right)}{6(h_e+h_m)}+\frac{f_b d_b h_m^2}{2(h_e+h_m)}+\mu T\\&=\frac{f_y d_b^3(1-\gamma^2)}{6(h_e+h_m)}+\frac{f_b d_b h_m^2}{2(h_e+h_m)}+\mu\gamma f_y A_s\end{aligned}$$

式中，μ 为橡胶带与混凝土之间的摩擦系数；γ 为钢筋的拉伸应力占钢筋屈服强度的百分比；A_s 为钢筋的截面积；其余符号的意义同前面。在极限状态时钢筋的屈服强度基本用来提供接触面上的夹紧力，近似取 $\gamma=100\%$，上述公式变为

$$F_u=\frac{f_b d_b h_m^2}{2(h_e+h_m)}+\mu f_y A_s \tag{3.189}$$

根据上述公式计算各试件的极限荷载值如表 3.7 所示，计算值和试验值比较一致，但由于计算时把钢筋作为理想弹塑性材料，未考虑钢筋的强化，所以计算值普遍比试验值偏

小些，从实际应用的角度考虑，是偏于安全的，故不再另做调整。

(3) 骨架曲线的简化。

为便于分析，骨架曲线简化为三折线的形式，取开裂点和屈服点为曲线上的两个转折点。考虑到试件开裂后不久，混凝土与橡胶带产生了滑移，故此后橡胶带的刚度对联结面剪切刚度的贡献可近似不计。根据试验数据，经统计分析，取开裂后屈服前的刚度为钢筋提供的弹性刚度的 25%，屈服后的刚度为钢筋提供的弹性刚度的 1%。由于屈服荷载与极限荷载相差不大，近似取屈服荷载与极限荷载相等。

4) 滞回模型

根据试验资料，通过回归分析，建立了下列滞回规律。滞回模型基本上反映了滞回曲线的特性，并考虑到要便于应用，做了一定的简化。

(1) 卸载。

① 在开裂前，沿骨架曲线进行卸载。

② 当超过开裂荷载而未超过屈服荷载时，卸载刚度由式(3.190)确定，如图 3.58 中的 AB 所示。

$$K_{\mathrm{d}}=K_{\mathrm{de}}\left(1-0.4\times\frac{\Delta-\Delta_{\mathrm{cr}}}{\Delta_{\mathrm{y}}-\Delta_{\mathrm{cr}}}\right) \tag{3.190}$$

式中，K_{d} 为卸载点的位移；K_{de}为弹性刚度；Δ_{y} 为屈服位移；Δ_{cr}为开裂位移。

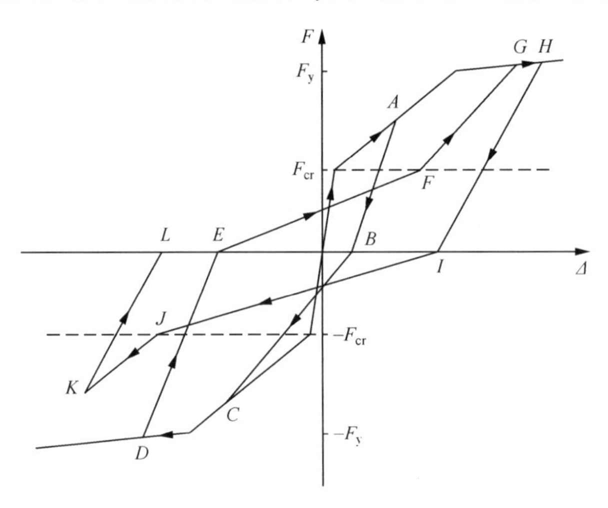

图 3.58 耗能装置滞回模型

③ 超过屈服荷载后，卸载刚度由式(3.191)确定，如图 3.58 中的 HI、DE 和 KL 所示。

$$K_{\mathrm{d}}=0.6K_{\mathrm{de}}\left(\frac{\Delta}{\Delta_{\mathrm{y}}}\right)^{-\frac{2}{3}} \tag{3.191}$$

(2) 加载和重新加载。

① 初始加载和重新加载沿着骨架曲线进行，直到有一个方向上的荷载超过了开裂荷载。

② 如果在前面的加载历史中，加载超过了开裂荷载而未超过屈服荷载，重新加载沿

对准卸载位移为最大的卸载点(包括正负两个方向)的方向进行，如图 3.58 中的 BC 所示。

③ 如果在前面的加载历史中，加载超过了屈服荷载，为反映滞回曲线中的捏拢现象，重新加载分两段进行，在开裂荷载以下，如图 3.58 中的 EF 和 IJ 所示，加载刚度为

$$K_{\mathrm{d}} = 0.14K_{\mathrm{de}}\left(\frac{\Delta_{\mathrm{m}}}{\Delta_{\mathrm{y}}}\right)^{-1} \tag{3.192}$$

式中，Δ_{m} 为最大的卸载位移。

在开裂荷载以上，如图 3.58 中的 FG 和 JK 所示，加载刚度为

$$K_{\mathrm{d}} = 0.20K_{\mathrm{de}}\left(\frac{\Delta_{\mathrm{m}}}{\Delta_{\mathrm{y}}}\right)^{-0.5} \tag{3.193}$$

到达与骨架曲线的交点后，加载沿骨架曲线进行。

3. 型钢混凝土剪力墙[21]

1) 试验研究

国内外已有学者对型钢混凝土剪力墙进行过试验研究，然而无论从试件数量还是研究内容来看，都不能满足工程实践要求，作者及其团队进行了 16 片型钢混凝土剪力墙的低周反复加载试验研究，考虑试验室现有装备技术特点，设计模型与实际结构相似比为 1/3。截面特征和试件外形如图 3.59 所示，试件加工步骤如图 3.60 所示，试件编号与详细参数如表 3.8 所示。

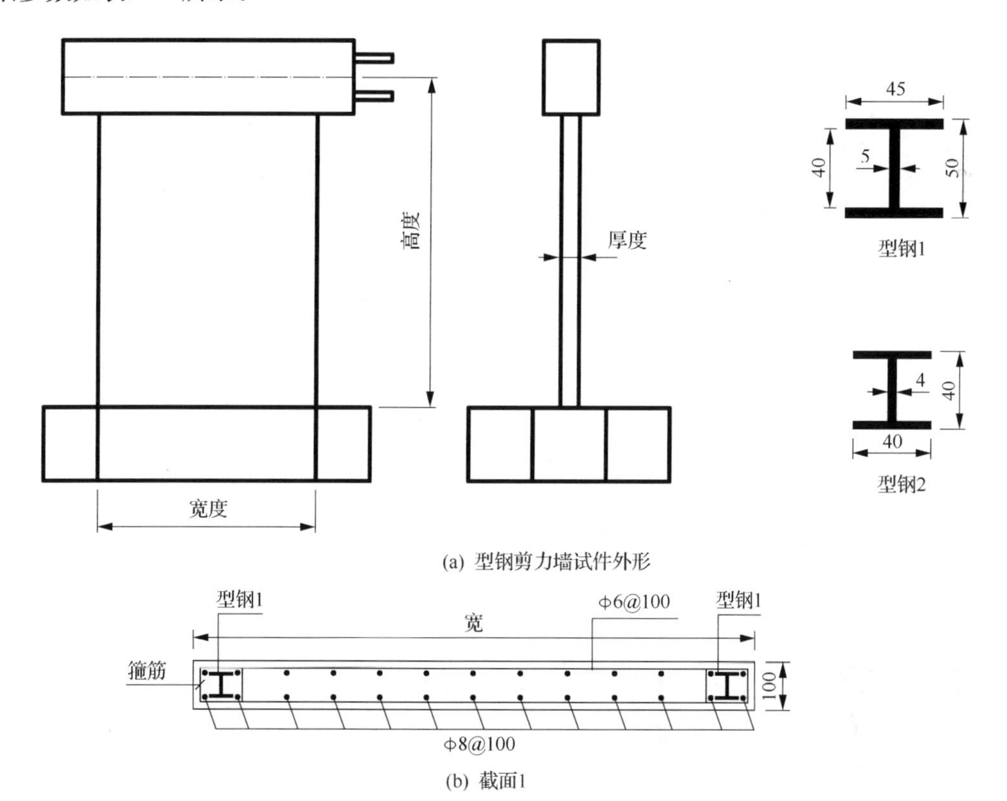

(a) 型钢剪力墙试件外形

(b) 截面1

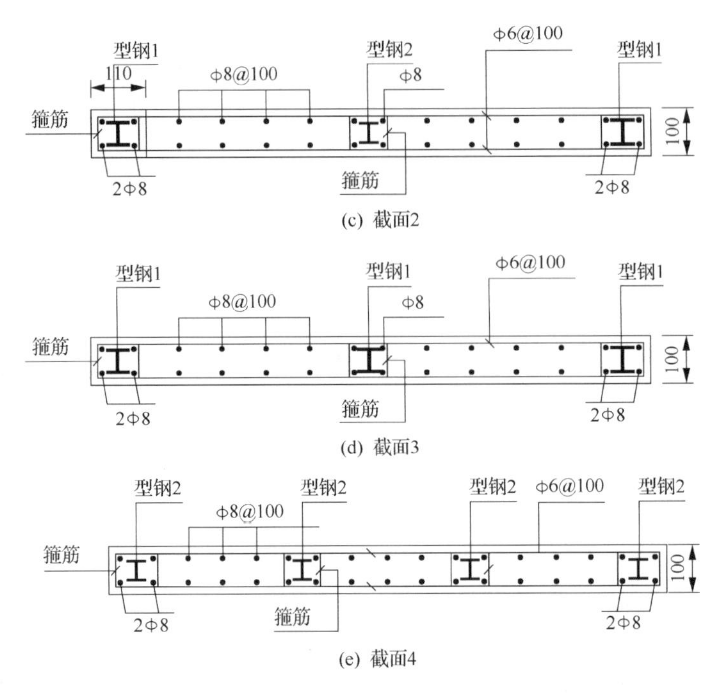

(c) 截面2

(d) 截面3

(e) 截面4

图 3.59　型钢混凝土剪力墙试件

(a) 试件浇注前

(b) 试件钢筋及型钢绑扎

(c) 型钢细部

(d) 试件浇注成型

图 3.60　试件加工步骤

表 3.8　试件参数表

试件	高度/mm	宽度/mm	轴压比	混凝土抗压强度/MPa	墙边缘箍筋配箍率/%	截面类型	全截面含钢率/%	暗柱含钢率/%	加载方式
SRC-1	3000	800	0.095	50.3	0.62	截面 1	1.63	5.91	单调
SRC-2	3000	800	0.095	50.3	0.62	截面 1	1.63	5.91	反复
SRC-3	3000	800	0.197	50.3	0.62	截面 1	1.63	5.91	反复
SRC-4	2400	1200	0.182	50.3	0.62	截面 1	1.08	5.91	反复
SRC-5	1800	1200	0.182	50.3	0.62	截面 1	1.08	5.91	反复
SRC-6	1800	1200	0.193	27.6	0.62	截面 1	1.08	5.91	反复
SRC-7	1800	1200	0.174	63.1	0.62	截面 1	1.08	5.91	反复
SRC-8	1800	1200	0.095	50.3	1.10	截面 1	1.08	5.91	反复
SRC-9	1800	1200	0.095	50.3	0.27	截面 1	1.08	5.91	反复
SRC-10	1800	1200	0.095	50.3	0.62	截面 1	1.08	5.91	反复
SRC-11	1800	1200	0.182	50.3	0.62	截面 2	1.49	5.91	反复
SRC-12	1800	1200	0.182	50.3	0.0062	截面 3	1.63	5.91	反复
SRC-13	1800	1200	0.182	50.3	0.0062	截面 4	1.63	4.44	反复
SRC-15	1200	1500	0.182	27.6	0.0062	截面 1	0.87	5.91	反复
SRC-16	1200	1500	0.237	50.3	0.0062	截面 1	0.87	5.91	反复
SRC-17	1200	1500	0.182	50.3	0.0062	截面 3	1.30	5.91	反复

试验加载装置由竖向加载装置和水平加载装置组成。竖向荷载由 5～6 个液压千斤顶施加，通过油泵手动控制，保证试验过程中竖向荷载的稳定；同时竖向荷载由大梁通过龙门架传至试验台座的地槽。水平反复荷载由申克机通过加载端施加，并通过反力墙承受全部水平荷载。试验装置如图 3.61 所示。

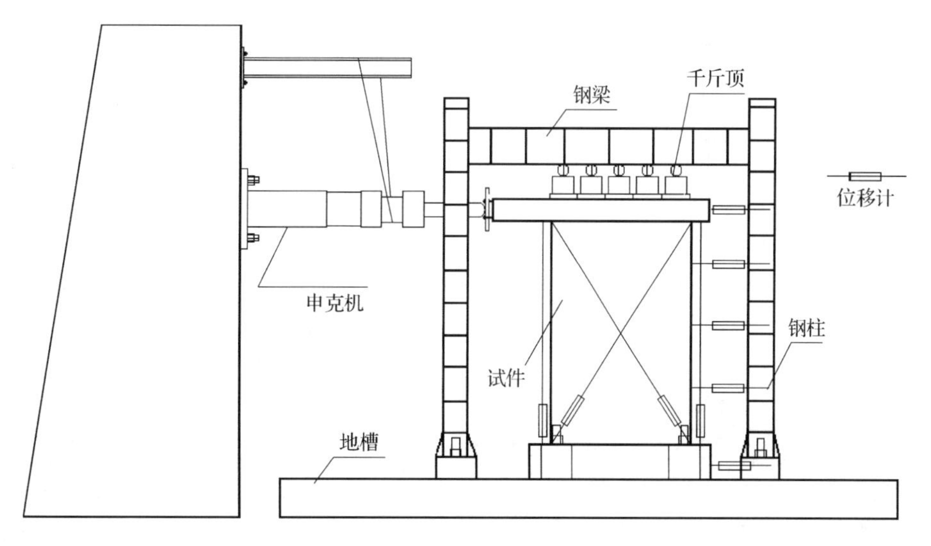

图 3.61　试验装置简图

2）型钢混凝土剪力墙恢复力曲线模型化

（1）试验拟合方法和成果。

恢复力模型的试验拟合方法，包括骨架曲线关键点的取得和滞回规律的描述。朱伯龙等认为，在压弯构件中影响滞回环的因素很多，如轴向压力、材料性能等，但经过数据整理后，发现压弯构件如果用无量纲坐标表示，也可以获得很好的规律性关系。把实验室获得的滞回曲线加以模型化需要给出骨架曲线、典型滞回环和刚度退化规律，然后再把它们组合起来。在进行无量纲分析时，对于有明显屈服点的构件(受弯构件)，取屈服点作为基准点；对于无明显屈服点的构件(受剪构件)，取极限荷载点作为基准点。

朱伯龙和张琨联在 35 根中长柱(剪跨比为 6.0)试验研究基础上，利用统计方法得到了骨架曲线为四折线和不同变形控制下的标准滞回环，把骨架曲线、标准滞回环、刚度退化规律相结合，组成了一个较为完整的压弯构件水平力-位移恢复力模型。郭子雄和童岳生在 10 榀钢筋混凝土低矮剪力墙低周反复荷载试验研究基础上，提出了带边框低矮剪力墙的层间剪力-层间位移恢复力模型。郭子雄和吕西林在 7 个高轴压比框架柱(剪跨比为 3.0)试验研究基础上，提出了能够同时考虑轴压比对骨架曲线和滞回规则影响的恢复力模型。周颖和吕西林在 5 个空腹式 SRC 柱(剪跨比为 5.8)试验研究基础上，提出了骨架曲线考虑轴压比影响而刚度退化规律忽略轴压比影响的恢复力模型。

（2）骨架曲线的确定。

试验时试件的最大水平承载力点(P_u，Δ_u)的确定通常比较准确，故作为试件恢复力模型无量纲化的基准点。对本节 15 个低周反复荷载试验的 SRC 剪力墙试件进行分析，得到的无量纲化的骨架曲线如图 3.62 所示。

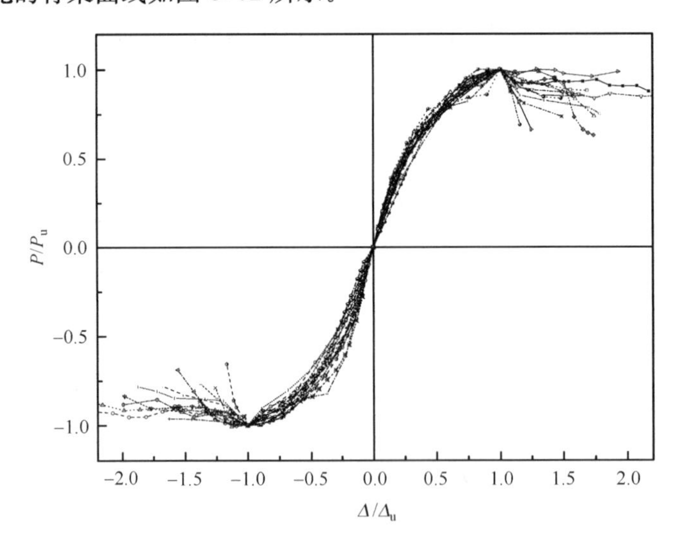

图 3.62　试件无量纲化的骨架曲线

研究无量纲化的骨架曲线后可以发现，试件达到最大水平荷载前的骨架曲线可用同一条折线段拟合；最大水平荷载后的下降段的刚度则受试件的剪垮比、轴压比等因素的影响。本节建议以四个主要特征点的连线来把 SRC 剪力墙的骨架曲线简化为四折线，四个主要特征点依次为开裂点、假定屈服点、最大承载力点和极限变形点(承载力下降到 85%

时)，建议的无量纲化的骨架曲线简化后如图 3.63 所示。

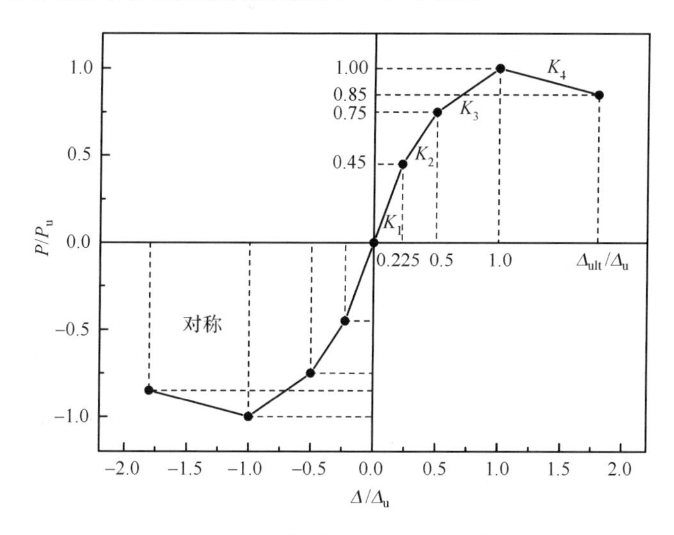

图 3.63　四折线无量纲化骨架曲线

开裂点一般可由肉眼观察到裂缝时的试验数据确定，本节建议 SRC 剪力墙的开裂荷载取最大水平荷载的 0.45 倍；屈服点的取法采用经验方法，本节建议屈服荷载取最大水平荷载的 0.75 倍。无量纲化的骨架曲线的关键点坐标依次为开裂点(0.225，0.45)、假定屈服点(0.5，0.75)、最大承载力点(1.0，1.0)和极限变形点(Δ_{ult}/Δ_u，0.85)。由图 3.63 中几何关系可知，$K_2=0.55k_1$，$K_3=0.25K_1$，下降段刚度 K_4 则跟多种因素有关，如剪跨比、轴压比、材料性能等，本节对剪跨比 λ、轴压比 n 这两种最主要的影响因素进行了统计分析，经回归试验数据后得到

$$K_4=\left(\frac{0.5\lambda}{3.8-5.5\lambda}-0.1n\right)K_1$$

无量纲化的骨架曲线具有很好的规律性，可以用四个特征点进行简化。在进行结构或构件非线性分析时首先要将骨架曲线进行复原，复原后 SRC 剪力墙的四折线骨架曲线的表达式为(以正向为例)

$$P(\Delta)=\begin{cases}K_1\Delta, & 0\leqslant\Delta\leqslant\Delta_{cr}\\ P_{cr}+K_2(\Delta-\Delta_{cr}), & \Delta_{cr}<\Delta\leqslant\Delta_y\\ P_y+K_3(\Delta-\Delta_y), & \Delta_y<\Delta\leqslant\Delta_u\\ P_y+K_4(\Delta-\Delta_y), & \Delta_u<\Delta\leqslant\Delta_{ult}\end{cases}\tag{3.194}$$

式中

$$\Delta_{cr}=\frac{P_{cr}}{K_1}=\frac{0.45P_u}{K_1}$$

$$\Delta_y=\frac{P_{cr}}{K_1}+\frac{P_y-P_{cr}}{K_2}=\frac{0.45P_u}{K_1}+\frac{0.3P_u}{K_2}$$

$$\Delta_u=\frac{P_{cr}}{K_1}+\frac{P_y-P_{cr}}{K_2}+\frac{P_u-P_y}{K_3}=\frac{0.45P_u}{K_1}+\frac{0.3P_u}{K_2}+\frac{0.25P_u}{K_3}$$

$$\Delta_{ult}=\frac{P_{cr}}{K_1}+\frac{P_y-P_{cr}}{K_2}+\frac{P_u-P_y}{K_3}+\frac{P_{ult}-P_u}{K_4}=\frac{0.45P_u}{K_1}+\frac{0.3P_u}{K_2}+\frac{0.25P_u}{K_3}-\frac{0.15P_u}{K_4}$$

其中，K_2、K_3、K_4 与 K_1 的关系可从无量纲化的骨架曲线得到，即

$$K_2=0.55K_1 \tag{3.195}$$

$$K_3=0.25K_1 \tag{3.196}$$

$$K_4=\left(\frac{0.5\lambda}{3.8-5.5\lambda}-0.1n\right)K_1 \tag{3.197}$$

由此，本节构造的SRC剪力墙四折线骨架曲线的四个主要特征点坐标依次为开裂点(Δ_{cr}，$0.45P_u$)、假定屈服点(Δ_y，$0.75P_u$)、最大承载力点(Δ_u，P_u)和极限变形点(Δ_{ult}，$0.85P_u$)。P_u 可用设计规程公式计算得到，Δ_{cr}、Δ_y、Δ_u、Δ_{ult} 的确定与刚度 K_1、K_2、K_3、K_4 有关，即主要与开裂刚度 K_1 有关。

SRC剪力墙开裂刚度的计算可从弹性理论导出，由试件的 P-Δ 骨架曲线可知，SRC剪力墙在开裂前的整体性能基本上属于弹性状态。因此，可以把无边框SRC剪力墙看做矩形截面悬臂梁，利用弹性理论来求解其平均刚度。

从材料力学可以推导出抗震墙在单位力作用下的位移为

$$\Delta=\frac{H^3}{3E_cI_c}+\frac{\mu H}{G_cA} \tag{3.198}$$

式中，H 为剪力墙的加载点到固定端的距离；I_c 为剪力墙截面的惯性矩；A 为剪力墙的截面面积；E_c 为混凝土受压或受拉的弹性模量；G_c 为混凝土的剪切模量，取 $G_c=0.42E_c$；μ 为剪应力分布不均匀系数，对于矩形截面，取 $\mu=1.2$。

则SRC剪力墙在开裂前的理论刚度 $K_0=1/\Delta$，引入式(3.198)，整理后得

$$K_0=\frac{3E_cI_c}{H^3}\left|\frac{1}{1+\mu I_c/(0.14AH^2)}\right| \tag{3.199}$$

本节利用式(3.199)对各试件开裂前的刚度进行了计算。计算结果普遍比试验值偏高，平均偏高为12%。这是由于在墙板出现可见裂缝之前，SRC剪力墙的微裂缝已经有较多发展。故应该对式(3.199)进行修正，取

$$K_1=0.85K_0 \tag{3.200}$$

(3) 骨架曲线的拟合效果。

按公式(3.194)计算了SRC剪力墙试件的四折线骨架曲线，与试验骨架曲线进行了比较，如图3.64所示。

4. 钢筋混凝土核心筒[22]

1) 试验研究

试件以上海金茂大厦主结构钢筋混凝土核心筒为原型进行设计。根据试件几何尺寸的不同，分为两组。第一组三个试件与原形的尺寸比例为1∶5，混凝土核心筒为三层，试件高度为3.25m，高宽比为1.5，模型尺寸如图3.65所示。墙体厚度为90mm，配筋构造与原型相同，在筒体角部沿墙高设约束箍筋，连梁上配置斜向抗剪钢筋(图3.65)。配筋面积按照相似关系确定，其中纵向配筋率为0.63%，横向配筋率为0.27%。第二组两个试件与原型的尺寸比例为1∶6，混凝土核心筒为五层，试件高度为4.25m，高宽比为2.0，

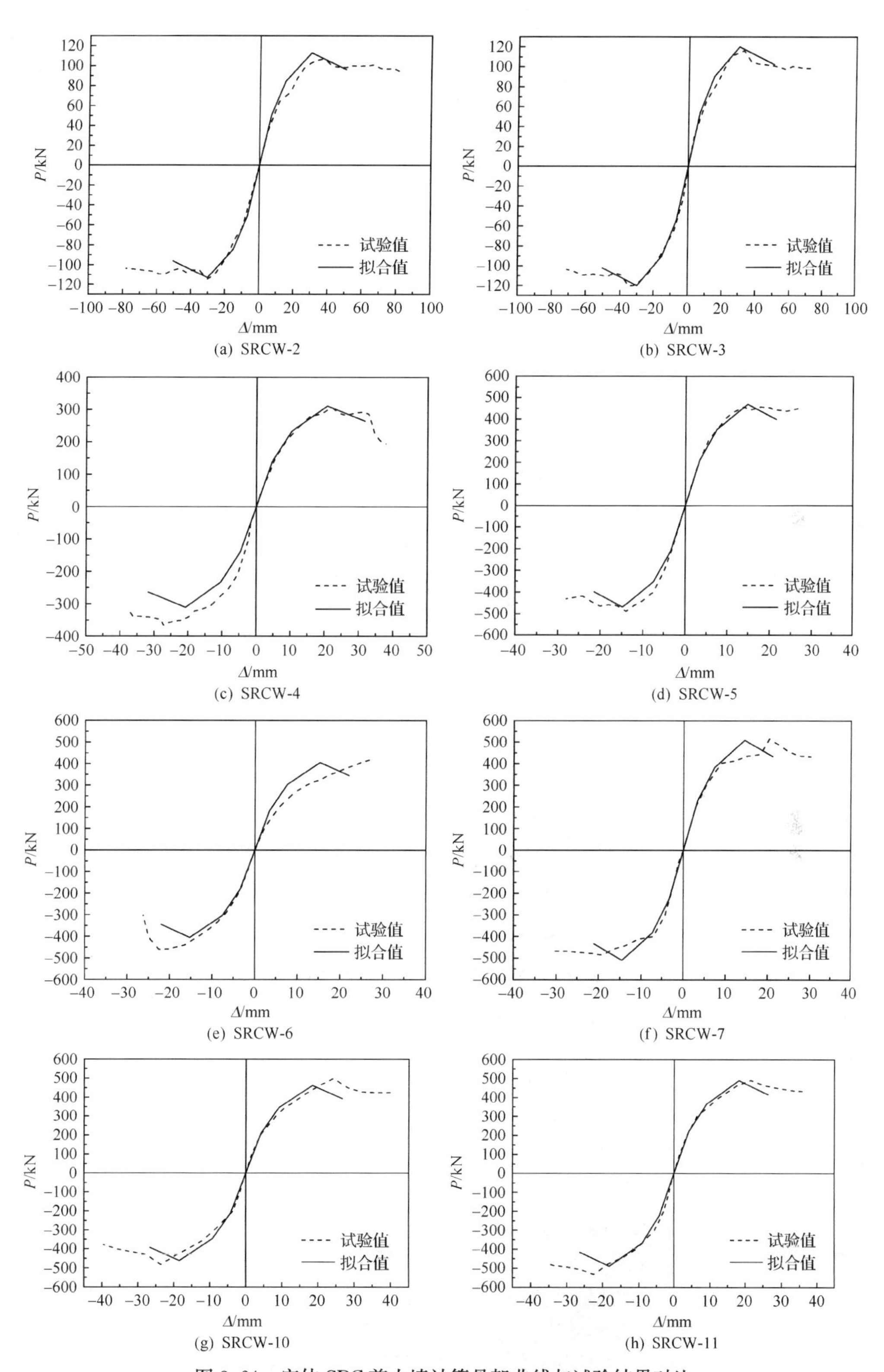

图 3.64　实体 SRC 剪力墙计算骨架曲线与试验结果对比

模型尺寸如图 3.66 所示。墙体厚度为 75mm，配筋构造与第一组模型及原型相同，在筒体角部沿墙高设约束箍筋，连梁上配置斜向抗剪钢筋(图 3.66)。

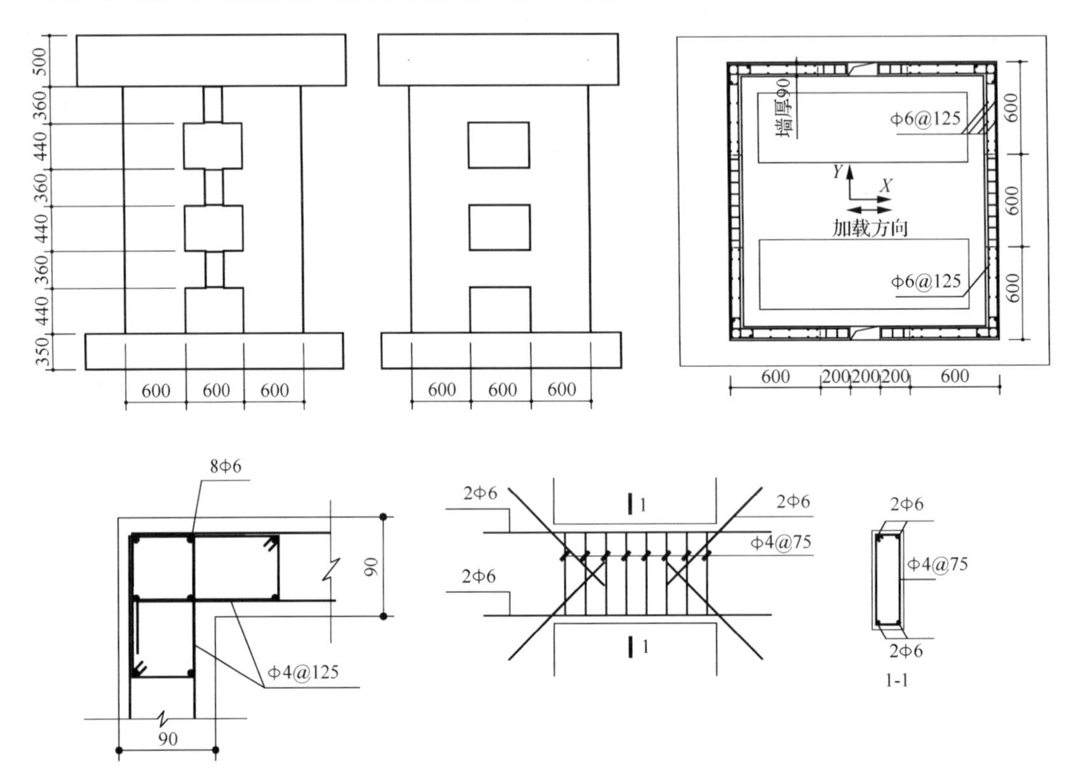

图 3.65 试件 GJ1～GJ3 尺寸及构造

试件安装如图 3.67 和图 3.68 所示。试件加载采用竖向压力和水平低周反复荷载同时进行的加载制度。试验时，先施加竖向压力，一次完成，在试验中保持不变。水平低周反复加载先采用力控制。顶部水平力从 50kN 开始，每级增加 50kN，逐级施加，每级循环三次。达到屈服荷载后改为位移控制，每级增加 Δ_y 或 $1/2\Delta_y$，每级循环三次，直至试件破坏。第二组试件采用两点加载，试验时保证上下两个作动器同步加载，加载值按倒三角形模式确定。

2) 骨架曲线特征点的判断

(1) 开裂点。

混凝土材料的非线性特性决定了在加载初始阶段，试件的荷载-位移曲线就呈非线性发展。本节以试验过程中观察到试件开裂时的荷载和位移为开裂点。

(2) 屈服点。

对于屈服位移的取值问题，Park 曾提出过四种判断方法。第一种为定义钢筋屈服时的位移为屈服位移。在配筋根数少，钢筋有明显屈服点的受弯构件中，屈服荷载或屈服位移容易确定。但当钢筋根数很多时，就要在最后一根钢筋到达屈服后，反映在荷载-位移曲线上的适当点来确定。这在实际的试验中比较难做到。第二种为与实际结构有相同弹性刚度和极限强度的弹塑性系统的屈服位移。第三种为与实际结构有相同耗能能力的等

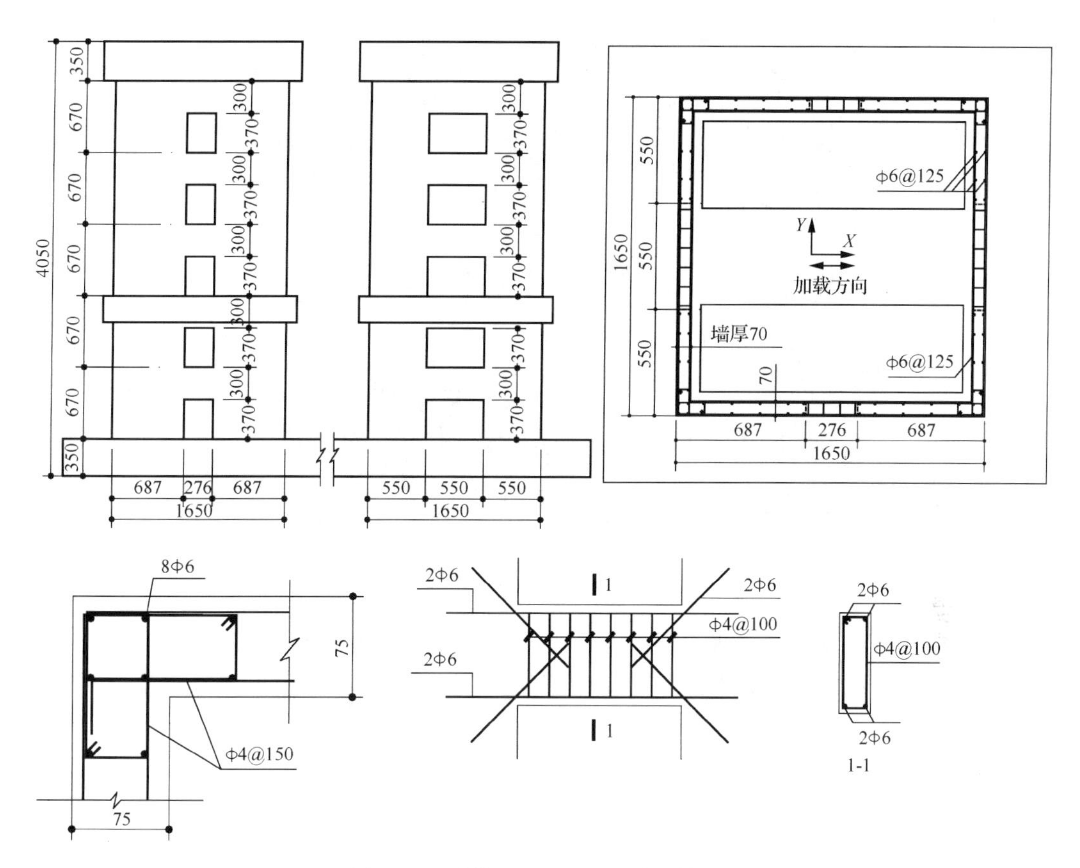

图 3.66　试件 GJ4～GJ5 尺寸及构造

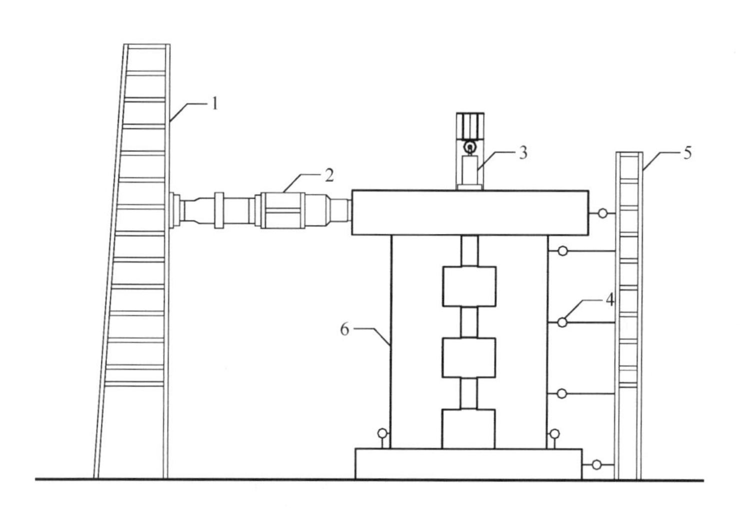

图 3.67　试件 GJ1～GJ3 安装图

1. 反力墙；2. 水平作动器；3. 竖向加力千斤顶；4. 位移计；5. 位移计固定架；6. 试件

效弹塑性系统的屈服位移，即能量法。第四种为根据钢结构修改的“通用屈服弯矩法”。如图 3.69 所示，过原点(O 点)做荷载-位移曲线的切线，与通过极限荷载的水平线交于 A

图 3.68　试件 GJ4～GJ5 安装图

点，从 A 点引垂直线与骨架曲线交于 B 点，延长 OB 线段与过极限荷载的水平线交于 C 点，从 C 点引垂直线与骨架曲线交于 D 点，D 点即为屈服点。本节采用上述第四种方法来定义屈服位移 δ_y 及屈服力 P_y。

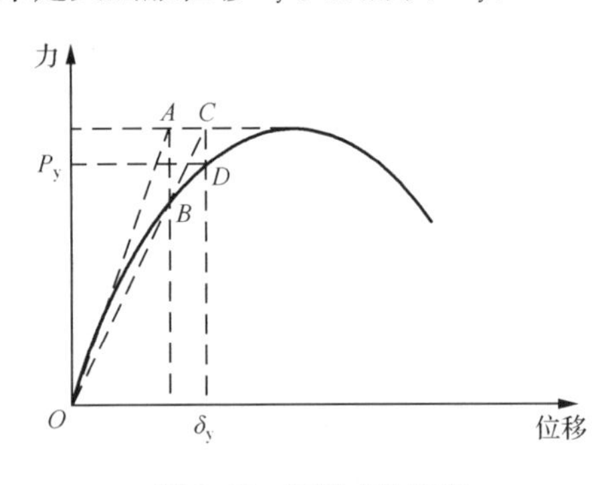

图 3.69　屈服点的定义

(3) 极限点。

对于有一定变形能力的结构，在达到最大承载力时并不意味着结构破坏，本节的极限荷载和位移为筒体水平承载力下降到最大值的 85%时的荷载与位移。

3) 滞回曲线

各试件的滞回曲线如图 3.70～图 3.74 所示。比较图中不同轴压比试件的滞回曲线形状可见，墙体开裂之前，滞回曲线近似于直线，加载和卸载曲线基本重合，滞回环面积非常小，试件处于弹性阶段。开裂初期，墙体刚度退化，滞回环近似弓形，反映了一定的滑移影响。这主要由于连梁开裂，产生了斜裂缝。随着连梁上斜裂缝的扩展，滞回环面积逐渐增大，发展比较稳定，表现出一定的耗能能力。在同一位移下循环，筒体刚度产生明显退化。随着墙体开裂，出现斜裂缝，滞回曲线逐渐呈现反 S 形，反映了更多的滑移影响。在同一位移下循环，筒体强度和刚度都产生了明显退化，滞回环处于不稳定发展阶段。到达最大荷载后，试件 GJ1 的滞回曲线面积继续增大，剪切滑移更加充分，反 S 平缓下降，表现出较好的耗能能力。轴压比相对较大的试件 GJ2 和 GJ3，剪切滑移不够充分，曲线变陡，表现出有限的耗能特性。试件 GJ4 和 GJ5 顶层加载点的滞回曲线在连梁开裂后面积逐渐增大。然而，受轴向压应力较大的影响，墙体上的斜裂缝没有得到充分扩展，表现为滞回曲线的剪切滑移特征(反 S 状)不太显著。因墙体中受压钢筋屈曲，混凝土碎裂，在达到最大承载

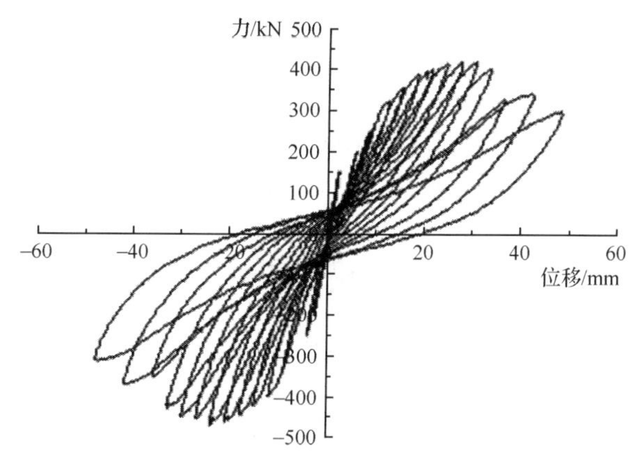

图 3.70　试件 GJ1 顶层滞回曲线

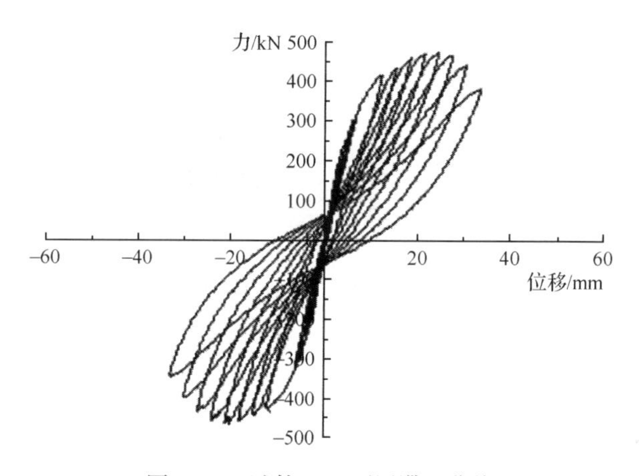

图 3.71　试件 GJ2 顶层滞回曲线

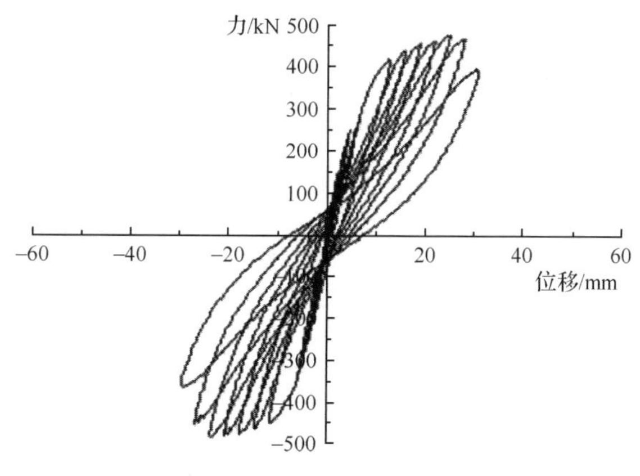

图 3.72　试件 GJ3 顶层滞回曲线

能力之前，滞回环处于不稳定发展阶段。试件 GJ4 和 GJ5 二层加载点的滞回曲线在试件下部开裂后，表现为 Z 形，这反映了大量的剪切滑移的影响。这是大剪力、小剪跨的特征。试件 GJ5 因为筒体一角根部钢筋较早的受压屈曲，使滞回环面积骤然增大，试件推拉承载能力严重不对称,以不稳定的途径耗散能量。

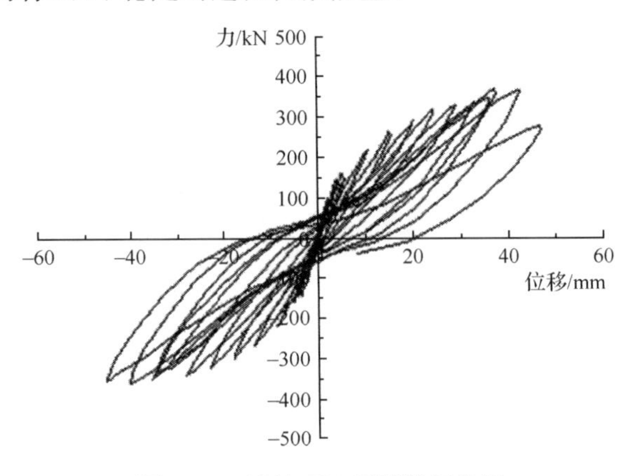

图 3.73　试件 GJ4 顶层滞回曲线

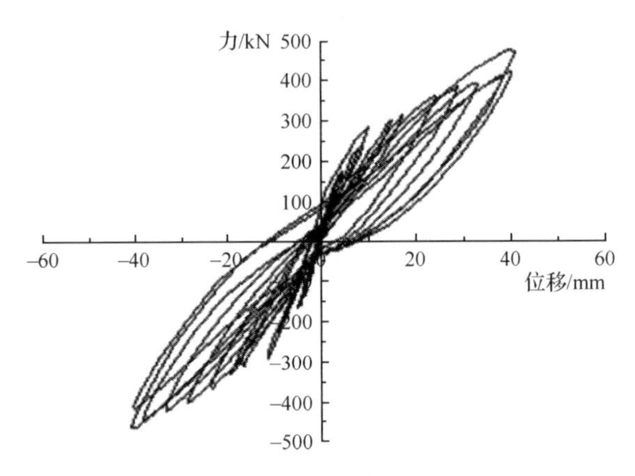

图 3.74　试件 GJ5 顶层滞回曲线

另外,试件的滞回曲线在开裂初期都没有表现出稳定的梭形特征,这主要由于试件的高宽比不够大(最大 2.0),受剪力作用的特征比弯曲明显。即在反复荷载作用下,斜裂缝发生、开展和闭合对滞回环的形状有很大影响。当连梁端部开始产生竖向裂缝时,滞回曲线为梭形,但几次循环后,就产生了斜裂缝,滞回曲线向中间"捏拢",由梭形转为弓形,并且刚度不断退化。这就是剪切变形带来的滑移效应。其原因在于,正向卸载后期,因加载产生的裂缝尚未闭合,墙体的抗剪刚度主要由钢筋骨架提供,刚度较小。而在反向加载后期,裂缝逐渐闭合,混凝土参与工作,墙体刚度增加。这种在卸载接近零时,试件刚度急剧退化的现象,有利于试件残余变形的恢复。在滞回曲线的下降段中,零载刚度的退化也比较明显。

5. 联肢型钢剪力墙及型钢混凝土筒体[23]

1) 试验研究

试件以北京 LG 大厦主体结构型钢混凝土核心筒为原型结构设计。该原型结构为外型钢框架-内混凝土核心筒塔楼结构,混凝土核心筒剪力墙内设置尺寸较小的型钢。分为两组试件,第一组为模拟不同轴压比下型钢剪力墙的抗震性能,设计为三片开洞联肢剪力墙试件,试件高1.2m,宽1.8m,墙体厚度120mm。试件编号为SCW1～SCW3,具体尺寸及配筋如图3.75(a)所示。第二组模拟型钢混凝土核心筒整体抗剪性能,设计共三个试件,试件与原型的缩尺比为1∶5,试件高1.2m,长1.8m,宽2.4m,墙体厚度120mm。试件编号为ST1～ST3,具体尺寸及配筋如图3.75(b)所示。

试验荷载的加载方式要根据试验目的来确定,试验时的荷载应该使结构处于某种实际可能的最不利的工作情况。原则上,试验时的荷载图式要与结构设计计算的荷载图式一样。这里试验加载对象为剪力墙及核心筒,作为高层结构构件的剪力墙及核心筒,其主要承受竖向荷载、风荷载、地震作用,而抵抗风荷载、地震作用是其主要的功能。同时,在实际工程的结构设计计算中又常把这种风荷载、地震作用等效简化为集中力加于楼层处,所以本次试验采取在剪力墙的顶部同时施加竖向压力和水平低周反复荷载这样一种加载方式,如图3.76所示。核心筒试件由于试验条件限制,未施加竖向荷载,只施加水平低周反复荷载。

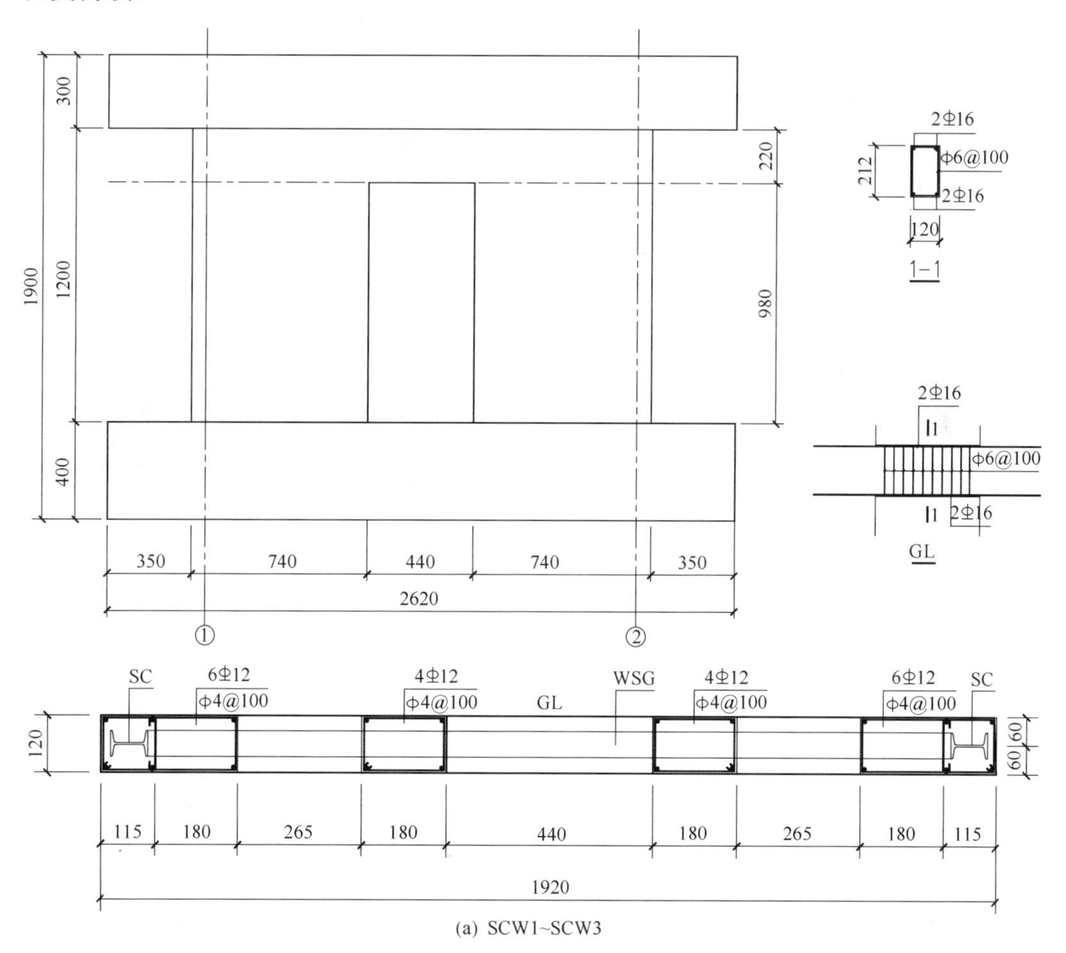

(a) SCW1~SCW3

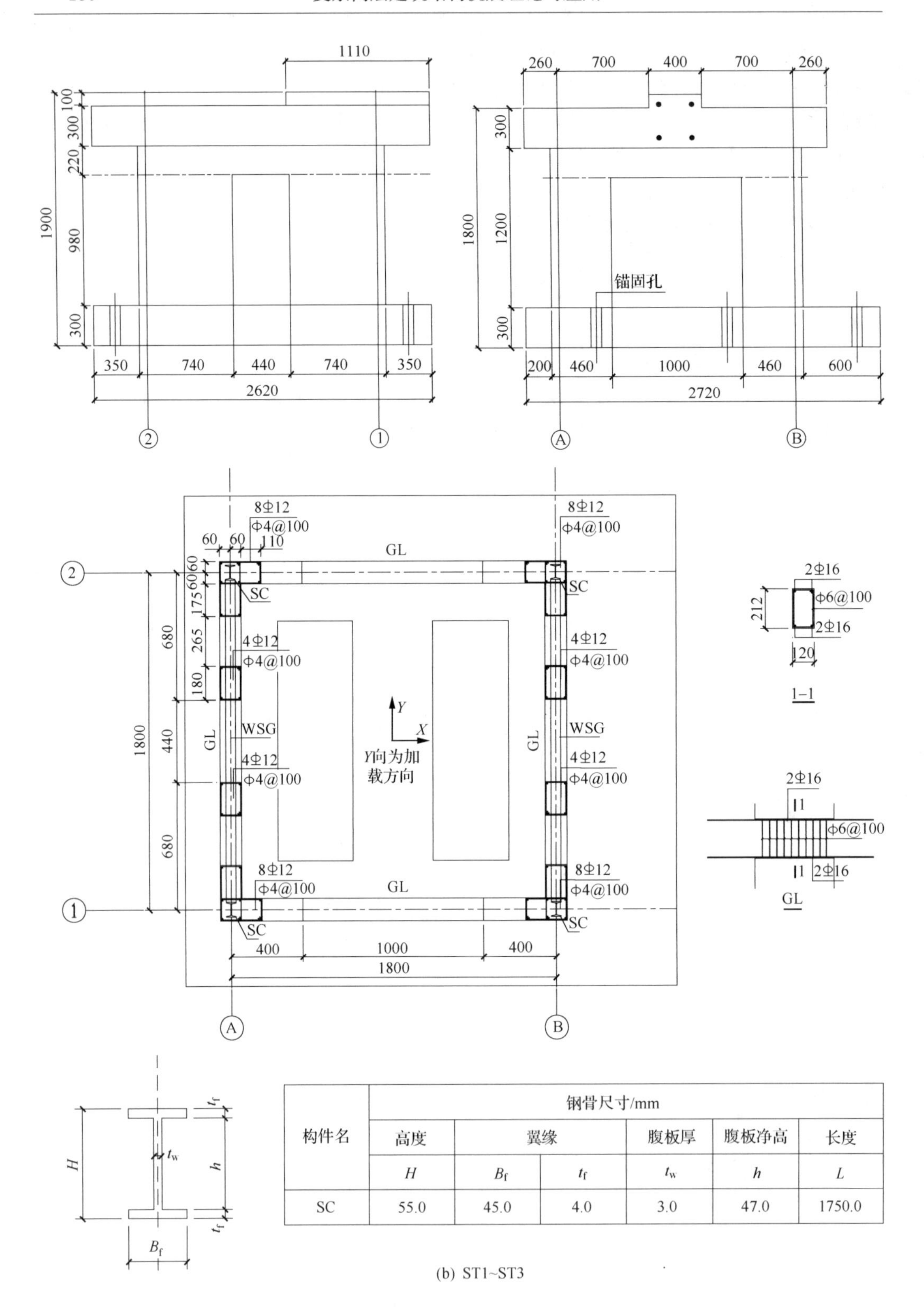

构件名	钢骨尺寸/mm					
	高度	翼缘		腹板厚	腹板净高	长度
	H	B_f	t_f	t_w	h	L
SC	55.0	45.0	4.0	3.0	47.0	1750.0

(b) ST1~ST3

图 3.75　试件尺寸及配筋图

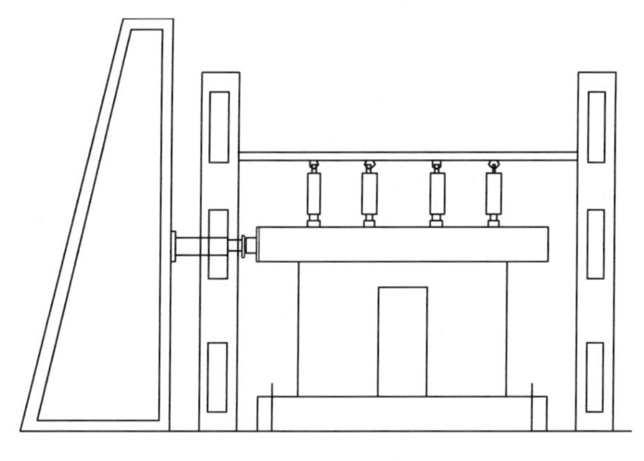

图 3.76　试件加载装置图

2）荷载-位移滞回曲线

（1）滞回曲线及骨架曲线。

第一批联肢型钢剪力墙试件 SCW1～SCW3 的滞回曲线及骨架曲线如图 3.77～图 3.79。

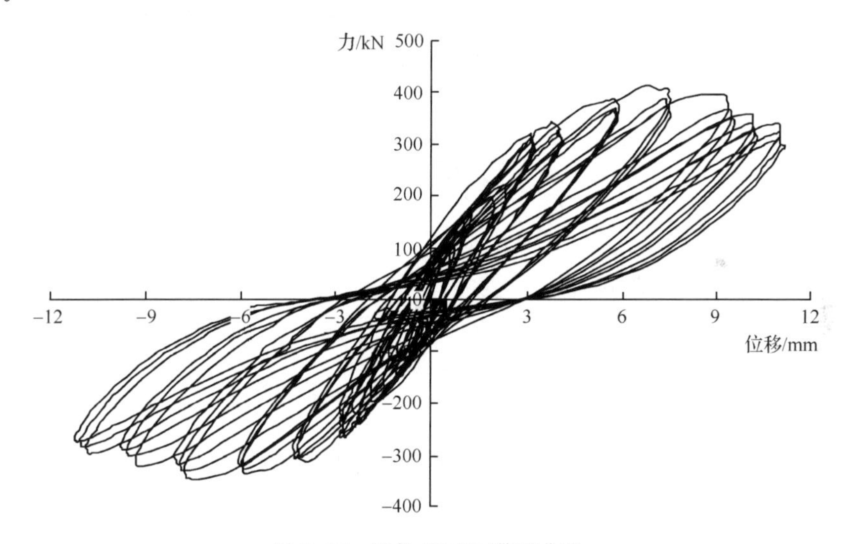

图 3.77　试件 SCW1 滞回曲线

图 3.77 给出了试件 SCW1 的滞回曲线和骨架曲线。试件在屈服前，滞回曲线基本为直线，在开始出现裂缝后，表征刚度变化的滞回曲线的斜率逐渐下降但下降不明显，这说明试件的刚度有所降低但降低幅度不大，试件的强度则稳定上升，接近屈服时滞回曲线呈弓形，但捏拢效应不明显，表明屈服前试件还未出现明显的剪切变形及滑移；屈服后，由于新裂缝的发展及底部剪切滑移的影响，试件的滞回曲线呈明显的反 S 形，表现出较大的剪切变形及滑移影响，滞回环的面积扩大很快，表明试件能量耗散加大，滞回曲线的斜率降低较快，表明试件刚度比屈服前退化得快，试件的强度增加缓慢；当荷载达到极限荷载后，墙体出现贯穿的 45°斜裂缝，此后，滞回曲线呈现 Z 形，表明试件出现大量剪切变形及

滑移，滞回曲线的斜率降低很快，表明试件的刚度退化很快，试件墙板中间裂缝附近混凝土破坏剥落，承载力迅速下降至 0.85 倍极限荷载，试件 SCW1 的试验停止。

图 3.78 为试件 SCW2 的滞回曲线和骨架曲线。可以看出，由于轴压比的提高，屈服荷载及极限荷载都有较大提高。在屈服前，弹性阶段的滞回曲线为直线形，在开始出现裂缝后，滞回曲线的斜率逐渐下降但下降不多，这说明试件的刚度略有降低，试件的强度则稳定上升，接近屈服时滞回曲线呈弓形，表明屈服前试件还未出现明显的剪切变形及滑移；屈服后，由于斜裂缝的急剧发展，试件的剪切作用占主导地位，此时滞回曲线由梭形急剧变化为明显的反 S 形，并向 Z 形发展，表现出很大的剪切变形及滑移影响，滞回环的面积急剧扩大，表明试件加大耗散能量，滞回曲线的斜率降低很快，表明试件刚度退化极快，试件的强度缓慢增加后开始急剧下降；几次反复加载后，试件斜裂缝的混凝土破坏剥落，此时，滞回曲线越发呈平缓的 Z 形，表明试件出现大量剪切变形及滑移，滞回曲线的斜率急速下降，表明试件的刚度退化更快，其承载力迅速下降而破坏。

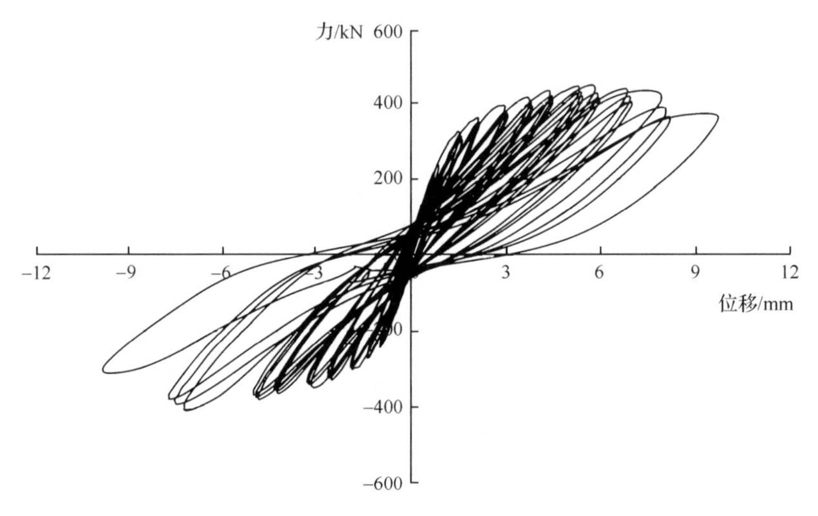

图 3.78　试件 SCW2 滞回曲线

图 3.79 给出了试件 SCW3 的滞回曲线和骨架曲线。在加载曲线中，每一次加载过程中，曲线的斜率随荷载的增大而减小，且减小的程度加快；数次反复荷载以后，特别是试件屈服后，加载曲线上出现反弯点，形成捏拢现象，而且程度逐次增大。卸荷曲线中，刚开始卸荷时曲线陡峭，滞回曲线包围的面积很小。荷载加至屈服后，曲线趋于平缓，滞回曲线包围的面积开始加大；曲线的斜率随加卸荷次数而减小，表明墙体卸载刚度的退化。全部卸载后，构件留有残余变形，且其值随加卸荷次数不断积累增大。滞回曲线呈反 S 形，试件同样出现较大的位移，但主要表现为墙板的剪切变形。

第二批型钢混凝土筒体结构试件的滞回曲线及骨架曲线如图 3.80～图 3.82。从图 3.80～图 3.82 可以看出，型钢混凝土筒体结构试件滞回曲线呈反 S 形，呈现出较大的捏缩效应。

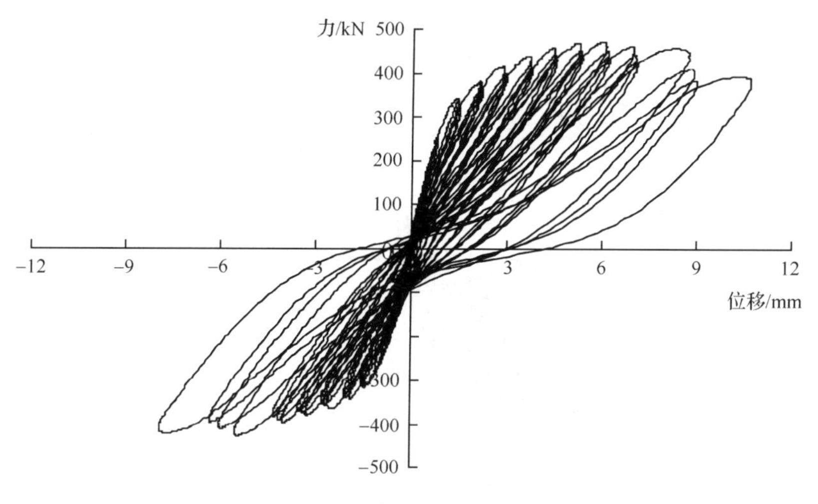

图 3.79　试件 SCW3 滞回曲线

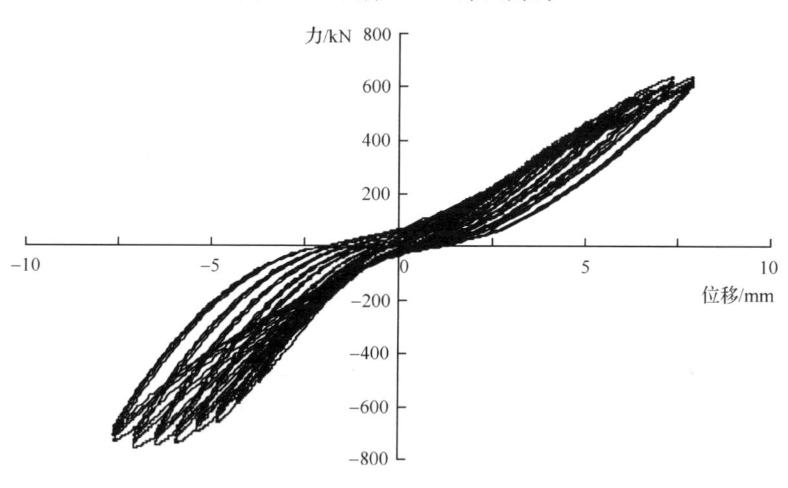

图 3.80　试件 ST1 滞回曲线

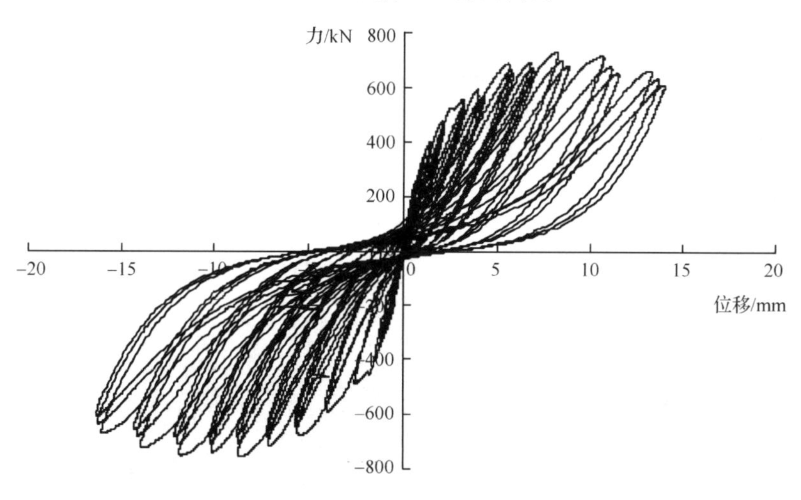

图 3.81　试件 ST2 滞回曲线

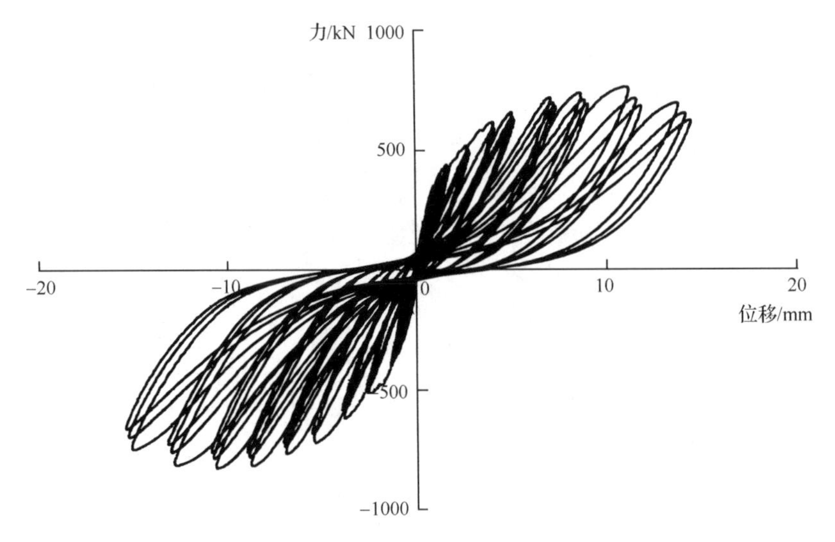

图 3.82　试件 ST3 滞回曲线

(2) 延性系数及特征点参数。

表 3.9 总结了各试件的开裂点、屈服点及极限点的荷载和位移结果。延性系数为位移延性系数 μ，即试件极限位移与屈服位移的比值 $\mu=\Delta_{ult}/\Delta_y$。

表 3.9　试件加载特征点参数

试件编号	第一批试件			第二批试件		
	SCW1	SCW2	SCW3	ST1	ST2	ST3
竖向压力 N/kN	245	490	735	0	0	0
轴压比 $N/f_c bh$	0.14	0.28	0.42	0	0	0
开裂荷载 P_{cr}/kN	150	200	250	350	350	350
P_{cr}/P_y	0.46	0.55	0.65	0.50	0.67	0.61
开裂位移 Δ_{cr}/mm	1.40	1.00	1.25	1.48	1.43	1.32
开裂位移角 Δ_{cr}/H	1/857	1/1200	1/960	1/811	1/839	1/909
屈服荷载 P_y/kN	326.5	363	385.5	589.0	524.7	574.3
P_y/P_u	0.79	0.82	0.81	0.76	0.72	0.69
屈服位移 Δ_y/mm	2.90	2.20	1.85	4.20	2.80	2.60
屈服位移角 Δ_y/H	1/414	1/545	1/648	1/286	1/429	1/462
最大承载力 P_u/kN	412.9	441.0	474.6	929.1	757.3	827.1
位移 Δ_u/mm	6.80	5.37	5.02	20.60	8.62	10.68
极限荷载 P_{ult}/kN	351.0	374.8	403.4	789.7	643.7	703.0
极限位移 Δ_{ult}/mm	10.90	7.80	8.40	22.80	15.12	14.98
极限位移角 Δ_{ult}/H	1/110	1/154	1/142	1/53	1/79	1/80
位移延性系数 $\mu=\Delta_{ult}/\Delta_y$	3.75	3.55	4.54	5.42	5.40	5.76

对于屈服位移的取法，与图 3.69 的确定方法相同。

在一般情况下，实际极限位移 δ_u 定义为极限荷载 P_u 对应的位移。但是在一些轴压比较大的柱子，以及钢筋混凝土节点和剪力墙试验中，按上述定义的 δ_u 比 δ_y 大不了多少，即延性系数很小。因此，为了扩大“可用”延性系数，把极限位移取在骨架曲线下降段，设计极限荷载取 $0.85P_{max}$ 所对应的位移。

从试验现象以及表 3.9 可以看出，随着轴压比的增加，联肢型钢剪力墙试件的开裂荷载显著增加，同时，试件的屈服荷载及最大承载力都有显著提高；随着轴压比的增加，联肢型钢剪力墙试件的屈服位移和极限位移都随之减少，对应屈服位移角和极限位移角也随之减少；随着轴压比的增加，联肢型钢剪力墙试件的位移延性系数有所降低。

(3) 割线刚度 K_i 的计算。

为了反映试件的刚度退化，按式(3.201)计算割线刚度：

$$K_i = \frac{|+F_i|+|-F_i|}{|+X_i|+|-X_i|} \tag{3.201}$$

式中，F_i 为第 i 次峰点荷载值；X_i 为第 i 次峰点位移值。

按式(3.201)分别计算试件在开裂、屈服和极限承载力时的割线刚度，反映出试件在不同阶段的刚度变化。

从图 3.83 可以看出，三个联肢型钢剪力墙试件在开裂后、屈服后，刚度都平稳下降。比较三个试件，轴压比的增大使得试件开裂、屈服、极限点的割线刚度也随之增大，但其刚度退化规律基本一致。

从图 3.84 可以看出，三个型钢混凝土核心筒结构在开裂、屈服后，刚度都平稳下降。除了试件 ST1 由于单向推覆使得位移比较大外，刚度退化规律基本一致。

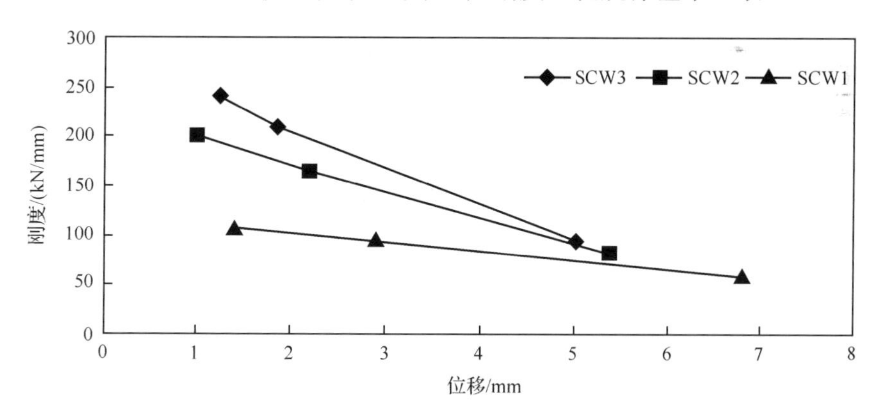

图 3.83　联肢型钢剪力墙试件刚度退化示意图

6. 钢筋混凝土联肢剪力墙[24]

1) 试验研究

以往对联肢剪力墙的试验研究多集中在对连梁性能、墙肢间的剪力分配、各种新型连梁的剪力墙受力性能、联肢剪力墙极限承载能力的简化计算、联肢剪力墙的动力特性和对各种分析模型的验证上，相关研究成果为人们充分认识这种结构形式提供了依据。现行

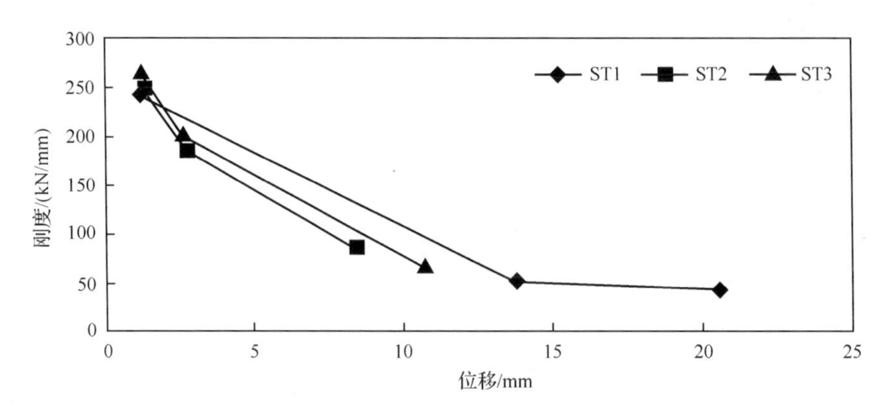

图 3.84　型钢混凝土核心筒试件刚度退化示意图

规范基于已有的结论，结合方便适用的原则，根据反映连梁墙肢刚度之比和几何尺寸之比的两个参数对各类剪力墙进行分类，而后采取不同的计算方法。按照这种方式设计的联肢剪力墙是否具有其应有的耗能能力，还没有相关的定论。该项研究即从这个角度出发，进行了严格按照规范条目设计的三片联肢剪力墙的低周反复荷载试验。

三个试件均为五层，与原型的比例为 1∶4，除了连梁高度不同，具有相同的几何尺寸(图 3.85)和配筋(图 3.86)。根据规范公式计算得到的墙体整体系数 α 分别为 4.85、5.92、6.83，都属于联肢剪力墙的范畴。因墙体较薄，高度较高，必须分层浇筑，所以各层有不同的材料特性。墙体中部环梁为加载和布置侧向支撑所需，不影响墙体的受力特性。混凝土等级为 C30，钢筋为Ⅰ级钢筋。

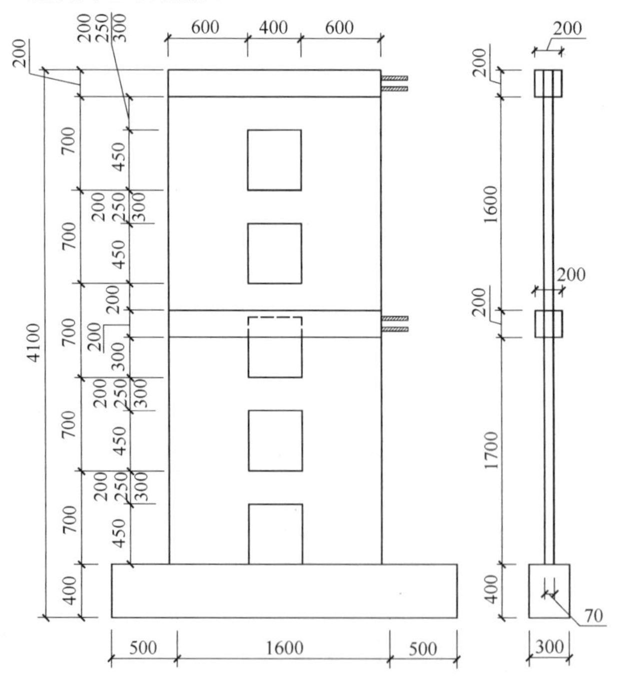

图 3.85　墙体试件立面、侧面图(单位:mm)

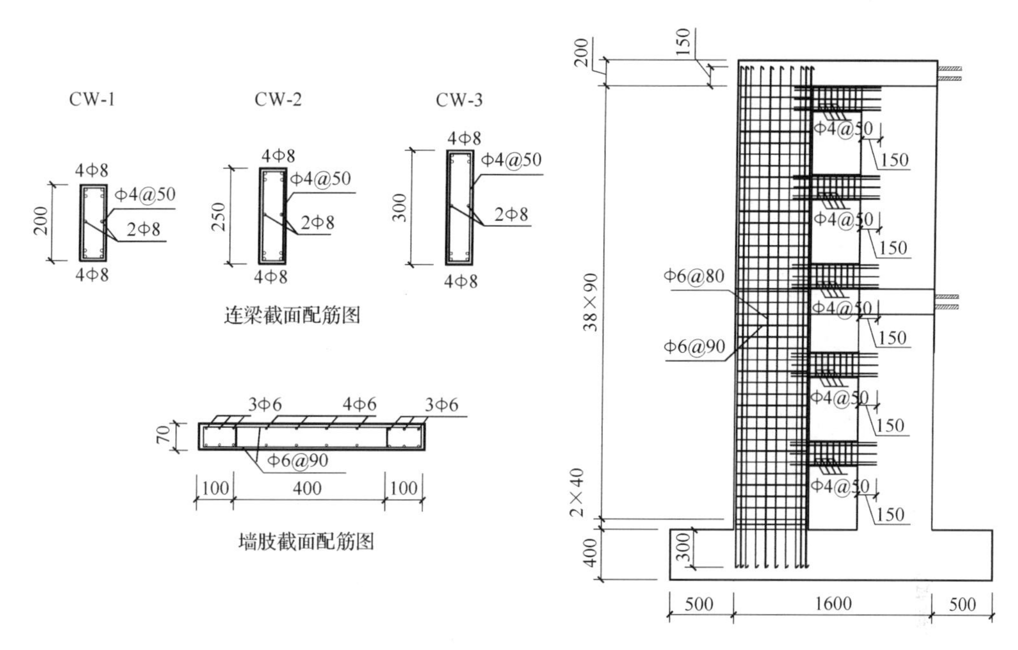

图 3.86　墙体试件配筋图

对墙体 CW-1、CW-3 使用两台申克加振器在上下两点同步加载，控制荷载比例为 2∶1。改为位移控制之后，很难掌握两点位移的一个合适关系以保持荷载之间的这种比例，得到的结果比较混乱，因此本节仅对荷载控制阶段得到的部分上升段进行分析。对 CW-2 采用顶部单点加载，先荷载控制，后位移控制，到墙体承载力下降为极限承载力的 85%以下时停止加载。三片试件中的两个墙肢均在顶部承受约 100kN 的轴压力，根据规范中的轴压比定义

$$\text{剪力墙轴压比} = \frac{\text{剪力墙段承受的组合轴力设计值}}{\text{剪力墙混凝土抗压设计强度} \times \text{剪力墙段净面积}}$$

若采用试验实测值，则相当于 0.1 的轴压比；采用规范给出的 C30 混凝土轴心抗压强度设计值，则相当于 0.16 的轴压比。加载装置示意图如图 3.87 所示。

2) 墙体试件的恢复力特性

根据申克加振器上力传感器和相应位置处位移计的读数，可以得到墙体的恢复力特性曲线(墙体顶部荷载和位移之间的关系)，如图 3.88～图 3.90 所示。其中 CW-1、CW-3 只有力控制阶段的恢复力曲线。

(1) 滞回曲线的图形。

三片墙体的滞回曲线都经历了由最初的基本为一条直线(尚处于弹性阶段，变形可完全恢复)，到后来的梭形，再发展至弓形，最终退化为反 S 形或 Z 形的过程，为比较典型的剪力墙构件的恢复力特性，即弯曲和剪切并存，且剪切作用显著。剪切作用体现在滞回曲线的滑移量上，由图 3.90 可知，随着加载的进程，滑移量逐渐增大。

(2) 滞回曲线的稳定性。

滞回曲线的稳定性反映在刚度或强度的降低率上。在荷载控制阶段，同一荷载下，位

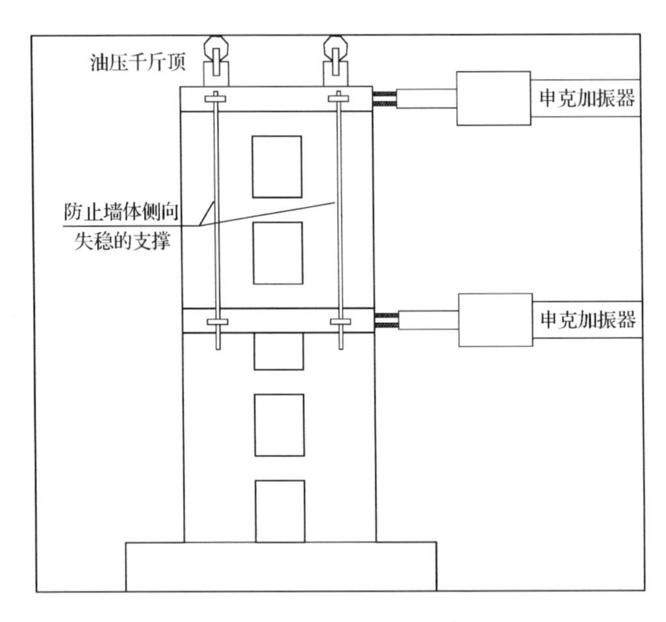

图 3.87　墙体试件加载图

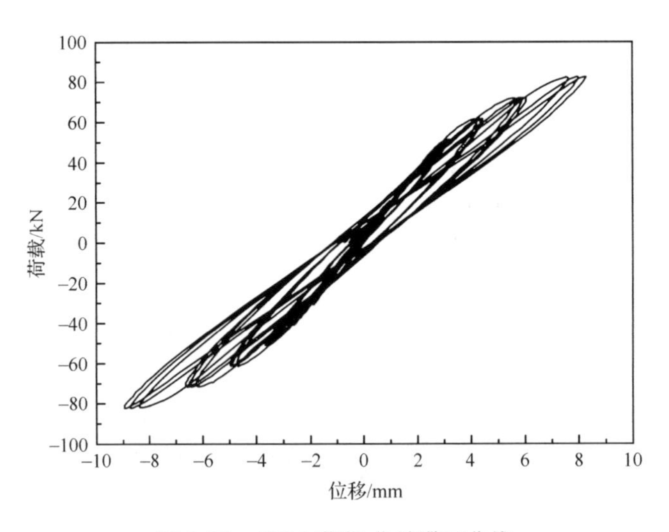

图 3.88　CW-1 荷载-位移滞回曲线

移随每级循环逐渐增大。在位移控制阶段，同一位移处的荷载逐渐减小。由图 3.88～图 3.90 可知，这种增大和减小随着加载进程而逐渐加剧。但一般在三级循环之后，趋于收敛。只在最终破坏阶段时，滞回曲线丧失稳定性，试件彻底破坏。

(3) 滞回模型的参数。

滞回模型是在低周反复荷载试验基础上经过一定简化处理得到的，需以大批量相关试件的试验为基础。本次试验试件较少，且加载模式有变化，很难据此给出确定的滞回模型。但可以根据图 3.88～图 3.90 的滞回曲线确定滞回模型中必须考虑的参数，为今后的研究作参考。联肢剪力墙滞回模型中必须考虑的参数有分别代表刚度退化、滑移和强

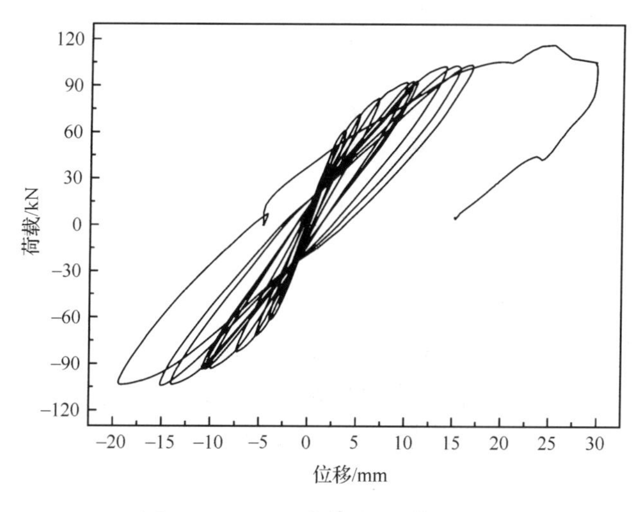

图 3.89　CW-3 荷载-位移滞回曲线

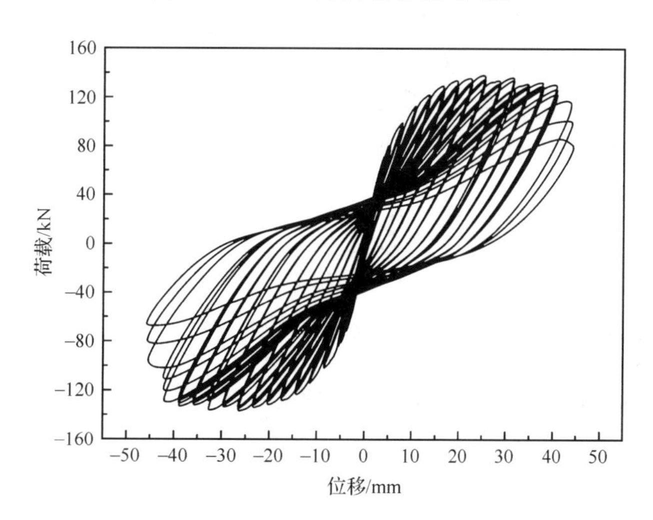

图 3.90　CW-2 荷载-位移滞回曲线

度退化的 α、β、γ，其中 K_r 代表刚度，F_y 表示荷载，具体的参数表达式及与其他参数的相关性可根据具体的试验结果来确定。图 3.91 给出了一种参数表达方法的实例。

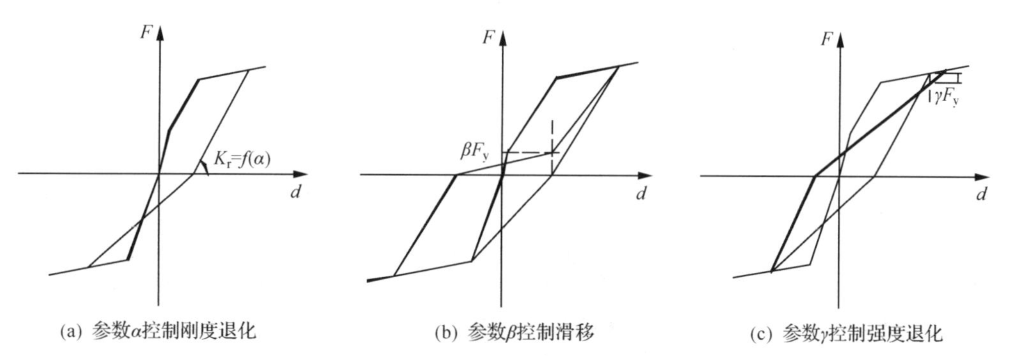

(a) 参数α控制刚度退化　(b) 参数β控制滑移　(c) 参数γ控制强度退化

图 3.91　滞回模型参数设定方法实例

(4) 骨架曲线的形式。

试验中的墙体仅承受了 0.1 的轴压比，便表现出明显的下降段。实际工程中的剪力墙，根据各墙段所处位置的不同，轴压比会比 0.1 高。所以联肢剪力墙的骨架曲线，应选择具有下降段的三线型(考虑屈服)或四线型(考虑开裂和屈服)。

7. 高含钢率(10%～20%)型钢混凝土柱

国内外学者针对型钢混凝土柱的抗震性能进行过大量的试验研究，但研究的构件含钢率大多低于 10%，对于含钢率介于 10%～15%，甚至含钢率更高的型钢混凝土构件鲜有涉及。作者及其团队在试验研究的基础上，结合文献中同类型试件的试验结果，分析和回归出含钢率在 20%以下的型钢混凝土柱骨架曲线特征点的计算式，提出了适用于高含钢率介于 10%～20%的型钢混凝土柱的退化三线型恢复力模型。

1) 试验研究

进行了 8 个含钢率分别为 13.12%和 15.04%的型钢混凝土柱的水平低周反复加载试验，试件截面为 500mm×500mm，剪跨比为 3.12，内置十字形带翼缘型钢，纵筋配筋率为 1.15%。为了提高钢与混凝土的协同工作能力，防止试验过程中型钢与混凝土界面发生剪切黏结破坏，在型钢翼缘焊接圆柱头栓钉。栓钉直径 10mm，长 40mm，轴心水平间距 100mm，竖向间距 100mm，采用专用焊机全端面焊接。截面布置及钢筋配置如图 3.92 所示。试件编号与详细参数如表 3.10 所示。

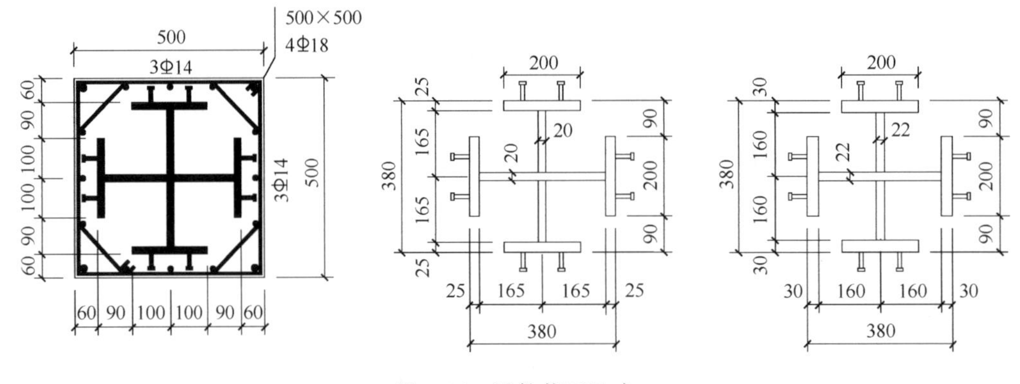

图 3.92 试件截面尺寸

试验在 2000t 动、静电液伺服加载系统内进行。加载采用悬臂式加载，试件上部为球铰，下部固定。试验时首先施加竖向轴力，然后在柱底施加反复作用的水平荷载，球铰保证了在整个试验过程中，柱头发生角位移。加载程序采用位移控制方法。加载装置如图 3.93所示。

2) 正截面承载力的确定

对于配置充满十字形带翼缘型钢的型钢混凝土柱，其正截面偏心受压承载力计算公式在基本假定的基础上，可采用极限平衡法，将型钢腹板、侧翼缘应力图简化为拉压矩形应力图，做出简化计算方法。对于大偏压或小偏压的受力情况，采用不同的腹板、侧翼缘受弯承载力和轴向承载力计算式。在计算试件正截面抗弯承载力时采用以下假设：①截

表 3.10　试件设计及加载参数

序号	试件编号	ρ_a/%	箍筋	λ_v	ρ_v/%	n	n_t	N_t/kN
1	13S10N10	13.12	Φ8+Φ10@100	11.61	1.04	1.0	0.66	11634
2	13S14N05	13.12	Φ12+Φ8@100	15.32	1.37	0.5	0.33	5817
3	15S10N07	15.04	Φ8+Φ10@100	11.61	1.04	0.7	0.47	9005
4	15S10N10	15.04	Φ8+Φ10@100	11.61	1.04	1.0	0.67	12864
5	15S14N05	15.04	Φ12+Φ8@100	15.32	1.37	0.5	0.34	6432
6	15S14N07	15.04	Φ12+Φ8@100	15.32	1.37	0.7	0.47	9005
7	15S14N10	15.04	Φ12+Φ8@100	15.32	1.37	1.0	0.67	12864
8	15S19N12	15.04	Φ12+Φ12@100	20.69	1.85	1.2	0.80	15437

注：① 试件编号说明：例如，13S10N10表示含钢率为13.12%，体积配箍率为1.04%，设计轴压比为1.0的试件；编号中，S为stirrup，N为轴压比；箍筋外层为方箍，内层为八角形箍，表中Φ8+Φ10@100表示内层配置Φ8箍筋，外层配置Φ10箍筋，箍筋间距均为100mm。

② 表中符号说明：ρ_a为含钢率，λ_v为箍筋配箍特征值，ρ_v为体积配箍率，n为设计轴压比，n_t为试验轴压比，N_t为实际加载的轴向力。

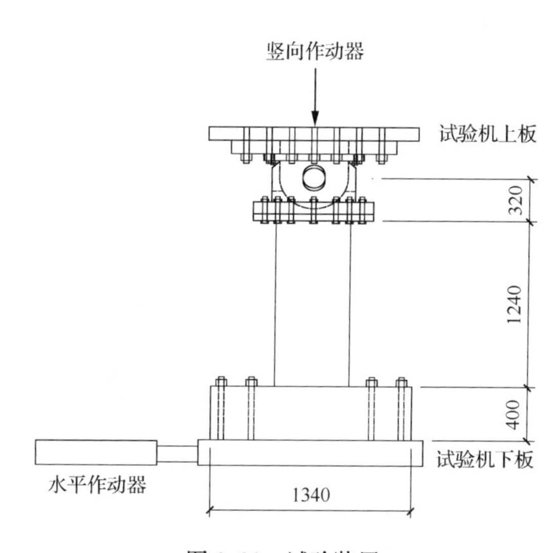

图 3.93　试验装置

面保持平面；②不考虑钢筋、型钢与混凝土间的相对滑移；③不考虑混凝土的抗拉强度；④纵向钢筋始终参与工作；⑤正截面受压区混凝土的应力图形简化为等效的矩形应力图。

配置充满十字形带翼缘型钢的型钢混凝土柱，正截面偏心受压承载力可按下列公式计算：

$$N \leqslant \alpha_1 f_c bx + f'_y A'_s + f'_a A'_{af} - \sigma_s A_s - \sigma_a A_{af} + N_{aw}$$

$$M \leqslant \alpha_1 f_c bx \left(h_0 - \frac{x}{2}\right) + f'_y A'_s (h_0 - a'_s) + f'_a A'_{af} (h_0 - a'_a) + N\left(\frac{h}{2} - h_0\right) + M_{aw} \tag{3.202}$$

式中

$$N_{aw} = N_{aw1} + N_{aw2} + N_{aw3}$$
$$M_{aw} = M_{aw1} + M_{aw2} + M_{aw3} \tag{3.203}$$

(1) 当 $\delta_3 h_0 < \dfrac{x}{\beta_1} < \delta_5 h_0$ 时

$$
\begin{aligned}
N_{aw1} &= \left[\frac{2\xi}{\beta_1} - (\delta_1 + \delta_2)\right] t_w h_0 f_a \\
N_{aw2} &= 2\left[\frac{2\xi}{\beta_1} - (\delta_3 + \delta_4)\right] t'_f h_0 f_a \\
N_{aw3} &= -(\delta_6 - \delta_5)(h'_w - t_w) h_0 f_a \\
M_{aw1} &= \left[0.5(\delta_1^2 + \delta_2^2) - (\delta_1 + \delta_2) + 2\frac{\xi}{\beta_1} - \left(\frac{\xi}{\beta_1}\right)^2\right] t_w h_0^2 f_a \\
M_{aw2} &= 2\left[0.5(\delta_3^2 + \delta_4^2) - (\delta_3 + \delta_4) + 2\frac{\xi}{\beta_1} - \left(\frac{\xi}{\beta_1}\right)^2\right] t'_f h_0^2 f_a \\
M_{aw3} &= -[0.5(\delta_5^2 - \delta_6^2) + (\delta_6 - \delta_5)](h'_w - t_w) h_0^2 f_a
\end{aligned}
\tag{3.204}
$$

(2) 当 $\delta_5 h_0 < \dfrac{x}{\beta_1} < \delta_6 h_0$ 时

$$
\begin{aligned}
N_{aw1} &= \left[\frac{2\xi}{\beta_1} - (\delta_1 + \delta_2)\right] t_w h_0 f_a \\
N_{aw2} &= 2\left[\frac{2\xi}{\beta_1} - (\delta_3 + \delta_4)\right] t'_f h_0 f_a \\
N_{aw3} &= \left[\frac{2\xi}{\beta_1} - (\delta_5 + \delta_6)\right](h'_w - t_w) h_0 f_a \\
M_{aw1} &= \left[0.5(\delta_1^2 + \delta_2^2) - (\delta_1 + \delta_2) + 2\frac{\xi}{\beta_1} - \left(\frac{\xi}{\beta_1}\right)^2\right] t_w h_0^2 f_a \\
M_{aw2} &= 2\left[0.5(\delta_3^2 + \delta_4^2) - (\delta_3 + \delta_4) + 2\frac{\xi}{\beta_1} - \left(\frac{\xi}{\beta_1}\right)^2\right] t'_f h_0^2 f_a \\
M_{aw3} &= \left[0.5(\delta_5^2 + \delta_6^2) - (\delta_5 + \delta_6) + 2\frac{\xi}{\beta_1} - \left(\frac{\xi}{\beta_1}\right)^2\right](h'_w - t_w) h_0^2 f_a
\end{aligned}
\tag{3.205}
$$

(3) 当 $\delta_6 h_0 < \dfrac{x}{\beta_1} < \delta_4 h_0$ 时

$$
\begin{aligned}
N_{aw1} &= \left[\frac{2\xi}{\beta_1} - (\delta_1 + \delta_2)\right] t_w h_0 f_a \\
N_{aw2} &= 2\left[\frac{2\xi}{\beta_1} - (\delta_3 + \delta_4)\right] t'_f h_0 f_a \\
N_{aw3} &= (\delta_6 - \delta_5)(h'_w - t_w) h_0 f_a \\
M_{aw1} &= \left[0.5(\delta_1^2 + \delta_2^2) - (\delta_1 + \delta_2) + 2\frac{\xi}{\beta_1} - \left(\frac{\xi}{\beta_1}\right)^2\right] t_w h_0^2 f_a \\
M_{aw2} &= 2\left[0.5(\delta_3^2 + \delta_4^2) - (\delta_3 + \delta_4) + 2\frac{\xi}{\beta_1} - \left(\frac{\xi}{\beta_1}\right)^2\right] t'_f h_0^2 f_a \\
M_{aw3} &= [0.5(\delta_5^2 - \delta_6^2) + (\delta_6 - \delta_5)](h'_w - t_w) h_0^2 f_a
\end{aligned}
\tag{3.206}
$$

(4) 当 $\delta_4 h_0 < \dfrac{x}{\beta_1} < \delta_2 h_0$ 时

$$\begin{aligned}
N_{\mathrm{aw1}} &= \left[\frac{2\xi}{\beta_1} - (\delta_1 + \delta_2)\right] t_{\mathrm{w}} h_0 f_{\mathrm{a}} \\
N_{\mathrm{aw2}} &= 2(\delta_4 - \delta_3) t'_{\mathrm{f}} h_0 f_{\mathrm{a}} \\
N_{\mathrm{aw3}} &= (\delta_6 - \delta_5)(h'_{\mathrm{w}} - t_{\mathrm{w}}) h_0 f_{\mathrm{a}} \\
M_{\mathrm{aw1}} &= \left[0.5(\delta_1^2 + \delta_2^2) - (\delta_1 + \delta_2) + 2\frac{\xi}{\beta_1} - \left(\frac{\xi}{\beta_1}\right)^2\right] t_{\mathrm{w}} h_0^2 f_{\mathrm{a}} \\
M_{\mathrm{aw2}} &= 2[0.5(\delta_3^2 - \delta_4^2) + (\delta_4 - \delta_3)] t'_{\mathrm{f}} h_0^2 f_{\mathrm{a}} \\
M_{\mathrm{aw3}} &= [0.5(\delta_5^2 - \delta_6^2) + (\delta_6 - \delta_5)](h'_{\mathrm{w}} - t_{\mathrm{w}}) h_0^2 f_{\mathrm{a}}
\end{aligned} \tag{3.207}$$

(5) 当 $\delta_2 h_0 < \dfrac{x}{\beta_1}$ 时

$$\begin{aligned}
N_{\mathrm{aw1}} &= (\delta_2 - \delta_1) t_{\mathrm{w}} h_0 f_{\mathrm{a}} \\
N_{\mathrm{aw2}} &= 2(\delta_4 - \delta_3) t'_{\mathrm{f}} h_0 f_{\mathrm{a}} \\
N_{\mathrm{aw3}} &= (\delta_6 - \delta_5)(h'_{\mathrm{w}} - t_{\mathrm{w}}) h_0 f_{\mathrm{a}} \\
M_{\mathrm{aw1}} &= [0.5(\delta_1^2 - \delta_2^2) + (\delta_2 - \delta_1)] t_{\mathrm{w}} h_0^2 f_{\mathrm{a}} \\
M_{\mathrm{aw2}} &= 2[0.5(\delta_3^2 - \delta_4^2) + (\delta_4 - \delta_3)] t'_{\mathrm{f}} h_0^2 f_{\mathrm{a}} \\
M_{\mathrm{aw3}} &= [0.5(\delta_5^2 - \delta_6^2) + (\delta_6 - \delta_5)](h'_{\mathrm{w}} - t_{\mathrm{w}}) h_0^2 f_{\mathrm{a}}
\end{aligned} \tag{3.208}$$

受拉或受压较小边的钢筋应力 σ_{s} 和型钢翼缘应力 σ_{a} 可按下列条件计算：

当 $x \leqslant \xi_{\mathrm{b}} h_0$ 时，为大偏心受压构件，取 $\sigma_{\mathrm{s}} = f_{\mathrm{y}}$，$\sigma_{\mathrm{a}} = f_{\mathrm{a}}$；

当 $x > \xi_{\mathrm{b}} h_0$ 时，为小偏心受压构件，取

$$\sigma_{\mathrm{s}} = \frac{f_{\mathrm{y}}}{\xi_{\mathrm{b}} - \beta_1}\left(\frac{x}{h_0} - \beta_1\right), \quad \sigma_{\mathrm{a}} = \frac{f_{\mathrm{a}}}{\xi_{\mathrm{b}} - \beta_1}\left(\frac{x}{h_0} - \beta_1\right)$$

式中，N 为轴向力；M 为抗弯承载力；N_{aw} 和 M_{aw} 分别为腹板的轴向力和抗弯承载力；α_1、β_1 为系数，见《混凝土结构设计规范》(GB 50010—2010)第6.2.6条；f_{c} 为混凝土轴心抗压强度；f_{y}、f'_{y} 为钢筋抗拉、抗压强度；f_{a}、f'_{a} 为型钢抗拉、抗压强度；σ_{s} 为受拉或受压较小边的钢筋应力；σ_{a} 为受拉或受压较小边的型钢翼缘应力；A_{s}、A'_{s}、A_{af}、A'_{af} 分别为受拉钢筋总截面、受压钢筋总截面、型钢受拉翼缘截面、型钢受压翼缘截面的面积；a_{s}、a'_{s} 分别为受拉钢筋合力点、受压钢筋合力点至混凝土截面近边的距离；a'_{a} 为型钢受压翼缘截面重心至混凝土截面近边的距离；b 为混凝土截面宽度；h 为混凝土截面高度；h_0 为截面有效高度，$h_0 = \dfrac{f_{\mathrm{a}} A_{\mathrm{af}}(\delta_2 h_0 + 0.5 t_{\mathrm{af}}) + f_{\mathrm{y}} A_{\mathrm{s}}(h - a_{\mathrm{s}})}{f_{\mathrm{a}} A_{\mathrm{af}} + f_{\mathrm{y}} A_{\mathrm{s}}}$；$x$ 为混凝土受压区高度；ξ 为混凝土相对受压区高度，$\xi = x/h_0$；ξ_{b} 为相对界限受压区高度，$\xi_{\mathrm{b}} = \dfrac{\beta_1}{1 + \dfrac{f_{\mathrm{y}} + f_{\mathrm{a}}}{2 \times 0.003 E_{\mathrm{s}}}}$，$E_{\mathrm{s}}$ 为钢材弹性模量；其余参数含义如图3.94所示。

3) 骨架曲线的确定

(1) 弹性刚度 K_{e}。

屈服荷载与屈服位移的比值即为弹性刚度，参考结构力学中悬臂梁侧移刚度表达式的形式，弹性刚度可以表示为

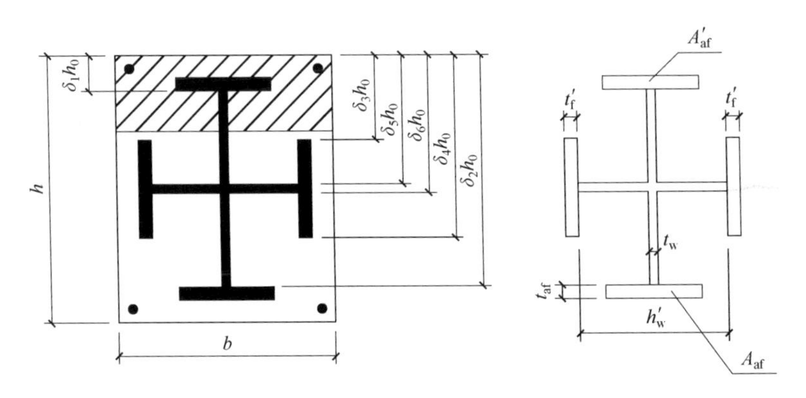

图 3.94　偏心受压柱截面示意图

$$K_{e,1} = \frac{3EI}{l^3} \tag{3.209}$$

式中，l 为试件计算长度。

通过本节和文献中共 21 个同类型型钢混凝土柱的低周反复加载试验的试验结果，回归出截面抗弯刚度 EI 的表达式为

$$EI = 2.5(E_s I_s)^{0.9} + 3(E_c I_c)^{0.8} \tag{3.210}$$

式中，E_s、E_c、I_s、I_c 分别为型钢和混凝土的弹性模量及型钢截面和混凝土截面的惯性矩。式中 EI 单位为 kN · m^2。

回归中采用的这 21 个试验柱截面均为方形，采用 Q235 钢，内置十字形带翼缘型钢，剪跨比介于 3～3.3，均发生弯曲破坏，悬臂式加载。

式(3.210)的回归考虑了混凝土强度、钢材强度、截面尺寸和型钢截面特性的影响。由于箍筋对混凝土的约束作用主要体现在峰值荷载之后，假定箍筋在加载初期的作用较小，在式(3.210)中忽略配箍率对弹性刚度的影响。

同时，随着试验轴压比的增大，试验刚度与式(3.209)计算刚度之比有按线性增大的趋势。通过回归可以得到考虑轴压比 n_t 影响的弹性刚度计算式为

$$K_e = (0.1438 n_t + 0.9647) K_{e,1} \tag{3.211}$$

将式(3.209)和式(3.210)代入式(3.211)即可得到考虑混凝土强度、钢材强度、截面尺寸、型钢截面特性和轴压比影响的型钢混凝土柱弹性刚度 K_e 的计算式。

(2) 屈服荷载 P_y。

荷载达到屈服值之前，假定构件基本上处于弹性阶段，忽略侧向位移产生的二阶效应，则屈服荷载可以按式(3.212)计算：

$$P_y = \frac{M_y}{l} \tag{3.212}$$

式中，M_y 为截面屈服弯矩，按照式(3.202)计算。计算时钢筋和型钢的抗拉、抗压强度取实测屈服值，同时考虑箍筋约束对混凝土强度的提高。箍筋的约束效应采用 Mander 本构计算。

(3) 屈服位移 Δ_y。

屈服位移由弹性刚度和屈服荷载计算得到，即

$$\Delta_y = \frac{P_y}{K_e} \tag{3.213}$$

式中，K_e 为构件的弹性刚度，根据式(3.211)计算得到。

(4) 峰值荷载位移 $\Delta_{P_{max}}$。

考虑到影响因素较多会造成较大的回归离散性，因此不采用参数回归的形式计算型钢混凝土柱峰值荷载，而是近似取峰值荷载位移为2倍的屈服位移，即

$$\Delta_{P_{max}} = 2\Delta_y \tag{3.214}$$

(5) 峰值荷载 P_{max}。

对于型钢混凝土柱达到极限抗弯承载力时的水平荷载，可以用式(3.215)计算：

$$P_{max} = \frac{M_{max} - N\Delta_{P_{max}}}{l} \tag{3.215}$$

式中，M_{max}可根据式(3.202)计算，其中钢筋和型钢的抗拉、抗压强度取实测极限强度值。同时考虑箍筋约束对混凝土强度的提高。

(6) 极限位移 Δ_u。

极限位移 Δ_u 取为实测荷载下降到 $0.85P_{max}$时对应的水平位移。极限位移同时可以根据屈服位移与试件延性 μ 的乘积计算，即

$$\Delta_u = \mu\Delta_y \tag{3.216}$$

延性的回归取试验轴压比 n_t、配箍特征值 λ_v 和含钢率 ρ_a 为影响参数，做三元线性回归，回归出的延性计算式为

$$\mu = (3.28 - 1.6n_t)(5.58 + 0.006\lambda_v)(0.24 + 0.009\rho_a) \tag{3.217}$$

(7) 极限荷载 P_u。

极限荷载值取为0.85倍的峰值荷载，即

$$P_u = 0.85P_{max} \tag{3.218}$$

(8) 建议骨架曲线与试验结果的比较。

图3.95为计算确定的骨架曲线与部分试件试验骨架曲线的对比图。从图中可以看出，采用本节确定的恢复力模型骨架曲线与试验骨架曲线较为接近。

4) 恢复力模型

综合考察了高含钢率型钢混凝土柱骨架曲线及滞回规律后，构建了含钢率介于10%～20%的型钢混凝土柱恢复力模型，如图3.96所示。

图3.96中，点1和点5为正向屈服点(Δ_y，P_y)，点3为反向屈服点($-\Delta_y$，$-P_y$)，点2和点6为正向峰值荷载点($\Delta_{P_{max}}$，P_{max})，点4为反向峰值荷载点($-\Delta_{P_{max}}$，$-P_{max}$)。恢复力模型具体路径如下。

(1) 当构件受力低于屈服强度时，加载和卸载均沿骨架曲线弹性段进行(图3.96中的0-1、0-3段)，加载刚度与卸载刚度均为 K_e。

(2) 当构件的受力超过屈服强度 P_y 但未达到最大荷载 P_{max}时，加载路径沿骨架曲线进行(图3.96中1-2段)，卸载时直接指向反向屈服点3，此后继续向屈服点3反向加载。达到点3后沿骨架曲线继续进行反向加载(图3.96中的3-4段)。在此阶段，反向卸载及正向再加载时直接指向正向屈服点5，此后沿骨架曲线进行加载。

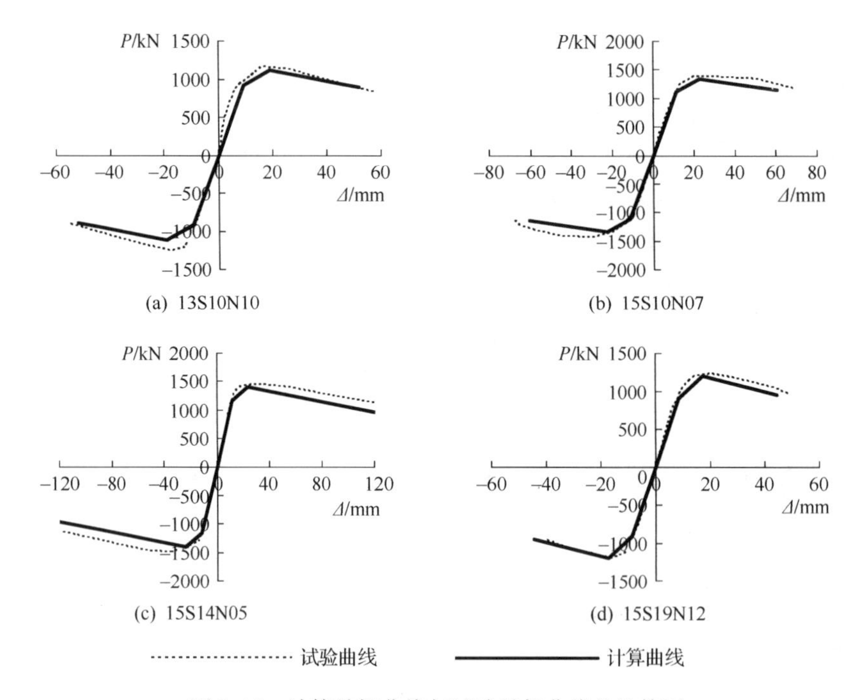

图 3.95　计算骨架曲线与试验骨架曲线的比较图

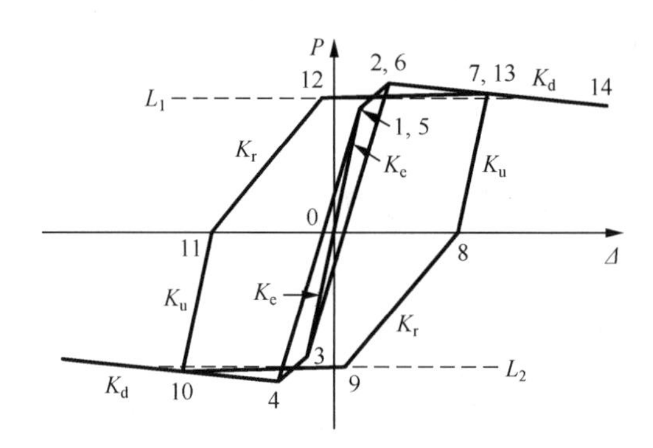

图 3.96　高含钢率型钢混凝土柱的恢复力模型

(3) 当加载超过峰值荷载后，沿骨架曲线加载至点 7，然后卸载至与横轴相交的点 8(7-8 段)，卸载刚度为 K_u。反向再加载指向点 9(图 3.96 中 8-9 段)，加载刚度为 K_r。此后向反向骨架曲线上的点 10 继续加载(图 3.96 中 9-10 段)，然后卸载至与横轴相交的点 11(图 3.96 中 10-11 段)，卸载刚度为 K_u。正向再加载规则与反向再加载规则相同。

完整的路径沿图 3.96 中数字顺序进行。

图中辅助线 L_1 为纵坐标为 $0.85P_{max}$ 的水平直线，辅助线 L_2 为纵坐标为 $-0.85P_{max}$ 的水平直线。卸载刚度与弹性刚度相同，即 $K_u=K_e$。再加载刚度 $K_r=\kappa K_e$。

参数 κ 与轴压比有关，当设计轴压比为 0.5 时，κ 取 1/4；当设计轴压比为 1.2 时，κ 取 1/2.6；中间按照线性内插法取值；当设计轴压比高于 1.2 时，按线性延伸段取值。

图 3.97 为根据上述方法计算得到的高含钢率型钢混凝土柱水平荷载-位移滞回曲线

与部分试件的试验滞回曲线比较图。从图中可以看出，高含钢率型钢混凝土柱计算滞回曲线的整体趋势与试验滞回曲线大致相同，加、卸载刚度与试验滞回曲线的加、卸载刚度在各不同位移时较为接近。

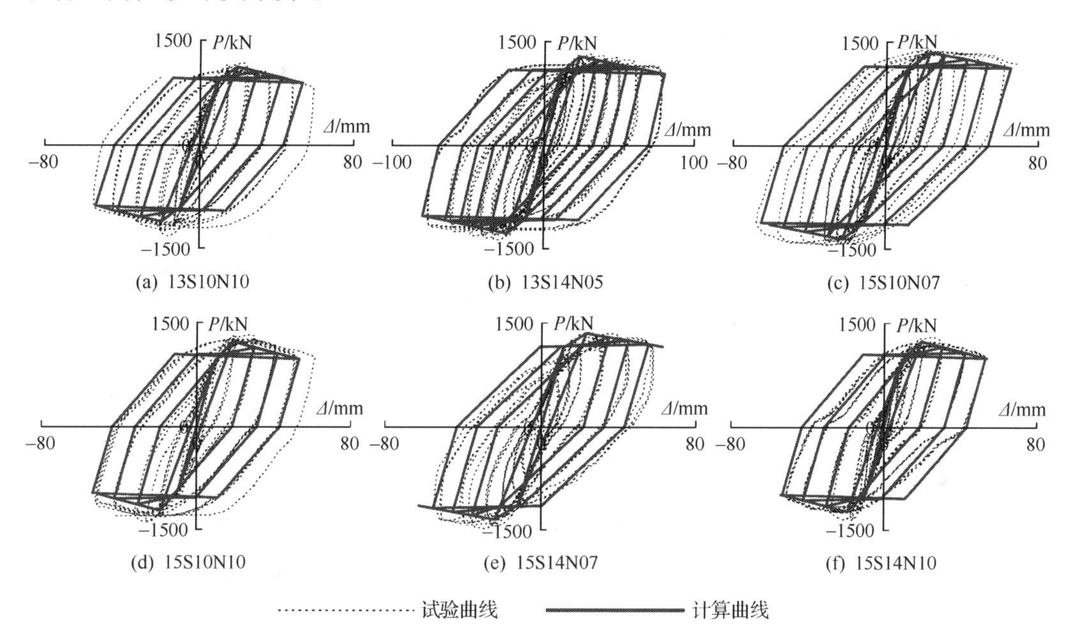

图 3.97　计算滞回曲线与试件试验滞回曲线的比较图

3.7　非线性分析方法的工程应用

3.7.1　推覆分析方法的应用实例

在我国《建筑抗震设计规范》中，要求对平面特别不规则或竖向不规则的高层建筑结构进行罕遇地震作用下的弹塑性变形验算。在进行结构的弹塑性变形验算时，可采用静力非线性分析方法即推覆分析(pushover analysis)方法，也可以采用弹塑性时程分析方法。尽管推覆分析方法在反映结构在地震作用下的动态过程方面与时程分析方法有较大的差别，但在评价结构在地震作用下的最大反应方面还是具有一定参考价值的，在美国FEMA 的技术标准(FEMA273 和 FEMA274)中推荐了此种方法，用以评价以第一阶振型为主的中高层建筑在地震作用下的弹塑性变形性能，这说明推覆分析方法得到了研究界和工程界的一定认可。在我国抗震规范的修编过程中以及新规范颁布后，国内有多个研究单位从不同的角度对推覆分析方法进行了研究，并初步应用于若干实际工程，目前已有部分计算程序可以用于高层建筑结构的推覆分析。

本书作者及其研究小组在过去的几年中，对高层混凝土结构进行了推覆分析研究，并编制了三维推覆分析计算机程序(TBPOA)。研究小组对多个工程实例进行了推覆分析研究。以下为两个工程实例的计算分析结果。

1. 江苏方正大厦

1) 结构概况

江苏方正大厦位于江苏省南京市，属商住楼建筑，1～3层为商场，4层以上为住宅，地面以上共19层，地下2层，檐口标高61.2m。典型楼层结构平面如图3.98和图3.99所示。该工程存在着平面凹凸不规则、楼板局部不连续、竖向构件不连续等不规则性，属于特别不规则超限高层建筑。

构件配筋根据SATWE计算结果而得到。梁柱纵向钢筋为Ⅱ级钢，混凝土强度等级：1～4层C40，5层C35，6层及以上C30。剪力墙厚度：1～3层400mm(局部500mm)，标准层200mm(局部250mm、300mm)。楼板厚：2～3层150mm，4层200mm，5层150mm，标准层120mm，屋面150mm。计算时考虑了材料非线性和几何非线性，7度地震，Ⅱ类场地土。由于该工程地下室的抗侧刚度远远大于上部结构抗侧刚度，且地下室顶板厚度较大，在计算时结构的固定端取在±0.00处。该算例总节点数为2454，单元总数为2923，自由度总数5460，失衡力收敛精度为1%。计算机时为527min。

2) 推覆分析的主要结果

结构顶点位移、层间位移如图3.100和图3.101所示，图3.100中的P_s为多遇地震下的水平推覆荷载。每层位移均取各楼层质心处的位移。该结构极限最大顶点位移分别为0.54m(本节结果)、0.6415m(EPDA结果)，最大顶点位移角分别为1/113和1/95。

从图3.101中可以看到，该结构沿竖向未产生明显的薄弱楼层，在罕遇地震作用下，最大层间位移角出现在第18层，达到了1/223(本节结果)和1/256(EPDA结果)，满足规范1/120的最大限值的要求。

2. 上海西部大厦

1) 结构概况

上海西部大厦位于7度设防区，地上12层，地下2层，屋顶檐口高度49.5m。结构体系为框架-剪力墙结构，平面呈三角形。在平面各角部利用楼、电梯间设置一定数量的剪力墙作为主要抗侧力构件。由于建筑要求，该工程在2、3层楼板局部缺失较多，属于楼板局部不连续。典型楼层平面布置详见图3.102和图3.103。该算例总节点数为811，单元总数为1388，失衡力收敛精度为1%。计算机时为20min(PⅢ 1G，内存256M)。

2) 推覆分析结果

水平推覆荷载沿结构竖向的分布模式考虑了三种情况：①按振型分解反应谱计算得到的地震作用沿竖向分布；②倒三角形分布；③均匀分布。为了描述问题的方便，本节将不同柱的配筋率和不同的水平推覆荷载沿竖向的分布形式组合成六种工况。表3.11列出了6种工况所对应的结构计算工况。由于工况1与工况2、工况4与工况5计算结构比较接近，本节仅给出了工况1、工况3、工况4和工况6的计算结果。

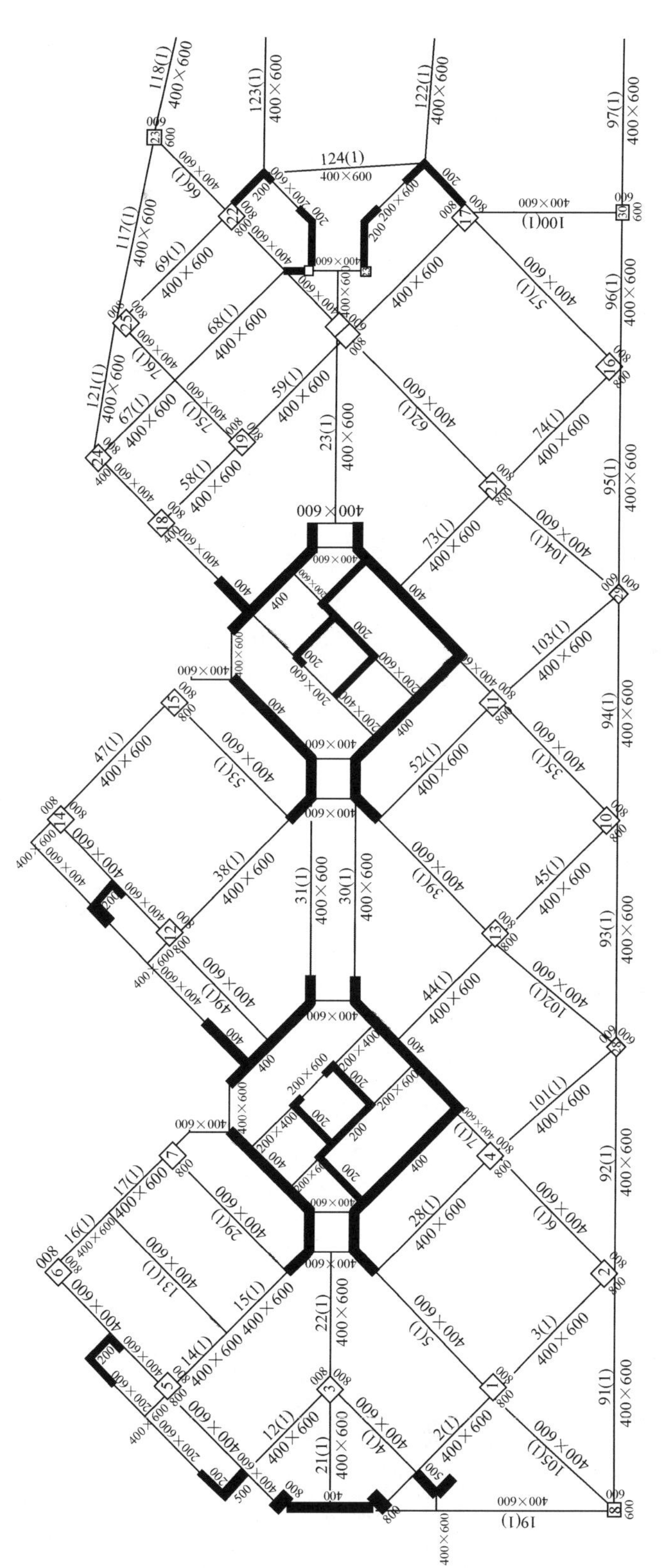

图 3.98　2 层结构平面

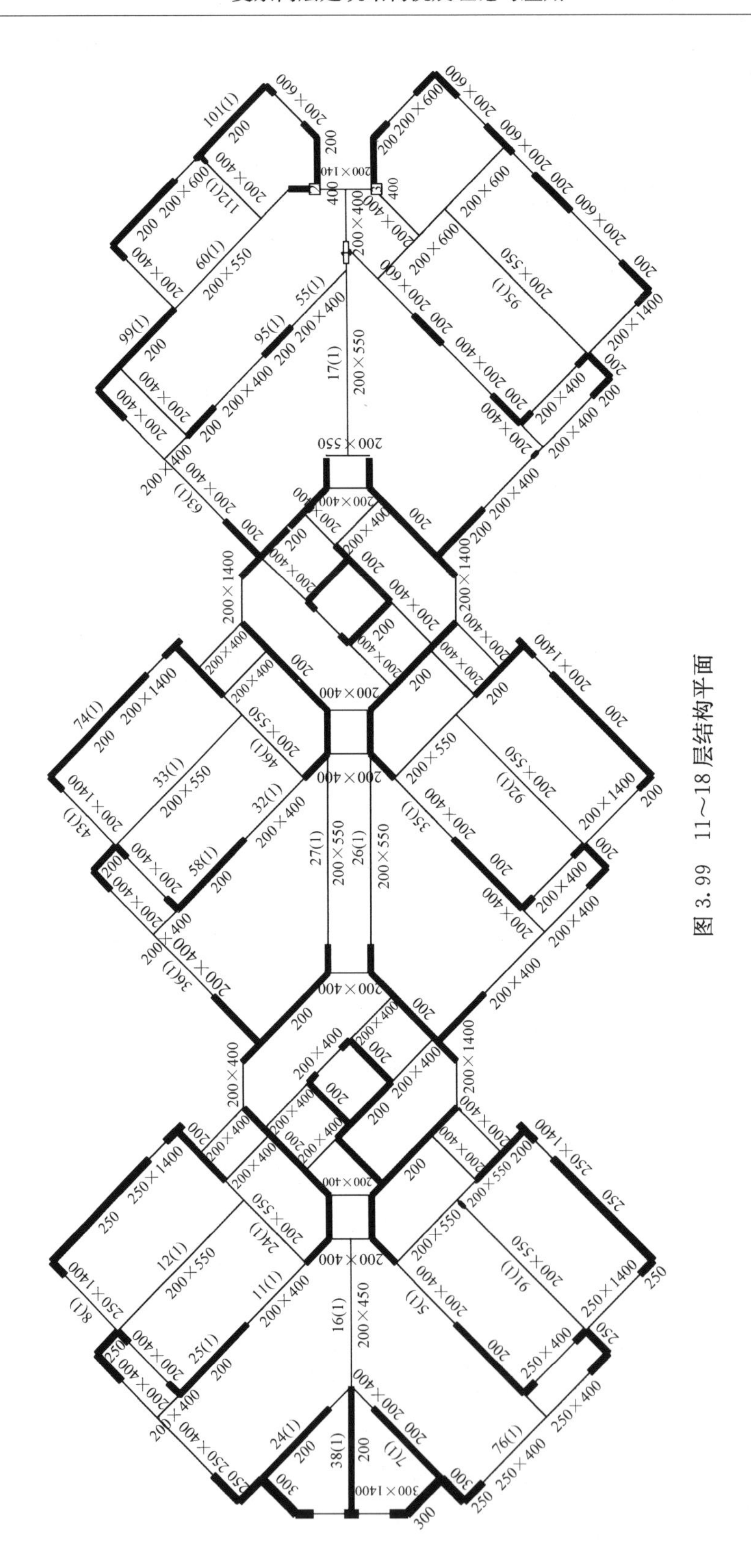

图 3.99　11～18 层结构平面

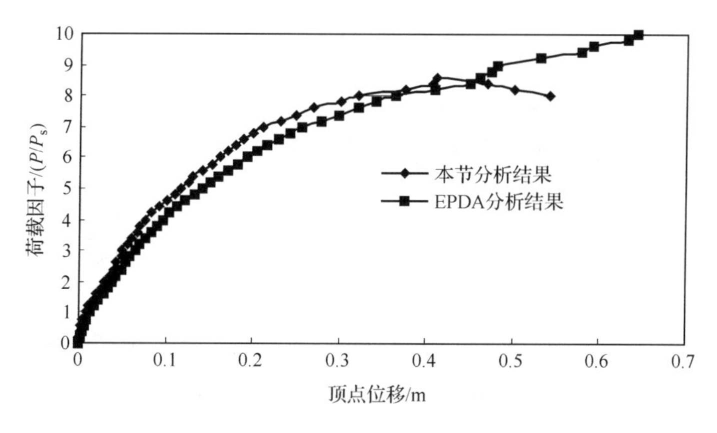

图 3.100　结构顶点位移曲线

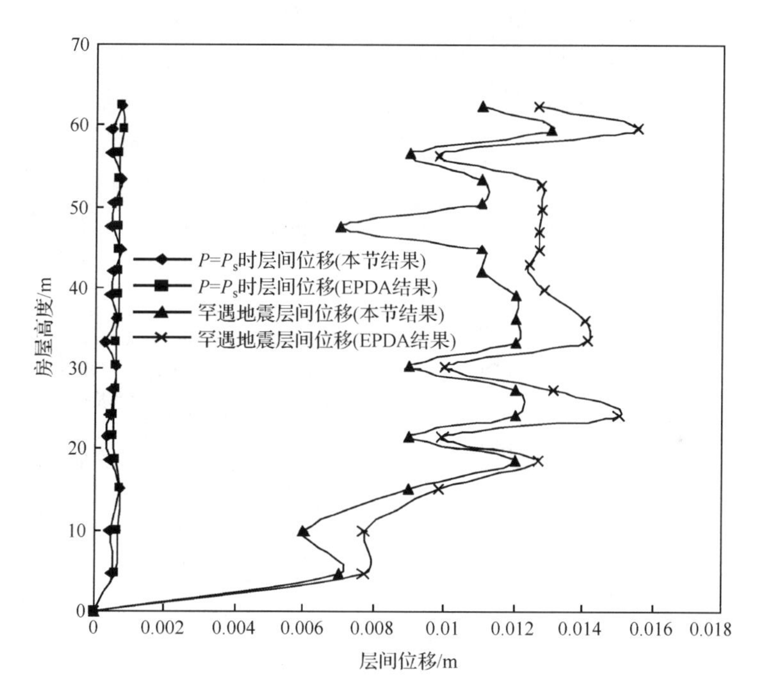

图 3.101　层间位移

结构层间位移如图 3.104 所示，图 3.104 中的 P_s 为多遇地震下的水平推覆荷载。从图 3.104 中可以看到，在罕遇地震下，该结构沿竖向产生了一定的薄弱楼层，主要出现在 2～5 层，最大层间位移角出现在 3 层，这些结果是弹性分析中无法得到的。

不同的水平推覆荷载的分布模式影响着结构的性能。在本例中，根据振型分解反应谱法计算的荷载分布与倒三角形分布较为接近，但与均匀分布的荷载模式差异较大。为了安全起见，应采用根据振型分解反应谱法计算的推覆荷载分布模式进行结构性能评价。此外推覆分析还表明根据规范规定的柱最小配筋率(0.7%)进行柱配筋，并不能满足罕遇地震下的抗震变形要求，而当柱配筋率提高到 1%时，结构表现出了较好的延性。

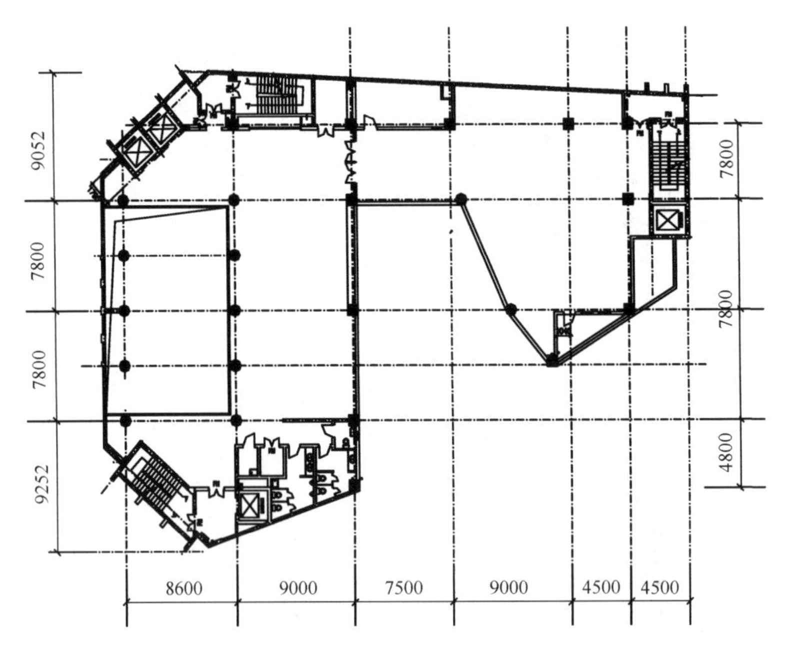

图 3.102　2～4 层平面

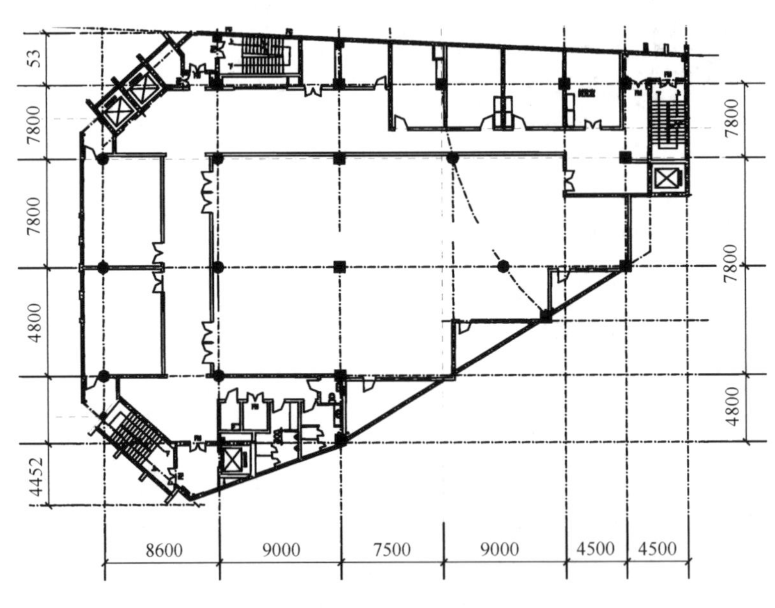

图 3.103　5～10 层平面

表 3.11　结构计算工况

工况号	柱纵筋配筋率/%	推覆荷载沿竖向分布模式
工况 1	0.7	按振型分解反应谱法计算
工况 2	0.7	倒三角形分布
工况 3	0.7	均匀分布
工况 4	1.0	按振型分解反应谱法计算
工况 5	1.0	倒三角形分布
工况 6	1.0	均匀分布

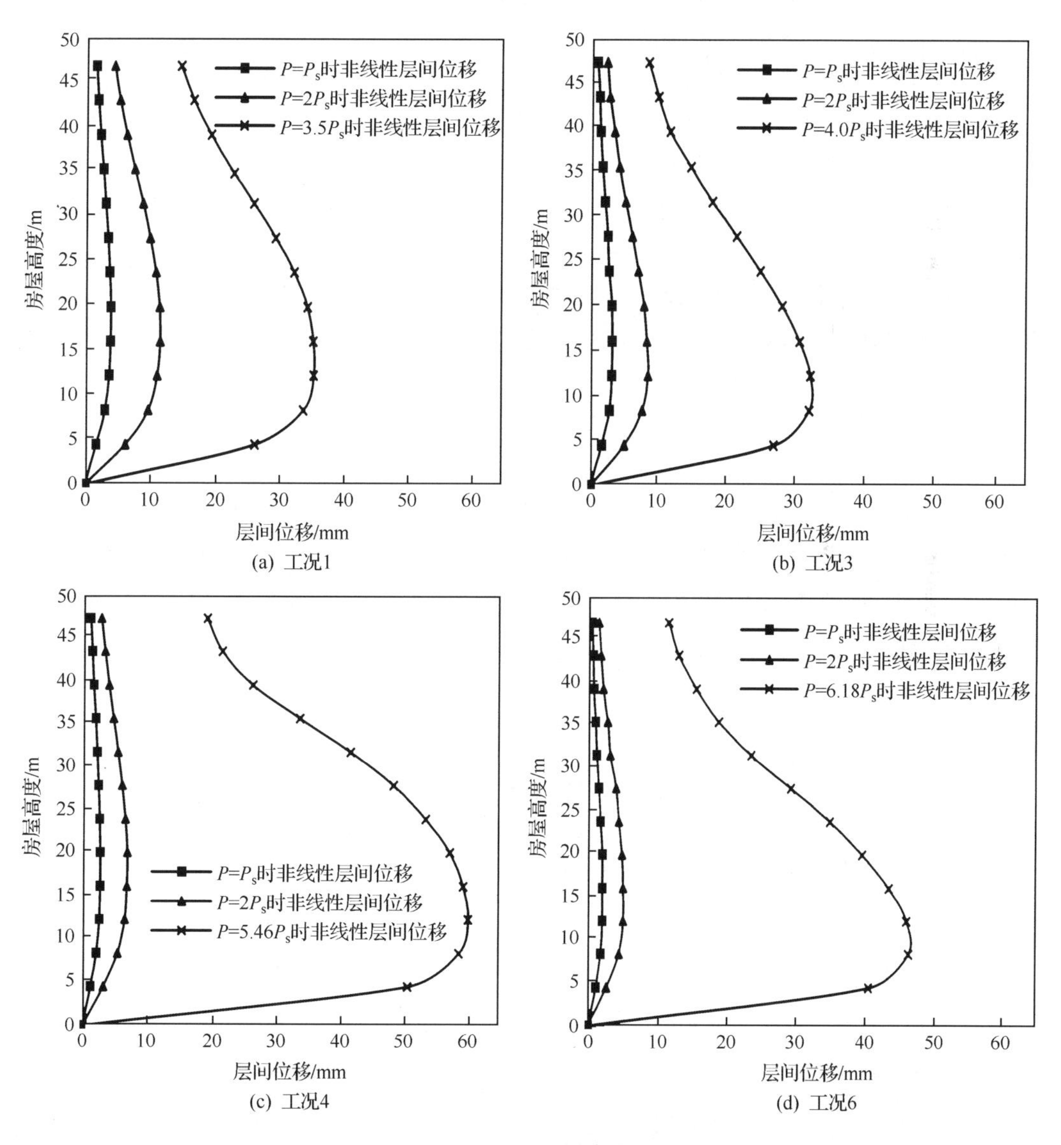

图 3.104　层间位移

3. 高层建筑结构推覆分析对设计的启示

推覆分析结果表明，小震作用下弹性分析所得的结果并不能反映结构可能存在的薄弱部位；对于某些结构构件，当受到轴压比控制而截面尺寸较大，其配筋按构造要求确定时，这种结构构件往往在大震时首先屈服，难以满足延性要求，或者造成结构弹塑性变形过大而影响结构的抗倒塌能力。针对推覆分析方法在工程应用中存在的问题，本书作者的建议如下。

(1) 在进行推覆分析时，应采用空间三维结构计算模型。

(2) 结构构件的恢复力特性可简化为其主要受力方向上的单向模型，各个方向的地震作用应分别由该方向的抗侧力构件承担。

(3) 推覆分析时的水平加载模式可以采用振型分解反应谱法得到的水平力分布模式，这种分布模式与倒三角形分布模式比较接近，但在一定程度上可以反映结构的动力特性。

(4) 弹性分析并不能反映出结构的薄弱层，但通过推覆分析可以计算出结构中可能存在的薄弱楼层或薄弱构件。

(5) 随着地震作用的不断加大，结构的非线性效应越来越明显，结构也变得越来越柔软，因此高层结构在罕遇地震作用下的弹塑性变形应该考虑结构二阶效应的影响。

(6) 抗震规范中按多遇地震制定的抗震设计原则和构造要求在某些结构中并不能保证罕遇地震下的抗震性能，应对复杂高层结构进行推覆分析或弹塑性时程分析，以此作为设计单位校验高层结构弹性分析结果的辅助手段。

(7) 为解决目前国内外结构设计规范中对单个构件考虑非线性的强度设计，但对整体结构采用线弹性分析方法的这一矛盾，建议在重要工程结构的设计中应采用非线性内力分析代替传统的线弹性分析。

3.7.2 弹塑性时程分析方法的应用实例1——上海浦东香格里拉酒店扩建工程

1. 工程概况

上海浦东香格里拉酒店扩建工程位于上海市浦东陆家嘴经济开发区，是由一栋总高度152.8m的塔楼和4层裙房组成的超高层框架-剪力墙结构。该工程设有地下室2层，地面以上39层，其中避难楼层2层(分别位于12层和27层)；地下1层层高4.55m，地下2层层高3.00m；地面以上1层层高6.05m，2层层高6.00m，3层层高5.00m，4层层高6.00m，5层和6层层高5.00m，7～35层层高3.40m，36层层高5.40m，37层层高5.00m，上下避难楼层层高4.50m，在第5层设有转换层。塔楼高宽比为4.52。

2. 计算模型

计算建模采用该工程的原型数据。由于该结构规模较大，框架梁柱若都采用纤维模型，计算工作量及所需存储空间将大得惊人。因此，在该算例中，框架梁柱采用纤维杆元模型，即在两端塑性铰长度内，采用纤维子单元。为计算方便，塑性铰长度这里近似取 l_p

$=B_h/2$ 或 $l_p=C_b/2$（B_h 为梁断面高，C_b 为柱断面宽）；在杆件中部，采用弹性杆子单元，其中部分梁柱单元断面如图 3.105 所示。由于采用的 Y-Fiber3D 软件中仅有纤维单元模型，不能直接输入纤维杆元模型，所以在应用该程序进行求解时，杆件分三段输入，两端为弹塑性区的纤维子单元，中间为弹性子单元，其节点划分如图 3.106(a)所示。

剪力墙采用纤维墙元计算模型。其中 6 层以下（转换层的上一层），由于受力较为复杂，每一楼层间分为三等分，即分为三个计算段，纤维子单元设于每计算段的中间，纤维长度即为每计算段长度，其部分断面如图 3.107(a)所示；剪切子单元设于计算段中间的一微段内，单元长度为无穷小，并用刚杆与上下端相连，其节点划分如图 3.106(c)所示。在 7 层及以上，考虑到剪力墙楼层间弯矩变化较为平缓，同时为了减少庞大的计算工作量及存储空间，每一楼层间仅设一个计算单元。纤维子单元设于楼层中间，计算长度即为楼层高度，其部分断面如图 3.107(b)所示；剪切子单元设于楼层中间的一微段内，单元长度为无穷小，并用刚杆与上下端相连，如图 3.106(b)所示。

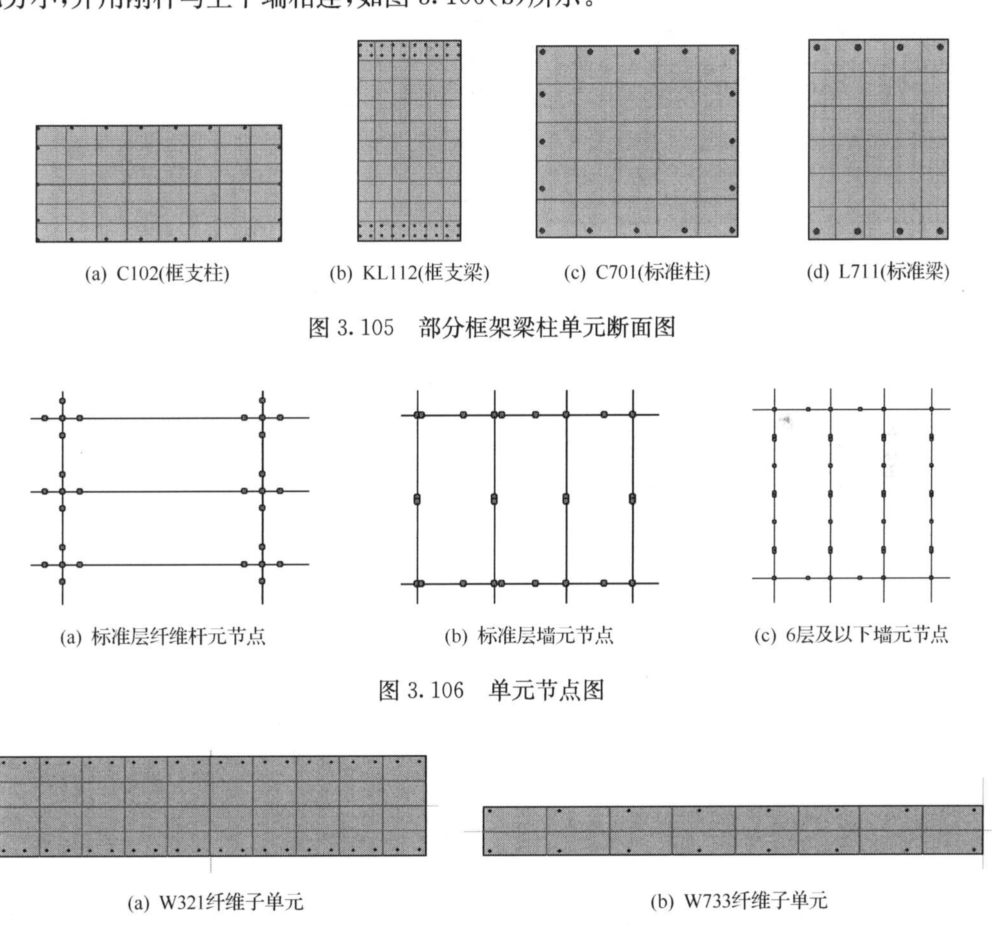

(a) C102(框支柱)　(b) KL112(框支梁)　(c) C701(标准柱)　(d) L711(标准梁)

图 3.105　部分框架梁柱单元断面图

(a) 标准层纤维杆元节点　(b) 标准层墙元节点　(c) 6层及以下墙元节点

图 3.106　单元节点图

(a) W321纤维子单元　(b) W733纤维子单元

图 3.107　墙元纤维子单元断面图

表 3.12 列出了部分墙元剪切子单元的计算参数，其中混凝土剪切模量及屈服剪应变根据混凝土标号取值，屈服后刚度 $K_2=0.01K_1$。

表 3.12 部分墙元剪切子单元的计算参数

楼层	墙单元号	墙厚/mm	墙长/mm	面积/m^2	剪切模量 G /(N/mm^2)	屈服剪应变	计算高度/mm	K_1 /(kN/mm)	屈服位移 U_y/mm	屈服剪力 Q_y/kN
标准层	W721	1500	7100	10.65	1.20×10^4	3.60×10^{-4}	3400	37588.2	1.22	46008.0
	W722	1500	1660	2.49	1.20×10^4	3.60×10^{-4}	3400	8788.2	1.22	10756.8
	W723	1500	4300	6.45	1.20×10^4	3.60×10^{-4}	3400	22764.7	1.22	27864.0
	W731	600	6546	3.93	1.20×10^4	3.60×10^{-4}	3400	13862.1	1.22	16967.2
	W732	600	1300	0.78	1.20×10^4	3.60×10^{-4}	3400	2752.9	1.22	3369.6
	W733	600	7509	4.51	1.20×10^4	3.60×10^{-4}	3400	15901.4	1.22	19463.3
	W734	600	5678	3.41	1.20×10^4	3.60×10^{-4}	3400	12024.0	1.22	14717.4
	W735	600	6475	3.89	1.20×10^4	3.60×10^{-4}	3400	13711.8	1.22	16783.2
	W736	600	7115	4.27	1.20×10^4	3.60×10^{-4}	3400	15067.1	1.22	18442.1
	W737	600	3300	1.98	1.20×10^4	3.60×10^{-4}	3400	6988.2	1.22	8553.6
	W738	600	3250	1.95	1.20×10^4	3.60×10^{-4}	3400	6882.4	1.22	8424.0
	W739	600	9300	5.58	1.20×10^4	3.60×10^{-4}	3400	19694.1	1.22	24105.6
	W740	600	9300	5.58	1.20×10^4	3.60×10^{-4}	3400	19694.1	1.22	24105.6
	W741	600	2120	1.27	1.20×10^4	3.60×10^{-4}	3400	4489.4	1.22	5495.0
	W742	600	3000	1.80	1.20×10^4	3.60×10^{-4}	3400	6352.9	1.22	7776.0
第5层	W321	1800	7100	12.78	1.20×10^4	3.60×10^{-4}	2000	76680.0	0.72	55209.6
	W322	1800	1660	2.99	1.20×10^4	3.60×10^{-4}	2000	17928.0	0.72	12908.2
	W323	1800	4300	7.74	1.20×10^4	3.60×10^{-4}	2000	46440.0	0.72	33436.8

标准层的计算单元布置如图 3.108 所示。为了考虑楼板的约束作用，在每一跨间设置交叉轴力杆（轴向刚度很大，抗弯刚度为零）。楼层质量按楼板的作用分布于每个轴线交点上。标准层的单元节点划分如图 3.109 所示。

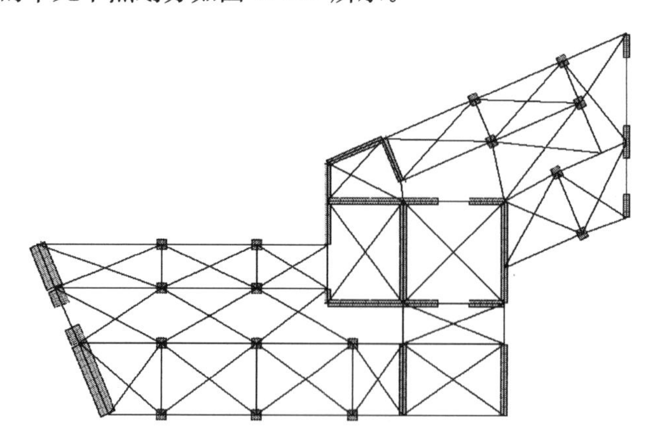

图 3.108 标准层计算单元平面布置图

按以上方式建立整体结构的三维空间计算模型（图 3.110）。

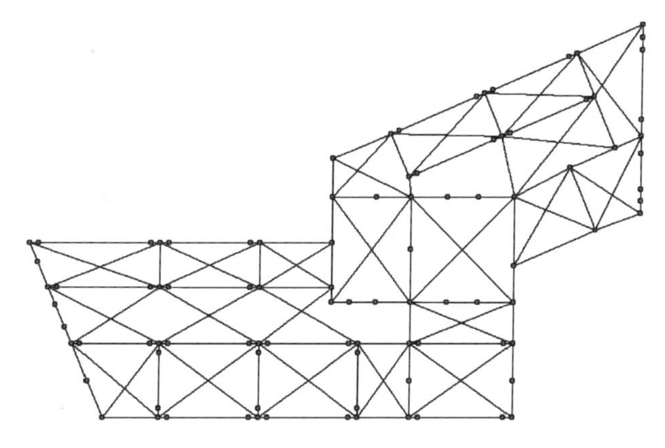

图 3.109　标准层计算单元节点图

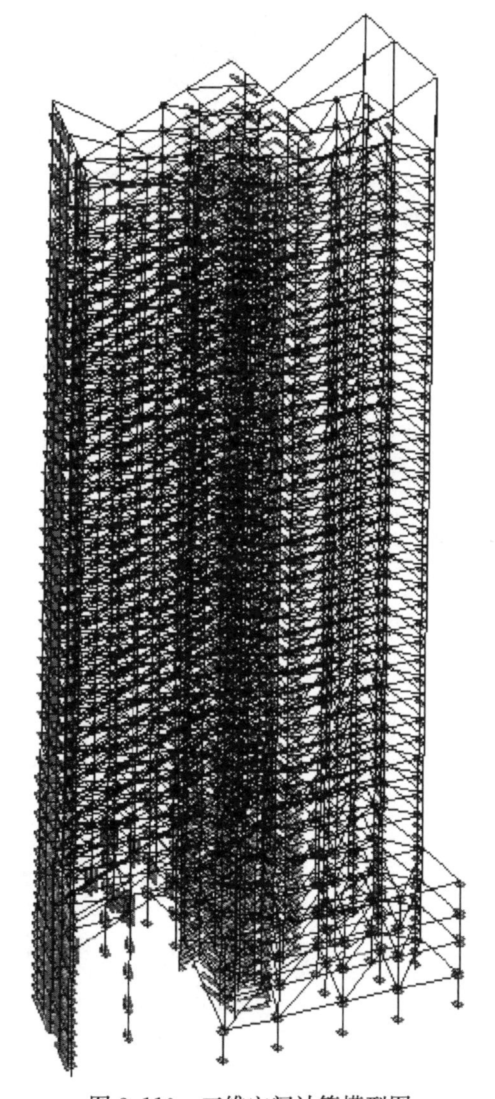

图 3.110　三维空间计算模型图

3. 主要计算结果

根据以上建立的40层浦东香格里拉酒店结构计算模型,采用Y-Fiber3D计算软件,对该结构按不同强度的地震波激励分别进行计算。振动台试验采用的激励波形有El Centro波、Pasadena波、上海人工波SHW2,并对各种波形进行了多种工况的振动台试验,其中对El Centro波和Pasadena波进行了X、Y方向的双向地震激励,对上海人工波SHW2进行了X、Y方向的单向地震输入。在本章的计算分析中,仅对上海人工波Y向进行了不同加速度峰值的时程计算,为了与试验结果对比,加速度峰值采用相应原型的加速度峰值,分别为0.035g(七度多遇)、0.1g(七度基本)和0.22g(七度罕遇),时间步长为0.02s。

在三种地震波峰值下,计算得到了各楼层的最大位移及层间位移,发现在各地震波下,结构无明显薄弱层。

计算得到的各地震波峰值下的顶层位移及与试验结果的对比(第40层)如图3.111所示。

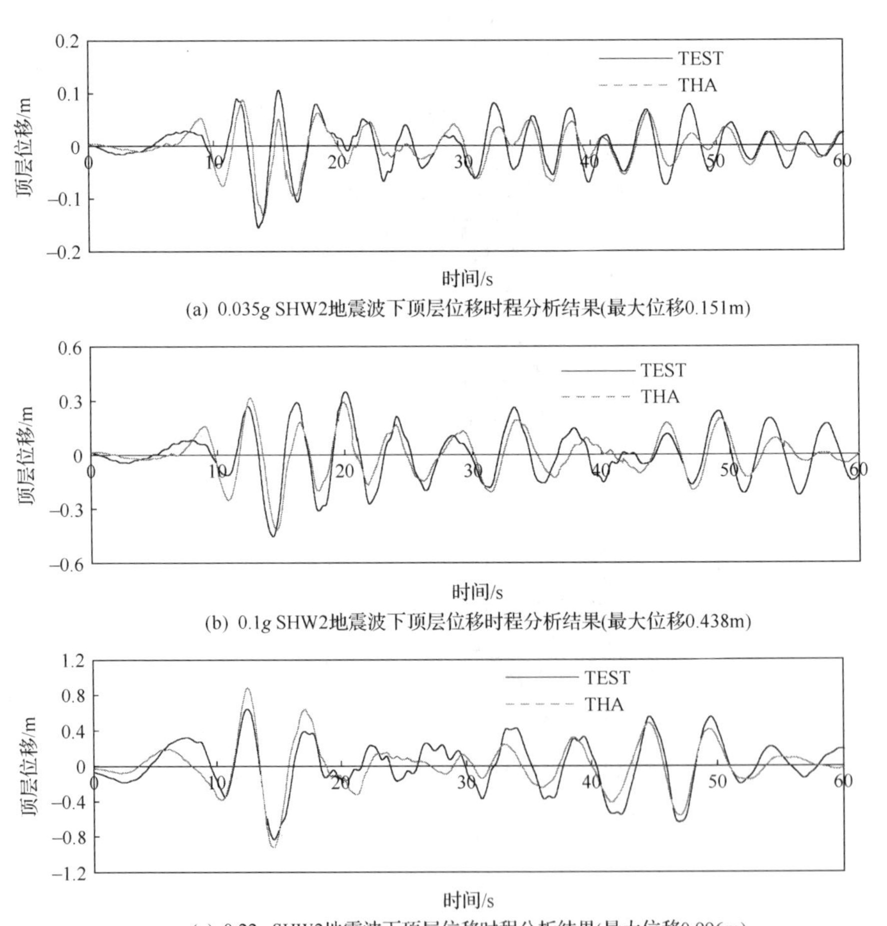

(a) 0.035g SHW2地震波下顶层位移时程分析结果(最大位移0.151m)

(b) 0.1g SHW2地震波下顶层位移时程分析结果(最大位移0.438m)

(c) 0.22g SHW2地震波下顶层位移时程分析结果(最大位移0.996m)

图3.111　各加速度峰值下的顶层位移时程

3.7.3　弹塑性时程分析方法的应用实例2——上海环球金融中心

1. 工程简介

上海环球金融中心是一栋集诸多公共设施于一体的超高层建筑，主要用做办公，也有一些楼层用做商贸、宾馆、观光、展览、零售等。主楼地下3层，地上101层，地面以上高度492m，为目前国内主体结构最高的建筑物。该建筑物结构设计采用了一个由伸臂桁架和巨型框架及核心筒所组合而成的高效率的三重结构体系，结构体系如图3.112所示。伸臂桁架由三层楼高、连接于巨型柱与混凝土核心筒角落之间的空间框架构成（见图3.113），伸臂桁架由焊接截面钢结构组成，沿结构高度方向共设置了三道伸臂桁架；巨型框架体系由位于建筑物每个角部的巨型柱、连接巨型柱之间的巨型斜撑和一层楼高的水平带状桁架构成（图3.113），巨型柱采用钢骨钢筋混凝土，巨型斜撑采用矩形截面钢管混凝土构件，带状钢桁架由焊接箱型截面和热轧宽翼缘型钢组成；核心筒在79层以下为钢筋混凝土剪力墙，在79层以上则为钢支撑核心筒体系。该工程结构设计由美国赖思里·罗伯逊联合股份有限公司（LERA）承担，设计顾问为华东建筑设计研究院有限公司。

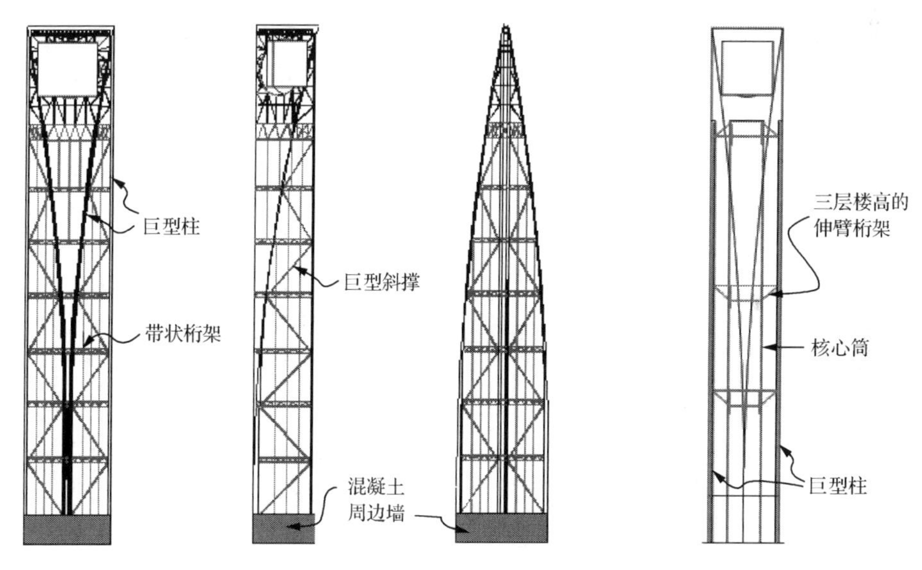

图3.112　三重巨型结构体系图

上海环球金融中心结构属于多项超限的超高层建筑。根据《高层建筑混凝土结构技术规程》，型钢混凝土框架核心筒的最大高度限制为190m，该结构高度远远超过了现有规范的限值。现设计主塔楼底部尺寸为57.95m，塔楼的高宽比为8.5，超过了规范规定的高宽比7的限值。该结构存在一些加强层（伸臂桁架和水平带状桁架），以及核心筒体多次转换，因此，也是竖向不规则建筑。为了确保该建筑结构的抗震安全性和可靠性，设计单位采用多个软件（ETABS、SAP2000、SATWE）进行常规的弹性计算分析，并采用非线性版本的ETABS进行了简化的三维推覆分析。但推覆分析对该工程的适用性还有待研究，为此上海环球金融中心抗震设防审查专家提出了对该工程进行振动台模型试验和弹

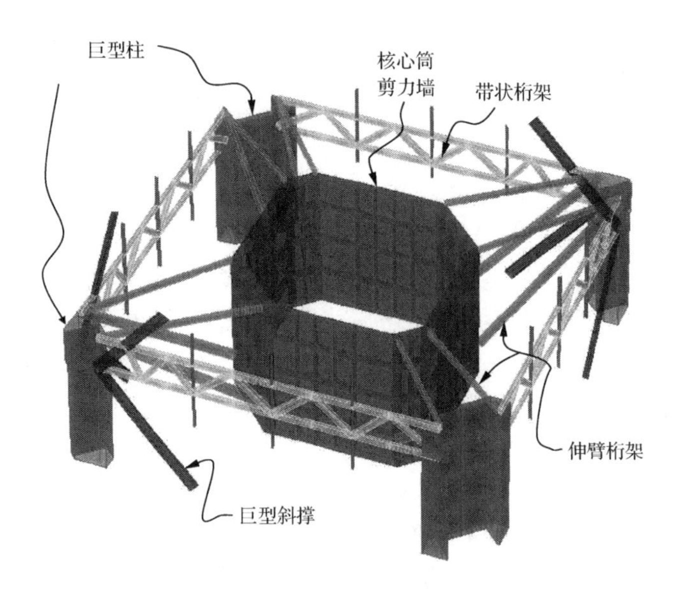

图 3.113　伸臂桁架、核心筒和巨型框架

塑性时程分析的要求。本节首先对振动台试验的模型结构进行弹塑性时程分析，以便检验弹塑性时程分析程序的可靠性。在此基础上对原型结构进行弹塑性时程分析，并对该结构进行抗震性能评价。

2. 整体模型振动台试验

1) 试验模型的简化

由于原型结构非常高，为了满足实验室制作场地高度的要求，采用了小比例的几何相似关系 1/50。根据相似关系的要求，模型材料一般应具有尽可能低的弹性模量和尽可能大的比重，同时在应力-应变关系方面尽可能与原型材料相似。基于这些考虑，上海环球金融中心的动力试验模型由微粒混凝土、紫铜、铁丝制作。

为了解决小比例模型的施工问题，该试验对结构模型进行了部分简化，简化依据建立在理论分析和对比计算的基础上。具体简化办法是：对于除带状桁架、伸臂桁架、筒体转换等特殊楼层外的标准层，每隔一层抽去一层楼板；被抽去楼层的荷载均平分至该楼层的上、下相邻层。简化以后试验模型结构的层数为 63 层。

利用有限元软件 ANSYS 对该结构进行了两种对比计算：一是计算原结构；二是计算抽去部分标准层楼板后的简化结构。计算结果表明，简化前、后结构的自振周期的最大差异是 2.33%；不同地震作用下的动力反应差异不大，如结构层间位移的最大差异为 5.59%，层间位移角的最大差异为 8.15%，结构层间位移角沿竖向的分布特征无显著改变。这一结果表明，对试验模型进行简化是可行的。

2) 试验过程

模拟地震振动台试验的台面激励的选择主要根据地震危险性分析、场地类别和建筑结构动力特性等因素确定。试验时根据模型所要求的动力相似关系对原型地震记录做修正后，作为模拟地震振动台的输入。根据设防要求，输入加速度幅值从小到大依次增加，以模拟多遇到罕遇不同水准地震对结构的作用。

在遭遇强烈地震作用后，模型结构的频率和阻尼比都将发生变化。在模型承受不同水准的地震作用前后，一般采用白噪声对其进行扫频，得到模型自振频率和结构阻尼比的变化，以确定结构刚度下降的幅度。

根据7度抗震设防及Ⅳ类场地要求，选用了三条地震波作为振动台台面激励：El Centro地震波、San Fernando地震波和上海人工地震波SHW2。试验加载工况按照7度多遇烈度、7度基本烈度、7度罕遇烈度和8度罕遇烈度的顺序分四个阶段对模型结构进行模拟地震试验。地震波持续时间按相似关系压缩为原地震波的1/12.49，各水准地震下，台面输入加速度峰值均按有关规范的规定及模型试验的相似关系进行调整。

3. 基于振动台模型结构的计算分析及其验证

该结构主要抗侧力体系为伸臂结构、巨型框架结构和核心筒结构，在沿房屋竖向两个水平带状桁架之间楼层的梁和柱对结构整体抗侧刚度影响甚微。为了使对试验模型结构进行弹塑性时程分析成为可能，该报告对试验模型结构仅保留了带状桁架楼层、伸臂楼层，其余楼层均略去，这样模型结构共14层(主体部分共12层，帽带桁架2层)，模型结构立面以及原型结构、试验模型结构和计算模型结构三者之间的层数对应关系如图3.114所示。

为了使沿房屋竖向的单元划分比较均匀，本节对带状桁架之间的巨型柱和核心筒采用了细分单元。

1）动力特性对比

在不同地震水准作用下，模型结构自振周期的试验值和理论值见表3.13。从表中可以看出，结构计算弹性周期与试验结构较为吻合，第1和第2自振周期实测结构基本一致，但在计算时，第1和第2自振周期还是有一定差异。随着地震水准的加大，震后的自振周期也越来越长。地震水准越大，计算与试验结果的偏离也越大。

2）位移反应对比

从图3.115～图3.122可以看出，在7度多遇地震作用下，理论计算与试验所得时程曲线的形状基本一致，最大位移峰值及所对应的时刻基本吻合；在7度基本地震作用下，时程曲线的形状在前半段基本一致，在后半段出现了一定的相位差，最大位移峰值出现的时刻基本吻合，最大位移峰值相差15％；在7度罕遇地震作用下，时程曲线的形状在前半段基本一致，在后半段出现了相位差，最大位移峰值出现的时刻大致相同，最大位移峰值相差20％；在8度罕遇地震作用下，时程曲线的形状在前半段基本一致，在后半段出现了较大的相位差，最大位移峰值出现的时刻大致相同，最大位移峰值相差30％。当同一烈度、同一水准的不同地震波输入时，以SHW2地震波输入时结构位移反应最大，这与试验结果是完全相同的。

3）剪重比对比分析

不同地震作用下模型结构的剪重比见表3.14。从表中可以看出，理论与试验结果的误差：7度多遇为29％；7度基本烈度为21％；7度罕遇为15％；8度罕遇为17％。

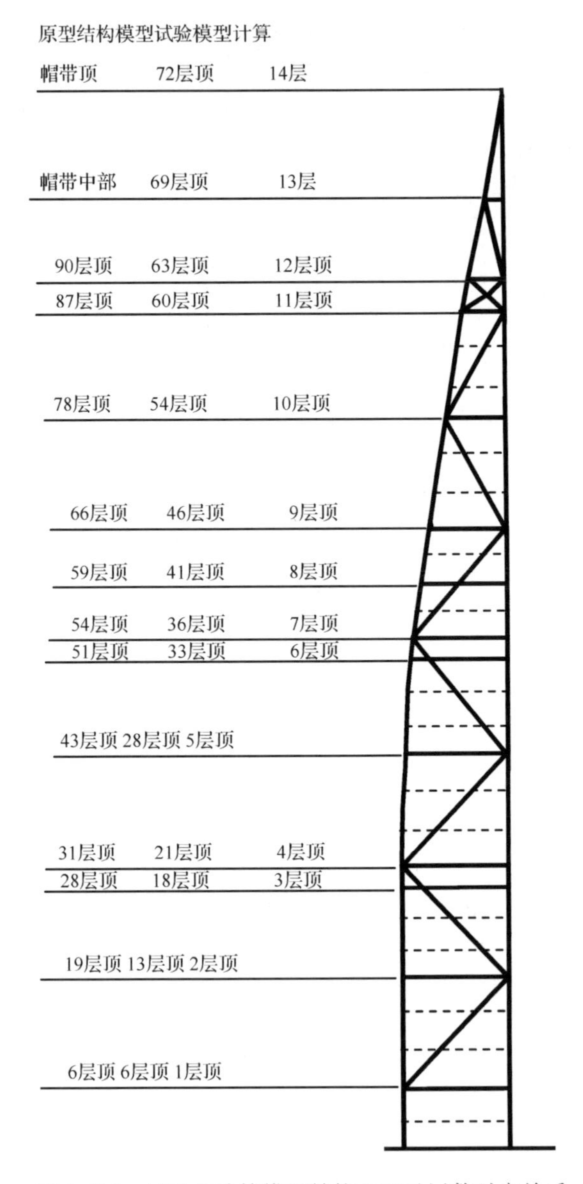

图 3.114　试验及计算模型结构立面及层数对应关系

表 3.13　模型结构自振周期计算值与试验值对比　　（单位：s）

振型号	弹性		7 度多遇		7 度基本		7 度罕遇		8 度罕遇	
	理论值	试验值	理论值	试验值	理论值	试验值	理论值	试验值	理论值	试验值
1	0.4476	0.4437	0.4962	0.4437	0.5768	0.4608	0.6714	0.4914	0.9173	0.6143
2	0.4009	0.4437	0.3691	0.4437	0.5578	0.4608	0.6394	0.4914	0.8509	0.5672
3	0.1775	0.1890	0.1622	0.1890	0.2108	0.2001	0.2261	0.2391	0.2538	0.2600

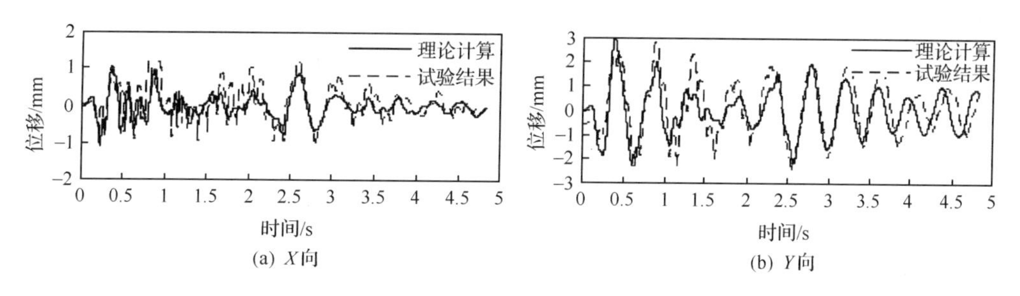

(a) X向　　(b) Y向

图 3.115　El Centro 地震波(7 度多遇)

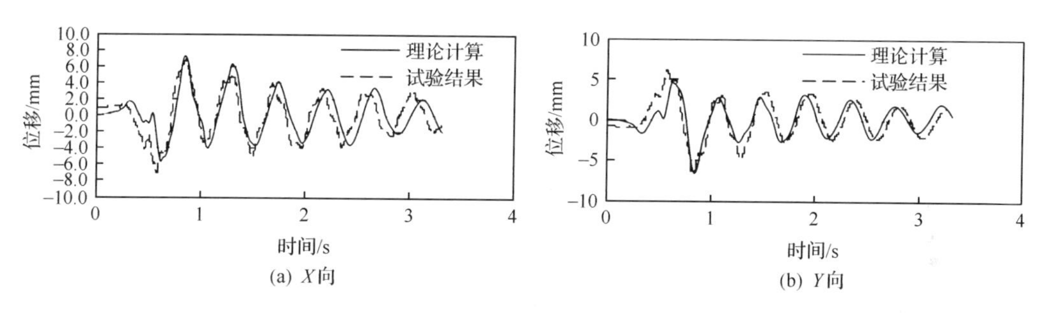

(a) X向　　(b) Y向

图 3.116　SHW2 地震波(7 度多遇)

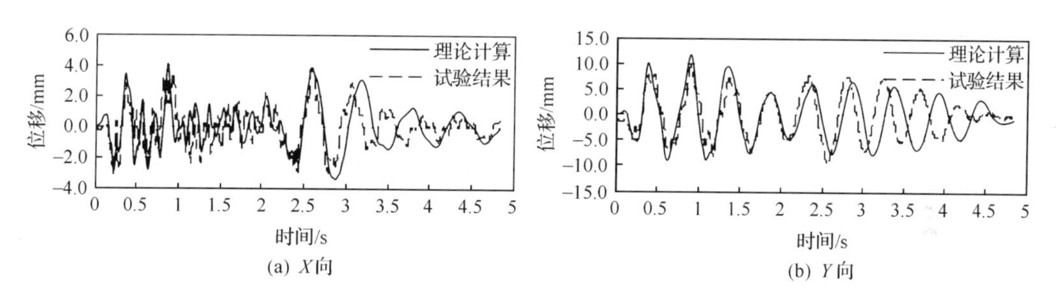

(a) X向　　(b) Y向

图 3.117　El Centro 地震波(7 度基本)

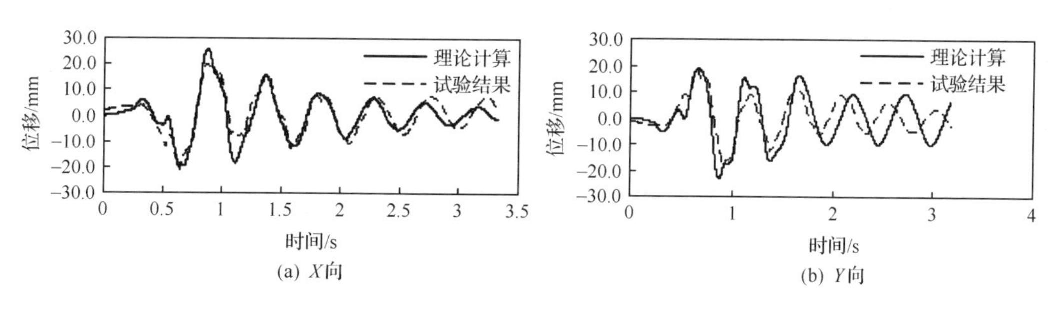

(a) X向　　(b) Y向

图 3.118　SHW2 地震波(7 度基本)

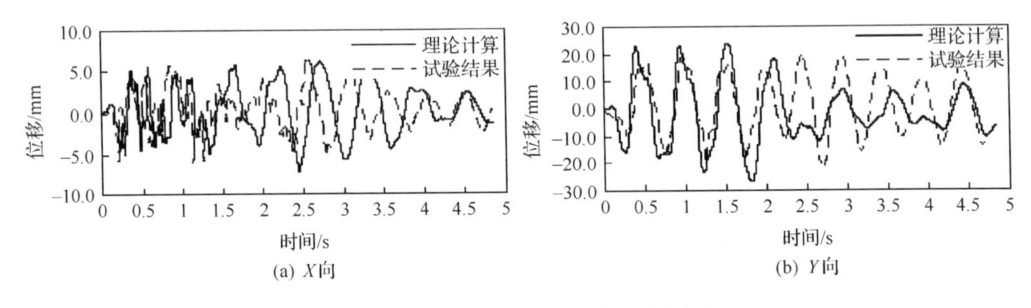

图 3.119　El Centro 地震波(7 度罕遇)

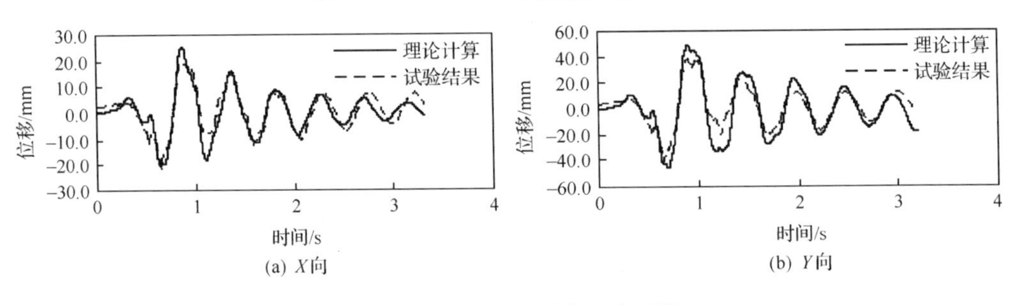

图 3.120　SHW2 地震波(7 度罕遇)

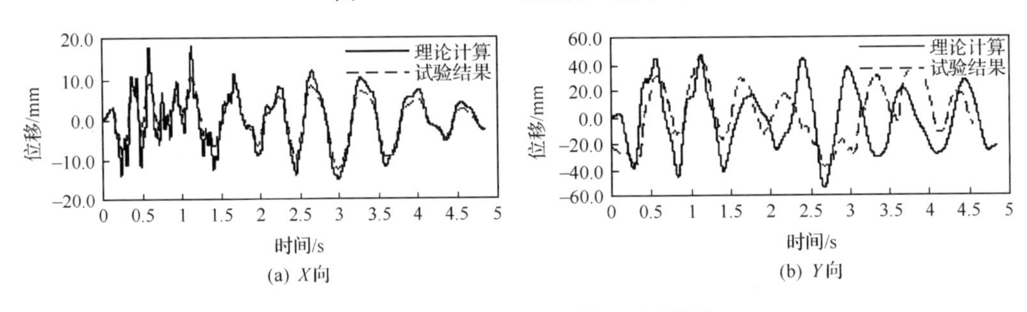

图 3.121　El Centro 地震波(8 度罕遇)

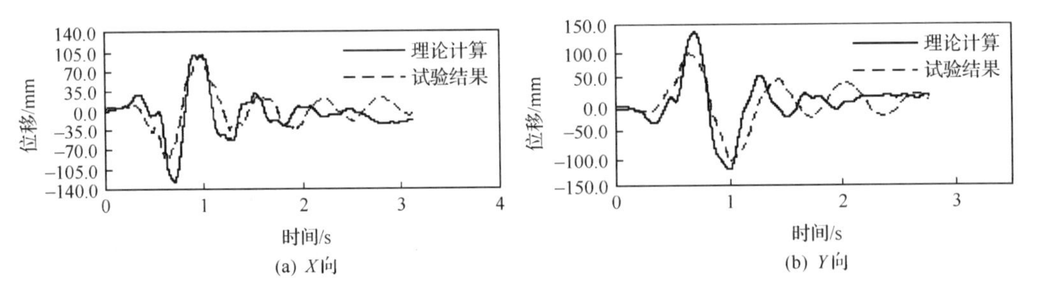

图 3.122　SHW2 地震波(8 度罕遇)

表 3.14　不同水准地震作用下模型结构剪重比

地震水准	7 度多遇		7 度基本		7 度罕遇		8 度罕遇	
	X 向	Y 向	X 向	Y 向	X 向	Y 向	X 向	Y 向
理论计算	5.11%	6.08%	15.02%	17.30%	25.38%	30.86%	44.93%	46.28%
试验结果	6.60%	8.56%	16.01%	19.28%	26.63%	26.92%	48.44%	39.45%

4）开裂和破坏过程的对比分析

(1) 7度多遇地震。

在模型结构的计算分析中，结构未出现明显的开裂现象。结构构件中的钢筋和型钢远未达到其屈服强度。但有极小部分构件中的应变还是超过了混凝土的极限拉应变，产生了开裂。这些裂缝主要发生在第6层四角的巨型柱。

在模型结构的试验中，模型表面未发现可见裂缝。而在理论计算时，第6层四角的巨型柱出现了裂缝，这些裂缝在试验时不可能被肉眼发现，因为裂缝宽度很小，裂缝处的拉应变刚刚达到或超过混凝土的极限拉应变。

(2) 7度基本烈度地震。

在模型结构的计算分析中，裂缝未有明显的发展，结构构件还未屈服，这与试验结果基本吻合。

(3) 7度罕遇地震。

在模型结构的计算分析中，结构构件出现了普遍的开裂现象。底部区域构件中的钢筋应力还是不大，远远没有达到钢筋的屈服强度。但第6层巨型柱中，钢筋和型钢均已屈服，混凝土已经进入了软化段。

在模型结构的试验中，模型表面未发现明显的破坏现象。这种现象与理论分析基本一致。尽管在理论分析时，第6层巨型柱中的混凝土已经开始软化，但其压应变还没有达到极限压应变的程度，即此时混凝土还未压碎。

(4) 8度罕遇地震。

在模型结构的计算分析中，结构构件中拉、压应变越来越大。底部区域构件也出现了开裂，底部区域巨型柱中钢筋的应力达到143MPa，核心筒中钢筋的应力达到162MPa。第6层巨型柱中，钢筋已经达到其屈服强度，型钢的应力已经进入强化阶段，型钢应力达到390MPa，第6层巨型柱中混凝土的压应变达到了9.84×10^{-3}，可以判定混凝土已压碎。中部区域巨型斜撑中的钢筋应力也已达到屈服强度。

在模型结构的试验中，巨型柱出现多处可见裂缝，第6层的巨型柱混凝土压碎。由此可见，在8度罕遇地震作用下，结构破坏的宏观现象与理论计算的结果基本一致。

4. 原型结构弹塑性时程分析及性能评价

在模型结构的基础上，根据结构的相似关系，将模型结构的几何尺寸放大50倍得到原型结构，这样将实际的原型结构简化为14层的计算模型，结构总高度仍为492m。结构所采用的材料均按照实际结构的情况取用。

1）原型结构的动力特性

原型结构的自振周期见表3.15，为了便于对比，在弹性周期中，列出了设计单位提供的其他软件计算分析的结果，本节计算的弹性周期基本与它们一致。在经历了7度多遇、罕遇地震作用后，结构自振周期不断延长，其第1振型周期分别为弹性周期的1.065倍、1.394倍。

表 3.15 结构自振周期 (单位：s)

振型	弹性周期			7 度多遇地震作用后	7 度罕遇地震作用后
	本节	ETABS	SATWE		
1	6.5	6.52	6.24	6.92	9.06
2	5.8	6.34	5.93	6.06	8.45
3	2.7	2.55	2.17	2.96	3.52

2) 构件开裂及屈服情况

在对结构进行弹塑性时程分析中，结构构件开裂及钢筋屈服的情况描述如下(以 14 层的计算结构模型进行描述)。

(1) 7 度多遇地震。

在 7 度多遇地震作用下，结构未出现明显的开裂现象。第 1 层(相当于原型结构的 1～6 层)各构件的应力明显小于其他楼层。在第 2 层与第 1 层相交处，四角的巨型柱首先出现了裂缝，巨型柱中型钢和钢筋的应力达到 190MPa，混凝土压应力为 13MPa；内核心筒的型钢和钢筋应力为 180MPa，混凝土压应力为 10MPa。巨型斜撑的应力和应变均很小，最大应力为 80MPa。

(2) 7 度罕遇地震。

在 7 度罕遇地震作用下，结构构件出现了普遍的开裂现象。第 1 层巨型柱中的钢筋应力很小，远远没有达到钢筋的屈服强度，第 1 层核心筒中的钢筋应力达到了 100MPa。第 2 层巨型柱中，钢筋和型钢均已屈服，混凝土的压应变已经进入了混凝土应力-应变关系曲线中的下降段，即混凝土的压应变已经大于 0.002，有些部位已经达到了混凝土的极限压应变。巨型斜撑中的应力接近型钢的屈服强度。

3) 原型结构的层间位移反应

不同地震水准作用下，结构层间最大位移角如图 3.123 所示。

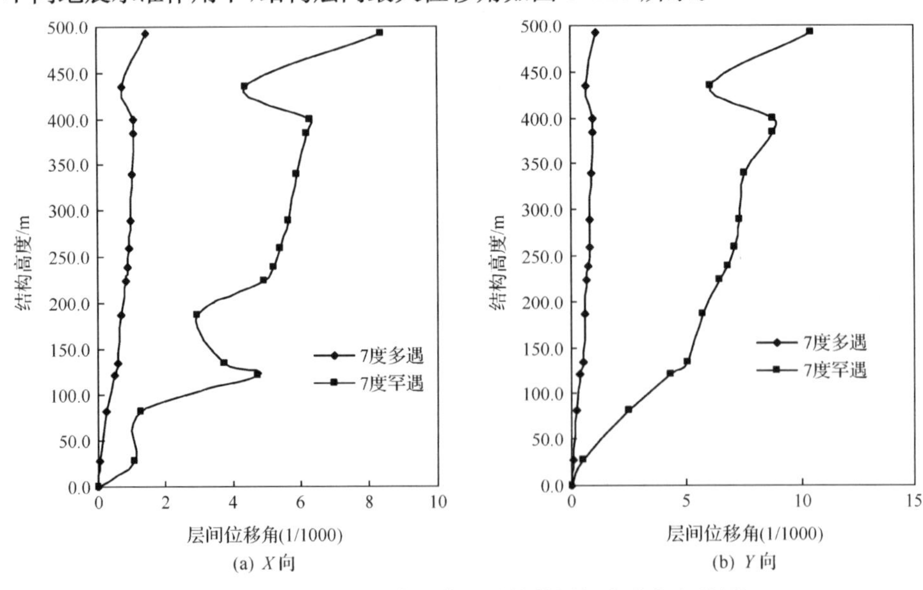

图 3.123 不同地震水准作用下结构层间位移角包络图

两个方向结构的顶点位移角分别为：在7度多遇地震作用下，1/1258（X向）、1/1499（Y向）；在7度罕遇地震作用下，1/211（X向）、1/159（Y向）。两个方向结构最大层间位移角分别为：在7度多遇地震作用下，1/934（X向）、1/1066（Y向）；在7度罕遇地震作用下，1/158（X向）、1/115（Y向）。结构最大层间位移角出现的位置在不同烈度水准下均在结构的中上部。

4）原型结构的剪重比

原型结构的总重量为3591888kN，不同地震作用下模型结构的剪重比见表3.16。

表3.16 不同水准地震作用下模型结构剪重比

地震水准	7度多遇		7度罕遇	
	X向	Y向	X向	Y向
理论计算	2.11%	1.81%	12.38%	11.86%

5）原型结构抗震性能评价

通过对原型结构的弹塑性时程分析，可对原型结构进行抗震性能评价。

（1）在7度多遇和7度罕遇地震作用下，该结构不存在明显的薄弱楼层。

（2）在7度多遇地震作用下，结构的强度能满足规范要求。小震下顶点侧移分别为391mm（X向）、328mm（Y向），顶点侧移角分别为1/1258（X向）、1/1499（Y向）。91层以下最大层间位移角分别为1/934（X向）、1/1066（Y向），它们均满足规范1/500的要求。

（3）在7度罕遇地震作用下，该结构主体部分最大层间位移角分别为1/158（X向）、1/115（Y向），它们能满足规范1/100的要求。

（4）从结构周期变化情况看，在7度多遇地震作用后，该结构的第1自振周期仅比弹性周期增加了6.46%（弹性周期为6.5s），因此在7度多遇地震作用下，结构基本处于弹性状态。

（5）原型结构能够满足我国现行抗震规范"小震不坏，大震不倒"的抗震设防标准。

5. 弹塑性时程分析小结

采用自编的弹塑性时程分析程序（TBNLDA）对上海环球金融中心大厦原型结构进行了时程分析。为了验证程序的稳定性和可靠性，在对原型结构进行弹塑性时程分析之前，首先对振动台模型结构进行时程分析，并与试验数据进行了对比研究。在理论分析的基础上，对该结构进行了宏观抗震性能评价。主要得出以下结论。

（1）对振动台模型结构和原型结构进行了简化，提出了14层的简化计算模型，保留了主要的抗侧力结构体系，略去了一些次要构件。计算分析表明，该简化计算模型与原始结构的动力特性基本接近。

（2）为了验证本课题组自编的弹塑性时程分析程序的正确性，进行了上海环球金融中心大厦振动台模型结构的计算分析，并与试验结果进行了分析对比。通过理论分析和试验结果的比较，证实了该程序的可靠性和实用性。

（3）对上海环球金融中心大厦原型结构进行了弹塑性时程分析，分析结果表明，该结构满足 7 度多遇地震作用下的强度和变形要求，结构构件基本保持在弹性工作状态；在 7 度罕遇地震作用下，该结构也能满足罕遇地震下的弹塑性变形要求，并且沿结构的竖向不存在明显的薄弱楼层。

3.7.4 增量动力非线性分析方法的应用实例——某立面收进复杂超限高层结构

1. 结构基本信息

某立面收进复杂超限高层建筑如图 3.124 所示，地上 58 层(包括避难层和机电层，不包括机电夹层)，地下 4 层，结构主屋面高 244.8m，建筑顶高 260m。主要抗侧力体系为型钢混凝土框架-钢筋混凝土核心筒结构。结构上、中、下三部分的平面尺寸分别为 28.02m×53.52m、52.02m×53.52m 和 59.52m×59.52m，平面布置如图 3.125 所示。

图 3.124 结构立面效果图

核心筒和框架柱的混凝土强度等级为 C60，楼面梁和楼板混凝土强度等级为 C35，型钢柱中钢骨和型钢梁的钢材等级为 Q345。抗震设防烈度为 7 度，地震分组为第一组，场地类别为Ⅳ类，结构阻尼比为 0.04，位于上海地区。

2. 地震波选择

该高层建筑位于上海地区，属 7 度抗震设防区，Ⅳ类场地，根据上海市工程建设规范《建筑抗震设计规程》(DGJ 08-9—2003)第 3.2.2 条规定，场地的设计特征周期取为 0.9s。按照《建筑抗震设计规范》(GB 50011—2010)确定相应的设计反应谱，通过结构基本周期处对应的谱值基本匹配的原则，选择 15 条用于 IDA 分析的地震波记录(表 3.17)，设计反应谱和所选择地震波的加速度反应谱如图 3.126 所示。

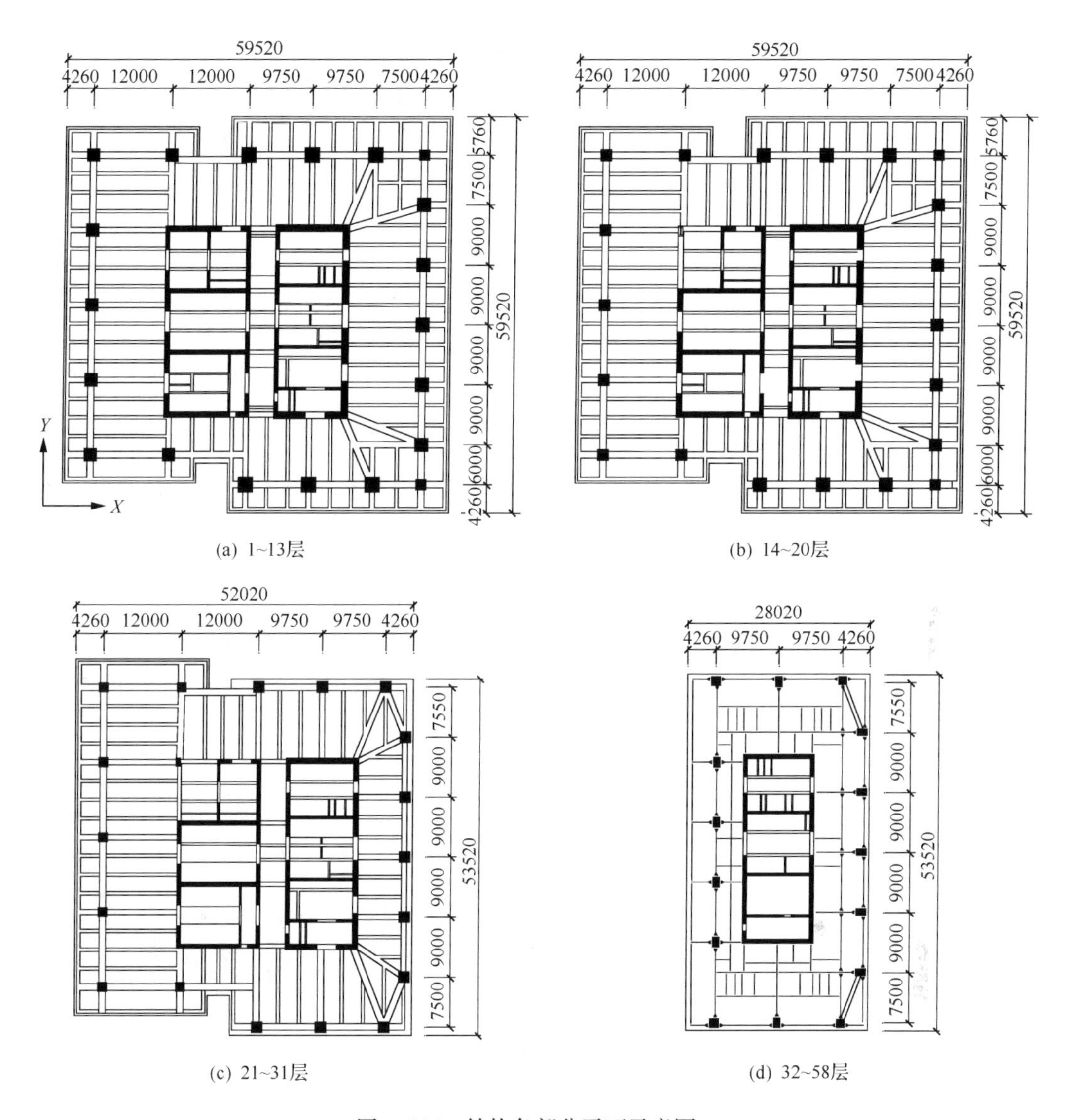

(a) 1~13层　(b) 14~20层

(c) 21~31层　(d) 32~58层

图 3.125　结构各部分平面示意图

表 3.17　结构 IDA 分析的地震波

序号	地震名称	记录站	分量	特征周期/s	PGA /g	PGV /(cm/s)	PGD /cm
1	上海人工波 1	—	SHW1	0.70	—	—	—
2	Kern County 1952/07/21	80053 Pasadena-CIT Athenaeum	Pasadena-NS	0.38	0.053	9.2	2.53
3	Imperial Valley-02 1940/05/19	117 El Centro Array #9	El Centro-EW	0.52	0.215	30.2	23.91
4	上海人工波 2	—	SHW2	0.72	—	—	—
5	Kobe 1995/01/17	0 OSAJ	OSA090	0.28	0.064	17.0	8.03

续表

序号	地震名称	记录站	分量	特征周期/s	PGA /g	PGV /(cm/s)	PGD /cm
6	Kocaeli, Turkey 1999/08/17	Duzce	DZC180	0.38	0.312	58.8	44.11
7	Chi-Chi, Taiwan 1999/09/21	CWB 99999 TCU115	TCU115E	0.46	0.096	54.0	37.82
8	Chi-Chi, Taiwan 1999/09/21	CWB 99999 TCU115	TCU115N	2.24	0.117	38.7	33.03
9	天津宁河地震 1976/11/25	天津骨科医院	NS	0.94	0.146	26.9	7.21
10	Kobe 1995/01/17	0 Shin-Osaka	SHI000	0.66	0.243	37.8	8.54
11	Kobe 1995/01/17	0 Takatori	TAK000	1.22	0.611	127.1	35.77
12	Loma Prieta 1989/10/18	58117 Treasure Island	TRI090	0.62	0.159	32.8	11.52
13	Borrego Mtn 1968/04/09	117 El Centro Array ＃9	A-ELC270	0.24	0.057	13.2	10.03
14	Kobe 1995/01/17	0 OSAJ	OSA000	1.10	0.079	18.3	11.52
15	Imperial Valley 1979/10/15	5057 El Centro Array ＃3	H-E03230	0.14	0.221	39.9	23.31

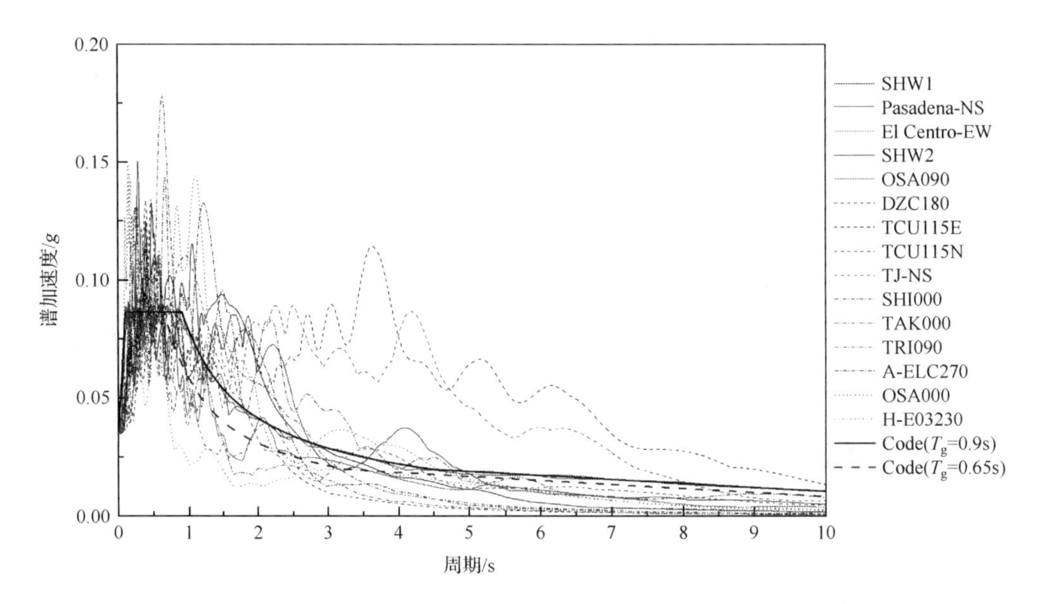

图 3.126 结构 IDA 分析选用地震波反应谱及设计反应谱(ξ=4%)

3. 增量动力分析及后处理

根据配筋计算结果，采用 ABAQUS 建立该结构的弹塑性分析模型(图 3.127)，结构基本周期为 4.403s。

对所选择的强震记录以 PGA 为地震动强度参数进行调幅，调幅后 PGA 分别为 0.035g、0.1g、0.2g、0.4g、0.6g、0.8g、g。地震波输入方向为结构弱轴方向，即 X 向。选择所有楼层的最大层间位移角 θ_{max} 作为工程需求参数。

该结构在各地震波作用下的 PGA-θ_{max} 曲线如图 3.128 所示。

为了降低曲线离散型，可采用考虑高阶振型影响的地震动强度参数 S_{123}，即

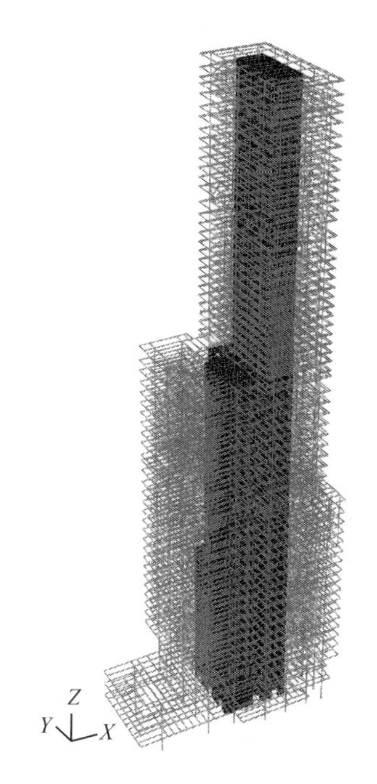

图 3.127　结构 ABAQUS 弹塑性分析模型

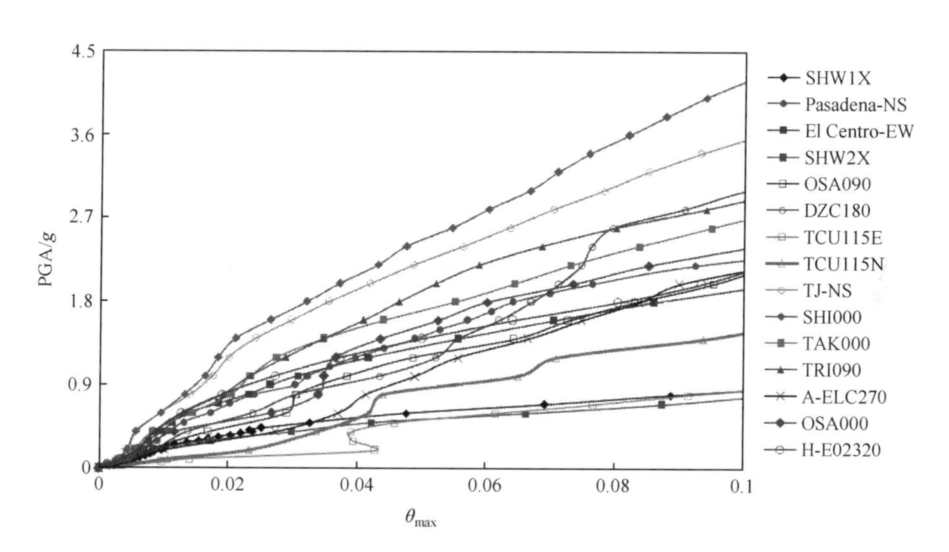

图 3.128　结构多记录 IDA 曲线簇

$$S_{123}=S_a(T_1,\xi)^{\alpha}S_a(T_2,\xi)^{\beta}S_a(T_3,\xi)^{\gamma} \tag{3.219}$$

$$\alpha=m_1/(m_1+m_2+m_3),\quad \beta=m_2/(m_1+m_2+m_3),\quad \gamma=m_3/(m_1+m_2+m_3)$$

式中，S_a 为地震动加速度强度参数；α、β和γ 分别为对应于 T_1、T_2 和 T_3 的振型参与质量系数比；m_1、m_2 和 m_3 分别为对应于 T_1、T_2 和 T_3 的振型参与质量系数。

该结构在各地震波作用下的 S_{123}-θ_{max}曲线如图 3.129 所示。

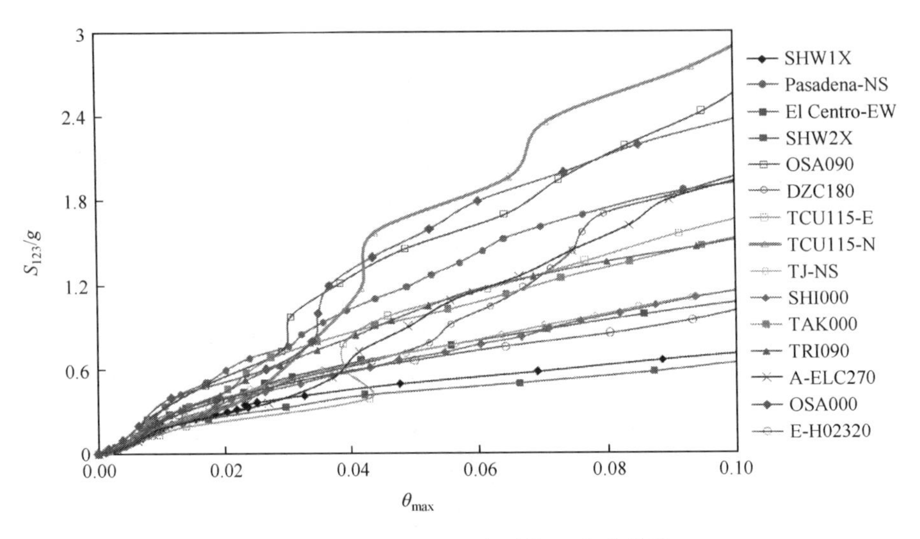

图 3.129　以 S_{123}-θ_{max}表示的 IDA 曲线簇

4. SRC 框架-RC 核心筒结构性能水准定义及其量化

目前，国内外针对 SRC 框架-RC 核心筒高层及超高层结构性能水准划分方面的研究较少。本节在我国 2010 年版《高层建筑混凝土结构技术规程》(JGJ 3—2010)和《超限高层建筑工程抗震设计指南》(第 2 版)基础上，选择最大层间位移角作为量化指标，将结构的抗震性能划分为五个水准(表 3.18)。

表 3.18　SRC 框架-RC 核心筒超高层结构性能水准及其量化

结构高度	抗震性能水准				
	正常使用	基本可使用	修复后使用	生命安全	接近倒塌
$H \leqslant 150$m	1/800	1/400	1/200	1/100	1/33
$H \geqslant 250$m	1/500	1/250	1/150	1/100	1/33
150m$<H<$250m	根据高度按上述数值线性插值				

5. 基于 IDA 的地震易损性分析

IDA 通过大量的重复计算得到结构在不同强度水平地震动作用下的响应，而地震易损性分析则需计算结构在不同强度水平地震作用下结构达到或超过某种极限状态的条件概率，因此 IDA 的分析结果恰好是进行地震易损性分析所需的数据源。作者在 IDA 的基础上，结合极限状态定义，提出基于 IDA 的地震易损性分析步骤。

(1) 选择具有代表性的结构，建立该结构的弹塑性分析模型。

(2) 选择一定数量能够代表结构所处场地地震危险性的地震动记录，选择地震动强度参数和工程需求参数；对结构进行增量动力分析，得到结构的 IDA 曲线簇。

(3) 定义极限状态 LS，并量化其与工程需求参数 EDP 之间的关系，得到用工程需求参数表示的极限状态定义。

(4) 计算在不同的地震动强度水平条件下，结构响应超过某一极限状态 LS_i 的概率，即 $P(LS_i|IM=im)$。如果 LS_i 通过 EDP 进行量化表示为 edp_i，则

$$P(LS_i \mid IM = im) = P(EDP \geqslant edp_i \mid IM = im) \tag{3.220}$$

即当 $IM=im$ 时，EDP 超过 edp_i 的概率。

假定 EDP 对 IM 的条件概率分布符合对数正态分布，则

$$\begin{aligned} P(EDP \geqslant edp_i \mid IM = im) &= 1 - P(EDP < edp_i \mid IM = im) \\ &= 1 - \Phi\left(\frac{\ln edp_i - \mu_{\ln EDP|IM=im}}{\sigma_{\ln EDP|IM=im}}\right) \end{aligned} \tag{3.221}$$

式中，$\mu_{\ln EDP|IM=im}$ 和 $\sigma_{\ln EDP|IM=im}$ 分别为 $IM=im$ 时，EDP 的对数均值和对数标准差；$\Phi(\cdot)$ 为标准正态累积分布函数。

(5) 以 IM 为横轴、$P(LS_i|IM=im)$ 为纵轴，按照对数正态分布函数拟合得到极限状态 LS_i 的地震易损性曲线。

(6) 根据地震易损性曲线进行易损性评估。

根据 IDA 结果，按照公式(3.221)计算结构反应超过每一个极限状态的概率。下面以正常使用极限状态为例说明其具体过程。

根据表 3.18 可知，SRC 框架-RC 核心筒超高层结构正常使用极限状态 LS_1 的层间位移角限值为 1/800～1/500。该结构高度为 244.8m，经插值得到 LS_1 对应的限值为 1/510。根据 IDA 结果，计算不同 S_{123} 取值的条件下，结构最大层间位移角的对数均值 $\mu_{\ln EDP|S_{123}}$ 和对数标准差 $\sigma_{\ln EDP|S_{123}}$；然后按照式(3.221)计算结构最大层间位移角超过 1/510 的条件概率，即

$$P(\theta_{max} \geqslant 1/510 \mid S_{123}) = 1 - \Phi\left(\frac{\ln(1/510) - \mu_{\ln\theta_{max}|S_{123}}}{\sigma_{\ln\theta_{max}|S_{123}}}\right) \tag{3.222}$$

最后，以 S_{123} 为横轴，以 $P(\theta_{max} \geqslant 1/510|S_{123})$ 为纵轴绘制正常使用极限状态的地震易损性曲线。按照同样的步骤可以得出结构对应的其他几个极限状态的地震易损性曲线，如图 3.130 所示。

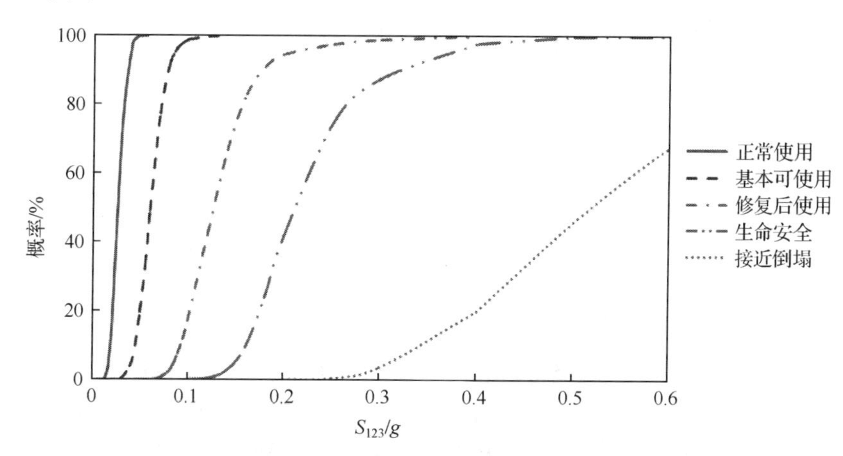

图 3.130　结构各极限状态的地震易损性曲线

6. 基于概率的抗震性能评估

计算对应于该结构抗震设防烈度的多遇、基本和罕遇地震的 S_{123} 取值分别为 0.033g、0.093g 和 0.186g。根据地震易损性曲线(图 3.130)查得各极限状态的超越概率,得到该结构基于 S_{123} 的易损性矩阵(表 3.19)。

表 3.19 结构基于 S_{123} 的三水准地震易损性矩阵

地震水准		极限状态				
		LS_1	LS_2	LS_3	LS_4	LS_5
7 度多遇	$S_{123}=0.033g$	81.35%	1.30%	0.00%	0.00%	0.00%
7 度基本	$S_{123}=0.093g$	100.00%	97.11%	7.79%	0.00%	0.00%
7 度罕遇	$S_{123}=0.186g$	100.00%	99.99%	92.24%	29.42%	0.00%

当发生相当于 7 度小震的地震时,结构有 81.35%的概率达到正常使用极限状态,有 1.30%的概率达到基本可使用极限状态,而超越其他几个极限状态的概率均为 0。当发生相当于 7 度中震的地震时,结构确定超越正常使用极限状态,分别有 97.11%和 7.79%的概率达到基本可使用和修复后使用极限状态,发生生命安全和倒塌的概率为 0。当发生相当于 7 度大震的地震时,结构确定超越正常使用极限状态,分别有 99.99%、92.24%和 29.42%的概率达到基本可使用、修复后使用和生命安全极限状态,发生倒塌的概率为 0。

3.8 抗震结构体系的优化理论与应用实例

结构设计在某种程度上可以说是一种艺术,要求人们根据经验和通过判断去创造设计方案,然后对其做力学分析并配筋,也就是校核该方案是否安全可行,很显然这种方法经验性的成分较多,经验往往是定性的而不是定量的,设计出来的结构是安全可靠的,但是否经济合理则不得而知。优化设计就是在众多的安全可行的方案中,选出一个目标函数(对于钢筋混凝土结构,目标函数为造价;对于抗震结构,也可选地震作用为目标函数)最优所对应的一组设计方案。优化设计自 20 世纪 70 年代起,随着优化理论和计算机的发展,开始得到研究和应用,在现阶段,优化设计基本上不存在理论和计算上的困难,主要工作应该是结合具体工程的应用。

在结构的范畴内,优化可分为两个层次:一个是结构体系的优化,主要是确定结构形式、柱网尺寸和墙体布置等;另一个是构件的优化,在已知结构体系的前提下,确定构件的截面尺寸、配筋方式和混凝土强度等级。

结构优化并不是简单地减少混凝土和钢筋的用量,而是通过调整各构件刚度之间的比例关系,充分利用各构件的受力特点,发挥它们各自的长处,在确保建筑使用功能和结构安全的条件下,使整体结构达到最优,使材料用量达到最少,使施工更加方便。

作者在过去的 10 多年中,开展了钢筋混凝土框架抗震结构优化、大底盘高层建筑群的结构抗震优化、上海地区住宅建筑结构抗震优化。用工程优化的方法代替了纯数学优化的方法,即用满意解代替最优解,得到了一批有实用价值的优化研究成果。

3.8.1　高层建筑结构连续化模型的抗震优化

随着计算机的不断发展，有限元分析方法得到了广泛应用。很显然，对高层剪力墙结构体系完全可以采用有限元方法进行力学分析。但由于高层建筑结构自由度较多，使得计算分析工作量很大。对结构进行力学分析的主要目的之一是为了确定房屋侧移和内力。对于每一次有限元力学分析，结构的各种参数(包括结构的几何尺寸、构件截面尺寸、材料弹模等)必须是定值，为了使结构达到最优，必须采用穷举法(或称网格搜索法)对所有可能的结构参数全部计算一遍，然后找出其中最佳的一组方案，显而易见，采用有限元方法解决此类优化问题的工作量是非常大的。对于大多数高层建筑结构，它总是沿房屋高度不断地重复一个楼层的梁柱布置叠加而成，这样可以根据应变能相等的原则建立一个连续化模型，对此连续化模型应用能量变分可以得到房屋侧移和结构自振周期。将基本自振周期作为目标函数，房屋层间侧移作为约束条件，可以得到最优基本自振周期和各楼层的构件参数。

1. 基本假设

(1) 将楼层梁系简化为均布在整个楼层高度上的连续连杆，这样就把各种竖向构件仅在楼层处通过梁连在一起的结构变成在整个高度上都由连续连杆连接在一起的连续结构，将有限点的连接变成无限点的连接。

(2) 材料处于线弹性范围，不考虑结构的 P-Δ 效应。

(3) 同一楼层标高处各点的水平侧移相等。

(4) 实际结构和连续化模型的总位能相等。

结构计算简图如图 3.131 所示。

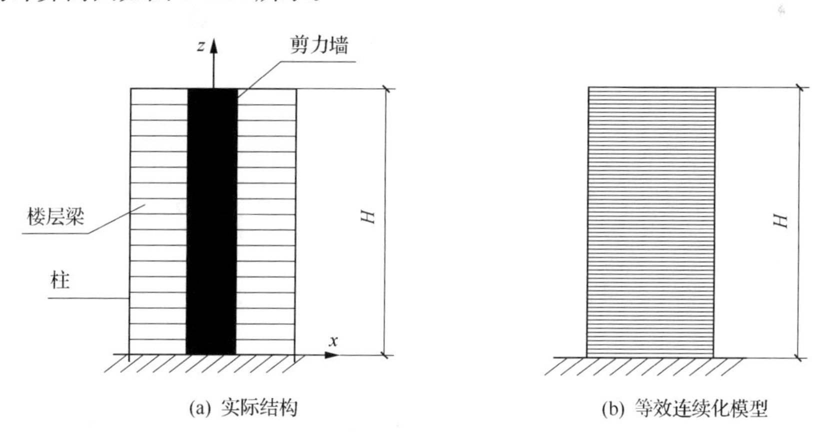

(a) 实际结构　　(b) 等效连续化模型

图 3.131　高层建筑结构转化为连续化模型

2. 结构的总位能

1) 楼层梁的应变能

楼层梁的计算简图如图 3.132 所示。

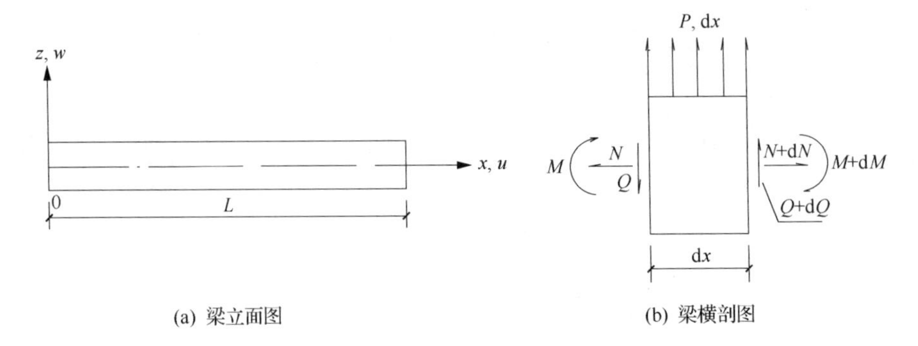

图 3.132　楼层梁计算简图

设梁截面为 A,惯性矩为 I,则梁的平衡方程为

$$EA\frac{\mathrm{d}^2u}{\mathrm{d}x^2}=0$$

$$GA\frac{\mathrm{d}}{\mathrm{d}x}\left(\frac{\mathrm{d}w}{\mathrm{d}x}+u_1\right)=0 \tag{3.223}$$

$$EI\frac{\mathrm{d}^2u_1}{\mathrm{d}x^2}-GA\left(\frac{\mathrm{d}w}{\mathrm{d}x}+u_1\right)=0$$

式中,E 为弹性模量;G 为剪切模量;$u_1=\dfrac{\partial u}{\partial z}$,仅为 x 的函数,解以上联立方程可得出

$$u=a_0+a_1\frac{x}{l}$$

$$\frac{w}{l}=c_0+c_1\frac{x}{l}+c_2\frac{x^2}{l^2}+c_3\frac{x^3}{l^3} \tag{3.224}$$

$$u_1=\left(-\frac{6EI}{GAl^2}c_3-c_1\right)-2c_2\frac{x}{l}-3c_3\frac{x^2}{l^2}$$

由此求得梁的内力为

$$N=EA\frac{\mathrm{d}u}{\mathrm{d}x}=EA\frac{a_1}{l}$$

$$M=EI\frac{\mathrm{d}u_1}{\mathrm{d}x}=-\frac{2EI}{l}\left(c_2+3c_3\frac{x}{l}\right) \tag{3.225}$$

$$Q=GA\left(\frac{\mathrm{d}w}{\mathrm{d}x}+u_1\right)=-\frac{6EI}{l^2}c_3$$

6 个常数 a_0、a_1、c_0、c_1、c_2、c_3 由六个边界条件确定:

$$\begin{aligned} u\big|_{x=0}&=u_0,\quad & u\big|_{x=l}&=u_l\\ w\big|_{x=0}&=w_0,\quad & w\big|_{x=l}&=w_l\\ u_1\big|_{x=0}&=u_{10},\quad & u_1\big|_{x=l}&=u_{1l}\end{aligned} \tag{3.226}$$

将式(3.226)代入式(3.224)得

$$a_0=u_0,\quad a_1=u_l-u_0 \tag{3.227}$$

$$u=u_0+(u_l-u_0)\frac{x}{l} \tag{3.228}$$

令

$$\alpha=\frac{EI}{GAl^2} \tag{3.229}$$

则有

$$c_1=\frac{1}{1+12\alpha}\left[12\alpha\frac{\Delta w}{l}-(1+6\alpha)u_{10}+6\alpha u_{1l}\right]$$

$$c_2=\frac{1}{1+12\alpha}\left[3\frac{\Delta w}{l}+(2+6\alpha)u_{10}+(1-6\alpha)u_{1l}\right]$$

$$c_3=\frac{1}{1+12\alpha}\left(-2\frac{\Delta w}{l}-u_{10}-u_{1l}\right) \tag{3.230}$$

$$c_0=\frac{w_0}{l},\quad \Delta w=w_l-w_0$$

位移分别用式(3.224)和式(3.226)表示。内力分别表示如下：

$$N=EA\frac{u_l-u_0}{l} \tag{3.231}$$

$$Q=-\frac{6EI}{l^2}c_3=\frac{6EI}{l^2}\frac{2\frac{\Delta w}{l}+u_{10}+u_{1l}}{1+12\alpha} \tag{3.232}$$

令

$$M|_{x=0}=M_0,\quad M|_{x=l}=M_l \tag{3.233}$$

$$M_0=-\frac{2EI}{l}c_2=-\frac{2EI}{l}\frac{1}{1+12\alpha}\left[3\frac{\Delta w}{l}+(2+6\alpha)u_{10}+(1-6\alpha)u_{1l}\right] \tag{3.234a}$$

$$M_l=-\frac{2EI}{l}(c_2+3c_3)=\frac{2EI}{l}\frac{1}{1+12\alpha}\left[3\frac{\Delta w}{l}+(1-6\alpha)u_{10}+(2+6\alpha)u_{1l}\right] \tag{3.234b}$$

以下根据梁端不同的支承条件推导出楼层梁的应变能。

根据式(3.234a)，并注意到 $u_{10}=u_{1l}=\frac{\mathrm{d}\xi}{\mathrm{d}z}$，则左、右两端固端弯矩为

$$M_\mathrm{L}=M_\mathrm{R}=\frac{2EI}{l}\frac{1}{1+12\alpha}\left(3\frac{\Delta w}{l}+3\frac{\mathrm{d}\xi}{\mathrm{d}z}\right) \tag{3.235}$$

左、右两端固端剪力为

$$Q_\mathrm{L}=Q_\mathrm{R}=\frac{6EI}{l^2(1+12\alpha)}\left(2\frac{\Delta w}{l}+2\frac{\mathrm{d}\xi}{\mathrm{d}z}\right) \tag{3.236}$$

梁端弯矩、剪力和位移的符号如图3.133所示。由于梁的不同情况，柱的截面尺寸较小，可以假定梁支承在柱的中心，而墙的尺寸较大，则假定梁支承在墙端，如图3.134所示。

ξ 是水平截面刚体位移在梁系方向的投影分量。如果该梁系与 x 轴的交角为 α（图3.135），则有

$$\xi=v\sin\alpha \tag{3.237}$$

设想梁系 AA' 的端 A 支承在剪力墙系 BAC 上，设 A 点的坐标为(x_A,y_A)，剪力墙的

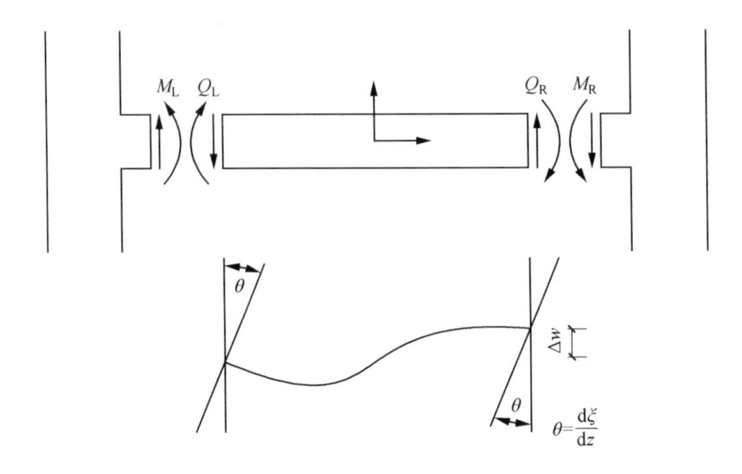

图 3.133　梁系内力-位移符号图

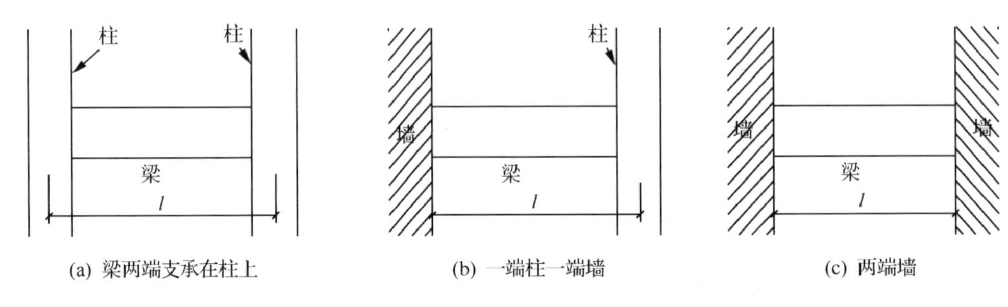

图 3.134　梁的支承方式及计算跨度 l 的选取

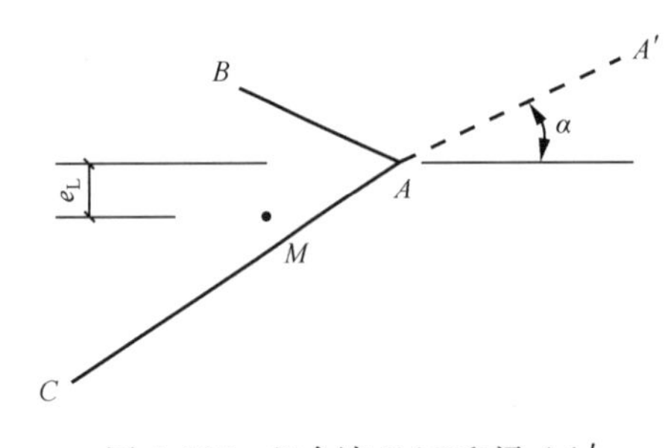

图 3.135　组合墙 BAC 和梁 AA'

重心在 M 点，其坐标为(x_M, y_M)，$x_M - y_M = e_L$。当墙受弯曲变形时，M 点的垂直位移为零，则 A 点的垂直位移写为 w_L，由梁的理论可知：

$$w_L = -e_L \frac{dv}{dz} \tag{3.238}$$

同样可得

$$w_R = -e_R \frac{dv}{dz} \tag{3.239}$$

在柱支承情况下，e、w 均取值为零。Δw 为左右两端垂直位移的差值，即有

$$\Delta w = w_R - w_L = (e_L - e_R)\frac{dv}{dz} \tag{3.240}$$

将式(3.237)和式(3.239)代入式(3.235)和式(3.236)可得

$$M_L = M_R = \frac{6EI}{l(1+12\alpha)}\left(\frac{e_L - e_R}{l} + \sin\alpha\right)\frac{dv}{dz} \tag{3.241}$$

$$Q_L = Q_R = \frac{12EI}{l^2(1+12\alpha)}\left(\frac{e_L - e_R}{l} + \sin\alpha\right)\frac{dv}{dz} \tag{3.242}$$

从图 3.133 可见，将固端弯矩和剪力看做外力，则梁的虚外功 δw 为

$$
\begin{aligned}
\delta w &= M_{\mathrm{L}}\delta\theta + Q_{\mathrm{R}}\delta w_{\mathrm{R}} - Q_{\mathrm{L}}\delta w_{\mathrm{L}} \\
&= \frac{6EI}{l(+12\alpha)}\left(\frac{e_{\mathrm{L}}-e_{\mathrm{R}}}{l}+\sin\alpha\right)\frac{\mathrm{d}v}{\mathrm{d}z}2\sin\alpha\delta\left(\frac{\mathrm{d}v}{\mathrm{d}z}\right) \\
&\quad + \frac{12EI}{l^2(+12\alpha)}\left(\frac{e_{\mathrm{L}}-e_{\mathrm{R}}}{l}+\sin\alpha\right)\frac{\mathrm{d}v}{\mathrm{d}z}(e_{\mathrm{L}}-e_{\mathrm{R}})\delta\left(\frac{\mathrm{d}v}{\mathrm{d}z}\right) \\
&= \frac{12EI}{l^2(+12\alpha)}\left(\frac{e_{\mathrm{L}}-e_{\mathrm{R}}}{l}+\sin\alpha\right)^2\frac{\mathrm{d}v}{\mathrm{d}z}\delta\left(\frac{\mathrm{d}v}{\mathrm{d}z}\right) \\
&= \frac{6EI}{l(+12\alpha)}\left(\frac{e_{\mathrm{L}}-e_{\mathrm{R}}}{l}+\sin\alpha\right)^2\delta\left(\frac{\mathrm{d}v}{\mathrm{d}z}\right)^2
\end{aligned}
\tag{3.243}
$$

从虚功原理得知虚外功等于虚应变能，即有

$$
\delta w = \delta U \tag{3.244}
$$

可以求得该梁的应变能力为

$$
U_{梁} = \frac{6EI}{l(1+12\alpha)}\left(\frac{e_{\mathrm{L}}-e_{\mathrm{R}}}{l}+\sin\alpha\right)^2\left(\frac{\mathrm{d}v}{\mathrm{d}z}\right)^2 \tag{3.245}
$$

根据连续化假设，假定梁的垂直间距为 h，则梁系的应变能可以写成如下积分：

$$
U_{梁} = \int \frac{6EI}{lh(1+12\alpha)}\left(\frac{e_{\mathrm{L}}-e_{\mathrm{R}}}{l}+\sin\alpha\right)^2\left(\frac{\mathrm{d}v}{\mathrm{d}z}\right)^2\mathrm{d}z \tag{3.246}
$$

2) 墙应变能

墙变形及坐标系如图 3.136 所示。

墙应变能为

$$
U_{墙} = \int_0^H\left[\frac{EI_{\mathrm{w}}}{2}\left(\frac{\mathrm{d}^2v}{\mathrm{d}z^2}\right)^2\right]\mathrm{d}z \tag{3.247}
$$

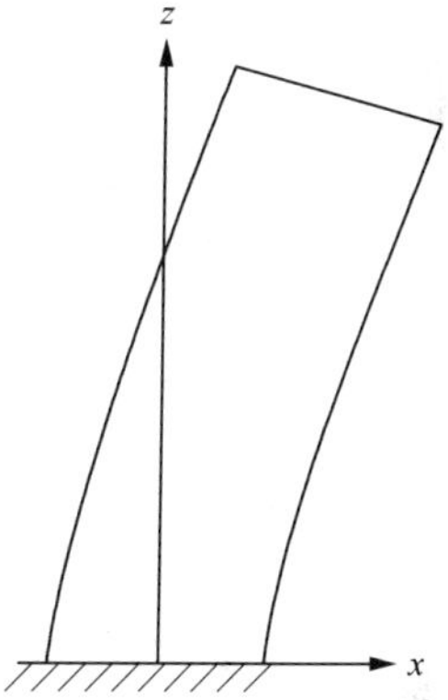

式中，EI_{w} 为芯筒弯曲刚度；v 为房屋侧移。

图 3.136　墙变形图

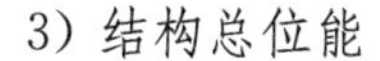

3) 结构总位能

结构的总应变能由楼层梁、墙两部分组成。高层结构全部应变能为

$$
\begin{aligned}
U &= U_{梁} + U_{墙} \\
&= \int_0^H\sum_{墙}\left[\frac{EI_{\mathrm{w}}}{2}\left(\frac{\mathrm{d}^2v}{\mathrm{d}z^2}\right)^2\right]\mathrm{d}z + \int_0^H\sum_{梁}\frac{6EI}{lh(1+12\alpha)}\left(\frac{e_{\mathrm{L}}-e_{\mathrm{R}}}{l}+\sin\alpha\right)^2\left(\frac{\mathrm{d}v}{\mathrm{d}z}\right)^2\mathrm{d}z
\end{aligned}
\tag{3.248}
$$

再计算水平荷载所作功 W，荷载作用简图如图 3.137 所示。

$$
W = -\int_0^H\left(q_0+\frac{q_1z}{H}\right)v\mathrm{d}z - Pu \tag{3.249}
$$

结构总位能可计算如下：

$$
\begin{aligned}
\Pi &= U + W \\
&= \int_0^H\sum_{墙}\left[\frac{EI_{\mathrm{w}}}{2}\left(\frac{\mathrm{d}^2v}{\mathrm{d}z^2}\right)^2\right]\mathrm{d}z + \int_0^H\sum_{梁}\frac{6EI}{lh(1+12\alpha)}\left(\frac{e_{\mathrm{L}}-e_{\mathrm{R}}}{l}+\sin\alpha\right)^2\left(\frac{\mathrm{d}v}{\mathrm{d}z}\right)^2\mathrm{d}z \\
&\quad -\int_0^H\left(q_0+\frac{q_1z}{H}\right)v\mathrm{d}z + Pv
\end{aligned}
\tag{3.250}
$$

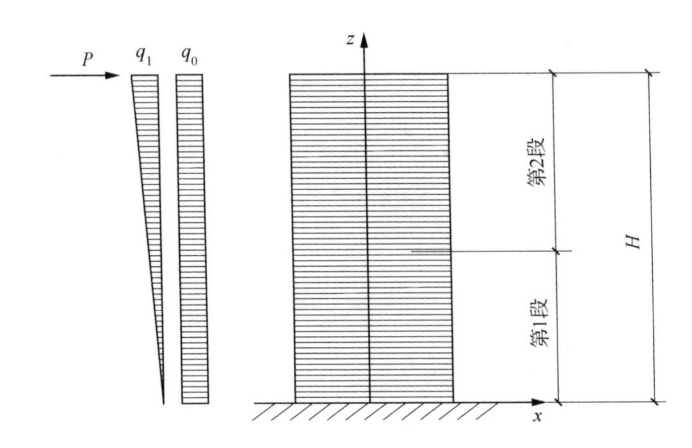

图 3.137　水平荷载作用简图

令

$$K_1 = \sum_{墙} EI_{\mathrm{w}} \tag{3.251}$$

$$K_2 = \sum_{梁} \frac{6EI}{lh(1+12\alpha)}\left(\frac{e_{\mathrm{L}}-e_{\mathrm{R}}}{l}+\sin\alpha\right)^2 \tag{3.252}$$

$$q = q_0 + \frac{q_1 z}{H}$$

高层结构总位能重新写为

$$\Pi = \frac{1}{2}\int_0^H\left[K_1\left(\frac{\mathrm{d}^2 v}{\mathrm{d}z^2}\right)^2 + K_2\left(\frac{\mathrm{d}v}{\mathrm{d}z}\right)^2 - qv\right]\mathrm{d}z - Pv \tag{3.253}$$

根据位能最小原理和边界条件可以求得式(3.253)中表征位移场自变量 v。

4) 求解位移场函数

对式(3.253)进行变分可得

$$\begin{aligned}\delta\Pi &= \int_0^H\left[K_1\frac{\mathrm{d}^2 v}{\mathrm{d}z^2}\frac{\mathrm{d}^2\delta v}{\mathrm{d}z^2} + K_2\frac{\mathrm{d}v}{\mathrm{d}z}\left(\frac{\mathrm{d}\delta v}{\mathrm{d}z}\right) - q\delta v\right]\mathrm{d}z - P\delta v\\ &= \left[K_1\frac{\mathrm{d}^2 v}{\mathrm{d}z^2}\delta\left(\frac{\mathrm{d}v}{\mathrm{d}z}\right) + \left(-K_1\frac{\mathrm{d}^3 v}{\mathrm{d}z^3} + K_2\frac{\mathrm{d}v}{\mathrm{d}z} - P\right)\delta v\right]_{z=H}\\ &\quad + \int\left(K_1\frac{\mathrm{d}^4 v}{\mathrm{d}z^4} - K_2\frac{\mathrm{d}^2 v}{\mathrm{d}z^2} - q\right)\delta v\mathrm{d}z = 0\end{aligned} \tag{3.254}$$

使式(3.254)中的变分量 δv 和 $\delta\frac{\mathrm{d}v}{\mathrm{d}z}$ 的乘数为零,可得全部场方程和边界条件。

场方程为

$$K_1\frac{\mathrm{d}^4 v}{\mathrm{d}z^4} - K_2\frac{\mathrm{d}^2 v}{\mathrm{d}z^2} - q = 0 \tag{3.255a}$$

$z=H$ 处,外力条件:

$$\frac{\mathrm{d}^2 v}{\mathrm{d}z^2} = 0 \tag{3.255b}$$

$$-K_1\frac{\mathrm{d}^3 v}{\mathrm{d}z^3} + K_2\frac{\mathrm{d}v}{\mathrm{d}z} = P \tag{3.255c}$$

现在对场方程求解，令 $\lambda=\sqrt{K_2/K_1}$，它的齐次方程的解为

$$v_{齐}=a_0+a_1z+a_2\operatorname{ch}(\lambda z)+a_3\operatorname{sh}(\lambda z)$$

它的特解为

$$v_{特}=-\frac{1}{K_1\lambda^2}\left(\frac{q_0z^2}{2}+\frac{q_1z^3}{6H}\right)$$

v 的通解是特解和齐次解的和：

$$v=v_{齐}+v_{特}=a_0+a_1z+a_2\operatorname{ch}(\lambda z)+a_3\operatorname{sh}(\lambda z)-\frac{1}{K_1\lambda^2}\left(\frac{q_0z^2}{2}+\frac{q_1z^3}{6H}\right)\tag{3.256}$$

从式(3.256)可以求得 v 的各阶导数以及弯矩 M 和剪力 Q。当高层结构层数较多时，结构刚度沿竖向发生改变，可以把结构沿竖向分成若干段，第 i 段的位移、内力符号如图 3.138 所示。

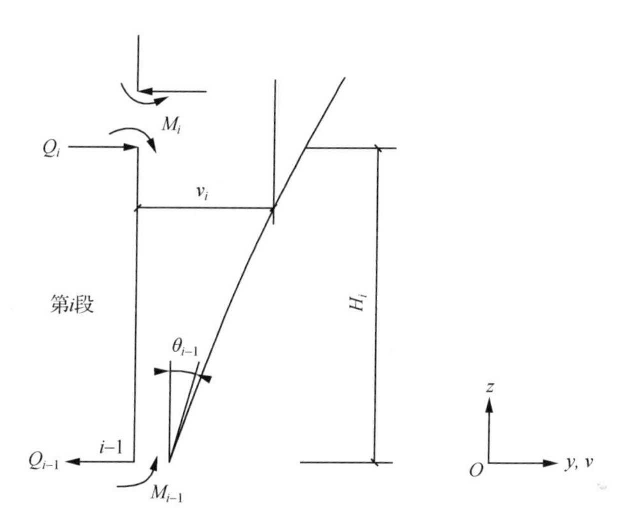

图 3.138　第 i 段变位、内力符号图

第 i 段的位移、转角、弯矩和剪力为

$$v_i=a_0+a_1z+a_2\operatorname{ch}(\lambda_iz)+a_3\operatorname{sh}(\lambda_iz)-\frac{1}{K_{1i}\lambda_i^2}\left(\frac{q_{0i}z^2}{2}+\frac{q_{1i}z^3}{6}\right)\tag{3.257a}$$

$$\theta_i=\frac{\mathrm{d}v_i}{\mathrm{d}z}=a_1+a_2\lambda_i\operatorname{sh}(\lambda_iz)+a_3\lambda_i\operatorname{ch}(\lambda_iz)-\frac{1}{K_{1i}\lambda_i^2}\left(q_{0i}z+\frac{q_{1i}z^2}{2}\right)\tag{3.257b}$$

$$M_i=K_{1i}\frac{\mathrm{d}^2v_i}{\mathrm{d}z^2}=K_{1i}\left[a_2\lambda_i^2\operatorname{ch}(\lambda_iz)+a_3\lambda_i^2\operatorname{sh}(\lambda_iz)\right]-\frac{1}{\lambda_i^2}(q_{0i}+q_{1i}z)\tag{3.257c}$$

$$Q_i=K_{1i}\left(-\frac{\mathrm{d}^3v_i}{\mathrm{d}z^3}+\lambda_i^2\frac{\mathrm{d}v_i}{\mathrm{d}z}\right)=K_{1i}\lambda_i^2a_1+\frac{1}{\lambda_i^2}\left[q_{1i}-\lambda_i^2\left(q_{0i}z+\frac{q_{1i}z^2}{2}\right)\right]\tag{3.257d}$$

将式(3.257)写成矩阵形式：

$$\begin{bmatrix} v_i \\ \theta_i \\ M_i \\ Q_i \end{bmatrix} = \begin{bmatrix} 1 & z & \mathrm{ch}(\lambda_i z) & \mathrm{sh}(\lambda_i z) \\ 0 & 1 & \lambda_i \mathrm{sh}(\lambda_i z) & \lambda_i \mathrm{ch}(\lambda_i z) \\ 0 & 0 & K_{1i}\lambda_i^2 \mathrm{ch}(\lambda_i z) & K_{1i}\lambda_i^2 \mathrm{sh}(\lambda_i z) \\ 0 & K_{1i}\lambda_i^2 & 0 & 0 \end{bmatrix} \begin{bmatrix} a_0 \\ a_1 \\ a_2 \\ a_3 \end{bmatrix} + q_{0i} \begin{bmatrix} -\dfrac{z^2}{2K_{1i}\lambda_i^2} \\ -\dfrac{z}{K_{2i}\lambda_i^2} \\ -\dfrac{1}{\lambda_i^2} \\ -z \end{bmatrix} + q_{1i} \begin{bmatrix} -\dfrac{z^3}{6K_{1i}\lambda_i^2} \\ -\dfrac{z^2}{2K_{1i}\lambda_i^2} \\ -\dfrac{z}{\lambda_i^2} \\ \dfrac{1}{\lambda_i^2} - \dfrac{z^2}{2} \end{bmatrix} \tag{3.258}$$

在只有一个垂直区间情况下，v_0、θ_0、M_1、Q_1 是已知的。由此，可以得到多区间情况的递推公式。假定 v_i、θ_i、M_{i+1}、Q_{i+1} 是已知的，而将 a_0、a_1、a_2、a_3 表示为 v_i、θ_i、M_{i+1}、Q_{i+1} 的关系式。将式(3.258)写为

$$\begin{bmatrix} v_i \\ \theta_i \\ M_{i+1} \\ Q_{i+1} \end{bmatrix} = \begin{bmatrix} 1 & 0 & 1 & 0 \\ 0 & 1 & 0 & \lambda_i \\ 0 & 0 & K_{1i}\lambda_i^2 \mathrm{ch}(\lambda_i H_i) & K_{1i}\lambda_i^2 \mathrm{sh}(\lambda_i H_i) \\ 0 & K_{1i}\lambda_i^2 & 0 & 0 \end{bmatrix} \begin{bmatrix} a_0 \\ a_1 \\ a_2 \\ a_3 \end{bmatrix} + q_{0i} \begin{bmatrix} 0 \\ 0 \\ -\dfrac{1}{\lambda_i^2} \\ -H_i \end{bmatrix} + q_{1i} \begin{bmatrix} 0 \\ 0 \\ -\dfrac{H_i}{\lambda_i^2} \\ \dfrac{1}{\lambda_i^2} - \dfrac{H_i^2}{2} \end{bmatrix} \tag{3.259}$$

由式(3.259)可以得到

$$\begin{bmatrix} a_0 \\ a_1 \\ a_2 \\ a_3 \end{bmatrix} = \begin{bmatrix} 1 & \dfrac{\mathrm{th}(\lambda_i H_i)}{\lambda_i} & -\dfrac{\sec(h\lambda_i H_i)}{K_{1i}\lambda_i^2} & -\dfrac{\mathrm{th}(\lambda_i H_i)}{K_{1i}\lambda_i^3} \\ 0 & 0 & 0 & \dfrac{1}{K_{1i}\lambda_i^2} \\ 0 & -\dfrac{\mathrm{th}(\lambda_i H_i)}{\lambda_i} & \dfrac{\sec(h\lambda_i H_i)}{K_{1i}\lambda_i^2} & \dfrac{\mathrm{th}(\lambda_i H_i)}{K_{1i}\lambda_i^3} \\ 0 & 0 & 0 & -\dfrac{1}{K_{1i}\lambda_i^3} \end{bmatrix} \begin{bmatrix} v_i \\ \theta_i \\ M_{i+1} + \dfrac{q_{0i}}{\lambda_i^2} + \dfrac{q_{1i}H_i}{\lambda_i^2} \\ Q_{i+1} + q_{0i}H_i + q_{1i}\left(\dfrac{H_i^2}{2} - \dfrac{1}{\lambda_i^2}\right) \end{bmatrix} \tag{3.260}$$

同样由式(3.258)可得

$$\begin{bmatrix} v_{i+1} \\ \theta_{i+1} \\ M_i \\ Q_i \end{bmatrix} = \begin{bmatrix} 1 & H_i & \mathrm{ch}(\lambda_i H_i) & \mathrm{sh}(\lambda_i H_i) \\ 0 & 1 & \lambda_i \mathrm{sh}(\lambda_i H_i) & \lambda_i \mathrm{ch}(\lambda_i H_i) \\ 0 & 0 & K_{1i}\lambda_i^2 & 0 \\ 0 & K_{1i}\lambda_i^2 & 0 & 0 \end{bmatrix} \begin{bmatrix} a_0 \\ a_1 \\ a_2 \\ a_3 \end{bmatrix} + q_{0i} \begin{bmatrix} -\dfrac{H_i^2}{2K_{1i}\lambda_i^2} \\ -\dfrac{H_i}{K_{1i}\lambda_i^2} \\ -\dfrac{1}{\lambda_i^2} \\ 0 \end{bmatrix} + q_{1i} \begin{bmatrix} -\dfrac{H_i^3}{6K_{1i}\lambda_i^2} \\ -\dfrac{H_i}{2K_{1i}\lambda_i^2} \\ 0 \\ \dfrac{1}{\lambda_i^2} \end{bmatrix} \tag{3.261}$$

将式(3.260)代入式(3.261)并经矩阵运算后得

$$\begin{bmatrix} v_{i+1} \\ \theta_{i+1} \\ M_i \\ Q_i \end{bmatrix} = \begin{bmatrix} 1 & 1 & \dfrac{H_i^2}{2K_{1i}} & \dfrac{H_i^3}{3K_{1i}} \\ 0 & 1 & \dfrac{H_i}{K_{1i}} & \dfrac{H_i^2}{2K_{1i}} \\ 0 & 0 & 1 & H_i \\ 0 & 0 & 0 & 1 \end{bmatrix} \begin{bmatrix} v_i \\ \theta_i \\ M_{i+1} \\ Q_{i+1} \end{bmatrix} + \begin{bmatrix} \dfrac{1}{8}\dfrac{q_{0i}H_i^4}{K_{1i}} + \dfrac{11}{120}\dfrac{q_{1i}H_i^5}{K_{1i}} \\ \dfrac{1}{6}\dfrac{q_{0i}H_i^3}{K_{1i}} + \dfrac{1}{8}\dfrac{q_{1i}H_i^4}{K_{1i}} \\ \dfrac{1}{2}q_{0i}H_i^2 + \dfrac{1}{3}q_{1i}H_i^3 \\ q_{0i}H_i + \dfrac{1}{2}q_{1i}H_i^2 \end{bmatrix} \tag{3.262}$$

5）求解结构自振周期

本节采用金问鲁[25]提出的连续化模型结构振动频率的谱分解变分原理。设单位高度结构的质量密度为 ρ，考虑结构基本振动频率 ω，谱分解变量用上面的波号"～"来表示，则总势能的谱分解形式为

$$\widetilde{\Pi} = \frac{1}{2}\int_0^H \left[K_1\left(\frac{\mathrm{d}^2\widetilde{v}}{\mathrm{d}z^2}\right)^2 + K_2\left(\frac{\mathrm{d}\widetilde{v}}{\mathrm{d}z}\right)^2 - \frac{1}{2}\rho\omega^2\widetilde{v}^2 - q\widetilde{v}\right]\mathrm{d}z - P\widetilde{v} \tag{3.263}$$

对式(3.263)进行变分，通过分部积分可得

$$\begin{aligned}\delta\widetilde{\Pi} = &\left[K_1\frac{\mathrm{d}^2\widetilde{v}}{\mathrm{d}z^2}\delta\left(\frac{\mathrm{d}\widetilde{v}}{\mathrm{d}z}\right) + \left(-K_1\frac{\mathrm{d}^3\widetilde{v}}{\mathrm{d}z^3} + K_2\frac{\mathrm{d}\widetilde{v}}{\mathrm{d}z} - \widetilde{P}\right)\delta\widetilde{v}\right]_{z=H} \\ &+ \int\left(K_1\frac{\mathrm{d}^4\widetilde{v}}{\mathrm{d}z^4} - K_2\frac{\mathrm{d}^2\widetilde{v}}{\mathrm{d}z^2} - \rho\omega^2\widetilde{v} - \widetilde{q}\right)\delta\widetilde{v}\,\mathrm{d}z = 0\end{aligned} \tag{3.264}$$

将式(3.264)中变分量的乘数取为零，可得动力问题的场方程和边界条件：

$$K_1\frac{\mathrm{d}^4\widetilde{v}}{\mathrm{d}z^4} - K_2\frac{\mathrm{d}^2\widetilde{v}}{\mathrm{d}z^2} - \rho\omega^2\widetilde{v} - \widetilde{q} = 0 \tag{3.265a}$$

$z=H$ 处，外力条件：

$$\frac{\mathrm{d}^2\widetilde{v}}{\mathrm{d}z^2} = 0 \tag{3.265b}$$

$$-K_1\frac{\mathrm{d}^3\widetilde{v}}{\mathrm{d}z^3} + K_2\frac{\mathrm{d}\widetilde{v}}{\mathrm{d}z} = \widetilde{P} \tag{3.265c}$$

式(3.265a)的特征方程为

$$K_1\lambda^4 - K_2\lambda^2 - \rho\omega^2 = 0 \tag{3.266}$$

特征方程的四个特征根为

$$\begin{aligned}\lambda_1 &= \sqrt{\sqrt{\frac{1}{4}\left(\frac{K_2}{K_1}\right)^2 + \frac{\rho\omega^2}{K_1}} + \frac{1}{2}\frac{K_2}{K_1}} \\ \lambda_2 &= \sqrt{\sqrt{\frac{1}{4}\left(\frac{K_2}{K_1}\right)^2 + \frac{\rho\omega^2}{K_1}} - \frac{1}{2}\frac{K_2}{K_1}} \\ \lambda_3 &= -\lambda_1 \\ \lambda_4 &= -\lambda_2\end{aligned} \tag{3.267}$$

式(3.265a)的齐次解为

$$\widetilde{v}_{齐} = a_0 + a_1 z + a_2\mathrm{ch}(\lambda z) + a_3\mathrm{sh}(\lambda z)$$

根据边界条件可以得到关于 a_0、a_1、a_2、a_3 的方程，为了使得 a_0、a_1、a_2、a_3 有非零解，必须使 a_0、a_1、a_2、a_3 的系数行列式为零，即

$$\Delta = 2\lambda_{1i}^{3}\lambda_{2i}^{3}\operatorname{sech}(\lambda_{1i}H_i) + \lambda_{1i}\lambda_{2i}(\lambda_{1i}^{4} + \lambda_{2i}^{4})\cos(\lambda_{2i}H_i) + \lambda_{1i}^{2}\lambda_{2i}^{2}(\lambda_{1i}^{2} - \lambda_{2i}^{2})\operatorname{th}(\lambda_{1i}H_i)\sin(\lambda_{2i}H_i) = 0 \tag{3.268}$$

用数值方法解以上超越方程可得到结构自振频率 ω。

3. 优化数学模型

当高层建筑结构的抗侧刚度变小时，地震作用也可能变小，但房屋的变形增大；如果房屋的变形超过规范允许值，又要求增大结构的抗侧刚度，但这样又引起地震荷载的增大。所以，要找到一个合适的结构抗侧刚度，使地震荷载尽可能小，而又能满足变形要求。

因此优化的设计变量应该是结构的抗侧刚度，目标函数是地震作用，约束条件是变形限制[26]。

1) 目标函数——地震作用

对于重量和刚度沿竖向分布比较均匀，且高度不超过 40m 的结构，可以采用等效单质点系代替多质点系求得结构的水平地震作用标准值 F_{Ek}：

$$F_{\mathrm{Ek}} = \alpha_1(T)G_{\mathrm{eq}} \tag{3.269}$$

式中，$\alpha_1(T)$ 为与基本自振周期有关的水平地震影响系数，按抗震规范第 5.1.4 条确定；G_{eq}为结构等效总重力荷载，取总重力荷载代表值的 85%。

作用在第 i 层楼面处的水平地震作用标准值 F_i 为

$$F_i = \frac{G_iH_i}{\sum_{j=1}^{n}G_jH_j}F_{\mathrm{Ek}} \tag{3.270}$$

式中，n 为房屋的层数；G_i、G_j 分别为集中于质点 i、j 的重力荷载代表值；H_i、H_j 分别为质点 i、j 的计算高度；根据基底等弯矩的原则，将 F_i 折算成倒三角形等效地震作用(图 3.139)。

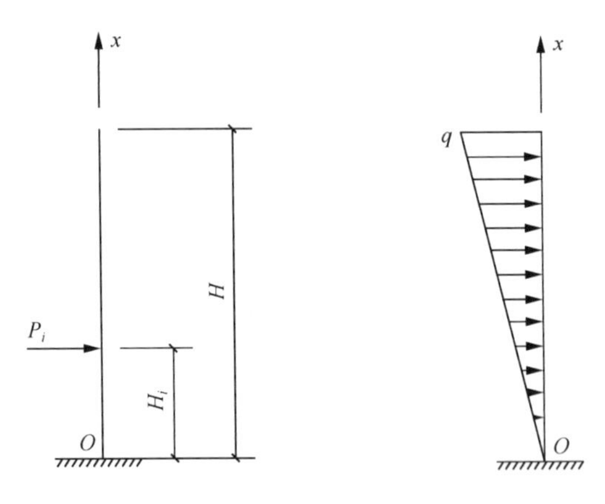

图 3.139　楼层集中荷载等效为倒三角形荷载

$$q = \frac{2}{H}F_{\mathrm{Ek}} + \frac{h}{H^2}F_{\mathrm{Ek}} \tag{3.271}$$

式中，h 为房屋的层高。当 H 较大时，$\frac{h}{H^2}$ 值很小，仅取第一项已足够准确，于是有

$$q = \frac{2}{H}F_{\mathrm{Ek}} = \frac{2}{H}\alpha_1(T)G_{\mathrm{eq}} \tag{3.272}$$

2）约束条件

在倒三角形水平地震作用下，结构的水平位移函数为

$$v = a_0 + a_1 z + a_2 \mathrm{ch}(\lambda z) + a_3 \mathrm{sh}(\lambda z) - \frac{q_1 z^3}{6K_1\lambda^2} \tag{3.273}$$

$$\begin{bmatrix} a_0 \\ a_1 \\ a_2 \\ a_3 \end{bmatrix} = \begin{bmatrix} 1 & \dfrac{\mathrm{th}(\lambda H)}{\lambda} & -\dfrac{\mathrm{sech}(\lambda H)}{K_1\lambda^2} & -\dfrac{\mathrm{th}(\lambda H)}{K_1\lambda^3} \\ 0 & 0 & 0 & \dfrac{1}{K_1\lambda^2} \\ 0 & -\dfrac{\mathrm{th}(\lambda H)}{\lambda} & \dfrac{\mathrm{sech}(\lambda H)}{K_1\lambda^2} & \dfrac{\mathrm{th}(\lambda H)}{K_1\lambda^3} \\ 0 & & 0 & -\dfrac{1}{K_1\lambda^3} \end{bmatrix} \begin{bmatrix} 0 \\ 0 \\ \dfrac{q_1 H}{\lambda^2} \\ q_1\left(\dfrac{H^2}{2} - \dfrac{1}{\lambda^2}\right) \end{bmatrix} \tag{3.274}$$

将式(3.274)代入式(3.273)并经化简可得

$$v = \frac{1}{\lambda^2}\left\{\left[\frac{\mathrm{sh}(\lambda H)}{2\lambda H} - \frac{\mathrm{sh}\lambda}{(\lambda H)^3} + \frac{1}{(\lambda H)^2}\right]\left[\frac{\mathrm{ch}(\lambda z)-1}{\mathrm{ch}(\lambda H)}\right] + \left[\frac{z}{H} - \frac{\mathrm{sh}(\lambda z)}{\lambda H}\right]\left[0.5 - \frac{1}{(\lambda H)^2}\right] - \frac{z^3}{6H^3}\right\}\frac{q_1 H^2}{K_1}$$

第 i 层的层间相对侧移为

$$\delta_i = v_i - v_{i-1}$$

于是可得层间相对侧移角的约束条件为

$$\max_{i=1,n}\{\delta_i\} \leqslant \frac{1}{1000} \tag{3.275}$$

因此优化问题可以归结为：求优化设计变量——竖向构件抗弯刚度 K_1、水平向构件等效刚度 K_2，使目标函数——地震作用 F_{Ek}为最小。约束条件为式(3.275)。

该问题属于非线性数学规划问题，优化设计变量有两个，且目标函数 F_{Ek}与优化设计变量 K_1、K_2 分别是单调递增函数的关系，可以用网格搜索方法求得最优解。

3.8.2　钢筋混凝土框架多级优化理论

在钢筋混凝土框架优化设计方面，国内外学者已进行了很多研究工作，但由于 RC 框架优化设计变量甚多，大多数研究者均取其中主要变量进行优化，而将其他一些变量作为常量参数，这样的简化假定是否会对优化结果产生较大影响，多少年来人们一直对此存在疑虑。例如，大多数人均假定混凝土强度等级、截面宽度 b 为常量参数，对截面高度 h 进行优化，也有人假定截面高宽比 h/b 为常量参数，对截面宽度进行优化。作者研究发现，仅考虑简化的优化设计变量（其他的变量作为常量参数）难以得到最优解，甚至所得结果还不能优于非优化设计。为此，这里提出了框架有效优化设计变量及多级优化设计方法。解决了传统框架优化设计存在的问题，具有较大的实际意义。

1. 有效优化设计变量及目标函数

梁、柱截面的宽 b 和高 h 同时作为优化变量，此外，混凝土强度等级(F_c)也作为优化

变量，这三个变量作为框架的有效优化变量。当同时考虑这些有效优化变量时，优化结果较为理想。

目标函数也称价值函数，它是优化设计变量的函数。有时优化设计变量本身是函数，则目标函数所表示的是泛函。

目标函数是用来作为选择“最佳设计”的标准的，故应代表设计中某个最重要的特征，大多数结构设计将结构最轻取为目标。总之，目标函数随着问题的要求不同，表现的形式也是不一样的。因此，具体情况需进行具体分析。

这里的优化分析以钢筋混凝土框架结构的造价为目标函数，总造价包括混凝土、钢筋和模板三个部分。

2. 约束条件

在结构设计中应该遵守的条件称为约束条件。约束条件大体上可以分为三类：等式约束、不等式约束和满足设计规范的有关要求，具体如下。

(1) 结构静力分析中的平衡方程、变形协调方程，动力分析中的运动方程等，这类约束都呈现为等式约束，在此不做详述。

(2) 保证结构极限承载能力的不等式约束，包括正截面受弯承载力、正截面受压承载力和斜截面承载力验算等。

(3) 保证结构正常工作强度的不等式约束，即按荷载效应的标准组合并考虑长期作用影响的最大裂缝宽度要求。

(4) 满足设计规范的有关要求，如在钢筋混凝土构件的优化设计中，要满足最小宽度、最小高度、最小配筋率等构造要求。

(5) 满足弹性层间位移角的限值。

3. 传统的框架优化分析

传统优化分析一般分解成两步，框架整体分析和单个杆件的优化分析。

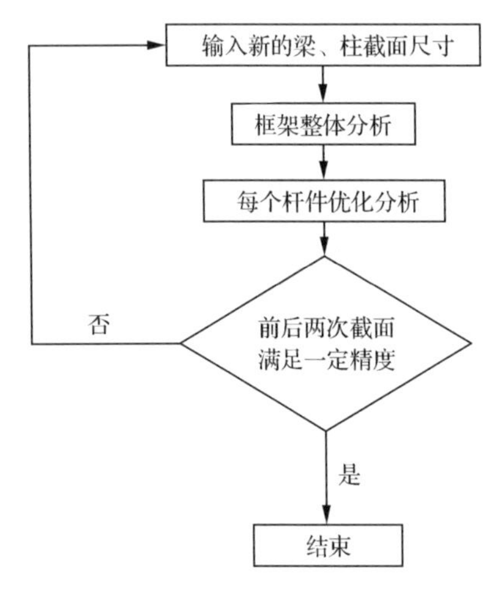

图 3.140 传统优化程序框图

1) 框架整体分析

根据矩阵位移法对框架进行整体分析。框架整体分析所需数据包括常量参数(几何特征、荷载)以及杆件截面尺寸。输出数据包括层间侧移和杆件内力。

2) 单个杆件优化分析

有了框架整体分析的结果，可以对每根单个杆件进行优化分析。根据杆件内力，优化出每个杆件的截面尺寸。再根据新的杆件的截面尺寸返回到第一步进行框架整体分析。如此重复直到前后两次结果满足一定精度而停止计算(图 3.140)。

4. 框架多级优化分析

当同时考虑截面尺寸 b、h 和混凝土强度等级作为优化设计变量时，用传统优化方法进行优化有可能得出同一层中各柱以及梁、柱之间混凝土强度等级各不相同，这与实际情况完全不符。由于现场施工的因素，同一层中梁、柱混凝土强度等级相同，因此用传统优化方法无法对同时考虑混凝土强度等级的框架优化问题进行优化。为此，本节提出了多级优化分析方法。其基本思路就是将框架优化分析分解成层间优化和单个杆件优化。层间优化主要决定各层混凝土强度等级，单个杆件优化主要决定梁、柱截面尺寸。多级优化分析的过程示于图3.141。

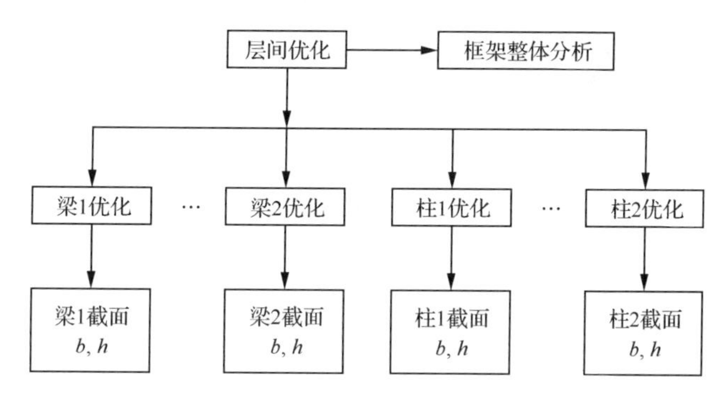

图3.141　多级优化程序框图

层间优化就是用一系列的混凝土强度等级分别调用单个杆件优化程序，然后决定在此混凝土强度等级下各个杆件的最优截面尺寸和最优造价，并得出本层梁、柱造价之和，最终得出本层最优混凝土强度等级和最优梁、柱截面尺寸。

由于梁、柱截面尺寸和混凝土强度等级均为离散变量（梁、柱截面尺寸是50mm的整数倍，混凝土强度等级是5的整数倍），穷举法是一种可行的优化技术。通过嵌套循环来实现这一目标。各个杆件的截面尺寸 b、h 作为大的内循环（b、h 又可再分为 h 为小的内循环和 b 为小的外循环），每层混凝土强度等级作为大的外循环。

当每一层的混凝土强度等级及各个杆件的截面尺寸确定以后，调用框架整体分析，然后再进行层间优化和单个杆件优化，如此重复，直到前后两次结果满足一定精度而停止计算。

对于钢筋混凝土框架优化，作者及其团队作了两个有意义的贡献。一是提出了框架有效优化设计变量。对于框架，有效优化设计变量为混凝土强度等级和截面尺寸 b、h。而传统的优化设计由于忽略了一些有效优化设计变量，导致其优化结果很不理想，有时其优化结果还不能优于非优化设计。二是发展了多级优化设计方法。由于框架有效优化设计变量包含了混凝土强度等级，而混凝土强度等级必须以层为单位变化，也就是说每一层内梁或柱混凝土强度等级相同。而传统的框架优化过程是：框架整体分析—单个杆件优化分析，因此不能用于考虑有效优化设计变量的框架优化。这里提出的多级优化设计方法（框架整体分析，层间优化—单个杆件优化分析）很好地解决了这个问题并编制了相应的钢筋混凝土框架多级优化计算程序。

3.8.3 优化工程实例及应用效果

目前我国的住宅建筑开发量很大，随着市场经济的不断完善，房地产开发商越来越重视住宅的结构成本，这给住宅结构优化提供了广阔的应用前景。2003 年各结构新规范全面正式施行，为了在住宅结构设计上，既要满足现行设计规范的要求，又要能控制好各类住宅结构设计上的技术经济指标，因此有必要对各典型住宅类型的结构做较仔细的分析和研究，特别对结构设计中量大面广、在开发成本中起主导作用的结构构件，做深入研究和抗震优化，提出一些控制性的意见，对各设计院在住宅结构设计中有一定的指导作用，从而进一步降低住宅开发成本，获得较大的经济效益。为此，上海大华集团委托同济大学进行住宅类结构的抗震优化研究，目前，这些优化研究成果已经在上海地区住宅类建筑中广泛采用，每平方米能节约造价约 80 元，具有明显的经济效益和社会效益，以下介绍其中的主要研究内容。

小高层住宅为 13 层，建筑面积为 6380m^2，房屋总高度 38.95m，主屋面檐口高度 36.4m(以上高度均以室内地坪为起算点)，建筑平面如图 3.142 所示。结构形式为剪力墙结构，局部为短肢剪力墙。

1) 优化变量的求解

(1) 结构重力荷载代表值。

理论上，结构重力荷载代表值随构件截面尺寸变化而变化，为使问题简化，这里将结构重力荷载代表值作为定值，取预先假定的一组结构构件参数计算结构重力荷载代表值，计算时活载折减系数取 0.5。优化求解时本节假定该结构为 13 层，出屋面部分不考虑，但出屋面部分的重量包括在第 13 层之中。

1～12 层的重力荷载代表值为 6530kN；13 层的重力荷载代表值为 7780kN；结构总的重力荷载代表值为 86140kN；等效结构总重力荷载为

$$G_{eq} = 0.85 \times 86140 = 73219(\mathrm{kN})$$

倒三角形荷载集度为

$$q = \frac{2}{H}\alpha_1(T)G_{eq} = \frac{2}{36.4} \times 67668 \times \alpha_1(T) = 3718\alpha_1(T)$$

单位高度结构质量密度为

$$\rho = \frac{M}{H} = \frac{8614}{36.4} = 237(\mathrm{t/m})$$

(2) x 方向初始结构刚度参数 K_{1x}、K_{2x}。

不同的结构刚度参数 K_{1x}、K_{2x} 有不同的结构位移曲线和地震作用，这里对结构刚度参数 K_{1x}、K_{2x} 进行网格化搜索，从这些网格点中找到一组既满足层间变形要求，又使地震作用为最小的最优点。

首先确定网格搜索区间和步长。为了有一个量化的概念，本节先计算任意一组假定构件参数所对应的结构刚度参数 K_{1x}、K_{2x}。

$$K_{1x} = E\sum I_y = 17.2667 \times 10^7(\mathrm{kN \cdot m^2})$$

$$K_{2x} = E\sum \frac{6I}{lh(1+12\alpha)}\left(\frac{e_L - e_R}{l}\right)^2 = 1.0114 \times 10^7(\mathrm{kN})$$

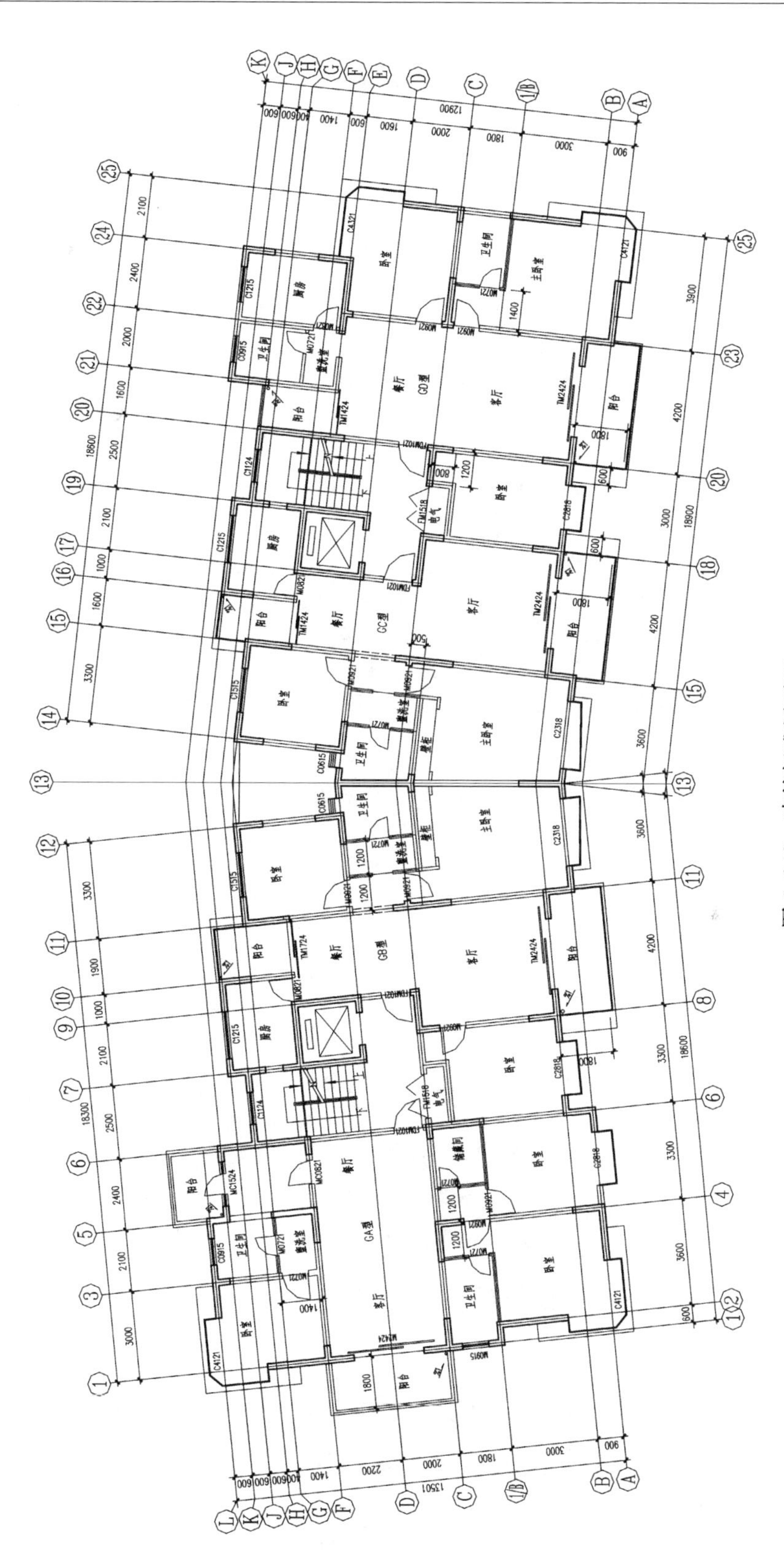

图 3.142　建筑标准层平面

（3）y 方向初始结构刚度参数 K_{1y}，K_{2y}。

$$K_{1y} = E\sum I_x = 23.5596 \times 10^7 (\mathrm{kN \cdot m^2})$$

$$K_{2y} = E\sum \frac{6I}{lh(1+12\alpha)}\left(\frac{e_L - e_R}{l}\right)^2 = 1.2449 \times 10^7 (\mathrm{kN})$$

（4）结构最优结构刚度参数 K_1、K_2。

根据以上初始结构刚度参数，该工程进行刚度参数的搜索区间为：K_1 从 8×10^7 到 34×10^7，步长为 2.6×10^7，总步数为 10 步；K_2 从 0.1×10^7 到 2.9×10^7，步长为 0.28×10^7，总步数为 10 步。

在每一个网格搜索点上，可以分别得到结构的基本自振周期 T、剪重比 α 和最大层间侧移（图 3.143～图 3.145）。

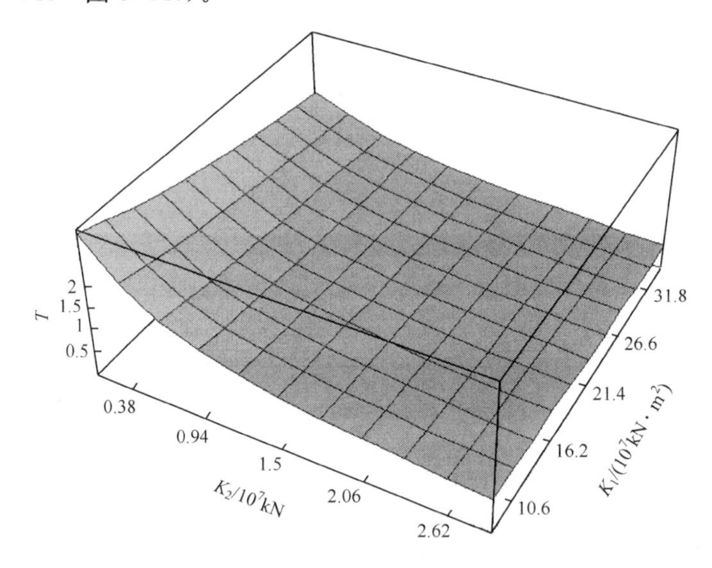

图 3.143　结构基本自振周期曲面图

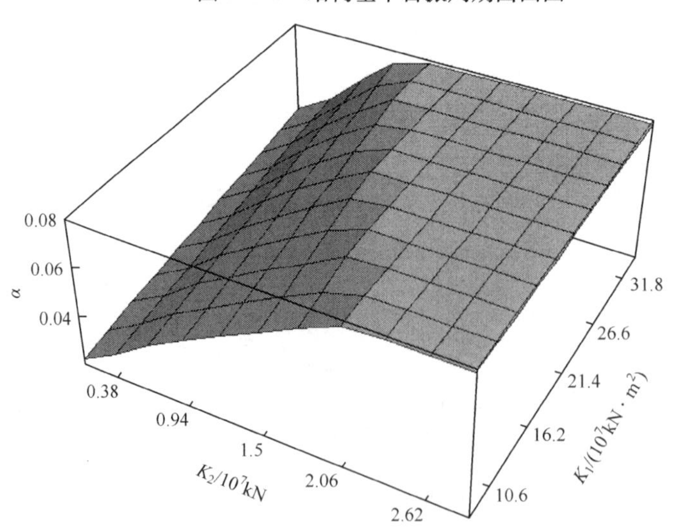

图 3.144　结构剪重比曲面图

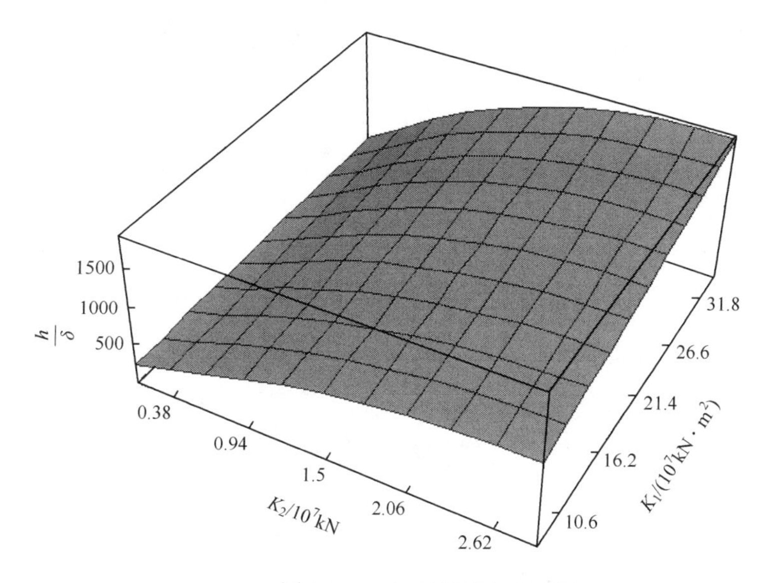

图 3.145　层间侧移角曲面图

从图 3.143～图 3.145 可以看出,对结构性能影响最大的是水平向构件等效刚度参数 K_2,竖向构件刚度参数 K_1 对结构性能的影响比刚度参数 K_2 要小得多。但这并不意味着竖向构件对侧移刚度的贡献没有水平向构件的贡献大,只能说当竖向构件的刚度满足一个最低要求以后,水平向构件的刚度对结构性能的影响更大一些。层间侧移不满足 1/1000 的 K_1、K_2 如图 3.146 中的阴影部分所示。

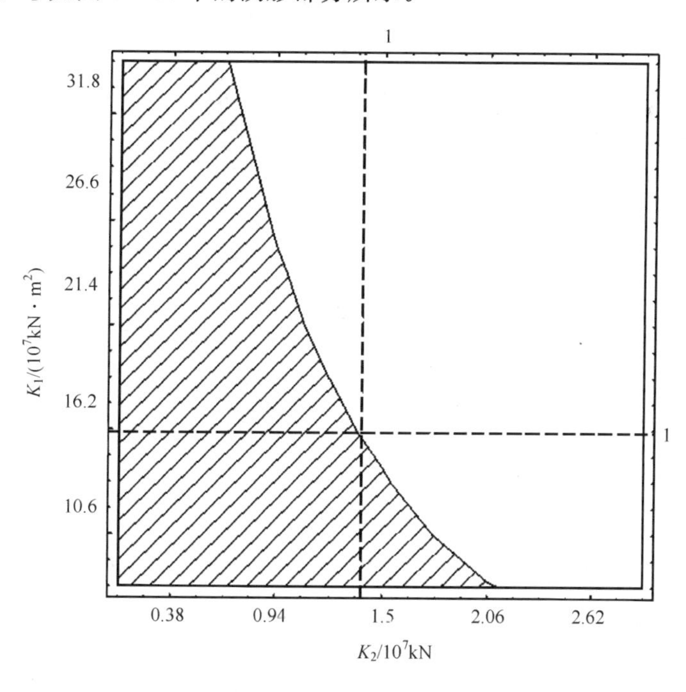

图 3.146　K_1、K_2 的有效区间

在 K_1、K_2 的有效区间，可以得到最小剪重比 α 所对应的网格点，即 $K_1=16\times10^7\text{kN}\cdot\text{m}^2$，$K_2=1.42\times10^7\text{kN}$。

2）优化设计技术经济指标分析

根据优化研究的成果，进行了13层高层住宅结构施工图标准化设计。在此基础上，上海大华集团公司合约部进行了详细的结构经济性能指标分析，钢筋根据实际放样计算并考虑损耗影响。各项经济指标见表3.20。

表3.20　13层高层住宅结构优化后的设计经济指标

构件	建筑面积/m²	定额混凝土/(m³/m²)	钢筋定额含量/(kg/m²)	钢筋实际含量/(kg/m²)
桩	6084.21	0.0514	5.9958	5.9958
承台混凝土	6084.21	0.0189	1.2000	2.2928
现浇平板	6084.21	0.0964	8.9000	11.4411
梁	6084.21	0.0385	4.9000	8.4054
剪力墙	6084.21	0.1557	13.5000	27.2722
阳台	6084.21	0.0103	1.000	2.4818
阳台栏板	6084.21	0.0022	0.3000	0.3000
楼梯	6084.21	0.0083	0.4000	0.4000
合计	6084.21	0.3817	36.1958	58.5891

对现浇平板，按照上海市《楼板技术导则》进行设计，在大多数情况下，板内配筋为双层双向钢筋网，因此板内实际钢筋含量比定额含量有一定增加；对于剪力墙和梁，作为房屋结构主要的抗侧力构件，承受着水平荷载作用下产生的内力，而上海市的地震作用较大(上海Ⅳ类场地土特征周期为国家同类场地土特征周期的1.385倍)，此外在剪力墙和梁的设计时，墙身和梁内非受力配筋比规范规定的最小构造配筋有所提高，这些因素使得剪力墙和梁的钢筋实际含量比定额含量大得多。

为了检验优化研究的效果，上海大华集团公司合约部对所有已建同类型高层住宅进行了结构经济指标分析，并取其平均值与优化设计进行对比分析。基础部分各工程差异较大，简单的平均值对比可能会带来失真，因此本研究未进行基础部分的分析对比。经济比较见表3.21。表3.21中，混凝土单价按4.30元/cm，钢筋单价按4.20元/kg计算。

表3.21　优化设计与已建工程上部结构经济比较

项目	混凝土		钢筋	
	混凝土折算厚度/(cm/m²)	混凝土造价/(元/m²)	钢筋用量/(kg/m²)	钢筋造价/(元/m²)
已建工程	39.6118	170.33	62.2117	261.29
优化设计	31.1400	133.90	50.3000	211.26
节省幅度	8.4718	36.43	11.9117	50.03
节省造价总计	86.46元/m²			

参考文献

[1] Bathe K J. Finite Element Procedures. Upper Saddle River:Prentice Hall,1996.

[2] 吕西林,金国芳,吴晓涵. 钢筋混凝土结构非线性有限元理论与应用. 上海:同济大学出版社,1997.

[3] 孙业杨,余安东,金瑞春,等. 高层建筑杆系——层间模型弹塑性动态分析. 同济大学学报,1980(1): 87-98.

[4] Bertero V V. Strength and deformation capacities of buildings under extreme environments//Structural Engineering and Structural Mechanics. Upper Saddle River: Prentice Hall, 1977.

[5] FEMA. Recommended seismic design criteria for new steel moment-frame buildings. Report No. FEMA-350, SAC Joint Venture. Washington DC:Federal Emergency Management Agency, 2000.

[6] FEMA. Recommended seismic evaluation and upgrade criteria for existing welded steel moment-frame buildings. Report No. FEMA-351, SAC Joint Venture. Washington DC: Federal Emergency Management Agency, 2000.

[7] Vamvatsikos D. Seismic performance, capacity and reliability of structures as seen through incremental dynamic analysis [Doctoral Thesis]. Stanford: Stanford University, 2002.

[8] Vamvatsikos D, Jalayer F, Cornell C A. Application of incremental dynamic analysis to an RC-structure. FIB Symposium on Concrete Structures in Seismic Regions, Athens, 2003.

[9] 苏宁粉. 增量动力分析法评估高层及超高层结构抗震性能研究. 上海: 同济大学博士学位论文, 2012.

[10] Vamvatsikos D, Fragiadakis M. Seismic performance sensitivity of a 9-story steel frame to plastic hinge modeling uncertainties//1st European Conference on Earthquake Engineering and Seismology, Geneva, 2006.

[11] Vamvatsikos D, Cornell C A. Incremental dynamic analysis. Earthquake Engineering & Structural Dynamics, 2002, 31(3): 491-514.

[12] 郭安薪, 罗少华, 李惠. 考虑楼板刚度影响的高层建筑结构增量动力分析//低碳经济与土木工程科技创新——2010 中国(北京)国际建筑科技大会, 北京, 2010.

[13] 李磊, 郑山锁, 李谦. 基于 IDA 的型钢混凝土框架的地震易损性分析. 广西大学学报(自然科学版), 2011, 36(4): 535-541.

[14] 周颖, 吕西林, 卜一. 增量动力分析法在高层混合结构性能评估中的应用. 同济大学学报(自然科学版), 2010, 38(2): 183-187,193.

[15] 汪梦甫, 曹秀娟, 孙文林. 增量动力分析方法的改进及其在高层混合结构地震危害性评估中的应用. 工程抗震与加固改造, 2010, 32(1): 104-109,121.

[16] 张汝清,詹先义. 非线性有限元分析. 重庆:重庆大学出版社,1990.

[17] 周颖, 吕西林. 空腹式劲性钢筋混凝土柱的恢复力模型研究. 结构工程师, 2004, 20(6): 59-65.

[18] 刘金砺. 桩基础设计与计算. 北京:中国建筑工业出版社,1990.

[19] Mattock A H. Cyclic shear transfer and type of interface. Journal of Structural Division, ASCE,1981, 107(10): 1945-1963.

[20] Soroushian P, Obaseki K, Rojas M C,et al. Analysis of dowel bars acting against concrete core. ACI Journal, 1986,83(4): 642-649.

[21] 吕西林,董宇光,丁子文. 截面中部配置型钢的混凝土剪力墙抗震性能研究. 地震工程与工程振动,2006,26(6): 101-107.

[22] 吕西林,李俊兰. 钢筋混凝土核心筒体抗震性能试验研究. 地震工程与工程振动,2002,22(3):42-50.

[23] 武敏刚,吕西林. 钢骨联肢剪力墙抗震性能试验研究. 结构工程师,2004,20(5):52-56.

[24] Lu X L, Chen Y T. Modeling of coupled shear walls and its experimental verification. Journal of Structural Engineering, ASCE, 2005,131(1): 75-84.

[25] 金问鲁. 高层建筑结构的连续化分析. 北京:中国铁道出版社,1990.

[26] 张炳华,侯昶. 土建结构优化设计. 上海:同济大学出版社,1998.

第 3 章附录　考虑材料非线性的单元切线刚度矩阵

单元切线刚度矩阵为

$$
[K_1]=\begin{bmatrix}
\frac{d_{11}}{L} & -\frac{d_{11}}{L} & 0 & 0 & 0 & 0 & 0 & 0 & \frac{d_{12}}{L} & -\frac{d_{12}}{L} & \frac{d_{13}}{L} & -\frac{d_{13}}{L} \\
 & \frac{d_{11}}{L} & 0 & 0 & 0 & 0 & 0 & 0 & -\frac{d_{12}}{L} & \frac{d_{12}}{L} & -\frac{d_{13}}{L} & \frac{d_{13}}{L} \\
 & & \frac{12d_{33}}{L^3} & -\frac{12d_{33}}{L^3} & -\frac{12d_{32}}{L^3} & \frac{12d_{32}}{L^3} & 0 & 0 & \frac{6d_{32}}{L^2} & \frac{6d_{32}}{L^2} & \frac{6d_{33}}{L^2} & \frac{6d_{33}}{L^2} \\
 & & & \frac{12d_{33}}{L^3} & \frac{12d_{32}}{L^3} & -\frac{12d_{32}}{L^3} & 0 & 0 & -\frac{6d_{32}}{L^2} & -\frac{6d_{32}}{L^2} & -\frac{6d_{33}}{L^2} & -\frac{6d_{33}}{L^2} \\
 & & & & \frac{12d_{22}}{L^3} & -\frac{12d_{22}}{L^3} & 0 & 0 & -\frac{6d_{22}}{L^2} & -\frac{6d_{22}}{L^2} & -\frac{6d_{23}}{L^2} & -\frac{6d_{23}}{L^2} \\
 & & & & & \frac{12d_{22}}{L^3} & 0 & 0 & \frac{6d_{22}}{L^2} & \frac{6d_{22}}{L^2} & \frac{6d_{23}}{L^2} & \frac{6d_{23}}{L^2} \\
 & & & & & & 0 & 0 & 0 & 0 & 0 & 0 \\
 & & & & & & & 0 & 0 & 0 & 0 & 0 \\
 & \text{对} & & \text{称} & & & & & \frac{4d_{22}}{L} & \frac{2d_{22}}{L} & \frac{4d_{23}}{L} & \frac{2d_{23}}{L} \\
 & & & & & & & & & \frac{4d_{22}}{L} & \frac{2d_{23}}{L} & \frac{4d_{23}}{L} \\
 & & & & & & & & & & \frac{4d_{33}}{L} & \frac{2d_{33}}{L} \\
 & & & & & & & & & & & \frac{4d_{33}}{L}
\end{bmatrix}
$$

考虑几何非线性时所附加的单元切线刚度矩阵为

$$
[K_{nl}]=\begin{bmatrix}
0 & 0 & a & -a & b & -b & 0 & 0 & c & d & e & f \\
 & 0 & -a & a & -b & b & 0 & 0 & c & -d & -e & -f \\
 & & g & -g & h & -h & 0 & 0 & i & j & k & l \\
 & & & m & n & -n & 0 & 0 & -i & -j & -k & -l \\
 & & & & p & -p & 0 & 0 & q & r & s & t \\
 & & & & & p & 0 & 0 & -q & -r & -s & -t \\
 & & & & & & 0 & 0 & 0 & 0 & 0 & 0 \\
 & & & & & & & 0 & 0 & 0 & 0 & 0 \\
 & & & & & & & & u & v & w & x \\
 & \text{对} & & & \text{称} & & & & & y & z & a_1 \\
 & & & & & & & & & & b_1 & c_1 \\
 & & & & & & & & & & & d_1
\end{bmatrix}
$$

式中

$$
a=-\frac{d_{11}}{L}\left(\frac{\theta_{1z}}{10}+\frac{\theta_{2z}}{10}+\frac{6V_1}{5L}-\frac{6V_2}{5L}\right),\quad b=-\frac{d_{11}}{L}\left(-\frac{\theta_{2y}}{10}-\frac{\theta_{1y}}{10}+\frac{6W_1}{5L}-\frac{6W_2}{5L}\right)
$$

$$c=-\frac{d_{11}}{L}\left(-\frac{L\theta_{2y}}{30}+\frac{2L\theta_{1y}}{15}-\frac{6W_1}{10}+\frac{W_2}{10}\right),\quad d=-\frac{d_{11}}{L}\left(-\frac{L\theta_{1y}}{30}+\frac{2L\theta_{2y}}{15}-\frac{6W_1}{10}+\frac{W_2}{10}\right)$$

$$e=-\frac{d_{11}}{L}\left(-\frac{L\theta_{2z}}{30}+\frac{2L\theta_{1z}}{15}+\frac{V_1}{10}-\frac{V_2}{10}\right),\quad f=-\frac{d_{11}}{L}\left(-\frac{L\theta_{1z}}{30}+\frac{2L\theta_{2z}}{15}+\frac{V_1}{10}-\frac{V_2}{10}\right)$$

$$g=d_{13}\left(\frac{3\theta_{1z}}{5L^2}-\frac{3\theta_{2z}}{5L^2}\right)+d_{31}\left(\frac{3\theta_{1z}}{5L^2}-\frac{3\theta_{2z}}{5L^2}\right)$$
$$+d_{11}\left(\frac{3\theta_{1z}^2}{35L}+\frac{3\theta_{2z}^2}{35L}+\frac{18\theta_{1z}V_1}{35L^2}+\frac{18\theta_{2z}V_1}{35L^2}+\frac{72V_1^2}{35L^3}-\frac{18\theta_{1z}V_2}{35L^2}-\frac{144V_1V_2}{35L^3}+\frac{72V_2^2}{35L^3}\right)$$

$$h=d_{12}\left(-\frac{3\theta_{1z}}{5L^2}+\frac{3\theta_{2z}}{5L^2}\right)+d_{31}\left(\frac{3\theta_{2y}}{5L^2}-\frac{3\theta_{1y}}{5L^2}\right)$$
$$+d_{11}\left(-\frac{3\theta_{2y}\theta_{2z}}{35L}-\frac{9\theta_{2y}V_1}{35L^2}+\frac{9\theta_{2y}V_2}{35L^2}+\frac{9\theta_{1z}W_1}{35L^2}+\frac{9\theta_{2z}W_1}{35L^2}+\frac{72V_1W_1}{35L^3}\right)$$
$$+d_{11}\left(-\frac{72V_2W_2}{35L^3}-\frac{9\theta_{1z}W_2}{35L^2}-\frac{9\theta_{2z}W_2}{35L^2}-\frac{72V_1W_2}{35L^3}+\frac{72V_2W_2}{35L^3}-\frac{3\theta_{1z}\theta_{1y}}{35L}-\frac{9V_1\theta_{1y}}{35L^2}+\frac{9V_2\theta_{1y}}{35L^2}\right)$$

$$i=d_{12}\left(\frac{\theta_{1z}}{5L}-\frac{2\theta_{2z}}{5L}-\frac{6V_1}{5L^2}+\frac{6V_2}{5L^2}\right)+d_{31}\left(-\frac{3W_1}{5L^2}+\frac{3W_2}{5L^2}-\frac{2\theta_{1y}}{5L}\right)$$
$$+d_{11}\left(\frac{3\theta_{2y}\theta_{1z}}{140}+\frac{3\theta_{2y}\theta_{2z}}{140}-\frac{3\theta_{1z}W_1}{35L}-\frac{9V_1W_1}{35L^2}+\frac{9V_2W_1}{35L^2}+\frac{3\theta_{1z}W_2}{35L}\right)$$
$$+d_{11}\left(\frac{9V_1W_2}{35L^2}-\frac{9V_2W_2}{35L^2}-\frac{\theta_{1z}\theta_{1y}}{140}+\frac{\theta_{2z}\theta_{1y}}{140}+\frac{3V_1\theta_{1y}}{35L}-\frac{9V_2\theta_{1y}}{35L}\right)$$

$$j=d_{12}\left(\frac{2\theta_{1z}}{5L}-\frac{\theta_{2z}}{5L}+\frac{6V_1}{5L^2}-\frac{6V_2}{5L^2}\right)+d_{31}\left(\frac{2\theta_{2y}}{5L}+\frac{3W_1}{5L^2}-\frac{3W_2}{5L^2}\right)$$
$$+d_{11}\left(\frac{3\theta_{2y}\theta_{1z}}{140}-\frac{3\theta_{2y}\theta_{2z}}{140}+\frac{3\theta_{2y}V_1}{35L}-\frac{9\theta_{2y}V_1}{35L}-\frac{3\theta_{2z}W_1}{35L}-\frac{9V_1W_1}{35L^2}\right)$$
$$+d_{11}\left(\frac{9V_2W_1}{35L^2}+\frac{3\theta_{2z}W_2}{35L}+\frac{\theta_{1z}\theta_{1y}}{140}+\frac{\theta_{2z}\theta_{1y}}{140}+\frac{9V_1W_2}{35L^2}-\frac{9V_2W_2}{35L^2}\right)$$

$$k=d_{31}\left(-\frac{2\theta_{1z}}{5L}+\frac{3V_1}{5L^2}-\frac{3V_2}{5L^2}\right)+d_{13}\left(\frac{\theta_{1z}}{5L}-\frac{2\theta_{2z}}{5L}-\frac{6V_1}{5L^2}+\frac{6V_2}{5L^2}\right)$$
$$+d_{11}\left(-\frac{\theta_{1z}^2}{140}+\frac{\theta_{2z}^2}{140}+\frac{\theta_{1z}\theta_{2z}}{70}+\frac{6\theta_{1z}V_1}{35L}+\frac{9V_1^2}{35L^2}-\frac{6\theta_{1z}V_2}{35L}-\frac{18V_1V_2}{35L^2}+\frac{18V_2^2}{35L^2}\right)$$

$$l=d_{13}\left(\frac{2\theta_{1z}}{5L}-\frac{\theta_{2z}}{5L}+\frac{6V_1}{5L^2}-\frac{6V_2}{5L^2}\right)+d_{31}\left(\frac{2\theta_{2z}}{5L}-\frac{3V_1}{5L^2}+\frac{6V_2}{5L^2}\right)$$
$$+d_{11}\left(\frac{\theta_{1z}^2}{140}-\frac{\theta_{2z}^2}{140}+\frac{\theta_{1z}\theta_{2z}}{70}+\frac{6\theta_{1z}V_1}{35L}+\frac{9V_1^2}{35L^2}-\frac{6\theta_{1z}V_2}{35L}-\frac{18V_1V_2}{35L^2}+\frac{18V_2^2}{35L^2}\right)$$

$$m=d_{13}\left(\frac{3\theta_{1z}}{5L^2}-\frac{3\theta_{2z}}{5L^2}\right)+d_{31}\left(\frac{3\theta_{1z}}{5L^2}-\frac{3\theta_{2z}}{5L^2}\right)$$
$$+d_{11}\left(\frac{3\theta_{1z}^2}{35L}+\frac{3\theta_{2z}^2}{35L}+\frac{18\theta_{1z}V_1}{35L^2}+\frac{18\theta_{2z}V_1}{35L^2}+\frac{72V_1^2}{35L^3}-\frac{18\theta_{1z}V_2}{35L^2}-\frac{18\theta_{2z}V_2}{35L^2}-\frac{144V_1V_2}{35L^3}+\frac{72V_2^2}{35L^3}\right)$$

$$n=d_{12}\left(\frac{3\theta_{1z}}{5L^2}-\frac{3\theta_{2z}}{5L^2}\right)+d_{31}\left(-\frac{3\theta_{2y}}{5L^2}+\frac{3\theta_{1y}}{5L^2}\right)$$
$$+d_{11}\left(\frac{3\theta_{2y}\theta_{2z}}{35L}+\frac{3\theta_{1z}\theta_{1y}}{35L}+\frac{9\theta_{2y}V_1}{35L^2}-\frac{9\theta_{2z}V_2}{35L^2}-\frac{9\theta_{2z}V_2}{35L^2}-\frac{9\theta_{2z}V_2}{35L^2}+\frac{9\theta_{1z}W_2}{35L^2}+\frac{9\theta_{2z}W_2}{35L^2}\right)$$

$$+d_{11}\left(\frac{9\theta_{1y}V_1}{35L^2}-\frac{9\theta_{1y}V_2}{35L^2}-\frac{72W_1V_1}{35L^3}+\frac{72W_1V_2}{35L^3}+\frac{72W_2V_1}{35L^3}-\frac{72W_2V_2}{35L^3}\right)$$

$$p=d_{12}\left(-\frac{3\theta_{2y}}{5L^2}+\frac{3\theta_{1y}}{5L^2}\right)+d_{21}\left(-\frac{3\theta_{2y}}{5L^2}+\frac{3\theta_{1y}}{5L^2}\right)$$

$$+d_{11}\left(\frac{3\theta_{2y}^2}{35L}+\frac{3\theta_{1y}^2}{35L}-\frac{18\theta_{2y}W_2}{35L^2}-\frac{18\theta_{1y}W_1}{35L^2}+\frac{18\theta_{1y}W_2}{35L^2}+\frac{72W_1^2}{35L^3}-\frac{144W_1W_2}{35L^3}+\frac{72W_2^2}{35L^3}\right)$$

$$q=d_{12}\left(\frac{2\theta_{2y}}{5L}-\frac{\theta_{1y}}{5L}-\frac{6V_1}{5L^2}+\frac{6V_2}{5L^2}\right)+d_{21}\left(\frac{3W_1}{5L^2}-\frac{3W_2}{5L^2}+\frac{2\theta_{1y}}{5L}\right)$$

$$+d_{11}\left(-\frac{\theta_{2y}^2}{140}+\frac{\theta_{1y}^2}{140}-\frac{\theta_{1y}\theta_{2y}}{70}+\frac{6\theta_{1y}W_1}{35L}-\frac{9W_1^2}{35L^2}+\frac{18W_2W_1}{35L^2}-\frac{9W_2^2}{35L^2}-\frac{6\theta_{1y}W_2}{35L}\right)$$

$$r=d_{21}\left(-\frac{2\theta_{2y}}{5L}-\frac{3W_1}{5L^2}+\frac{3W_2}{5L^2}\right)+d_{12}\left(\frac{6W_1}{5L^2}-\frac{6W_2}{5L^2}-\frac{2\theta_{1y}}{5L}+\frac{\theta_{2y}}{5L}\right)$$

$$+d_{11}\left(\frac{\theta_{2y}^2}{140}-\frac{\theta_{1y}^2}{140}-\frac{\theta_{1y}\theta_{2y}}{70}+\frac{6\theta_{2y}W_1}{35L}-\frac{9W_1^2}{35L^2}+\frac{18W_2W_1}{35L^2}-\frac{9W_2^2}{35L^2}-\frac{6\theta_{2y}W_2}{35L}\right)$$

$$s=d_{21}\left(\frac{2\theta_{1z}}{5L}-\frac{3V_1}{5L^2}+\frac{3V_2}{5L^2}\right)+d_{13}\left(-\frac{6W_1}{5L^2}+\frac{6W_2}{5L^2}-\frac{\theta_{1y}}{5L}+\frac{2\theta_{2y}}{5L}\right)$$

$$+d_{11}\left(\frac{\theta_{2y}\theta_{1z}}{140}-\frac{\theta_{2y}\theta_{2z}}{140}+\frac{3\theta_{1z}W_1}{35L}+\frac{9V_1W_1}{35L^2}-\frac{9V_2W_1}{35L^2}-\frac{3\theta_{1z}W_2}{35L}\right)$$

$$+d_{11}\left(\frac{\theta_{1y}\theta_{1z}}{140}-\frac{\theta_{1y}\theta_{2z}}{140}-\frac{3\theta_{1y}V_1}{35L}+\frac{9V_2W_2}{35L^2}-\frac{9V_1W_2}{35L^2}+\frac{3\theta_{1y}V_2}{35L}\right)$$

$$t=d_{21}\left(-\frac{2\theta_{2z}}{5L}+\frac{3V_1}{5L^2}-\frac{3V_2}{5L^2}\right)+d_{13}\left(\frac{6W_1}{5L^2}-\frac{6W_2}{5L^2}-\frac{2\theta_{1y}}{5L}+\frac{2\theta_{2y}}{5L}\right)$$

$$+d_{11}\left(-\frac{\theta_{2y}\theta_{1z}}{140}+\frac{\theta_{2y}\theta_{2z}}{140}-\frac{3\theta_{2y}V_1}{35L}+\frac{3V_2\theta_{2y}}{35L}+\frac{3\theta_{2z}W_1}{35L}+\frac{9V_1W_1}{35L^2}\right)$$

$$+d_{11}\left(-\frac{\theta_{1y}\theta_{1z}}{140}-\frac{\theta_{1y}\theta_{2z}}{140}-\frac{3\theta_{2z}W_2}{35L}-\frac{9V_2W_1}{35L^2}-\frac{9V_1W_2}{35L^2}+\frac{9W_2V_2}{35L^2}\right)$$

$$u=d_{12}\left(\frac{\theta_{2y}}{30}-\frac{W_1}{5L}+\frac{W_2}{5L}-\frac{\theta_{1y}}{3}\right)+d_{21}\left(\frac{\theta_{2y}}{30}-\frac{W_1}{5L}+\frac{3W_2}{5L}-\frac{\theta_{1y}}{3}\right)$$

$$+d_{11}\left(\frac{L\theta_{2y}^2}{210}-\frac{\theta_{2y}W_1}{70}+\frac{3W_1^2}{35L}+\frac{V_2\theta_{2y}}{70}-\frac{6W_2W_1}{35L}+\frac{3W_2^2}{35L}-\frac{L\theta_{1y}\theta_{2y}}{70}+\frac{W_1\theta_{1y}}{70}-\frac{W_2\theta_{1y}}{70}+\frac{2L\theta_{1y}^2}{35}\right)$$

$$v=d_{12}\left(-\frac{\theta_{2y}}{30}-\frac{2W_1}{5L}+\frac{2W_2}{5L}-\frac{\theta_{1y}}{15}\right)+d_{21}\left(\frac{\theta_{2y}}{15}+\frac{2W_1}{5L}-\frac{2W_2}{5L}+\frac{\theta_{1y}}{30}\right)$$

$$+d_{11}\left(-\frac{L\theta_{2y}^2}{140}-\frac{\theta_{2y}W_1}{70}+\frac{W_2\theta_{2y}}{70}+\frac{L\theta_{1y}\theta_{2y}}{105}-\frac{W_1\theta_{1y}}{70}+\frac{W_2\theta_{1y}}{70}-\frac{2L\theta_{1y}^2}{140}\right)$$

$$w=d_{21}\left(-\frac{\theta_{1z}}{3}+\frac{\theta_{2z}}{30}+\frac{V_1}{5L}-\frac{V_2}{5L}\right)+d_{13}\left(\frac{\theta_{2y}}{30}-\frac{W_1}{5L}+\frac{W_2}{5L}-\frac{\theta_{1y}}{3}\right)$$

$$+d_{11}\left(-\frac{L\theta_{2y}\theta_{1z}}{140}+\frac{L\theta_{2y}\theta_{2z}}{210}+\frac{\theta_{2y}V_1}{140}-\frac{\theta_{2y}V_2}{140}+\frac{W_1\theta_{1z}}{140}-\frac{W_1\theta_{2z}}{140}-\frac{3W_1V_1}{35L}+\frac{3W_1V_2}{35L}-\frac{\theta_{1z}W_2}{140}\right)$$

$$+d_{11}\left(\frac{\theta_{2y}W_2}{140}+\frac{3V_1W_2}{35L}-\frac{3W_2V_2}{35L}+\frac{2L\theta_{1z}\theta_{1y}}{35}+\frac{2L\theta_{2z}\theta_{1y}}{140}-\frac{V_1\theta_{1y}}{140}+\frac{V_2\theta_{1y}}{140}\right)$$

$$x=d_{21}\left(\frac{\theta_{1z}}{30}+\frac{\theta_{2z}}{15}-\frac{2V_1}{5L}+\frac{2V_2}{5L}\right)+d_{13}\left(-\frac{\theta_{2y}}{30}-\frac{2W_1}{5L}+\frac{2W_2}{5L}-\frac{\theta_{1y}}{15}\right)$$

$$+d_{11}\left(\frac{L\theta_{2y}\theta_{1z}}{210}-\frac{L\theta_{2y}\theta_{2z}}{140}+\frac{\theta_{2y}V_1}{140}-\frac{\theta_{2y}V_2}{140}-\frac{W_1\theta_{1z}}{140}-\frac{W_1\theta_{2z}}{140}\right)$$

$$+d_{11}\left(\frac{\theta_{1z}W_2}{140}+\frac{\theta_{2z}W_2}{140}-\frac{L\theta_{1z}\theta_{1y}}{140}+\frac{L\theta_{2z}\theta_{1y}}{210}+\frac{V_1\theta_{1y}}{140}-\frac{V_2\theta_{1y}}{140}\right)$$

$$y=d_{12}\left(\frac{\theta_{2y}}{3}-\frac{\theta_{1y}}{30}+\frac{W_1}{5L}-\frac{W_2}{5L}\right)+d_{21}\left(\frac{\theta_{2y}}{3}+\frac{W_1}{5L}-\frac{W_2}{5L}-\frac{\theta_{1y}}{30}\right)$$

$$+d_{11}\left(\frac{2L\theta_{2y}^2}{35}+\frac{\theta_{2y}W_1}{70}+\frac{2W_1^2}{35L}-\frac{W_2\theta_{2y}}{70}-\frac{6W_1W_2}{35L}\right)$$

$$+d_{11}\left(\frac{3W_2^2}{35L}-\frac{L\theta_{2y}\theta_{1y}}{70}-\frac{W_1\theta_{1y}}{70}+\frac{W_2\theta_{1y}}{70}+\frac{L\theta_{1y}^2}{210}\right)$$

$$z=d_{21}\left(-\frac{\theta_{1z}}{15}-\frac{\theta_{2z}}{30}+\frac{2V_1}{5L}-\frac{2V_2}{5L}\right)+d_{13}\left(\frac{\theta_{2y}}{15}+\frac{2W_1}{5L}-\frac{2W_2}{5L}+\frac{\theta_{1y}}{30}\right)$$

$$+d_{11}\left(\frac{L\theta_{2y}\theta_{1z}}{210}-\frac{L\theta_{2y}\theta_{2z}}{210}+\frac{\theta_{2y}V_1}{140}-\frac{\theta_{2y}V_2}{140}-\frac{\theta_{1z}W_1}{140}-\frac{\theta_{2z}W_1}{140}\right)$$

$$+d_{11}\left(\frac{\theta_{1z}W_2}{140}+\frac{\theta_{2z}W_2}{140}-\frac{L\theta_{1z}\theta_{1y}}{140}+\frac{L\theta_{2z}\theta_{1y}}{210}+\frac{V_1\theta_{1y}}{140}-\frac{V_2\theta_{1y}}{140}\right)$$

$$a_1=d_{21}\left(-\frac{\theta_{1z}}{30}+\frac{\theta_{2z}}{3}-\frac{V_1}{5L}+\frac{V_2}{5L}\right)+d_{13}\left(\frac{\theta_{2y}}{3}+\frac{W_1}{5L}-\frac{W_2}{5L}-\frac{\theta_{1y}}{30}\right)$$

$$+d_{11}\left(-\frac{L\theta_{2y}\theta_{1z}}{140}+\frac{2L\theta_{2y}\theta_{2z}}{35}-\frac{\theta_{2y}V_1}{140}+\frac{\theta_{2y}V_2}{140}-\frac{\theta_{1z}W_1}{140}+\frac{\theta_{2z}W_1}{140}-\frac{3V_1W_1}{35L}+\frac{3V_2W_1}{35L}\right)$$

$$+d_{11}\left(\frac{\theta_{1z}W_2}{140}-\frac{\theta_{2z}W_2}{140}+\frac{3V_1W_2}{35L}-\frac{3V_2W_2}{35L}+\frac{L\theta_{1z}\theta_{1y}}{210}-\frac{L\theta_{2z}\theta_{1y}}{140}+\frac{V_1\theta_{1y}}{140}-\frac{V_2\theta_{1y}}{140}\right)$$

$$b_1=d_{13}\left(-\frac{\theta_{1z}}{3}+\frac{\theta_{2z}}{30}+\frac{V_1}{5L}-\frac{V_2}{5L}\right)+d_{31}\left(-\frac{\theta_{1z}}{3}+\frac{V_1}{5L}-\frac{V_2}{5L}+\frac{\theta_{2z}}{30}\right)$$

$$+d_{11}\left(\frac{2L\theta_{1z}^2}{35}-\frac{L\theta_{1z}\theta_{2z}}{70}+\frac{L\theta_{2z}^2}{210}-\frac{\theta_{1z}V_1}{70}+\frac{\theta_{2z}V_1}{70}+\frac{3V_1^2}{35L}+\frac{\theta_{1z}V_2}{70}-\frac{\theta_{2z}V_2}{70}-\frac{6V_1V_2}{35L}+\frac{3V_2^2}{35L}\right)$$

$$c_1=d_{13}\left(-\frac{\theta_{1z}}{15}-\frac{\theta_{2z}}{30}+\frac{2V_1}{5L}-\frac{2V_2}{5L}\right)+d_{31}\left(\frac{\theta_{1z}}{30}-\frac{2V_1}{5L}+\frac{2V_2}{5L}+\frac{\theta_{2z}}{15}\right)$$

$$+d_{11}\left(-\frac{L\theta_{1z}^2}{140}+\frac{L\theta_{1z}\theta_{2z}}{105}-\frac{L\theta_{2z}^2}{140}+\frac{\theta_{1z}V_1}{70}+\frac{\theta_{2z}V_1}{70}-\frac{\theta_{1z}V_2}{70}-\frac{\theta_{2z}V_2}{70}\right)$$

$$d_1=d_{13}\left(-\frac{\theta_{1z}}{30}+\frac{\theta_{2z}}{3}-\frac{V_1}{5L}+\frac{V_2}{5L}\right)+d_{31}\left(-\frac{\theta_{1z}}{30}-\frac{V_1}{5L}+\frac{V_2}{5L}+\frac{\theta_{2z}}{3}\right)$$

$$+d_{11}\left(\frac{L\theta_{1z}^2}{210}-\frac{L\theta_{1z}\theta_{2z}}{70}+\frac{2L\theta_{2z}^2}{35}+\frac{\theta_{1z}V_1}{70}-\frac{\theta_{2z}V_1}{70}+\frac{3V_1^2}{35L}-\frac{\theta_{1z}V_2}{70}+\frac{\theta_{2z}V_2}{70}-\frac{6V_1V_2}{35L}+\frac{3V_2^2}{35L}\right)$$

第 4 章 复杂高层建筑抗震模型试验理论与方法

本章首先介绍了结构抗震模型试验理论，尤其是相似理论在高层建筑抗震模型试验中的应用；给出了动力试验的相似条件和不同材料体系的相似要求，总结了高层抗震试验模型的设计和制作方法；然后分别从单自由度模型、多层钢筋混凝土框架模型、高层钢-混凝土混合结构模型和现场实测等多方面对高层建筑抗震模型相似关系进行了试验验证；并详述了对高层建筑抗震模型试验结果的分析与利用方法。本章最后指出目前结构抗震动力相似理论研究的一些进展、高层建筑抗震模型试验中存在的普遍问题和发展趋势。

4.1 结构抗震模型试验的相似理论

严格地讲，结构试验除了在原型结构上所进行的试验，一般的结构试验都是模型试验，结构抗震试验也可以采用模型试验。模型是根据结构的原型，按照一定的比例而制成的缩尺结构，它具有原型的全部或部分特征。对模型进行试验可以得到与原型结构相似的工作情况，从而可以对原型结构的工作性能进行了解和研究。可见模型试验的核心问题是如何按照相似理论的要求，设计出与原型结构具有相似工作情况的模型结构。本节所讨论的就是结构抗震模型试验中的相似理论。

4.1.1 结构模型相似的概念

结构模型试验旨在设计出与原型结构具有相似工作情况的模型结构，其相似设计中既包含物理量的相似，又包含更广泛的物理过程相似。简单地说，结构模型相似[1]主要回答下列一些问题。

(1) 模型的尺寸是否要与原型保持同一比例？

(2) 模型是否要求与原型采用同一材料？

(3) 模型的荷载按什么比例缩小和放大？

(4) 模型的试验结果如何推算至原型？

具体的结构模型相似设计将涉及几何相似、材料相似、荷载相似(动力、静力)、质量相似、刚度相似、时间相似、边界条件相似等。

4.1.2 结构模型相似关系的建立方法

结构模型与原型之间的相似关系，通过模型与原型结构各自相似常数之间的关系予以反映，即相似条件。模型设计的关键就是要给出各相似常数之间关系的相似条件。确定相似条件的方法一般有方程式分析法和量纲分析法两种。

1. 方程式分析法

运用方程式分析法确定相似条件，必须在进行模型设计前对所研究的物理过程各物理量之间的函数关系，即对试验结果和试验条件之间的关系提出明确的数学方程式，然后才能根据数学方程式确定相似条件。用方程式分析法确定相似条件，方法简单、概念明确，许多文献[2]有详细介绍，本书不再详细讨论。

2. 量纲分析法

当待考察问题的规律尚未完全掌握、问题较为复杂且没有明确的函数关系式时，常采用量纲分析法确定相似关系。

量纲(有文献称为因次)的概念是在研究物理量的数量关系时产生的，它说明量测物理量时所采用单位的性质。一般来说，由三个物理量的量纲作为基本量纲，其余物理量的量纲可以作为导出量纲推导得到。例如，在一般结构工程问题中，各物理量的量纲都可由长度、时间、力三个基本量纲导出，此系统称为绝对系统；或由长度、时间、质量三个基本量纲导出，此系统称为质量系统。高层结构模型试验常用物理量的质量系统量纲见表 4.1。只要基本量纲是相互独立和完整的，还可以选用其他量纲作为基本量纲，各物理量之间的量纲关系实际满足的是一种量纲协调。

表 4.1　高层结构模型试验常用物理量的质量系统量纲

物理量	物理量符号	相似常数符号	质量系统量纲
长度	l	S_l	[L]
位移	d	S_d	[L]
时间	t	S_t	[T]
质量	m	S_m	[M]
应力	σ	S_σ	$[ML^{-1}T^{-2}]$
弹性模量	E	S_E	$[ML^{-1}T^{-2}]$
泊松比	μ	S_μ	[1]
应变	ε	S_ε	[1]
刚度	K	S_K	$[MT^{-2}]$
密度	ρ	S_ρ	$[ML^{-3}]$
力	F	S_F	$[MLT^{-2}]$
弯矩	M	S_M	$[ML^2T^{-2}]$
位移	x	S_x	[L]
速度	$\dot{x}$	$S_{\dot{x}}$	$[LT^{-1}]$
加速度	$\ddot{x}$	$S_{\ddot{x}}$	$[LT^{-2}]$
阻尼	c	S_c	$[MT^{-1}]$

量纲分析法需要遵循两个相似定理：相似物理现象的 π 数相等(第一相似定理)；n 个物理参数、k 个基本量纲可以确定 $n-k$ 个 π 数(第二相似定理)。运用量纲分析法确定相

似条件的步骤可以总结为：列出与所研究的物理过程有关的物理参数，根据相似定理使得模型和原型的 π 数相等，得到模型设计的相似条件；遵循量纲和谐的概念，确定所研究各物理量的相似常数。

可以看出，方程式分析法只是量纲分析法中的一种特殊情况，它以各物理量之间满足的方程式作为 π 数，各物理量的量纲也一定遵循量纲协调条件。

3. 似量纲分析法[3]

量纲分析法从理论上来说，先要确定相似条件（π 数），然后由可控相似常数，推导其余的相似常数，完成相似设计。在实际设计中，由于 π 数的取法有着一定的任意性，而且当参与物理过程的物理量较多时，可组成的 π 数也很多，将线性方程组全部计算出来比较麻烦；另一方面，若要全部满足与这些 π 数相应的相似条件，将会十分苛刻，有时是不可能达到也不必要达到的。综合上述两点并结合多年研究和试验经验，在高层结构模型设计中可以采用更为实用的设计方法，即先选取可控相似常数，利用一种近似量纲分析法的方法，求出其余的相似常数。在高层模型相似常数建立过程中，并不需要明确求出诸多 π 数的表达式，其原理本质仍为量纲分析法，故称为“似量纲分析”，其步骤简述如下。

相似理论求得的 π 数是独立的无量纲组合，它表示要求已知物理量的量纲与待求物理量的量纲组合为[1]，即已知物理量与未知物理量组合的基本量纲的幂指数之和为零。根据这一原则，很容易由幂指数的线性变换确定各相似常数之间的关系。

例如，一般高层建筑地震作用下的结构性能研究中包含下列物理量。

几何性能方面：长度 l、位移 D、应变 ε。

材料性能方面：弹性模量 E、应力 σ、泊松比 μ、质量密度 ρ、质量 m。

荷载性能方面：集中力 F、线荷载 p、面荷载 q、力矩 M。

动力性能方面：刚度 K、周期 T、频率 f、阻尼 c、速度 $\dot{x}$、加速度 a 等。

在高层结构模型试验中，常选用长度、应力、加速度三个物理量的相似常数作为可控相似常数（见 4.2.2 节），在质量系统中，它们对应的量纲分别是[L]、[$\mathrm{ML^{-1}T^{-2}}$]、[$\mathrm{LT^{-2}}$]。以求解弯矩相似常数为例，将长度、应力、加速度的质量系统量纲幂指数以列矩阵的形式列于表 4.2；查取表 4.1 中弯矩的质量系统量纲为[$\mathrm{ML^2T^{-2}}$]，将其相应幂指数以列矩阵的形式填入表 4.2；进行线性列变换，直至变换后的列矩阵子项均为零。其中，S_l 为模型几何尺寸与原型几何尺寸之比，S_M 为模型弯矩与原型弯矩之比。

表 4.2　似量纲分析法求解弯矩相似常数表

质量系统量纲	已知物理量			未知物理量量纲的线性列变换		
	L	σ	a	M	$M-\sigma$	$M-\sigma-3L$
[M]	0	1	0	1	0	0
[L]	1	−1	1	2	3	0
[T]	0	−2	−2	−2	0	0

此时的变换系数即为物理量之间相似常数的幂指数，即

$$S_M \cdot S_\sigma^{-1} \cdot S_l^{-3} = 1 \Rightarrow S_M = S_\sigma \cdot S_l^3 \tag{4.1}$$

再以阻尼相似常数为例，查表 4.1 可知，阻尼的质量系统量纲为[MT^{-1}]，量纲幂指数按列矩阵的形式列入表 4.3。

表 4.3　似量纲分析法求解阻尼相似常数表

质量系统量纲	已知物理量			未知物理量量纲的线性列变换		
	L	σ	a	c	$2c-2\sigma+a$	$2c-2\sigma+a-3L$
[M]	0	1	0	1	0	0
[L]	1	−1	1	0	3	0
[T]	0	−2	−2	−1	0	0

$$S_c^2 \cdot S_\sigma^{-2} \cdot S_a \cdot S_l^{-3} = 1 \quad \Rightarrow S_c = S_\sigma \cdot \sqrt{\frac{S_l^3}{S_a}} \tag{4.2}$$

结构抗震模型中的其余相似常数均可由似量纲分析法予以确定。

4.1.3　结构抗震模型试验的相似常数

结构抗震试验一般可分为结构抗震静力试验和结构抗震动力试验两大类，其中结构抗震静力试验又分为拟静力试验和拟动力试验；结构抗震动力试验分为模拟地震振动台试验和建筑物强震观测试验。结构抗震静力、动力试验模型设计均要满足物理条件相似、几何条件相似和边界条件相似的要求。

1. 结构抗震静力模型相似常数

常见的钢筋混凝土结构静力模型相似常数如表 4.4 所示。在钢筋混凝土结构中，由于混凝土材料本身具有明显的非线性性质以及钢筋和混凝土力学性能之间的差异，要模拟钢筋混凝土结构全部的非线性性能是很不容易的。从应力与弹性模量量纲相同的含义来说，要求物体内任何点的应力相似常数与弹性模量相似常数相等。实际上受力物体内各点的应力大小是不同的，即各点的应变大小不同。对于不同的应变，要求弹性模量相似常数不变，这就要求模型与原型的应力-应变关系曲线相似，如图 4.1 所示。要满足这一关系，只有当模型与原型采用相同强度和变形的材料时才有可能，这时就要求满足表 4.4 中“实用模型关系式”的要求。

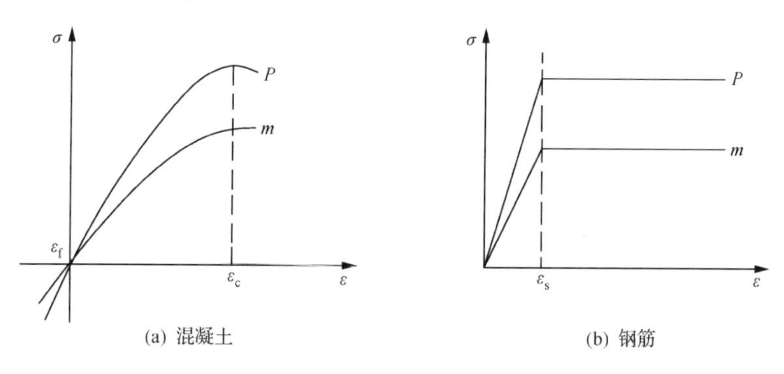

(a) 混凝土　　(b) 钢筋

图 4.1　模型与原型应力-应变关系相似图

表 4.4　钢筋混凝土结构静力模型相似常数

物理性能	物理量	相似常数符号	一般模型关系式	实用模型关系式
几何性能	长度	S_l	S_l	S_l
	面积	S_A	S_l^2	S_l^2
	线位移	S_l	S_l	S_l
	角位移	1	1	1
材料性能	应变	1	1	1
	弹性模量	S_E	S_σ	1
	应力	S_σ	S_σ	1
	质量密度	S_ρ	S_σ/S_l	$1/S_l$
	质量	S_m	$S_\sigma \cdot S_l^2$	S_l^2
荷载性能	集中力	S_F	$S_\sigma \cdot S_l^2$	S_l^2
	线荷载	S_q	$S_\sigma \cdot S_l$	S_l
	面荷载	S_p	S_σ	1
	力矩	S_M	$S_\sigma \cdot S_l^3$	S_l^3

国外从 20 世纪 50 年代开始就开展了砖石结构模型试验的研究，国内也曾开展过这方面的工作。砖石结构静力模型相似常数如表 4.5 所示。由于砖石结构本身是两种材料组成的复合材料结构，因此制作模型时在所有的细节上都要按比例缩小，这无疑给模型制作带来了一定的困难。由于试验要求模型砌体有与原型相似的应力-应变关系，因此，一个实用的途径就是采用与原型相同的材料。

表 4.5　砌体结构模型相似常数

物理性能	物理量	相似常数符号	一般模型关系式	实用模型关系式
几何性能	长度	S_l	S_l	S_l
	面积	S_A	S_l^2	S_l^2
	线位移	S_l	S_l	S_l
	角位移	1	1	1
材料性能	应变	1	1	1
	弹性模量	S_E	S_σ	1
	应力	S_σ	S_σ	1
	质量密度	S_ρ	S_σ/S_l	$1/S_l$
	质量	S_m	$S_\sigma \cdot S_l^2$	S_l^2
荷载性能	集中力	S_F	$S_\sigma \cdot S_l^2$	S_l^2
	线荷载	S_q	$S_\sigma \cdot S_l$	S_l
	面荷载	S_p	S_σ	1
	力矩	S_M	$S_\sigma \cdot S_l^3$	S_l^3

2. 结构抗震动力模型相似常数

结合似量纲分析法，得到的常用结构动力模型相似常数如表 4.6 所示。在实际设计模型时，要全部满足表中的相似条件只有在模型比较大的情况下才能实现。当模型比例较小，或者不能采用相同材料时，往往难以全部满足表中的相似条件。在这种情况下，一般可以根据试验目的对模型设计的要求有所侧重。

(1) 如果试验目的是为了验证一种新的理论，而这种理论适用于某一类型的结构，而不是某一个具体结构，那么这种模型只要求表现这种结构的共同特点，即要求这类结构在主要方面相似(如几何尺寸和动力性能方面相似)。对这种新理论的检验，可以通过理论结果与模型试验结果相比较进行。此类模型称为弹性模型，其制作材料不必和原型结构材料完全相似，只需模型材料在试验过程中具有完全相同的弹性性质。

(2) 如果试验目的是为了检验设计或提供设计依据，例如，在设计某一比较复杂的结构或新型结构时，有时对计算结果没有把握，而必须依靠模型试验来判断和检验，就要求模型与原型严格相似，并能把试验结果正确地应用到该设计中。此类模型称为强度模型，通常要求模型材料与原型材料一致，高层建筑结构模型试验多属于此类。

表 4.6　结构动力模型相似常数

物理性能	物理量	相似常数符号	关系式	备注
几何性能	长度	S_l	S_l	控制尺寸
	面积	S_A	S_l^2	—
	线位移	S_l	S_l	—
	角位移	1	S_σ/S_E	—
材料性能	应变	1	S_σ/S_E	
	弹性模量	S_E	$S_E = S_\sigma$	控制材料
	应力	S_σ	S_σ	
	质量密度	S_ρ	$S_\sigma/(S_a \cdot S_l)$	—
	质量	S_m	$S_\sigma \cdot S_l^2/S_a$	—
荷载性能	集中力	S_F	$S_\sigma \cdot S_l^2$	—
	线荷载	S_q	$S_\sigma \cdot S_l$	—
	面荷载	S_p	S_σ	—
	力矩	S_M	$S_\sigma \cdot S_l^3$	—
动力性能	阻尼	S_c	$S_\sigma \cdot S_l^{1.5} \cdot S_a^{-0.5}$	—
	周期	S_T	$S_l^{0.5} \cdot S_a^{-0.5}$	—
	频率	S_f	$S_l^{-0.5} \cdot S_a^{0.5}$	—
	速度	S_v	$(S_l \cdot S_a)^{0.5}$	—
	加速度	S_a	S_a	控制试验
	重力加速度	S_g	1	

在表 4.6 所列的相似条件中，并没有考虑尺寸效应和加载速率对材料力学性能的影响。国内外研究结果表明：①随着试件尺寸的减小，材料的强度将逐渐提高；②随着荷载速率的增加，材料的强度、刚度都相应增加，特别是强度的增加比较显著。

基于以上两点，在设计模型结构时，模型材料的强度是难以准确知道的。但是，这并不影响结构破坏机理的研究以及结构数学模型识别的研究，只是在用模型试验结果反推原型的性能时需要考虑。

4.2 高层建筑抗震试验的相似模型

工程结构中的局部构件(如梁、板、柱)大多可做足尺的结构试验，而对整体结构尤其是高层结构则考虑到试验设备能力和经济原因，通常是做缩尺比例的结构模型试验，而且缩尺比例较小，并具有实际工程结构的全部或部分特征。只要设计的模型满足主要相似条件，其试验数据可根据相似关系直接换算为原结构的数据，本章所讨论的就是这种缩尺比例较小的高层建筑结构模型试验。

为了满足工程设计要求而在振动台上进行动力试验的高层建筑，一般都是立面体型比较复杂或平面形状不规则的建筑，或者在高度上超过了目前设计规范适用范围的建筑。表 4.7 列出了近年来在土木工程防灾国家重点实验室振动台实验室的地震模拟振动台上进行的部分高层建筑及高耸结构模型的有关数据。

根据表 4.7 中的数据及国内外多年来高层建筑整体模型的振动台试验的实践，可以归纳出高层建筑结构模型试验有以下的特点。

(1) 由于原型建筑的大型化以及试验设备的条件限制，高层建筑试验模型的几何缩比一般为 1/15～1/50，这样，构件的尺寸也要相应缩小，由于尺寸效应的影响而引起了模型材料性能的变化，从而对整个模型结构的反应有明显的影响。

(2) 相似关系要求在模型结构上施加附加模拟质量(或配重)，由此引起的水平向加速度相似系数与重力加速度相似系数不一致的问题不可避免，这种重力失真效应主要也是试验设备的承载能力所限造成的。

(3) 相似关系所要求的输入加速度峰值大小与试验设备的精度范围之间存在着很大的矛盾。例如，当要研究 7 度多遇地震的影响时，若取加速度相似系数为 1.0(即没有重力失真效应)，则相应的振动台台面输入峰值应为 35cm/s^2，但这样小的数值正好被试验数据的误差噪声所覆盖，再现这样的地震波形是毫无意义的。因为一般的振动台系统在再现地震波形时的误差在 $10\sim30\text{cm/s}^2$，在这样的误差范围内，再现 35cm/s^2 的地震波形可能是完全失真的。因此，从再现地震波形采集数据的精度要求来看，希望台面输入的加速度峰值不能太小，这时加速度相似系数应该大一些。试验研究人员的工作就是要在试验精度与失真效应之间寻找平衡点。作者多年的研究表明，在进行高层建筑模型抗震试验时，若要研究结构在多遇地震作用下的性能，加速度相似系数设计为 3.0 左右是比较合理的。因为在 7 度多遇地震时，按加速度相似系数为 3.0 设计的台面输入为 105cm/s^2 左右，当再现这样幅值较大的波形时，可以克服噪声的影响，从而保证输入的地震波形有足够的精度。

表4.7　土木工程防灾国家重点实验室振动台实验室近年高层建筑结构抗震模型试验

序号	项目名称	试验研究时间	主要结构体系	结构高度/m	几何相似常数	加速度相似常数
1	上海东方明珠广播电视塔	1990	混凝土结构	468	1/50	3.580
2	海南富通大厦	1993	混凝土结构	175	1/25	3.125
3	上海凯旋门大厦	1993	混凝土结构	100	1/25	5.000
4	深圳京广中心	1994	混凝土结构	128	1/25	4.000
5	上海星海大厦	1995	混凝土结构	84	1/25	7.110
6	中国金融大厦(上海)	1996	混凝土结构	138	1/25	8.290
7	广州国际商贸广场	1996	混凝土结构	249	1/100	6.020
8	广州越秀大厦	1996	混凝土结构	204	1/28	4.666
9	上海长寿路商业广场	1997	混凝土结构	120	1/25	3.000
10	上海大剧院	1997	钢-混凝土混合结构	38	1/25	1.000
11	深圳商隆大厦	1997	混凝土结构	218	1/25	4.000
12	广州天王中心	1998	混凝土结构	180	1/25	2.985
13	上海仙乐斯广场	1998	混凝土结构	148	1/50	2.000
14	中国建筑文化交流中心(北京)	1998	混凝土结构	49	1/20	1.250
15	广州南航大厦	1999	混凝土结构	204	1/25	2.750
16	上海浦东青少年活动中心	1999	混凝土结构	38	1/20	2.000
17	重庆建设大厦	1999	混凝土结构	193	1/28	4.000
18	南京电信局多媒体大楼	2000	混凝土结构	143	1/25	2.504
19	上海交银金融大厦	2000	混凝土结构	240	1/33	2.64
20	上海浦东世茂滨江花园兰园2#住宅大厦	2001	混凝土结构	169	1/25	4.000
21	深圳罗湖商务大厦	2001	混凝土结构	170	1/25	4.000
22	LG北京大厦	2002	钢-混凝土混合结构	140	1/20	3.000
23	广州南方电力调度中心	2002	混凝土结构	94	1/20	1.80
24	上海九百城市广场	2002	混凝土结构	49	1/25	1.200
25	上海浦东香格里拉扩建工程	2002	混凝土结构	153	1/25	3.750
26	深圳星河国际花城C栋	2002	混凝土结构	98	1/15	2.000
27	上海淮海晶华苑	2003	短肢剪力墙结构	96.6	1/20	3.000
28	上海世茂国际广场	2003	组合结构	333	1/35	3.000
29	上海环球金融中心	2004	组合结构	492	1/50	2.500
30	同济大学教学科研综合楼	2004	钢管混凝土框架	100	1/15	3.000
31	陕西法门寺合十舍利塔	2007	混凝土结构	147	1/35	1.000

续表

序号	项目名称	试验研究时间	主要结构体系	结构高度/m	几何相似常数	加速度相似常数
32	上海陆家嘴国金中心	2007	混合结构	250	1/30	2.500
33	上海国际设计中心	2007	混合结构	96	1/15	2.000
34	广州珠江新城西塔	2007	组合结构	432	1/80	2.000
35	舟山市普陀区东港商务中心	2008	混合结构	81.4	1/25	2.500
36	上海证大喜玛拉雅艺术中心酒店	2008	钢筋混凝土结构	98.7	1/20	3.000
37	上海嘉里静安南塔楼	2008	组合结构	244.8	1/35	3.000
38	上海世博会中国馆国家馆	2008	混合结构	60.3	1/27	1.000
39	上海中心大厦	2009	组合结构	580	1/50	3.360
40	北京财富中心二期	2010	混合结构	263.65	1/30	3.000
41	上海大中里 T1 塔楼	2010	混合结构	153	1/30	2.500
42	上海大中里 T2 塔楼	2010	混合结构	223.8	1/30	2.500
43	上海外滩某地块项目	2010	钢筋混凝土结构	49.2	1/15	2.699
44	北京平西府车辆段	2011	钢筋混凝土结构	78.5	1/20	2.500
45	昆明南亚之门	2011	钢筋混凝土结构	132	1/20	2.770

高层建筑结构模型试验要在结合现有仪器设备水平的基础上进行。如 4.1 节所述，结构模型试验的量纲协调要求应力相似常数与弹性模量相似常数在试验过程中保持相等，这就要求模型结构尽可能采用与原型结构相同的材料，才能保证强度模型的准确性。可见，模型结构的相似设计应在选取材料的基础上进行。

4.2.1　高层建筑抗震试验模型材料

适用于制作模型的材料很多，但没有绝对理想的材料。因此，正确地了解材料的性质及其对试验结果的影响，对顺利完成模型试验具有非常重要的意义。模型试验对模型材料的要求如下。

(1) 保证相似要求。即要求模型设计满足相似条件，以致模型试验结果可按相似常数相等条件推算到原型结构上去。

(2) 保证量测要求。即要求模型材料在试验时能产生足够大的变形，使量测仪表有足够的读数。因此，应选择模型材料的弹性模量适当低些，但也不能过低以至于因仪器防护、仪器安装装置或重量等因素而影响试验结果。

(3) 保证材料性能稳定。不受温度、湿度的变化影响而发生较大变化。一般模型结构尺寸小，对环境变化很敏感，以至于其产生的影响远大于它对原型结构的影响，因此材料性能稳定是很重要的。

(4) 保证材料徐变小。一切用化学合成方法生产的材料都有徐变，由于徐变是时间、温度和应力的函数，徐变对试验的结果影响很大，而真正的弹性变形不应该包括徐变。

(5) 保证加工制作方便。选用的模型材料应易于加工和制作,这对加快模型制作周期、降低模型试验费用是较为重要的。

常见的高层结构模型材料有以下几种。

1. 钢筋混凝土高层结构模型材料

1) 水泥砂浆

水泥砂浆可以用来模拟混凝土,但基本性能无疑与含有大骨料的混凝土存在差别,所以水泥砂浆主要是用来制作钢筋混凝土板壳等薄壁结构的模型,采用的钢筋是细直径的各种钢丝及铁丝等。

2) 细石混凝土

细石混凝土可以用来制作模型以研究钢筋混凝土结构的弹塑性工作或极限能力,小尺寸的混凝土与实际尺寸的混凝土结构虽然有差别(如收缩和骨料粒径的影响等),但这些差别在很多情况下是可以忽略的。非弹性工作时的相似条件一般不容易满足,而小尺寸混凝土结构的力学性能的离散性也较大,因此混凝土结构模型的比例不宜用得太小。目前模型的最小尺寸(如板厚)可做到3~5mm,而要求的骨料最大粒径不应超过该尺寸的1/3,这些条件在选择模型材料和确定模型比例时应该予以考虑。

3) 微粒混凝土

微粒混凝土可用于小比例强度模型,也称为模型混凝土,由细骨料、水泥和水组成。由于强度模型的成功与否在很大程度上取决于模型材料和原结构材料间的相似程度,而影响微粒混凝土力学性能的主要因素是骨料体积含量、级配和水灰比,因而微粒混凝土按试验条件相似主要条件要求做配比设计。在设计时首先基本满足弹性模量和强度条件,骨料粒径依模型几何尺寸而定,与前述细石混凝土要求相同,一般不大于截面最小尺寸的1/3。

4) 钢筋

一般情况下用几何相似要求选用细直径的钢筋,但在高层结构模型试验中,由于模型比例很小,钢筋直径不可能按缩尺比例缩小。根据作者研究梯队多年实践结果,采用强度等效的原则进行模型钢筋的选取,具体内容详见4.3.1节。

2. 钢结构高层(耸)模型材料

1) 紫铜

紫铜就是铜单质,紫铜为呈紫红色光泽的金属,密度为8.92g/cm^3,熔点为1083.4℃±0.2℃,沸点为2567℃。常见化合价为+1和+2(3价铜仅在少数不稳定的化合物中出现),电离能为7.726eV。铜材是人类发现最早的金属之一,也是最好的纯金属之一,稍硬、极坚韧、耐磨损,还有很好的延展性,导热和导电性能较好。紫铜在干燥的空气里很稳定,可以用来作为模拟钢结构建筑模型的主要材料。

2) 钢

钢是含碳量在0.04%~2.3%的铁碳合金,通常将其与铁合称为钢铁,为了保证其韧性和塑性,含碳量一般不超过1.7%。钢的主要元素除了铁、碳,还有硅、锰、硫、磷等,指含碳量小于2%的铁碳合金。钢材根据成分不同,又可分为碳素钢和合金钢;根据性能和用途不同,又可分为结构钢、工具钢和特殊性能钢。有时可以直接采用钢材来模拟高层(耸)钢结构。

4.2.2 高层建筑抗震试验模型相似条件

在进行高层结构动力模型设计时,除了考虑长度 L 和力 F 这两个基本物理量,还需考虑时间 t 这一基本物理量,而且结构的惯性力常常是作用在结构上的主要荷载。

$$m[\ddot{x}(t)+\ddot{x}_g(t)]+c\dot{x}(t)+kx(t)=0 \tag{4.3}$$

公式(4.3)为结构动力学基本方程,可以看出动力问题中要模拟惯性力、恢复力和重力三种力,因而对模型材料的弹性模量、密度的要求很严格。由方程式分析法的要求,动力方程各物理量相似关系满足的方程为

$$S_m(S_{\ddot{x}}+S_{\ddot{x}_g})+S_cS_{\dot{x}}+S_kS_x=0 \tag{4.4}$$

根据量纲协调原理,以弹性模量、密度、长度、加速度相似常数表达公式(4.4),有

$$S_\rho S_l^3(S_a+S_a)+S_E\sqrt{\frac{S_l^3}{S_a}}\sqrt{S_l\cdot S_a}+S_ES_l^2=0 \tag{4.5}$$

$$\frac{S_E}{S_\rho S_a S_l}=1 \tag{4.6}$$

公式(4.6)即高层模型试验结构动力学问题物理量相似常数需满足的相似要求。故模型相似设计的思路是:确定公式(4.6)中的三个可控相似常数;由公式(4.6)求出满足动力试验要求的第四个相似常数;校核按主控相似常数设计模型是否满足试验条件;再由似量纲分析法推广确定其余全部的相似常数。

三个可控相似常数的选取依问题而异,可选用长度、应力、加速度三个物理量的相似常数作为可控相似常数,求出密度相似常数对模型质量进行校核,推导频率相似常数对模型频率进行校核,简介如下。

1. 确定长度相似常数 S_l

在确定长度相似常数 S_l 之前,首先要获得振动台性能及试验室的数据资料,以确保原型结构缩尺之后,平面几何尺寸在振动台台面范围之内,立面高度满足试验室制作场地高度要求和模型吊装行车的高度要求。所以,长度相似系数 S_l 通常作为可控相似常数的首选。

较大的振动台试验模型施工方便,尺寸效应的影响也会相对较小,因此,期望模型制作得尽可能大,即长度相似系数尽可能取大值。长度相似常数一经确定,除非特殊情况,一般不再予以变动。特殊情况例如,当模型平面尺寸稍大于台面尺寸时,可采用刚性底座挑出振动台的方式;当模型高度超过行车起吊高度时,则可采用在振动台上制作和养护模型的方式等。

2. 选定模型材料,确定应力相似常数 S_σ

根据已选模型的主要材料,如选定钢筋混凝土部分由微粒混凝土、镀锌铁丝和镀锌铁

丝网来模拟。模型设计微粒混凝土与原型钢筋混凝土之间的强度关系通常在 1/3～1/5 的范围之内，试验室都可以实现，即应力相似常数 S_σ 一般也可作为可控相似常数，事先予以确定。

3. 确定加速度相似关系 S_a

S_a 在模型设计中的重要性不言而喻，它决定着高层模型结构是否能够反映原型结构在各种烈度下的真实地震反应，考虑到振动台噪声、台面承载力及行车起吊能力等因素，加速度相似关系 S_a 的范围通常在 1～3。值得注意的是，对于长悬臂等高层结构，竖向地震作用不可忽略，此时的加速度放大系数宜尽可能设置为 1，以免造成结果失真。

4. 确定第四个相似常数 S_ρ

根据动力模型相似要求公式(4.6)和前三个相似常数，确定第四个相似常数 S_ρ，并有

$$S_m = S_\rho S_l^3,\quad m^{\mathrm{m}} = S_m m^{\mathrm{p}} \tag{4.7}$$

式中，上标“p”表示原型结构的物理量；上标“m”表示模型结构的物理量。即由公式(4.7)得到模型的估算质量值 m^{m}。建筑结构动力模型可以采用全相似模型、人工质量模型、忽略重力模型和混合相似模型。高层建筑振动台试验的整体模型根据试验要求和试验条件，多采用考虑人工质量的混合相似模型。即除了微粒混凝土模型结构本身的质量，为了得到一种低强度高密度的模型材料，还要对模型施加附加质量，它适用于对质量在结构空间分布的准确模拟要求不高的情况。由上述分析可知，估算质量 m^{m} 中包括了模型结构质量和附加质量两部分，其中附加质量将在振动台上布置。因此要求模型结构和施加配重后的总质量 m^{m} 与模型刚性底座质量之和要控制在振动台试验时的允许质量范围内；模型结构与刚性底座质量之和应控制在吊车的起重能力以内。简单写为

$$m_{刚性底座} + m^{\mathrm{m}}_{模型结构} \leqslant m_{吊车吊挂} \tag{4.8}$$

$$m_{刚性底座} + m^{\mathrm{m}} = m_{刚性底座} + (m^{\mathrm{m}}_{模型结构} + m^{\mathrm{m}}_{模型配重}) \leqslant m_{振动台承载} \tag{4.9}$$

如果上述要求不能满足，则需反复调整应力相似常数 S_σ、加速度相似关系 S_a，并重复本步工作，直至基本满足。

5. 对频率相似常数 S_f 的要求

根据量纲协调，有

$$S_f = S_l^{-1}\sqrt{\frac{S_E}{S_\rho}} = \sqrt{\frac{S_a}{S_l}},\quad f^{\mathrm{m}} = S_f f^{\mathrm{p}} \tag{4.10}$$

校核模型结构频率，一般来说，至少要校核计算得到的原型结构的前 12 阶频率，保证其前 10 阶落在振动台的工作频率范围内。如果不能满足，则需从本节 2～5 步重新进行调整。

6. 似量纲分析法确定其余的相似常数

采用第 4.1 节中的似量纲分析法和参考表 4.6，推求高层结构模型试验研究中其余物理量的相似常数。

4.2.3 高层建筑抗震试验模型设计

完成以上工作后即可进入模型施工图阶段，绘制模型施工图，同时将模型构件尺寸及配筋等信息分类汇总制表，表达清楚即可，不再赘述。

4.2.4 高层建筑抗震试验模型制作

模型制作外模可采用木模或塑料板模整体滑升（一次滑升 2～3 层），内模一般采用泡沫塑料，这是因为泡沫塑料易成型、易拆模，即使局部不能拆除，对模型刚度的影响也很小。

在模型施工之前，首先将内模切割成一定形状，形成构件所需的空间，绑扎模型构件铁丝，如果遇配有型钢的构件，则在其相应位置上放置模拟型钢的材料（如紫铜）。保证其可靠连接后进行微粒混凝土的浇筑，边浇筑边振捣密实，每一次浇筑一层，达到一定强度后再安置上面一层的模板及铁丝等。重复以上步骤，直到模型全部浇筑完成，模型制作示意图如图 4.2 所示。同时注意，每滑升一次模板，用浇筑模型的微粒混凝土制作尺寸为 70.7mm×70.7mm×70.7mm、100mm×100mm×300mm 的梁板、柱（或墙）试块各三块，分别用于抗压强度和弹性模量的材性试验，以便在试验实施前，更为准确地确定模型材料强度，确保相似设计的合理性。

图 4.2 模型制作示意图

4.3 不同材料结构体系模型的相似要求

对于大比例的整体模型，可以直接采用与原型材料相同的钢筋或钢筋混凝土制作模型，其设计方法参照有关设计规范直接采用。然而，对于模型比例较小的情况，由于技术和经济等多方面的原因，一般很难满足相似条件，做到模型与实物完全相似，这就要求抓住主要影响因素，简化和减少一些次要的相似要求。如钢筋（或型钢）混凝土结构的整体强度模型还只能做到不完全相似的程度，这是因为：从量纲分析角度讲，构件截面的应力、混凝土的强度、钢筋的强度应该具有相同的相似常数（S_σ 一般只有 1/3～1/5），然而即使混凝土的强度能够满足这样的相似关系，也很难找到截面和强度分别满足几何相似关系和材料相似关系的材料来模拟钢筋，这时不同材料高层结构模型设计均需把握构件层次上的相似原则。

4.3.1 钢筋混凝土高层结构模型相似

把握构件层面的相似原则，对正截面承载能力的控制，依据抗弯能力等效的原则；对斜截面承载能力的模拟，按照抗剪能力等效的原则。原型结构、模型结构的弯矩和剪力分别表示如下。

原型结构：

$$M^{\mathrm{p}} = f_{\mathrm{y}}^{\mathrm{p}} A_{\mathrm{s}}^{\mathrm{p}} h_0^{\mathrm{p}}, \quad V^{\mathrm{p}} = f_{\mathrm{yv}}^{\mathrm{p}} \frac{A_{\mathrm{sv}}^{\mathrm{p}}}{s^{\mathrm{p}}} h_0^{\mathrm{p}}$$

模型结构：

$$M^{\mathrm{m}} = f_{\mathrm{y}}^{\mathrm{m}} A_{\mathrm{s}}^{\mathrm{m}} h_0^{\mathrm{m}}, \quad V^{\mathrm{m}} = f_{\mathrm{yv}}^{\mathrm{m}} \frac{A_{\mathrm{sv}}^{\mathrm{m}}}{s^{\mathrm{m}}} h_0^{\mathrm{m}} \tag{4.11}$$

根据弯矩相似常数和剪力相似常数，分别计算得到模型结构的配筋面积如下。

弯矩相似常数：

$$S_M = \frac{M^{\mathrm{m}}}{M^{\mathrm{p}}} = \frac{f_{\mathrm{y}}^{\mathrm{m}} A_{\mathrm{s}}^{\mathrm{m}} h_0^{\mathrm{m}}}{f_{\mathrm{y}}^{\mathrm{p}} A_{\mathrm{s}}^{\mathrm{p}} h_0^{\mathrm{p}}} = \frac{A_{\mathrm{s}}^{\mathrm{m}}}{A_{\mathrm{s}}^{\mathrm{p}}} S_l S_{f_{\mathrm{y}}}$$

$$\Rightarrow A_{\mathrm{s}}^{\mathrm{m}} = A_{\mathrm{s}}^{\mathrm{p}} \cdot \frac{S_M}{S_l S_{f_{\mathrm{y}}}} = A_{\mathrm{s}}^{\mathrm{p}} \frac{S_\sigma S_l^2}{S_{f_{\mathrm{y}}}} = \left(\frac{S_\sigma}{S_{f_{\mathrm{y}}}}\right) S_l^2 A_{\mathrm{s}}^{\mathrm{p}} \tag{4.12}$$

式中，f_{y} 为抗弯钢筋屈服强度；A_{s} 为抗弯钢筋面积；h_0 为计算弯矩力臂。

剪力相似常数：

$$S_V = \frac{V^{\mathrm{m}}}{V^{\mathrm{p}}} = \frac{f_{\mathrm{yv}}^{\mathrm{m}} \frac{A_{\mathrm{sv}}^{\mathrm{m}}}{s^{\mathrm{m}}} h_0^{\mathrm{m}}}{f_{\mathrm{yv}}^{\mathrm{p}} \frac{A_{\mathrm{sv}}^{\mathrm{p}}}{s^{\mathrm{p}}} h_0^{\mathrm{p}}} = \frac{A_{\mathrm{sv}}^{\mathrm{m}}}{A_{\mathrm{sv}}^{\mathrm{p}}} \cdot S_{f_{\mathrm{yv}}} \frac{S_l}{S_s}$$

$$\Rightarrow A_{\mathrm{sv}}^{\mathrm{m}} = A_{\mathrm{sv}}^{\mathrm{p}} \frac{S_V S_s}{S_{f_{\mathrm{yv}}} S_l} = A_{\mathrm{sv}}^{\mathrm{p}} \frac{S_\sigma S_l S_s}{S_{f_{\mathrm{yv}}}} = \left(\frac{S_\sigma}{S_{f_{\mathrm{yv}}}}\right)(S_l \cdot S_s) A_{\mathrm{sv}}^{\mathrm{p}} \tag{4.13}$$

式中，f_{yv}为抗剪钢筋屈服强度；A_{sv}为抗剪钢筋面积。

这样，可以分别根据原型结构的配筋面积计算出模型结构的配筋面积，并在其中考虑了混凝土强度和钢筋强度之间采用不同的相似系数的影响，使模型设计更加合理。

4.3.2 钢结构高层(耸)模型相似

在钢结构体系模型设计中，通常可选用钢材或紫铜材料。此类模型设计的关键问题是，模型尺寸按相似理论进行了缩尺，但结构材料性能并未变化(如采用钢材)或变化很小(如采用紫铜)。为考虑材料变化不大而模型应力需相似的情况，提出考虑按钢结构构件刚度等效的原则进行设计。

原型结构的抗弯刚度为 $E^{\mathrm{p}} I^{\mathrm{p}}$，按相似理论设计抗弯刚度为 $E_D^{\mathrm{m}} I_D^{\mathrm{m}}$，实际模型结构的抗弯刚度为 $E^{\mathrm{m}} I^{\mathrm{m}}$；原型结构的抗拉(压) 刚度为 $E^{\mathrm{p}} A^{\mathrm{p}}$，按相似理论设计抗拉(压) 刚度为

$E_D^m A_D^m$,实际模型结构的抗拉(压)刚度为 $E^m A^m$,按刚度等效及相似设计则有

$$\frac{E^m I^m}{E^p I^p} = \frac{E_D^m I_D^m}{E^p I^p} = S_E S_l^4 \tag{4.14}$$

$$\frac{E^m A^m}{E^p A^p} = \frac{E_D^m A_D^m}{E^p A^p} = S_E S_l^2 \tag{4.15}$$

如果模型材料选用钢材来模拟原型钢结构,即在公式(4.14)和公式(4.15)中,$E^m = E^p$,则得

$$\frac{I^m}{I^p} = S_E S_l^4 \tag{4.16}$$

$$\frac{A^m}{A^p} = S_E S_l^2 \tag{4.17}$$

以圆钢管为例,原型结构钢管直径用 D^p 表示,内外径比用 α^p 表示;模型结构钢管直径用 D^m 表示,内外径比用 α^m 表示,则公式(4.16)和公式(4.17)可写为

$$\frac{(D^m)^4[1-(\alpha^m)^4]}{(D^p)^4[1-(\alpha^p)^4]} = S_E S_l^4 \tag{4.18}$$

$$\frac{(D^m)^2[1-(\alpha^m)^2]}{(D^p)^2[1-(\alpha^p)^2]} = S_E S_l^2 \tag{4.19}$$

由公式(4.18)和公式(14.19)可以得到模型结构圆管外径及内外径比为

$$D^m = \sqrt{\frac{(1+S_E)+(\alpha^p)^2(1-S_E)}{2}} S_l D^p \tag{4.20}$$

$$\alpha^m = \sqrt{\frac{(1-S_E)+(\alpha^p)^2(1+S_E)}{(1+S_E)+(\alpha^p)^2(1-S_E)}} \tag{4.21}$$

由公式(4.20)和公式(4.21)得到模型结构的钢管直径和内外径比,并在其中考虑了应力相似设计对模型构件的影响。模型圆管杆件的其余参数为如下。

面积:

$$A^m = \frac{\pi}{4}(D^m)^2[1-(\alpha^m)^2] = S_E S_l^2 A^p \tag{4.22}$$

惯性矩:

$$I^m = \frac{\pi}{64}(D^m)^4[1-(\alpha^m)^4] = S_E S_l^4 I^p \tag{4.23}$$

回转半径:

$$i^m = \sqrt{\frac{I^m}{A^m}} = \sqrt{\frac{S_E S_l^4 I^p}{S_E S_l^2 A^p}} = S_l i^p \tag{4.24}$$

长细比:

$$\lambda^m = \frac{l^m}{i^m} = \frac{S_l l^p}{S_l i^p} = \lambda^p \tag{4.25}$$

抵抗矩:

$$\begin{aligned} W^m &= \frac{\pi}{32}(D^m)^3[1-(\alpha^m)^4] = \frac{2}{D^m} I^m \\ &= \sqrt{\frac{2}{(1+S_E)+(\alpha^p)^2(1-S_E)}} S_E S_l^3 W^p = \kappa S_E S_l^3 W^p \end{aligned} \tag{4.26}$$

式中，κ 为参数，$\kappa=\sqrt{\dfrac{2}{(1+S_E)+(\alpha^p)^2(1-S_E)}}$。

从公式(4.20)～公式(4.26)中可以看出，与经典相似理论相比，考虑应力相似影响后的截面设计，将对模型结构的外径、内外径比、面积、惯性矩、抵抗矩参数产生影响，而不影响其回转半径和长细比。以压弯构件强度计算为例，对于原型结构，有

$$\frac{N^p}{A^p}\pm\frac{M_x^p}{\gamma_x W_x^p}\pm\frac{M_y^p}{\gamma_y W_y^p}\leqslant f \tag{4.27}$$

式中，γ_x、γ_y 为与截面模量相应的截面塑性发展系数。

对于模型结构，结合相似设计和上述公式有

$$\begin{aligned}\frac{N^m}{A^m}\pm\frac{M_x^m}{\gamma_x W_x^m}\pm\frac{M_y^m}{\gamma_y W_y^m}&=\frac{S_E S_l^2 N^p}{S_E S_l^2 A^p}\pm\frac{S_E S_l^3 M_x^p}{\gamma_x \kappa S_E S_l^3 W_x^p}\pm\frac{S_E S_l^3 M_y^p}{\gamma_y \kappa S_E S_l^3 W_y^p}\\&=\frac{N^p}{A^p}\pm\frac{1}{\kappa}\frac{M_x^p}{\gamma_x W_x^p}\pm\frac{1}{\kappa}\frac{M_y^p}{\gamma_y W_y^p}\end{aligned} \tag{4.28}$$

事实上，结构中参数 κ 将很接近 1，结合公式(4.27)和公式(4.28)，有

$$\frac{N^p}{A^p}\pm\frac{M_x^p}{\gamma_x W_x^p}\pm\frac{M_y^p}{\gamma_y W_y^p}\cong\frac{N^m}{A^m}\pm\frac{M_x^m}{\gamma_x W_x^m}\pm\frac{M_y^m}{\gamma_y W_y^m}\leqslant f \tag{4.29}$$

公式(4.29)说明，按刚度等效原则考虑材料相同而应力相似的模型设计，可以实现对原型结构的强度验算。构件整体稳定性的验算同理可证。

4.3.3　考虑土-结共同工作的高层结构模型相似

人们很早就认识到了相似模拟问题在结构-地基动力相互作用振动台模型试验中的重要性。Mizuno 等[4]和 Tamori 等[5]是在结构-地基相互作用振动台试验中较早考虑相似模拟的学者，Mizuno 等[4]用矩形截面的钢桩模拟钻孔灌注桩，用膨润土和聚丙烯酰胺组成的弹性材料模拟原型土，采用单质点模型模拟 11 层公寓结构，进行了强迫振动试验和地震波激励试验。Tamori 等[5]在进行土-桩-结构的动力相互作用振动台试验时，采用一种碳酸钙和油的混合物作为模型土，来考虑土的相似模拟。Meymand[6]在进行桩-土-结构相互作用振动台试验时也考虑了模型的相似率，采用高岭土、膨润土和粉煤灰按一定比例混合配制了模型土，模拟软黏土；用铝合金管桩模拟钢管桩，上部结构则用单柱加质量块模拟。应该指出，这些试验中对模型相似模拟的考虑是初步的，对相似模拟的效果也没有给出相应的评价。结构-地基相互作用振动台模型试验中的相似模拟问题仍是目前公认的难题之一。

作者曾主持国家自然科学基金重点项目“结构与地基相互作用的振动台试验与分析研究”，课题组进行了三个阶段的结构-地基相互作用体系的振动台模型试验，试验确定模型相似设计的基本原则如下[7]：①试验强调土、基础、上部结构遵循相同的相似关系；②允许重力失真，同时考虑到在土中和桩基础中附加人工质量十分困难，整个模型体系不附加配重；③控制动力荷载参数满足振动台性能参数的要求；④满足施工条件和试验室设备能力。

根据上述原则，采用非原型材料忽略重力模型完成试验，且土、基础、上部结构遵循相同的相似关系。具体内容详见第 7 章。

4.3.4　桁架结构的相似

桁架结构的相似主要以桁架杆件轴力等效为原则，原型结构、模型结构的轴力如下。

原型结构：

$$N^{\mathrm{p}} = f_{\mathrm{y}}^{\mathrm{p}} A_{\mathrm{tr}}^{\mathrm{p}}$$

模型结构：

$$N^{\mathrm{m}} = f_{\mathrm{y}}^{\mathrm{m}} A_{\mathrm{tr}}^{\mathrm{m}} \tag{4.30}$$

根据轴力相似常数的定义，有

$$S_N = \frac{N^{\mathrm{m}}}{N^{\mathrm{p}}} = \frac{f_{\mathrm{y}}^{\mathrm{m}} A_{\mathrm{tr}}^{\mathrm{m}}}{f_{\mathrm{y}}^{\mathrm{p}} A_{\mathrm{tr}}^{\mathrm{p}}} = \frac{A_{\mathrm{tr}}^{\mathrm{m}}}{A_{\mathrm{tr}}^{\mathrm{p}}} S_{f_{\mathrm{y}}}$$

$$A_{\mathrm{tr}}^{\mathrm{m}} = A_{\mathrm{tr}}^{\mathrm{p}} \frac{S_N}{S_{f_{\mathrm{y}}}} = A_{\mathrm{tr}}^{\mathrm{p}} \frac{S_\sigma S_l^2}{S_{f_{\mathrm{y}}}} = \left(\frac{S_\sigma}{S_{f_{\mathrm{y}}}}\right) S_l^2 A_{\mathrm{tr}}^{\mathrm{p}} \tag{4.31}$$

式中，$A_{\mathrm{tr}}^{\mathrm{p}}$、$A_{\mathrm{tr}}^{\mathrm{m}}$分别为原型结构和模型结构的截面面积。

这样，可以根据原型桁架构件的截面面积计算出模型桁架构件的截面面积，并在其中考虑了混凝土强度和桁架杆材强度之间采用了不同的相似系数的影响。对计算出的桁架构件可进一步进行压杆稳定验算，假定模型和原型遵循相同的压杆稳定方程式，原则上也可以根据方程式分析法导出相似关系。

4.3.5　组合楼板结构的相似

组合楼板的相似以抗弯等效为原则，将压型钢板等效成混凝土板，进行配筋计算，具体做法如下。

首先，取单位宽度楼板，将原型结构的压型钢板等效为原型结构的配筋(忽略保护层厚度的影响)，有

$$f_{\mathrm{y1}} A_{\mathrm{s1}} h_0 = f_{\mathrm{y2}} A_{\mathrm{pl}} h_0 \Rightarrow A_{\mathrm{s1}} = \frac{f_{\mathrm{y2}}}{f_{\mathrm{y1}}} A_{\mathrm{p}l} \tag{4.32}$$

式中，f_{y1}、f_{y2}分别为钢筋和压型钢板的屈服强度；$A_{\mathrm{p}l}$、A_{s1}、A_{s2}分别为压型钢板面积、压型钢板等效钢筋面积和原结构配筋面积，则等效后原型结构的配筋面积为

$$A_{\mathrm{s}} = A_{\mathrm{s1}} + A_{\mathrm{s2}} \tag{4.33}$$

然后，根据弯矩相似常数计算得到模型结构混凝土楼板的配筋面积如下：

$$S_M = \frac{M^{\mathrm{m}}}{M^{\mathrm{p}}} = \frac{f_{\mathrm{y}}^{\mathrm{m}} A_{\mathrm{s}}^{\mathrm{m}} h_0^{\mathrm{m}}}{f_{\mathrm{y}}^{\mathrm{p}} A_{\mathrm{s}}^{\mathrm{p}} h_0^{\mathrm{p}}} = \frac{A_{\mathrm{s}}^{\mathrm{m}}}{A_{\mathrm{s}}^{\mathrm{p}}} S_l S_{f_{\mathrm{y}}}$$

$$\Rightarrow A_{\mathrm{s}}^{\mathrm{m}} = A_{\mathrm{s}}^{\mathrm{p}} \frac{S_M}{S_l S_{f_{\mathrm{y}}}} = A_{\mathrm{s}}^{\mathrm{p}} \frac{S_\sigma S_l^2}{S_{f_{\mathrm{y}}}} = \left(\frac{S_\sigma}{S_{f_{\mathrm{y}}}}\right) S_l^2 A_{\mathrm{s}}^{\mathrm{p}} \tag{4.34}$$

4.4　高层建筑抗震试验模型相似关系的试验验证

本章前几小节分别讨论了相似理论在高层抗震模型试验中的应用，给出了动力试验的相似条件和不同材料体系的相似要求，总结了高层抗震试验模型的设计和制作方法。作者及其团队多年来在不断积累研究高层建筑抗震试验模型方法的同时，也注重从不同类型模

型、不同比例模型试验、现场实测等多个角度对高层建筑抗震模型相似关系进行验证。

4.4.1　单自由度体系试验模型的验证

1. 模型设计与制作

1) 模型设计

设计了 1∶2($Z_{2\text{-}2}$)及 1∶8($Z_{8\text{-}1}$)两组试件，截面分别为 200mm×300mm 和 50mm×75mm，高度分别为 1800mm 和 450mm，并按相似条件进行了配筋和施加人工质量，如图 4.3 所示[8]。

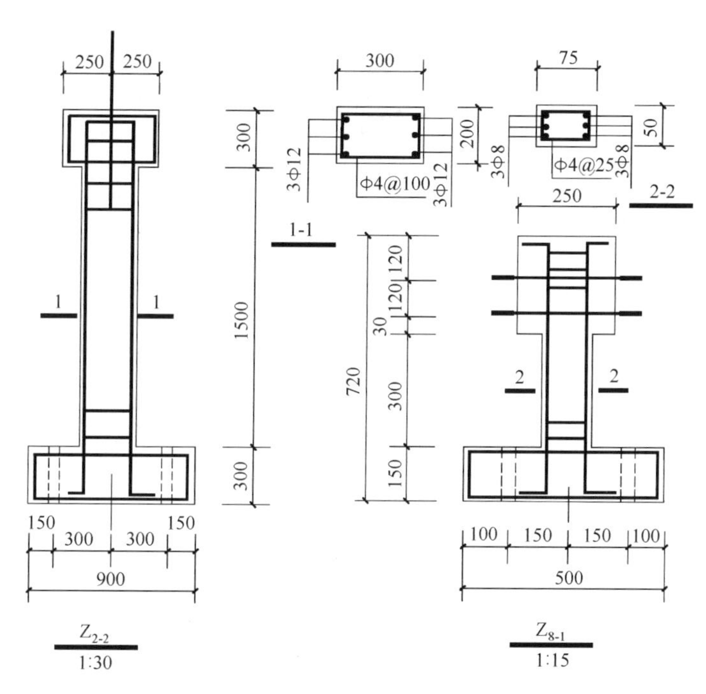

图 4.3　柱试件设计图

2) 两组试件的相似关系

表 4.8 列出了原型柱与模型柱的相似关系式和相似常数，这是进行模型试验和推算原型的依据，特别是时间相似系数 S_t 和加速度相似系数 S_a 是控制台面输入的重要参数。

表 4.8　设计相似关系($Z_{8\text{-}1}/Z_{2\text{-}2}$)

相似量	相似系数	相似量	相似系数
几何尺寸 S_l	1/4	应变 S_ε	1
弯曲应力 S_σ	1	压应力 S_σ	1
弹性模量 S_E	1	泊松比 S_μ	1
集中质量 S_m	1/40	刚度 S_K	1/4
时间 S_t	1/3.16	周期 S_T	1/3.16
频率 S_f	1/0.32	加速度 S_a	2.5

3）台面输入及测点布置

振动台试验的台面输入加速度为按时间轴压缩的 El Centro 地震记录（1940 年 N-S），用非线性地震反应分析的方法对两组试件动力反应进行估计，选定台面输入加速度峰值为：

$Z_{2\text{-}2}$：0.12g、0.24g、0.48g、0.96g、1.20g；

$Z_{8\text{-}1}$：0.30g、0.60g、1.20g、2.40g、3.00g。

试件安装及测点布置示如图 4.4 所示，测点分别为台面实际输入加速度、柱顶反应加速度、柱顶位移、柱底纵向钢筋应变、混凝土表面应变，所有测点数据都通过数据采集系统与计算机相联进行数据处理和分析。

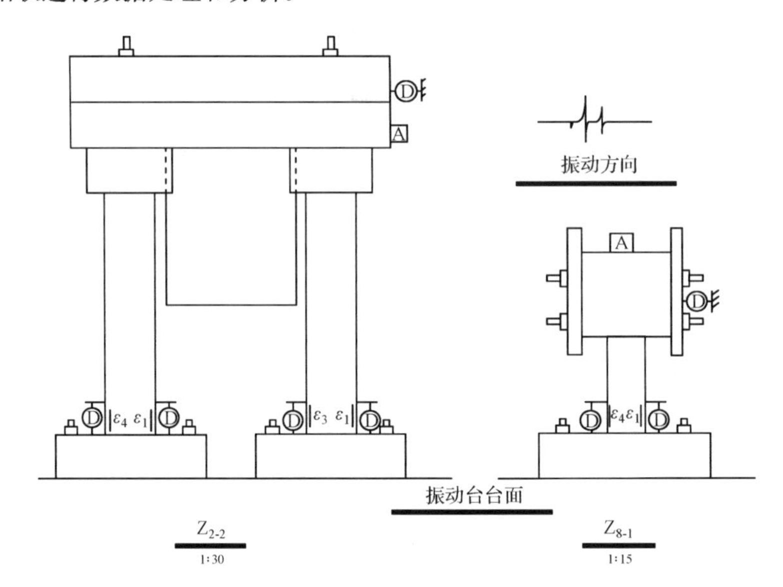

图 4.4　柱试件安装图

2. 模型试验及结果

1）未开裂阶段

当试件 $Z_{2\text{-}2}$ 在台面名义输入加速度峰值为 0.12g 和 0.24g，试件 $Z_{8\text{-}1}$ 在 0.30g 时，构件变形很小，可以认为处于弹性工作阶段。

2）开裂阶段

当试件 $Z_{2\text{-}2}$ 输入加速度峰值为 0.48g 时，柱底与底梁交线上出现肉眼可见的裂缝；当试件 $Z_{8\text{-}1}$ 输入加速度峰值为 0.60g 时，柱底出现大约 5cm 长的水平裂缝，但裂宽很小。

3）纵向钢筋屈服阶段

当试件 $Z_{2\text{-}2}$ 输入加速度峰值为 0.96g 时，柱底裂缝沿水平方向贯通，其中一个柱子底部一角有小片混凝土脱落；当试件 $Z_{8\text{-}1}$ 输入加速度峰值为 1.20g 时，由于设备的原因，跳到了 2.40g 的台面输入，只采集到 2.40g 的数据。为方便比较，并考虑到其非线性变化特征，运用双直线外推法确定一个 1.20g 输入时的名义值。此时钢筋的应变达到 2000$\mu\varepsilon$，钢筋已经屈服。

4）失稳破坏阶段

当试件 $Z_{8\text{-}1}$ 当输入加速度峰值为 2.40g 时，试件断裂，发生失稳破坏。按照加载程序，各阶段加速度峰值如表 4.9 所示；试件 $Z_{2\text{-}2}$ 由于过重，振动台未能加到 1.20g，根据前三阶段结果推断，当输入加速度峰值为 1.20g 时，试件将发生失稳破坏。

表 4.9　加速度输入和反应峰值表

试件	试验阶段	台面输入/g	柱顶反应/g	试件	试验阶段	台面输入/g	柱顶反应/g
$Z_{2\text{-}2}$	第一次加载	0.1095	0.1701	$Z_{8\text{-}1}$	第一次加载	0.3031	1.0130
	第二次加载	0.2112	0.4047		第二次加载	0.5230	1.7487
	第三次加载	0.4028	0.6237		第三次加载	1.0609	2.2727
	第四次加载	0.8030	0.9561		第四次加载	2.1434	2.7715

3. 相似关系考察

1）加速度相似关系

原型的加速度，一是通过模型的加速度利用相似关系式推算，二是原型在试验中直接量测的结果，将两种结果进行比较，找出误差，并进行修正。

在相似条件完全满足的条件下，即严格按模型试验的相似条件进行模型设计与试验，原型与模型加速度具有如下关系式：

$$a^{\mathrm{p}} = a^{\mathrm{m}}\beta_2 = S_a a^{\mathrm{m}} \tag{4.35}$$

则 $S_a = \beta_2$，其中 β_2 为尺寸效应修正系数。

在相似条件不能完全满足的情况下，反应加速度与材料强度、结构刚度、尺寸大小、台面输入误差和质量比等因素有关，因此模型与原型具有如下关系式：

$$a^{\mathrm{p}} = \beta_1\beta_2\beta_3\beta_4 a^{\mathrm{m}} \tag{4.36}$$

则

$$S_a = \beta_1\beta_2\beta_3\beta_4 \tag{4.37}$$

式中，β_1 为反映安装和加载过程中的修正系数；β_2 为尺寸效应修正系数；β_3 为输入误差修正系数；β_4 为质量比修正系数。

下面对各项修正系数分别进行阐述。

(1) 反映安装和加载过程修正系数 β_1。

β_1 与试件材料实际强度、试验安装刚度有关，因此包括强度修正系数 β_R 和刚度修正系数 β_K。

β_R 为考虑模型材料与原型材料强度差异而引入的系数，$\beta_R = R^{\mathrm{m}}/R^{\mathrm{p}} = 200/375 = 1/1.875 = 0.533$，很明显，当模型材料强度与原型材料相同时，$\beta_R=1$。

刚度修正系数 β_K，结构刚度根据试件安装情况而定，1/2 模型采用四柱加整体质量块，通过自振频率的测试结果，可反算得知。其刚度取一端固定和一端自由的刚度平均值，即

$$K_{2\text{-}2} = \frac{1}{2}\left(\frac{12EI}{l^3} + \frac{3EI}{l^3}\right) = \frac{7.5EI}{l^3} \tag{4.38}$$

1/8 模型采用单柱加质量块，其刚度为

$$K_{8\text{-}1} = \frac{3EI}{l^3}$$

$$S_K = K^{\mathrm{p}}/K^{\mathrm{m}} = \alpha S_E = \beta_K \tag{4.39}$$

式中，$\alpha=1/2.5$，显然当模型与原型安装情况相同时，$\alpha=1$。

将 S_E 计入钢筋的影响，有

$$E = E_{\mathrm{c}} + \frac{2A_{\mathrm{s}}}{bh_0}E_{\mathrm{s}} = E_{\mathrm{c}} + \rho E_{\mathrm{s}}$$

$$S_E = (E_{\mathrm{c}}^{\mathrm{m}} + E_{\mathrm{s}}^{\mathrm{m}}\rho^{\mathrm{m}})/(E_{\mathrm{c}}^{\mathrm{p}} + E_{\mathrm{s}}^{\mathrm{p}}\rho^{\mathrm{p}})$$

$$= \frac{1 + 6.5625 \times 0.0113}{1.25 + 2.5 \times 6.5625 \times 0.0113} = \frac{1}{1.336}$$

$$\beta_K = \frac{1}{2.5 \times 1.336} = \frac{1}{3.34} = 0.30 \tag{4.40}$$

式中，ρ 为配筋率；E_{c} 为混凝土弹性模量；E_{s} 为钢筋的弹性模量。

当模型刚度变小时，反应位移增大，加速度反应变小，因此用模型加速度估算原型时应除以 β_K，将 β_R 和 β_K 合并成一项得

$$\beta_1' = \beta_R \frac{1}{\beta_K} = \frac{3.34}{1.875} = \frac{1}{0.56} = 1.781 \tag{4.41}$$

β_1 在理想情况下，即当完全满足相似条件时为 1，它随模型材料强度的增大而减小，随模型刚度的增大而增大，它还与试件的加载过程有关，即修正系数与截面混凝土参加工作的比例有关，开裂后便退出工作而不修正，因此按相对受压区高度折减：

$$\beta_1 = 1 - (1 - \beta_1')K_i \tag{4.42}$$

式中，$K_i = x_i/x_1$，这里 $K_i = 1, 0.77, 0.25, 0.05$ $(i=1,2,3,4)$。

(2) 尺寸效应修正系数 β_2。

β_2 是考虑材料强度随着试件尺寸的减小而增大，因此，用模型估算原型时乘以 $1/\beta$ 的系数($\beta>1$)。根据国内外试验及作者的试验所得到的回归公式为

$$\beta = \frac{0.56 + 0.697\dfrac{d^{\mathrm{m}}}{0.423\dfrac{V^{\mathrm{m}}}{h^{\mathrm{m}}} + h^{\mathrm{m}}}}{0.56 + 0.697\dfrac{d^{\mathrm{m}}}{0.423\dfrac{V^{\mathrm{m}}S_l}{h^{\mathrm{m}}} + h^{\mathrm{m}}}} \tag{4.43}$$

将本次试验的有关量代入式(4.43)，可得 $\beta=1.064$，则 $\beta_2=1/\beta=1/1.064=0.94$。

(3) 输入误差修正系数 β_3。

β_3 是由于台面输入直接影响着柱顶反应，因此输入误差引起反应的误差为

$$a_0^{\mathrm{p}} = (1-\delta)a^{\mathrm{p}} = (1-\delta)\frac{a^{\mathrm{m}}}{S_a} = \beta_3\frac{a^{\mathrm{m}}}{S_a}\text{，即 } \beta_3 = 1-\delta \tag{4.44}$$

此项误差随着输入误差的减小而减小，当输入误差为零时，$\beta_3=1$。

(4) 质量比修正系数 β_4。

β_4 为不满足相似条件的质量比的修正。从加速度相似系数 S_a 具有下列关系式：

$$S_a = S_E S_l^2 / S_m \tag{4.45}$$

在完全满足相似条件的情况下，不必做此项修正。

综上所述，在模型试验中，除了尺寸效应是不可避免的，其余相似条件在理想情况下可不做相似修正。这在试验中是很难做到的，但可以通过相似修正而得到可供比较的结果。修正后的加速度为

$$a^{p\prime} = \beta_1 \beta_2 \beta_3 \beta_4 a^m$$

将原型推算结果进行上述各项修正，并与修正前进行比较，如表 4.10 所示。

表 4.10　加速度反应比较及修正

峰值		加载次序			
		一	二	三	四
输入峰值	模型试验结果 a^m	0.3031g	0.5230g	1.0609g	2.1434g
	模型推算原型 a^p	0.1212g	0.2092g	0.4244g	0.8574g
	原型试验结果 a_0^p	0.1095g	0.2112g	0.4028g	0.6036g
	$\delta = \vert a^p - a_0^p \vert / a^p$	9.6%	1.0%	5.1%	6.3%
反应峰值比较及修正	模型试验结果 a^m	1.0130g	1.7487g	2.2727g	2.7715g
	模型推算原型 a^p	0.0432g	0.6995g	0.9091g	1.1086g
	原型试验结果 a_0^p	0.1707g	0.4047g	0.6237g	0.9561g
	$\delta = \vert a^p - a_0^p \vert / a^p$	58.0%	42.1%	31.4%	13.8%
	修正结果 $a^{p\prime}$	0.2061g	0.4394g	0.7222g	0.9548g
	$\delta = \vert a^{p\prime} - a_0^p \vert / a^p$	17.5%	7.9%	1.6%	0.13%

从比较中可以看出，加速度修正系数对前三阶段效果较好，在第四阶段由于试件的刚度发生了明显变化，修正与否对最后结果影响不大。

2）弯矩相似关系

在计算弯矩中，已经考虑到材料强度不同，影响计算弯矩的因素还有结构刚度、尺寸效应等。

(1) 结构刚度修正系数 γ_1。

如公式(4.40)，有

$$\gamma_K = \beta_K = 1/3.34, \quad \gamma_1 = 1/\gamma_K = 3.34 \tag{4.46}$$

与反应加速度一样，此项修正系数与截面混凝土参加工作的比例有关，因此按相对受压区高度折减，其折减系数为

$$K_i = x_i / x_1, \qquad i = 1,2,3,4$$

(2) 尺寸效应修正系数 γ_2。

如公式(4.43)，有

$$\gamma_l = \beta = 1.064, \quad \gamma_2 = 1/\beta = 1/1.064 = 0.94 \tag{4.47}$$

故修正后的弯矩为

$$M^{p\prime} = [1 - (1 - \gamma_1) K_1] \gamma_2 S_M M^m \tag{4.48}$$

将原型推算结果进行上述各项修正，并与修正前进行比较，如表 4.11 所示。

表 4.11 计算弯矩比较及修正

弯矩	加载次序			
	一	二	三	四
模型弯矩 $M^{m}/(\mathrm{kN\cdot m})$	0.0175×10^5	0.02198×10^5	0.02135×10^5	0.2007×10^5
模型推算原型 $M^{p}/(\mathrm{kN\cdot m})$	2.8016×10^5	3.516×10^5	3.4160×10^5	3.2112×10^5
原型计算弯矩 $M_0^{p}/(\mathrm{kN\cdot m})$	0.6485×10^5	1.4551×10^5	2.4730×10^5	2.6430×10^5
$\delta=\lvert M^{p}-M_0^{p}\rvert/M^{p}$	76.9%	58.6%	27.6%	17.7%
修正弯矩 $M^{p\prime}/(\mathrm{kN\cdot m})$	0.7885×10^5	1.5224×10^5	2.6486×10^5	2.9128×10^5
$\delta=\lvert M^{p\prime}-M_0^{p}\rvert/M^{p}$	17.8%	4.4%	6.6%	9.3%

从以上比较结果中可以看出，用模型弯矩估算的原型，弯矩在各阶段都符合较好，显然，存在的误差对于工程结构的抗震设计，是可以接受的。

4. P-Δ 效应的影响

不考虑 P-Δ 效应的影响，有

$$S_E=E_m/E_p=2.6\times10^5/3.1\times10^5=1/1.1932=0.84$$

$$S_K=S_ES_l=\frac{1}{1.1932\times4}=\frac{1}{4.7692}=0.21$$

$$S_t=\sqrt{S_m/S_K}=\sqrt{4.7692/40}=\frac{1}{2.8960}=0.35$$

$$S_a=S_l/S_t^2=2.8960^2/4=\frac{1}{0.4769}=2.0969 \tag{4.49}$$

式中，E_m、E_p 分别为模型结构和原型结构的弹性模量。

考虑 P-Δ 效应的影响，有

$$K_m=\frac{3E_mI_m}{l_m^3}=\frac{3\times2.6\times10^5\times\frac{1}{12}\times5\times7.5^3}{45^3}=1.5046\times10^8$$

$$W_m=85.22$$

$$S_t=\sqrt{\left(\frac{K_m}{S_k}-\frac{S_l}{S_m}\frac{W_m}{l_m}\right)S_m\Big/\left(K_m-\frac{W_m}{l_m}\right)}=\frac{1}{2.8998}=0.3449$$

$$S_a'=S_l/S_t^2=2.8998^2/4=\frac{1}{0.4763}=2.0995$$

$$\delta_{S_a}=\frac{\lvert S_a'-S_a\rvert}{S_a'}\times100\%=\frac{\lvert 2.0995-2.0969\rvert}{2.0995}\times100\%=0.12\% \tag{4.50}$$

式中，K_m 为模型结构的刚度；l_m 为模型结构的高度；W_m 为模型结构的截面抵抗矩；δ_{S_a} 为应变。

由此可知，P-Δ 效应对加速度相似常数的影响很小，计算上可以不予考虑。

5. 质量比的影响

由 $S_a=S_l/S_t^2$、$S_t=\sqrt{S_m/S_k}$ 得

$$S_a = \frac{S_l S_K}{S_m} = \frac{S_E S_l^2}{S_m} \text{ 或 } \frac{1}{S_a} = \frac{1}{S_E S_l^2} S_m \tag{4.51}$$

式(4.51)表明，随着质量比的增大或柱底初始应力比的增大，加速度比减小，即 $a^{\mathrm{m}} = a^{\mathrm{p}} \cdot S_a$ 增大，从而对模型的输入要增大。

通过本节所述的试验结果和理论分析，可以看出以下几点。

(1) 钢筋混凝土模型柱在动力试验中，在一些相似条件不满足的情况下仍可得到一定的相似关系。相似关系受到各种因素的影响，包括材料强度、模型设计与制作、试件安装和试验情况等，但只要严格控制这些因素，其结果仍具有一定的相似性。

(2) 本节提出的修正系数，考虑了加载到破坏的全过程，其中加速度修正系数对前三阶段效果较好，弯矩修正系数对全过程均有较好效果。

(3) 对于动力模型的加速度相似关系，P-Δ 效应对其影响甚微，可以不考虑，而质量比对其影响较大，并随质量比的增大而减小。

4.4.2　多层钢筋混凝土框架试验模型的验证

本节通过对钢筋混凝土框架模型的模拟地震振动台试验[9]，对动力相似理论进行研究与验证。

1. 模型设计与制作

模型的缩尺比例定为 1/4 和 1/8 两种，原型和模型的概况如表 4.12 所示。

表 4.12　原型和模型的概况

模型	FM1	FM4	FM8
总高度	22m	5.5m	2.75m
柱网	8m×8m	2m×2m	1m×1m
柱截面	400mm×400mm	100mm×100mm	50mm×50mm
梁截面	200mm×600mm	50mm×150mm	25mm×75mm
板厚	160mm	40mm	20mm
每层配重	—	12.48kN (3.12kN/m^2)	2.018kN (2.018kN/m^2)
柱底应力	5.613MPa	2.825MPa	1.687MPa

模型及原型的结构布置和配筋如图 4.5 所示。其中采用微粒混凝土模拟原型结构混凝土，按强度等效原则计算模型钢筋。

根据钢筋和混凝土材料的力学试验报告调整相似关系，得到表 4.13 所示的三组相似关系式。

2. 模型试验及结果

1/4 和 1/8 缩尺模型的试验加载顺序如表 4.14 所示。

1) 1/4 缩尺模型模拟地震振动台试验结果

在正式加载前，经过小幅度的白噪声激振，实测得 1/4 缩尺模型的基频为 2.078Hz。

在经历了 0.0724g 和 0.185g 的振动后，从基频的实测值未变化判定，模型仍处于弹性状态，图 4.6 为模型试验测点位置图。

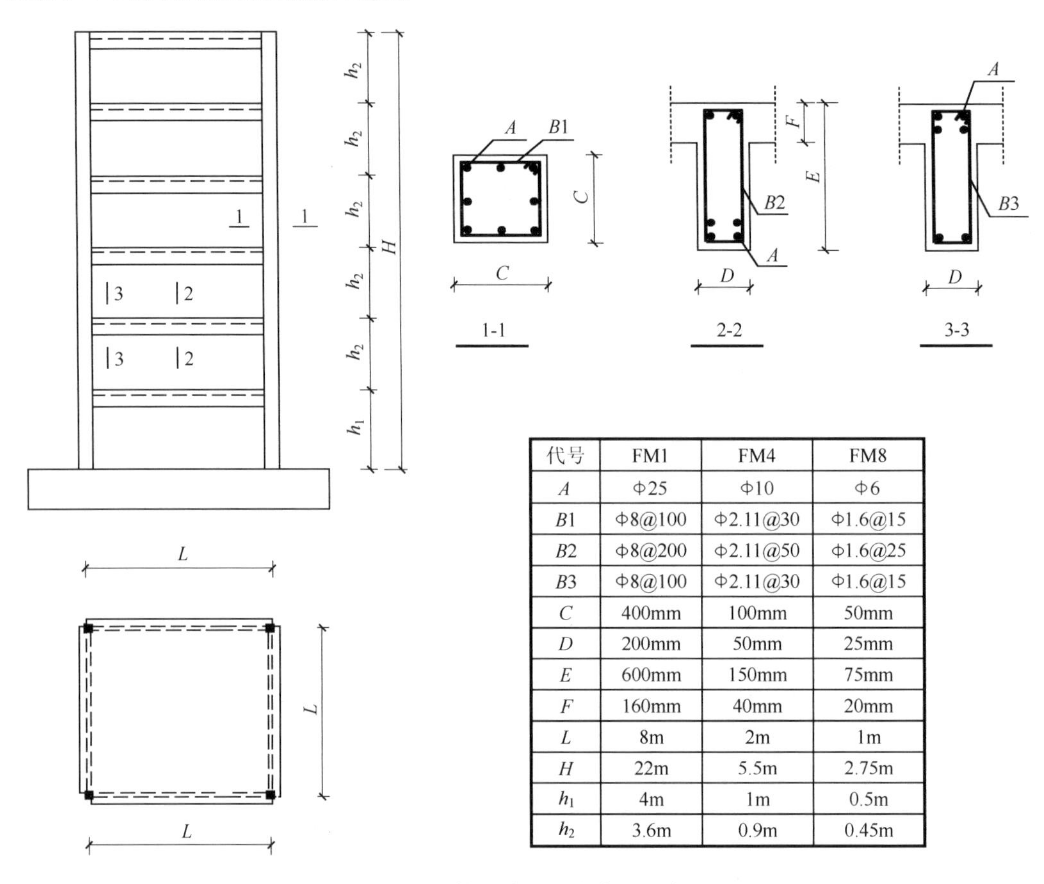

代号	FM1	FM4	FM8
A	Φ25	Φ10	Φ6
$B1$	Φ8@100	Φ2.11@30	Φ1.6@15
$B2$	Φ8@200	Φ2.11@50	Φ1.6@25
$B3$	Φ8@100	Φ2.11@30	Φ1.6@15
C	400mm	100mm	50mm
D	200mm	50mm	25mm
E	600mm	150mm	75mm
F	160mm	40mm	20mm
L	8m	2m	1m
H	22m	5.5m	2.75m
h_1	4m	1m	0.5m
h_2	3.6m	0.9m	0.45m

图 4.5 试件尺寸及梁柱截面示意图

表 4.13 施工后修正的三组模型实用的动力相似关系式

相似系数	FM4/FM1	FM8/FM1	FM8/FM4
位移 S_x	1/4	1/8	1/2
面积 S_A	1/16	1/64	1/4
体积 S_V	1/64	1/512	1/8
应变 S_ε	1	1	1
泊松比 S_μ	1	1	1
弹性模量 S_E	1/1.177	1/1.177	1.0
质量 S_m	1/32.6	1/225	1/6.9
刚度 S_K	1/4.708	1/9.416	1/2.0
时间 S_t	1/2.631	1/4.888	1/1.857
频率 S_f	1/0.38	1/0.205	1/0.539
阻尼 S_c	1/12.39	1/46.03	1/3.716
速度 S_v	1/1.52	1/1.637	1/1.077
加速度 S_a	1/0.578	1/0.335	1/0.58

表 4.14　试验加载顺序

顺序	波形	FM4		FM8		备注
		加速度峰值/g	持续时间/s	加速度峰值/g	持续时间/s	
1	白噪声	0.07	30	0.05	30	震前
2	El Centro	0.0619	18.8	0.110	9.95	7度多遇
3	白噪声	0.07	30	0.05	30	—
4	El Centro	0.177	18.8	0.315	9.95	7度
5	白噪声	0.07	30	0.05	30	—
6	El Centro	0.353	18.8	0.631	9.95	8度
7	白噪声	0.07	30	0.05	30	—
8	El Centro	0.708	18.8	1.262	9.95	9度
9	白噪声	0.07	30	0.05	30	—
10	El Centro	1.062	18.8	1.893	9.95	—
11	白噪声	0.07	30	0.05	30	—
12	El Centro	1.239	18.8	2.208	9.95	—
13	白噪声	0.07	30	0.05	30	—

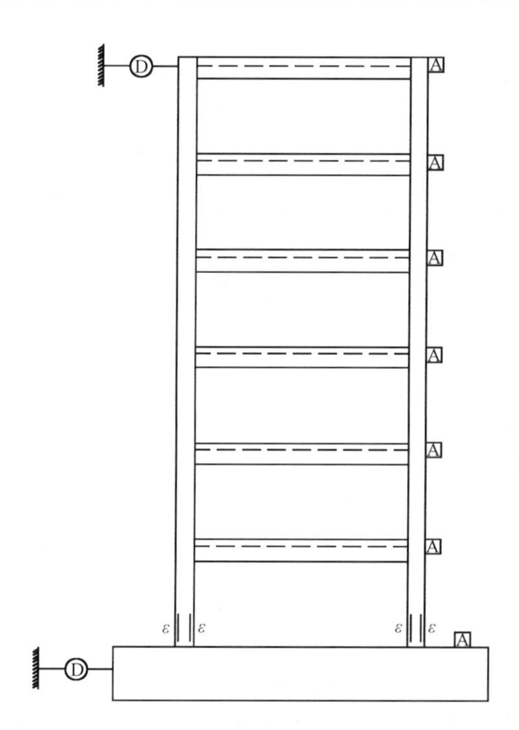

图 4.6　模型试验测点位置图

在台面输入加速度增大为 0.307g 后，经过白噪声测得模型的基频明显改变为 1.818Hz，这说明框架模型已处于开裂后状态，在 2、3 层楼板的梁柱节点处出有轻微的斜裂缝产生，在另一端的节点部位也有斜裂缝对称产生，在3层梁的一端近节点处也有可见的斜裂缝产生。

在台面输入加速度峰值加大到0.605g时，原有的节点处裂缝持续发展，在4、5层的节点处也出现了类似的斜裂缝，但梁端斜裂缝发展缓慢，各层梁柱交界面上存在竖向裂缝，这是由于水平地震的反复作用，在梁端产生了较大的变号弯矩，当其应力值超过了混凝土的抗拉强度时，产生了周圈竖向裂缝或梁端斜裂缝。

在0.913g加速度峰值的加载过后，强烈的地震作用几乎使所有的梁柱节点处的斜裂缝都出现，已有的裂缝则进一步发展成为通长的斜向对角的裂缝，即所谓的X形交叉裂缝，在3、4层表现得较为明显，混凝土表皮鼓起，少许剥落。除了底部，各层柱根近楼板处也有周圈的水平裂缝产生，柱的外侧面在反复的正负弯矩作用下，被挤压鼓起。

在1.191g的振动作用下，各层柱根处的水平裂缝进一步发展，并有部分混凝土崩落，越往上越严重，节点区的X形交叉裂缝多道平行或交叉发展，在3层以上进一步贯通至柱外边缘，呈中心放射状，并有少许裂缝发展至小块混凝土酥裂掉，外露出箍筋，此时结构的刚度已大幅度削弱，基频已降为0.779Hz。

在试验的最后，输入加速度峰值为1.600g的地震波，试图观察模型结构的最终破坏形态。此时，框架结构极度变柔，随着台面运动而大幅度摇摆。伴随着加载过程，6层楼顶的梁柱节点有较大的混凝土块崩落，节点锚固主筋外露。2层以上的节点和柱根及梁端的裂缝继续发展，并有混凝土进一步地酥裂掉，而底层的柱根仅有少量的水平裂缝。试验结束后，框架已基本丧失了侧向刚度，但仍能够竖立在振动台上。

2) 1/8缩尺模型模拟地震振动台试验结果

1/8缩尺的框架模型试验在最初的两次加速度峰值为0.129g和0.295g的输入时均完好如初，处于弹性工作状态，基频也保持为4.417Hz未变。

在0.625g的台面输入后，框架的基频明显降为3.926Hz，这标志着框架的刚度削弱了，即框架进入了弹塑性的开裂后状态，在破坏阶段上，则表现为节点核心区部位有少许的斜裂缝产生，但比较轻微，未发展成为斜向对角的裂缝，2层梁的个别端部有少许斜裂缝，该层的梁端也有周圈的竖向裂缝产生。

1.164g的台面加速度峰值输入后，节点区已产生的斜裂缝进一步发展加剧，原有的斜裂缝发展成为交叉的斜裂缝，梁端裂缝似乎停止了发展，4、5层的部分柱根垂直于加载方向的侧面有水平裂缝产生，附近的混凝土被挤压鼓起。

加速度峰值为1.897g的地震波输入后，模型结构的基频降为2.454Hz，伴随着剧烈的摇晃，几乎所有的节点区都出现了发散状斜裂缝，混凝土表面已有多处脱落，个别已露出箍筋甚至主筋，梁端斜裂缝和周圈竖向裂缝的发展变化不大，各层柱根的水平裂缝大量出现或进一步发展，并有混凝土小块的剥落。

在2.100g的最终破坏性台面加速度峰值输入后，1/8缩尺模型的侧向刚度几乎丧失，左右摇摆幅度很大，并伴随着混凝土被压酥或脱落的声音，其中顶层的柱顶有两个节点区的大块混凝土崩落，各处原有的裂缝已大量重复发展或基本连通。图4.7为两种缩尺模型在试验过程中裂缝的发生部位和开裂顺序图。

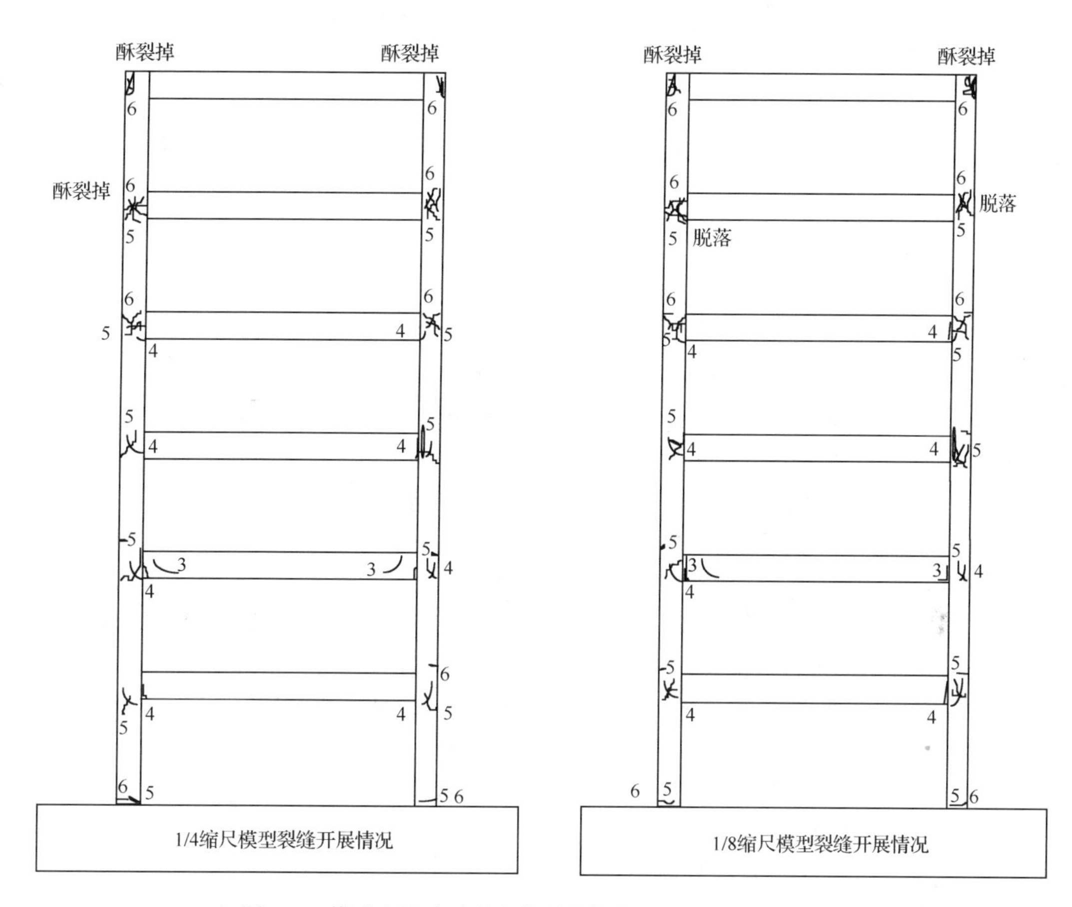

图4.7　模型在试验过程中的裂缝的发生部位和开裂顺序图

3. 1/4缩尺与1/8缩尺模型试验结果的相似性研究

1）不同缩尺模型在破坏形态方面的相似性

1/4缩尺模型和1/8缩尺模型的振动台试验的破坏形态在逐级加载的地震作用下的破坏全过程和最终的破坏形态有较好的相似性。即在逐级加载地震波的激励下，模型的中间几层首先在节点区出现斜裂缝，个别梁端也有斜裂缝产生，在梁柱交界面的四周，出现竖向裂缝。随着地震作用的加大，节点区的斜裂缝发展为斜向对角的交叉裂缝，并且多道重复发展，最后发展为以节点核心区为中心向四周放射状，并伴随混凝土小块的崩落和箍筋的暴露，大多数节点区均发生严重的剪切破坏，原有梁柱交界面四周的竖向裂缝也进一步扩大或者该区域附近的混凝土被压酥。试验结束后，两模型都几乎丧失了侧向承载力，但仍能站立在振动台上。

2）不同缩尺模型在结构自振特性方面的相似性

1/4缩尺模型和1/8缩尺模型在弹性阶段的频率相似关系比较如表4.15所示。

表 4.15 两模型初始自振频率的相似关系(括号内为频率经过修正后的数值)

频率	1/8 缩尺模型	1/4 缩尺模型		误差
	实测值	推算值	实测值	
f_1	4.417	2.381(2.228)	2.078	14.6%(7.2%)
f_2	14.231	7.671(7.180)	7.013	9.4%(2.4%)
f_3	25.518	13.754(12.874)	12.467	10.3%(3.3%)
f_4	37.787	20.367(19.064)	18.181	12.0%(4.8%)
f_5	49.564	26.715(25.005)	23.875	11.9%(4.7%)
f_6	59.870	32.270(30.205)	28.050	15.1%(7.7%)

从表 4.15 中可以看出,未修正的模型 FM4 的推算值比实测值略高,这是由于模型 FM8 的材料强度实测值高于 FM4,由于混凝土材料的抗压强度的提高会引起其弹性模量的提高,文献[10]给出了混凝土抗压强度和弹性模量的关系,由这一关系可以得出从模型 FM8 推算模型 FM4 的自振频率的修正值为 0.936,表 4.15 中括号内即为修正后的数值结果。

由于各次振动台台面加速度输入的误差以及模型在各个阶段破坏程度的差异,对比两者在加载过程中的频率相似性有一定的困难,但可以从两者频率下降的曲线来分析其相似性。图 4.8 为模型各阶频率比的下降曲线,可以注意到这两个模型的频率变化曲线均反映出,在较大的地震波激励后,模型的各阶频率不断地下降;地震波的输入能量越大,频率下降的趋势越快,这与两个模型的裂缝发展和模型的破坏情况是一致的。而且,两个模型都有这样一个特性,频率的阶数越高,其下降率越慢,基频的下降速度最快,即反映了框架结构在经历非线性及破坏性变形时,高频所受的影响要小于低频所受的影响。

从表 4.15 和图 4.8 中可以看出,在各个变形阶段 1/4 缩尺模型和 1/8 缩尺模型的试验结果在基本频率方面的相似性有很好的关系。

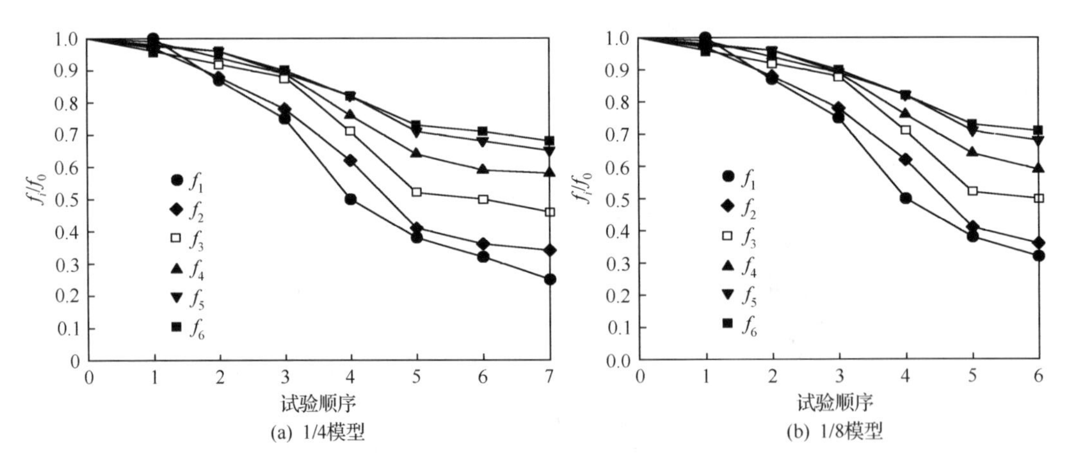

(a) 1/4模型 (b) 1/8模型

图 4.8 各阶频率比下降曲线

图 4.9～图 4.11 为两个模型在地震波激励下的前三阶振型曲线加载全过程的变化情况,从图中可以看出,1/4 缩尺模型和 1/8 缩尺模型的基本振动形式均属于剪切型,在加载过程的各个阶段,两个模型的振型变化过程具有很好的一致性,随着模型裂缝和非线性变形的发展,各阶振型的幅值零点的位置也随之上移,这显然是模型的上面几层破坏较

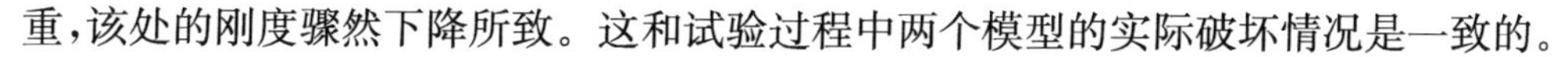
重，该处的刚度骤然下降所致。这和试验过程中两个模型的实际破坏情况是一致的。

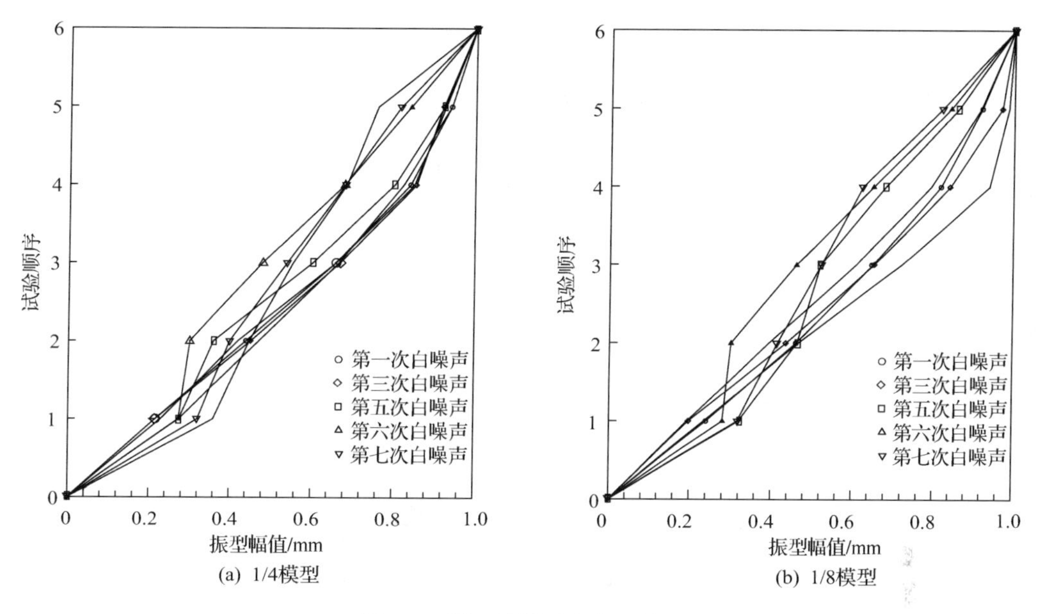

图 4.9　第一阶振型变化过程

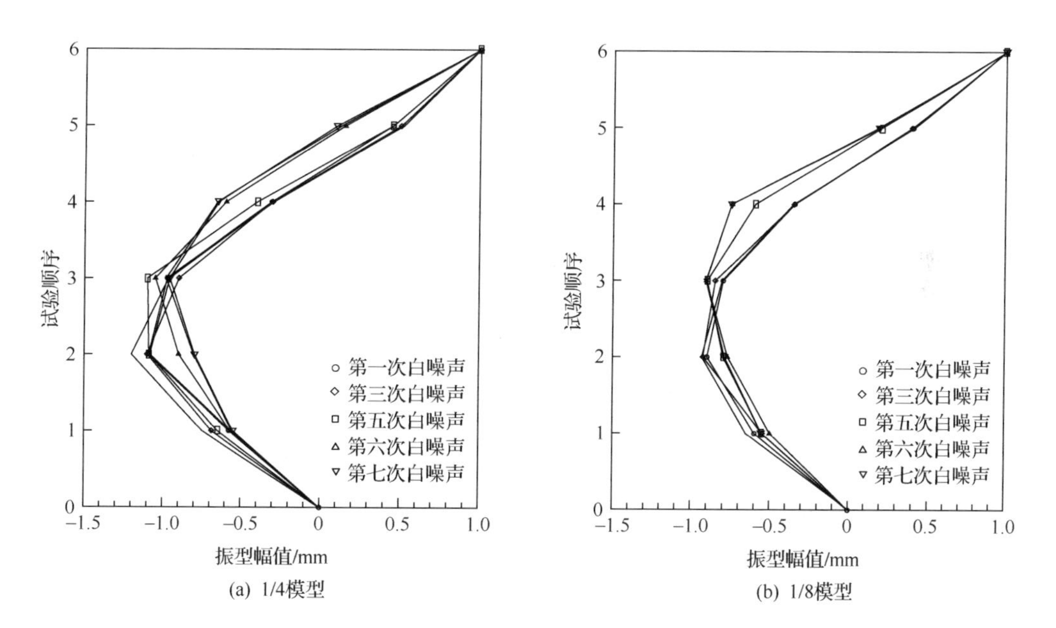

图 4.10　第二阶振型变化过程

两个模型阻尼比的变化也有很好的相似性。模型相应于自身各阶频率的结构阻尼比采用半功率法计算。

图 4.12 为两个框架结构模型的前三阶阻尼比的加载全过程的变化情况。从图中可以看出，随着结构振型阶数的提高，模型的阻尼比越来越小；随着模型裂缝和非线性变形的发展，阻尼比则不断地增大，这说明模型结构进入了弹塑性阶段，结构的耗能能力随着

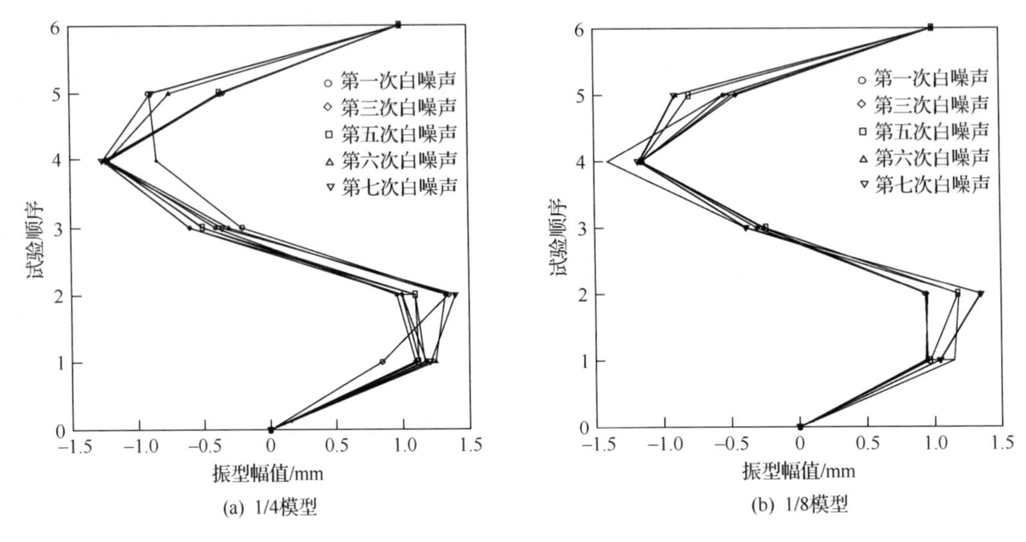

图 4.11　第三阶振型变化过程

系统内部的阻尼增大而得到了加强；同时，在结构严重破坏后，还存在着结构的低阶阻尼比的增长速度要高于高阶阻尼比的增长速度的趋势。这些特点在 1/4 缩尺和 1/8 缩尺的两个模型的试验过程中都得到明显的验证。

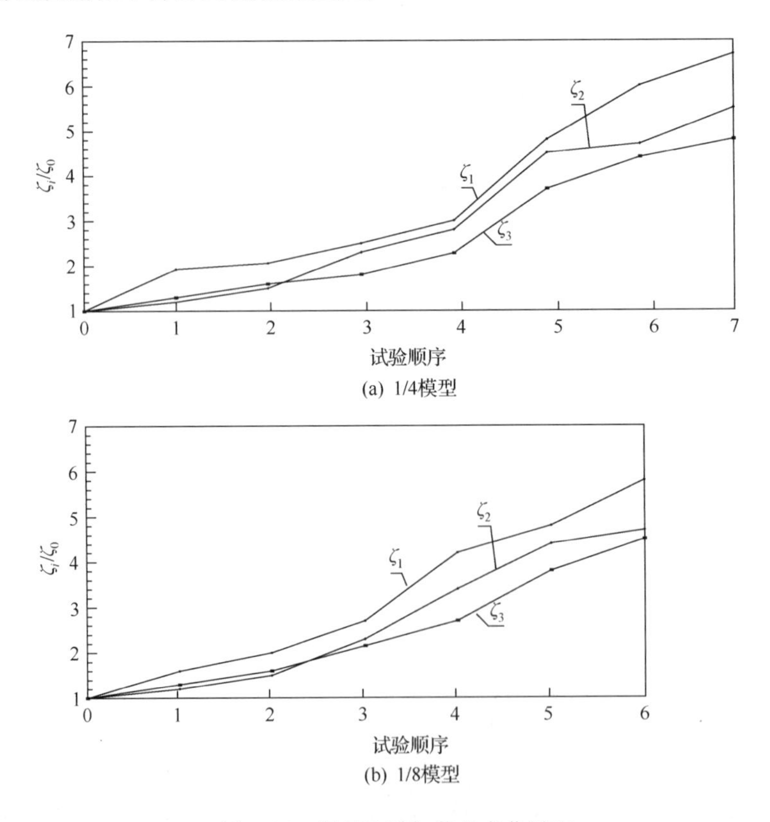

图 4.12　阻尼比随加载的变化过程

3）不同缩尺模型在最大动力反应方面的相似性

加速度动力放大系数 $\beta=|a|_{max}/|A|_{max}$，其中 $|a|_{max}$ 为顶层最大绝对加速度反应，$|A|_{max}$ 为台面输入最大绝对加速度反应。

从表 4.16 中可以看出，两个模型在经历弹性、弹塑性直至破坏阶段的各次地震模拟试验中，结构的最大加速度反应动力放大系数的趋势是不断下降的，由于两个模型在各自的实际加载中的台面输入加速度峰值并不是严格对应的，模型的基底也有较明显的滑移，在加载过程中所处的承载能力状态也不统一，加速度的放大系数有一定的出入，但两者加速度放大系数的变化趋势具有较好的相关性。

表 4.16　模型顶层加速度放大系数表

试验顺序	1/4 模型顶层加速度/g			1/8 模型顶层加速度/g		
	$\|A\|_{max}$	$\|a\|_{max}$	β	$\|A\|_{max}$	$\|a\|_{max}$	β
1	0.072	0.152	2.111	0.129	0.347	2.67
2	0.185	0.254	1.373	0.295	0.558	1.892
3	0.307	0.431	1.404	0.625	0.762	1.219
4	0.605	0.826	1.365	1.164	1.518	1.304
5	0.913	1.385	1.517	1.897	3.046	1.606
6	1.191	1.546	1.298	2.100	3.194	1.519
7	1.531	1.960	1.280	—	—	—

4）不同缩尺模型在绝对加速度时程方面的相似性

取 1/4 缩尺模型和 1/8 缩尺模型在弹性阶段、中等破坏状态和接近极限破坏状态的各层绝对加速度时程进行对比，时间坐标轴已经按相似关系进行调整。

图 4.13 和图 4.14 为 FM4 和 FM8 分别输入 0.185g 和 0.295g 的加速度峰值时的绝对加速度时程曲线的对比。

图 4.15 和图 4.16 为 FM4 和 FM8 分别输入 0.605g 和 1.164g 的加速度峰值时的绝对加速度时程曲线的对比。

图 4.17 和图 4.18 为 FM4 和 FM8 分别输入 1.191g 和 2.1g 的加速度峰值时的绝对加速度时程曲线的对比。

从加速度时程可以看出，1/4 和 1/8 缩尺模型的时程曲线在加速度峰值及加速度不断变化过程中的相应部分具有很好的一致性，两者所处的承载能力状态基本吻合，在加速度最大值所处的时间阶段上基本同步，在加速度峰值大小相似关系对应方面略有出入。总之，按照相似理论设计的模型动力试验能够较好地描述原型结构在相应的反复荷载作用下动力反应变化的全过程。

5）不同缩尺模型抗震能力、加速度峰值和各层最大加速度反应的相似性

1/4 和 1/8 缩尺模型在框架结构承受的柱底最大剪力相似性如表 4.17 所示，模型在各个加载阶段的工作状态如表 4.18 所示，由模型试验结果推算原型抗震能力的对比分析研究如表 4.19 所示。

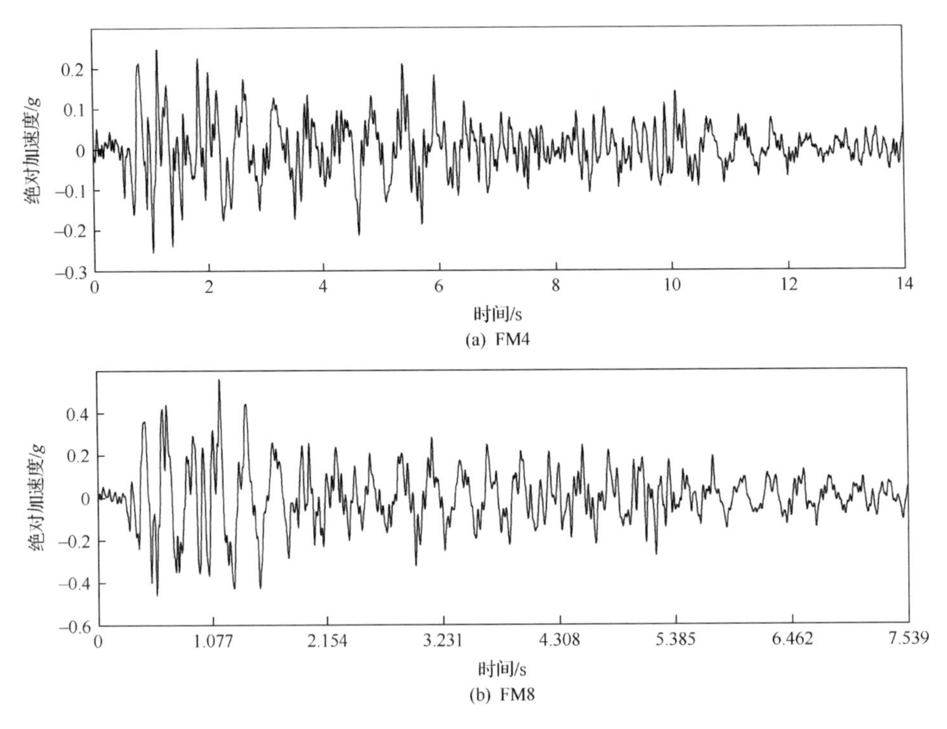

(a) FM4

(b) FM8

图 4.13　相当于原型承受 7 度地震作用时两个模型顶层绝对加速度时程
（1/4 和 1/8 缩尺模型此时均处于弹性状态）

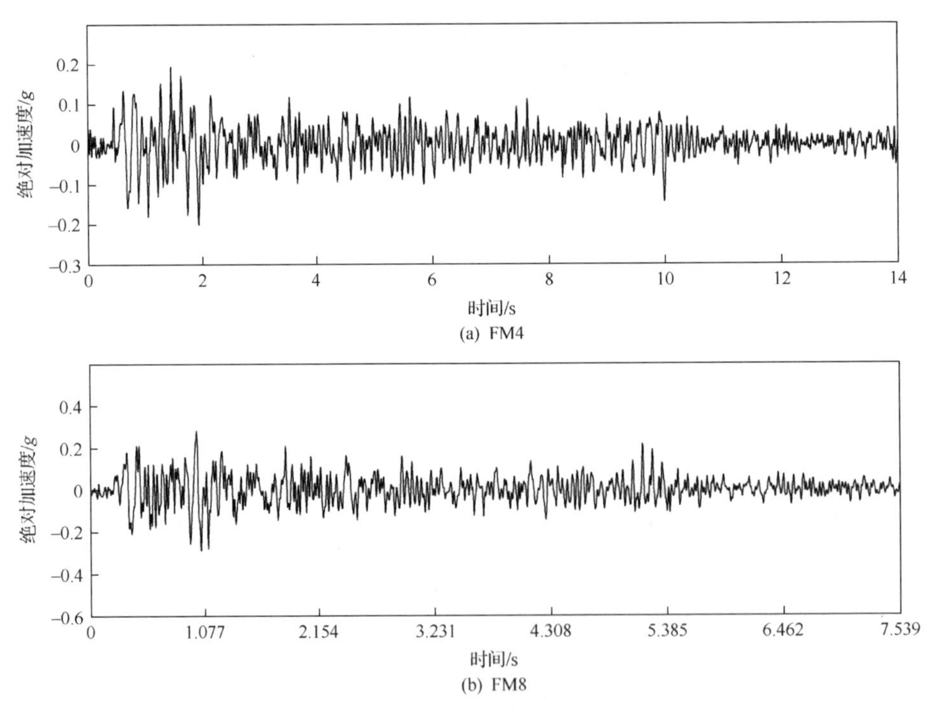

(a) FM4

(b) FM8

图 4.14　相当于原型承受 7 度地震作用时两个模型底层绝对加速度时程
（1/4 和 1/8 缩尺模型此时均处于弹性状态）

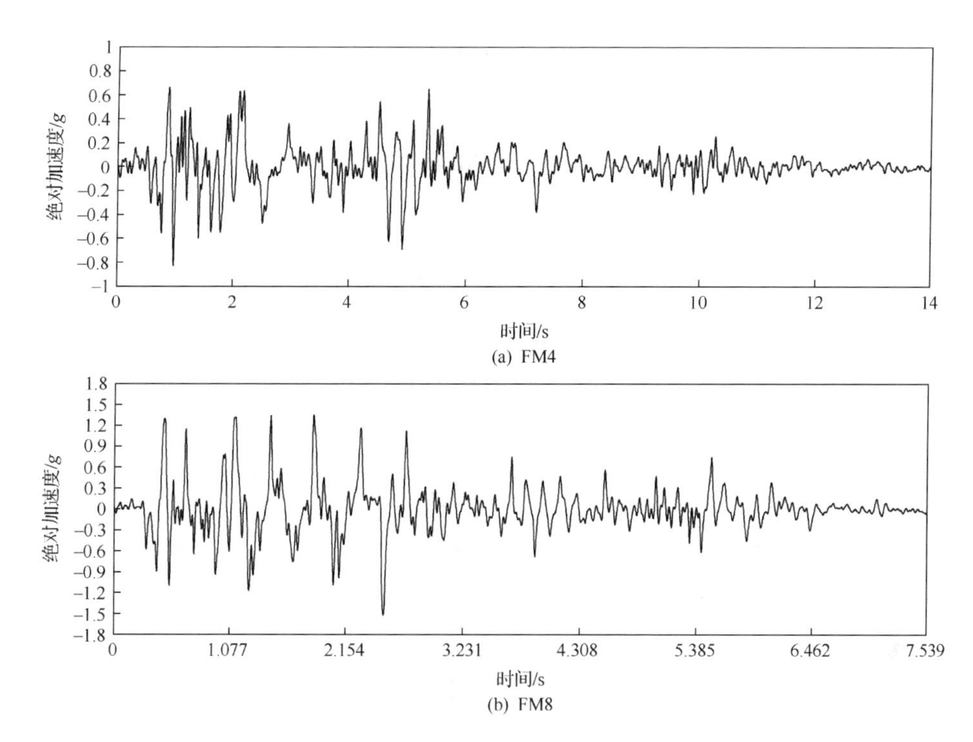

图 4.15　1/4 和 1/8 缩尺模型在中等破坏状态时的顶层绝对加速度时程
（此时原型对应于约 0.4g 的地震作用）

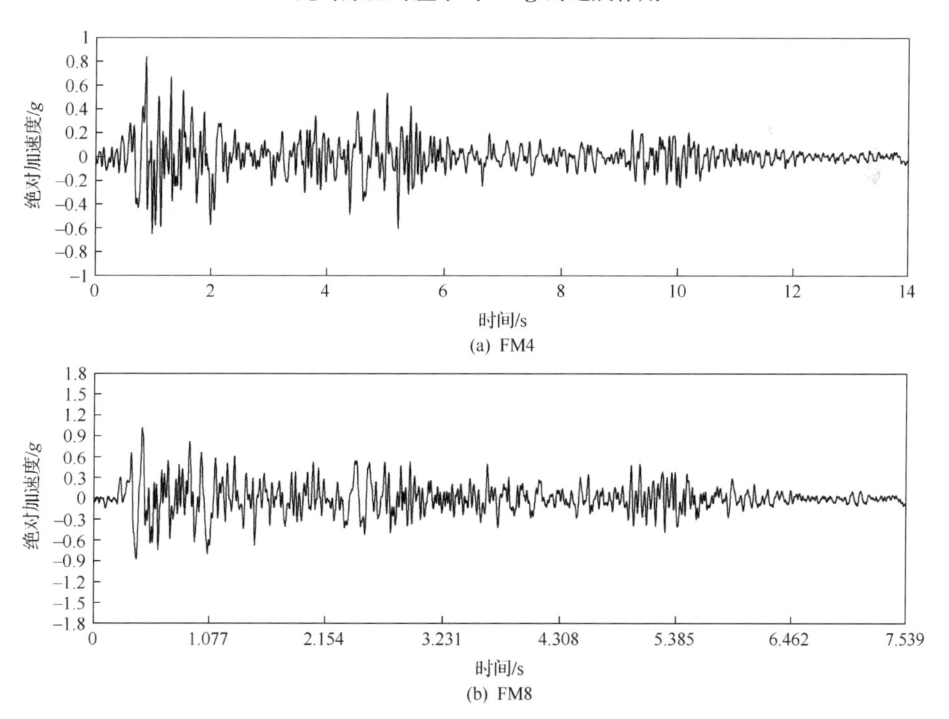

图 4.16　1/4 和 1/8 缩尺模型在中等破坏状态时的底层绝对加速度时程
（此时原型对应于约 0.4g 的地震作用）

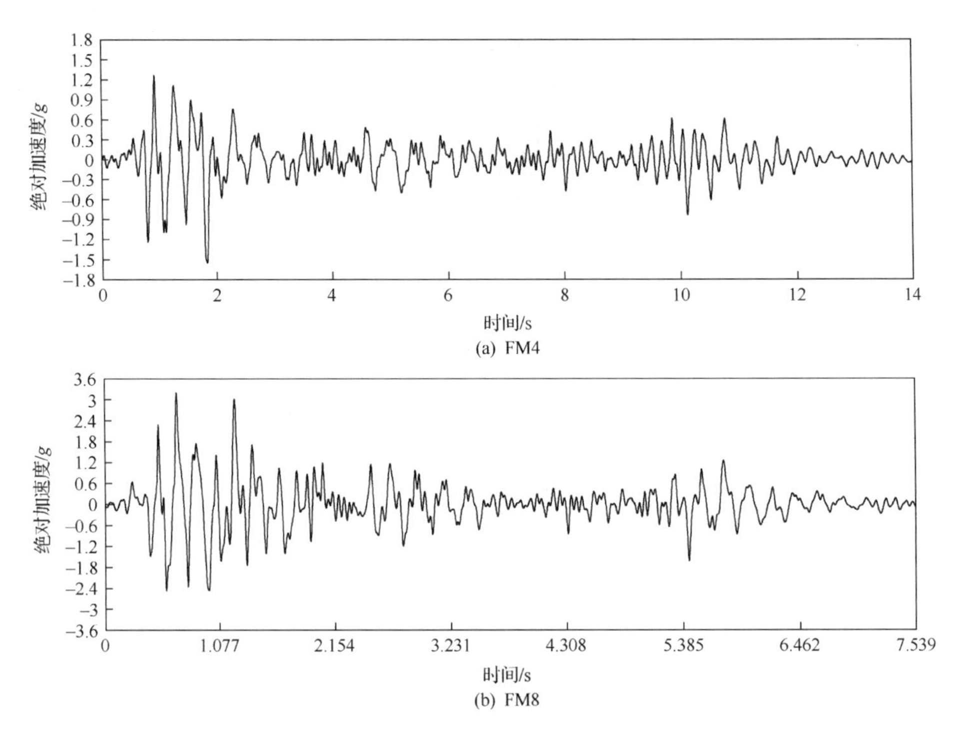

图 4.17 1/4 和 1/8 缩尺模型在临近极限破坏状态时的顶层绝对加速度时程（此时原型对应于约 0.7g 的地震作用）

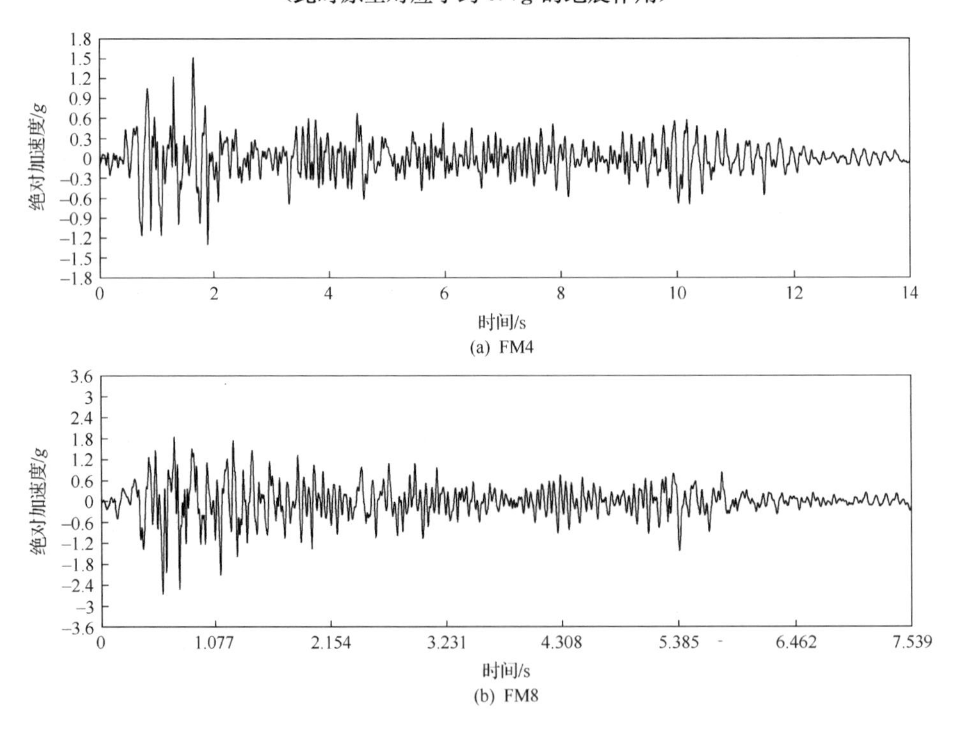

图 4.18 1/4 和 1/8 缩尺模型在临近极限破坏状态时的底层绝对加速度时程（此时原型对应于约 0.7g 的地震作用）

表4.17　1/4和1/8缩尺模型在框架结构承受的柱底最大剪力相似性

试验顺序	FM8	FM4		
	柱底剪力实算值/kN	柱底剪力实算值/kN	由FM8推算值/kN	误差/%
1	0.265	1.421	1.060	25.4
2	0.637	2.773	2.548	8.1
3	1.166	6.282	4.664	25.7
4	1.989	10.212	7.956	21.6
5	6.693	15.621	26.772	71.3
6	6.164	24.588	24.656	0.3

表4.18　模型结构在各个加载阶段输入后的工作状态

试验顺序	1/4模型实际输入值	1/8模型实际输入值	框架模型工作状态	
			1/4模型	1/8模型
1	0.0724g	0.129g	线弹性	线弹性
2	0.185g	0.295g	线弹性	线弹性
3	0.307g	0.625g	已开裂	已开裂
4	0.605g	1.164g	弹塑性 中等破坏	弹塑性 中等破坏
5	0.913g	1.897g	开裂严重 临近屈服	开裂严重 临近屈服
6	1.191g	2.1g	刚度急剧下降， 严重破坏	刚度急剧下降， 严重破坏

表4.19　由模型试验结果推算原型抗震能力的对比分析研究

由FM8推算FM4的性能			分别由FM4和FM8推算原型结构的性能		
FM4试验值	由FM8的推算值	误差/%	FM4推算结果	FM8推算结果	误差/%
0.0724g	0.0748g	3.3	0.0418g	0.0432g	3.3
0.185g	0.171g	7.5	0.107g	0.0988g	7.7
0.307g	0.363g	18.2	0.177g	0.209g	18.0
0.605g	0.675g	11.6	0.350g	0.390g	11.4
0.913g	1.100g	20.5	0.528g	0.635g	20.3
1.191g	1.218g	2.3	0.688g	0.703g	2.2

表4.17说明了除了在模型试验的第一次加载时，由于台面和基底的相对滑移造成了预测的较大误差，FM4和FM8所承受的柱底剪力在弹性阶段和极限破坏阶段有较好的相似关系，在开裂状态的预测结果不太好，主要是由它们的破坏程度的标准不一致造成的。从表4.18中可以看出，模型的抗震性能的相似性在整个试验过程中得到了较好的验证，表4.19说明了在结构试验的弹性阶段和极限破坏阶段，按照相似关系推算出的数值

和实测值符合得很好，在由 FM8 推算 FM4 时和由 FM4、FM8 分别推算 FM1 时都说明了这一点。总之，FM4 和 FM8 在抗震能力方面存在着较好的相似关系；用 FM4 和 FM8 分别推算原型性能时有较好的一致性。

表 4.20 和表 4.21 为 FM4 和 FM8 在逐级加载时的各层绝对加速度峰值的相似关系(S_a=FM8/FM4=1.72)。可以得出，在 1/4 和 1/8 缩尺模型的地震模拟振动台试验中，按照动力相似理论设计的两个框架模型的各层绝对加速度峰值有一定的相似性，但由于影响动力相似关系的诸多因素（特别是加载速率、尺寸效应和材料实际强度的差异等）未在相似关系式中得到相应的体现，因此按照相似关系式推算出来的相应原型的动力反应已有相当大的失真，这需要对按照经典的动力相似关系式推算得出的加速度数值进行必要的修正。

4. 用不同模型推算原型的反应及对比分析

模型在设计阶段就已经确立了三组相似关系（即由 FM4 推算 FM1，由 FM8 推算 FM1 和由 FM8 推算 FM4），这样就可以由 1/4 缩尺和 1/8 缩尺模型的试验结果直接推算原型结果的动力反应。表 4.22 和表 4.23 则说明了由模型试验结果推算原型的加速度峰值的相似性程度（误差是由两个模型的推算原型差值除以 FM8 的推算原型反应值的结果表示的）。

从表 4.22 和表 4.23 中的分析结果可知，在由不同的模型试验结果去推算原型结构在相应的各个加载阶段的最大动力反应方面具有较好的一致性，这说明了遵循结构模型的动力相似理论的试验模型在按照本节所提出的设计准则和考虑模型和原型在设计、施工及试验条件差异的前提下，从模型试验结果推算所得到的原型性能的主要动力参数在工程实践所允许的误差范围内可以较好地反映原型结构的实际工作状态，但要在更高的精度范围内由“定性”做到“定量”推算原型结构的相应的工作状态和工作性能，必须把影响模型试验动力相似理论的一些基本因素考虑在内，并以“定量”的形式反映在动力相似关系式中，才能使结构模型的动力试验结果更好地指导并应用于工程实践。

通过 1/4 缩尺框架模型和 1/8 缩尺框架模型的地震模拟振动台试验的对比分析研究，按照本节提出的一系列结构动力模型的设计施工及试验原则进行的模型结构振动台试验在以下几个方面具备一定的相似关系。

(1) 按照相似关系设计制作的 1/4 和 1/8 缩尺模型在相对应的各级加载过程的破坏形态同样具有较好的相似性，试验结束后的最终损坏状态类似，1/8 缩尺模型的各个加载试验阶段的绝对加速度时程能够体现 1/4 缩尺模型在相应阶段的加速度时程的基本特征，即两者的时程曲线在经过调整的时间轴上能够很好地同步描述结构的动力反应。

(2) 在结构的基本动力特性方面（如自振频率、振型、阻尼比等），模型和原型之间存在着一定的相似性。由于模型和原型在材料强度方面的出入，两者的自振频率略有差异，考虑了材料强度的修正系数后，模型和原型在该方面的相似程度有了较大的提高。不仅如此，在整个试验加载的全过程，两者固有特性的变化趋势也基本同步。

(3) 在用模型试验结果去推算原型所能承受的最大加速度输入方面，当结构处于弹性和极限破坏状态时，两者存在着较好的相似关系，但在结构处于开裂阶段的相似关系欠

表 4.20　第 1～3 次加载试验各层加速度的相似关系

量测值	第 1 次加载试验				第 2 次加载试验				第 3 次加载试验			
	a_{max}(FM8)	a_{max}(FM4)			a_{max}(FM8)	a_{max}(FM4)			a_{max}(FM8)	a_{max}(FM4)		
	实测值	实测值	推算值	误差/%	实测值	实测值	推算值	误差/%	实测值	实测值	推算值	误差/%
顶层 a_{max}	0.347g	0.152g	0.201g	32.4	0.558g	0.254g	0.324g	27.4	0.762g	0.431g	0.442g	2.5
5 层 a_{max}	0.306g	0.134g	0.178g	32.5	0.454g	0.186g	0.263g	41.6	0.57g	0.306g	0.331g	2.5
4 层 a_{max}	0.269g	0.136g	0.156g	14.7	0.449g	0.209g	0.260g	24.4	0.655g	0.322g	0.38g	18.0
3 层 a_{max}	0.254g	0.12g	0.147g	22.5	0.455g	0.223g	0.264g	18.3	0.548g	0.402g	0.318g	20.9
2 层 a_{max}	0.198g	0.135g	0.115g	14.8	0.414g	0.213g	0.240g	12.7	0.555g	0.455g	0.322g	29.3
底层 a_{max}	0.175g	0.101g	0.102g	0.5	0.286g	0.2g	0.166g	17.0	0.673g	0.35g	0.390g	11.5
平均误差	—	—	—	19.6	—	—	—	23.6	—	—	—	14.1

表 4.21　第 4～6 次加载试验各层加速度的相似关系

量测值	第 4 次加载试验				第 5 次加载试验				第 6 次加载试验			
	a_{max}(FM8)	a_{max}(FM4)			a_{max}(FM8)	a_{max}(FM4)			a_{max}(FM8)	a_{max}(FM4)		
	实测值	实测值	推算值	误差/%	实测值	实测值	推算值	误差/%	实测值	实测值	推算值	误差/%
顶层 a_{max}	1.518g	0.826g	0.880g	6.6	3.046g	1.385g	1.767g	27.5	3.195g	1.516g	1.853g	22.2
5 层 a_{max}	1.019g	0.626g	0.591g	5.6	2.24g	0.986g	1.299g	31.7	2.257g	1.113g	1.309g	17.6
4 层 a_{max}	1.06g	0.636g	0.615g	3.3	2.461g	1.305g	1.427g	9.4	3.25g	1.469g	1.885g	28.3
3 层 a_{max}	1.03g	0.706g	0.594g	15.9	2.807g	1.286g	1.628g	26.6	3.543g	1.353g	2.054g	51.8
2 层 a_{max}	0.912g	0.655g	0.529g	19.2	2.913g	1.18g	1.690g	43.2	3.14g	1.523g	1.821g	19.6
底层 a_{max}	1.019g	0.837g	0.633g	24.3	2.738g	1.376g	1.588g	15.4	2.643g	1.519g	1.533g	0.9
平均误差	—	—	—	12.5	—	—	—	25.6	—	—	—	23.4

表 4.22　第 1～3 次加载时由模型推算原型的相似情况

量测值	第 1 次加载试验					第 2 次加载试验					第 3 次加载试验				
	S_a=FM1/FM4		S_a=FM1/FM8		误差/%	S_a=FM1/FM4		S_a=FM1/FM8		误差/%	S_a=FM1/FM4		S_a=FM1/FM8		误差/%
	FM4	FM1	FM8	FM1		FM4	FM1	FM8	FM1		FM4	FM1	FM8	FM1	
	实测值	推算值	实测值	推算值		实测值	推算值	实测值	推算值		实测值	推算值	实测值	推算值	
顶层 a_{max}	0.152g	0.088g	0.347g	0.116g	24.1	0.254g	0.146g	0.558g	0.187g	21.9	0.431g	0.249g	0.762g	0.256g	2.7
5 层 a_{max}	0.134g	0.060g	0.306g	0.103g	33.9	0.186g	0.108g	0.454g	0.152g	28.9	0.306g	0.177g	0.570g	0.191g	7.3
4 层 a_{max}	0.136g	0.079g	0.269g	0.090g	12.2	0.209g	0.121g	0.449g	0.151g	19.8	0.322g	0.186g	0.655g	0.219g	15.1
3 层 a_{max}	0.12g	0.069g	0.254g	0.085g	18.8	0.223g	0.129g	0.455g	0.152g	15.1	0.402g	0.232g	0.548g	0.184g	26.1
2 层 a_{max}	0.135g	0.078g	0.198g	0.066g	18.2	0.213g	0.123g	0.414g	0.139g	13.7	0.455g	0.263g	0.555g	0.186g	41.3
底层 a_{max}	0.101g	0.058g	0.175g	0.059g	1.7	0.2g	0.116g	0.286g	0.096g	20.8	0.350g	0.203g	0.673g	0.226g	10.1
平均误差	—	—	—	—	17.9	—	—	—	—	20.0	—	—	—	—	17.1

表 4.23　第 4～6 次加载时由模型推算原型的相似情况

量测值	第 4 次加载试验					第 5 次加载试验					第 6 次加载试验				
	S_a=FM1/FM4		S_a=FM1/FM8		误差/%	S_a=FM1/FM4		S_a=FM1/FM8		误差/%	S_a=FM1/FM4		S_a=FM1/FM8		误差/%
	FM4	FM1	FM8	FM1		FM4	FM1	FM8	FM1		FM4	FM1	FM8	FM1	
	实测值	推算值	实测值	推算值		实测值	推算值	实测值	推算值		实测值	推算值	实测值	推算值	
顶层 a_{max}	0.826g	0.477g	1.518g	0.508g	6.1	1.385g	0.800g	3.046g	1.021g	21.6	1.546g	0.894g	3.195g	1.070g	16.4
5 层 a_{max}	0.626g	0.362g	1.019g	0.341g	6.2	0.986g	0.570g	2.240g	0.751g	24.1	1.113g	0.643g	2.257g	0.756g	14.9
4 层 a_{max}	0.636g	0.368g	1.060g	0.355g	3.7	1.035g	0.598g	2.461g	0.824g	28.4	1.469g	0.849g	3.250g	1.089g	22.0
3 层 a_{max}	0.706g	0.408g	1.030g	0.345g	18.3	1.286g	0.743g	2.807g	0.940g	20.9	1.353g	0.782g	3.543g	1.187g	34.1
2 层 a_{max}	0.655g	0.379g	0.912g	0.306g	23.8	1.180g	0.682g	2.913g	0.976g	30.1	1.523g	0.880g	3.140g	1.052g	16.3
底层 a_{max}	0.837g	0.484g	1.019g	0.341g	41.9	1.376g	0.795g	2.738g	0.917g	13.3	1.519g	0.878g	2.643g	0.885g	0.8
平均误差	—	—	—	—	16.7	—	—	—	—	23.1	—	—	—	—	17.4

佳，这主要是结构所处的开裂及破坏状态没有严格的定义，模型和原型比较的标准不统一，从而造成的较大出入。

(4) 在用不同的模型试验结果推算同一原型结构的最大动力反应时，在工程实践所允许的误差范围内，两个模型的推算结果基本上接近或趋于一致。为了更好地应用于实践，考虑一些失真因素对相似关系的影响并在动力相似关系中加以体现，已经成为一项关键的任务。

4.4.3　高层钢-混凝土混合结构试验模型的验证

本节根据《高层建筑设计规范》和上海市工程建设规范《高层钢-混凝土混合结构设计规程》设计了一座混合结构的原型房屋，然后根据相似关系，分别设计了 1/20 和 1/30 两个不同比例模型，进行振动台试验及对比分析。

1. 模型设计

1) 模型相似关系的设计

根据振动台的承载能力进行相似关系设计，以指导模型施工。模型设计相似关系如表 4.24 所示。

表 4.24　模型设计相似关系

内容	物理参数	1/20 模型	1/30 模型
几何关系	长度	1/20	1/30
	线位移	1/20	1/30
	角位移	1	1
	应变	1	1
材料关系	弹性模量	2/7	2/7
	应力	2/7	2/7
	泊松比	1	1
	质量密度	1.91	2.38
	质量	0.00024	0.00009
动力关系	周期	0.13	0.10
	频率	7.75	10.41
	加速度	3.00	3.61
	速度	0.32	0.32
	阻尼	0.00158	0.00070
	时间	0.16	0.11
荷载关系	集中荷载	0.00050	0.00022
	线荷载	0.01000	0.00667
	面荷载	0.20	0.20

2）不同材料的相似

（1）混凝土的相似。

如表 4.24 所示，两个不同比例模型的弹性模量和应力的相似比相同，因此两个模型采用相同的微粒混凝土。

（2）钢材的相似。

在进行构件的相似关系设计时，按照相似关系的设计要求，首先必须满足几何相似关系。相似设计时采用的弹性模量和应力相似系数为 1/5，但是对于钢管柱，在地震台模型试验中通常采用的镀锌铁皮和铜板的性能达不到这个要求。因此采用抗弯刚度和截面积相似的原则进行设计，并优先保证截面尺寸相似。在模型设计中采用的铜板厚度为 0.2mm、0.3mm 和 0.4mm，根据上述原则最终的设计方案如表 4.25 所示。

表 4.25　模型铜柱的尺寸

序号	模型比例	高度 H/mm	翼缘厚 T_w/mm
1	1/20	21	0.2
2	1/30	11.2	0.2

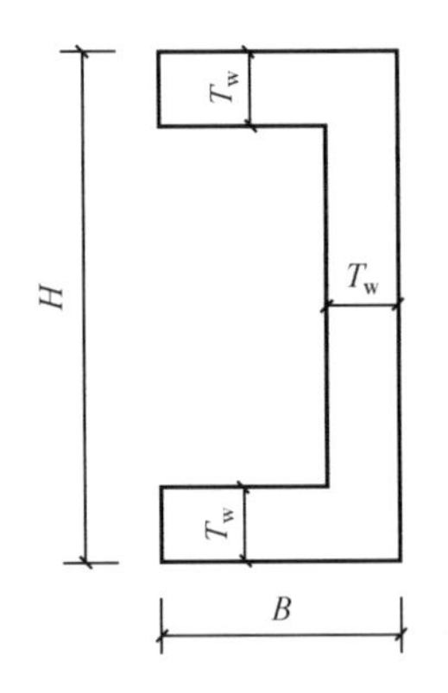

图 4.19　模型梁的截面示意图

（3）工字形梁的相似。

由于梁主要承受弯矩和剪力的作用，在设计时主要考虑梁的受弯承载能力的相似，即梁的弯曲刚度相似。原型构件有三种截面尺寸的 C 形钢梁，在模型设计时，要充分考虑到施工的方便。通过初步计算发现，1/20 和 1/30 比例模型的梁如果采用工字形截面，则梁的截面尺寸将非常小，加工难度非常大。因此 1/20 和 1/30 模型直接采用 C 形截面梁，如图 4.19所示。

1/20 和 1/30 模型梁的截面尺寸各参数如表 4.26所示。

表 4.26　不同比例模型梁尺寸

代号	C 形截面宽 B/mm	翼缘厚 T_w/mm	高度 H/mm	理论长度/mm	总根数
1/20 模型梁尺寸					
B201	10	0.2	19	342	135
B202	7	0.2	13	339	100
B203				222	70
B204	5	0.2	10	219	165
1/30 模型梁尺寸					
B301	6	0.2	11	229	135
B302	4	0.2	7	229	100
B303				149	70
B304	2.5	0.2	6	149	165

（4）预埋件的相似。

原型结构通过混凝土剪力墙中的预埋件，将钢梁上的剪力和轴力传递给剪力墙。在模型试验中，采取在铜板上焊接铜丝来模拟原型结构中的预埋件。

1/20 模型的预埋件的铜板厚度为 2mm，栓钉用直径 2mm 的铜条焊接制作而成；1/30 模型的预埋件的铜板厚度为 1mm，栓钉用直径为 1mm 的铜条焊接制作。预埋件的其他尺寸如图 4.20 所示。

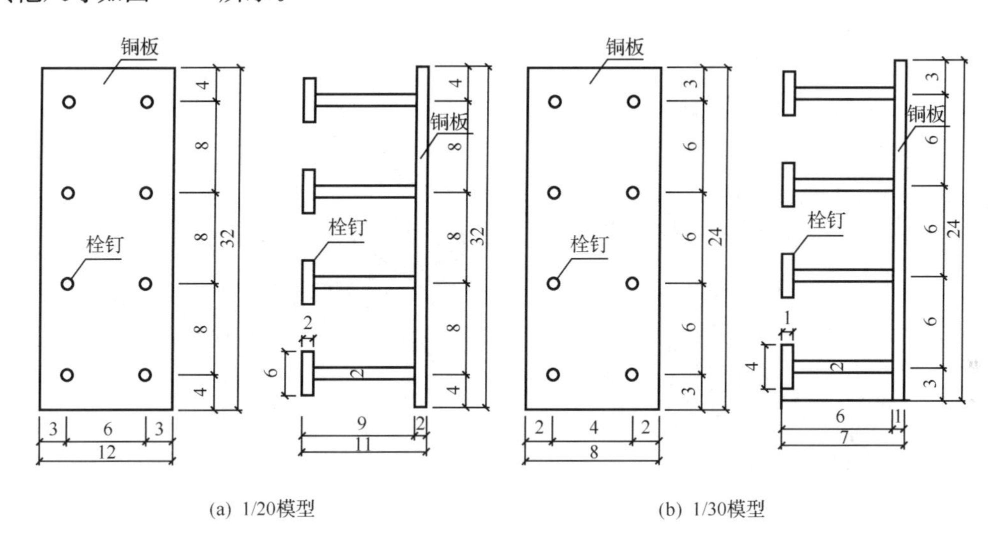

图 4.20　模型预埋件详图

（5）楼板的相似。

原型结构的楼板厚度是 150mm，考虑几何尺寸的相似，则 1/20 和 1/30 模型的楼板厚度分别为 7.5mm 和 5.0mm。楼板在进行相似设计时不仅要考虑几何相似和承载力的相似，还必须考虑由于重力失真而在模型上施加的配重对楼板的承载能力的影响；根据实验室已有的模型施工经验，将 1/20 和 1/30 模型的楼板的厚度分别调整为 10mm 和 8mm。1/20 和 1/30 模型分别采用的是 24# 和 26# 铁丝网，网格的间距为 12.5mm。

2. 模型制作

采用方铜管柱模拟方钢管柱有两种基本方法：直接拉伸轧制而成和由铜板焊接而成。本次模型设计时由于采用的铜板的厚度最大为 0.4mm，边长最大为 40.9mm，施工时先将铜板在折板机上折成方形，然后采用熔焊焊接。

C 形铜梁先采用剪板机剪出铜条，再利用模具在折板机上折成 C 形。对于工字形铜梁的加工，是用锡焊将两个 C 形的铜梁焊接成工字形梁。

在加工时，是先将柱和梁分别加工好，然后在现场焊接安装。在现场采用钎焊焊接，采用的焊条为银焊条。

原型结构中钢梁和剪力墙结构之间采用的是铰接方式。但在模型施工中，由于铜梁和微粒混凝土剪力墙的尺寸较小，铰接施工较困难，施工质量不容易保证，因此采用了直接焊接的方法连接铜梁和微粒混凝土剪力墙上的预埋件。

在模型微粒混凝土核心筒和外围铜框架施工完毕后，进行楼板镀锌铁丝的绑扎和微粒混凝土的浇筑。镀锌铁丝和铜梁相连接的地方，采用点焊固定镀锌铁丝网。然后用泡沫做底模和侧模浇筑混凝土。

施工完成后的模型如图 4.21 所示。

图 4.21　施工完成后的模型

3. 模拟地震振动台试验

1）模拟地震波的输入

模拟地震振动台试验的台面激励选择主要根据场地类别和建筑结构动力特性等因素确定。因为该试验属于研究性试验，所以选择应用范围很广的 El Centro 波、San Fernando 波和 Pasadena 波。

El Centro 波选用 1940 年 5 月 18 日美国 IMPERIAL 山谷地震发生时在 El Centro 现场的实测记录，记录持续时间 53.73s。最大加速度：南北方向为 341.7Gal（$1\text{Gal}=1\text{cm/s}^2$），东西方向为 210.1Gal，竖向为 206.3Gal。场地土属Ⅱ-Ⅲ类，震级 6.7 级，震中距 11.5km，属于近震，原始记录相当于 8.5 度地震。

San Fernando 波为 1971 年 2 月 9 日美国 San Fernando 地震记录，持时 49.39s。最大加速度：南北方向为 137.86Gal，东西方向为 238.83Gal，竖直方向为 148.21Gal。场地土属Ⅱ-Ⅲ类，震级 6.4 级，震中距 40.5km，属于近震，原始记录相当于 8 度地震。

Pasadena 波为 1952 年 7 月 21 日美国加利福尼亚地震记录，持时 77.26s。最大加速度：南北方向为 46.5Gal，东西方向为 52.1Gal，竖直方向为 29.3Gal。场地土属Ⅲ-Ⅳ类，远震。

2）模拟地震波的输入

试验时根据模型所要求的动力相似关系对原型地震记录做修正后，作为模拟地震振动台的输入。根据设防要求,输入加速度幅值从小到大依次增加,以模拟多遇到罕遇不同水准地震对结构的作用。

在遭遇强烈地震作用后,模型结构的频率和阻尼比都将发生变化。在模型承受不同水准的地震作用后,一般采用白噪声对其进行扫频,得到模型自振频率和结构阻尼比的变化,以确定结构刚度下降的幅度。

试验过程中,根据需要采集模型结构不同部位的加速度、位移和应变等数据,并根据采集结果分析模型结构的地震响应。同时,试验过程中还可以对结构变形和开裂状况进行宏观观察。

4. 模型结构试验结果及分析

1）不同比例模型破坏形态的相似性

1/20 模型和 1/30 模型的破坏形态如图 4.22 和图 4.23 所示。从图中可以看出,在模拟地震振动台试验激励下,钢筋混凝土核心筒底层均出现水平裂缝,筒体角部出现压碎现象,不同比例模型在宏观破坏形态方面具有相似性。

图 4.22　1/20 模型破坏形态

图 4.23　1/30 模型破坏形态

2）不同比例模型结构振型的相似性

根据结构传递函数的幅值和相位角求得结构的振型,如图 4.24 和图 4.25 所示。从图可以看出，1/20 和 1/30 比例模型的振型形状相似性较好，因此两模型结构的振型具备较好的相似性，由两模型结构的振型推算原型结构的振型具有一致性。

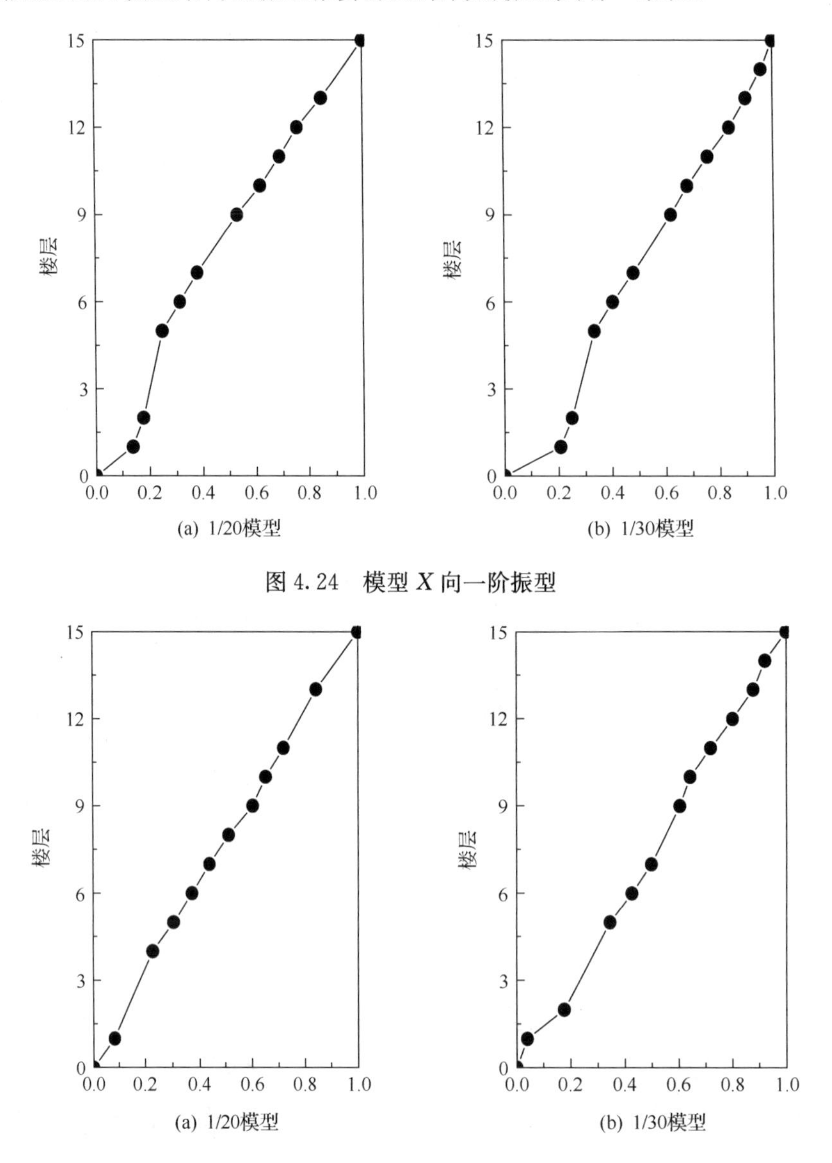

图 4.24　模型 X 向一阶振型

图 4.25　模型 Y 向一阶振型

3）不同比例模型结构自振频率的相似性

根据结构传递函数的幅频曲线，峰值处的频率即结构的自振频率。对没有施加配重的模型同时采取了脉动测试和白噪声测试。1/20 和 1/30 模型在不同工况下的自振频率如表 4.27 所示。1/20 和 1/30 模型在不同工况下的自振频率与初始自振频率的比值如图 4.26 所示。初始自振频率是指模型加好配重后采用白噪声测得的频率。由图可知，1/20和 1/30 模型在相同工况下的自振频率与初始自振频率的比值基本相似。

表 4.27　不同比例模型自振频率

1/20 模型							1/30 模型						
序号	*X* 向振型频率/Hz			*Y* 向振型频率/Hz			序号	*X* 向振型频率/Hz			*Y* 向振型频率/Hz		
	一阶	二阶	三阶	一阶	二阶	三阶		一阶	二阶	三阶	一阶	二阶	三阶
脉动	9.50	—	—	11.5	—	—	脉动	13.00	—	—	15.50	—	—
W1	7.14	34.18	50.33	8.64	33.05	57.09	W1	11.19	50.35	—	12.72	50.35	—
W2	4.88	21.41	48.83	6.01	21.41	40.19	W2	7.12	30.01	69.68	8.14	29.50	58.49
W3	4.88	21.41	48.45	6.01	21.41	39.44	W3	7.12	30.01	68.66	7.63	28.99	58.49
W4	4.88	20.66	48.08	5.63	20.66	38.69	W4	7.12	30.01	68.66	7.63	28.48	58.49
W5	4.51	20.66	46.95	5.63	20.28	38.31	W5	6.61	28.48	66.12	7.63	27.97	56.97
W6	4.51	19.53	45.45	5.63	19.91	37.56	W6	6.61	27.47	65.10	7.63	27.47	56.97
W7	4.51	19.53	43.95	5.26	19.16	36.43	W7	6.10	24.41	50.35	6.61	24.41	50.86
W8	3.76	17.28	39.81	4.88	18.03	35.31	W8	5.59	22.89	50.35	6.61	23.40	49.34
W9	3.76	16.15	38.31	4.88	16.53	33.05	W9	5.59	21.36	50.35	6.10	22.89	48.32
W10	3.76	15.78	37.18	4.51	16.53	32.68	W10	5.09	21.36	50.35	6.10	22.38	43.74
W11	3.38	15.02	35.68	4.51	15.40	30.80	W11	4.58	20.85	50.35	6.10	21.36	42.22
W12	3.38	12.39	31.55	3.76	12.77	—	W12	4.58	16.28	50.35	5.59	19.33	41.20
W13	3.00	11.27	26.67	3.38	11.27	—	W13	4.07	15.77	50.35	4.58	17.80	—
W14	3.00	10.14	25.17	3.00	11.27	—	W14	4.07	15.26	50.35	4.58	17.80	—
							W15	4.07	14.75	42.72	4.58	17.29	—
							W16	3.56	14.75	42.22	4.58	17.80	—
							W17	3.56	14.24	40.65	4.58	17.29	—

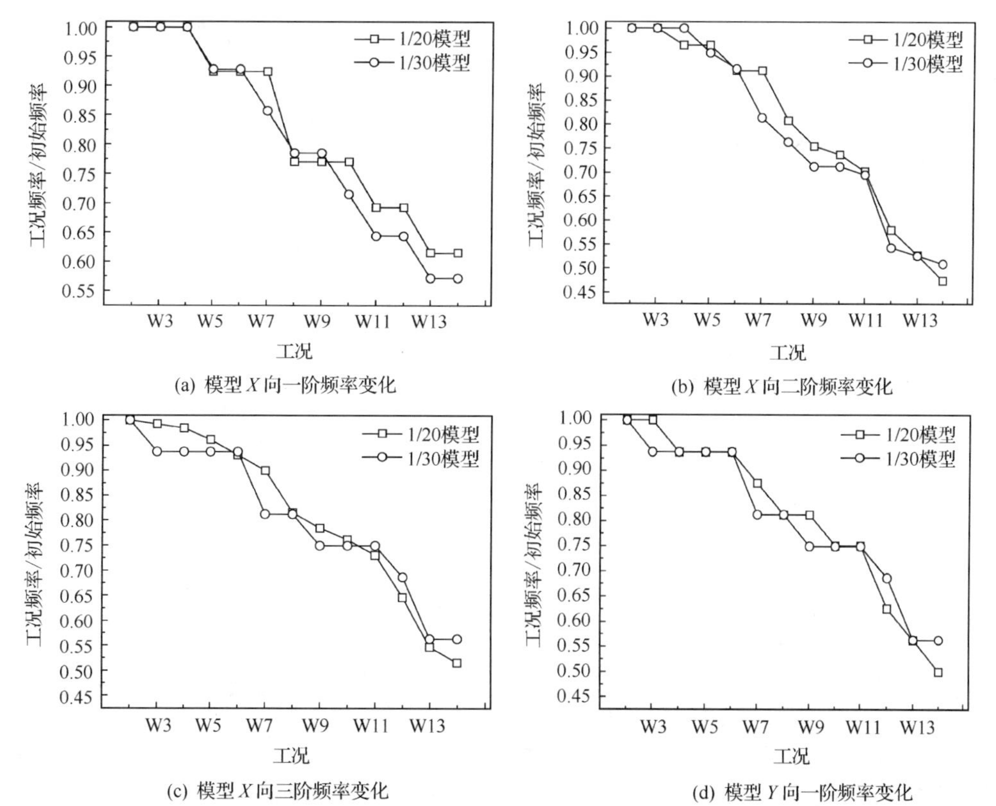

(a) 模型 *X* 向一阶频率变化

(b) 模型 *X* 向二阶频率变化

(c) 模型 *X* 向三阶频率变化

(d) 模型 *Y* 向一阶频率变化

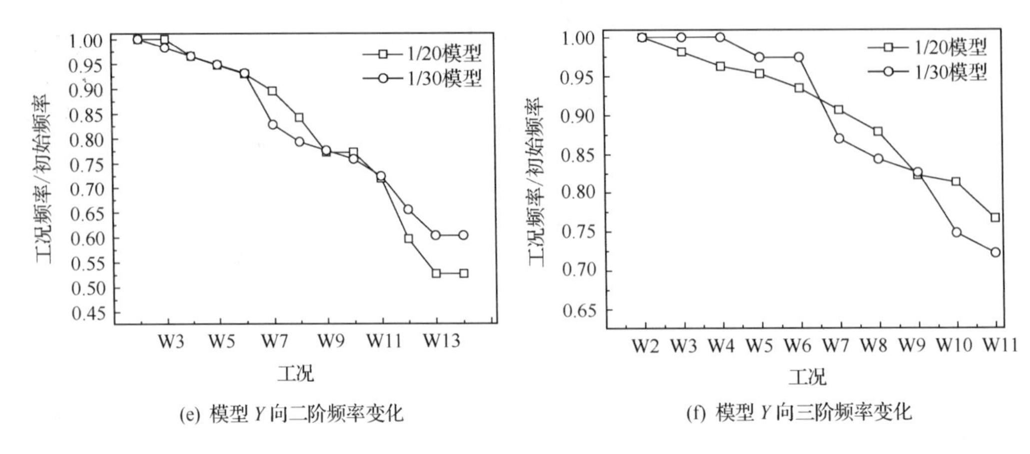

(e) 模型 Y 向二阶频率变化　　(f) 模型 Y 向三阶频率变化

图 4.26　模型各阶频率变化

4）不同比例模型结构加速度反应的相似性

对加速度数据进行滤波分析，1/20 和 1/30 模型顶层 X 向的加速度峰值如表 4.28 所示。考虑对振动台实际激励加速度与设定激励加速度的修正，并根据相似关系进行换算至原型。

表 4.28　不同比例模型顶层 X 向加速度峰值

工况		顶层 X 向加速度峰值/g				相对误差/%
		1/20 模型	推算原型	1/30 模型	推算原型	
7 度多遇	el3	0.173	0.058	0.249	0.069	19.0
	sf8	0.331	0.110	0.294	0.081	26.4
	pa13	0.398	0.133	0.396	0.110	17.3
7 度基本	el18	0.548	0.183	0.518	0.144	21.3
	sf25	0.659	0.220	0.676	0.187	15.0
	pa30	0.573	0.191	0.797	0.221	15.7
7 度罕遇	el35	0.894	0.298	0.942	0.261	12.4
	sf42	0.845	0.282	1.000	0.277	1.8
	pa47	0.805	0.268	0.825	0.229	14.6
8 度罕遇	el52	1.760	0.587	1.612	0.447	23.9
	sf59	1.782	0.594	1.827	0.506	14.8
	pa64	1.011	0.337	0.954	0.264	21.7

5）不同比例模型结构位移反应的相似性

7 度多遇、基本、罕遇和 8 度罕遇情况下模型顶层 X 向的位移反应如表 4.29 所示。

表 4.29　不同比例模型顶层 X 向位移

工况		顶层 X 向位移/mm				相对误差/%
		1/20 模型	推算原型	1/30 模型	推算原型	
7 度多遇	el3	1.699	33.972	0.947	28.395	19.64
	sf8	4.097	81.940	2.287	68.610	16.27
	pa13	4.494	89.880	2.826	84.785	6.01
7 度基本	el18	4.013	80.250	2.180	65.393	22.72
	sf25	9.042	180.840	5.158	154.740	14.43
	pa30	9.679	193.580	7.254	217.621	11.05
7 度罕遇	el35	9.116	182.310	5.881	176.438	3.33
	sf42	14.337	286.745	8.603	258.085	11.10
	pa47	16.906	338.126	9.995	299.850	12.77
8 度罕遇	el52	14.890	297.798	11.495	344.845	13.64
	sf59	18.923	378.460	11.236	337.095	12.27
	pa64	31.437	628.745	17.008	510.234	23.23

由 1/20 和 1/30 比例模型顶层 X 向的位移结果根据相似关系推算至原型可知，其相对误差在 10%～20%。这也说明，1/20 和 1/30 两个模型在顶层的位移响应方面也具备相似性。

4.4.4　现场实测结果的验证

作者及其团队多年来对部分进行过模拟地震振动台试验研究的复杂高层结构，采用脉动法进行现场实测，并对比实测结果与振动台试验结果，以进一步验证高层建筑抗震模型试验方法。以上海凯旋门大厦为例[11]，结构实测结果与模拟地震振动台试验结果比较如下。

1. 结构体系

上海凯旋门大厦高 100m，该结构由两个巨型门柱组成。外形像凯旋门，两门柱之间楼板不连续，用传统的结构分析软件(假定楼板平面内刚度无穷大)无法对该建筑进行分析，为此，于 1993 年对该结构进行了模拟地震振动台试验。

2. 实测结果

实测时间为 1998 年 7 月，实测时结构处于正常使用状态，测试结果如表 4.30 所示。

表 4.30　凯旋门大厦自振频率和阻尼

编号	振型	频率/Hz	周期/s	阻尼比
1	南北向	0.557	1.795	0.01359
2	东西向	0.723	1.383	0.01780
3	扭转	0.938	1.066	0.01569
4	南北向	2.236	0.447	0.00452
5	扭转	3.301	0.303	0.00072
6	东西向	3.310	0.302	0.01249
7	东西向	3.711	0.269	0.01237
8	扭转	4.463	0.224	0.08289

3. 实测结果与模型试验结果比较

模拟地震振动台试验结果与实测结果对比详见表 4.31，从表 4.31 可以看出，二者结果较接近，说明按本章介绍的动力相似条件、不同模型材料的相似要求设计的高层建筑模型，可以较准确地获得结构的动力特性。

表 4.31　凯旋门大厦自振周期比较

编号	振型	实测周期/s	模型试验周期/s	误差/%
1	南北向	1.795	1.577	−12.14
2	东西向	1.383	1.082	−21.76
3	扭转	1.066	0.932	−12.57
4	南北向	0.447	0.387	−13.42
5	扭转	0.303	0.293	−3.30
6	东西向	0.302	0.289	−4.30
7	东西向	0.269	0.294	9.29
8	扭转	0.224	0.269	20.09

基于课题组的研究结果[11-15]及已有数据资料[16]，高层建筑结构现场实测动力特性与振动台试验对比图如图 4.27 所示。从图中可以看出，高层结构振动台试验结果与现场实

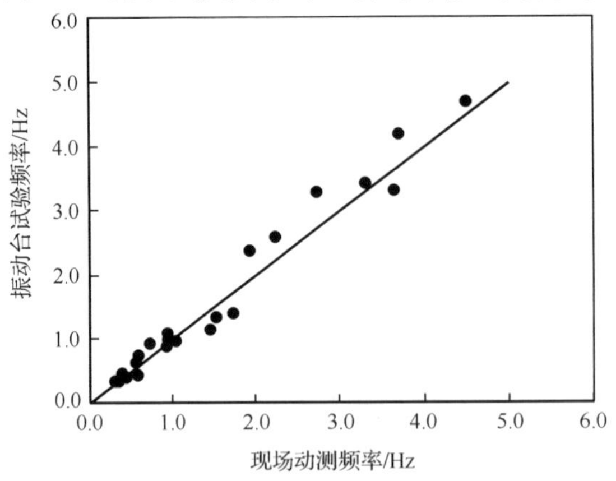

图 4.27　高层建筑振动台试验与现场动测频率关系图

测结果吻合较好，高层结构的振动台试验可以很好地预测原型结构的动力特性。

4.5　高层建筑抗震模型试验结果的分析与应用

用振动台模型试验结果可以预测原型结构的宏观地震反应，如结构的动力特性、结构的最大加速度反应、最大位移反应和结构的地震作用分布等，以满足高层建筑结构的抗震设计要求。上述观点已得到多次振动台试验和现场检测的验证，也得到了国内外同行专家的认可。

4.5.1　模型结构动力特性分析方法

结构的动力特性，如自振频率、振型和阻尼系数（或阻尼比）等，是结构本身的固有参数，它们取决于结构的组成形式、刚度、质量分布、材料性质、构造连接等。自振频率及相应的振型虽然可由结构动力学原理计算得到，但由于实际结构的组成、连接和材料性质等因素，经过简化计算得出的理论数值往往会有一定误差，阻尼则一般只能通过试验来测定。因此，采用试验手段研究结构的动力特性具有重要的实际意义。

用试验法测定结构动力特性，首先应设法使结构起振，然后记录和分析结构受振后的振动形态，以获得结构动力特性的基本参数。强迫振动方法主要有振动荷载法、撞击荷载法、地脉动法等。

1. 振动荷载法

振动荷载法是借助按一定规律振动的荷载，迫使结构产生一个恒定的强迫简谐运动，通过对结构受迫振动的测定，求得结构动力特性的基本参数。

为安置激振器，应在结构上选择一个激振点。激振器的频率信号由信号发生器产生，经过功率放大器放大后推动激振器激励结构振动。当激励信号的频率与结构自振频率相等时，结构发生共振，这时信号发生器的频率就是试验结构的自振频率，信号发生器的频率由频率计来监测。只要激振器的位置不落在各阶振型的节点位置上，随着频率的增高即可测得一阶、二阶、三阶及更高阶的自振频率。在理论上，结构有无限阶自振频率，但频率越高输出越小，由于受检测仪表灵敏度的限制，一般仅能测到有限阶的自振频率。考虑到对结构影响较大的通常是前几阶，而高阶的影响较小，振动荷载法的结果足够满足工程实践。

图4.28是对建（构）筑物进行频率扫描试验时所得时间历程曲线示意。试验时，首先逐渐改变频率从低到高，同时记录曲线，如图4.28(a)所示；然后在记录图上找到建（构）筑物共振峰值频率 ω_{01}、ω_{02}，再在共振频率附近逐渐调节激振器的频率，记录这些点的频率和相应的振幅值，绘制振幅-频率曲线，如图4.28(b)所示。由此得到建（构）筑物的第一频率 ω_{01} 和第二频率 ω_{02}。

拾振器的布置数目及其位置由研究的目的和要求而定。测量前，对各拾振器做相对校准，使其对试件的振动检测具有相同的灵敏度。当结构发生共振时，用拾振器同时测量结构各部位的振动，通过比较各测点的振幅和相位，即可绘制该频率的振型图。应该注意

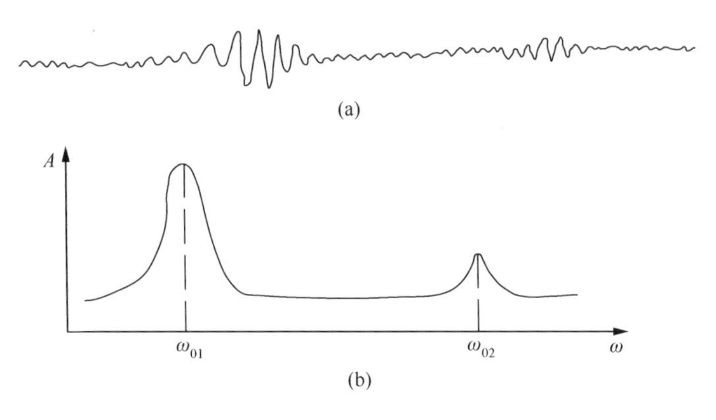

图 4.28 建(构)筑物频率扫描时间历程

到激振器的激振方向和安装位置要根据试验结构的具体情况和不同目的来确定。一般说来,整体结构的动荷载试验都在水平方向激振,楼板和梁等动力试验荷载均为垂直激振荷载。激振器沿结构高度方向的安装位置应选在所要测量的各个振型曲线的非零节点位置上,因此试验前最好先对结构进行初步分析,做到对所测量的振型曲线形式有所估计。

2. 撞击荷载法

用试验手段施加撞击荷载,常用的方法是对结构突加荷载或突卸荷载,在加载或卸载的瞬间结构就产生自由振动。对体积过大的结构采用突加或突卸荷载不足以使结构起振时,可以改用初位移法,即对结构预加初位移。试验时,突然释放预加的初位移,结构即产生自由振动。也可用反冲激振器对结构施加冲击荷载,具有吊车的工业厂房,可以利用小车突然刹车制动,使厂房产生横向自由振动;在桥梁上则可借用载重汽车突然制动或越障碍物产生冲击荷载。在模型试验时可以采用锤击法激励模型产生自由振动。

量测有阻尼自由振动时间历程曲线的记录曲线如图 4.29,对记录曲线进行分析可求得基本频率和阻尼比。由结构动力学可知,有阻尼自由振动的运动方程为

$$x(t) = x_m e^{-\eta t}(\sin\omega t + \varphi) \tag{4.52}$$

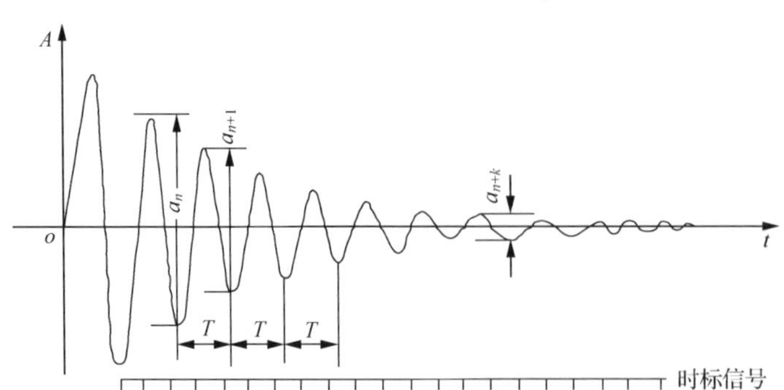

图 4.29 自由振动时间历程曲线

图 4.29 中振幅值 a_n 对应的时间为 t_n;a_{n+1} 对应的时间为 t_{n+1},$t_{n+1} = t_n + T$,$T = 2\pi/\omega$。分别代入公式(4.52)并取对数,有

$$\ln \frac{a_n}{a_{n+1}} = \eta T \Rightarrow T = \frac{\ln \frac{a_n}{a_{n+1}}}{\eta} \tag{4.53}$$

式中，η 为衰减系数。

为消除撞击荷载冲击的影响，最初的一、二个波可不作为依据。同时为了提高测量精度，可以取若干周期之和除以周期数得出的均值作为基本周期，进一步可以得到公式(4.54)。

$$T = \frac{1}{k} \frac{\ln \frac{a_n}{a_{n+k}}}{\eta} \tag{4.54}$$

3. 地脉动法

在日常生活中，由于地面不规则运动的干扰，建(构)筑物的微弱振动是经常存在的，这种微小振动称为脉动。一般房屋的脉动振幅在 10μm 以下，但烟囱可以大到 10mm。建(构)筑物的脉动有一个重要性质，就是明显地反映出建(构)筑物的固有频率和自振特性。如果将建(构)筑物的脉动过程记录下来，经过一定的分析便可确定结构的动力特性。

地脉动对建(构)筑物引起振动的过程或地震引起建(构)筑物随机振动的过程是近年来发展起来的一种新技术。由随机振动理论可知，只要外界脉动的卓越周期接近建(构)筑物的第一自振周期，在建(构)筑物的脉动图里第一阶振型的分量必然起主导作用，因此可以从记录图中找出比较光滑的曲线部分直接量出第一自振周期及振型，再经过进一步分析便可求得阻尼特性。如果外界脉动的卓越周期与建(构)筑物的第二或第三自振周期接近，在脉动记录图中第二或第三振型分量将起突出作用，从中可直接量得第二或第三自振周期和振型。近年来常用地脉动法测试得到高层抗震试验模型的振动特性。

地脉动测量的测点布置，应将建(构)筑物视作空间体系，沿高度和水平方向同时布置仪器。如果仪器数量不足，可多次测量，但应留一台仪器保持位置不变，以便作为各次测量的比较标准。为获得能全面反映地面不规则运动的脉动记录，要求记录仪具有足够宽的频带。因为每一次记录的脉动信号不一定能全面反映建(构)筑物的自振特性，所以地脉动记录应持续足够长的时间和反复记录若干次。此外，根据脉动分析原理，脉动记录中不应存在有规则的干扰信号，或仪器本身带来的杂音，因此在进行测量时，仪器应避开机器或其他有规则的振动影响，以保持脉动信号的记录主要是由地脉动引起的振动。

分析建(构)筑物地脉动信号的具体方法有主谐量法、统计法、频谱分析法和功率谱分析法。

1) 主谐量法

建(构)筑物固有频率的谐量是脉动里的主要成分，在脉动记录图上可以直接量出来。凡是振幅大、波形光滑(即有酷似“拍”现象)处的频率总是多次重复出现。如果建(构)筑物各部位在同一频率处的相位和振幅符合振型规律，那么就可以确定次频率就是建(构)筑物的固有频率。通常基频出现的机会最多，比较容易确定。对于一些较高的建(构)筑物，有时第二、第三频率也可能出现。若记录时间能放长些，分析结果的可靠性就会大一些。若欲画出振型图，应将某一瞬时各测点实测的振幅变换为实际振幅绝对值(或相对

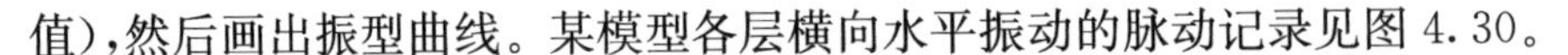

值),然后画出振型曲线。某模型各层横向水平振动的脉动记录见图 4.30。

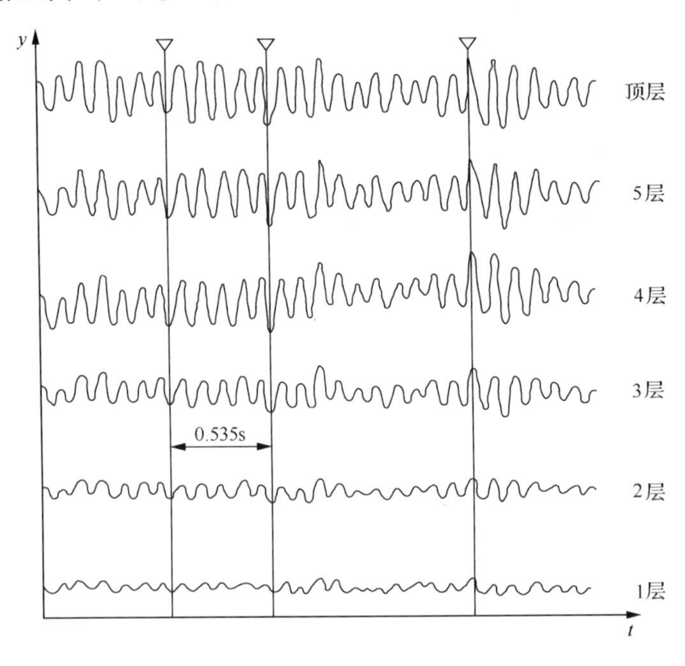

图 4.30　主谐量法分析脉动记录曲线

2) 统计法

由于弹性体受随机因素影响而产生的振动必定是自由振动和强迫振动的叠加,具有随机性的强迫振动在任意选择的多数时刻的平均值为零,因此利用统计法即可得到建(构)筑物自由振动的衰减曲线。具体做法是:在脉动记录曲线上任意取 $y_1,y_2,\cdots,y_n$,当 y_i 为正值时记为正,且 y_i 以后的曲线不变号;当 y_i 为负值时变为正,且 y_i 以后的曲线全部变号。在 y 轴上排齐起点,绘出 y_i 曲线后,用这些曲线的值画出另一条曲线,如图 4.31(b)所示,这条曲线便是建(构)筑物自由振动时的曲线,利用它便可求得基本频率和阻尼。

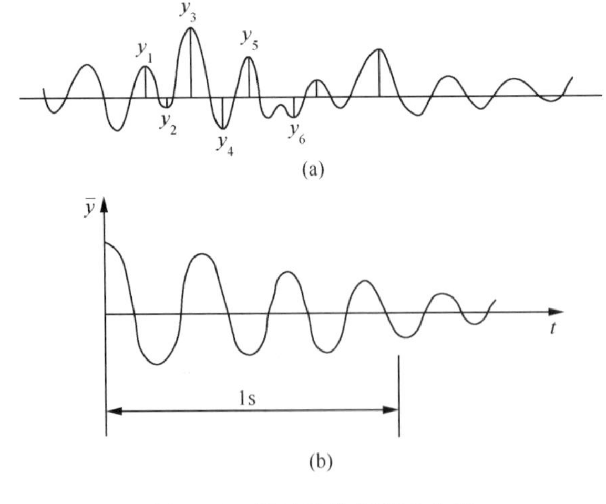

图 4.31　统计法分析脉动曲线

图4.31(a)是某结构的一条脉动记录曲线，经过统计法统计得到一条自由振动曲线。用统计法求阻尼，必须有足够多的曲线取其平均值，一般不得少于40条。

3) 频谱分析法

将建(构)筑物脉动记录图看成是各种频率的谐量合成。由于建(构)筑物固有频率的谐量和脉动源卓越频率处的谐量为其主要成分，用傅里叶级数将脉动图分解并做出其频谱图，则在频谱图上建(构)筑物固有频率处和脉动源卓越频率处必然出现突出的峰点。一般在基频处是非常突出的，而二频、三频有时也很明显。频谱分析具体方法参见随机振动有关文献。

4) 功率谱分析法

假设建(构)筑物的脉动是一种平稳的各态历经的随机过程，且结构各阶阻尼比很小，各阶固有频率相隔较远，则可以利用脉动振幅谱(均方根谱)的峰值确定建(构)筑物的固有频率和振型，并用各峰值处的半功率带宽确定阻尼比。

具体做法是：将建(构)筑物各个测点处实测所得到的脉动信号输入信号分析仪进行功率谱分析，以得到各个测点的脉动振幅谱(均方根谱) $\sqrt{G(f)}$ 曲线(图4.32)。然后即可通过对振幅谱曲线图的峰值点对应的频率进行综合分析，以确定各阶固有频率 f_i，并根据振幅谱图上各峰值处的半功率带宽 Δf_i，确定系统的阻尼比 ξ_i。

$$\xi_i = \frac{\Delta f_i}{2f_i} \tag{4.55}$$

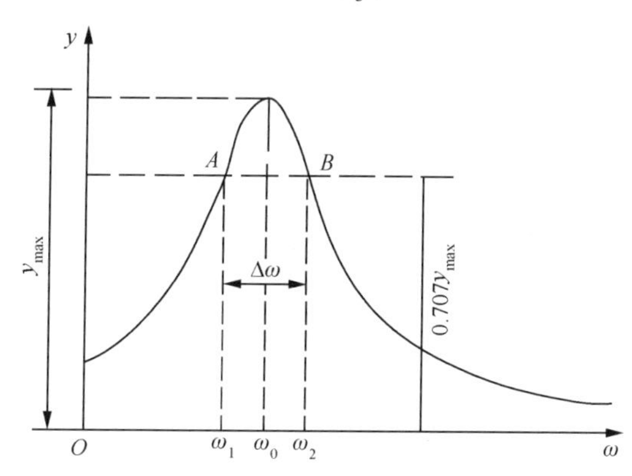

图4.32 带宽法示意图

求阻尼的最简便方法是带宽法或称半功率点法。具体做法是：在纵坐标为 $0.707y_{max}$ 处作一条平行于 ω 轴线与共振曲线相交于 A、B 两点，其对应的横坐标为 ω_1 和 ω_2，则衰减系数 η 和阻尼比 ξ 分比为

$$\eta = \frac{\omega_1 - \omega_2}{2} \tag{4.56}$$

$$\xi = \frac{\eta}{\omega_0} \tag{4.57}$$

由振幅谱曲线图的峰值可以确定固有振型幅值的相对大小，但还不能确定振型幅值的正负号。为此可以将某一测点，如建(构)筑物顶层的信号作为标准，将各测点信号分别

与标准信号做互谱分析，求出各个互谱密度函数的相频特性。若互谱密度函数等于零，则两点同相；若互谱密度函数等于±π，则两点反相。这样便可根据相对大小和正负号绘出结构的各阶振型图。图 4.33 为不同高度处功率谱密度法测某高层模型频率示意图。可以看出，频率信号以基频为主。

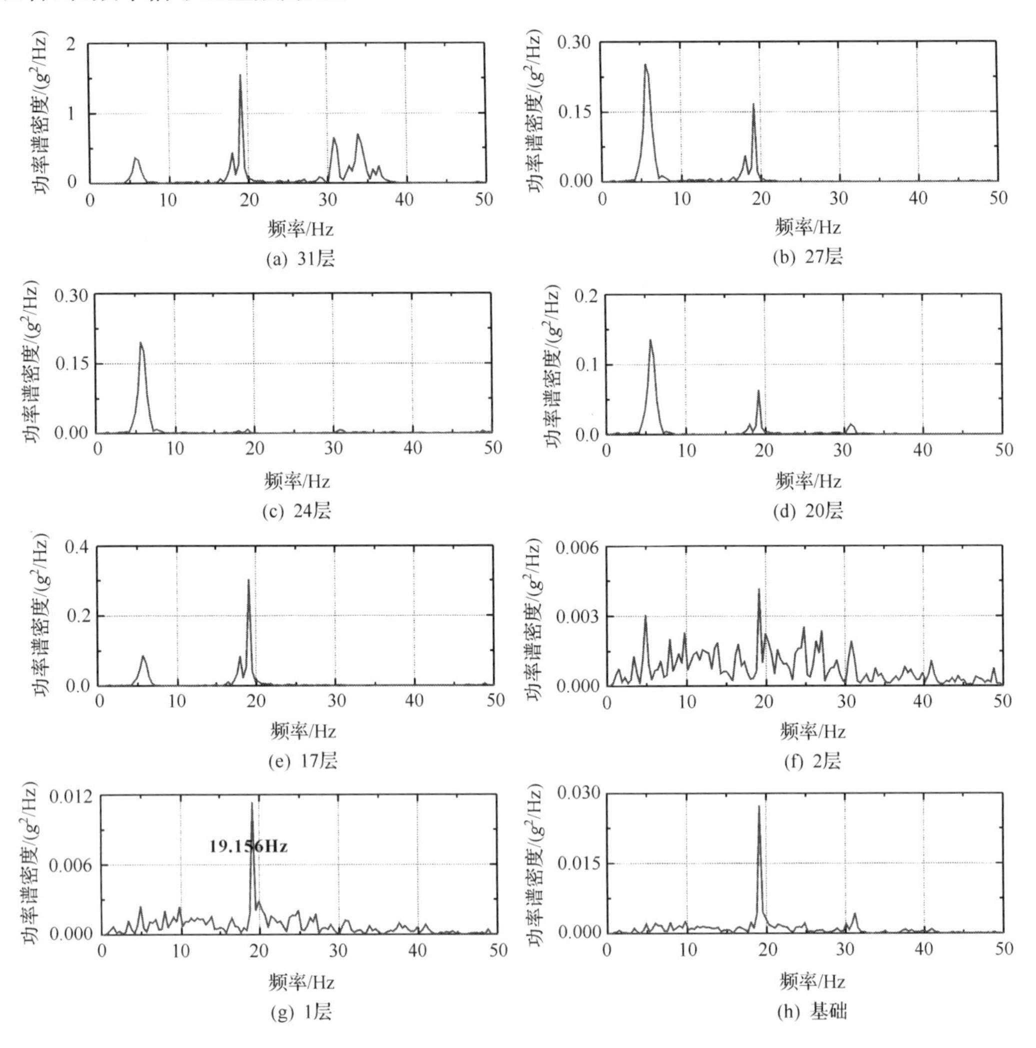

(a) 31层　(b) 27层　(c) 24层　(d) 20层　(e) 17层　(f) 2层　(g) 1层　(h) 基础

图 4.33　不同高度处功率谱密度法测某高层模型频率示意图

5）传递函数法

传递函数是零初始条件下线性系统响应（即输出）量的拉普拉斯变换与激励（即输入）量的拉普拉斯变换之比。传递函数是描述线性系统动态特性的基本数学工具之一，以传递函数为工具分析和综合控制系统的方法称为频域法。传递函数中的复变量在实部为零、虚部为角频率时就是频率响应。因此，也可以采用传递函数的方法获取高层结构抗震模型的动力特性。具体方法参见随机振动有关文献。

目前，土木工程防灾国家重点实验室振动台实验室通常采用在施加人工质量前与施加人工质量后分别对高层模型采用地脉动试验的方法获得模型的动力特性，以在试验前反复校准模型相似关系。

4.5.2　模型结构加速度、位移分析方法

高层建筑抗震试验模型的加速度反应可以通过分布在模型不同位置、不同高度、不同方向上的加速度传感器直接获取，测量值即模型的绝对加速度数值。一般来说，加速度传感器的测量值稳定，可以用来推算更多的模型信息。例如，可以对其进行功率谱分析获得模型结构的频率、阻尼比；可以通过不同高度处的加速度峰值与基础加速度峰值之比获得模型结构的动力放大系数；可以通过对加速度数值积分获得模型结构的位移；还可以通过楼层加速度峰值与相应楼层质量的乘积获得模型结构的惯性力分布规律等。

模型结构的位移可以通过位移传感器直接测量和对加速度传感器数据积分两种途径来获得，图 4.34 和图 4.35 为位移计实测位移与加速度计积分位移的比较，从图中可以看出，两种方法得到的位移结果较为接近，加速度传感器在试验中一般设置数量较多，因此多采用加速度数值积分的方法对模型结构位移进行评估[17,18]。值得注意的是，加速度数值为绝对加速度，而积分后的位移要与基地位移相减以获得模型结构的相对位移再进行分析。

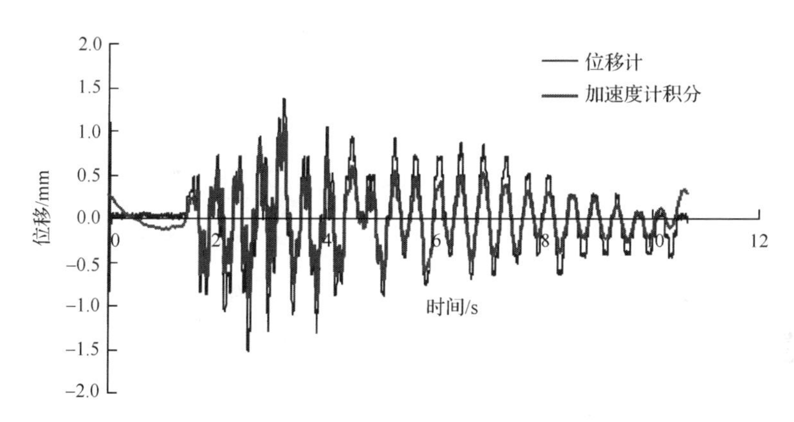

图 4.34　位移计实测位移与加速度计积分位移结果对比(El Centro 波)

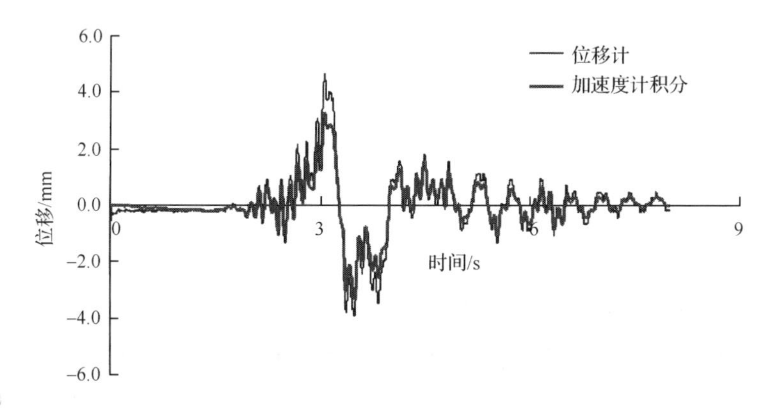

图 4.35　位移计实测位移与加速度计积分位移结果对比(郑州波)

4.5.3　模型结构地震作用分析方法

1. 模型结构的惯性力

由各个加速度通道的数据，可以求得模型结构的惯性力沿高度的分布，具体步骤如图 4.36所示。

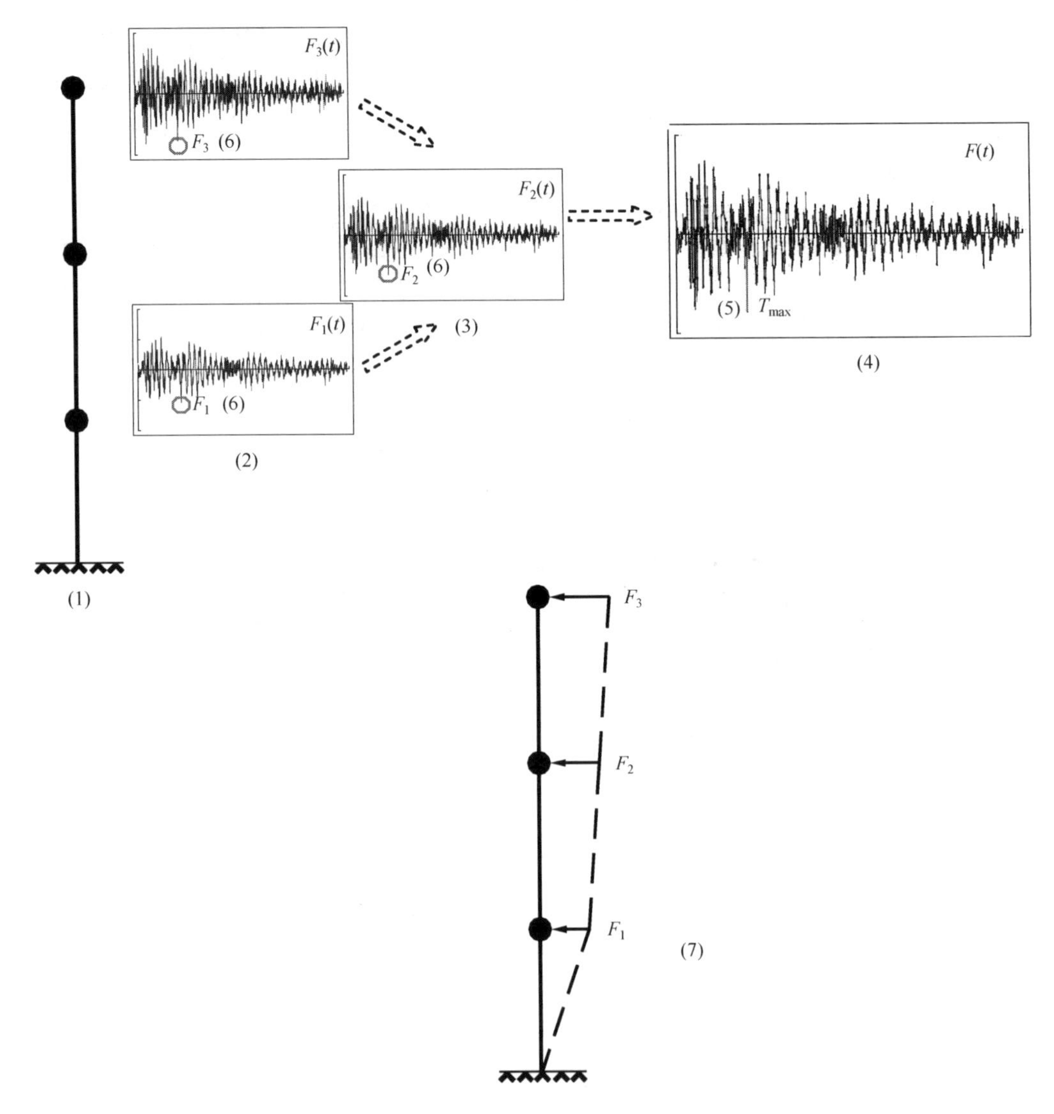

图 4.36　惯性力分布计算方法示意图

(1) 假定各层质量均集中在楼面处，计算各个集中质量值 m。

(2) 将加速度计测得的绝对加速度与相应位置层集中质量 m 相乘，得到相应层惯性力时程。

(3) 利用插值计算得未设置加速度传感器楼层的惯性力时程。

(4) 各层的惯性力时程迭加，得到总的惯性力时程。

(5) 找到与总惯性力时程峰值相应的时间点 T_{max}。

(6) 统计与 T_{max} 相应的各楼层惯性力数值(一般也为最值)。

(7) 得到各楼层惯性力统计绝对值沿高度的分布图。

图 4.37 中绘出了某模型结构在不同地震烈度下 X 向惯性力峰值沿高度分布图。

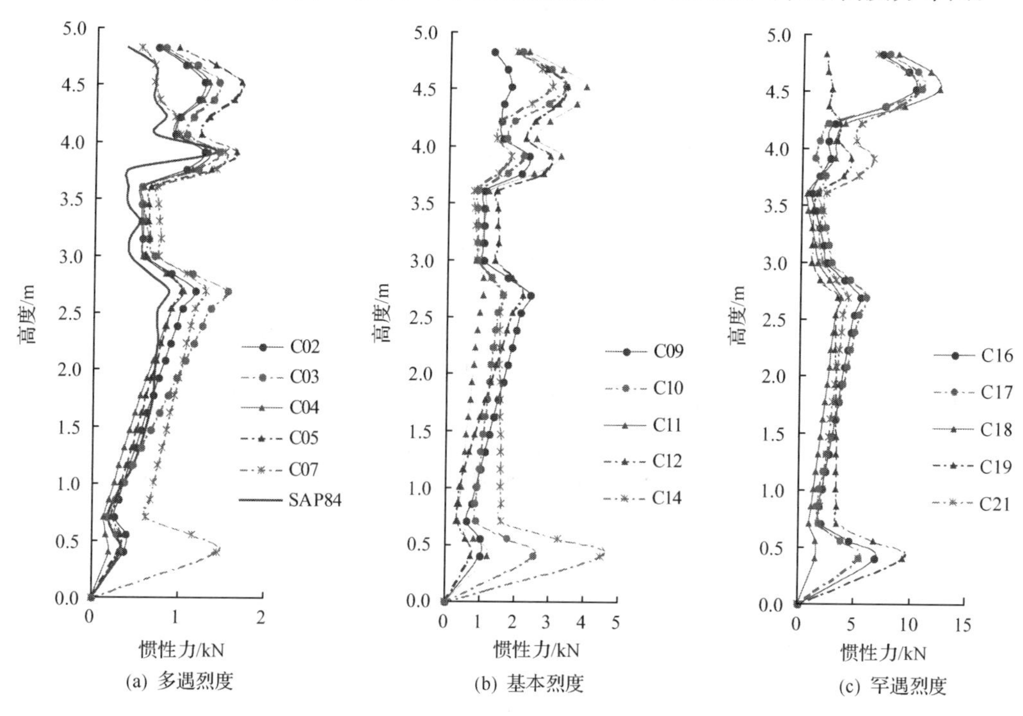

图 4.37　模型结构 X 向惯性力峰值沿高度分布图[19]

2. 模型结构的层间剪力

某层楼层剪力是其上各层惯性力之和。图 4.38 绘出了某模型结构不同烈度下 X 向楼层剪力与高度的关系。

4.5.4　利用模型试验结果识别结构分析模型的方法

所谓系统识别，就是在观察到的系统输入和输出数据的基础上，对系统确定一个数学模型，要求这个模型尽可能精确地反映系统的特性。系统识别是现代控制理论研究的基本问题之一，然而，20 世纪 70 年代以来在土建结构工程中也得到了广泛应用。目前的应用领域如下。

(1) 结合各种静力加载试验，研究钢筋混凝土基本构件的力学性能。

(2) 通过地面脉动和结构反应的量测，识别实际结构的频率、振型和阻尼比。这种方法仅适用于结构处于线性状态时的情况，而且得不到结构的刚度和强度参数。因此，对于研究结构的数学模型是不够的。

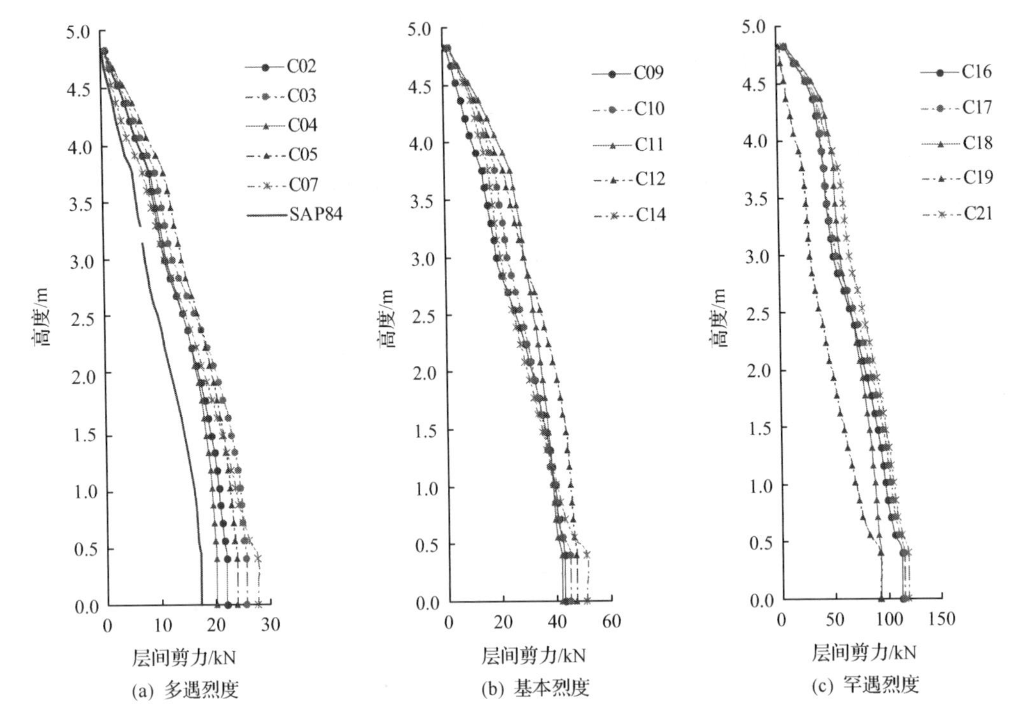

图 4.38　模型结构 X 向楼层剪力峰值沿高度分布图

(3) 利用地震时在实际结构物上量测到的反应和相应的地面运动输入来识别结构的数学模型。这种方法比较符合实际，但由于地震发生的不确定性和难以预料的时间性，要得到足够的完整记录也是非常困难的。

(4) 利用振动台模型试验时所量测的反应和台面输入来识别结构的各种动力参数以及线性和非线性数学模型等。由于模型试验比原型试验更经济，振动台又可以重复试验，因此，利用振动台试验结果识别结构的动力模型得到了研究人员的广泛重视。

本节所研究的是多自由度体系的剪切型结构的非线性数学模型的直接识别问题，它适用于多层钢筋混凝土结构和砌体结构模型识别问题，所用的参数优化方法为调整步长随机搜索算法。

1. 非线性模型识别计算过程

1) 问题的提法

在结构抗震分析中，多自由体系在地面运动加速作用下的运动方程为

$$[M]\{\ddot{X}\}+[C]\{\dot{X}\}+[K]\{X\}=-[M]\{I\}\ddot{X}_g \tag{4.58}$$

式中，$[M]$、$[C]$、$[K]$ 分别为体系的质量矩阵、阻尼矩阵和刚度矩阵(在进行非线性分析时，$[K]$ 随着结构的变形而变化)；$\{\ddot{X}\}$、$\{\dot{X}\}$、$\{X\}$ 分别为体系的加速度反应向量、速度反应向量及位移反应向量；$\{I\}$ 为单位向量；$\ddot{X}_g$ 为地面运动加速度。在本节中假定$[C]=\alpha_0[M]+\alpha_1[K]$。

在进行非线性地震反应分析时，一般是在已知 $[M]$、$[C]$、$[K]$ 和 $\ddot{X}_g$ 的情况下，计算结构的反应 $\{\ddot{X}\}$、$\{\dot{X}\}$、$\{X\}$。而本节研究的系统识别问题是在结构反应 $\{\ddot{X}\}$、$\{\dot{X}\}$、$\{X\}$ 以及质量 $[M]$ 和 $\ddot{X}_g$ 输入已知的情况下，来反算在一定意义下的误差范围内结构的刚度随变形而变化的规律(恢复力模型)以及阻尼系数 α_0 和 α_1。识别所得到的模型和参数可以进一步用来进行结构的动力反应分析并研究结构的抗震性能。

2) 基本步骤

(1) 根据问题的特点，假定若干恢复力模型，并以模型的控制点参数组成一个初始向量 $\{\beta\}^{(0)}$。为了使识别得到的恢复力模型便于在工程实际中应用，本节中的恢复力模型用多段直线来描述，如图 4.39 所示。

$$\{\beta\}^{(0)}=\{K_1^1,K_2^1,K_3^1,P_c^1,P_y^1,\cdots,K_1^i,K_2^i,K_3^i,P_c^i,P_y^i,\cdots,K_1^n,K_2^n,K_3^n,P_c^n,P_y^n\}^{\mathrm{T}} \tag{4.59}$$

式中，n 为剪切型结构的层数；K_1、K_2、K_3、P_c、P_y 如图 4.39 所示，为恢复力模型的控制点参数。

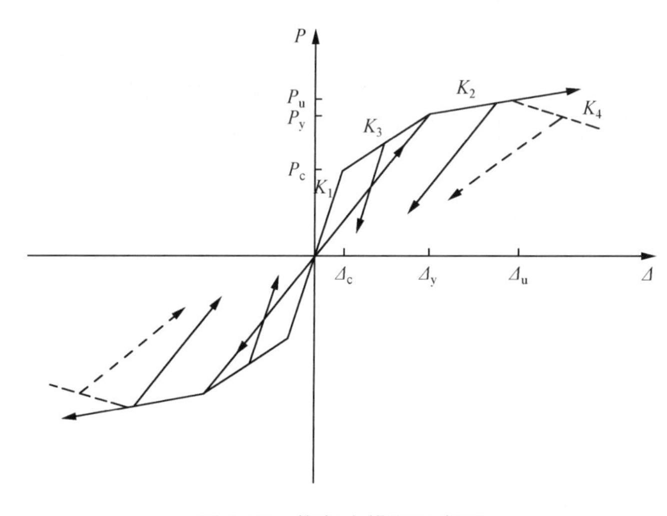

图 4.39　恢复力模型示意图

(2) 把假定的初始向量 $\{\beta\}^{(0)}$ 以及恢复力模型代入方程式(4.58)，计算结构的非线性地震反应，由此得到一组近似解：

$$\begin{aligned}\{\ddot{X}(\beta,t)\}&=\{\ddot{X}_1(\beta,t),\ddot{X}_2(\beta,t),\cdots,\ddot{X}_n(\beta,t)\}^{\mathrm{T}}\\ \{\dot{X}(\beta,t)\}&=\{\dot{X}_1(\beta,t),\dot{X}_2(\beta,t),\cdots,\dot{X}_n(\beta,t)\}^{\mathrm{T}}\\ \{X(\beta,t)\}&=\{X_1(\beta,t),X_2(\beta,t),\cdots,X_n(\beta,t)\}^{\mathrm{T}}\end{aligned} \tag{4.60}$$

它们与正确解之间必然有一定的误差。

(3) 计算误差函数：

$$F(\beta)=\sum_{i=1}^{n}\frac{1}{T}\int_0^T\{[\ddot{X}_i(\beta,t)-\ddot{y}_i(t)]^2+W_a[\dot{X}_i(\beta,t)-\dot{y}_i(t)]^2+W_b[X_i(\beta,t)-y_i(t)]^2\}\mathrm{d}t \tag{4.61}$$

式中，T 为加速度输入的持续时间；W_a、W_b 为正的加权系数；$\ddot{y}_i(t)$、$\dot{y}_i(t)$、$y_i(t)(i=1,2,\cdots,n)$ 为量测的结构反应，它们可以是通过地震模拟振动台试验得到的数据，也可以是实际地震时在结构物上所量测到的反应；$\ddot{X}(\beta,t)$、$\dot{X}(\beta,t)$、$X(\beta,t)(i=1,2,\cdots,n)$ 为在相同激励下的近似值，它们是向量$\{\beta\}$ 及时间 t 的函数。系统识别的目的就是要找出一组向量$\{\beta\}$，使得误差函数的值达到最小。为了找到这组向量，就必须对构成向量的参数进行最优化选择。

(4) 在选定的参数优化方法基础上检验识别计算结果是否满足收敛标准。如果满足，这时的参数向量 $\{\beta\}^{(i)}$ 就是所要求的解；否则，修改模型，按一定的规则组成新的参数向量 $\{\beta\}^{(i+1)}$，返回到第(2)步，直到满足精度要求。当按上述步骤反复计算时，在多自由度体系的非线性动力分析中使用的参数很多，进行最优化选择的计算时间过长，因此，本节采用了分段采样，分批识别的处理方法。具体做法是：利用结构地震反应时记录中最初阶段内的数据，识别恢复力模型的第一刚度 $K_i^1(i=1,2,\cdots,n)$；然后，在第一刚度已知的情况下再利用整个记录长度的反应识别其他非线性参数 K_2^i、K_3^i、P_c^i、$P_y^i(i=1,2,\cdots,n)$。

3) 参数优化方法及收敛标准

以上所述的基本步骤将恢复力模型的识别问题转化为一组多参数的参数优化问题，这就为使用已有的参数优化方法提供了方便。本节采用调整步长随机搜索(ASSRS)算法进行参数的最优化选择，并对收敛标准做了比较严格的限制。

调整步长随机搜索法的基本思路是：在给定的一个带有误差函数的初始点上，累加一个随机向量和步长，计算误差函数，如果误差函数减小，则增加步长继续搜索，否则减小步长再进行搜索。如果在连续搜索一定次数后误差不能再减小，则重新生成新的随机向量。这个过程重复进行，直到误差函数和参数向量满足一定的收敛条件。

在本节提出的识别方法中，要求在同时满足下列条件时，迭代过程结束。

(1) 最小的误差函数小于预先给定的数值，即

$$F(\beta)\leqslant\varepsilon \tag{4.62}$$

式中，ε 为一个很小的正数。

(2) 参数向量$\{\beta\}$中每一个分量在几次迭代中趋向于稳定。

(3) 迭代次数超过预先给定的数值。

4) 实际应用中几个问题的处理

(1) 关于误差函数 $F(\beta)$ 的计算。

式(4.61)为一般的代表式，在实际应用中由于结构的非线性地震反应，$\{\ddot{X}(\beta,t)\}$、$\{\dot{X}(\beta,t)\}$、$\{X(\beta,t)\}$ 难以写成解析形式，因此，必须写成离散形式以利于用计算机计算。另外，由于在实际地震时往往仅量测结构的加速度反应，在振动台模拟试验时结构的速度反应和位移反应也难以量测，所以，在实际应用时仅取加速度项，大量计算表明，这种取法对最后的收敛性影响很小。作者曾做过的几个算例表明加速度项对 $F(\beta)$ 的贡献占 90%，速度项和位移项的贡献共占 10%，因此仅取加速度项是可行而经济的。这样式(4.61)变为

$$F(\beta)=\sum_{i=1}^{n}\frac{1}{N_e\Delta t}\sum_{j=1}^{N_e}[\ddot{X}_{ij}(\beta_{ij},j\Delta t)-\ddot{y}_{ij}(j\Delta t)]^2\Delta t \tag{4.63}$$

式中，N_e 为总采样点数目；Δt 为采样时间间隔。

(2) 关于时段的取法。

前面曾提出利用最初时段的反应识别第一刚度，但应该指出的是，对于一个遭受强烈地震的实际结构或者在振动台上试验的模型结构，一般无法准确获知它们何时开裂，这样在识别第一刚度时，线性反应时段的取值就是必须注意的。由于零时刻为起点多取几个不同时段的反应进行识别计算，直至不同时段识别得到的第一刚度非常接近或趋于相等。

2. 计算过程的识别检验

为了检验本节识别方法的可行性，选用了几个不同固有周期的剪切型结构作为例子。在每个算例中，取各层恢复力模型的控制点参数作为待识别的参数向量(式(4.59))，取加速度误差作为判据函数的依据(式(4.63))，对本节所述的识别算法进行了检验。

1) 算例一

本例的恢复力模型控制点参数已知，因此可以用来检验用文本识别方法求得的参数与正参数的误差。这是一个三层的剪切型结构，各层恢复力模型控制点参数的正确与识别值如表 4.32 所示。输入加速度取自 1940 年 El Centro 地震南北向的地面运动加速度记录，持续时间为 12s，计算了结构的非线性地震反应，将反应看做实际结构的强震记录 $\{\ddot{y}(t)\}$。为了识别结构恢复力模型的第一刚度，分别取前 1.1s、1.2s 内的加速度反应进行

表 4.32　各层恢复力模型控制点参数识别

层间	质量/kg	类别	正确值	迭代前		迭代后	
				初值	偏离/%	终值	误差/%
1	45000	第一刚度	170000	238000	40.000	171873	1.102
		第二刚度	115600	131920	14.120	116602	0.867
		第三刚度	9522	11525	21.200	9520	0.031
		第一转折点	12000	8400	30.000	12223	1.865
		第二转折点	22000	15400	30.000	24012	9.145
2	45000	第一刚度	13200	79200	40.000	130172	1.380
		第二刚度	91872	111658	21.540	92776	0.984
		第三刚度	7665	10311	34.530	7682	0.229
		第一转折点	11400	5628	50.630	11564	1.440
		第二转折点	20900	10318	50.630	22716	8.690
3	30000	第一刚度	94000	131600	40.000	93973	0.029
		第二刚度	66928	80379	20.100	68003	1.607
		第三刚度	5653	7463	32.010	5725	1.281
		第一转折点	10800	5292	51.000	10762	0.345
		第二转折点	19800	9702	51.000	21141	6.777

识别计算,计算表明取 1.1s 与 1.2s 时的识别结果是一致的。在识别其他非线性参数时,取整个加速度反应过程(12s)。底层恢复力模型的比较如图 4.40 所示,用识别参数计算的加速度反应曲线与真实曲线的误差很小,这里图形从略。由表 4.32 和图 4.40 可见,识别计算值与正确值之间的误差是很小的。

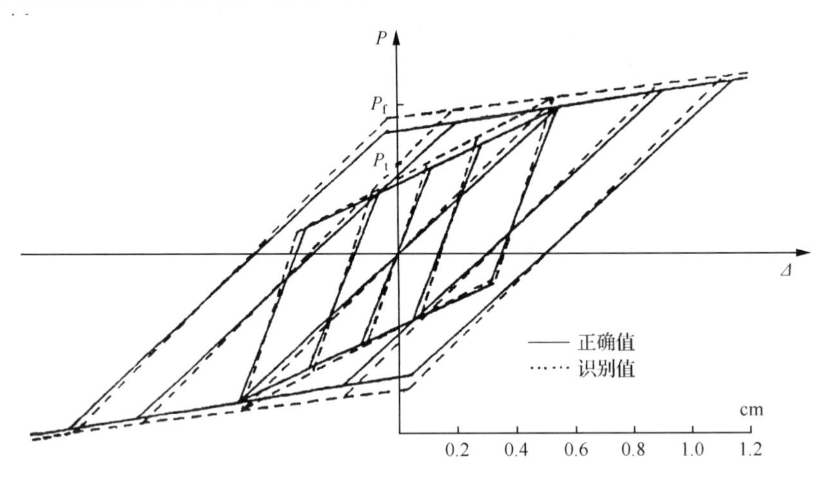

图 4.40　算例一:底层恢复力模型比较

2) 算例二

本例为利用地震模拟振动台模型房屋试验结果识别的情况,选用一个五层砌块砌体房屋以 0.7g 的最大台面加速度输入时的反应数据进行识别。0.7g 输入后该房屋的一、二层横墙已出现明显的斜裂缝和水平缝,因此这是一个非线性模型的识别问题。由于结构的恢复力模型及其控制点参数是未知的,本例的识别结果可以用来检验时程曲线的误差。识别计算时的总采样点为 601 个,采样时间间隔为 0.0074s,计算地震反应时的时间步加速度数据,预测的反应 $\{\ddot{X}(\beta,t)\}$ 取各层楼面与试验数据相对应的时间点上的数据。在识别第一刚度(图 4.39)时,$\{\beta\}=\{K_1^1,K_1^2,K_1^3,K_1^4,K_1^5\}^{\mathrm{T}}$,通过反复试算后表明,取前面 170、180、190 个采样点的数据识别时得到的第一刚度比较接近。在第一刚度求得后,再利用总采样点(601 个)的数据识别其他参数 $\{\beta\}=\{K_2^1,K_3^1,P_c^1,P_y^1,K_2^2,K_3^2,P_c^2,P_y^2\}^{\mathrm{T}}$。用识别参数计算的顶层加速度反应与试验值的比较如图 4.41 所示,其他层符合也较好。这里图形从略。

3. 钢筋混凝土模型柱的恢复力模型识别

为了研究钢筋混凝土柱的动力恢复力模型,进行了三组不同比例缩尺的钢筋混凝土模型柱的振动台试验,三组模型柱的断面尺寸分别为 200mm×300mm(Z_{2-1})、100mm×150mm(Z_{4-1} 和 Z_{4-2})。三组试件的混凝土强度完全相同,配筋率完全相同,其中 Z_{4-1} 和 Z_{4-2} 配筋量也完全相同。对三组试件输入的地震波的频谱特性互不相同。用本节的方法,利用振动台的输入数据和模型柱的反应数据,识别得到了钢筋混凝土柱在各个不同受力阶段的恢复力模型,恢复力模型的控制点参数如表 4.33 所示,这些参数可以在钢筋混凝土框架结构的非线性地震反应分析中使用。

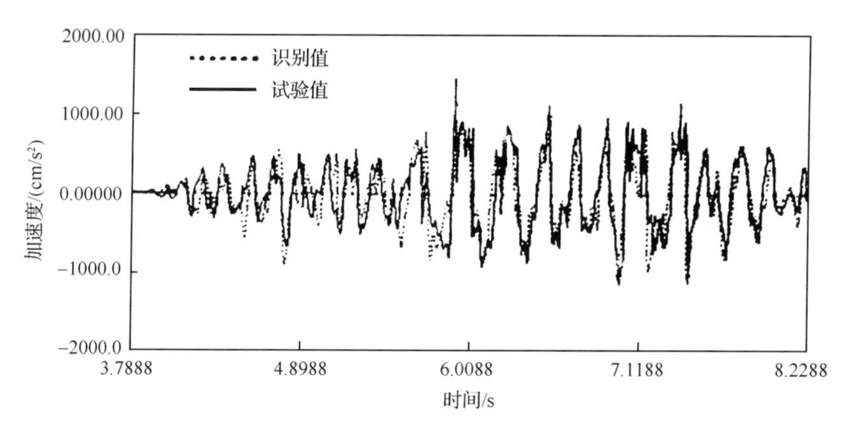

图 4.41　算例二:顶层时程反应曲线比较

表 4.33　钢筋混凝土柱的恢复力模型参数

参数	试件编号		
	$Z_{2\text{-}1}$	$Z_{4\text{-}1}$	$Z_{4\text{-}2}$
K_1/(N/m)	5209260	1319020	2175884
K_2/(N/m)	3240160	867823	1327289
K_3/(N/m)	1133568	84753	489745
K_4/(N/m)	1133568	−23464	−60154
P_a/N	138190	7448	8044
P_y/N	176343	12869	15112
P_u/N	—	14396	23191
C/(N · s/m)	113067	11131	26191

通过识别计算还得到了下列结果。

(1) 当混凝土柱已经开裂,钢筋已经屈服时,可以用“半退化三线形”的恢复力模型来预测试件的非线性地震反应,但恢复力模型的控制点参数与静力试验时得到的不一致,一般略高于静力试验值,这反映了加载速率的影响。用识别参数计算的加速度反应时程曲线与试验值的对比如图 4.42 所示。

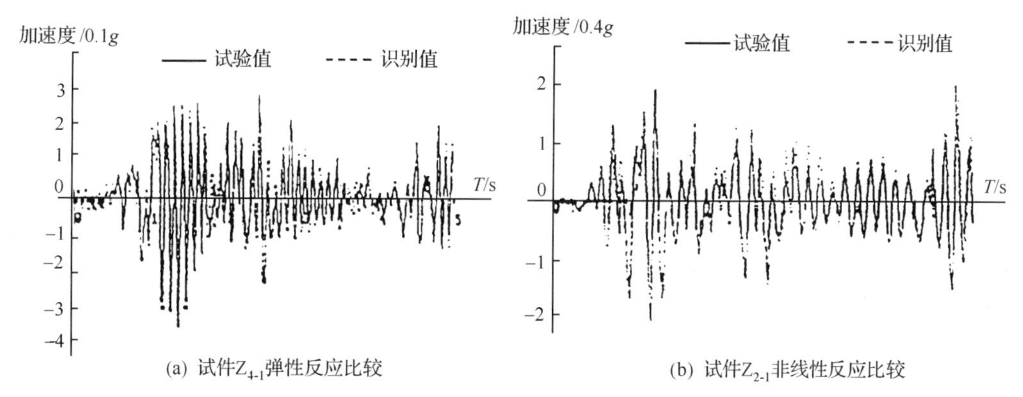

图 4.42　试件 $Z_{4\text{-}1}$ 和试件 $Z_{2\text{-}1}$ 反应比较

(2) 当结构的变形进一步增大,柱根部两侧的混凝土压碎,形成塑性铰时,通过计算发现采用带下降段的“四折线形”恢复力模型(图 4.39)可以更好地预测这一阶段的非线性地震反应。计算得到的加速度反应时程曲线与试验值的对比如图 4.43 所示,两者的误差很小,可以满足工程上的要求。

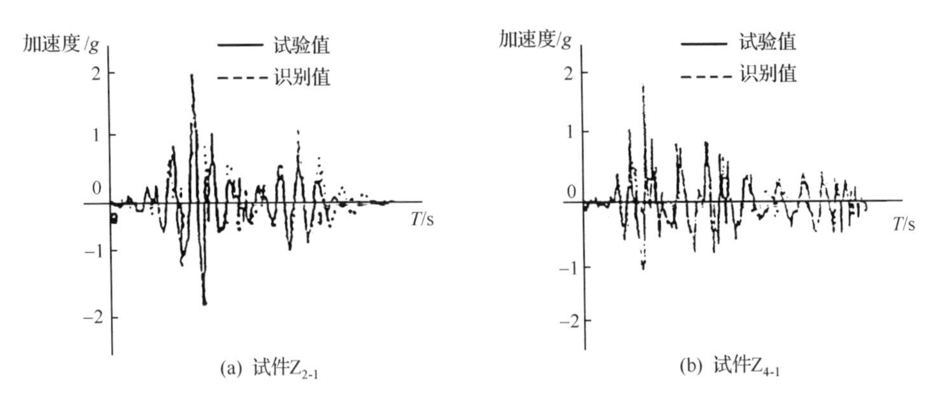

图 4.43　破损阶段反应比较

(3) 对于截面尺寸和配筋量完全相同的钢筋混凝土模型柱,如 Z_{4-1} 和 Z_{4-2},由于输入波形的频谱特性不同,识别计算得到的恢复力模型的控制点参数也不同,因此结构的抗力也不同(表 4.33)。这也从另一个侧面说明了地震输入的频谱特性不仅对结构反应有影响,而且对结构的抗力也有影响,这是任何静力试验和相关的非线性分析不能得到的。

4. 小结

本节提出利用振动台试验数据或结构地震反应记录识别结构恢复力模型的方法和步骤,把结构模型的识别问题转化为一组参数的优化问题,为使用已有的参数优化方法提供了方便。

数值算例和振动台试验数据的检验结果说明,本节提出的系统识别方法可以用于识别多层剪切型结构在开裂以后直到破损阶段的恢复力模型,用识别得到的恢复力模型及参数计算的时程曲线与试验值的误差较小,可以满足工程上的要求。

用本节的方法研究钢筋混凝土柱的恢复力模型,发现了地震波输入的频谱特性影响结构本身的抗力这一新现象,这是任何静力试验和相关的非线性分析不能得到的。

4.5.5　原型结构抗震动力试验结果分析方法

从理论角度来说,由模型结构动力反应除以相似常数可推算得到原型结构动力反应。然而,模拟地震激励设计台面加速度和实测台面加速度之间会存在一定的差异,在由模型结构的动力反应计算原型结构的惯性力和楼层剪力时,可按公式(4.64)考虑这一误差,其中,a_{gd}^{m} 和 a_{ga}^{m} 分别指设计和实测的台面激励峰值。

$$R^{p} = \left(\frac{a_{gd}^{m}}{a_{ga}^{m}}\right)\frac{R^{m}}{S_R} \tag{4.64}$$

式中,R^{p} 为原型结构的误差;R^{m} 为模型结构的误差;S_R 为误差相似系数。

通过高层建筑模型结构的振动台试验，对原型结构进行分析，可以：①研究结构的地震破坏机理和变形状态，评价结构的抗震能力；②研究结构的地震力分布规律，为确定地震荷载提供依据；③找出结构薄弱环节，为采用合理的抗震措施提供依据；④寻求合理的结构设计模型或验证新的结构抗震计算理论；⑤对于介质与结构的共同作用问题，研究介质对结构的附加质量效应、附加刚度效应以及界面上的应力分布规律等。

4.5.6　高层建筑抗震模型试验结果的评估和利用

对于特别复杂的超限高层结构，可以采用多手段相结合的方法。首先进行复杂高层模型整体结构的模拟地震振动台试验；然后针对整体试验中较薄弱的节点进行拟静力试验，分别进行整体结构和节点的计算分析。从整体试验与节点试验、动力试验与静力试验、试验结果与计算分析等多方面，对复杂高层结构进行综合评定，作为优化设计和验证设计的依据。

4.6　高层建筑抗震模型试验研究进展与存在的问题

4.6.1　结构抗震试验动力相似理论研究的一些进展

动力相似理论是结构试验研究领域中公认的研究难题，随着结构抗震设计要求的提高以及地震模拟振动台这些大型设备的出现，对模型试验相似理论的研究受到了人们的广泛重视，近 20 年以来随着飞速发展的高层建筑建设，这一领域的研究取得了一定的进展，主要有以下几个方面。

(1) 当结构模型的缩尺比例较大(大于 1/8)时，模型与原型结构在自振特性、恢复力特性、破坏形态等方面存在着较好的相似关系；用模型试验结果推算原型结构的抗震能力时，在弹性阶段和极限状态时存在着较好的相似性，在结构的动力反应(楼层的位移反应与加速度反应)沿建筑物高度分布方面有一定的相似关系，但在具体数值方面有一定的误差。

(2) 当结构模型的缩尺比例较小(小于 1/10)时，模型与原型结构在自振特性、破坏形态等方面存在着较好的相似关系，在弹性性能方面也存在着一定的相似关系，但在非弹性阶段直至极限状态时的相似性还有待进一步研究。但这种动力模型在寻找结构的薄弱环节、检验计算理论时是完全可行的，在进行参数分析时也是可能的。多年研究经验表明，高层结构的抗震模型试验一方面是目前高层建筑抗震研究的必要手段之一，另一方面也验证了按动力相似条件确定可控相似常数、按似量纲分析推导其余相似常数、进行构件层面的等效模型设计这一方法的正确性。这一方法的初步成果获得 1999 年住房和城乡建设部科学技术进步二等奖，近年来对该方法的深入研究及工程应用成果又逐渐得到国际和国内更广泛同行的认可。

(3) 抗震模型试验、节点试验、非线性静动力分析相结合的手段，可以更好地评价复杂高层建筑的抗震性能，作为传统结构设计的有力补充和指导。如 4.5 节超限高层结构工程实例，通过对复杂高层建筑整体模型抗震试验，寻找结构的薄弱环节；对结构薄弱部位进行节点的静力试验，研究和改进节点做法及构造；分别对节点和结构进行非线性有限元静动力分析，与传统结构设计结果对比分析，改进结构设计。这种多方法相结合、试验计算相对比的手段，已在作者的工程实践中多次应用，来确保复杂高层建筑的安全性和适用性。

(4) 工程现场实测验证了模型试验的部分结果。作者及研究梯队曾先后对多栋复杂高层建筑进行了现场实测，并与其模型抗震试验结果进行了对比。对比表明，由复杂高层建筑动力试验推算得到的原型动力特性，与现场实测结果基本吻合，试验结果可以较准确地捕捉到结构的动力特性，进一步验证了本章提出的抗震模型试验理论和方法的正确性。

4.6.2　高层建筑抗震模型试验中存在的问题

在结构动力模型试验中，根据相似理论要求，一般情况下应满足表 4.6 所列的相似条件。对于钢筋混凝土这一复合材料，还应保证配筋直径、配筋率、保护层厚度、钢筋位置等参量的相似。此外，还应满足边界条件和构造措施的相似。但对于高层建筑的抗震动力试验，一般难以全部满足表 4.6 中所列的相似条件，最主要的是所谓的重力效应，即在重力场中进行试验时，重力加速度相似系数等于 1，而台面输入的加速度相似系数不一定等于 1，按相似理论的量纲分析要求所有的加速度相似系数必须相等，但目前不能通过改变重力加速度的大小来改变重力加速度相似系数，因此，这种台面加速度相似系数与重力加速度相似系数不一致的问题就客观存在，习惯上称为重力失真效应，或简称重力效应。目前对这个问题的处理有两种方法，一种是通过人工增加重力加速度来满足相似理论中的要求，将试件安装在能产生均匀高加速度场的离心机上，使离心机产生加速度达到设计要求，苏联曾在离心机上进行过建筑结构模型的冲击荷载试验。因此有人想象，也可能把振动台安装在离心机上进行模拟地震的试验，但这在近期内是不可能实现的。另一种模拟重力效应的途径是用对结构刚度无效的材料来增加对构件受力有效的材料的密度。这在集中质量系统中很容易做到，在许多建筑结构中，用系列集中在楼板水平处的集中质量代表对地震有效的质量，从而改变模型材料的等效密度，实现加速度相似系数为 1 的要求。这一做法在试验技术上是可行的，但在具体进行实际工程的抗震模型试验时存在较大的问题(见 4.1 节所述)。

在用动力模型试验结果推算原型结构的性能时，还受到下列两个重要问题的影响。

(1) 尺寸效应，指的是随着构件尺度的缩小，构件材料的力学性能指标将有所提高的现象。在缩尺结构模型试验中，这种影响对于混凝土材料特别明显。如何分析和评价材料的尺寸效应，许多学者进行了多年的研究工作，其中最有代表性的有两种：一种是基于概率分布的分析方法；另一种是基于断裂力学与试验数据相结合的半理论半经验分析方法。由于这些方法在基本假定方面与实际情况相差很大，因而在实际应用中受到了很大的限制。

(2) 加载速率，指的是在缩尺模型试验中，根据相似理论要求，外荷载的频率必须提高，这样试件中构件断面上的应变速率就会增加，从而引起材料强度增加。加载速率对材料强度提高的影响与外荷载频率变化对结构反应的影响不同，外荷载频率的提高有时会加大结构的反应，有时会降低结构的反应，而外荷载频率的增加一定会引起材料强度的增加。

4.6.3　高层建筑抗震模型试验中的难点与发展趋势

高层建筑抗震试验的发展与动力相似理论的突破和试验设备的改进密切相关，在目前的条件下，以下几个问题是研究的难点。

(1) 重力效应的考虑。虽然在高速离心机上可以改变重力加速度，但对于高层建筑模型不适用，因此，重力失真这一影响始终存在，如何在试验和分析中加以考虑，值得深入研究。近年来振动台的建造呈现大型化、多台化的发展趋势，但在目前国内外大多数试验设备没有大的改进的情况下，在对试验结构进行的力学分析中，通过加大竖向加速度的输入，使之达到加速度相似系数所要求的数值，进行结构的地震反应计算分析，也许是从定性上和定量上研究重力失重效应的一个途径。

(2) 尺寸效应的考虑。对于高层建筑的缩尺模型，尺寸效应的影响客观存在，因此在用模型试验结果分析原型性能时就必须考虑。虽然目前大部分研究以半理论半试验的方法为主，但也有人用断裂力学及分形几何的理论研究混凝土的尺寸效应，并且在混凝土的受拉断裂与尺寸效应方面取得了一定的进展。由于在高层建筑中混凝土主要受压，如何用现代力学的方法研究混凝土受压破坏与尺寸效应的关系，在理论上还是一个空白。

(3) 加载速率的影响。在高层建筑抗震模型试验中，由于模型缩小后所需要的加载频率提高，这种现象不可避免，因此在相似关系中和用模型推算原型性能时应该考虑这一影响。但目前的考虑方法是根据少量试验数据，用统计回归的经验公式，反映不同加载速率对材料强度的影响，没有从应变速率对材料强度影响的机理上进行分析。作者认为，在高层建筑结构动力模型试验中加载速率对结构性能的影响方面，至少可以从以下两个步骤进行深入的研究。第一步是从细观力学的层次上，用适当的力学模型反映材料强度与外荷载的关系，进而导出构件的强度与加载速率的关系。第二步是建立结构构件截面上的应力分布与加载速率的关系，在建立模型和原型相关物理量的动力相似关系时把加载速率的影响考虑进去，用这种相似关系式指导试验和推算原型结构的性能，并用适当的试验进行验证。

参 考 文 献

[1] 朱伯龙. 结构抗震试验. 北京：地震出版社，1989.

[2] 姚振纲. 建筑结构试验. 武汉：武汉大学出版社，2001.

[3] 周颖，卢文胜，吕西林. 模拟地震振动台模型实用设计方法. 结构工程师，2003，(3)：30-34.

[4] Mizuno H，Iiba M. Shaking table testing of seismic building-pile-soil interaction. The 8th World Conference on Earthquake Engineering，San Francisco，1984：649-656.

[5] Tamori S，Itagawa Y. Shaking table tests of elasto-plastic soil-pile-building interaction system. The 9th World Conference on Earthquake Engineering，Tokyo-Kyoto，1988，8：843-848.

[6] Meymand P. Shake table tests：Seismic soil-pile-superstructure interaction. PEER Center News，1998，1(2)：1-4.

[7] 吕西林，陈跃庆. 结构-地基相互作用体系的动力相似关系研究. 地震工程与工程振动，2001，21(3)：85-92.

[8] 廖光明，吕西林. 钢筋混凝土结构动力相似关系研究. 四川建筑科学研究，1989，(3)：35-43.

[9] 吕西林，程海波. 钢筋混凝土框架结构的动力相似关系研究. 地震工程与工程振动，1997，17(1)：162-170.

[10] 滕智明. 钢筋混凝土基本构件. 北京：清华大学出版社，1988.

[11] 吕西林，施卫星，沈剑昊，等. 上海地区几幢超高层建筑振动特性实测. 建筑科学，2001，17(2)：36-39.
[12] 土木工程防灾国家重点实验室. 上海长寿路商业广场模拟地震振动台试验研究报告，上海，1997.
[13] 土木工程防灾国家重点实验室. 上海交银金融大厦模拟地震振动台试验研究报告，上海，2000.
[14] 土木工程防灾国家重点实验室. 上海世茂滨江兰苑二期模拟地震振动台试验研究报告，上海，2001.
[15] 土木工程防灾国家重点实验室. 上海世博会中国国家馆模拟地震振动台试验研究报告，上海，2008.
[16] 孙峰，阎维明，周福霖，等. 某高层建筑模型振动台试验结果分析. 地震工程与工程振动，1998，18(4)：61-67.
[17] Lu X L，Zou Y，Lu W S，et al. Shaking table model test on Shanghai World Financial Center Tower. Earthquake Engineering and Structural Dynamics，2007，36(4)：439-457.
[18] 吕西林，邹昀，卢文胜，等. 上海环球金融中心大厦结构模型振动台抗震试验. 地震工程与工程振动，2004，24(3)：57-63.
[19] 周颖，吕西林，卢文胜. 立面开大洞口短肢剪力墙-筒体结构整体模型振动台试验研究. 建筑结构学报，2004，25(5)：10-16.

第5章　复杂高层建筑抗震设计指南

本章主要介绍了复杂高层建筑结构抗震设计指南的编制原则和详细内容，主要包括结构抗震概念设计、结构抗震体系、结构抗震性能设计、结构抗震分析的基本要求和抗震构造措施要点、地基基础抗震设计要点以及结构模型试验的基本要求。

5.1　概　　述

复杂高层建筑工程有很多类型，这在前面几章中已有介绍。大多数复杂高层建筑工程都可以按照现行的设计规范或规程进行设计，对于那些超过规范适用范围的高层建筑工程要进行专门的研究和设计，并进行专门的审查。因此，我国在1997年提出了超限高层建筑工程的概念。超限高层建筑工程是指超出国家和省(市)现行规范、规程所规定的适用高度和适用结构类型的高层建筑工程，或结构布置特别不规则的高层建筑工程，以及有关的政府管理机构文件中规定应当进行抗震专项审查的高层建筑工程。

为了保证超限高层建筑工程的抗震安全性和结构设计的合理有效性，住房和城乡建设部和部分省(市)成立了超限高层建筑工程抗震设防审查专家委员会，对超限高层建筑工程进行抗震设防专项审查。根据作者近16年来参加全国及上海市几百个超限高层建筑工程抗震设防专项审查工作的实践，深深体会到：超限高层建筑工程的抗震设计具有较强的专业技术性，各工程结构单体往往具有各自的特殊性，而各具体项目工程设计人员的业务水平、工程经验又各不相同，在对国家及地方有关超限高层建筑工程抗震设计法律、法规及技术要求的理解和具体实施上常常会出现较大的差异，导致个别项目反复多次审评，既影响工程进度，又不利于结构抗震设计水平的提高。鉴于此，作者向上海市建设和管理委员会提出申请，建议在2003年的上海市工程建设规范和标准设计编制计划中，列入《超限高层建筑工程抗震设计指南》的编制项目。当年，上海市建设和管理委员会委托同济大学会同有关设计和研究单位的技术人员组成编制组，参照国家和上海市有关规范、规程及住房和城乡建设部《超限高层建筑工程抗震设防管理规定》，结合上海市多年来的超限高层建筑工程实践及抗震设防专项审查工作经验，编制了《超限高层建筑工程抗震设计指南》。

《超限高层建筑工程抗震设计指南》(以下简称《指南》)倡导建筑形体多样化与结构受力合理性统一的原则，使建筑物既满足建筑功能和形体美观的要求，又保证地震下的结构安全。《指南》也倡导抗震结构的概念设计与计算分析并重的原则，设计者应通过已有的工程经验、仔细的结构抗震概念设计、精细的结构分析、有针对性的抗震措施或必要的结构抗震试验验证，来满足超限高层建筑工程抗震设计时的特殊要求。这几年来，上海的超限高层建筑工程有了进一步的发展，积累了新的审查经验，国家有关部门也对抗震审查提出了新的要求，编制组在2009年对《超限高层建筑工程抗震设计指南》(第一版)进行了修订，以更好地满足上海市超限高层建筑工程建设和管理的需要。2010年，住房和城乡建设部发布了修订后的《超限高层建筑工程抗震设防专项审查技术要点》(建质〔2010〕109号，以下简称《技术要点》)。2013年，上海市城乡建设和交通委员会发布了修订后的上海市《建筑抗震设计规程》(沪建交〔2013〕902号，以下简称《上海抗规》)。本章仅介绍作者主编的上海市《超限高层建筑工程的抗震设计指南》(第二版)的有关内容，并根据新的《技术要点》和《上海抗规》的要求做相应调整。超限高层建筑工程是复杂高层建筑工程中的特例，其结构分析和抗震设计难度远大于一般的复杂高层建筑工程，因此，超限高层建筑工程的设计指南同样适合复杂高层建筑工程。

5.2　超限高层建筑工程的认定和抗震概念设计

5.2.1　建筑物高度超限的认定

建筑物高度超过表5.1规定高度的高层建筑工程属高度超限的高层建筑工程。

表5.1　高层建筑的最大适用高度　　(单位：m)

<table>
<tr><th colspan="2" rowspan="2">结构体系</th><th colspan="3">抗震设防烈度</th></tr>
<tr><th>6度</th><th>7度</th><th>8度</th></tr>
<tr><td rowspan="10">混凝土结构</td><td>框架</td><td>60</td><td>55</td><td>45</td></tr>
<tr><td>框架-剪力墙</td><td>130</td><td>120</td><td>100</td></tr>
<tr><td>全部落地剪力墙</td><td>140</td><td>120</td><td>100</td></tr>
<tr><td>部分框支剪力墙</td><td>120</td><td>100</td><td>80</td></tr>
<tr><td>较多短肢剪力墙</td><td>120</td><td>100</td><td>60</td></tr>
<tr><td>框架-核心筒</td><td>150</td><td>130</td><td>100</td></tr>
<tr><td>筒中筒</td><td>180</td><td>150</td><td>120</td></tr>
<tr><td>错层的剪力墙和框架-剪力墙</td><td>100</td><td>80</td><td>60</td></tr>
<tr><td>板柱-框架-剪力墙</td><td>80</td><td>70</td><td>55</td></tr>
<tr><td>板柱-框架-筒体</td><td>100</td><td>90</td><td>70</td></tr>
<tr><td rowspan="2">混合结构</td><td>钢框架-钢筋混凝土筒体</td><td>200</td><td>160</td><td>120</td></tr>
<tr><td>型钢混凝土框架-钢筋混凝土筒体</td><td>220</td><td>190</td><td>150</td></tr>
<tr><td rowspan="3">钢结构</td><td>框架</td><td>110</td><td>110</td><td>90</td></tr>
<tr><td>框架-支撑(剪力墙板)</td><td>220</td><td>220</td><td>200</td></tr>
<tr><td>各类筒体和巨型结构</td><td>300</td><td>300</td><td>260</td></tr>
</table>

对表5.1中结构体系的说明如下。

(1) 平面和竖向均不规则结构(部分框支剪力墙结构指框支层以上的楼层不规则)，最大适用高度应比表中的数值降低至少10%。

(2) 根据结构分析研究和上海市的工程实践，可采用短肢墙比例(同一层中所有短肢剪力墙截面面积与所有剪力墙截面面积的比例)对短肢墙的数量进行控制，短肢墙比例不应超过80%,当短肢墙比例超过50%时可定义为“较多短肢剪力墙结构”,当短肢墙比例不大于20%时,可以按全部落地剪力墙结构控制建筑物的高度,但短肢墙部分的抗震措施仍应按短肢墙的规定执行。在采用短肢墙比例进行判别时,应在建筑物的两个主轴方向分别计算,取较大的比例作为控制条件。

(3) 当仅有少量墙体(不落地剪力墙截面面积不大于剪力墙总截面面积的10%)采用框支时,可以按全部落地剪力墙结构控制建筑物的高度;当剪力墙和框架-剪力墙局部错层(错层的楼面面积不大于总楼面面积的10%)时,可以按非错层结构控制建筑物的高度。

(4) 根据上海市的工程经验,在板柱-框架-剪力墙(筒体)结构中,当楼板的厚度不小于相应跨度的1/18时(不适用于现浇空心楼板),可以按框架-剪力墙(筒体)结构控制建筑物的高度,但在结构设计时仍应在框架受力方向设置暗梁。应该指出,采用较厚楼板的无梁楼板体系虽可以满足内部美观或一些特殊建筑功能的要求,但会明显增加整个结构的混凝土用量和建筑物自重,对结构抗震是不利的。

5.2.2　高度超限控制及概念设计要求

(1) 钢筋混凝土框架结构房屋,其高度不宜超过表5.1的最大适用高度。超过时宜改用框架-剪力墙结构,或改用带支撑的框架结构(含阻尼支撑),这时的抗震要求可按框架结构执行。

(2) 较多短肢剪力墙结构房屋,其高度不宜超过表5.1的最大适用高度。超过时宜改用框架-剪力墙结构或剪力墙结构。

(3) 钢筋混凝土框架-核心筒结构房屋,丙类建筑的高度不宜超过《高层建筑混凝土结构技术规程》(JGJ 3—2010)(以下简称《高规》)中B级高度建筑的最大适用高度,乙类建筑的超高程度宜从严控制。当接近上述高度上限时,宜在结构的底部采用型钢混凝土柱、钢管混凝土柱或者钢管混凝土叠合柱,在底部加强部位剪力墙的约束边缘构件中设置型钢或钢管混凝土或采用组合钢板混凝土剪力墙。当大于高度限值时,宜改变结构体系,如改为筒中筒结构、巨型结构或钢与混凝土混合结构等。

(4) 钢筋混凝土筒中筒结构房屋,丙类建筑的高度不宜超过《高规》中B级高度建筑的最大适用高度,乙类建筑的超高程度宜从严控制,超过上述限值时宜改变结构类型,采用强度和延性更好的结构材料和结构体系。

(5) 钢筋混凝土结构宜按单位面积恒载自重小于16kN/m^{2}控制,普通的钢筋混凝土剪力墙的最大厚度宜按1.4m控制。

5.2.3　建筑物规则性超限的认定

下列工程为规则性超限的高层建筑工程。

1) 同时具有下述三项或三项以上不规则情况的高层建筑工程

(1) 在考虑偶然偏心影响的地震作用下,楼层的最大弹性水平位移(或层间位移)大于该楼层两端弹性水平位移(或层间位移)平均值的1.2倍(计算该指标时应采用刚性楼板模型),或偏心率大于0.15(偏心率按《高层民用建筑钢结构技术规程》附录二计算)。

(2) 建筑平面长宽比在抗震设防烈度为 7 度时大于 6.0，在抗震设防烈度为 8 度时大于 5.0。

(3) 结构平面凹进的长度(宜从按抗侧力构件截面外边线算起，设置的拉梁不能视为平面轮廓，下同)大于相应投影方向总尺寸的 30%；或凸出的长度大于相应投影方向总尺寸的 30%，且凸出的宽度小于凸出长度的 50%(图 5.1)。

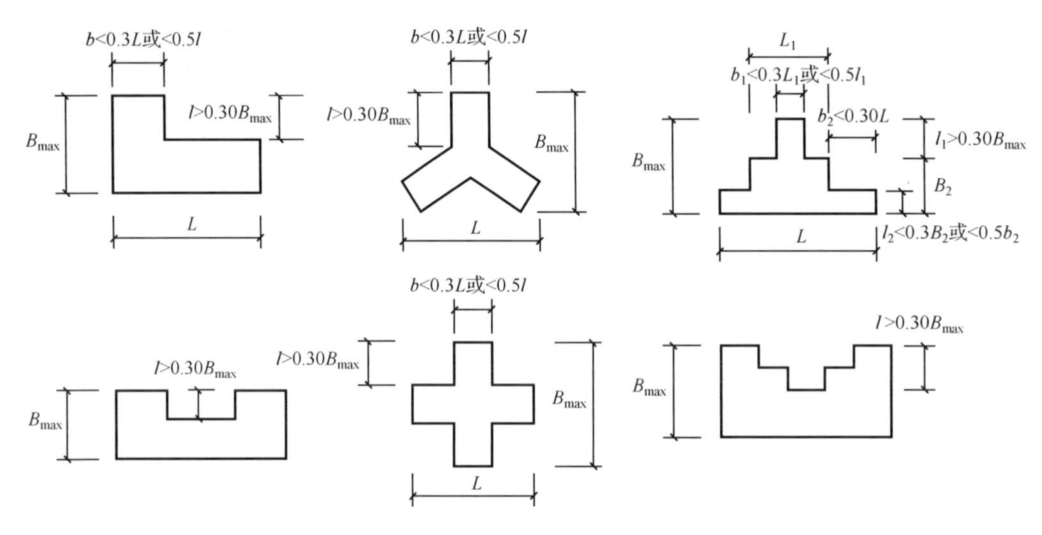

图 5.1　结构平面凹进或凸出不规则示意图

(4) 结构平面为角部重叠形或细腰形，其中角部重叠面积小于较小一边的 40%(图 5.2中的阴影部分)，细腰形平面中部两侧收进超过平面宽度的 30%(图 5.3)。

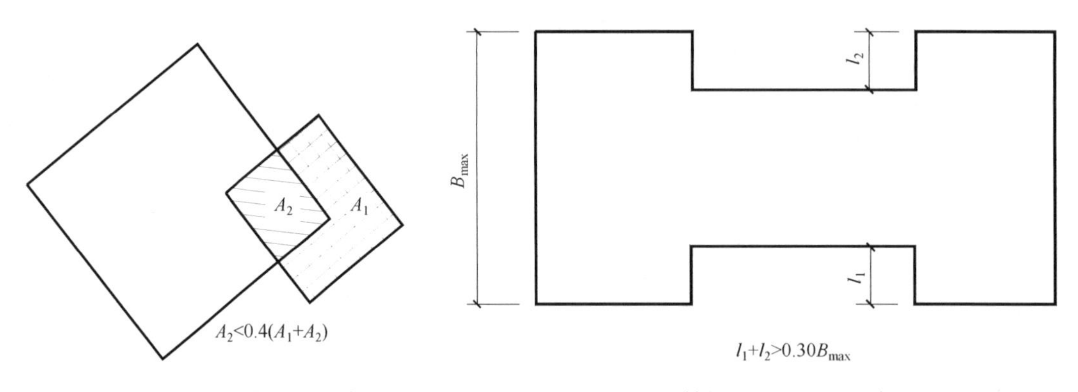

图 5.2　结构平面角部重叠示意图　　　图 5.3　结构平面细腰形示意图

(5) 楼板的宽度和平面刚度急剧变化，例如，有效楼板宽度小于该层楼板典型宽度的 50%，或开洞面积大于该层楼面面积的 30%(图 5.4)，或较大的楼层错层(错层高度≥600mm 或梁高)。

(6) 楼层侧向刚度小于相邻上层的 70%，或小于其上相邻三个楼层等效剪切刚度平均值的 80%(结构出现软弱层)。

(7) 除了顶层或收进起始部位的高度不超过房屋高度的 20%，局部收进后的水平向

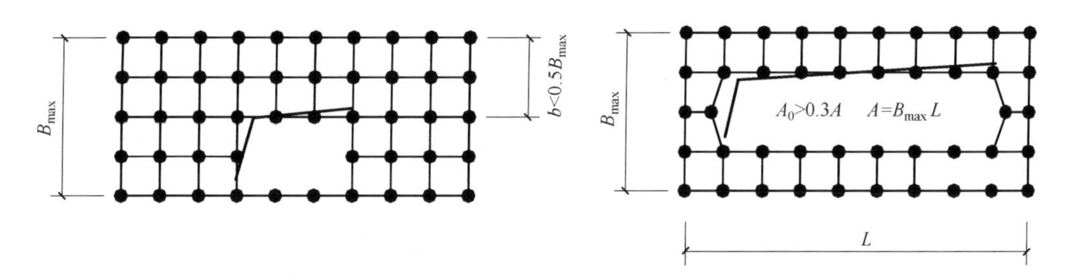

图5.4　楼板的宽度或平面刚度变化不规则示意图

尺寸小于相邻下一层的75%(结构出现软弱层)。

(8) 下部楼层水平尺寸小于上部楼层水平尺寸的0.9倍,或整体外挑尺寸大于4m。

(9) 结构体系属于《高规》第10章定义的复杂高层建筑结构,包括带转换层的结构(抗震设防烈度为7度时转换层位于5层以下,抗震设防烈度为8度时转换层位于3层以下)、带加强层结构、错层结构(错层高度≥600mm或梁高)、连体结构、多塔楼结构等复杂的高层建筑(任一类型按一项不规则计)。

(10) 抗侧力结构的层间受剪承载力小于相邻上一层的80%(结构出现薄弱层)。

注:① 对于带有较大裙房的高层建筑(裙房与主楼结构相连,下同),当裙房高度不大于建筑总高度的20%、裙房楼层的最大层间位移角不大于规范限值的40%时,位移比限值可以适当放松到1.3。

② 结构的软弱层(soft story)和薄弱层(weak story)分别根据楼层的刚度和承载力判断,任何楼层不应既是软弱层又是薄弱层。

③ 关于刚度比的计算,不同公式的运用与结构高度、结构类型及结构规则性有关,有时计算结果相差较大,应综合分析。一般情况下,结构的楼层侧向刚度宜采用等效剪切刚度来表征;对于带有支撑的结构,宜采用剪弯刚度(即单位力作用下的层间位移角)计算,刚度比即相邻层的层间位移角比。可采用《上海抗规》条文说明3.4.3中公式(1)~(6)计算。

④ 在计算层间受剪承载力时,应采用实际的截面尺寸和材料强度标准值,在两个主轴方向上分别计算,对于具有斜撑的楼层,应在正负方向上分别计算,其承载力不应将不同倾斜方向斜撑的承载力绝对值相加。

⑤ 个别楼层的局部区域存在平面不规则或个别构件竖向不连续,应视其对整体结构影响的大小具体判断是否作为一项不规则考虑。

⑥ 结构平面细腰形和平面凹凸引起的不规则按一项不规则计。

⑦ 在计算结构竖向收进和外挑尺寸时,应按竖向构件(包括斜柱)计算,当仅有楼盖梁板外悬挑时,可不作为不规则情况。

⑧ 当结构竖向收进时,宜尽量采用两侧对称收进,避免单侧收进。

⑨ 结构的竖向收进不包括多塔大底盘。

2) 不规则程度为下列情况之一的高层建筑工程

(1) 对于不含裙房的结构,在考虑偶然偏心影响的地震作用下,较多楼层(超过总楼层数20%)的最大弹性水平位移(或层间位移)大于该楼层两端弹性水平位移(或层间位移)平均值的1.4倍。

(2) 结构扭转为主的第一自振周期与平动为主的第一自振周期之比:混合结构大于0.85,其他结构大于0.9。

(3) 结构平面凹进或凸出的一侧尺寸(宜从抗侧力构件截面外边线算起)大于其凹凸方向相应结构投影尺寸的40%。

(4) 结构平面为角部重叠的平面图形或细腰形平面图形,其中角部重叠面积小于较小一边的25%,细腰形平面中部两侧收进超过平面宽度的50%或细腰形平面中部两侧收进超过平面宽度的30%且细腰部分的长度大于其有效宽度的两倍(图5.5)。

(5) 楼板的尺寸和平面刚度急剧变化,例如,有效楼板宽度小于该层楼板典型宽度的40%,或开洞面积大于该层楼面面积的40%(包括错层)。

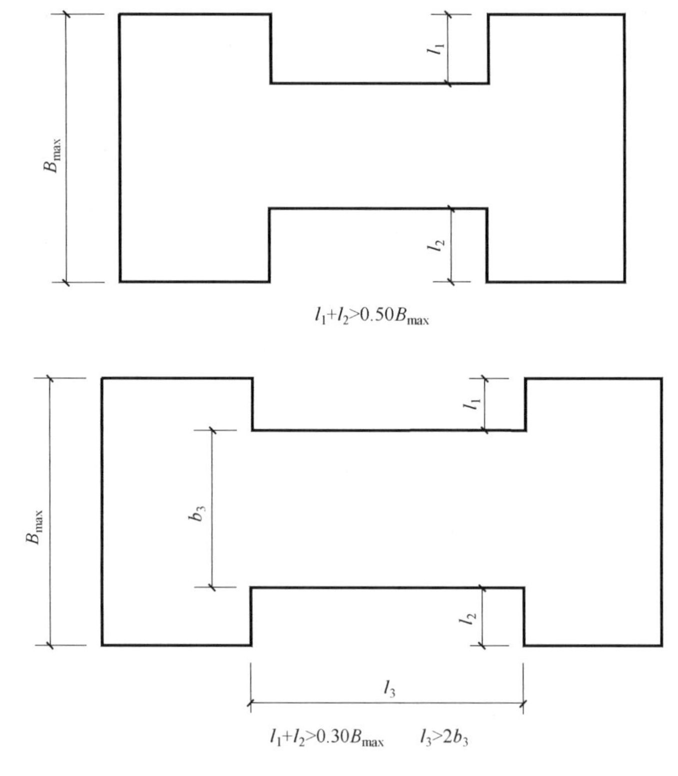

图5.5　结构平面细腰形示意图

(6) 楼层侧向刚度小于相邻上层的60%,或小于其上相邻三个楼层平均值的70%。

(7) 除了顶层或收进起始部位的高度不大于房屋高度的20%,局部收进后的水平向尺寸小于相邻下一层的65%。

(8) 下部楼层水平尺寸小于上部楼层水平尺寸的0.8倍,或整体外挑尺寸大于5m。

(9) 框支剪力墙转换层位置超过《高规》规定的高位转换层结构(即转换层以下、地面以上的大空间层数,7度时超过5层,8度时超过3层)。

(10) 各部分层数或层刚度相差超过30%的错层及连体结构。

(11) 结构同时具有转换层、加强层、错层、连体和多塔类型的两种以上。

(12) 抗侧力结构的层间受剪承载力小于相邻上一层的 65%。

(13) 塔楼位置明显偏置，单塔或多塔与大底盘的质心偏心距大于底盘相应边长的 20%。

(14) 采用厚板转换结构。

注：对于含裙房的结构，位移比的控制指标采用第 1 条第 1 点。

5.2.4　建筑物规则性超限程度控制

1) 平面规则性超限程度控制和抗震概念设计

(1) 平面布置中的凹口深度超限的情况如图 5.6 所示，b_c/B_{max}的比值不宜大于 50%，超过此值时宜改变建筑和结构平面布置。

(2) 各标准层平面中楼板间连接较弱（洞口周围无剪力墙）的情况如图 5.7 所示，$(S_1+S_2)/B$ 的比值不应小于 50%，或 S_1+S_2 的尺寸不宜小于 5m，S_1 或 S_2 的最小尺寸不宜小于 2m，不满足上述要求时宜改变建筑和结构平面布置。

(3) 平面布置中局部突出超限的情况如图 5.8 所示，高宽比 $H/b>5$ 时，l/b_j 不应大于 2，超过此值时宜调整建筑和结构平面布置。

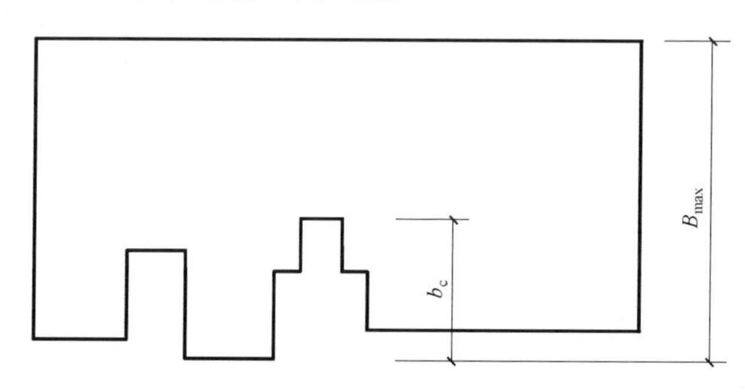

图 5.6　凹口深度超限的平面布置示意图

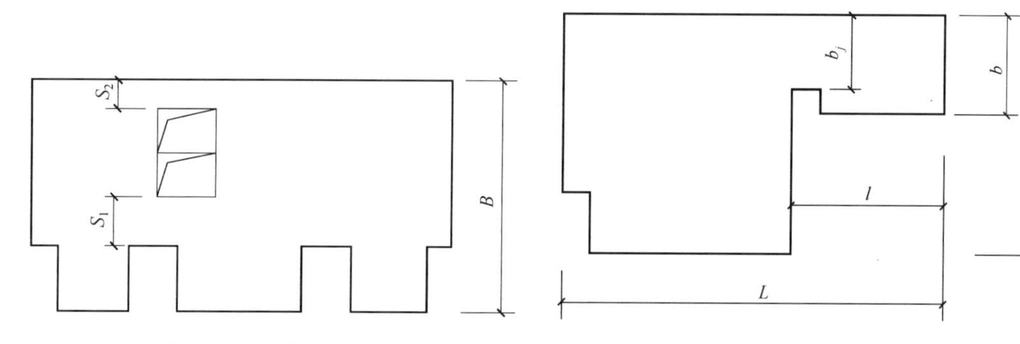

图 5.7　楼板间连接较弱的平面示意图

图 5.8　局部突出超限的平面示意图

2) 竖向规则性超限程度控制和抗震概念设计

(1) 立面收进幅度过大是一种常见的竖向不规则性情况，但收进的最大尺寸也应有个限度，可从结构楼层侧向刚度的变化来控制，即收进层侧向刚度与下层侧向刚度之比不宜小于 50%，且连续两次收进后的侧向刚度不宜小于未收进层的 30%。

(2) 连体建筑也是容易形成竖向不规则的结构形式,如图 5.9 所示。连体建筑顶部的重量一般较大,对结构抗震很不利,因此,应控制连体部位的层数,一般情况下连体部位的层数不宜过多。当连体部位的层数超过该建筑总层数的 20%时,对结构抗震极为不利,并会大大增加结构的造价。连接体下的两个塔楼的层刚度不宜相差太大(不宜相差 30%及以上)。

(3) 立面开大洞建筑也容易形成竖向刚度突变,成为竖向不规则性结构,如图 5.9 所示。立面开大洞后对洞口周边的构件受力极为不利,洞口越大,结构的抗震性能越差,因此,立面开洞的尺寸也应进行限制,洞口宜设置在中部,洞口宽度不宜大于建筑平面相应方向长度的 50%,洞口尺寸不宜大于整个建筑立面面积的 30%。

(4) 大底盘多塔楼建筑由于底盘刚度与塔楼刚度有差异以及底盘尺寸与塔楼尺寸有较大差异,也容易造成竖向刚度变化较大而成为竖向不规则结构,如图 5.10 所示。多塔楼建筑结构各塔楼的层数、平面和侧向刚度宜接近,塔楼对底盘宜对称布置,各塔楼结构的质心与底盘结构刚度中心的距离不宜大于该方向底盘边长的 25%。

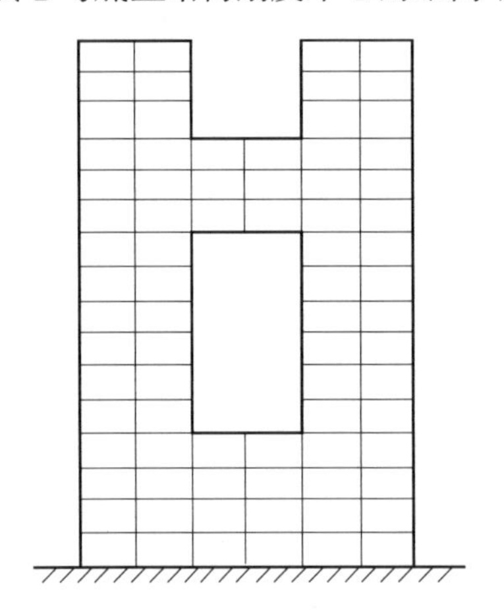

图 5.9　连体建筑及立面开大洞建筑示意

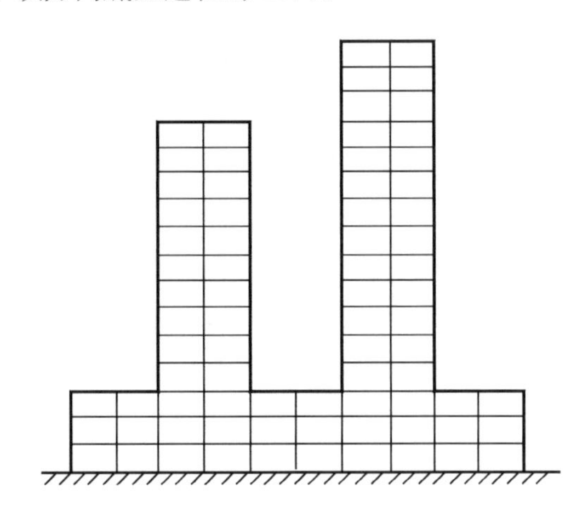

图 5.10　大底盘多塔楼示意

(5) 带转换层结构由于结构上部楼层的部分竖向构件不能直接连续贯通落地,容易造成竖向刚度有突变,从而形成竖向不规则结构。转换层的结构形式,宜优先采用梁式转换,并避免主、次梁多次转换。对于采用框支层的转换层,其位置在设防烈度为 7 度时不宜超过 7 层,8 度时不宜超过 5 层。

注:连体建筑与立面开大洞建筑在结构外形上有一定的相似性,但在结构形式上有较大的差异性。连体建筑中被连的两部分结构相对比较独立,结构布置、结构体系和层数等可能差异较大,连接体仅将两结构在部分位置处连接。而立面开大洞建筑是一个相对完整、有一定整体性的结构,一般洞口两侧的结构布置、结构体系和层数相似,且洞口跨越了结构的整个厚度方向。

5.2.5　其他类型的超限高层建筑工程

(1) 特殊类型的高层建筑。现行规范、规程尚未列入的高层建筑结构、特殊形式的超长悬挑结构和大型公共建筑(高度大于24m且屋盖结构超出《网架结构设计与施工规程》(JGJ 7—91)和《网壳结构技术规程》(JGJ 61—2003)规定的常用形式)、特大跨度的连体结构等。

(2) 超限大跨空间结构。屋盖的跨度大于120m或悬挑长度大于40m或单向长度大于300m,屋盖结构形式超出常用空间结构形式的大型列车客运候车室、一级汽车客运候车楼、一级港口客运站、大型航站楼、大型体育馆、大型影剧院、大型商场、大型博物馆、大型展览馆、大型会展中心及特大型机库等。

(3) 采用新结构体系、新结构材料或新抗震技术(超出现行规范应用范围)的高层建筑。

5.2.6　特殊超限情况的处理

当确因工程需要,在建筑物总高度方面超过5.2.2节的控制要求时;或在建筑物的规则性方面超过5.2.3节及5.2.4节的控制要求而不能改变建筑物结构体系时,应有可靠的依据,如试验研究(包括整体结构模型试验、节点试验)和精细的结构分析(包括弹性和弹塑性时程分析、静力非线性分析)等,并将试验研究和精细结构分析的成果合理地应用于设计中。

5.3　结构抗震体系的基本要求

5.3.1　结构体系的一般要求

(1) 超限高层建筑结构可采用框架、剪力墙、框架-剪力墙、筒体、板柱-框架-剪力墙组合结构、钢管混凝土结构、巨型结构体系。

(2) 结构体系应根据建筑的抗震设防类别、抗震设防烈度、抗震性能目标、建筑的平面形状和体型、建筑高度、场地条件、地基、结构材料和施工等因素,经技术、经济和使用条件综合比较后确定。

(3) 结构体系应符合下列要求:①应具有明确的计算简图和合理的风荷载及地震作用传递途径;②应具有必要的承载力、刚度、稳定性、良好的变形和耗能能力、良好的屈服机制;③应避免因部分结构或构件的破坏而导致整个结构体系丧失承受重力荷载、地震作用或风荷载的能力;④对可能出现的薄弱部位,应采取有效措施予以加强。

(4) 结构体系尚宜符合下列要求:①宜具有多道抗震防线;②结构的竖向和水平布置宜使结构具有合理的刚度和承载力分布,避免出现薄弱层和软弱层;③结构在两个主轴方向的动力特性宜相近,两个主轴方向的第一自振周期的比值不宜小于0.8;④宜防止作为第一道抗震防线的结构构件在刚度退化后发生抗扭转特性的明显改变。

(5) 结构宜采用高性能部件和高性能结构材料,填充墙体宜采用轻质材料,在满足使用要求的前提下尽可能降低建筑自重。

(6) 加强层的数量、位置和结构形式应合理选择。加强层宜采用钢构件,伸臂应贯通核心筒的墙体(平面内可有小的斜交角度),上下弦均应以钢板构造的形式伸入墙体内,墙体内宜设置斜腹杆避免墙体应力集中导致开裂。

(7) 应加强装饰构件平面外与出屋面电梯井筒的连接构造，形成有效的空间工作状态。

由于框架、剪力墙、框架-剪力墙、筒体结构体系已在国家标准《建筑抗震设计规范》(GB 50011—2010)、国家行业标准《高层建筑混凝土结构技术规程》(JGJ 3—2010)、上海市工程建设规范《钢筋混凝土高层建筑筒体结构技术规程》(DGJ 08-31—2001)、《高层建筑钢-混凝土混合结构设计规程》(DG/TJ 08-015—2008)、《高层建筑钢结构设计规程》(DG/TJ 08-32—2008)中有明确的要求，以下仅对板柱-框架-剪力墙组合结构、钢管混凝土结构和巨型结构体系做进一步说明。

5.3.2　板柱-框架-剪力墙组合结构体系

(1) 板柱-框架-剪力墙组合结构体系是指在剪力墙、筒体、框架-剪力墙、框架-筒体结构的内部含有板柱节点的结构体系。

(2) 结构应布置成双向抗侧力体系，结构两个主轴方向均应设置剪力墙。

(3) 结构的周边必须设置有足够刚度的框架梁或连梁，以形成闭合框架、框架-剪力墙或剪力墙结构。

(4) 楼、电梯洞口的周边应采用有梁框架或剪力墙。

(5) 剪力墙的两侧附近楼板不宜开大洞。当由于建筑功能的需要而无法避免时，必须从构造上保证楼板和墙体间有可靠的传力途径，从计算分析上保证楼板在协调同一楼层竖向构件变形时，有足够的强度和刚度。

(6) 房屋的屋盖和地下室顶板，宜采用梁板结构。地下室顶板作为结构分析的嵌固端时，地下室顶板应采用梁板结构。

(7) 板柱-框架-剪力墙组合结构中的剪力墙或筒体应承担结构的全部地震作用，各层柱子应承担不少于各层全部地震剪力的 20%。当柱子数量少于 10 根时，每一根柱子应承担各层地震剪力的 2%。

(8) 剪力墙之间楼(屋)盖的长度应不超过表 5.2 规定的数值。当楼盖有较大开洞时，表中的数值应适当减小，且应符合第 5 条规定。

表 5.2　剪力墙之间楼(屋)盖的长度　　(单位：m)

楼盖形式	抗震设防烈度	
	6 度、7 度	8 度
现浇	3.5B、40(取较小值)	2.5B、30(取较小值)

注：表中 B 为楼(屋)盖宽度。

(9) 板柱-框架-剪力墙组合结构房屋的高宽比不宜超过表 5.3 的限值。

(10) 板柱-框架-剪力墙组合结构房屋应根据抗震设防烈度、结构类型和房屋高度采用不同的抗震等级，并应符合相应的计算和构造措施要求。丙类建筑的抗震等级应按表 5.4确定。

表 5.3　板柱-框架-剪力墙组合结构房屋最大适用高宽比

结构类型	抗震设防烈度	
	6度、7度	8度
板柱-框架-剪力墙	5	4
板柱-框架-筒体	6	5

表 5.4　板柱-框架-剪力墙组合结构房屋抗震等级

结构类型		抗震设防烈度					
		6度		7度		8度	
板柱-框架-剪力墙	高度/m	≤24	>24	≤24	>24	≤24	>24
	剪力墙	二	一	二	一	二	一
	框架、板柱的柱	三	二	二	一	一	
板柱-框架-筒体	筒体	一		一		一	
	框架、板柱的柱	二		二		一	

5.3.3　钢管混凝土结构体系

（1）钢管混凝土可用于框架、框架-钢支撑、框架-剪力墙、框架筒体、巨型结构体系等的框架柱构件。

（2）钢管混凝土结构可与钢结构、型钢混凝土结构、钢筋混凝土结构同时使用。

（3）钢管混凝土结构房屋的最大适用高度不应超过表5.5的限值。对平面和竖向均不规则的结构或Ⅳ类场地上的结构，最大适用高度宜适当降低。

表 5.5　钢管混凝土结构房屋最大适用高度　（单位：m）

结构类型	抗震设防烈度		
	6度	7度	8度
框架	110		90
框架-钢支撑(嵌入式剪力墙)	220		200
框架-钢筋混凝土剪力墙、框架-钢筋混凝土核心筒	220	190	150
框筒、筒中筒	300		260

注：筒中筒的筒体为钢结构或钢管混凝土结构组成的筒体。

（4）钢管混凝土结构房屋的高宽比不宜超过表5.6的限值。

（5）在采用框架-钢筋混凝土核心筒的结构体系中，周边钢管混凝土柱框架的梁与柱连接，在抗震设防烈度为7度及以上地区应采用刚接，在6度地区可采用部分铰接。

（6）钢管混凝土用于框架时，框架梁宜优先采用钢梁或钢-混凝土组合梁，也可采用钢筋混凝土梁、钢桁架、钢管混凝土桁架或组合桁架；抗侧力构件可采用钢支撑、带竖缝钢筋混凝土剪力墙、内藏钢支撑混凝土剪力墙、钢板剪力墙或钢筋混凝土剪力墙。楼盖可采用钢-混凝土组合梁或非组合梁，楼板可采用压型钢板现浇钢筋混凝土组合楼板或非组合楼板。

表 5.6　钢管混凝土结构房屋最大适用高宽比

结构类型	抗震设防烈度	
	6 度、7 度	8 度
框架、框架-钢支撑(嵌入式剪力墙)	6.5	6
框架-钢筋混凝土剪力墙、框架-钢筋混凝土核心筒	7	6
框筒、筒中筒	7	6

注：筒中筒的筒体为钢结构或钢管混凝土结构组成的筒体。

(7) 在抗震设防烈度为 7 度及以上地区，采用钢管混凝土柱框架与抗侧力构件(支撑框架、剪力墙等)组成的双重结构体系，其框架部分按计算所得的地震剪力应乘以调整系数，使其值达到不小于结构底部总地震剪力的 25％和框架部分地震剪力最大值 1.8 倍二者中的较小值。

5.3.4　巨型结构体系

(1) 巨型结构体系是由大型构件(巨型梁、巨型柱、巨型支撑等)组成的主结构与常规结构构件组成的次结构共同工作的一种结构体系。巨型结构体系的典型实例有上海环球金融中心大厦、上海证券大厦等。

(2) 巨型结构体系可采用巨型框架结构、巨型桁架结构、巨型悬挂结构、多重组合巨型结构体系。

(3) 巨型结构体系的主、次结构之分应明确，主结构和次结构可采用不同的材料和体系，主结构可采用高强材料，次结构可采用普通材料。

(4) 巨型结构体系中的次结构可设计成地震中的第一道防线，在设防烈度地震作用下可进入塑性；在罕遇地震作用下，主结构中的水平构件可进入塑性，主结构中的竖向构件不进入塑性或部分进入塑性。

(5) 主结构中的巨型构件在承担竖向荷载的同时应形成有效的抗侧力体系。

(6) 竖向荷载应传递给边柱，由边柱承担竖向荷载以平衡侧向荷载在边柱上引起的上拔力。

(7) 结构平面布置宜简单、规则，在材料相同的情况下，应尽量满足两个主轴方向等效惯性矩最大的原则。竖向体型宜规则、均匀。

(8) 巨型框架结构体系中的巨型柱宜放置在结构的角部，巨型梁宜沿竖向从顶层向下均匀布置。

(9) 巨型结构体系中的巨型柱可采用筒体、空间桁架或巨大的实腹钢骨混凝土柱，巨型梁可采用空间桁架。

(10) 当建筑的高度较高时，可将多种巨型结构体系融合应用，形成多重组合巨型结构体系。

注：上海环球金融中心大厦为多重组合巨型结构体系，巨型框架和核心筒各承担了一半的地震作用。

5.4　结构抗震性能设计的基本要求

5.4.1　地震设防水准和地震动参数

(1) 超限高层建筑应根据其使用功能的重要性分为特殊设防类、重点设防类、标准设防类(简称甲、乙、丙类)三个抗震设防类别。抗震设防类别的划分应符合国家标准《建筑抗震设防分类标准》(GB 50223—2008)的规定,各抗震设防类别建筑的抗震设防标准应不低于国家标准《建筑抗震设计规范》(GB 50011—2010)的规定。

(2) 超限高层建筑所在地区遭受的地震影响,应采用下列规定的设计地震动参数。

① 上海地区多遇地震时,Ⅲ类场地的设计特征周期取为 0.65s,Ⅳ类场地的设计特征周期取为 0.9s;罕遇地震时Ⅲ、Ⅳ类场地的设计特征周期都取为 1.1s。

② 当建筑所在场地处于相邻两类场地的分界附近时,场地的设计特征周期应内插取值。

③ 对已做过抗震设防区划的地区、厂矿和小区,可按批准的抗震设防烈度或设计地震动参数确定。

④ 对于已进行过场地地震安全性评价(以下简称为安评)的工程项目,可按下列规定的地震动参数确定:对于多遇地震,应通过各个主轴方向的主要振型所对应的底部剪力的对比分析,按安评结果和规范结果二者的较大值采用,且计算结果应满足规范最小剪力系数的要求;对于设防烈度地震和罕遇地震,地震作用的取值一般可按规范参数采用,也可根据经济条件取大于规范值的安评参数。

⑤ 抗震设防烈度和设计基本地震加速度取值的对应关系按《上海抗规》采用。

(3) 结构时程分析时所选取的地震波应满足一定的场地特征、统计特性、有效峰值、持续时间和震源机制等要求。输入的地震波至少需要三组,实际强震记录的地震波的数量不应少于总数的 2/3;每一组波形的强震持续时间一般不小于结构基本周期的 5 倍;其平均地震影响系数曲线应与振型分解反应谱法所采用的地震影响系数曲线在统计意义上相符;弹性时程分析时,每条时程曲线计算得到的结构底部剪力不应小于振型分解反应谱法得到的底部剪力的 65%,多条时程曲线计算得到的结构底部剪力的平均值不应小于振型分解反应谱法得到的底部剪力的 80%。对于双向地震动输入的情况,上述统计特性要求仅针对水平主方向。在进行底部剪力比较时,单向地震动输入的时程分析结果与单向反应谱分析结果进行对比,双向地震动输入的时程分析结果与双向反应谱分析结果进行对比。当输入的地震波数量为三组时,计算结果宜取时程分析法的包络值和振型分解反应谱法的较大值;当输入的地震波数量不少于七组时,计算结果可取时程分析法的平均值和振型分解反应谱法的较大值。

5.4.2　抗震性能水准和抗震性能目标

(1) 超限高层建筑的抗震性能水准可分为完全可使用、基本可使用、修复后使用、生命安全四个等级,其综合描述见表 5.7。

(2) 各抗震设防类别超限高层建筑的抗震性能目标不宜低于表 5.8 的要求。

表 5.7 各级抗震性能水准的综合描述

抗震性能水准	性能描述
完全可使用	结构未受损、功能完整，不需修理即可继续使用
基本可使用	结构轻微受损，主要竖向和抗侧力结构体系基本保持震前的承载能力和特性，建筑功能受扰但稍做修整即可继续使用
修复后使用	结构遭受一定损伤，功能受到影响，短期无法恢复，花费合理的费用能修复
生命安全	结构有较重破坏但不影响承重，功能受到较大影响，人员安全

表 5.8 抗震性能目标

<table>
<tr><th colspan="2" rowspan="2">抗震设防类别</th><th colspan="3">抗震性能水准</th></tr>
<tr><th>多遇地震</th><th>设防烈度地震</th><th>罕遇地震</th></tr>
<tr><td colspan="2">甲类</td><td>完全可使用</td><td>完全可使用</td><td>基本可使用</td></tr>
<tr><td colspan="2">乙类</td><td>完全可使用</td><td>基本可使用</td><td>生命安全</td></tr>
<tr><td rowspan="2">丙类</td><td>房屋高度在 B 级高度范围内且比较规则的钢筋混凝土结构</td><td>完全可使用</td><td>修复后使用</td><td>生命安全</td></tr>
<tr><td>其他</td><td>完全可使用</td><td>基本可使用</td><td>生命安全</td></tr>
</table>

5.4.3 实施结构抗震性能设计的方法

(1) 本节条文主要适用于混凝土结构和钢-混凝土混合结构。

(2) 进行抗震性能设计时应先根据表 5.8 确定超限高层建筑的抗震性能目标，再按照本节下列条文对结构在三个水准地震作用下的承载力和变形分别进行验算。

(3) 超限高层建筑各级抗震性能水准对应的楼层内的最大层间位移角限值宜符合下列要求。

① 高度不大于 150m 和高度不小于 250m 的超限高层建筑，最大层间位移角限值宜符合表 5.9 的规定。

表 5.9 超限高层建筑的层间位移角限值

<table>
<tr><th colspan="2" rowspan="2">结构类型</th><th colspan="4">抗震性能水准</th></tr>
<tr><th>完全可使用</th><th>基本可使用</th><th>修复后使用</th><th>生命安全</th></tr>
<tr><td rowspan="5">高度不大于 150m</td><td>钢筋混凝土框架</td><td>1/550</td><td>1/250</td><td>1/120</td><td>1/50</td></tr>
<tr><td>钢筋混凝土剪力墙、筒中筒</td><td>1/1000</td><td>1/500</td><td>1/250</td><td>1/120</td></tr>
<tr><td>钢筋混凝土框架-剪力墙、框架-核心筒、板柱-框架-剪力墙组合结构</td><td>1/800</td><td>1/400</td><td>1/200</td><td>1/100</td></tr>
<tr><td>钢筋混凝土框支层</td><td>1/1000</td><td>1/500</td><td>1/250</td><td>1/120</td></tr>
<tr><td>钢框架-钢筋混凝土筒体、型钢混凝土框架-钢筋混凝土筒体</td><td>1/800</td><td>1/400</td><td>1/200</td><td>1/100</td></tr>
<tr><td colspan="2">高度不小于 250m</td><td>1/500</td><td>1/250</td><td>1/150</td><td>1/100</td></tr>
</table>

② 高度在 150～250m 的超限高层建筑，最大层间位移角限值宜根据高度按表 5.9 的限值线性插入取用。

③ 对于钢筋混凝土剪力墙、筒中筒结构，完全可使用的性能水准还要求底层层间位移角不宜大于 1/2500，对于钢筋混凝土框架-剪力墙（核心筒）、板柱-框架-剪力墙组合结构、钢框架（型钢混凝土框架）-钢筋混凝土筒体结构，底层层间位移角不宜大于 1/2000。

（4）抗震性能水准为基本可使用的具体要求如下。

① 对于抗震设防类别为甲类或乙类的超限高层建筑，抗震设防类别为丙类且高度超过 B 级的钢筋混凝土结构和高度超限的钢-混凝土混合结构，关键部位（含薄弱部位）的竖向构件（墙肢、框架柱、支撑等）应保持弹性或不屈服；水平转换构件、连体、悬挑、连接节点应保持弹性；次要构件（框架梁、连梁等）应提高构造措施的抗震等级。对于特别不规则且高度超过 B 级较多的钢筋混凝土结构和高度超限较多的钢-混凝土混合结构，结构全高的竖向构件均宜保持弹性或不屈服。

② 对于抗震设防类别为丙类的超限高层建筑，当钢筋混凝土结构的高度属于 B 级且特别不规则、钢-混凝土混合结构的高度未超限且特别不规则时，关键部位（含薄弱部位）的竖向构件（墙肢、框架柱、支撑等）宜不屈服或提高抗震等级，水平转换构件、连体、悬挑、连接节点宜保持弹性，次要构件（框架梁、连梁等）可提高构造措施的抗震等级。

③ 对于超限大跨空间结构，关键钢结构构件的应力比不应大于 0.85。

（5）保持弹性的抗震验算要求如下。

① 取不考虑构件内力调整和风荷载的地震作用组合内力设计值及材料强度设计值对抗震承载力进行验算，验算公式如下：

$$1.2S_{GE}+1.3\beta_{E1}S_{Ek}<R/\gamma_{RE} \tag{5.1}$$

式中，S_{GE}为重力荷载代表值的效应；S_{Ek}为地震作用标准值的效应；β_{E1}为该设计地震与多遇地震的地面运动加速度峰值之比，根据《上海抗规》，7 度和 8 度中震时为 2.86，7 度和 8 度罕遇地震时分别为 5.71 和 5.14。

② 计算模型中可以考虑部分次要构件进入塑性，结构阻尼比可适当提高。

（6）不屈服的抗震承载力应取不考虑荷载分项系数的地震作用标准组合、材料强度标准值及不考虑抗震承载力调整系数按式(5.2)验算，计算模型中可以考虑部分次要构件进入塑性，结构阻尼比可适当提高。

$$S_{GE}+\beta_{E1}S_{Ek}<R_k \tag{5.2}$$

对于钢筋混凝土构件，还宜满足下列要求：①纵向受拉钢筋的应力不超过 0.85 倍的屈服强度标准值；②受拉、受弯和偏心受压构件的最大裂缝宽度不超过 0.5mm。

注：对于风和竖向荷载起控制作用的高层建筑，中震屈服的承载力验算可能比小震弹性更容易满足，此时，承载力将由小震计算控制。

（7）在中震弹性或中震不屈服的抗震验算中，对于出现偏心受拉或截面边缘压应力接近混凝土抗压强度的钢筋混凝土构件，应按抗震等级提高一级的要求采取抗震构造措施。

（8）对于钢筋混凝土框架梁、连梁，为满足生命安全的抗震性能水准要求，构件端部的塑性转角不宜大于 0.02。

（9）对于抗震设防类别为乙类或抗震设防类别为丙类且高度超过 B 级或高度属于 B

级但特别不规则的超限高层建筑，还应按下列要求进行罕遇地震作用下的抗震验算。

① 对于关键部位(含薄弱部位)的竖向构件(墙肢、框架柱、支撑等)，转换构件、连体、悬挑、连接节点取不考虑荷载分项系数的地震作用标准组合，材料强度标准值按如下公式要求验算受剪截面控制条件：

$$V_{GE}+\beta_{E2}V_{Ek}<\alpha f_{ck}bh_0 \tag{5.3}$$

式中，b 和 h_0 分别为构件截面的宽度和有效高度；β_{E2} 为罕遇地震与多遇地震的地面运动加速度峰值之比，根据《上海抗规》，在 7 度和 8 度时分别为 5.71 和 5.14；α 为系数，对于钢筋混凝土构件取为 0.15，对于型钢混凝土构件，若型钢含量满足 $f_a t_w h_w/f_c bh_0\geqslant 0.1$，取为 0.36，其中 f_a 为型钢的抗拉强度设计值，t_w 和 h_w 分别为型钢腹板的厚度和高度。

② 对于关键部位(含薄弱部位)的竖向构件(墙肢、框架柱、支撑等)，水平转换构件、连体、悬挑、连接节点取不考虑荷载分项系数的地震作用标准组合，材料强度标准值及不考虑抗震承载力调整系数验算极限承载力，验算公式如下：

$$S_{GE}+\beta_{E2}S_{Ek}<R_u \tag{5.4}$$

式中，R_u 为构件的极限抗力，计算时材料强度可取高于标准值的最小极限值，如钢材可取极限强度 σ_b，钢筋可取屈服强度 f_{yk} 的 1.25 倍，混凝土抗压强度可取立方抗压强度的 0.88 倍。

③ 取不考虑荷载分项系数的地震作用标准组合计算得到的钢筋混凝土筒体底部拉应力不应超过 $1.5f_{tk}$，f_{tk} 为混凝土抗拉强度标准值，当设置型钢或纵筋的配筋率较大时可以考虑钢筋的贡献。

④ 计算模型中可以考虑部分构件进入塑性，结构阻尼比可适当提高。

注：结构阻尼比的确定是一个复杂的问题，目前还没有形成共识。以上海中心大厦为例，在 7 度小震、中震和大震下的结构阻尼比分别取为 0.04、0.04 和 0.05。

(10) 对于超限大跨空间结构，连接构造及其支座应按罕遇地震安全验算承载力，并确保支承结构传递屋盖的地震作用。

5.5 结构抗震计算分析的基本要求

5.5.1 计算分析方面的总体要求

(1) 结构抗震计算分析应采用两个或两个以上的符合结构实际受力情况的力学模型且经建设主管部门鉴定的计算程序。

(2) 结构计算模型的建立、必要的简化计算与处理应符合结构的实际工作状况，计算中应考虑楼梯构件对结构整体及周边构件受力的影响。

(3) 通过结构各部分受力分布的变化，以及最大层间位移的位置和分布特征，判断结构受力特性的有利和不利情况。

(4) 结构各层的地震作用标准值的剪力与其以上各层总重力荷载代表值的比值(即楼层地震剪力系数)，应符合抗震设计规范的最低要求和特殊要求。当楼层最小剪力系数不满足要求时，应对结构方案进行分析。若结构方案基本合理，可以按规范要求进行地震内力放大；若结构方案不合理，则宜对建筑结构方案进行调整。

（5）当7度设防结构高度超过100m、8度设防结构高度超过80m时，或结构竖向刚度不连续，还应采用弹性时程分析法进行多遇地震下的补充计算。弹性时程分析的效应一般取多条时程结果的平均值，超高较多或体型特别不规则时宜取多条时程的包络。

（6）薄弱层地震剪力和不落地构件传给水平转换构件的地震内力的调整系数取值，超高时宜大于规范的规定值（大于10%）。

（7）上部墙体开设边门洞等的水平转换构件，宜进行施工阶段重力荷载下不考虑墙体刚度的承载力复核。当主次梁转换时，转换构件的内力应考虑梁挠度引起的不利影响。

（8）不规则且具有明显薄弱部位可能导致地震时严重破坏的高层建筑结构，应按现行相关规范的要求进行罕遇地震作用下的弹塑性变形分析，并满足下列要求。

① 当高度不超过150m时，可采用静力弹塑性分析方法；当高度超过200m时，应采用动力弹塑性分析方法；当高度在150～200m时，可根据结构的自振特征和不规则程度选择静力或动力弹塑性分析方法；对高度超过300m、新型结构或特别复杂的超限高层建筑，需要两个独立计算，进行校核。

② 弹塑性分析时，应采用构件的实际尺寸和配筋（混凝土构件的实际配筋、实际钢骨、钢构件的实际截面规格等），整体模型应采用三维空间模型，构件可采用在主要受力平面内的杆系或平面模型，但应考虑结构空间地震反应在该方向的组合作用。梁、柱等杆系构件可简化为一维单元，宜采用纤维模型或塑性铰模型；剪力墙、楼板等构件可简化为二维单元，宜采用壳单元、板单元或膜单元；巨型构件（如巨柱）可简化为三维单元，宜采用实体单元。

③ 大震作用下的弹塑性时程计算，宜取多条时程结果的包络值。

（9）静力弹塑性分析应至少采用下列两种水平力的竖向分布形式：均匀分布形式，各层的水平力与该层的重力荷载代表值成正比；模态分布形式，各层的水平力与利用振型分解反应谱分析得到的水平力成正比。

（10）动力弹塑性分析中的力学计算模型应能代表结构质量的实际空间分布，各个结构构件的恢复力模型应能反映构件实际的力-变形关系特征，体现屈服、强度退化、刚度退化、滞回捏拢等重要规律。钢筋混凝土构件的骨架曲线和恢复力关系可按5.5.6节的方法采用。

（11）为增强框架-核心筒的第二道防线的抗震能力，框架的剪力应考虑下列调整。

① 在钢筋混凝土外框架-核心筒结构中，对于高度较大的结构，小震计算时稀柱（如柱距不小于7.5m）外框承担的剪力宜取底部总剪力的20%和计算框架部分各楼层最大剪力的1.5倍两者的较大值，中震计算时外框柱承担的剪力宜比计算的楼层最大剪力增大20%，外框梁不需要调整。

② 在钢结构和钢-混凝土混合结构中，钢框架部分承担的地震剪力也应采用类似于钢筋混凝土外框的加强方法，小震计算时稀柱外框承担的剪力宜取底部总剪力的25%和计算框架部分各楼层最大剪力的1.8倍两者的较大值。

（12）对于含有地下室的建筑结构，当同时满足下列要求时，可以将地下室顶板作为结构的嵌固部位进行计算分析：①采用桩筏或桩箱基础；②每根桩与筏板（箱基底板）有可靠的连接；③基础周边的桩能承受可能产生的拉力；④地下室结构的等效剪切刚度大于相邻上部楼层等效剪切刚度的1.5倍及以上；⑤地下室顶板厚度不小于180mm，采用现浇梁板结构，未设有较大洞口。

注：① 如遇到较大面积的地下室而上部塔楼面积较小的情况，在计算地下室结构的侧向刚度时，只能考虑塔楼及其周围的抗侧力构件的贡献，塔楼周围的范围可以在两个水平方向分别取地下一层层高的2倍左右。

② 当顶板开大洞时，应采取有效的构造措施改善顶板的抗震性能，板面高差宜小于相连处楼面梁高及支撑梁梁宽。

(13) 在分析出屋面的结构和装饰构件时，宜考虑其参与整体结构的分析，材料不同时需适当考虑阻尼比不同的影响，宜采用时程分析法补充计算，明确其鞭鞘效应，支座按中震弹性或大震安全进行验算。

(14) 应注意梁刚度增大系数的选择和应用，当计算中计入了混凝土楼板的刚度影响时，配筋计算也应将一定范围内的楼板钢筋计入在内。

(15) 剪力墙连梁可采用杆单元或壳单元模拟。当连梁的跨高比小于2时，宜采用壳单元模拟。

(16) 对于楼板开洞(包括面积较小的局部夹层)，出现长、短柱共用的结构，应考虑中震、大震中短柱先发生刚度退化，随后地震剪力转由长柱承担的可能，需保证长、短柱的安全，并要求楼板也应具有传递地震作用的能力。

① 当开洞对楼盖整体性影响很大不能视为一个楼层计算时，宜与相邻层并层计算，复核并层后相邻楼层的刚度和承载力，检验是否存在薄弱层和软弱层。

② 当开洞较大时，局部楼板宜按大震安全复核平面内的承载力。

③ 对于高度超限或特别不规则的高层建筑，对局部出现长、短柱共用的楼层，在多道防线调整的基础上，外框的长柱宜按短柱的剪力复核承载力，框架短柱宜按大震安全复核承载力。

(17) 对于细腰位置设置楼、电梯间的结构，连接部位的楼盖很弱，整体分析时应采用细腰部位楼盖非刚性的模型计算，复核端部相对于细腰部位的扭转效应，并采取措施保证结构大震下的安全性。对仅一边有楼板联系的剪力墙井筒，在结构整体抗侧计算时，宜将其参与刚度做适当折减。

(18) 对于连体结构中的连体和连廊本身，应注意地震的放大效应，并考虑结构出现局部振动不同步的影响，跨度较大时应参照竖向时程分析法确定跨中的竖向地震作用，确保使用功能和大震安全。当采用刚性连接时，应注意复核在两个水平(高烈度时含竖向共三个)方向的中震作用下被连接结构远端的扭转效应，提高承载力和变形能力。支座部位构件应加强，水平构件应延伸一跨，竖向构件宜向下延伸至嵌固端(对含裙房结构为裙房顶面，其余结构为地下室顶板)。当采用滑动连接时，除了按三向大震留有足够的滑移量，支座也需适当加强。

(19) 在进行小震作用下的强度设计时，宜取考虑偶然偏心和双向地震作用的较大值。

(20) 计算各振型地震影响系数所采用的结构自振周期应考虑非承重墙体的刚度影

响予以折减。

(21) 特别复杂的结构应进行施工模拟分析。地震作用下结构的内力组合，应以施工全过程完成后的静载内力为初始状态；当施工方案与施工模拟计算分析不同时，应重新调整相应的计算。当施工中设置临时支架时，支架也应参与施工过程的结构分析，确保支架的安全，还应进行支架拆除过程的模拟计算分析。

(22) 对结构的计算机分析结果应进行合理性的判断，设计者可结合工程经验和力学概念，从结构整体和局部两个方面考虑，在确认计算结果合理、可信后方可作为设计依据。

5.5.2　超限大跨空间结构的要求

(1) 对于需考虑竖向地震作用的结构，除了有关规范、规程规定的作用效应组合，应按如下公式要求增加考虑竖向地震为主的地震作用效应组合及以风荷载为主的地震作用效应组合：

$$1.2S_{GE}+1.3S_{Evk}+0.5S_{Ehk}+1.4\times0.2S_{wk}\leqslant R/\gamma_{RE} \quad (5.5)$$

$$1.2S_{GE}+0.2(1.3S_{Evk}+0.5S_{Ehk})+1.4S_{wk}\leqslant R/\gamma_{RE} \quad (5.6)$$

式中，S_{Evk}为竖向地震作用标准值的效应；S_{Ehk}为水平地震作用标准值的效应；S_{wk}为风荷载效应标准值。

(2) 当设防烈度为8度时，大悬臂屋盖应考虑竖向地震加速度的放大作用，屋盖的竖向地震作用应根据支承结构的高度参照竖向时程分析结果确定。

(3) 钢结构屋面与下部钢筋混凝土支承结构的主要连接部位的构造应与计算模型相符合。应采用拆分和整体两种计算模型分别计算，取两者的不利情况设计。在拆分计算时，各部分的边界条件应符合实际受力情况。当支座采用隔震或滑移减震等技术时，应另外进行可行性论证。

(4) 应进行施工安装过程中的内力分析，地震作用、使用阶段的结构内力组合，应以施工全过程完成后的静载内力为初始状态。

(5) 计算时的阻尼比可采用综合阻尼比或区分结构类别的分类阻尼比。

(6) 在重力和风载组合下，关键钢结构构件的应力比应不大于0.85。

(7) 在屋面钢结构温度应力计算时，应考虑施工、合拢和使用三个不同时期的最不利温差的影响。

(8) 屋面风荷载的取值应考虑风压分布、体型系数、风振效应、地面粗糙度类别及裙楼效应等，按荷载规范、经验及风洞试验结果取最不利的值，也可依据当地气象资料考虑可能超出荷载规范的风力。

(9) 当单向长度超过400m时，应进行考虑行波效应的多点和多方向输入的时程分析。

(10) 当屋盖和支承结构或上、下层的分缝位置不同时，应进行地震、风荷载和温度作用下各部分相互影响的计算分析。

5.5.3　高度超限时的抗震计算分析要求

(1) 当结构平面比较规则时，为减少计算工作量可采用刚性楼板模型。

(2) 结构抗震计算至少应取15个振型，当房屋层数较多或高度较大时，应多取一些振型，振型数的取值应满足振型参与的有效质量大于总质量90%的要求。

（3）应验算结构整体的抗倾覆稳定性；验算桩基在侧向力最不利组合情况下桩身是否会出现拉力或过大的压力，并通过调整桩的布置，控制桩身尽量不出现拉力或超过桩在竖向力偏心作用时的承载力。

（4）应进行弹性时程分析法的补充计算，用时程分析法进行计算时所选用的地震波频谱特性、地震波数量、持续时间、计算控制指标应符合规范和规程的要求。

（5）必要时应进行罕遇地震作用下的变形验算。

5.5.4　平面规则性超限时的计算分析要求

（1）由于平面规则性超限对楼板的整体性有较大的影响，一般情况下楼板在自身平面内刚度无限大的假定已不适用，因此，在结构计算模型中应考虑楼板的弹性变形（一般情况下可采用弹性膜单元）。

（2）在考虑楼板弹性变形影响时，可采用下述两种处理方法：①采用分块刚性模型加弹性楼板连接的计算模型，即将凹口周围各一开间或局部突出部位的根部开间的楼板考虑为弹性楼板，而其余楼板考虑为刚性楼板（图5.11）。采用这样的处理可以求得凹口周围或局部突出部位根部的楼板内力，还可以减少部分建模和计算工作量；②对于点式建筑或平面尺寸较小的建筑，也可以将整个楼面都考虑为弹性楼板，这样处理，建模和计算过程比较简单、直观，计算结果较精确，但计算工作量较大。

（3）应对楼板在地震作用和竖向荷载组合作用下的主拉应力进行验算，计算结果应能反映出楼板在凹口部位、突出部位的根部以及楼板较弱部位的内力，以作为楼板截面设计的参考。计算结果应反映出凹口内侧墙体上连梁有无超筋现象，以作为是否设置拉梁、拉板时的参考。

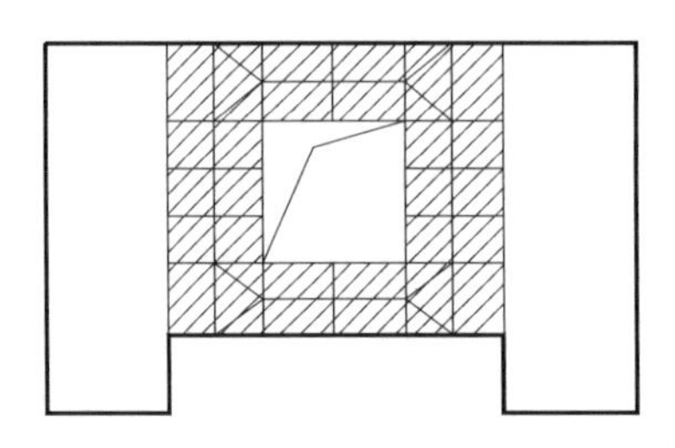

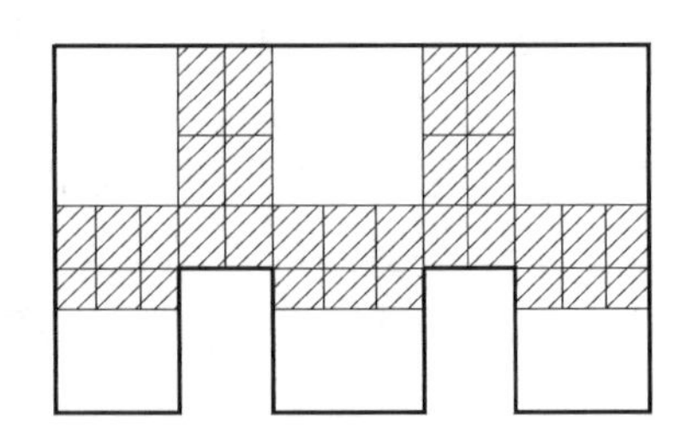

图5.11　分块刚性模型加弹性楼板连接的计算模型（阴影部分为弹性板）

5.5.5　立面规则性超限时的计算分析要求

（1）对于立面收进幅度过大引起的超限，当楼板无开洞且平面比较规则时，在计算分析模型中可以采用刚性楼板，一般情况下可以采用振型分解反应谱法进行计算。结构分析的重点应是检查结构的位移有无突变、结构刚度沿高度的分布有无突变、结构的扭转效应是否能控制在合理范围内。

（2）对于连体建筑，由于连体部分的结构受力非常复杂，在结构分析中应采用局部弹性楼板、多个刚性块、多个质量块弹性连接的计算模型。即连接体部分的全部楼板采用弹性楼板模型，连接体以下的各个塔楼楼板可以采用刚性楼板模型(规则平面时)。结构分析的重点除了与第(1)条相同，还应特别分析连体部分楼板和梁的应力、变形，在小震作用计算时应控制连接体部分的梁、板上的主拉应力不超过混凝土轴心抗拉强度设计值，还应检查连接体以下各塔楼的局部变形及对结构抗震性能的影响。当连体部分采用弱连接时，应对各塔楼按独立单元进行抗震补充计算。

(3) 立面开大洞建筑的计算模型和计算要求与连体建筑类似，洞口以上的全部楼板宜考虑为弹性楼板，应重点检查洞口角部构件的内力，避免在小震时出现裂缝。对于开大洞而在洞口以上的转换构件，还应检查其在竖向荷载下的变形，并评价这种变形对洞口上部结构的影响。

(4) 多塔楼建筑计算分析的重点是大底盘的整体性以及大底盘协调上部多塔楼的变形能力。一般情况下大底盘的楼板在计算模型中应按弹性楼板处理(一般情况下宜采用壳单元)，每个塔楼的楼层可以考虑为一个刚性楼板(规则平面时)，计算时整个计算体系的振型数不应小于18，且不应小于塔楼数的9倍。当只有一层大底盘、大底盘的等效剪切刚度大于上部塔楼等效剪切刚度的2倍以上且大底盘屋面板的厚度不小于200mm时，大底盘的屋面板可以取为刚性楼板以简化计算。当大底盘楼板削弱较多(如逐层开大洞形成中庭等)，以致于不能协调多塔楼共同工作时，在罕遇地震作用下可以按单个塔楼进行简化计算，计算模型中大底盘的平面尺寸可以按塔楼的数量进行平均分配或根据建筑结构布置进行分割，大底盘的层数要计算到整个计算模型中。计算示意图如图5.12所示。

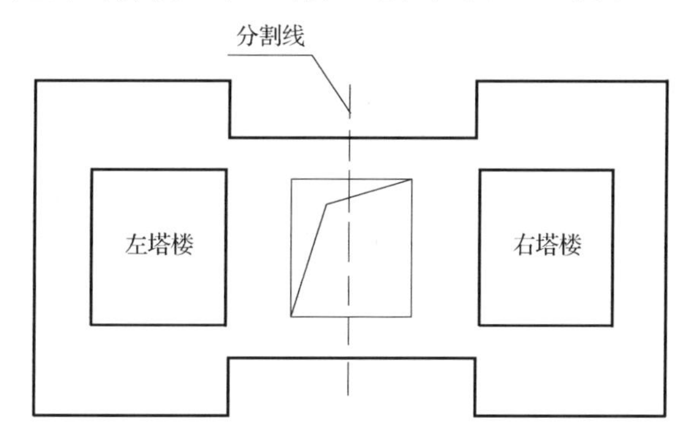

图5.12　多塔楼建筑计算分析时裙房平面分割示意

从上海已完成的大底盘多塔楼结构模型的振动台试验结果来看，当大底盘楼板削弱较多时，在大震作用下，图5.12所示的连接体部位已经完全断裂破坏，已不能协调两个塔楼的共同工作，两个塔楼趋向于独立振动。因此，在抗震分析中按单个塔楼进行计算是必要的。

(5) 对于带转换层结构，计算模型中应考虑转换层以上一层及转换层以下各层楼板的弹性变形，按弹性楼板假定计算结构的内力和变形。结构分析的重点除了与立面收进建筑的要点相同，还应重点检查框支柱所承受的地震剪力的大小、框支柱的轴压比以及转换构件的应力和变形等。在计算框支层的上下层刚度时，宜取转换梁的中线划分上下楼层。框支柱应进行中震承载力的验算，框支梁应保证大震安全。

(6) 对于错层结构，在整体计算时，应将每一层楼板作为一个计算单元，按楼板的结构布置分别采用刚性楼板或弹性楼板模型进行计算分析。对于楼层位移和层间位移的扭转位移比，需采用每个局部楼板四个角点的对应数据手算复核。错层部位的内力，应注意沿楼板错层方向和垂直于错层方向的差异，按不利情况设计。对错层处的墙体应进行局部应力分析，并作为校核配筋设计的依据。错层处应注意短柱的产生。

(7) 加强层的设置一般对结构抗风有利但对抗震不利。对于带加强层的结构，加强层上、下刚度比宜按弹性楼板模型进行整体计算，并考虑楼板在大震下可能开裂的影响，伸臂构件的地震内力宜取弹性楼板或平面内零刚度楼板假定计算。

(8) 竖向不规则结构的地震剪力及构件的地震内力应做下列调整。

① 刚度突变的薄弱层，地震剪力应至少乘以 1.15 的增大系数。

② 不落地竖向构件传递给水平转换构件的地震内力应乘以 1.9(特一级)、1.6(一级)、1.3(二级)的增大系数。

③ 当框支柱为三层及三层以上时，框支柱承担的地震剪力不应小于基底剪力的 30%，框支柱少于 10 根时，每根柱承担的地震剪力不应小于基底剪力的 3%。

5.5.6 非线性分析中的恢复力模型

非线性分析包括静力非线性分析和弹塑性时程分析。具体的分析方法、加载模式、地震波的选择以及计算结果的分析利用方面可见 5.5.1～5.5.5 节，对结构构件的恢复力模型的确定方法如下。

1. 基本原则

构件骨架曲线和恢复力关系可以通过试验数据得到，也可通过低一层次的材料非线性模型经计算而得到。构件骨架曲线应该包括单元线性刚度、屈服强度和屈服后的刚度特征，对于竖向构件应该考虑轴向荷载的影响。构件恢复力关系应该考虑强度、刚度的退化和滞回捏拢效应。

2. 构件骨架曲线

1) 骨架曲线模型

构件骨架曲线拟采用三线型模型(图 5.13)。骨架曲线上的关键点为开裂点 A、屈服点 B 和极限破坏点 C，它们可由截面分析计算或试验数据得到，也可按下节提供的简化方法进行计算。

2) 骨架曲线关键点的简化计算

(1) 混凝土开裂弯矩 M_{cr} 和曲率 ψ_{cr}。

$$M_{cr}=\frac{\gamma f_t I_0}{y}+\frac{NI_0}{A_0 y} \tag{5.7}$$

$$\psi_{cr}=\frac{M_{cr}}{0.85E_c I_0} \tag{5.8}$$

式中，f_t 为混凝土极限抗拉强度；A_0 为换算截面积；I_0 为换算截面惯性矩；y 为换算截面形心到受拉边缘的距离；γ 为混凝土构件的截面抵抗矩塑性影响系数，按《混凝土结构设计规范》(GB 50010—2010)第 7.2.4 条确定。

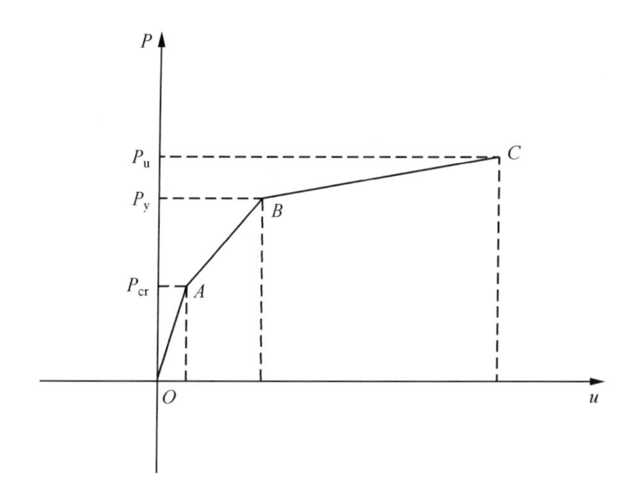

图 5.13　构件骨架曲线

(2) 屈服弯矩 M_y 和曲率 ψ_y。

当受拉钢筋达到屈服时，截面的应力及应变分布如图 5.14 所示。

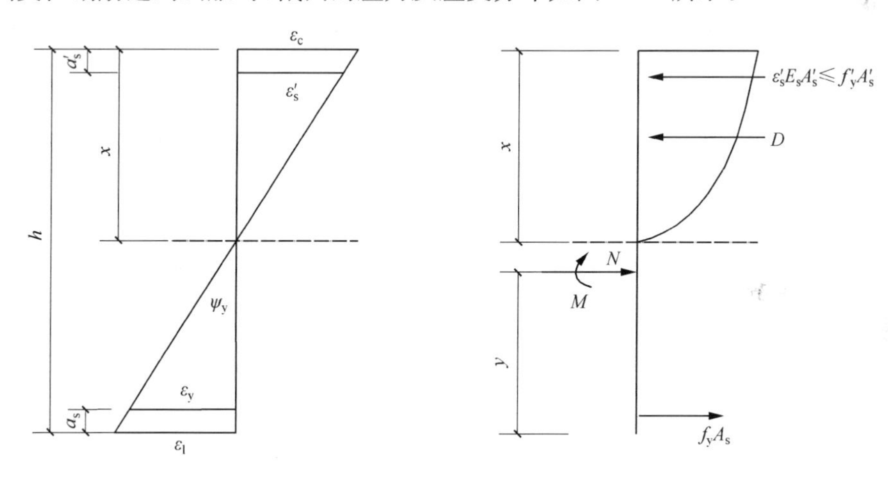

图 5.14　截面应力、应变分布

A_s 为受压钢筋的截面面积

此时受拉钢筋的应变为 $\varepsilon_y = f_y / E_s$，设受压区高度为 x，则得

$$\psi_y = \frac{\varepsilon_y}{h - x - a_s} \tag{5.9}$$

$$\varepsilon_s' = \psi_y (x - a_s') \tag{5.10}$$

$$\varepsilon_c = \varphi_y x \tag{5.11}$$

$$D = \int b \sigma_c \mathrm{d}x \tag{5.12}$$

$$N_s = D + \varepsilon_s' E_s A_s' - f_y A_s \tag{5.13}$$

对中和轴取矩，得

$$M_y = \int b \sigma_c x \mathrm{d}x + \varepsilon_s' E_s A_s' (x - a_s') + f_y A_s (h - x - a_s) + N(h - y - x) \tag{5.14}$$

根据式(5.9)～式(5.14)，每给定一个 x 值可得到 M_y、ψ_y 及相应的 N。这样就可以根据不同的轴向荷载 N 确定截面的 M_y、ψ_y。

(3) 极限弯矩 M_u 和曲率 ψ_u。

当混凝土受压边缘达到极限压应变 ε_{cu} 时，截面达到破坏状态，截面的应变分布如图 5.15所示。混凝土受压应力图形近似地采用矩形，矩形应力图的高度取为 $0.85x$，矩形应力图的换算应力值 $\sigma_c=\alpha_1 f_c$。

由截面上的平衡及变形条件可得

$$x'=0.85x \tag{5.15}$$

$$bx'\sigma_c=f_yA_s-\sigma_s'A_s'+N \tag{5.16}$$

$$\sigma_s'=\varepsilon_{cu}E_s\frac{x-a_s'}{x} \tag{5.17}$$

根据式(5.15)～式(5.17)，每给定一个 N 值，便可解得相应的 x 及 σ_s'，进而可求得 ψ_u 和 M_u 为

$$\psi_u=\frac{\varepsilon_{cu}}{x} \tag{5.18}$$

$$M_u=\sigma_c bx'\left(h-\frac{1}{2}x'-a_s\right)+\sigma_s'A_s'(h-a_s-a_s')-N(y-a_s) \tag{5.19}$$

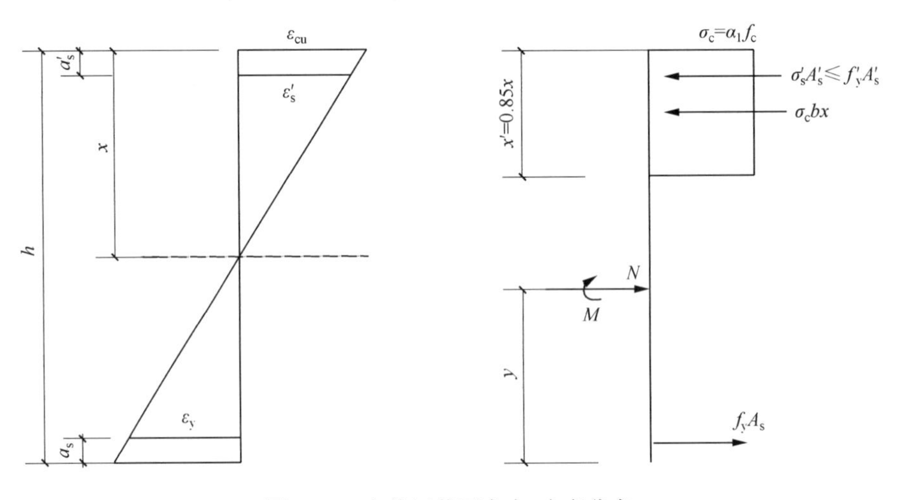

图 5.15　大偏压截面应力、应变分布

小偏心受压破坏截面的 M-ψ 关系为

$$\psi=\left(\frac{M}{M_u}\right)\psi_e+\left(\frac{M}{M_u}\right)^5(\psi_u-\psi_e) \tag{5.20}$$

式中，M_u 和 ψ_u 为截面破坏时的弯矩和曲率；ψ_e 为截面破坏时的平衡及变形条件求得(图 5.16)。

$$x'=0.85x \tag{5.21}$$

$$\sigma_s=\varepsilon_{cu}E_s\left(\frac{h_0}{x}-1\right) \tag{5.22}$$

$$N=\sigma_c bx'+f_y'A_s'-\sigma_sA_s \tag{5.23}$$

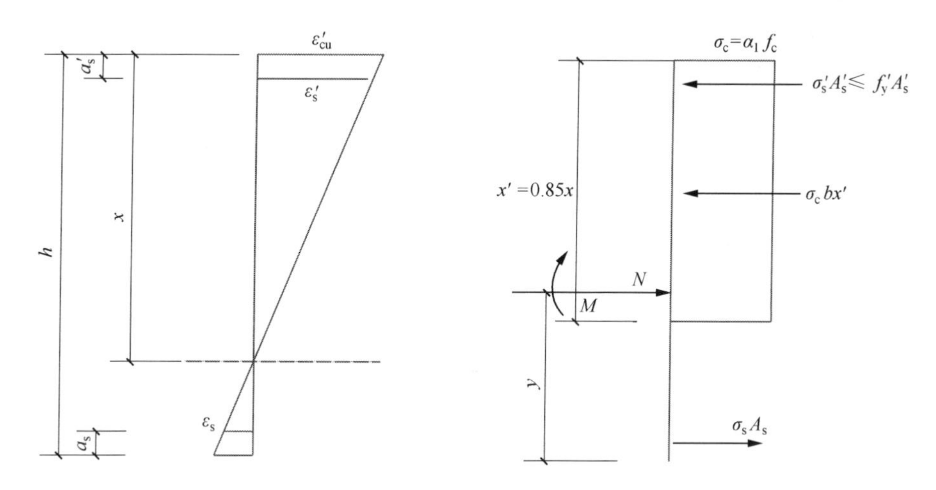

图 5.16　小偏心受压截面应力、应变分布

由式(5.21)～式(5.23)，给定轴力，便可解得 x，而

$$\psi_u = \frac{\varepsilon_{cu}}{x} \tag{5.24}$$

$$M_u = \sigma_c bx'\left(h_0 - \frac{x'}{2}\right) + f'_y A'_s (h_0 - a'_s) - N(y - a_s) \tag{5.25}$$

式(5.20)中的 ψ_e 为截面破坏时曲率的弹性部分，可取为

$$\psi_e = \frac{M_u}{0.85 E_s I_0} \tag{5.26}$$

大小偏心受压破坏的分界处，称为界限破坏，其破坏特征是受拉钢筋达到屈服时，压区混凝土也被压碎。此时，受拉钢筋应变为 $\varepsilon_s = \varepsilon_y = f_y/E_s$，混凝土受压边缘应变 $\varepsilon_c = \varepsilon_u = \varepsilon_{cu}$；则相应受压区高度 x_j 及曲率 ψ_j 为

$$x_j = \frac{\varepsilon_{cu}(h - a_s)}{\varepsilon_s + \varepsilon_{cu}} \tag{5.27}$$

$$\psi_j = \frac{\varepsilon_{cu}}{x_j} \tag{5.28}$$

利用公式(5.22)可算得界限破坏时的轴力 N_j。界限破坏时的轴力 N_j 也可以近似地按如下公式求得：

$$N_j = \sigma_c bx' - f_y A_s + f'_y A'_s \tag{5.29}$$

式中，$x' = 0.85x_j$。

当某一级荷载作用下截面的 M、N 求得后，如果 $N < N_j$，则按大偏心受压情况计算 N-M-ψ 关系；如果 $N > N_j$，则按小偏心受压情况计算 N-M-ψ 关系。

3) 构件恢复力关系

构件恢复力关系拟采用三参数(α,β,γ)模型来描述。这三个参数决定了单元刚度退化、捏拢效应和强度退化等特征，它们与轴力、钢筋黏结滑移等因素有关。

(1) 参数 α。

该参数控制单元刚度退化的程度。在延伸的初始骨架曲线上设定一公共点 A

(图 5.17)，卸载线在达到 x 轴线之前指向 A 点，过 x 轴线后指向曾经达到的反向最大点。参数 α 的取值为 1～4，α 越小，刚度退化程度也越大，一般情况下 α 可取 2。

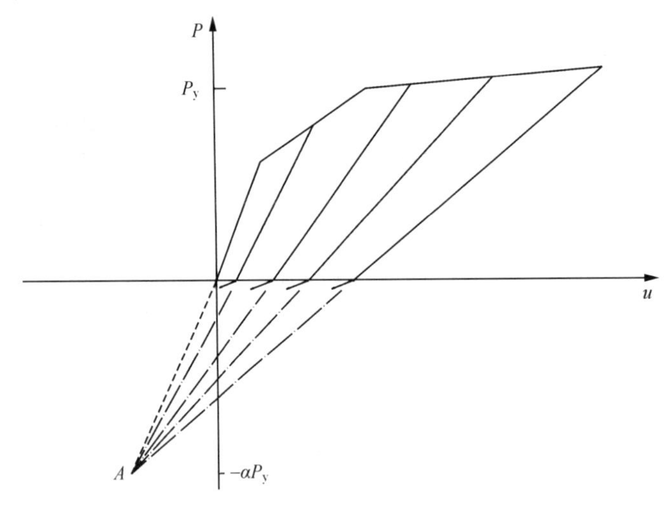

图 5.17　刚度退化

(2) 参数 β。

该参数控制恢复力滞回捏拢效应的程度(图 5.18)。将初始目标点 A 沿卸载线降低到 B 点，降低程度用参数 β 来表示，即 B 点的竖向坐标为 βP_y。加载线在达到开裂闭合点 u_s 之前指向 B 点，在开裂闭合点 u_s 后指向 A 点。参数 β 的取值为 0～1，β 越小，滞回捏拢效应越明显，一般情况下 β 可取 0.5。

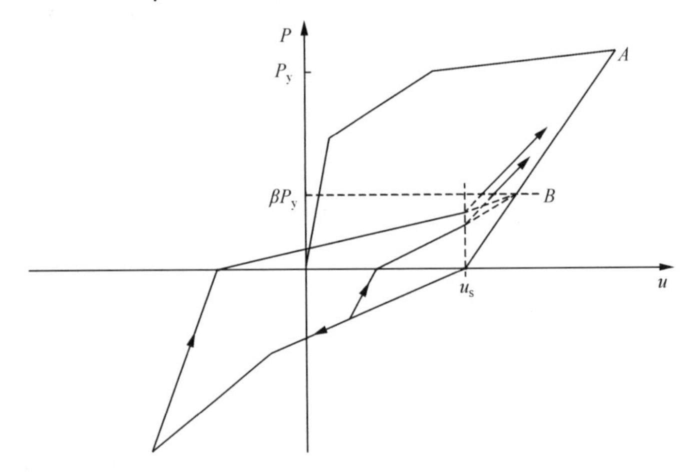

图 5.18　滞回捏拢效应

(3) 参数 γ。

该参数控制强度退化的程度(图 5.19)。强度退化体现在再加载的指向上。将再加载指向目标点 A 降低到 B 点，降低程度用参数 γ 来表示，即 B 点的竖向坐标为 $(1-\gamma)P_y$。参数 γ 的取值为 0 ～ 1，γ 越大，强度退化的程度越大，一般情况下 γ 可取 0.1。

三个控制参数的构件恢复力关系如图 5.20 所示。图中线段 1～5 为骨架线，线段

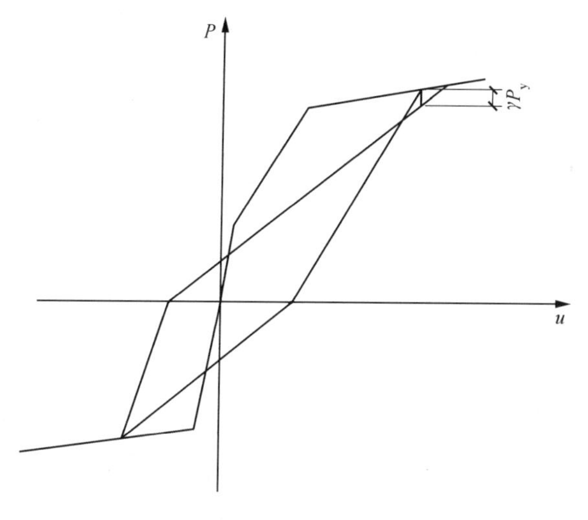

图 5.19　强度退化

6～9为卸载路径，线段 10～12 为第三次卸载和再加载路径，线段 13～15 为在一个滞回环内的卸载路径。

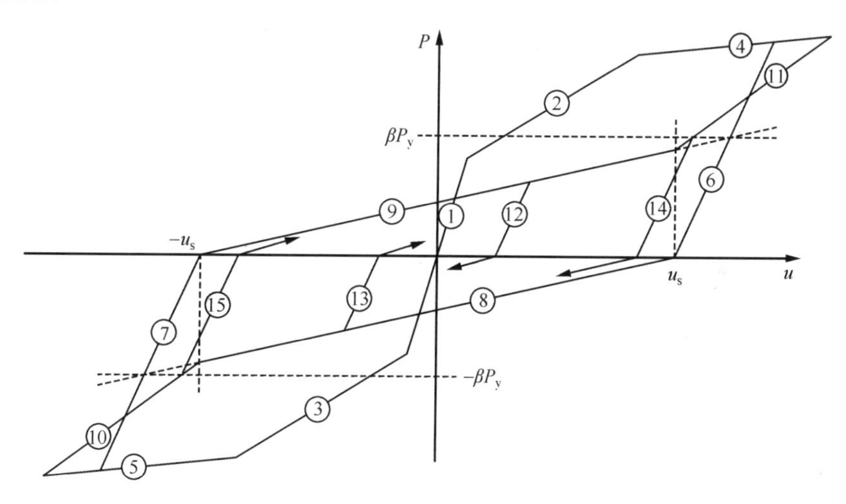

图 5.20　构件恢复力关系

5.5.7　结构扭转效应的控制

结构的扭转效应可通过下述几种途径来控制。

(1) 结构扭转基本周期与第一平动周期的比值(简称周期比)要控制在 0.85 以下。在目前的结构分析程序中(如 ETABS、SATWE 和 SAP 系列等)，都有平动周期和扭转周期的判断结果输出，检查这些周期比是很方便的。如果其他程序中没有平动周期与扭转周期的判断结果，设计计算人员也可根据各振型图对应的周期来判断。

(2) 楼层的最大弹性水平位移(或层间位移)与该楼层两端弹性水平位移的平均值(或层间位移)之比(简称位移比)应小于 1.4。在确定位移比时，可以不考虑地下室部分。

对高度较高的建筑和超限项较多的工程,应采用较严格的限值。

(3) 根据上海市多年在超限高层建筑工程抗震设防审查过程中的经验,对于那些高度不是太高,超限程度不十分严重的高层建筑工程,周期比可控制在 0.9 以下,位移比可控制在 1.5 以下。

(4) 一般情况下,结构的第一或第二振型不应以扭转为主,对于房屋高宽比小于 1、侧向刚度特别大的结构,应另行具体研究。

5.6 结构抗震构造措施要点

5.6.1 高度超限时的抗震构造要求

在抗震构造措施方面,应加强顶部 2～3 层及屋面突出物中的竖向构件的延性,适当提高配筋量(比计算值增加 10%以上)。对底部 2～3 层的竖向构件,要严格控制轴压比,并同时增加竖向钢筋和水平钢筋(包括箍筋)的数量(比计算值增加 10%以上)。

5.6.2 平面规则性超限时的抗震构造要求

(1) 凹口深度超限的高层建筑,应采取以下构造措施:①屋面层的凹口位置应设拉梁或拉板;屋面楼板厚度宜加厚 20mm 以上,并采用双层双向配筋;②当建筑高度超过 100m,或建筑高度在 60～100m 且凹口深度大于相应投影方向总尺寸的 40%时,宜每层设置拉梁或拉板;③当建筑高度小于 60m 且凹口深度大于相应投影方向总尺寸的 40%时,除了屋面面层,其他楼层宜隔层设置拉梁或拉板;④当凹口部位楼板有效宽度大于 6m,且凹口深度小于相应投影方向总尺寸的 40%时,如果结构抗震计算指标能通过,除了屋面层,在凹口位置可以不设拉梁或拉板,但应验算凹口部位楼板的应力,检查凹口内侧墙体上连梁的配筋是否有超筋现象并进行控制。

(2) 对于平面中楼板间连接较弱的情况,连接部位的楼板宜适当加厚 20mm 以上,并采用双层双向配筋。

(3) 对于平面布置中局部突出超限的情况,局部突出部分根部的楼板宜适当加厚 20mm 以上,并采用双层双向配筋。

(4) 对于平面中楼板开大洞的情况,应加强洞口周围楼板的厚度和配筋,开洞尺寸接近最大限值时宜在洞口周围设置钢筋混凝土梁。

(5) 楼板的混凝土强度不宜过高,对于凹口深度和楼板开洞超限的结构,楼板混凝土强度等级不宜大于 C30,不应大于 C40。

5.6.3 立面规则性超限时的抗震构造要求

(1) 对于立面收进层,该层楼板的厚度宜加厚 20mm 以上,配筋率适当加强(增加 10%以上),并采用双层双向配筋。收进部位的竖向构件的配筋宜适当加强,加强的范围至少需向上、向下各延伸一层。当收进层在房屋顶层时,整层的竖向构件宜适当加强。对于主屋面上的小塔楼,各竖向构件的根部配筋也宜适当加强。

(2) 对于连体建筑，要尽量减少连接体的重量，如可采用轻质隔墙和轻质外围护墙等。加强连接体水平构件的强度和延性，抗震等级宜提高一级。保证连接处与两侧塔楼的有效连接，一般情况下宜采用刚性连接；当采用柔性连接时，应保证连接材料(或构件)有足够大的变形适应能力；当采用滑动支座连接时，应保证在大震作用下滑动支座仍安全有效；也可同时采用隔震与消能减振。要加强连接体以下塔楼内侧和外围构件的强度和延性，抗震等级宜提高一级。

(3) 对于立面开大洞建筑，抗震构造要求与连体建筑类似。应加强洞口周边构件的强度和延性，抗震等级宜提高一级，洞口周边的梁柱的箍筋宜沿构件长度全长加密，洞口上下楼板宜加厚20mm以上，配筋适当加强(增加10%以上)，并采用双层双向配筋。

(4) 对于多塔楼建筑，底盘屋面板厚度不宜小于180mm，并应加强配筋(增加10%以上)，并采用双层双向配筋。底盘屋面下一层结构的楼板也应加强构造措施(配筋增加10%以上，厚度可按常规设计)。多塔楼之间裙房连接体的屋面梁以及塔楼中与裙房连接体相连的外围柱、剪力墙，从地下室顶板起至裙房屋面上一层的高度范围内，柱的纵向钢筋的最小配筋率宜提高10%以上，柱箍筋宜在裙房楼屋面上、下层的范围内全高加密。裙房中的剪力墙宜设置约束边缘构件。

(5) 对于带转换层结构，应采取有效措施减少转换层上、下结构等效剪切刚度和承载能力的突变。当转换层位置设在3层及3层以上时，其框支柱、剪力墙(含筒体)的抗震等级宜提高一级，结构布置应符合以下要求：①对框架-剪力墙及框架-核心筒体系，底部落地剪力墙和筒体应加厚，所承担的地震倾覆力矩应大于50%；②转换层下层与上层的等效剪切刚度之比不宜小于0.7，不应小于0.6；③落地剪力墙和筒体的洞口宜布置在墙体的中部；④框支转换梁上一层墙体内不宜设边门洞，当无法做到而开有边门洞时，洞边墙体宜设置翼缘墙、端柱或加厚墙体(图5.21)，并应按约束边缘构件的要求进行配筋设计；⑤矩形平面建筑中落地剪力墙的间距 L 宜小于1.5倍的楼盖宽度且不宜大于20m；⑥落地剪力墙与相邻框支柱的距离不宜大于10m。

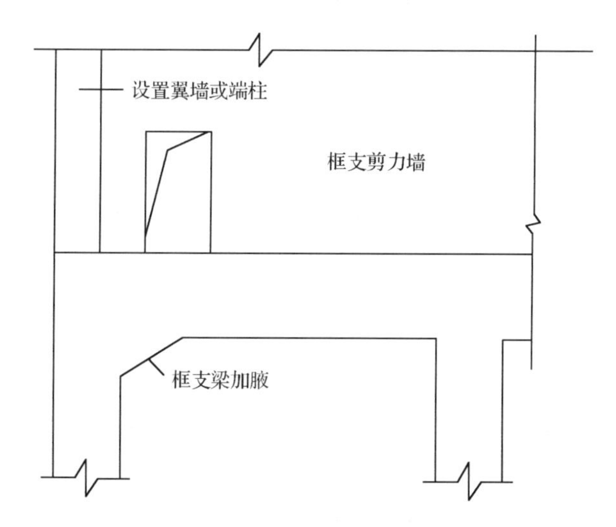

图5.21 框支梁上墙体开边门洞时洞边墙体的构造措施

(6) 对于错层结构,有错层楼板的墙体(以下简称错层墙体)不宜为单肢墙,也不应设为短肢墙;错层墙厚不应小于 250mm,并均应设置与之垂直的墙肢或扶壁柱;抗震等级应提高一级采用,配筋率宜提高 10%以上。

5.6.4 减少结构地震扭转效应的措施

(1) 减少结构平面布置的长宽比,结构在两个主轴方向上的刚度应尽量接近,避免较窄长的板式平面。

(2) 抗侧力构件在平面布置中宜对称、均匀,避免刚度中心与质量中心之间存在过大的偏心。

(3) 加强外围构件的刚度,避免过大的转角窗和不必要的结构开洞,当必须设置时,应采取有效的结构加强措施。

(4) 对框架-筒体结构,应控制内外结构的刚度比在合适的范围内,避免内刚外弱、差别悬殊的结构布置形式。

(5) 控制立面的单侧内收。

5.6.5 其他要求

(1) 对于需设置约束边缘构件的钢筋混凝土剪力墙,除了规范、规程要求的范围,在轴压比不小于 0.25(抗震等级为二级时不小于 0.35)的墙肢高度范围内均宜按约束边缘构件的要求设置箍筋,以增强第一道防线的抗震能力。

(2) 对于某个主轴方向上筒体外围主要墙体采用单肢墙到顶的情况,宜设置耗能连梁或全高提高墙体的承载力,以增强结构的抗震安全性。

(3) 在设置防震缝时,应注意留有足够的缝宽,宜按中震下不碰撞复核,或采取橡胶垫等措施减少碰撞的危害。

(4) 楼梯间的布置不应导致结构平面显著不规则,应加强楼梯间的抗震构造措施。

5.7 地基基础抗震设计要求

5.7.1 高度超限时地基基础的抗震要求

要控制建筑物周边桩身尽量不出现拉力。当无法避免部分桩出现拉力时,这部分桩应按抗拔桩进行设计并考虑反复荷载的不利作用,并应加强桩身与承台板之间的连接,可采用刚性连接,桩顶嵌入承台的长度不宜小于一倍桩径,并按受拉钢筋的要求考虑桩身主筋锚入承台的长度。对于高宽比大的超限高层建筑,应注意大震下地基基础的安全,特别是中震时上部结构构件出现拉力时。

5.7.2 平面不规则或平面尺寸过长时的抗震要求

平面不规则或平面尺寸过长的结构,对地基不均匀沉降非常敏感,设计中应验算各主要控制点的沉降量,严格控制建筑物的绝对沉降,避免过大的沉降差,减少沉降对上部结构的影响。具体措施包括合理控制基础底板的厚度、强度和配筋，调整桩长和桩位布置，加强筏板基础的整体性和整体刚度，采用设置后浇带等施工措施。

5.7.3　竖向不规则或建筑物高差较大时的抗震设计要求

竖向不规则的结构或建筑物高差较大的结构，对地基的不均匀沉降也很敏感，设计中应采取 5.7.2 节的措施减少地基不均匀沉降对上部结构的影响。

5.7.4　有液化土层和软弱土层时的抗震措施

(1) 应根据建筑物的抗震设防类别、地基的液化等级、场地液化效应等的影响，结合具体情况采取相应的部分消除地基液化沉陷的措施或全部消除地基液化沉陷的措施。处理要求和范围应符合《建筑抗震设计规范》(GB 50011—2010)的要求。

(2) 液化土的桩周摩阻力及桩水平抗力均应乘以相应土层的折减系数，以考虑液化土层对桩身承载力的不利影响。并应加强桩身与承台板之间的连接。

(3) 当上部结构中设有沉降缝(兼防震缝)时，缝宽应按上海市的有关设计规程确定，当有较厚的严重液化土层时，缝宽宜适当加大。

(4) 抗震设防类别为甲、乙类高层建筑的地下或半地下结构，当基础底面位于或穿过可液化土层时，宜在抗震设计中考虑土层中孔隙水压力上升的不利影响。

5.8　结构抗震模型试验的基本要求

(1) 对于现行规范(规程)未列入的新型结构体系，或超高很多，或结构体系特别复杂、结构类型特殊的高层建筑工程，当没有可借鉴的设计依据时，应选择整体结构模型(金属结构、微粒混凝土、模型比例不小于1/50)，结构构件、部件或节点模型(比例不小于1/5)进行必要的抗震性能试验研究。

整体结构模型试验时，模型设计、模型施工、试验加载等应按相似关系要求进行，模型试验宜与理论分析相结合。

(2) 对于上述需进行结构模型抗震试验的高层建筑工程，在进行抗震试验前应进行详细的计算分析，在所有的计算指标满足现有技术标准或专家组评审意见之后，才可进行结构试验以检验结构的抗震能力或找出抗震薄弱环节。在试验完成后，还宜根据试验结果建立计算模型，进行弹塑性时程分析或推覆分析。

(3) 结构抗震试验应在主体结构施工图设计之前完成，结构抗震试验结果应正确地应用到工程设计中。

(4) 对于上述已经进行了小比例的整体结构模型试验的工程，在该工程建成后应进行实际结构的动力特性测试，竣工验收时要有相应的实际结构动力特性测试报告；条件具备时还可根据建设主管部门的要求设置地震反应观测系统。

(5) 对于上述已经进行了大比例的结构构件、部件或节点模型抗震性能试验的工程，条件具备时可于施工阶段在这些构件中设置应变(或应力)测试设备，并进行跟踪监测，为这些工程的建设方和用户提供施工期间和正常使用状态时的基础信息。

第 6 章　复杂高层建筑结构的消能减震新体系

本章首先阐述了高层建筑采用消能减震技术的必要性和特点以及常用的技术和方法;然后详述了作者及其研究小组自主开发的组合消能减震支撑、组合基础隔震系统的振动台试验、分析方法及其工程应用;介绍了用阻尼器连接相邻建筑的减震机理、试验研究、分析方法和工程应用;并给出了阻尼墙和位移型阻尼器的试验、分析方法和工程应用;最后介绍了作者及其团队近几年来在颗粒阻尼器减震方面的理论和试验研究成果。

6.1　高层建筑常用的振动控制技术

随着高层建筑、超高层建筑的发展,以及高强、轻质建筑材料在建筑结构中的广泛应用,结构的刚度和阻尼降低,建筑结构对地震激励更加敏感。为减小建筑结构的地震反应,保障结构的安全性和使用者的舒适性,除了研究建筑结构承重体系本身的抗震设计和构造要求,还要研究减少高层建筑结构振动反应的各种控制方法和技术。因此,土木工程中的一个新的研究领域——结构振动控制应运而生,并越来越受到人们的重视。

结构振动控制的目的就是要采用一定的控制措施,在结构上设置一些主动的或被动的耗能装置,通过这些装置的吸能机制或耗能材料的非线性变形来增大结构阻尼、消耗地震能量,减轻和抑制主体结构在地震、强风及其他动力荷载作用下的动力反应,提高结构抵抗外界振动的能力,以满足结构安全性、实用性、经济性等各种要求。

传统的抗震设计是通过增强主体结构本身的抗震性能来抵御地震作用,即用结构本身的非线性状态来储存和消耗地震能量,以满足结构“小震不坏,中震可修,大震不倒”的抗震设防标准。由于设计烈度的欠准确性和结构非线性破坏机理的复杂性,传统的抗震理论还不能完全解决结构的抗震设计问题,即使按设计规范设计的建筑物,也可能在强烈地震中发生严重破坏,甚至倒塌。另一方面在满足设计要求的情况下,结构构件的尺寸可能需做得很大,这样既给建筑布置带来一定的困难,在经济上又要增加相当多的投资。而包括隔震、耗能减震、吸振减震和其他各种结构控制技术的结构振动控制则为人们展现了一条崭新的减小地震反应的途径,它不但适用于新建筑物,而且适用于已有建筑物的加固改造。

1972 年,美籍华裔学者姚治平教授在 ASCE 主办的 *Journal of Structural Division* 上撰文,第一次明确提出了土木工程结构控制的概念。近 30 多年来,各国学者在结构控制的理论、方法、试验和工程应用等方面取得了大量的研究成果,结构控制的概念也几经完善,可以简单表述为:通过在结构上设置控制机构,使控制机构与结构共同承受振动作用,以调谐和减轻结构的振动反应,从而使结构在外界干扰作用下的各项反应值控制在允许范围内。理论和实践均表明,结构振动控制可以有效地减轻结构在风和地震等动力作用下的反应和损伤,有效地提高结构的抗震能力和防灾性能。

在土木工程领域，从结构控制机理的角度出发，结构控制主要通过以下途径得以实现：控制振动的震源、切断震源的传播途径、避免结构共振、提高结构的衰减性和施加与结构运动相反的作用力。国内外许多学者都从这一角度出发，将结构振动控制分为被动控制、主动控制、半主动控制和混合控制。在结构控制的发展中，人们最早采用被动控制，随着现代控制理论的成熟，对建筑结构的主动控制也随之发展，随后发展到主动、被动控制相结合的混合控制和智能控制等。

由于控制装置种类繁多，控制方法变化多样，对结构振动控制的分类也不尽相同，作者通过收集整理现有资料，提出如下分类(表6.1)。

表6.1　结构控制的分类

结构振动控制	基础隔震(包括各种组合隔震)	
被动控制	消能减震	金属阻尼器
		摩擦阻尼器
		黏弹性阻尼器
		黏滞阻尼器
		其他耗能减震装置
		调谐质量阻尼系统(TMD)
		调谐液体阻尼系统(TLD)
		其他吸能减震装置
		冲击减震
主动控制	主动质量阻尼器(AMD)	
	主动拉索/支撑(ATS/ABS)	
	主动驱动系统 (ADS)	
半主动控制	主动变刚度(AVS)	
	主动变阻尼 (AVD)	
	结构内部相互作用控制(AIC)	
混合控制	混合质量阻尼器(HMD)	
	主动基础隔震(ABI)	

在设计结构振动控制装置时，选择振动控制方案并确定其设置参数是决定控制效果优劣的两项关键性步骤。因此，减振理论研究的中心任务可以归结为：①在分析振动控制系统力学模型的基础上，阐明各种振动控制方案的物理机理，借以深入了解各种控制方案的特性及其适用场合，以便在设计控制装置的初始阶段，能根据具体情况确定合理的振动控制方案；②建立各种振动控制方案的设置参数与控制性能指标之间的定量关系，以便根据具体情况所提出的性能要求，计算出控制装置的最优参数。

任何一项振动控制技术都是要给振动系统附加某种装置，以改变原有系统的幅频特性，这种变化导致系统对有害激励的响应受到抑制。因此，只要设计方案得当、分析方法正确，表6.1中所列的各种控制方法都会取得一定的减少结构振动反应的效果。从近30多年的发展来看，结构被动控制技术由于其适用性强、控制装置简单，是目前工程界最容易接受、工程应用最广泛的振动控制技术。

与被动控制相比，主动控制机构复杂，需要外加能源，需要能产生与建筑物的地震反应同数量级的控制力，需要电力的保障及快速的控制算法，需要确保能量输入和系统运转的有效性和稳定性。因此，大型建筑结构主动控制的实现仍有待发展。相比较而言，被动控制对外部条件要求较低，它构造简单，无需外部能量输入，通过优化设计能够取得较佳的控制效果，并且可以长期保持其有效性，而且被动控制元件震后易于更换或修复，使建筑物能迅速恢复使用。

从总体上讲，被动控制有两条基本途径：一是通过附加材料的塑性变形（如金属屈服阻尼器和摩擦阻尼器等），在结构进入塑性变形前阻尼器材料先发生屈服，以耗散大部分地面运动传递给结构的能量；二是通过振动模态间的相互传递（如可调质量阻尼器等），将结构的主振动转移到附加系统中。

从原理上讲，被动控制的消能减震方法是将地震输入结构的能量引向特别设置的机构和元件加以吸收和耗散，以保护主体结构的安全。这与传统的依靠结构本身及其节点的延性耗散地震能量的方法相比显然是前进了一步。虽然消能元件往往与主体结构不能分离，而且常常是主体结构的一个组成部分，因此不能完全避免主体结构出现弹塑性变形，也不能完全脱离延性结构的概念，但是，被动控制因其具有构造简单、造价低、易于维护且无需外部能源支持等优点而引起了广泛的关注，并成为目前应用开发的热点，许多被动控制技术日趋成熟，并已在实际工程中得到应用。

被动控制技术在新建筑设计和现有建筑抗震加固领域都具有广阔的应用前景，当今国内外所采用的被动控制装置（包括 TMD 系统、TLD 系统及安装于框架结构梁柱间的阻尼支撑系统等）均可应用于新设计的高层建筑、电视塔、烟囱、冷却塔等构筑物及它们的抗震加固。这种加固措施不仅具有结构简单、施工方便、工期较短、投资较少、不影响使用或生产等特点，而且具有较好的减振加固效果，从而达到提高结构抗震能力的目的。

结构被动控制技术发展很快，目前已有多种有效的被动控制方法和技术，本章不再详细介绍这些研究成果，仅介绍作者近几年来取得的一些研究进展和在重大工程中的应用。

6.2　组合消能减震支撑的开发研究及工程应用

6.2.1　组合消能减震支撑的组成及试验研究

1. 组合消能减震支撑的基本组成

作者及其研究小组曾开发了两种消能减震支撑。第一种支撑由铅芯橡胶支座与钢支撑组成（图 6.1）。其工作原理是：当结构层间有变形时，铅芯橡胶支座发生弹塑性变形并消耗能量，属于弹塑性变形型的消能减震支撑。第二种支撑由铅芯橡胶支座与油阻尼器并联，并与钢支撑连接成组合消能减震支撑①（图 6.2）。其工作原理是：在风荷载作用或

① 中国实用新型专利，专利设计人：吕西林，蒋欢军。

小震时，只要结构层间有变形，铅芯橡胶支座就会发生弹塑性变形并消耗能量，而在大震时，铅芯橡胶支座和油阻尼器一起消耗地震能量，其中以油阻尼器耗能起主导作用。这两种消能减震支撑的共同特点是：由于铅芯橡胶支座的作用，在平面上的两个方向上都有耗能减震作用，并且安装方便。第二种组合消能减震支撑还具有位移型和速度型两种耗能器的作用，而且在小震时以铅芯橡胶支座耗能为主，大震时以油阻尼器耗能为主，可以满足不同设计目标的要求。

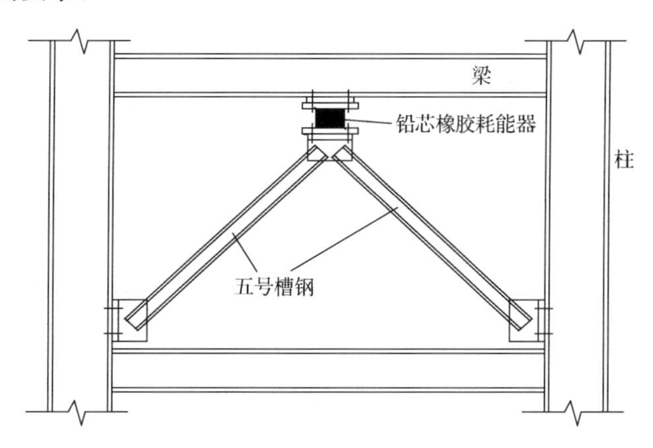

图 6.1　铅芯橡胶支座消能支撑

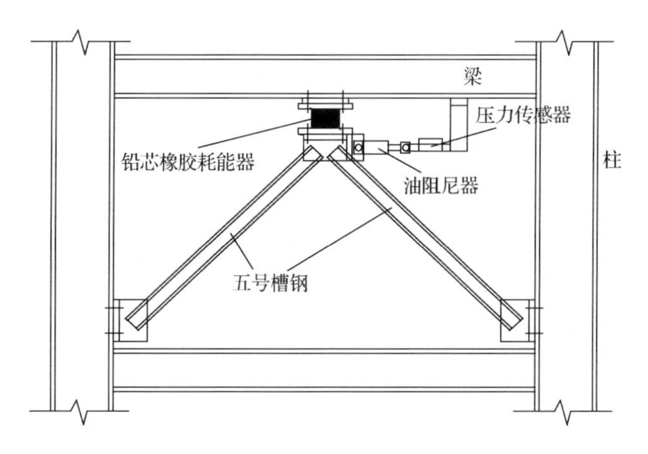

图 6.2　组合消能减震支撑

2. 振动台试验概况

试验采用的结构模型是一个三层钢框架模型，其平面和立面图如图 6.3 所示。框架层高为 2m，平面尺寸为 1.95m×1.90m，框架柱采用 10 号工字钢，框架主梁采用 12.6 号槽钢，次梁采用 10 号槽钢，各结构构件采用焊接连接。试验时，每层安装两个消能减震支撑以保证结构是对称的，共安装六个消能减震支撑，共有两种耗能器用于试验。

(1) 铅芯橡胶支座。由日本某公司制造，其性能参数见表 6.2。

(2) 油阻尼器。为美国某公司 D 系列线性阻尼器(D-series linear damper)产品，最大阻尼力为 8.88 kN。根据该产品的介绍材料，这种油阻尼器在不同温度下最大阻尼力和最大速率基本上呈线性关系。

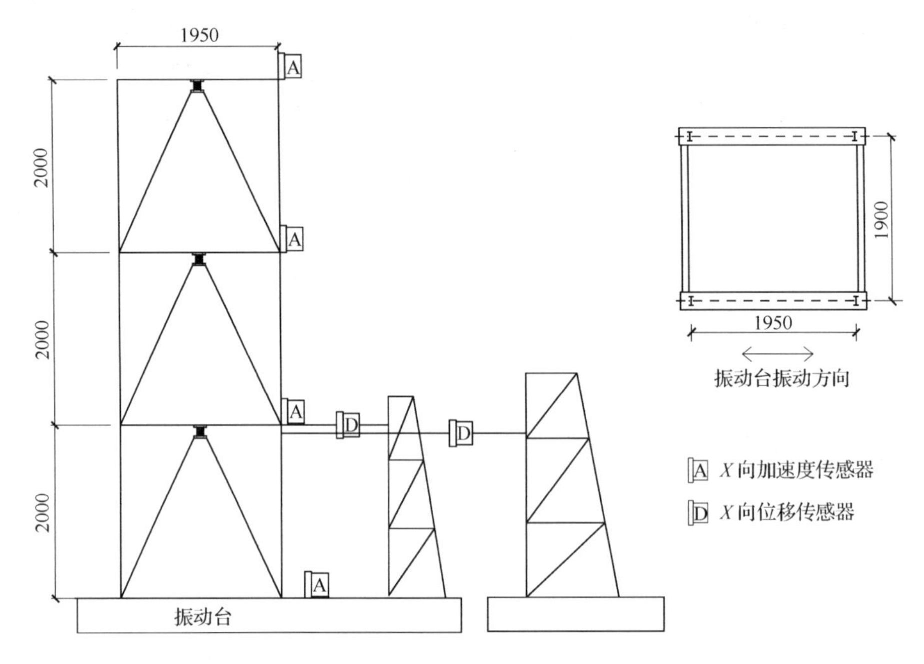

图 6.3　试验框架模型及传感器布置方式(单位:mm)

表 6.2　铅芯橡胶耗能器参数

序号	耗能器参数	耗能器参数值
1	外径	75.0mm
2	总高度	74.2mm
3	铅芯直径	18.0mm
4	橡胶层厚度	1.2mm
5	橡胶层数	16
6	钢板层厚度	1.0mm
7	钢板层数	15
8	第一形状系数	17.1
9	第二形状系数	5.21

为了研究消能减震体系的减振效果，分别对有无消能减震支撑的框架模型进行了模拟地震动的动力试验。为了检验消能减震体系在不同频谱特性的地震波作用下的减振效果，采用了五种地震波，它们分别是 El Centro(1940 年，NS)、Taft (1952 年，NS)、Northridge (1994 年)、Kobe(1995 年)和上海人工波。地震波的加速度变化范围为 $0.1g$～$0.4g$，时间步长为 0.01s。整个试验中，振动台仅沿着框架柱刚度较弱方向振动。在框架模型的各层布置了加速度计，在第一层布置了两个位移计，分别测底层的绝对位移和相对台面位移，在油阻尼器上安装了压力(拉力)传感器。各传感器的布置如图 6.3 所示。

为了使框架的基频为 1.0Hz，即一般高层结构的基频，在结构各层上放置了质量块，质量块通过螺栓连接在次梁上或顶层的钢板上。试验时，1～3 层的实际质量分别为 1478.25kg、1478.25kg 和 1832.25kg。

3. 动力特性测试

为了获得消能减震体系和框架模型的自振特性，进行了白噪声扫描试验。试验用白噪声峰值为 0.05g。表 6.3 给出了消能减震体系和框架模型的基频和相应的阻尼比。从表 6.3 可以看出：①消能减震框架体系的基频和阻尼比均比无消能减震支撑框架的要高，这是由于耗能器都能提供刚度和阻尼力；②油阻尼器能提供较大的阻尼力，同时对体系的刚度也有贡献。值得指出的是，随着台面输入加速度的增加和输入次数的增加，耗能器的切线刚度是不断变化的，且以初始切线刚度为最大值，因此，此处测出来的是消能减震框架体系在初始状态的基频值。

表 6.3　模型的基频和阻尼比

参数	有消能减震支撑框架模型		无消能减震支撑框架模型
	铅芯橡胶支座耗能器	铅芯橡胶支座与油阻尼器并联	
基频/Hz	1.953	2.344	1.074
阻尼比	0.081	0.346	0.010

4. 振动台试验结果

在进行振动台试验时，台面实测的加速度峰值与设计值有一定的差异，除了个别情况，实测值与设计值的差别不是太大(±15%以内)。为便于比较，将实测台面加速度峰值调节至设计值，同时，结构各层加速度也做相应的调整，以保证加速度放大系数不变。

1) 框架模型顶层绝对加速度反应

表 6.4 给出了不同工况下有、无消能减震支撑框架模型的顶层绝对加速度峰值的比较。

表 6.4　模型的顶层绝对加速度峰值　(单位：g)

地震波类型	加速度峰值	有消能减震支撑框架模型		无消能减震支撑框架模型
		铅芯橡胶支座耗能器	铅芯橡胶支座与油阻尼器并联	
El Centro	0.1	0.155	0.100	0.130
	0.2	0.263	0.195	0.249
	0.3	—	0.258	0.350
	0.4	0.374	0.306	0.445
Kobe	0.1	0.181	0.146	0.148
	0.2	0.266	0.226	0.261
	0.3	—	0.359	—
	0.4	0.463	0.479	—

续表

地震波类型	加速度峰值	有消能减震支撑框架模型		无消能减震支撑框架模型
		铅芯橡胶支座耗能器	铅芯橡胶支座与油阻尼器并联	
Northridge	0.1	0.155	0.099	0.146
	0.2	0.285	0.199	0.316
	0.3	—	0.263	—
	0.4	0.472	0.357	—
Taft	0.1	0.179	0.118	0.173
	0.2	0.267	0.183	0.273
	0.3	—	0.248	—
	0.4	0.404	0.350	—
上海人工波	0.1	0.228	0.163	0.264
	0.2	0.338	0.267	0.399
	0.3	—	0.412	—
	0.4	0.602	0.540	—

本章中衡量减震效果采用统一的定义，即

$$\text{减震指标}=\frac{\text{无消能减震体系反应}-\text{消能减震体系反应}}{\text{无消能减震体系反应}} \tag{6.1}$$

从表6.4可看出，安装不同的耗能器，对体系加速度反应的控制效果是不同的，具体如下。

(1) 安装铅芯橡胶支座耗能器的框架体系，当输入加速度波峰值为0.1g时，除了上海人工波，加速度比无消能减震支撑的大3%～22%；当输入波加速度峰值为0.2g时，对加速度的减振效果不太明显，在El Centro波和Kobe波作用下，加速度放大(比无消能减震支撑的大2%～6%)，在Northridge、Taft和上海人工波作用下，加速度减小(比无消能减震支撑的小2%～15%)；当输入0.4g的El Centro波时，加速度比无消能减震支撑的小16%。这主要是安装了消能减震支撑后，刚度比无支撑框架大，因此，结构的反应在长周期占主导地位的上海波作用下会降低，而在中短周期占主导地位的地震波作用下会略有增加，消能减震装置的作用还未发挥出来。

(2) 铅芯橡胶支座耗能器与油阻尼器并联安装在框架模型上，除了Kobe地震波激励，对加速度有良好的减震效果，比无消能减震支撑的小22%～38%。

(3) 消能减震框架体系在大震时(加速度峰值为0.3g和0.4g)的减震效果比小震时(加速度峰值为0.1g和0.2g)的要好，从等效线性化的角度来解释就是大震下耗能器给结构附加的等效刚度减小，等效阻尼增加。

(4) 在合适的刚度范围内，适当地增加阻尼力可提高耗能器对加速度峰值的减震效果。与仅安装铅芯橡胶支座耗能器的框架体系相比较，并联油阻尼器使结构加速度反应减小。

(5) 在不同地震波输入下，同一消能减震体系的加速度减震效果是不同的；不同消能减震体系在相同地震波输入下，加速度减震效果也是不同的。因此，刚度和阻尼的选择还与地震波的频谱特性有关，与结构体系本身的刚度和自振特性也有关。

2）框架模型顶层相对台面位移反应

图6.4给出了在不同类型、不同强度地震波激励下，框架模型底层相对台面位移时程曲线的实测值与加速度两次积分值，两者吻合较好。

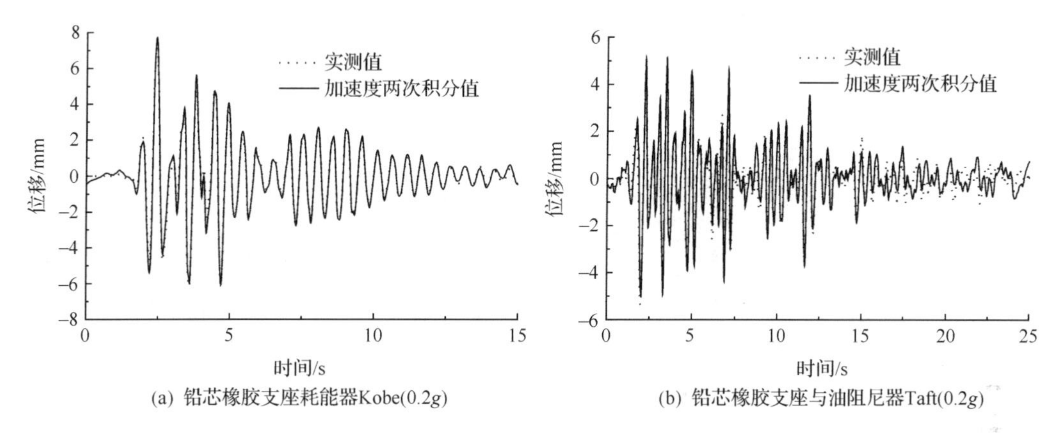

图6.4　在不同类型、不同强度地震波激励下框架模型底层相对台面位移时程曲线

表6.5给出了有、无消能减震支撑框架模型的顶层相对台面位移峰值的比较。从表6.5可以看出，在不同类型不同强度的地震波输入下，有消能减震支撑框架体系的顶层相对台面位移的峰值均小于无消能减震支撑框架体系，这是由于耗能器增加了结构的刚度和阻尼。

表6.5　模型顶层相对台面位移峰值　（单位：mm）

地震波类型	加速度峰值	有消能减震支撑框架模型		无消能减震支撑框架模型
		铅芯橡胶支座耗能器	铅芯橡胶支座与油阻尼器并联	
El Centro	0.1g	10.119	6.720	30.138
	0.2g	21.196	14.469	58.538
	0.3g	—	21.207	86.209
	0.4g	32.415	26.464	110.00
Kobe	0.1g	10.889	9.453	29.776
	0.2g	19.649	17.697	52.194
	0.3g	—	29.447	—
	0.4g	36.841	40.732	—
Northridge	0.1g	8.280	5.741	35.034
	0.2g	18.457	13.998	75.553
	0.3g	—	21.699	—
	0.4g	40.095	31.632	—

续表

地震波类型	加速度峰值	有消能减震支撑框架模型		无消能减震支撑框架模型
		铅芯橡胶支座耗能器	铅芯橡胶支座与油阻尼器并联	
Taft	0.1g	11.058	7.138	20.784
	0.2g	18.404	12.415	37.321
	0.3g	—	17.236	—
	0.4g	32.233	25.730	—
上海人工波	0.1g	18.367	12.256	64.673
	0.2g	36.411	23.355	112.35
	0.3g	—	37.481	—
	0.4g	66.303	52.271	—

安装铅芯橡胶支座耗能器的框架体系的减震效果为47%～76%，大部分在62%～72%；铅芯橡胶支座耗能器与油阻尼器并联安装在框架模型的减震效果为66%～84%。与仅安装铅芯橡胶支座耗能器的框架体系相比较，并联油阻尼器后的减震效果得到明显的改善。

3）框架模型底层剪力反应

表6.6给出了不同工况下有、无消能减震支撑框架模型的底层剪力峰值的比较。从表6.6可看出，安装不同的耗能器，对体系底层剪力的控制效果是不同的：①安装铅芯橡胶支座耗能器的框架体系，大多数情况下，底层剪力比无消能减震支撑框架的要大10%～32%；②铅芯橡胶支座耗能器与油阻尼器并联安装在框架模型上，除了Kobe地震波激励对底层剪力有减震效果，比无消能减震支撑小4%～33%，大部分在19%～28%；③除了Kobe波激励，与仅安装铅芯橡胶支座耗能器的框架体系相比较，并联油阻尼器使结构底层剪力减小11%～38%，大部分在25%～36%。

无消能减震支撑框架模型只有三层，但其基频为1.07Hz，使得体系的变形并非以第一振型为主，而是由三个振型叠加而成的，因此各层的加速度并不一定同时达到最大值，即

表6.6　模型的底层剪力峰值　(单位：kN)

地震波类型	加速度峰值	有消能减震支撑框架模型		无消能减震支撑框架模型
		铅芯橡胶支座耗能器	铅芯橡胶支座与油阻尼器并联	
El Centro	0.1g	4.636	3.484	3.847
	0.2g	9.586	6.767	7.270
	0.3g	—	8.738	9.063
	0.4g	12.635	10.624	11.436
Kobe	0.1g	4.341	4.270	3.859
	0.2g	6.920	7.504	7.118
	0.3g	—	11.651	—
	0.4g	11.338	15.366	—

续表

地震波类型	加速度峰值	有消能减震支撑框架模型		无消能减震支撑框架模型
		铅芯橡胶支座耗能器	铅芯橡胶支座与油阻尼器并联	
Northridge	0.1g	4.716	2.933	3.681
	0.2g	9.408	6.558	8.068
	0.3g	—	9.717	—
	0.4g	16.100	12.892	—
Taft	0.1g	4.452	2.834	4.210
	0.2g	7.195	5.098	7.119
	0.3g	—	6.852	—
	0.4g	10.638	9.432	—
上海人工波	0.1g	7.767	5.387	7.166
	0.2g	13.653	8.912	11.814
	0.3g	—	13.572	—
	0.4g	20.822	17.557	—

底层剪力达到最大值时刻，上部结构加速度并不一定最大。而消能减震体系的变形基本上以第一振型为主，即底层剪力达到最大值时刻，上部结构加速度差不多也能达到最大值。因此，尽管消能减震体系各层加速度峰值比无消能减震支撑体系的要小，前者的底层剪力峰值也有可能比后者的大。

设框架底层等效刚度和等效阻尼系数分别为 K_{ef} 和 C_{ef}，耗能器的等效刚度和等效阻尼系数分别为 K_{ed} 和 C_{ed}，有、无消能减震支撑框架在地震波下底层位移和速度分别为 x_{d} 和 $\dot{x}_{\mathrm{d}}$、x_{f} 和 $\dot{x}_{\mathrm{f}}$，则有、无消能减震支撑底层最大剪力 S_{d} 和 S_{f} 分别为

$$S_{\mathrm{d}} = \max\{(K_{\mathrm{ef}} + K_{\mathrm{ed}})x_{\mathrm{d}} + (C_{\mathrm{ef}} + C_{\mathrm{ed}})\dot{x}_{\mathrm{d}}\} \tag{6.2}$$

$$S_{\mathrm{f}} = \max(K_{\mathrm{ef}}x_{\mathrm{f}} + C_{\mathrm{ef}}\dot{x}_{\mathrm{f}}) \tag{6.3}$$

虽然有消能减震支撑框架在地震波下底层位移和速度比无消能减震支撑框架的要小，但前者的底层剪力包含有耗能器需要承受的剪力，因此 S_{d} 和 S_{f} 的大小难以事先预估，即 $S_{\mathrm{d}}>S_{\mathrm{f}}$ 是可能的。所以在刚度和阻尼之间存在匹配问题，需要合理地选择刚度和阻尼。

4）框架模型顶层绝对加速度均方根

为评估结构的损伤，仅给出结构某一反应（如加速度、位移等）的峰值是不够的，还需要研究该反应在整个时间历程上的特性。在随机振动中通常用均方根值来表示随机变量的能量水平，均方根的表达式为

$$\mathrm{rms} = \mathrm{sqrt}\left(\frac{1}{n}\sum_{i=1}^{n} x_i^2\right) \tag{6.4}$$

表 6.7 给出了有、无消能减震支撑框架的顶层绝对加速度均方根的比较。从表 6.7 可以看出，在不同类型、不同强度的地震波输入下，有消能减震支撑框架体系的顶层绝对加速度均方根均明显小于无消能减震支撑框架体系。安装铅芯橡胶支座耗能器的框架体

系的减震效果为34%～59%，大部分在48%～56%；铅芯橡胶支座耗能器与油阻尼器并联安装在框架模型时的减震效果为61%～75%，大部分在62%～70%。由此说明在合适的刚度范围内，适当地增加阻尼力可提高耗能器对加速度时程的减震效果。

表6.7　模型顶层绝对加速度均方根峰值　（单位：g）

地震波类型	加速度峰值	有消能减震支撑框架模型		无消能减震支撑框架模型
		铅芯橡胶支座耗能器	铅芯橡胶支座与油阻尼器并联	
El Centro	0.1	0.026	0.017	0.053
	0.2	0.051	0.035	0.100
	0.3	—	0.046	0.120
	0.4	0.068	0.058	0.150
Kobe	0.1	0.032	0.020	0.062
	0.2	0.049	0.035	0.110
	0.3	—	0.056	—
	0.4	0.080	0.079	—
Northridge	0.1	0.020	0.013	0.042
	0.2	0.037	0.027	0.091
	0.3	—	0.039	—
	0.4	0.064	0.052	—
Taft	0.1	0.034	0.018	0.072
	0.2	0.054	0.034	0.109
	0.3	—	0.046	—
	0.4	0.075	0.063	—
上海人工波	0.1	0.056	0.031	0.085
	0.2	0.094	0.057	0.148
	0.3	—	0.091	—
	0.4	0.134	0.120	—

5）框架模型时程反应曲线

因篇幅所限，仅给出了在El Centro波（0.2g）激励下，有、无消能减震支撑框架模型的顶层相对台面位移时程曲线和顶层绝对加速度时程曲线（图6.5和图6.6）。

从图6.5和图6.6可以看出，安装消能减震支撑不仅减小了结构位移，并且能使位移很快衰减，减震效果明显。尽管某些消能减震体系不能减小结构加速度峰值，但能使加速度的幅值在大部分的时间历程减小，说明耗能器对结构加速度也有较好的减震效果。

5. 试验小结

在一座三层单跨的钢结构模型中安装了两种消能减震支撑，对这两种消能减震体系进行了振动台地震模拟试验和动力特性试验，得到以下两点结论。

(1) 试验用的消能减震体系对位移均有良好的减震效果。小震时，某些消能减震体

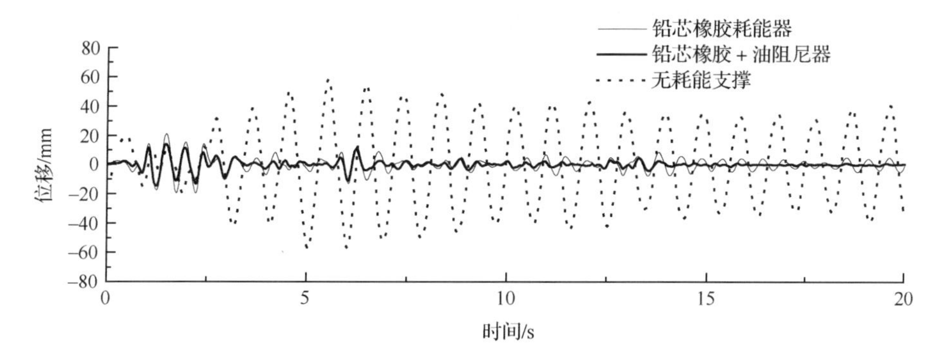

图 6.5　框架模型在 El Centro 波(0.2g)激励下顶层相对台面位移时程曲线

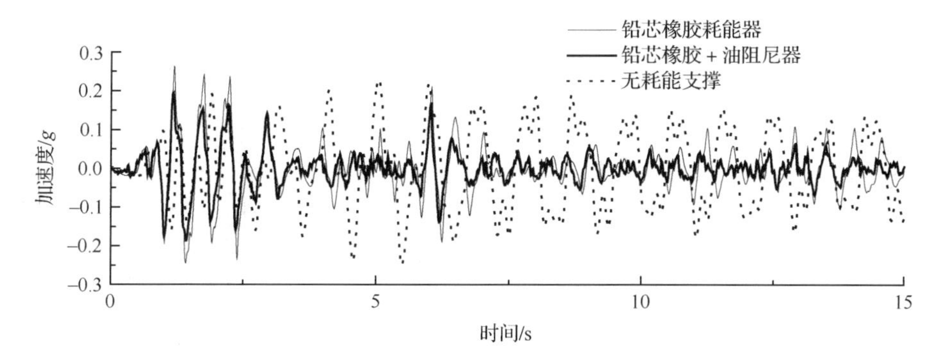

图 6.6　框架模型在 El Centro 波(0.2g)激励下顶层绝对加速度时程曲线

系能减小结构的加速度峰值，某些则不能，但在大震情况下，基本上能减小结构的加速度峰值。不同的消能减震体系对基底剪力的控制效果是不同的，某些会增加基底剪力，某些则会减小。

(2) 在合适的刚度范围内，适当地增加阻尼力可提高消能减震器的减震效果。并联油阻尼器后，消能减震体系各项减震指标(包括顶层加速度、位移和底层剪力峰值等)均优于仅有铅芯橡胶支座的消能减震框架体系。

6.2.2　组合消能减震支撑体系的数值分析

为了深入研究高层建筑＋组合消能减震支撑体系的抗震性能以及为工程应用提供理论分析方法，建立了理论分析模型并用上述试验结果进行了验证。计算分析中对试验模型框架进行了简化。由于该试验支撑的刚度非常大，可认为耗能器的变形即层间位移。模型框架是对称结构，且地震波输入方向与对称轴重合，可取一半框架进行计算，故采用图 6.7 所示的计算简图分析组合消能减震支撑与框架组成的试验模型。

铅芯橡胶支座耗能器的恢复力特性可采用 Bouc-Wen 微分滞回模型[1]来模拟，即

$$Q_h = \alpha \frac{F_y}{d_y} X + (1-\alpha) F_y Z \tag{6.5}$$

式中，Q_h 为恢复力；X 为位移；α 为屈服后与屈服前刚度之比；F_y 和 d_y 为屈服力和屈服位移；Z 为描述滞回特性的无量纲的量，由如下微分方程确定：

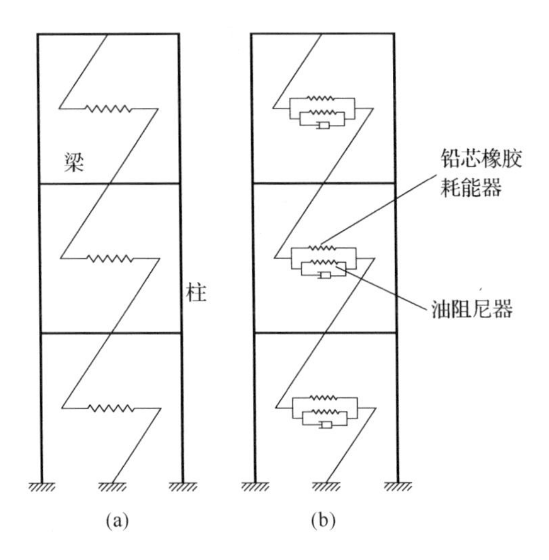

图 6.7　耗能体系计算简图

$$\dot{Z}=(A_{\mathrm{h}}\dot{X}-\gamma_{\mathrm{h}}|\dot{X}|Z|\dot{Z}|^{n-1}-\beta_{\mathrm{h}}\dot{X}|Z|^{n})/d_{\mathrm{y}} \tag{6.6}$$

式中，γ_{h}、β_{h}、A_{h} 和 n 为无量纲参数。本例中模型参数见表 6.8,恢复力曲线见图 6.8。

表 6.8　Bouc-Wen 模型参数

序号	模型参数	模型参数值
1	α	0.5
2	屈服荷载 F_{y}	0.9kN
3	屈服位移 d_{y}	2.0mm
4	A	1.0
5	β	−0.3
6	γ	1.3
7	n	1.0

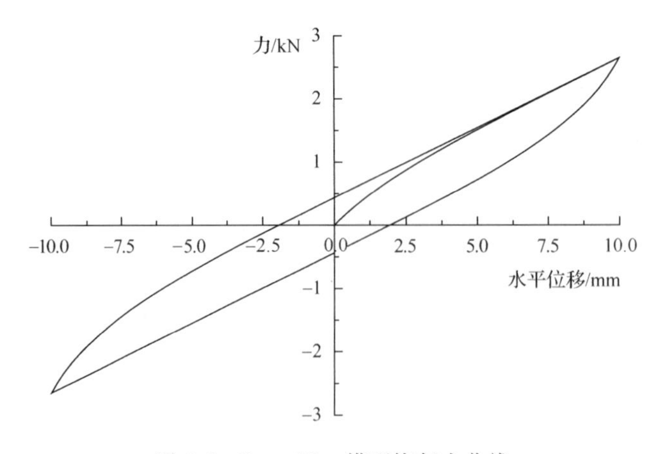

图 6.8　Bouc-Wen 模型恢复力曲线

从表6.3中试验模型自振频率的变化可知，油阻尼器不仅能提供较大的阻尼力，而且对结构体系的刚度也有贡献，因此，采用

$$F(x,\dot{x}) = C_{\mathrm{d}}\dot{x} + K_{\mathrm{d}}x \tag{6.7}$$

来定义油阻尼器的力与位移和速度的关系。计算时 $C_{\mathrm{d}} = 15.45\ \mathrm{kN \cdot s/m}$，$K_{\mathrm{d}} = 100.0\mathrm{kN/m}$。

体系的动力方程可表示为

$$[M]\{\ddot{x}\} + [C]\{\dot{x}\} + \{F\} = -[m]\{I\}\ddot{x}_g \tag{6.8}$$

式中，$[M]$和$[C]$分别为质量和阻尼矩阵；$\{F\}$为由变形引起的内力；$\{x\}$为位移；$\{I\}$为单位列阵；$\ddot{x}_g$ 为输入地震波。

采用如下假定：①结构的质量集中在楼板处，且忽略竖向惯性力和转动惯量；②忽略构件本身的剪切变形和扭转；③梁柱单元始终在弹性范围内工作。

根据上述假定，可采用静力凝聚技术减小自由度。考虑到耗能器的非线性，采用基于Newmark积分格式和Newton-Raphson迭代格式的增量-迭代算法求解方程式(6.8)。

无耗能支撑体系框架模型的结构参数为

$$[M] = \begin{bmatrix} 739.125 & 0 & 0 \\ 0 & 739.125 & 0 \\ 0 & 0 & 916.125 \end{bmatrix},\quad [K] = \begin{bmatrix} 407546.2 & -207766.9 & 7912.4 \\ -207766.9 & 399352.9 & -199223.2 \\ 7912.4 & -199223.2 & 191262.7 \end{bmatrix}$$

$$[C] = \begin{bmatrix} 98.0 & 0 & 0 \\ 0 & 98.0 & 0 \\ 0 & 0 & 121.5 \end{bmatrix} \tag{6.9}$$

将铅芯橡胶支座与油阻尼器的初始刚度代入动力方程可得到组合消能减震体系的基频，与实测值的比较见表6.9，两者吻合得相当好。

表6.9　模型基频的计算值与实测值的比较

参数	有消能减震支撑框架模型		无消能减震支撑框架模型
	铅芯橡胶支座耗能器	铅芯橡胶支座与油阻尼器并联	
计算值/Hz	1.959	2.106	1.057
实测值/Hz	1.953	2.344	1.074
误差/%	0.3	10.1	1.6

因篇幅关系，仅给出了在El Centro波（幅值为0.2g）激励下体系的顶层相对台面位移时程曲线和底层油阻尼器的力-位移曲线（图6.9和图6.10）。从图中可看到，理论值与实测值符合得较好，说明了计算模型与方法的正确性。在理论研究和实际工程分析中，可以采用本节的计算模型与方法。

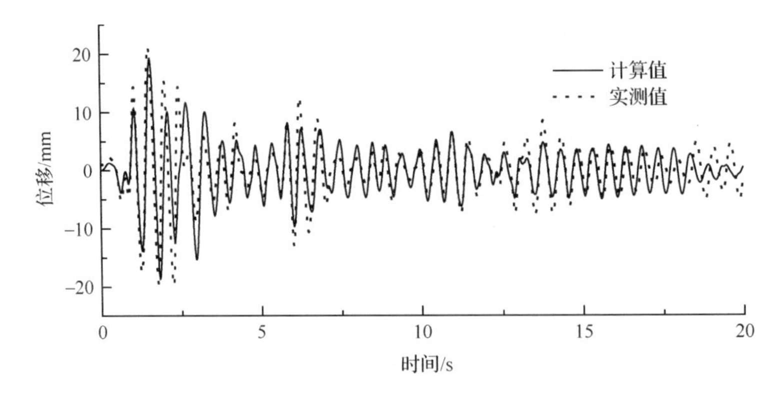

图 6.9　安装铅芯橡胶耗能器框架模型的顶层相对台面位移时程曲线

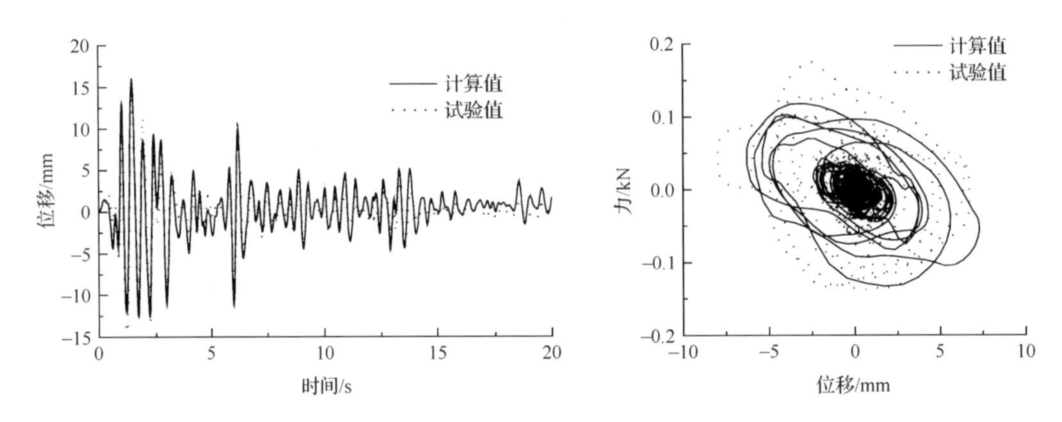

图 6.10　组合耗能体系的顶层位移时程曲线及底层油阻尼器的力-位移曲线

6.2.3　组合消能减震体系的工程应用

1. 应用实例一——新建钢结构房屋

在钢框架结构工程中,抗侧力体系通常采用柱间斜向支撑形式,该形式主要是通过增加结构体系刚度以控制结构在地震或风荷载作用下的侧向变形。由于钢结构体系的阻尼比较小,如果能采用带阻尼器的消能减震支撑,增加结构的阻尼,就可能取得较好的减小结构地震反应的效果。下面结合一幢 8 层的钢结构办公楼,采用普通柱间支撑体系与消能减震支撑体系,进行地震作用下的抗震性态对比分析,并最终采用了消能减震支撑体系。

1) 工程概况

该大楼主体建筑为 8 层,底层为架空层,层高 2.2m,位于地面以下;地面以上 1～7 层层高为 3.6m,建筑总高度 27.4m。该楼地面以下采用钢筋混凝土柱、剪力墙加现浇钢筋混凝土无梁楼板,基础由 PHC 管桩加承台加柱墩构成。1～7 层梁柱采用钢框架结构,楼板为彩钢板上现浇钢筋混凝土板结构。由于地下部分刚度比其上部大很多,尽管在以下的分析计算中考虑了地下部分,为了节省篇幅,仅列出地上部分的结构反应计算结果,比较两种抗震体系的抗震性能和特点。

(1) 普通支撑(体系 A)。钢柱为箱形截面,梁为 H 形截面。抵抗水平地震作用采用双向支撑形式,考虑建筑上门洞开启要求,纵向支撑设计采用偏心支撑。支撑布置在 1～6 层,结构平面布置图如图 6.11 所示,支撑形式如图 6.12 所示。

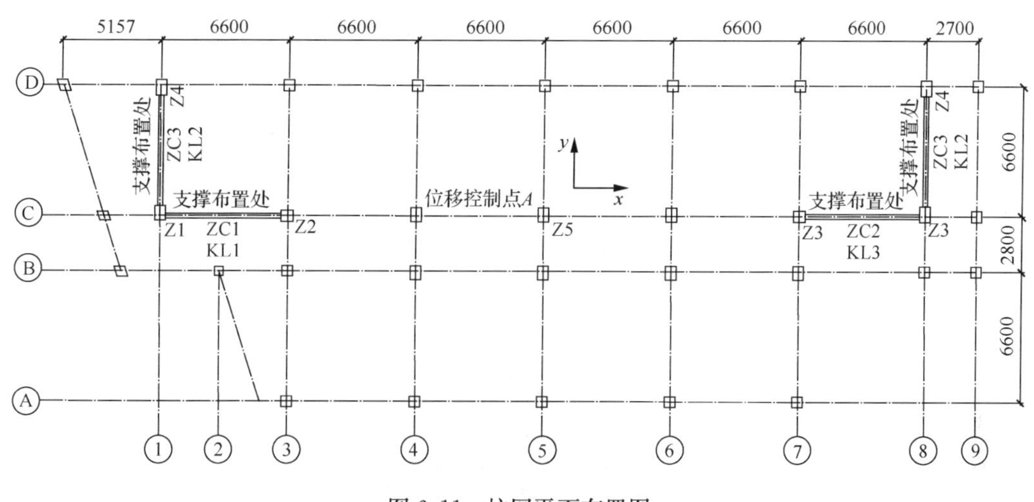

图 6.11　柱网平面布置图

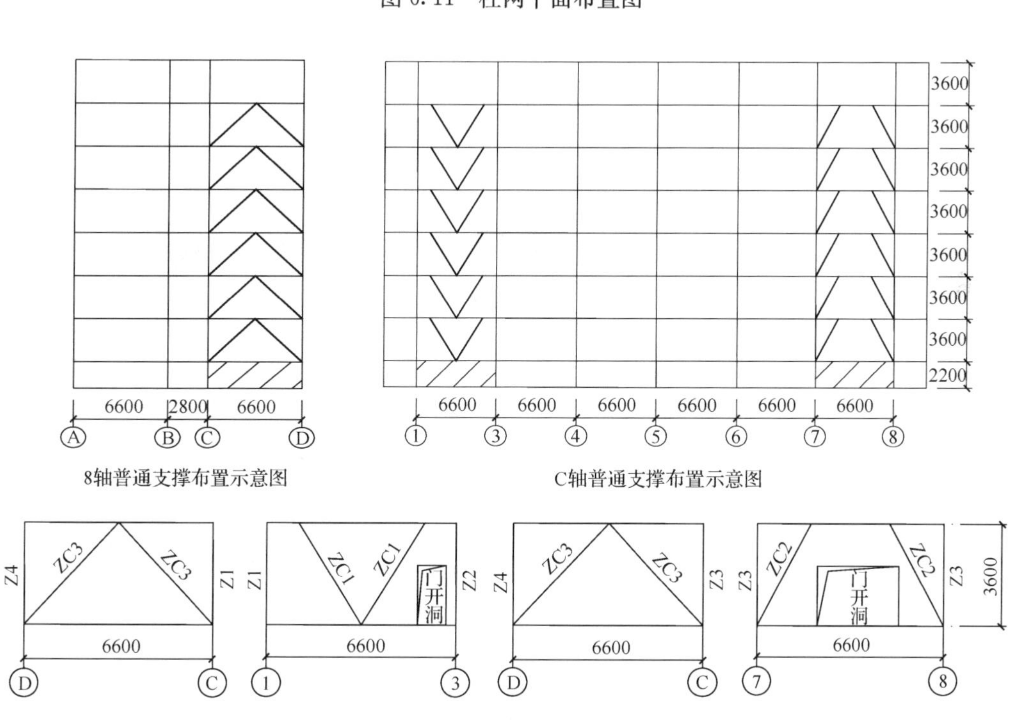

图 6.12　原设计的普通支撑布置示意图

(2) 消能减震支撑(体系 B)。在抗震体系 A 支撑位置用由水平放置的黏滞阻尼器、橡胶支座和梯型支撑构成的消能减震支撑替换普通钢支撑。阻尼器的支撑构件取与上述体系相同的 H 形截面,但部分截面可以适当减小。根据下述分析仅需在 1～5 层布置即可满足抗震要求。其中 1～3 层阻尼器最大阻尼力取 500kN/个，4～5 层阻尼器最大阻尼力取 300kN/个。支撑形式见图 6.13，结构平面布置情况与图 6.11 基本相同，但 1～5 层与支撑相交柱截面可以改为普通柱截面，横梁 KL2、KL3 截面可以改为普通梁截面（KL1 除外）。7～8 层取消支撑后，原来与支撑相连接的梁柱可以改为普通梁柱截面。最后考虑到一些其他因素，消能结构的梁、柱和支撑的实际截面尺寸取值如表 6.10 和表 6.11 所示。

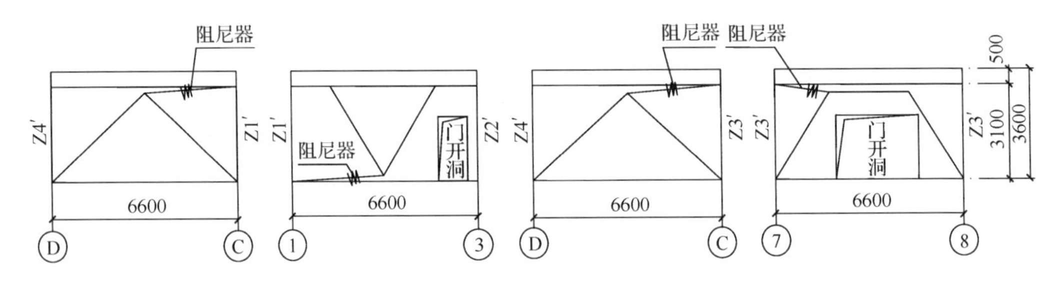

图 6.13　消能减震支撑布置示意图

表 6.10　钢柱、钢梁截面尺寸　　（单位：mm）

	层号	Z1(Z1′)	Z2(Z2′)	Z3(Z3′)、Z4(Z4′)	Z5 及其他柱
柱截面	1～4	□400×300×26	□400×400×20	□400×400×14	□400×400×12
	5～7	□400×300×22	□400×400×14	□400×400×14	□400×400×12
梁截面	层号	KL1	KL2	KL3	其他梁
	1	H600×250×22×26	H400×300×12×18	H600×250×22×26	H350×200×8×12
	2	H550×250×20×26	H400×300×12×18	H550×250×20×26	H350×200×8×12
	3～7	H550×250×12×18	H400×300×12×18	H550×250×12×18	H350×200×8×12

表 6.11　支撑截面尺寸　　（单位：mm）

	层号	ZC1	ZC2	ZC3
普通支撑	1～2	H250×250×16×22	H250×250×16×22	H400×300×20×26
	3～5	H250×250×16×22	H250×250×16×22	H250×250×16×22
	6	H250×250×12×18	H250×250×12×18	H250×250×12×18
	7	无	无	无
消能支撑	1～5	H250×250×16×22(斜撑)	H250×250×16×22(斜撑)	H250×250×16×22(斜撑)
	1～5	□300×250×16×22(横梁)	□350×250×16×22(横梁)	□300×250×16×22(横梁)
	6～7	无	无	无

(3) 无支撑（体系 C）。取体系 A 的结构截面尺寸，但是不计其支撑的作用。

2）阻尼器性能参数选取

由于黏滞阻尼器是一种阻尼力与速度相关的消能器，其对连接阻尼器的支撑刚度要求比位移相关型阻尼器的要求低些。在水平地震作用下最大阻尼力发生的时刻与结构柱产生的最大轴力的时刻存在相位差[2]，这种受力状态对结构柱的强度设计有利。该工程选用阻尼力与其活塞杆相对运动速率呈非线性关系的黏滞流体阻尼器，当发生大于1/300层高的结构层间位移时，其等效刚度(即割线刚度)随着相对位移的增大而减小，在一般情况下，不会给结构层间造成过大的刚度贡献。

该种阻尼器是通过活塞挡板在圆柱导管盛装的黏滞流体中进行往复运动而产生的黏滞阻力做功来增加结构的阻尼，耗散输入的振动能量，从而减小结构的振动反应。作为消能减振装置，具有以下优点：①只要有微小的振动，它就能耗能减振；②既能用于抗震又能用于抗风；③力-位移滞回曲线近似为矩形，耗能能力强。

黏滞阻尼器的力学性能可以用如下数学公式表达：

$$F_{\mathrm{d}} = C_{\mathrm{v}}\mathrm{sign}(V)\ |V|^{\alpha} \tag{6.10}$$

式中，C_{v} 为根据需要设计的阻尼常数，$\mathrm{kN/(mm/s)^{\alpha}}$；$V$ 为阻尼器活塞相对阻尼器筒体的运动速度，mm/s；α 为根据需要设计的常数，变化范围为 0.1～1.0。

当取 $\alpha=1$ 时，是线性阻尼的情况。如果 C_{v} 不变，速度由小变大，则随着 α 值的变小，阻尼力在速度小的初期增长快，速度大的后期增长慢。应该要求结构在小、大震作用下变形均能满足国家抗震规范要求，为了使得阻尼器在这两个阶段均能发挥作用，此处选用较小的 α 值，使得阻尼力随速度的变化在前期更容易接近其设计最大值，而速度一旦超出了预估的最大值，其对应的阻尼力增加很少，接近于常数，这样能有力保护好支撑系统和连接点不会因为阻尼力过大而先于结构失效。根据结构基本周期，期望中震情况下阻尼器能提供 10%左右的附加阻尼比，最后取消能减震支撑阻尼器参数，如表 6.12 所示。阻尼器的一些力学试验情况见后面。

表 6.12　阻尼器参数选取

层号	α 取值	最大阻尼力/kN	C_{v} 取值/[$\mathrm{kN/(mm/s)^{\alpha}}$]	阻尼器个数
1～3	0.15	500	250	共计 12 个
4～5	0.15	300	150	共计 8 个

3) 结构抗震性能分析

(1) 结构基本动力性能。

结构的前 6 阶计算振动模态见表 6.13。从表中可以看出，无支撑时，Y 向刚度较弱，加了普通支撑后 X 向刚度较弱，而加消能减震支撑后，X、Y 向振动周期相近。在消能减震结构周期计算中，阻尼器的刚度贡献取了中震时阻尼器的割线刚度。

表 6.13　结构振动周期分析　　(单位：s)

振动模态	无支撑体系	普通支撑体系	消能减震支撑体系
1	1.90(Y 向)	1.23(X 向)	1.63(Y 向)
2	1.77(X 向)	0.93(Y 向)	1.59(X 向)
3	1.58(扭转)	0.60(扭转)	1.14(扭转)
4	0.65(Y 向)	0.42(X 向)	0.54(Y 向)
5	0.59(X 向)	0.28(Y 向)	0.51(X 向)
6	0.48(扭转)	0.21(X 向)	0.40(扭转)

(2) 地震响应分析。

在以下计算中分别计算了两个方向地震作用下结构的动力响应，由于 Y 向反应较大一些，以下仅列出了 Y 向地震反应的有关数据，X 向反应从略。目前尚无可以考虑杆件进入弹塑性状态的消能减震结构杆系模型在大震作用下的时程分析通用软件，以下计算分析中采用如下策略，即采用 EPDA 软件计算无阻尼器结构在大震和超大震下的时程响应。并用 Pushover 方法，得出结构层间剪力与层间位移响应的滞回曲线，建立层串模型，比较两个模型的计算精度，发现两个模型在结构进入层间位移角 1/50 之前的状态，两个计算结果均非常接近，层串模型计算位移响应结果略大于杆系模型的计算响应。这里的层模型为可考虑剪切、弯曲变形的等效非线性剪切模型，刚度定义为 $K_i = Q_i/(\Delta_i - \Delta_{i-1})$，$\Delta_i$ 为第 i 层的楼面处侧向位移，Q_i 为第 i 层层间剪力。层模型连接单元的非线性性质采用 Bouc-Wen 模型，如图 6.8 所示。进行了两个工况下的计算：分别在小震、大震下沿 X 方向、Y 方向输入上海市《建筑抗震设计规程》(DGJ 08-9—2003)中所附的上海人工波时程 SHW1，进行地震响应的计算。计算所取的基本参数为：考虑 7 度设防，地震波峰值在小震时的最大加速度取为 $1.3\times35\text{cm/s}^2$，这里乘以 1.3 是考虑内隔墙等对刚度的贡献而要求对地震动的放大效应，其效果类似于周期折减系数，大震时按《上海建筑抗震设计规程》取最大加速度为 200cm/s^2。考虑到结构中拟安装阻尼器，在小震和大震时钢结构本身的阻尼比均取为 2%。

① 小震作用下计算分析。

小震作用下结构处于三种不同支撑状态下的各层位移如表 6.14 所示，表中影响效果是支撑体系与无支撑体系计算结果的差值与无支撑体系计算值的比值，负号表示减小。从结果的比较可以看出，无支撑体系在小震情况下的层间位移角不满足钢结构抗震设计要求的 1/300 的要求，而消能减震支撑体系和普通支撑体系层间位移角能够满足要求，两种支撑体系对结构位移(角)均有较好的控制作用，控制效果接近，普通支撑的效果略好于消能减震支撑。

表 6.14　Y 向小震作用下位移角比较

层号	无支撑(体系 C)	普通支撑(体系 A)		消能减震支撑(体系 B)		体系 B 与 A 层间位移角之比
	层间位移角	层间位移角	影响效果/%	层间位移角	影响效果/%	
1	1/323	1/1440	−78	1/698	−54	2.06
2	1/232	1/846	−73	1/554	−58	1.53
3	1/254	1/599	−58	1/567	−55	1.06
4	1/267	1/568	−53	1/479	−44	1.19
5	1/314	1/597	−47	1/639	−51	0.93
6	1/397	1/583	−32	1/492	−19	1.18
7	1/566	1/526	8	1/521	9	1.01

表 6.15 是结构的层间剪力在三种不同支撑状态下的分布情况，从表中可以看出，消能减震结构的层间剪力(设消能减震支撑后层间剪力是结构层间剪力和阻尼器力之和)明显小于普通支撑体系。两者之比 X 向在 0.67～0.79，Y 向在 0.44～0.51。

表 6.15　Y 向小震作用下层间剪力比较

层号	无支撑(体系 C)	普通支撑(体系 A)		消能减震支撑(体系 B)		体系 B 与 A 层间剪力之比
	层间剪力/kN	层间剪力/kN	影响效果/%	层间剪力/kN	影响效果/%	
1	2167	3600	66	1690	−22	0.47
2	1967	3486	77	1550	−21	0.44
3	1662	3263	96	1440	−13	0.44
4	1586	2837	79	1320	−17	0.47
5	1346	2255	67	1110	−18	0.49
6	977	1645	68	800	−18	0.49
7	377	797	111	410	9	0.51

表 6.16 是各层最大阻尼力和底层柱轴力的分布情况，表中轴力比是有支撑体系与无支撑体系的结果相除得到的。从表 6.16 中可以看出，小震作用下，阻尼器已经达到额定设计最大阻尼力的 70%以上；同时可以看出，普通支撑体系中与支撑相连的柱地震下的轴力大大增加，前者的轴力是后者轴力的 2～3 倍。故这种消能减震支撑体系在小震情况下就已经具有很好的抗震性能。

表 6.16　Y 向小震作用下各层最大阻尼力和底层柱轴力

层号	最大阻尼力/kN			底层柱轴力/kN					
	阻尼器(ZC3、轴 1)	阻尼器(ZC3、轴 8)	总阻尼力	柱编号	无支撑	普通支撑		消能减震支撑	
					柱轴力	柱轴力	轴力比	柱轴力	轴力比
1	370	320	700	Z1	438	2043	4.7	663	1.5
2	380	340	720	Z2	470	641	1.4	232	0.5
3	390	360	750	Z3(C、7 轴)	326	129	0.4	103	0.3
4	260	240	500	Z3(C、8 轴)	186	1742	9.4	133	0.7
5	250	240	490	Z4(D、1 轴)	506	2834	5.6	637	1.3
6	—	—	—	Z4(D、8 轴)	275	2426	8.8	367	1.3
7	—	—	—	Z5	347	182	0.5	172	0.5

② 大震作用下计算分析。

表 6.17 是大震作用下结构处于三种不同支撑状态下的各层位移反应，消能减震支撑体系和普通支撑体系对结构层间位移(角)均有较好的控制作用。表 6.18 是各种不同支撑体系层间剪力的分布情况，从中可以看出，消能减震结构的各层最大层间剪力均小于无支撑体系，X、Y 方向减小效果分别达到 20%～36%、19%～25%，而普通支撑的结构层间剪力在两个方向上分别增大 26%～40%、81%～148%。消能减震结构与普通支撑结构的层间剪力比，X 向在 0.47～0.59，Y 向在 0.37～0.45。

表 6.17 Y 向大震作用下位移角比较

层号	无支撑(体系 C)	普通支撑(体系 A)		消能减震支撑(体系 B)		体系 B 与 A 层间位移角之比
	层间位移角	层间位移角	影响效果/%	层间位移角	影响效果/%	
1	1/66	1/366	−82	1/123	−46	2.98
2	1/45	1/214	−79	1/92	−51	2.33
3	1/54	1/147	−63	1/107	−50	1.37
4	1/61	1/139	−56	1/119	−49	1.17
5	1/77	1/153	−50	1/150	−49	1.02
6	1/117	1/138	−15	1/178	−34	0.78
7	1/195	1/152	28	1/185	5	0.82

表 6.18 Y 向大震作用下层间剪力比较

层号	无支撑(体系 C)			普通支撑(体系 A)		消能减震支撑(体系 B)		体系 B 与 A 层间剪力比
	层间剪力/kN	Q_0/kN	Q_y/kN	层间剪力/kN	影响效果/%	层间剪力/kN	影响效果/%	
1	7088	5800	8000	12801	81	5710	−19	0.45
2	6639	5000	7100	12301	85	5230	−21	0.43
3	5550	4800	6500	11543	108	4510	−19	0.39
4	5095	4500	5800	10156	99	3840	−25	0.38
5	4267	4300	5100	7923	86	3220	−25	0.41
6	2816	3000	4000	5839	107	2140	−24	0.37
7	1015	1800	2200	2516	148	1090	7	0.43

表 6.19 是大震作用下各层最大阻尼力和底层柱轴力的数据，从表中可以看出，大震情况下，阻尼器内力基本达到最大设计阻尼力。在大震作用下，普通支撑结构体系和消能减震支撑结构体系下的结构均基本处于弹性状态，结构没有屈服(普通支撑体系的屈服剪力强度没有列入)，对于无支撑结构体系的 Y 向，虽然最大层间剪力未达到层屈服剪力，但 1～3 层的层间剪力已经超过了 Q_0，即结构已经开始进入屈服段。显然消能减震支撑结构具有较大的抗震安全储备。

表 6.19 Y 向大震作用下各层最大阻尼力和底层柱轴力

层号	最大阻尼力/kN			底层柱轴力/kN					
	阻尼器(ZC3、轴 1)	阻尼器(ZC3、轴 8)	总阻尼力	柱编号	无支撑	普通支撑		消能减震支撑	
					柱轴力	柱轴力	轴力比	柱轴力	轴力比
1	520	470	990	Z1	1922	8959	4.7	3491	1.8
2	520	480	1000	Z2	2060	2812	1.4	1130	0.5
3	490	470	970	Z3(C、7 轴)	1427	566	0.4	722	0.5
4	310	300	600	Z3(C、8 轴)	815	7639	9.4	759	0.9
5	320	290	610	Z4(D、1 轴)	2218	12427	5.6	3570	1.6
6	—	—	—	Z4(D、8 轴)	1204	10635	8.8	1962	1.6
7	—	—	—	Z5	1521	797	0.5	1028	0.7

4）消能减震结构参数设计讨论

表 6.20 列出了消能减震支撑体系的一些主要参数值。小震、大震下的阻尼力与相应层的层间剪力比（阻剪比）分别为 27.6%～52.1%、14.8%～21.4%；阻尼力与相应层的结构抗剪屈服强度比（阻屈强比）分别为 5.3%～11.5%、6.8%～14.9%。考虑消能减震支撑体系的每层层间剪力及层间位移、阻尼器的阻尼力及其相对位移时程曲线，取相对响应大的一个往复周期运动考察，按《建筑抗震设计规范》（GB 50011—2010）的 12.3.4-1 条可以算出小震、大震作用下消能减震支撑附加给结构的等效阻尼比为 8%～11%（表 6.21）。这些值都比较低，但计算达到的减震效果都很好。考虑到消能减震装置还存在一些安装的间隙，实际能达到的减震效果可能要比计算值低些。表 6.20 所列的这些参数对钢结构的消能减震设计有参考价值，但对于层间变形小的钢筋混凝土结构，要达到较好的减震效果则要提高阻剪比。本节根据需要在 1～5 层设置了阻尼器，顶部的两层未设，从表 6.14 和表 6.17 可以看出，并未导致结构出现明显的薄弱层。

表 6.20 Y 向消能减震支撑体系阻尼力相对楼层结构、体量参数表

层号	荷重/kN	层间剪力/kN		剪重比/%		总阻尼力/kN		阻尼力与层间剪力比/%		阻尼力与层间屈服剪力比/%	
		小震	大震	小震	大震	小震	大震	小震	大震	小震	大震
1	5700	1690	5710	4.4	14.8	700	990	41.3	17.3	8.8	12.4
2	5680	1550	5230	4.7	15.9	720	1000	46.5	19.2	10.1	14.1
3	5680	1440	4510	5.3	16.5	750	970	52.1	21.4	11.5	14.9
4	5620	1320	3840	6.1	17.8	500	600	37.9	15.6	8.6	10.3
5	6710	1110	3220	6.9	20.2	490	610	43.9	19.0	9.6	12.0
6	6640	800	2140	8.7	23.1	—	—	—	—	—	—
7	2610	410	1090	15.8	41.8	—	—	—	—	—	—

表 6.21 消能减震支撑体系附加阻尼比

地震作用	X 向等效阻尼比	Y 向等效阻尼比
小 震	9%	11%
大 震	8%	10%

图 6.14 和图 6.15 分别是结构在小震、大震作用下第一层阻尼器的阻尼力与行程的滞回曲线。很明显小震下阻尼器的阻尼力还未达到设计期望值，耗能的能力未能充分发挥，而大震下阻尼器的阻尼力达到了其最大设计期望值，滞回曲线饱满。由于房屋 X 向要开门洞，该方向上的支撑刚度较差，对应 ZC1、ZC2、ZC3 的刚度 k_b 分别为 100kN/mm、50kN/mm、200kN/mm。取结构在中震下的层间位移为 $\delta=h/100=3600/100=36$(mm)，则阻尼器割线刚度 $k_d=500/\delta=13.9$(kN/mm)。支撑刚度基本满足 $k_b>3k_d$。

5）阻尼器性能试验

本节所用阻尼器参数 α 取得较小，其本质上是一种动力黏弹非线性阻尼器。按国内外一些设计标准对阻尼器性能的要求规定，拟对使用的每个阻尼器均做耗能性能试验，以

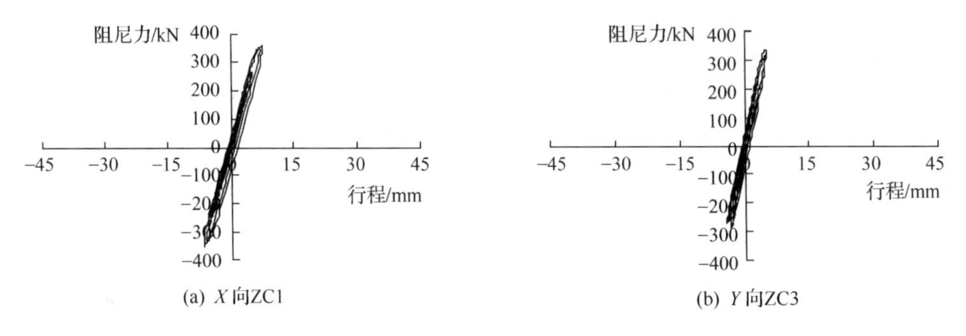

图 6.14　小震作用下结构第一层 ZC1、ZC3 处阻尼器力-行程滞回曲线

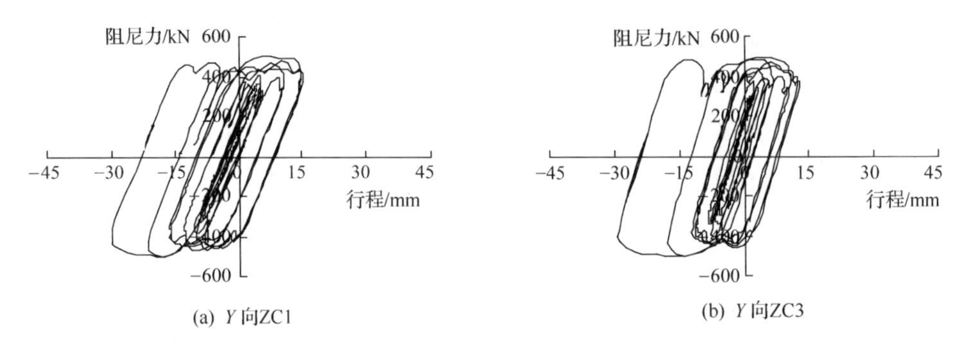

图 6.15　大震作用下结构第一层 ZC1、ZC3 处阻尼器力-行程滞回曲线

保证阻尼器的性能与计算的假定基本一致。为此对该工程使用的阻尼器进行了稳定性试验(抽查)、普查试验和性能规律性试验。

稳定性试验是抽查了一个设计阻尼力为 500kN 的阻尼器,按结构的基本自振频率 0.7Hz 为加载频率、±40mm 为激励位移(约为大震下结构可能的最大层间位移,即阻尼器可能达到的最大行程),进行正弦波激励下的伪静力试验。参照《建筑抗震设计规范》(GB 50011—2010)中 12.3.6 条的规定,加载循环圈数大于 60。图 6.16 是消能减震支撑节点照片。图 6.17 为实测阻尼器活塞杆相对位移对阻尼力的滞回曲线,可以看出阻尼器的初始刚度基本未改变,最大阻尼力衰减的幅度也不超过 10%。故阻尼器的力学性能稳定性满足规范的要求。图中 f 为加载频率,n 为加载周数,d 为加载位移,No. XXX 为阻尼器编号。

性能普查试验为对每个阻尼器进行两组不同加载位移,循环 6 圈的正弦波伪静力试验。第一组加载频率为 0.7Hz,加载位移为 10mm(阻尼器活塞杆相对位移略小于 10mm,误差在 0.5～1.5mm),模拟小震下阻尼器可能达到的最大行程实际加载。第二组加载频率为 0.7Hz,加载位移为 40mm(阻尼器活塞杆相对位移略小于 40mm,误差在 2.5mm 左右),模拟大震下阻尼器可能达到的最大行程实际加载。以上期望加载位移与实测加载位移的误差主要是由于阻尼器连接处存在着间隙,同时测量和实际的加载激励本身也存在误差。图 6.18 为阻尼力为 500kN 耗能滞回圈的一组比较图。图中的虚线滞回圈是抗震分析中所用阻尼器模型的计算耗能滞回圈,用于与实际的耗能滞回圈进行比较。虚线滞回圈的位移计算中放大了 0.5mm 的销栓处间隙。从图中可以看出,在小位

图 6.16 消能减震支撑节点照片

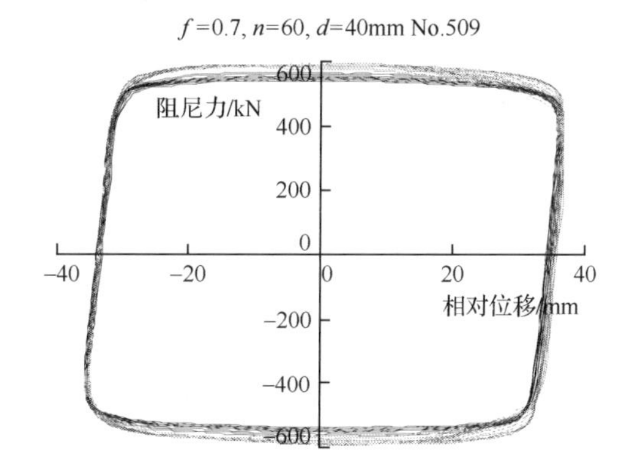

图 6.17 500kN阻尼器60周耗能滞回试验曲线

移激励下，计算的耗能比实际的耗能略小，这样计算的结构响应结果是偏于保守的。在大震下计算的滞回耗能圈与实际的滞回耗能圈非常接近。其余阻尼器的试验曲线与理论曲线形状均与图 6.18 中曲线非常接近。

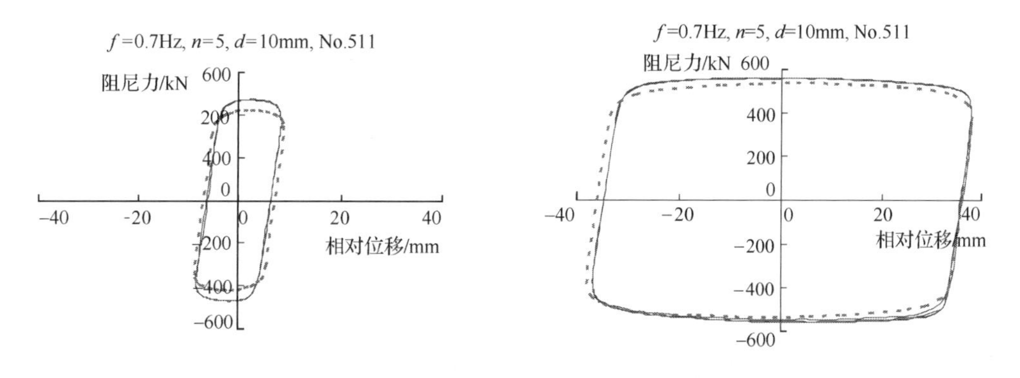

图 6.18 500kN阻尼器耗能试验滞回曲线与计算滞回曲线比较

性能规律性检查为抽查试验。速度相关型阻尼器的阻尼力与阻尼器活塞杆的相对运动速度的关系曲线直接关系到阻尼器的耗能性能，为此选用四种加载频率（即 0.5Hz、0.67Hz、1.0Hz、2.0Hz），改变加载位移，采用正弦波激励，检查各加载情况下最大阻尼力与对应速度的关系曲线与由公式(6.10)计算得出的理论期望曲线之间的偏差，从而了解阻尼器力学性能的规律，也可判断阻尼器的合格程度。图 6.19 是加载频率分别为 0.67Hz、1.0Hz 时，对应 500kN 阻尼器的性能曲线与理论曲线的两个比较图。其中图中带有圆圈的曲线是实测曲线。可以看出，试验点实测阻尼力与理论计算的阻尼力之间的偏差很小，其余加载情况均类同，基本小于 15%，绝大部分均小于 10%。按照国内外有关阻尼器力学性能指标的质量控制标准，这些实测阻尼力均在合格范围内。

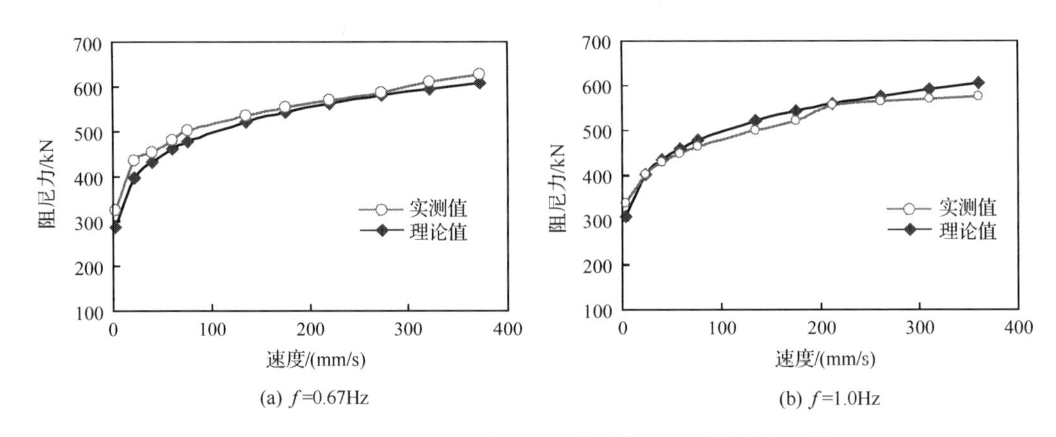

(a) f=0.67Hz　(b) f=1.0Hz

图 6.19　500kN 阻尼器力学性能曲线与理论计算曲线比较

在前面的设计计算中（阻尼器还未生产出来），假定阻尼器的初始刚度约为 120kN/mm，按最初的设计参数进行计算分析。在得到最后成品的试验给出的阻尼器参数（表 6.22）后，按最后施工图的较为精确的结构参数，重新进行多条时程输入下的分析，以考察结构在不同地震波作用下的结构响应。从前面的计算结果可以看出，小震下结构的位移反应较小，以下仅列出大震下的响应。输入时程为上海市《建筑抗震设计规程》(DGJ 08-9—2003)中所附的上海人工波时程 SHW1、SHW2、SHW3、SHW4 四条地震波，最大加速度峰值均调为大震时的 200gal。表 6.23 是这四条波大震作用下 X 向及 Y 向的位移计算平均值，层间位移角均不超过 1/80，满足规范要求。

表 6.22　阻尼器试验获得的参数

阻尼器型号	$C_v/(\mathrm{mm/s})^{-\alpha}$	α	初始刚度/(kN/mm)
300kN	170(设计委托 150)	0.15	120
500kN	250	0.15	180

6）小结

通过以上分析，可以得出如下结论。

(1) 在控制楼层水平位移接近的情况下，多层钢框架结构采用消能减震支撑体系比普通支撑体系能减小较多层间剪力和与支撑连接相交柱的轴力，故能给结构增加较大的

表 6.23　四条上海人工波 X 向及 Y 向的位移平均结果

层号	X 向			Y 向		
	位移/mm	层间位移/mm	层间位移角	位移/mm	层间位移/mm	层间位移角
1	24.13	24.13	1/149	25.51	25.51	1/141
2	59.66	35.80	1/101	63.66	38.65	1/93
3	95.32	37.05	1/97	100.75	38.31	1/94
4	126.73	35.76	1/101	131.34	33.66	1/107
5	151.36	30.29	1/119	154.84	29.30	1/123
6	171.25	23.34	1/154	175.38	24.11	1/149
7	179.85	11.51	1/313	185.31	14.53	1/248

抗震安全储备。

(2) 本节采用的黏滞阻尼器支撑给结构提供的等效附加刚度较小，实际工程可以每层设置，也可以根据需要分层设置消能减震支撑。

(3) 层间阻尼力大小的选取，应根据地震强度，取阻尼力相对楼层结构层间剪力、体量参数的合理比值做详细分析确定。

(4) 该工程所选阻尼器力学性能稳定，耗能曲线与计算曲线非常接近，所取计算模式能反映耗能结构的本质特征。

2. 应用实例二——既有钢筋混凝土框架结构房屋加固应用

1) 建筑物概况

某建筑物是位于上海市的一幢地面 8 层并带有一层地下室的框架结构，局部存在突出屋面的楼梯间、水厢房和电梯机房(9 层)。地下室层高 3.80m，底板厚 500mm，地下室顶板厚 300mm，顶板上有 0.95m 高的架空层。底层层高 3.8m，2～8 层层高 3.6m，9 层层高 5.0m。基本开间为 3.4m，房屋中部进厅部分的开间为 6.8m。框架横向边跨为 6.0m，中跨为 2.0m(走道)。柱、梁现浇，楼板、屋面板为 120mm 厚的预制多孔板。现浇混凝土设计强度为 C18(200 号)。全部外墙、底层内墙体、楼梯间和电梯间内墙用 240mm 厚 75# 承重多孔砖，25# 砂浆砌筑。其余的内隔墙为 120mm 厚加气轻质粉煤灰砌块墙。大部分楼面为 60mm 细石混凝土找平及水磨石面层。屋面为预制多孔板上铺 35mm 厚 200# 细石混凝土，上用 851 防水涂料。该工程于 1987 年 3 月设计，1989 年 11 月竣工。整个结构是横向承重，设计时未考虑抗震设防，建筑物底层、标准层平面图见图 6.20 和图 6.21。经过现场沉降观测，建筑物东端边累计最大沉降达 32cm，西端边达 11cm，建筑物向东倾斜度为 0.27%。房屋内加气砌块填充墙出现了一些 1～3mm 宽的斜裂缝。梁、柱等结构主要构件基本完好。经检测混凝土强度在 C16～C20，砖砌体的砂浆强度为 M7.5 左右。

该楼结构为单向框架，柱子的基本截面尺寸：1～3 层为 400mm×500mm，4～9 层为 400mm×400mm，均为单向配筋。横向为框架方向，按《建筑抗震鉴定标准》(GB 50023—95)进行一级鉴定，基本满足要求。但是该房屋的纵向为连梁方向。大部分框架柱配筋：

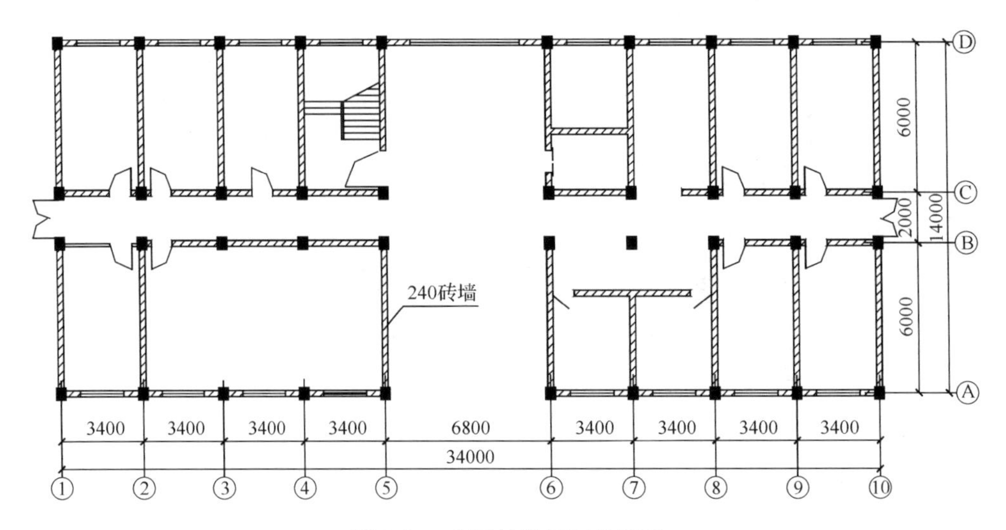

图 6.20　底层结构平面布置图

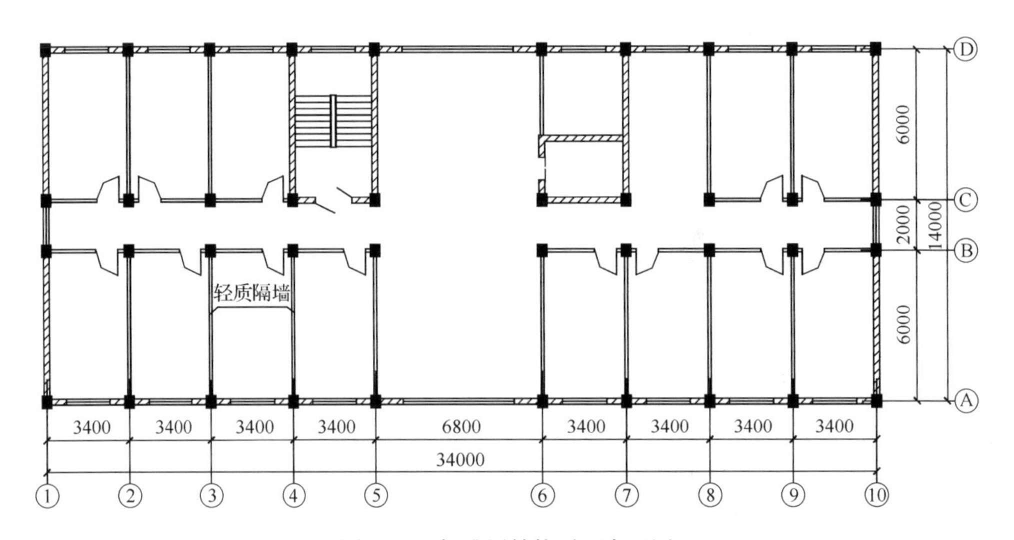

图 6.21　标准层结构平面布置图

1～3 层为 6Φ22＋2Φ16，长边 2Φ22＋1Φ16，4 层以上为 6Φ20，长边 2Φ20。箍筋两肢Φ6@200，其中在柱的根部箍筋搭接部分 800mm 高度内加密为Φ6@100。大部分纵向连梁尺寸为 250mm×300mm，：A 轴梁下部 2Φ18、上部 2Φ16，D 轴线上下面各 2Φ16；B、C 轴上下面各 2Φ14。5～6 轴线跨度大的纵向梁截面为 200mm×500mm，下部配 3Φ20，上部配 2Φ16。按照《建筑抗震鉴定标准》(GB 50023—95)的 6.2.1.1 条，即单向框架应该采取措施增强其纵向抗震能力，故该建筑物应该采取加固措施。以下主要针对房屋的纵向抗震加固进行讨论。

2）动力分析及设计配筋计算

仍做结构楼面无限刚性的假定，把固定端定在架空层的下部 500mm 处，把突出屋面的水箱包括在内，共为 9 层，采用 PMCAD、SATWE 软件计算得出结构前三阶固有频率及振型(表 6.24)。模型中计及了底层 240mm 砖墙和电梯间纵向填充砖墙的贡献，但 2

层以上的120mm的加气粉煤灰轻质隔墙和开了大窗洞的外纵墙，其抗侧力的强度很小，这些构件的刚度在计算中很难加以考虑，故表6.24中相应的模态地震力是放大的，是对计算的固有周期考虑了0.7的折减而得出的。所用反应谱是上海的抗震设计反应谱，最大地震影响系数取7度的0.08。从表中可以看出，2～6层的层间位移角均大于1/550，不满足《建筑抗震设计规范》(GB 50011—2010)的层间位移角要求。构件配筋计算结果表明框架柱在横向和纵向配筋满足抗震要求。框架在横向的主梁配筋也基本满足抗震要求；但框架在纵向的连梁方向纵筋与软件计算结果相差较大，实配和计算结果比较如表6.25所示。值得一提的是，如果按《建筑抗震鉴定标准》进行第二级鉴定，每层的结构楼层综合抗震能力指数均略大于1.0。进行弹塑性动力分析表明，结构纵向不满足大震下抗倒塌要求。

表6.24　房屋纵向振动动力模态、模态地震力及位移

楼层号	第一阶(1.70s)		第二阶(0.50s)		第三阶(0.27s)		楼层位移/mm	层间位移角
	模态	地震作用/kN	模态	地震作用/kN	模态	地震作用/kN		
1	0.03	22	0.12	46	0.28	69	1.76	1/2448
2	0.16	88	0.57	145	0.97	161	10.0	1/340
3	0.34	181	0.94	241	0.96	161	20.4	1/265
4	0.51	270	1.00	252	0.10	17	31.0	1/269
5	0.67	353	0.72	181	−0.83	−136	40.5	1/319
6	0.80	424	0.19	47	−1.00	−164	48.7	1/391
7	0.91	480	−0.42	-106	−0.25	−42	55.2	1/524
8	0.98	505	−0.88	−215	0.72	114	59.6	1/822
9	1.00	197	−0.93	−87	0.94	57	1.76	1/896

表6.25　连梁配筋比较　（单位：cm^2）

层号	A轴		B轴		C轴		D轴	
	实配	计算	实配	计算	实配	计算	实配	计算
1	5.5/4.1	6.0	4.1	5.0	4.1	5.0	4.1	6.0
2	5.5/4.1	12.0	4.1	12.0	4.1	12.0	4.1	12.0
3	4.1	13.0	4.1	13.0	4.1	13.0	4.1	13.0
4	4.1	13.0	4.1	12.0	4.1	12.0	4.1	13.0
5	4.1	12.0	4.1	12.0	4.1	12.0	4.1	12.0
6	4.1	10.0	4.1	9.0	4.1	9.0	4.1	10.0
7	4.1	9.0	4.1	9.0	4.1	9.0	4.1	9.0
8	4.1	4.5	4.1	4.5	4.1	4.5	4.1	4.5

3）抗震加固设计方案选择

考虑到尽量减少对办公楼正常使用的不利影响，加固的策略着眼于改变结构的受力体系，即增加抵抗地震作用的抗侧力构件。加固方案可在房屋的横向和纵向增加抗震墙，使得抗震墙能承担大部分的地震作用，以减少原有框架承受侧向荷载的比重，使得纵向连梁不会因为屈服而断裂。由于增加了结构的重量，需要重新验算基础部分的承载力并进行必要的加固。

增设剪力墙的加固方案是传统的加固方法，是以强对强的策略，其缺点是不能降低在结构上总的地震作用，同时在施工期间会给现场环境带来较大破坏，且施工周期较长，给正常使用带来较多不便。而增设消能减震支撑的加固方案是现代的抗震技术，其优点是利用阻尼器消耗掉部分输入的地震能量，减小结构的侧向变形，把结构进入弹塑性变形的部分或全部耗能用阻尼器耗能来代替，以减轻结构的损坏程度，从而保证大震下结构不倒塌。相对来说，安装阻尼器装置的施工过程带给现场的环境破坏要小很多，通常只需要一个附属钢框架，用于把阻尼力安全地往下传递。同时，安装的阻尼器钢框架的重量相比原结构的重量轻得多，不需重新验算基础部分的承载力。根据该楼的地震响应，设计在B轴线上③、④、⑦、⑧轴线，C轴线上③、④、⑦、⑧轴线安装阻尼器消能减震支撑，这些消能减震支撑从2～8层安装。仍然采用黏滞流体阻尼器，阻尼器的选配方法和原则基本与上述工程应用一相同。最后选定阻尼器参数如表6.26所示。

表6.26　阻尼器参数选取

层号	α取值	单个最大阻尼力/kN	C_v取值/[kN/(mm/s)$^\alpha$]	每层阻尼器个数		阻尼器总数
				纵向	横向	
2～8	0.18	300	120	4	2	共计42个

4）消能减震加固结构的地震响应分析

由于横向基本满足抗震鉴定标准要求，以下仅对房屋的纵向消能减震加固方案进行地震响应分析。与建筑设计规范一致，进行两阶段抗震验算。小震下取SATWE程序计算得出的层间刚度和质量，建立层串模型，考虑7度设防，地震波峰值最大加速度取为$1.37\times35\text{cm/s}^2$，这里乘以1.37是考虑内隔墙等对刚度的贡献而要求对地震动的放大效应，其效果类似于反应谱法中的周期折减系数。在大震验算时，与上述工程应用例一解决方法基本一致，首先通过弹塑性软件计算出无阻尼器框架的层间滞回曲线，找出其层间剪力与层间位移的骨架曲线控制点，建立层串模型，经响应试算，钢筋混凝土框架类结构可以采用多段线性塑性模型，如Pivot模型（图6.22），可以得到与EPDA软件的杆系弹塑性模型比较一致的结果。为了充分估计结构的抗震能力，电梯间的纵向两片砖墙也计及其抗震能力，其抗剪承载力骨架曲线采用了三线性的刚度和强度退化曲线，墙片抗剪屈服强度取值由材料的标准强度计算确定，滞回曲线形状参照了一些早期的伪静力试验结果，也取了Pivot的计算模型。该结构的层间力学参数见表6.27。以下分析中进行了两个工况下的计算：分别在小震、大震下沿X向输入上海市《建筑抗震设计规程》（DGJ 08-9—2003）中所附的上海人工波时程SHW1，进行地震响应的计算。考虑7度设防，地震波峰值在小震时的最大加速度取为$1.3\times35\text{cm/s}^2$，这里乘以1.3是考虑内隔墙等对刚度的贡献而要求对地震动的放大效应，其效果类似于周期折减系数，大震时按《上海市建筑抗震设计规程》取最大加速度为$1.1\times200\text{cm/s}^2$，同时结构阻尼比取为5%。

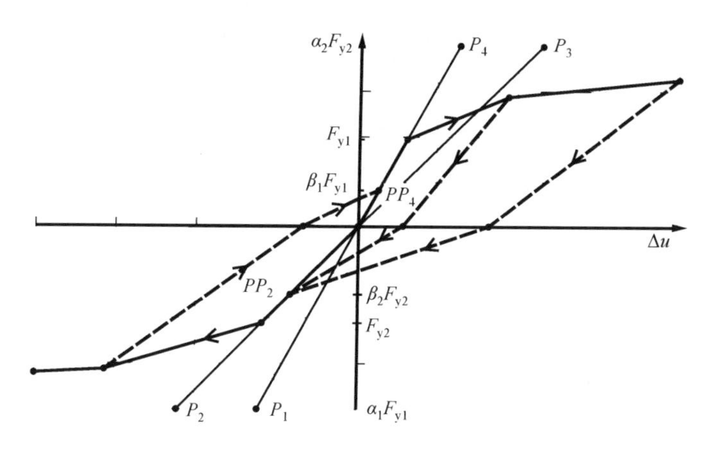

图 6.22　Pivot 模型骨架曲线

表 6.27　层间力学参数

层号	层质量/t	初始层间刚度/(kN/mm)	层间极限强度/kN
1	628	150(柱)、120(墙)	2100(柱)、400(墙)
2	618	100(柱)、50(墙)	1900(柱)、100(墙)
3	618	90(柱)、50(墙)	1700(柱)、100(墙)
4	604	80(柱)、50(墙)	1500(柱)、80(墙)
5	604	80(柱)、50(墙)	1700(柱)、80(墙)
6	604	80(柱)、50(墙)	1200(柱)、80(墙)
7	604	75(柱)、50(墙)	1100(柱)、80(墙)
8	570	80(柱)、50(墙)	700(柱)、80(墙)

(1) 小震作用下计算分析。

表 6.28 中的层间位移数值是在小震作用下结构处于有、无消能减震支撑情况下的各层位移情况。从结果的比较可以看出,无消能减震支撑结构在小震情况下的层间位移角不满足结构抗震设计要求的 1/550 的要求,而加了消能减震支撑后的结构体系层间位移角能够满足要求。表 6.29 中数值是小震作用下结构处于有、无消能减震支撑情况下的各层的层间剪力分布、层间柱承担剪力情况,从中可以看出,消能减震结构的层间剪力(设消能减震支撑后层间剪力是结构层间剪力和阻尼器力的和)与无阻尼器结构的层间剪力接近,有些层略有增加,但是层间柱承担剪力明显减小。支撑承担剪力可以通过消能减震框架自平衡其水平力,竖向力可以通过附加支撑的钢框架或是增大与支撑相连处的柱截面向下传递。表 6.28 中计算阻尼力表明实际的阻尼力达到最大阻尼力期望值的 15%~70%,下层的阻尼力大些。典型的阻尼力与阻尼器行程的滞回曲线如图 6.23所示,由图可见,小震作用下阻尼器已经发挥了耗能作用。结构整体的等效阻尼比约为 6.9%(表 6.30)。

表 6.28　*X* 向小震作用下位移角及最大阻尼力

层号	原结构 层位移角	消能减震支撑		最大阻尼力/kN
		层位移角	位移减小效果/%	
1	1/2167	1/2611	−20	0
2	1/459	1/762	−66	191×4
3	1/354	1/674	−90	207×4
4	1/371	1/692	−86	206×4
5	1/429	1/795	−85	192×4
6	1/482	1/977	−103	173×4
7	1/588	1/1313	−123	142×4
8	1/879	1/2083	−137	91×4

注:表中影响效果是消能减震支撑体系与原结构计算结果差与原结构计算值的比值,负号表示减小。

表 6.29　*X* 向小震作用下层间剪力比较

层号	原结构 层间剪力/kN	消能减震支撑			
		总层间剪力/kN	层间剪力减小效果/%	结构承担的剪力/kN	结构剪力减小效果/%
1	2980	2470	−17	2470	−17
2	2450	2230	−9	1560	−36
3	2370	2080	−12	1310	−45
4	2070	1940	−6	1170	−43
5	1750	1720	−1	990	−43
6	1500	1430	−5	780	−48
7	1180	1120	−5	560	−53
8	750	700	−6	330	−56

注:表中影响效果是消能减震支撑体系与原结构计算结果差与原结构计算值的比值,负号表示减小。

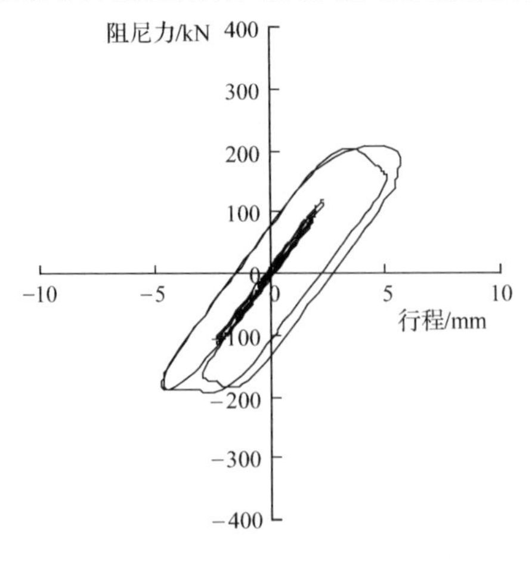

图 6.23　小震作用下结构第二层阻尼器力-行程滞回曲线

表 6.30　计算等效阻尼比

地震作用	等效阻尼比/%
X 向小震	6.9
X 向大震	10

(2) 大震作用下计算分析。

表 6.31 中的层间位移数值是在大震作用下结构处于有、无消能减震支撑情况下的各层位移情况。从结果的比较可以看出，原结构在大震情况下的层间位移角接近 1/50，而加了消能减震支撑后的结构体系层间位移角最大值为 1/80，位移角减小 30%，大大增强了结构抗震安全度。表 6.32 是大震作用下结构处于有、无消能减震支撑情况下的各层的层间剪力分布、层间柱承担剪力情况，从中可以看出，消能减震结构的层间剪力(设消能减震支撑后层间剪力是结构层间剪力和阻尼器力的和)与原结构的层间剪力接近，有些层略有增加。但是 2 层以上柱、墙承担剪力均有减小。同时表 6.31 中计算阻尼力表明实际的阻尼力达到最大阻尼力期望值的 60%～90%，下层的阻尼力大些。典型的阻尼力与阻尼器行程的滞回曲线见图 6.24。结构整体的等效阻尼比约为 10%(表 6.30)。

表 6.31　X 向大震作用下位移角及最大阻尼力

层号	原结构 层位移角	消能减震支撑		最大阻尼力/kN
		层位移角	位移减小效果/%	
1	1/146	1/144	1	0
2	1/56	1/80	−30	288×4
3	1/57	1/96	−41	274×4
4	1/64	1/121	−47	259×4
5	1/80	1/166	−52	250×4
6	1/107	1/241	−56	245×4
7	1/162	1/379	−57	231×4
8	1/327	1/792	−59	180×4

注：表中影响效果是消能减震支撑体系与原结构计算结果差与原结构计算值的比值，负号表示减小。

表 6.32　X 向大震作用下层间剪力比较

层号	原结构 层间剪力/kN	消能减震支撑			
		总层间剪力/kN	层间剪力减小效果/%	结构承担的剪力/kN	结构剪力减小效果/%
1	6140	5970	−3	5970	−3
2	4750	5180	9	4250	−11
3	3890	4090	5	3280	−16
4	3510	3380	−4	2560	−27
5	2870	3120	9	2260	−21
6	2140	2520	18	1680	−21
7	1760	1960	11	1190	−32
8	1160	1360	17	700	−40

注：表中影响效果是消能减震支撑体系与原结构计算结果差与原结构计算值的比值，负号表示减小。

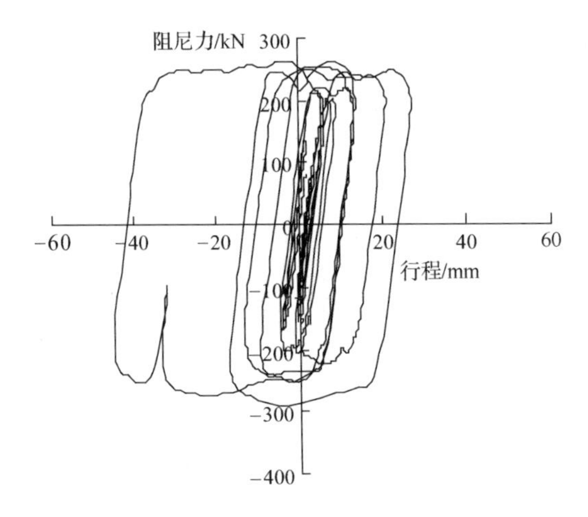

图 6.24　大震作用下结构第二层阻尼器力-行程滞回曲线

5) 最后的加固设计考虑及加固效果评价

图 6.25 和图 6.26 最后的加固平面布置图，图 6.27 为装有阻尼器的消能减震支撑钢框架。考虑到底层层高较高，为了保证底层的砖砌体抗震的有效性，把 240mm 厚的纵向砖墙实施单面或双面钢丝网面层加固，同时结合业主的房间需要把③、④轴线的内纵墙改为配筋混凝土墙，同时也在底层新增了三片横向内墙，原有④、⑤轴线两片内墙进行了双面钢丝网面层加固。

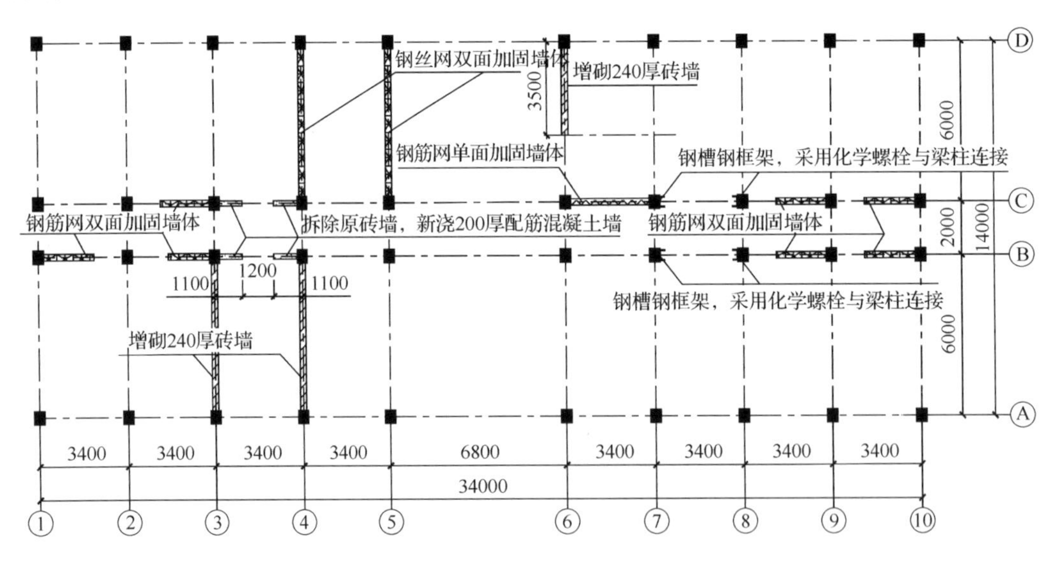

图 6.25　底层加固平面布置图

2 层以上纵向除了增设四个消能减震支撑钢框架，还在⑥、⑦轴线的 C 轴线上的电梯间外墙增设单面钢丝网面层加固，使其成为第一层抗震防护。2 层以上横向在⑥轴线上新砌砖抗震墙，同时对原有④、⑤轴线两片内墙进行了双面钢丝网面层加固，把这些抗震墙作为横向抗震的第一道防线，再增设⑤、⑥轴线上两榀消能减震支撑钢框架作为横向抗

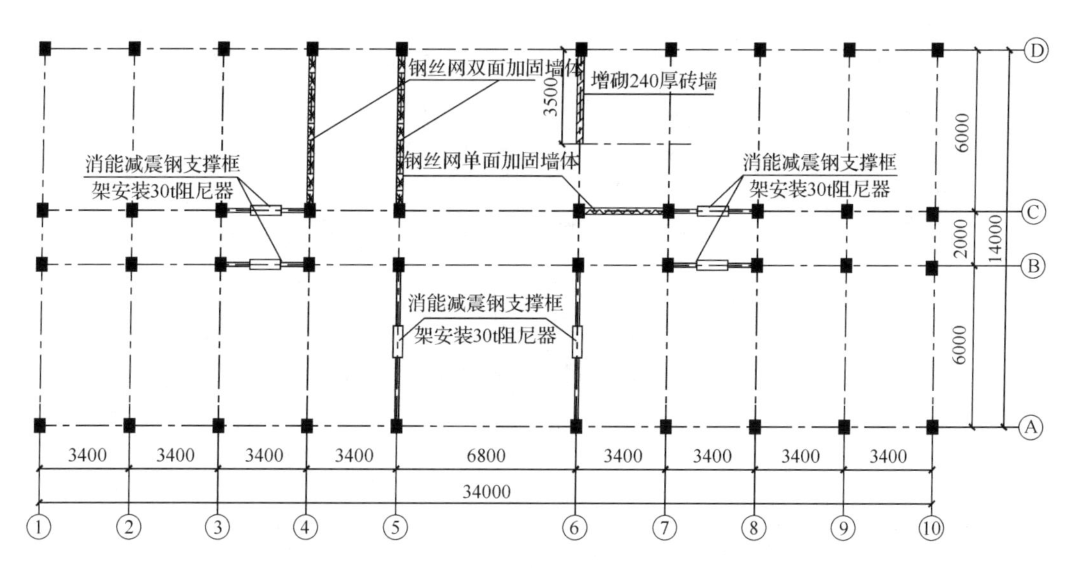

图 6.26　2～8 层结构加固平面示布置图

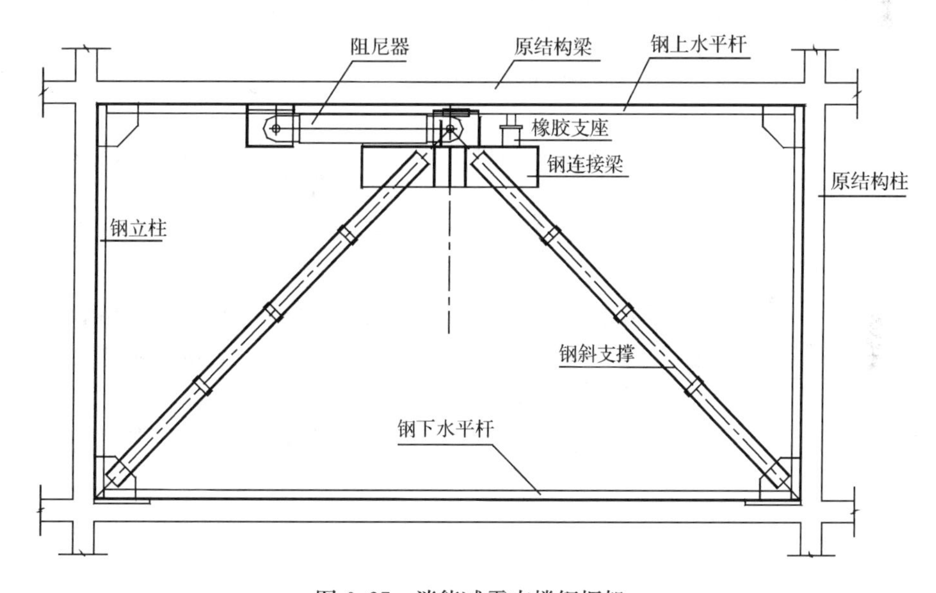

图 6.27　消能减震支撑钢框架

震的第二道防线。

从前述的大震下地震作用分析看，2～3 层的阻尼力配置显得小点，如果增大这两层的阻尼力和支撑刚度，再适当减小 6～8 层阻尼力的配置，就可提高附加等效阻尼比，取得更好的加固效果。

该工程的现场施工照片见图 6.28，整个加固改造工程已于 2001 年完成，目前该工程投入使用十多年，使用情况良好。

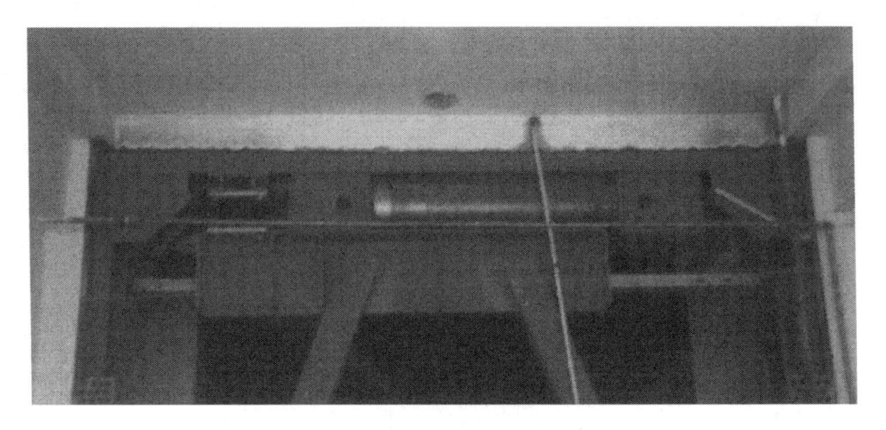

图 6.28　消能减震支撑钢框架照片

6.3　组合基础隔震系统的开发研究与工程应用

6.3.1　组合基础隔震系统的组成及试验研究

1. 组合基础隔震系统的基本组成

组合基础隔震系统由若干个滑动支座和叠层橡胶支座组成，滑动支座具有较大的承受竖向荷载的能力和很小的摩擦系数，叠层橡胶支座具有较好的弹塑性变形和自复位能力。这种组合支座的工作原理为：在竖向荷载和小震及风荷载作用下，可以通过设计滑动支座和叠层橡胶支座参数，使隔震层不发生明显的滑移，满足正常使用要求；在中震作用时，隔震层就会发生滑动而消耗地震能量；在大震作用时，隔震层发生较大的滑动，由于滑动支座和叠层橡胶支座的组合作用，消耗了大量的地震输入能量，阻止了绝大部分地震能量向上部结构传递，从而保护了上部结构。由于叠层橡胶良好的自复位功能，大震后结构仍能恢复到原来的平衡位置。由于滑动支座可以采用盆式橡胶支座或钢制的支座，其抗压刚度很大，可以承受很大的竖向荷载，因此，适合应用于竖向荷载较大的高层建筑和大跨结构。同时由于可以设计为使滑动支座承受大部分竖向荷载，减少叠层橡胶支座的数量，从而可以降低隔震结构的总造价。

2. 振动台试验概况

1）模型结构设计

该试验的工程背景是日本、我国在建的隔震房屋。实际建筑物情况为：房屋总高度45m，层数15层，平面尺寸13m×13m，房屋总重量3600t。房屋的隔震目标为：隔震前周期1.0s，隔震后周期2.7s(对应于隔震层变形为50%)。

根据相似原理，考虑振动台实际最大承载力为25t，选定长度相似比为$S_l=12$，动力试验加速度相似比为$S_a=1.0$，质量相似比$S_m=\frac{M^p}{M^m}=\frac{3600}{25}=144$，相应的时间相似比

$S_t=\frac{t^{\mathrm{p}}}{t^{\mathrm{m}}}=\sqrt{\frac{S_l}{S_a}}=\sqrt{12}$，密度相似比 $S_\rho=\frac{\rho^{\mathrm{p}}}{\rho^{\mathrm{m}}}=\frac{S_m}{S_l^3}=1/12$。由于材料不能满足质量相似比要求，通过附加质量块达到。模型隔震前即基础固定时周期为 $\frac{1}{\sqrt{12}}=0.288\mathrm{s}$，隔震后周期为 $\frac{2.7}{\sqrt{12}}=0.779\mathrm{s}$。模型相似关系如表 6.33 所示。

表 6.33　模型和原型相似关系

物理量	相似比	物理量	相似比
长度	1/12	位移	1/12
应力	1.0	速度	$1/\sqrt{12}$
时间	$1/\sqrt{12}$	加速度	1.0
重量	1/144	密度	12.0

根据上述相似关系，确定模型和原型的物理量间的关系（表 6.34）。据此进行模型结构设计，设计了一钢框架模型。模型上部结构共三层，三层层高分别为 1.4m、1.3m、1.3m，底部为隔震层，隔震层距柱脚 0.35m。隔震层由刚性大梁组成，试验将同时进行基础固定和基础隔震模型试验，做基础固定试验时将柱脚用螺栓与振动台台面固定，进行基础隔震模型试验时，将隔震层大梁下翼缘与隔震支座连接板相连，隔震支座与振动台台面用螺栓固定，模型梁柱间均采用焊接连接，结构各层平面及立面如图 6.29 所示。模型由于重量不足，另设计了四个附加质量块，施工完毕模型和附加质量块共重 23.8t。

表 6.34　模型和原型物理量

物理量	相似比	高度/m	层数	平面(长×宽)/m^2	重量/t	隔震前周期/s	隔震后周期/s
原型	12	45	15	13×13	3600	1.0	2.7
模型	1	3.75	3	1.08×1.08	25	0.29	0.78

隔震房屋模型试验共采用了两种隔震系统：铅芯橡胶隔震系统和组合隔震系统。铅芯橡胶隔震系统由四个铅芯橡胶隔震支座构成，由日本和我国厂家生产共两组，分别进行模型试验；组合隔震系统由四个叠层橡胶隔震支座和两个滑移摩擦隔震支座组成，组合隔震系统中滑移摩擦隔震支座由日本厂家生产，叠层橡胶隔震支座由我国厂家生产。试验前各隔震支座均进了有关的性能测试。

铅芯橡胶隔震支座几何尺寸确定：铅芯橡胶隔震模型试验共采用四个支座，设计一个隔震支座竖向承重 $6.125\times10^4\mathrm{N}$，根据橡胶的合理面压，橡胶支座直径取 $D_{\mathrm{r}}=100\mathrm{mm}$，中心孔径（铅芯）取为 $d_{\mathrm{s}}=18\mathrm{mm}$，橡胶层厚度 $t_{\mathrm{r}}=1.2\mathrm{mm}$，橡胶层数 $n_{\mathrm{r}}=16$ 层，橡胶层总厚度 $T_{\mathrm{r}}=19.2\mathrm{mm}$，钢板层厚 $t_{\mathrm{s}}=1\mathrm{mm}$，钢板层数 $n_{\mathrm{s}}=15$ 层，钢板层总厚度 $T_{\mathrm{s}}=15\mathrm{mm}$，隔震支座上下连接钢板厚 20mm。

橡胶支座的第一形状系数：

$$S_1=\frac{\frac{\pi}{4}(D_{\mathrm{r}}^2-d_{\mathrm{s}}^2)}{\pi(D+d_{\mathrm{s}})t_{\mathrm{r}}}=\frac{D-d_{\mathrm{s}}}{4t_{\mathrm{r}}}=17.1 \tag{6.11}$$

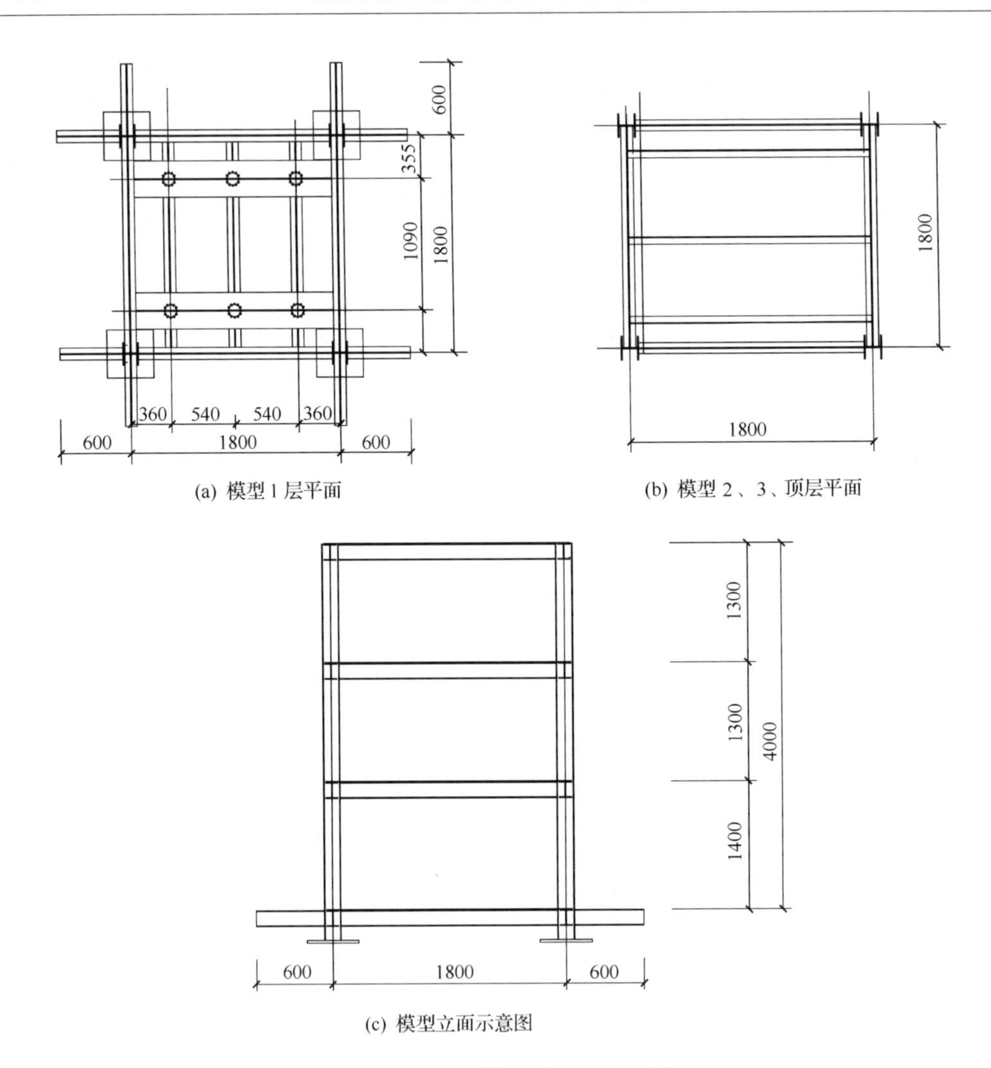

图 6.29　试验模型平面及立面图

第二形状系数：

$$S_2 = \frac{D}{n_r t_r} = \frac{100}{16 \times 1.2} = 5.21 \tag{6.12}$$

橡胶截面积 $A_r = 7599.5\text{mm}^2$，中心孔（铅芯）面积 $A_s = 254.3\text{mm}^2$。

橡胶物理力学性能：橡胶剪切模量 $G = 0.588\text{N/mm}^2$，橡胶支座面压：

$$\sigma_p = \frac{6.125 \times 10^4}{7599.5} = 8.06(\text{N/mm}^2)$$

橡胶支座竖向刚度：

$$K_v = \frac{E_{cb}A}{T_r} = 2.30 \times 10^5(\text{N/mm}) \tag{6.13}$$

式中，$E_{cb} = \dfrac{E_c E_b}{E_c + E_b} = 560.0(\text{N/mm}^2)$，$E_c = E_0(1 + 2\kappa S_1^2) = 1.764 \times (1 + 2 \times 0.758 \times 17.1^2) = 783.7(\text{N/mm}^2)$，橡胶竖向弹性模量 $E_0 \approx 3G = 1.764(\text{N/mm}^2)$，$\kappa$ 取决于橡胶硬

度的系数，天然橡胶为 $\kappa=0.758$，橡胶体积弹性模量 $E_b=19.6\times10^2\mathrm{N/mm^2}$。

橡胶水平刚度：

$$K_{h0}=\frac{GA}{T_r}=0.237(\mathrm{kN/mm}) \tag{6.14}$$

铅芯＋橡胶水平刚度：

$$K_u\approx6.5K_{h0}=1.54(\mathrm{kN/mm})$$

铅芯橡胶支座屈服力近似取：$Q_y=\tau_l\times A_s=7.0\times254.3=1.8\mathrm{kN}$，$\tau_{ls}=7.0\mathrm{N/mm^2}$ 为铅芯屈服应力。铅芯橡胶隔震系统布置及支座详图如图 6.30 所示。铅芯橡胶隔震支座性能参数如表 6.35 所示。

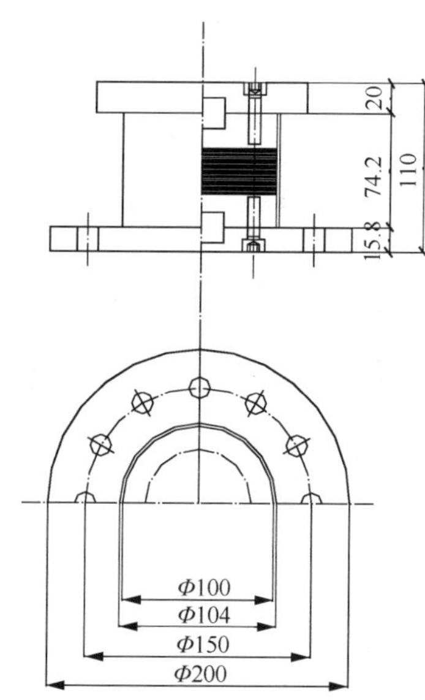

图 6.30　铅芯橡胶隔震布置及支座详图

组合隔震系统由四个叠层橡胶支座和两个滑移摩擦支座组成，其中叠层橡胶支座竖向最大承重设计值为 $4.95\times10^4\mathrm{N}$，叠层橡胶支座尺寸：直径 $D_r=75\mathrm{mm}$，中心孔径 $d_s=0\mathrm{mm}$，橡胶层厚度 $t_r=1.2\mathrm{mm}$，橡胶层数 $n_r=16$ 层，橡胶层总厚度 $T_r=19.2\mathrm{mm}$，钢板层厚 $t_s=1\mathrm{mm}$，钢板层数 $n_s=15$ 层，钢板层总厚度 $T_s=15\mathrm{mm}$，上下连接钢板厚 20mm。叠层橡胶支座面积 $A_r=4417.9\mathrm{mm^2}$，面压 $\sigma_p=\dfrac{4.95\times10^4}{4417.9}=10.75(\mathrm{N/mm^2})$。

表 6.35　铅芯橡胶支座性能参数

序号	支座参数	参数值	序号	支座参数	参数值
1	外径 D	100mm	10	第一形状系数	17.1
2	总高度 H	74.2mm	11	第二形状系数	5.21
3	橡胶层厚度	1.2mm	12	一个铅芯橡胶支座承压面积 A_R	7.6×10^3mm^2
4	橡胶层数	16 层	13	铅芯橡胶支座面压 σ_R	8.06MPa
5	铅芯直径 d_s	18mm	14	一个铅芯橡胶支座竖向承载力 N_R	61.25kN
6	橡胶总厚度	19.2mm	15	一个铅芯橡胶支座的水平刚度 K_h	0.237kN/mm
7	钢板层厚度	1.0mm	16	一个铅芯橡胶支座的竖向刚度 K_v	230.0kN/mm
8	钢板层数	15 层	17	铅芯橡胶支座的竖向固有周期 T_v	0.032s
9	钢板总厚度	15mm			

叠层橡胶支座的第一形状系数

$$S_1=\frac{\frac{\pi}{4}(D_r^2-d_s^2)}{\pi(D+d_s)t_r}=\frac{D_r-d_s}{4t_r}=15.6 \tag{6.15}$$

第二形状系数

$$S_2=\frac{D_r}{n_r t_r}=\frac{75}{16\times1.2}=3.91 \tag{6.16}$$

叠层橡胶支座力学性能如下：

竖向刚度

$$K_v=\frac{E_{cb}A}{T_r}=112.4(\text{kN/mm}) \tag{6.17}$$

式中，$E_{cb}=\dfrac{E_c E_b}{E_c+E_b}=488.6(\text{N/mm}^2)$，$E_c=E_0(1+2\kappa S_1^2)=1.764\times(1+2\times0.758\times15.6^2)=650.8(\text{N/mm})$，$E_b$ 为橡胶体积弹性模量，$E_b=1.96\times10^2\text{N/mm}^2$，$E_0$ 为橡胶竖向弹性模量，$E_0=3G=1.764(\text{N/mm}^2)$，橡胶剪切模量 $G=0.588(\text{N/mm}^2)$，κ 为取决于橡胶硬度的系数，天然橡胶为 $\kappa=0.758$，T_r 为橡胶层总厚度。

支座水平刚度

$$K_{h0}=\frac{GA}{T_r}=0.135(\text{kN/mm}) \tag{6.18}$$

叠层橡胶支座性能见表 6.36。

组合隔震系统中有两个滑移摩擦隔震支座，滑移摩擦隔震支座竖向最大承重为 5.88×10^4N。黏结橡胶直径取 $D=70$mm，厚度取 $t_r=1$mm，橡胶面积 $A_r=3848.5\text{mm}^2$，面压 $\sigma_p=5.88\times10^4/3848.5=15.30(\text{N/mm}^2)$，黏结橡胶剪切模量 0.784N/mm^2，第一形状系数 $S_1=D/4=17.5$；聚四氟乙烯 PTFE 摩擦材料直径 $D=50$mm，厚度 $t_p=1.0$mm，面积 $A_p=1963.5\text{mm}^2$，面压 $\sigma_p=5.88\times10^4/1963.5=29.9(\text{N/mm}^2)$，材料摩擦系数 $\mu=0.09$。滑移摩擦隔震支座力学性能：水平刚度和竖向刚度分别为 3.08kN/mm 和 831.55kN/mm。组合隔震系统布置及滑移摩擦支座详图如图 6.31 所示。滑移摩擦隔震支座性能参数如表 6.37 所示。

表 6.36　叠层橡胶支座性能参数

序号	支座参数	参数值	序号	支座参数	参数值
1	外径 D	75mm	9	承压面积 A_R	$4.42\times10^3 mm^2$
2	总高度 H	74.2mm	10	叠层橡胶面压 σ_R	10.75MPa
3	橡胶层厚度	1.2mm	11	竖向承载力 N_R	49.5kN
4	橡胶层数	16	12	一个叠层橡胶支座的水平刚度 K_h	0.135kN/mm
5	橡胶总厚度	19.2mm	13	一个叠层橡胶支座的竖向刚度 K_v	112.0kN/mm
6	钢板层厚度	1.0mm	14	叠层橡胶支座的竖向固有周期 T_v	0.045s
7	钢板层数	15	15	第一形状系数	15.6
8	钢板总厚度	15mm	16	第二形状系数	3.91

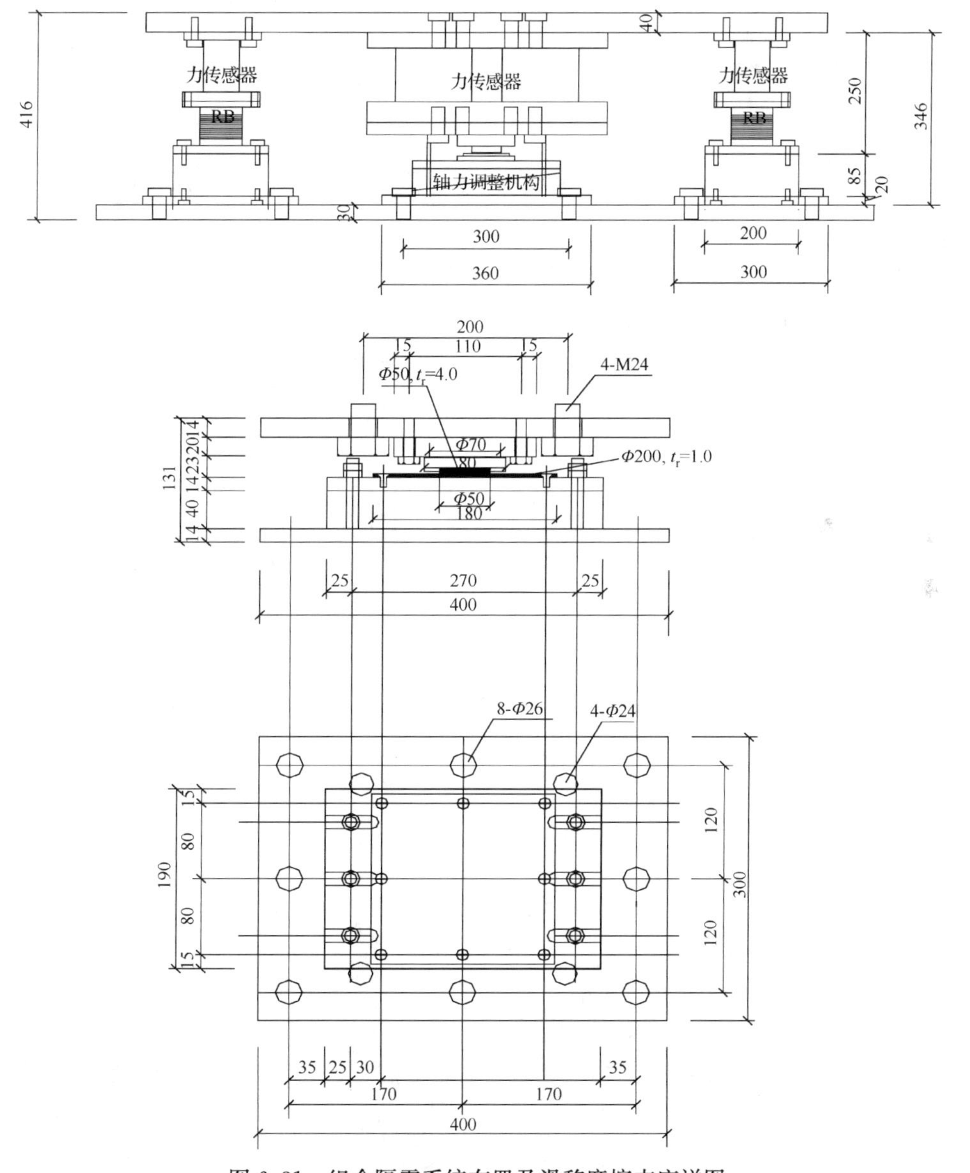

图 6.31　组合隔震系统布置及滑移摩擦支座详图

表 6.37　滑移摩擦支座性能参数

序号	支座参数	参数值	序号	支座参数	参数值
1	黏结橡胶厚度 t_R	1mm	9	摩擦材料面积 A_p	$1.96\times10^3 mm^2$
2	黏结橡胶剪切模量 G	$0.784N/mm^2$	10	摩擦材料面压 σ_p	29.9MPa
3	黏结橡胶直径 D_E	70mm	11	竖向承载力 N_F	58.8kN
4	摩擦材料直径 D_p	50mm	12	黏结橡胶面积 A_E	$3.85\times10^3 mm^2$
5	摩擦材料厚度 t_p	1mm	13	黏结橡胶面压 σ_p	15.30MPa
6	摩擦系数 μ	0.09	14	滑板隔震支座水平刚度 K_{h1}	3.08kN/mm
7	黏结橡胶第一形状系数 S_{r1}	17.5	15	滑板隔震支座竖向刚度 K_{v1}	831.55kN/mm
8	滑板隔震支座的第一形状系数 S_{b1}	39.3			

2) 模型试验

(1) 模型试验采用的地震波。

根据试验背景及目的，选定四条典型地震波作为振动台模型试验的地震动输入，四条波的情况如下：

① El Centro 地震波，该波为 1940 年美国 Imperial 山谷地震记录，原波长度为 50s，加速度幅值：NS 方向为 $341.7cm/s^2$，EW 方向为 $210.1cm/s^2$，UD 方向为 $206.3cm/s^2$。

② 1952 年美国 Taft 地震波，长度为 50s，加速度幅值：NS 方向为 $152.7cm/s^2$，EW 方向为 $175.9cm/s^2$，UD 方向为 $102.9cm/s^2$。

③ 日本 Hachinohe 地震波，该波长度为 90s，加速度幅值：NS 方向为 $224.95cm/s^2$，EW 方向为 $182.93cm/s^2$，UD 方向为 $114.28cm/s^2$。

④ 日本 Kobe 地震波，长度为 50s，加速度幅值：NS 方向为 $578.9cm/s^2$，EW 方向为 $172.85cm/s^2$，UD 方向为 $332.39cm/s^2$。

图 6.32 为各地震波的加速度傅里叶谱曲线。

(2) 日本及我国铅芯橡胶支座隔震模型试验。

分别采用日本和我国铅芯橡胶隔震支座进行铅芯橡胶隔震系统模型试验，铅芯橡胶基础隔震房屋模型试验装置情况、测试内容、测试仪器布置及隔震系统布置如图 6.33 所示。试验时将模型底部刚性大梁通过隔震支座连接板与隔震支座连接，隔震支座与振动台台面用螺栓固定。测试内容有各层加速度、隔震层位移、楼层相对位移、柱应变、隔震支座三向力，在台面布置了加速度传感器以测定模型的实际地震动输入，我国铅芯橡胶隔震模型试验设计的主要加载工况及实际地震动输入加速度幅值如表 6.38 所示，试验代号为 ril。日本铅芯橡胶隔震模型试验设计的主要加载工况及实际地震动输入加速度幅值如表 6.39所示，日本铅芯橡胶隔震试验代号为 lrb，各楼层编号分别为 0、1、2、3、4。

(3) 组合基础隔震模型试验。

组合基础隔震模型试验在最后进行，叠层橡胶隔震支座对称布置在模型四周位置，滑移摩擦隔震支座布置在 X 轴上，对称于 Y 轴。其中滑移摩擦隔震支座下面有轴力调整机构，可以调整滑移摩擦支座竖向压力，试验中共设计了三种不同的支座竖向压力情况。试

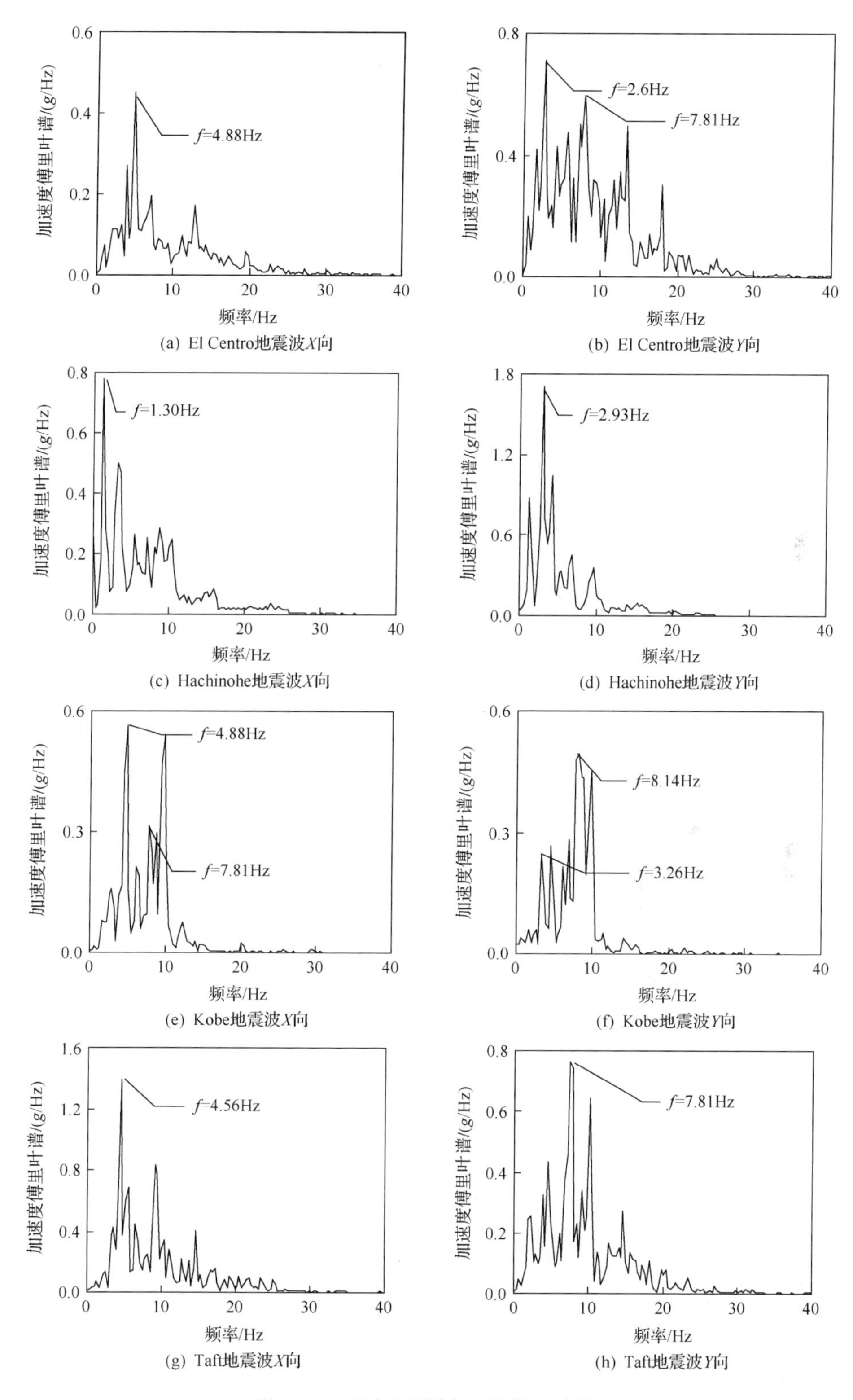

图 6.32　试验地震波加速度傅里叶谱

验时模型底部刚性大梁通过连接板与隔震支座连接，试验测试内容与铅芯橡胶隔震试验相同，组合基础隔震系统布置及仪器布置如图 6.34 所示。组合摩擦隔震系统模型试验设计的主要加载工况及实际地震动输入加速度幅值如表 6.40 所示，试验代号为 sld，各楼层编号分别为 0、1、2、3、4。

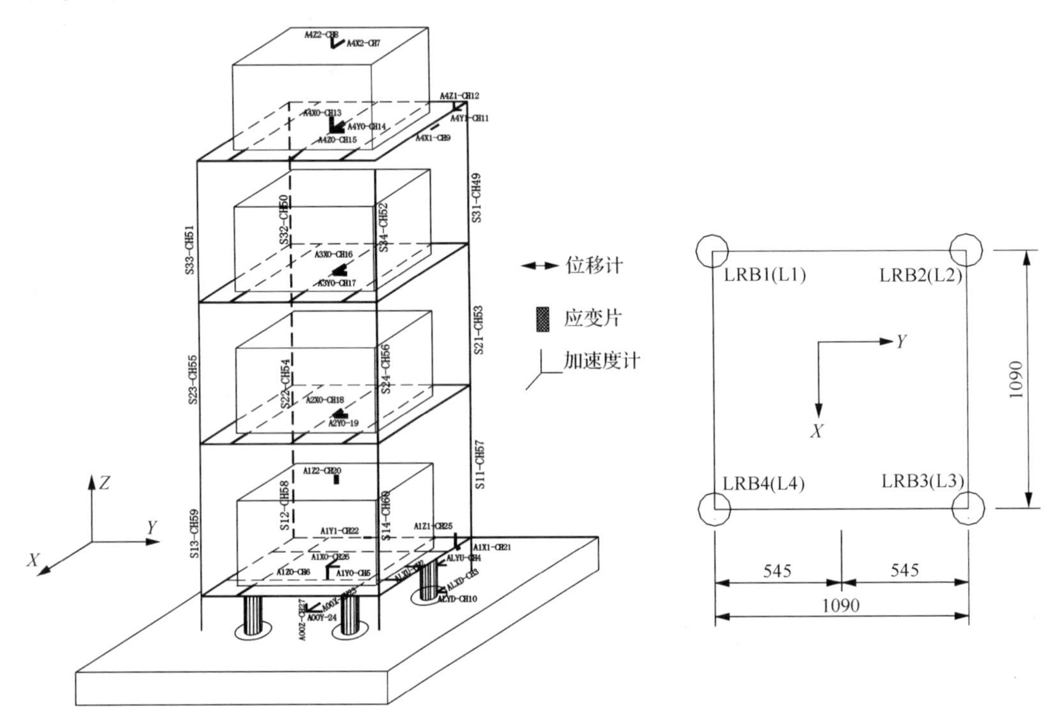

图 6.33　铅芯橡胶基础隔震试验仪器及隔震支座布置

RB. 隔震支座；L. 力传感器

表 6.38　我国铅芯橡胶基础隔震模型试验输入加速度幅值

序号	加载工况名称	输入加速度幅值/g					
		设计值			实测值		
		X 向	Y 向	Z 向	X 向	Y 向	Z 向
1	白噪声	0.07	0.07	0.07	—	—	—
2	e0.26X-1	0.26	—	—	0.256	—	—
3	e0.54X	0.52	—	—	0.472	—	—
4	e0.36XYZ	0.36	0.22	0.22	0.361	0.230	0.236
5	t0.37XYZ	0.37	0.43	0.25	0.38	0.446	0.263
6	h0.32XYZ	0.32	0.26	0.16	0.346	0.263	0.226
7	k0.43XYZ	0.43	0.33	0.18	0.406	0.303	0.158
8	e0.54XYZ	0.54	0.33	0.33	0.6	0.305	0.473
9	t0.56XYZ	0.56	0.64	0.38	0.522	0.602	0.363
10	h0.49XYZ	0.49	0.40	0.25	0.45	0.392	0.273
11	k0.65XYZ	0.65	0.49	0.26	0.571	0.461	0.32

表 6.39　日本铅芯橡胶基础隔震模型试验输入加速度幅值

序号	加载工况名称	输入加速度幅值/g					
		设计值			实测值		
		X 向	Y 向	Z 向	X 向	Y 向	Z 向
1	白噪声	0.07	0.07	0.07	—	—	—
2	e0.26X	0.26	—	—	0.246	—	—
3	e0.54X	0.54	—	—	0.541	—	—
4	e0.36XYZ	0.36	0.22	0.22	0.393	0.23	0.207
5	t0.37XYZ	0.37	0.43	0.25	0.381	0.446	0.291
6	h0.32XYZ	0.32	0.26	0.16	0.310	0.244	0.223
7	k0.43XYZ	0.43	0.33	0.18	0.419	0.326	0.188
8	e0.54XYZ	0.54	0.33	0.33	0.549	0.31	0.401
9	h0.49XYZ	0.49	0.4	0.25	0.519	0.379	0.230
10	t0.56XYZ	0.56	0.64	0.38	0.564	0.584	0.439
11	k0.65XYZ	0.65	0.49	0.26	0.565	0.47	0.293
12	e0.78X	0.78	—	—	0.783	—	—

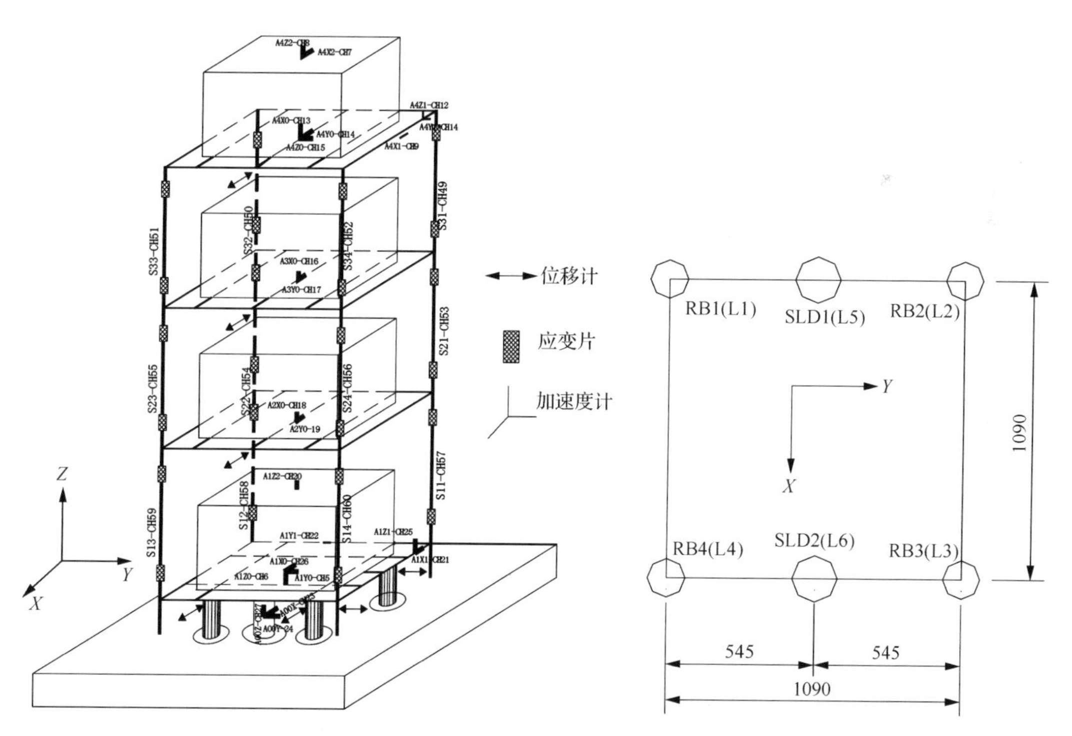

图 6.34　组合基础隔震试验仪器及隔震支座布置

RB. 隔震支座；L. 力传感器；SLD. 滑动支座

表 6.40 组合基础隔震模型试验输入加速度幅值

序号	加载工况名称	输入加速度幅值/g						支座竖向压力/t
		设计值			实测值			
		X 向	Y 向	Z 向	X 向	Y 向	Z 向	
1	Wn0.07for	0.07	0.07	0.07	—	—	—	4
2	e0.26*X*	0.26	—	—	0.251	—	—	4
3	e0.36*XYZ*	0.36	0.22	0.22	0.357	0.215	0.229	4
4	e0.54*X*	0.54	—	—	0.543	—	—	4
5	e0.54*XYZ*	0.54	0.33	0.33	0.534	0.313	0.362	4
6	e0.78*X*	0.78	—	—	0.752	—	—	4
7	e0.36*XYZ*	0.36	0.22	0.22	0.363	0.212	0.197	2.4
8	t0.37*XYZ*	0.37	0.43	0.25	0.393	0.45	0.242	2.4
9	h0.32*XYZ*	0.32	0.26	0.16	0.328	0.263	0.178	2.4
10	k0.43*XYZ*	0.43	0.33	0.18	0.381	0.324	0.165	2.4
11	e0.78*X*	0.78	—	—	0.788	—	—	2.4
12	e0.54*XYZ*	0.54	0.33	0.33	0.549	0.307	0.263	2.4
13	t0.56*XYZ*	0.56	0.64	0.38	0.548	0.651	0.32	2.4
14	h0.49*XYZ*	0.49	0.40	0.25	0.475	0.393	0.277	2.4
15	k0.65*XYZ*	0.65	0.49	0.26	0.588	0.455	0.269	2.4
16	e0.36*XYZ*	0.36	0.22	0.22	0.354	0.219	0.227	6
17	e0.54*XYZ*	0.54	0.33	0.33	0.54	0.31	0.334	6

3. 主要试验结果

1) 我国和日本生产的同类隔震支座的隔震效果对比

图 6.35 是两种隔震支座系统的结构反应位移比较。表 6.41 是两种结构反应力(加速度乘以质量)的比较。

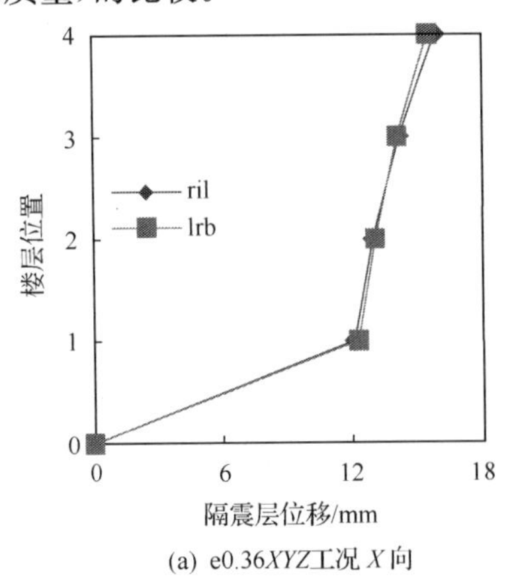

(a) e0.36*XYZ*工况 *X* 向

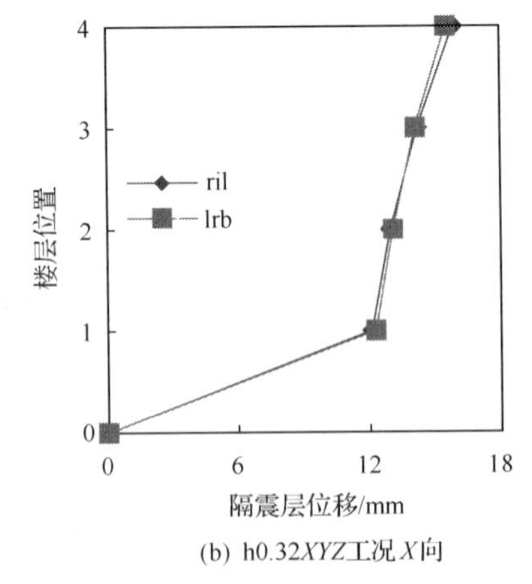

(b) h0.32*XYZ*工况 *X* 向

图 6.35 我国隔震支座和日本隔震支座模型楼层位移反应比较

表 6.41　ril 和 lrb 模型动力反应幅值

楼层位置	不同工况动力反应幅值/kN							
	e0.36*XYZ*		h0.32*XYZ*		t0.37*XYZ*		k0.43*XYZ*	
	ril	lrb	ril	lrb	ril	lrb	ril	lrb
3	12.1	13.3	16.2	13.3	15.4	16.7	13.9	14.4
2	13.3	26	29.6	26.8	24.6	31.5	21.8	28.2
1	17.8	32.8	32.5	33	31.4	35.2	22.2	30.9
0	23.8	29.1	35.3	34.8	25.8	32.1	28.3	31.1
楼层位置	不同工况动力反应幅值/kN							
	e0.54*XYZ*		h0.49*XYZ*		t0.56*XYZ*		k0.65*XYZ*	
	ril	lrb	ril	lrb	ril	lrb	ril	lrb
3	18.3	24.9	20.7	14.3	23.1	25.7	29.0	27.1
2	21.3	34.1	37.0	23.5	44.0	58.0	45.0	43.4
1	22.5	34.9	45.4	36.4	45.1	62.3	56.5	48.8
0	30.8	37.8	48.0	45.0	41.4	49.8	51.8	45.8

通过对我国和日本生产的同类隔震系统模型和基础固定模型振动台试验结果的分析比较，可得如下结论：我国和日本生产的铅芯橡胶隔震系统的地震反应接近，隔震性能相似，滞回特性及隔震层的变形复位能力接近。我国生产的铅芯橡胶隔震支座性能良好，完全可以在工程中广泛使用，并具有足够的可靠性。

2）铅芯橡胶支座隔震和组合基础隔震系统的比较

铅芯橡胶支座隔震系统的自振特性和阻尼比如表 6.42 所示，组合基础隔震系统的自振特性和阻尼比如表 6.43 所示。

表 6.42　铅芯橡胶支座隔震模型 *X*、*Y*、*Z* 向自振频率及阻尼比

振型序号	振型形式					
	X 向		*Y* 向		*Z* 向	
	频率/Hz	阻尼比	频率/Hz	阻尼比	频率/Hz	阻尼比
一阶	1.95	0.196	1.953	0.204	14.1	0.030
二阶	6.51	0.036	6.84	0.016	15.0	0.036
三阶	13.02	0.009	13.18	0.014	21.48	0.0082

表 6.43　组合基础隔震模型 *X*、*Y*、*Z* 向自振频率及阻尼比

振型序号	振型形式					
	X 向		*Y* 向		*Z* 向	
	频率/Hz	阻尼比	频率/Hz	阻尼比	频率/Hz	阻尼比
一阶	1.79	0.106	1.79	0.067	14.16	0.032
二阶	5.78	0.085	5.52	0.053	22.0	0.071
三阶	12.84	0.066	12.82	0.076	24.7	0.054

对比表 6.42 和表 6.43 可见，组合隔震系统模型自振频率为 1.79Hz，第一阶振型的

阻尼比为 0.106,铅芯橡胶隔震系统为 1.95Hz,第一阶振型的阻尼比为 0.196,组合隔震系统的第一阶振型的阻尼比略小于铅芯橡胶支座隔震系统,但第二、第三阶振型的阻尼比较大,说明组合隔震系统对高振型的隔离作用会更好。

模型结构加速度是反映两种隔震系统隔震效果的重要指标,而层间位移反应的分析可衡量结构的损伤变形程度。图 6.36 为两种模型在不同强度 El Centro 波输入时的 X 向加速度反应;图 6.37 分别为两种模型在不同强度 El Centro 波输入时的相应 X 向楼层位移反应,输入加速度幅值分别为 $0.26g$、$0.54g$。图中 sld 表示组合隔震系统房屋模型,lrb 表示铅芯橡胶隔震系统房屋模型。两者加速度反应幅值相差不大,小震时组合隔震系统反应幅值稍大,大震时反应幅值接近。另外,大震时组合隔震系统楼层位移反应稍大。

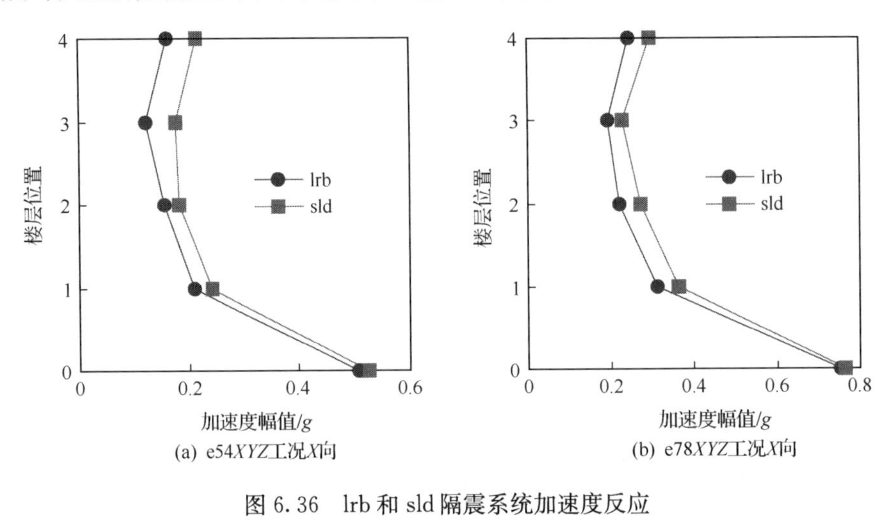

图 6.36 lrb 和 sld 隔震系统加速度反应

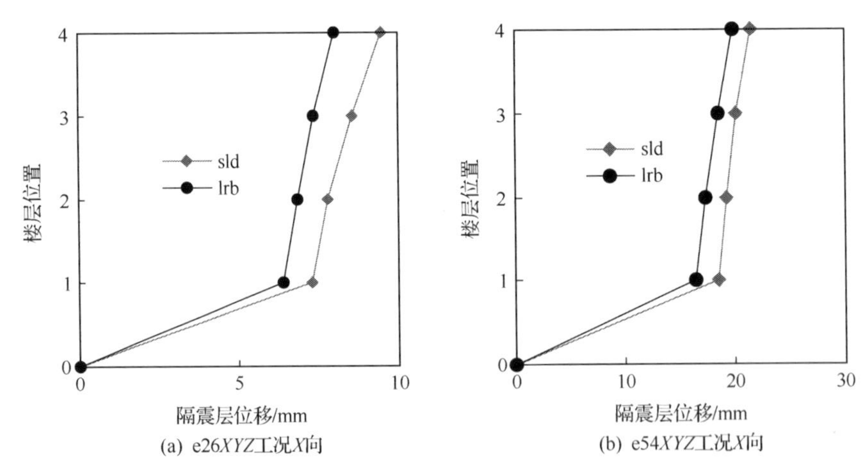

图 6.37 lrb 和 sld 隔震系统位移反应

通过对组合隔震系统和铅芯橡胶支座隔震系统在四种地震波输入时的模型结构反应及隔震系统性能进行分析比较,可得如下结论。

(1) 铅芯橡胶支座隔震系统模型结构加速度反应受地震波高频成分影响较大,而当组合隔震系统地震动输入小时,对四种地震波的加速度反应也有差别,当输入地震动大时，加速度反应对地震波的响应明显不如铅芯橡胶隔震系统敏感。

(2) El Centro、Hachinohe 地震波输入时两种隔震系统隔震层位移比 Taft、Kobe 波输入时大，组合隔震系统隔震层位移反应幅值总是比铅芯橡胶隔震系统大，但四种地震波输入时两种隔震系统上部结构相对位移均较小，且组合隔震系统更小。

(3) 不同地震波输入时两种隔震系统的支座力-位移滞回曲线情况类似，El Centro、Hachinohe 波输入时滞回曲线较规则；Taft 波输入时滞回曲线中滞回环较密且不规则，位移和力均较小，Kobe 波输入时滞回环较稀疏，滞回环集中在较小的范围内。

(4) 铅芯橡胶支座隔震系统(lrb)与组合隔震系统(sld)均具有良好的隔震性能，能有效隔离地面运动，减小上部结构的地震反应。组合隔震系统中组合支座力-位移滞回曲线具有与铅芯橡胶支座隔震系统支座力-位移滞回曲线相似的特征，隔震层的变形复位能力良好。两种隔震系统对不同地震波的反应有所不同，特别当地震动输入大时，组合隔震系统上部结构加速度反应对不同地震波的敏感性比铅芯橡胶支座隔震系统小，楼层剪力变化也具有相似的规律。需要特别强调的是，组合隔震系统的隔震效果与系统中两种隔震支座的比例及隔震支座布置有关。

6.3.2　组合基础隔震系统的理论分析

1. 叠层橡胶支座的分析模型

隔震支座竖向刚度很大，竖向力-变形采用线弹性模型。叠层橡胶支座水平方向考虑一线性弹簧和一黏滞阻尼器的组合，将叠层橡胶支座简化为一线弹性黏滞阻尼隔震器，图 6.38为叠层橡胶支座分析模型示意图，图 6.39 为叠层橡胶支座恢复力模型。

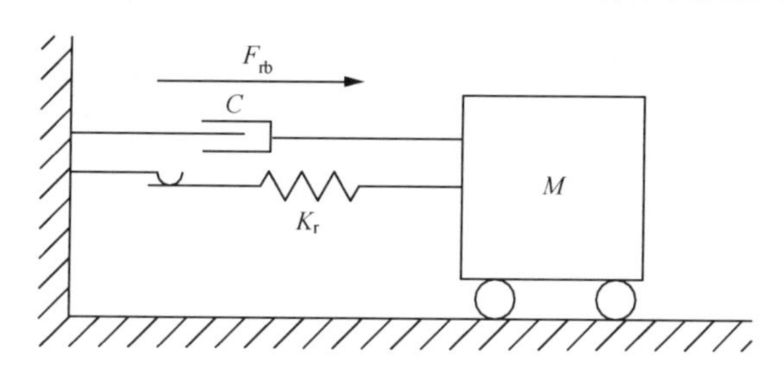

图 6.38　叠层橡胶支座分析模型示意图

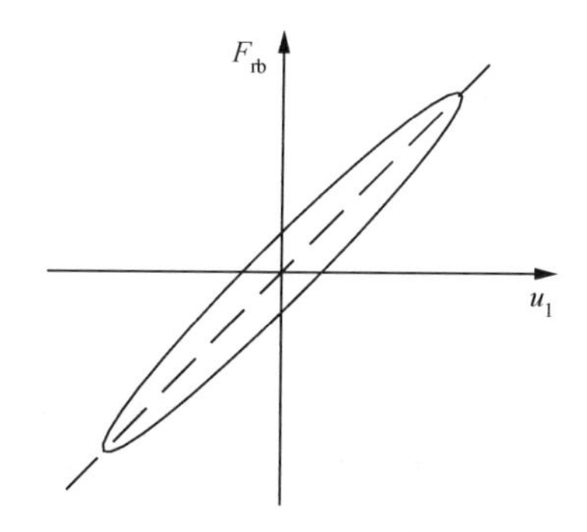

图 6.39　叠层橡胶支座恢复力模型

叠层橡胶隔震支座水平恢复力 F_{rb} 可表示为

$$F_{rb} = F_{rbl} + F_{rb\xi} \tag{6.19}$$

式中，F_{rbl} 为叠层橡胶支座弹性恢复力，$F_{rbl}=K_{br}u_1$，u_1 为隔震层位移，K_{br} 为支座水平刚度；$F_{rb\xi}$ 为黏滞恢复力，$F_{rb\xi}=c\dot{u}_1$，$\dot{u}_1$ 为隔震层速度，c 为橡胶支座黏滞阻尼系数。

2. 滑移摩擦支座的分析模型

滑移摩擦隔震支座竖向刚度很大，竖向力-变形也采用线弹性模型。水平方向考虑为有库仑阻尼器和一黏滞阻尼器组合的隔震器，图 6.40 为有库仑阻尼器和黏滞阻尼器组合隔震器的分析模型示意图。图 6.41 为组合隔震器的恢复力模型。

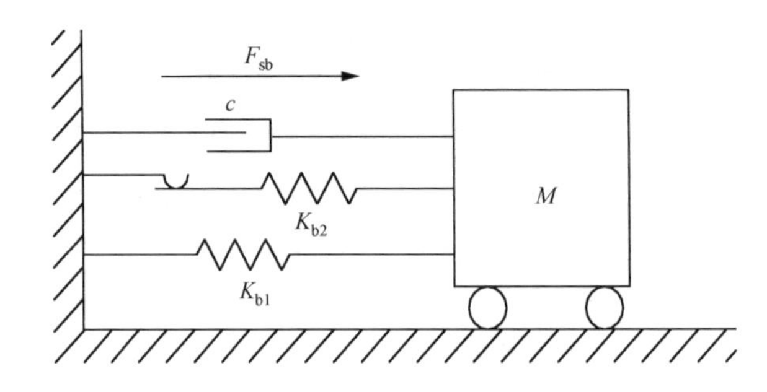

图 6.40　滑移摩擦隔震支座模型示意图

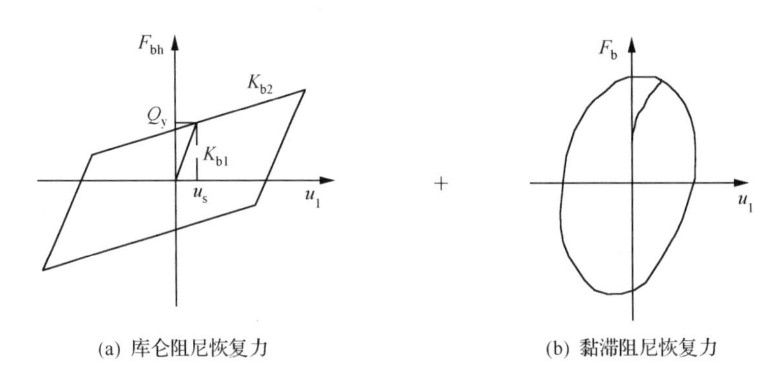

图 6.41　滑移摩擦隔震支座恢复力模型

滑移摩擦隔震支座水平恢复力 F_{sb} 可表示为

$$F_{sb} = F_{sbh} + F_{sb\xi} \tag{6.20}$$

式中，F_{sbh} 为双线性有库仑阻尼器的滞回恢复力，采用图 6.41 所示的双线性恢复力模型。在骨架曲线上，滑移前

$$F_{sbh} = K_{b1}u_1$$

这时，$F_{sbh}\leqslant Q_y$。滑移后

$$F_{sbh} = K_{b2}(u_1 - u_s) + Q_y \mathrm{sgn}(\dot{u}_1)$$

式中，Q_y 为有库仑阻尼器的屈服力；$\mathrm{sgn}(\dot{u}_1)$ 为符号函数，$\dot{u}_1$ 为隔震层速度；u_1 为隔震层的位移。

式(6.20)中，$F_{sb\xi}$ 为隔震支座黏滞阻尼器的黏滞恢复力，采用图 6.41 所示的速度黏滞

阻尼恢复力模型

$$F_{sb\xi} = c_b \dot{u}_1$$

式中，c_b 为隔震支座的黏滞阻尼系数。

3. 组合基础隔震系统的运动方程

多自由度基础隔震系统运动方程为

$$[M]\{\ddot{u}\} + [C]_{FF}\{\dot{u}\} + [K]_{FF}\{u\} + \begin{pmatrix} 0 \\ F_{sb} + F_{rb} \end{pmatrix} = -[M]\boldsymbol{I}\ddot{u}_g \qquad (6.21)$$

式中，$[M]$ 为系统的质量矩阵；$[K]_{FF}$ 和 $[C]_{FF}$ 为基底隔震器刚度和阻尼矩阵；$\{\ddot{u}\}$、$\{\dot{u}\}$ 和 $\{u\}$ 分别为系统的加速度、速度和位移列向量；$\boldsymbol{I}$ 为单位列向量；$\ddot{u}_g$ 为地面运动输入加速度。采用 ANSYS 5.5 通用程序中的求解器进行计算。

4. 计算分析与试验结果的比较

采用本节提出的组合隔震支座分析模型，对该振动台试验的隔震房屋模型进行非线性动力时程分析，上部结构采用弹性模型，上部结构及隔震层黏滞阻尼均采用瑞利阻尼假定，上部结构黏滞阻尼比取试验值 2.2%，滑移摩擦支座黏滞阻尼比 ξ_b 取 5%，叠层橡胶黏滞阻尼比取 3%。选用振动台试验台面实际测得的地震波作为计算的地震动输入，对模型进行三维动力时程分析。

1) 模型最大反应幅值比较

表 6.44 为分析和试验得到的模型结构楼层最大加速度反应和最大层间位移反应幅

表 6.44　模型最大加速度及最大位移反应幅值比较

楼层位置	El Centro 波输入(e0.54*XYZ* 工况)				Hachinohe 波输入(h0.49*XYZ* 工况)			
	X 向加速度幅值/*g*		*X* 向层间位移幅值/mm		*X* 向加速度幅值/*g*		*X* 向层间位移幅值/mm	
	试验	分析	试验	分析	试验	分析	试验	分析
0	0.549	0.549	—	—	0.475	0.475	—	—
1	0.256	0.26	24.6	19.9	0.316	0.281	24.9	27.0
2	0.263	0.28	1.55	0.62	0.335	0.299	1.10	0.75
3	0.303	0.29	1.52	0.73	0.481	0.323	1.73	0.93
4	0.351	0.31	1.64	0.84	0.461	0.328	1.86	1.22
楼层位置	Taft 波输入(t0.56*XYZ* 工况)				Kobe 波输入(k0.65*XYZ* 工况)			
	X 向加速度幅值/*g*		*X* 向层间位移幅值/mm		*X* 向加速度幅值/*g*		*X* 向层间位移幅值/mm	
	试验	分析	试验	分析	试验	分析	试验	分析
0	0.548	0.548	—	—	0.588	0.588	—	—
1	0.360	0.322	13.5	14.8	0.415	0.291	17.8	21.9
2	0.432	0.323	1.25	0.5	0.488	0.339	1.66	0.78
3	0.483	0.354	1.33	0.6	0.473	0.363	1.68	1.02
4	0.425	0.361	1.96	0.8	0.469	0.375	1.93	1.25

值。由表可见 El Centro 和 Hachinohe 波输入时分析和试验值相差较小，Taft 和 Kobe 波输入时分析结果误差较大。四种地震波输入时隔震层位移反应幅值与试验值较接近，表明提出的分析模型能有效估计上部结构的反应。

2）隔震层位移时程比较

图 6.42 和图 6.43 分别为 X、Y 向分析和实测的隔震层位移反应时程曲线。由图发现隔震层时程曲线计算值与实测值时程符合较好，幅值也较接近。隔震层变形是衡量隔震系统性能的重要指标，说明提出的分析模型可以给出隔震层位移反应的较好结果。

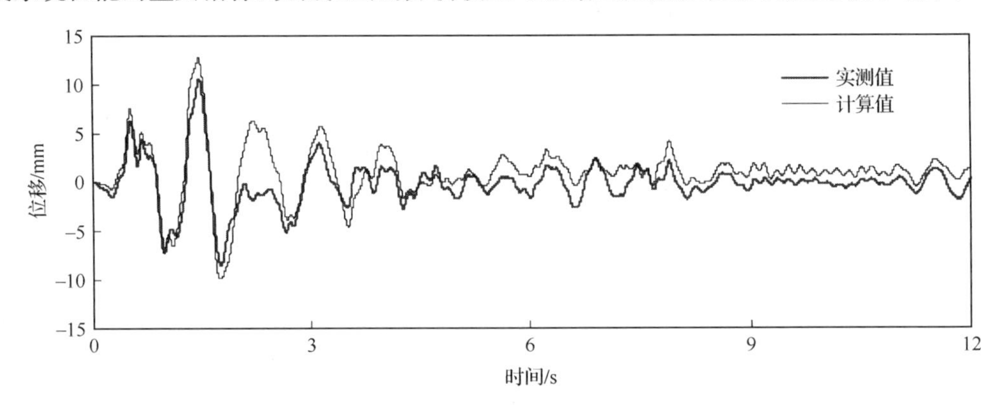

图 6.42 e0.36XYZ 工况 X 向实测和计算隔震层位移反应时程

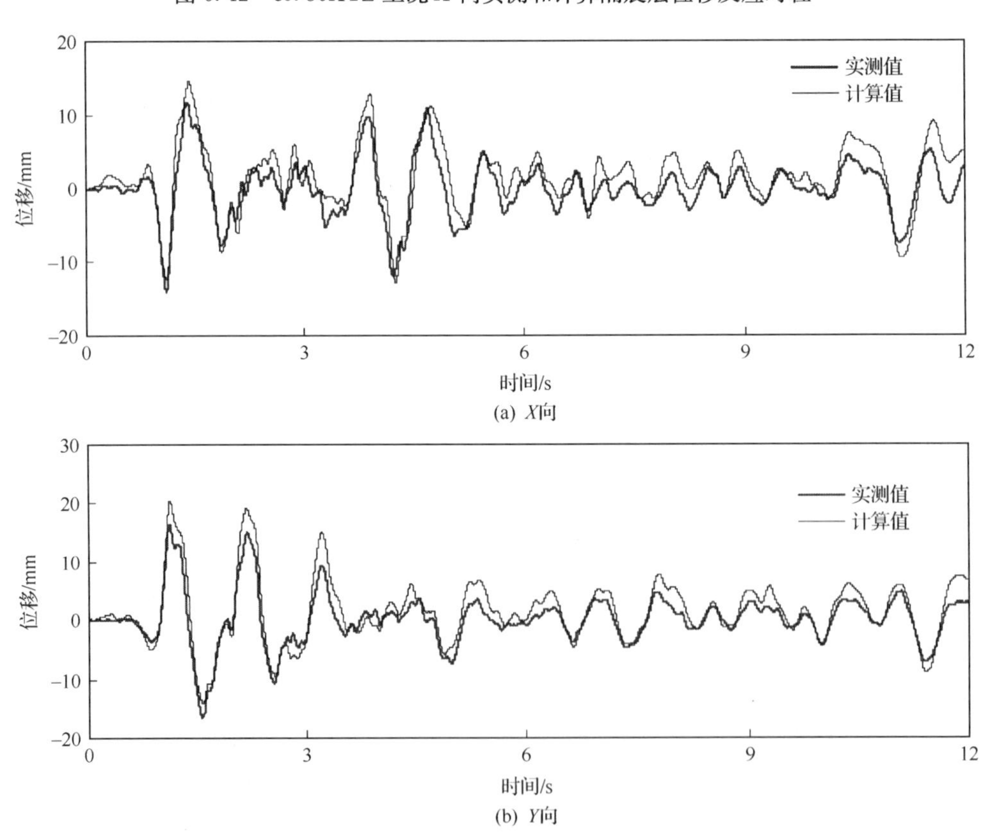

图 6.43 t0.56XYZ 工况 X、Y 向实测和计算隔震层位移反应时程

3）隔震支座竖向力曲线比较

组合基础隔震系统中滑移摩擦支座通过滑移隔离地面运动，而摩擦力随竖向力的变化而变化。因此滑移摩擦支座竖向力的变化将影响模型的隔震效果。同时，组合基础隔震系统中由于滑移摩擦支座承受了大部分竖向压力，叠层橡胶支座的压力较小，在地面运动过程中，叠层橡胶支座上很可能会产生拉力，试验和研究表明隔震支座出现竖向拉力，对支座压剪性能影响较大。对支座竖向力进行分析具有重要意义。图6.44和图6.45分别为El Centro和Kobe波输入时实测和计算得到的隔震支座竖向力反应时程曲线，从图可见，两者反应相近，且Kobe波输入时叠层橡胶支座上有拉力出现。

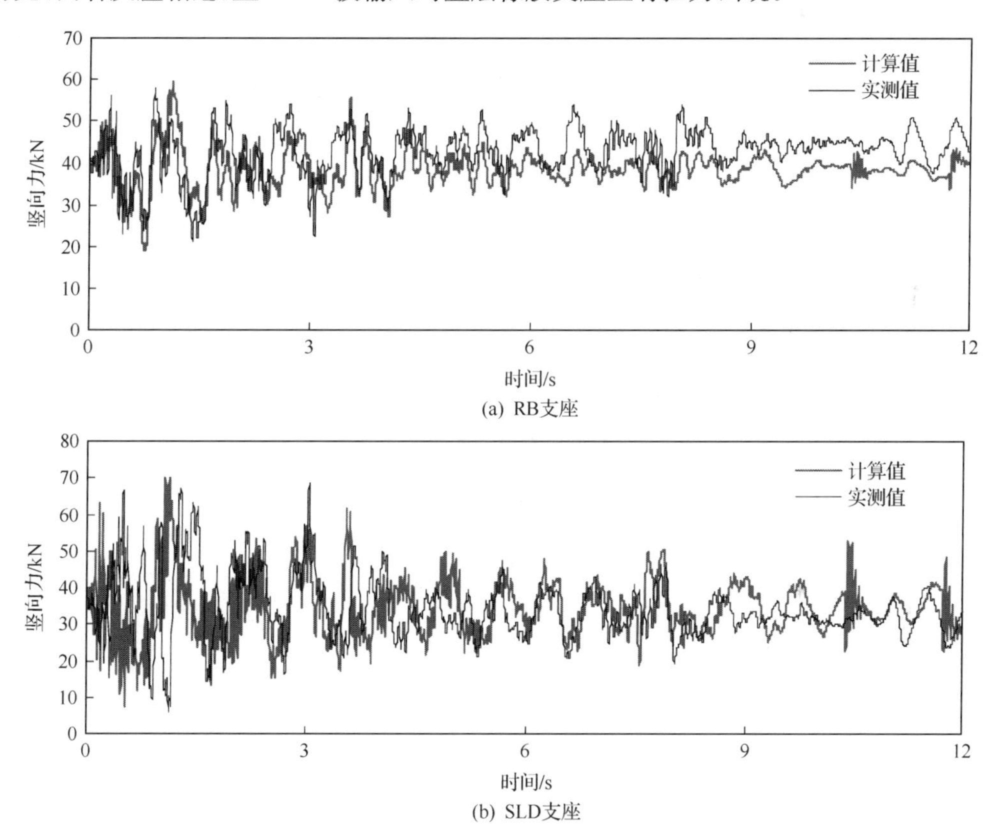

图6.44　e0.54XYZ工况实测和计算支座竖向力反应时程

4）隔震支座的滞回曲线比较

组合基础隔震系统中滑移摩擦支座提供耗能能力，支座力-位移关系为接近垂直的滞回曲线。图6.46和图6.47分别为不同地震波输入时实测和计算支座水平方向力-位移滞回曲线。由图可见分析和试验的力-位移滞回曲线基本特征相似，但由于试验影响因素较多，曲线规则性较差。另外，系统中叠层橡胶支座力-位移接近直线，显示良好的弹性复位能力，分析和试验结果相似。采用本节提出的分析模型，基本能反映试验实测的支座力-位移滞回曲线的基本特性。

5）小结

对组合隔震系统提出了分析模型：假定上部结构为弹性单元，叠层橡胶支座采用黏弹性模型，摩擦滑动支座采用黏刚塑性模型。采用此分析模型对振动台模型试验的有关工况进行分析，通过与试验结果的比较可得如下结论。

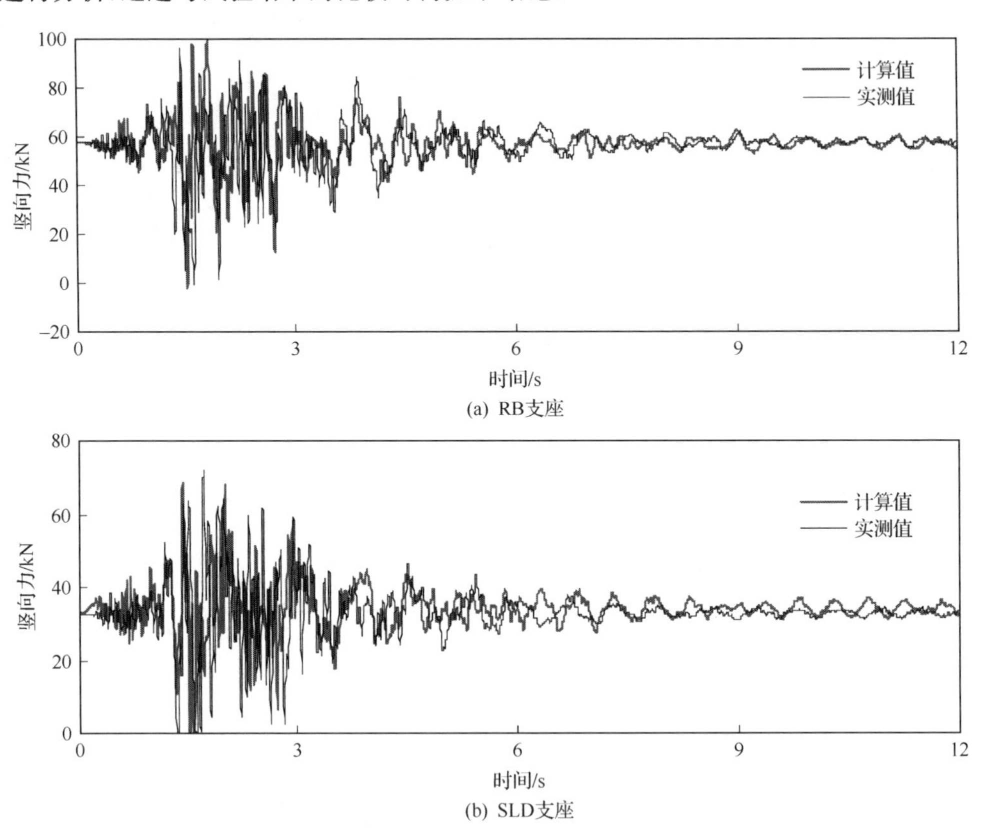

图 6.45　k0.65XYZ 工况实测和计算支座竖向力反应时程

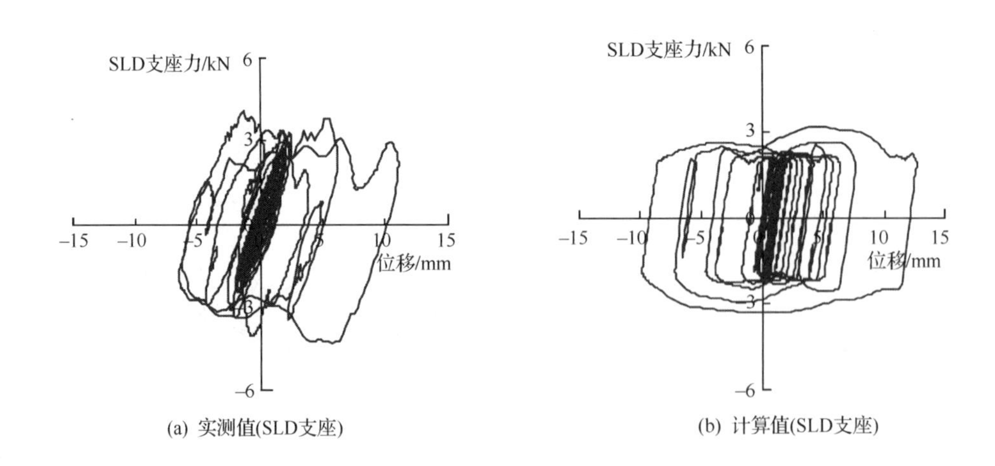

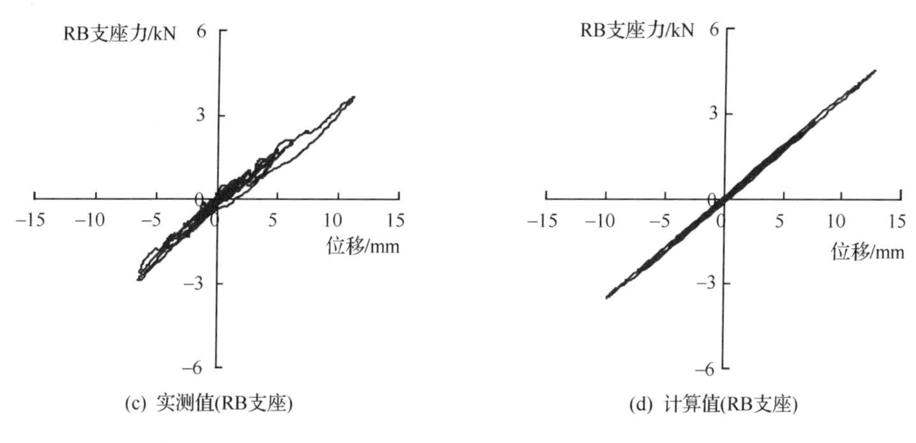

(c) 实测值(RB支座)　　(d) 计算值(RB支座)

图 6.46 e0.36XYZ 工况实测和计算 X 向支座力-位移滞回曲线

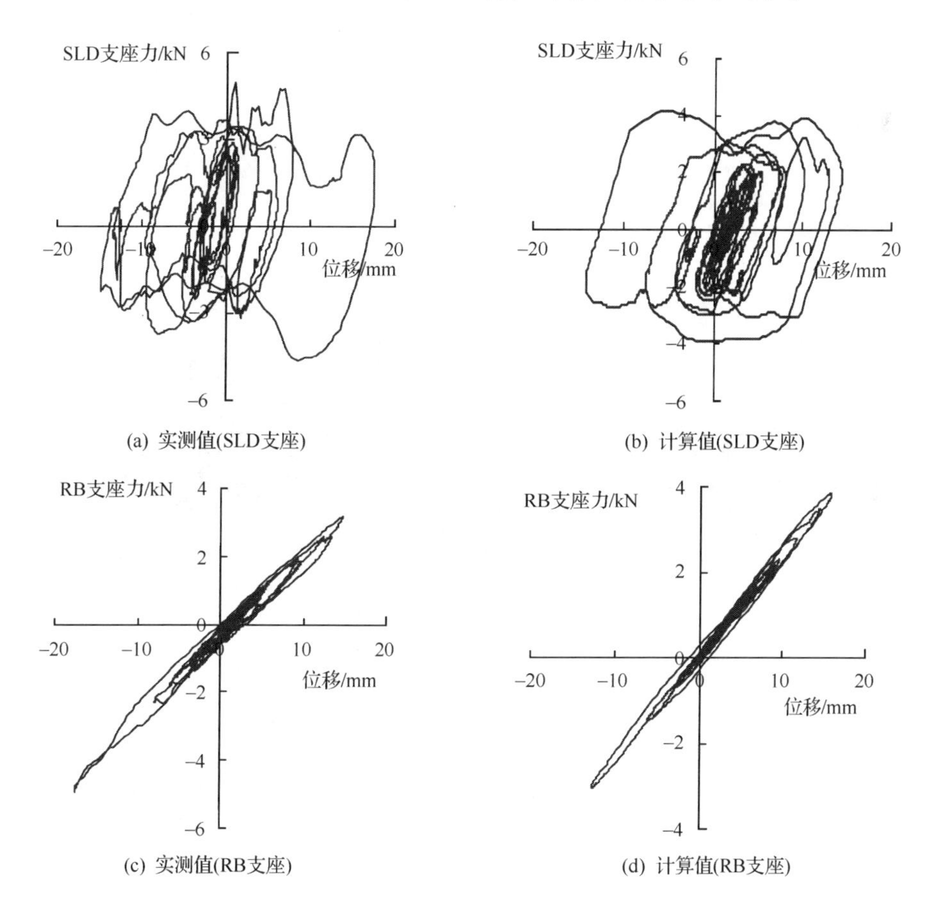

(a) 实测值(SLD支座)　　(b) 计算值(SLD支座)

(c) 实测值(RB支座)　　(d) 计算值(RB支座)

图 6.47 e0.54XYZ 工况实测和计算 X 向支座力-位移滞回曲线

(1) 隔震层位移计算值和实测值吻合较好,位移幅值接近;结构顶层加速度计算和实测时程曲线也很接近,但实测时程曲线上个别峰值点数值明显比计算值大,最大相差在20%左右。另外,分析结果与输入地震波有关。

(2) 对隔震支座竖向力进行了分析，叠层橡胶支座及滑移摩擦支座计算和实测竖向力时程曲线吻合较好，反应幅值接近。

(3) 计算和实测叠层橡胶支座力-位移滞回曲线相近，均呈现良好的弹性性能；滑移摩擦支座滞回曲线面积较大，具有良好的耗能能力，分析和实测滞回曲线形状相近。

(4) 比较表明，本节提出的分析模型能近似地表示组合基础隔震系统的特性，并可较好地预测模型结构的位移反应。另外，对支座黏滞阻尼的取值有待进一步研究。

6.3.3 组合基础隔震系统的工程应用

1. 工程简介

上海国际赛车场位于上海市嘉定区，主要建筑物包括主看台、比赛控制塔、行政管理塔、新闻中心和空中餐厅等。其中主看台、比赛控制塔(行政管理塔)为钢筋混凝土结构，新闻中心(空中餐厅)为巨型大跨度钢桁架结构。桁架结构跨于主看台顶和比赛控制塔(行政管理塔)顶之间。该工程的建筑照片如图 6.48 所示，主体结构如图 6.49 和图 6.50 所示。

图 6.48 现场建筑照片

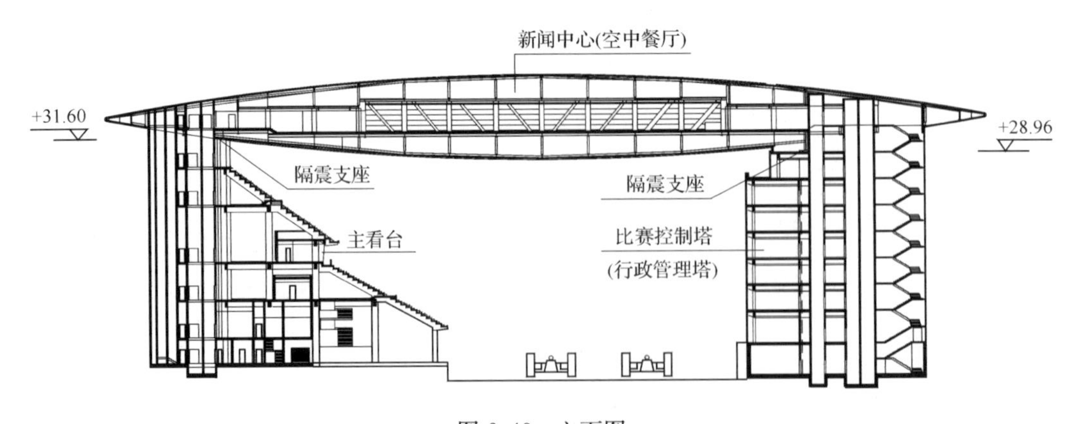

图 6.49 立面图

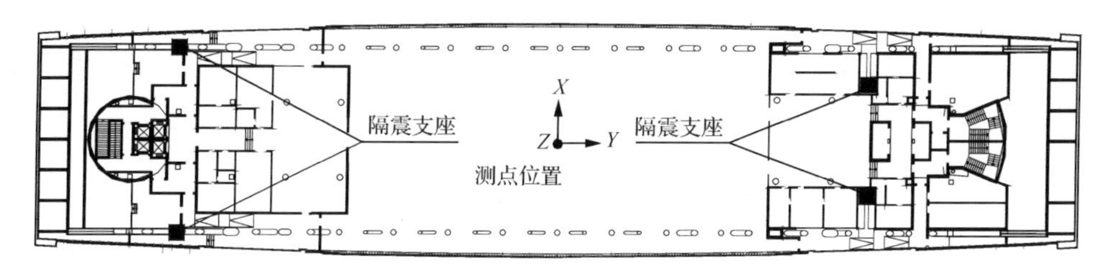

图6.50　桁架平面图

新闻中心和空中餐厅两个部分均采用梭形钢桁架结构。每个梭形钢桁架由两榀主桁架和中间连系杆组成。桁架一端坐落于比赛控制塔(行政管理塔)的两个柱上,另一端坐落于主看台的两个柱上,每个柱子的最大竖向压力为25000kN。梭形钢桁架底面最低处标高为+27.950m,最高处标高为+40.950m,桁架高度最大处为13.000m。桁架支座间跨度为91.300m,左右两边各悬挑28.190m和18.690m,结构平面最大宽度30.630m。在+32.325m标高处,设压型钢板-混凝土楼面以适应建筑功能需要。

结构设计中遇到的主要问题是:重量达100000kN的钢桁架支承在四个巨型柱子上,如果采用四个固定铰支座,虽然地震作用可以由四个柱子共同承受,但在考虑30℃温差的情况下,由于温差变化引起的钢桁架轴向变形将造成四个混凝土柱子产生裂缝,影响正常使用。如果采用两个固定铰支座和两个滑动铰支座,则可以释放温度应力和变形,但地震作用必须由两个具有固定铰支座的柱子承受,特别是大震时的抗震安全性很难保证,给柱子的设计带来很大的困难。因此,为了减小地震作用和温度效应等,新闻中心主桁架结构与钢筋混凝土结构的连接采用了本研究中开发的组合隔震支座,即在每个柱子中心位置采用25MN盆式橡胶隔震支座作为滑动装置,在盆式支座的四周采用四个叠层橡胶支座。盆式橡胶支座的作用是承受25000kN的竖向压力、释放温度应力和隔震,叠层橡胶支座的作用是复位和隔震,它们组合在一起,以期达到以下目的:①承受钢桁架传给每个柱子的25000kN的竖向压力;②减小结构的地震反应,包括钢桁架和四个支承柱子的地震反应;③减小使用阶段钢桁架的温度应力。

在具体设计时,根据工程实际情况,在桁架结构与每个混凝土结构柱子之间采用了一组组合隔震支座连接。以下的分析研究内容包括:①对该组合结构体系进行非线性时程反应分析,优选组合隔震支座的性能参数;②采用组合隔震支座连接后,分析结构的地震反应特征;③对结构采用隔震支座连接和固定连接时的地震反应进行比较分析。

2. *减震原理*

在钢桁架和下部混凝土结构间采用隔震支座连接,由于隔震支座水平刚度很小,将隔离向钢桁架传递的地震动,钢桁架的地震作用将大大减小,从而整体结构的地震作用也将大大减小。而且在钢桁架的温度变形达到一定值时,支座产生滑移,从而释放温度应力。由于橡胶支座具有一定的轴向压缩变形和拉伸变形的特性,该组合隔震支座还具有适应钢桁架转动位移的能力。

根据实际情况,设计组合隔震支座系统可以满足以上要求。钢桁架的竖向荷载很大,利用25MN组合盆式橡胶隔震支座可以承担竖向荷载。利用橡胶体积弹性模量大的特性，置橡胶块于密封的钢盆中，使其三向受压而产生巨大的反力，以承受巨大的竖向荷载；同时利用橡胶的高弹性，适应两端的转动；橡胶块顶部镶一层聚四氟乙烯板与上盖板底部不锈钢板间的自由滑移，可适应上部结构的水平位移。这种盆式橡胶支座具有承载安全性高、适应水平位移量大、摩擦系数小、使用方便和养护简便等特点。

在发生地震时，地震作用克服盆式支座最大静摩擦力后发生滑移，可以利用橡胶支座的水平变形来提供一定的侧移刚度，限制支座发生过大的水平变形，提供恢复力，吸收地震能量。

对减震结构的工作特性要求是，在强风或微小地震时，隔震层(隔震装置)具有足够的初始刚度，结构水平变位极小，不影响正常使用；当中强地震发生时，隔震装置的水平刚度较小，隔震层滑动，明显地降低上部结构的地震反应。

3. 支座设计

隔震(减震)支座设计满足以下要求：①能稳定地支承钢桁架；②水平刚度适中，能够减小结构地震反应；③能适应下部结构与钢桁架之间的相对位移；④在强震作用下，减震系统发生大变形时不发生失稳，吸收地震能量；⑤耐久性达到使用要求。

根据工程实际情况，设计了专门的组合橡胶隔震支座系统，该系统由一个25MN盆式橡胶支座和四个PΦ650-150橡胶支座组成(图6.51和图6.52)。其中25MN盆式橡胶支座承受竖向荷载并允许上部结构产生水平位移。采用周围四个PΦ650-150橡胶支座作为附加阻尼及限位、复位器，在地震时限制支座发生过大的水平位移并且耗散地震能量。

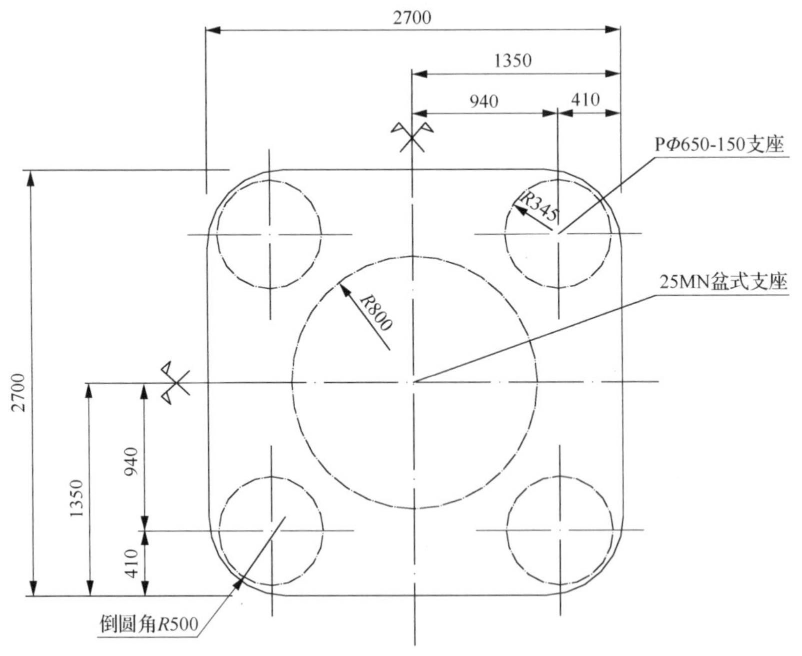

图6.51　组合隔震支座平面示意图

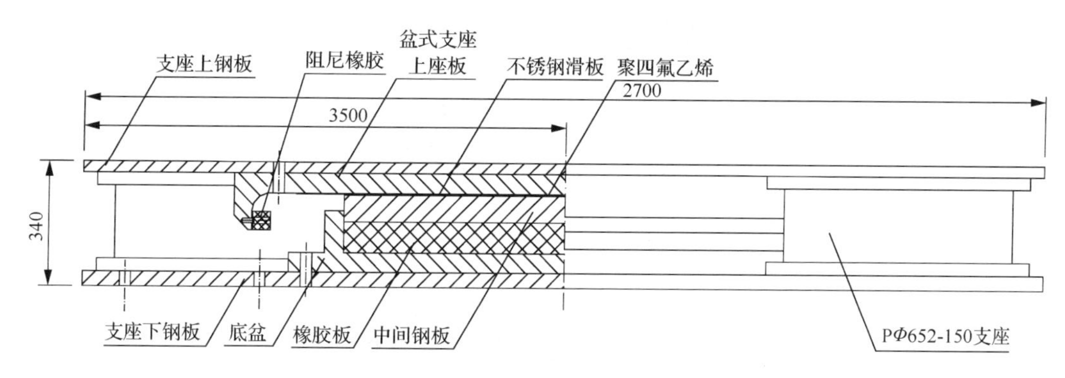

图 6.52　组合隔震支座剖面示意图

盆式橡胶支座竖向设计承载力为 25MN，竖向变形为 0.5%～1.5%。支座中聚四氟乙烯板和不锈钢板间摩擦系数很小，一般为 0.5%，水平变形为±200mm。

在风和小震作用时，支座静摩擦力提供初始刚度 $K_1=3.125\times10^8$N/m，保证建筑的正常使用功能。当地震作用克服摩擦力时，支座发生水平滑移，周围的四个橡胶支座发生水平变形，提供第二水平刚度 $K_2=0.9\times10^7$N/m，限制支座发生过大的变形。当遭受大地震作用，支座水平位移超过±150mm 时，盆式支座内的高阻尼橡胶垫被挤压，从而耗散地震能量，减小地震反应。

由于支座的摩擦系数很小，如果按 0.5%计，在日常使用中，当温度变化在钢桁架中引起的附加力大于 250kN 时支座产生滑移，温度应力即被释放。

支座的设计使用寿命为 60 年，为此在支座耐久性方面采取了下列措施：①外露橡胶件采用了 10mm 厚氯丁橡胶保护层，这种橡胶具有很好的耐热老化、臭氧老化、日照和各种化学腐蚀。能保证支座在 60 年使用寿命内的性能变化小于 20%；②对钢构件采用喷锌工艺，具有很好的防腐蚀性能；③支座被设计成可更换型，在 60 年使用期内一旦发现支座某个部件发生老化等现象，即可进行更换。

4. 地震反应分析

1) 参数选定

结构恒荷载、活荷载按照《建筑结构荷载规范》(GB 50009—2001)选定，为简化分析，活荷载主看台斜面取 3.5kN/m²，其他取 2.5kN/m²。

对于如此复杂的结构，拟采用简化模型进行整体结构的地震反应分析。组合隔震支座的水平力-位移关系采用双线性刚度曲线，其中第一刚度 $K_1=3.125\times10^8$N/m，第二刚度 $K_2=0.9\times10^7$N/m，支座起滑位移取为 0.8mm，支座起滑力为 250kN。

2) 地震波选用

根据场地条件和结构的动力特性，选用上海市标准《建筑抗震设计规程》(DBJ 08-9—2003)中提供的 SHW1、SHW2 和 SHW4 波。每条地震波分别按 7 度小震(多遇地震烈度，35gal)、中震(基本地震烈度，100gal)和大震(罕遇地震烈度，200gal)计算。

3) 计算结果及分析

(1) 自振频率。

对整体结构进行振动模态分析，得到铰接结构和隔震结构的前 9 阶自振频率(表 6.45和表 6.46)。从隔震结构的前 9 阶振型可以看出，结构的整体性较好，没有出现局部振动，且结构扭转振型为第三振型，说明整体结构的抗扭刚度尚好。

表 6.45　铰接结构振动模态

阶数	频率/Hz	周期/s	备注
1	0.549	1.821	桁架上弦横向振动
2	1.158	0.864	整体横向振动
3	1.164	0.859	纵向振动
4	1.337	0.748	扭转振动
5	1.578	0.634	桁架竖向振动
6	2.145	0.466	桁架翻转振动
7	2.208	0.453	桁架翻转振动
8	2.706	0.370	主看台前排柱振动
9	2.711	0.368	桁架竖向振动

表 6.46　隔震结构振动模态

阶数	频率/Hz	周期/s	模态
1	0.317	3.159	桁架横向振动
2	0.348	2.872	桁架纵向振动
3	0.496	2.015	桁架扭转振动
4	0.762	1.312	桁架横向振动
5	1.578	0.634	桁架竖向振动
6	1.743	0.574	塔楼横向振动
7	1.861	0.537	塔楼扭转振动
8	1.915	0.522	塔楼纵向振动
9	2.183	0.458	桁架翻转振动

(2) 结构地震反应分析。

采用上海市《建筑抗震设计规程》中提供的三条地震波(SHW1、SHW2 和 SHW4)进行了隔震结构的时程反应分析。本节给出了结构反应最大的 SHW4 波作用下的数据。在 SHW4 波激励下，比赛控制塔顶部位移、加速度时程分别如图 6.53 和图 6.54 所示。主看台楼层位移及层间剪力包络曲线如图 6.55 和图 6.56 所示。通过对比铰接和隔震结构地震反应可以看出，采用隔震措施后，主看台和比赛控制塔位移、加速度以及层间剪力都大大减小。而且，通过计算分析发现，减震结构体系地震反应也小于单体结构地震反应。

以减震前、后地震反应差值与减震前反应值的比值定义为减震效果，则主看台和比赛控制塔顶部位移可减小 45%～66%，结构基底剪力可减小 40%～45%。钢桁架位移有所增大，但加速度显著减小，减震效果达到 65%～75%。

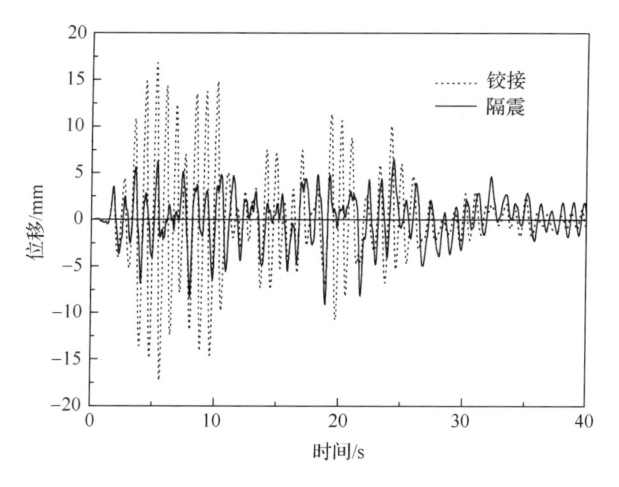

图 6.53　比赛控制塔顶部位移反应时程

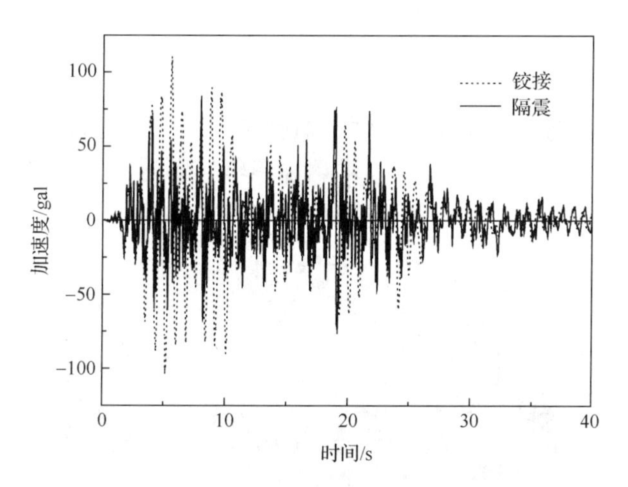

图 6.54　比赛控制塔顶部加速度反应时程

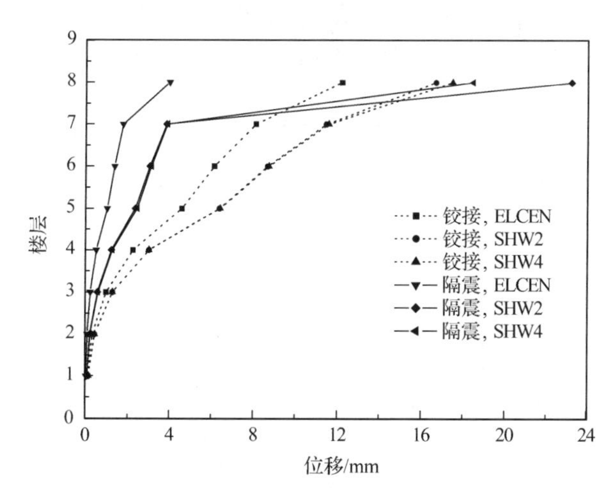

图 6.55　楼层位移包络图

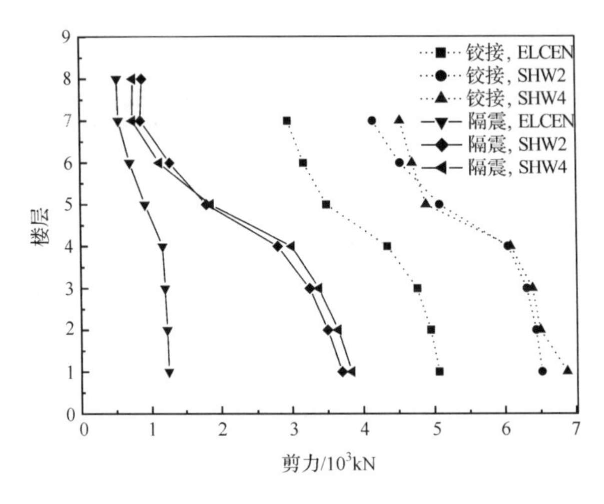

图 6.56 层间剪力包络图

5. 小结

上海国际赛车场新闻中心和空中餐厅的组合隔震工程已于 2004 年 6 月安装完成，现场安装完成后的照片如图 6.57 所示。上海国际赛车场新闻中心(空中餐厅)结构采用组合隔震措施后，通过隔震设计和非线性地震反应时程分析可以得出以下结论。

图 6.57 组合隔震支座安装完成后的照

(1) 在钢桁架结构和下部混凝土结构之间设置由盆式支座和普通橡胶支座组合成的隔震支座，可以释放由于温度变化在结构中引起的附加内力。

(2) 在具有不同频谱特性的地震波激励下，结构的地震反应也不同。但在不同地震波激励下，相对于铰接结构，采用隔震措施后均可显著减小主看台和比赛控制塔地震反应，各楼层位移、加速度和层间剪力均显著减小。顶部位移反应可减小 45%～66%，基底剪力可减小 40%～45%。钢桁架位移反应有所增大，但其加速度反应大大减小，为 65%～75%。

(3) 组合隔震支座上下端最大相对位移是支座设计的控制参数。相对位移平均值小震时约为 23mm，中震时 85mm，大震时 225mm。小震、中震时位移值均在该工程设计的支座位移限值之内,大震时支座内的高阻尼橡胶被挤压,消耗地震能量,从而限制了支座发生过大的水平变形。

(4) 对于顶部具有大质量的桥式连体结构采用组合隔震支座后,利用支座的滑动耗散地震能量,减小结构地震反应。减震结构体系地震反应不仅远小于铰接结构体系,而且还明显小于单体结构地震反应。

6.4　用阻尼器连接的耦联结构体系减震研究与工程应用

6.4.1　用阻尼器连接相邻建筑以形成耦联结构体系的工程背景及减震原理

1. 工程背景

在现代城市中,由于用地紧张或者建筑美学、使用功能等方面的要求,建筑物往往可能靠得很近。由于在很多情况下,两相邻的建筑物之间的距离十分有限,当强震发生时,彼此发生碰撞的可能性很大。如在1985年墨西哥城大地震中,在被调查的330栋严重损伤或倒塌的建筑中,超过40%发生了碰撞,总数的15%倒塌。在1989年的Loma Prieta地震中,大量建筑由于结构碰撞而破坏或倒塌。在其他地震中,如1964年的Alaska地震、1967年的Venezuela地震、1971年San Fernando地震、1972年的Managua地震、1977年的Romania地震、1981年的希腊中部地震等,相邻结构之间的碰撞现象是很普遍的。因此,如何防止间隔很近的建筑物在强震作用下发生碰撞,对于保证这些建筑物的抗震安全具有重要意义,这是促使耦联结构控制体系产生的动因之一。

另外,在一般情况下,由于这些建筑物是彼此分离的,相互之间无任何连接,建筑物的抗震能力只能取决于自身。而根据力学原理和以往的工程经验,如果将两结构以一定的方式连接起来构成协同体系,则有可能增强总体的抗震能力。例如,在日本,至今有大量的内外结构互相连接的5层高的宝塔,多个世纪以来,它们历经各种大地震,却完好无损。究其原因,主要是这类塔体往往由自支承的外部的塔体和内部柱构成。当地震发生时,由于内、外部结构之间发生摩擦等相互作用,消耗掉了相当一部分的地震输入能量,从而使得塔体得以保全。因此,将两结构(或同一结构的不同部分)连接起来以提高其抗震性能就成为耦联结构控制体系产生的动因之一。

综合以上两个方面,则既要求有效地防止相邻建筑物之间的碰撞,又要求提高这些建筑物的抗震性能和抗风性能。基于这样的目的,运用现代结构控制的概念,采用控制装置来连接相邻的两个或多个建筑物的思想就应运而生了。由于这种结构体系在外部激励作用下,既具有两个(或多个)结构之间因相互作用而形成的振动特性相互影响的耦联特点,又受到了连接用控制装置的控制作用,因此,将这种用控制装置连接起来的两(或多)个结构体系称为耦联结构振动控制体系。这里的控制装置指的是各类阻尼器和作动器等设备。

2. 基本特征及减震原理

耦联结构振动控制体系的基本特征及减震原理如下。

(1) 两个结构之间由于连接而会发生相互作用，它们的自振特性和动力反应是相互影响的。

(2) 两个结构动力反应的减小是通过两个方面来实现的：其一是通过连接用控制装置的阻尼作用来消耗大量的地震能量，从而减少需要由结构构件本身消耗的能量总量；其二是利用两结构之间的相互作用来实现能量在两个结构之间的重新分配，实现输入的能量从一个结构(能量输出结构)向另一个结构(能量输入结构)的转移。很显然，前一方面对两个结构来说都是有益的，而后一方面的直接效果就是“减小一个结构(能量输出结构)动力反应的同时，加大另一个结构(能量输入结构)的动力反应”。因此，要想同时减小两个结构的反应，必须对连接用控制装置进行仔细的优化分析，尤其是对能量输入结构来说，必须使得阻尼装置消耗能量的效果大于从另一个结构能量输入的效果，否则该结构的动力反应要么变化不大，要么反而加大。

(3) 对于抗震，两结构必须要有不同的自振特性。因为两结构动力反应的减小主要是靠连接用控制装置的耗能作用，该装置能够被有效地激发(连接装置两端有相对运动)是该结构控制体系能够起作用的必要条件。由于靠得很近，地震激励只能认为对两结构是相同的(单点激励)，如果它们的自振特性一致的话，在同一水平位置的地震反应必然也相同，控制装置不能被激发，也就起不到耗能作用了。用于抗风则没有这么严格的限制，因为在风力下，靠得很近的两结构所受的风作用会有不同。

(4) 为了确保控制有效，应该尽量减少由于安装控制装置对两结构自振频率的影响。因为结构自振频率变化较大可能对地震输入的总能量产生影响，使结构存在反应增大的可能性(与不连接相比较)；基于同样的道理，对于频谱特性不同的地震激励，可能就会出现结构反应控制效果差别较大的情况。而且，这对于已有建筑结构的抗震加固，是尤其重要的。

3. 研究现状

关于耦联结构体系的振动控制研究已进行的主要工作可以总结如下。

(1) 进行了一些防止相邻结构碰撞的分析研究。

(2) 选用不同的力学模型来模拟两结构，分别将两结构用单自由度体系、多自由度体系、剪切型结构，以及连续型力学模型(如剪切梁)来模拟，进行计算分析，验证了耦联结构振动控制的有效性，这样的结果，既模拟了高层结构耦联的情况，又模拟了中、低层结构耦联的情况。

(3) 分别研究了用不同的连接装置，如黏弹性阻尼装置、黏滞阻尼装置、金属屈服型阻尼装置等被动控制装置以及拉索等主动控制装置连接两结构时的动力反应控制情况。

(4) 对于连接采用主动或半主动控制的情况，进行了各种控制策略和控制算法的研究。

(5) 对阻尼装置进行了一些参数优化方面的研究。

(6) 对阻尼装置的布置也进行了一些位置优化研究。

(7) 对耦联结构振动控制体系进行了如何确定其动力特性，以及时域、频域地震反应计算方法方面的研究。

(8) 除了理论研究,还进行了一些试验验证,日本已有两个实际工程应用,国内在2004年前还没有实际工程应用。

4. 还需要研究解决的主要问题

关于耦联结构体系的振动控制,虽然在主动控制和被动控制方面均已有一些研究成果,但仍然存在一些问题需要继续研究。

(1) 自振特性的确定方法问题。由于该种体系涉及两个子结构之间的相互作用,再加上连接用控制装置给系统带来了较大的附加阻尼,从而使得该系统成为非比例阻尼系统,即其阻尼矩阵不能满足正交性条件。为了使得其阻尼矩阵能够解耦,在状态空间里将运动方程解耦的复模态理论提供了一种可行之策。但是,由于运用的是复模态理论,体系的频率和阻尼比虽然能够求出,但复振型的物理概念很不直观,难于理解。若在工程应用中,运用复模态理论来确定该体系的动力特性,一方面计算工作量较大,另一方面工程师难以理解,也就难以接受。

(2) 地震反应的计算方法问题。在随机激励作用下的频域反应可以得出,较成功的是采用过滤白噪声激励下的虚拟激励法。该法计算工作量较少,用于进行控制装置的参数优化分析是合适的。若要对该体系进行构件设计,则必须选用时程分析方法。由于这些方法与现有的抗震规范中的反应谱法相比较而言,计算复杂、不易推广。因此,发展能够适用于该体系的反应谱方法,对于推广该种结构控制体系进入工程应用具有重要意义。

(3) 在大震作用下弹塑性动力响应问题。在强烈地震激励下,该结构体系也有可能进入弹塑性阶段。若控制装置在结构处于弹性阶段和弹塑性阶段时的振动控制效果差别很大,按弹性阶段的控制水平所设计的结构体系极有可能在大震时因控制装置失效而意外破坏。而目前为止仅有的对该体系在大震作用下的弹塑性反应分析,是在频域中用等价线性化的方法计算得到的。鉴于这种分析方法的局限性,很有必要采用时程分析方法,对该体系在弹塑性阶段的振动控制效果做进一步的分析。而且,对于带控制装置的结构体系,在弹塑性阶段,其变形以及破坏特征是否会发生变化,也是很有实际意义的研究内容。

(4) 计算分析所用的计算模型问题。在以往的理论分析中,采用的都是平面模型(两结构平行布置)。因此,只能对结构体系的单向地震反应进行研究。而且,当两结构动力特性有较大差别时,对于连接阻尼器可能引起的附加扭转变形不能进行适当的考虑。对于子结构本身有较大扭转的情况,如何用连接控制装置来控制结构的扭转变形,也是一个值得研究的问题。因此,运用三维空间模型进行包括结构扭转反应在内的多向地震反应的理论分析和试验研究很有必要。

(5) 阻尼器的位置优化问题。对于该体系的阻尼器的参数优化问题,已进行过较多研究工作。其中比较精细而有效的是虚拟激励法结合复模态方法。但是在以往的研究中,阻尼器的布置方式要么是每层都布置,要么是仅布置在顶层。因此,阻尼器的位置变化对体系动力反应的影响效果及其位置优化分析尚需进一步研究。

(6) 试验研究问题。虽然已经对该种结构体系进行过用电动机激励的小比例的模型试验,或脉冲激励下的试验,根据试验结果,该体系的振动控制效果已被初步验证。但是,由于这样的试验条件与实际的地震激励情况差别很大,而试验模型比例过小也可能在原型与模型的控制效果上造成较大的差异。因此，有必要系统地进行大比例模型的地震模拟振动台试验，以便进一步检验该控制体系的有效性，并进行更为广泛的研究。

(7) 控制装置对连接部位构件所产生的局部应力分析，控制装置与两子结构的连接形式以及具体的构造措施，对于在实践中推广应用这一体系具有重要意义，应做进一步研究。

(8) 与该体系相配套的实用抗震设计方法有待进一步发展完善。例如，如何用简单实用的方法来确定结构体系的动力特性，如何采用与现行规范相配套的方法，来建立该体系弹塑性层间位移的简化计算方法，以及这种结构控制体系的动力可靠度问题等。

因此，有必要继续对这种结构体系进行更为深入的试验研究和理论分析，并探索在实际工程中的应用。通过具体的工程应用，以检验试验研究和理论分析的适用性和可行性，并进行技术示范，为制定相关的技术标准和大面积的工程应用积累经验。

6.4.2 用阻尼器连接的耦联结构振动控制体系抗震试验研究

1. 试验目的

该试验拟达到以下目的。

(1) 通过两个较大比例钢框架模型的模拟地震振动台试验，对比油阻尼器连接、钢棒连接和不连接三种情况下两模型结构的动力特性和地震波输入下的地震反应，以揭示耦联结构振动控制体系的减震机理，从各个方面对比用油阻尼器连接的耦联结构体系的振动控制效果，并尝试用连接油阻尼器减小结构的双向地震反应以及调查连接油阻尼器对结构扭转反应的影响。

(2) 调查油阻尼器的连接位置、连接数量和连接方式等对耦联结构体系动力特性、地震反应以及振动控制效果的影响。

(3) 调查不同频谱特性的地震波激励下耦联结构体系的地震反应以及连接油阻尼器的振动控制效果。

(4) 调查不同的结构频率比对两结构减震效果的影响。

(5) 通过不同的试验工况，得出一套比较全面的试验数据，作为检验理论计算结果正确性的依据。

2. 模型结构

该试验采用的结构模型是一个 6 层的钢框架模型(以下简称为模型一)和一个 5 层的钢框架模型(以下简称为模型二)。

1) 几何尺寸

模型与原型的长度相似系数大致是 1∶4。两结构模型的外形如图 6.58 所示。模型一的层高均为 1.0m，总高 6.0m，平面尺寸为 1.95m×1.90m。模型二除底层外，每层层高均为 1.0m，其底层由于较大的加固底梁的存在，实际层高为 0.725m，总高 5.0m(包括底梁)，平面尺寸为 2.0m×1.08m。两模型都是由相对柔性的柱和相对刚性的网格楼面梁焊接而成的(模型尺寸和布置可参考图 6.59)。

图6.58 有连接器的两相邻框架结构模型

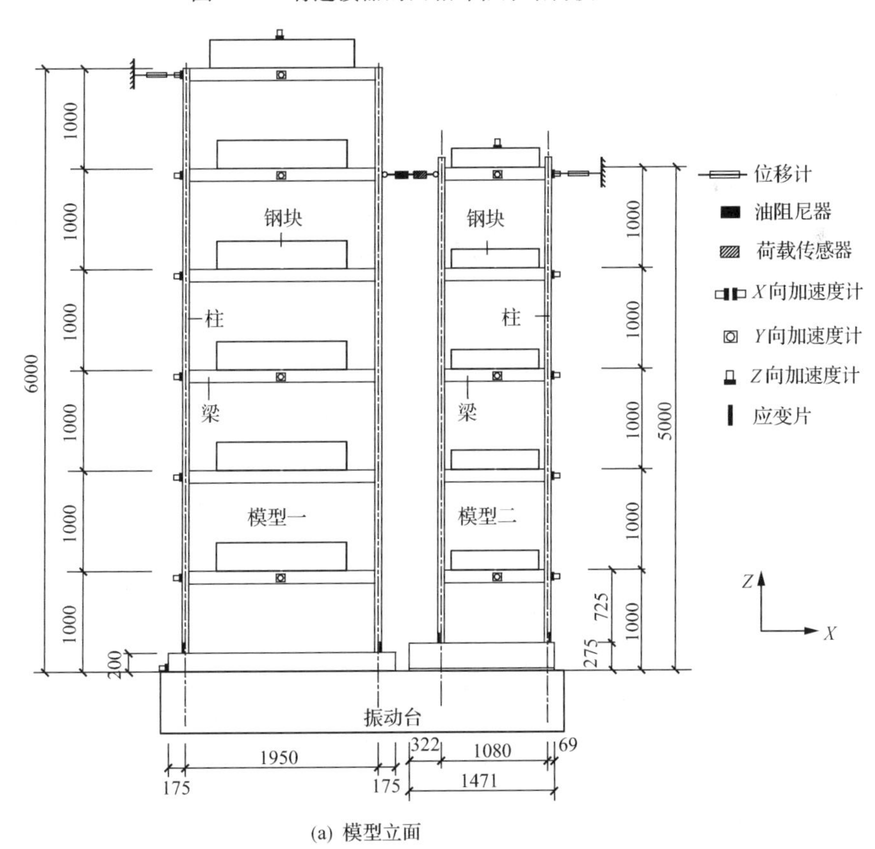

(a) 模型立面

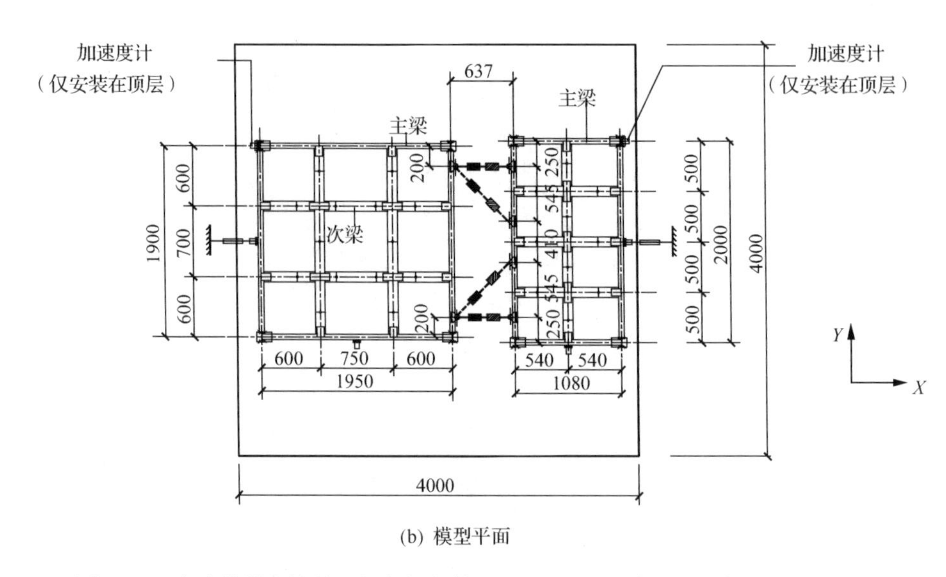

(b) 模型平面

图 6.59　有连接器连接的两相邻框架模型的平、立面示意图以及仪器布置示意图

2）构件的材料与截面性质

梁柱均采用 A3(Q235)钢，其屈服应力和弹性模量分别为 215MPa 和 206GPa。框架柱采用 10 号工字钢，框架主梁采用 12.6 号槽钢，次梁采用两块 10 号槽钢焊接成箱形截面梁，各结构构件均采用焊接连接。梁柱的横截面参数如表 6.47 所示。

表 6.47　模型结构的构件截面性质

构件	截面积 A/m^2	X 向惯性矩 I_X/m^4	Y 向惯性矩 I_Y/m^4	局部坐标示意图
柱	1.433×10^{-3}	2.450×10^{-6}	3.281×10^{-7}	
边梁	1.569×10^{-3}	3.885×10^{-6}	3.800×10^{-7}	
内梁	2.548×10^{-3}	3.253×10^{-6}	3.966×10^{-6}	

3）结构构造措施

在梁-柱节点和梁-梁节点处，用节点板进行了局部加固以确保形成刚性连接的节点，从而保证节点内力的有效传递。为了尽可能地保证钢框架模型能够与振动台台面固结，模型二的柱脚下焊接了四根大工字钢网格梁作为模型底梁，然后再将模型底梁与振动台台面用螺栓固结在一起。与之相似，模型一的柱脚下也有四根钢梁作为模型底梁。

4）模型相对位置

两模型框架平行布置，按与 X 轴对称布置在振动台上，如图 6.59 所示。之所以将模型二的短边布置在 X 轴方向，只是因为振动台台面尺寸的限制。模型一与模型二相邻柱轴线之间保留了 637mm 的间隙，以便于以后安装油阻尼器或钢棒等连接器。

3. 模型相似关系

动力模型结构的设计应该包含两个目的。首先，必须仔细校准并制作模型，以便可以在试验结果与理论结果之间进行比较；其次，要求试验模型与原型结构尽可能地实现动力相似，以便可以将模型结构的试验结果推广到原型结构。

表 6.48　单体模型的相似关系

物理量	相似关系(模型：原型)	相似系数(模型：原型)
长度	L	1∶4
线位移	L	1∶4
应变	1	1∶1
应力	1	1∶1
弹性模量	1	1∶1
质量密度	$1/L$	4∶1
集中力	L^2	1∶16
时间(周期)	$\sqrt{L}$	1∶2
频率	$1/\sqrt{L}$	2∶1
速度	$\sqrt{L}$	1∶2
加速度	1	1∶1
阻尼比	1	1∶1
阻尼器阻尼系数	$L^{\frac{3}{2}}$	1∶8

注：表中 L 为长度相似系数，其他相似系数均表达为 L 的函数。

由于该试验模型的长度相似比例大约为 1∶4，虽然属于大比例模型，但仍有一定程度的缩尺，需要增加人工质量来尽量满足一系列的几何、材料和动力相似关系。由于并没有真实的原型结构，本节主要由模型结构的频率来确定所需人工质量的多少。同时，作为检验，兼顾了模型结构按相似理论外推出的原型结构应该在实际工程的合理范围内。应该指出，表 6.48 中阻尼器的阻尼系数的相似关系是根据阻尼系数的物理意义用量纲分析法得出来的。在实际工程中，由于阻尼器的布置位置和布置方式多种多样，阻尼器阻尼系数的选取是与阻尼器所在楼层的地震力的大小相关的。在我国的《建筑结构抗震规范》(GB 50011—2010)中，阻尼器参数的确定与阻尼器的位置、结构的周期、振型以及无消能减震措施结构的地震反应有关。

在试验中，额外的钢块被当做人工质量，用螺栓固定在楼面上。通过调整楼面上钢块的数量，可以在一定范围内调整两模型结构的频率比，从而实现两模型不同频率比的试验情况。当然，当附加的人工质量改变后，结构模型的频率相应改变，它所对应的原型结构也已发生变化。由于该试验模型并没有固定的原型结构，只要保证在调整模型结构附加人工质量时，考虑到相似理论而使得所对应的原型结构仍在符合实际情况的范围内，这样所选用的模型结构就是合理的。

在该试验中有两种模型频率比(模型二/模型一)。第一种是基本频率比工况，其 X 向两模型的基频比大约为 1∶0.54。第二种附属工况的 X 向频率比为 1∶0.65。对模型结构一而言，对应于第一种频率比工况，从第 1 层到第 5 层每层增加了 720kg 附加质量，第 6 层布置了 1079kg 附加质量；而对应于第二种频率比工况，从第 1 层到第 5 层每层附加了 360kg 附加质量，第 6 层布置了 717kg 的附加质量。对模型结构二而言，对于两种频率工况，每层的附加质量均相同，为每层附加 450kg 重钢块。

4. 连接器

1）油阻尼器

广泛应用于军工界和航天界的黏滞流体阻尼器，自从近年由美国学者首先将之用于结构工程领域以来，由于具有能在宽频范围内使结构保持线性反应、对温度的不敏感性、产生的阻尼力与位移异相（即两者的相位差为$\frac{\pi}{2}$）从而可能使得阻尼器对连接节点产生的附加力的消极影响减弱等优点，土木工程界越来越看好其消能减震的应用前景。根据现有的研究结果，当用黏滞流体阻尼器连接两相邻的结构后，如果所用的阻尼器是优化的，可能对两结构的自振频率影响不大，但能使两结构的动力反应均减小很多。对于旧有结构的抗震加固，能保持原结构的自振频率不变将是一个明显的优点，因为这将使得被加固结构在同样频谱特性的地震激励下不会由于自振频率的明显改变而导致地震作用的增加，这也是该试验选用油阻尼器来控制相邻结构振动的原因之一。

试验选用的油阻尼器是由美国某设备公司设计和制造的线性液压阻尼器。如图 6.60所示，该阻尼器主要是由一个不锈钢活塞杆，一个有孔的青铜活塞头和装满硅油的圆柱形容器构成。通过活塞杆与硅油容器之间的相对运动，两油仓中的油受到挤压、剪切，从而耗散了能量。之所以选用该系列阻尼器，是因为它们具有线性黏滞阻尼特性，对温度变化不敏感，而且输出的阻尼力较大，尺寸较小。经过对两模型结构进行初步优化分析，最终选用了 D 系列 1.5×4D 型模型油阻尼器，该阻尼器的有关参数示于表 6.49 中。

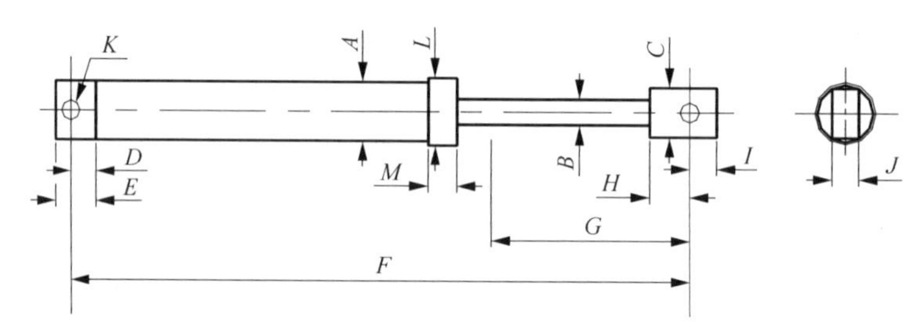

图 6.60 油阻尼器的外观尺寸图

表 6.49 试验选用的油阻尼器尺寸表

型号	阻尼力/N	A/mm	B/mm	C/mm	D/mm	E/mm	F/mm	G/mm	H/mm	I/mm	J/mm	K/mm	L/mm	M/mm
1.5×4D	8890	38	11	25	16	28	376	102	36	13	14	13	44	24

Makris 和 Constantinou 等[2]对该试验所用的 1.5×4D 型 Taylor 油阻尼器进行过细致的校准和系列力学性能试验。试验结果示于图 6.61 和图 6.62 中。从图 6.61 可以看出，当运动频率低于 4Hz 时，阻尼器的刚度很不明显，从而显示出理想的线性黏滞性质。当运动频率高于 4Hz 时，阻尼器的性质呈现出一定的黏弹性特点。从图 6.62 中可以看出，虽然阻尼器的阻尼系数受到温度变化的影响，但它对温度并不像黏弹性材料对温度那

样敏感。

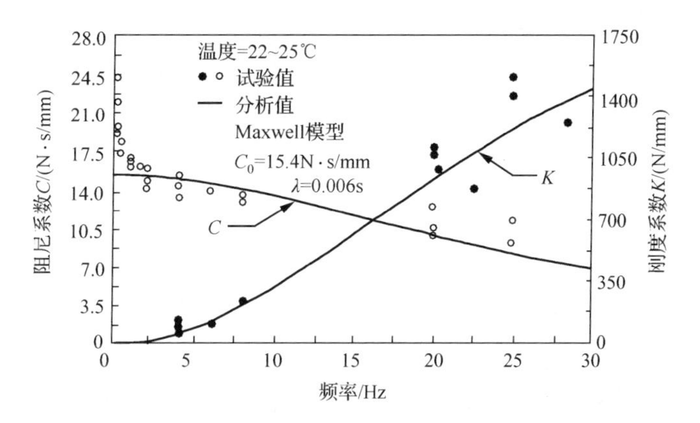

图 6.61　油阻尼器阻尼系数、刚度系数的试验结果和分析结果比较

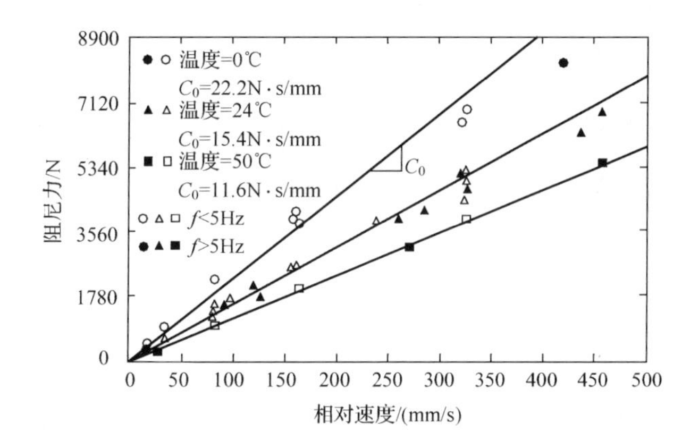

图 6.62　油阻尼器峰值力与峰值速度关系的试验结果

Constantinou 用 Maxwell 模型来描述油阻尼器的数学模型。在宏观层次上，能表示为

$$P+\lambda\dot{P}=C_0\dot{U} \tag{6.22}$$

式中，P 为油阻尼器的阻尼力；$\dot{P}$ 为阻尼力对时间的导数；$\dot{U}$ 为阻尼器活塞杆与容器之间的相对速度；λ 为松弛时间；C_0 为零频率时的阻尼系数。正如前面所述，在绝大多数情况下，油阻尼器都能看成线性黏滞阻尼器而表示为

$$P=C_0\dot{U} \tag{6.23}$$

由于本节试验模型的尺寸较大、基频较低，因此在后面的数值模拟中也采用了这个公式。

2）刚性连接器

作为对比，在一些试验工况里，刚性的连接器被用来连接两模型结构。在这些工况下，刚性的连接器采用的是直径为 24mm 的两根钢棒。无论是用油阻尼器连接还是用钢棒连接，它们与框架的连接点均采用水平面内铰接的方式。

5. 试验用油阻尼器型号的分析选择

在该试验的设计过程中，当模型结构确定以后，接下来就是按照一定的设计目标，选择与结构模型相匹配的油阻尼器。在本节中，将采用简谐激励法对模型结构的反应进行预测，并据此选择优化的油阻尼器型号。

对于结构受到简谐激励的情况，当外部简谐力的频率与结构的频率一致时会发生共振，根据共振时反应峰值的大小，可以作为此激励下结构反应大小的衡量标志。根据结构动力学原理，对于单自由度系统，共振时的动力放大系数，有

$$D=\frac{1}{2\xi} \tag{6.24}$$

因此，在一般情况下，结构的阻尼比越大，共振反应的峰值越小。反过来，在其他条件不变的情况下，共振反应的峰值越大，就说明结构的阻尼比越小。

虽然实际的地震激励是包含丰富频谱成分的外部激励，但是如果将外部激励加速度在有限时间域内进行傅里叶分解，就会发现在某一频段内具有特别强的傅里叶分量，这一频段反映了场地自身的固有自振特性。对中硬强度场地土而言，最强的傅里叶分量大致发生在 $T=0.4$s，或 $\omega=2\pi/T=15.7$rad/s 附近。T 即地面运动的卓越周期，对于基岩，T 较小，而对于软弱地基，则 T 较大，通常 T 大致在 0.2～0.9s 内变化。对建筑结构而言，往往会有一个自振周期落在这一范围内。因此，用简谐激励来代替地面加速度，在衡量结构的共振反应特性方面不失为一种简单可行的办法。

图 6.63 给出了在简谐激励作用下，两模型结构的共振反应峰值随阻尼器阻尼系数的变化情况。计算中，是将两个阻尼器平行布置在两结构的 5 层楼面位置。其中，横坐标是 1.5×4D 型阻尼器阻尼系数（C_0 值为 15410.4N · s/m）的倍数，纵坐标是有阻尼器时结构的共振位移反应峰值与无阻尼器时的结构位移反应峰值之比（第一阶振型）。可以看出来，在非常宽广的阻尼系数范围内，两结构的共振反应都能得到大幅度的削减，而且，确实存在着一个最优的阻尼参数。对模型二来说，大致在 $0.4C_0$ 位置为最优，对模型一来说，在 $0.6C_0$ 位置为最优，此时，对两结构来说，共振反应峰值均只有无连接结构的 1/10 左右。由此可见，阻尼器给两结构的第一阶振型附加了较大的阻尼比。由于试验工况较多，选用 $0.5C_0$ 为最优阻尼系数，这恰好是将同样的两个阻尼器呈 45°布置在 5 层楼面的情况。

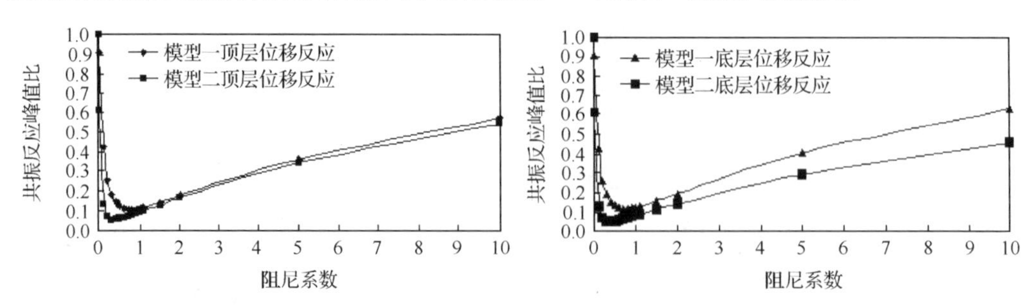

图 6.63 相对共振反应峰值随阻尼器系数的变化曲线

图 6.64 和图 6.65 分别给出无连接和有优化的油阻尼器（$0.5C_0$）连接的情况下，模型

顶层位移反应的共振曲线，可以看出，安装了阻尼器以后，两结构的共振反应峰值大大减小。在简谐激励下，6 层结构与 5 层结构的第一共振频率变得几乎一致。因此，按照简谐分析的结果，选用了阻尼系数为 C_0＝15410.4N·s/m 的 1.5×4D 型的 Taylor 油阻尼器。此时，优化工况是两只油阻尼器呈 45°斜连在 5 层楼面位置。

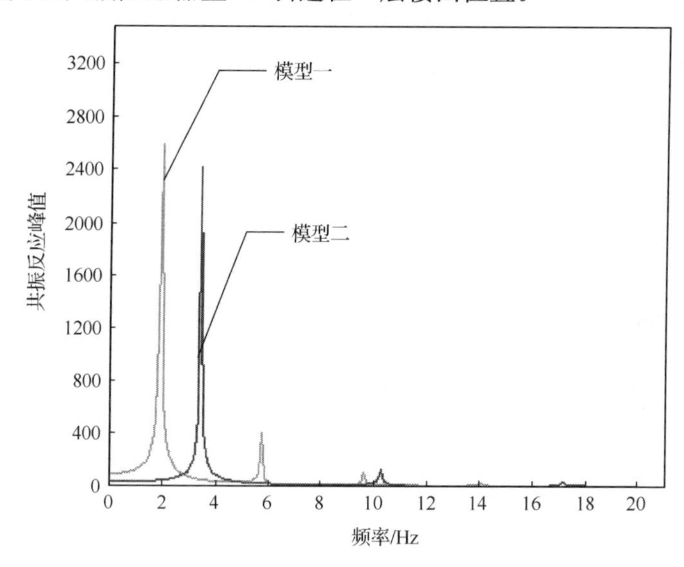

图 6.64　无连接时模型顶层共振反应曲线

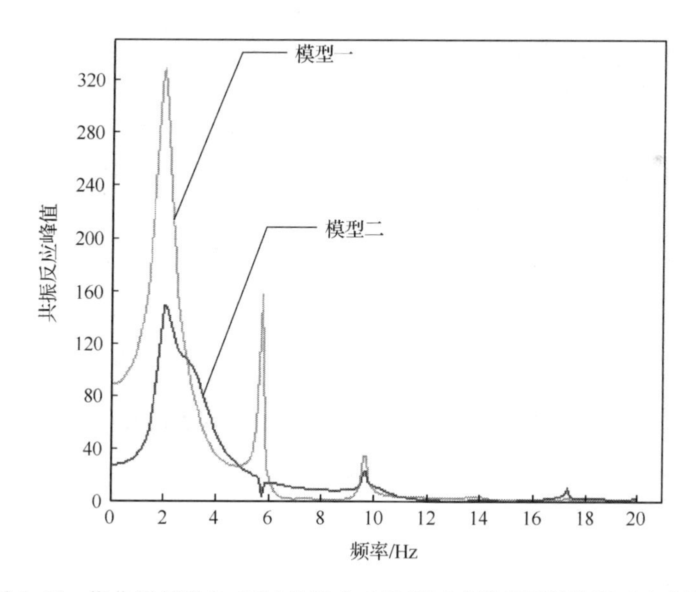

图 6.65　优化阻尼器(0.5C_0)连接在 5 层楼面时模型顶层共振反应曲线

6. 试验用地震激励的选择

由于该试验属于理论研究性试验，根据试验目的和试验研究内容，在仔细考察了有关地震波的特性后，选择了以下动力输入作为外部激励。

1) 白噪声信号

在每一工况开始和结束后，均采用0.07g幅值的白噪声进行激励，以获取结构在每一工况开始和结束后的频率和阻尼比等动力特性。由于白噪声具有等同的各种频谱分量，也可以从白噪声激励下结构共振反应峰值的大小显示出结构反应量的大小。

2) 简谐波激励

由于简谐波具有频谱特性简单的特点，在揭示两结构耦联振动的振动机理以及振动特性等方面也有其优势。故在每一工况，均运用与模型一具有相同频率的正弦三波进行激励。在这种情况下，由于模型二的基频与模型一有一定的差别，两结构之间的相互作用非常明显，这有助于揭示耦联结构振动控制机理中的相互作用特性。

3) El Centro 地震波

El Centro 波是1940年5月18日美国IMPERIAL山谷地震(M7.1)在El Centro台站记录的加速度时程，它是广泛应用于结构试验及地震反应分析的经典地震记录。其主要强震部分持续时间为26s左右，记录全部波形长54s，原始记录离散加速度时间间隔为0.02s，NS分量加速度峰值为341.7gal。由频谱分析可以看出，NS分量加速度记录的谱值分布很广，在0.25～6Hz，高频部分频带较宽，第一卓越频率为1.46Hz。在本节试验中，无论是单向、双向还是三向激励，均选用其NS分量作为X向的输入。试验再现的时程曲线以及其傅里叶谱如图6.66所示。

4) SHW2 地震波

SHW2地震波为《上海市建筑抗震设计规程》(DBJ 08-9—92)(1996年局部修订增补)提供，适合于上海Ⅳ类场地。其主要强震部分持续时间为50s左右，全部波形长78s，原始波形加速度时间间隔为0.02s。该加速度波形的低频成分十分丰富，第一卓越频率为0.68Hz，其时程曲线和傅里叶谱如图6.67所示。

7. 试验仪器布置

为了全面掌握模型结构的抗震性能，在模型结构上布设了一系列传感器来测试模型在试验过程中的动力反应，如图6.59所示。下面按所用传感器的种类，介绍如下。

1) 加速度传感器

总共有23个加速度计布置在两模型结构上。在X向上，在两模型结构每一楼层边梁中心均布置了一个加速度计，共11个。同时，为了测得结构的扭转反应，在模型一的6层楼面边梁边缘沿X向和模型二的5层楼面边梁边缘沿X向各布置一个加速度计。

在Y向上，四个加速度计分别布置在模型一的1、3、5、6层楼面边梁中间，三个加速度计分别布置在模型二的1、3、5层楼面边梁中间。

在Z向上，分别在两模型的顶层中心各布置一个加速度计。

台面的绝对加速度值可以由振动台系统给出，同时在模型一的底梁位置沿X向布置了一个加速度传感器以做检验用。

2) 位移传感器

考虑该试验的模型结构较大，又是钢结构，模型结构的周期相应也就较长。从而，用位移计测量位移反应时，滞后问题几乎无需考虑。为了验证加速度积分所得到的位移值

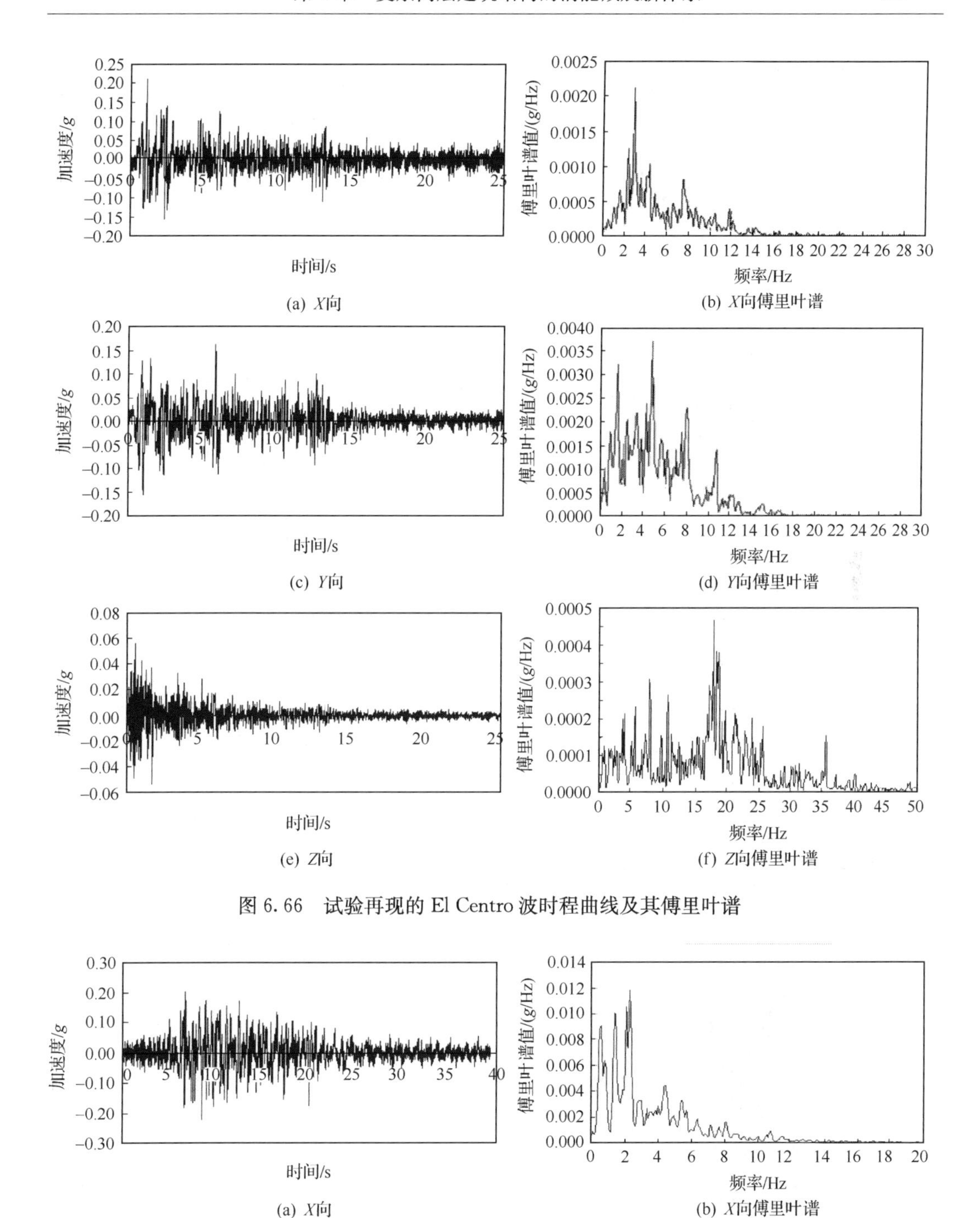

(a) X向　(b) X向傅里叶谱

(c) Y向　(d) Y向傅里叶谱

(e) Z向　(f) Z向傅里叶谱

图 6.66　试验再现的 El Centro 波时程曲线及其傅里叶谱

(a) X向　(b) X向傅里叶谱

图 6.67　试验再现的上海人工波(SHW2) 波时程曲线及其傅里叶谱

的准确性，分别在两模型的顶层沿 X 向各布置了一个位移计。它们的一端固定在模型上，另一端固定在安置于台面外的不动钢支架上。将位移计测得的绝对位移值(相对于振动台外的固定地面)减去振动台台面的绝对位移值，则可得到位移计所在楼层相对振动台台面的位移值。

图 6.68 给出了试验工况 TC1(0.2g El Centro 波 X 向激励,无连接情况)下模型二顶层加速度积分所得相对位移值与由位移计测量值得来的相对位移值的比较。很显然,两者吻合得相当好。这说明用加速度反应积分两次来得出位移反应是可行的,同时也表明,对于周期较长的模型结构,直接用位移计(LVDT)来测模型的位移也是比较准确的。

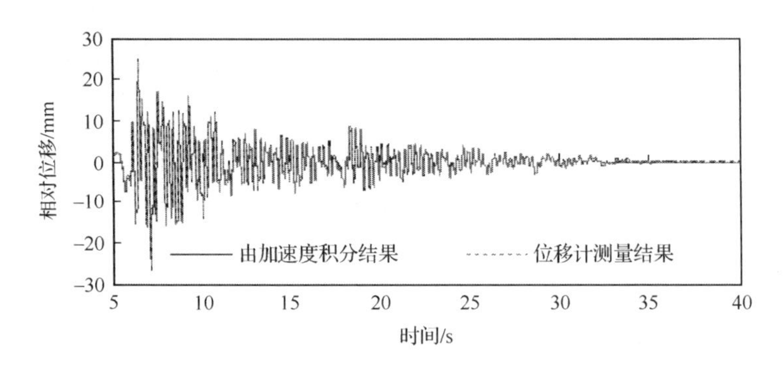

图 6.68　加速度积分所得位移与用位移计测试位移的比较(工况 TC1 5 层钢框架反应)

3) 荷载传感器

为了能够准确地得到两模型结构在振动中连接器内的相互作用力,对于任何一个连接器(无论是油阻尼器还是钢棒),均安装了一个荷载传感器,如图 6.69 所示。这样,不但可以掌握模型结构相互作用力的变化,而且可以检验油阻尼器的力学特性。

4) 应变片

在该试验中,一般情况下要求模型结构处于弹性状态,以保证模型结构反复振动时,不会由于结构进入弹塑性阶段产生损伤累积而造成模型力学特性的变化。因此,在每一根柱的柱脚,均沿竖向在柱边缘布设了一片电阻应变片。由于柱脚的内力在一般情况下总是最大的,根据所贴应变片的应变值是否达到屈服应变,便可判断出钢框架模型是否存在屈服现象。应变片的布置如图 6.70 所示。

图 6.69　油阻尼器与荷载传感器连接图

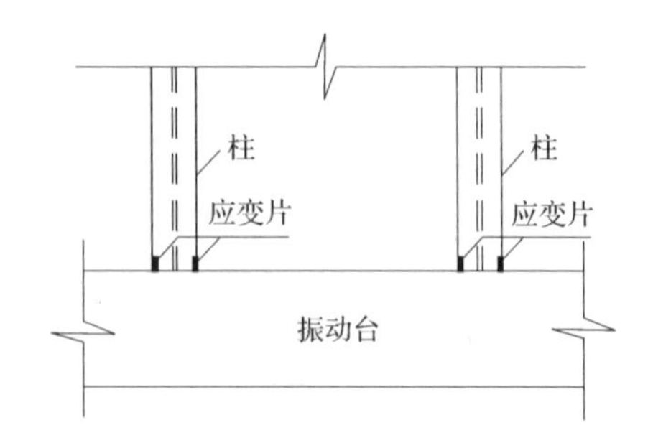

图 6.70　模型柱脚应变片布置示意图

8. 试验工况

根据试验研究目的,该试验共进行了四类工况的试验,分别简述如下。

1) 不同连接器类型工况

该工况主要是对用不同的连接器连接的两模型结构的动力反应进行比较,从而揭示阻尼器连接的耦联结构体系振动控制的机理,并定量检验其振动控制效果。试验中,分别对两只在水平面内呈 45°的钢棒连接在第 5 层楼面、同样安排的两只油阻尼器连接和无连接三种工况进行 X 单向和 X、Y、Z 三向激励,均对多种地震激励进行了比较。比较的内容不但包括双向的平动反应,而且包括扭转反应。

2) 不同的阻尼器布置位置、布置数量和布置方式工况

在已经初步掌握了阻尼器连接两结构的控制效果之后,接着研究阻尼器的布置对模型反应控制效果的影响。具体内容如下。

(1) 平行阻尼器布置工况,共五种工况:两个平行的阻尼器分别布置在 5 层楼面、3 层楼面、1 层楼面;在 1 层、3 层和 5 层楼面每层布置两个平行的阻尼器;在 2 层和 4 层楼面每层布置两个平行的阻尼器等。激励为沿 X 轴单向输入多种地震波。相应地,只考察了 X 向的模型反应。

(2) 倾斜阻尼器布置工况,共三种位置工况:两个在水平面内呈 45°的倾斜阻尼器布置在 5 层楼面;四个阻尼器按同样方式布置在 2 层楼面和 4 层楼面;六个阻尼器按同样方式布置在 1 层楼面、3 层楼面和 5 层楼面等。激励包括 X 单向和 X、Y 双向输入的多种地震波。这样,不仅考察了 X 方向的模型反应,还包括模型的双向平动反应与扭转反应。阻尼器在同一层平行布置以及 45°倾斜布置的方式如图 6.59 所示。

3) 不同模型基频比的工况

由文献已知,用阻尼器连接的耦联结构体系的振动控制效果与两模型结构的基频比有很大关系。正如模型设计中已提到过的那样,除了基准模型频率比 1∶0.54,还通过调整模型一上的附加人工质量而得到了第二组模型频率比 1∶0.65。对于后者,分别对两只阻尼器平行连接于 5 层楼面位置和无连接情况,以研究单向地震波激励下的模型反应。

4) 较大幅值地震波激励工况

根据结构动力学原理,当单自由度体系进入弹塑性阶段以后,阻尼对其动力反应的作用将会减弱。而对一般的耗能减震结构来说,多采用增大结构的阻尼来减小建筑物的动力反应。因此,研究建筑结构在大震情况下进入弹塑性阶段后,采用的结构控制手段是否仍然有效,具有重要意义。在该试验中,对某一些工况进行了激励幅值为 $0.4g$ 的加速度激励,以研究结构在强烈地震作用下进行弹塑性阶段的反应。

9. 试验过程与试验现象

由于试验工况数量众多,因此,在试验过程中,各个工况的实际进行顺序是按照便于试验高效完成的原则来安排的。其过程一般是先用白噪声激励来得到模型结构在该种类工况开始时的动力特性,然后进行各种地震波激励的试验,最后,再用白噪声测试模型结构在该种类工况结束后的动力特性;在每一种地震激励工况中,激励的加速度幅值总是按

照从小到大的顺序(如 0.1g～0.4g)进行;如果包含双向或三向激励的情况,总是先进行单向激励,而后进行多向激励。鉴于试验工况的数量很多,为了节省篇幅,本节不把所有的试验工况列出,而仅根据研究的内容进行分类叙述。

由于该试验模型是钢结构,而绝大多数试验工况的地震激励幅度相对模型结构而言都比较小(即使在最大的地震激励情况下,也仅是柱脚边缘最大应变超过屈服应变,离框架结构到达屈服尚有很大距离)。其结果是,钢框架模型基本上能够保持弹性状态。在所有的试验工况中,从模型结构的外表几乎看不出明显的变化,但可以观察到连接用油阻尼器的活塞杆像预想的那样产生了明显的相对运动,从而油阻尼器被有效地激发了。值得一提的是,在每一次试验工况一结束,连接用油阻尼器温度上升,用手接触,感觉发热。这说明,在地震动过程中,油阻尼器由于相对的激烈运动而有可能大幅度升温。虽然油阻尼器对温度不像黏弹性阻尼器对温度那样敏感,但随着温度的升高,其阻尼系数仍有一定的下降。因此,在计算分析中,选择油阻尼器的阻尼系数时,温度效应也是一个有影响的因素。但由现场试验现象和分析可知,当将油阻尼器用于连接两相邻的建筑物时,在优化阻尼器附近,结构动力反应对阻尼器系数的变化并不很敏感。因此,在对试验结果进行数值模拟时,油阻尼器的阻尼系数并未考虑温度的影响,直接取用了室温(24℃)下的阻尼系数进行计算。

10. 试验结果分析

1) 结构动力特性比较

(1) 无连接情况下的基本频率比工况(即两模型的 X 向基频比为 1∶0.54),用 0.07g 的白噪声进行激励,由每个模型结构顶层的加速度反应的传递函数,可以得到两模型结构各自的各阶自振频率,然后用带宽法可以求出对应的各阶阻尼比,分析结果示于表 6.50中。

表 6.50　两框架结构模型的动力特性(无连接)

结构工况	振型编号	模型一				模型二			
		X 向		Y 向		X 向		Y 向	
		f/Hz	ξ/%	f/Hz	ξ/%	f/Hz	ξ/%	f/Hz	ξ/%
FC1(频率比为 1∶0.54)	1	1.86	1.78	2.25	2.12	3.42	1.67	4.49	1.95
	2	5.86	0.89	8.59	0.76	10.35	0.68	15.43	0.74
	3	9.77	1.0	15.04	0.47	16.02	0.30	27.34	1.46
	4	12.99	0.41	22.27	0.33	19.92	0.14	40.14	0.49
	5	15.63	0.27	27.15	0.49	23.54	—	47.56	0.40
	6	17.19	0.25	31.64	0.50	无			
FC2(频率比为 1∶0.65)	1	2.25	1.63	2.64	3.17	与 FC1 相同			
	2	7.03	0.55	10.06	0.56				
	3	11.91	0.85	18.36	0.62				
	4	16.11	0.51	27.34	0.79				
	5	19.43	0.35	—	—				
	6	21.58	0.28	39.84	—				

(2) 当用两根与 X 轴呈 45°的钢棒铰接于两模型结构的 5 层楼面位置时，两模型顶层加速度的传递函数曲线如图 6.71 所示。为便于比较，将无连接情况下的两模型顶层加速度的传递函数曲线也表示在同一个图形中。显然，由于刚性的钢棒连接的存在，两模型的振动产生了非常明显的相互影响。相应地，两模型的动力特性均发生了较大的变化。

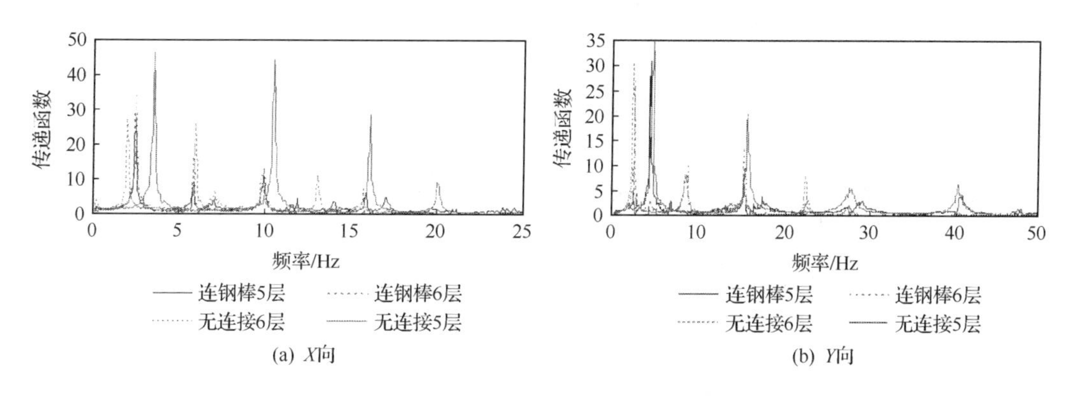

图 6.71　5 层楼面斜连钢棒时两模型的顶层加速度传递函数曲线

在 X 向上，两模型的传递函数曲线变得十分相似，这说明两模型结构的振动出现了非常明显的耦合现象。两模型的前三阶频率具有相同的值，分别是 2.34Hz、5.76Hz 和 9.86Hz，总体上，它们与单独的模型一的前三阶频率比较接近，只是使得模型一的第一阶频率从 1.86Hz 增加到 2.34Hz，提高了 25.8%。相比之下，模型二的传递函数比模型一有了更大的变化，模型二的基频从 3.42Hz 减小到 2.34Hz，减小了 46.2%；而且，它在 5.76Hz 的地方出现了一个新的峰值，这说明，由于刚性连接的存在而使模型二受到了模型一第二振型的强烈影响。在 Y 方向上，两结构振动的相互影响的程度比较弱，自振频率和阻尼比都没有大的改变。

(3) 阻尼器连接工况：为了与钢棒连接做一个直接的比较，本节选用了两个阻尼器与 X 轴呈 45°倾斜布置在模型结构第 5 层楼面位置的工况。两模型结构的传递函数曲线示于图 6.72 中，可以看出两结构的振动在 X 和 Y 两个方向上均仅仅是部分耦连。

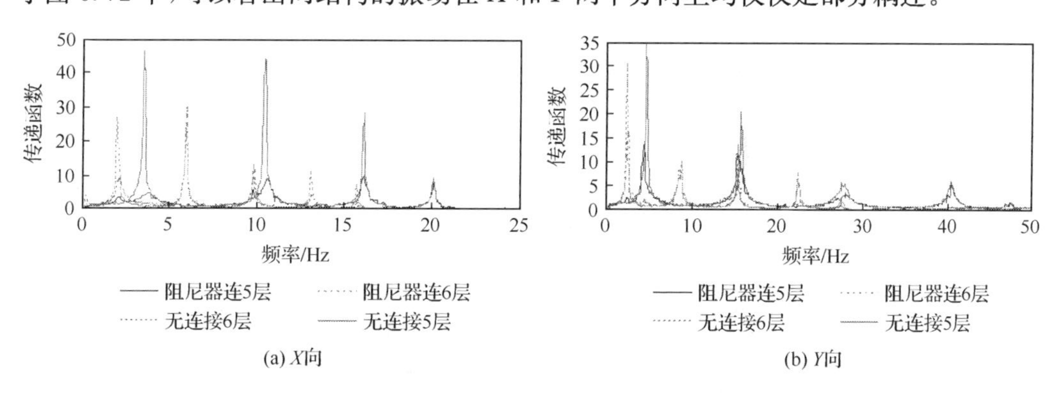

图 6.72　5 层楼面斜连阻尼器时两模型的顶层加速度传递函数曲线

在 X 方向上，对模型一而言，它被识别出的前五阶频率分别是 2.05Hz、5.86Hz、9.77Hz、13.09Hz 和 15.72Hz；与之相对应的阻尼比分别为 8.49%、0.73%、0.90%、

1.08%和0.68%。而对模型二而言，它能够被识别出来的前四阶频率分别为3.61Hz、10.55Hz、16.02Hz和19.92Hz，相应的阻尼比分别为13.2%、0.89%、1.36%和0.53%。与无连接时模型结构的动力特性相比较，阻尼器连接在第5层楼面位置上仅稍微增加了两结构的第一阶自振频率，对它们的高阶频率几乎没有影响。模型一的基频从1.86Hz增加到2.05Hz，增加了10.2%；模型二的基频从3.42Hz变到3.61Hz，增加了5.56%。能够保持结构的自振特性不变，这对于已建结构的抗震加固来说是一个非常明显的优点。而且，两结构的阻尼比由于安装了油阻尼器而有了较大的提高，特别是第一振型。模型一的基频阻尼比从1.78%增加到8.49%，模型二的基频阻尼比从1.67%增加到13.2%。这样，通过在两结构之间连接油阻尼器基本达到了在保持两个结构自振频率变化很小的同时，明显增加结构振型阻尼比的目的。

在 Y 向上，两模型动力特性的变化与 X 向上的情况相似。

2) 结构地震反应比较

(1) 单向地震反应。

两模型结构顶层的反应峰值以及相应的反应均方根(root of mean square，RMS)列在表6.51中，表中的Max为反应的最大值；RMS为反应的均方根；Ratio1是有连接工况与无连接工况反应最大值的比；Ratio2是有连接工况与无连接工况反应均方根的比。

表6.51　X 向0.2g 的El Centro波激励下两模型结构顶层地震反应

地震波	模型	相对位移和绝对加速度		连接工况		
				无连接(TC1)	钢棒连接(TC2)	阻尼器连接(TC3)
El Centro X 向 0.2g	模型一	相对位移/mm	Max	32.70	31.47	18.95
			Ratio1	1	0.962	0.58
			RMS	12.91	7.85	3.47
			Ratio2	1	0.608	0.269
		绝对加速度/g	Max	0.626	1.051	0.475
			Ratio1	1	1.679	0.847
			RMS	0.199	0.185	0.083
			Ratio2	1	0.930	0.417
	模型二	相对位移/mm	Max	16.90	24.10	10.76
			Ratio1	1	1.426	0.637
			RMS	4.13	5.86	1.52
			Ratio2	1	1.419	0.368
		绝对加速度/g	Max	0.944	1.13	0.518
			Ratio1	1	1.197	0.549
			RMS	0.223	0.166	0.075
			Ratio2	1	0.744	0.335

由表6.51可见，钢棒连接使得模型一位移反应减小的同时增大了模型二的位移反应，两者的加速度反应也没有明显的增长；阻尼器连接使得两模型的位移反应、加速度反

应都有了较大的减少,其中位移反应最大值的减少量为 40%左右,加速度反应最大值的减少幅度为 15%~50%,两种反应时程的均方根的减少幅度为 50%~80%。

(2) 三向地震反应。

三向 El Centro 地震波激励下,三种连接情况下的模型结构顶层地震反应峰值和反应的 RMS 值列于表 6.52。

表 6.52　三向 El Centro 波激励下两模型结构的顶层反应

地震波	模型	相对位移和绝对加速度		连接工况		
				TC1	TC2	TC3
X 向	模型一	相对位移/mm	Max	16.59	12.69	10.55
			Ratio1	1	0.765	0.636
			RMS	6.66	2.80	1.83
			Ratio2	1	0.42	0.275
		绝对加速度/g	Max	0.312	0.412	0.253
			Ratio1	1	1.32	0.811
			RMS	0.102	0.071	0.0447
			Ratio2	1	0.696	0.438
	模型二	相对位移/mm	Max	8.86	9.02	5.54
			Ratio1	1	1.108	0.635
			RMS	2.15	1.78	0.785
			Ratio2	1	0.828	0.365
		绝对加速度/g	Max	0.505	0.512	0.268
			Ratio1	1	1.014	0.531
			RMS	0.119	0.0786	0.0447
			Ratio2	1	0.661	0.376
Y 向	模型一	相对位移/mm	Max	17.85	18.04	17.12
			Ratio1	1	1.011	0.959
			RMS	4.36	4.08	3.86
			Ratio2	1	0.936	0.885
		绝对加速度/g	Max	0.259	0.285	0.235
			Ratio1	1	1.10	0.907
			RMS	0.0684	0.068	0.0509
			Ratio2	1	0.99	0.744
	模型二	相对位移/mm	Max	5.77	4.69	3.42
			Ratio1	1	0.813	0.593
			RMS	1.63	1.423	0.846
			Ratio2	1	0.873	0.519
		绝对加速度/g	Max	0.509	0.571	0.349
			Ratio1	1	1.122	0.686
			RMS	0.129	0.108	0.0707
			Ratio2	1	0.837	0.548

对于钢棒连接的两结构模型，其 X 向的动力反应与单向激励下的情况非常类似。从表 6.52 可以看出，模型一位移反应的减少是以模型二位移反应的增加为代价的。并且，两模型结构加速度反应都增加了。在 Y 向上，除了模型二的位移反应略有减小，其他的动力反应都有一定程度的增大。因此，两结构的抗震能力并没有因结构之间的刚性连接而提高。

对于阻尼器连接的工况，从表 6.52 可以看出，X 向的动力反应与单向激励时的情况非常类似。对模型一来说，取得了 36.4%的峰值位移衰减和 18.9%的峰值加速度衰减；而对模型二来说，峰值位移和峰值加速度的衰减率分别达到了 36.5%和 46.9%。从结构动力反应的 RMS 的减少来看，模型一取得了 72.5%的位移衰减率和 56.2%的加速度衰减率；模型二的位移和加速度的 RMS 衰减率分别达到了 63.5%和 62.4%。

根据模型顶层加速度计测量的数据，可以知道，不同连接器连接时模型的 Z 向加速度没有差异。因此，采用本节建议的平面内铰接布置控制装置的控制方式对结构的 Z 向振动不起作用。

通过对试验结果的比较分析，总的来说，只要两相邻的模型结构自振频率不同，选用合适参数的油阻尼器在适当的位置上用恰当的方式将它们连接起来，可以较大地提高两模型结构的振型阻尼比，并且能够减小两结构的地震反应，而对两模型自振频率的改变却很少，两结构沿高度的变形规律也没有明显的改变(或没有向不利的方向改变)。因此，用油阻尼器来连接两相邻结构以减小地震反应是一种有效的控制策略。

6.4.3 用阻尼器连接的耦联结构控制体系理论分析

1. 系统运动方程

按照传统的有限元方法，用流体阻尼器连接的两钢框架结构的运动方程可以表示为

$$\boldsymbol{M}\ddot{\boldsymbol{U}}(t)+\boldsymbol{C}\dot{\boldsymbol{U}}(t)+\boldsymbol{K}\boldsymbol{U}(t)=-\boldsymbol{M}\boldsymbol{\Gamma}\ddot{X}_g(t) \tag{6.25}$$

式中，$\boldsymbol{U}(t)$、$\dot{\boldsymbol{U}}(t)$ 和 $\ddot{\boldsymbol{U}}$ 分别是系统相对于地面的相对位移矢量、相对速度矢量和相对加速度矢量，它们均包括了各节点的转动自由度、垂直自由度和水平自由度，因此，并非所有的自由度都与地面激励的方向一致；$\ddot{X}_g(t)$ 是在建筑物基底施加的加速度，它在本节的数值分析中仅采用了 X 单向平动激励；$\boldsymbol{\Gamma}$ 是单位矢量；$\boldsymbol{M}$ 是系统的质量矩阵；$\boldsymbol{K}$ 是系统的弹塑性刚度矩阵，它是位移矢量 $\boldsymbol{U}(t)$ 的函数；$\boldsymbol{C}$ 是系统的阻尼矩阵并且可以被分解为

$$\boldsymbol{C}=\boldsymbol{C}_{\mathrm{S}}+\boldsymbol{C}_{\mathrm{D}} \tag{6.26}$$

式中，$\boldsymbol{C}_{\mathrm{S}}$ 为两结构本身对系统阻尼矩阵的贡献；$\boldsymbol{C}_{\mathrm{D}}$ 为连接阻尼器对系统阻尼矩阵的贡献。

如果结构是处于线弹性阶段时，瑞利阻尼假定被用来得到结构的阻尼矩阵：

$$\boldsymbol{C}_{\mathrm{S}}=a_0\boldsymbol{M}+a_1\boldsymbol{K} \tag{6.27}$$

式中，a_0 和 a_1 分别为用两个给定的模态阻尼比来确定的比例因子。如果系统已经进入弹塑性阶段，结构阻尼矩阵为

$$\boldsymbol{C}_{\mathrm{S}}=a_0\boldsymbol{M} \tag{6.28}$$

这种假定避免了由于保留弹塑性刚度矩阵而可能出现的复杂性，同时，它用于反映结

构在弹塑性阶段的结构阻尼特性也更为合理。系统的阻尼矩阵能够按照与系统刚度矩阵同样的方式组装得到。

2. 阻尼器单元的阻尼矩阵

用来连接两钢框架的流体阻尼器是一种黏滞阻尼器，它能够模拟为一个两节点的阻尼器单元，每节点两个自由度，具有轴向的拉压能力，如图 6.73 所示。阻尼器的质量不用考虑。假设油阻尼器具有理想的线性速度性质，于是无刚度贡献，K 可略去。阻尼器相应的单元阻尼矩阵表示为

$$\boldsymbol{C}_{\mathrm{d}}^{\mathrm{e}}=c_{\mathrm{d}}\begin{bmatrix}1 & 0 & -1 & 0\\ 0 & 0 & 0 & 0\\ -1 & 0 & 1 & 0\\ 0 & 0 & 0 & 0\end{bmatrix} \tag{6.29}$$

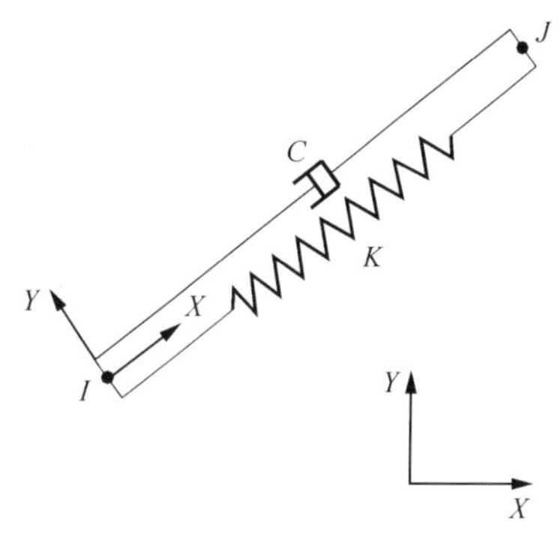

图 6.73　阻尼器单元

式中，c_{d} 为阻尼器的阻尼系数。

3. 计算结果分析

首先对模型结构完全处在弹性阶段的工况进行数值模拟，然后对模型略微进入弹塑性阶段的情况进行了模拟计算。在此基础上，针对更大激励情况下，对模型结构进入明显非线性阶段的情况进行数值计算。计算是运用通用有限元程序 ANSYS5.5 来进行的，计算中钢梁、钢柱用塑性梁单元来模拟，油阻尼器用图 6.73所示的阻尼器单元来模拟。

1) 计算模型及参数

选用的典型工况是 X 向输入 0.2g El Centro 波激励的情况。在该工况中，无论流体阻尼器安装与否，结构模型都处于完全的弹性阶段。这可以由试验中贴在柱脚边缘应变片的应变值得到明确的判断。对于没有连接的工况，模型一柱脚边缘测得的最大应变值为 722$\mu\varepsilon$，模型二柱脚边缘测得的最大应变值为 405$\mu\varepsilon$；当用两个平行阻尼器在第 5 层楼面连接两模型后，模型一和模型二柱脚的最大应变分别为 402$\mu\varepsilon$ 和 196$\mu\varepsilon$。很显然，它们都远远小于制造模型结构所用钢材的屈服应变 1044$\mu\varepsilon$。

2) 弹性反应分析结果

图 6.74 中显示的是当阻尼器布置在第 5 层楼面和无阻尼器连接时，6 层框架模型和 5 层框架模型的顶层水平位移的时程曲线，图 6.75 和图 6.76 是各楼层最大位移反应的比较，其中安装油阻尼器的耦联结构振动控制结构简称有控结构，没有阻尼器连接的结构简称无控结构。从计算结果和试验结果的比较可以看出，在结构的顶层，在整个时程范围内，两者的吻合程度都是相当好的。

3) 弹塑性反应分析结果

在本节的振动台试验中，在绝大多数工况下，两框架模型都处在完全的弹性状态下。只在几个非常有限的工况下，柱脚边缘的应变值超过了钢材的屈服应变。为了尽可能地利用已有的试验结果来验证本节的弹塑性计算模型的有效性，本节选用了 X 方向 0.4g

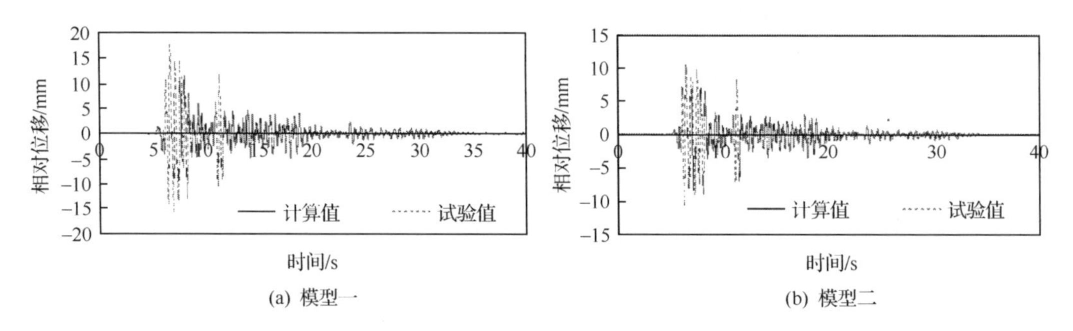

图 6.74　两模型顶层位移反应计算值与试验值的比较(0.2g El Centro 波激励，两个平行阻尼器布置在第 5 层楼面)

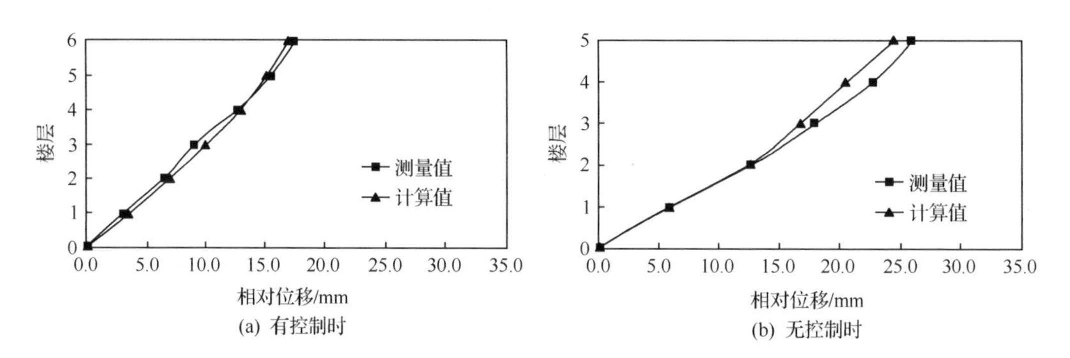

图 6.75　6 层模型楼层最大位移包络线的计算值与试验值的比较

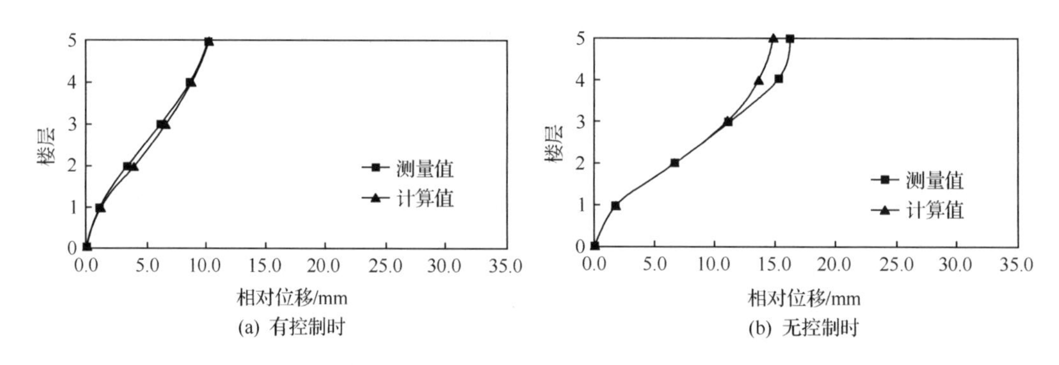

图 6.76　5 层模型楼层最大位移包络线的计算值与试验值的比较

的 El Centro 加速度输入的工况作为研究工况，此时油阻尼器布置在 1 层楼面位置。

在该工况中，柱脚边缘的最大应变值对模型一和模型二来说，分别是 1160$\mu\varepsilon$ 和 759$\mu\varepsilon$。这表明，即使在这个工况中，也只有模型一稍稍表现了一点弹塑性而模型二仍处在完全弹性状态下。正如前面介绍过的，当进入弹塑性阶段后，为了避免非线性刚度发展对阻尼矩阵产生的负面影响，结构的瑞利阻尼矩阵 $\boldsymbol{C}_S$ 只包括质量部分。图 6.77 为模型顶层位移时程曲线的比较，图 6.78 是各楼层最大位移反应的比较。

从图 6.77 和图 6.78 可以看出，计算结果与试验结果仍然吻合得较好，两者的最大峰值反应的误差低于 5%，可以满足一般工程上的精度要求。这样，本节弹塑性计算模型的

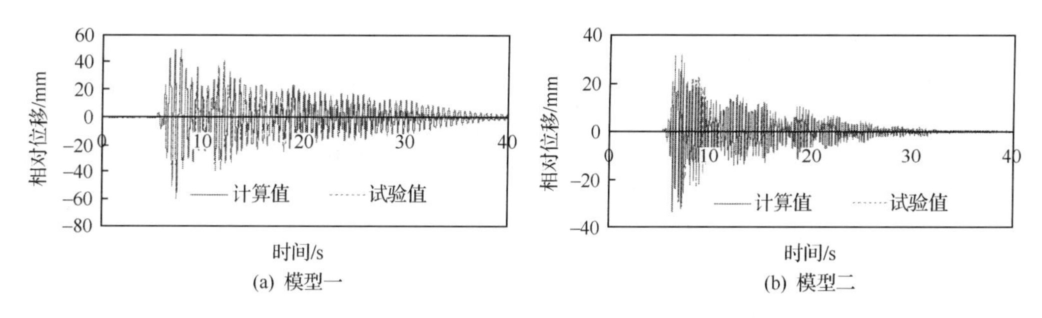

图 6.77　阻尼器在第1层连接时模型顶层位移计算值与试验值比较(0.4g El Centro 波 X 向激励)

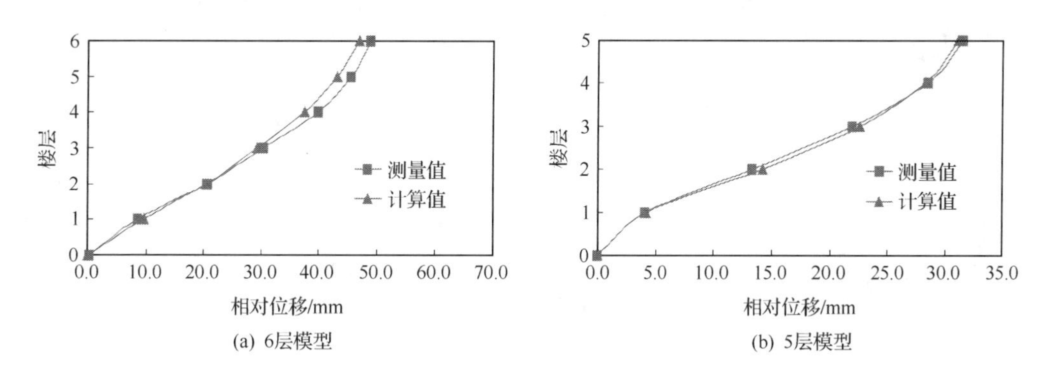

图 6.78　6层模型与5层模型楼层最大位移包络线的计算值与试验值的比较
(0.4g El Centro 波 X 向激励两个平行油阻尼器布置在第1层)

适用性在一定程度上得到了验证。进一步,该计算模型将应用于研究油阻尼器对两结构的弹塑性反应的控制效果问题。

通过进行参数分析,得到了如下具有共性的结果:①有控结构发生弹塑性变形时的地震激励幅值比无控结构大很多,这说明安装油阻尼器以后,结构的抗震性能有了很大提高;② 无论在弹性阶段,还是在弹塑性阶段,有控结构和无控结构的变形特点有改变,前者的下几层变形占总变形的比值比后者小,说明安装阻尼器后,结构的层间变形沿结构高度有变为一致的趋势;③ 与无控结构相比,有控结构的塑性变形仍然首先从底层开始发展,薄弱层位置没有发生变化;④ 随着两结构基频的趋近,弹性阶段和弹塑性阶段的油阻尼器的控制效果呈减弱趋势;⑤ 无论结构阻尼比是1%还是5%,也不管结构是在弹性阶段还是弹塑性阶段,与相同工况的无控结构相比,有控结构的各楼层的层间侧移总是能够有效地减小,这表明,在输入结构体系的总能量没有明显变化的前提下,由结构构件消耗的能量在各楼层之间的重分配并没有产生不利的效果;⑥在弹塑性阶段,油阻尼器对结构的反应控制仍然有效,但一般情况下,反应控制效果确实不如弹性阶段的控制效果;⑦结构阻尼比不同,油阻尼器的控制效果不同,一般来说,结构阻尼比越大,油阻尼器的控制效果越差,而且,结构阻尼比对阻尼器控制效果的影响在弹性阶段比弹塑性阶段更明显;⑧在弹性阶段,相对有控结构而言,无控结构对结构阻尼比的变化更为敏感,但到了弹塑性阶段,有控结构和无控结构对结构阻尼比的变化具有大致相同的敏感性。

6.4.4　耦联结构振动控制体系的工程应用

1. 工程概况

上海世茂国际广场是一栋超高层综合性大厦，集超豪华宾馆、餐饮、娱乐、会议、高雅商业为一体，位于上海市市中心最繁华、闻名中外的南京路步行街的起点。占地面积 9384m^2，地下 3 层；主楼地上 60 层，建筑高度 246.16m，天线顶最高处 333m。辅楼地上 12 层，建筑高度 55.93m，由广场与裙房构成。地面以上建筑外观如图 6.79 所示，其平面布置示意如图 6.80 所示。该建筑由华东建筑设计研究院有限公司 2002 年 2 月 27 日开始施工图设计，主体结构于 2004 年 10 月 18 日竣工。主楼是钢筋混凝土、型钢钢筋混凝土、局部钢结构组成的组合结构。广场部分在 1～6 层以下无楼板，空旷，由若干根高达十几米至 30m 的钢管混凝土立柱构成，仅在地面以上的 7～10 层楼屋面与裙房楼屋面相连。裙房 11、12 层为局部突出屋面的小塔楼。广场空旷的上部承载部分为钢网架结构；裙房为主体框架，局部抗震墙多高层结构。这样辅楼就是由裙房与广场构成的一个刚心与质心严重偏离的结构，当辅楼与主楼不相连时，主楼结构沿两主轴方向振动周期为 5.0s、4.2s 左右，辅楼第一阶振型为扭转，振动周期为 2.5s 左右。为了保证主楼在地震作用下传力路径合理，结构方案设计在地面以上的主楼与辅楼之间设置防震缝兼做伸缩缝。

图 6.79　上海世茂国际广场效果图

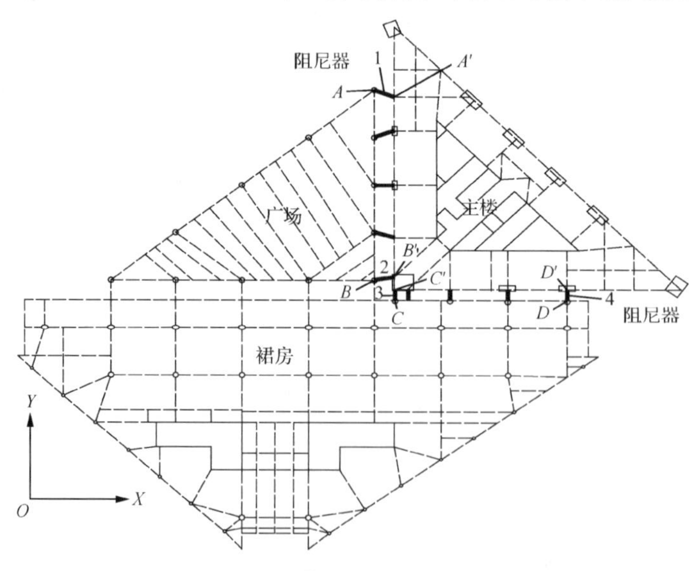

图 6.80　结构平面及黏滞流体阻尼器布置图

1、2、3、4 为计算控制阻尼器；A、A'、B、B'、C、C'、D、D'为计算控制层间位移点

结构设计中碰到的主要困难是：如果主楼与辅楼完全脱离，辅楼的层间位移、位移比、第一阶振型为扭转（扭转系数为 0.63）等参数不满足国家抗震设计规范要求。如果辅楼与主楼用两端铰接的刚性连杆来连接，则主楼下部几层剪力墙的刚度可以对辅楼的侧向变形起到一定的减轻作用，但效果如何还无法确认。再由于该大楼为高度和规则性均超限的高层建筑工程，为此建设单位和设计单位委托同济大学研究梯队对该工程（采用钢拉杆连接辅楼和主楼）结构进行振动台模型试验研究和相应的抗震计算分析，并对采用阻尼器连接主楼与辅楼的方案进行可行性研究及阻尼器参数设计。

为了了解该建筑结构的抗震性能，在同济大学土木工程防灾国家重点实验室进行了该大楼小比例的振动台模型试验，安装在台面上的试验模型如图 6.81 所示。试验中发现，小震时主楼与辅楼的振动基本一致，结构的变形很小；但在大震作用时，主楼与辅楼的振动很不协调，试验中发现主楼摆动一次，辅楼则摆动两次；尽管钢拉杆两端在主楼和辅楼上铰接，但在与混凝土梁柱的连接部位被拉裂，部分钢拉杆断裂，主要是钢拉杆的变形率太大所致。试验后模型连接部位的破坏情况见图 6.82。后经估算，如果采用一般意义的螺旋弹簧，在加工制作、安装可能性等方面均是不可操作的。同时，这些措施只是缓冲不协调振动，不能耗散振动的能量。

图 6.81　振动台抗震试验模型

图 6.82　裙房与主楼模型相连处钢连杆断裂

2. 消能减震方案

同济大学研究团队曾对用阻尼器连接两个结构以实现消能减震进行过系统的试验和理论研究，在国内外产生了一定的影响。在华东建筑设计研究院有限公司设计人员与同济大学团队的共同协商下，决定改用黏滞阻尼器连接代替钢杆连接方案减小两楼之间的不协调振动。同济大学团队对此方案进行了系统的优化研究，阻尼器连接方案的平面布置如图 6.80 所示，阻尼器仍然布置在原来的钢拉杆位置，这样对原设计方案基本上没有影响。阻尼器在现场的安装情况如图 6.83 所示。为了以较小的成本得到较好的减震效果，最初设定的阻尼器安装位置是裙房 1～10 层设置，广场 7～10 层设置，共计 70 个阻尼器。第二套方案是裙房、广场全部都从 7～10 层设置，每层 10 个，共计 40 个阻尼器。通过比较两套方案的减震效果，发现两套方案的减震效果差别不大，原因是裙房下部的位移不大，阻尼器活塞行程较小，最后取用第二套方案，裙房下部 1～6层不安装阻尼器。

图 6.83　阻尼器连接

每个阻尼器阻尼力大小的确定原则是，保证阻尼器在大震下活塞杆的行程不超过 250mm，同时不给支座连接过大的反力，因为在实施黏滞阻尼器方案之前，连接支座之间的空隙已经确定，过大的活塞行程将导致阻尼器总长超过预留的空隙，而过大的阻尼力也将给预留支座承载力带来实施上的困难。

3. 消能减震分析模型

阻尼器力学模型可以采用典型的 Maxwell 模型：

$$F_{\mathrm{d}} = C_{\mathrm{v}}\mathrm{sign}(V)\ |V|^{\alpha} \tag{6.30}$$

式中，F_{d} 为阻尼力，kN；C_{v} 为阻尼系数，$\mathrm{kN/(mm/s)^{\alpha}}$，该工程在数值上取 250；$V$ 为阻尼器活塞相对阻尼器外筒的运动速度，mm/s；α 为速度指数，变化范围为 0～1，该工程取 0.15。

较小的 α 值，阻尼力在速度小的初期增长快，速度大的后期增长慢。对于这种超高层建筑，应该要求结构在小震、大震作用下变形均能满足国家抗震规范要求。较小的 α 值，也可保证在风振下较好地发挥作用。经过试算，这样的取值能使得阻尼器在小震、大震作用下的阻尼力在 300～650kN 变化。

为分析其减震效果，采用了两个模型。一个是层串弯剪型简化模型(图6.84)，假定楼面无限刚性，楼层的层间剪力与层间变位关系曲线采用Wen模型。楼层层间骨架曲线是用Pushover方法推覆而获得，构件承载力基本按实际配筋确定。层与层之间用具有独立坐标的两个水平位移和一个扭转角自由度描述。模型考虑了层间质量与刚度不重合的偏心，所用层间Wen模型可以计及一阶振型的梁柱弹塑性变形。采用层串弯剪型模型，计算速度快，可以进行各种方案的比较。第二种模型为可以考虑每根杆件弹塑性变形的空间模型，所用软件为CANNY程序。由于计算工作量巨大，该模型为补充计算模型。经计算结果分析对比，两模型计算的动力反应和减震效果接近。

实际生产的阻尼器是按照计算结果，选用了不同的行程。两连接点采用螺栓球铰，水平向的转动不受限制，垂直方向也允许有小幅度的偏移。为了检测阻尼器的实际工作状况，在阻尼器出厂前，除了对每个阻尼器的阻尼力特性进行了普检，还对个别阻尼器的阻尼力与位移的滞回特性进行了往复运动的伪静力试验详细检查。图6.85是典型的阻尼器的阻尼力与位移行程的试验滞回曲线与计算滞回曲线的比较。可以看出阻尼器滞回曲线的试验曲线与计算中所取的理论曲线非常接近。

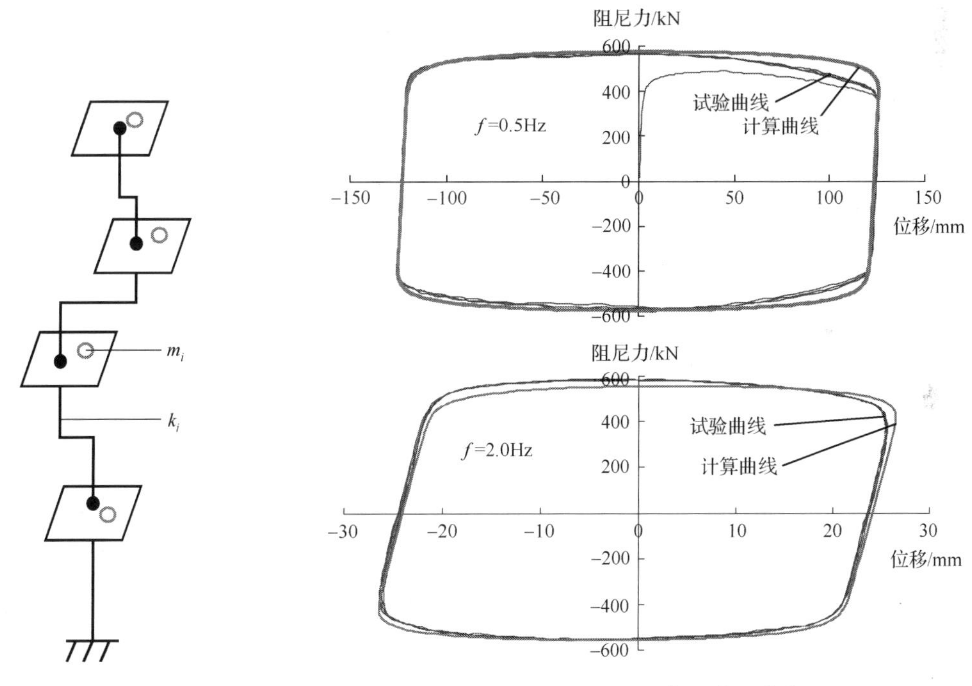

图6.84　层间弯剪模型

图6.85　阻尼器典型滞回曲线

4. 抗震时程分析结果

由于阻尼器是速度型相关性质的，抗震分析应采用时程分析法。对该模型进行了8种不同地震输入工况下的计算：分别在小震、大震下沿X向、Y向、水平夹角45°和水平夹角135°下，输入上海市工程建设设计规范《建筑抗震设计规程》(DGJ 08-9—2003)中所附的上海人工波SHW1，进行地震响应的计算。考虑到结构周期计算的误差以及规范中对周期折减的要求，计算中对地震波输入峰值进行了适当放大，在小震时的最大加速度取为 $1.2\times35\text{cm/s}^2$，大震时最大加速度取为 $1.1\times200\text{cm/s}^2$。以下分两种结构状态进行考察。

状态 1：主楼、辅楼在地面以上全部脱开无连接的地震响应。

状态 2：地面上部 7～10 层在原设计用刚性连杆连接处安装阻尼器，共计 40 个阻尼器。

计算表明，在水平夹角 45°和水平夹角 135°下输入结构的响应均不大于在 X 向、Y 向输入情况下的响应，故下面仅列出 X 向、Y 向输入情况下的响应。图 6.86 和图 6.87 是小震和大震下第 10 层节点 A 位移控制效果示意图。地震作用下的位移计算结果见表 6.53和表 6.54(表中的第 7 层 A、D 点层间位移角是该点位移与地面计算的高程之比)。大震下阻尼器的活塞杆的相对位移约为 230mm，各阻尼器的阻尼力为 300～680kN。典型滞回曲线如图 6.88 所示，地震作用下的结构基底计算剪力结果见表 6.55 和表 6.56。控制点 A、A'、D、D' 位移在有阻尼器与无阻尼器情况下的对比如图 6.89 所示。

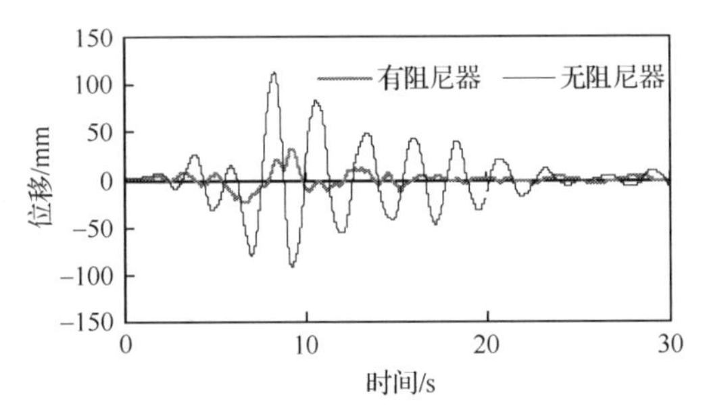

图 6.86　小震下第 10 层节点 A 位移(X 向)

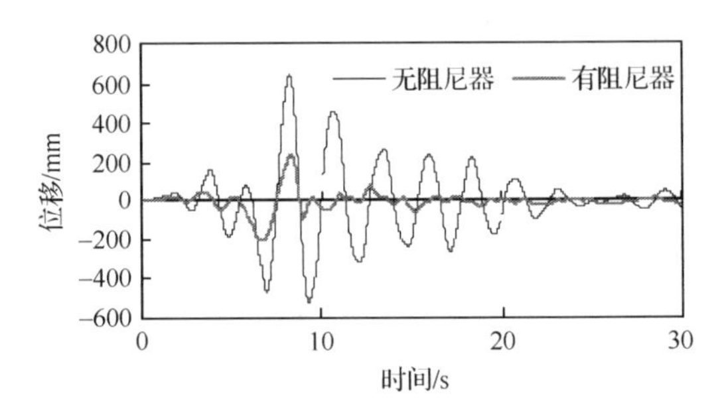

图 6.87　大震下第 10 层节点 A 位移(X 向)

表 6.53　小震下 SHW1 上海波输入下控制点层间位移角

层号	节点	X 向输入 辅楼 X 向位移		Y 向输入 辅楼 Y 向位移		节点	X 向输入 主楼 X 向位移		Y 向输入 主楼 Y 向位移	
		状态 1 层间位移角	状态 2 层间位移角	状态 1 层间位移角	状态 2 层间位移角		状态 1 层间位移角	状态 2 层间位移角	状态 1 层间位移角	状态 2 层间位移角
7	A	1/354	1/1182	1/698	1/1558	A'	1/1478	1/1142	1/1375	1/1489
	D	1/662	1/1065	1/704	1/1430	D'	1/1496	1/1375	1/1431	1/1251
8	A	1/456	1/1215	1/790	1/1451	A'	1/1336	1/1082	1/1315	1/1444
	D	1/649	1/1265	1/682	1/1293	D'	1/1327	1/1247	1/1381	1/1223
9	A	1/535	1/1338	1/777	1/1348	A'	1/1343	1/1122	1/1219	1/1361
	D	1/750	1/1378	1/686	1/1255	D'	1/1303	1/1268	1/1290	1/1166
10	A	1/575	1/1142	1/823	1/1331	A'	1/1361	1/1154	1/1221	1/1390
	D	1/763	1/1205	1/757	1/1287	D'	1/1309	1/1318	1/1312	1/1193

表6.54　大震下SHW1上海波输入下控制点层间位移角

层号	节点	X向输入（辅楼）		Y向输入（辅楼）		节点	X向输入（主楼）		Y向输入（主楼）	
		X向层间位移角	Y向层间位移角	X向层间位移角	Y向层间位移角		X向层间位移角	Y向层间位移角	X向层间位移角	Y向层间位移角
7	A	1/179	1/1088	1/545	1/247	A'	1/277	1/666	1/596	1/291
	D	1/210	1/527	1/837	1/303	D'	1/263	1/673	1/629	1/280
8	A	1/196	1/770	1/526	1/269	A'	1/244	1/589	1/550	1/270
	D	1/191	1/555	1/942	1/262	D'	1/231	1/657	1/550	1/265
9	A	1/242	1/946	1/630	1/246	A'	1/241	1/548	1/538	1/241
	D	1/237	1/714	1/1040	1/249	D'	1/228	1/586	1/530	1/240
10	A	1/163	1/1166	1/774	1/214	A'	1/232	1/510	1/545	1/231
	D	1/209	1/711	1/1078	1/203	D'	1/227	1/587	1/518	1/234

表6.55　小震作用下基底剪力计算值　　（单位：kN）

输入方向	状态	主楼X向	主楼Y向	主楼45°（主轴）	主楼135°（主轴）	辅楼X向	辅楼Y向
X	1	26770	11050	19480	19880	18800	3300
	2	32160	12420	25080	22340	18800	6000
Y	1	12270	28460	19950	20670	3800	28200
	2	13540	29860	21560	22960	5700	16300
45°	1	21330	19800	27800	3690	15400	21300
	2	25770	21420	33260	5140	10800	8500
135°	1	21680	20820	3520	29430	13300	19300
	2	22410	22850	4830	31620	15600	14000

表6.56　大震作用下基底剪力计算值　　（单位：kN）

输入方向	状态	主楼X向	主楼Y向	主楼45°（主轴）	主楼135°（主轴）	辅楼X向	辅楼Y向
X	1	152580	62580	111080	113260	106000	18400
	2	149580	59570	112570	103670	105800	24260
Y	1	63610	149020	104460	108110	18320	144110
	2	59000	143440	101380	103730	21270	95710
45°	1	111340	103470	145370	19310	79520	106000
	2	116450	101940	152370	21990	66920	62080
135°	1	112640	108860	18570	153170	73140	100300
	2	102460	105800	23200	144150	83450	75020

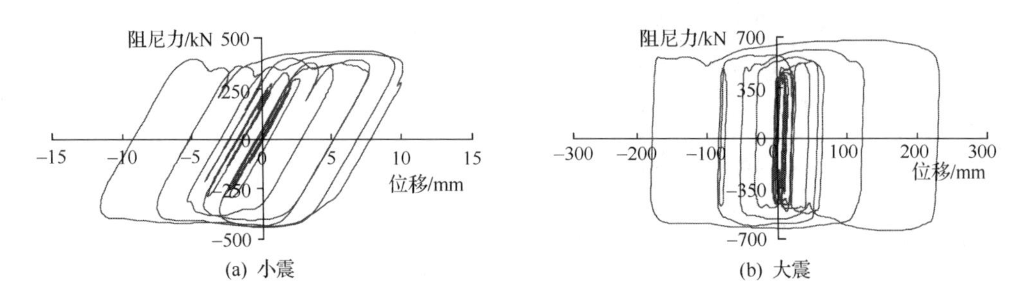

(a) 小震　　(b) 大震

图 6.88　第 10 层阻尼器 2 滞回曲线

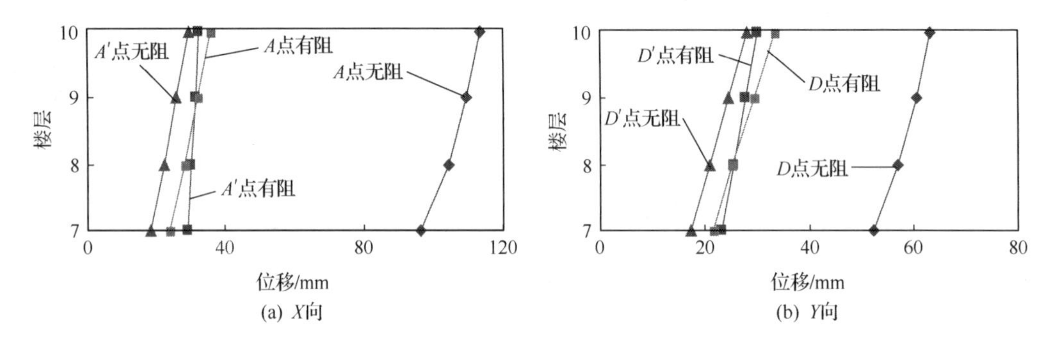

(a) X向　　(b) Y向

图 6.89　小震作用下控制点位移

从以上计算结果可以得出如下结论。

(1) 如果主楼与辅楼不进行连接，地面第 7、8、9 层广场部分的 A 点在 X 向小震作用下，其 X 向的层间位移角均超过了设计规范对框架结构的层间位移角 1/550 的控制要求。主要原因是辅楼质心与刚心严重偏移，由扭转效应所产生。

(2) 在采用黏滞阻尼器连接后，辅楼的扭转效应得到了有效控制，小震下控制点的层间位移角小于 1/550，大震下控制点的位移角小于 1/163，满足设计规范对框架结构楼层的水平变形控制要求。图 6.89 是小震下辅楼控制点 A、D 和主楼控制点 A'、D' 的位移随楼层的变化情况。显然加了阻尼器后辅楼位移减少，主楼位移略有增加。主楼起到了约束辅楼地震水平变位的有效支撑作用。

(3) 所有阻尼器的阻尼力在小震下均在阻尼器设计额定最大阻尼力 600kN 的 50%～80%，大震下最大阻尼力在 500～680kN，在预期结果的范围内。而若用短刚性连杆，小震下杆中轴力最大就可达到 1800kN，显然安装阻尼器后大幅降低了连接处的水平作用力。

(4) 从表 6.55 中的小震下基底剪力计算值可以看出，增设了阻尼器后，主楼所受到的基底剪力(刚性主轴方向)增加了，而对应于地震输入方向的辅楼的基底剪力相应地减少了(X 向输入除外，这是因为在该方向输入下，X 向的阻尼器主要解决广场的质量在 Y 向的大偏心)，这种结果对于该结构是有利的。从表 6.56 中可以看出，大震情况下，有、无阻尼器对于结构基底剪力影响不大。这是因为大震情况下，地震作用大大增大了，但是阻尼器的阻尼力增加不多，即这时阻尼力与结构楼层剪力相比很小。但是由于阻尼器的耗能作用，大大减小了辅楼的楼层水平位移响应。

5. 抗风时程分析结果

风对结构的作用包括顺风向和横风向两部分，该结构主楼的抗风分析显然是一个重要的工况，为此该结构曾经在同济大学风洞试验室做过风洞试验。但此处不对主楼的抗风问题做详细研究，仅考虑当结构单独各自经受 X 向、Y 向、45°顺风向风荷载时，在有、无阻尼器情况下，主楼与辅楼风振时的状态变化。顺风向的风包括平均风和脉动风，前者相当于确定性的静荷载，仅产生结构的静力变形，与结构的动力特性无关，可以采用静力方法进行分析；脉动风则为动力荷载，脉动风对结构的影响与结构的动力特性密切相关。由于黏滞阻尼器的性能是由其两端的速度响应控制的，有必要进行脉动风作用下的实施黏滞阻尼器连接方案的时程分析，以考察其对脉动风振的减振效果。

1) 风时程生成

采用如下的三角级数模型产生具有零均值、各态历经和满足 Davenport 谱[3, 4]的脉动风速时程曲线，即

$$V(t)=\sum_{k=0}^{N}A(\omega_k)\cos(\omega_k t+\phi_k) \tag{6.31}$$

式中，ϕ_k 为在 $0\sim2\pi$ 的均匀分布，相互独立的随机数；$A(\omega_k)=2\sqrt{S_v(\omega_k)\Delta\omega}$，$\Delta\omega=(\omega_u-\omega_d)/N$，$\omega_u$ 和 ω_d 为风速谱在正频率域中 ω 的上限与下限，$\omega_k=\omega_d+(k-1/2)\Delta\omega$，$k=0,1,2,\cdots,N$，$S_v(\omega)$ 为 Davenport 脉动风水平风速谱：

$$S_v(\omega)=4\kappa V_{10}^2\frac{\theta^2}{\omega(1+\theta^2)^{4/3}} \tag{6.32}$$

其中，ω 为圆频率；$\theta=600\omega/(\pi V_{10})$；$\kappa$ 为与场地有关的经验常数；V_{10} 为离地 10m 处的风速（设计风速）。Davenport 谱的峰值约在 $\omega/(2\pi V_{10})=0.0018$ 处。

取风压与风速的平方成正比，再考虑到脉动风速 V_f 与平均（静）风速 V_0 相比一般小于 20%，可得到脉动风压为

$$W_f=\frac{(V_0+V_f)^2-V_0^2}{1600}\times\frac{2V_0V_f}{1600} \tag{6.33}$$

取设计风速 31.0m/s（相当于基本风压 0.60kN/m²），$\kappa=0.008$，风谱的卓越周期约 50s。产生脉动风压时程曲线，长度 5242s，时间间隔 0.08s。经过谱分析，发现其与 Davenport 谱基本吻合。

脉动风的特性除了用自相关性描述，还存在空间相关性，即结构尺寸和动力特性对风振响应存在折减作用。如果取理论方法分析相关性的影响，将导致结构分析变为多点输入，利用现有的结构分析程序很难完成安装非线性阻尼器结构的时程分析。这里采用一种简便的方法考虑空间相关性的影响，仍采用单点输入，根据现行国家荷载规范的风振系数中的两个相关参数：脉动影响系数和振型系数，估算各楼层处风压的折减系数。

《建筑结构荷载规范》(GB 50009—2001)规定，垂直于建筑物表面的风荷载为

$$w_k=\beta_z\mu_s\mu_z w_0 \tag{6.34}$$

式中，w_0 为基本风压；μ_s 为体型系数，在这里根据模型风洞试验结果取值，μ_z 为风压高度

系数，这两个系数反映了静风压的分布规律；β_z 为风振影响系数，反映了风对结构的动力响应影响，表示为

$$\beta_z = 1 + \frac{\xi\nu\varphi_z}{\mu_z} \tag{6.35}$$

其中，ξ 为脉动增大系数；ν 为脉动影响系数；φ_z 为振型系数。$\xi\nu\varphi_z/\mu_z$ 反映了脉动风的影响，ξ 反映了结构在风荷载作用下的动力响应系数(未考虑空间相关性的影响)，$\nu\varphi_z$ 为考虑空间相关的折减系数，按照规范的计算方法确定出各楼层的折减系数。再将其乘以如前所述生成的脉动风时程，就得到各楼层的脉动风时程，即可以采用单点输入来分析考虑空间相关性的脉动风作用。

2) 风荷载下的结构响应

考虑 0°、45°、90°、180°、225°、270°等方向的风荷载。由于黏滞阻尼器在静载作用下基本不起作用(该种阻尼器的静起滑力很小，与其动阻尼力相比可以忽略不计)，研究中仅考察脉动风荷载作用下的结构响应。以下计算结果均为脉动风荷载下的结果。表 6.57～表 6.60 是有、无阻尼器时结构在分别输入风时程后(正风压)的计算结果(负风压下结构有类似的受力特征)。

表 6.57 X、Y 方向正脉动风压作用下辅楼控制点位移

层号	节点	X 方向风(辅楼)				Y 方向风(辅楼)			
		状态 1		状态 2		状态 1		状态 2	
		位移/mm	层间位移角	位移/mm	层间位移角	位移/mm	层间位移角	位移/mm	层间位移角
7	A	8.5	1/4020	9.8	1/3480	4.6	1/7429	6.3	1/5457
	D	5.6	1/6547	6.9	1/4242	5.7	1/6737	8.9	1/3710
8	A	9.4	1/5312	11.3	1/3211	5.1	1/8920	7.2	1/4974
	D	6.2	1/7747	8.0	1/4478	6.3	1/7930	10.2	1/3658
9	A	10.0	1/7317	12.6	1/3576	5.6	1/10136	8.1	1/5177
	D	6.6	1/10539	8.9	1/5129	6.8	1/9340	11.4	1/3931
10	A	10.6	1/9304	13.8	1/3844	6.0	1/11997	8.9	1/5915
	D	7.0	1/12933	9.8	1/5181	7.2	1/11452	12.4	1/4799

从以上计算结果可以得出如下结论。

(1) 在主楼与辅楼之间增设黏滞阻尼器后，辅楼的位移增大了，而主楼的位移普遍有所减小。这表明阻尼器在传递着辅楼与主楼上所受的风压力。由于主楼很高，所受风压力较大，通过阻尼器的传力后，有一部分风压力传到辅楼上，由辅楼承担了，所以辅楼的位移有所增大，而主楼由于分流了部分风压后本身的位移有所减小，这种情况对于高层建筑在风荷载作用下的响应是有利的。图 6.90 直观表示了在 X 向风作用下主楼、辅楼控制点位移有无阻尼器下的变化情况。

(2) 在风荷载作用下的阻尼力比较小，均没有超过 350kN，说明阻尼器在风荷载作用下尚未充分发挥耗能作用。而阻尼器行程普遍较小，均未超过 10mm，说明黏滞阻尼器在

风荷载作用下是安全的。

表 6.58　X、Y 方向正脉动风压作用下主楼控制点位移

层号	节点	X 方向风(主楼)				Y 方向风(主楼)			
		状态 1		状态 2		状态 1		状态 2	
		位移/mm	层间位移角	位移/mm	层间位移角	位移/mm	层间位移角	位移/mm	层间位移角
7	A'	12.4	1/2375	9.6	1/2902	8.1	1/3136	6.2	1/3558
	D'	8.0	1/3080	7.0	1/3352	10.1	1/2641	8.5	1/3027
8	A'	14.6	1/2146	11.4	1/2591	9.6	1/2961	7.6	1/3301
	D'	9.7	1/2760	8.6	1/3038	11.9	1/2503	10.1	1/2853
9	A'	16.8	1/2114	13.2	1/2530	11.3	1/2691	9.2	1/2991
	D'	11.4	1/2639	10.2	1/2789	13.9	1/2319	11.9	1/2636
10	A'	19.0	1/2080	15.2	1/2417	13.0	1/2655	10.9	1/2887
	D'	13.1	1/2627	12.0	1/2711	16.0	1/2299	13.8	1/2585

表 6.59　45°方向正脉动风压作用下辅楼控制点位移

层号	节点	X 方向(辅楼)				Y 方向(辅楼)			
		状态 1		状态 2		状态 1		状态 2	
		位移/mm	层间位移角	位移/mm	层间位移角	位移/mm	层间位移角	位移/mm	层间位移角
7	A	4.5	1/7655	13.5	1/2535	1.2	1/29378	11.1	1/3075
	D	2.8	1/13389	13.1	1/2245	2.0	1/21179	11.1	1/2946
8	A	4.9	1/10858	15.4	1/2427	1.3	1/35671	12.7	1/2996
	D	3.1	1/15984	15.0	1/2569	2.2	1/26184	12.7	1/3108
9	A	5.2	1/16207	16.8	1/2995	1.4	1/38966	14.2	1/3114
	D	3.3	1/24133	16.4	1/3091	2.3	1/34837	14.1	1/3236
10	A	5.4	1/23332	18.3	1/2941	1.5	1/43211	15.5	1/3612
	D	3.4	1/32430	17.9	1/3199	2.4	1/36652	15.3	1/3936

6. 小结

以上分析和试验研究表明,该工程最终采用的阻尼器连接方案合理,较理想地解决了该大楼的抗震设计难题,两楼连接方案完全达到预想的效果,是国内首次较成功的应用被动控制理论解决大型复杂高层建筑工程实际问题的典型案例。采用黏滞流体阻尼器替换钢拉杆连接,可以适应较大的位移,不会带来过大连接反力,同时还具有消能减震的功能,可以有效减小辅楼的扭转振动,减轻两楼动力特性悬殊引起的不协调振动。在地震作用下,主楼可以作为辅楼的依托,通过阻尼器耗能和缓冲作用减轻辅楼的楼层水平位移。在风作用下,阻尼器的行程很小,但也可以传递风振作用,这时辅楼可以作为主楼的依托,减小主楼在风作用下的脉动响应。该方案的设计理念也可以推广应用于其他的类似工程。

表 6.60　45°方向正脉动风压作用下主楼控制点位移

层号	节点	X方向(主楼)				Y方向(主楼)			
		状态1		状态2		状态1		状态2	
		位移/mm	层间位移角	位移/mm	层间位移角	位移/mm	层间位移角	位移/mm	层间位移角
7	A'	17.1	1/1381	13.2	1/1724	16.2	1/1455	12.0	1/1878
	D'	16.1	1/1442	14.5	1/1653	15.3	1/1511	13.1	1/1801
8	A'	20.6	1/1349	16.0	1/1652	19.2	1/1533	14.4	1/1928
	D'	19.5	1/1407	17.5	1/1588	18.3	1/1595	15.7	1/1858
9	A'	24.6	1/1170	19.4	1/1381	23.1	1/1229	17.5	1/1473
	D'	23.4	1/1214	21.0	1/1347	22.0	1/1269	18.9	1/1441
10	A'	28.6	1/1187	22.9	1/1326	26.8	1/1255	20.8	1/1439
	D'	27.1	1/1252	24.5	1/1327	25.6	1/1314	22.2	1/1440

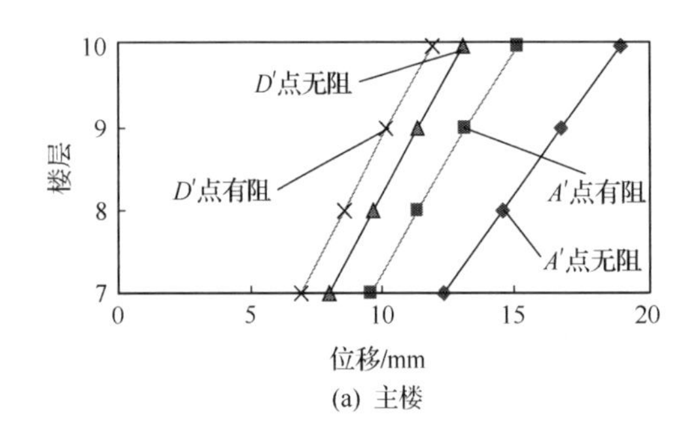

(a) 主楼

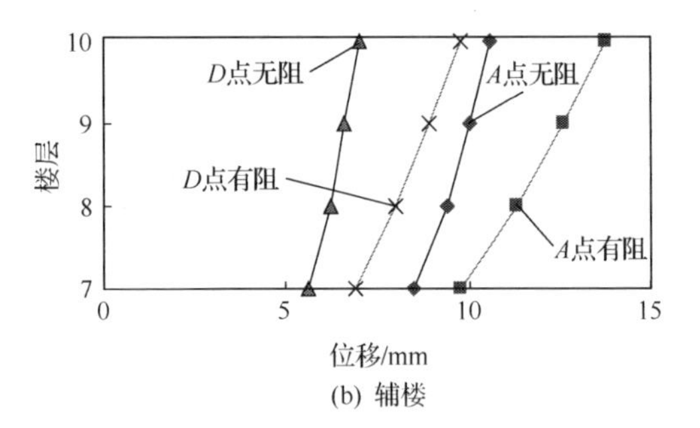

(b) 辅楼

图 6.90　X 向风作用下主楼、辅楼控制点位移

6.5　阻尼墙的开发研究与理论分析

6.5.1　阻尼墙消能减震的机理与特点

黏滞阻尼墙是一种用于建筑结构的消能减震器，是日本学者 Arima 和 Miyazaki[5] 在 20 世纪 80 年代提出来的。黏滞阻尼墙的基本构造如图 6.91 所示。它主要由悬挂在上层楼面的内钢板、固定在下层楼面的四块外钢板组成的箱体、箱体中的高黏度黏滞液体组成。地震时上下楼层产生相对速度，从而使得上层内钢板在下层钢板箱之间的黏滞液体中运动，产生阻尼力，吸收地震能量，减小地震反应。通过改变黏滞液体的黏度、内外钢板之间的距离、钢板的面积这三个因素，可以调整黏滞阻尼墙的黏滞抵抗力和能量吸收能力。

与其他阻尼器相比，黏滞阻尼墙具有如下特点：①耗能减震效率高，并且对风振和地震均能发挥作用；②安装简便，施工误差对耗能减震效果影响小；③厚度较小，形状规则，安装后不影响建筑物美观；④耐久性好，几乎不需要维护。黏滞阻尼墙能够安装在一般的多层房屋结构中，同时也适用于高层和超高层建筑结构，还能够用于建筑抗震加固和震后修复。截至 2004 年在日本已有 20 多个建筑工程采用了黏滞阻尼墙；在我国台湾也有工程采用了阻尼墙，包括新建的高层建筑和建筑抗震加固；目前在我国大陆地区还没有阻尼墙的实际工程应用。

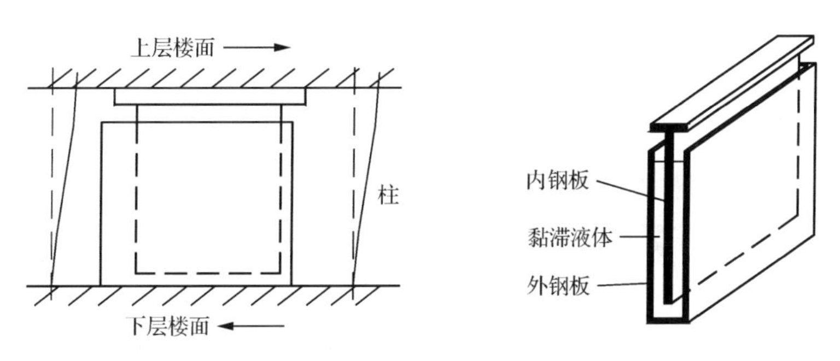

图 6.91　黏滞阻尼墙的构造

黏滞阻尼墙的力学性能可以从图 6.92 得到初步的认识。设两块板 P1、P2 各自的面积均为 A，板的间距为 $\mathrm{d}y$，两块板之间充满黏滞材料。如果黏滞材料符合牛顿黏滞力学，那么，当两块板产生相对速度为 $\mathrm{d}v$ 的相对运动时，黏滞流体产生的阻尼力 F 与 A 成正比，与速度梯度成正比，与黏滞材料的黏度 μ 成正比，即

$$F=\mu A\left(\frac{\mathrm{d}v}{\mathrm{d}y}\right) \tag{6.36}$$

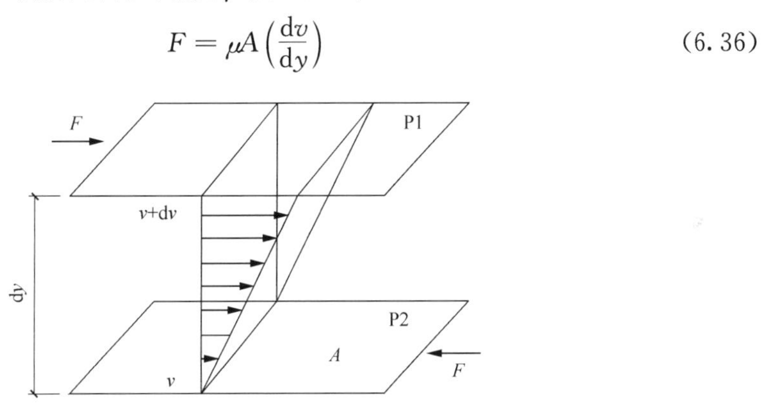

图 6.92　牛顿黏滞力学模型

实际的黏滞阻尼墙可能同时表现出黏滞阻尼力和黏弹性恢复力。事实上，对阻尼墙输入正弦波位移

$$x=x_0\sin(\Omega t) \tag{6.37}$$

式中，x_0 为位移幅值；Ω 为运动圆频率；t 为时间。在稳态条件下，阻尼墙的抵抗力也将是正弦变化的，并且相对于位移滞后一个相位。

$$F=F_0\sin(\Omega t+\phi) \tag{6.38}$$

式中，F_0 为力的幅值；ϕ 为相位角。

从式(6.37)和式(6.38)可以推导出

$$F = K_1 x + C\dot{x} \tag{6.39}$$

式中，K_1 为储存刚度；C 为阻尼系数。它们以及相位角 ϕ 可以表示为

$$K_1 = \frac{F_0}{x_0}\left[1-\left(\frac{C\Omega x_0}{F_0}\right)^2\right]^{1/2} \tag{6.40}$$

$$C = \frac{W_d}{\pi x_0^2 \Omega} \tag{6.41}$$

$$\phi = \sin^{-1}\left(\frac{C\Omega x_0}{F_0}\right) \tag{6.42}$$

式中，W_d 为阻尼墙力与位移的关系曲线所包围的面积。在上面的表达式中，C 是首先确定的，然后就可以计算出其他两个量的数值。

如果力与位移的关系曲线是正椭圆，阻尼系数就可以直接从零位移时的力计算出，即

$$C = \frac{F_0}{x_0 \Omega} \tag{6.43}$$

这时，从式(6.40)可知，储存刚度 K_1 也等于零，也就是说，阻尼墙只表现出黏滞阻尼力，不表现出黏弹性恢复力。

由于不同的黏滞阻尼墙所使用的黏滞材料不一定是理想的牛顿黏滞材料，以及阻尼墙特有的构造，实际的黏滞阻尼墙抵抗力计算公式可能更为复杂一些。通常情况下，阻尼墙的力学模型是通过对其施加一系列不同幅值和频率的正弦波激励，分析试验结果，再结合阻尼墙的基本力学性能提出来的。

6.5.2　黏滞阻尼墙的试验研究与分析模型

对两种阻尼墙进行了试验，以下分别称为阻尼墙一和阻尼墙二。

1. 阻尼墙一的试验与分析模型

首先对国内某研究所研制的黏滞阻尼墙进行探索性试验，目的是寻找合适的黏滞材料和恰当的阻尼墙构造。在制造阻尼墙时主要考虑到加载的方便，阻尼墙轮廓见图 6.93。阻尼墙内外钢板厚度均为 18mm，内外钢板间隙为 5mm，最大行程为 35～40mm。阻尼墙中的黏滞材料是高黏度的黏滞流体。

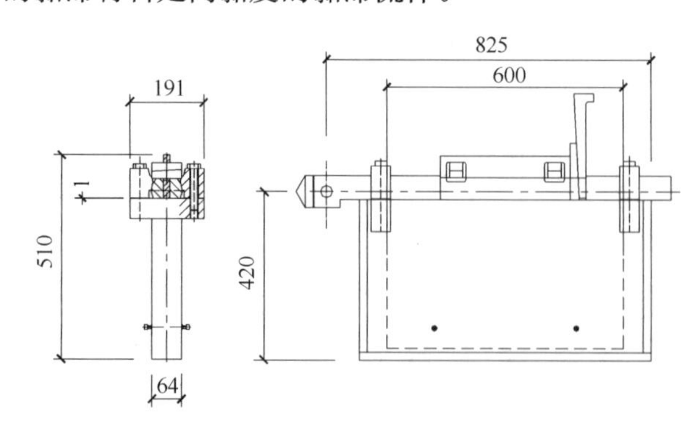

图 6.93　阻尼墙一轮廓图

1）试验装置与加载方案

为了固定阻尼墙的外墙，专门设计了一个近似刚性的支架。支架由槽钢焊接出骨架，用钢板焊接相交的槽钢，再用连接在槽钢上的螺栓固定阻尼墙的位置。试验中运用电液伺服结构试验系统来施加荷载。阻尼墙模型的试验装置如图 6.94 所示。

图 6.94　阻尼墙试验装置

试验中在阻尼墙外墙的固定件与连接内墙的推杆之间、阻尼墙外墙的固定件与地面之间安装了两个位移计，测量阻尼墙内外墙板的相对位移和外墙的对地位移；采用动态数据采集仪系统以 20Hz 等频率对位移计数据和加载装置的位移、推力进行采集。试验在常温下进行，通过位移控制加载，对阻尼墙施加正弦波位移，预设的加载工况见表 6.61，表内的数字(1)、(2)等代表加载工况(1)、(2)等。

表 6.61　阻尼墙一试验加载工况

频率/Hz	振幅/mm		
	±10	±20	±30
0.1	(1)	(2)	(3)
0.3	(4)	(5)	(6)
0.5	(7)	(8)	(9)
0.7	(10)	(11)	(12)
1.0	(13)	(14)	(15)
1.5	(16)	—	—

2）试验结果

图 6.95 给出了部分工况下试验所得抵抗力-相对位移的滞回关系曲线，每条曲线下的名称标明了工况号和实际的位移与频率。需要注意的是，由于加载装置频响特性的限制，在较高的频率下，无法达到预设的位移幅值。

3）阻尼力的理论公式

从图 6.95 可以看出，黏滞阻尼墙具有良好的耗能能力，并且可用阻尼器和弹簧并联

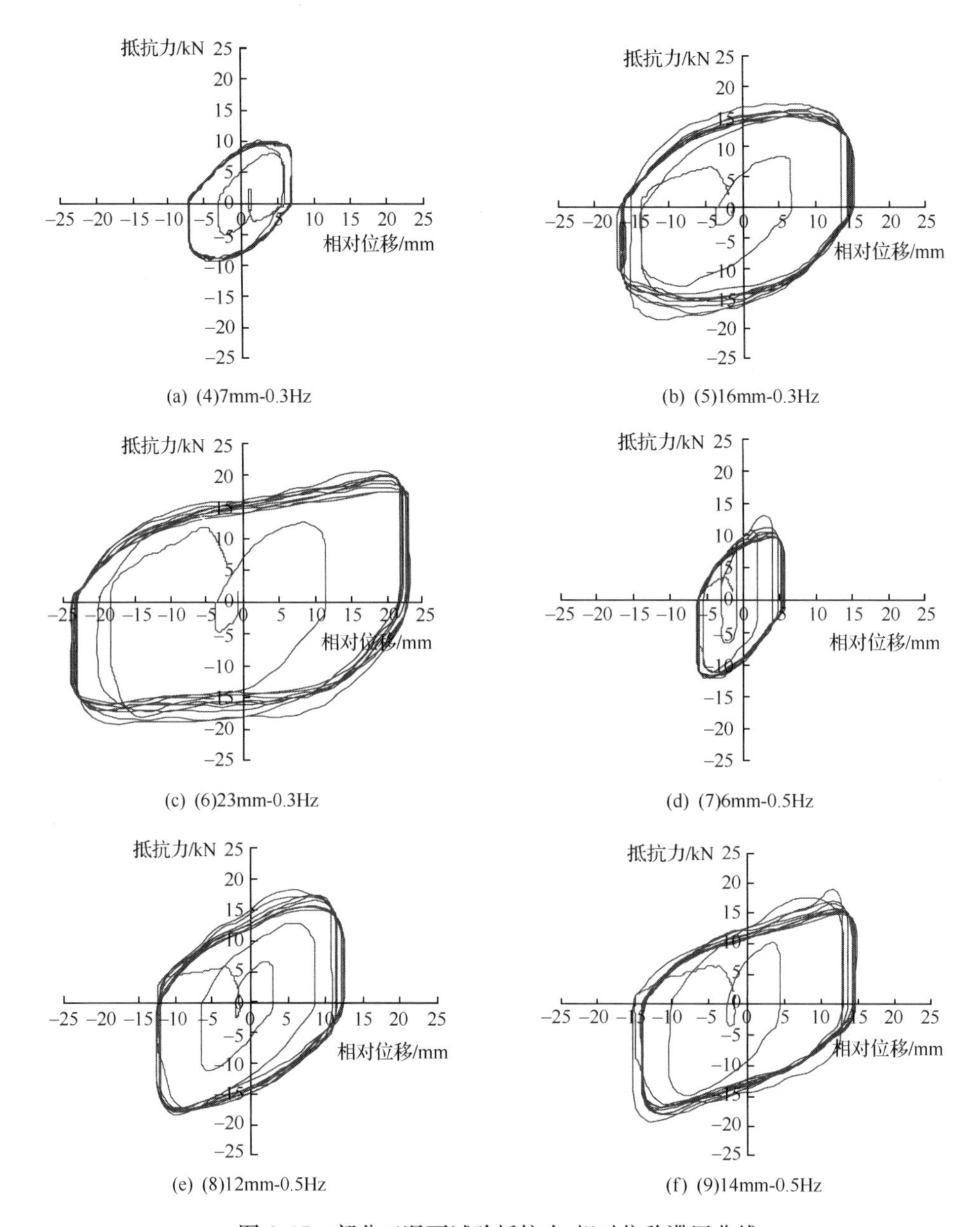

图 6.95　部分工况下试验抵抗力-相对位移滞回曲线

的分析模型来描述。在零位移处，阻尼器出力最大，弹簧出力为零；在最大位移处，阻尼器出力为零，弹簧出力最大。图 6.96 给出零位移时阻尼器速度峰值与阻尼力的对应点，以及由这些点回归出的力与速度之间的关系曲线。

由正负最大位移时的力差值除以位移差值可以得到弹簧的刚度。最后可以得到常温下在试验的频率范围内阻尼墙的力学性能计算公式：

$$F = C\text{sign}(\dot{x})\ |\dot{x}|^{\alpha} + Kx \tag{6.44}$$

由图 6.96 可知，$C=50.44\text{kN}/(\text{m/s})^{0.43}$，$K=680\text{kN/m}$，$\alpha=0.43$。

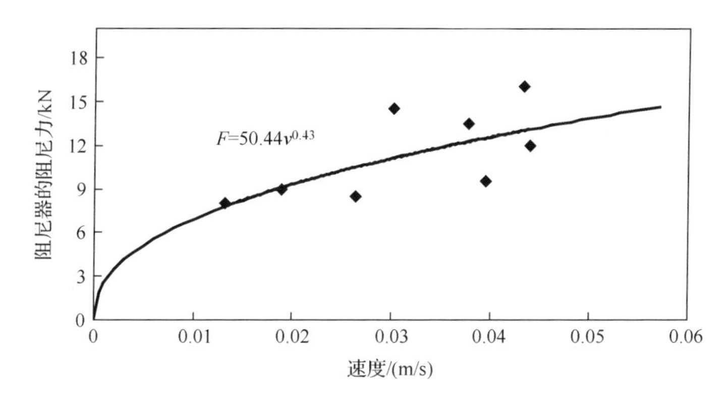

图 6.96 并联阻尼器力与速度之间的关系

因为输入的是正弦波 $x = A\sin(2\pi ft)$，$\dot{x} = 2A\pi f\cos(2\pi ft)$，式(6.44)也可以写为

$$F = 50.44\text{sign}(2A\pi f\cos(2\pi ft)) \mid 2A\pi f\cos(2\pi ft) \mid^{0.43} + 680A\sin(2\pi ft) \quad (6.45)$$

将表 6.61 中的多种试验工况得到的正弦波位移幅值和频率代入式(6.45)，把计算结果和试验结果进行比较，得到图 6.97。从图中可以看出，试验结果和计算结果较为吻合，表明式(6.44)能够较好地描述黏滞阻尼墙的力学性能。需要说明的是，由于试验条件的限制，没有测量试验过程中黏滞流体的温度变化，所以上述计算公式中没有反映温度变化的影响。

4）试验小结与建议

通过对黏滞阻尼墙的力学性能试验可以发现，采用不同的黏滞流体，阻尼墙的性能会有很大变化；需要选用性质稳定的黏滞材料制作阻尼墙。如果选用合适的黏滞材料，阻尼墙会具有优良的耗能能力，有着很好的应用前景。目前，国内在研制黏滞阻尼墙方面还缺乏系统的试验研究，需要在以下几方面做进一步的工作。

(1) 开发和试验黏滞流体，研究其性能；对采用不同黏滞流体的阻尼墙进行力学性能试验，分析试验结果，找出合适的黏滞材料。

(2) 改进构造形式，如与流体接触的钢板表面的粗糙度，钢板之间的间隙，外钢板上端部通过某种构造措施扩大间距以避免黏滞流体在试验中流出，把内墙板端部做成圆弧形状，考虑阻尼墙与结构之间简便有效的连接方式等；对更多数量包括尺寸较大的阻尼墙进行试验。

(3) 使用频响特性范围更广的加载装置，在更宽的频率-位移范围内试验阻尼墙的性能，提出能够准确描述其力学性能的计算公式。

(4) 在不同的温度下对阻尼墙进行试验，考虑温度对阻尼墙力学性能的影响。

2. 阻尼墙二的试验与分析模型

为了加快黏滞阻尼墙在我国建筑工程中的应用，增强结构的抗震抗风能力，课题组与中国台湾和日本合资的阻尼墙生产厂家进行合作，试验研究阻尼墙的力学性能，并且将阻尼墙安装到钢筋混凝土框架结构模型中，进行模拟地震振动台试验，考察建筑结构中使用黏滞阻尼墙的耗能减震效果。本节主要叙述阻尼墙二的力学性能试验。

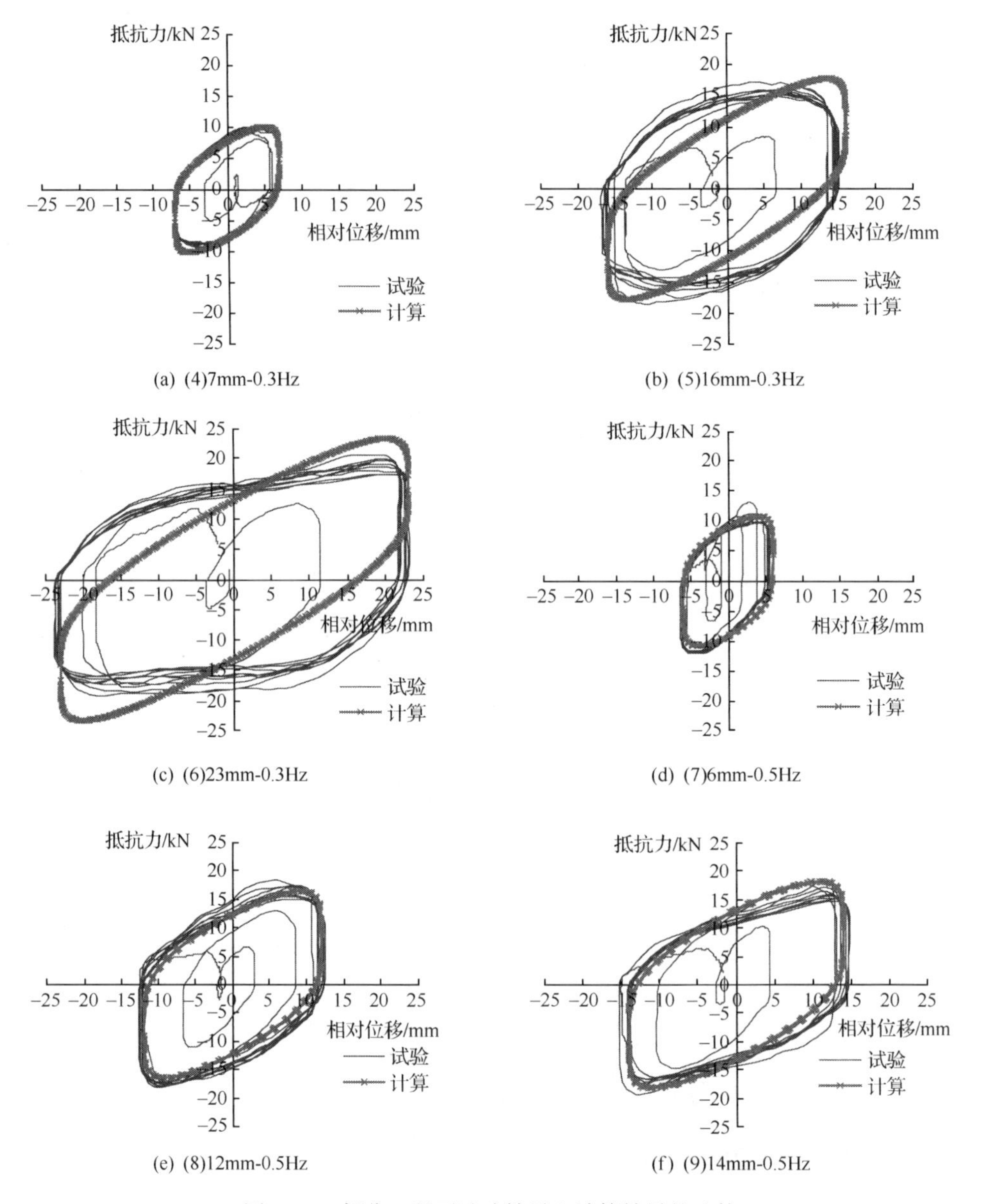

图 6.97 部分工况下试验结果和计算结果的比较

1）黏滞阻尼墙二的制作

进行试验的黏滞阻尼墙(模型)是日本有关公司和中国台湾有关公司合作生产的。考虑到振动台试验的需要，一共制作了三片完全相同的阻尼墙。选取其中的一片进行了周期性动力加载试验。阻尼墙的轮廓尺寸为宽 420mm×高 580mm，如图 6.98 所示；内外钢板间距 5mm，外钢板包围的孔腔内是一种高黏度黏滞材料；为了方便与结构的连接，在阻尼墙的上端和下端分别有一块垂直于阻尼墙墙面的水平矩形钢板，通过水平钢板上的孔洞可以和结构构件连接起来。

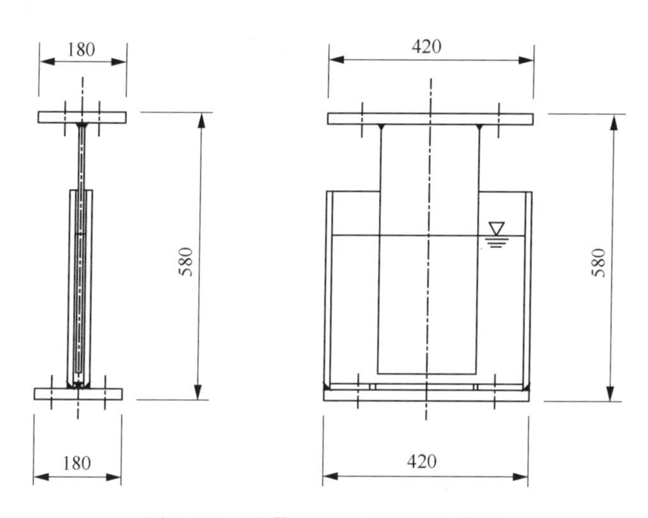

图 6.98 黏滞阻尼墙二模型轮廓图

2）试验装置和加载方案

为了对黏滞阻尼墙进行力学性能试验，专门设计了一个能够固定阻尼墙外钢板同时使内钢板在水平导轨内运动的装置。这个装置由钢板和槽钢焊接而成，使用轴承来减小导轨的摩擦。运用电液伺服结构试验系统来施加荷载。试验装置如图 6.99 所示。

图 6.99 黏滞阻尼墙二试验装置

在阻尼墙内钢板的连接件、阻尼墙外钢板上安放两个对地位移计，分别测出其对地位移；在阻尼墙内钢板、外钢板之间安放位移计，测出内外钢板之间的相对位移。作动器推力、位移、频率由系统自动采集。加载频率在 1Hz 及以下时用 20Hz 等频率采集数据，在 1Hz 以上时用 50Hz 等频率采集数据。使用数字式温度计测量试验过程中阻尼墙中黏滞流体的温度变化情况，在每个试验工况开始和结束时读取温度数据。使用位移控制加载，对黏滞阻尼墙施加表 6.62 所示的不同幅值和频率的正弦波激励。

表 6.62　阻尼墙二试验加载工况

频率/Hz	振幅/mm			
	±2	±5	±10	±20
0.2	—	(4)	(11)	(16)
0.5	—	(5)	—	(17)
1.0	—	(6)	(12)	—
1.5	(1)	(7)	(13)	—
2.0	(2)	(8)	(14)	—
2.5	(3)	(9)	(15)	—
3.0	—	(10)	—	—

3）试验结果

图 6.100 给出了试验得到的部分工况下阻尼墙抵抗力与相对位移之间的滞回曲线。滞回曲线下的工况名表示了阻尼墙内外钢板的实际相对位移幅值和正弦波激励频率。

4）黏滞阻尼墙(模型)力学性能计算公式的建立

这次生产的黏滞阻尼墙(模型)采用日本某公司的技术，该公司对于其生产的原型大小的黏滞阻尼墙有如下的力学性能计算公式：

$$
\begin{aligned}
F &= 0.42e^{-0.043t}S(v/d), & v/d \leqslant 1 \\
F &= 0.42e^{-0.043t}S(v/d)^{0.59}, & 1 \leqslant v/d \leqslant 10 \\
F &= 0.65e^{-0.043t}S(v/d)^{0.4}, & v/d \geqslant 10
\end{aligned} \tag{6.46}
$$

式中，F 为抵抗力，kgf[①]；t 为温度，℃；S 为剪切面积，cm^2；v 为相对速度，cm/s；d 表示内外钢板间距离，cm。

可以看出，式(6.46)采用的是单纯阻尼器分析模型，没有考虑阻尼墙的刚度影响。为了准确描述黏滞阻尼墙的力学性能，要在式(6.46)的基础上，提出针对本次试验的阻尼墙力学性能计算公式。

这里采用阻尼器和弹簧并联的阻尼墙分析模型。在零位移时，阻尼墙的出力完全是阻尼力。图 6.101 表示了零位移时阻尼墙内外钢板的相对速度和阻尼墙出力的对应点，以及由此回归出的阻尼力与速度之间的关系式。

图 6.101 表明，不同的速度下，阻尼墙的阻尼力呈现出规律性的变化，图中的曲线能够较好地拟合试验点。图 6.101 还反映出加载频率对于阻尼力表现出有规律的影响，在较低的加载频率下，阻尼力偏向于回归曲线较大的一侧，在较高的加载频率下，阻尼力偏向于回归曲线较小的一侧。所以在阻尼墙的阻尼系数中考虑频率的影响会更准确地计算出阻尼力。试验过程中每个试验工况之间至少间隔 5min，并且一直用风扇给阻尼墙降温，温度量测结果表明阻尼墙中黏滞流体的温度在 28.3℃±0.4℃范围内变化，可以忽略试验过程中温度变化对阻尼墙抵抗力的影响。由于试验条件的限制，这次没有进行不同温度下的试验，温度对阻尼墙出力的影响借鉴式(6.46)中的温度系数项。综合起来，可以

① 1kgf=9.80665N。

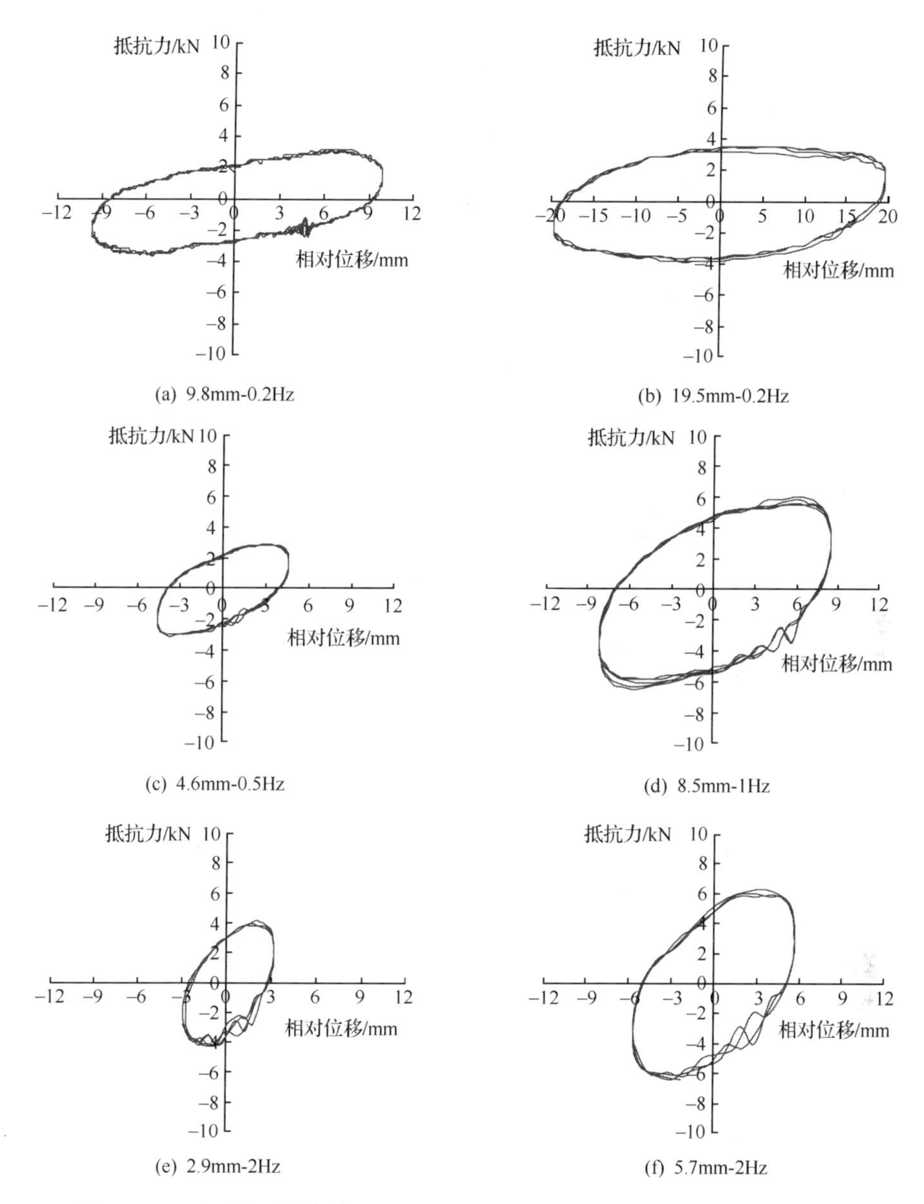

图 6.100　试验得到的部分工况下阻尼墙抵抗力与相对位移之间的滞回曲线

采用如下公式计算本次试验中阻尼墙的阻尼力[6]：

$$F_c = 18.5 f^{-0.15} e^{-0.043(t-28.3)} \mathrm{sign}(\dot{x}) \mid \dot{x} \mid^{0.5} \tag{6.47}$$

式中，F_c 是黏滞阻尼力，kN；f 为阻尼墙内外钢板相对运动的频率，Hz；t 为环境温度，℃；$\dot{x}$ 是相对运动的速度，m/s。

对于分析模型中并联弹簧的弹性恢复力，在试验结果的基础上，归纳出如下的计算公式：

$$F_k = 400 f^{0.5} e^{-0.043(t-28.3)} x \tag{6.48}$$

式中，F_k 为黏弹性恢复力，kN；x 为相对运动的位移，m；f、t 的意义同式(6.47)。

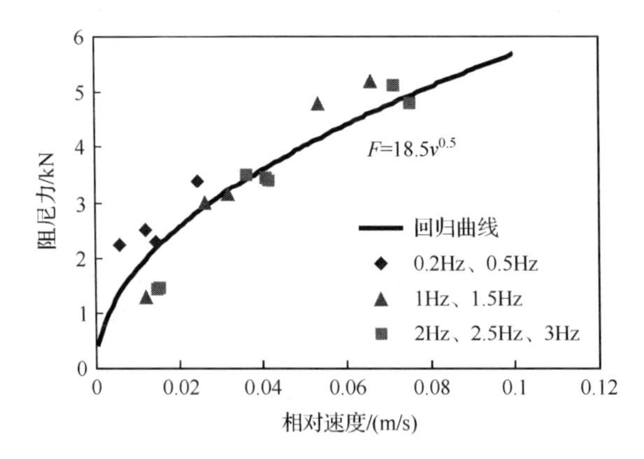

图 6.101 阻尼力与相对速度的对应点和回归曲线

将黏滞阻尼力和黏弹性恢复力相加，黏滞阻尼墙的抵抗力可以表示为

$$F = 18.5 f^{-0.15} \mathrm{e}^{-0.043(t-28.3)} \operatorname{sign}(\dot{x}) \left|\dot{x}\right|^{0.5} + 400 f^{0.5} \mathrm{e}^{-0.043(t-28.3)} x \tag{6.49}$$

式(6.49)计算出的阻尼墙抵抗力与加载装置惯性力之和，应该和试验得到的加载装置出力相一致。图 6.102 为阻尼墙抵抗力与内外钢板相对位移的滞回曲线理论值和试验

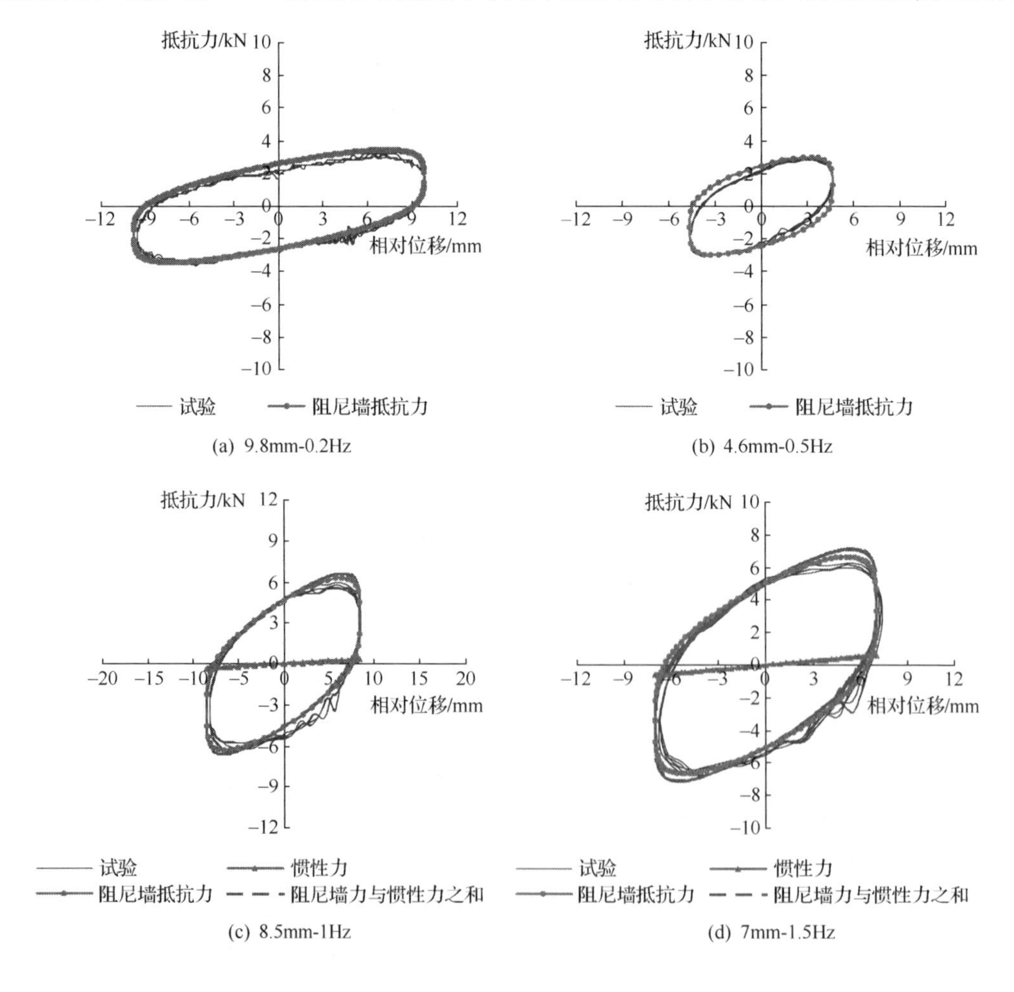

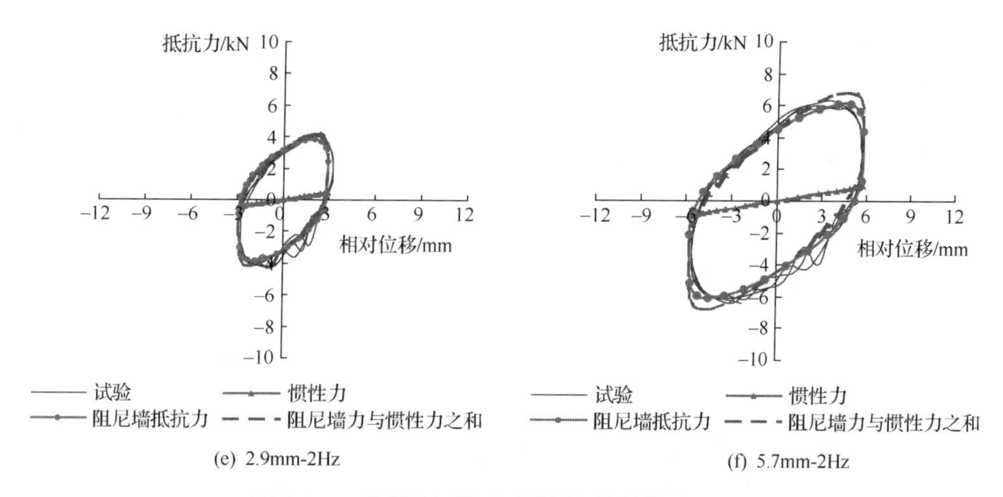

(e) 2.9mm-2Hz　(f) 5.7mm-2Hz

图 6.102　黏滞阻尼墙试验结果与计算结果的比较

值比较。对于加载频率 1Hz 以下的工况，忽略惯性力的影响；对于加载频率 1Hz 以上的工况，由于惯性力较大一些，同时表示了加载装置出力与相对位移的滞回曲线和惯性力与相对位移的关系线。从图 6.102 可以看出，式(6.49)能够较为准确地计算黏滞阻尼墙的力学性能。

3. 阻尼墙试验小结

对黏滞阻尼墙一和黏滞阻尼墙二模型进行了力学性能试验，试验研究表明，阻尼墙一虽然表现出较好的耗能能力，但是性能不够稳定，试验中考虑的变量也不够全面和充分，需要进一步的系统研究来开发出技术成熟的产品。中国台湾和日本合资生产的黏滞阻尼墙二已有十多年的技术开发经验，所生产的阻尼墙模型具有良好的耗能能力；在试验研究的基础上，结合已有的技术资料，针对本次试验的阻尼墙模型提出了力学性能计算公式，计算结果与试验结果吻合良好。

6.5.3　安装有黏滞阻尼墙的框架结构的振动台试验研究

1. 试验目的

(1) 通过对附加和不附加黏滞阻尼墙的两个相同的钢筋混凝土框架模型振动台试验，对比耗能框架和普通框架的动力特性和地震波输入下的地震反应，考察在各个反应阶段阻尼墙对结构的减震控制效果。

(2) 调查不同频谱特性的地震波激励下，耗能框架和普通框架的地震反应变化情况，以及阻尼墙对结构减震效果的变化情况。

(3) 测量黏滞阻尼墙在试验过程中的抵抗力与相对位移变化情况，直观认识阻尼墙的力学性能和耗能效果。

(4) 测量和对比耗能框架和普通框架在地震波激励下的柱子轴力反应，考察附加阻尼墙以后结构内力的变化。

2. 试验模型

该试验中制作了两个完全相同的钢筋混凝土框架结构模型，一个是安装黏滞阻尼墙的耗能框架，另一个是不安装阻尼墙的普通框架。

为了使模型具有较长的自振周期，以便将研究成果推广到中高层和大跨度建筑中，设计了一个较柔的钢筋混凝土结构模型。在确定梁柱截面尺寸和配筋时，考虑了重力荷载的作用和水平地震作用下结构的反应，使得结构在地震作用下的反应大小比较合适，既避免出现结构在较小地震作用下发生破坏，又避免出现结构在较大地震作用下也不破坏。在预估小震作用下结构的反应时，采用的地震波加速度峰值相当于七度多遇(35gal)时的数值。

钢筋混凝土框架模型为一跨两开间三层，跨度为 2.4m，两开间均为 1.8m，层高 2.0m。柱截面均为 150mm×150mm，中间跨与阻尼墙相连的梁截面为 W100mm×H150mm，其余梁截面为 W80mm×H150mm，楼板厚为 55mm。采用微粒混凝土制作结构模型，微粒混凝土强度和弹性模量根据与结构同批浇筑的立方体试块和棱柱体试块试验得到，钢筋的屈服强度、极限强度和弹性模量由预留钢筋段试验得出。材性试验结果在表 6.63 和表 6.64 中给出。在连接两开间的中间榀框架中安装黏滞阻尼墙，每层一片，共安装三片阻尼墙。模型结构简图如图 6.103 所示，模型结构照片如图 6.104 所示。模型自重 6.9t，三层共附加质量 9t，模型总重 15.9t(不包括模型底座的重量，模型底座重约 4.1t)。

表 6.63　微粒混凝土力学性能　（单位：N/mm²）

参数	试块位置					
	1 层柱	1 层顶梁板	2 层柱	2 层顶梁板	3 层柱	3 层顶梁板
平均立方体抗压强度	25.0	14.5	19.4	18.1	19.0	16.7
平均弹性模量	28206	21205	24000	25212	27000	26114

表 6.64　钢筋力学性能

钢筋直径/mm	屈服强度/(N/mm²)	极限强度/(N/mm²)	弹性模量/(N/mm²)
14	359.3	524.5	1.96×10^5
12	384.5	581.5	1.99×10^5

该试验的结构模型没有严格的原型结构，但设计模型时仍然是根据相似理论进行的，各物理量之间满足动力相似关系。由于原型结构不存在，表 6.65 中的相似参数仅供参考。需要说明的是，表 6.65 中阻尼墙的阻尼系数的相似关系是根据阻尼系数的物理意义用量纲分析法得到的。在实际工程中，阻尼墙阻尼系数的选取是根据阻尼墙的位置与数量、结构的周期与振型、地震作用的大小等因素确定的。

结构模型中附加的黏滞阻尼墙是我国台湾和日本合作生产的，其尺寸是根据作者团队提出的阻尼墙参数要求确定的。在 6.5.4 节中对阻尼墙进行了周期性动力荷载试验，考察了其力学性能，并且提出了专门的计算公式。

根据计算，结构模型中需要设置的黏滞阻尼墙高度小于结构层间净高，为此专门设计

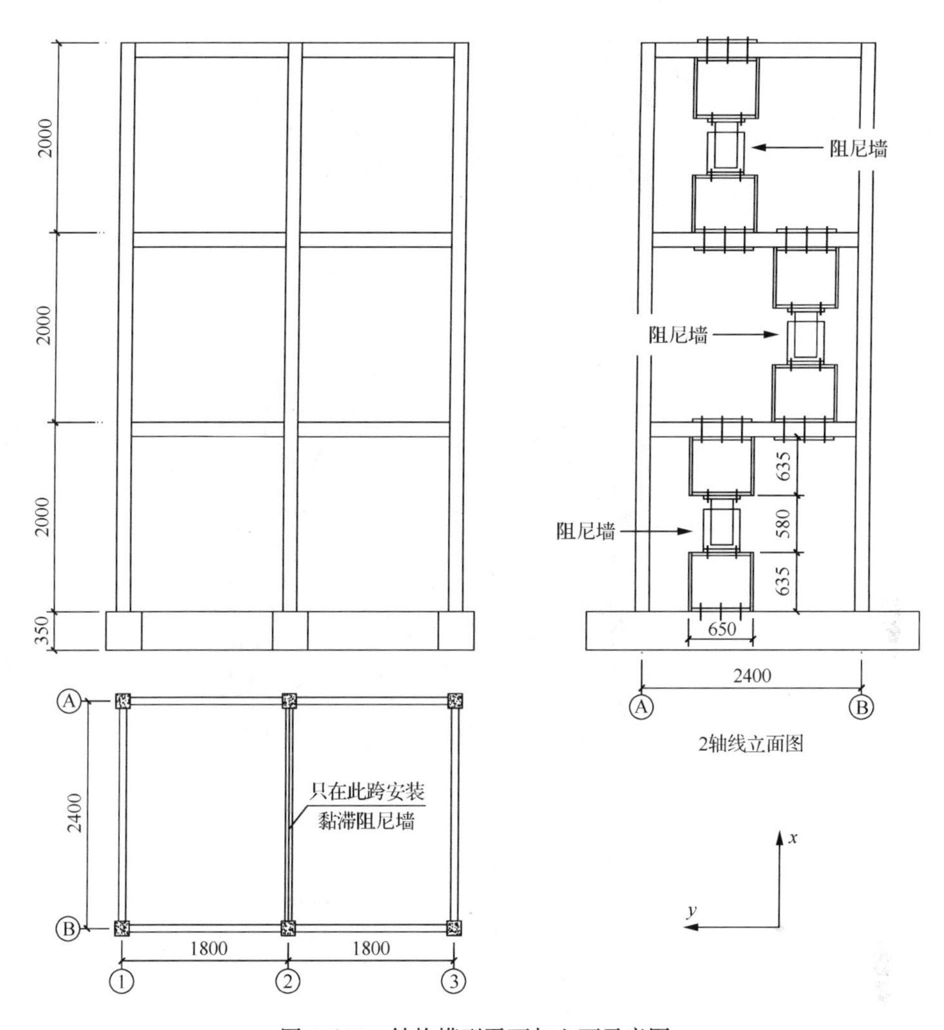

图 6.103　结构模型平面与立面示意图

了带端板的焊接工字钢，把阻尼墙附加到结构模型中，具体的连接形式如图 6.103 所示。

3. 阻尼墙的参数选择

针对特定的结构模型，需要按照一定的设计目标，选择与结构模型相匹配的黏滞阻尼墙，才能够达到最佳的减震效果。在本节中，使用结构三维分析软件 SAP2000，变化阻尼墙的阻尼系数，对附加阻尼墙的结构模型进行一系列分析，考察结构的位移反应和加速度反应，从而优化选择阻尼墙参数。

图 6.105 和图 6.106 表示了随着阻尼墙阻尼系数的变化，附加阻尼墙的结构模型顶点位移反应峰值和顶点加速度反应峰值的变化情况。从图 6.105 和图 6.106 能够看出，安装黏滞阻尼墙以后，结构的位移反应和加速度反应都有明显的减小；阻尼墙减震效果的大小与阻尼系数的取值有关；在不同的地震激励下，阻尼墙对结构的减震效果有所不同。随阻尼系数的增大，结构的位移反应和加速度反应先是明显减小；当阻尼系数增大到一定

图 6.104　耗能框架结构模型安装在振动台上

表 6.65　结构模型动力相似关系

物理性能	物理参数	结构模型：原型	备注
几何性能	长度	1∶2	控制尺寸
	线位移	1∶2	—
	角位移	1.00	—
材料性能	应变	1.00	—
	弹性模量	1	控制材料
	应力	1	
	泊松比	1.00	—
	质量密度	2∶1	—
	质量	1∶4	—
荷载性能	集中力	1∶4	—
	面荷载	1	—
	力矩	1∶8	—
动力性能	阻尼比	1	—
	阻尼器阻尼系数	1∶2.8	—

续表

物理性能	物理参数	结构模型：原型	备注
动力性能	周期	0.707：1	—
	频率	1.414：1	—
	加速度	1	控制试验
	重力加速度	1	
模型高度		约 6.8m	含底板、配重
模型质量		约 20.0t	含配重、底座质量

程度以后，结构的位移反应就变化很小，加速度反应却随阻尼系数增大而增大。不同的地震波由于频谱特性不同，对结构进行激励时造成的结构反应也不同。在上海人工波 SHW2 作用下，未安装阻尼墙的普通框架结构反应峰值较大，安装阻尼墙以后结构反应峰值得到较好的控制，因此耗能框架比普通框架的反应峰值比更小一些。

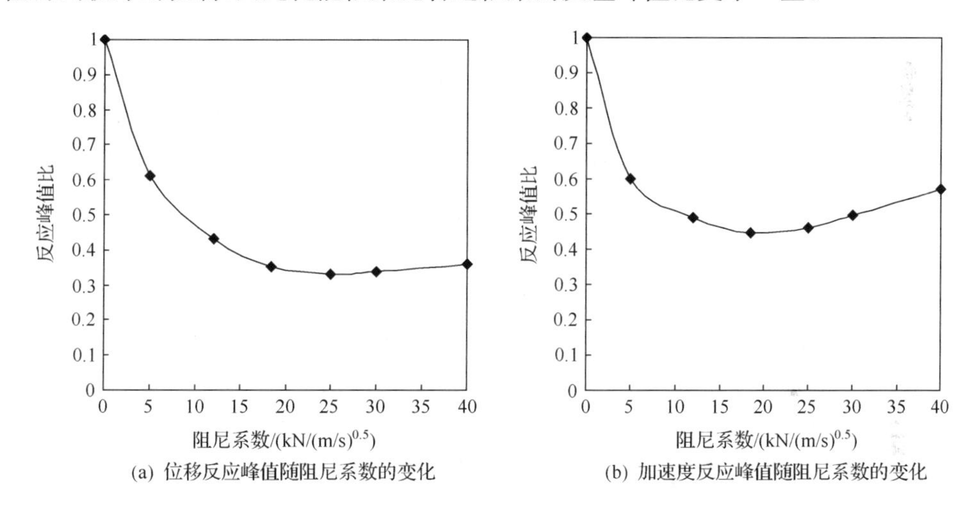

(a) 位移反应峰值随阻尼系数的变化　(b) 加速度反应峰值随阻尼系数的变化

图 6.105　El Centro(NS)地震波作用下结构模型反应随阻尼墙阻尼系数的变化情况

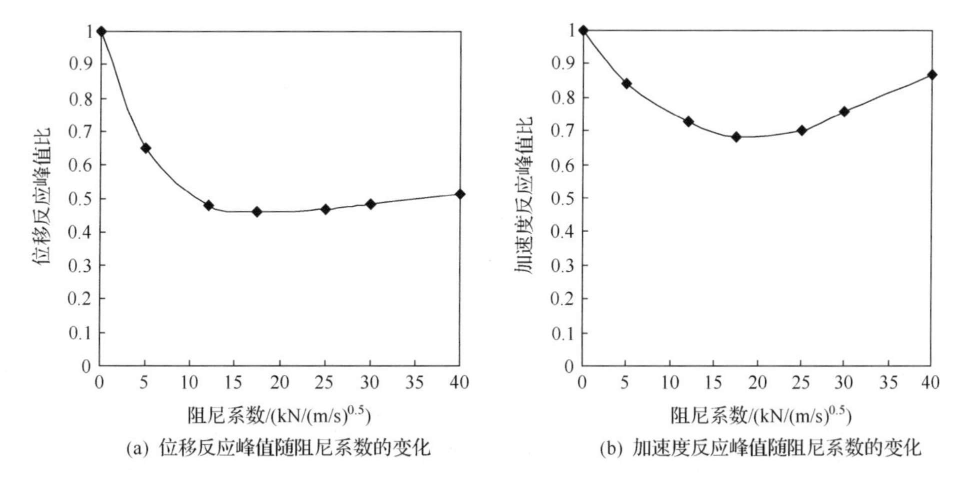

(a) 位移反应峰值随阻尼系数的变化　(b) 加速度反应峰值随阻尼系数的变化

图 6.106　上海人工波 SHW2 作用下结构模型反应随阻尼墙阻尼系数的变化情况

图 6.105 和图 6.106 还反映出，当阻尼系数达到一定的数值之后，在一个较宽的区间内，结构的位移反应对阻尼系数的变化就很不敏感，加速度反应对阻尼系数的变化也不太敏感。如果从经济性和减震效果相关联的角度考虑，就可以在阻尼系数的不敏感区域内选择较小的阻尼系数，却能够达到较好的减震效果。

应该说明的是，上述的阻尼系数优化计算是在特定峰值和特定频谱特性的地震激励下进行的，在不同的地震激励下，优化的阻尼系数有所不同。但是，图 6.105 和图 6.106 的优化计算结果都表明了阻尼系数相对结构反应来说，有一个较宽的不敏感区域，上述关于阻尼系数的优化计算大致上为试验结构模型选择了恰当的阻尼墙阻尼系数，在 $20\text{kN}/(\text{m/s})^{0.5}$左右。

4. 台面输入选择

本次试验选择了四种输入波形：①白噪声激励；②El Centro 地震波；③Pasadena 地震波；④上海人工波 SHW2。

5. 测试仪器布置

为了全面认识结构模型的抗震性能，在模型上布置了一系列加速度传感器、位移传感器和应变片，测试和记录结构模型在试验过程中的动力反应。除去在阻尼墙上布置的传感器以外，两个模型结构的传感器布置是相同的。

1）加速度传感器

总共有 11 个压电式加速度计布置在结构模型上。因为主要是进行 X 向地震激励，考察阻尼墙的耗能减震效果，所以在轴线 1-B、2-B、3-B 位置上柱的 2、3、4 层楼面处 X 向均布置了一个加速度传感器；另外，为了检验振动台系统给出的台面加速度记录，在 1-B、2-B 位置处的底座上布置了两个加速度传感器(图 6.107)。

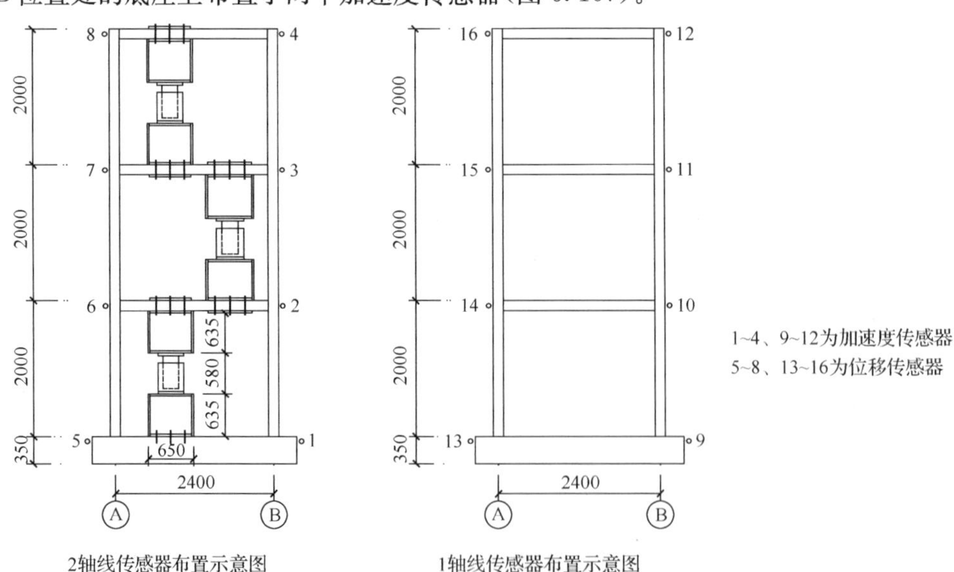

图 6.107　附加黏滞阻尼墙的结构模型传感器布置示意图

2）位移传感器

为了得到结构在试验过程中的位移反应，可以采用位移传感器来采集位移数据；也可以把加速度反应做二次积分来得到位移反应。对于自振周期较短的结构，由于位移计的反应滞后造成测量结果不准；但对于自振周期较长的结构，用位移计测量位移反应时就不存在滞后问题，能够得到较准确的位移值。

该试验中，在轴线 1-B、2-B 位置上柱的底座和 2 层、3 层、4 层楼面处 X 向均布置了一个位移传感器(图 6.107)。位移计测量的是测点绝对位移，将楼层处位移计测量出的绝对位移值减去底座处位移计测量出的绝对位移值，可以得到楼层处相对结构底座的位移反应。安装黏滞阻尼墙的结构模型在峰值为 0.20g 的 El Centro 地震波作用下，分别由位移计测量和由加速度计二次积分两种途径得到的结构模型顶层相对位移值的比较如图 6.108 所示，由图可见，两者吻合很好。这一方面说明用加速度积分两次来得出位移反应是可行的，另一方面也表明，对于周期较长的结构模型，用位移计测量出的结构模型位移反应是相当准确的。

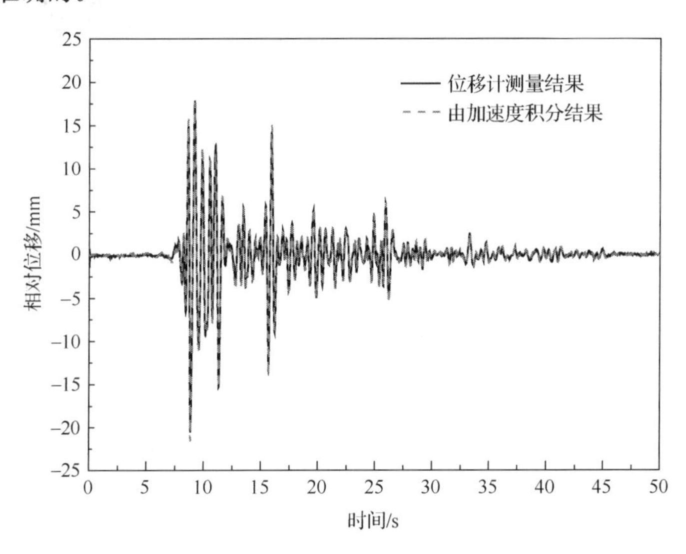

图 6.108　位移计测量结果与加速度积分所得位移的比较

为了直接得到试验过程中黏滞阻尼墙内外钢板的相对位移，在 1 层和 2 层的阻尼墙上安装了位移计，测量阻尼墙的位移反应。具体布置情况如图 6.109 所示。

3）应变片

在结构模型 1-A、2-A 位置的一底层柱的 0.6 倍柱高处纵向钢筋上分别布置两片应变片，共四片应变片，测量模型底层柱子的应变轴力变化情况。在 1-A、2-A 位置 2 层柱的中间高度处混凝土表面分别布置两片应变片，共四片应变片，测量二层柱的应变变化，通过应变来推求轴力的变化情况。在每个阻尼墙的内钢板上布置两片应变片，距离内钢板根部约 4.5cm，共 6 片应变片，测量内钢板的应变情况，以此推算出阻尼墙的抵抗力(图 6.109)。

图 6.109　布置在阻尼墙上的位移计和应变片

6. 试验工况安排

根据试验目的,先后对附加黏滞阻尼墙的框架结构模型、普通框架结构模型进行试验。

因为阻尼墙只安装在 X 向,所以主要进行 X 向的地震波激励,考察阻尼墙的耗能减震效果。另外,为了检验三向地震作用下,阻尼墙是否会受到破坏,也对结构模型输入了三向地震波进行激励。

在每一次试验中,先对模型结构进行白噪声扫频,以获取结构的自振频率、振型及阻尼比等动力特性。然后采用逐级加载的方式,对模型结构分别输入不同峰值的 El Centro 波、Pasadena 波和上海人工波 SHW2,每一加载级结束后再进行白噪声扫频,了解结构的自振频率、振型及阻尼比等动力特性的变化情况。接着进入下一加载级,直至模型破坏。

7. 主要试验结果

1) 试验现象描述

首先对附加黏滞阻尼墙的耗能框架进行了由小到大的地震波激励。在峰值为 $0.1g$ 的三个地震波作用之后,结构模型一层顶梁端上部开始出现竖向细小裂缝。在峰值为 $0.2g$ 的三个地震波作用之后,1 层顶梁端上部的裂缝继续向下扩展,梁端下部也开始出现竖向裂缝;1 层柱顶下一段距离的施工缝处出现微小裂缝。在峰值为 $0.3g$ 的地震波作用之后,1 层顶梁端和 1 层柱施工缝处裂缝继续扩展和加宽,在 1 层柱底附近出现几条水平裂缝,在 1 层柱顶的节点核心区靠近 1 层柱顶处出现水平裂缝。在峰值 $0.4g$ 的地震波作用之后,1 层顶梁端的竖向裂缝贯通截面高度,在梁端附近还出现斜向裂缝;柱底附近和柱顶附近的水平裂缝贯穿全截面;节点核心区出现斜裂缝。在 X 向峰值 $0.4g$、Y 向峰值0.35g、Z向峰值0.27g的三向地震波作用之后，1层顶所有梁端裂缝贯穿截面高度，裂缝宽度较大，并且梁端的斜向裂缝加宽；1层和2层柱底出现较宽水平裂缝和柱角压碎现象；节点核心区斜向裂缝更加明显；1层楼板底出现明显裂缝。

然后对另一个相同的普通钢筋混凝土框架进行了从小到大的地震波激励。在0.05g的地震波作用之后，结构模型1层顶梁端上部开始出现竖向细小裂缝。在峰值为0.1g的地震波作用之后，1层顶梁端上部的裂缝继续向下扩展，梁端下部也开始出现竖向裂缝；1层柱顶和柱底附近出现水平裂缝。在峰值为0.2g的地震波作用之后，1层顶梁端上部和下部裂缝扩展，梁端开始出现斜裂缝；1层柱顶和柱底附近的水平裂缝贯穿截面高度。在峰值0.3g的地震波作用之后，1层顶、2层顶梁端的裂缝贯穿截面高度，并且出现梁端混凝土局部压碎现象，梁端斜裂缝加宽；1层、2层柱底出现较宽水平裂缝和柱角压碎破坏；节点核心区存在明显的斜向裂缝。

试验现象表明，黏滞阻尼墙的附加推迟了梁端、柱端与节点核心区裂缝的出现和扩展，延缓了结构的破坏，增强了结构的抗震能力。

从宏观上看，在较大激励下，结构模型的层间位移也较大；耗能框架中阻尼墙通过工字钢与框架梁之间的连接刚度很大，阻尼墙与框架梁之间没有相对移动；阻尼墙内外钢板之间存在显著的相对位移，发挥耗能减震作用。

2）耗能框架与普通框架动力特性比较

试验一开始就用峰值为0.035g的X向白噪声对耗能框架进行了扫描，得到各个加速度测点的传递函数，其中结构顶层的传递函数如图6.110中实线所示。分析传递函数得到耗能框架的X向前三阶频率分别为1.94Hz、7.01Hz、10.96Hz，模态阻尼比分别为20.9%、11.5%、6.2%。随后，在每一加载级结束后都用同样的白噪声进行扫描，考察结构模型的动力特性与变化情况。表6.66列出了不同加载级下耗能框架结构的自振频率和振型阻尼比变化情况。图6.110中的点划线还给出了峰值0.4g的地震波作用之后结构顶层的传递函数。表6.67列出了不同激励水平下普通框架的自振频率和振型阻尼比变化情况。

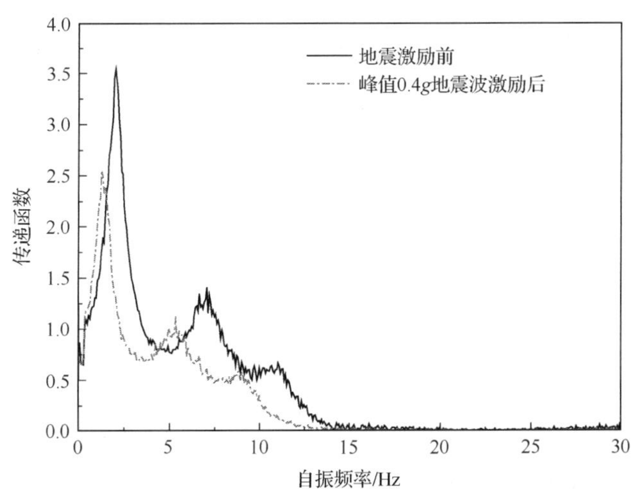

图6.110　地震激励前和峰值0.4g的地震波激励后结构模型顶层的传递函数

表 6.66　不同激励水平下耗能框架的自振频率和振型阻尼比

地震波激励峰值	第一阶振型频率/阻尼比	第二阶振型频率/阻尼比	第三阶振型频率/阻尼比
未施加地震波	1.94Hz/20.9%	7.01Hz/11.5%	10.96Hz/6.2%
0.05g 后	1.94Hz/20.9%	7.01Hz/11.5%	10.96Hz/6.2%
0.10g 后	1.94Hz/20.9%	6.59Hz/11.5%	10.54Hz/6.2%
0.20g 后	1.73Hz/23.0%	6.59Hz/12.1%	10.40Hz/6.9%
0.30g 后	1.46Hz/24.2%	5.96Hz/13.4%	9.71Hz/7.1%
0.40g 后	1.18Hz/31.4%	5.27Hz/14.6%	9.02Hz/13.1%

表 6.67　不同激励水平下普通框架的自振频率和振型阻尼比

地震波激励峰值	第一阶振型频率/阻尼比	第二阶振型频率/阻尼比	第三阶振型频率/阻尼比
未施加地震波	1.66Hz/2.4%	5.90Hz/2.4%	10.20Hz/1.1%
0.05g 后	1.46Hz/4.0%	5.41Hz/3.2%	9.64Hz/2.0%
0.10g 后	1.18Hz/6.3%	4.79Hz/3.1%	8.74Hz/2.7%
0.20g 后	0.83Hz/11.8%	3.68Hz/3.9%	10.40Hz/2.9%
0.30g 后	0.62Hz/14.8%	2.84Hz/4.4%	9.71Hz/3.2%

首先对耗能框架与普通框架的第一个白噪声扫描结果进行比较。图 6.111 给出了附加阻尼墙前后框架结构顶层传递函数的对比；由分析结果可知，结构自振频率由 1.66Hz、5.90Hz、10.20Hz 变化为 1.94Hz、7.01Hz、10.96Hz，前三阶振型的自振频率分别增加了 17%、20%、6.3%；结构的阻尼比由 2.4%、2.4%、1.1%变化为 20.9%、11.5%、6.2%。所以，阻尼墙附加到框架中以后，虽然结构的自振频率有了一些增加，但结构阻尼比的增加幅度远远大于频率的变化幅度。所以，附加的阻尼墙能够显著地减小结构的地震反应。

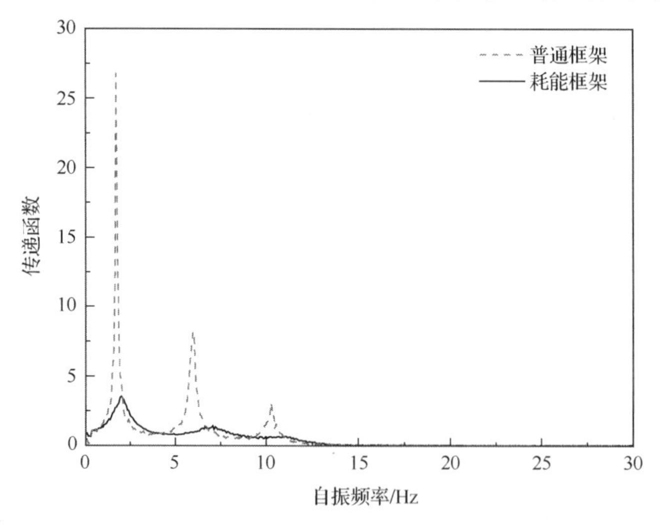

图 6.111　附加阻尼墙前后框架结构顶层的传递函数

附加阻尼墙的另一个作用是延缓了结构动力特性的变化，也就是延缓了结构的损坏进程。耗能框架的前两个加载级过后，结构的频率和阻尼比基本没有变化，表明结构基本未受损坏；与此相对照，普通框架在第一个加载级以后，结构的频率和阻尼比即有较为明显的变化，反映出结构出现一定的损伤。上述现象的原因在于附加的阻尼墙吸收了输入结构的大部分地震能量，很大程度上避免了结构构件的滞回耗能和损伤。

3）结构位移反应

表6.68给出不同工况下耗能框架和普通框架的层间位移反应峰值比较。表中括号内数值为层间位移角，减震率为

$$\delta=\frac{|普通框架反应|-|耗能框架反应|}{|普通框架反应|}\times 100\%$$

表6.68　耗能框架和普通框架的层间位移反应峰值比较　（单位：mm）

地震波激励峰值	楼层	El Centro 波			Pasadena 波			SHW2 波		
		普通框架	耗能框架	减震率 δ/%	普通框架	耗能框架	减震率 δ/%	普通框架	耗能框架	减震率 δ/%
0.05g	1	3.99 (1/501)	1.69 (1/1183)	58	4.31 (1/464)	2.84 (1/704)	34	5.72 (1/350)	2.11 (1/948)	63
	2	5.08 (1/394)	2.30 (1/870)	55	5.14 (1/389)	3.24 (1/617)	37	6.89 (1/290)	2.36 (1/847)	66
	3	3.03 (1/660)	1.33 (1/1504)	56	2.93 (1/683)	1.63 (1/1227)	44	4.21 (1/475)	1.17 (1/1709)	72
0.10g	1	8.25 (1/242)	3.30 (1/606)	60	13.40 (1/149)	6.11 (1/327)	54	14.97 (1/134)	5.80 (1/345)	61
	2	11.01 (1/182)	4.30 (1/465)	61	16.98 (1/118)	6.86 (1/292)	60	19.76 (1/101)	6.37 (1/314)	68
	3	6.84 (1/292)	2.55 (1/784)	63	10.00 (1/200)	3.51 (1/570)	65	11.96 (1/167)	3.27 (1/612)	73
0.20g	1	17.95 (1/111)	7.20 (1/277)	−60	20.72 (1/97)	12.25 (1/163)	−41	34.10 (1/59)	11.97 (1/167)	−65
	2	31.21 (1/64)	8.94 (1/224)	−71	26.49 (1/76)	14.08 (1/142)	−47	42.14 (1/47)	13.67 (1/146)	−68
	3	14.46 (1/138)	5.51 (1/363)	−62	16.55 (1/121)	7.63 (1/262)	−54	28.78 (1/69)	7.38 (1/271)	−74

表6.68反映出，在不同波形、不同峰值的地震波作用下，耗能框架的层间位移反应峰值比普通框架减小35%～75%；随激励地震波的不同，位移减小效果有所差异；随地震波峰值的不同，位移减小效果差别不大。在上海人工波SHW2作用下，黏滞阻尼墙对框架结构的位移减小效果最好，在El Centro波作用下次之，在Pasadena波作用下黏滞阻尼墙的减震效果比前两条地震波都要差一些，差别的范围为10%～30%。

在峰值0.20g的地震波激励下，普通框架已有严重损伤，而耗能框架损伤不大，但是

耗能结构楼层位移峰值的减小率与激励峰值加速度为 0.05g 和 0.10g 时相差不大。造成这种现象的主要原因是，虽然普通框架损伤严重，伴随着刚度显著下降，会导致结构楼层位移明显增大；然而另一方面，当结构严重损伤时，其阻尼比会显著增大，频率会显著下降，频率的下降可能会导致输入结构的地震能量显著减小，而阻尼比的增大和输入结构的地震能量减小都会使结构的楼层位移反应减小，上述两个方面的综合作用造成了前面所述的试验结果。

为了直观地认识黏滞阻尼墙对框架结构的位移减小效果，图 6.112 给出峰值 0.10g 的 El Centro 波作用下，耗能框架和普通框架的位移反应时程比较。

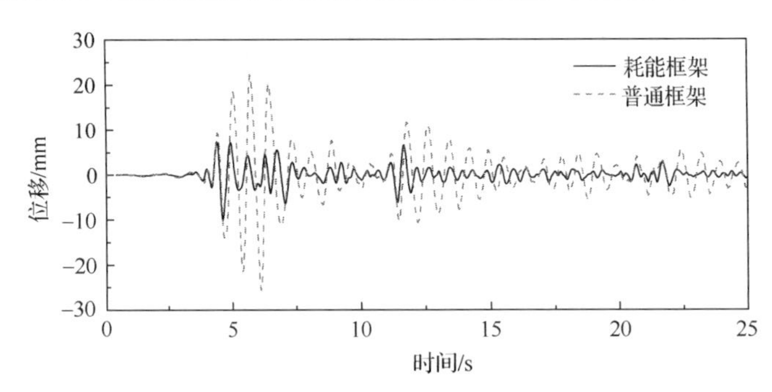

图 6.112　峰值 0.10g 的 El Centro 波作用下耗能框架和普通框架顶层的位移反应时程比较

4) 结构加速度反应

表 6.69 给出了不同工况下耗能框架和普通框架的楼层加速度反应峰值比较。

表 6.69　耗能框架和普通框架的楼层加速度反应峰值比较　　(单位:g)

地震波激励峰值	楼层	El Centro 波			Pasadena 波			SHW2 波		
		普通框架	耗能框架	减震率 δ/%	普通框架	耗能框架	减震率 δ/%	普通框架	耗能框架	减震率 δ/%
0.05g	1	0.085	0.052	39	0.066	0.060	9	0.116	0.047	59
	2	0.108	0.075	31	0.096	0.083	14	0.129	0.068	47
	3	0.126	0.103	18	0.122	0.110	10	0.171	0.077	55
0.10g	1	0.160	0.086	46	0.169	0.113	33	0.228	0.111	51
	2	0.184	0.123	33	0.192	0.163	15	0.301	0.169	44
	3	0.231	0.183	21	0.269	0.216	21	0.345	0.189	45
0.20g	1	0.241	0.160	34	0.295	0.207	30	0.453	0.207	54
	2	0.191	0.230	−20	0.236	0.280	−18	0.490	0.314	36
	3	0.260	0.364	−40	0.316	0.424	−34	0.577	0.393	32

从表 6.69 能够看出，在峰值 0.05g 和 0.10g 的较小和中等地震作用下，黏滞阻尼墙使得耗能框架的楼层加速度反应峰值减小 10%～60%；在峰值 0.20g 的强烈地震作用下，耗能框架的加速度反应峰值比普通框架可能增加或者减少，随激励地震波的特性不同而异。

耗能框架的加速度反应比普通框架可能增大或者减小的主要原因是，经受了强烈地震激励之后,普通框架的刚度大幅度下降,频率显著减小。对 Pasadena 波、El Centro 波这类地震波来说,频率的减小使结构的频率避开了地震波的卓越频率,导致输入结构的地震能量比耗能结构减少较多,这样就造成了耗能框架的加速度反应大于普通框架;对 SHW2 波来说,由于其低频成分十分丰富,频率的减小并没有使结构的频率避开地震波的卓越频率,输入结构的能量没有明显变化,阻尼墙在这类地震波作用下减小结构峰值反应的能力较强一些,因此耗能框架的加速度反应仍然明显小于普通框架。

图 6.113 给出了峰值 0.10g 的 El Centro 波作用下,耗能框架和普通框架的加速度反应时程比较,直观地显示了中等地震作用下黏滞阻尼墙对框架结构加速度的减小效果。

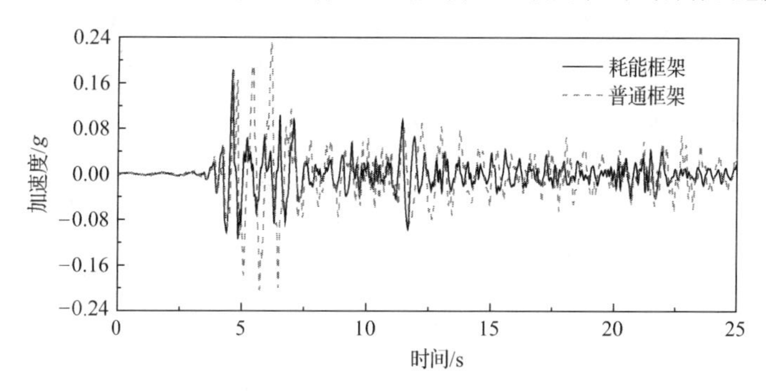

图 6.113　峰值 0.10g 的 El Centro 波作用下耗能框架和普通框架顶层的加速度反应时程比较

5) 结构层间剪力

根据各层的加速度反应和楼层质量,可以计算出试验结构的层间剪力。数据分析表明,在峰值 0.05g 和 0.10g 的较小和中等地震作用下,黏滞阻尼墙使得耗能框架的层间剪力峰值减小 10%~50%;在峰值 0.20g 的强烈地震作用下,耗能框架的层间剪力峰值相比普通框架可能增加或者减少,随激励地震波的特性不同而异。

为了直观认识附加黏滞阻尼墙以后,结构模型层间剪力的变化,图 6.114 给出了峰值 0.10g 的 El Centro 波作用下,耗能框架和普通框架的底层层间剪力与位移关系比较。

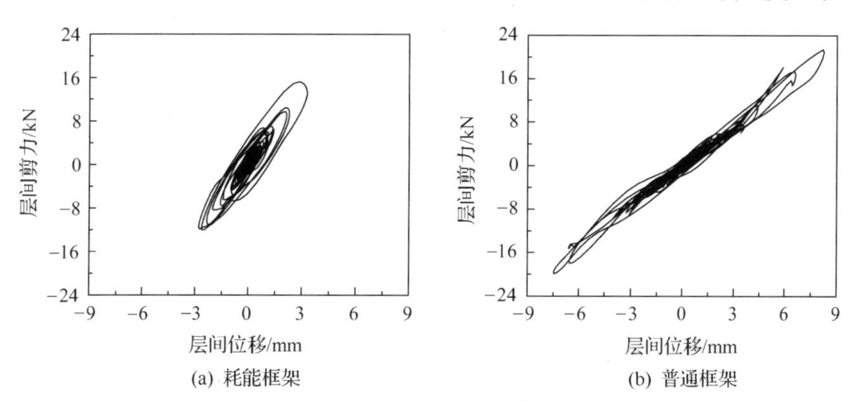

图 6.114　峰值 0.10g 的 El Centro 波作用下耗能框架和普通框架的底层层间剪力与位移关系曲线

6) 结构柱轴力地震反应

黏滞阻尼墙的耗能减震作用在结构柱的轴力反应上也会体现出来。这里所说的结构柱的轴向力是指地震作用下产生的轴向力，不包括重力荷载作用下的轴向力。附加阻尼墙对于结构柱的轴力影响要考虑柱子的位置。与阻尼墙相邻的柱子由于受到阻尼墙的传力作用，其轴力不一定会减小，特别是在多跨多榀的框架里只有少数跨当中布置阻尼墙；与阻尼墙不相邻的柱子，其轴力会有显著减小，因为地震作用下柱的轴力主要是梁端弯矩造成的，阻尼墙减小了结构的加速度和位移反应，也就减小了一般梁的端部弯矩，从而减小了柱中轴力。

表 6.70 给出了不同工况下耗能框架和普通框架 2 层柱轴力峰值的比较。从表中可以看出，在峰值 0.05g 和 0.10g 的较小和中等地震作用下，与阻尼墙相邻的结构 2 层柱中轴向力峰值略有下降，与阻尼墙不相邻的结构 2 层柱中轴向力峰值下降 40%～70%；在峰值 0.20g 的强烈地震作用下，与阻尼墙相邻的结构 2 层柱中轴向力峰值可能增加或者减少，与阻尼墙不相邻的结构 2 层柱中轴向力峰值下降 40%～70%。

表 6.70　耗能框架和普通框架的二层柱轴力反应峰值比较

地震波激励峰值	位置	El Centro 波			Pasadena 波			SHW2 波		
		普通框架/kN	耗能框架/kN	减震率 δ/%	普通框架/kN	耗能框架/kN	减震率 δ/%	普通框架/kN	耗能框架/kN	减震率 δ/%
0.05g	轴线 2-A	4.72	4.69	1	4.54	4.53	0	6.75	4.73	29
	轴线 1-A	3.69	1.73	53	3.03	1.77	42	5.02	1.66	67
0.10g	轴线 2-A	8.74	7.85	10	10.90	9.95	9	11.13	9.35	16
	轴线 1-A	7.66	3.04	60	8.48	3.45	59	10.97	3.23	71
0.20g	轴线 2-A	9.73	15.56	−60	11.70	17.96	−54	21.27	16.67	21
	轴线 1-A	9.25	5.27	43	11.44	5.20	55	19.74	5.66	71

7）黏滞阻尼墙的力与位移关系曲线

振动台试验中黏滞阻尼墙的抵抗力与内外钢板相对位移的滞回曲线，能够直接反映出其耗能能力。图 6.115 代表性地给出峰值 0.10g 的 El Centro 波作用下，安装在底层和 2 层的黏滞阻尼墙抵抗力与相对位移关系曲线，图中明确反映出阻尼墙耗散了一定的地震输入能量。

比较各个工况下黏滞阻尼墙的抵抗力峰值与相应层间剪力峰值，还可以发现，底层阻尼墙抵抗力峰值占底层层间剪力峰值的 25%～40%，2 层阻尼墙抵抗力峰值为 2 层层间剪力峰值的 40%～50%，顶层阻尼墙抵抗力峰值为顶层层间剪力峰值的 60%～75%。本次试验中考虑到制作的方便等因素，在三个楼层中采用了相同的阻尼墙；从理论上分析，可以把顶层的阻尼墙尺寸和出力减小而仍然达到好的减震效果。

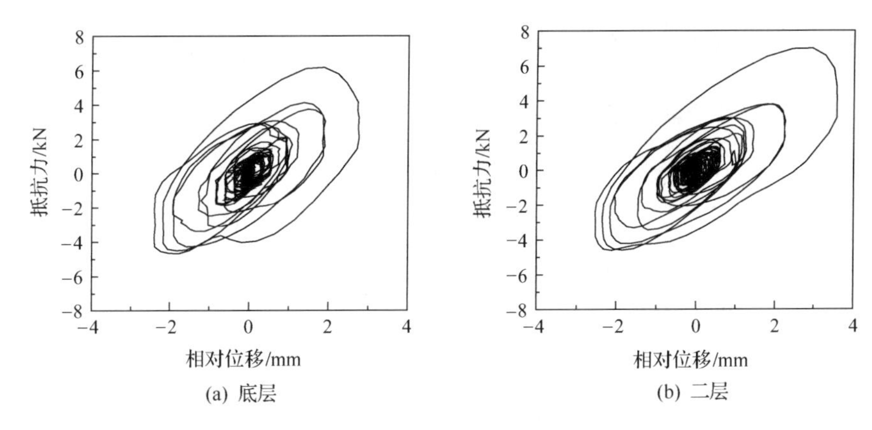

图 6.115　峰值 0.10g 的 El Centro 波作用下底层和二层的黏滞阻尼墙抵抗力与相对位移关系曲线

8）地震能量的输入与耗散

考察地震波作用下结构的地震能量输入与耗散有助于深入理解黏滞阻尼墙的耗能减震作用。地震能量的输入与耗散可以表示为

$$E_I = E_K + E_S + E_H + E_C + E_D \tag{6.50}$$

式中，E_I 为输入结构的地震总能量；E_K 为结构的动能；E_S 为结构的弹性应变能；E_H 为结构构件的滞回耗能；E_C 为结构本身的阻尼耗能；E_D 为黏滞阻尼墙耗散的地震能量。

利用振动台试验的结果，采用简化的方法计算结构的各项输入和输出能量，可以得到结构的能量反应时程。图 6.116 代表性地给出峰值 0.10g 的 El Centro 波作用下，普通框架和耗能框架的地震能量输入和输出反应时程。

图 6.116 显示出，附加黏滞阻尼墙以后，El Centro 波输入结构的地震总能量有所增加；但是，阻尼墙吸收和耗散了 60%～70%的输入总能量，使得结构的阻尼耗能、弹性应变能、滞回耗能和动能大幅度减小，从而结构的反应显著减小，结构的损伤大大减轻。这也从根本上解释了黏滞阻尼墙的耗能减震作用。

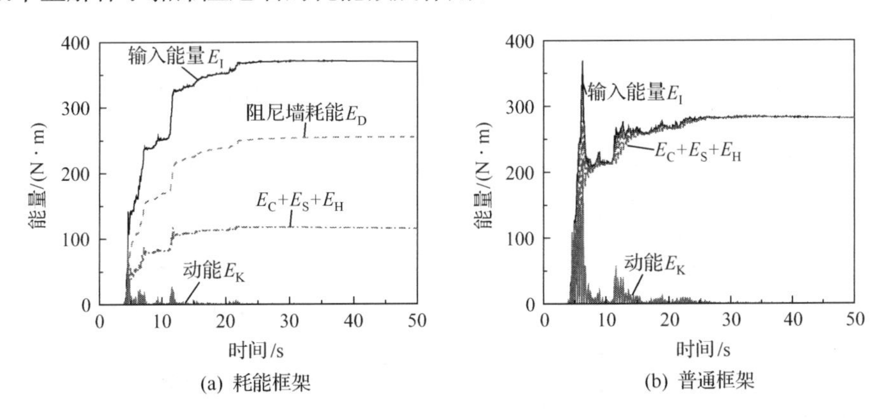

图 6.116　峰值 0.10g 的 El Centro 波作用下普通框架与耗能框架地震能量的输入与输出

6.5.4 安装有黏滞阻尼墙的框架结构的理论分析

1. 耗能框架弹性阶段地震反应分析

在进行附加黏滞阻尼墙的钢筋混凝土框架的弹性时程分析中，采用美国 Wilson 等提出的一种耗能减震结构模态非线性时程分析方法，它适用于主体结构保持在线性状态、耗能器采用非线性力学模型的情况，能够考虑非正交阻尼的影响，求解方程的速度与进行结构线性分析的速度相差不是很大。

选取峰值 0.05g 的 El Centro 波和上海人工波 SHW2 两种工况来进行分析，在这两种工况之前和之后，耗能框架结构的频率没有改变，说明耗能框架基本处于线性范围内。地震反应计算是采用结构三维分析软件 SAP2000 进行的，采用模态非线性时程分析方法。梁和柱采用杆单元模拟，楼板采用壳单元模拟，黏滞阻尼墙采用阻尼单元并联弹簧单元模拟。考虑到附加阻尼单元和弹簧单元以及壳单元规则性的需要，与阻尼墙连接的梁以及与这种梁平行的梁每一根用两个杆单元来表示，其他的梁和柱每一根用一个杆单元来表示。计算模型中包括 27 个节点、48 个杆单元、12 个壳单元、3 个阻尼单元、3 个弹簧单元。每个节点有 6 个自由度。计算模型中单元的质量由程序计算，试验模型的附加质量根据其分布情况施加到相应的节点上。

计算输入的地震波是结构模型底座上采集到的加速度时程。结构本身的阻尼比取 4%。计算中取用 12 个模态，计算时间步长取为 0.02s，在每条地震波作用下，耗能结构进行模态非线性时程分析耗费的时间大约是 70s（计算机配置是 CPU：P4 2.4G；内存：256M，2004 年 6 月）。

耗能框架模型振动台试验时的温度为 27.0℃±1.5℃，近似取为 27.0℃，耗能框架的第一自振频率为 1.94Hz，考虑高阶自振频率的影响，阻尼墙的振动频率取为 1.94×1.1＝2.13(Hz)，将温度和频率数值代入阻尼墙抵抗力计算公式中，得到黏滞阻尼墙的力学性能计算公式为

$$F = 17.5\mathrm{sign}(\dot{x}) \mid \dot{x} \mid^{0.5} + 612x \tag{6.51}$$

式中，F 为阻尼墙的抵抗力，kN；17.5 为阻尼墙的阻尼系数，kN/(m/s)$^{0.5}$；0.5 为阻尼墙的阻尼指数；$\dot{x}$ 为阻尼墙内外钢板的相对速度，m/s；x 为阻尼墙内外钢板之间的相对位移，m。

图 6.117 给出在峰值 0.05g 的 El Centro 波作用下，耗能框架顶层的位移反应时程和加速度反应时程计算结果和试验结果的对比；图 6.118 给出在峰值 0.05g 的上海人工波 SHW2 作用下，耗能框架顶层的位移反应时程和加速度反应时程计算结果和试验结果的对比。表 6.71 给出了在上述两种地震波作用下，耗能框架计算结果和试验结果峰值的比较。

图 6.117 和图 6.118 表明在峰值 0.05g 的 El Centro 波和 SHW2 波作用下，地震反应时程分析结果的波形和峰值均与试验结果相当吻合。表 6.71 则反映出在峰值 0.05g 的 El Centro 波和 SHW2 波作用下，耗能框架地震反应的计算结果和试验结果误差大约在 10%以内。

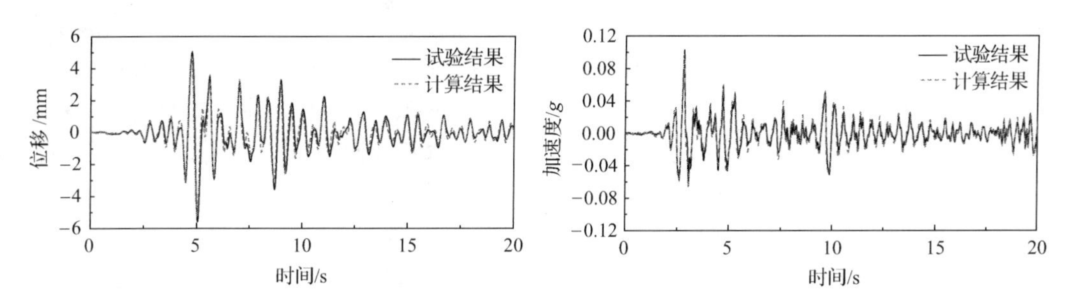

图 6.117　峰值 0.05g 的 El Centro 波作用下耗能框架顶层的位移和加速度反应时程计算和试验对比

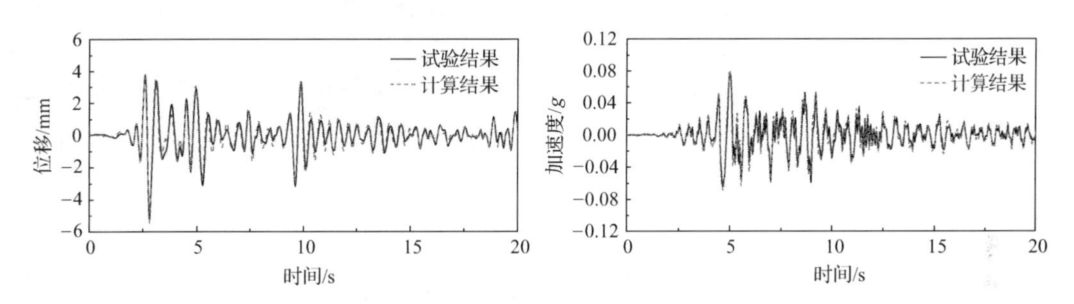

图 6.118　峰值 0.05g 的 SHW2 波作用下耗能框架顶层的位移和加速度反应时程计算和试验结果的对比

表 6.71　峰值 0.05g 的地震波作用下耗能框架地震反应计算结果与试验结果的比较

参数	楼层	El Centro 波			SHW2 波		
		试验结果	计算结果	反应峰值误差	试验结果	计算结果	反应峰值误差
楼层加速度反应峰值/g	1	0.052	0.047	−10%	0.047	0.048	+2%
	2	0.075	0.073	−3%	0.068	0.066	−3%
	3	0.103	0.098	−5%	0.077	0.080	+4%
层间位移反应峰值/mm	1	1.69(1/1183)	1.83(1/1093)	+8%	2.11(1/948)	2.01(1/995)	−5%
	2	2.30(1/870)	2.17(1/922)	−6%	2.36(1/847)	2.12(1/943)	−10%
	3	1.33(1/1504)	1.32(1/1515)	−1%	1.17(1/1709)	1.16(1/1724)	+1%

注:括号内为层间位移角。

2. 耗能框架弹塑性阶段地震反应分析

随着地震激励峰值的增大,耗能框架的主体结构也开始进入弹塑性阶段,必须考虑结构构件的弹塑性性能,才能较为准确地计算出结构的地震反应。采用结构三维非线性分析程序 CANNY99 计算耗能框架的弹塑性地震反应。框架梁单元采用单杆模型来描述,假定一弹性直杆两端分别连接一个非线性转动弹簧,弹性直杆仅发生弹性变形,单元的弹塑性变形集中在两个非线性转动弹簧上。框架柱单元采用纵向纤维束模型来表达钢筋或混凝土材料的刚度,模拟端部截面的弯矩-曲率关系和轴力-轴向应变关系以及两者之间的相互作用;通过假定柔度沿杆轴方向线性分布或抛物线分布,求得杆端变形。纤维模型基于材料的应力-应变关系，假定平截面变形，建立杆件截面的弯矩-曲率、轴力-轴向应变和纤维束的应力-应变之间的关系。每根钢筋由一根弹塑性纤维代表，混凝土面积分块由一定数量的弹塑性混凝土纤维来表示。梁柱节点区假定为刚域，可以设定刚域的长度。黏滞阻尼墙用能够考虑力与速度之间关系的阻尼器单元和能够考虑力与位移之间关系的弹簧单元来描述，力与速度或位移之间可以是线性关系，也可以是非线性关系。采用Newmark-β法逐步数值积分求解运动微分方程，得到结构在地震作用下振动反应的全过程。

耗能框架的阻尼来自两个方面，即结构自身的阻尼和黏滞阻尼墙提供的阻尼。黏滞阻尼墙提供的阻尼由阻尼单元来考虑，结构自身的阻尼则采用瑞利阻尼假定。计算中采用刚性楼板假定，计算输入的地震波是结构模型底座上采集到的加速度时程。计算中取用 12 个模态，计算时间步长取为 0.01s。

图 6.119 给出了峰值 0.40g 的 El Centro 波作用下，耗能框架的顶层位移和加速度反应时程计算结果和试验结果的对比。表 6.72 给出了峰值 0.40g 的 El Centro 波和 SHW2 波作用下，耗能框架计算结果和试验结果峰值的比较。

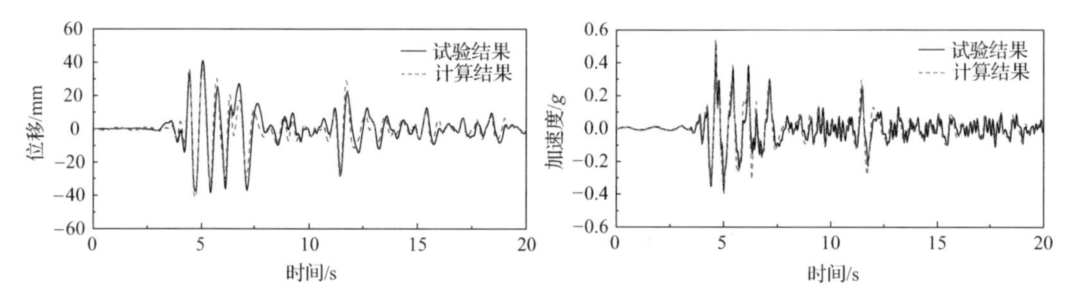

图 6.119　峰值 0.40g 的 El Centro 波作用下耗能框架顶层的位移和加速度反应时程计算和试验结果的对比

表 6.72　峰值 0.40g 的地震波作用下耗能框架地震反应计算结果与试验结果的比较

参数	楼层	El Centro 波			SHW2 波		
		试验结果	计算结果	峰值反应误差	试验结果	计算结果	峰值反应误差
楼层峰值加速度/g	1	0.340	0.345	+1%	0.437	0.347	−21%
	2	0.375	0.276	−26%	0.620	0.481	−22%
	3	0.512	0.474	−7%	0.952	0.641	−33%
层间峰值位移/mm	1	14.86(1/135)	12.98(1/154)	−13%	35.47(1/56)	30.63(1/65)	−14%
	2	16.84(1/119)	16.83(1/119)	0%	41.59(1/48)	38.04(1/53)	−9%
	3	9.84(1/203)	11.74(1/170)	+19%	26.28(1/76)	26.13(1/77)	−1%
楼层峰值剪力/kN	1	43.43	39.49	−9%	77.24	63.54	−18%
	2	32.62	31.81	−2%	72.85	54.29	−25%
	3	26.60	24.22	−9%	49.50	33.59	−32%
阻尼墙峰值抵抗力/kN	1	17.98	14.83	−17%	22.32	18.38	−18%
	2	18.47	17.40	−6%	26.38	22.97	−13%
	3	13.39	12.20	−9%	19.80	15.88	−20%

图 6.119 表明在峰值 0.40g 的 El Centro 波作用下，地震反应时程分析结果的波形和峰值均与试验结果吻合较好。表 6.72 则反映出在峰值 0.40g 的 El Centro 波和 SHW2 波作用下，耗能框架模型地震反应的计算结果和试验结果误差是可以接受的。与弹性阶段相比，弹塑性阶段计算结果和试验结果的吻合程度较差一些，这主要是因为钢筋混凝土结构进入弹塑性阶段以后，构件的开裂、屈服、强度下降、刚度下降、捏拢效应等一系列行为难以很准确地描述；特别是结构进入变形较大的弹塑性阶段后，钢筋与混凝土之间可能出现的黏结滑移、节点核心区的开裂、损伤累积的影响，计算中难以准确地考虑。

6.5.5　电磁流变阻尼墙的开发研究

1. 电流变体智能阻尼墙①

该阻尼墙在于提供一种可实时调节动力学参数的、改变电压值的电流变体智能阻尼墙。当采用结构被动控制方案时，可以根据建筑结构系统参数的变化，定期调整阻尼墙的参数，使阻尼墙达到最佳被动减震效果；当采用结构半主动控制方案时，可以在结构受到强风和地震作用时根据量测到的结构反应信息实时调整阻尼墙参数，以最大限度地减小结构的动力反应。

一种电流变体智能阻尼墙包括刚性滑动板、上安装板、刚性底槽、下安装板、电流变体、滑动板电极、底槽电极、电绝缘滑道、电绝缘安装套筒。刚性滑动板和上安装板为刚性连接，刚性底槽和下安装板为刚性连接，电流变体装置在刚性底槽中，刚性滑动板植入在电流变体中。

该阻尼墙可以利用电流变体的性能随电场变化而改变的特性，通过改变滑动板电极、刚性底槽电极之间的电压值，使刚性滑动板与刚性底槽之间的电流变体的性能发生改变，以获得最佳的减震效果，其具有理论基础可靠、设计合理、安装使用方便等优点。

图 6.120 为该阻尼墙的主视图，图 6.121 为该阻尼墙的侧视图，图 6.122 为图 6.121 的 *A-A* 截面视图，图 6.123 为图 6.120 的 *B-B* 截面视图，图 6.124 为图 6.120 的 *C-C* 截面视图，图 6.125 为图 6.120 的 *D-D* 截面视图。

图中标号说明：1 为刚性滑动板；2 为上安装板；3 为刚性底槽；4 为安装板；5 为电流变体；6 为滑动板电源连接端；7 为底槽电源连接端；8 为电绝缘滑道；9 为电绝缘安装套筒。

这里所描述的是一种采用电流变体（其力学性能受电场控制的智能材料）的扁平型智能阻尼器，亦称阻尼墙，以下结合图和实施方案对该阻尼墙做进一步说明。

参阅图 6.120～图 6.125，实施方案为：刚性滑动板 1 和上安装板 2 刚性连接，刚性底槽 3 和下安装板 4 为刚性连接，电流变体 5 装置在刚性底槽 3 中，刚性滑动板 1 植入在电流变体 5 中，滑动板电极 6 与刚性滑动板 1 相连，底槽电极 7 与刚性底槽相连；电绝缘滑道 8 安装在刚性滑动板 1 和刚性底槽 3 之间，以保持刚性滑动板 1 和刚性底槽 3 保持一定的距离，而不会引起电极短路；如图 6.124 所示，在上安装板 2 和下安装板 4 设置电绝缘安装套筒 9，用以绝缘安装上安装板 2 和下安装板 4 与结构之间的连接，确保刚性滑动

① 实用新型专利，设计人：吕西林，赵斌。证书编号为：ZL 2004 2 0037742.3。

板1和刚性底槽3的电压差稳定可靠地实施。

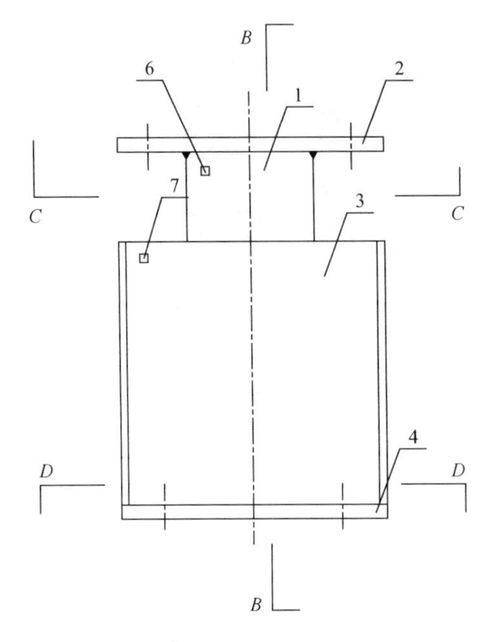

图6.120　主视图

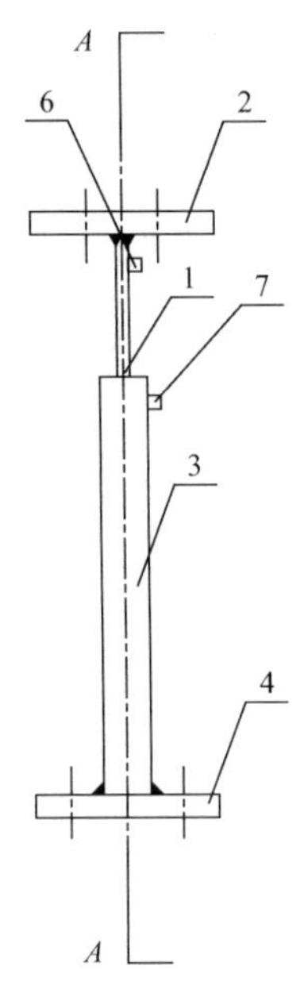

图6.121　侧视图

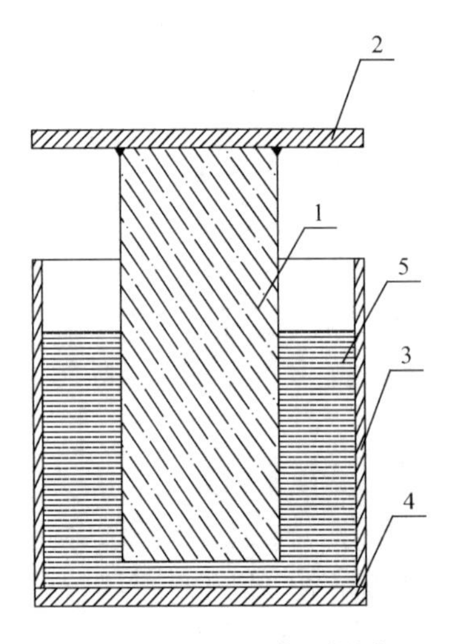

图6.122　*A-A* 截面视图

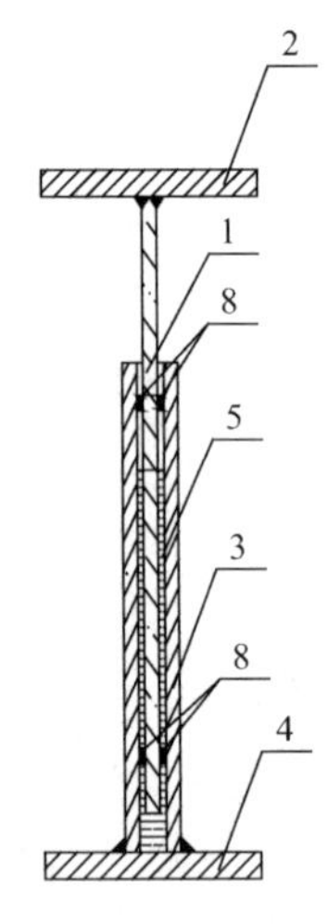

图6.123　*B-B* 截面视图

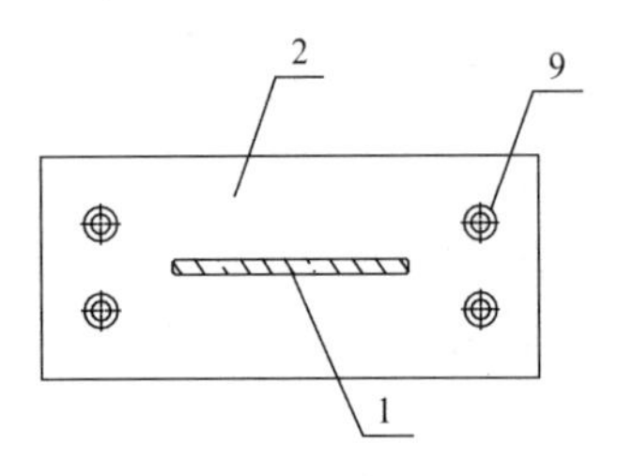

图6.124　*C-C* 截面视图

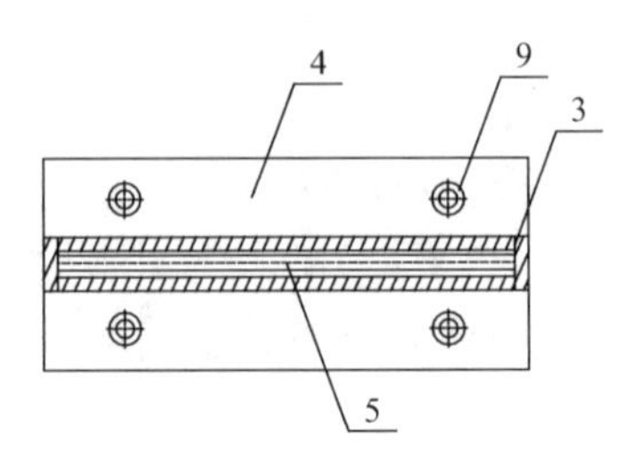

图6.125　*D-D* 截面视图

当采用结构被动控制方案时，可以根据建筑结构系统参数的变化，定期调整滑动板电极 6 与底槽电极 7 之间的电压值，改变阻尼墙的参数，使阻尼墙达到最佳被动减震效果；当采用结构半主动控制方案时，可以在结构受到强风和地震作用时根据量测到的结构反应信息，利用相关最优控制算法实时调整滑动板电极 6 与底槽电极 7 之间的电压值，及时改变阻尼墙参数，以最大限度地减小结构的动力反应。实际使用时，其上安装板与建筑结构上梁相连，下安装板与建筑结构下梁相连，建筑物在强风和地震作用时上、下梁的相对变形，引起刚性滑动板在底槽内的电流变体中滑动产生阻尼力，来减小建筑物的振动。

2. *磁流变体智能阻尼墙*①

该阻尼墙在于提供一种可实时调节动力学参数的磁流变体智能阻尼墙。当采用结构被动控制方案时，可以根据建筑结构系统参数的变化，定期调整阻尼墙的参数，使阻尼墙达到最佳被动减震效果；当采用结构半主动控制方案时，可以在结构受到强风和地震作用时根据量测到的结构反应信息实时调整阻尼墙参数，以最大限度地减小结构的动力反应。

一种磁流变体智能阻尼墙包括刚性滑动板、上安装板、刚性底槽前后面板、下安装板、刚性底槽侧向非导磁封条、下安装板非导磁分隔块、磁流变体、激磁线圈组、非导磁滑道、安装孔。其中，刚性滑动板和上安装板刚性连接为一体，刚性底槽前后面板、下安装板、刚性底槽两侧非导磁封条和下安装板非导磁分隔块采用高强材料胶黏接或刚性连接形成刚性底槽；磁流变体装置在刚性底槽中；刚性滑动板被植入磁流变体中；激磁线圈组安装在刚性底槽前后面板外立面；非导磁滑道安装在刚性滑动板和刚性底槽之间，刚性滑动板和刚性底槽前后面板保持有一定的距离。在上安装板和下安装板之间设置安装孔。刚性底槽，由刚性底槽前后面板，下安装板，刚性底槽两侧非导磁封条和下安装板非导磁分隔块组成。

所述的刚性底槽前后面板和下安装板还可采用非导磁材料制作。

该阻尼墙利用磁流变体的性能随磁场变化而改变的特性，通过改变激磁线圈组的输入电压与或电流，引起激磁线圈组磁场变化，从而使滑动板与底槽之间的磁流变体的性能发生改变，以获得最佳的减震效果，其具有理论基础可靠、设计合理、安装使用方便等优点。

图 6.126 为该阻尼墙的主视图，图 6.127 为该阻尼墙的侧视图，图 6.128 为图 6.127 的 *A-A* 截面视图，图 6.129 为图 6.126 的 *B-B* 截面视图，图 6.130 为图 6.126 的 *C-C* 截面视图，图 6.131 为图 6.126 的 *D-D* 截面视图。

图中标号说明：1 为刚性滑动板；2 为上安装板；3 为刚性底槽前后面板；4 为下安装板；5 为刚性底槽两侧非导磁封条；6 为下安装板非导磁分隔块；7 为磁流变体；8 为激磁线圈组；9 为非导磁滑道；10 为安装孔。

---

① 实用新型专利，设计人：赵斌，吕西林。证书编号为：ZL 2004 2 0037740.4。

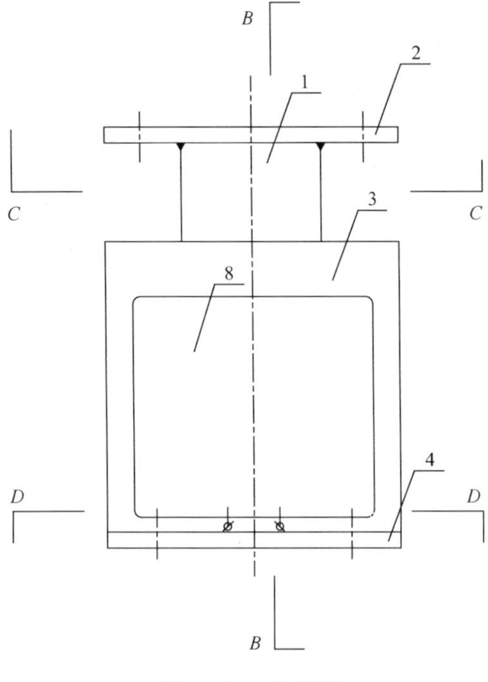

图 6.126　主视图

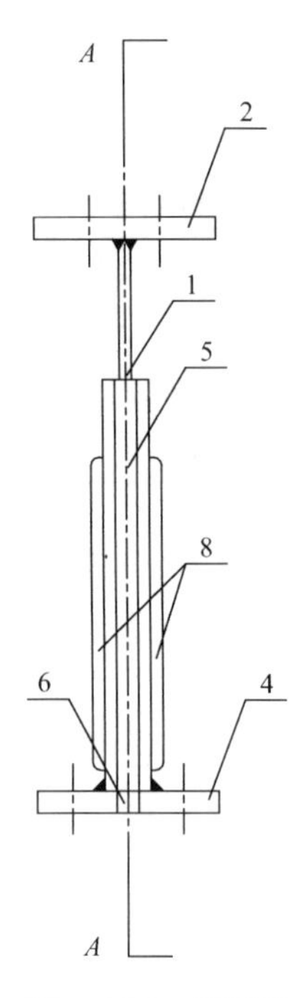

图 6.127　侧视图

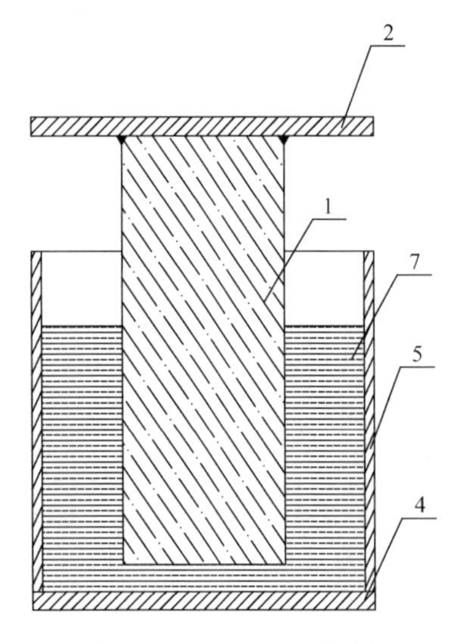

图 6.128　*A-A* 截面视图

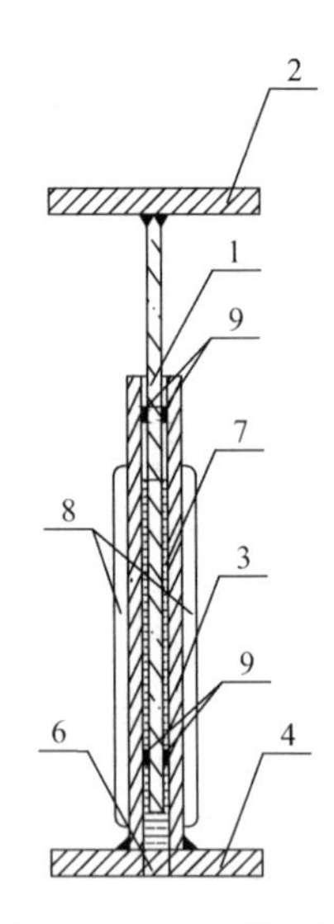

图 6.129　*B-B* 截面视图

它是一种采用磁流变体(其力学性能受磁场控制的智能材料)的扁平型智能阻尼器，亦称阻尼墙，以下结合图和实施方案对该实用新型做进一步说明。

参阅图 6.126～图 6.131，该阻尼墙的实施方案为：刚性滑动板 1 和上安装板 2 刚性连接；刚性底槽前后面板 3 和下安装板 4 为刚性连接，刚性底槽两侧非导磁封条 5 和刚性底槽前后面板 3 为刚性连接，下安装板非导磁分隔块 6 和下安装板 4 为刚性连接，磁流变

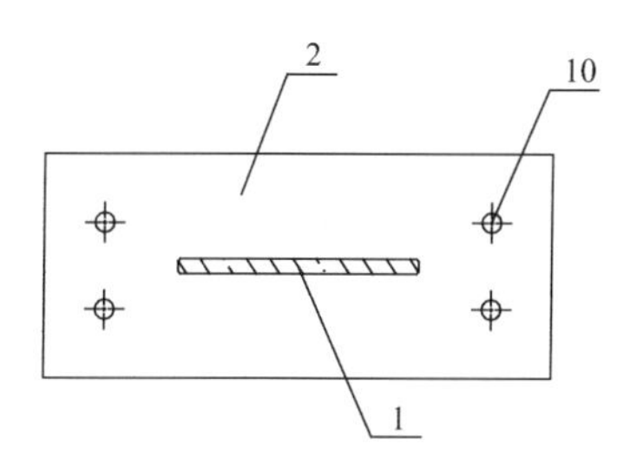

图 6.130　C-C 截面视图

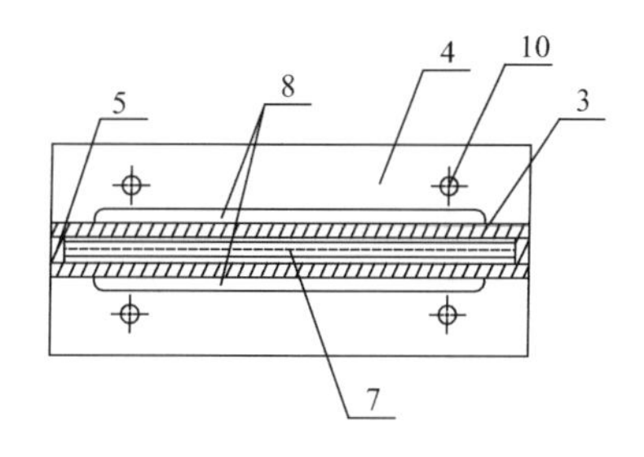

图 6.131　D-D 截面视图

体 7 装置在由刚性底槽前后面板 3、下安装板 4、刚性底槽两侧非导磁封条 5 和下安装板非导磁分隔块 6 组成的刚性底槽中，刚性滑动板 1 被植入在磁流变体 7 中，激磁线圈组 8 安装在刚性底槽前后面板 3 外立面；非导磁滑道 9 安装在刚性滑动板 1 和刚性底槽 3 之间，以保持刚性滑动板 1 和刚性底槽前后面板 3 保持一定的距离；上安装板 2 和下安装板 4 设置安装孔 9，用以上安装板 2 和下安装板 4 与结构之间的连接。

当采用结构被动控制方案时，可以根据建筑结构系统参数的发生变化，定期调整激磁线圈组 8 的电压与或电流值，改变阻尼墙的参数，使阻尼墙达到最佳被动减震效果；当采用结构半主动控制方案时，可以在结构受到强风和地震作用时根据量测到的结构反应信息，利用相关最优控制算法实时调整激磁线圈组 8 的电压与或电流值，及时改变阻尼墙参数，以最大限度地减小结构的动力反应。实际使用时，上安装板与建筑结构上梁相连，下安装板与建筑结构下梁相连，建筑物在强风和地震作用时上、下梁的相对变形，引起刚性滑动板在底槽内的磁流变体中滑动产生阻尼力，来减小建筑物的振动。该专利通过改变激磁线圈组的输入电压与或电流，引起激磁线圈组磁场变化，从而使滑动板与底槽之间的磁流变体的性能发生改变，以调整阻尼墙系统的动力学参数，获得最佳的减震效果。

6.6　位移型阻尼装置的研发与工程应用

6.6.1　位移型阻尼器的试验研究

位移型阻尼器主要指通过阻尼器的弹塑性变形来消耗振动能量的装置，它只有安装在结构中并作为一个结构部件、与结构一起变形时才能起到消能减震的作用，具体的安装示意如图 6.132 所示。通常是与支撑构件或墙体形成一体，安装在结构的层间，同时对结构提供一定的刚度，在弹性阶段可以减小结构的变形，在弹塑性阶段则利用结构的层间变形来消耗振动能量。因此，从结构设计角度看，这种阻尼装置是对结构附加的安全装置，在正常使用时对结构有利，即使在大变形破坏后对结构也没有伤害作用，是一种非常安全的消能减震体系。

1. 阻尼器的低周反复荷载试验

该试验所用开口式软钢加劲阻尼器(HADAS)外观尺寸如图 6.133 所示，现场随机

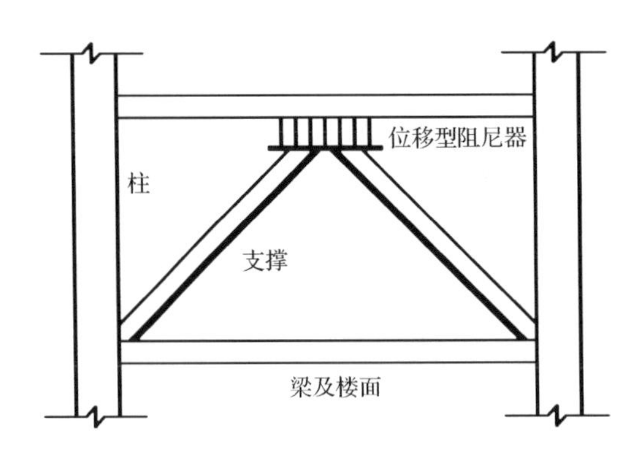

图 6.132　位移型阻尼器安装示意图

抽出两组阻尼器进行试验，阻尼器实物如图 6.134 所示。

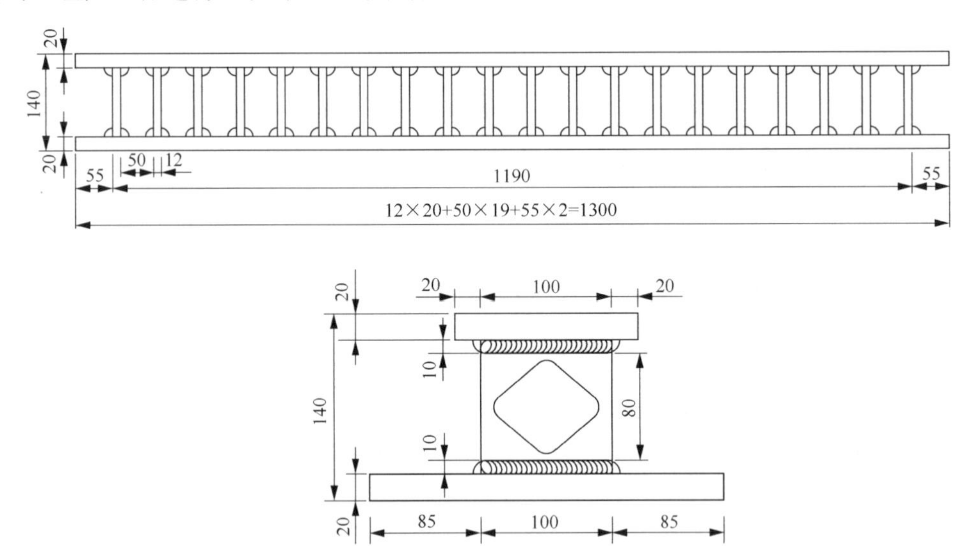

图 6.133　开口式加劲阻尼器(HADAS)外观尺寸

图 6.134　开口式加劲阻尼器(HADAS)实物

试验的主要目的是:①测试阻尼器的弹性刚度;②测试阻尼器滞回耗能性能。

为此,在实验室对阻尼器进行低周反复伪静力试验。将阻尼器下翼缘固定于试验台座上,沿纵向对上翼缘一端进行反复加载,测量阻尼器剪切变形(上、下翼缘相对位移)随荷载的变化情况。

试验装置如图 6.135 所示,为保证台座强度和足够的刚性,特制的钢筋混凝土台座内设置钢结构,阻尼器通过高强螺栓直接与台座内的钢结构连接。

试验过程中控制加载端位移,测量阻尼器上、下翼缘间的相对位移,以及阻尼器与台座之间、台座与实验室地座之间的相对位移。

试验时,根据阻尼器所受荷载与上、下翼缘间相对位移的曲线关系判断阻尼器屈服位移和屈服荷载。要求进行两组阻尼器试验,第一组每级位移下进行一次循环,第二组每级位移下进行 5 次循环,并在多遇地震位移下进行 60 次循环,以检验阻尼器的抗疲劳强度。

图 6.135　阻尼器伪静力试验装置实况

两组阻尼器试件均进行破坏性试验。试验时,第一组试件分别控制加载端位移 1mm、2mm、3mm、4mm、5mm、6mm、7mm、8mm、9mm、10mm、11mm、12mm、15mm、20mm、30mm、40mm,其中 5mm 和 6mm 位移下循环 5 次,其他位移下各循环 1 次。第二组试件分别控制加载端位移 1mm、2mm、3mm、4mm、5mm、10mm、15mm、20mm、30mm、35mm,其中 1～4mm 位移下循环 1 次,5mm 位移下循环 60 次,10～35mm 位移下各循环 5 次。

2. 主要试验结果

加载端位移为绝对位移,由于试验装置有缝隙,以及试验台座本身的位移变形,阻尼器上、下翼缘间的相对位移(剪切变形)要小于加载端绝对位移。第一组试件最大相对位移为 28.74mm,第二组试件最大相对位移为 23.28mm,当加载端位移为 5mm 时阻尼器的相对位移为 2.784mm。

图 6.136 和图 6.137 分别为第一组试件和第二组试件的荷载-相对位移(变形)滞回

曲线。根据实测结果，第一组试件的屈服荷载为223kN，屈服位移0.36mm，初始弹性刚度K=619400kN/m；第二组试件的屈服荷载为220kN，屈服位移0.36mm，初始弹性刚度K=611100kN/m。两组试件弹性刚度均满足设计要求。

从两组试件的荷载-相对位移(变形)滞回曲线形状看，滞回曲线基本呈矩形，形状饱满，具有充分的塑性变形能力和恢复力，是相当出色的抗震耗能部件，具有理想的抗震性能。第二组试件循环60次疲劳试验时的位移为2.784mm，超过了理论计算的多遇地震位移(Y向最大层间位移2.4mm)，滞回曲线重合度较好，充分证明了该工程所用阻尼器具有良好的抗疲劳强度。两组试验试件破坏时的相对位移均大于20mm，超过了使用该阻尼器的工程在罕遇地震作用下的变形要求。

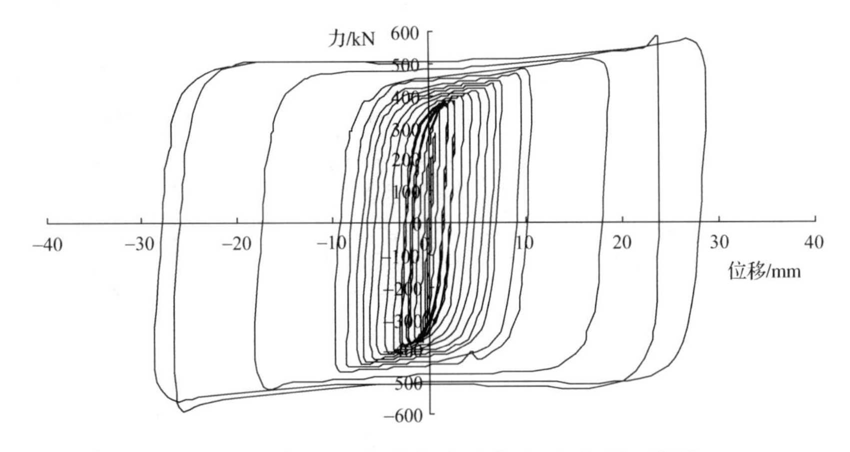

图6.136　第一组试件荷载-相对位移(变形)滞回曲线

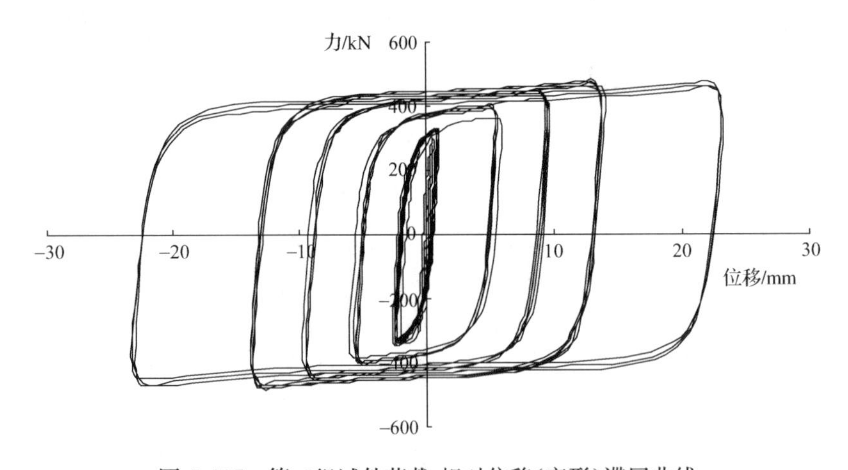

图6.137　第二组试件荷载-相对位移(变形)滞回曲线

试验结果表明，上海移动通信有限责任公司万荣局房屋结构抗震加固所用开孔式软钢加劲阻尼器HADAS的初始弹性刚度大于600000kN/m，满足500000kN/m的设计要求。

从两组阻尼器的荷载-相对位移(变形)滞回曲线形状看，该工程所用的位移型阻尼器具有充分的塑性变形能力和恢复力，是非常理想的抗震耗能部件，同时具有良好的抗疲劳性能。

6.6.2　位移型阻尼器在加固工程中的应用

上海移动通信有限责任公司万荣局房屋是一幢地下 1 层、地上 9 层的现浇钢筋混凝土框架-抗震墙结构房屋，建筑面积 12000m^2，建于 2001 年。建筑立面如图 6.138 所示。

图 6.138　建筑立面照片

该房屋原设计为通用厂房，使用时改为移动通信机房(建筑抗震类别由丙类提高为乙类)，通过对该房屋结构进行抗震鉴定发现，该房屋结构平面布置上抗震墙偏于房屋西侧，楼层刚度和质量明显偏心。对原房屋结构进行抗震计算结果表明，该结构地震作用下的层间位移角基本满足规范要求，但第一阶振型以扭转为主，扭转引起的位移比远大于 1.5 的规范限值，不符合抗震规范的要求。

由于该建筑为正在使用的通信机房，绝对不能中断使用。为此，在尽量少影响该房屋正常使用的条件下，采用增设阻尼器加支撑(以下简称阻尼支撑)的方法对结构进行抗震加固，调整结构阻尼和刚度分布，降低结构的地震反应，改善结构抗震性能。经优化分析，该工程在房屋 1～8 层的东北角和东南角部，即在 A 轴的 1～2 轴和 7～8 轴、1 轴和 8 轴的 A～B 轴共增加 32 组位移型阻尼器加钢支撑，能有效控制结构的扭转并提高结构的阻尼。阻尼支撑的平面和立面布置如图 6.139～图 6.141 所示。

该结构增设位移型阻尼支撑后的动力特性如表 6.73 所示，第一、二阶振型以平动为主，第三阶振型为扭转，且平动周期小于第一周期的 0.9 倍，符合现行抗震规范的要求。

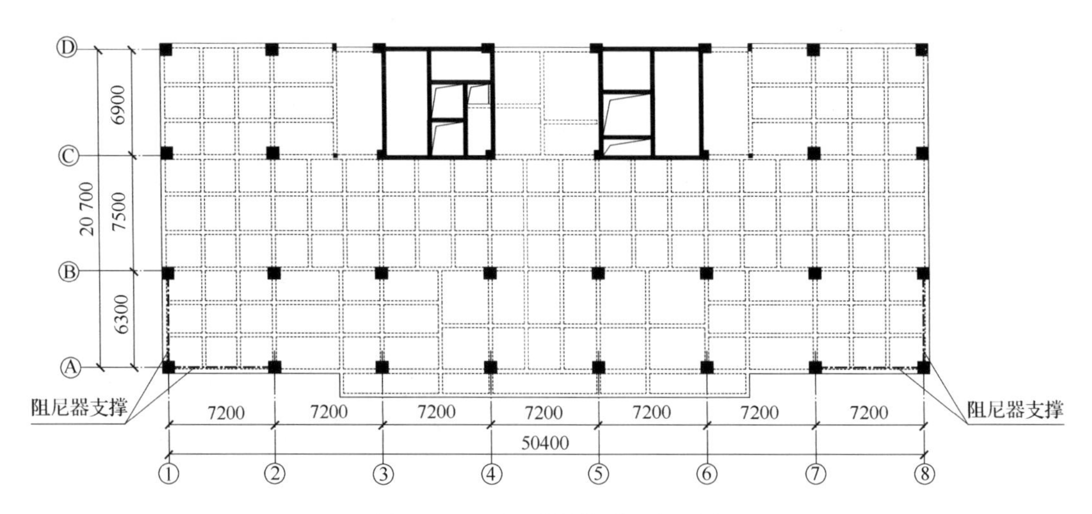

图 6.139　阻尼支撑的平面布置图

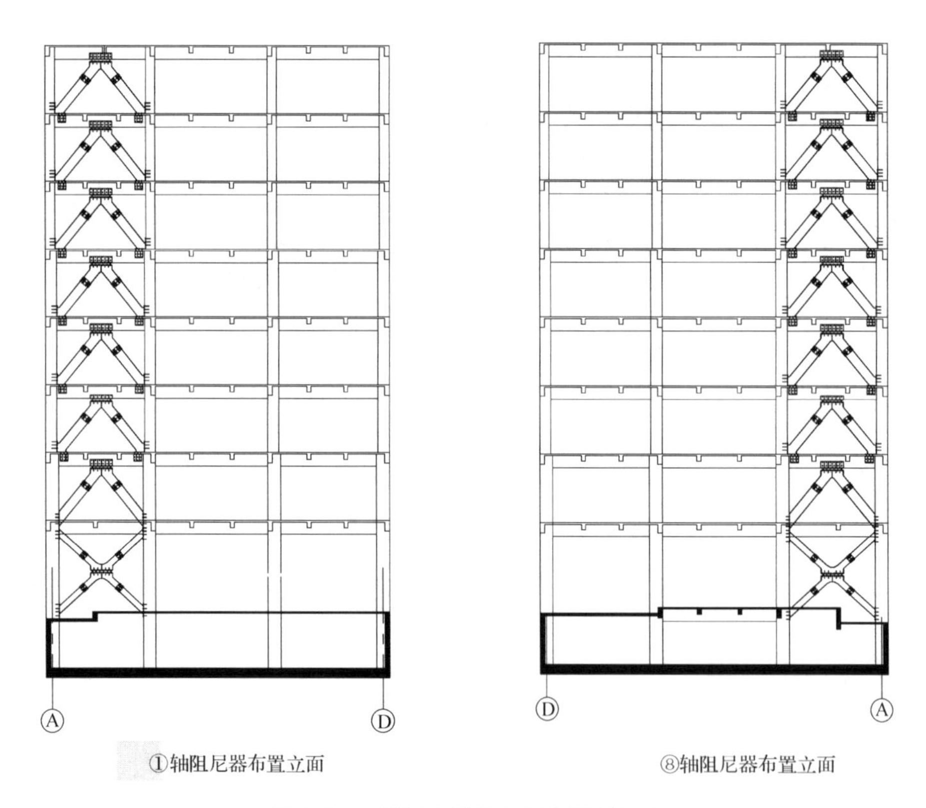

图 6.140　阻尼支撑的立面布置图(一)

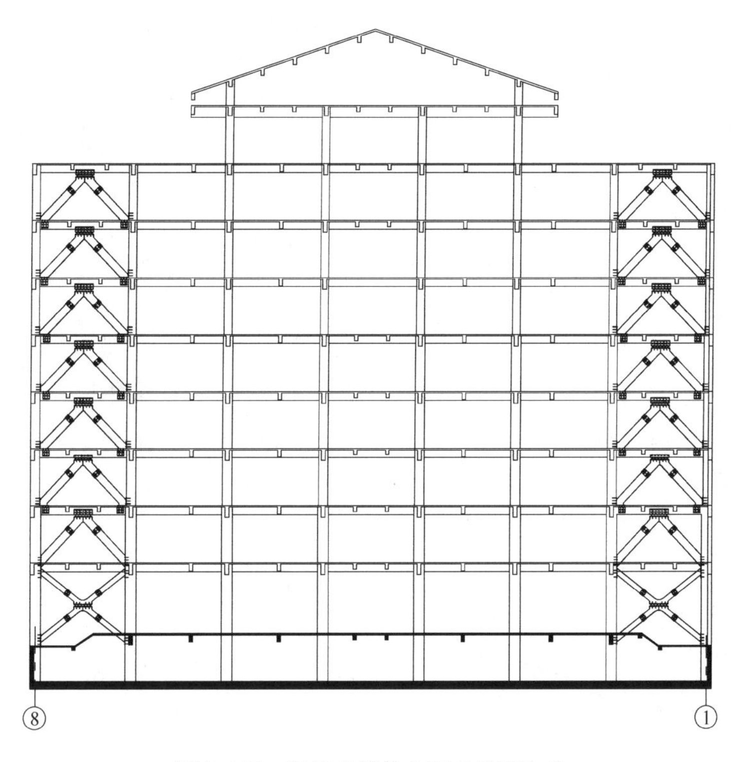

图 6.141　阻尼支撑的立面布置图(二)

表 6.73　万荣局房屋结构增加位移型阻尼器后的动力特性

振型号	周期/s	X 向有效参与质量/%	Y 向有效参与质量/%
1	0.9251	54.4547	0.2685
2	0.8717	0.4207	63.4361
3	0.7191	10.1778	0.1877
4	0.2774	7.3820	0.0380
5	0.2183	0.3065	16.1228
6	0.2039	7.6278	0.3341
7	0.1781	1.5218	0.0256
8	0.1674	0.0092	2.9735
9	0.1506	0.2961	0.0042
10	0.1319	1.1036	0.0133

结构增设位移型阻尼器后，在地震作用下 X 向和 Y 向的位移值如表 6.74 所示，X 向和 Y 向最大层间相对位移角限值分别为 1/2100 和 1/1250，均满足抗震设计规范 1/800 的要求。

表 6.74　地震作用下 X 向和 Y 向的结构变形值

层号	X 向(纵向)		Y 向(横向)	
	层间位移最大值/mm	层间相对位移角限值	层间位移最大值/mm	层间相对位移角限值
1	0.1	1/29000	0.1	1/29000
2	1.20	1/4333	1.20	1/4333
3	1.50	1/2800	1.50	1/2800
4	1.80	1/2333	1.80	1/2333
5	1.80	1/2333	2.10	1/2000
6	2.00	1/2100	2.20	1/1909
7	2.00	1/2100	2.40	1/1750
8	2.00	1/2100	2.30	1/1826
9	1.90	1/2211	2.40	1/1750
10	1.90	1/2211	2.20	1/1909
11	1.20	1/2500	2.40	1/1250

该工程采用某公司提供的开口式软钢加劲阻尼器(HADAS),经分析计算,所需阻尼器弹性刚度 K=500000kN/m。为此,设计阻尼器长 1300mm,高 140mm,每组阻尼器软钢消能片 20 片。为检验产品质量,进行了两组阻尼器的伪静力破坏性试验,同时测试了阻尼器的抗震性能。

阻尼支撑的现场施工照片如图 6.142 所示。该工程已于 2006 年 12 月完成施工,在没有影响通信机房正常运行的情况下达到了抗震加固的效果。

图 6.142　阻尼支撑的现场施工照片

6.6.3 位移型阻尼器在高烈度区新建工程中的应用

1. 工程概况

攀钢西昌钒钛资源综合利用项目厂前区办公楼为型钢混凝土框架-钢筋混凝土核心筒结构。全楼包括主楼、附楼、停车库、走廊、值班室。其中主楼地下室为一层，主楼地上15层，建筑总高到大屋面为59.3m，到观光塔顶为66.8m。工程建筑结构安全等级为二级，地基基础设计等级为乙级，设计使用年限为50年。抗震设防烈度为9度，设计地震分组为第一组，设计基本地震加速度为0.4g，建筑场地类别为Ⅱ类，场地特征周期0.35s。

其典型楼层平面布置如图6.143所示。

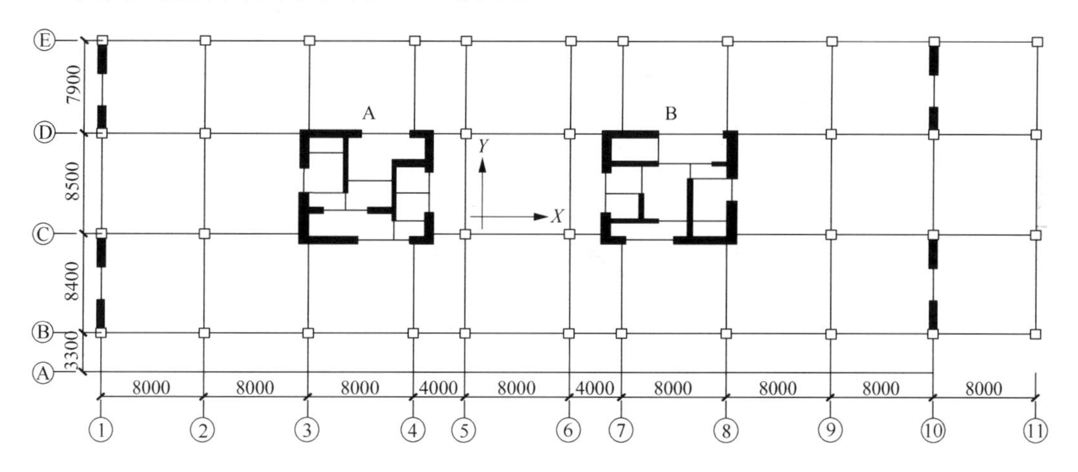

图 6.143　典型楼层布置平面示意图

该工程建筑场地为靠山削坡回填而成，回填深度达到30m左右。根据《建筑抗震设计规范》(GB 50011—2010)的有关要求，水平地震影响系数最大值的增大系数为1.2。该工程建筑总高已超过A级高度钢筋混凝土框架-抗震墙结构建筑的最大适用高度，为超限高层建筑。建筑平面虽比较规整，为矩形，建筑高宽比为2.4，但平面柱网间距比较大，典型柱网尺寸为8.0m×8.4m，在抗震烈度为9度的地区，设计难度比较大，层间位移角不易满足规范要求。

综合以上因素考虑，采用增加配筋的方式提高结构的抗震性能是不经济的，故考虑采用消能减震的方法进行设计。设置了71组软钢阻尼器，均采用人字形钢支撑与主体相连的方式，如图6.144所示，阻尼器布置如图6.145中的深色实线所示。

2. 计算模型和分析方法

1) 构件有限元模型

本节采用NosaCAD有限元分析软件，对该结构进行弹塑性时程抗震计算分析。整体结构计算模型由用于模拟梁柱构件的框架单元和用于模拟筒体的平板壳单元组成，楼板采用弹性楼板假定。

梁柱杆单元采用三段变刚度杆单元模型，中部为线弹性区段，两端弹塑性段。钢梁、

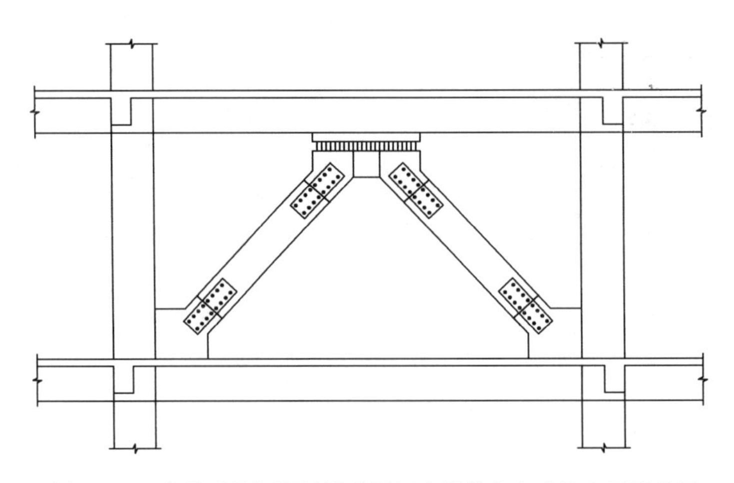

图 6.144　位移型软钢阻尼器采用钢支撑接和方式的立面示意图

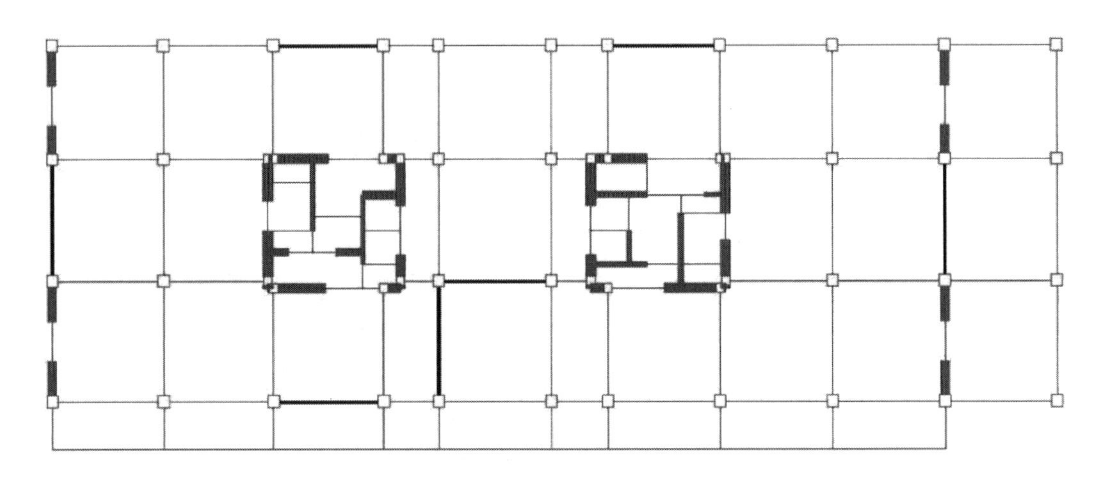

图 6.145　主楼阻尼器布置示意图

混凝土梁和型钢混凝土梁单元截面的弹塑性段弯矩-曲率骨架曲线分别采用二折线和三折线模型，三折线模型滞回曲线如图 6.146 所示。由于柱受双向弯矩作用，并受到轴力变化影响，柱单元弹塑性段采用纤维模型，纤维模型中的混凝土本构模型如图 6.147 所示，钢材和钢筋纤维采用二折线模型，并考虑屈服强化，如图 6.148 所示。

筒体墙体采用平板壳有限元模型，平板壳单元面外按弹性计算，仅考虑面内非线性。墙体单元中的钢筋采用弥散模式，在某一方向上按配筋率均匀分布。混凝土开裂模型采用分布裂缝模式，可反映墙体的开裂、压碎、配筋应力-应变状态等非线性情况。为了简化分析模型，缩短弹塑性时程计算时间，将 14 层以上的墙体在计算中设置为弹性。

该工程中所设置阻尼器的耗能特性应类似图 6.149 所示的滞回曲线，实践证明，以双折线模型模拟该滞回性能是足够的。初始等效刚度为 640kN/mm，屈服后等效刚度为初始刚度的 1%，等效屈服力为 780kN，重量为 980kN。在 NosaCAD 中，将金属阻尼器简化等效为斜向阻尼器建模，初始等效刚度和等效屈服力需分别考虑各斜杆的倾斜角度进行设置。

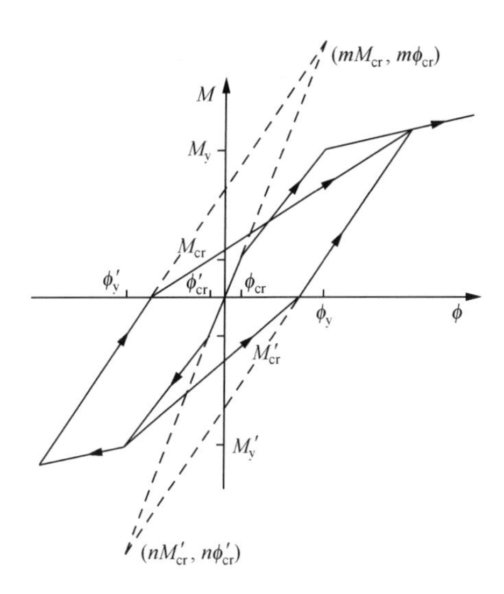

图 6.146　三折线弯矩-曲率滞回模型

M_{cr}、ϕ_{cr}分别为截面开裂弯矩和相应的截面曲率

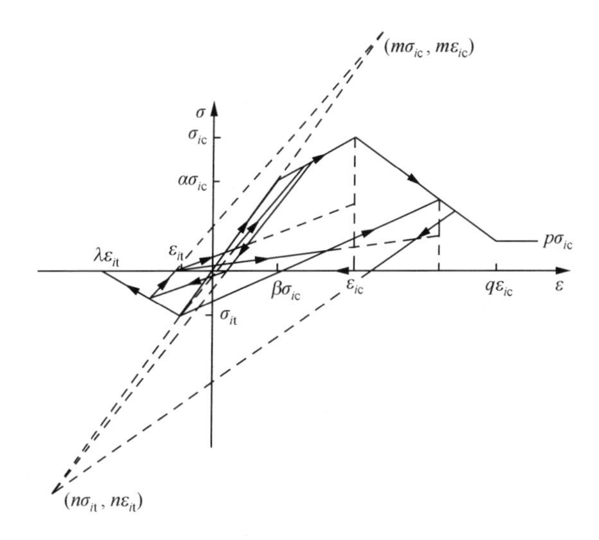

图 6.147　混凝土本构模型

σ_{ic}、ε_{ic}分别为混凝土抗压强度和相应的应变；σ_{it}、ε_{it}分别为混凝土抗拉强度和相应的应变

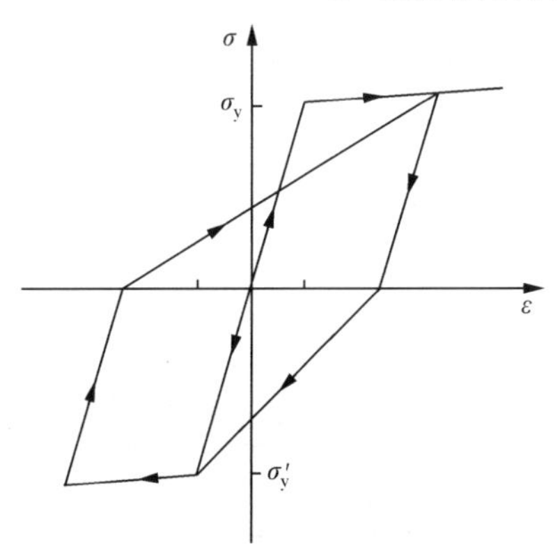

图 6.148　钢材本构模型

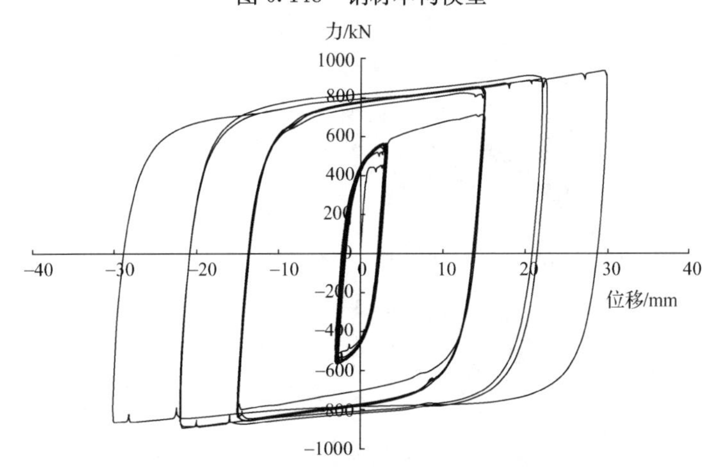

图 6.149　试验得到的位移型软钢阻尼器的滞回曲线

2）整体结构计算模型

结构在进行弹塑性分析时，混凝土材料按规范取其标准值，结构构件材料及强度参数如表 6.75 所示。

表 6.75 构件参数

构件	材料	抗压强度/MPa	抗拉强度/MPa
14～顶层核心筒、结构次梁	C30	20.1	2.01
12 层、13 层核心筒、柱	C35	23.4	2.20
10 层、11 层核心筒、柱	C40	26.8	2.39
8 层、9 层核心筒、柱	C45	29.6	2.51
5～7 层核心筒、柱	C50	32.4	2.64
1～4 层核心筒、柱，核心筒角柱	C55	35.5	2.74
钢梁、型钢	Q345	345	345
钢筋	HRB335	335	335

NosaCAD 整体结构计算模型如图 6.150 所示。该模型中包含 36681 个节点、55364 个单元，其中框架杆单元 19907 个，四边形平板壳单元 34997 个，三边形平板壳单元 389 个，阻尼器单元 71 个。分析中整体结构采用瑞利阻尼，按结构周期为基本周期 T_1 和 $0.25T_1$ 时阻尼比均为 0.05，计算 α 和 β。

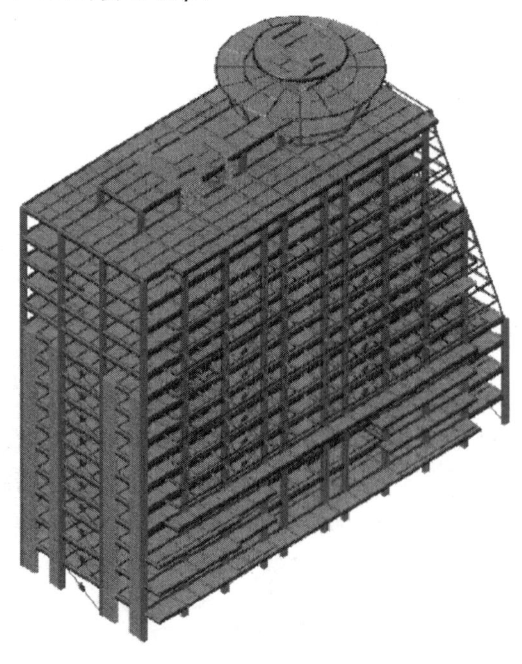

图 6.150 结构整体计算模型示意图

3. 时程分析

1) 结构模态分析

在进行弹塑性时程分析前，首先进行结构模态分析，并与 ETABS 软件得到的分析结果进行对比，以确定结构计算模型质量、弹性刚度等的准确性。

表 6.76 给出了 NosaCAD 和 ETABS 分别求得的结构前 12 阶自振周期及振型的描述。

表 6.76　结构动力特性

振型	周期(ETABS)/s	周期(NosaCAD)/s	振型描述
1 阶	1.23	1.29	X、Y 向一阶平动耦合
2 阶	1.16	1.24	X、Y 向一阶平动耦合
3 阶	0.94	1.02	整体扭转
4 阶	0.41	0.53	Y 向二阶平动
5 阶	0.40	0.35	Y 向二阶平动
6 阶	0.35	0.44	X、Y 向二阶平动耦合
7 阶	0.21	0.43	X 向三阶平动
8 阶	0.20	0.38	X、Y 向三阶平动耦合
9 阶	0.18	0.32	整体扭转
10 阶	0.14	0.31	整体扭转
11 阶	0.13	0.30	Y 向四阶平动
12 阶	0.11	0.27	整体扭转

2) 罕遇地震动力时程分析

选用 5 条天然地震加速度时程记录和两条人工合成加速度时程作为地震动输入(利用 SIMQKE_GR 程序进行人工合成加速度时程)，输入详细信息见表 6.77。时程分析时按照 9 度罕遇地震加速度峰值输入，将地震波峰值统一调整为 744gal(9 度罕遇地震峰值按规范取为 620gal，按要求考虑 1.2 倍放大系数)后做出地震反应谱对比，如图 6.151 所示。按 X、Y 两方向分别输入单向地震。采用 Newmark 法进行时程计算，γ 值取 0.5，β

表 6.77　地震动输入信息表

地震波	地震事件	日期	纪录站	持时/s
Impvall-E05	Imperial Valley	15-Oct-1979	CDMG STATION 958	63
Kocaeli	Kocaeli Turkey	17-Aug-1999	Istanbul	58
El Centro	Imperial Valley	18-May-1940	El Centro Array	30
Impvall-EDA	Imperial Valley	15-Oct-1979	USGS STATION 5165	40
Northr	Northridge Earthquake	1-Nov-1994	LA - Sepulveda VA Hospital	40
人工波 1(R1)	—	—	—	35
人工波 2(R2)	—	—	—	35

值取 0.25。动力平衡方程采用隐式求解，时程分析前先将初始荷载，即重力荷载代表值分 20 步加载到结构上，然后再进行动力弹塑性分析。

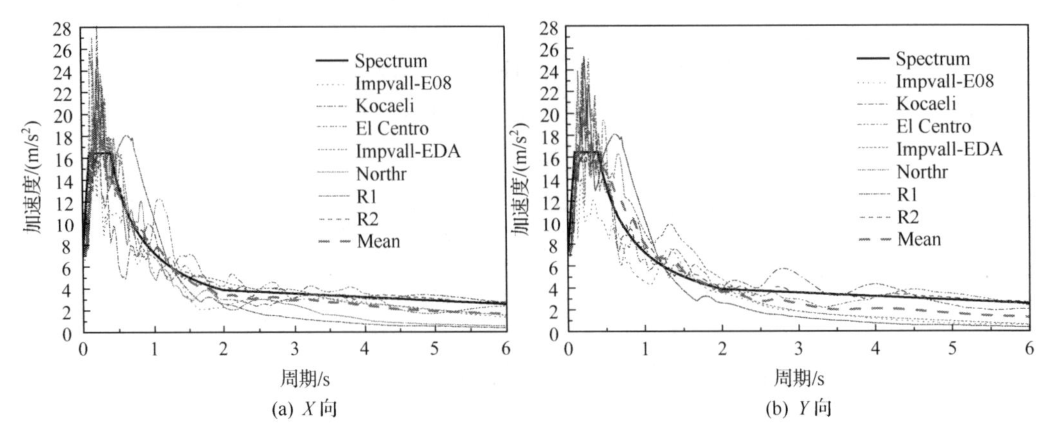

图 6.151 地震动输入反应谱

(1) 结构顶点位移时程。

分别提取不同地震输入下顶点位移曲线，如图 6.152 所示。根据位移时程曲线所示，在相同加速度峰值的不同地震波作用下，结构的反应存在差异，整体 Y 向的反应大于 X 向。

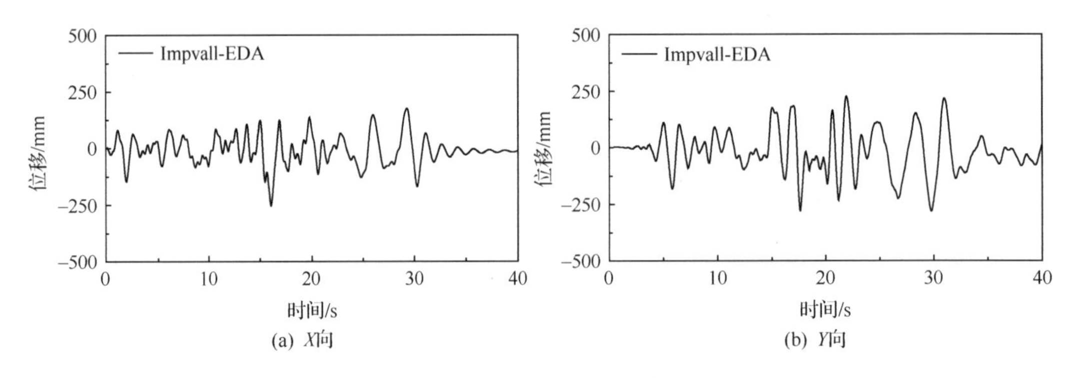

图 6.152 顶点位移曲线

(2) 层间位移响应。

结构层间位移角包络图如图 6.153 所示，罕遇地震下结构的最大层间位移角为 KOCAELI波在 X 向作用下的第 2 层，为 1/64，但 7 条地震波计算的平均值满足规范要求。

(3) 结构损伤发展。

在 9 度罕遇地震作用下，结构损伤主要出现在核心筒部分，包括墙体和核心筒连梁的开裂、出铰和混凝土压溃。图 6.154 展现了结构的损伤发展情况。可见，随着地震动输入时间的延长，筒体连梁两端均出现铰，部分连梁端部达到极限承载能力，混凝土被压碎。混凝土筒体开裂严重，A 筒 11 层、12 层破坏最为严重，其次 A 筒底部有压溃的现象，随后 B 筒中部出现压溃现象。A、B 筒编号如图 6.143 所示。

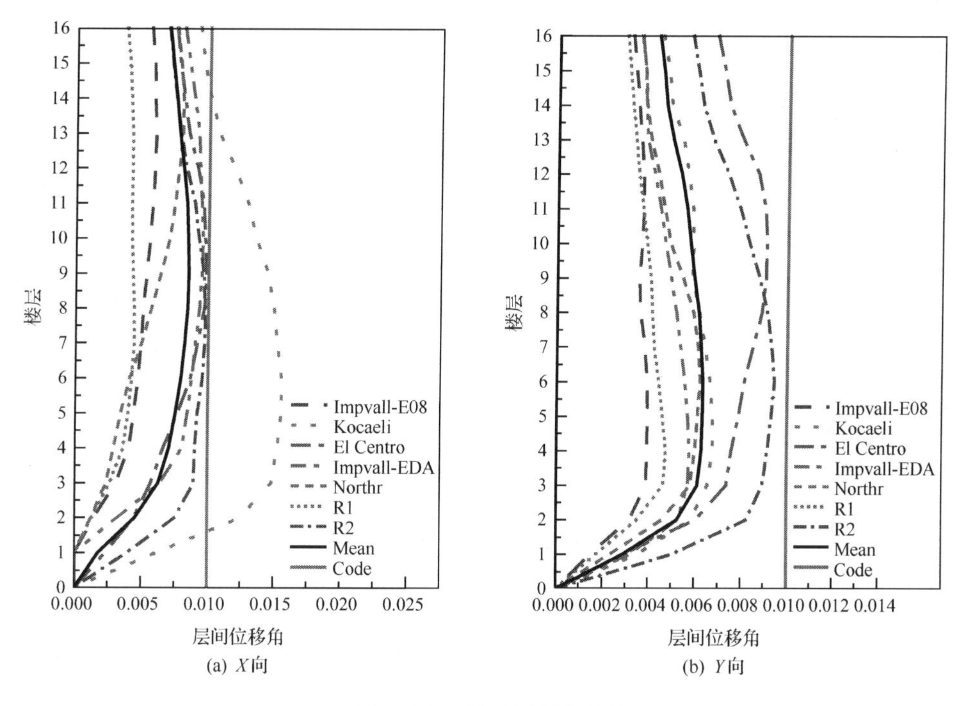

图 6.153　结构层间位移角

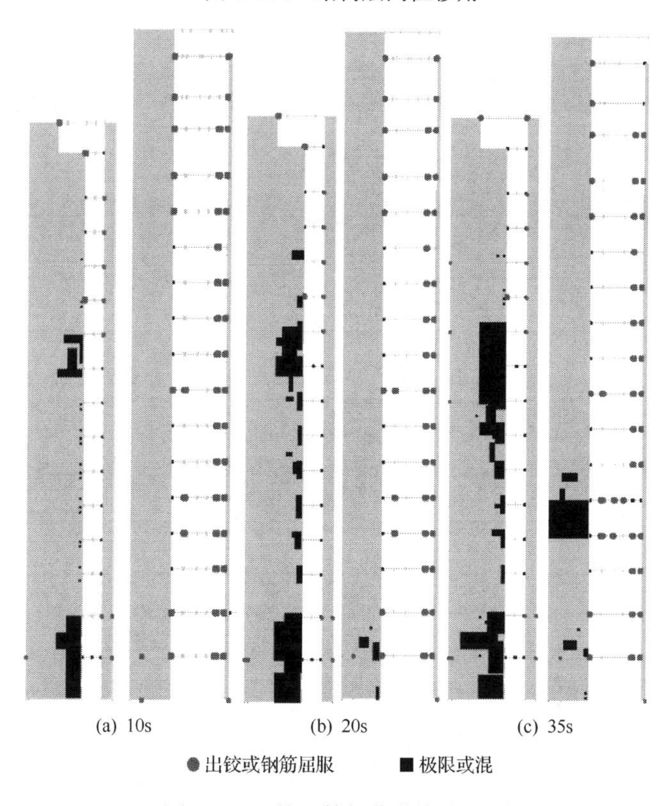

图 6.154　核心筒损伤分布发展图

(4) 关键柱的损伤。

图 6.155 给出了位于 A 核心筒底部周边柱子在 9 度罕遇地震作用下(以 IMPVALL-E05 地震波数据为例)的轴力-弯矩时程迹线,同时给出杆件截面轴力-弯矩强度包络图,图中 2 轴和 3 轴为杆件计算模型的局部坐标,2 轴为截面高度方向,3 轴为截面宽度方向。

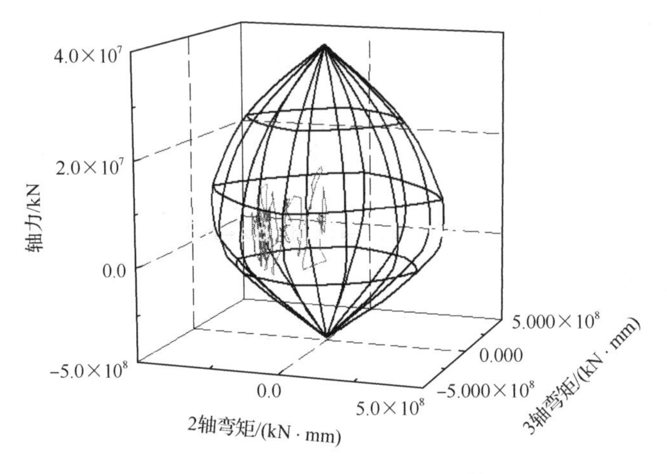

图 6.155　核心筒角柱 PMM 包络图

从轴力-弯矩时程迹线在截面轴力-弯矩强度包络图中的位置来看,尚具有一定的承载富余量,故可保障地震中上部结构的安全。

(5) 阻尼器滞回曲线。

取 1F-3-4/E、9F-3-4/E 位置阻尼器分别绘制力-位移滞回曲线,以观察阻尼器在罕遇地震中的作用情况。由图 6.156 可见,在 9 度罕遇地震作用下(以 IMPVALL-E05 地震波数据为例),该阻尼器能很好地起到耗能减震作用,滞回曲线饱满。楼层较高处的阻尼器发挥的作用要优于低楼层的阻尼器。在不同地震作用下阻尼器的作用耗能状况不尽相同。

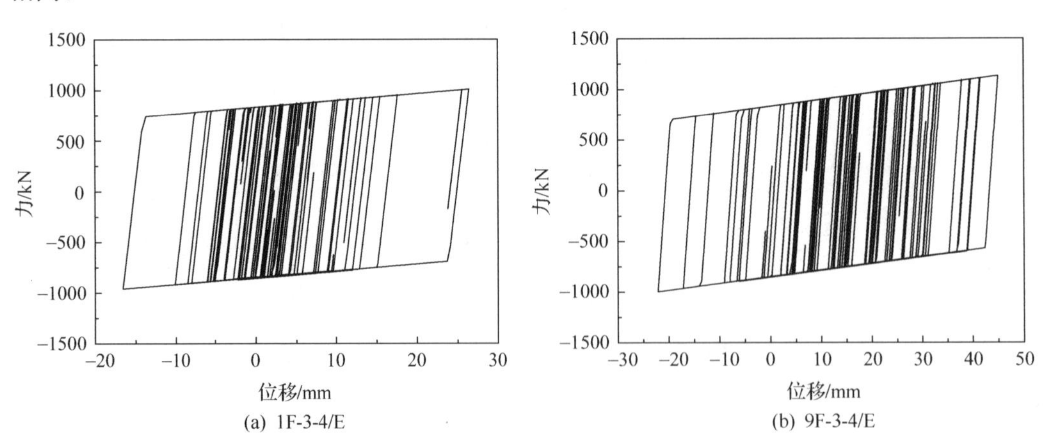

图 6.156　阻尼器滞回曲线图(X 向)

该工程中的阻尼器现场安装照片如图 6.157 和图 6.158 所示。工程已于 2012 年 12

月建成并投入使用，这是我国在抗震设防 9 度区建成的第一个采用消能减震技术的钢筋混凝土高层建筑工程。

图 6.157　阻尼器现场安装位置

图 6.158　阻尼器现场安装图

4. 结论

通过对某应用软钢阻尼器的框架-核心筒高层结构进行弹塑性时程分析，可得如下结论。

(1) 按 9 度罕遇地震作用验算时，结构整体抗震性能指标满足设计规范和预期的性能设计目标，塑性铰首先出现在结构核心筒的连梁上，有利于结构合理耗散地震输入能量，减轻主体结构在地震中的破坏。

(2) 在 9 度罕遇地震作用下，底部框架柱未出现明显破坏，且具有较多的安全储备，可保证结构安全。

(3) 位移型阻尼器在罕遇地震中能够有效地起到耗能减震的作用，耗能滞回曲线符合预期。

6.7　颗粒阻尼器的研发与工程应用

6.7.1　颗粒阻尼器的组成及试验研究

1. 颗粒阻尼器的基本组成

颗粒阻尼器将装有金属或其他材料等颗粒的容器附着在结构振动较大的部位，利用颗粒之间以及颗粒与容器壁之间的非弹性碰撞和摩擦来消耗系统振动能量，是一种附加质量式被动阻尼器。该技术具有概念简单、减振频带宽、温度不敏感(在颗粒金属熔点以下均可正常使用)、耐久性好、易于用在恶劣环境等优点；此外，由于颗粒取材廉价方便，一些普通建筑材料，如钢球、砂子、石子等均可使用，因此，该种技术在土木工程中的适用性大大增强。颗粒阻尼器的工作原理是：容器内的颗粒在风荷载及地震荷载作用下，与容器壁产生与主体结构运动方向相反的碰撞力，从而减小主体结构的动力响应；容器内的颗粒之间也会产生非弹性碰撞以及摩擦耗能。颗粒阻尼器与主体结构的连接形式可以固接，也可以用弹簧，以形成类似调谐质量阻尼器的调谐作用。在作者及其研究小组的研究工作中开发了多种颗粒阻尼器的形式，如“缓冲型悬吊式颗粒调谐质量阻尼器（中国发明专利，专利设计人：鲁正，吕西林，施卫星）”和“一种摩擦摆支座式颗粒阻尼器（中国实用新型专利，专利设计人：鲁正）”等。

2. 振动台试验概况

试验采用的结构模型是一个三层钢框架，并在顶层附加颗粒阻尼器，其平面和立面如图 6.159 所示。框架层高为 2m，平面尺寸为 1.95m×1.9m，框架柱采用 10 号工字钢，框架主梁采用 12.6 号槽钢，次梁采用 10 号槽钢，各结构构件采用焊接连接。为了模拟土木工程中的高层建筑，调节框架的基频至 1.0 Hz 左右，在结构各层附加质量块，质量块通过螺栓连接在次梁上或顶层的钢板上。试验时，1～3 层的实际质量（包含结构自重）分别为 1915kg、1915kg 和 2124kg。该框架的阻尼比 ζ_1 为 0.013，前三阶自振频率分别为 1.07Hz、3.2Hz 和 4.8Hz。颗粒阻尼器由钢板组成，分为四个相同并且沿着振动方向对称的立方体铁盒，长×宽×高尺寸为 0.49m×0.49m×0.5m。每个铁盒子内分别放置 63 个钢球，直径为 50.8mm，总计质量 135kg，占系统总体质量的 2.25%。

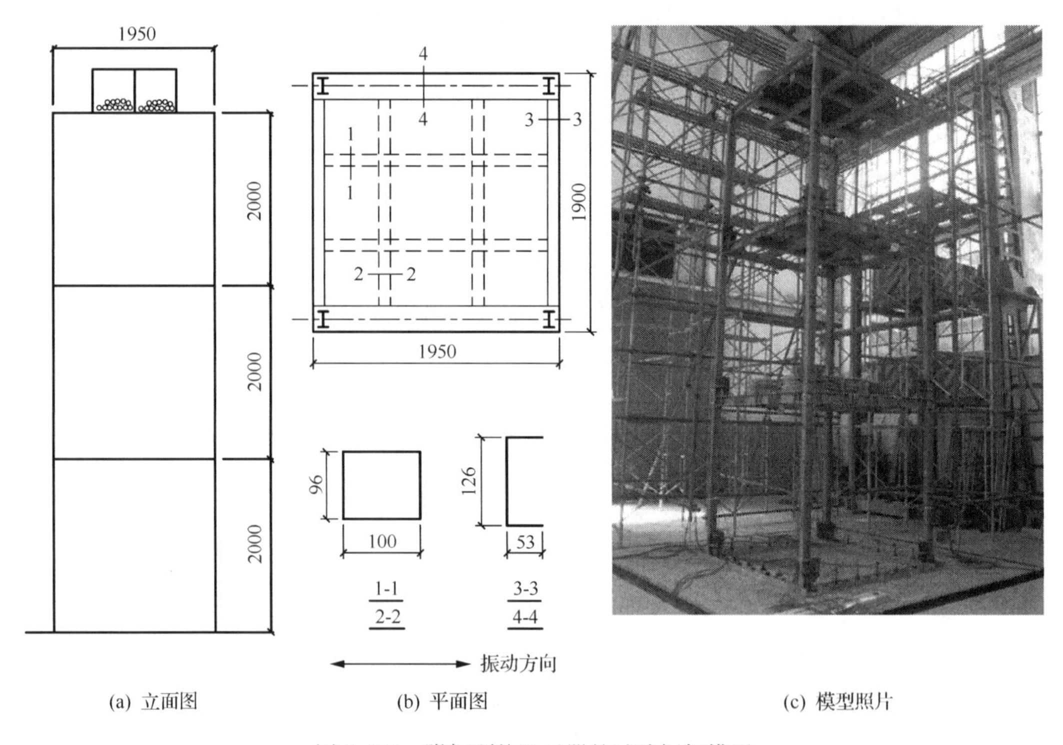

图 6.159 附加颗粒阻尼器的试验框架模型

为了研究颗粒阻尼器体系的减震效果，分别对附加和不附加阻尼器的框架模型（分别称为有控结构和无控结构）进行了模型振动台试验。为了检验该体系在不同频谱特性地震波作用下的减震效果，采用了四种地震波：Kobe 波（1995，SN）、El Centro 波（1940，SN）、汶川波（2008，SN）和上海人工波（SHW2，1996）。地震波的加速度变化范围为 0.05～0.2g，时间步长为 0.02s。整个试验中，振动台仅沿着框架柱刚度较弱方向振动。

在框架模型的各层布置了加速度计和位移计，以监控其振动响应。

3. 振动台试验结果

1) 峰值响应

框架顶层最大位移在抗震设计中是一个重要的参数，而在评估结构的损伤时，仅给出结构位移的峰值是不够的，还需要研究该反应在整个时间历程上的特性，在随机振动中通常用均方根响应来表示随机变量的能量水平，均方根的表达式为

$$\mathrm{rms} = \mathrm{sqrt}\left(\frac{1}{n}\sum_{i=1}^{n} x_i^2\right) \tag{6.52}$$

表 6.78　模型顶层最大位移及位移均方根响应

地震波类型	加速度峰值/g	附加阻尼器框架		未附加阻尼器框架		减震效果/%	
		最大位移/mm	均方根位移/mm	最大位移/mm	均方根位移/mm	最大位移	均方根位移
Kobe	0.05	38.335	7.385	42.727	12.401	10.3	40.4
	0.1	66.665	12.899	73.984	19.882	9.9	35.1
	0.2	110.979	17.356	116.063	21.807	4.4	20.4
El Centro	0.05	30.366	6.552	33.131	10.525	8.3	37.7
	0.1	49.319	11.044	53.936	18.095	8.6	39.0
	0.2	81.416	15.308	92.143	24.672	11.6	38.0
汶川波	0.05	23.118	5.915	26.073	6.699	11.3	11.7
	0.1	43.994	10.991	47.435	12.470	7.3	11.9
	0.2	75.354	18.063	78.938	20.889	4.5	13.5
SHW2	0.05	70.774	18.337	83.027	29.306	14.8	37.4
	0.1	96.420	23.228	118.393	29.656	18.6	21.7
	0.2	—	—	—	—	—	—

表 6.78 列出了各个工况下，框架模型顶层的最大位移响应及均方根位移响应(由于无控结构在 SHW2 波 0.2g 作用下，响应可能太大而导致结构倒塌产生危险，故该工况未进行试验)。可以发现：①附加颗粒阻尼器的框架模型的位移响应要小于未附加颗粒阻尼器的框架模型的位移响应；②均方根位移响应的减震效果(减震效果=(未附加阻尼器框架的响应－附加阻尼器框架的响应)/未附加阻尼器框架的响应)远好于位移峰值的减震效果，前者是 11.7%～40.4%，而后者是 4.4%～18.6%，这说明颗粒阻尼器能够帮助主体结构吸收并耗散掉相当大一部分的地震输入能量，此外，位移峰值响应也能被有效减小；③在不同地震输入下，系统的减震效果是不同的。在该系列的试验中，汶川激励下的系统减震效果最差，这和输入激励的频谱特性有关。Kobe 波、El Centro 波和 SHW2 波的主要频率集中在 1.4Hz、1.5Hz 和 1.1Hz 左右，这个频率与主体系统的基频比较接近，而汶川波主要集中在 2.7Hz 左右。另一个原因是主体结构在汶川波下的响应要小于其他地震波输入下的响应，从而导致颗粒在容器内的运动不够剧烈，与主体结构的碰撞次数

较少，消耗掉的输入能量也减少，最终导致减震效果较差。

颗粒阻尼器不仅能够减小主体结构的位移响应，而且能减小其层间位移和加速度响应。表 6.79 列出了模型顶层最大加速度反应和最大一层层间位移反应。可以发现有控结构的加速度和层间位移响应均小于无控结构（除了汶川 0.2g 工况），但是一层层间位移的减震效果（0.1%～6.4%）没有顶层加速度减震效果好（2.3%～19.1%），这是阻尼器的安装位置在顶层的缘故。和表 6.78 一样，在表 6.79 中也可以发现附加颗粒阻尼器的钢框架在汶川激励下的减震效果最差，尤其是顶层加速度在 0.2g 工况下还有放大现象。这也从另一个方面说明颗粒阻尼器系统的性能与输入激励相关的复杂性。

表 6.79　模型顶层最大加速度响应和最大一层层间位移响应

地震波类型	加速度峰值/g	附加阻尼器框架		未附加阻尼器框架		减震效果/%	
		加速度/g	层间位移/mm	加速度/g	层间位移/mm	加速度/g	层间位移/mm
Kobe	0.05	0.213	19.185	0.240	20.498	11.3	6.4
	0.1	0.366	33.713	0.398	33.749	8.0	0.1
	0.2	0.591	58.178	0.637	59.025	7.2	1.4
El Centro	0.05	0.178	18.080	0.198	18.419	10.1	1.8
	0.1	0.296	29.627	0.311	30.703	4.8	3.5
	0.2	0.501	52.471	0.567	55.743	11.6	5.9
汶川波	0.05	0.168	14.335	0.172	14.757	2.3	2.9
	0.1	0.318	26.947	0.345	28.479	7.8	5.4
	0.2	0.474	60.269	0.452	60.833	−4.9	0.9
SHW2	0.05	0.362	35.587	0.430	37.155	15.8	4.2
	0.1	0.473	58.534	0.586	60.075	19.1	2.6
	0.2	—	—	—	—	—	—

2）时程响应

图 6.160 给出了在不同类型地震波激励下，框架模型顶层的位移时程曲线。可以发现，颗粒阻尼器不但减小了框架模型的最大位移响应，而且使得其时程曲线快速衰减，因此其响应在大部分的时间段内都明显减小。这也是位移均方根减震效果相当明显的一个证明。另外一个有意思的现象是：有控结构与无控结构在开始的一段时间内，响应重合，经过一定时间后，有控结构的响应才更快衰减。这与调谐质量阻尼器类似，前期减震效果不理想，后期效果变好。其原因是颗粒与容器壁的碰撞的产生需要一定的时间，经过一定的碰撞后，颗粒阻尼器通过动量交换的方式，开始消耗地震波输入的能量。

3）模型各层最大位移和最大加速度反应曲线

图 6.161 给出了在不同地震激励下，试验模型各层的最大位移和最大加速度响应曲线。可以看到，基本上框架每一层的振动响应都能减小，尽管减小的程度不太一样。由于结构体系类似于频率过滤器，在地震波向上传递的过程中，高频部分逐渐被过滤掉，振动的频率逐渐以基频为主。但在结构底层反应中，高频部分占的比重有可能较大。由于加速度与频率的平方成正比，既然底层的加速度反应含有高频分量，因此，尽管底层位移较

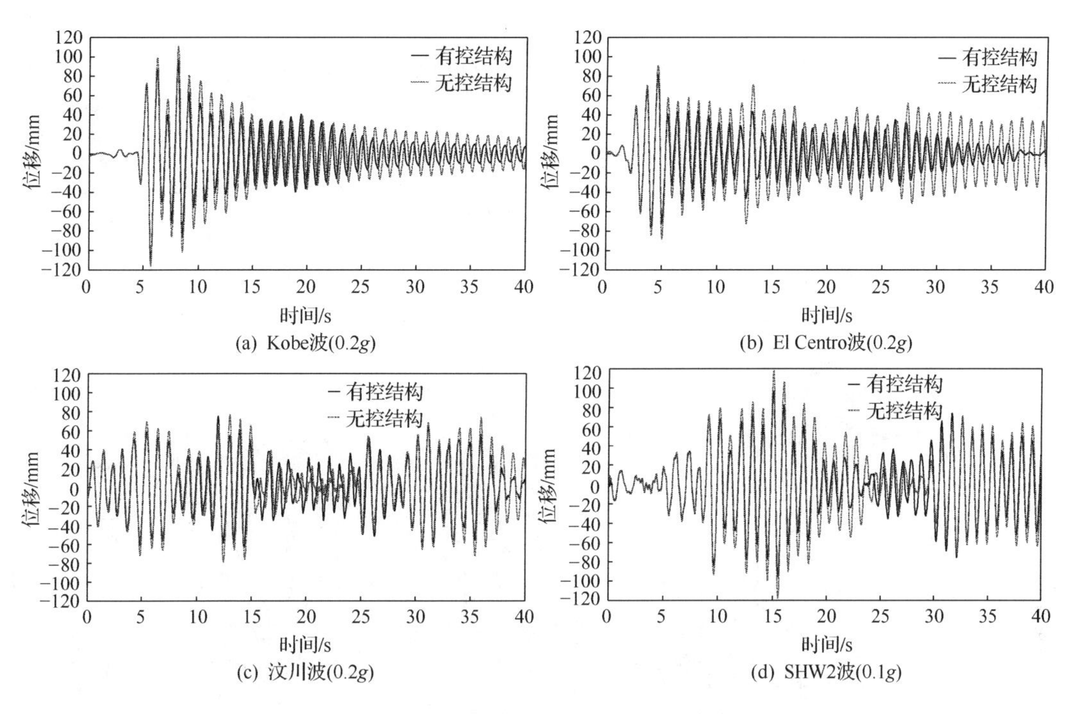

图 6.160　框架模型顶层位移时程曲线

小,但也有可能底层的加速度会大于顶层,这在图 6.161(c)中可以看到。

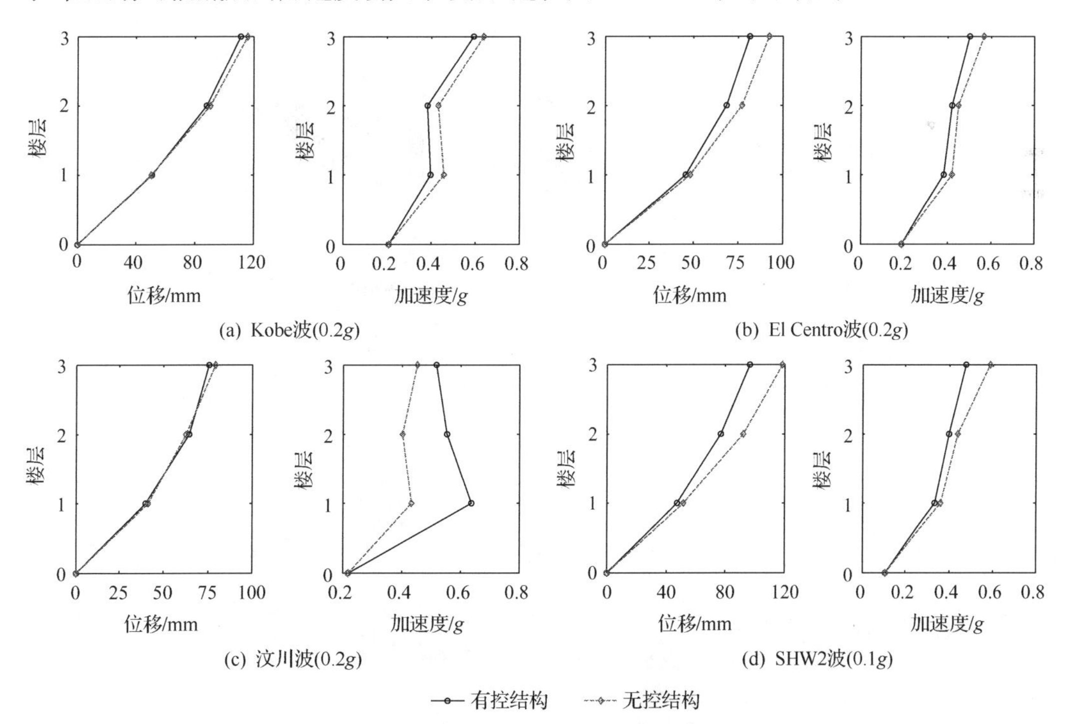

图 6.161　模型各层最大位移和最大加速度响应曲线

4）典型试验反应过程

图 6.162 从试验模型响应的录像中截屏了一系列图片，反映了颗粒阻尼器在一定时间段内的典型运动过程。可以看到，在一定的时间历程中，颗粒团以颗粒流的形式运动，而不是各个方向杂乱无章的“随机”运动。容器内的颗粒尽管只在 X 向受到激励，但是由于颗粒之间以及颗粒与容器之间的碰撞（包括摩擦和斜碰）会造成一些颗粒产生 Y 向的运动分量，这是导致杂乱无章的运动的原因。当处于颗粒流运动的形式时，颗粒团聚在一起，颗粒内部的碰撞较少，且基本朝一个方向共同运动，待完成与容器壁的碰撞以后，再一起朝相反的方向运动。颗粒流的现象类似于单颗粒阻尼器内单个颗粒在一个运动周期内与容器产生两次碰撞的运动行为。已有的研究表明，该种运动形式下，单颗粒阻尼器可以

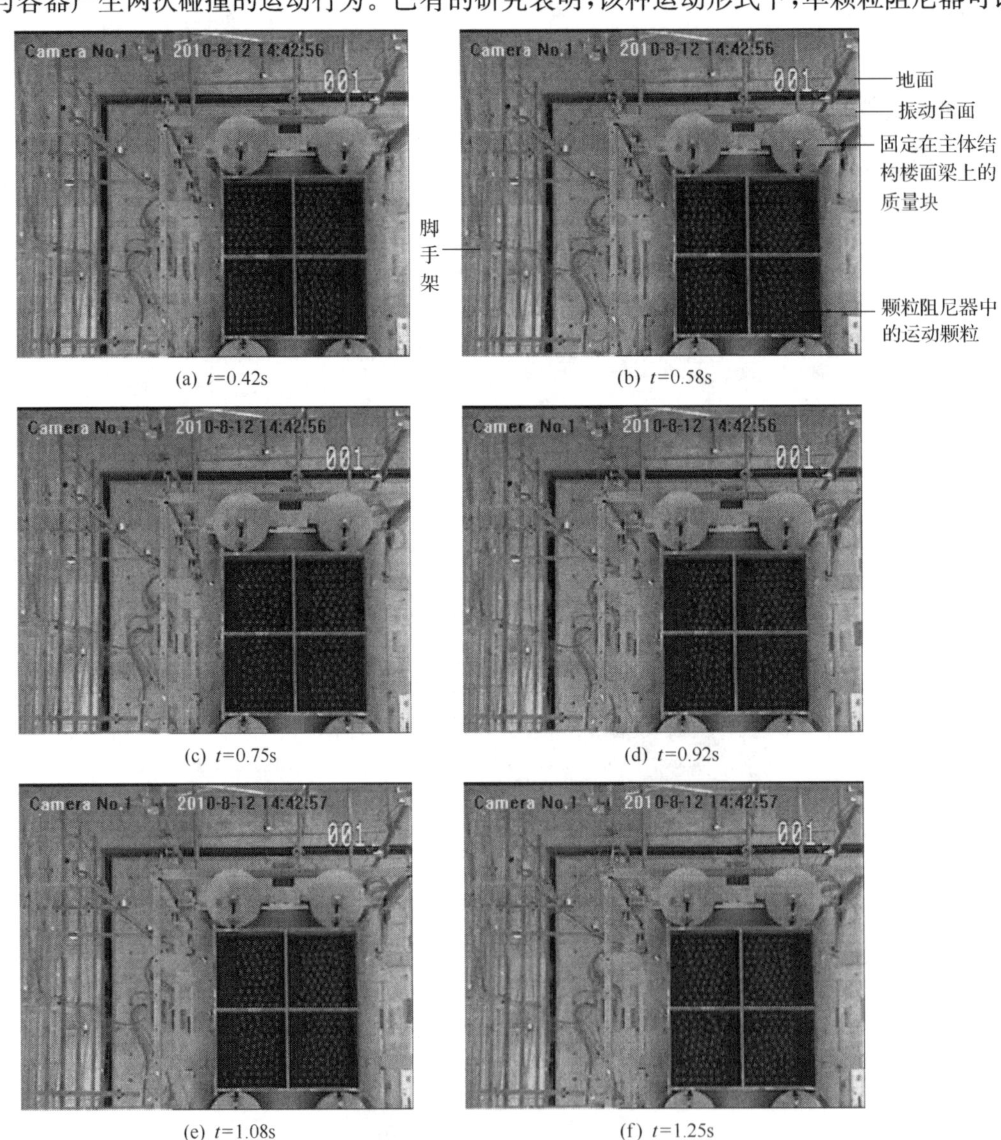

(a) t=0.42s　(b) t=0.58s

(c) t=0.75s　(d) t=0.92s

(e) t=1.08s　(f) t=1.25s

图 6.162　附加颗粒阻尼器的试验框架模型在 El Centro 波(0.2g)激励下的典型试验反应过程

达到最优工作状态。当然了,这并不意味着单颗粒阻尼器比(多)颗粒阻尼器能够更好地应用于实际工程。这是由于单颗粒阻尼器在工作时会产生更大的噪声,且其运动状态对系统参数更敏感。例如,单颗粒阻尼器对容器长度的变化很敏感,如果实际使用时的容器长度偏离了设计时的最优长度,则减震效果会明显下降,而(多)颗粒阻尼器的最优工作状态对容器长度的敏感性就降低很多。因此,(多)颗粒阻尼器比单颗粒阻尼器在实际工程中具有更好的应用前景。

4. 试验小结

通过以上试验结果的分析可以看到:附加颗粒阻尼器的钢框架在 Kobe 波、El Centro 波和 SHW2 波输入下,都能够得到较好的减震控制效果(包括顶层位移响应、均方根位移响应和顶层最大加速度响应等),其中尤以反映震动能量的均方根响应的减震效果最好,这从响应的时程曲线上面也能看到。在汶川波输入下的减震效果最差,尤其是 0.2g 工况的时候,加速度反应还有所放大。这一方面和输入激励的特性有关(汶川波的频谱特性说明其主要频率集中在 2.7Hz 左右,而其他波的主要频率比较接近于主体框架的自振频率,即 1Hz);另一方面也和钢框架在汶川波输入下的位移响应较小有关。钢框架的响应较小,导致颗粒与主体结构的碰撞不够剧烈,从而两者之间的动量交换和能量耗散也就相对较少,减震效果也较差。

与调谐质量阻尼器类似,颗粒阻尼器的前期减震效果不理想,后期的减震效果较好。这是由于颗粒与容器壁的碰撞以及这些碰撞的颗粒形成颗粒流的运动形式,需要一定的时间。

总体来说,附加很小质量比(2.25%)的颗粒阻尼器能够有效减小主体结构在地震作用下的响应,具有在土木工程应用的良好前景。

6.7.2 颗粒阻尼器的数值分析

为了深入研究结构附加颗粒阻尼器系统的振动控制性能以及为工程应用提供理论分析方法,建立了理论分析模型并用上述试验结果进行了验证。考虑到颗粒碰撞带来的强烈的非线性行为,采用离散单元法进行数值分析。离散单元法是一种按时步迭代求解,研究离散体力学行为的数值分析方法,它把离散体划分为众多离散单元的集合,根据接触定律和牛顿第二定律描述其运动。该方法认为只要时步取值足够小,则在该时步内,单元的扰动只会传播到与其相邻的单元,而不足以传播到其他更远的单元。据此,作用在某一单元上的外力就可以通过与其相邻单元的相互作用情况求得,进而求得整个离散体的整体运动形态。

1) 控制方程

图 6.163(a)示意了一个在顶层附加颗粒阻尼器的多自由度结构,N 为楼层数,其控制方程为

$$\boldsymbol{M}\ddot{\boldsymbol{X}} + \boldsymbol{C}\dot{\boldsymbol{X}} + \boldsymbol{K}\boldsymbol{X} = \boldsymbol{F} + \boldsymbol{E}\ddot{x}_g \tag{6.53}$$

式中,$\boldsymbol{M}$、$\boldsymbol{C}$、$\boldsymbol{K}$ 分别为质量、阻尼和刚度矩阵;$\boldsymbol{X}$、$\dot{\boldsymbol{X}}$、$\ddot{\boldsymbol{X}}$ 分别为位移、速度和加速度矩阵;$\boldsymbol{E}$

为惯性质量矩阵；$\ddot{x}_g$ 为地面加速度；$\boldsymbol{F}$ 为颗粒对结构的接触力向量，这也是颗粒与主体结构之间的联系纽带。

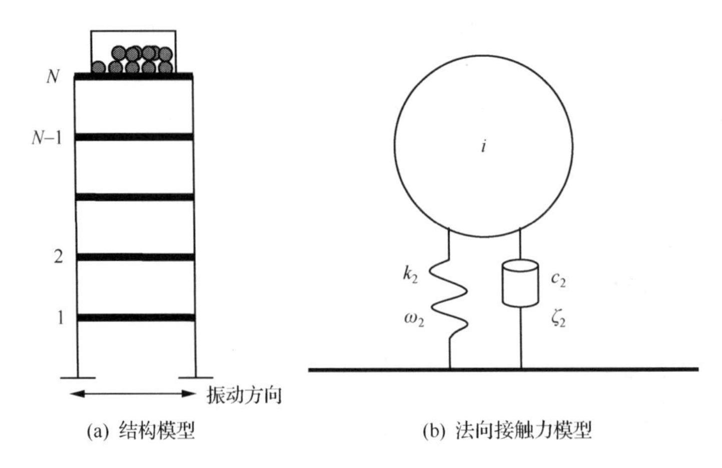

(a) 结构模型　　(b) 法向接触力模型

图 6.163　计算模型简图

对于颗粒 i，某一时刻的控制方程为

$$m_i\ddot{\boldsymbol{p}}_i = m_i\boldsymbol{g} + \sum_{j=1}^{k_i}(\boldsymbol{F}_{ij}^n + \boldsymbol{F}_{ij}^t) \tag{6.54a}$$

$$\boldsymbol{I}_i\ddot{\boldsymbol{\varphi}}_i = \sum_{j=1}^{k_i}\boldsymbol{T}_{ij} \tag{6.54b}$$

式中，m_i 为颗粒的质量；$\boldsymbol{I}_i$ 为颗粒的惯性矩；$\boldsymbol{g}$ 为重力加速度向量；$\boldsymbol{p}_i$ 为颗粒的位置向量；$\ddot{\boldsymbol{p}}_i$、$\ddot{\boldsymbol{\varphi}}_i$ 分别为颗粒的平动加速度向量和角加速度向量；$\boldsymbol{F}_{ij}^n$、$\boldsymbol{F}_{ij}^t$ 为颗粒 i 和颗粒 j 之间的法向接触力和切向接触力(若颗粒 i 与容器壁接触，则 j 代表容器壁)；k_i 为与颗粒 i 相接触的颗粒数目。接触力作用在两个颗粒的接触点，而不是在颗粒的质心，切向接触力会产生扭矩 $\boldsymbol{T}_{ij}$，使颗粒产生旋转，对于半径为 r 的球形颗粒

$$\boldsymbol{T}_{ij} = r_i\boldsymbol{n}_{ij} \times \boldsymbol{F}_{ij}^t$$

式中，$\boldsymbol{n}_{ij}$ 为颗粒 i 的质心指向颗粒 j 的质心的单位向量；“×”表示向量叉乘；r_i 为颗粒 i 的半径。

2）接触力模型

接触力模型用来定量确定法向力和切向力。作者采用计算速度快且概念简单的线性模型，即法向为线性接触力模型，切向为库仑摩擦力模型，作为对接触力模型选取的有益探讨。

图 6.163(b)是颗粒与容器壁的法向线性接触力模型。图中，k_2 是弹簧刚度，$\omega_2 = \sqrt{k_2/m}$ 是角频率，通过合理选择 ω_2 的值来模拟容器壁，已有研究指出通过调整弹簧刚度 $\omega_2/\omega_n \geqslant 20$ (ω_n 为主体结构的自振角频率)来模拟容器壁是合适的。c_2 是阻尼系数，$\zeta_2 = c_2/(2m\omega_2)$ 是阻尼比，能用来模拟非弹性碰撞，因此各种恢复系数(两物体碰撞后的相对速度和碰撞前的相对速度的比值的绝对值)可以通过调整 ζ_2 的值来实现。颗粒之间的法向线性接触力模型也类似，用 ω_3、c_3 和 ζ_3 代表颗粒间模拟法向弹簧刚度的角频率、法向阻

尼单元的阻尼系数和阻尼比。从而,法向力表示为

$$\boldsymbol{F}_{ij}^{n}=\begin{cases}k_2\delta_n+2\zeta_2\sqrt{mk_2}\dot{\delta}_n, & \delta_n=r_i-d_i \quad (\text{颗粒-容器壁})\\ k_3\delta_n+2\zeta_3\sqrt{\dfrac{m_im_j}{m_i+m_j}k_3}\dot{\delta}_n, & \delta_n=r_i+r_j-|\boldsymbol{p}_j-\boldsymbol{p}_i| \quad (\text{颗粒-颗粒})\end{cases} \tag{6.55}$$

式中,δ_n 和 $\dot{\delta}_n$ 是颗粒 i 相对于颗粒 j 的位移和速度;d_i 是颗粒与容器壁的距离;r_i、r_j 为颗粒 i 和 j 的半径;$\boldsymbol{p}_i$、$\boldsymbol{p}_j$ 为颗粒 i 和 j 的位置向量。

采用库仑摩擦力模型,切向接触力表示为

$$\boldsymbol{F}_{ij}^{t}=-\mu_s F_{ij}^{n}\dot{\delta}_t/|\dot{\delta}_t| \tag{6.56}$$

式中,μ_s 是颗粒间或者颗粒与容器壁之间的摩擦系数;$\dot{\delta}_t$ 是颗粒 i 相对于颗粒 j 的切向速度。

3) 法向阻尼系数

法向阻尼系数可以由球和容器壁碰撞的恢复系数导出,碰撞模型如图 6.163(b)所示。球与容器壁接触后的动力方程为

$$m\ddot{x}(t)+c\dot{x}(t)+kx(t)=0$$

颗粒的初始位置为 $x_0=0$,初始速度为 $\dot{x}_0$,接触前的入射速度为 $\dot{x}_0^-=\dot{x}_0$,求解得到位移响应和速度响应为

$$x(t)=\exp(-\zeta_2\omega_n t)\frac{\dot{x}_0}{\omega_d}\sin(\omega_d t)$$

$$\dot{x}(t)=\exp(-\zeta_2\omega_n t)\left[\dot{x}_0\cos(\omega_d t)-\frac{\zeta_2\dot{x}_0}{\sqrt{1-\zeta_2^2}}\sin(\omega_d t)\right]$$

式中,$\omega_d=\omega_n\sqrt{1-\zeta_2^2}$。设碰撞过程结束时,$t=t_p$,这时需满足 $x(t)=0$,解得碰撞时间 $t_p=\dfrac{\pi}{\omega_d}$。

根据颗粒恢复系数 e 的定义

$$e=\left|\frac{\dot{x}_0^+}{\dot{x}_0^-}\right|=\left|\frac{\exp(-\zeta_2\omega_n t_p)\left[\dot{x}_0\cos(\omega_d t_p)-\dfrac{\zeta_2\dot{x}_0}{\sqrt{1-\zeta_2^2}}\sin(\omega_d t_p)\right]}{\dot{x}_0^-}\right|=\exp\left(\frac{-\zeta_2\pi}{\sqrt{1-\zeta_2^2}}\right)$$

从而可以得到法向阻尼系数和颗粒恢复系数的关系,通过调整 ζ_2 的值就可以模拟各种材料颗粒的弹性状态,如图 6.164 所示。

4) 计算时步

在离散元的数值模拟中,计算时步对整个计算结果的稳定性具有十分重要的作用,若时步取值太大,则难以捕捉到颗粒碰撞的力学行为;若时步取值太小,则计算时间大大增长。当计算时步大约为碰撞接触时间的 1/5 时,该碰撞的力学特性能被合理模拟并保证计算的稳定性。在典型的离散元计算中,实际计算时步通常取为临界时步的一定比例。临界时步表示为

$$\Delta t_c=\frac{2}{\omega_{\max}}(\sqrt{1+\zeta^2}-\zeta)\approx\alpha\frac{2}{\sqrt{k_{\max}/m_{\min}}}(\sqrt{1+\zeta^2}-\zeta)$$

式中，$k_{\max}$是单元间的最大刚度；$m_{\min}$是单元的最小质量；于是 $\sqrt{k_{\max}/m_{\min}}$ 是系统的最大自振频率；α 是用户自定义参数，计算经验表明该值在 0.1 时所得到的计算时步可以保证计算稳定。

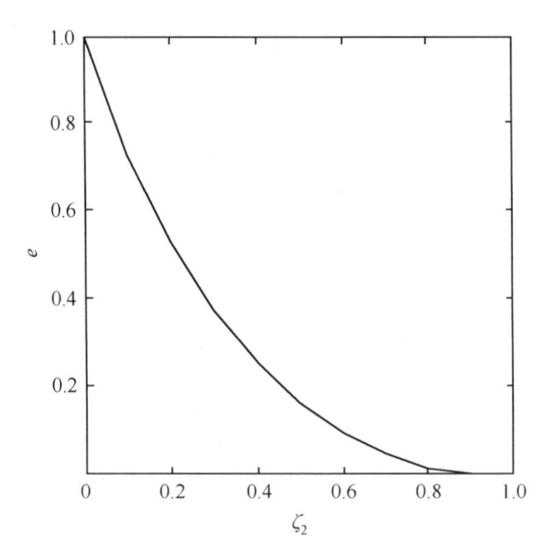

图 6.164 法向阻尼系数与恢复系数关系图

5）接触检测算法

在离散元计算的过程中，对于每一个计算时步，都要进行接触判断，因此接触检测算法的合理与否直接关系到离散元模拟的效率。对于 n 个颗粒，最直观的接触判断方法是遍历判断，即每一个颗粒均与除自己之外的其他颗粒做对比，以此来判断是否接触，这种判断算法的复杂度为 n^2。一般离散元法常用的检测算法是采用“盒式”判断，即将整个空间分割成多个立方体式的小空间，在每个小空间内，一个或者更多个颗粒相互运动，在进行接触判断时，只需要判断某个颗粒与该小空间内的其他颗粒的相对位置即可，而不需要判别此颗粒与其他小空间内的颗粒的相对位置，该种判断的复杂度为 $n\ln n$。研究采用一种更为高效的由 Munjiza 提出的非二元搜索算法（no binary search，NBS），该方法将整个空间划分成边长为最小颗粒直径的若干个正方体，以保证每个颗粒可以且仅可以位于一个正方体之内，该方法的复杂度仅为 n，最适用于颗粒半径相差不大的情况，而这里所采用的颗粒阻尼器为大小一致的颗粒，因而采用 NBS 方法是最合理有效的。

6）数值模拟流程

应用离散单元法模拟附加颗粒阻尼器的多自由度结构的过程简述如下：首先，判断颗粒之间、颗粒与容器壁之间的相对位置，若 $\delta_n>0$，作用在颗粒上的接触力可以通过式(6.55)和式(6.56)求得，若 $\delta_n\leqslant 0$，则无接触力；其次，对作用在一个颗粒上的所有的接触力求和，包括颗粒之间的接触力和颗粒与容器壁的接触力；再次，颗粒的运动可以通过式(6.54) 求得；以上过程对所有颗粒顺次进行；最后，对所有颗粒与容器壁的接触力累加，就得到等式(6.53) 中的力 $\boldsymbol{F}$，对其求解，即得到主体结构的响应。

7）试验数值分析验证

根据振动台试验的实际情况，各个参数取值见表 6.80。

$$\boldsymbol{M}=\begin{bmatrix}1915 & 0 & 0\\0 & 1915 & 0\\0 & 0 & 2124\end{bmatrix},\quad \boldsymbol{K}=\begin{bmatrix}933000 & -466500 & 0\\-466500 & 933000 & -466500\\0 & -466500 & 466500\end{bmatrix},\quad \zeta_1=0.013$$

表 6.80　系统参数取值

容器单元数	颗粒总数	颗粒直径/mm	颗粒密度/(kg/m³)	摩擦系数	法向阻尼单元的阻尼比	颗粒与容器壁弹簧刚度/(kN/m)	颗粒间弹簧刚度/(kN/m)	计算时步/s
4	63×4	50.8	7800	0.5	0.1	100	100	1×10^{-4}

图 6.165 给出了附加颗粒阻尼器的框架模型顶层在 0.2g 地震激励(Kobe 波)下的位移和加速度响应的计算值和试验值的对比曲线,可以看到两者符合较好。其中,位移时程的符合度更好,这是因为位移是加速度的积分,其曲线更光滑。对于加速度曲线,可以看到在颗粒与主体结构碰撞的时候,会有突变。表 6.81 列出了模型顶层峰值位移在不同地

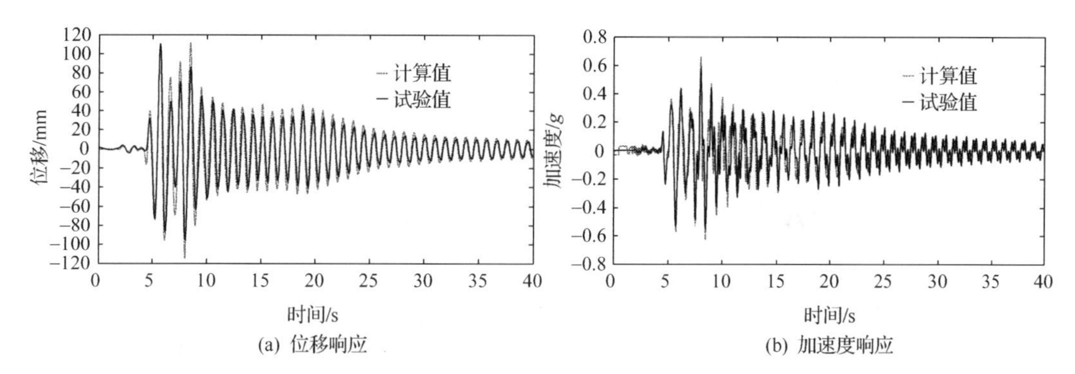

(a) 位移响应　(b) 加速度响应

图 6.165　附加颗粒阻尼器的框架模型顶层在 0.2g 地震激励下的响应(Kobe 波)

表 6.81　模型顶层位移响应计算值与试验值对比

地震波类型	加速度峰值/g	最大位移		
		计算值/mm	试验值/mm	误差/%
Kobe	0.05	37.726	38.335	−1.6
	0.1	67.638	66.665	1.5
	0.2	114.519	110.979	3.2
El Centro	0.05	29.713	30.366	−2.2
	0.1	49.472	49.319	0.3
	0.2	84.206	81.416	3.4
Wenchuan	0.05	22.418	23.118	−3
	0.1	42.113	43.994	−4.3
	0.2	77.174	75.354	2.4
SHW2	0.05	69.821	70.774	−1.3
	0.1	98.465	96.420	2.1
	0.2	—	—	—

震激励下的计算值与试验值的对比，发现两者也吻合良好；考虑到附加颗粒阻尼器的多自由度结构在地震作用下，是一个复杂的非线性系统；而且在数值模拟时，为方便起见，将各质点的位移和速度初值赋为零，导致在计算结果与试验记录相比的初始段会有一定出入，但是随着计算过程的逐步进行，初值选取对结构体系反应的影响(尤其是峰值响应的影响)逐步减小等因素，可以认为这些偏差是可以接受的。这些都说明作者提出的数值模拟方法能够较合理地计算出附加颗粒阻尼器系统在实际地震激励下的响应。

6.7.3　颗粒阻尼器的工程应用

颗粒阻尼器在国内的高层建筑中还没有应用实例，本节介绍在2010年智利地震中经受考验的一栋高层建筑的应用情况。这栋位于智利圣地亚哥市中心的Parque Araucano大楼，由地上22层和地下6层组成，采用钢筋混凝土剪力墙体系。为了减小横向荷载(如地震或者风等)引起的侧向位移，在结构的顶部(21层)安装了两组颗粒阻尼器(图6.166)。

该颗粒阻尼器由多个钢筋混凝土容器组成，位于第21层，采用钢索从屋顶悬挂至一定高度；在容器内部放置一定质量的金属球。该结构在2010年智利大地震中表现良好，上部结构以及地下室结构均未产生任何破坏[7]。

(a) 震后外景

(b) 计算模型

(c) 建造中的阻尼器容器

(d) 填充的金属颗粒大小

(e) 悬挂式阻尼器(局部放大)

(f) 悬挂式颗粒阻尼器

图 6.166　Parque Araucano 楼及颗粒阻尼器系统

参 考 文 献

[1] Wen Y K. Method for random vibration of hysteretic systems. Journal of Engineering Mechanical Devices, ASCE, 1976, 102: 249-263.

[2] Makris N, Constantinou M C. Viscous dampers: Testing, modeling and application in vibration and seismic isolation. NCEER Rep. 90-0028, Buffalo: State University of New York at Buffalo, 1990.

[3] Davenport A G. The spectrum of horizontal gustiness near the ground in high winds. Journal the Royal Meteorological Society, 1961, 87(121): 194-211.

[4] Davenport A G. The dependence of wind load upon meteorological parameters//Proceedings of International Research Seminar on Wind Effects on Building and Structures. Toronto: University of Toronto Press, 1968: 19-82.

[5] Arima F, Miyazaki M. A study on building with large damping using viscous damping walls//Proceedings of Ninth World Conference on Earthquake Engineering, Tokyo, 1988, 5: 821-826.

[6] Kasai K. Study on analytical model of viscous damping wall for structural design. Passive Control Symposium 2002, 2001: 163-170.

[7] Naeim F, Lew M, Carpenter L D, et al. Performance of tall buildings in Santiago, Chile during 27 February 2010 offshore Maule, Chile earthquake. The Structural Design of Tall and Special Buildings, 2011, 20(1): 1-16.

第 7 章　高层建筑结构-桩-土动力相互作用体系的理论与应用

本章首先介绍了高层建筑地基基础的震害，论述了高层建筑结构-桩-土动力相互作用体系的特点，然后分别建立了高层建筑结构-桩-土动力相互作用的振动台模型试验方法以及计算机模拟分析技术，并提出了一种考虑动力相互作用的简化设计方法，最后进行了考虑地基土液化影响的桩基高层建筑体系地震反应分析，探讨了地基土液化对相互作用体系地震反应的影响。

7.1　高层建筑地基基础的震害

地震是当今世界上人们面临的最大自然灾害之一。全世界每年平均发生破坏性地震近千次，其中震级达 7 级或 7 级以上的大地震约十几次，给人类带来了极大的灾难，严重地威胁到人们的财产及生命安全。地震多次表明，强地震对房屋建筑、桥梁、道路、码头等建(构)筑物的破坏严重，而其作用机理相当复杂。现阶段的数学、力学理论分析尚难以全面说明其破坏过程，经验背景则极大地丰富了地震工程学的研究内容，有力地促进了地震工程学理论的发展。

经验背景包括强震观测、震害经验和试验研究三个方面。强震观测是研究地震动的基础，也是进行结构动力试验的主要依据。正是在强震观测的基础上，提出并完善了抗震设计的反应谱理论，开辟了结构地震反应分析的研究领域，并因此发展了结构的拟动力及振动台试验技术。试验研究包括现场试验与室内模型试验，也是改进和发展地震工程学相关理论的有效手段。但无论是强震观测还是试验研究，都需要投入大量人力、物力、财力和时间，而强地震在给人们造成严重灾害和损失的同时也给人们提供了丰富的震害经验。长期以来，对以往震害经验进行分析和总结，始终是人们进行抗震研究的有效途径之一，为进行抗震设计、完善抗震技术、开拓研究领域等提供了重要依据。

历次地震中的震害都是多方面的，本节主要侧重对房屋建筑地基基础震害进行分析。有关地基基础的震害在各次地震中都有发生，造成的破坏及其后果有时是令人震惊的，但由于基础深埋于地下，对其所做的调查远没有对上部结构那样深入细致。本章根据近几年发生的几次著名大地震中的一些资料，讨论地基基础震害的一些启示。这些地震包括 1985 年墨西哥地震、1995 年日本阪神地震、1999 年土耳其地震和中国台湾集集地震等。

7.1.1　场地效应和地震动激励

建筑物之所以产生震害，主要是因为地面运动的结果，人们早已认识到震害与地基条件密切相关，如软土地基会对地震动起放大作用或滤波作用、土层液化会严重加剧建筑物震害等。这里仅讨论从几次地震中看到的新的启示。

1. 软土地基的放大效应

1985年9月19日墨西哥地震中,墨西哥城湖区的地震反应是软土地基在地震中对长周期地震动起放大作用的最显著的例子。图7.1为墨西哥城的地质分区和在这次地震中位于城中不同区域的9个加速度强震记录仪获得的最大水平加速度值[1],可见各部分的振动强度与该区域下卧地基的土质条件密切相关,最强的振动位于Ⅲ类区,即湖区。

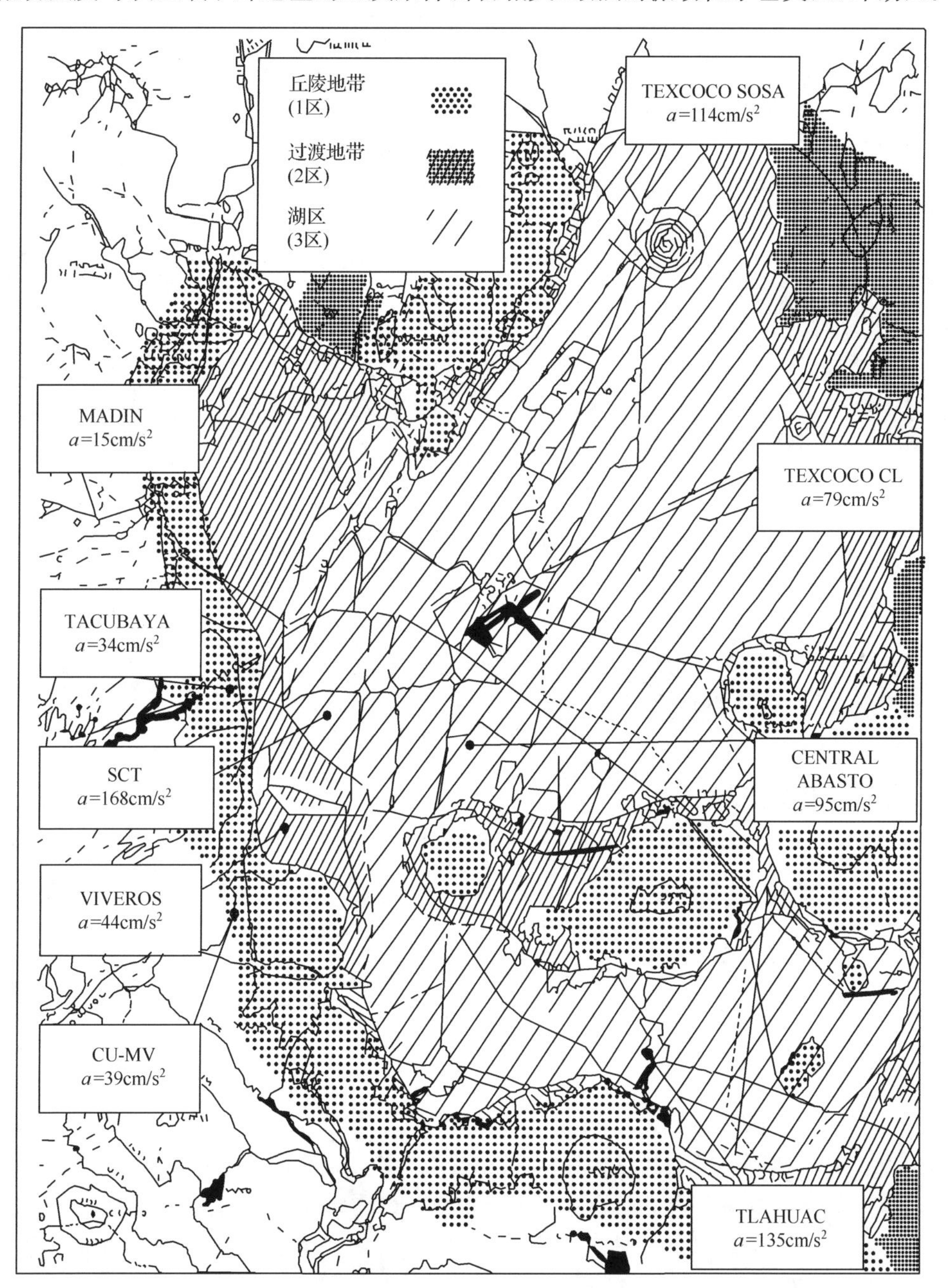

图7.1 墨西哥城的地质分区与1985年9月19日地震中最大加速度

在这次地震中，大部分的严重震害发生在城西区，原因是：8 层以上的建筑主要建在城西区，而在城东区较少，这些建筑的自振周期与地基的周期接近，在地震中产生共振而遭受破坏。

2008 年我国汶川 8.0 级地震，与汶川相距 750km 的西安地区大部分高层建筑遭到程度不同的损坏(图 7.2)，这是由于远场地震动会对建立在软弱深厚土层上的高层建筑产生严重影响，当建立在深厚土层上的高层结构物遭到强烈震动时，地基与结构产生相互作用会使得结构物的受力性能发生明显的变化(图 7.3 为西安地区高层房屋地震后上部结构的碰撞破坏)。2003 年日本十胜冲地震时，震中的苫小牧地区的储油罐与土体发生剧烈的相互作用，最终导致储油罐严重溢流而引发大火。

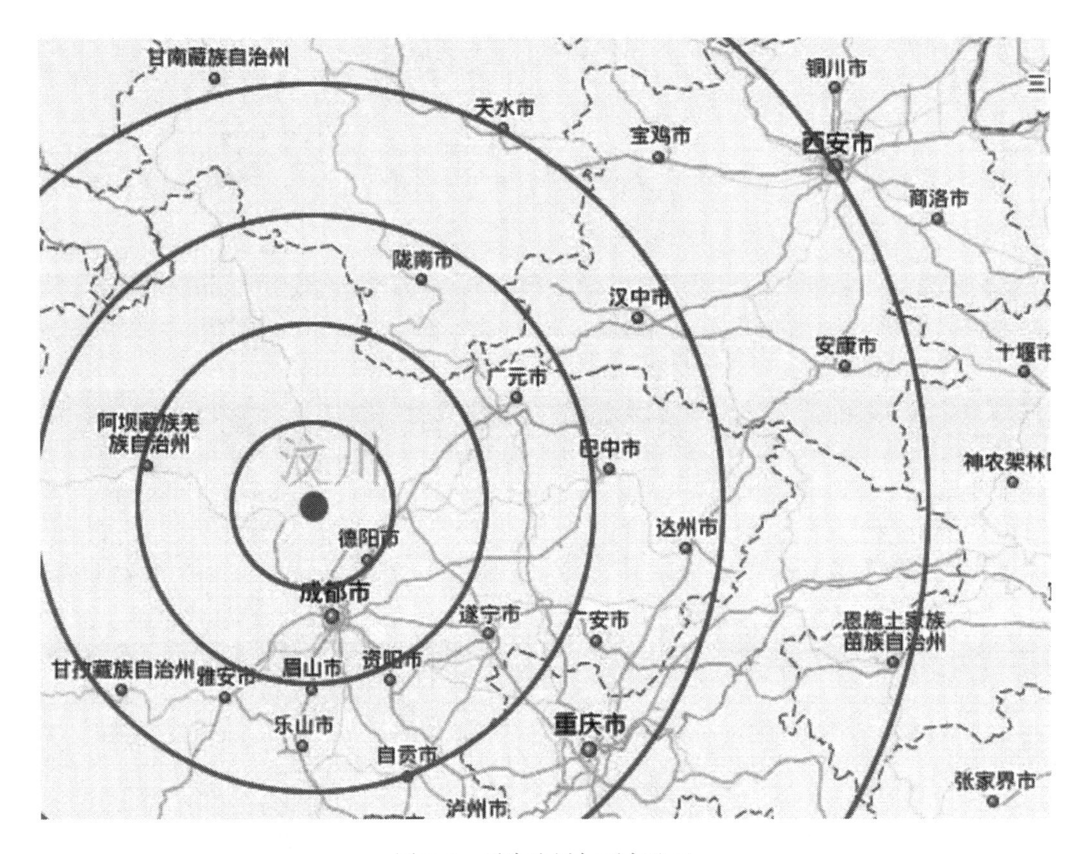

图 7.2　震中汶川与西安地区

2. 加速度反应谱与场地条件相关

强震中地面运动传播与场地条件密切相关，加速度反应谱的形状与场地条件有明显的相关性。1999 年 9 月 21 日我国台湾集集地震中的强震地面运动即是这一特性的典型例子，图 7.4 为这次地震中记录的两组加速度时程曲线和对应的反应谱[2]。CWB TCU129 台站位于中新世以前地区，反应谱高频成分大；CWB TCU052 台站位于上新世以来地区，反应谱中频成分大；而盆地和西部平原地区的反应谱则低频成分较大。

图 7.3　西安地区高层建筑汶川地震中上部结构的碰撞破坏

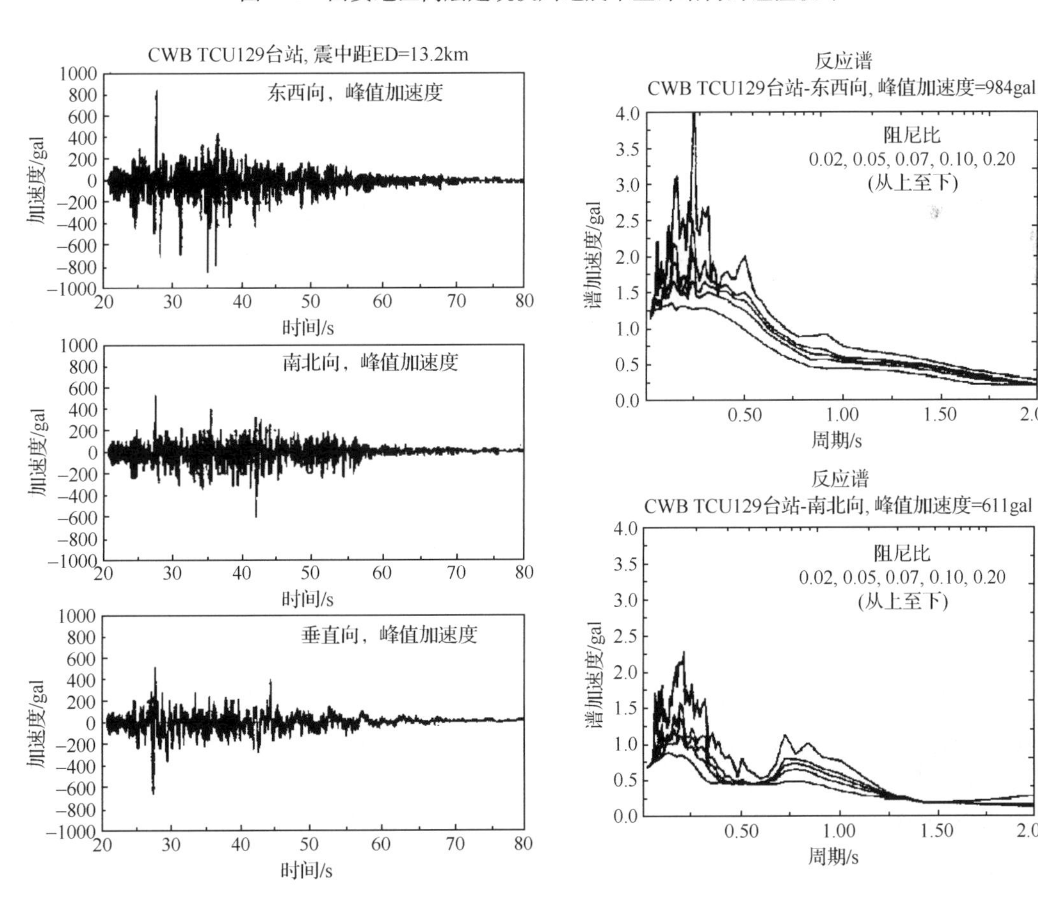

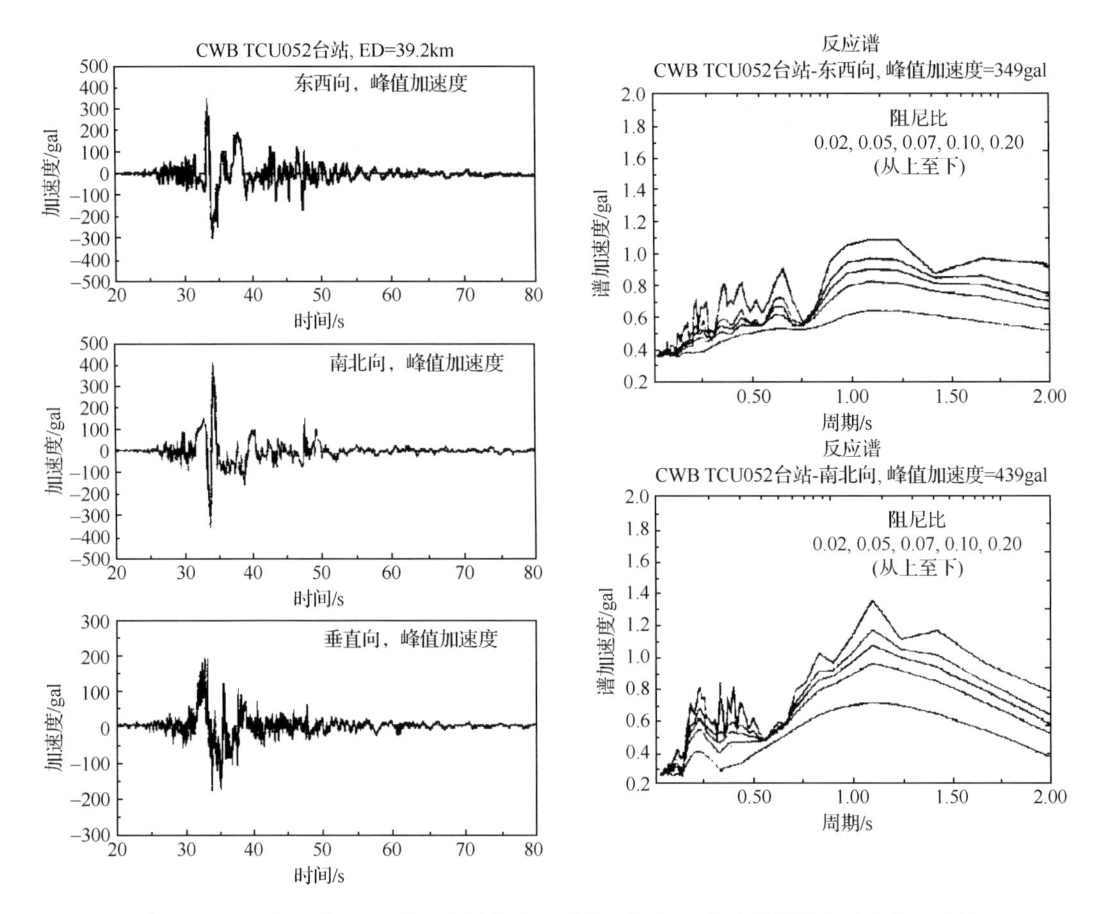

图 7.4　1999 年 9 月 21 日我国台湾集集地震中两组加速度时程曲线和对应的反应谱

3. 地震烈度与地震加速度的实际分布不符合

一般认为,地震加速度越大,地震烈度也越大。但在 1995 年 1 月 17 日日本阪神地震中,地震烈度与地震加速度的实际分布并不符合(图 7.5)[3],原因可能是:在软弱场地上,地基失效会加重地震烈度而又会过滤掉一些高频地震动,从而减少地震动峰值加速度。

4. 土层液化可能减弱地震反应

土层液化对房屋震害的影响早为人知,许多宏观调查报告也见诸各种科技书刊。一般认为,土层液化会加重建筑物的震害,调查资料也多是土层的土性等工程地质资料、地面喷水冒砂和一些明显的房屋破坏实例等。

我国研究人员首先注意到土层液化能减轻房屋震害这一事实。在 1970 年通海地震中,位于极震区(烈度 10 度区)内的王家庙,由于液化砂层上有厚达 3.65m 左右的坚硬覆盖土层(平均剪切波速高达 320m/s),液化砂层的减震作用十分明显,因此,震害轻得多。又如,唐山市陡河东至贾家山一带,在 5m 厚亚黏土下有厚达 3m 的淤泥质亚黏土,埋深 8m 以下为液化砂层和粉土层。唐山地震时多处喷水冒砂,该地区的多层砖房震害明显

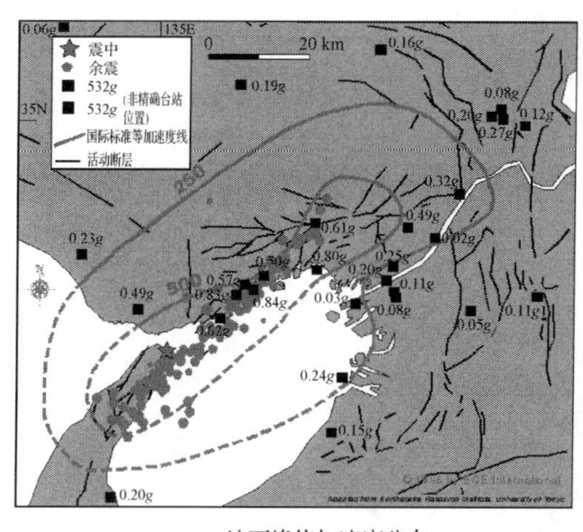

(a) 地面峰值加速度分布

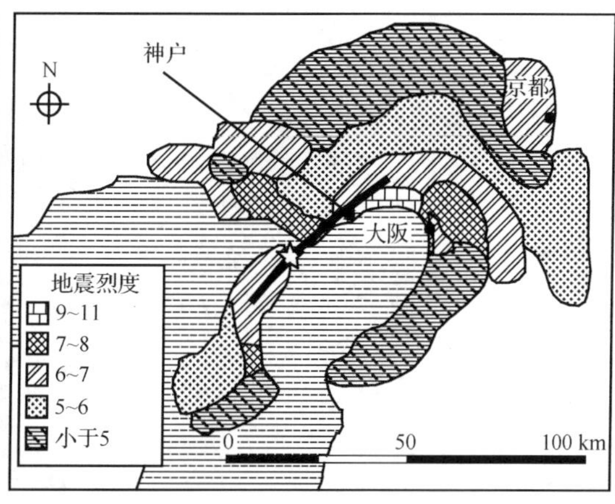

(b) 地震烈度(MMI)分布

图 7.5　1995 年 1 月 17 日日本阪神大地震中地面峰值加速度与地震烈度分布

低于邻近地区。石兆吉等利用我国海城地震和唐山地震的资料，从液化土层具有双重作用的观点出发，研究了其对房屋震害的影响。

在 1995 年 1 月 17 日日本阪神大地震中，也看到了土层液化能减轻房屋震害这一事实。图 7.6 为表示地震烈度与土层类别关系的神户地区横剖面图[4]。非液化的软土放大了地震动，而在沿海边区域，土层液化起到隔震作用，减轻了房屋震害。

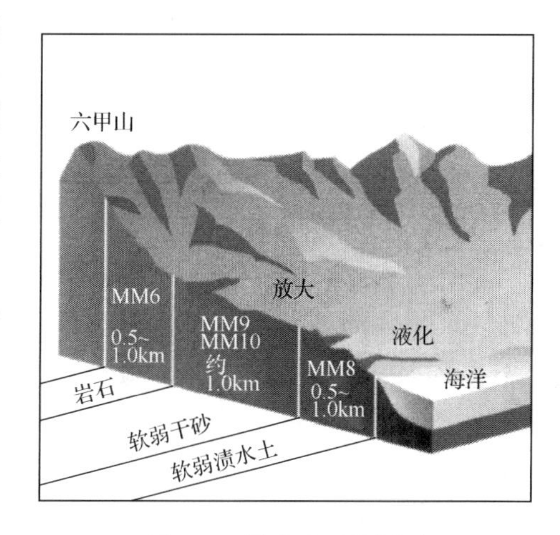

图 7.6　神户地区横剖面

当建筑物位于平坦而无侧向扩展的地基上时，土层液化减轻房屋震害的现象更明显。阪神地震中神户市两个人工岛的中部是这种情况的典型，该地可液化砂砾填土厚达 15～20m，地下水位－3～－4m，估计填土全层液化，喷水孔随处可见，震后地面下沉约 60cm，但上部结构震害较轻。

对于土层液化对震害影响的双重作用的机理，以及在工程中如何评判液化对房屋震害的可能影响，有待于做深入的研究。

5. 地基-结构相互作用

在 1985 年 9 月 19 日墨西哥地震中一个值得注意的震害现象是，在全部有损坏的结构中，约有 40％建筑物的上部结构的一层或几层有严重的损坏，许多情况下是由相邻建筑物的碰撞引起的。Mendoza 和 Auvinet[1] 认为，土-结构相互作用引起基础转动可能是导致上述震害的重要原因。

在 1978 年 6 月 12 日日本宫崎地震中，对受到损坏的桩基进行勘察分析发现，损坏最严重的桩大多位于结构的周边位置，分析原因可能是：上部结构的惯性力导致基础底板转动，从而使边桩受到过大应力。

在 1999 年土耳其地震中，地震造成地基软土震陷（图 7.7），上部结构传递来的地震力使基础发生剧烈变形，导致结构损坏。

图 7.7　土耳其地震中房屋震害

地基-结构相互作用会严重影响建筑物的动力反应，尤其是对高层建筑，因而，有必要考虑动力相互作用对整个建筑物体系地震反应的规律进行研究。

6. 竖向地震激励

在进行一般的结构设计时，通常不考虑竖向地震作用，仅考虑水平地震作用。而对于如 1999 年 9 月 21 日我国台湾集集地震这种直下型浅源地震，建筑物的破坏有可能主要由竖向地震作用引起，因此竖向地震作用不可忽略。在今后的一般结构设计中，应酌情考虑竖向地震作用的影响。当然，考虑竖向地震作用可能会带来工程造价的提高，这就需要进行优化，即把某一地区“直下型浅源”地震发生的概率及可能造成的生命财产损失，与不考虑竖向地震作用节约的工程造价进行比较和优化，寻找最合适的设计方法。

7.1.2　桩基础震害

桩基的承载力较高，沉降量较小，在土建工程中得到广泛的应用。在静力设计上，桩基是一种重要的深基础；在抗震设计上，桩基础是一项有效的抗震措施。在许多情况下，特别是当地基含有软弱土层时，常采用桩基础。

一般认为，桩基具有较好的抗震性能，例如，房屋建筑桩基本身的震害较少；在同一场地，设有桩基的建筑物的地震附加沉降较小、结构震害较轻等。与建筑物上部结构震害相比，关于桩基震害的报导较少。这一事实说明，桩基震害可能是少的；还可能是由于桩基埋藏于地下，震害不易被发现。根据墨西哥地震、阪神地震等震害资料，在某些情况下桩基的破坏及其后果也是十分严重的。这里给出几次地震中的桩基震害，讨论桩基震害的机制。

1. 地裂引起桩基破坏

图7.8为1999年8月17日土耳其地震中位于Golcuk市Kavakli区的一座桩基础的体育馆的震害[5]。地裂从体育馆一角穿过，引起地面水平和垂直错动，在建筑物与地面之间形成缝隙，暴露出桩基础(图7.8(a))，桩基在桩头处剪切破坏(图7.8(b))。而另一方面，该体育馆的上部结构中除了在三根柱子中有剪切裂缝，没有严重的损坏。

(a) 桩基暴露

(b) 桩头损坏

图7.8　土耳其地震中一体育馆震害

2. 地震作用(力)引起桩基破坏

日本建筑学会近矶支部对阪神地震后180个建筑基础(其中桩基占78%)进行的调查表明：基础震害中因地基变形引起的占68%，由地震作用引起的占21%，其余原因不明。由地震力引起的桩基破坏，损坏部位主要在桩头和承台连接处和承台下的桩身上部，由压、拉、剪压等导致破坏。山肩邦男认为，桩与承台接合部的不足是地震力引起桩基震害的重要原因，表现为：桩头埋入承台中的钢筋过少或没有；剪力大时桩伸入基础的钢筋剪断，产生桩头相对于承台的滑移；桩在桩头30cm范围内预应力不足，抗弯抗剪能力下降；桩头抗拉力不足等。因此，应该加强桩内钢筋与承台的连接。图7.9为阪神地震中桩基震害的实例[6]。

3. 软土地基上摩擦桩基础震害

在1985年9月19日墨西哥地震中，端承桩的抗震性能是令人满意的，而摩擦桩则产生较严重的震害。在墨西哥城，中等高度(5～15层)建筑常采用摩擦桩，其上部结构则为较长周期的框架结构。这次地震中，这种摩擦桩基础大量受到损坏。据墨西哥国立大学工程研究所在地震后所做的调查，墨西哥城中心区的所有9～12层建筑物中约有13.5%(大部分为摩擦桩基础)遭到严重损害。从建筑物整体看到，地震中建筑物产生突然的不均匀沉降和倾斜，甚至倾覆。以下两例是墨西哥地震中桩基震害的实例。

图7.10为一办公楼，桩箱联合基础、钢筋混凝土框架结构，箱底埋深2.3m，支承于地基和70根长28m、直径0.3～0.6m的圆形摩擦桩上。地震前，建筑物没有倾斜，估计有

(a) 预制桩桩头破坏

(b) 预应力混凝土桩桩头破坏

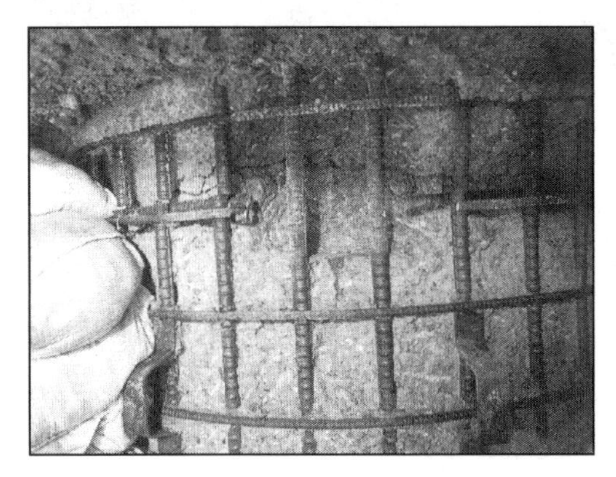

(c) 现浇钢筋混凝土桩震害

(d) 素混凝土桩桩头拉断

图 7.9　日本阪神地震中桩基震害实例

0.25m 的均匀沉降。地震后，建筑物向西南倾斜 3.3%，图中示意画出了沉降等值线，最大沉降(0.78m)位于图中右上角，该点的突然沉降达 0.5m。上部结构在地震中受到严重破坏，包括钢筋混凝土柱产生塑性变形和破坏。

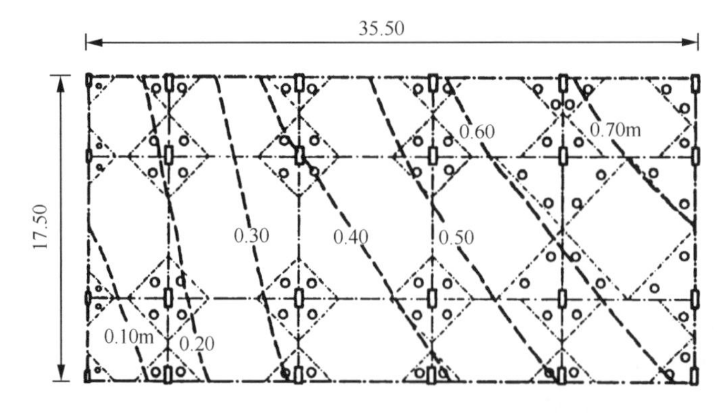

图 7.10　某办公楼基础平面和沉降情况

图 7.11 为某 9 层楼房的基础平面、结构剖面和地质条件，以及在地震中倾覆的情况。该建筑的上部结构由钢筋混凝土梁柱结构和受梁柱约束的承重砖墙组成，采用部分补偿式箱基和摩擦桩联合基础，桩为预制圆桩，桩长 22m，桩径 40cm(图 7.11(b))。基础平面为非规则形状，重力荷载中心与桩头形心之间存在 1.4m 的偏心(图 7.11(a))。地震中，上部结构和基础作为一个整体倾覆，倒向西南方向的邻近街道(图 7.11(c))，图中可以看到部分箱基和一些桩露出地面，桩头仍与箱基相连。地震后分析该楼房震害原因认为，该基础中的摩擦桩在静力作用下已接近承载力极限，箱基底板与地基之间的接触压力发挥了重要的作用；地震中，在地震动激励下，由于土的塑性变形导致基础转动，进而在 p-δ 效应下使该细长建筑在底部产生更大的倾覆力矩，直至基础底板上的承载能力也被超过，最终倾覆。另外，由于基础平面的不规则和荷载偏心，基础平面存在一条对倾覆力矩最敏感的倾斜的轴，而根据离开该建筑 2.5km 处得到的地震记录，最大水平加速度方向正好与该轴垂直，这也是该建筑倒塌的因素之一。

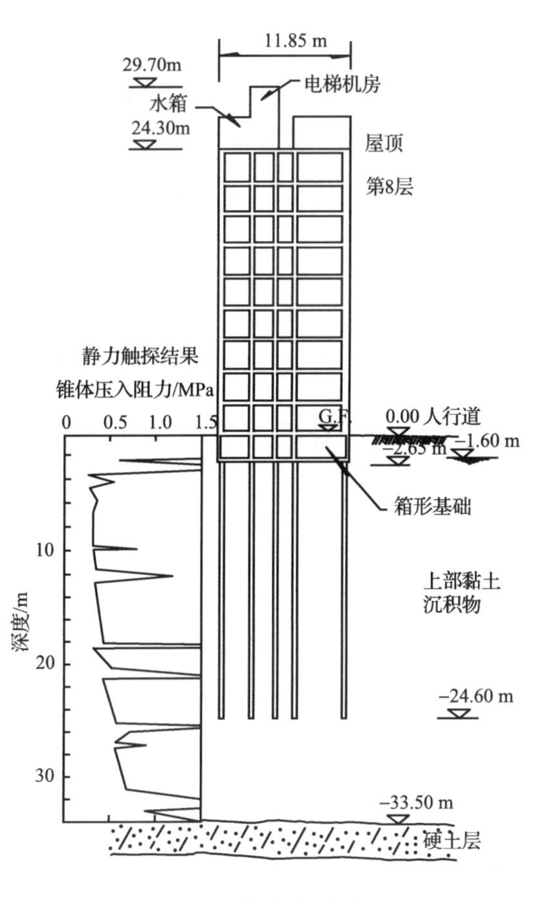

(b) 剖面和地质条件

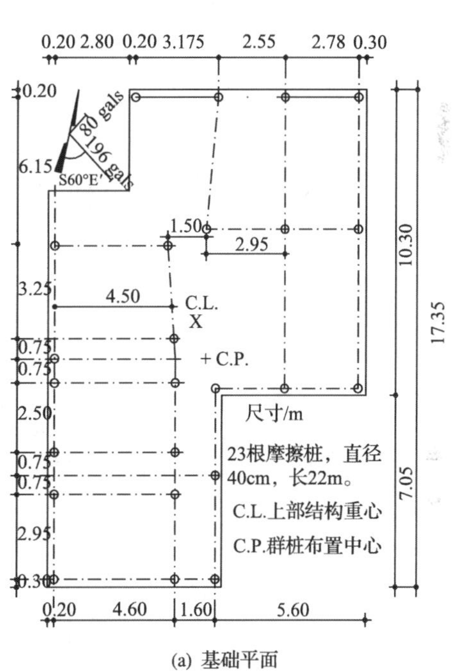

(a) 基础平面

(c) 地震中倾覆情形

图 7.11　墨西哥地震中某楼房倾覆

4. 液化引起桩基震害

液化是地基基础震害的重要原因之一。对液化地基上桩的破坏过程，地震作用在液化过程中的变化，以及符合实际的设计计算方法等方面，至今仍有很多不明之处，是地震工程的难题。震害表明，液化地基平坦与否，有无侧向扩展，对液化地基上桩基震害有显著影响。

阪神地震中神户市两个人工岛中部的情况，是液化但无侧向扩展地基上桩基震害的典型。在地震中，估计该地可液化砂砾填土全层液化，喷水孔随处可见，震后地面下沉约60cm，桩基普遍凸出地面，但上部结构震害轻。因未开挖，桩身情况无直接证明，但从神户海岸线填土带(液化而无侧向扩展)对桩的孔内照相查得，在液化层与非液化层交界面这种刚度突变处桩身均有全截面水平裂缝(图 7.12)[7]。

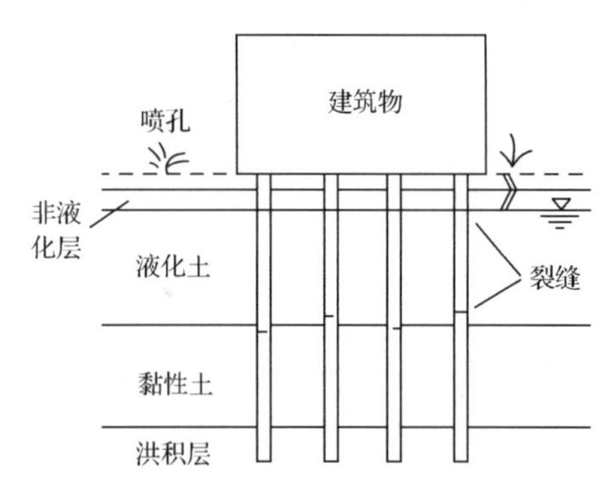

图 7.12　液化无侧扩地基上桩基的震害

在液化侧向扩展地基上桩的震害一般更为严重。阪神地震中神户市海边及人工岛临水线 150m 以内的情况，是液化侧向扩展地基上震害的典型。地震中，液化侧向扩展使海岸护壁产生 1～6.9m 水平位移(其中 2～3m 最多)，在此地带的桩基建筑和无桩建筑皆受到液化侧扩造成的震害。桩及上部结构的震害主要表现为(图 7.13)[7]：由于流动土体对桩的侧向压力，桩身在液化层底和液化层中部剪切或弯曲破坏；桩顶嵌固破坏；上部结构因桩身破坏折断而产生不同程度的不均匀沉降。

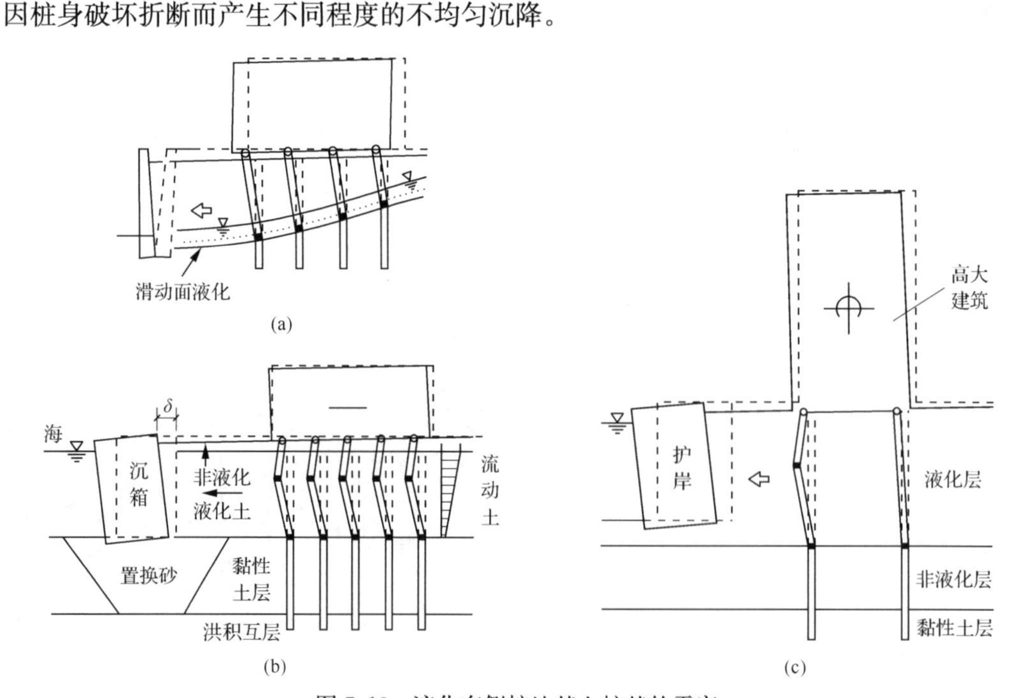

图 7.13　液化有侧扩地基上桩基的震害

7.1.3 箱基和筏基震害

地震引起附加沉降和倾斜是筏基和箱基上建筑物最常见的震害,土层液化则加重这种震害的程度。各次地震中均有关于这种震害的报道。

筏形或箱形基础沉降时,在建筑物四周常可见地面隆起。图 7.14 和图 7.15 为基础沉降、地面隆起的震害实例。图 7.14 为一栋公寓楼,钢筋混凝土框架结构,筏形基础,埋深 1.5m,基底平均静压力达 99kPa,这样高的压力在地震前即引起 0.58m 的沉降。在墨西哥地震中,基础下土体承载力严重不足,导致 1.02m 的突然沉降,建筑物向东倾斜 6.3%,周围地面隆起 0.2m。图 7.15 为土耳其 Adapazari 市的一栋 6 层钢筋混凝土楼房,在地震中由于土层液化,产生约 1m 的突然沉降,而上部结构没有任何损坏。

图 7.14 墨西哥地震中某公寓楼沉降

图 7.15 土耳其地震中某 6 层楼房沉降

在土耳其地震中,突然沉降、倾斜、周围地面隆起是 Adapazari 市中心区最主要的震害,而且沉降比倾斜更为普遍,但基础沉降与上部结构的破坏之间的关系则很复杂。许多产生沉降或倾斜的建筑物,其上部结构很少严重破坏(图 7.15)。图 7.16(a)为位于该地区的一栋 4 层建筑,在它的短边方向倾斜达 60°。据说在主震结束后,该建筑物的倾斜约为 30°,在其后的 10 天里增大到 60°。该建筑物基础为筏基,埋深 80cm,下卧土主要由砾石和砂组成,建筑物位于日本岩土学会估计的液化与非液化区的边界附近。该建筑物的上部结构没有损坏[5]。图 7.16(b)为 Adapazari 市的另一栋筏基的建筑物,在地震中,基础下的砂土层发生液化,结构倾覆[8]。

另一方面,也有一些产生沉降或倾斜的建筑,其上部结构也受到严重破坏。图 7.17 为位于 Adapazari 市的一栋 5 层钢筋混凝土框架结构的建筑,在土耳其地震中,产生沉降、倾斜、四周地面隆起(图 7.17(a)),地基失效原因为液化,在该建筑物的第一层柱顶有严重破坏(图 7.17(b)),但不清楚柱子破坏发生在地震中的土层液化前还是液化后。

1999 年中国台湾集集地震中,也有许多液化引起类似震害的实例[9]。中华台湾建筑

(a)

(b)

图 7.16　土耳其地震中由于筏基破坏引起的建筑物倾覆

(a)

(b)

图 7.17　建筑物沉降、倾斜、上部结构也有破坏

师公会将其归纳为整体下沉倾斜型、主楼下沉且裙房上浮型和均匀下沉型三类(图 7.18)。图 7.19 为中国台湾集集地震中由于土层液化引起建筑物下沉、倾斜的实例。

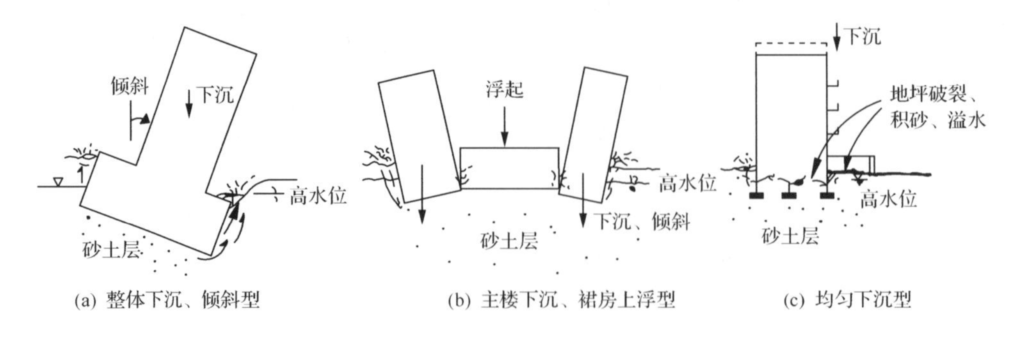

(a) 整体下沉、倾斜型　(b) 主楼下沉、裙房上浮型　(c) 均匀下沉型

图 7.18　液化引起建筑物沉降或倾斜的类型

图7.19　中国台湾集集地震中土层液化引起建筑物下沉倾斜的实例

综合震害报道和有关文献，箱基和筏基建筑在地震中沉降和倾斜的震害程度，以及上部结构的破坏情况与许多因素有关。如建筑物的层数、基础宽度、静载荷下土体承受的基底压力大小和偏心距、土质条件、上部结构特性、建筑物周围是否有沟槽等。上部结构在沉降或倾斜时是否发生严重的破坏则是更复杂的问题，应该将地基基础视为一个整体做动力相互作用分析。

7.1.4　小结

通过对几次地震中有关地基基础的震害分析，得到如下一些有益的启示，对今后的抗震研究有一定的借鉴作用。

(1) 地震烈度与地震加速度的实际分布不一定符合，软土地基对地震动会起放大作用，也可能起减震作用。

(2) 液化对结构震害的影响具有双重性，可能加重结构的震害，也可能减轻结构的震害，与覆土层的厚度和刚度、液化层的厚度等因素有关。

(3) 桩与承台接合部的承载能力不足是地震力引起桩基震害的重要原因，应该加强桩内钢筋与承台的连接。

(4) 软土和液化土因地震动引起承载力下降可导致桩基的过度下沉。无侧扩液化一般比有侧扩液化对桩基的危害轻，对上部结构的危害亦然。

(5) 附加沉降和倾斜乃至倾覆是地基基础震害的最主要体现，其震害的程度与很多因素有关。地基基础的破坏可能导致上部结构的严重损坏，也可能对上部结构影响很小。

(6) 在软土地基上，将地基基础和上部结构视为整体考虑土-结构动力相互作用进行分析是必要的。

7.2　动力相互作用体系的特点

在一般的结构设计中进行地震反应分析时，结构工程师往往认为基础部位是结构的嵌固端，并将地震的自由场地面运动从此标高处向结构输入。这种计算模型实际上是假定底部嵌固的结构在地震中其基底所承受的地震作用与场地的自由场运动是一样的。这样做的原因是模型简单、易于处理。为了简化计算，国内外抗震设计规范所采用的抗震分析方法均基于这种刚性地基假定。对于实际存在的柔性地基介质的影响，在抗震分析中有的规范给予了粗糙的近似处理，如我国《建筑抗震设计规范》(GB 50011—2010)和美国建筑物抗震设计暂行条例。

对于一些重量不大、几何尺寸较小的建造在较好地基上的建筑物，采用这种刚性地基假定是可行的。当结构支承于一般地基上，特别是软土地基上时，与上述理想化的计算模型相比较至少在以下三个方面是不一致的：①由于建筑物结构的存在，结构基础所接收到的地震动输入大小及其空间分布与自由场情况有差别；②由于地基的柔性，结构的振动频率和振动模态与刚性地基上的结构相比也发生很大变化，地震作用在建筑物上产生一个摇摆分量，并导致基础摆动，对于高层建筑，这一点可能是不可忽视的；③由于地基的无限性，结构的部分振动能量通过辐射波的形式向无限地基发生散逸，形成辐射阻尼，同时，也有部分振动能量由于地基介质的材料阻尼作用而耗散。这一作用在刚性地基假定的计算模型中也没有得到考虑。

一般说来，采用刚性地基假定有时会得到比较保守的地震作用预测结果，因为结构-地基体系的相互作用会增大结构体系的振动周期和阻尼，使实际存在相互作用的结构地震作用小于刚性地基假定得到的地震作用。但是，对于建造在像我国东南沿海一带的软土地基上的结构，由于相互作用使结构体系的振动周期延长，可能使振动卓越频率与地面运动卓越频率接近，从而引起结构惯性力增大，是不安全的，这种现象已被多次地震震害所证实。1995 年阪神地震中神户 3 号新干线 630m 长高架整体倒塌就是这样的例子，震后分析表明，考虑结构-地基相互作用分析得到的桥墩墩顶加速度反应比未考虑相互作用的相应值大 38%，认为这是导致倒塌的主要原因。1985 年墨西哥地震中许多结构的破坏也是同样的原因，结构-地基相互作用使体系的振动周期延长，一些结构的设计反应谱谱值可能会在反应谱平台范围，而采用刚性地基假定的计算模型则没有考虑这一不利因素[1]。因此，对于建造在软土地基上的高层建筑的抗震设计，应该考虑结构-地基动力相互作用的影响，当采用桩基时，则应考虑结构-桩-地基动力相互作用的影响。

近几十年来，我国高层建筑的规模日益扩大，建筑高度已超过了 400m，但这些高层建筑的大部分设计和研究工作由国外机构承担。随着上部结构高耸化、体型复杂化，对高层建筑的计算分析和设计提出了许多新的理论课题，特别是地震区建造在软土地基上的复杂高层建筑，更有许多复杂的理论和实践问题。在复杂高层建筑的抗震研究中，考虑结构-地基动力相互作用对其抗震性能的影响、相应的抗震分析方法和地震模拟试验方法是几个非常重要和复杂的研究课题，深入开展这些问题的研究，对于完善与发展高层建筑抗震设计理论，对于指导工程实践具有重要的理论和现实意义。

土-结构动力相互作用的研究在近年来已取得了一定的进展,但与其他许多成熟的学科相比,还有许多问题远远没有解决,目前已有的一些成果到实际应用还有一定的距离,本书作者认为在未来的一段时间,主要有以下几方面的研究需要引起重视:土体介质的非线性变形对地震波传播的影响;地基土的材料阻尼机制;土-结构接触界面非线性问题;人工边界的问题;地基土与结构动力相互作用的机制及对输入地震动的影响;砂土液化和地基震陷对相互作用体系的影响及其精细模拟方法;相互作用对结构动力反应的影响及其分析方法;相互作用对结构主动控制和被动控制的影响;动力相互作用体系的物理模拟和数值模拟方法。下面结合本章的内容,有侧重性地进行介绍。

1. *原型观测与模型试验问题*

在原型测振或强震观测中,实际的边界条件与材料特性非常复杂,难以分析各个因素对反应的影响,要继续加强以往的“参数试验-理论模型-原型观测”三结合的方法:首先对地基的动力特性进行试验量测,以取得理论模型的计算参数;在取得原型观测结果后,与理论模型的计算结果进行比较,以修正理论模型与计算参数,如此反复进行,以进一步优化理论模型与计算参数,深化对问题的认识。

由于原型观测试验费用高、耗时长,在试验室进行试验研究是不可缺少的手段,室内试验往往存在以下一些问题亟待解决:①由于受振动台的台面尺寸及承载能力等条件的限制,多数情况下只能进行模型试验,这就必然涉及模型与原型间动力相似以及如何推算原型等问题,这是有很大难度的研究领域,而结构-地基动力相互作用这一课题本身的复杂性更使得这项工作变得艰巨,如何在试验中解决土的相似模拟问题,是需要深入研究的课题;②实际结构总是处于半无限空间的地基土中,而振动台试验由于引入人工边界而产生边界效应,如何在振动台有限的尺寸内模拟土层的无限远边界及消除边界处波动反射的影响是模型试验的又一难点;③振动台试验中为了获取土中加速度,土-结构接触压力及结构应变、位移及加速度等数据,存在土中测点布置、安装及防水等问题,同时也应考虑土中传感器与土体可能发生的耦合振动效应,这些都会对试验结果产生严重影响。

2. *地基土的层状特性研究*

研究层状地基土-结构的动力相互作用问题在工程上具有重要的意义。因为均匀弹性地基是一个理想化的模型,而实际地基材料特性往往不是均匀分布的,对于材料特性沿竖向不均匀分布的地基,可以近似地用成层地基来模拟。层状介质所涉及的工程问题颇多,如岩土地基与边坡、地壳中大量存在的沉积岩等都具有复杂的层状性质。求解层状介质波动问题可以采用解析法或数值方法。解析法要求简单层状介质特性,有一定的局限性;数值方法包含多种方法,如有限元法和边界元法,当分层数较多时,有限元法的计算工作量将相当可观。边界元法则因为计算工作量较大(如采用均匀无限域的基本解时)或者因为基本解较复杂及适应面窄(如采用层状介质的基本解时)而限制了其在层状介质问题中的应用。对于层状地基与结构的动力相互作用问题已有不少研究,Wolf 在这方面做了大量的工作;Luco 等研究了层状半空间嵌入式基础的地震响应;Vogt 等利用间接边界元法研究了单层半空间上任意形状河谷的散射效应。但所有这些研究都是在假定地基土为弹性或简单层状非线性情况下进行的,对于近场材料复杂多变的影响及强震时表现出非线性特性的研究,还有待进一步研究。

3. 地基土的非线性问题

研究表明,在循环荷载作用下,土不仅呈现非线性特性,还具有滞回特性。美国学者Roesset曾指出,控制相互作用分析准确合理性的第二个关键性因素为土的非线性特性。近年来,相互作用的非线性分析渐渐受到重视。现有这方面的方法,如SHAKE、FLUSH程序中采用迭代分析的方法,它是基于等效线性化技术,迭代计算持续到相邻两次计算的应变或土性指标小于规定的误差量级;也有在时域非线性分析中采用非线性弹簧,土的基本方程是基于Ramberg-Osgood模型等。近几年来也陆续发表了一些新方法的研究成果,但大都还不太成熟,现有方法主要是基于一维的假定,从分析结果看,这个问题似乎值得进一步探讨。对于复杂应力状态,现有方法远远不能满足要求。由于对地基土在动力荷载下的性能了解得还不够深透,以及计算费用过大,真正三维的非线性分析困难重重,但这肯定是发展的方向。这就需要在今后加强土的动力性能的研究,尤其在土体应力-应变特性的模拟方面,建立非线性的本构模型,并用较简单而又合理的公式和参数来代表这些特性。

4. 地基土的材料阻尼机制

地基阻尼机制包括材料阻尼与辐射阻尼两类,通过正确地模拟无限地基中波的透射与传播,辐射阻尼因素可近似地计入,但对于材料阻尼的研究,仍然存在许多不确定因素。目前黏弹性地基模型采用的阻尼系数η_p、η_s对频域分析非常方便,其中η_p、η_s分别为相应压缩波与剪切波的阻尼系数。但在时域分析中,结构物的阻尼又多以瑞利比例阻尼的形式给出,这种阻尼机制的不协调性对计算分析造成一定困难,需要进一步的理论与试验研究,以确定不同阻尼模型的适用范围以及它们之间的转换关系,而这一点需要进行原型测振加以验证。

5. 土-结构的接触界面非线性问题

众所周知,在一般分析中假定基础底面和土体是完全结合的,即它们之间不发生滑移、分离,而且假定基础侧面和土体也是完全接触的,这在一定程度上有它的合理性。但在实际分析中,发现基础侧面交界面会发生分离,而且在中等地震下,它对界面附近区域响应将会产生很大影响,随着激振力的增大,将很大程度上改变系统周期。Kennedy等和Wolf观察到基础与地基土接触的局部提离将产生在水平输入下不可忽视的竖向反应,特别是将引起高频段反应的显著提高。Rosset等采用非线性土体模型、平面应变有限元研究了表面基础和埋入基础的结构物。发现结构和土的相对运动会因分离作用而使最大水平加速度增加约15%。对于埋置很深的结构,基底分离对总的结构反应影响不大,但对浅基础来说,将有很大的影响。Yang等的研究表明,考虑因基底分离会引起结构反应增大,故不考虑基底分离可能将导致不安全的结果。由于接触面非线性问题的复杂性,这一问题还需要深入研究。

6. 人工边界的问题

通过对常见的几种人工边界进行分析可知:非局部边界一般和频率有关,需在频域内求解,难以用于非线性分析;局部边界可用于时域分析,但它们的推导过程又往往利用了线弹性波动理论的某些结论,所以至少要求在边界附近为线弹性,其精度也并非对所有情况均得到保证,且某些局部边界还有计算工作量增加很多、稳定性、适应性等问题,所以还需要进一步的深入研究。

7. 多相介质模型问题

目前,地基土模型仍以单相总应力模型为主,多相介质有效应力模型的研究从20世纪70年代末开始,主要目标是饱和砂土的孔隙水压力在地震作用下的变化过程,并对地基的液化失稳进行评价。孔隙水压力是影响土体动力特性的重要因素,提出的有效应力法就是考虑了这一因素。当今的土工动力分析方法已经从总应力法发展到动力反应分析与土的液化和软化等结合起来的不排水有效应力分析方法,以及考虑地震过程中土体内振动孔隙水压力产生、扩散和消散的排水有效应力分析方法。从工程意义上讲,地基属于饱和多孔介质,地震动在这一多相介质中的传播对结构反应的影响值得进行研究,这是今后工作的一个方面。

7.3 动力相互作用体系的分析和试验方法

土-结构动力相互作用的研究可以追溯到1904年Lamb对弹性地基振动问题的分析。到1936年,Reissner通过对Lamb解的积分,研究了刚性圆形基础板在竖向荷载作用下的振动问题,开始了土-结构动力作用问题的真正研究。进入20世纪60年代,结构-地基动力相互作用引起了更多学者的关注,对各种类型的刚性基础板在不同方向上的振动问题进行了更详细的研究,代表性的有Arnol、Luco和Lysmer等。其中值得一提的是Lysmer提出的工程应用比较方便的集总参数法,后来Wolf等又将这一方法应用到层状地基上。这一阶段的研究奠定了土-结构相互作用理论研究的基础。

20世纪70年代以后,由于数值计算理论和计算机技术的发展,以及一些重大、重要结构的相继修建,如核电站建设项目的大量兴起,推动了结构-地基相互作用问题研究的迅速发展,结构-地基动力相互作用成为广受关注的研究课题,研究对象涉及高层建筑、大型桥涵、海洋结构、地下结构、核电站、高坝等与地基连接并在动力荷载作用下具有相互影响的结构。近几十年来,国内外就结构-地基相互作用对结构地震反应的影响已进行了多方面的研究。但其中大量工作集中在理论研究尤其是数值计算分析上,而且由于问题的复杂性,不同的计算方法都引进了一些假定和进行了不同程度的简化,以致不同方法给出的结构-地基反应存在一定差别,具有不确定性。

20世纪80年代以来,日本、美国等国家开始进行现场振动试验和振动台模型试验,但由于各种条件限制,动力模型试验和现场试验远不及计算分析那样广泛、深入。

7.3.1 结构-地基动力相互作用的分析方法

在地震作用下，由于对土的非线性特性、土与桩之间和土与结构之间等接触非线性等问题的把握困难，以及土介质的无限性等，使得结构-地基动力相互作用问题一直是公认的复杂的研究课题之一，它远远不及人们对上部结构分析了解的程度。几十年来，各种分析方法百花齐放，如早期的 Winkler 地基梁法，之后的解析方法和计算机数值技术相结合的方法，如有限元法、边界元法、离散元法、有限差分法、嫁接法、有限条法等以及它们之间的混合求解方法。总体而言，结构-地基动力相互作用的分析方法可分为整体分析法、子结构分析法和集总参数法。

1. 整体分析法

整体分析法也称完全相互作用分析法，将地基土、基础与上部结构各个部分看成一个整体一并计算，可同时得到地基反应和结构反应。当采用时域逐步积分时，可以考虑地基的非线性。

由于土-结构相互作用问题的复杂性，解析方法比较困难，可解决的问题非常有限，而且由解析函数得到具体数值结果还需要进行大量的复杂数值计算工作，甚至有时候还会涉及收敛性和稳定性的问题。目前，结构-地基动力相互作用分析主要采用数值法或半解析数值法求解。常用的数值法或半解析数值法有有限元法、边界元法、无限元法和杂交混合法等。

1）有限元法

在解决结构-地基动力相互作用问题时，作为离散化手段，有限元法无疑是一个强有力的工具。它适用于复杂的结构形式、场地特性，也可以处理土的非线性问题。有限元方法的优点众所周知，但它有两个主要缺点：①单元网格尺寸受输入地震波频谱成分的影响，往往要求将单元划分得很细，增加了计算费用；②由于土是一种半无限介质，在动荷载作用下，人工设置的虚拟边界会将波反射到已离散的土中而不让它们透过边界传至无穷远处，因此，需要引入各类人工边界对无界地基做适当的模拟。如何将地基无限边界的动力问题处理成有限边界的动力问题是决定该方法精度的重要课题。

人工边界除了能反映网格以外土体的刚度，还必需避免任何向外传播波的反射。目前，采用较多的几种人工边界有 Lysmer 最早提出的黏滞阻尼边界、White 等提出的一致边界、Smith 提出的叠加边界、Clayton 等提出的旁轴边界以及廖振鹏等提出的透射边界等。黏滞阻尼边界相当于在人工边界上设置一系列的阻尼器来吸收向外辐射的波动能量，从而达到模拟波动的透射过程。这种阻尼器的阻尼系数与频率无关，该方法简单、直观，但不够精确。一致边界能近似吸收不同角度的入射波，并适用于各向异性材料。叠加边界是利用平面波在固定边界和自由边界的反射特性，通过叠加两类边界问题的波场来消除人工边界上的反射。波动方程的解包括外传波与内传波，旁轴边界是通过假定构造一种仅有外传波场的微分方程作为人工边界上的边界条件，近似地消除反射波，以达到模拟远场的目的。透射边界是一种时域局部人工边界，其基本原理是将人工边界下一时刻$(t+\Delta t)$的运动用相邻内点的现时刻(t)以及前一时刻$(t-\Delta t)$的运动来表示，根据波传播方向的假设，以及对误差波反复使用透射公式来消除波的反射。该方法具有较高的精度，物理概念清晰，容易与时域有限元方法或有限差分方法结合，并且可以考虑域内的非线性问题。

总之，有限元法是一种能考虑土的非均匀性和非线性等各种复杂因素的较好方法，从理论上讲，有限区域介质内波动问题原则上都可以用有限元离散来模拟，具有方便灵活的优点，而且在边界条件的处理、有限元网格大小的划分、计算高低频截止频率的选取、时域时间步长的确定等已积累了丰富的经验。随着计算机性能的飞速发展，有限元方法将得到更加广泛的应用。

2）边界元法

边界元法应用 Green 定理，通过基本解将支配物理现象的域内微分方程变换成边界上的积分方程，仅在边界上离散，使数值计算的维数降低一维，从而减少了问题的自由度和原始信息量。由于边界元法的基本解满足了无穷远处的辐射条件，所以无需引入人工边界，具有适用于无限域和半无限域的特点，在岩土工程中得到特有的青睐，使得该方法在土-结构相互作用分析中得到了广泛的应用。在边界元分析中，桩被描述为一系列可横向和竖向运动的梁单元，其性状可方便地用动力刚度矩阵来描述，而周围土介质则被假定为均质或成层弹性半空间，且用边界元来表述。Wolf 建立了时域内的各种边界元方程，包括以加权残量为基础的加权残量技术和间接边界元及以互等定理为基础的直接边界元。然后采用间接边界元分析了成层半空间上圆柱形刚性埋基础。假定基础与土接触区域不能承受拉力，则土-结构体系就可能出现基础的侧向滑移和基底抬升的局部非线性，将边界元建立在土-结构面上，利用间接边界元确定每一步长的土-结构相互作用力，用于结构基础的非线性分析。Banerjee 和 Sen 采用边界元法，对非均匀土质中的群桩竖直和水平动力反应做了分析，采用他得到的 Green 函数，将桩体表面划分成许多圆柱形边界元，得到了群桩竖直振动的位移场。Mamoon 和 Ahmad 基于弹性半空间中的动力 Green 函数，采用边界元法分析了均匀弹性半空间中的单桩对倾斜入射地震波的动力响应。陈清军等采用薄层内位移线性变化条件下的动力 Green 函数形成桩-土-桩相互作用所需的土介质柔度矩阵，用振型分解方法建立上部结构等效刚度矩阵，以任意地震波入射为初始运动速度输入，建立了层状土介质中群桩及其上部结构体系对入射地震波响应的半解析分析模型，研究了地基-桩-上部结构体系对不同角度入射 SH 波、SV 波和 P 波的动力响应。熊仲明等采用边界元特解样条函数建立了桩-土与上部结构共同作用的动力分析方程，通过共同作用分析发现结构动力特性发生了变化，结构自振频率减小，上部结构的位移和加速度分布不同于传统的以第一阶振型为主的倒三角形分布，而随地基土软弱程度加重而越来越接近 K 型分布。

3）无限元法

无限元法属于半解析半数值法，其基本思想是：在无限地基与结构接触部分的有限区域划分为通常的有限单元网格，而无限地基的其余部分划分为伸向无穷远的无限元，无限元的形函数用插值函数和一个适当选取的衰减函数的乘积来构造。这一衰减函数要求能反映场变量在无穷介质中的分布规律并保证单元刚度矩阵的广义积分满足收敛条件。

4）杂交混合法

杂交混合法可以是解析法与数值方法的结合，也可以是在部分域（如近场）使用一种数值法（如有限元），而在其他域（如远场）用其他方法（如边界元、无限元、边界阻抗和半解析等）来模拟。利用边界元与有限元的耦合是分析结构-地基相互作用的有利形式，也是杂交混合法中用得最多的一种，其中有限元用于离散结构，而边界元用于离散地基。杂交混合法的具体做法很多，且在不断地出现新的方法。Bielak 等实现了 FE-BE 的动力耦合，研究了半圆形柱体障碍物问题的地震反应。Goto 等用混合法做了地震阻力分析。Huh 和 Schmid 研究了层状土的多层建筑的动力响应。项玉寅、唐锦春用耦合法做了黏弹性介质和结构共同工作的动力分析。王明严、翁智远、钱江用耦合法做了核容器结构基础的动力分析。Sprankos 和 Beskos 用耦合法计算了柔性基础的动力响应。Hadjikov 等研究了复杂结构和地基的相互作用。Estorff 和 Kausel 计算了弹性地基、开挖填充沟槽及隧道的动力效应，研究了基础、土弹性模量比的影响及质量的影响等。俞洁勤、徐植信用混合法研究了储液罐与土的共同作用及地震波作用的地震反应。Lei 等采用边界元-有限元结合方法研究了成层半空间的单桩在竖向激励下的瞬态反应。陈新锋等提出了多元耦合模型，该模型将结构及近场土体采用有限元模拟，过渡域和远场层状地基用有限元-无穷元模拟，下卧基岩用边界元-无限边界元模拟。这四种单元在各单元耦合边上采用相同的坐标和位移插值函数，保证了单元间的位移协调。

2. 子结构分析法

子结构分析方法是将整个结构-地基体系分成结构和无限地基两部分考虑（这里的结构指广义结构，包括实际结构及其附近有时存在的部分不规则地基部分），先计算无限地基与结构相接触边界的阻抗和散射特性，然后把这些特性作为结构部分的边界条件，通过两者接触界面上的力和位移连续条件加到结构部分的动力分析中。

由交界面上力的平衡和位移协调条件可建立体系的运动方程[10]：

$$\begin{bmatrix} [S_{ss}] & [S_{sb}] \\ [S_{bs}] & [S_{bb}^{s}]-[S_{bb}^{e}]+[S_{bb}^{f}] \end{bmatrix}\begin{Bmatrix} \{u_s^t\} \\ \{u_b^t\} \end{Bmatrix}=\begin{Bmatrix} \{0\} \\ [S_{bb}^{f}]\{u_b^f\} \end{Bmatrix} \tag{7.1}$$

式中，$\{u\}$ 为位移；下标 b 表示结构与地基界面结点，s 表示除界面结点以外结构的其余结点；上标 f 表示未开挖即自由场的地基土，e 表示挖去的土体部分，t 表示总位移；$[S_{jk}]$ 是阻抗函数，即动刚度，其一般表达式为

$$[S_{jk}]=-\omega^2[M_{jk}]+\mathrm{i}\omega[C_{jk}]+[K_{jk}] \qquad (j,k=\mathrm{b},\mathrm{s}) \tag{7.2}$$

其中，ω 为圆频率；$[M_{jk}]$、$[C_{jk}]$ 与 $[K_{jk}]$ 分别为质量、阻尼与刚度矩阵。

因为结构以及挖去的土体部分都是有限域，可通过一般的方法（如有限元方法）来建立其动刚度矩阵，所以此方法的关键是求 $[S_{bb}^{f}]$（自由场土层沿土-结构界面位置的动刚度矩阵，即阻抗函数）和 $\{u_b^f\}$（自由场运动反应）。阻抗函数与基础几何特征、埋置情况、土层特征、土-基础界面情况以及干扰频率等有关，是一个十分复杂的问题。围绕这一问题，国内外学者提出了许多解决办法，如波动方程分析法、传播矩阵法、试函数法、无穷元法、边界元法、有限单元 Cloning 法。

子结构法对每个子系统（上部结构、基础、地基）可以分别独立地进行分析，对各个结

构可以采用最适合该局部部分的不同的或相同的数值模型，如有限元-边界元、有限元-无限元、有限元-弹性半空间等。尤其是将地基视为弹性半空间用解析法求解，结构采用数值模型，将数值法与地基解析解结合起来的半解析-数值法，具有突出优点，迄今已得到广泛应用。

子结构分析方法具有很大的灵活性，计算量较小，但是，由于子结构法利用了叠加原理，理论上仅限于考虑线性系统，应用范围受到了限制；若要分析结构与地基的非线性相互作用，必需采用整体分析中的时域逐步积分方法。另外，由于子结构法无法直接获得土体中位移与应力场的变化情况，无法用于土-结构动力相互作用对地基稳定性影响的研究。

3. 集总参数法

集总参数模型将地基土效应用地基阻抗表征，将半无限地基简化为弹簧-阻尼-质量系统。结构可考虑为剪切型或弯剪型多质点系。Gaztas 和 Chen 将这种模型进行了完善，并应用于桥梁结构的动力分析中，取得相当好的结果。

集总参数模型的物理概念清晰、应用简便，因此被广泛应用。该方法在理论上有许多不够合理的地方，但由于其简单，且已积累了很多经验，使这种模型的分析结果在一定条件下与实际相差不远。由于该方法的粗糙性，使得其在考虑非均匀、非线性或地形变化较大的复杂地基时变得不再适用。

4. 有效应力法

结构-地基相互作用体系的动力反应分析方法按是否考虑孔隙水压力的影响，可分为总应力动力分析法和有效应力动力分析法。在总应力动力分析法中，岩土介质的应力-应变关系和强度参数都是根据总应力确定的，其动剪切模量 G 和阻尼比 D 只取决于地震前的静力有效应力，不考虑动力荷载作用过程中孔隙水压力变化对土的性质的影响。有效应力动力分析法与一般总应力动力分析法的不同之处在于，该法在分析中考虑了振动孔隙水压力变化过程对土体动力特性的影响。

早期的有效应力动力分析法是在总应力法的基础上发展起来的。它以总应力法为基础，本构模型仍采用等价黏弹性体，但是在每一时段末增加了残余孔隙水压力或残余变形的计算。Finn 等最先提出用有效应力原理计算动荷载作用时水平地面下饱和砂层中孔隙水压力的一维有效应力分析方法。后来徐志英和沈珠江又提出地震液化的二维有效应力动力分析法，这种方法是在有限单元法的基础上，分时段将以 Boit 固结理论为基础的静力计算和以等效线性理论为基础的动力计算结合起来进行分析，其中考虑到了振动引起的孔隙水压力的增长、扩散和消散作用。徐志英和周健又将上述方法发展为三维有效应力动力分析。Lee 和 Finn 针对土的非线性滞回特性并利用 Masing 准则来模拟卸载和再加载过程，且考虑动荷作用时瞬时和残余孔隙水压力的影响，提出增量弹性动力分析模型。同时，Mroz 等从本构模型入手，又由弹塑性分析的途径进一步发展了有效应力法，这种基于动力弹塑性本构模型的有效应力分析方法近期随着计算机技术的发展而得到了重视。以刘汉龙、井合进；邵生俊、小峪启介等为代表，在这方面做了大量的研究。这类模型和方法能够模拟土骨架的非线性滞回特性及剪应力产生的各向异性效应以及剪胀性与有效应力的关系，同时可考虑流体的作用和液化，较为客观地反映了土体地震反应的物理力学行为。很多研究者在大型计算分析软件的基础上进行二次开发，来进行有效应力法的分析研究。赵跃堂等在LS-DYNA的基础上进行了三相饱和土在爆炸荷载作用下波传播问题的研究与开发。国胜兵等则相应地将提出的有效应力模型编制了模块并与FLAC程序接口，模拟分析了爆炸荷载、地震荷载作用下饱和砂土介质中波传播特性和液化特性，得出了较满意的结果。

与总应力法相比，有效应力动力分析法不但提高了计算精度，更加合理地考虑了动力作用过程中土动力性质的变化，而且还可以预测动力作用过程中孔隙水压力的变化过程、土体液化及震陷的可能性和土层软化对地基自振周期及地面振动反应的影响等。但是由于目前对动力荷载作用时孔隙水压力的产生、扩散和消散机理及其预测方法还尚未达到可以完全信赖的程度，有效应力分析中所需计算参数的确定还不是十分合理，其计算工作量又相当大，因此还需对其做进一步的探索和完善。

7.3.2　结构-地基动力相互作用的试验方法

虽然在相互作用的理论和计算方法方面取得了比较大的进展，但不同的计算方法都引进了一些假定和进行了不同程度的简化，以致不同方法给出的结构-地基反应存在很大的差别，具有不确定性。为了缩短理论和实际之间的距离，检验计算模型和方法的可靠性，近几年来进行了一些现场和模型试验研究，主要可分为现场试验、离心机模型试验和振动台模型试验。但由于问题的复杂性，关于结构-地基相互作用的试验研究相对来说进行得很少，尽管如此，这些试验为相互作用问题的试验技术的积累和分析方法的发展起到了极大的推进作用。

1. 现场试验和地震观测

在现场进行大比例模型和原型振动试验和地震观测，是验证理论与计算的一种有效手段，近几年来受到很大的重视。如Millika 9层钢筋混凝土图书馆大楼激振试验与地震观测、北京工业大学与NCEER的5层钢框架的现场激振试验、Pacific Park Plaza地震观测，以及我国台湾罗东和花莲核电站钢筋混凝土安全壳模型现场激振试验和地震观测等。

1989年，北京工业大学与美国国家地震工程研究中心（NCEER）合作，对地基-基础-上部结构动力相互作用问题进行了一系列现场激振试验研究，并进行了1/2.5模型（刚性地基）振动台试验。为了考虑上部结构刚度变化对相互作用体系动力特性的影响，采用无支撑、设偏交支撑、V形支撑和交叉支撑四种结构形式。试验得出：①地基土对上部柔性结构的固有频率影响不大；②在相同地基条件下，随上部结构刚度的增大，土-结构体系动力相互作用导致固有周期延长的效果越趋明显；③具有相互作用效应的现场激振试验得到的阻尼比远大于刚性地基的模型试验所得结果，从试验情况得到，阻尼比增大了5～6.33倍；④考虑相互作用的振型与一般结构振型不同。

为了验证几种在美国核工业领域常用的结构-地基相互作用分析方法，美国电力研究所（EPRI）与中国台湾电力公司（TPC）合作，在中国台湾罗东（Lotung）进行了两个缩尺（1/4和1/2比例）核电站钢筋混凝土安全壳模型试验。进行了强迫振动试验，还取得了震级为 4.5～7.0 的 20 多次地震记录，组织了来自美国、日本、瑞士和中国台湾等 13 个研究单位进行背靠背的相互作用分析，采用的计算模型有 S-R 模型、有限元模型和杂交模型。通过研究，对利用相互作用模型计算地震反应得到以下几点认识：①用地震波垂直向上传播的假设来描述相互作用的波动场是合适的；②用应变相容的等效线性法表示非线性土性可以接受；③地震时土的刚度衰减具有瞬态的特征，地震时随剪应变的增加而刚度产生急剧衰减，震后会立即恢复；④根据地球物理测试和实验室试验确定的土壤刚度和阻尼随应变幅度的变化关系有待改进；⑤回填材料的刚度对结构-地基相互作用反应（地基阻抗和输入地震动）影响很大，埋深造成的地震波散射在结构-地基相互作用分析中起重要作用；⑥在反应分析中对土-结构系统的合理模拟可能比计算方法更重要。

为了研究结构-地基相互作用行为和机理，进一步验证分析方法的合理性，继位于较软地基上的罗东（Lotung）试验后，自 1990 年起，又在中国台湾花莲（Hualien）较硬地基上进行类似的国际合作研究。项目参加者来自美国、中国台湾、韩国、法国和日本，建立了一个缩尺为 1/4 的核电站钢筋混凝土安全壳模型，进行了强迫振动试验，还取得了包括 1999 年 9 月 21 日集集地震在内的多次地震记录，采用各种分析方法进行背靠背的结构-地基相互作用分析。分析结果得到与罗东试验相似的结论，在所采用的各种模型中只要对土的特性做出合理的模拟，都能得到非常近似有效的计算结果。

对实际建筑物进行地震观测，是用以验证理论与实际的一种有效手段。Housner 根据 1952 年 Arvin-Tehaehapi 地震中一个 14 层钢筋混凝土大楼的地震观测结果，进行了桩-土-结构相互作用分析。这是第一个根据地震观测结果进行桩-土-结构动力相互作用分析的研究实例。大楼基础由长 3～11m 不等的桩基组成。该次地震中，在地下室和自由场地表得到的水平加速度最大峰值为 0.06g 和 0.04g。南北分量地震观测数据分析表明，基础和自由场地表加速度反应谱基本一致，而东西向分量在地下室位置加速度反应谱在各个周期点处的值相对于自由场地表要减少 50%。该结构还经历了 1971 年 San Fernando 地震，Crouse 等根据取得的观测数据结果进行了分析。这次地震中基础上记录到的加速度峰值为 0.15g，而自由场记录到的水平加速度峰值达 0.21g。加速度谱分析表明，在周期 0.3s 范围内，基础上的谱值相对于自由场地表要小 70%。分析结果表明桩-土-结构相互作用对结构的影响主要表现在东西方向，而南北方向不很明显。

Celebi 根据美国 1987 年 Whittier 地震，对两个相距 16.3m 的钢排架结构强震观测数据进行分析。结构 A 采用桩长为 8.6～11.6m 的钢筋混凝土桩基础，纵横向第一阶自振频率均为 0.65Hz；结构 B 采用箱基，纵横向第一阶自振频率分别为 0.76Hz 和 0.83Hz。分析表明，由于结构-地基-结构相互作用，结构基底的地震动比自由场运动小。

Sako 等进行了建造在软弱回填土上复合基础高层建筑的现场强迫振动试验。该复合基础由内外桩基及墙基组成，试验表明结构-地基相互作用对该系统振动反应的影响是显著的。Sivanovic 利用对位于洛杉矶市区一栋 7 层支承于摩擦桩上钢筋混凝土结构的旅馆从 1971 年到 1994 年长达 20 多年获得的 9 次地震观测资料进行分析，发现土-结构相互作用十分明显，主要表现为基础的摆动；同时认为土的非线性行为是影响在强震下结构体系地震反应的重要因素，由于土体的能量耗散作用，对于上部结构是有利的。Celebi 和 Safak 对加州 Pacific Park Plaza（30 层，桩筏基础）根据 1989 年 Loma Prieta 地震观测结果进行了分析。Meli 等对位于墨西哥城的一栋 14 层钢筋混凝土建筑进行了观测和分析。这些都极大地丰富了人们对结构-地基动力相互作用的认识。

野外试验常采用强迫振动试验，强迫振动试验包含两种方式：稳态激振和用爆炸引起的模拟地震动激振试验。爆炸模拟方式能提供一种较接近自然地震的环境，从理论上可以检验土-结构相互作用的各个环节，但由于试验体距离震源很近，波阵面和波的组成十分复杂，一般使用不多。

现场试验接近实际，但实际的边界条件与材料特性很复杂，难以分析各个因素对反应的影响，且试验费用很高、耗时很长。因此，在实验室进行模型试验研究是努力的方向。

2. 离心机模型试验

离心机试验装置主要由一个用于试验振动的旋转臂和对称附加的质量块组成，通过旋转臂的旋转产生一定的离心加速度（如 $20g$、$50g$ 甚至可达到 $200g$ 以上的旋转加速度），从而将重力场加到试验试件上，以使模型中的应力场与原型结构应力场保持一致。应力条件的一致性对研究砂土液化等现象有十分重要的意义，因为通过这种办法使地震时土壤中的孔隙水压力上升引起的刚度退化以及软化过程可以在模型中得到很好的模拟，而这对许多土工建筑物在地震中的反应，如研究砂土液化引起的桩基变形等常常起到控制作用。

离心机模型试验能较好地满足相似条件，是进行需要模拟重力场的模型试验的有效手段，近年来有关挡土墙结构、土坝等在地震过程中的频率变化，液化引起的地面永久变形，土-结构动力相互作用等课题，都有利用离心机进行模型试验研究的实例。利用离心机装置研究桩-土-结构动力相互作用在国外已取得了一些进展，如 Scott、Miura、Fukuoka、Ohtsuki、藤田豊等。从这些文献看，总的来说，桩模型材料主要采用金属管桩，如铝管、铜管、不锈钢管等；模型桩边界条件采用桩端自由或固定两种方式，有研究单桩效应的，也有研究群桩效应的；采用的模型土主要有饱和砂土、松散干砂、软黏土以及班脱岩土等材料，取得了一些有意义的研究成果。其中试验的结果大多用来与美国或日本规范中的 p-y 曲线进行对比，或检验理论分析方法，验证现行设计参数取值和计算模型选取的合理性。

边界条件效应问题是离心机试验研究桩-土动力相互作用中的一个重要问题。刚性边界会形成驻波反射，对土体运动产生较大干扰。目前虽然采取了一些措施以消减模型箱边界上波的反射问题，并证明有较好的效果，但并没有从根本上解决问题。作为权宜之计的最好办法是将主要的研究对象置于离相对边界足够远的地方。另外在离心机模型试验进行桩-土-结构动力相互作用研究中，科里奥利效应也是一个有待解决的问题。这种影响是由惯性坐标系和旋转坐标系之间转换而产生的，在一些模型试验中，这种效应足以使试验结果产生明显的变态。同时，目前离心机装置只能进行一维振动试验，而且只能采用很小的缩尺比例，尺寸效应的影响有时也会使试验结果失真。

3. 振动台模型试验

振动台模型试验是研究土-结构相互作用的另一种有效方法。振动台试验与离心机试验的主要不同在于振动台试验是在 $1g$ 重力场环境下进行的，因此振动台试验中模型相似率的实现比离心机试验更加困难。同时由于模型土中的应力场与实际应力场有很大的不同,使得在振动台上模拟砂土液化非常困难。振动台试验与离心机试验一样都存在边界条件模拟的问题。但是与离心机试验只能进行一维方向的振动模拟不同,振动台试验可以进行二维、三维甚至多维地震动的模拟;而且振动台试验没有离心机试验中的所谓科里奥利效应问题;同时,与离心机试验相比,振动台试验可以采用大得多的模型缩尺比例。因此振动台试验有其自身的特点和优势。

振动台模型试验中,要在振动台有限的尺寸内模拟土层的无限边界以及对地震动输入的影响,模拟各种土层的非线性特征。在模型设计上不仅应考虑上部结构和基础的相似设计,而且应考虑整个相互作用体系与实际情况的相似模拟。由于这些难点的存在,使得关于结构-地基相互作用的试验研究相对理论分析研究来说进行得很少。

日本的 Kubo 是第一个进行桩-土-结构动力相互作用振动台模型试验的学者。他所用的容器为一个长 10m×高 4m×宽 2m 的土箱,模型桩长为 3.1m,其一端固定在台面上,模型土采用砂土和油的混合物模拟软土场地,用不同频率的水平向正弦波激励进行振动台试验。试验表明,随着输入台面振动频率的增加,土层表面运动随之增加;桩身最大弯曲应力发生在桩顶位置,并随桩深度方向逐渐减少。Yao 用一单质点模拟房屋上部结构,进行了桩-土-结构相互作用的振动台试验,试验采用 9 根铝管模拟群桩基础,用实际场地的黏土作为模型土。试验表明桩的静力侧向荷载试验不能用以给出土层或桩群的动力特性,同时认为在动力条件下群桩效应没有静力条件下明显。

20 世纪 80 年代后,人们开始注意了对模型相似率和边界条件的模拟。Mizuno 等首先采用地震动激励进行了桩-土-结构动力相互作用的振动台试验,并适当考虑了边界条件的模拟。在圆柱形容器的四周设置泡沫塑料以模拟土的边界条件,以一个钻孔灌注桩基础上的 11 层公寓作为原型结构,用矩形截面的钢桩模拟原型桩,上部结构采用单质点模型模拟,用膨润土和聚丙烯酰胺组成的弹性材料模拟原型土,进行了强迫振动试验和地震动激励试验。试验时对上部结构采用了四种方式:没有上部结构,调整结构自振频率使得上部结构模型在基底固定时的自振频率与土层的自振频率相比为大、小和相等。试验表明,当结构频率与土层频率相等时,结构反应为最大。Mizuno 等认为桩的动力特性不仅与土层特征周期有关,同时与上部结构振动特性有关;在桩的设计中应同时考虑土的侧向水平运动,即运动相互作用的影响;土的变形可以在桩中产生很大的弯曲应力。Tamori 等考虑了相似模拟,用一种碳酸钙和油的混合物作为模型土,在振动台上进行了弹塑性土-桩-结构的动力相互作用试验,在房屋采用筏板基础与桩基础两种情况下,研究了土的塑性变形引起结构摇摆、晃动变形的规律。

Loma Prieta 地震和阪神地震中桩基的大量破坏进一步促进了对结构-地基动力相互作用的试验研究,日本、美国进行了一批振动台试验。振动台试验与离心机试验相互借鉴,试验研究取得了很大进展。这段时间以来,试验装置容器大多采用层状可剪切变形的土箱或刚性土箱;研究目的则开始注重将试验结果与理论分析方法进行分析比较研究,检验理论分析中土性参数的合理选取问题,而不是像以往那样单单将试验结果与原型结构进行分析比较;模型相似率和边界条件的模拟仍是研究中还没有很好解决的问题;研究对象除桩-土-结构相互作用,还有挡土墙、井式基础等。

Makris 等在一砂箱中采用干砂材料进行单桩-土-上部结构相互作用振动台试验，根据试验测得的位移传递函数和单桩上应变谱验证 Winkler 动力模型的合理性。Futaki 等采用单剪型剪切盒(尺寸为 3m×9.5m×6.0m)作为土容器以模拟土的无限边界，进行了加筋土挡土墙的振动台试验，研究了作用在挡土墙上的土压力、钢筋拉力、墙体变形和土-结构相互作用系统的稳定性。Aso 等用振动台模型试验和分析计算研究了钢管群桩井式基础-上部结构相互作用体系的动力反应，上部结构采用三种不同自振频率的单层框架。研究表明，体系反应受基础与上部结构的自振频率之间的关系的影响，当上部结构自振频率低于基础的自振频率时，基础的土压力由于两种频率之间的相位差而增加。Nasuda 等针对埋置状况对土-结构相互作用的影响做了一系列的试验和分析研究。试验中，土模型用硅胶代替，上部结构用双层铝框架，考虑了不同的埋置状况；试验用强迫振动测定体系的动力特性。分析时，采用了波动理论方法、S-R 模型和轴对称有限元法。研究表明：埋置基础增大了阻抗函数，尤其是虚部；埋深增加，系统频率增加，结构反应减少；轴对称有限元法的分析结果与试验符合较好。Jafarzadeh 等通过振动台试验研究了饱和砂土在多向振动下的性能。Maugeri 和 Novità[11]进行了考虑土与结构相互作用的 1/6 缩尺模型钢框架振动台试验，将试验结果在频域中进行评估，并将地震响应与已有的理论模型进行了对比。Pitilakis 等[12]将模型嵌于干燥的砂土容器(尺寸为 1.2m×0.55m×0.8m)中进行振动台试验，考虑土与结构相互作用的影响，其数值模拟的结果与试验符合良好。Han[13]进行了水平和竖向强震作用下的单桩大比例振动台试验，综合考察了承台与土接触状态及其相互作用。

随着人们对土-结构相互作用振动台模型试验的发展，人们开始注重对试验装置的研究和模型相似及土层边界条件的模拟。Meymand 进行的土-桩-上部结构相互作用的振动台试验中，采用橡胶薄膜制成的圆筒形容器模拟土的无限边界，很好地减少了“模型箱效应”的影响。试验土由高岭土、膨润土和粉煤灰混合而成，模拟软黏土。为了满足土的不排水抗剪强度、剪切模量和阻尼性质，模型土采用 130%的含水率。桩用铝合金管桩，上部结构用单柱加质量块模拟，考虑了模型相似率，进行了自由场、单桩、群桩、相邻桩基影响等一系列试验。这是目前考虑因素较全面的桩-土-结构相互作用振动台试验。Dou 等应用水力梯度法(hydraulic gradient similitude method)模拟重力场，进行了桩-土相互作用的振动台试验，取得桩的动力 p-y 曲线。Konagai 和 Nogami 则提出一种全新的进行相互作用振动台试验的方法，基于 Winkler 地基梁假定，用模拟电路模拟质量、阻尼和弹簧，对固定在振动台台面上的梁进行土-结构动力相互作用试验。这是一种探索性的工作，装置能否很好地模拟桩的动力反应特征，有待进一步探讨。

从国内文献来看，仅进行了极少量的关于土-结构相互作用的振动台试验研究。这些试验包括徐志英和施善云进行的地下结构(隧道)与土的动力相互作用振动台试验。陈文化利用振动台模拟试验研究了有建筑物存在的饱和砂土地基的液化问题。吕西林等进行了分层土-高层结构相互作用体系的振动台试验，并设计制作了柔性容器。范立础和韦晓进行了桩-土-桥梁结构相互作用振动台试验并与 FLUSH 程序计算结果进行比较。楼梦麟和王文剑利用振动台模型试验研究了土-结构相互作用对 TMD 振动控制的影响。陈国兴等通过振动台对比试验探讨了土-结构相互作用对结构地震反应的影响以及调质阻尼器(TMD)在刚性和柔性地基条件下的减震作用。范立础等于 2002 年采用干砂地基模型进行了桩-土-桥梁结构动力相互作用模型振动台试验。钱德玲等[14]进行了支盘桩-土-高层结构体系动力相互作用的试验研究。尚守平等[15]进行了基于土与结构相互作用的铰桩-人工土复合地基结构减震的振动台试验研究。沈朝勇等[16]进行了高层结构考虑土与地下室相互作用的振动台试验。宋二祥等[17]进行了刚性桩复合地基的振动台试验,并探讨了地基-结构系统振动台模型试验中相似比的实现问题。姜忻良和李岳[18]进行了土-桩-偏心结构相互作用体系振动台试验研究。凌贤长等进行了液化场地桩-土-桥梁结构动力相互作用大型振动台试验,试验采用了剪切盒作为试验容器。徐景锋[19]于 2013 年进行了振动台子结构试验,研究土-结构相互作用储罐抗震性能,得出了地基刚度、地震类别对储油罐抗震性能的影响。尚守平等[20]于 2013 年通过对土槽中 1/4 比例的钢框架模型进行振动台试验,分别测得柔性地基条件和刚性地基条件下结构-地基相对刚度对土与结构相互作用的影响。

7.4　动力相互作用体系的模型试验

7.4.1　模型试验的相似要求及实现方法

由于土的复杂性和特殊性,前人所做的多数结构-地基动力相互作用振动台试验中,一般只将上部结构和基础按一定的比例进行缩尺,而忽略了土的相似模拟,采用某种材料(一般为砂)作为模型的地基材料。如 Makris 等的单桩-土-上部结构相互作用振动台试验、Futaki 等的加筋土挡土墙振动台试验、Aso 等的钢管群桩井式基础-上部结构相互作用体系振动台试验,以及韦晓的桩-土-桥梁结构相互作用振动台试验等,均没有考虑模型土的相似模拟,采用砂作为地基模型土。显然,与经过比例缩尺的上部结构和基础相对应,砂作为地基模型土的刚度偏大,这样组成的模型动力相互作用体系与实际动力相互作用体系存在较大的差异。

人们很早就认识到了相似模拟问题在结构-地基动力相互作用振动台模型试验中的重要性。Mizuno 和 Tamori 等是在结构-地基相互作用振动台试验中较早考虑相似模拟的学者,Mizuno 等用矩形截面的钢桩模拟钻孔灌注桩,用膨润土和聚丙烯酰胺组成的弹性材料模拟原型土,采用单质点模型模拟 11 层公寓结构,进行了强迫振动试验和地震动激励试验。Tamori 等在进行土-桩-结构的动力相互作用振动台试验时,则采用一种碳酸钙和油的混合物作为模型土,来考虑土的相似模拟。Meymand 在进行桩-土-结构相互作用振动台试验时也考虑了模型的相似率,采用高岭土、膨润土和粉煤灰按一定比例混合配制了模型土,模拟软黏土;用铝合金管桩模拟钢管桩,上部结构则用单柱加质量块模拟。应该指出,这些试验中对模型相似模拟的考虑是初步的,对相似模拟的效果也没有给出相应的评价。结构-地基相互作用振动台模型试验中的相似模拟问题仍是目前公认的难题之一。

模型试验结果的可靠性取决于在试验中模型是否真实地再现原型结构体系的工作状态。为了使模型试验结果能尽量真实地反映原型结构体系的性状,在模型设计中必须考虑模型与原型的相似性，包括几何形状、材料特性、边界条件、外部影响（荷载）和运动初始条件等的相似[21]。在结构-地基动力相互作用振动台试验的相似模拟时，应使土、基础、上部结构遵循相同的相似关系。当然，在设计具体的模型时，完全满足模型与原型的相似关系是非常困难的，应该根据试验研究目的抓主要矛盾。

为了研究地震作用下结构-地基体系的动力相互作用特性，作者主持的国家自然科学基金重点项目“结构与地基相互作用体系的振动台试验与分析研究”课题组进行了三个阶段的结构-地基相互作用体系的振动台模型试验[21-26]，试验确定模型相似设计的基本原则如下：①试验强调土、基础、上部结构遵循相同的相似关系；②允许重力失真，同时考虑到在土中和桩基础中附加人工质量十分困难，整个模型体系不附加配重；③控制动力荷载参数满足振动台性能参数的要求；④满足施工条件和试验室设备能力。

根据上述原则，试验采用非原型材料忽略重力模型，按 Bockingham π 定理导出各物理量的相似关系式（表 7.1）。在综合考虑现有的试验条件、模型材料和施工工艺的前提下，选取一个双向单跨的 12 层钢筋混凝土框架为原型单元，其梁、柱、板均设计为现浇；地基土原型为上海软土，可以认为原型体系为典型的上海小高层建筑体系。模型的缩尺比例为 1/10 和 1/20 两种，质量密度相似系数 $S_\rho=1$，土和结构的弹性模量相似系数约为 $S_E=1/4$，并按试验后的实际材料性能确定相似系数进行调整。表 7.1 中列出了缩尺比例模型各物理量的相似关系式和相似系数。土、基础、上部结构遵循相同的相似关系。

表 7.1　相互作用体系动力模型试验的相似关系

物理量		关系式	第一阶段试验		第二阶段试验		第三阶段试验	
			1/20 模型	1/10 模型	1/20 模型	1/10 模型	1/20 模型	1/10 模型
材料特性	应变 ε	$S_\varepsilon=1.0$	1	1	1	1	1	1
	应力 σ	$S_\sigma=S_E$	1/4.099	1/4.099	1/3.760	1/3.760	1/3.870	1/3.870
	弹模 E	S_E	1/4.099	1/4.099	1/3.760	1/3.760	1/3.870	1/3.870
	泊松比 μ	$S_\mu=1.0$	1	1	1	1	1	1
	密度 ρ	S_ρ	1	1	1	1	1	1
几何特性	长度 l	S_l	1/20	1/10	1/20	1/10	1/20	1/10
	面积 S	$S_S=S_l^2$	1/400	1/100	1/400	1/100	1/400	1/100
	线位移 X	$S_X=S_l$	1/20	1/10	1/20	1/10	1/20	1/10
	角位移 β	$S_\beta=1.0$	1	1	1	1	1	1
荷载	集中力 P	$S_P=S_ES_l^2$	1/1640	1/410	1/1504	1/376	1/1548	1/387
	面荷载 q	$S_q=S_E$	1/4.099	1/4.099	1/3.760	1/3.760	1/3.870	1/3.870
动力特性	质量 m	$S_m=S_\rho S_l^3$	1/8000	1/1000	1/8000	1/1000	1/8000	1/1000
	刚度 k	$S_k=S_ES_l$	1/81.98	1/40.99	1/75.2	1/37.6	1/77.4	1/38.7
	时间 t	$S_t=(S_m/S_k)^{1/2}$	0.101	0.202	0.097	0.194	0.0984	0.1967
	频率 f	$S_f=1/S_t$	9.879	4.939	10.314	5.157	10.167	5.083
	阻尼 c	$S_c=S_m/S_t$	0.00123	0.00494	0.00129	0.00516	0.00127	0.00508
	速度 v	$S_v=S_l/S_t$	0.494	0.494	0.516	0.516	0.508	0.508
	加速度 a	$S_a=S_l/S_t^2$	4.879	2.440	5.319	2.660	5.168	2.584

7.4.2　模型设计和制作

在实际的结构-地基体系中，地基是没有边界的。但在振动台试验中，只能用有限尺寸的容器来装模型土。这样，由于其边界上的波动反射以及体系振动形态的变化将会给试验结果带来一定的误差，即所谓“模型箱效应”。如何合理模拟土体边界条件，减少模型箱效应，是结构-地基动力相互作用振动台试验中的一个重要问题和研究难点。成功的土体边界条件模拟设计应使容器中的模型土在地震作用下以与原型自由场同样的方式变形，减少边界条件的影响。

1. 几种边界模拟方法的比较

人们在用振动台或离心机进行土体振动试验时，已经注意到了土体边界模拟和模型箱效应这个问题，设计采用了一些试验容器来进行边界模拟，有层状单剪型剪切盒、碟式容器、普通刚性土箱加内衬和柔性容器等，也常直接采用普通刚性土箱。层状单剪型剪切盒采用H形钢焊成框架水平层状叠合而成，层与层间设置滚珠。层状单剪型剪切盒只能进行单向的振动试验，而且容器自重较大，占用了振动台承载能力。碟式容器具有倾斜的刚性侧壁，设计思想是通过锥形区来减少波动能量的反射。普通刚性土箱加内衬的方法，其效果易受内衬材料的选择和设置方法的影响。柔性容器采用模量略高于土的软材料作为容器的侧壁。

Lok采用计算程序QUAD4M分析了用几种容器来模拟土体边界时土体的反应[27]。原型土体为12.19m(40ft①)厚的旧金山海湾沉积土，模型土边界用碟式容器、刚性容器和柔性容器来模拟(图7.20(a))，模型比为1/8，模型土高1.52m(5ft)。在基底作用相当的地震运动，将土体表面中点处的加速度计算结果用反应谱(阻尼比取5%)画出，如图7.20(b)所示，图中原型的计算结果也折算为模型的比例画出。从图中清楚看到，柔性容器比刚性容器、碟式容器能较好地再现原型的反应，是较好的边界模拟方法。

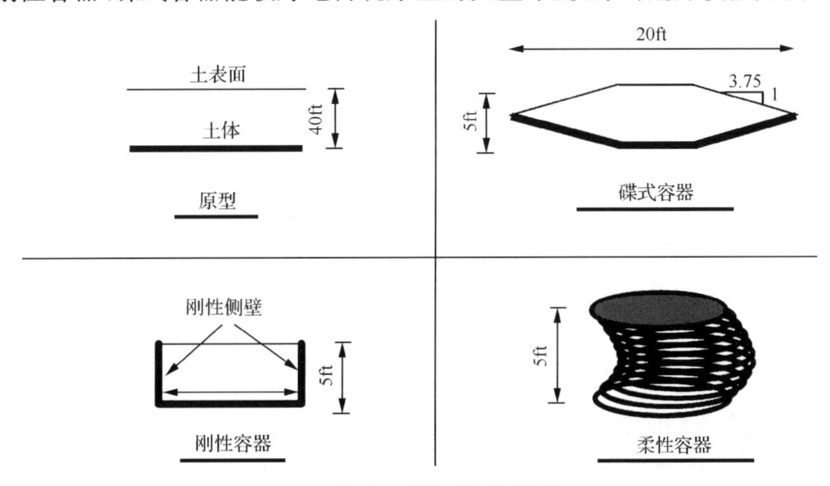

(a) 原型与几种模型容器示意图

① 1ft=3.048×10⁻¹m。

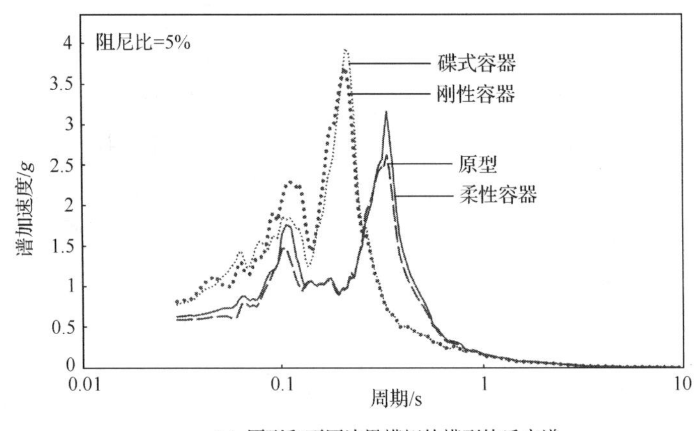

(b) 原型和不同边界模拟的模型的反应谱

图 7.20　不同边界模拟方法的比较

Meymand 根据上述计算分析[27]，设计了一个柔性容器，用于土-桩-上部结构相互作用的振动台试验。该容器为直径 2.29m(7.5ft)、高 2.13m(7ft)的圆筒体，侧壁采用硬度40、厚度 6.35mm(1/4in)的橡胶膜，固定在上环板和底板上。在橡胶膜外侧用宽 50.8mm(2in)的纺织绷带沿环向加强，以提供径向刚度。上环板与底板间用上下端均带万向铰的支杆予以支撑。通过试验，认为该容器能很好地模拟土体自由场反应。

2. 试验容器的设计与制作

通过上述对几种边界模拟方法的比较，认为采用柔性容器是较好的选择。除了上述计算分析和试验均表明柔性容器能较好地再现原型反应，还具有自重较轻和能适应多向振动试验要求的特点。因此，本节试验中采用柔性容器来模拟土体边界条件。

无论采用何种容器，在距离边界较近区域的反应受边界影响较大，而距边界较远的中心区域受边界影响较小，这是可以理解的。设计的容器应使中心区域受边界影响较小的范围较大，并将模型结构放置在该区域中。计算分析表明，当取地基平面直径 D 与结构平面尺寸 d 之比 D/d 大于 5 时，由侧向边界引起的数值计算结果的误差很小并趋于稳定。

为此，本节试验在土体边界条件模拟设计时考虑通过两项措施来实现：一是控制结构模型的平面尺寸，使之与地基模型的平面尺寸相比要小于一定的倍数，结合考虑试验条件和相似模拟等情况，本节试验取相互作用体系模型的 D/d 值为 5；二是采用柔性容器，结合适当的构造措施减少模型箱效应。

在柔性容器的设计上，参考 Meymand 的容器并进行适当改进，具体设计时遵循下列原则：①选取较大的直径，使受边界影响较小的中心土体的范围较大；②采用能较好适应多向振动试验的圆筒体；③侧壁软材料的模量与土的模量相当；④容器尺寸的确定应控制模型总重量在振动台承载力 25t 以内；⑤容器自重轻、构造简单、制作方便、经济。

图 7.21～图 7.23 为本节试验设计的柔性容器。该容器为圆筒形，直径 3000mm 的圆筒侧壁采用厚 5mm 的橡胶膜，在圆筒外侧用 ϕ4@60 钢筋做圆周式加固，目的是提供

径向刚度，且允许土体做层状水平剪切变形。每个钢筋环用钢筋焊接而成。圆筒体侧壁通过螺栓与上部环形板和下部底板连接；环形顶板由固定在底板上的四根柱支撑，柱中设高度调节螺杆以调节顶板水平和使圆筒体处于正确的几何状态；柱顶设万向节，使环形板在振动时可以侧向位移(图 7.24)；底板用钢板制作，并用小钢梁加劲，确保在起吊时不产生过大的变形。在橡胶侧壁内侧制作花纹，在钢底板板面上用环氧树脂粘上碎石，使之成为粗糙表面，减少土与容器界面的相对滑移(图 7.25)。

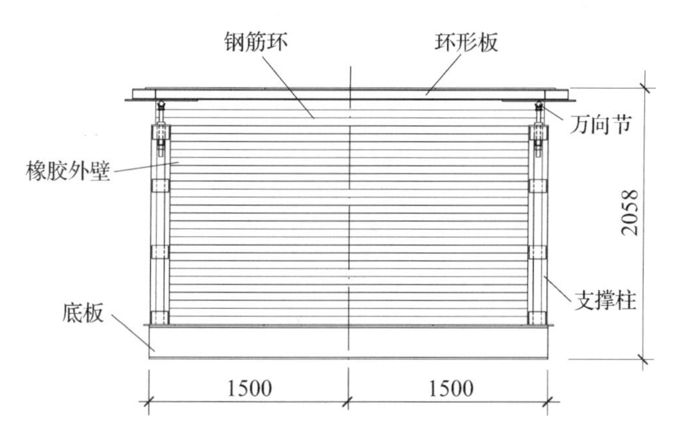

图 7.21　试验容器示意图

图 7.22　试验容器(立面)

图 7.23　试验容器(俯视)

图 7.24　支撑柱与万向节

图 7.25　容器底板板面粗糙化

7.4.3 模型试验实例介绍

在国家自然科学基金重点项目资助下，同济大学土木工程防灾国家重点实验室在国内率先进行了结构-地基相互作用体系的振动台模型试验。该试验分三个阶段进行，试验采用的地基土从均匀土到分层土、从软弱土到较硬土，完成了不同土性条件的一系列SSI试验。文献[21]～[26]分别介绍了三个阶段的试验结果，本节通过对比分析三个阶段SSI振动台试验的结果，探讨不同土性条件下的结构-地基动力相互作用效果及规律，包括试验宏观现象、体系动力特性变化和加速度反应等。

该试验于2000～2003年分三个阶段进行(图7.26和图7.27)。第一阶段试验采用均匀土，以带不同大小质量块的单柱模拟上部结构，进行了均匀土-桩基(或箱基)-单柱质量块体系的振动台试验[22]；第二阶段试验采用分层土，以12层钢筋混凝土框架结构作为上部高层建筑结构，进行了分层土-桩基(或箱基)-高层框架结构的振动台试验[23]。第三阶段试验仍采用分层土，但黏性土和砂土层的厚度加大且减小其含水量，从而使得试验土相对较硬，上部结构仍以12层钢筋混凝土框架结构模拟，进行了较硬分层土-桩基-上部高层框架结构的振动台试验[24]。采用桩基础时的试验模型布置如图7.28所示。在三个阶段试验中，采用的试验容器、模型缩尺比例、基础尺寸以及土体厚度均相同，所不同的是上部结构形式和模型土的组成。

图7.26 PC10试验

图7.27 PS10H试验

三个阶段试验的一个重要区别是所采用的模型土土性不同，从均匀土到分层土、从软弱土到较硬土，较系统地模拟了实际情况下的几种不同的地基土性条件。三个阶段试验

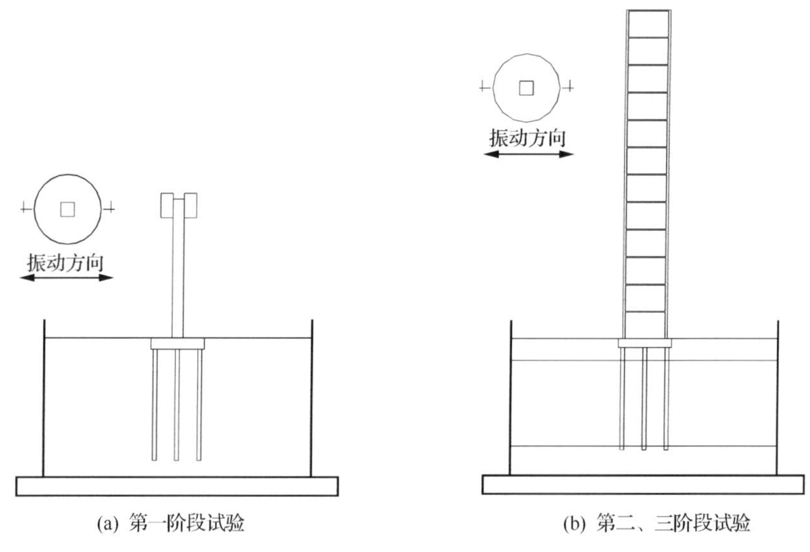

(a) 第一阶段试验　　(b) 第二、三阶段试验

图 7.28　试验模型布置示意图

的土体厚度均相同，1/20 和 1/10 模型的土层总厚度分别为 0.8m 和 1.6m。第一阶段试验采用含水量较大的均匀粉土（含水量实测值为 30.9%～36.5%），为软弱地基。第二阶段试验采用由粉质黏土、粉土和砂土组成的分层土，1/20 和 1/10 模型的粉质黏土、粉土和砂土层的厚度分别为 12.5cm、50cm、17.5cm 和 25cm、100cm、35cm，模拟上海软土。第三阶段试验的模型土仍为分层土，自上而下分别为粉质黏土、粉土和砂土，但为了形成“较硬的地基土条件”，1/20 和 1/10 模型的土层总厚度分别为 0.8m 和 1.6m 不变，粉质黏土、粉土和砂土层的厚度分别为 25cm、25cm、30cm 和 50cm、50cm、60cm，加大了粉质黏土和砂土的厚度。同时，在第二阶段试验中，中间层是含水量为 25.1%～28.7%的粉土，振动激励下易液化，在第三阶段试验中，中间层是含水量为 22.5%～25.3%的粉土，相对而言振动激励下不易液化。

试验所用模型土经加水在搅拌机中拌和均匀，成为一种重塑的非饱和、欠固结土。为了反映重塑模型土的物理性质及其动力特性参数，进行了试验用重塑土的动力特性试验。重塑土的动力特性试验包括常规物理性能试验和共振柱、循环三轴联合试验。常规物理性能试验测定土的容重 γ、含水量 ω、比重 G、饱和度 S_r、孔隙比 e 和颗粒分析等。通过重塑土动力特性试验，测定了模型土的物理参数以及重塑土动剪应变 γ_d 在 10^{-6}～10^{-2}范围内的 G_d/G_0-γ_d、D-γ_d 关系曲线，此处 G_d、G_0、D、γ_d 分别为动剪切模量、初始动剪切模量、阻尼比和动剪应变。获得的 G_d/G_0-γ_d、D-γ_d 关系曲线如图 7.29 所示。

试验中考虑了模型相似和土层边界条件模拟这两个公认的难题。在试验设计中考虑了模型与原型的相似性，对试验模型进行包括几何形状、材料特性、边界条件、外部影响（荷载）和运动初始条件等在内的相似设计[21-26]，按 Bockingham π 定理导出各物理量的相似关系式。试验模型的缩尺比例为 1/10 和 1/20 两种，质量密度相似系数 $S_\rho=1$，弹性模量相似系数设计为 $S_E=1/4$。本次试验的动力相似关系见表 7.1。土、基础、上部结构遵循相同的相似关系。本节试验通过控制结构模型的平面尺寸，并采用柔性容器来实现土体边界条件的模拟，减少了模型箱效应。

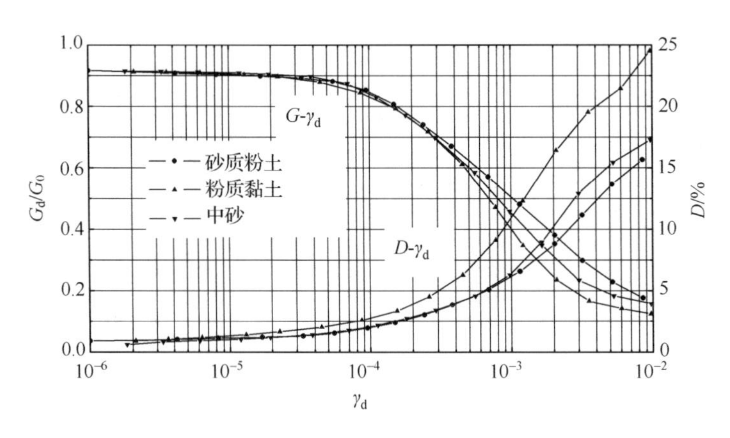

图 7.29　试验用土的 G_d/G_0-γ_d、D-γ_d 曲线

试验中在适当位置布置了传感器，采用加速度计、应变传感器量测上部结构、基础和地基土体的动力响应，采用土压力计量测桩土界面的接触压力。试验的测点布置图可参见图 7.30 和图 7.31。

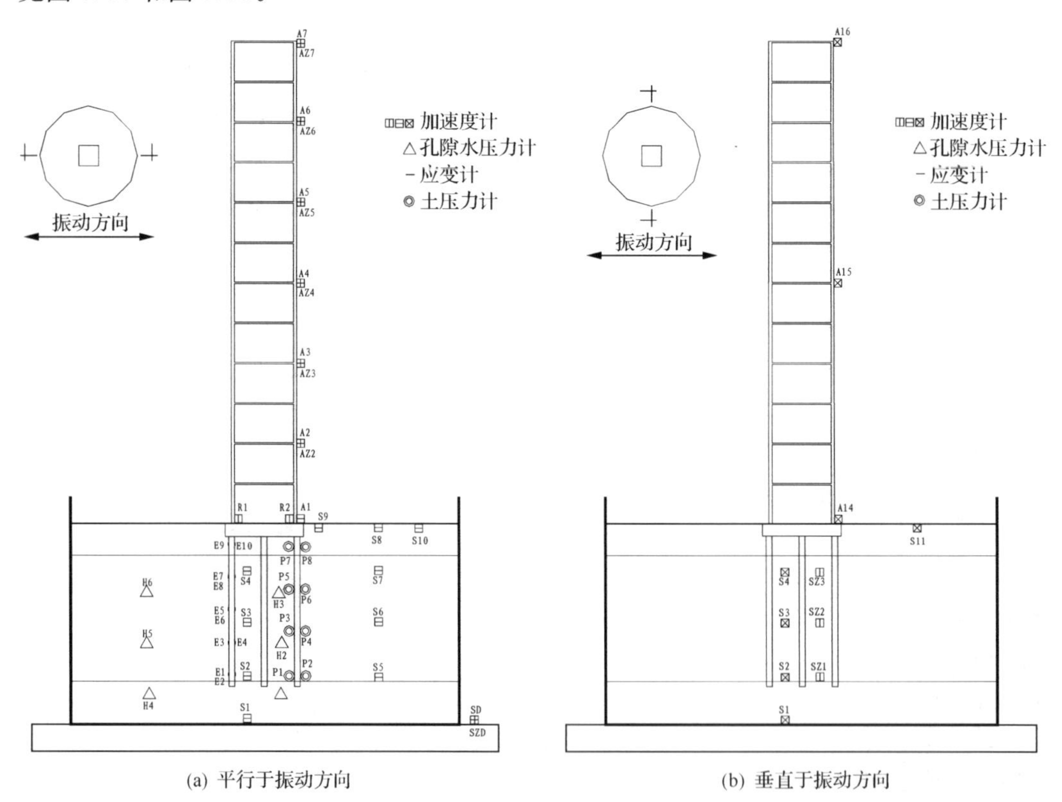

图 7.30　PS10 试验测点布置图

试验采用的台面输入波形有 El Centro 波、上海人工波和 Kobe 波等。输入加速度峰值依据我国抗震规范中地震烈度对应的加速度值，按小量级分级递增输入，依照相似关系调整加速度峰值和时间间隔。每次改变加速度输入大小时输入小振幅的白噪声激励，观

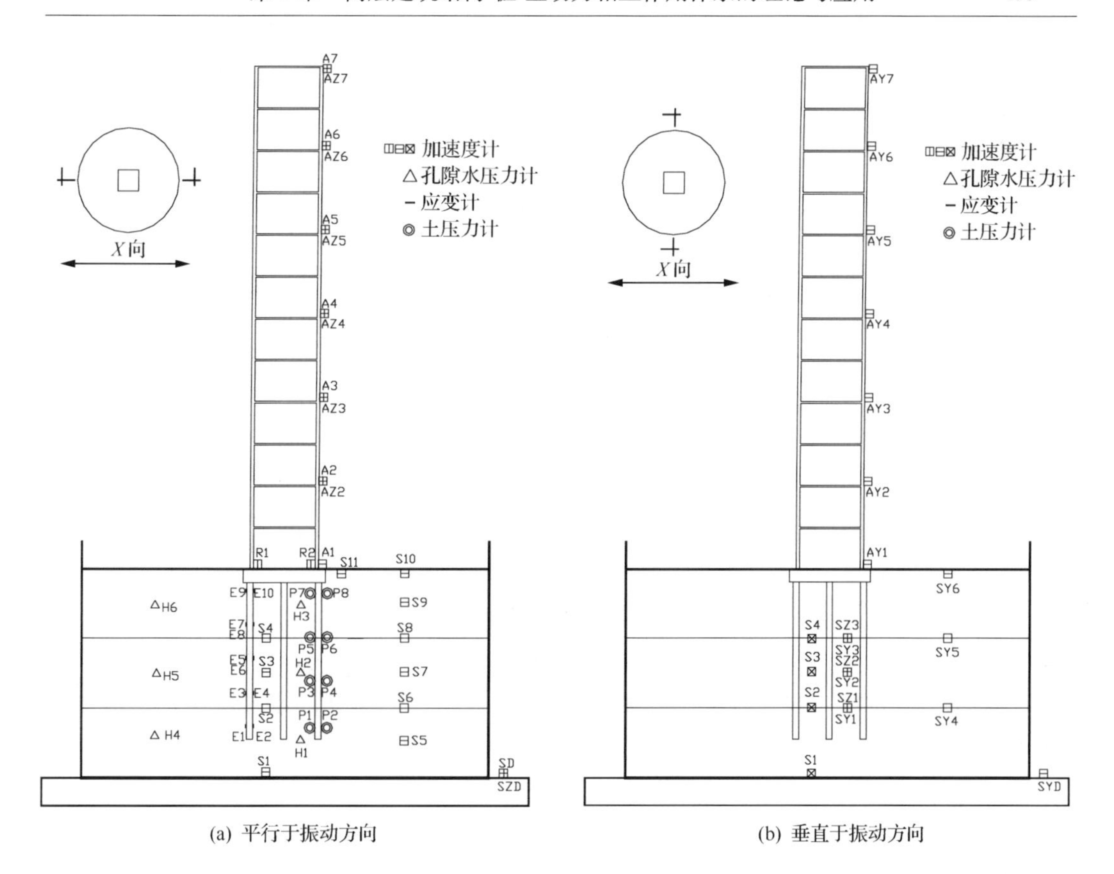

(a) 平行于振动方向　　(b) 垂直于振动方向

图 7.31　PS10H 试验测点布置图

察模型体系的动力特性变化。表 7.2 给出了第二阶段试验的加载制度，其他试验的加载制度可参见文献[21]～[26]。

表 7.2　PS20、PS10、BS10、S10、S10P 试验加载制度　　(单位：g)

工况序号	工况代号	原型		1/20 模型		1/10 模型		备 注
		X 向	Z 向	X 向	Z 向	X 向	Z 向	
1	1WN	—	—	0.07	—	0.07	—	—
2、3、4	EL1、SH1、KB1	0.035	—	0.186	—	0.093	—	7 度多遇
5、6、7	EL2、SH2、KB2	0.1	—	0.532	—	0.266	—	7 度
8、9	ELZ2、KBZ2	0.1	0.1	0.532	0.532	0.266	0.266	—
10	10WN	—	—	0.07	—	0.07	—	—
11、12、13	EL3、SH3、KB3	0.15	—	0.798	—	0.399	—	—
14、15	ELZ3、KBZ3	0.15	0.15	0.798	0.798	0.399	0.399	
16	16WN	—	—	0.07	—	0.07	—	—
17、18、19	EL4、SH4、KB4	0.2	—	1.064	—	0.532	—	8 度
20、21	ELZ4、KBZ4	0.2	0.2	1.064	1.064	0.532	0.532	—
22	22WN	—	—	0.07	—	0.07	—	—

续表

工况序号	工况代号	原型		1/20 模型		1/10 模型		备 注
		X 向	Z 向	X 向	Z 向	X 向	Z 向	
23、24、25	EL5、SH5、KB5	0.25	—	1.330	—	0.665	—	—
26、27	ELZ5、KBZ5	0.25	0.2	1.330	1.064	0.665	0.532	—
28	28WN	—	—	0.07	—	0.07	—	—
29、30、31	EL6、SH6、KB6	0.3	—	1.596	—	0.798	—	—
32、33	ELZ6、KBZ6	0.3	0.2	1.596	1.064	0.798	0.532	—
34	34WN	—	—	0.07	—	0.07	—	—
35、36、37	EL7、SH7、KB7	0.35	—	1.862	—	0.931	—	—
38、39	ELZ7、KBZ7	0.35	0.2	1.862	1.064	0.931	0.532	—
40	40WN	—	—	0.07	—	0.07	—	—

注：EL 为 El Centro 波（X 单向）；ELZ 为 El Centro 波（X、Z 双向）；SH 为上海人工波（X 单向）；KB 为 Kobe 波（X 单向）；KBZ 为 Kobe 波（X、Z 双向）；WN 为白噪声扫频。

第一阶段试验进行了三次均匀土-桩基-单柱质量块动力相互作用体系（PC20S、PC20 和 PC10 试验，其中，P 表示基础采用桩基，C 表示上部结构采用单柱，20 表示相似比为 1∶20，10 表示相似比为 1∶10，S 表示土体经过固结）和两次均匀土-箱基-单柱质量块动力相互作用体系（BC20 和 BC10 试验，其中，B 表示基础采用箱基，C 表示上部结构采用单柱）的振动台模型试验；第二阶段试验进行了两个分层土-桩基-高层框架结构动力相互作用体系（PS20 和 PS10 试验，其中，P 表示基础采用桩基，S 表示上部结构采用 12 层高层框架结构）和一个分层土-箱基-高层框架结构动力相互作用体系（BS10 试验）的振动台模型试验；第三阶段进行了较硬分层土-桩基-高层框架结构动力相互作用体系（PS20H 和 PS10H 试验，其中，P 表示基础采用桩基，S 表示上部结构采用 12 层高层框架结构，H 表示较硬分层土）的振动台试验。为了对比，在第二、三阶段试验中还进行了刚性地基上框架结构的对比试验。三个阶段试验，构成地基土质从软到硬的结构-地基动力相互作用体系（SSI）振动台系列模型试验，获得了丰富的试验成果[21-26]。

7.4.4　模型试验中得到的主要结论

1. 不同土性的 SSI 试验现象

1）宏观反应现象

三个阶段试验中的宏观反应现象基本一致，在较小台面加速度输入时，容器及土体反应较小，振动不大，上部结构的位移反应也不大；随着台面输入加速度峰值的增加，土体、结构的反应增大；在不同地震动输入情况下，土体及上部结构的地震动反应以在上海人工波输入下最大，El Centro 波输入下反应较小，而 Kobe 波的反应最小。

2）结构沉降现象

不同土性的三个阶段 SSI 试验中观察到的结构沉降现象各不相同。

在第一阶段试验中，土体为均匀软弱土层，桩尖位于软弱土中，桩基为摩擦桩，

PC20S、PC20 和 PC10 试验中均观察到较大的结构沉降。随着振动工况的进行，沉降量不断增加；前几级工况时沉降快，而后趋于稳定。在整个试验过程中，桩基承台面基本保持水平，这与采用桩基的实际工程结构在地震过程中尽管有沉降但倾覆较少的震害现象是一致的。

第二阶段 PS20、PS10 试验中的结构沉降和倾斜量相对较小，整个试验过程中，桩基承台面基本保持水平，结构没有倾斜；在强震下，结构也发生了不均匀沉降而倾斜，但沉降和倾斜量均比第一阶段试验的情况小。第三阶段 PS20H 和 PS10H 试验的整个试验过程中，桩基承台面基本保持水平，结构基本没有沉降。

第二、三阶段试验中的结构沉降和倾斜量相对较小的原因是该体系的土体为分层土，桩尖位于压缩模量较大的砂土中。而第三阶段试验采用的土体较硬，所以结构基本没有沉降。由此可见，地基土越软弱，振动激励下结构沉降和倾斜越大。在工程设计中，采用端承桩或将桩尖置于相对较好的土层，对减小地震中的沉降和倾斜震害是很有利的。三个阶段的试验现象与实际震害的规律一致。

3) 上部结构中的裂缝

第一阶段试验的上部结构采用单柱，试验中上部结构上没有发现任何裂缝。第二阶段 PS20 和 PS10 的两次试验中，在前 22 个工况下(相当于原型体系所受激励小于等于八度时)，在上部结构上没有发现任何裂缝，之后随振动激励增大，上部框架结构梁柱上出现裂缝并发展。第三阶段 PS20H 和 PS10H 试验两次试验中，在前 16 个工况下(相当于原型体系所受激励小于八度时)，在上部结构上没有发现任何裂缝，之后随振动激励增大，上部框架结构梁柱上出现裂缝并发展。比较两个阶段试验中上部框架结构上裂缝发生、发展过程及裂缝形态，并与刚性地基上的试验(S10、S10P 和 S10H 试验)比较，其裂缝形态均相似，但地基土越硬，裂缝出现越早，裂缝发展也越严重。而刚性地基上框架结构裂缝出现最早，裂缝发展也最严重。

这可以从地震动能量的传递角度做出解释，当地基土较硬时，地基土阻尼小，对能量的耗散能力弱，因此地基土传递振动的能力较强，地震动的能量可更有效地传递到上部结构，造成较硬场地土时裂缝出现较早，裂缝发展也较严重。当为刚性地基时，地震动能量完全传递到上部结构，造成此时上部结构开裂情况最为严重。

4) 桩基中的裂缝

在各次试验结束后，挖出桩体，均发现沿桩身分布着较多的水平裂缝，其裂缝形态在三个阶段试验中基本相似，但由于土层不同也存在不同之处。

三个阶段试验中桩基裂缝的基本形态都是，桩身上部区段的裂缝较密，桩尖裂缝较少或没有裂缝；在沿振动方向的三排桩中，两排边桩的裂缝较多、缝宽也较大，中排桩的裂缝相对略少、裂缝宽度也略小；从每根桩的裂缝形态看，裂缝在垂直于振动方向的面上基本贯通，而在平行于振动方向的面上则常常不贯通，裂缝呈现典型的弯曲裂缝的形态。

在第三阶段 PS20H 和 PS10H 试验中，由于除输入单向激励外还施加了双向和三向激励，因此，除了中间桩裂缝相对略少、裂缝宽度也略小，其他各桩均为边桩，裂缝较多、缝宽也较大，这是由于输入激励不同引起的桩基裂缝差异。同时，在 PS20H 和 PS10H 试验中，桩基穿过砂土层和粉土层的分界面，在该处的裂缝较多、缝宽也较大，这是由于地基土性不同，导致此处的地基土振动情况在分界面发生突变，引起分界面处的桩基裂缝差异。

5）“喷水冒砂”现象

三个阶段试验中，由于地基土体组成和土性的不同，“喷水冒砂”现象各不相同。

第一阶段地基土为含水量很大的均匀粉土，在试验中可明显观察到土体变软，在PC10试验中还观察到土体表面有明显的顺振动方向的纹络，表明土体已发生结构性破坏，并由此引起了较严重的结构整体沉降，这与众多软土地基上的震害现象一致。在试验过程中没有砂土或粉土在地震中发生液化时所表现的典型的“喷水冒砂”现象，而是随着试验进行的同时出现析水现象。在试验结束后的静置过程中继续完成土体析水和孔隙水压力消散的过程。主要原因是：土体上部没有不透水层，因为振动产生的孔隙水很快从土体的上部消散掉，所以试验没有出现“喷水冒砂”现象，而是出现析水现象。

图7.32　PS10试验中“冒砂”现象

第二阶段的PS10试验过程中观察到了如同砂土或粉土在地震中发生液化时所表现的“冒砂”现象。由于土中传感器引出线穿过该黏土层，形成薄弱处。在强震激励下，粉土层发生液化，水带着粉土颗粒首先从该薄弱处冒出，形成“冒砂”现象，如图7.32所示。在试验结束后的静置过程中仍有土体析水和孔隙水压力消散的过程。主要原因是：该试验中，中间层土为易液化的粉土，在地震激励下，粉土层中的孔隙水压力不断上升，而上层土又为不透水黏土层，孔隙水无法从上部排出，因而孔压比不断上升，出现地基土液化时的“冒砂”现象。

第三阶段PS20H和PS10H试验中，没有观察到第二阶段PS10试验中那样如同砂土或粉土在地震中发生液化时所表现的“冒砂”现象。孔隙水压力计实测的粉土中孔隙水压力随振动激励而有所增大，但不明显。在试验结束的静置过程中也没有明显的析水现象。主要原因是：尽管中间层土仍为易受振动扰动的粉土，但黏粒含量大且含水量较小，同时上层不透水的黏土层较厚，使得上覆压力增大，引起该粉土层不易液化。

通过试验可见，随着输入振动的进行和激励的增大，土体中的孔隙水压力或多或少都会上升，但其上升程度与土体组成及其含水量密切相关，可能仅表现为孔隙水压力的略为上升（如第三阶段试验），也可能表现为随着试验进行的同时出现显著的析水现象（如第一阶段试验），若条件具备，还可能表现为“喷水冒砂”现象（如第二阶段试验）。

2. 不同土性SSI模型的动力特性

三个阶段的地基土性由软到硬，为了分析不同土性条件的SSI对动力特性的影响，现将每一阶段各取一个试验中实测的部分工况下的土体和相互作用体系的频率和阻尼比列于表7.3。

表 7.3　各阶段部分试验中土体和相互作用体系的频率和阻尼比

阶段	试验	序号	工况代号	土表面测点		结构柱顶测点		刚性地基上结构频率/Hz
				频率/Hz	阻尼比/%	频率/Hz	阻尼比/%	
一	PC20S试验	2	EL1a	1.709	7.446	3.662	12.829	28.193
		7	EL1b	1.587	12.369	3.296	13.034	21.131
		12	EL1c	1.465	12.085	3.174	13.069	15.424
		17	EL1d	1.099	13.742	3.052	14.070	12.733
		22	EL2a	0.732	16.859	1.831	15.341	28.193
		38	EL3a	0.610	17.365	0.732	16.693	28.193
二	PS10试验	1	1WN	4.656	16.078	2.643	9.816	3.273
		10	10WN	3.775	18.120	2.139	12.586	3.147
		16	16WN	2.391	26.647	1.636	16.616	2.895
		22	22WN	1.384	37.002	1.384	15.964	2.644
		28	28WN	1.133	26.976	1.258	17.198	2.267
		34	34WN	1.007	29.431	1.133	21.770	2.014
		40	40WN	1.007	27.091	1.133	18.636	1.762
三	PS10H试验	1	1WN	4.982	5.385	2.616	5.745	3.492
		16	16WN	3.861	7.490	1.868	8.797	2.494
		25	25WN	3.363	14.218	1.246	14.334	1.622
		34	34WN	2.865	14.659	0.872	10.084	1.247
		43	43WN	2.616	2.549	0.872	16.566	1.123
		52	52WN	2.367	2.728	0.747	11.708	0.997
		61	61WN	2.118	3.142	0.747	19.503	0.997

通过三个阶段的试验，在不同的地基土性条件下，均得到如下相同的规律：SSI 体系的频率小于刚性地基上不考虑 SSI 的结构自振频率，而阻尼比则大于结构材料阻尼比，表现了 SSI 对体系动力特性的影响；而且，随试验振动次数增加和输入激励峰值增大，土体与体系的频率都下降，阻尼比增大。

然而，三个阶段的试验中，由于地基土性条件不同，SSI 对动力特性的影响在程度和机理上存在差异。尽管由于影响因素非常复杂，且各次试验的加载工况也不完全相同，给出定量分析比较困难，这里仍试图通过比较实测结果做一些初步的讨论分析。

(1) 比较表 7.3 中三个试验中土表面测点所得频率，地基土性由软到硬，土体频率增大。而且，土性越软弱，随试验振动次数增加和输入激励峰值增大，土体频率下降的程度越大。这与土的组成及其动力特性密切相关，是地基土随振动激励而非线性发展的表现。

(2) 比较第二、三阶段与第一阶段结果，第二、三阶段试验中体系频率小于刚性地基上不考虑 SSI 的结构自振频率的程度远没有第一阶段试验情况时的大。原因在于：在第一阶段试验中，上部结构采用刚度较大的单柱，自振频率很大，而地基很软弱；在第二、三阶段试验中，上部结构采用框架结构，自振频率与土体频率较接近；而体系频率取决于结构、地基和基础三者的频率特征。另外,在第二、三阶段与第一阶段试验中体系频率随着振动次数下降的机理也有所不同:第一阶段试验中,作为上部结构的柱子在整个试验过程中均未出现任何裂缝,体系频率随振动次数下降是土体软化和桩基裂缝发展两者的共同结果;而在第二、三阶段试验中,作为上部结构的高层框架结构在整个试验过程中出现裂缝,刚度降低,体系频率随着振动次数下降是土体软化、桩基裂缝发展和框架结构裂缝发展三者的共同结果。

(3) 比较第三阶段与第二阶段试验,PS10H 与 PS10 试验仅地基土不同,其他条件均基本相同。在第三阶段的 PS10H 试验中,所采用的地基土较硬,土表面测点实测的频率也较大,且随试验振动次数增加和输入激励峰值增大土体频率下降的程度要小。另一方面,作为上部结构的高层框架结构在整个试验过程中较早即出现裂缝,且随振动次数增加裂缝发展迅速,结构刚度降低,体系频率随着振动次数的下降甚至比土体频率下降还快。

在第二、三阶段试验中,均实测了模型在各阶段的振型曲线。其振型具有如下特点:由于结构-地基动力相互作用,基础处明显存在平动和摆动;上部结构的第一阶振型以剪切型为主。随输入地震动加速度峰值的提高,土体不断软化,基础平动增加;由于上部框架结构中裂缝发展,刚度下降,振型幅值零点的位置下移,第一阶振型的剪切型特征越突出。

图 7.33 对比给出 PS10、PS10H 和 S10、S10H 试验中模型在第一次和第二次白噪声扫描时实测的振型曲线。从图中看到,考虑 SSI 的 PS10、PS10H 模型的振动形式与不考虑 SSI 的 S10、S10H 模型的振动形式的最主要差异在于,PS10、PS10H 模型在基础处存在平动,上部结构的第一阶振型以剪切型为主,含有刚体平动和摆动的成分。地基土越软,这一特性越明显。在第三阶段的 PS10H 试验中,土体较硬,且桩基础支承于较密实坚硬的砂土层中,转动和平动因此都较小。在第一次白噪声扫描时,地基土的非线性均尚未发展,PS10 和 PS10H 模型的实测振型曲线总体上相当接近;随输入激励次数增加,地基土越软,非线性发展越快,土体产生的水平位移就越大,因此基础平动特性表现得更明显。

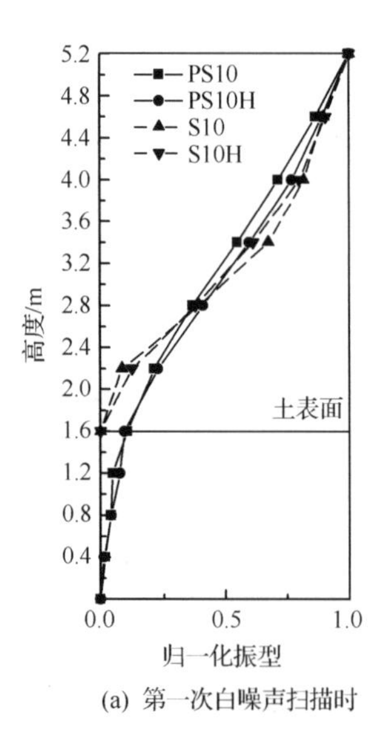

(a) 第一次白噪声扫描时

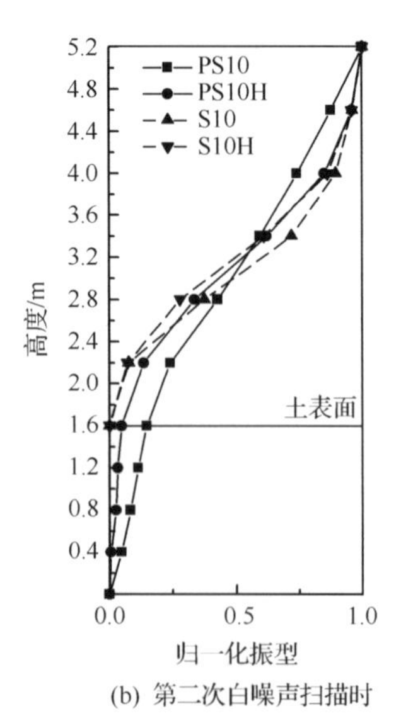

(b) 第二次白噪声扫描时

图 7.33 振型曲线对比

3. 不同土性SSI的加速度反应分析

不同土性的三个阶段SSI试验均实测了不同高度处的加速度反应，作者在文献[21]～[26]中分别进行了较详细的分析，这里侧重分析不同土性条件的SSI的加速度反应异同。

1）加速度峰值放大系数

图7.34给出三个阶段试验中在单向地震动输入时不同高度处的加速度反应峰值放大系数与测点高度的关系曲线。

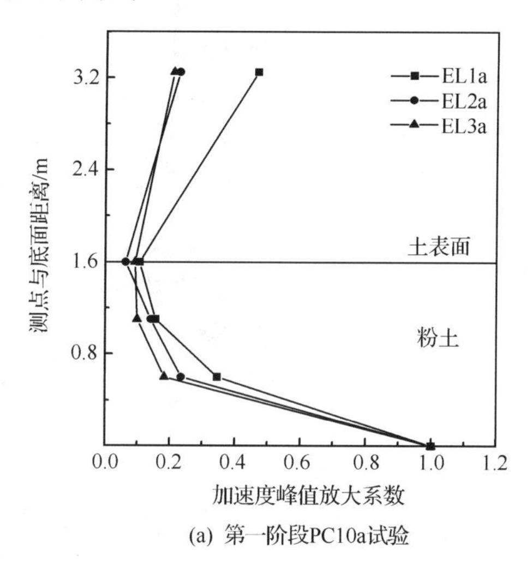

(a) 第一阶段PC10a试验

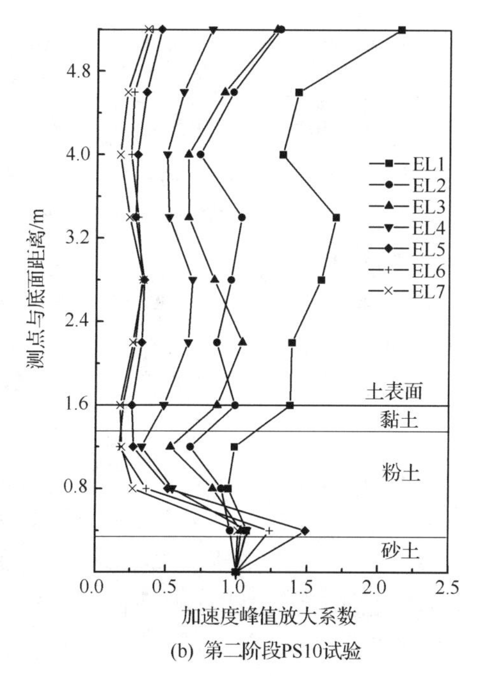

(b) 第二阶段PS10试验

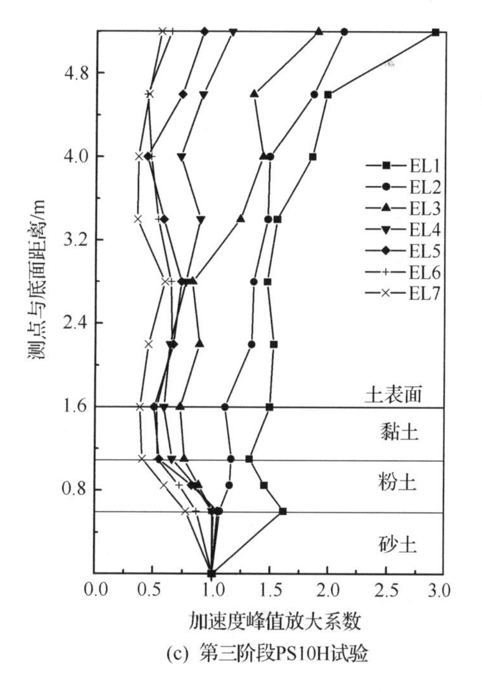

(c) 第三阶段PS10H试验

图7.34　不同高度处加速度峰值放大系数(不同峰值单向El Centro波输入)

对不同土性条件的SSI体系，加速度反应的峰值放大系数均有如下规律：①随着输入加速度峰值的增加，加速度峰值放大系数减小；②在相同峰值的加速度输入时，上海人工波激励下的反应比El Centro波或Kobe波激励下的反应大；③在第二、三阶段试验中，单向、双向和三向激励下，体系在水平向的加速度反应峰值放大系数分布曲线没有明显的差别。

由于三个阶段试验的地基土性不同，SSI体系加速度反应的峰值放大系数分布规律也存在不同。

(1) 在第一阶段试验中，地基土为含水量很大的软弱均匀粉土，在较小的振动激励下，土体即软化、非线性发展，土传递振动的能力很弱，粉土软弱土层起减振隔震作用。随着各测点离底面的距离增加，土体的加速度峰值放大系数减小，承台顶面测点的反应最小；而上部结构的反应比承台顶面测点的反应大。整个体系的加速度峰值反应在高度上呈K形分布(图7.34(a))。相对于台面输入的加速度峰值，各点的加速度峰值放大系数基本上均小于1。

(2) 在第二、三阶段试验中，地基土为自下而上分别为砂土、粉土和黏土的三层分层土，其加速度反应峰值放大系数分布规律总体上相似，而与第一阶段均匀土中试验的情况不同。对于土体部分，土层传递振动的放大或减振作用与土层性质、激励大小等因素有关。对于砂土层，在小震时起放大作用，中震时变化不大，而在大震时可能起减振作用；对于中间粉土层，在很小的地震动激励时也可能起放大作用，由于在地震动激励下该层土很快软化、非线性发展，刚度下降，因此该软弱土层基本上起减振隔震作用，使加速度反应峰值放大系数减小；对于最上层黏土层，基本上变化不大或略起放大作用。对于上部框架结构，各层加速度反应峰值明显不同，这是基础平动和摆动引起的结构反应和结构多振型反应的复合结果。

(3) 对比第二、三阶段试验实测的加速度反应峰值放大系数分布曲线，在第三阶段试验时，三层分层土地基土中，软弱粉土层厚度减小，而较硬的砂土和黏土层厚度增大，整个地基土性相对较硬，其加速度反应峰值放大系数比第二阶段试验时的结果大，中间粉土层同样起减振隔震作用，但程度相对要小。在第二阶段试验中，大震时，由于土体起明显的隔震作用，结构反应已相当小(图7.34(b))。出现这一现象的主要原因是第二阶段土体的孔隙水压力发展要大于第三阶段试验，因此土体的软化更加明显。

以往的研究表明，土体对地震动一般起放大作用，而本节试验得到了“土层对地震动不一定起放大作用，也可能起隔震作用”的结论，这与1995年1月17日日本阪神地震中记录的加速度时程曲线所反映的规律一致。图7.35给出土层分布以及测点布置情况，图7.36给出地震记录的加速度时程曲线，图7.37给出加速度峰值和剪切波速沿深度的分布。由图中可看出，东西方向的加速度峰值从A4点到A3、A2点不断变大，而从A2点到A1点加速度峰值减小；南北方向的加速度峰值从A4点到A3点减小，从A3点到A2点加速度峰值略微变大，而从A2点到A1点加速度峰值减小。

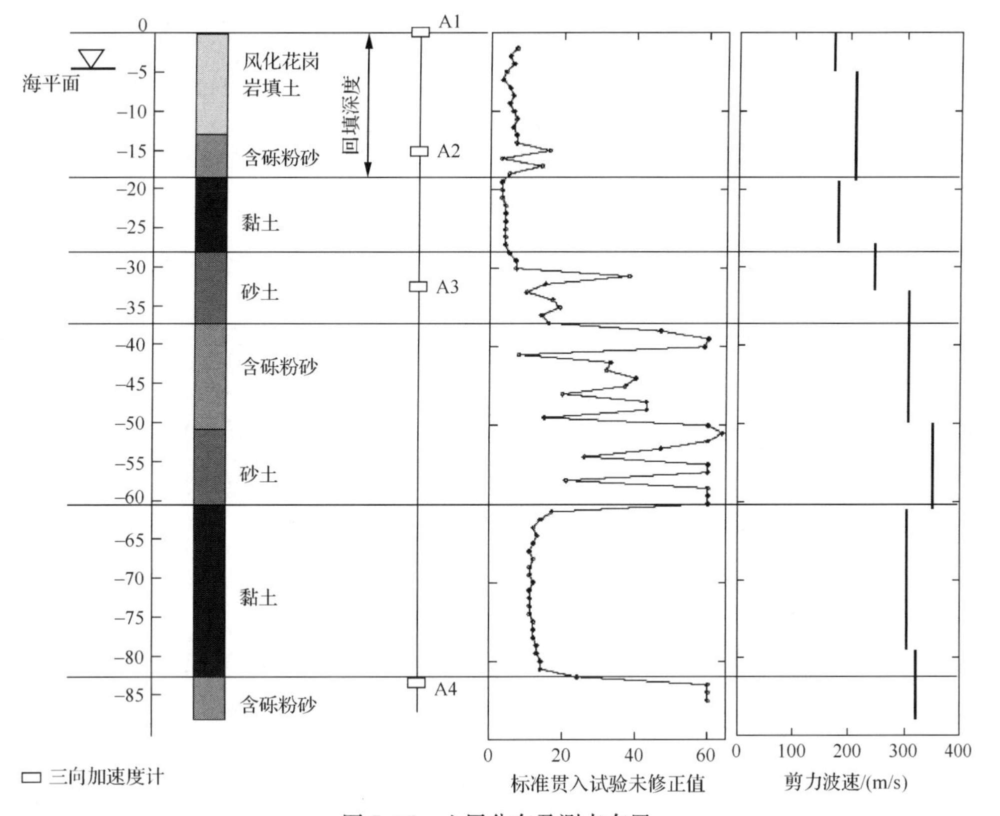

图 7.35　土层分布及测点布置

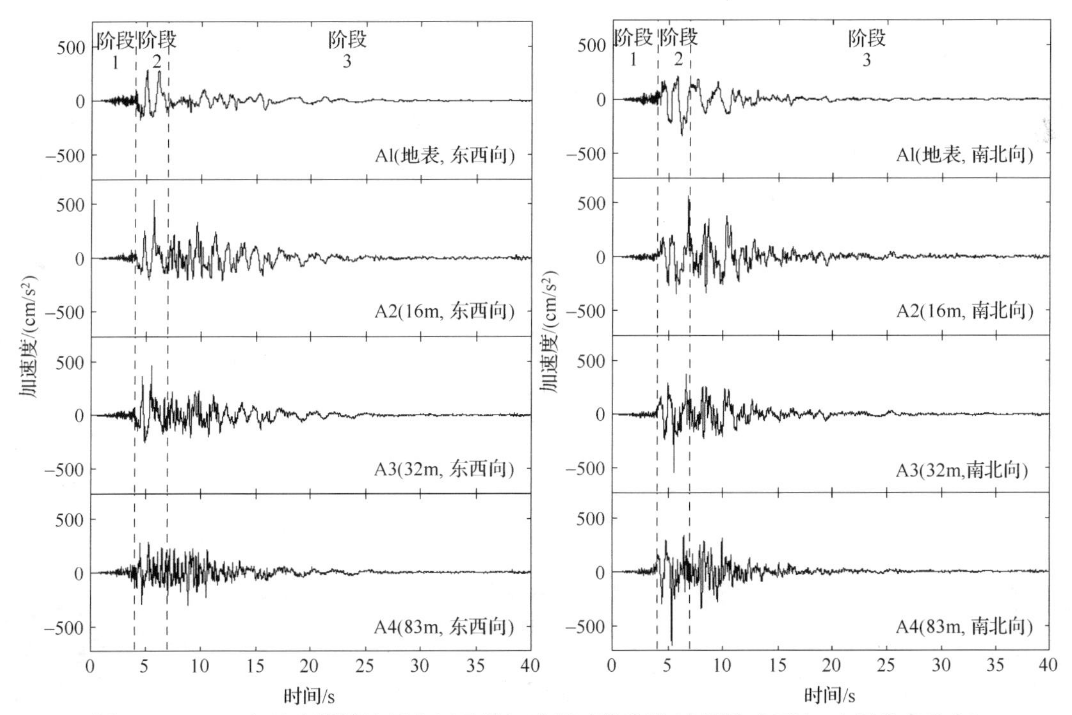

图 7.36　1995 年日本阪神地震中记录的加速度时程曲线(左图为东西向,右图为南北向)

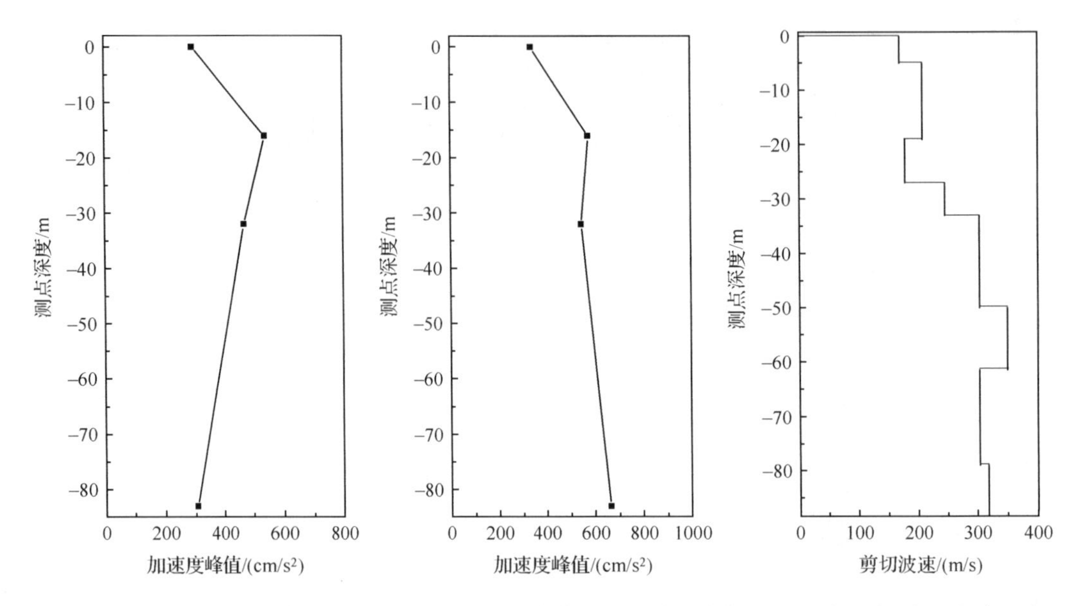

图 7.37　1995 年日本阪神地震中沿土层的加速度峰值及剪切波速分布(左图为东西向,中图为南北向)

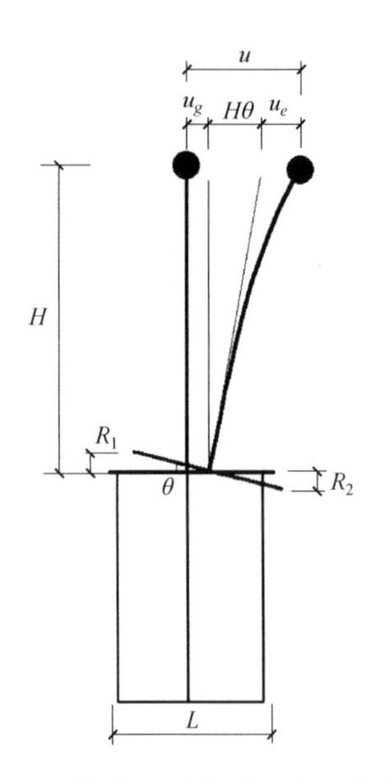

图 7.38　结构顶层位移反应组成分析

2) 结构顶部加速度反应组成分析

结构顶层加速度由基础平动、基础转动引起的摆动和结构变形三部分组成(图 7.38)。

$$\ddot{u} = \ddot{u}_g + H\frac{\ddot{R}_1 - \ddot{R}_2}{L} + \ddot{u}_e \qquad (7.3)$$

式中,$\ddot{u}$ 为结构顶层总加速度反应,为结构顶层中点 A7 水平方向的加速度计算结果;$\ddot{u}_g$ 为结构底面平动加速度反应,为承台顶面中点 A1 水平方向的加速度计算结果;$\ddot{R}_1$、$\ddot{R}_2$ 为基顶 R_1、R_2 点的竖向加速度计算结果。

这样,上部框架结构变形分量 $\ddot{u}_e$ 可由式(7.3)计算得到。

根据实测数据,与文献[22]一样,对三个阶段的 SSI 体系的结构顶部加速度反应进行了组成分析,得到如下规律。

(1) 在第一阶段试验中,地基土为软弱均匀土,上部结构为刚度很大的单柱,因此柱顶加速度反应主要由基础转动引起的摆动分量 $H\ddot{\theta}$ 组成,平动分量 $\ddot{u}_g$ 次之,上部结构的变形分量 $\ddot{u}_e$ 很小。柱顶总加速度反应 $\ddot{u}$ 与由基础转动引起的摆动分量 $H\ddot{\theta}$ 很相似。

(2) 在第二、三阶段试验中,地基土为由砂土、粉土和黏土组成的三层分层土,上部结构为比第一阶段试验中所采用单柱刚度小的高层框架结构,结构顶部加速度反应组成与第一阶段试验中的情况不同。由于框架结构的刚度不大,结构的变形分量 $\ddot{u}_e$ 较大,其次是由基础转动引起的摆动分量 $H\ddot{\theta}$ 和平动分量 $\ddot{u}_g$。从时程图可以推测，平动分量和由基础转动引起的摆动分量与结构的变形分量不同步，可能同相也可能反相，在时程上有相互叠加或相互抵减。

(3) 随输入加速度峰值的增大，各分量的频谱组成向低频转移。在第二阶段试验中，以摆动分量和平动分量的频谱组成向低频转移比较显著；在第三阶段试验中，以结构的变形分量的频谱组成向低频转移比较显著。这是因为在第二阶段试验中，由于分层土以粉土为主，随着输入激励的增大，土体软化、非线性发展，地基基础的转动刚度和平动刚度下降较明显，而上部框架结构裂缝较细小，因此各分量的频谱组成向低频转移的现象以摆动分量和平动分量比较显著；而在第三阶段试验中，土体较硬，且桩基础支承于较密实坚硬的砂土层中，转动和平动都较小，随着输入激励的增大地基基础的转动刚度和平动刚度下降也较小，而上部框架结构裂缝发生和发展显著，结构刚度下降，因此各分量的频谱组成向低频转移的现象以结构的变形分量比较显著。

4. 土中孔隙水压力变化

地基液化的震害现象早已为人熟知，强烈液化的宏观标志是“喷水冒砂”和建筑物严重沉降、失稳。试验中采用的砂质粉土是易液化土，在一定的地震动激励下可能液化。在第一阶段试验中，没有发生“喷水冒砂”现象，但观察到土体的明显软化，基础和上部结构严重沉降、倾斜，实测的土体频率下降。分析其原因是，在振动激励下，一方面土体非线性发展，另一方面则是土中超孔隙水压力上升，导致有效应力下降，土的剪切模量和剪切强度降低。土体尽管没有“喷水冒砂”的宏观现象，但处于向液态发展而液态尚未完全达到的作用变化过程中。

第一阶段试验中没有埋设孔隙水压力计，因此没有获得土中孔隙水压力变化的数据。为了获得试验中孔隙水压力的变化数据，在第二阶段试验的砂土层和砂质粉土层中埋设了六个高灵敏度孔隙水压力计(测点位置见图 7.30)，实测了土中孔隙水压力变化的情况。实际上，在第二阶段的 PS10、BS10 试验中，观察到了“冒砂”现象，在振动台上再现了砂质粉土的液化现象。

在地震作用下，土中孔隙水压力变化的实测资料目前并不多见。本节给出 PS10 试验中关于孔隙水压力的部分实测数据，初步了解地震激励下土中孔隙水压力的变化规律，进而了解结构-地基动力相互作用体系中土体性能改变的机理。

1) 整个试验过程中土中孔隙水压力随输入次数的变化

图 7.39 为 PS10 试验中各孔隙水压力计测得的超孔隙水压力随振动次数的变化情况，测点位置如图 7.31(a)所示。土中超孔隙水压力变化有如下一些规律。

(1) 随振动激励次数的增加，土中超孔隙水压力增大。而且，前几次激励时增长较快，在经历了多次振动激励的地震作用过程后，超孔隙水压力增长趋缓。

(2) 土中孔隙水压力变化与测点深度、距基础中心线的远近、土的性质及基底约束作用等有关。深度大处，超孔隙水压力的增长变化较大，测点 H1、H4 和 H2、H5 的超孔隙水压力增长相对较大，而 H3、H6 的超孔隙水压力增长较小。H5 位于基础外，其超孔隙水压力增长明显小于基础正下方同一深度处的 H2 测点的结果，表明基础和上部结构的存在对超孔隙水压力的增长有影响。H3 点为基础承台下的“弹性核”区域内，由于上部结构在该区域内产生的围压较大，使剪切变形较小，其超孔隙水压力反应值较小。测点 H1 和 H4 位于下层砂土层，该层的透水性好，两点的超孔隙水压力因位置不同而产生的差异较小。

(3) 对照激励工况(参见表 7.2)分析图 7.39 可见，超孔隙水压力的每次较大增长均发生在上海人工波激励的工况，而在 El Centro 波或 Kobe 波激励时变化较小。

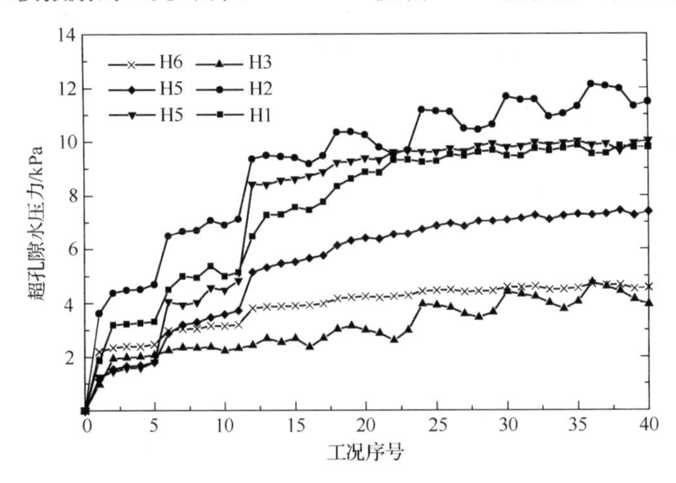

图 7.39　超孔隙水压力随工况变化(PS10 试验)

2) 地震中土中超孔隙水压力的时程变化

图 7.40 为 PS10 试验中 SH4 工况下不同位置测点得到的超孔隙水压力时程(经零线校正，图中各时程图的排列与测点的相对位置一致)。可见，超孔隙水压力的波形形状与土质有关，H1、H4 点位于砂土中，H2、H3、H5 和 H6 点位于砂质粉土中，同类土中的超孔隙水压力时程波形相似，不同土中则明显不同；超孔隙水压力响应的频率很低，振动衰减较快；位于结构下方测点测得的超孔隙水压力响应峰值比相应高度的结构外测点的略大，其中 H2 点峰值最大。

图 7.41(a)为相同加速度峰值的不同地震动输入时测得的超孔隙水压力时程(经零线校正)，可见在上海人工波激励下的反应幅值明显大于 El Centro 波激励下的反应幅值，而 Kobe 波激励时的反应幅值最小，表明土中超孔隙水压力变化与地震动激励的频谱组成有密切关系。另外还可见，在各种地震动激励下，超孔隙水压力反应的频率都很低。从图 7.41(b)可见，在相同地震动激励下，随输入加速度峰值增大，超孔隙水压力反应的幅值增大。

3) 地震作用后土中超孔隙水压力的短期变化

图 7.42 为在 PS10 试验不同阶段的部分工况后的短期内，各测点测得的超孔隙水压力增量随时间变化的情况。从图中看到，震后土中孔隙水压力不一定随振动的停止而立

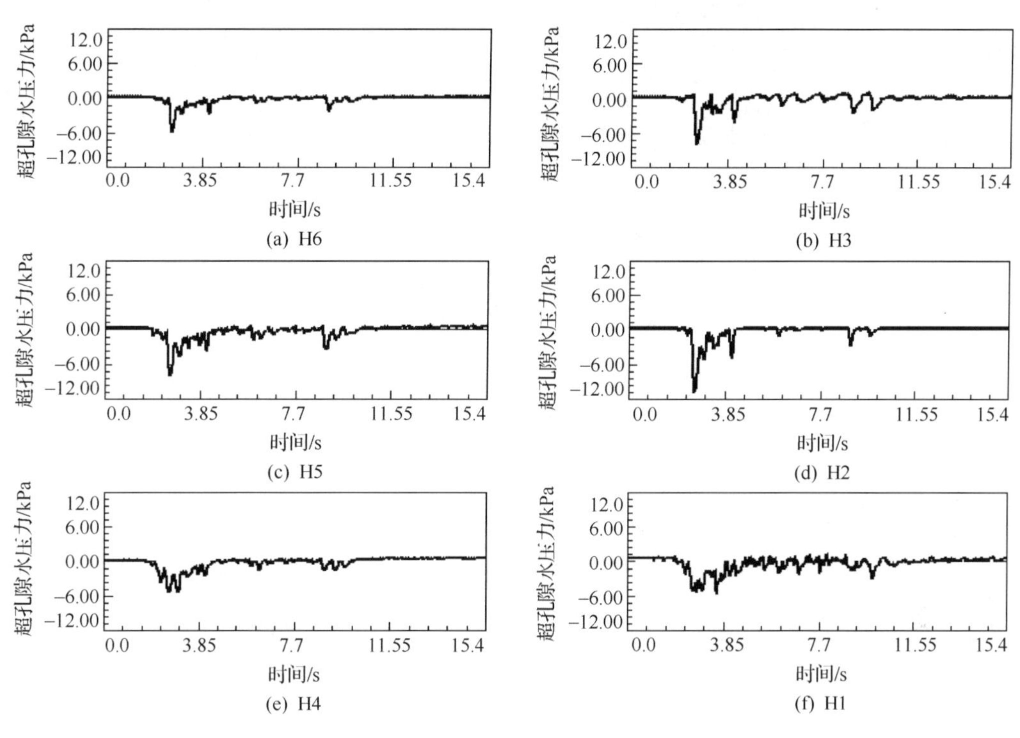

图 7.40 超孔隙水压力时程(PS10 试验、SH4 工况、不同位置测点)

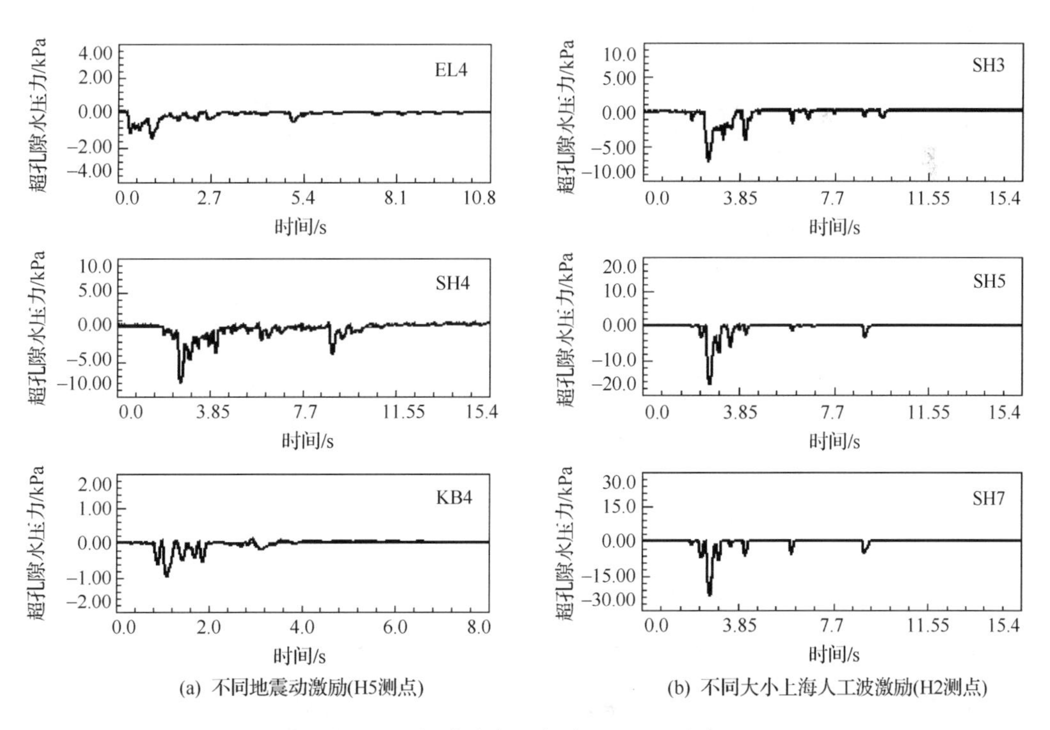

图 7.41 超孔隙水压力时程(PS10 试验)

即开始消散，在短期内可能继续增长。从图 7.42 分析得到的震后土中孔隙水压力短期变化规律如下。

(1) 在前几次较小的振动激励后，各测点的震后孔隙水压力在短期内略有增长；在经历了多次振动激励后，则表现为增长减缓或震后即开始消散。

(2) 震后超孔隙水压力的短期增长或消散规律与位置有关，结构下方 H1～H3 测点与基础外测点 H4～H6 的实测结果大小有明显差异，表明建筑物的存在及其在土中产生的附加压力对震后土中超孔隙水压力的短期增长消散和固结行为有较大影响。

(3) 震后超孔隙水压力的短期增长或消散规律与土性有关，位于透水性较好的砂土层中的 H1、H4 点较早地表现为随时间消散。

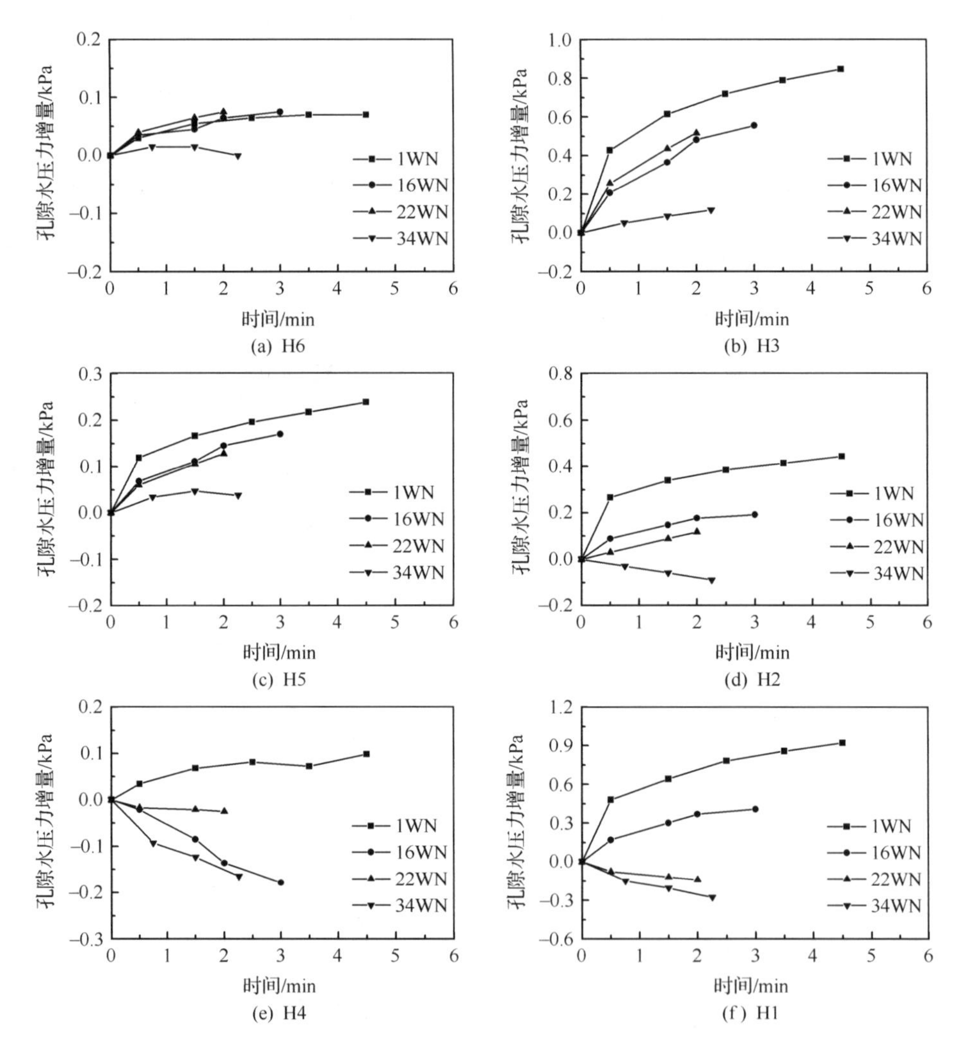

图 7.42 震后超孔隙水压力的短期增长或消散(PS10 试验)

分析上述现象的原因是，在振动激励下，土体处于不稳定的非线性变形中，土层表面出现沉降，当振动停止时，这种不稳定性并不能立即停止，变形继续发展，使孔隙水压力在震后表现出继续上升的现象；上部结构的沉降则会加剧该现象。而在经历了多次振动激励后，一方面在土体内微裂隙增多、渗透性提高，另一方面上部结构的沉降趋于稳定，震后孔隙水压力随振动的停止而开始消散。

另外，从图 7.41 可看出，随输入加速度峰值增大超孔隙水压力瞬态反应的幅值增大；而图 7.39 则表明在经历了多次振动激励后，即使在较大激励时超孔隙水压力的增长也趋缓。从震后土中孔隙水压力短期增长或消散的上述规律，可以理解这一看似矛盾的现象。

4) 土体有效应力变化

图 7.43 为 PS10 试验中 H4、H5 和 H6 测点处土体有效应力的变化情况。可见，在地震动作用下，土体有效应力急剧下降，抗剪强度减小；但当经历多次激励后，有效应力下降趋缓。其原因如前述。

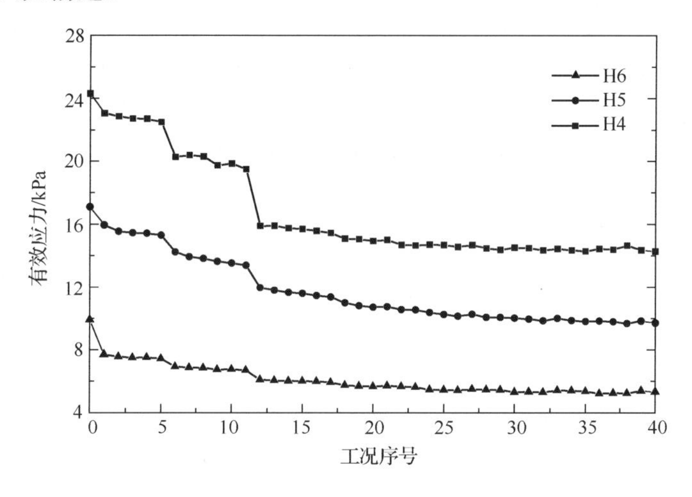

图 7.43　有效应力随工况变化(PS10 试验)

由此可见，在地震作用下，黏性土覆盖下的砂质粉土有较高的液化势。结合图 7.43 和超孔隙水压力瞬态变化图 7.40 可见，H6 测点可能首先液化。试验中正是在该点附近观察到“冒砂”现象。这与前人对饱和砂土所做试验的结果基本一致。

5) 下卧土层在模拟地震中超孔隙水压力发展的特征机理

(1) 液化或软化制约地震作用的输入。

试验中下卧土层超孔隙水压力的变化规律反映了不易透水层下土层的液化或软化的过程特征。当模拟地震作用强度较小时，土中超孔隙水压力水平较低，但由于上覆不易透水层的存在，孔隙水的排出受阻，使试验结果表现出在很小振动强度作用下，下卧土层中的超孔隙水压力明显上升、有效应力降低的现象；随着地震强度的增大，下卧土层中的超孔隙水压力不断升高，有效应力、抗剪强度和刚度不断降低，土体液化或软化程度不断发展；当地震强度增加到一定量值后，液化或软化的发展已导致振动台输入土-结构动力相互作用体系的实际动力作用受到制约，即液化或软化较大程度发展后的下卧层剪切刚度已不再能有效地传递不断递增的动力作用，体系实际接受的动力作用已不能按振动台输出作用的递增而明显提高，即模拟地震强度的递增作用已不能有效发挥。这时土中超孔隙水压力的变化主要受振动历时、微观排水发展条件等因素的影响,并在相反的效应下趋于稳定。因此,试验中表现出,当模拟地震强度提高到一定程度后,下卧层中超孔隙水压力不再显著增长而趋向于某一界定值。

(2) 短时间内固结特征机理。

图 7.42 反映出振动停止后短时间内,黏性土覆盖层下不同土层的三个固结特征:①较小强度地震激励后,下卧土层中的超孔隙水压力并不随振动的停止立即开始消散,而在振动停止后仍继续升高;②较大强度地震激励后,下卧土层中的超孔隙水压力在振动停止后的升高速率减小,甚至表现出下降的正常固结特征;③土性不同,上覆压力等因素的不同,地震强度对固结的影响作用不同。

土的组成及其结构不同、埋藏条件不同,都会造成固结过程不完全相同。试验中的砂质粉土除了含大量粉粒,也含有一定比例的黏性成分,与砂土相比,其透水性较小并存在一定程度的微观结构性。因此在同等强度地震激励后,其超孔隙水压力的消散速率要低于无黏粒含量、无结构性的砂土。

影响黏性土覆盖层下土层超孔隙水压力发展的主要因素如下。

① 地震方面因素。

地震条件是下卧土层超孔隙水压力发展的外因,包括地震动强度、历时和频率。一般来说,地震动强度越大,历时越长,则下卧土层超孔隙水压力越高,但存在界限值。频率影响也较大,如在本次试验中,上海人工波与同一地震强度下的 El Centro 波和 Kobe 波相比,对下卧土层超孔隙水压力的影响较大。

② 地基方面因素。

地基条件:其是下卧土层超孔隙水压力发展高低的内因,包括覆盖层的土质条件和下卧层的土质条件。

覆盖层条件:覆盖土层的黏性程度、厚度与软硬。一般覆盖土层的黏性、厚度、刚度或剪切波速越大,下卧层超孔隙水压力发展就越低。

下卧层条件:黏粒含量、渗透参数、密实度、土的结构强度与灵敏度。一般来说,黏粒含量增加,渗透系数减小,密实度和结构强度提高,超孔隙水压力发展及消散速率较低。

5. 相互作用体系中的一阶模态化趋势

1) 白噪声下的实测传递函数

测量点 l 与激励输入点之间的传递函数可表示为

$$H_{lp}(\omega)=\frac{u_l(\omega)}{f_p(\omega)} \tag{7.4}$$

式中,u_l 和 f_p 分别为测量点 l 的响应加速度谱和台面输入加速度谱。

图 7.44 给出了震前及不同强度模拟地震结束后,白噪声下(相应于表 7.2 中的 1WN、10WN、16WN 和 22WN)PS10 试验实测加速度传递函数曲线。

比较各阶段白噪声下实测加速度传递函数曲线,可以发现一个特殊的现象:随着模拟地震动力作用的发展,SSI 体系二阶以及二阶以上自振频率所对应的加速度放大系数逐

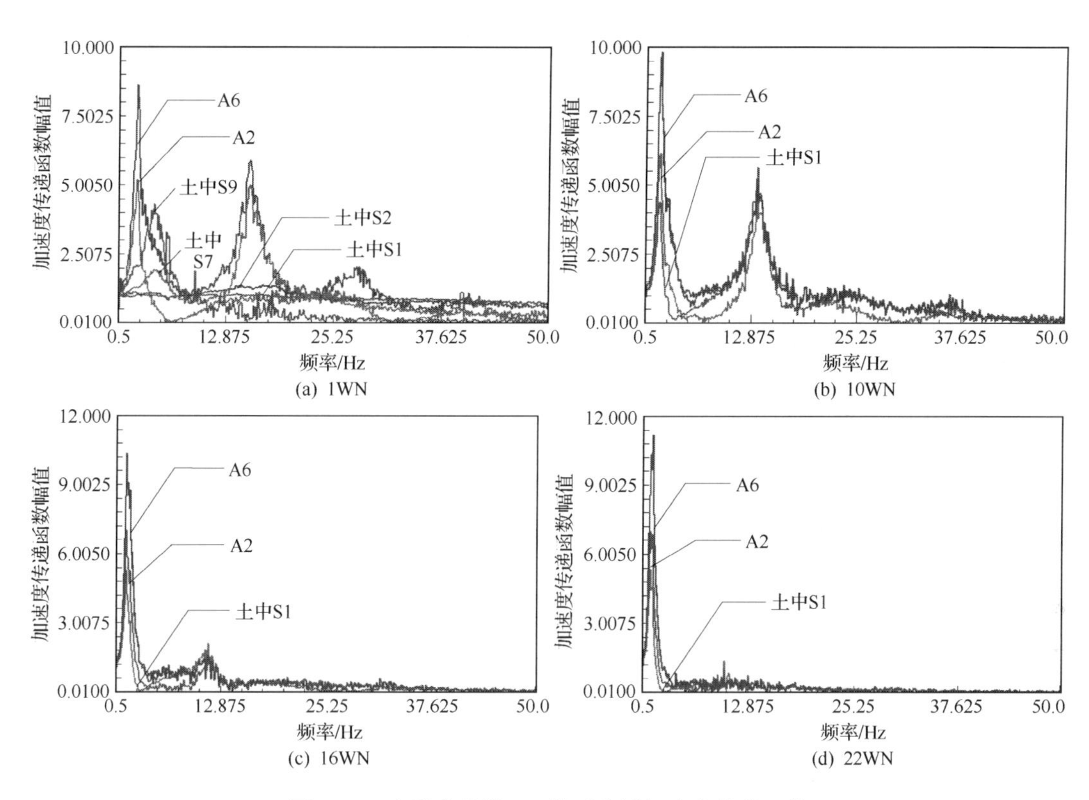

图 7.44　白噪声阶段 SSI 体系实测加速度传递函数

渐削弱，二阶以及二阶以上的合成模态逐渐消弱，即 SSI 体系的一阶模态化现象越来越明显。在一些现场动力特性实测中亦曾发现了类似的现象。实测结果表明，经历一定动力相互作用后，试验 SSI 体系已成为一个一阶模态十分明显的广义单自由度体系。

2) El Centro 波作用下的实测传递函数

为考察地震动力过程中的频谱规律，图 7.45 给出了各级模拟 El Centro 波下(相应于表 7.2 中的 EL2、EL3、EL4 和 EL5)PS10 试验的实测加速度传递函数曲线。

从各级 El Centro 波输入下的实测传递函数曲线可观察到，虽然因非线性的影响，体系下的振型已不存在，但在前一级白噪声扫描主频附近的加速度响应放大系数明显增大，其包络线外观的变化呈现出与白噪声扫描模态相似之处，即其二阶及二阶以上的振动分量，随着模拟地震作用的加强而逐渐消失，并且加速度响应峰值放大系数处的频率与震前白噪声扫描的基频接近(表 7.4)。模拟地震过程中的考察，进一步证实了试验 SSI 体系在动力作用下向广义单自由度体系的发展趋势。

表 7.4　峰值加速度放大系数处的频率　　(单位:Hz)

1WN	EL2	10WN	EL3	16WN	EL4	22WN	EL5
2.64	2.64	2.14	2.01	1.64	1.38	1.38	1.38

由动力学理论可知，多层结构一般需考虑多阶模态。当与土体“串联”后，其合成体系

在动力作用后表现出类似单自由度体系的现象，反映了 SSI 体系动力相互作用的特征。

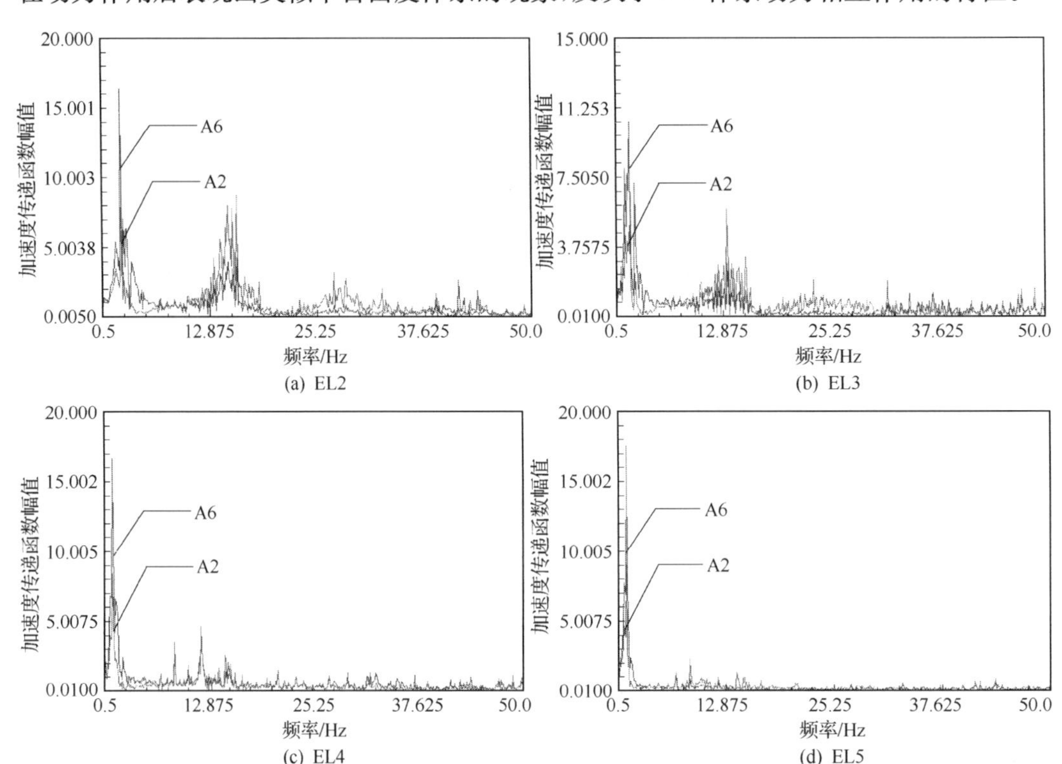

(a) EL2　(b) EL3　(c) EL4　(d) EL5

图 7.45　地震过程中 SSI 体系的实测加速度传递函数

7.5　动力相互作用体系的计算机模拟分析

国内外就结构-地基相互作用对结构地震反应的影响进行了多方面的研究，研究手段主要有理论研究、计算分析以及试验研究。但由于试验条件的限制、试验技术的不完善以及试验费用的高昂，使得试验研究进行得相对较少，而关于计算分析与试验的对照研究就更少。对计算分析和试验研究进行对照研究，一方面可以验证计算模型的合理性，同时也能验证试验方案的可行性及试验结果的可靠性，具有非常重要的意义。

如 7.3 节所述，地基-结构相互作用的分析方法可分为解析法和数值法，解析法仅能用于分析少量的简单问题，数值模拟方法可分为有限元法、边界元法、有限差分法与杂交法等。有限元法在解决地基-结构动力相互作用问题时是一个强有力的工具，它适用于复杂的结构形式、场地特性，也可以模拟土体的非线性以及结构-地基交界面上的状态非线性问题。随着计算机科学技术的发展，有限元法越来越受到研究人员的重视和青睐。

本节采用有限元方法，以 ANSYS 程序为计算分析的工具和平台，进行结构-地基动力相互作用的三维有限元时程分析研究工作。通用有限元程序 ANSYS 具有强大的建模网分以及后处理功能、完善的求解功能以及友好的界面和二次开发环境。利用通用有限元程序进行结构-地基动力相互作用的计算分析，存在的困难主要有土体边界条件的模拟、土体非线性的实现以及接触界面上状态非线性的模拟。

7.4节介绍的结构-地基相互作用体系的振动台模型试验，为本节进行的计算分析研究、验证计算模型和计算方法合理性研究打下了基础。对结构-地基相互作用振动台模型试验进行建模，是实现对模型试验进行计算机仿真和保证计算结果可靠的关键一步；而计算分析中所采用的计算方法，则会直接影响计算精度、计算稳定性和计算时间，在计算机仿真过程中也起着重要的作用。本节讨论利用ANSYS程序模拟再现结构-地基相互作用振动台模型试验的若干问题。

作者在SSI体系的振动台试验计算分析方面做的部分工作，分别发表于国际学术期刊 *Journal of Asian Architecture and Building Engineering* 和 *Canadian Geotechnical Journal* 上[25,26]，并获 *Journal of Asian Architecture and Building Engineering* 2002～2003年度优秀论文奖，2005年6月由中国、日本、韩国三国建筑学会颁布。

7.5.1　振动台模型试验的计算机模拟分析

1. 建模方法

本节着重讨论利用ANSYS程序对结构-地基相互作用振动台模型试验进行计算建模时，比较难实现的柔性容器的模拟、土体材料非线性模拟和土体与结构接触界面上的状态非线性模拟问题，同时还讨论了网格划分、阻尼模型的选取、对称性利用等问题。

1) 柔性容器的模拟

对结构-地基相互作用振动台模型试验进行建模时，应合理地反映柔性容器的性状。建模时容器侧壁采用三维壳单元划分。容器底部与振动台台面用螺栓可靠连接，可将容器底部视为与台面固结在一起。而且试验中在容器的钢底板板面上用环氧树脂粘上碎石，使其成为粗糙表面，减少了模型土与容器底面的相对滑移，计算建模时忽略土与容器底部之间的相对滑移，将土体底部近似考虑为固定端。圆筒外侧采用φ4@60钢筋做圆周式加固，目的是提供径向刚度，且允许土体做层状水平剪切变形，计算建模时将其考虑为：同一高度处沿圆筒周边的节点在地震动输入方向上(振动台 X 向)具有相同的位移，利用ANSYS软件中的自由度耦合功能实现。

为了检验上述建模方法和试验中柔性容器设计的合理性，对如下两种情况输入相同的El Centro波激励进行了计算：情况一为柔性容器(直径3m)中装高1.6m的土体，以此来模拟柔性容器；情况二为直径18m，高1.6m的圆柱形土体，以此近似模拟无限域土体。图7.46为无限域模拟与试验结果比较、柔性容器模拟与试验结果比较的土体表面正中点S19点沿 X 向的加速度时程比较图，可见吻合相当好。对土体中其他对应点进行比较，也得到了吻合较好的结果。通过试验结果与无限域模拟之间的比较，表明用此柔性容器能较好地模拟无限域土体，减小试验中的模型箱效应；通过柔性容器模拟与试验结果之间的比较，说明采用上述建模方法处理柔性容器是可行的。

2) 地基动力本构模型和材料非线性模拟

结构-地基动力相互作用分析中的非线性分析是促进相互作用分析结果走向实用的关键，其重要性已得到了公认并引起了广泛的关注和重视。相互作用问题主要存在两种非线性：一种是由于土体介质的非弹性引起的材料非线性，可以通过选取合适的地基动力本构模型实现；另一种是由于基础（或结构）与其周围土体之间产生滑移、脱离、再闭合而造成的状态非线性。

地基模型即土的本构关系，是土体在受力状态下的应力-应变关系，实际上它是土体内应力、应变、应变率、应力水平、应力历史、应力路径、加载率、时间及温度等一系列因素之间的函数关系。合理选择地基模型是相互作用分析中非常重要的问题。

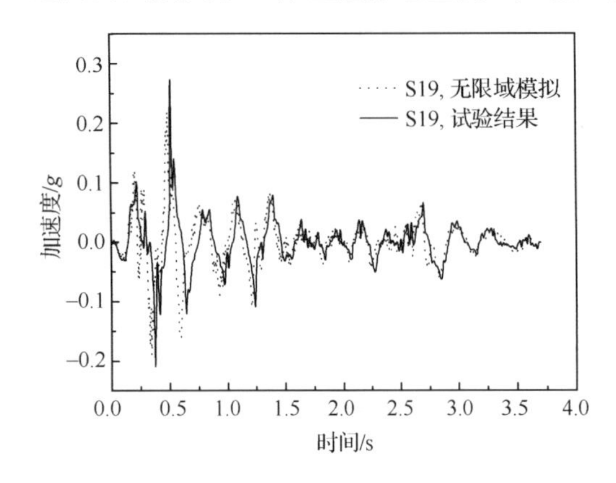

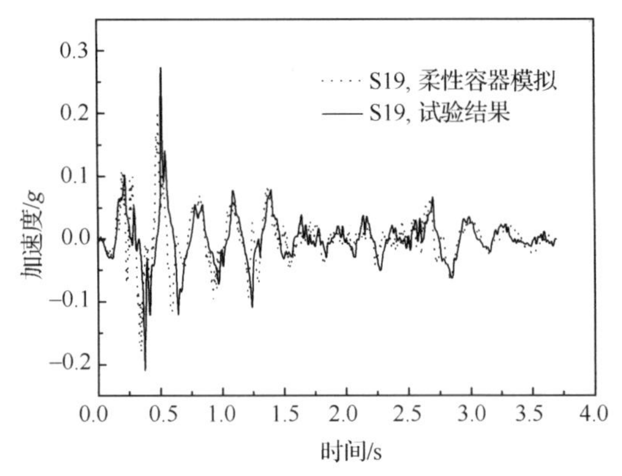

图 7.46　土表中点 S19 的加速度时程比较

地基模型可分为静力地基模型和动力地基模型两大类。静力地基模型主要有线弹性地基模型（如 Winkler 地基模型、弹性半无限体地基模型、分层地基模型、层状横向各向同性弹性半无限体地基模型等）、非线性弹性地基模型（邓肯-张模型（Duncan-Chang model））和弹塑性地基模型（剑桥模型（Cambridge model）、拉特-邓肯模型（Lode-Duncan model）以及依照拉特-邓肯模型提出的上海土弹塑性地基模型）。动力地基模型主要有双线性模型、等效线性模型、Iwan 模型、Martin-Finn-Seed 模型和内时模型等。

模型的选取，不仅要考虑其能否比较真实地反映在给定环境下土的物理-力学特征，而且还要考虑是否可以获得该模型中所包含的参数的可靠数据。此外，还要考虑计算机的容量、速度以及计算费用与计算结果有效性之间的关系。采用得较多的模型有给定恢复力特性表达式模型，如 Hardin-Drnevich 模型、Ramberg-Osgood 模型、Martin-Davidenkov 模型等；弹塑性理论模型，如运动帽盖模型、多屈服面模型等，以及有效应力模型。而在描述土体非线性方面，等效线性模型具有概念明确、应用方便等优点，在实际中应用最为广泛。

本节采用等效线性模型，计算时首先假定各层土的一对动剪切模量 G_{d1} 和阻尼比 D_1，据此算出相应的有效动剪应变 γ_{d1}，根据此 γ_{d1} 值在土的动剪切模量 G_d 和初始动剪切模量 G_0 之比 G_d/G_0 与有效动剪应变 γ_d 关系曲线 G_d/G_0-γ_d、阻尼比与有效动剪应变关系曲线 D-γ_d 上找出对应的动剪切模量 G_{d2} 和阻尼比 D_2，重复以上步骤直至前后两轮的动剪切模量和阻尼比相差在允许范围内。由于动剪应变随时间而变化，若以其最大值作为查找对应的动剪切模量和阻尼比，未免过于保守，计算时取 0.65 倍的最大动剪应变为有效动剪应变 γ_d，作为查找对应的动剪切模量和阻尼比的依据。为加快收敛速度，起先假

定的动剪切模量 G_{d1} 和阻尼比 D_1 应视给定的地震加速度强度而定，通常也可取 G_d/G_0-γ_d 及 D-γ_d 曲线的中间值。

对每层土的初始剪切模量，考虑有效围压对其影响。本研究中通过重塑性特性试验给出下列关系，土的初始剪切模量与有效固结压力之比的平方根成正比，即

$$\frac{G_i}{G_{i+1}}=\frac{\sqrt{\sigma_3^i}}{\sqrt{\sigma_3^{i+1}}} \tag{7.5}$$

式中，G_i、G_{i+1} 分别为第 i 层和第 $i+1$ 层土的初始剪切模量，Pa；σ_3^i、σ_3^{i+1} 分别为第 i 层和第 $i+1$ 层土的有效固结压力，Pa。

对试验用重塑土进行了共振柱、循环三轴联合试验，可得动剪应变 γ_d 在 $10^{-6}\sim10^{-2}$ 范围内的 G_d/G_0-γ_d、D-γ_d 曲线(图 7.29)。

本节利用 ANSYS 的参数设计语言将上述土体的等效线性模型及其计算过程并入 ANSYS 程序中，实现土体材料的非线性模拟。

3) 土体与结构接触界面上的状态非线性模拟

连续介质在发生断裂前始终保持有变形的连续性，而对于混凝土材料和土这样两种材性相差很远的介质的界面，仅在一定应力水平范围内才能保持位移的连续性，一旦应力水平超过一定限制，位移的连续性就会受到破坏，会发生相对滑移和分离。在一定的荷载条件下，界面又会在张开后重新闭合。以前的研究者对于土与结构接触界面上的状态非线性问题的分析方法主要有三种：①非线性 S-R 模型，因为土与基础的有效接触面是随时间变化的，认为子结构分析中的 S-R 模型的弹簧刚度与阻尼都是非线性的，通过取弹簧刚度与阻尼表达式中的土剪切模量为有效接触比的函数近似考虑土性的非线性，此方法简单方便，对于做定性分析具有一定的价值；②离散单元法，根据代表单个物体的离散元的每一集合来建立动力平衡方程，并通过接触监测算法自动监视各物体间的相互作用；③有限元法，在结构-地基体系有限元模型中的结构-地基交界面处加设具有可反应滑移、脱开和重新结合的非线性特性的界面单元。代表性的有 Goodman 单元，该单元为无厚度节理单元，用以描述二维岩体节理面之间的相对错动位移，按法向和剪切刚度给出刚度矩阵，后来于丙子等将其推广为三维无厚度节理单元和变厚度节理单元，并引入结构-地基动力相互作用分析中；薄层单元，薄层单元有一定厚度，可作为土或结构材料的单元，但其本构关系不同，需单独定义，法向刚度由界面单元的应力状态和毗邻的土和结构单元的应力状态、材料性能确定，切向刚度由界面单元本身的性状决定，可考虑界面的剪切性状、法向应力和循环次数的影响；薄层土单元，界面作为一个有厚度的薄层土单元，只是界面本构关系的参数取值不同于土介质。

本节利用 ANSYS 程序的接触单元来实现接触分析。将交界面处的土表面作为接触面、结构(或基础)表面刚度相对土体要大，将其作为目标面，在接触面上形成接触单元、目标面上形成目标单元，然后通过相同的实常数将对应的接触单元和目标单元定义为一个接触对，并假定接触面上存在库仑摩擦。通过选择合理的参数，可实现土与结构界面上的黏结、滑移、脱离、再闭合的状态模拟。

在 ANSYS 程序中，考虑一个由 N 个物体组成的接触系统，根据虚功原理得到平衡方程如下：

$$\sum_{L=1}^{N}\left\{\int_{V}\sigma_{ij}\,\delta\varepsilon_{ij}\,\mathrm{d}V\right\}=\sum_{L=1}^{N}\left(\int_{V}\delta u_{i}f_{i}^{\mathrm{B}}\mathrm{d}V+\int_{S_{f}}\delta u_{i}f_{i}^{\mathrm{S}}\mathrm{d}S\right)+\sum_{L=1}^{N}\int_{S_{C}}\delta u_{i}f_{i}^{\mathrm{C}}\mathrm{d}S \tag{7.6}$$

左边项为内应力 σ 对虚应变 $\delta\varepsilon$ 所做虚功；等式右边第一项分别为外力 f^{B}（体力）和 f^{S}（面力）对虚位移 δu 所做虚功；等式右边最后一项为接触力 f^{C} 对虚位移 δu 所做虚功。

接触系统除了要满足式(7.6)所示的平衡方程，还必须满足如下接触条件。

(1) 法向条件。

接触对在法方向上必需满足的条件为

$$g\geqslant 0,\quad \lambda\geqslant 0,\quad g\lambda=0 \tag{7.7}$$

式中，g 为接触对之间的最短距离；λ 为接触对之间牵引力的法向分量；$g\lambda=0$ 表示如果 $g>0$ 则必须有 $\lambda=0$ 成立，反之 $\lambda>0$ 则必须有 $g=0$ 成立。无论接触对之间是否存在摩擦，此条件都必须满足。

(2) 切向条件。

本节在求解接触问题时，假设接触面上存在着库仑摩擦，摩擦系数为 μ。令无量纲变量 τ 满足 $\tau=\frac{t}{\mu\lambda}$，其中 t 为接触对之间牵引力的切向分量，$\mu\lambda$ 表示接触对之间的库仑摩擦力。令 $\dot{u}$ 为接触对之间的切向相对速度。由库仑摩擦定理得到接触面上必需满足的条件为

$$|\tau|\leqslant 1,\text{而且当}|\tau|<1\text{时},\dot{u}=0;\text{当}|\tau|=1\text{时},\mathrm{sign}(\dot{u})=\mathrm{sign}(\tau) \tag{7.8}$$

令 w 为 g 和 λ 的函数，且方程 $w(g,\lambda)=0$ 的解满足式(7.7)给出的条件；令 v 为 τ 和 $\dot{u}$ 的函数，且方程 $v(\dot{u},\tau)=0$ 的解满足式(7.8)给出的条件。因此，接触条件可以表示为

$$\begin{cases} w(g,\lambda)=0 & (7.9)\\ v(\dot{u},\tau)=0 & (7.10)\end{cases}$$

以上条件可以通过罚函数法或拉格朗日乘子法引入由虚功原理得到的平衡方程中。与罚函数方法相比，拉格朗日方法不易引起病态条件，对接触刚度的灵敏度较小。可将变量 λ 和 τ 取为拉格朗日乘子，$\delta\lambda$ 和 $\delta\tau$ 分别为变量 λ 和 τ 的变分。$\delta\lambda$ 乘以式(7.9)与 $\delta\tau$ 乘以式(7.10)之和在物体 I 和 J 的接触面 S^{IJ} 上积分，可得到约束方程为

$$\int_{S^{\mathrm{IJ}}}\left[\delta\lambda w(g,\lambda)+\delta\tau v(\dot{u},\tau)\right]\mathrm{d}S^{\mathrm{IJ}}=0 \tag{7.11}$$

对连续力学方程式(7.6)和式(7.11)进行离散化，得到以有限元网格的节点位移为基本未知量的方程组，对其迭代求解就得到了接触问题的解答。以上平衡方程以及接触条件都仅考虑了静力接触状态。在动力分析中，分布体力还应包括惯性力，而且在任何时刻，运动接触条件还必需满足接触体之间的位移、速度和加速度的协调性。

对于不考虑摩擦的接触问题，刚度矩阵是对称的，而考虑摩擦后会导致刚度矩阵不对称，迭代求解时采用不对称的求解器比使用对称的求解器花费机时更多，ANSYS 程序可以采用将不对称矩阵转化为对称矩阵的对称化算法。本节在求解接触问题时，假定接触面上存在库仑摩擦，采用了此对称化算法。

4) 网格划分

在用 ANSYS 对结构-地基相互作用振动台试验计算仿真的建模中，土体和基础采用

三维实体单元；当上部结构为单柱质量块时，单柱采用三维实体单元，柱顶质量块采用质量单元；当上部结构为框架时，梁和柱采用三维梁单元，板采用三维壳单元。网格划分时考虑如下原则。

(1) 波动对网格划分的要求。如果单元尺寸过大，则波动的高频部分难以通过。研究表明，对于一般沿竖向传播的剪切波，单元高度可取为 $h_{\max}=\left(\frac{1}{5}\sim\frac{1}{8}\right)\frac{v_s}{f_{\max}}$，其中 v_s 为剪切波速，$f_{\max}$ 为截取的最大波动频率；单元的平面尺寸比高度尺寸的限制要宽松些，一般取 3～5 倍的 $h_{\max}$。

(2) 计算仿真与试验结果对照分析对网格划分的要求。使有限元模型的节点与试验的测点布置相对应，以便计算结果与试验结果进行对照。

(3) 求解精度对有限元网格划分的要求。单元网格越细，自由度数越多，计算精度越高，但计算所需时间和计算费用也会越大。因此，应采用合适的网格单元尺寸，使其在适当的费用下获得令人满意的求解精度。

5) 阻尼模型

通过 ANSYS 程序可以定义五种形式的阻尼，分别为 α 和 β 阻尼（即通常所说的瑞利阻尼）、与材料相关的阻尼、恒定阻尼比、振型阻尼和单元阻尼。α 阻尼在模型中引入任意大质量时会导致不理想的结果。β 阻尼和材料阻尼在非线性分析中会导致与实际不相符合的情况，随着非线性的发展，刚度下降导致 β 阻尼或材料阻尼减小，但结构的实际阻尼增大。与材料相关的阻尼被当做材料性质来定义，因此可以解决不同材料阻尼不同的问题。振型阻尼用于对不同的振动模态定义不同的阻尼比。单元阻尼用于有黏性阻尼特征的单元类型。可以在模型中定义多种形式的阻尼，程序按定义的阻尼之和形成阻尼矩阵 $[C]$。阻尼矩阵 $[C]$ 的通用形式为

$$[C]=\alpha[M]+(\beta+\beta_c)[K]+\sum_{j=1}^{\mathrm{NMAT}}\beta_j[K_j]+\sum_{k=1}^{\mathrm{NEL}}[C_k]+[C_\xi] \tag{7.12}$$

式中，α 为质量矩阵常系数；$[M]$ 为质量矩阵；β 为刚度矩阵常系数；β_c 为刚度矩阵变系数；$[K]$ 为刚度矩阵；NMAT 为按材料阻尼形式输入的材料数目；β_j 为第 j 种材料的刚度矩阵常系数；$[K_j]$ 为第 j 种材料形成的刚度矩阵部分；NEL 为定义单元阻尼的单元数目；$[C_k]$ 为第 k 个单元的阻尼矩阵；$[C_\xi]$ 为基于频率的阻尼矩阵。

在结构-地基相互作用问题中，地基和结构材料的不同导致地基的阻尼往往大于结构本身的阻尼。采用上述与材料相关阻尼的输入方法，分别输入土体和结构各自材料的阻尼，按式(7.12)集成阻尼矩阵。材料的刚度矩阵常系数 β 与瑞利阻尼中忽略 α 阻尼情况下的 β 阻尼求法相同，为

$$\beta=2\xi_i/\omega_i \tag{7.13}$$

式中，ξ_i 为某个振型 i 的实际阻尼与临界阻尼之比（阻尼比）；ω_i 为模态 i 的固有圆频率。

按上述输入材料阻尼后集成阻尼矩阵的方法，解决了结构和地基土阻尼不同的问题。本节计算中结构的阻尼比取 5%，土体的阻尼比利用前述试验得到的 D-γ_d 曲线进行迭代。

6）重力的考虑

抗震设计及研究中，通常分别计算静力荷载及动力荷载作用下结构的内力，然后将它们线性叠加作为总的内力。本节采用的计算模型在土与结构（或基础）间加入接触单元模拟界面上的黏结、滑移、脱离、再闭合的状态变化。若在动力计算时不考虑重力的影响，初始应力对接触状态的影响就不能考虑，也就不能真实反映土与结构的受力和变形情况。本节将重力作为一种动力荷载并入动力计算。在水平方向的地震动尚未施加前，将重力作为竖向的加速度场施加到体系上进行瞬态分析，作用一段时间后体系的反应趋于稳定，此时的反应为静平衡位置时的反应；然后，再将水平方向的地震动和重力同时作用到体系上，此时得出的反应是总反应，将总反应减掉静平衡位置的反应就可得到通常意义上的动力计算结果。

图 7.47 为模型比为 1∶20 的土-箱基-单柱体系、输入 El Centro 波激励时，考虑与不考虑重力情况的基底中点接触压力时程。从图中可看出，不考虑重力作用时的基底接触压力明显小于考虑重力作用时的基底接触压力，而且不考虑重力时基础底面发生了土与基础接触面的脱离现象，考虑重力作用时则没有发生该现象。可见，在考虑土与基础之间的状态非线性时，必须考虑重力的作用，否则将造成较大的误差。

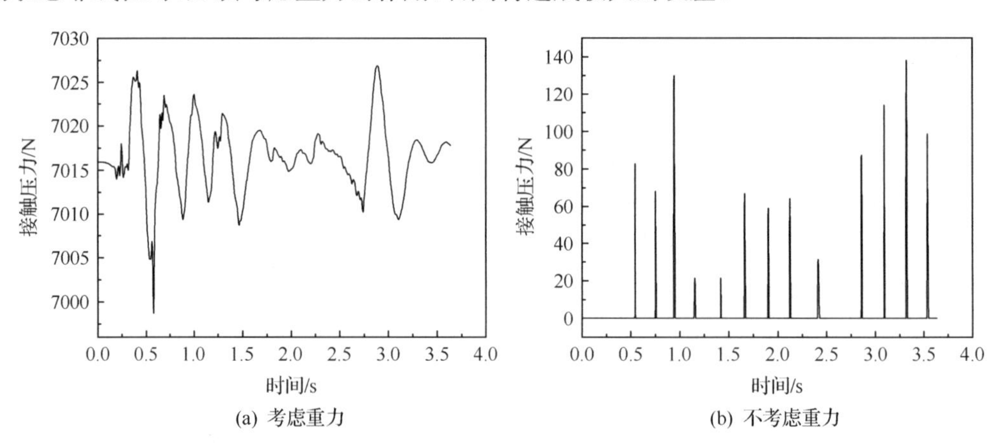

(a) 考虑重力　　(b) 不考虑重力

图 7.47　考虑与不考虑重力时基底中点接触压力时程图
1∶20 土-箱基-单柱体系，输入 El Centro 波

2. 计算模型的验证

由于在计算建模中，考虑了土体介质的材料非线性以及土体和结构（或基础）的接触界面上的状态非线性，因此本节分析了考虑土体材料非线性和接触面状态非线性对体系动力反应的影响，还对振动台模型试验和计算分析结果进行了对照研究。

1）模型网格划分

依据以上建模方法，对 1/20 均匀土自由场试验模型（FF20S）、1/10 均匀土自由场试验模型（FF10）、1/20 的均匀土-桩基-单柱结构相互作用体系振动台试验模型（PC20S）以及 1/10 的分层土-桩基-框架结构相互作用体系振动台试验模型（PS10）进行了计算建模，便于后续对这两个相互作用体系的振动台模型试验进行仿真分析，通过计算分析来模拟振动台试验。PC20S 和 PS10 试验模型的网格划分如图 7.48 所示。

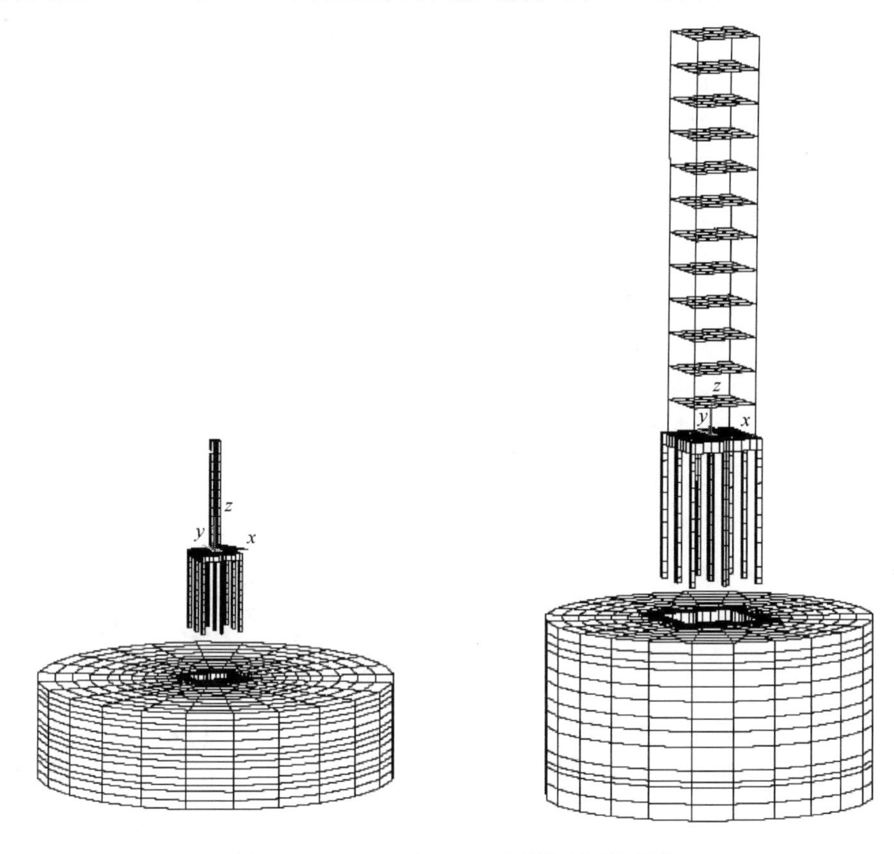

图 7.48　PC20S 和 PS10 试验模型网格划分

2) 考虑土体介质的材料非线性的效果

以往的考虑地基-结构相互作用体系的有限元计算分析中，常常将土体按线性考虑，本节在考虑围压对土体动剪切模量影响的基础上，采用等效线性模型来模拟土体介质的材料非线性，在此将土体按线性计算和考虑材料非线性后的加速度计算结果进行了比较。

图 7.49 为土体考虑材料非线性以后，框架结构顶部 A7 点和距容器中心 0.9m 处土表 S8 点的加速度反应与土介质按线性考虑的计算结果比较，可看出土体考虑材料非线性以后，A7 和 S8 点的加速度反应明显变小，分层土-桩基-框架结构体系中其他点的规律也大致如此。这是由于考虑土体的材料非线性后，土体剪切模量减小，阻尼增大。土体考虑材料非线性后 A7、A1、S8 和 S6 点的加速度峰值相对于土体按线性计算结果的误差在 EL2 工况下分别为－33.7%、－54.2%、－52.3%和－17.3%；在 SH2 工况下分别为－30.8%、－39.7%、－37.5%和－23.4%；在 KB2 工况下分别为－32.2%、－44.0%、－40.7%和－36.3%。由此可见，在地基-结构动力相互作用体系的计算分析时，不考虑土体的非线性特性会给计算结果带来较大误差。

计算分析结果表明，在上海人工波激励下，非线性表现得更加明显，主要由于上海波的低频成分丰富，导致土体反应比 El Centro 波和 Kobe 波激励下的反应大，从而使土体的非线性发展得更加充分。图 7.50 为 PC20S 试验模型在 EL1a 工况下、PS10 试验模型在 EL2 工况下，土体动剪切模量 G_d 与初始动剪切模量 G_0 之比 (G_d/G_0) 在迭代过程中的变化情况。

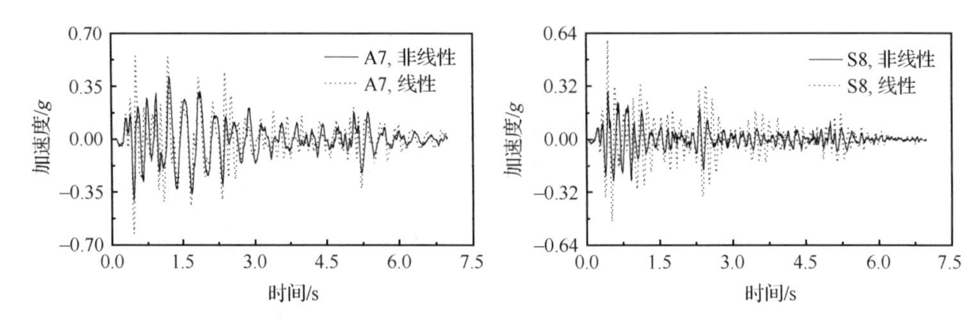

图 7.49　土体按线性和非线性考虑时各点计算结果比较(PS10 试验模型、EL2 工况)

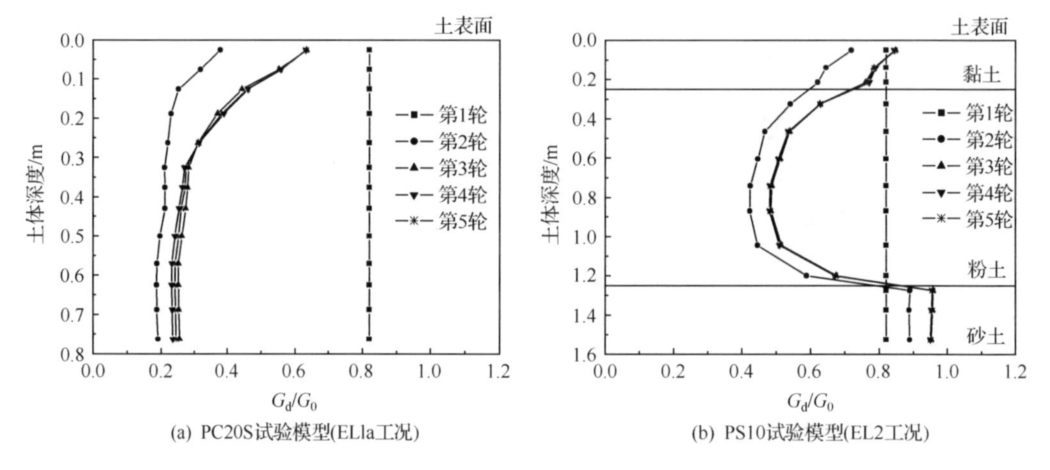

图 7.50　G_d/G_0 在迭代过程中的变化情况

3) 考虑土体与结构接触界面上状态非线性的效果

为了研究考虑土体与结构(或基础)接触界面上的状态非线性后对相互作用体系动力反应的影响，在考虑了土体介质的材料非线性后，进一步将土体与结构(或基础)的界面按考虑与不考虑接触状态非线性进行了计算。

图 7.51 为进一步考虑土体与结构(或基础)的接触之后，框架结构顶部 A7 点和距容器中心 0.9m 处土表 S8 点的加速度反应与不考虑状态非线性时的计算结果比较。结构顶部 A7 点的加速度反应发生了明显变化，这主要由于接触分析能较真实地模拟群桩基础和土体之间的状况，再现承台的转动，而此转动分量对于结构顶部 A7 点的影响尤为显著；土表 S8 点的加速度反应则基本上没有发生变化，主要由于 S8 点距基础足够远，基础与土体接触状态的变化对该处反应影响较小。

4) 计算与试验结果的比较

将考虑了土体介质的材料非线性以及土体与结构(或基础)接触界面上的状态非线性后的计算结果与振动台模型试验的结果进行了对照，比较结果如图 7.52 所示。图中比较

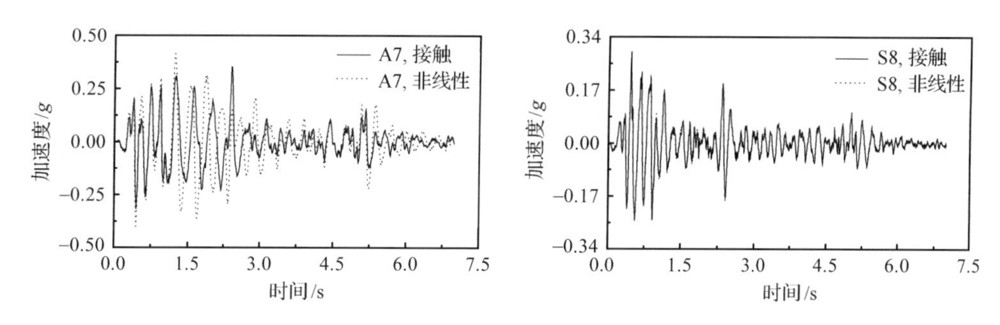

图 7.51　考虑非线性和接触时各点计算结果比较(PS10 试验模型、EL2 工况)

了试验 PS10 中框架结构顶部 A7 点、承台顶面 A1 点、距容器中心 0.9m 处的土表 S8 点、距容器中心 0.9m 处的土中 S6 点的试验与计算加速度时程。从这些图中看出计算与试验结果符合较好,从而验证了计算模型的合理性,用该模型来研究土-结构的动力相互作用是合适的;同时,也验证了试验方案的可行性及试验结果的可靠性。

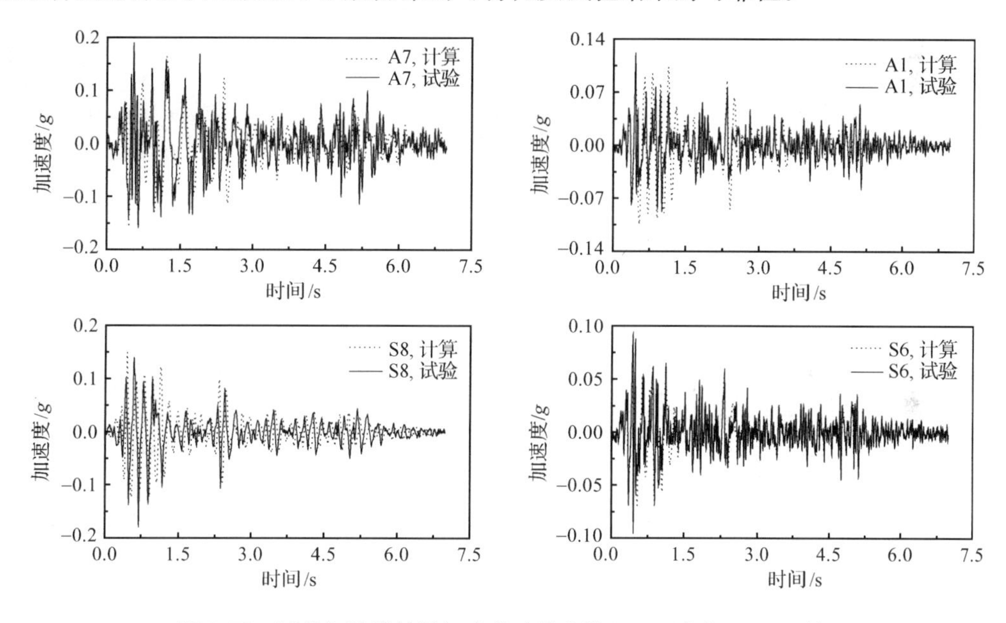

图 7.52　试验与计算结果加速度时程比较(PS10 试验,EL1 工况)

3. 计算模拟分析的主要结论

1) 加速度峰值大小的分布

在体系的水平中心处、沿不同高度取 26 个点,分别输出它们在不同地震动输入下的加速度时程计算结果。由计算得出的 26 个点的加速度峰值相对容器底板上 SD 点的加速度输入峰值的放大系数,绘出在不同地震动输入下、不同高度处土体和结构的加速度峰值放大系数与各点高度的关系曲线。

图 7.53 为单向地震动输入时,针对 PS10 试验模型进行计算得到的体系沿水平方向加速度反应峰值放大系数与各点高度的分布曲线。从图中可得出如下与试验基本

一致的规律。

(1) 土层传递振动的放大或减振作用与土层性质、激励大小等因素有关。对于砂土层,在不同加速度峰值的El Centro波、上海人工波以及Kobe波激励下,加速度峰值放大系数变化不太明显,都在1.0附近变化,说明底层砂土有效地传递了地震动;对于中间砂质粉土层,基本上起减振隔震作用,随着输入地震动的加速度峰值增大,这种减震效果越明显,中震和大震下该土层使加速度反应峰值放大系数减小较多;对于最上层黏土层,基本上起放大作用。

(2) 对于上部框架结构,在El Centro波、Kobe波激励下,各层加速度反应峰值明显不同,这是基础平动和摆动引起的结构反应,以及结构多振型反应的复合结果。在上海人工波激励下,小震时各层加速度反应峰值也明显不同,但大震时由于上海人工波的低频成分丰富,土体起显著的隔震作用,使得各层加速度反应峰值变化不大,整个结构的反应较小。

(3) 随着输入加速度峰值的增加,加速度峰值放大系数减小。其原因是随着输入振动的增强,土体不断软化、非线性加强,土传递振动的能力减弱。

(4) 在相同峰值的加速度输入时,不同波形地震动激励下的反应存在差别。El Centro波和Kobe波激励下的反应比较接近,而与上海人工波激励下的反应差别较大。

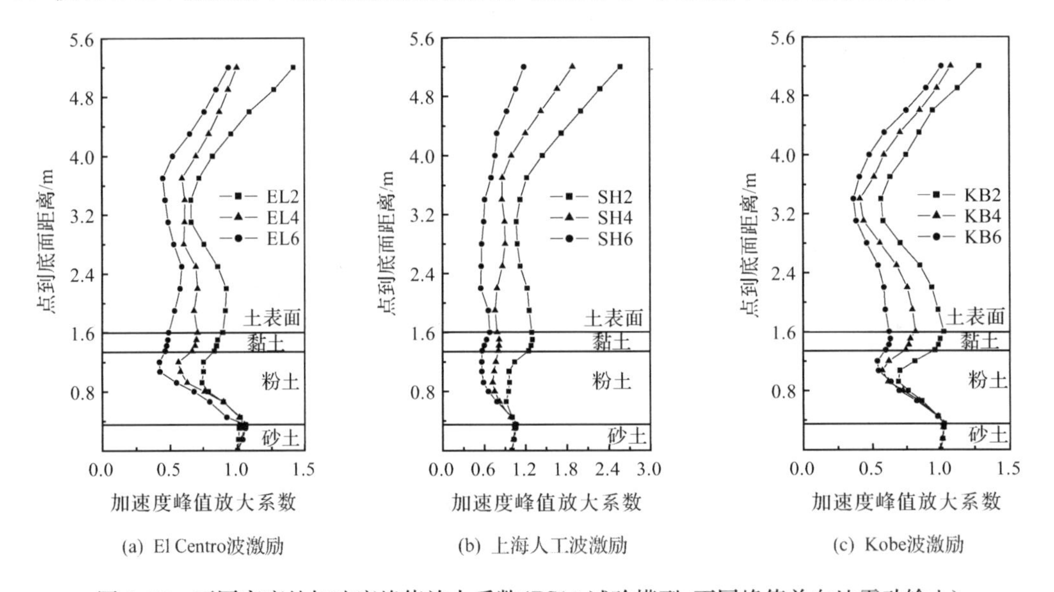

图7.53　不同高度处加速度峰值放大系数(PS10试验模型,不同峰值单向地震动输入)

2) 结构顶层加速度反应组成分析

结构顶层位移由平动、转动和上部框架结构的弹塑性变形三部分组成(图7.38)。图7.54是PS10试验模型在EL2工况下的计算分析中,组成框架顶层加速度反应的各部分的时程及其傅里叶谱。图中自上而下分别为结构顶层总加速度反应$\ddot{u}$、由基础转动引起的摆动分量$H\ddot{\theta}$、平动分量$\ddot{u}_g$和上部结构变形分量$\ddot{u}_e$。从计算分析中得出与试验结果相似的规律。

(1) 结构弹塑性变形分量 $\ddot{u}_e$ 较大，其次是由基础转动引起的摆动分量 $H\ddot{\theta}$ 和平动分量 $\ddot{u}_g$。

(2) 从时程图可以推测，平动分量和由基础转动引起的摆动分量与结构弹塑性变形分量不同步，可能同相也可能反相，在时程上相互叠加或相互抵减。

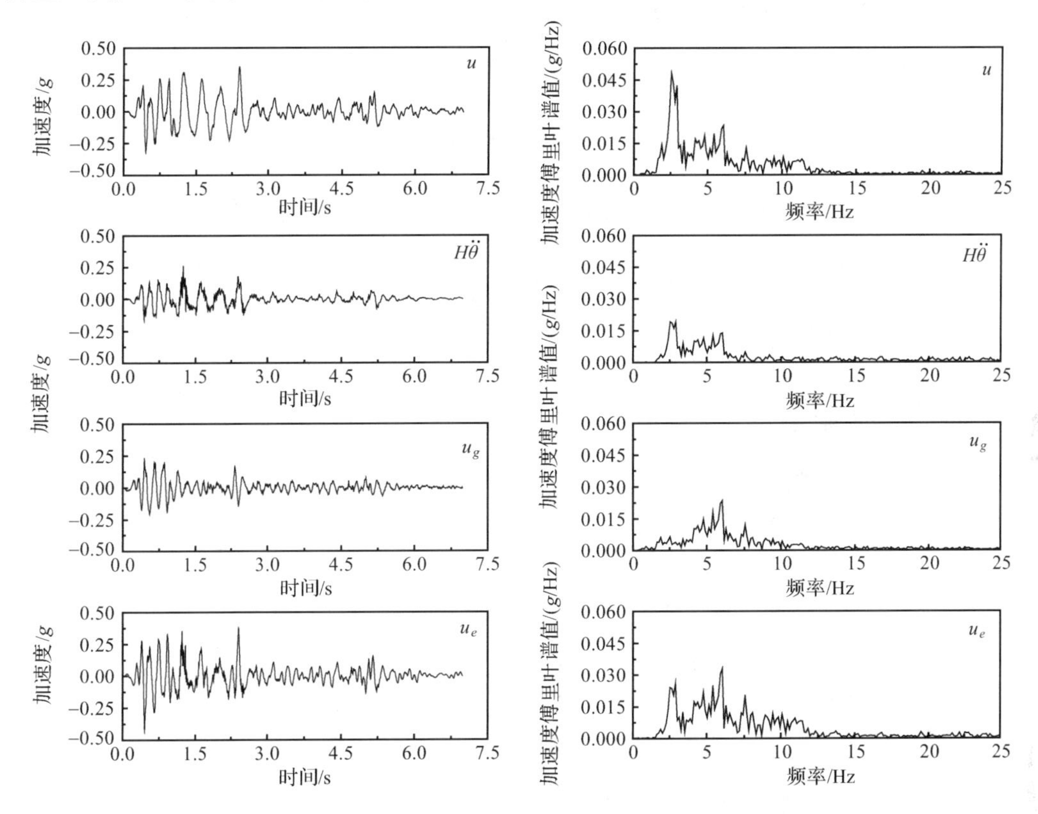

图 7.54　组成结构顶层加速度各分量的时程和傅里叶谱(PS10 试验模型，EL2 工况)

3) 桩身应变与桩土接触分析

为了了解群桩基础中各桩的反应特性，计算中输出了桩身高度上的点沿桩长方向的正应变以及桩与土体之间的接触压力和滑移量。图 7.55 为群桩的平面布置情况。以下主要针对边排中桩(2 号桩)、角桩(3 号桩)和中桩(5 号桩)的计算结果进行了分析。

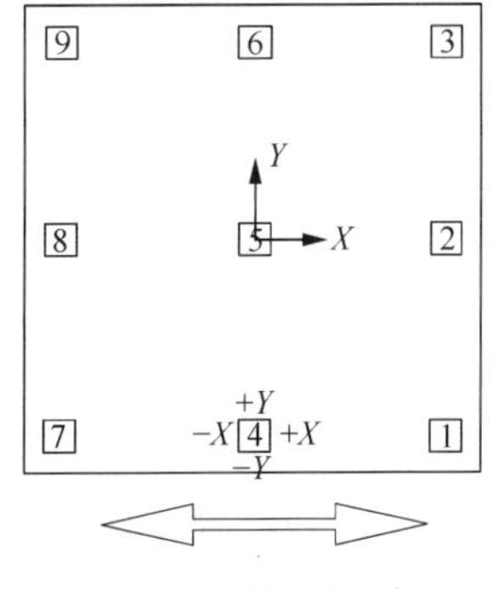

图 7.55　群桩平面布置

(1) 桩身应变。

① 同一根桩左右两侧面的应变时程比较。

通过对同一根桩左右两侧面相同高度处的应变时程进行比较，得出在桩顶处桩身左右两侧的应变大致关于某一应变水平反相，而右侧的应变幅值相对较大；沿桩高中部桩身左右两侧的应变变化几乎同相，左右两侧应变幅值差异不大；在桩尖处，左右两侧的应变变化仍然保持同相，左侧的应变幅值相对较大。可见靠近桩顶处受弯为主，桩中部至桩尖部分主要受轴向力。

图 7.56 为 EL1 工况下、PS10 试验模型中 2 号桩左右两侧面在桩顶、距桩顶 0.58m(约在桩中部)、距桩顶 0.7m(桩中部偏下 0.1m)以及桩尖处的应变时程。

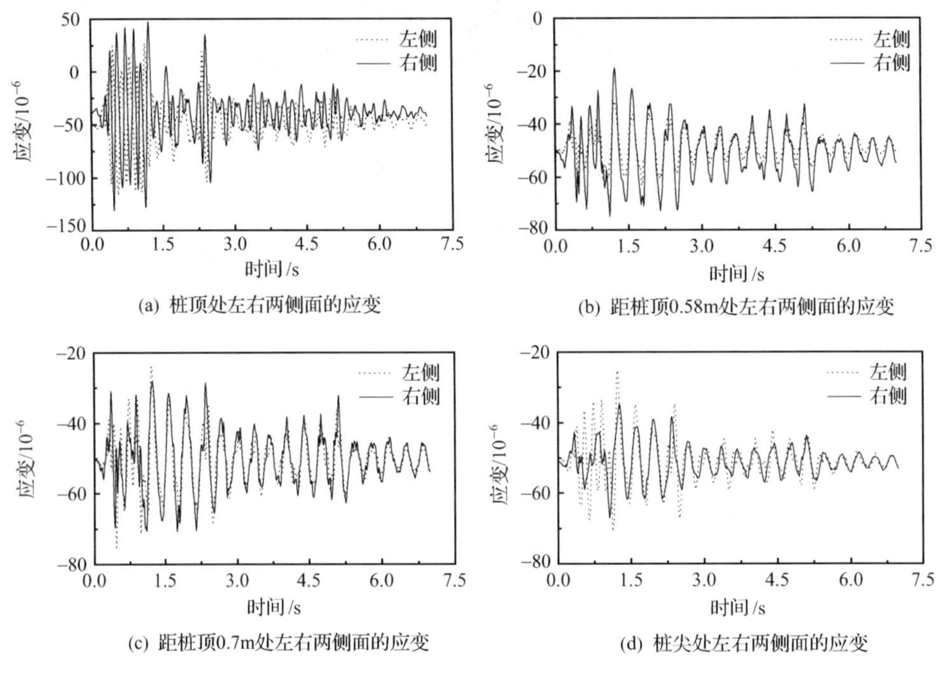

图 7.56　2 号桩桩身应变时程(PS10 试验模型,EL1 工况)

② 相同工况不同桩体之间桩身应变幅值的比较。

图 7.57 为 EL2 和 EL6 工况下,PS10 试验模型中 2、3、5 号桩桩身应变幅值分布情况。由图中可以看出如下规律。

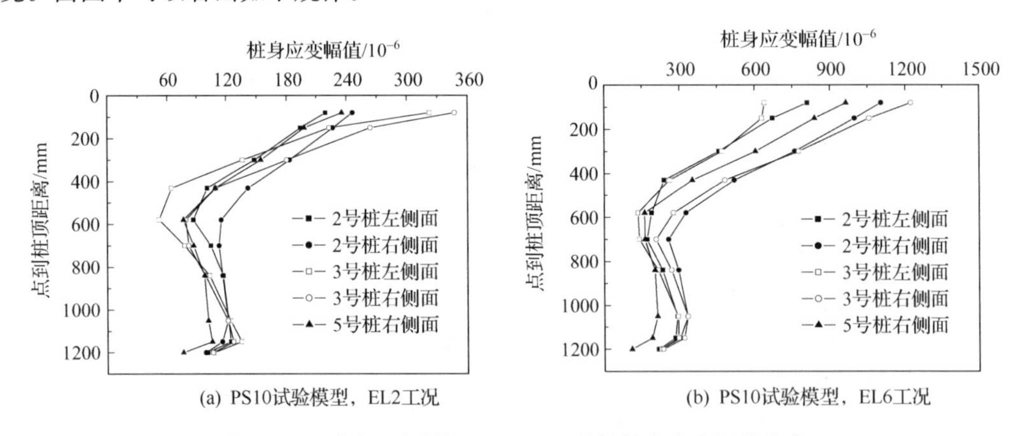

图 7.57　不同地震动输入下 2、3、5 号桩桩身应变幅值分布

(a) 桩身应变幅值分布呈桩顶大、桩尖小的倒三角分布,这与试验数据分析的规律一致,也与试验后观察到的桩身裂缝呈上部较密、下部裂缝较少的分布形态一致。

(b) 各桩的桩身应变幅值在桩顶处差异较大,而在桩尖处各桩的应变幅值比较接近。

(c) 3 号角桩的应变幅值较大,2 号和 5 号桩的应变幅值相对较小,与试验后观察到的桩身裂缝一致。

通过对其他工况下桩体的桩身应变幅值分布进行分析，也可得到上述规律。

(2) 桩土接触压力。

① 桩土接触压力时程。

图 7.58 为 3 号桩距桩顶 80mm 处的桩土接触压力时程，从图中看出，存在着接触压力为零的状态，也就是桩土之间存在着脱开以及再闭合状态。通过对其他桩其他位置在不同地震动激励情况下的桩土接触压力时程进行分析，得出桩土之间的脱开以及再闭合状态普遍存在，而且当地震激励峰值较大时桩土之间的脱开以及再闭合状态改变更为显著，因此只有比较真实地模拟了土与结构(基础)之间的状态非线性，才能较好地进行土-结构相互作用问题的计算机仿真研究。

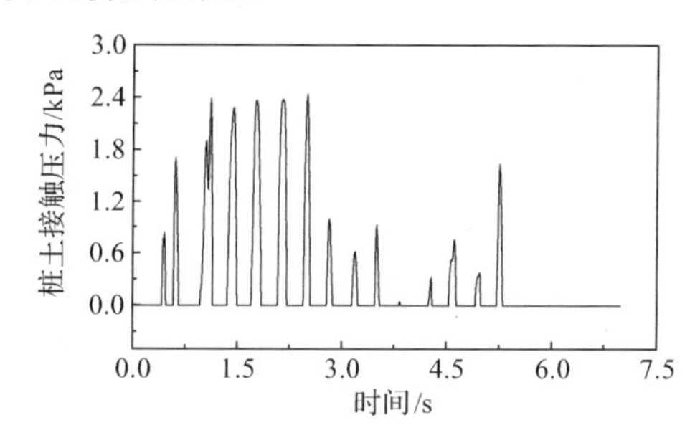

图 7.58　3 号桩距桩顶 80mm 处的桩土接触压力时程(EL1 工况)

② 各工况下不同桩体之间的比较。

2、3、5 号桩的桩土接触压力幅值分布如图 7.59 所示(以 SH2 和 SH6 工况为例)。由图可以看出，各桩与土之间的接触压力幅值在靠近桩两端部分较大、而在桩体中部较小，呈现 K 形分布；各桩与土之间的接触压力幅值在靠近桩两端部分有一定的差异，而在靠近桩体中部由于接触压力幅值较小而差别较小。上述规律在其他工况下也存在。

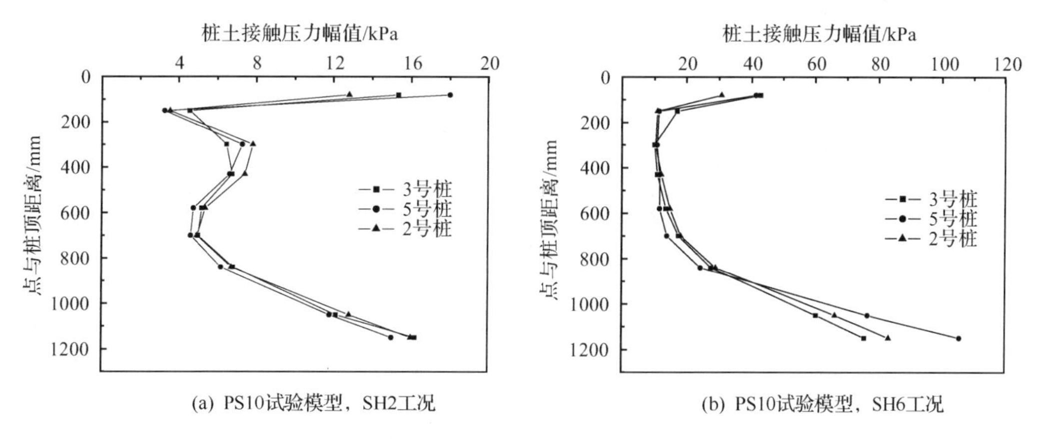

图 7.59　不同地震动输入下 2、3、5 号桩桩土接触压力幅值分布

③ 同一根桩不同工况间的比较。

图 7.60 为输入不同加速度峰值的 El Centro 波和上海人工波时，5 号桩的桩土接触

压力幅值分布，由图中可以看出如下规律。

(a) 随着输入加速度峰值的增加，桩土接触压力反应增大。

(b) 上海人工波激励下，桩土接触压力反应明显大于 El Centro 波输入下的反应，这与土体及结构的加速度反应规律一致。

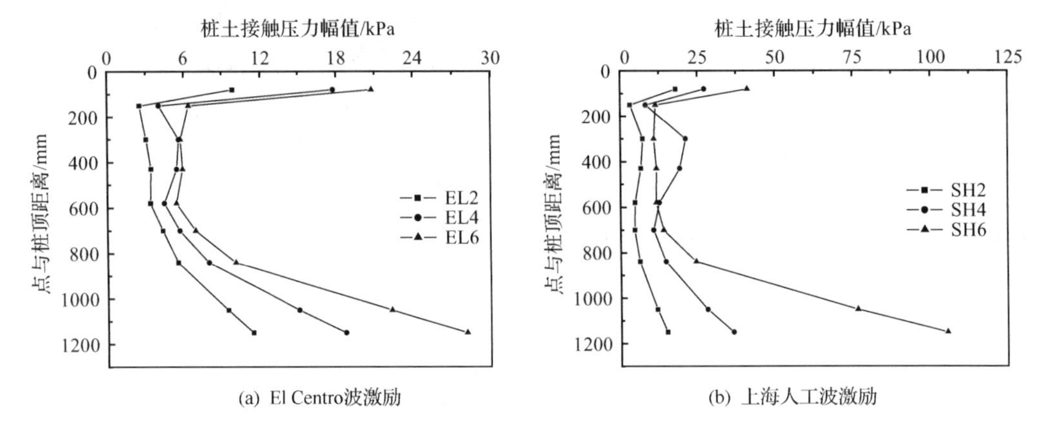

图 7.60　不同地震动输入下 5 号桩桩土接触压力幅值分布

(3) 桩土间的滑移。

① 各工况下不同桩体之间的比较。

2、3、5 号桩的桩土间的滑移量幅值分布如图 7.61 所示。由图可以看出，2 号和 3 号桩的桩土间滑移量幅值分布比较接近，而 5 号桩与 2、3 号桩的差异非常明显；2 号和 3 号桩的滑移量相对 5 号桩大一些，说明在沿振动方向的三排桩中，边排桩的滑移比中排桩的滑移量大，正好和群桩基础的承台转动相吻合。其他工况下也有上述规律存在。

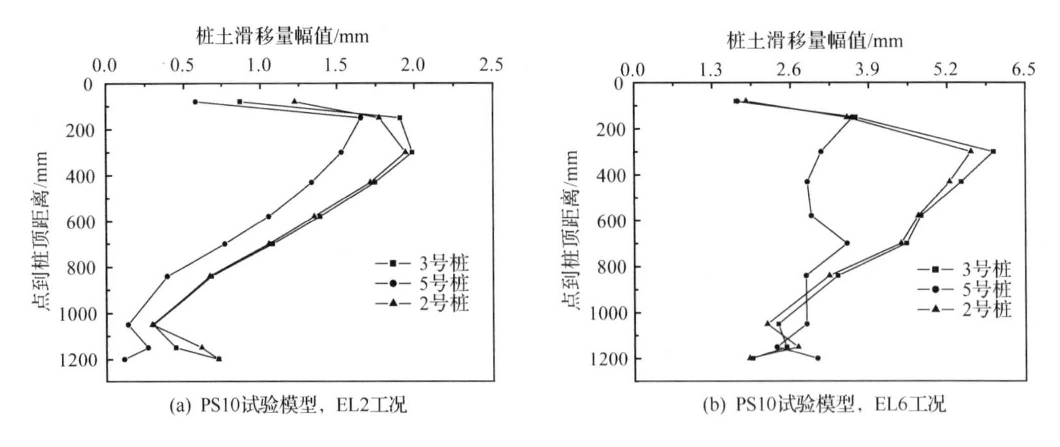

图 7.61　不同地震动输入下 2、3、5 号桩桩土滑移量幅值分布

② 同一根桩不同工况间的比较。

图 7.62 为输入不同加速度峰值的 El Centro 波和上海人工波时，3 号桩的桩土滑移量幅值分布，由图中可看出如下规律。

(a) 随着输入加速度峰值的增加，桩土间滑移反应增大。

(b) 上海人工波激励下，桩土间滑移反应明显大于El Centro波输入下的反应，这与土体及结构的加速度反应规律是一致的；尤其当输入加速度峰值相对较大时，这一现象更加明显。

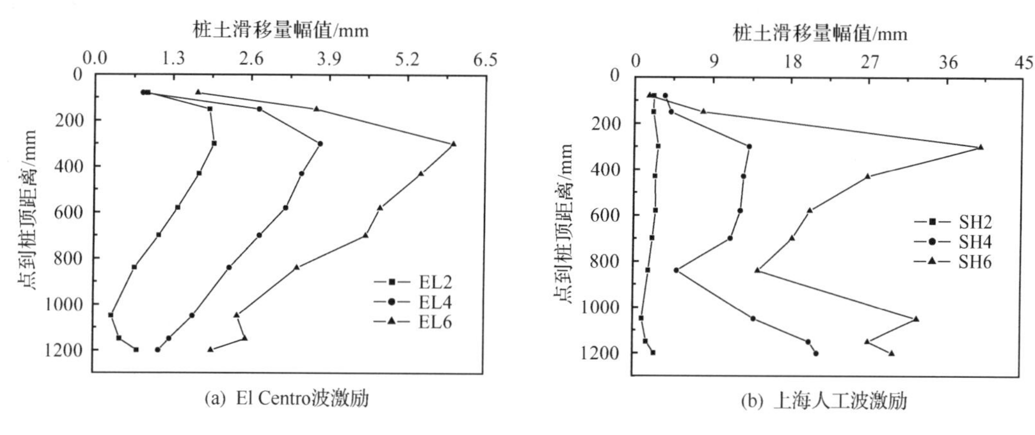

图7.62　不同地震动输入下3号桩桩土滑移量幅值分布

从以上分析中看出，土体与结构(基础)之间除了有脱开再闭合现象，还存在着滑移现象，因此忽视土体与结构(基础)之间的状态改变，认为它们在整个地震激励过程中始终刚接在一起，是不符合实际情况的。研究土体与结构(基础)之间的状态变化引起的非线性问题，对于研究土体-基础-结构相互作用问题具有十分重要的意义。

7.5.2　动力相互作用体系实例的计算机模拟分析

本章的前面几节介绍了结构-地基动力相互作用体系振动台模型试验和对振动台模型试验进行的计算分析，并通过与试验结果进行对照研究验证了计算建模和计算方法的合理可行性。本节在前几节研究工作的基础上，针对实际工程开展了结构-地基动力相互作用问题的研究。在ANSYS程序中实现了土体黏性边界的施加，并讨论了土性、地震激励、上部结构刚度以及建筑物埋深等参数对结构-地基相互作用体系动力特性、动力反应以及相互作用效果的影响等。

1. 工程概况

某高层建筑，现浇框架结构，柱网布置如图7.63所示。该建筑物地上12层，底层层高4.5m，其余各层层高3.6m；地下一层，层高2.8m。现浇楼板厚12cm，柱子尺寸为600mm×600mm，边梁尺寸为250mm×600mm，走道梁尺寸为250mm×400mm。基础采用桩筏式基础形式，筏板厚0.8m，桩截面为450mm×450mm，桩长39m，进入持力层0.7m，桩筏基础平面布置如图7.64所示。主筋采用Ⅱ级变形钢筋，混凝土采用C30强度等级。

土体采用上海石门一路附近的土层分布，从土表往下依次为①填土，③灰色淤泥质粉质黏土，④灰色淤泥质黏土，⑤-1灰色黏土，⑤-2灰色粉质黏土，⑤-3灰绿色黏土，⑦草黄-灰色粉砂。土体在静力状态下的物理力学参数如表7.5所示。

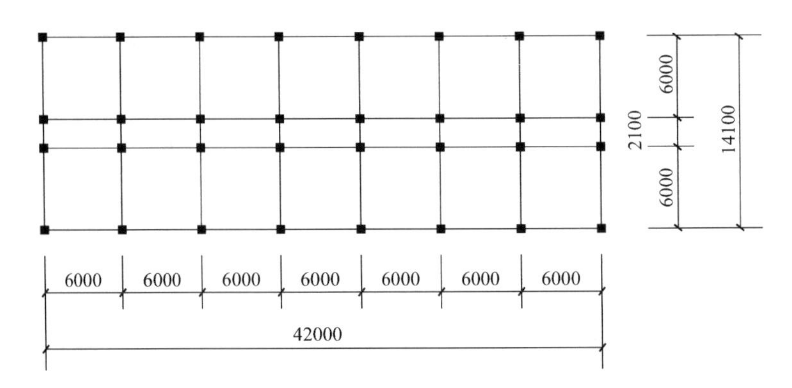

图 7.63　柱网布置

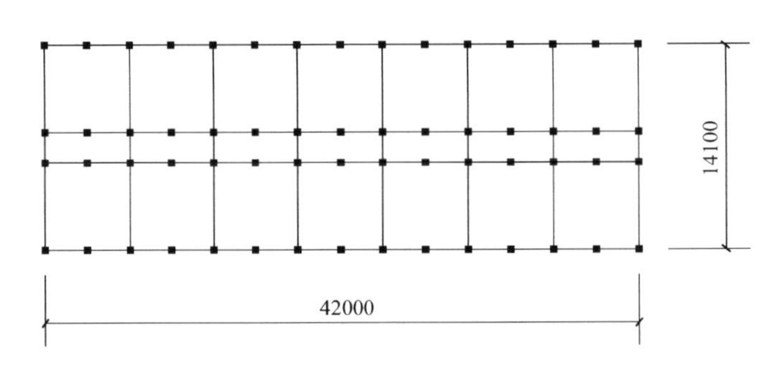

图 7.64　桩筏基础平面布置

表 7.5　土层物理力学参数

序号	土层名称	层底埋深/m	密度/(t/m³)	弹性模量/MPa	泊松比	内聚力/MPa	内摩擦角	强化参数/MPa
①	填土	3.5	1.8	1.4	0.45	5	15	0.7
③	灰色淤泥质粉质黏土	8	1.74	2.79	0.45	8	14.9	1.395
④	灰色淤泥质黏土	17.6	1.7	1.98	0.45	8	7.2	0.99
⑤-1	灰色黏土	26.5	1.77	3.71	0.45	10	10.2	1.855
⑤-2	灰色粉质黏土	35.2	1.81	4.77	0.45	7	17.1	2.385
⑤-3	灰绿色黏土	41.3	1.99	6.91	0.45	28	14.7	3.455
⑦	草黄-灰色粉砂	>41.3	1.96	14.93	0.4	2	25.7	7.465

2. 计算建模

在结构-地基动力相互作用问题的研究中，实际工程与振动台试验模型的计算建模之间主要存在以下两方面的差异。一是对于实际工程，由于地基土的复杂性，不可能对其取样进行动力共振柱、循环三轴联合试验得到各层土体的动剪切模量 G_d 与动剪应变 γ_d、阻尼比 D 与动剪应变 γ_d 之间的关系曲线，因此在对实际工程进行动力相互作用计算时，对于土体的动力本构模型以及模型中参数的选取应充分利用前人的研究成果。二是振动台试验中的土体是装在一个有限尺寸的模型箱中，土体的边界模拟是通过对模型箱的模拟来实现的；而实际工程中的土体是半无限介质，在进行有限元计算时需要引入人工边界对无界地基作适当的模拟。

1) 土体动力本构模型

本节在结构-地基动力相互作用的实际工程计算中，对土体采用了等效线性化方法。等效线性化方法的基本思想是根据土的动剪切模量 G_d 和阻尼比 D 与动剪应变幅值 γ_d 之间的关系，通过迭代法得到使 G_d、D 与 γ_d 相协调的等效线性体系，以近似求解土的非线性动力反应。

(1) Davidenkov 模型。

Hardin 等由试验得出了土在周期荷载作用下的应力应变骨架曲线为双曲线型，由此，Hardin 和 Drnevich 提出了预测 G_d-γ_d 和 D-γ_d 关系的经验关系式，即著名的 Hardin-Drnevich 模型[28]，表示为

$$\begin{cases} \dfrac{G_d}{G_{max}} = \dfrac{1}{1+\dfrac{\gamma_d}{\gamma_r}} \\ \dfrac{D}{D_{max}} = \dfrac{\gamma_r}{1+\dfrac{\gamma_d}{\gamma_r}} \end{cases} \tag{7.14}$$

式中，G_{max} 和 D_{max} 分别为最大动剪切模量和最大阻尼比，可以通过试验或经验公式确定；$\gamma_r = \dfrac{\tau_{max}}{G_{max}}$ 为参考剪应变，τ_{max} 为 γ_d 足够大时以土的抗剪强度为渐进线的极限值，一般可以取 $\gamma_d = 0.01$ 时的 τ 值。

Seed 和 Martin 改进了 Hardin-Drnevich 模型，认为 Davidenkov 模型可以更好地描述各类土剪应力与剪应变之间的关系。本节采用 Davidenkov 模型的土骨架曲线，G_d/G_{max}-γ_d 关系表示为[29]

$$\frac{G_d}{G_{max}} = 1 - H(\gamma_d) \tag{7.15}$$

式中

$$H(\gamma_d) = \left[\frac{(|\gamma_d|/\gamma_r)^{2B}}{1+(|\gamma_d|/\gamma_r)^{2B}}\right]^A \tag{7.16}$$

当参数 $A = 1.0$，$B = 0.5$ 时，与 Hardin-Drnevich 模型相同。

对于土的滞回曲线 D/D_{max}-γ_d，根据有关试验结果可以用如下经验公式表示：

$$\frac{D}{D_{max}} = \left(1 - \frac{G_d}{G_{max}}\right)^\beta \tag{7.17}$$

式中，β 为 D-γ_d 曲线的形状系数，对于大多数土，β 的取值在 0.2～1.2，对于上海软土，可取 1.0。

(2) Davidenkov 模型参数的选取。

① 最大动剪切模量 G_{max}。

最大动剪切模量 G_{max} 可用共振柱法测定，也可由经验公式求出。Hardin 等提出了适用于各类土的经验关系为

$$G_{max} = c\frac{\mathrm{OCR}^k}{0.3+0.7e^2}1.01\times10^5\left(\frac{\sigma_0'}{1.01\times10^5}\right)^{0.5} \tag{7.18}$$

式中，c 为与土类有关的常数；e 为孔隙比；σ_0' 为土的平均有效围压；OCR 为土的超固结比；k 是与塑性指数 I_p 有关的参数，当 $I_p=0,20,40,60,80$ 和 $I_p\geqslant100$ 时，k 分别取 0，0.18，0.30，0.41，0.48，050。

G_{max} 也可以由波速法确定，表示为

$$G_{max}=\rho v_S^2 \tag{7.19}$$

式中，ρ 为土的质量密度；v_S 为土的剪切波速。

上海市地基基础设计规范提供了上海部分土层的剪切波速参考值，如表 7.6 所示；规范还给出了由标准贯入试验锤击数 N 和土层深度 z 计算 v_S 的经验公式，如式(7.20)所示。

表 7.6 上海部分土层的剪切波速 v_S 值

土层	埋藏深度/m	N	v_S/(m/s)
褐黄色黏性土	<4	<3	90～130
灰色淤泥质黏性土	4～20	<3	100～160
灰色粉性土	15～24	2～9	110～185
灰色黏性土	20～45	5～15	160～220
暗绿色、草黄色黏性土	25～35	12～29	180～290
草黄色砂质粉土、粉砂	30～45	15～35	230～340

注：①浅层土 N 较低时，剪切波速 v_S 取低值。
② 表中 N 系现场实测值，未经深度修正。

$$v_S=\alpha(117.59+0.45N+2.19z) \tag{7.20}$$

式中，α 为系数，褐黄色黏性土 $\alpha=0.75$，暗绿色、草黄色黏性土 $\alpha=1.20$，草黄色砂质粉土、粉砂 $\alpha=1.35$，其他类土 $\alpha=1.00$；z 的单位为 m。

② 最大阻尼比 D_{max} 以及参数 A、B、γ_r。

上海土层 Davidenkov 模型的参数可参考表 7.7 选用，参数 γ_r 则可按照式(7.21)确定[30]，单位为 kPa。

$$\gamma_r=\gamma_r'(0.01\sigma_0')^{1/3} \tag{7.21}$$

式中，σ_0' 与式(7.18)中意义相同。

表 7.7 上海土层 Davidenkov 模型的参数

土类	A	B	D_{max}	$\gamma_r'/10^{-3}$
黏性土	1.62	0.42	0.30	0.6
粉性土	1.12	0.44	0.25	0.8
砂土	1.10	0.48	0.25	1.0
中粗砂	1.10	0.48	0.25	1.2

2）黏性边界

利用有限元方法进行结构-地基动力相互作用问题的研究中，对土体这种半无限介质做适当的模拟非常重要。有限元方法只能取有限范围的土体进行计算，为了尽量缩小选取的地基范围以及减小地基边界上的反射波对结构动力反应的影响，人们提出了地基边界采用能量传递边界，即人工边界的方法，使其能够有效地模拟无限地基中波向无限远处的逸散。目前采用较多的几种人工边界有，Lysmer 最早提出的黏性边界、一致边界、Smith 提出的叠加边界、Clayton 等提出的旁轴边界以及廖振鹏等提出的透射边界等。本节采用较为广泛应用的黏性边界和黏弹性边界。

（1）黏性边界的施加。

黏性边界相当于在人工边界上设置一系列的阻尼器来吸收向外辐射的波动能量，阻尼器的阻尼系数与频率无关，对压缩波与剪切波的吸收仅有一阶精度，但该方法简单、物理概念清楚，得到了广泛的使用。本节在 ANSYS 程序中利用弹簧-阻尼器单元实现黏性边界的施加。

Lysmer 和 Kulemeyer[31]认为在边界面上的黏性正应力 σ 和剪应力 τ 可表示为

$$\begin{cases}\sigma = a\rho v_{\mathrm{P}}\dot{w} \\ \tau = b\rho v_{\mathrm{S}}\dot{u}\end{cases} \tag{7.22}$$

式中，$\dot{w}$ 和 $\dot{u}$ 分别为粒子运动的垂直速度和切线速度；ρ 为质量密度；v_{P}、v_{S} 分别为纵波（P 波）和剪切波（S 波）的传播速度；待定系数 a、b 基于波的反射、折射理论加以确定。

当黏性边界入射 P 波时，如图 7.65 所示，由 Snell 法则得到入射角和反射角的关系为[31]

$$\begin{cases}\cos\theta_B = S\cos\theta \\ S = \dfrac{v_{\mathrm{S}}}{v_{\mathrm{P}}} = \sqrt{\dfrac{1-2\mu}{2(1-\mu)}}\end{cases} \tag{7.23}$$

式中，μ 为泊松比。沿 x 轴波头传播速度 c 为

$$c = v_{\mathrm{P}}\sec\theta \tag{7.24}$$

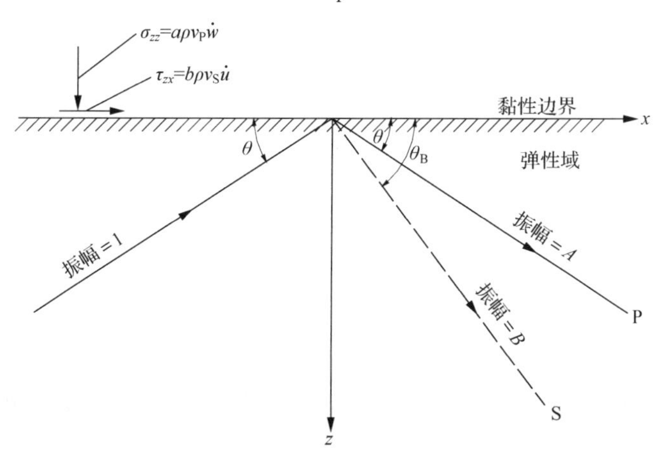

图 7.65　黏性边界上入射 P 波

由弹性波动理论，水平及竖向位移 u、w 可用势函数 $\phi(x,z,t)$ 及 $\psi(x,z,t)$ 表示为

$$\begin{cases} u = \dfrac{\partial\phi}{\partial x} - \dfrac{\partial\psi}{\partial z} \\ w = \dfrac{\partial\phi}{\partial z} + \dfrac{\partial\psi}{\partial x} \end{cases} \tag{7.25}$$

由入射 P 波、反射 P 波和反射 S 波的波头沿 x 轴的传播速度都必为 c，得到频率为 ω 的谐和振动波的位移势函数为

$$\begin{cases} \phi = \exp[\mathrm{i}K(ct + z\tan\theta - x)] + A\exp[\mathrm{i}K(ct - z\tan\theta - x)] \\ \psi = B\exp[\mathrm{i}K(ct - z\tan\theta_B - x)] \end{cases} \tag{7.26}$$

式中，$K = \dfrac{\omega}{c}$ 为波速；A、B 为反射 P 波和反射 S 波的未知振幅。将式(7.26)代入用 ϕ 及 ψ 表示的边界条件，得到包含 A、B 的方程组为

$$\begin{cases} (1 - 2S^2 \cdot \cos^2\theta + a\sin\theta)A + (\sin2\theta_B + a\cos\theta)B = 2S^2\cos^2\theta - 1 + a\sin\theta \\ (b\cos\theta_B + S^2 \cdot \sin2\theta)A + (\cos2\theta_B - b\sin\theta_B)B = S^2\sin2\theta - b\cos\theta_B \end{cases} \tag{7.27}$$

P 波的入射能量为

$$E_{\mathrm{i}} = \frac{1}{2S}\rho v_{\mathrm{S}}\omega^2\sin\theta \tag{7.28}$$

反射能量为

$$E_{\mathrm{r}} = \frac{1}{2S}\rho v_{\mathrm{S}}A^2\omega^2\sin\theta + \frac{1}{2}\rho v_{\mathrm{S}}B^2\omega^2\sin\theta_B \tag{7.29}$$

能量比为

$$E_{\mathrm{r}}/E_{\mathrm{i}} = A^2 + S\frac{\sin\theta_B}{\sin\theta}B^2 \tag{7.30}$$

当对式(7.22)中待定系数 a、b 取值后，则由式(7.27)可以看出，$E_{\mathrm{r}}/E_{\mathrm{i}}$ 仅与入射角 θ 和泊松比 μ 有关。图 7.66 为入射 P 波时，对应于 $\mu = 0.25$ 的能量比与入射角 θ 之间的关系曲线。相当于完全吸收反射能量的黏性边界大致对应于 $a = b = 1$ 的情况，仅在 θ 较小的情况下残存若干反射能量。所以当 $a = b = 1$ 时，大致能满足完全吸收能量的条件。入射 S 波时，也能推导出相同结论。

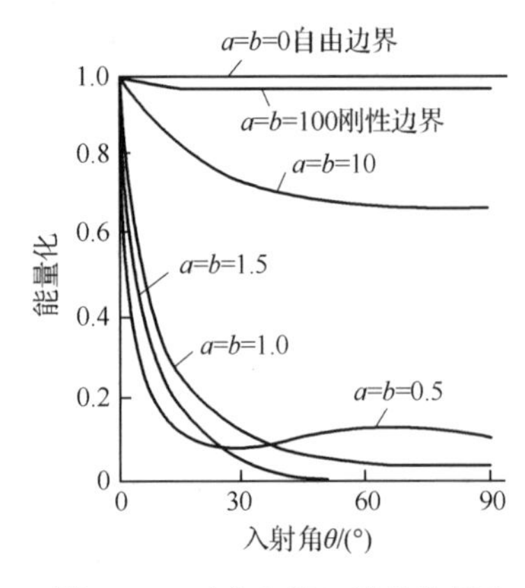

图 7.66　对应入射 P 波的能量比

综上所述，满足吸收反射能量的黏性边界应力条件为

$$\begin{cases} \sigma = \rho v_{\mathrm{P}}\dot{w} \\ \tau = \rho v_{\mathrm{S}}\dot{u} \end{cases} \tag{7.31}$$

令地震动沿 x 轴方向输入，法线方向为 x 轴的黏性边界面上，边界节点上的节点力可表达为

$$\begin{cases} P_x = \rho v_{\mathrm{P}}\dot{U}_xA = (\rho v_{\mathrm{P}}A)\dot{U}_x \\ P_y = \rho v_{\mathrm{S}}\dot{U}_yA = (\rho v_{\mathrm{S}}A)\dot{U}_y \\ P_z = \rho v_{\mathrm{S}}\dot{U}_zA = (\rho v_{\mathrm{S}}A)\dot{U}_z \end{cases} \tag{7.32}$$

式中，P_x、P_y、P_z 分别为 x、y、z 方向的节点力；密度

ρ 取节点所在土层的土密度；$\dot{U}_x$、$\dot{U}_y$、$\dot{U}_z$ 分别为 x、y、z 方向的节点速度；A 为该节点所支配的面积。

(2) 黏性边界与自由边界结果比较。

对实际工程进行结构-地基动力相互作用计算时，利用对称原理，计算所用的有限元网格划分如图 7.67 所示。地震动沿结构横向输入，土体取 10 倍结构横向尺寸并施加黏性边界，沿纵向土体取 3 倍结构纵向尺寸，土体深度取距地表 70m。

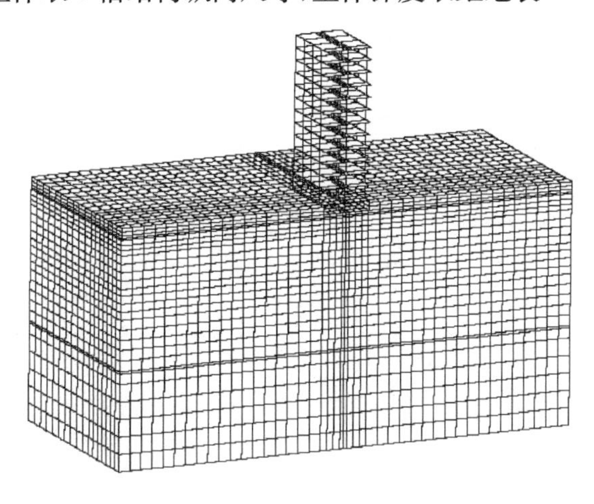

图 7.67　网格划分

对土体取 10 倍结构横向尺寸并施加黏性边界，土体取 30 倍结构横向尺寸并取自由边界的情况，分别从土体底部输入加速度峰值为 0.1g(相当于大震时该处土体 70m 处的峰值加速度[32])的 El Centro 波进行结构-地基动力相互作用计算(选取结构一层平面中心为坐标原点)，并对两种情况下体系的位移时程进行了比较，结果如图 7.68 所示。可以看出，土体取 30 倍结构横向尺寸并取自由边界情况下体系的反应与半空间无限域情况近似。图中 A1 点为一层室内地面中点，标高为±0.0m；A13 点为结构顶部中点，标高为 44.1m；A7 点为结构第 6 层顶面中点，标高为 22.5m；CX1、CY1 点为土表与结构相交的点，其坐标分别为(7.05，0，－0.6)和(0，21，－0.6)；S17 点为土中的点，坐标为(0，0，－30.0)。对体系中的其他许多对应点的位移时程进行了比较，得到土体取 10 倍结构横向尺寸并施加黏性边界、土体取 30 倍结构横向尺寸并取自由边界的情况下，位移时程吻合较好。

表 7.8 为土表沿振动方向上的点的水平位移峰值比较，表中比较了土体取 30 倍结构横向尺寸并取自由边界、土体取 10 倍结构横向尺寸并施加黏性边界、土体取 10 倍结构横向尺寸并取自由边界三种情况下的结果，并给出了相对于土体取 30 倍结构横向尺寸并取自由边界情况下的结果的误差。从表中看出，土体取 10 倍结构横向尺寸并施加黏性边界情况下，结构及距结构很大范围内的土体受边界的影响很小，边界对它们的影响可以忽略；而对于土体取 10 倍结构横向尺寸并取自由边界的情况，自由边界不仅对靠近边界的土体影响很大，而且对结构及结构附近的土体也有较大影响。因此，土体取 10 倍结构横向尺寸并施加黏性边界的计算效果与土体取 30 倍结构横向尺寸并取自由边界的相近，说

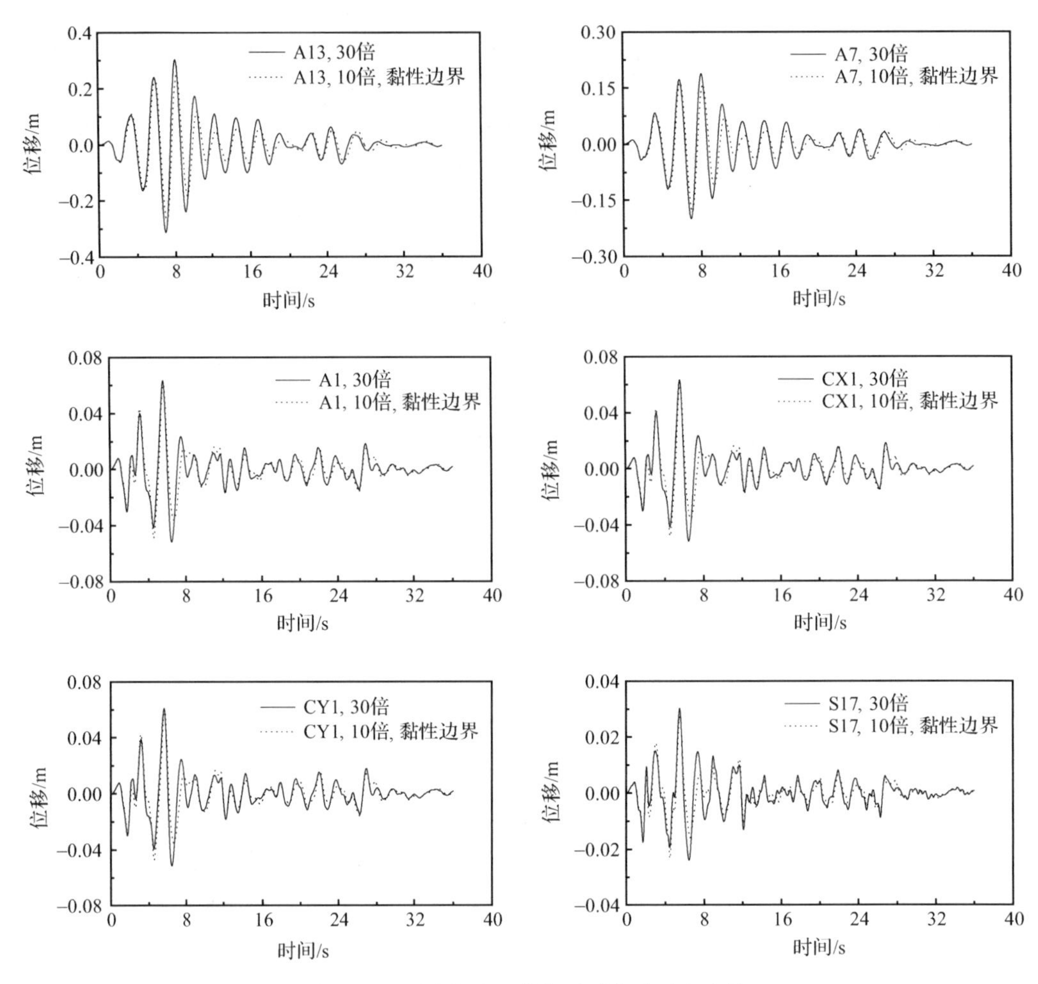

图 7.68　不同边界尺寸情况下位移时程比较

表 7.8　土表沿振动方向上的点的水平位移峰值

x 坐标/m	A:30 倍结构横向尺寸自由边界的位移峰值/m	B:10 倍结构横向尺寸黏性边界		C:10 倍结构横向尺寸自由边界	
		位移峰值/m	相对 A 的误差/%	位移峰值/m	相对 A 的误差/%
7.05	0.0623	0.0615	—1.20	0.0766	23.05
14.1	0.0588	0.0589	0.27	0.0742	26.15
21.15	0.0578	0.0589	1.76	0.0747	29.16
28.2	0.0574	0.0592	3.24	0.0760	32.51
35.25	0.0570	0.0598	4.87	0.0778	36.33
42.3	0.0568	0.0606	6.57	0.0799	40.53
49.35	0.0567	0.0614	8.31	0.0823	45.05
56.4	0.0567	0.0624	10.00	0.0847	49.47
63.45	0.0567	0.0629	11.01	0.0868	53.16
70.5	0.0567	0.0627	10.45	0.0876	54.44

明在采用黏性边界时，有限元计算所需土体的尺寸可大大小于土体取自由边界时的计算尺寸，采用黏性边界可以较多地节约计算机资源和计算时间。

3. 参数分析

利用上述计算模型进行结构-地基动力相互作用问题的参数研究，计算中土体取10倍结构横向尺寸并施加黏性边界、底部输入加速度峰值为0.1g的地震动激励。在保证其他参数都不变的情况下，分别单独调整土的动剪切模量、输入地震动的类型、上部框架结构的高度、框架结构的混凝土强度等级以及框架结构的埋深等因素，对这些情况进行了结构-地基动力相互作用计算，并讨论了参数对考虑相互作用情况下的结构-地基体系的频率、位移反应峰值、加速度反应峰值、最大层间剪力、最大倾覆力矩以及对相互作用效果等的影响。

1）土性不同

以前面介绍的上海地区实际土层为基础，假设土层的动剪切模量为G，将土体的动剪切模量分别乘以0.2、0.5、1、2、3、5、10倍（下面分别记为0.2G、0.5G、G、2G、3G、5G和10G）进行了考虑结构-地基动力相互作用的三维有限元计算分析。

（1）自振频率。

不同土性下结构-地基相互作用体系的前6阶自振频率如表7.9所示（仅给出了0.2G、G、5G、10G和刚性地基的情况）。从表中看出，随着土体动剪切模量的增大，相互作用体系的自振频率不断增大，而且高阶频率的增大幅度明显大于低阶频率的增长。结构-地基相互作用体系的频率低于刚性地基上结构的自振频率，也就是考虑动力相互作用后，

表7.9　结构-地基相互作用体系的自振频率(土性不同)

阶次	A:0.2G		B:G	C:5G	
	频率/Hz	相对于B的误差/%	频率/Hz	频率/Hz	相对于B的误差/%
1	0.2018	−52.34	0.4234	0.4714	11.35
2	0.2905	−38.33	0.4710	1.0169	115.89
3	0.3212	−51.16	0.6577	1.4581	121.69
4	0.3640	−49.37	0.7189	1.5248	112.09
5	0.4072	−54.14	0.8879	1.6074	81.04
6	0.4265	−55.21	0.9521	1.9861	108.60

阶次	D:10G		E:刚性地基	
	频率/Hz	相对于B的误差/%	频率/Hz	相对于B的误差/%
1	0.4799	13.33	0.5067	19.66
2	1.4305	203.69	1.5798	235.38
3	1.5330	133.07	2.8447	332.50
4	2.0736	188.44	4.2242	487.59
5	2.2718	155.86	5.7834	551.35
6	2.7401	187.80	7.4706	684.65

结构的自振频率降低，自振周期延长，这与包括 Wolf 和严士超等在内的学者们的研究成果相一致。

(2) 不同土性下结构的加速度及位移反应。

对不同的土性 0.2G、0.5G、G、2G、3G 和 5G 情况下考虑结构-地基动力相互作用的结构动力反应计算结果进行分析，结构的加速度反应峰值和位移反应峰值分别如图 7.69 和图 7.70 所示。相对于土体底部输入的地震动加速度峰值 0.1g 而言，土性为 0.2G、0.5G 和 G 情况下基底的加速度峰值均小于 0.1g，尤其是 0.2G 情况下，基底加速度峰值小于 0.05g，软土表现出明显的隔震作用；土性为 2G、3G 和 5G 情况下，基底加速度峰值大于 0.1g，土体对地震动起放大作用。土性为 0.2G、0.5G 和 G 情况下，基础平动位移较大，结构位移峰值随土体动剪切模量的增大而变大；土性为 2G、3G 和 5G 情况下，基础平动位移较小。而相对于土性为 G 而言，土性为 2G、3G 和 5G 情况下土体刚度较大，桩基础支撑于较硬土体上，转动刚度较大导致结构因转动引起的位移很小，而且基础平动位移较小，致使土性为 2G、3G 和 5G 情况下的位移反应比土性为 G 情况下小。

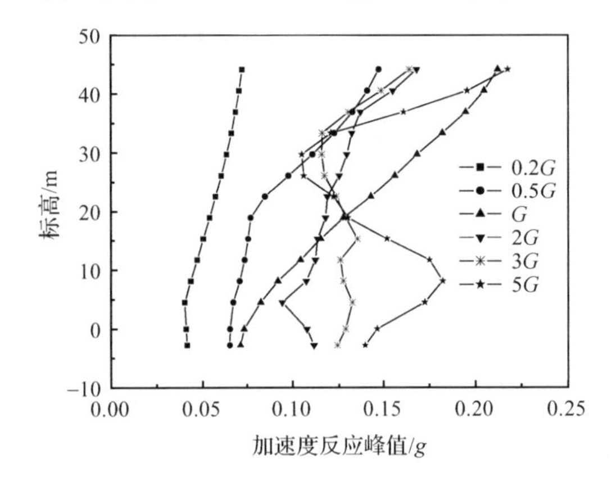

图 7.69　结构加速度反应峰值(土性不同)

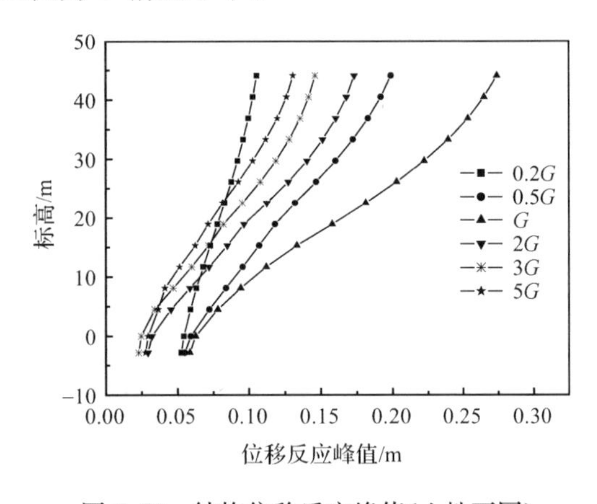

图 7.70　结构位移反应峰值(土性不同)

通过对不同土性下结构-地基相互作用体系的自振频率分析发现，土性 0.2G 情况下，在振动方向上第一阶振型的参与最为显著；而随着土体动剪切模量的增加、土体变硬，在振动方向上第二阶振型的参与逐渐增强以至于占据主导地位，因此随着土体动剪切模量的增大，结构的动力反应峰值分布曲线变得较为复杂，而结构的加速度以及位移反应峰值也并不一直增大。

(3) 不同土性下结构的层间剪力及倾覆力矩反应。

对不同的土性 0.2G、0.5G、G、2G、3G 和 5G 情况下考虑结构-地基动力相互作用的结构动力反应计算结果进行分析，结构的最大层间剪力和倾覆力矩分别如图 7.71 和图 7.72 所示。当土体非常软(土性为 0.2G) 时，软土的隔震效果导致结构的加速度反应非常小，相应的层间剪力及倾覆力矩反应也就很小。土性为 0.2G、0.5G、G 情况下，结构最大层间剪力及最大倾覆力矩随土体动剪切模量的增大而增大。当土体较硬(土性为 2G、3G 和 5G) 时，土体对地震动的放大效果导致结构底部加速度反应很大，而结构中部加速度反应情况比较复杂，相应的层间剪力和倾覆力矩与土性为 G 情况下的相差不大。随着土体动剪切模量的增大，土体变硬，结构层间剪力及倾覆力矩由于与结构的加速度反应相关而变得较为复杂，并不是随着土体动剪切模量的增大一直增大。

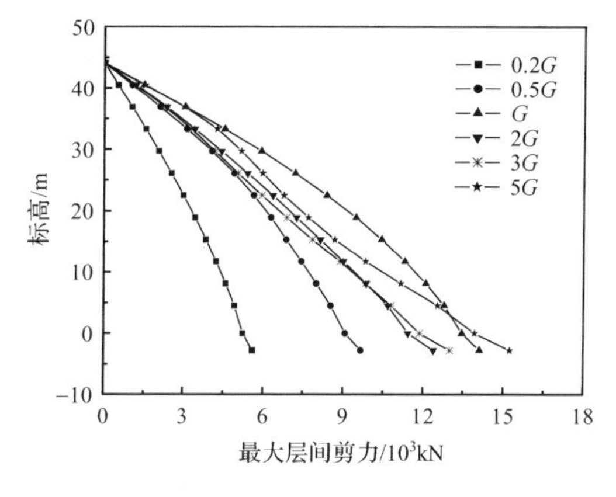

图 7.71　结构最大层间剪力(土性不同)

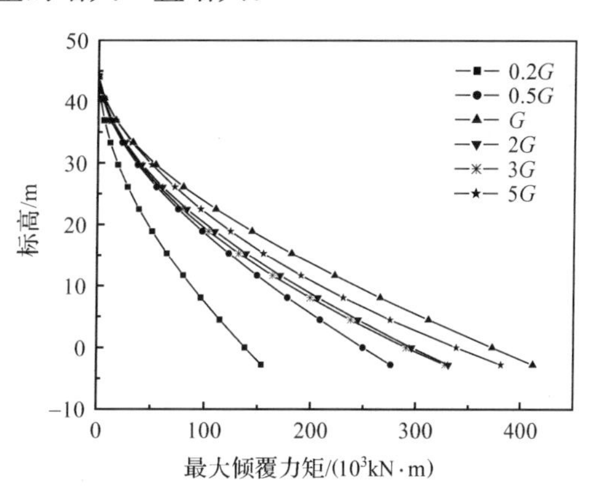

图 7.72　结构最大倾覆力矩(土性不同)

(4) 不同土性土体的加速度反应。

在土体的水平中心处、沿深度方向取 25 个点，当土性不同、土体底部输入加速度峰值为 0.1g 的 El Centro 波时分别输出它们的加速度时程计算结果。由计算得出的 25 个点的加速度峰值相对于土体底部的加速度输入峰值的放大系数，绘出不同土性时不同高度处土体的加速度峰值放大系数与各点标高的关系曲线如图 7.73 所示。由图中可以看出，当土性为 0.2G 和 0.5G 时，软土起隔震效果，土体的加速度峰值放大系数均小于 1；当土性为 G 时，靠近底部 −65m 以下的土体动剪切模量较大，对输入的地震动起放大作用，加速度峰值放大系数大于 1，而上部 −60m 以上土体较软起隔震作用，加速度峰值放大系数减小到小于 1；当土性为 5G 时，土体较硬对地震动起放大作用，加速度峰值放大系数均大于 1，靠近土表时加速度峰值放大系数接近 1.5。

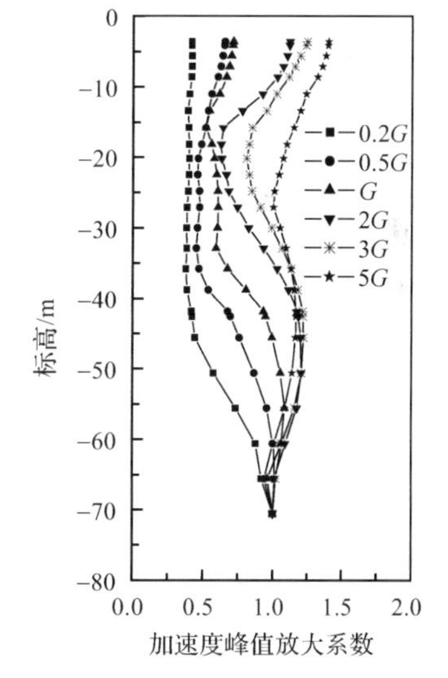

图 7.73　土体加速度峰值放大系数(土性不同)

本章 7.5.1 节也从试验得到了“土层传递振动的放大或减振作用与土层性质、激励大小等因素有关”的结论，因此具体到在某一地震激励情况下土体硬到什么程度、某一种土体当不同的地震激励输入的加速度峰值达到什么程度时，土体对地震动究竟是放大效果还是起隔震作用，有待结合具体土层的情况进一步深入研究。

(5) 不同土性动力相互作用对结构位移峰值的影响效果比较。

对不同的土性 0.2G、G 和 5G 情况下考虑结构-地基动力相互作用的结构动力反应计算结果与刚性地基情况下的结果进行比较，刚性地基情况计算时结构底部输入的地震动是不同土性情况下得到的土表距离结构中心 70.5m 处的加速度时程。

表 7.10 为不同土性情况下相互作用对结构位移峰值的影响效果比较。从表中可以看出，考虑结构-地基动力相互作用情况下结构的位移峰值通常比刚性地基上结构的位移峰值大；相互作用对结构底部的位移峰值影响非常显著，而对结构上部的影响相对小一些；土体越软，相互作用对结构位移峰值的影响越显著，这与国内外现有的研究成果所得出的规律一致。

表 7.10　结构沿振动方向的位移峰值比较(土性不同)

标高/m	A:0.2G			B:G			C:5G		
	Ⅰ/m	Ⅱ/m	Ⅲ/%	Ⅰ/m	Ⅱ/m	Ⅲ/%	Ⅰ/m	Ⅱ/m	Ⅲ/%
−2.8	0.0526	0	—	0.0586	0	—	0.0278	0	—
0	0.0543	0.0022	2379.51	0.0626	0.0086	622.99	0.0295	0.0045	559.30
8.1	0.0632	0.0179	253.52	0.0944	0.0702	34.44	0.0412	0.0341	20.70
15.3	0.0729	0.0315	131.48	0.1332	0.1227	8.53	0.0623	0.0553	12.54
22.5	0.0830	0.0440	88.81	0.1813	0.1697	6.81	0.0818	0.0789	3.59
29.7	0.0921	0.0543	69.69	0.2221	0.2088	6.40	0.1028	0.1026	0.15
36.9	0.0998	0.0618	61.54	0.2533	0.2369	6.94	0.1198	0.1217	−1.57
44.1	0.1056	0.0660	59.81	0.2740	0.2531	8.25	0.1307	0.1329	−1.62

注：表中Ⅰ为考虑结构-地基动力相互作用时结构的位移；Ⅱ为不考虑结构-地基动力相互作用时结构的位移；Ⅲ为考虑与不考虑相互作用时结构位移的相对误差，即为（Ⅰ－Ⅱ)/Ⅲ×100。

2) 地震激励不同

对加速度峰值均为 0.1g 的 El Centro 波激励和上海人工波(SHW2)激励下结构-地基动力相互作用体系的动力反应进行了计算和分析，计算中模拟实际的上海地区场地土，即考虑土性 1G 的情况。

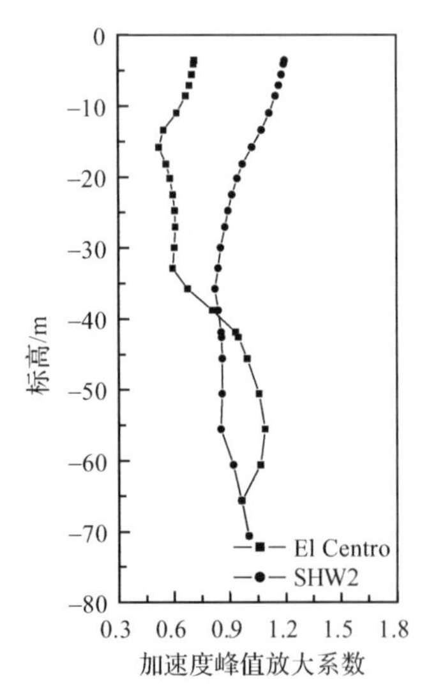

图 7.74　土体加速度峰值放大系数(激励不同)

(1) 不同地震动激励下土体的加速度反应。

当土体底部分别输入加速度峰值为 0.1g 的 El Centro 波激励和上海人工波(SHW2)激励时，分别输出土体中心不同深度处的加速度时程计算结果。由计算得出 25 个点的加速度峰值相对于土体底部的加速度输入峰值的放大系数，绘出不同地震动激励时不同高度处土体的加速度峰值放大系数与各点标高的关系曲线如图 7.74 所示。由图中可以看出，当输入 El Centro 波激励时，土体中靠近底部处(−65～−50m)的加速度峰值放大系数大于 1，土体对地震动起放大作用，而上部土体相对较软，加速度峰值放大系数逐渐减小至小于 1，对地震动起隔震效果；当输入上海人工波激励时，由于上海人工波的低频成分比较丰富，靠近底部的土体动剪切模量较大、频率较高，土体的加速度峰值放大系数小于1，而上部(−40m以上)的土体动剪切模量较小、频率较低，上海人工波的输入使得上部土体的振动加强，表现为加速度峰值放大系数不断增大，至土表时加速度峰值放大系数接近1.2。

从上面的分析看出，虽然土层性质相同，输入的地震激励的加速度峰值也相同，但由于输入的地震动不同，土体的加速度反应差异非常显著。因此，土层传递振动的放大或减振作用不仅与土层性质、激励大小等因素有关，还与输入的地震动有关，地震动本身的频谱组成对土体的反应影响显著。

(2) 不同地震动激励下结构的动力反应。

图7.75～图7.78分别为加速度峰值为0.1g的El Centro波激励和上海人工波(SHW2)激励输入时考虑结构-地基动力相互作用情况下结构的加速度反应峰值、位移反应峰值、最大层间剪力和最大倾覆力矩的比较。从图中看出，上海人工波激励下考虑结构-地基动力相互作用后结构的加速度反应峰值、位移反应峰值、最大层间剪力及最大倾覆力矩都比El Centro波激励情况下的反应大。这主要是由于上海人工波的低频成分十分丰富，而整个土体以及结构-地基相互作用体系的频率都比较低，使得上海人工波激励下上部结构的反应明显大于El Centro波激励下的反应，这与国内外现有研究以及本书7.5.1节得到的规律一致。

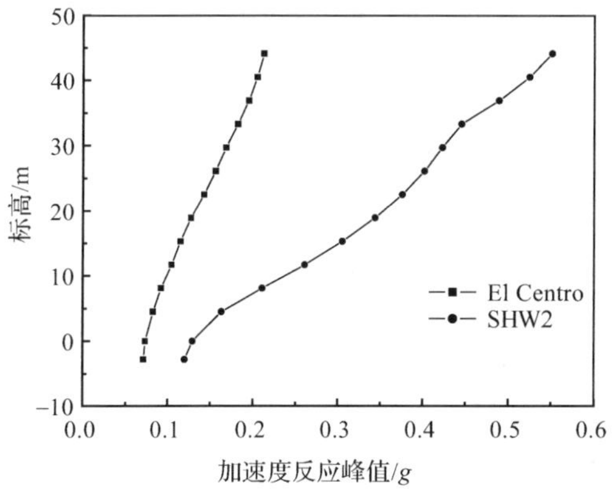

图7.75　加速度反应峰值对比(激励不同)

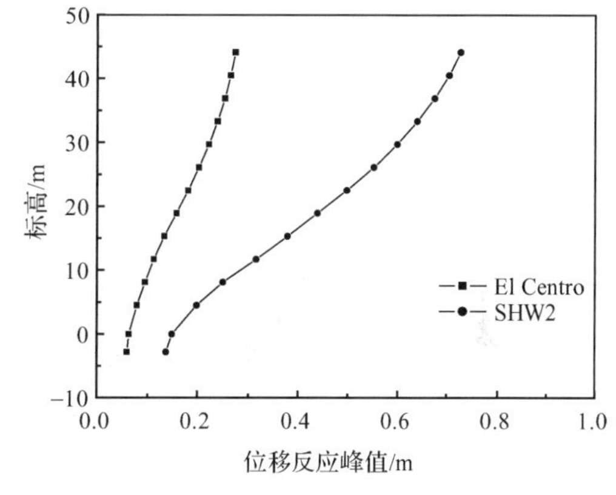

图7.76　位移反应峰值对比(激励不同)

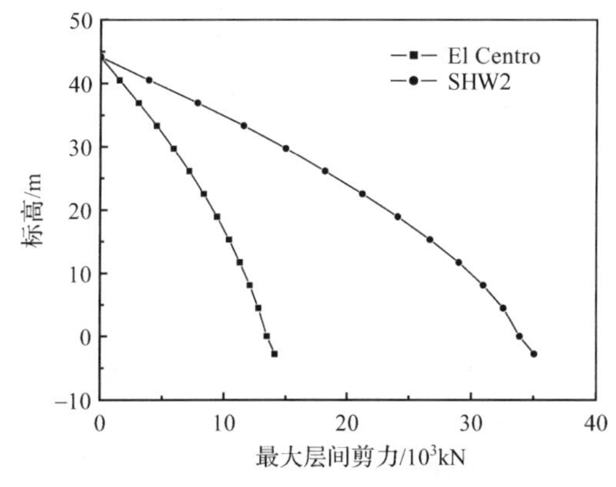

图7.77　最大层间剪力对比(激励不同)

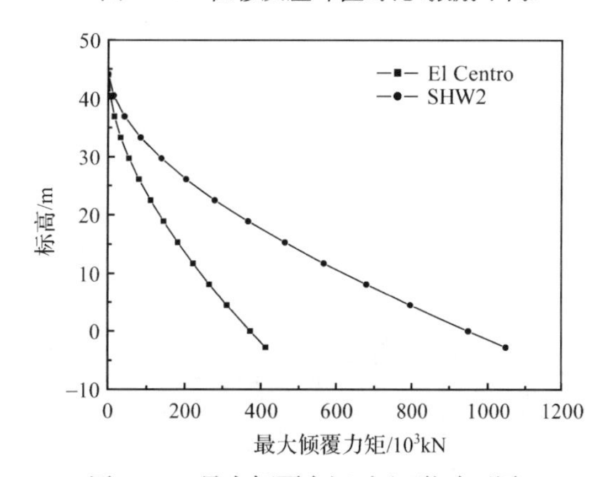

图7.78　最大倾覆力矩对比(激励不同)

7.6　考虑动力相互作用的简化抗震设计

近几十年来,国内外就结构-地基相互作用对结构地震反应的影响已进行了多方面的研究,取得了一些进展,许多国家抗震设计规范中对结构-地基相互作用问题做了一定程度的考虑:如美国规范给出了简化的计算方法;印度结构抗震设计规范第 3.4.3 条规定,采用筏式和有连系梁的独立基础时,建筑物的地震力分别为独立基础时的 0.67～0.80 倍。希腊抗震设计规范第 4.1.4 条规定,深基础时地震力为浅基础时的 0.83～0.91 倍;基础刚度大时为基础刚度小时的 0.77～0.82 倍。中国抗震设计规范 5.2.7 条规定,8 度和 9 度时建造于Ⅲ、Ⅳ类场地,采用箱基、刚性较好的筏基和桩箱联合基础的钢筋混凝土高层建筑,当结构基本自振周期处于特征周期的 1.2～5 倍时,若计入地基与结构动力相互作用的影响,对刚性地基假定计算的水平地震剪力可进行折减。在现有抗震设计规范基础上,用尽可能简单的方法来反映建筑物和地基的动力相互作用效果,也就是说发展某种近似简化设计方法是工程界所关心的问题。一般而言,进行相互作用简化分析的方法可从两种途径进行考虑:一是修正结构特性,即对结构的动力特性参数进行修正来考虑动力相互作用,然后按常规方法分析修正后的结构对自由场地面运动的反应;二是修正地面运动,即通过对自由场地面运动进行修正来考虑动力相互作用,然后按常规方法分析结构对修正后的地面运动的反应。由于第一种方法采用自由场运动,对于设计更方便,一般采用第一种方法。

本节首先介绍几种计算相互作用体系动力特性的简化方法,然后提出一种改进的简化计算方法,并用振动台模型试验的数据资料进行计算分析。

7.6.1　计算模型及分析

计算模型如图 7.79 所示,由单自由度结构和允许有平动和转动的基础组成。单自由度结构的刚度、质量、阻尼系数和高度分别为 k、m、c 和 H。在基础处,由于能量向外辐射和消散,土可由弹簧和阻尼器组成(忽略平动和摆动的耦合作用),并且将水平向系数表示为 k_u 和 c_u,转动(摇摆)向系数表示为 k_θ 和 c_θ。

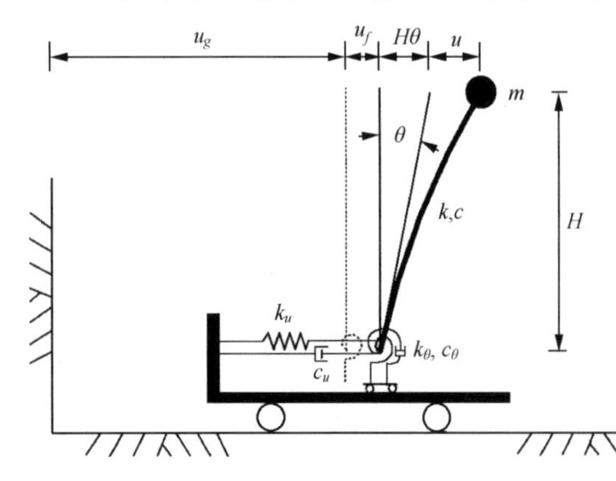

图 7.79　简化分析模型

图 7.79 的简单模型可以看成单层建筑的直接模型,或者更一般地可看成是以第一振型为主的多层建筑的近似模型。对于后一种情况,H 应理解为从基础至与第一振型相对应的惯性力中心之间的距离,而 k、m 和 c 应理解为相应的广义刚度、广义质量和广义阻尼系数。

对于图 7.79 的体系,建立体系的运动方程:

$$m(\ddot{u}_f + H\ddot{\theta} + \ddot{u}) + ku + c\dot{u} = -m\ddot{u}_g \tag{7.33}$$

$$m(\ddot{u}_f + H\ddot{\theta} + \ddot{u}) + k_u u_f + c_u \dot{u}_f = -m\ddot{u}_g \tag{7.34}$$

$$m(\ddot{u}_f + H\ddot{\theta} + \ddot{u})H + k_\theta \theta + c_\theta \dot{\theta} = -m\ddot{u}_g H \tag{7.35}$$

式中，u_f 为基础相对于自由场运动 u_g 的位移；u 为质量与运动框架(与刚性基础连接)的相对位移，它等于结构的变形。

从式(7.33)～式(7.35)可导出系统的频率 $\tilde{\omega}$ 和阻尼比 $\tilde{\zeta}$ 与结构与地基基础的频率和阻尼比之间的关系式[33]：

$$\frac{1}{\tilde{\omega}^2} = \frac{1}{\omega_s^2} + \frac{1}{\omega_u^2} + \frac{1}{\omega_\theta^2} \tag{7.36}$$

$$\tilde{\zeta} = \left(\frac{\tilde{\omega}}{\omega_s}\right)^3 \zeta_s + \left(\frac{\tilde{\omega}}{\omega_u}\right)^3 \zeta_u + \left(\frac{\tilde{\omega}}{\omega_\theta}\right)^3 \zeta_\theta \tag{7.37}$$

式中，结构的频率和阻尼比 $\omega_s^2 = k/m$、$\zeta_s = c/(2m\omega_s)$；地基基础的频率和阻尼比 $\omega_u^2 = k_u/m$、$\zeta_u = c_u/(2m\omega_u)$、$\omega_\theta^2 = k_\theta/(mh^2)$、$\zeta_\theta = c_\theta/(2mH^2\omega_\theta)$。

从式(7.36)可见，结构-地基体系的频率 $\tilde{\omega}$ 总小于当基础固定时结构的频率 ω_s。

7.6.2　几种简化计算方法

研究认为，结构-地基动力相互作用体系的反应可以采用等效单自由度体系进行近似简化分析，等效体系的动力特性用周期 $\tilde{T}$ 和阻尼比 $\tilde{\zeta}$ 表示。考虑结构-地基动力相互作用的简化计算方法有 MV 法、MB 法、ATC 法和 BSSC 法及日本建筑学会地震荷载小委员会推荐的方法，各方法均采用图 7.79 所示的分析模型，用以计算体系的周期延长率 $\tilde{T}/T$ 和阻尼比 $\tilde{\zeta}$。计算出体系的周期和阻尼比后，即可在标准反应谱曲线上查谱值，并根据修正后的阻尼比修正反应谱值；然后用底部剪力法或振型分解法求地震作用力。

1. MV 法和 MB 法

MV 法基于 Veletsos 和 Verbic[34]提出的置于黏弹性半空间上的刚性圆板基础的阻抗函数，将式(7.36)和式(7.37)改写成如下形式：

$$\tilde{T} = T\sqrt{1 + k\left(\frac{1}{\alpha_u K_u} + \frac{H^2}{\alpha_\theta K_\theta}\right)} \tag{7.38}$$

$$\tilde{\zeta} = \tilde{\zeta}_0 + \frac{\zeta_s}{(\tilde{T}/T)^3} \tag{7.39}$$

$$\tilde{\zeta}_0 = \frac{4\pi^4 \gamma}{\sigma^3}\left(\frac{\beta_u}{\alpha_u^2}\frac{Gr}{K_u}\frac{r^2}{H^2} + \frac{\beta_\theta}{\alpha_\theta^2}\frac{Gr^3}{K_\theta}\right) \Big/ \left(\frac{\tilde{T}}{T}\right)^3 \tag{7.40}$$

式中，σ 为无量纲波速，$\sigma = v_S T/H$；γ 为结构与地基的相对质量密度，$\gamma = m/\rho\pi r^2 H$；T、ζ_s 为基础固定时结构的自振周期和阻尼比；G 为土的动剪切模量；r 为基础半径，对任意形状的筏式基础，分别按面积(A_f)和惯性矩(I_f)等效来计算；K_u 和 K_θ 为半空间上基础的静刚度；α_u、β_u、α_θ、β_θ 为与频率相关的无量纲参数，称动力系数，可按式(7.41)～式(7.44)计算[34,35]。考虑非均匀土层、基础的埋深等的影响，则对阻抗函数 K_u、K_θ 进行修正，故该方法称为修正 Veletsos 法，简称 MV 法。

对于黏弹性土，引入土的黏滞材料阻尼，α_u、β_u、α_θ、β_θ 按如下公式近似计算：

$$\alpha_u = 1 - \sqrt{\frac{R-1}{2}}\alpha_1 a_0 \tag{7.41}$$

$$\beta_u = \sqrt{\frac{R+1}{2}}\alpha_1 + \xi \tag{7.42}$$

$$\alpha_\theta = 1 - \frac{\beta_1\left[R + \sqrt{(R-1)/2}(\beta_2 a_0)\right](\beta_2 a_0)^2}{R + 2\sqrt{(R-1)/2}(\beta_2 a_0) + (\beta_2 a_0)^2} - \beta_3 a_0^2 \tag{7.43}$$

$$\beta_\theta = \frac{\beta_1\beta_2\sqrt{(R+1)/2}(\beta_2 a_0)^2}{R + 2\sqrt{(R-1)/2}(\beta_2 a_0) + (\beta_2 a_0)^2} + \xi \tag{7.44}$$

式中，$R = \sqrt{1 + a_0^2\xi^2} = \sqrt{1 + \tan^2\delta}$，其中 δ 为由黏滞阻尼引起的相位滞后角，$\tan\delta$ 为土的损耗系数，通过土工试验确定。当 $\tan\delta = 0$ 时，即为纯弹性土。这里，α_1、β_i 为取决于泊松比 μ 的系数，按表 7.11 取值。

表 7.11　系数 α_1、β_i

数　值	$\mu=0$	$\mu=1/3$	$\mu=0.45$	$\mu=0.5$
α_1	0.775	0.65	0.60	0.60
β_1	0.525	0.5	0.45	0.4
β_2	0.8	0.8	0.8	0.8
β_3	0	0	0.023	0.027

对于基础埋置的情况，若考虑基础的质量、基础侧面的土对阻抗的影响、基础摆动与平动的耦合影响，采用由 Bielak 提出的考虑基础埋置效应的更精确的基础阻抗函数[36]，然后得到等效体系的周期和阻尼比的计算公式。同样也可考虑非均匀土层、基础形状等影响进行修正，故称为修正 Bielak 法，简称 MB 法。

计算时，假定等效体系的周期为 $\tilde{T}$，计算对应于 $\tilde{T}$ 的动力系数 α_u、β_u、α_θ、β_θ 和基础阻抗函数；然后按上述公式计算等效体系的周期 $\tilde{T}$ 和阻尼比 $\tilde{\xi}$。这是一个迭代过程，直至两次计算得到的 $\tilde{T}$ 的差值小于容许值。

2. ATC 法和 BSSC 法

美国建筑物抗震设计暂行条例(ATC1978)和 BSSC1997 基于 Veletsos 和 Bielak 的研究成果，并做了一些简化来考虑土-结构相互作用；同时认为结构-地基动力相互作用主要影响体系的基本振型，所以仅需结构的第一阶振型参数。单自由度结构模型也可以扩展到多层结构的情形，这时取该等效高度为结构总高度的 70%。

体系的周期 $\tilde{T}$ 按下式计算，规范取 α_u 和 α_θ 为 1.0，即把阻抗函数实部取为静刚度：

$$\tilde{T} = T\sqrt{1 + \frac{k}{k_u}\left(1 + \frac{k_u H^2}{k_\theta}\right)} \tag{7.45}$$

结构-地基体系的有效阻尼比 $\tilde{\xi}$ 按下式计算，且不小于 0.05

$$\widetilde{\zeta}=\widetilde{\zeta}_0+\frac{0.05}{(\widetilde{T}/T)^3} \tag{7.46}$$

式中，$\widetilde{\zeta}_0$ 为基础阻尼比，根据 $\widetilde{T}/T$、结构特征高宽比和地运动加速度参数 A_V 由文献[37]直接查出。

上述美国规范方法，由于忽略振动频率对阻抗函数实部的影响，用静刚度代替动刚度，同时采用图解方法确定阻尼比，从而避免了迭代过程，可直接计算出体系周期和阻尼比。

3. 日本建筑学会建议方法(JAP 法)

日本建筑学会地震荷载小委员会推荐了一种简化方法[38]，用以反映建筑物和地基的动力相互作用效果。该方法中按如下途径确定等效体系的周期和阻尼比。

分析模型仍然采用图 7.79 所示的 S-R 模型。由式(7.45)计算体系的周期 $\widetilde{T}$，计算中，刚性地基上结构的刚度 k 的计算方法与美国规范一样；而基础的平动刚度 k_u 和摆动刚度 k_θ 的计算则与美国规范不同，它考虑了桩基础的作用，均采用两项之和计算。一项是仅有地基时的刚度(在有埋深时，以基础埋置深度与基础等效半径之比，按比例对其进行增减)，另一项为桩的效果引起的刚度。但对平动刚度来说，由于两者相互抵消的影响，可考虑取比两者简单相加为小的数值。

日本简化方法对阻尼比的计算基于能量平衡，即：分别求出地基和桩基的平动和摆动阻尼比 ζ_u^{F}、$\zeta_\theta^{\mathrm{F}}$、$\zeta_u^{\mathrm{P}}$、$\zeta_\theta^{\mathrm{P}}$ 以及建筑物阻尼比 ζ_{B}，求出相应的应变能 E_u^{F}、E_θ^{F}、E_u^{P}、E_θ^{P} 以及 E_{B} 之后，按能量平衡计算 $\widetilde{\zeta}$。计算中对建筑物和桩的阻尼比分别取 $\zeta_B=0.02$，$\zeta_u^{\mathrm{P}}=\zeta_\theta^{\mathrm{P}}=0.03$，平动和摆动的地基阻尼比 ζ_u^{F}、$\zeta_\theta^{\mathrm{F}}$ 则根据有关平动和摆动的无量纲圆频率确定。

7.6.3　改进的简化计算方法

1. 对前述方法的计算分析与改进思路

利用本章介绍的结构-地基动力相互作用体系振动台模型试验的资料，按上述几种简化计算方法计算体系的频率和阻尼比，并与试验实测结果比较。表 7.12 和表 7.13 为对第一阶段试验的均匀土-基础-单柱质量块相互作用体系的计算参数和计算结果，表 7.14 和表 7.15 为对第二阶段试验的分层土-基础-高层建筑相互作用体系的计算参数和计算结果。

分析各方法的计算结果，可得如下结论。

(1) MV 法、MB 法计算桩基体系的频率与实测值相比明显偏小。这是由于 MV 法、MB 法采用的阻抗函数以置于黏弹性半空间表面的圆形刚性基础的解为基础，没有考虑桩基的作用，因此低估了地基基础的动力阻抗，使计算值偏小。

(2) 对于箱基体系，MV 法估计体系频率和阻尼比的计算结果较好，而 MB 法计算值则明显比实测值大，高估了基础的埋置作用。另外，基础侧面土的状况对地基刚度的影响较大，在试验中，BC10 试验的基础侧面土的压实没有 BC20 试验中做得好，计算中可见 BC10 试验的计算值偏大更多。

表 7.12　均匀土 SSI 体系计算参数

序号	试验	工况	结构参数				土体参数				基础参数		桩基参数		实测值		
			高度/m	重量/kg	频率/Hz	阻尼/%	厚度/m	容重/(kg/m³)	频率/Hz	阻尼比/%	边长/m	埋深/m	边长/mm	桩长/m	弹性模量/MPa	频率/Hz	阻尼比/%
1	PC20S	EL1a	0.75	22.0	28.193	5.0	0.80	1803	1.709	7.446	0.35	0.05	22.5	0.6	7318	3.662	12.829
2		EL1b	0.75	32.0	21.131	5.0	0.80	1803	1.587	12.369	0.35	0.05	22.5	0.6	7318	3.296	13.034
3		EL1c	0.75	52.0	15.424	5.0	0.80	1803	1.465	12.085	0.35	0.05	22.5	0.6	7318	3.174	13.069
4		EL1d	0.75	72.0	12.733	5.0	0.80	1803	1.099	13.742	0.35	0.05	22.5	0.6	7318	3.052	14.070
5		EL2a	0.75	22.0	28.193	5.0	0.80	1803	0.732	16.859	0.35	0.05	22.5	0.6	7318	1.831	15.341
6		EL3a	0.75	22.0	28.193	5.0	0.80	1803	0.610	17.365	0.35	0.05	22.5	0.6	7318	0.732	16.693
7	PC20	WN1	0.75	22.0	29.841	5.0	0.80	1798	0.732	16.762	0.35	0.05	22.5	0.6	7318	1.221	12.520
8		WN3	0.75	32.0	22.367	5.0	0.80	1798	0.732	17.280	0.35	0.05	22.5	0.6	7318	1.099	16.854
9		WN5	0.75	52.0	16.326	5.0	0.80	1798	0.732	17.347	0.35	0.05	22.5	0.6	7318	0.977	16.914
10		WN7	0.75	72.0	13.478	5.0	0.80	1798	0.732	17.467	0.35	0.05	22.5	0.6	7318	0.732	16.696
11		WN9	0.75	22.0	29.841	5.0	0.80	1798	0.610	17.658	0.35	0.05	22.5	0.6	7318	1.099	17.139
12		WN17	0.75	22.0	29.841	5.0	0.80	1798	0.488	23.071	0.35	0.05	22.5	0.6	7318	0.854	17.549
13	PC10	EL1a	1.50	180.0	12.117	5.0	1.60	1774	1.587	5.932	0.70	0.10	45.0	1.2	7318	1.953	9.151
14		EL1b	1.50	260.0	9.082	5.0	1.60	1774	1.587	6.638	0.70	0.10	45.0	1.2	7318	1.831	9.822
15		EL1c	1.50	420.0	6.629	5.0	1.60	1774	1.683	12.947	0.70	0.10	45.0	1.2	7318	1.831	10.383
16		EL1d	1.50	580.0	5.473	5.0	1.60	1774	1.587	15.772	0.70	0.10	45.0	1.2	7318	1.709	11.337
17		EL2a	1.50	180.0	12.117	5.0	1.60	1774	1.465	16.631	0.70	0.10	45.0	1.2	7318	1.709	11.658
18		EL3a	1.50	260.0	12.117	5.0	1.60	1774	0.854	12.841	0.70	0.10	45.0	1.2	7318	1.465	13.467

续表

序号	试验	工况	结构参数				土体参数				基础参数		桩基参数		实测值		
			高度/m	重量/kg	频率/Hz	阻尼/%	厚度/m	容重/(kg/m³)	频率/Hz	阻尼比/%	边长/m	埋深/m	边长/mm	桩长/m	弹性模量/MPa	频率/Hz	阻尼比/%
19	BC20	EL1a	0.75	22.0	28.193	5.0	0.80	1803	1.709	8.088	0.33	0.18	—	—	—	4.394	13.079
20		EL1b	0.75	32.0	21.131	5.0	0.80	1803	1.709	16.500	0.33	0.18	—	—	—	3.784	13.903
21		EL1c	0.75	52.0	15.424	5.0	0.80	1803	1.709	16.496	0.33	0.18	—	—	—	3.418	13.464
22		EL1d	0.75	72.0	12.733	5.0	0.80	1803	1.709	16.428	0.33	0.18	—	—	—	3.174	13.367
23		EL2a	0.75	22.0	28.193	5.0	0.80	1803	1.587	16.653	0.33	0.18	—	—	—	1.953	15.957
24		EL3a	0.75	22.0	28.193	5.0	0.80	1803	0.854	17.305	0.33	0.18	—	—	—	1.099	16.739
25	BC10	EL1a	1.50	180.0	12.117	5.0	1.60	1798	1.587	8.608	0.65	0.36	—	—	—	1.953	13.469
26		EL1b	1.50	260.0	9.082	5.0	1.60	1798	1.709	13.908	0.65	0.36	—	—	—	1.831	17.473
27		EL1c	1.50	420.0	6.629	5.0	1.60	1798	1.709	11.801	0.65	0.36	—	—	—	1.709	14.491
28		EL1d	1.50	580.0	5.473	5.0	1.60	1798	1.709	10.821	0.65	0.36	—	—	—	1.709	11.587
29		EL2a	1.50	180.0	12.117	5.0	1.60	1798	0.854	13.248	0.65	0.36	—	—	—	1.099	15.148

表 7.13　均匀土 SSI 体系频率和阻尼比的简化计算结果

体系	MV法 计算值/实测值		MB法 计算值/实测值		ATC法 计算值/实测值	JAP法 计算值/实测值		本节方法 计算值/实测值	
	频　率	阻尼比	频　率	阻尼比	频　率	频　率	阻尼比	频　率	阻尼比
桩基体系：平均值	0.785	0.702	0.744	1.220	0.805	4.072	0.235	1.332	0.840
均方差	0.244	0.133	0.230	0.204	0.252	1.715	0.063	0.403	0.145
箱基体系：平均值	1.389	0.853	2.244	2.814	1.467	1.338	0.197	1.219	1.196
均方差	0.476	0.187	0.792	0.839	0.517	0.466	0.027	0.409	0.294

表 7.14 分层土 SSI 体系计算参数(第二阶段试验)

序号	试验	工况	结构参数				土体参数				基础参数		桩基参数		实测值		
			高度/m	重量/kg	频率/Hz	阻尼/%	厚度/m	容重/(kg/m³)	频率/Hz	阻尼比/%	边长/m	埋深/m	边长/mm	桩长/m	弹性模量/MPa	频率/Hz	阻尼比/%
1	PC20	1WN	1.26	71.64	6.671	4.743	0.80	1798.0	9.554	13.248	0.35	0.05	22.5	0.6	8452.0	5.537	5.799
2		10WN	1.26	71.64	6.545	5.334	0.80	1798.0	8.180	14.966	0.35	0.05	22.5	0.6	8452.0	4.405	6.545
3		16WN	1.26	71.64	6.168	6.377	0.80	1798.0	7.551	22.917	0.35	0.05	22.5	0.6	8452.0	3.901	7.134
4		22WN	1.26	71.64	5.538	7.105	0.80	1798.0	6.544	21.728	0.35	0.05	22.5	0.6	8452.0	3.146	7.904
5		28WN	1.26	71.64	4.783	9.682	0.80	1798.0	4.531	23.408	0.35	0.05	22.5	0.6	8452.0	2.517	8.628
6		34WN	1.26	71.64	4.279	11.556	0.80	1798.0	2.643	28.678	0.35	0.05	22.5	0.6	8452.0	2.391	8.890
7		40WN	1.26	71.64	3.776	13.180	0.80	1798.0	2.265	23.190	0.35	0.05	22.5	0.6	8452.0	2.265	13.277
8	PS10	1WN	2.52	575.48	3.273	5.673	1.60	1774.0	4.656	16.078	0.70	0.10	45.0	1.2	8452.0	2.643	9.816
9		10WN	2.52	575.48	3.147	6.274	1.60	1774.0	3.775	18.120	0.70	0.10	45.0	1.2	8452.0	2.139	12.586
10		16WN	2.52	575.48	2.895	6.028	1.60	1774.0	2.391	26.647	0.70	0.10	45.0	1.2	8452.0	1.636	16.616
11		22WN	2.52	575.48	2.644	7.384	1.60	1774.0	1.384	37.002	0.70	0.10	45.0	1.2	8452.0	1.384	15.964
12		28WN	2.52	575.48	2.267	8.005	1.60	1774.0	1.133	26.976	0.70	0.10	45.0	1.2	8452.0	1.258	17.198
13		34WN	2.52	575.48	2.014	10.788	1.60	1774.0	1.007	29.431	0.70	0.10	45.0	1.2	8452.0	1.133	21.770
14		40WN	2.52	575.48	1.762	14.307	1.60	1774.0	1.007	27.091	0.70	0.10	45.0	1.2	8452.0	1.133	18.636
15	BS10	1WN	2.52	575.48	3.398	4.674	1.60	1798.0	1.636	24.383	0.65	0.56	—	—	—	1.384	14.430
16		16WN	2.52	575.48	3.147	6.815	1.60	1798.0	1.258	29.450	0.65	0.56	—	—	—	1.258	16.828
17		22WN	2.52	575.48	2.895	5.515	1.60	1798.0	1.133	32.919	0.65	0.56	—	—	—	1.133	19.405
18		28WN	2.52	575.48	2.643	7.481	1.60	1798.0	1.007	34.317	0.65	0.56	—	—	—	1.133	23.903
19		34WN	2.52	575.48	2.391	6.512	1.60	1798.0	0.755	43.823	0.65	0.56	—	—	—	1.007	34.051
20		40WN	2.52	575.48	2.140	8.337	1.60	1798.0	0.755	40.326	0.65	0.56	—	—	—	1.007	25.600

表 7.15　分层土 SSI 体系频率和阻尼比的简化计算结果

体系		MV 法 计算值/实测值		MB 法 计算值/实测值		ATC 法频率 计算值/实测值	JAP 法 计算值/实测值		本节方法 计算值/实测值	
		频 率	阻尼比	频 率	阻尼比		频 率	阻尼比	频 率	阻尼比
桩基体系	平均值	0.637	0.970	0.630	1.632	0.640	1.417	0.194	0.928	0.918
	均方差	0.169	0.294	0.168	0.493	0.170	0.198	0.081	0.190	0.283
箱基体系	平均值	0.699	0.777	1.002	1.259	0.706	0.669	0.128	0.684	0.987
	均方差	0.117	0.082	0.156	0.160	0.118	0.113	0.030	0.116	0.120

(3) ATC 法是基于 MV 法所做的简化，计算结果与 MV 法计算值接近，其规律与 MV 法相同。而由于对试验样本计算的 $\widetilde{T}/T$ 均大于 2.0，不能按美国建筑物抗震设计暂行条例(ATC1978)查图确定阻尼比。

(4) 按 JAP 法计算体系频率时，对于箱基体系，其计算结果与 MV 法相近，从该方法计算地基刚度的公式可知，它只是 MV 法的简化。对于桩基体系，JAP 法计算结果远大于实测值，这是由于该法高估了桩基阻抗。其在计算单桩竖向刚度时仅与桩的轴压刚度 $A_P E_P/L$ 和长细比 L/B_P 有关，而未考虑土的特性影响，这对于桩尖土为坚硬土的情况可能是合理的，而对于土质较软的情况则过高估计了桩基刚度，导致频率估计偏大。对比用 JAP 法计算两个阶段试验的结果，第二阶段试验中由于桩尖土为较坚硬的砂土，其计算误差明显比第一阶段试验均匀软土中的情况要好。

(5) 按 JAP 法计算体系阻尼比时，其计算结果远小于实测值。建筑物结构阻尼比，不区别其结构类型均取 0.02，对于钢筋混凝土结构，取值偏小；桩基阻尼比均取 0.03 缺乏依据，实际上，由于土-桩相互作用，桩基阻尼比可能远大于 0.03，且与土的特性有关；地基阻尼比的计算则在 MV 法的基础上作了很多简化，也给结果带来偏差。

根据上述分析，本节按照以下思路对相互作用体系动力特性参数简化计算方法进行改进，提出如下简化计算方法。

(1) 对于无桩基础的情况，各方法均以置于黏弹性半空间表面的圆形刚性基础的解为基础，同时考虑基础埋置情况等的影响，计算表明能获得比较好的近似估计结果，因此，本节方法中对地基阻抗的计算仍采用该方法。

(2) 本节试验和其他专门研究都表明，基础侧面土的状况对地基刚度的影响较大，计算中应适当予以考虑。

(3) JAP 法计算体系阻尼比具有计算简单的优点，本节方法采用基于能量平衡的方法，但对建筑物、桩基和地基的阻尼比的计算取值做出改进。

(4) 桩基阻抗的计算是现有几种简化计算方法中存在的主要问题，本节利用前人研究成果，在计算方法中计入桩基阻抗对刚度的影响。

2. 本节简化计算方法及分析

分析模型仍然采用图 7.79 所示的 S-R 模型，体系的周期 $\widetilde{T}$ 按式(7.47)计算，阻尼比 $\widetilde{\zeta}$ 的确定基于能量平衡按式(7.48)计算：

$$\widetilde{T} = T\sqrt{1+\frac{k}{k_u}\left(1+\frac{k_u h^2}{k_\theta}\right)} \tag{7.47}$$

$$\widetilde{\zeta} = (E_u^{\mathrm{F}}\zeta_u^{\mathrm{F}} + E_\theta^{\mathrm{F}}\zeta_\theta^{\mathrm{F}} + E_u^{\mathrm{P}}\zeta_u^{\mathrm{P}} + E_\theta^{\mathrm{P}}\zeta_\theta^{\mathrm{P}} + E_{\mathrm{B}}\zeta_{\mathrm{B}})/E \tag{7.48}$$

具体计算如下。

(1) 刚性地基上结构的刚度 k 按式(7.49)计算：

$$k = 4\pi^2\bar{W}/(gT^2) \tag{7.49}$$

式中，$\bar{W}$ 为建筑物总重量；T 为刚性地基上结构周期。

(2) 基础的平动刚度 k_u 和摆动刚度 k_θ 中，考虑桩基础的作用，均由两项组成。一项是仅有地基时的刚度，另一项为桩的效果引起的刚度。对于平动刚度，考虑到两者相互抵消的影响取两者的平方和开方；对于摆动刚度，取两者的简单相加，即

$$k_u = \sqrt{(k_u^{\mathrm{F}})^2 + (k_u^{\mathrm{P}})^2} \tag{7.50}$$

$$k_\theta = k_\theta^{\mathrm{F}} + k_\theta^{\mathrm{P}} \tag{7.51}$$

地基自身的平动、摆动刚度 k_u^{F}、k_θ^{F} 以置于黏弹性半空间表面的圆形刚性基础的解为基础，考虑非均匀土层、基础的埋深等的影响，按 Bielak 法公式计算。

单桩的动力阻抗可表示为

$$k_{\alpha\beta}^*(\omega) = K_{\alpha\beta}[k_{\alpha\beta}(\omega) + \mathrm{i}\omega\xi_{\alpha\beta}(\omega)] \tag{7.52}$$

式中，$K_{\alpha\beta}$ 为静刚度，Budhu 等[39]给出了其计算公式；$k_{\alpha\beta}(\omega)$ 和 $\xi_{\alpha\beta}(\omega)$ 分别为无量纲的动刚度系数和阻尼系数，Gazetas 等[40]给出了其计算公式；ω 为圆频率；脚标 $\alpha\beta$ 代表 uu、$u\theta$、$\theta\theta$ 和 vv。

Dobry 和 Gazetas 提出了桩-土-桩动力相互作用系数的概念和简化计算公式。利用桩的动力相互作用系数，可按承台的不同情况确定群桩的动力阻抗 k_u^{P}、k_θ^{P}，具体公式可参见文献[41]。

(3) 按式(7.48)计算体系阻尼比 $\widetilde{\zeta}$ 时，$E = E_u^{\mathrm{F}} + E_\theta^{\mathrm{F}} + E_u^{\mathrm{P}} + E_\theta^{\mathrm{P}} + E_{\mathrm{B}}$，$E_u^{\mathrm{F}}$、$E_\theta^{\mathrm{F}}$、$E_u^{\mathrm{P}}$、$E_\theta^{\mathrm{P}}$、$E_{\mathrm{B}}$ 和 η_u、η_{B}、η_θ 按式(7.53)～式(7.56)确定：

$$E_{\mathrm{B}} = k\eta_{\mathrm{B}}^2/2 = (\bar{W}/g)(2\pi/T)^2\eta_{\mathrm{B}}^2/2 \tag{7.53}$$

$$E_u^{\mathrm{F}} = k_u^{\mathrm{F}}\eta_u^2/2,\quad E_\theta^{\mathrm{F}} = k_\theta^{\mathrm{F}}(\eta_\theta/h)^2/2 \tag{7.54}$$

$$E_u^{\mathrm{P}} = k_u^{\mathrm{P}}\eta_u^2/2,\quad E_\theta^{\mathrm{P}} = k_\theta^{\mathrm{P}}(\eta_\theta/h)^2/2 \tag{7.55}$$

$$\eta_{\mathrm{B}} = \bar{W}/k,\quad \eta_u = \bar{W}/k_u,\quad \eta_\theta = \frac{\left(\sum W_i h_i\right)}{k_\theta}h \tag{7.56}$$

式中，g 为重力加速度；$\bar{W}$ 为建筑物的等效重量；h 为等效单质点的高度；W_i、h_i 为第 i 个集中质点的重量和高度。

(4) 建筑结构的阻尼比 ζ_{B} 对钢筋混凝土结构和钢结构分别取 0.05 和 0.02；桩基阻尼比 ζ_u^{P}、$\zeta_\theta^{\mathrm{P}}$ 按文献[41]所述方法计算确定。关于平动和摆动的地基阻尼比 ζ_u^{F}、$\zeta_\theta^{\mathrm{F}}$，由式(7.57)确定：

$$\zeta_u^{\mathrm{F}} = \frac{\beta_u\sqrt{k_u}}{2\sqrt{\alpha_u\gamma\pi hG}},\quad \zeta_\theta^{\mathrm{F}} = \frac{\beta_\theta\sqrt{k_\theta}}{2h\sqrt{\alpha_\theta\gamma\pi hG}} \tag{7.57}$$

按照本节简化计算方法，对表 7.12 和表 7.14 的结构-地基动力相互作用体系的频率和阻尼比进行了计算，并与振动台试验实测值作比较，结果也列于表 7.13 和表 7.15 中。从计算结果看到，本节计算方法对相互作用体系的频率和阻尼比能做出较好的估计，且对于桩基体系和箱基体系，其误差水平相当。

应当指出，按本节提出的简化方法的计算结果仍存在一定的误差，其原因主要有：在地基阻抗和桩基阻抗计算中将土体假定为均匀土或土模量随深度线性增加的土；在桩基阻抗计算中没有考虑桩的裂缝；基础有效埋置深度的不确定性；以及试验实测值的量测误差等。但本节提出的简化计算方法中，还是比较合理地考虑了桩基对体系刚度的贡献。这个简化方法可以为规范修订提供依据。

7.7　考虑地基土液化影响的桩基-高层建筑体系地震反应分析

如本章 7.3 节所述，按是否考虑孔隙水压力的影响，动力相互作用体系的分析方法可分为总应力动力分析法和有效应力动力分析法。有效应力动力分析法与一般总应力动力分析法的不同之处就是该法在分析中考虑了振动孔隙水压力变化过程对土体动力特性的影响。

有效应力分析法按是否考虑孔压的消散与扩散作用，可分为不排水有效应力法和排水有效应力法。不排水有效应力分析法假定计算区域是一个封闭系统，在动力荷载作用过程中孔隙水不向外排出，并在分析过程中不考虑孔压的消散与扩散作用，只考虑孔压不断增长、有效应力逐渐降低对土的剪切模量和阻尼比的影响，近来也开始考虑其对土的抗剪强度的影响。

本节在下面考虑液化的分析中采用了不排水有效应力动力分析法，且针对其中的分时段等效线性化方法做了一些改进，采用了能随时反映土非线性变化的逐步迭代非线性方法，并利用 ANSYS 程序的参数化设计语言将改进后的方法并入 ANSYS 程序，进行了桩基-高层建筑体系的地震反应分析，探讨了地基土液化对相互作用体系地震反应的影响。

下面先针对液化分析中每一个时间段内要用到的逐步迭代非线性方法做一简要的介绍。

7.7.1　逐步迭代非线性分析方法

目前常用的相互作用体系地震反应分析方法是总应力法，它对土的动力非线性性能常常采用等效线性化方法。该方法是将土的非线性滞回性能用等效剪切模量 G 和等效黏性阻尼比 D 表示，进行线性反应分析，借助于多次迭代计算，使 G 和 D 与等效应变 γ_e 相匹配，由此获得近似的非线性反应。由于它是在整个地震动作用过程中假定土的剪切模量和阻尼比不变，即假定体系的动力特性不变，因此，当地震动的基本周期与场地的基本周期接近时会产生“虚共振效应”，使计算得到的地层反应产生较大误差。但“虚共振效应”受哪些因素的影响、影响的程度如何，仍有待探讨。

为了避免“虚(拟)共振效应”的发生，本节在后面的分析中没有采用常规的等效线性化方法，而是采用逐步迭代非线性方法，即在已知土的动剪切模量和阻尼比随动剪应变变化曲线（G-γ 和 D-γ 曲线）基础上，在每一个荷载步之后求出这一荷载步相应的动剪应变 γ，然后在曲线上查找出下一步计算时采用的动剪切模量 G 和阻尼比 D 的值，直至加荷结束。采用这种方法使土的动剪切模量和阻尼比在整个地震动过程中是随荷载随时变化的，可有效地避免"虚共振效应"。

本节利用 ANSYS 程序的参数化设计语言，将逐步迭代非线性方法并入 ANSYS 程序。为了验证该方法的正确性，针对前面已采用等效线性化方法进行计算的"分层土-箱基-结构的振动台试验"，采用该方法重新进行了计算，并把两种算法的结果进行了比较，表 7.16 给出了两种计算方法的各点位移峰值比较，图 7.80 给出了两种计算方法的各点位移时程比较。其中，A1 点位于结构底层，A7 点位于结构顶层，S8 点位于距容器中心 0.9m 的土体表面，S6 位于距容器中心 0.9m 的土体中。从表 7.16 和图 7.80 可以看出，两种算法所得结果比较接近，可见，逐步迭代非线性方法可以合理地模拟土的材料非线性。

表 7.16　两种计算方法的位移峰值比较

点	等效线性化法	逐步迭代非线性法	
	位移峰值/m	位移峰值/m	两种方法的相对误差/%
A1	0.01299	0.01145	11.8
A7	0.03198	0.03804	15.9
S6	0.00729	0.00642	11.9
S8	0.01327	0.01099	17.2

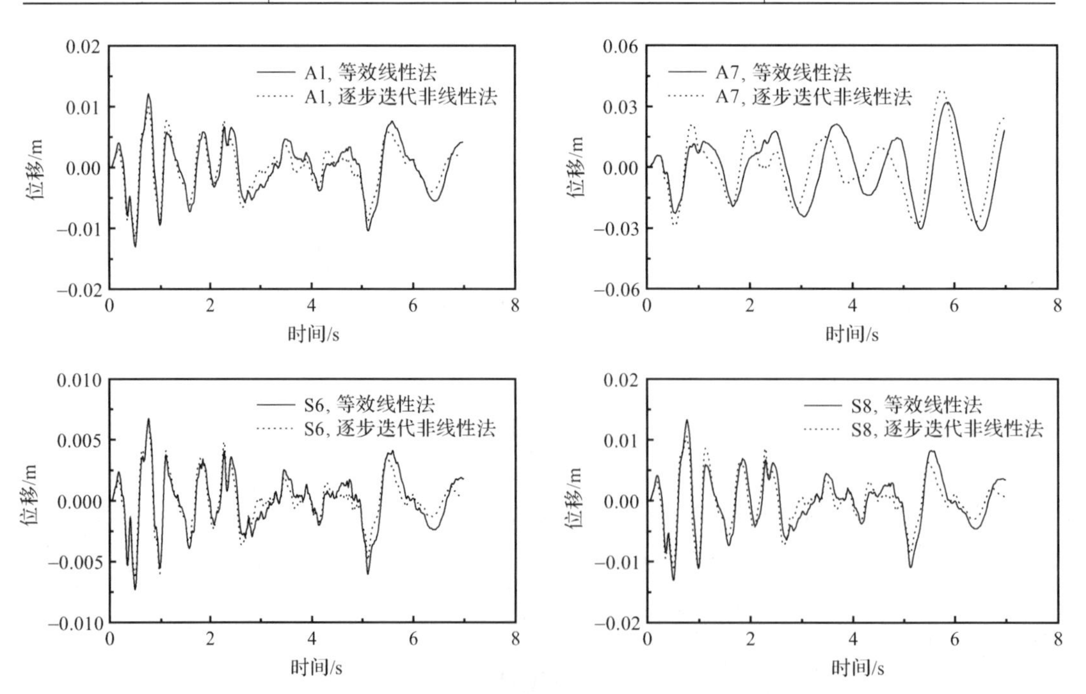

图 7.80　两种计算方法的位移时程比较（BS10 试验模型，EL6 工况）

逐步迭代非线性方法的优点主要有以下三点:①可以随时跟踪土的动剪切模量和阻尼比的变化,避免产生"虚共振效应";②可以避免等效线性化方法中的反复迭代过程,因此可以节约计算时间;③易于程序实现,本节已利用 ANSYS 程序的参数化设计语言,将逐步迭代非线性方法并入 ANSYS 程序。

本节在后面考虑液化的有效应力动力分析中将用到逐步迭代非线性分析方法。

7.7.2 有关的计算模型

1. 桩基地震反应计算的简化假定

桩基础是三维空间结构,选用三维有限元模型进行计算最为精确。但是,三维有限元的自由度数目很大,如果再考虑非线性问题,则计算量就非常巨大。因此,现在大多数计算都对桩基模型进行一定程度的简化。

与竖向荷载作用下的轴对称简化不同,桩基在水平荷载作用下,要作为平面应变问题来分析。这种桩基承受水平力的平面应变简化模型,最早是由 Desai 在分析 Columbia 船闸时提出的。

图 7.81 是桩基计算模型的简图。该等效模型的基本出发点是用降低了弹性模量的板桩来代替在长度方向每隔一定距离布置的桩,并使桩基的竖向总刚度相等。

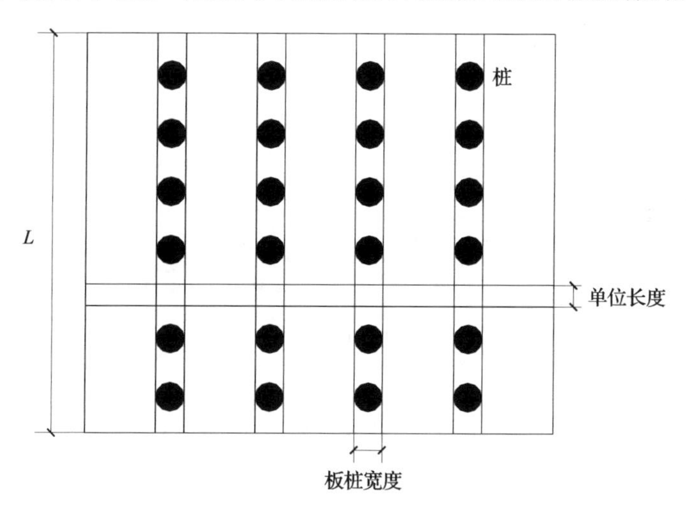

图 7.81 桩基计算模型

例如,图 7.81 中的桩基竖向总刚度 S,可以表示为

$$S=\sum_{i=1}^{n}\frac{A_iE_i}{L_i} \tag{7.58}$$

式中,n 为总桩数;A_i 为桩的横截面面积;E_i 为桩的弹性模量;L_i 为桩的长度。

等效计算模型的竖向总刚度 S_e 为

$$S_e=\sum_{i=1}^{m}\frac{A_{ie}E_{ie}}{L_{ie}} \tag{7.59}$$

式中,m 为等效板桩数;A_{ie} 为板桩的等效横截面面积;E_{ie} 为板桩的等效弹性模量;L_{ie} 为板桩的等效长度。

再根据竖向总刚度等效，就可确定平面应变计算模型的各个参数。

2. 土的静力本构模型

土体静力本构模型采用 Drucker-Prager(德鲁克-普拉格)模型模拟(图 7.82)。这种模型假定材料为没有强化阶段的理想弹塑性材料，并且它的屈服面是不会随进一步屈服而改变的，屈服应力表示为

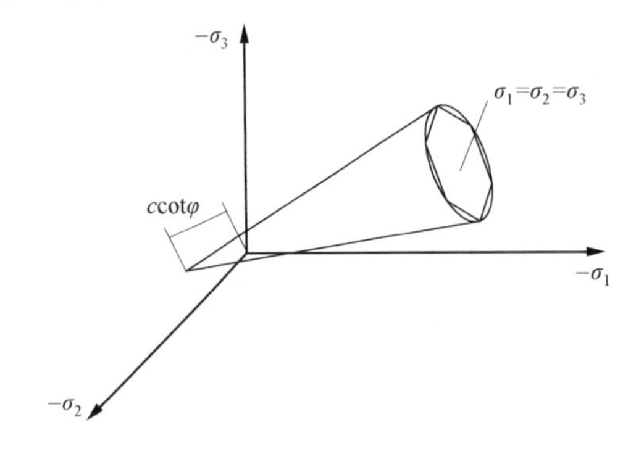

图 7.82　Drucker-Prager 与 Mohr-Coulomb 屈服面

$$\sigma_e = 3\beta\sigma_m + \left[\frac{1}{2}\{s\}^T[M]\{s\}\right]^{\frac{1}{2}} \tag{7.60}$$

式中，$\sigma_m = \frac{1}{3}(\sigma_x + \sigma_y + \sigma_z)$，为平均应力。

$$\{s\} = \{\sigma\} - \sigma_m[1\quad 1\quad 1\quad 0\quad 0\quad 0]^T \tag{7.61}$$

$$\beta = \frac{2\sin\varphi}{\sqrt{3}(3-\sin\varphi)} \tag{7.62}$$

其中，φ 为材料摩擦角。

因此材料的屈服参数可以定义为

$$\sigma_y = \frac{6c\cos\varphi}{\sqrt{3}(3-\sin\varphi)} \tag{7.63}$$

式中，c 为材料内聚力参数。

屈服准则为

$$F = 3\beta\sigma_m + \left[\frac{1}{2}\{s\}^T[M]\{s\}\right]^{\frac{1}{2}} - \sigma_y = 0 \tag{7.64}$$

$$\left\{\frac{\partial F}{\partial \sigma}\right\} = \beta[1\quad 1\quad 1\quad 0\quad 0\quad 0]^T + \frac{1}{\left[\frac{1}{2}\{s\}^T[M]\{s\}\right]^{\frac{1}{2}}}\{s\} \tag{7.65}$$

式中，$[M] = \begin{bmatrix} 1 & 0 & 0 & 0 & 0 & 0 \\ 0 & 1 & 0 & 0 & 0 & 0 \\ 0 & 0 & 1 & 0 & 0 & 0 \\ 0 & 0 & 0 & 2 & 0 & 0 \\ 0 & 0 & 0 & 0 & 2 & 0 \\ 0 & 0 & 0 & 0 & 0 & 2 \end{bmatrix}$。

3. 土的动力本构模型

1) 初始应力-应变骨架曲线

土的动力本构模型采用了 Davidenkov 模型的土骨架曲线，具体可参见 7.5.2 节。G/G_{max}-γ 关系可表示为

$$\frac{G}{G_{\max}} = 1 - H(\gamma) \tag{7.66}$$

式中

$$H(\gamma) = \left[\frac{(|\gamma|/\gamma_r)^{2B}}{1+(|\gamma|/\gamma_r)^{2B}}\right]^A \tag{7.67}$$

对于土的滞回曲线 $D/D_{\max}$-γ，根据有关试验结果可用如下经验公式表示：

$$\frac{D}{D_{\max}} = \left(1 - \frac{G}{G_{\max}}\right)^{\beta} \tag{7.68}$$

式中，$D_{\max}$ 为最大阻尼比；β 为 D-γ 曲线的形状系数，对于大多数土 β 的取值在 0.2～1.2，对于上海软土可取 1.0。

2) 后续应力-应变骨架曲线

如图 7.83 所示，在循环荷载的作用下，饱和土的后续应力应变曲线相对于初始曲线产生了剪切模量和抗剪强度的退化。这种退化可以认为是由于振动孔隙水压力上升导致有效应力下降引起的，退化特性可根据振动孔隙水压力大小对 $G_{\max}$ 和 $\tau_{\max}$ 加以折减。设

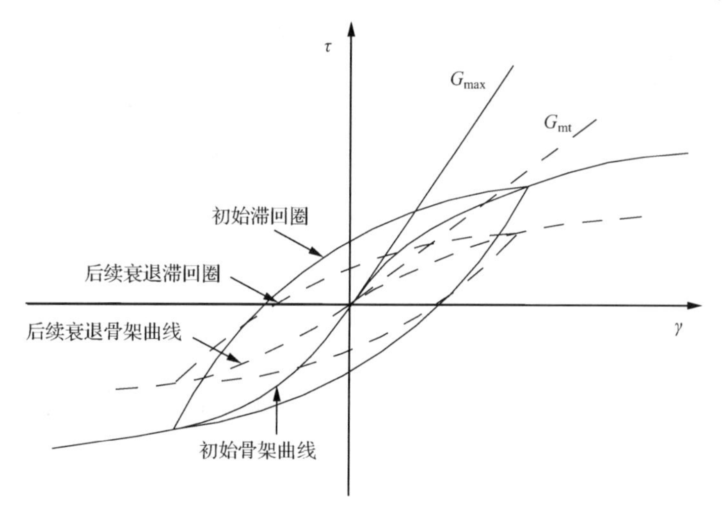

图 7.83　循环荷载作用下饱和土的应力应变关系

退化后的最大剪切模量、抗剪强度分别为 G_{mt} 和 τ_{mt}，则可表示为

$$G_{mt} = G_{\max}(1 - u^*)^{\frac{1}{2}} \tag{7.69}$$

$$\tau_{mt} = \tau_{\max}(1 - u^*) \tag{7.70}$$

式中，u^* 为孔压比。考虑到式(7.70)低估了抗剪强度的退化，对孔压比 u^* 增加一个指数项 v，即

$$\tau_{mt} = \tau_{\max}[1 - (u^*)^v] \tag{7.71}$$

根据 California 五种砂的试验，$v = 3.5 \sim 5.0$。

定义 $\gamma_{rt} = \tau_{mt}/G_{mt}$，则有

$$\gamma_{rt} = \gamma_r \frac{1 - (u^*)^v}{(1 - u^*)^{\frac{1}{2}}} \tag{7.72}$$

称 γ_{rt} 为动态参考剪应变。那么，后续骨架曲线可表示为

$$\frac{G}{G_{\mathrm{mt}}}=1-H(\gamma_{\mathrm{rt}}) \tag{7.73}$$

式中

$$H(\gamma_{\mathrm{rt}})=\left[\frac{(|\gamma|/\gamma_{\mathrm{rt}})^{2B}}{1+(|\gamma|/\gamma_{\mathrm{rt}})^{2B}}\right]^{A} \tag{7.74}$$

对于土的滞回曲线，可以用如下公式表示：

$$\frac{D}{D_{\max}}=\left(1-\frac{G}{G_{\mathrm{mt}}}\right)^{\beta} \tag{7.75}$$

式中，$D_{\max}$ 为最大阻尼比；β 与式(7.62)中的相同。

4. 振动孔隙水压力增长模型

振动孔隙水压力的增长模型是土动力研究中的重要课题，也是土体有效应力动力分析的基础。自从汪闻韶 1962 年提出第一个模型以来，国内外学者提出了多种振动孔隙水压力增长模型。按其与孔压相联系的主要特征，大致可分为应力模型、应变模型、能量模型、内时模型、有效应力路径模型和瞬时模型。试验结果表明，振动孔隙水压力的模型应该考虑以下三个基本因素。

(1) 土的性质。孔隙水压力的增长模型是一个很复杂的课题，还缺少适宜各类不同土性的普遍理论解答。因此，根据所研究课题，通过室内试验确定孔隙水压力的增长模型仍然是一种最有效的方法。

(2) 振前应力状态。主要用初始平均有效应力 σ'_{m0} 和静应力水平 s_l 表示。σ'_{m0} 是通过土的密度来影响振动孔隙水压力发展的，σ'_{m0} 越大，土越密，孔隙水压力发展越慢。s_l 表示振前土体已经承受的剪切程度，s_l 较大的土由于振前已经发生较大的剪切变形，孔隙水压力的增长较慢，最终累计值也较小。

(3) 动荷载的特点。动荷载是孔隙水压力产生的外因，显然，动应力的幅值越大，循环的次数越多，积累的孔隙水压力也越高。而频率的影响不大，一般可忽略。

1) 上海地区黏性土的孔隙水压力增长模型

根据现有资料，上海地区黏性土的振动孔隙水压力 u^* 的增长模型可以采用以下经验公式：

$$u^{*}=u/\sigma'_0=aN^{b} \tag{7.76}$$

$$\Delta u^{*}=abN^{b-1}\sigma'_0\Delta N \tag{7.77}$$

式中，σ'_0 为初始平均有效应力；N 为累计振动次数；a、b 为试验参数，可参考表 7.17 取值[42]。

表 7.17　上海地区黏性土的 a、b 试验参数

土类	a	b
淤泥质黏土	$0.274r^{0.767}$	$0.375r^{0.431}$
粉质黏土	$0.273r^{0.711}$	$0.348r^{0.394}$
硬黏土	$0.213r^{0.842}$	$0.265r^{0.538}$

注：r 为循环压力比，即动剪应力 τ_d 与初始平均有效应力 σ'_0 的比值。

在地震反应计算中,每一时段的等效振动次数 ΔN 可按下述方法近似确定。首先根据 Martin 等 1979 年的研究,从表 7.18 中查出不同震级地震的持续时间 T_d 和等效振动次数 N_{eq}。然后计算时间间隔 $\Delta T_i = t_i - t_{i-1}$ 内的地震动能量与整个持续时间 T_d 内的地震动能量之比。

表 7.18 N_{eq}与 T_d的经验取值

地震震级	N_{eq}/次	T_d/s
5.5～6	5	8
6.5	8	14
7	12	20
7.5	20	40
8	30	60

$$\mathrm{SA}(\Delta T_i) = \int_{t_{i-1}}^{t_i} a^2(t)\mathrm{d}t \Big/ \int_0^{T_d} a^2(t)\mathrm{d}t \tag{7.78}$$

再按式(7.79)计算 ΔN:

$$\Delta N = N_{eq}\mathrm{SA}(\Delta T_i) \tag{7.79}$$

式(7.79)的物理意义是以时段 ΔT_i 内地震动能量的相对大小为权系数,将总的等效振动次数 N_{eq} 按权系数的大小分配到各时段内。

2) 上海地区砂性土的孔隙水压力增长模型

上海地区砂性土的振动孔隙水压力比 u^* 的增长模型可以采用以下公式[42]:

$$u^* = u/\sigma_0' = (1 - m\alpha_s)2/\pi\arcsin\,(N/N_f)^{1/2\theta} \tag{7.80}$$

$$\Delta u^* = \frac{\Delta u}{\sigma_0'} = \frac{(1 - m\alpha_s)\Delta N}{\pi\theta N\sqrt{1-(N/N_f)^{1/\theta}}}\left(\frac{N}{N_f}\right)^{1/2\theta} \tag{7.81}$$

式中,Δu 为在ΔT 时间内由于地震振动而产生的孔隙水应力;σ_0' 为初始平均有效应力;m 是试验参数,一般取 1.0～1.2;α_s 是静应力水平,即 τ_s/σ_0',按式(7.83)求解;ΔN 为每一时段的等效振动次数,按式(7.79)求解;N 为累计振动次数,$N = \sum\Delta N$;θ 为常数,Seed 认为对于大多数土可取 0.7;N_f 是无初始水平剪应力情况下达到破坏所需要的振动次数,也即达到液化($u^* = 1$)所需的振动次数,按式(7.82)求解。

现有研究表明,液化振动次数 N_f 与动剪应力比 τ_d/σ_0' 存在下述平均关系[43]:

$$aN_f^{-b} = \tau_d/\sigma_0' \tag{7.82}$$

式中,τ_d 为破坏面上的循环剪应力幅值;a 和 b 为试验常数。

在平面应变状态下,假定最大往返剪切作用面为破坏面,那么破坏面上的初始静剪力比 α_s 和动剪应力比 α_d 分别为[44]

$$\alpha_s = 2\,|\tau_{xy}|\,/\,\sqrt{(\sigma_x'+\sigma_y'+2\sigma_c)^2 - 4\tau_{xy}^2} \tag{7.83}$$

$$\alpha_d = \frac{\tau_d}{\sigma'} = \frac{2\,|\tau_{xy,d}|}{\sqrt{(\sigma_x'+\sigma_y'+2\sigma_c)^2 - 4\tau_{xy}^2} + |\sigma_x' - \sigma_y'|} \tag{7.84}$$

式中,σ_x'、σ_y' 和 τ_{xy} 分别为土单元的静有效正应力和水平面上的静剪应力;$\sigma_c = c'\cot\varphi'$,$c'$ 和 φ' 分别为土的有效黏聚力和内摩擦角,对于纯净砂土,$c' = 0$;$\tau_{xy,d}$ 为水平面上地震剪

应力的等效循环幅值。对于水平场地，$\tau_{xy}=0$，因此，$\alpha_s=0$；$\alpha_d=|\tau_{xy,d}|/(\sigma'_y+\sigma_c)$，这里已假定$\sigma'_y>\sigma'_x$；若场地土为纯净砂土，$\sigma_c=0$，则$\alpha_d=|\tau_{xy,d}|/\sigma'_y$，即$\alpha_d$为水平面上的地震剪应力和竖向有效应力之比。

上海地区的N_f也可参考如下公式确定[45]：

$$R_f=\left(\frac{q_{cyc}}{p_c}\right)_f=mN_f^n \tag{7.85}$$

式中，R_f为动强度；q_{cyc}、p_c分别为动三轴试验的循环应力和平均正应力。土的动强度采用破坏应变标准。在等压固结条件下，N_f取双幅应变达到5%的振动周数。在偏压固结条件下，N_f取总应变幅达到5%的振动周数。m和n是试验参数，对于砂性土分别取0.71和－0.059，对于黏性土分别取0.533和－0.058。

7.7.3　分时段逐步迭代非线性有效应力动力分析法的基本步骤

在任一应力-应变循环中，等效剪切模量定义为式(7.73)。当初始时刻$t=0$时，$G_{mt}=G_{max}$，$\gamma_{rt}=\gamma_r$，此时即为第1周的等效剪切模量。

为了在土体地震反应计算中实现上述“振动孔隙水压力的发展引起剪切模量和剪切强度退化”的概念，本节采用“分时段逐步迭代非线性”方法，这是一个近似方法，它将整个地震动作用时间分成若干相等的时段(t_i,t_{i+1})，$i=1,2,\cdots$，$\Delta T=t_{i+1}-t_i$。在时段i中，进行逐步迭代非线性分析，在逐步迭代非线性分析中所采用的土的剪切模量和阻尼比由式(7.73)和式(7.75)求出。由于在计算G_{mt}时应考虑振动孔隙水压力的影响，因此，在每一时段末，尚应计算该时段的振动孔隙水压力增量Δu_i和该时段末的累积振动孔隙水压力$u=\sum\limits_{j=1}^{i}\Delta u_j$。

时段ΔT的大小对计算结果有影响，合理的ΔT值估计与场地条件和输入地震动的特性有关，需试算确定。一般地，分割时间段ΔT的大小应保证在每个时段内，对计算振动孔隙水压力值而言，ΔT是足够大的、大体上有一个以上的完整反应循环。

逐步迭代分时段等效线性有效应力法的具体算法如下。

(1) 静力计算，求出每一单元的有效静应力σ'_x、σ'_y和τ_{xy}。

(2) 对每一单元，确定初始剪切模量G_{max}和初始阻尼比D_{max}，在第一个时段内，利用前述的动力本构模型进行逐步迭代非线性计算。

(3) 用式(7.78)和式(7.79)求该时段的ΔN及累计值N。

(4) 对每一个单元，用式(7.81)计算该时段的Δu^*及累计值u^*。

(5) 对每一单元，用式(7.69)～式(7.75)分别计算考虑孔隙水压力影响后的G_{mt}和D_{mt}，作为下一时段开始计算的初始值。

(6) 利用ANSYS程序的重启动(restart)功能，在不退出程序的前提下，将土的动剪切模量和阻尼比修改为步骤(5)算出的值，进行下一时段的求解，这样就保证了每一时段计算结果的衔接性。对每一时段重复步骤(2)～(5)，直至地震动结束。

7.7.4　考虑液化的结构-地基动力相互作用体系地震反应分析

1. 土体的地震反应分析

为了验证ANSYS程序中所实现的有效应力分析法的可靠性，以地基的水平剪切振动为例进行了验证计算。设有一厚度为10m的均质、饱和砂土水平场地，计算单元的划分如图7.84所示，砂土密度 $\rho=1900\text{kg/m}^3$。假定基岩做10s的水平简谐振动，频率为2Hz，加速度幅值为0.1g，加速度时程曲线如图7.85所示。

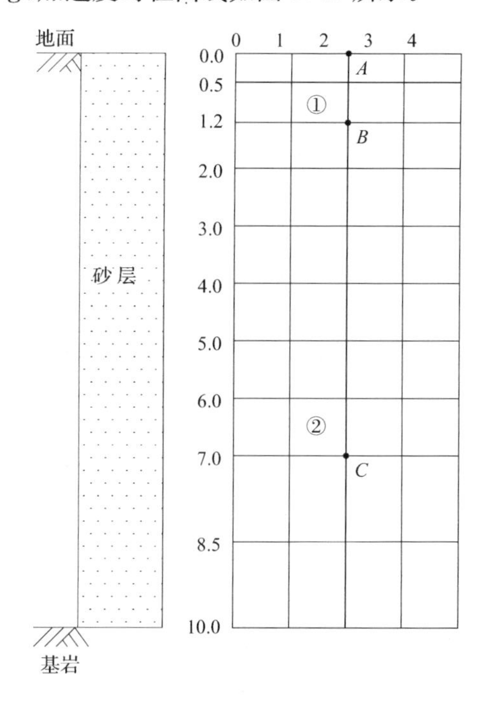

图7.84　计算模型(单位:m)

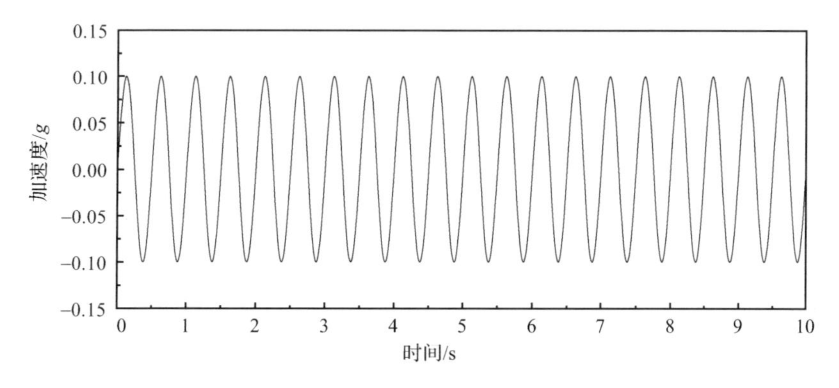

图7.85　基岩输入加速度

土的静力本构关系采用Drucker-Prager模型，黏聚力 $c=0$，摩擦角 $\varphi=30°$，泊松比 $\mu=0.30$。土的动力本构模型采用Davidenkov模型，其中最大动剪切模量取为

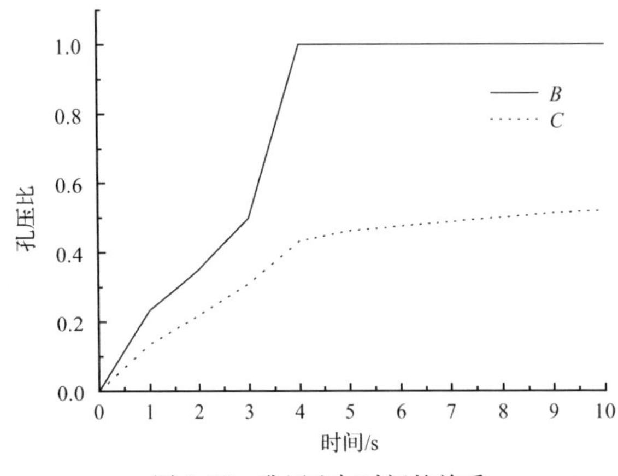

图 7.86　孔压比与时间的关系

$$G_{\max} = 6920k_{2\max}\ (\sigma_{\mathrm{m}})^{\frac{1}{2}} \tag{7.86}$$

式中，$k_{2\max}=40$。

算例中的边界条件取为：底部固定，顶面自由，左右面固定竖向位移。计算时每一时段取为 1s。

图 7.86 是节点 B(1.2m 深度处)和节点 C(7.0m 深度处)的振动孔隙水压力变化过程线，图 7.87 是节点 A(土表)、节点 B 和节点 C 的加速度时程曲线，图 7.88 是单元①的动剪应力

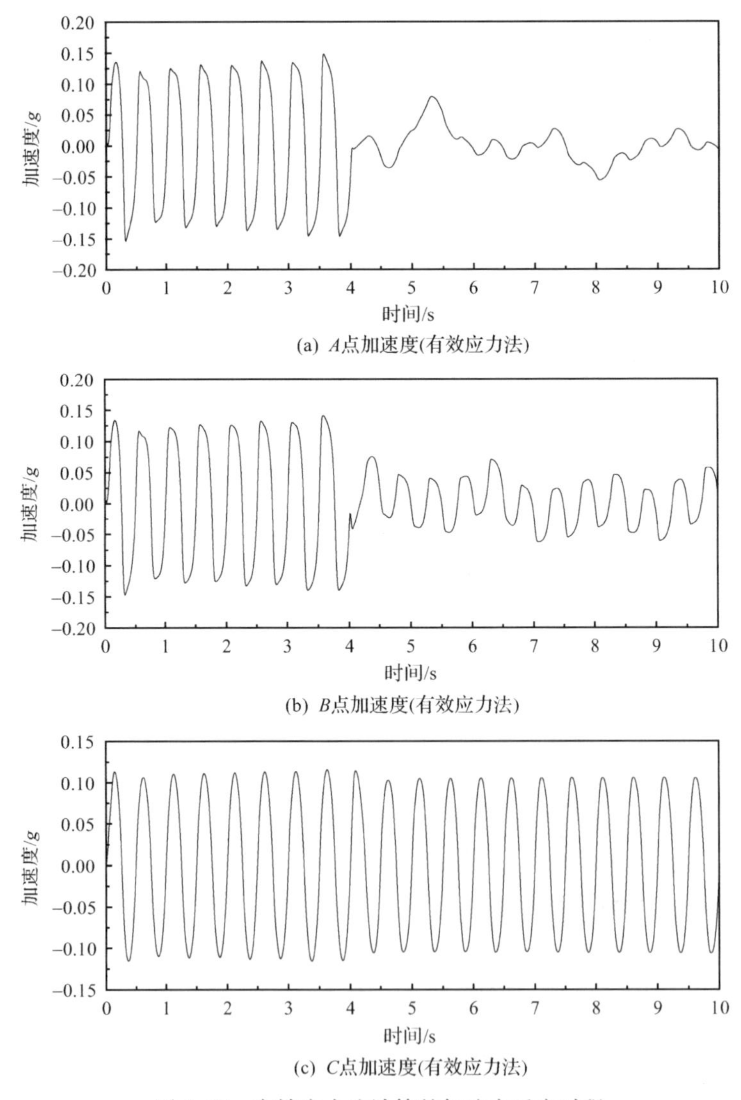

图 7.87　有效应力法计算的加速度反应时程

时程曲线。计算结果表明，振动4s以后土体上部的单元发生液化，地震动传不到地面，节点 A、节点 B 的加速度和单元①的动剪应力突然减小，而未液化土层节点 C 的加速度变化很小。表层砂土由于初始有效应力低，因此首先液化，失去传播加速度的能力，随着振动继续进行，液化面将由地表向下方土层深部移动。这些计算结果与已有的宏观震害经验是相符合的。

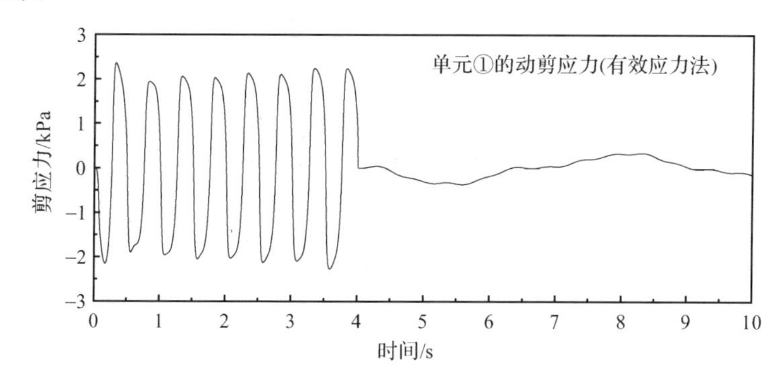

图7.88　有效应力法计算的剪应力时程

2. 砂土-桩基-高层建筑体系的地震反应分析

该算例为一幢框架结构高层建筑，地上16层，标准层层高2.8m，底层层高4m，地下一层，层高2m，标准层平面布置图如图7.89所示。建筑物重力荷载标准值（包括活载），标准层为13kN/m²，顶层为10kN/m²，底层为15kN/m²，地下室为18kN/m²。其基础为桩筏基础，筏基厚1m，桩截面尺寸为450mm×450mm，桩长43m，桩的布置为每柱下设一桩基。地基为70m厚的均质饱和砂土，其下为基岩。根据7.7.2节有关建筑桩基地震反应计算的简化假定，该结构可以简化为平面问题。桩-土-框架结构的计算简图如图7.90所示。计算采用的砂土静、动应力应变关系、阻尼公式、有关的计算参数与7.7.4节的算例相同。计算中土体和桩用二维平面应变单元模拟，柱、梁用二维梁单元模拟。地基两侧计算侧边界为简单的截断边界，各取在离结构60m远处，为结构宽度的10倍。计算采用的输入地震动为El Centro波，如图7.91所示，加速度峰值调整为0.3g。计算的网格划分如图7.92所示。计算时每一时段取为1s，地震记录的时间间隔取为0.02s。

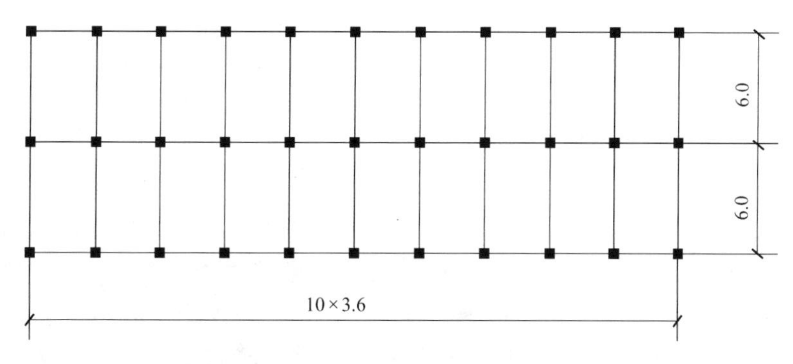

图7.89　结构平面布置图

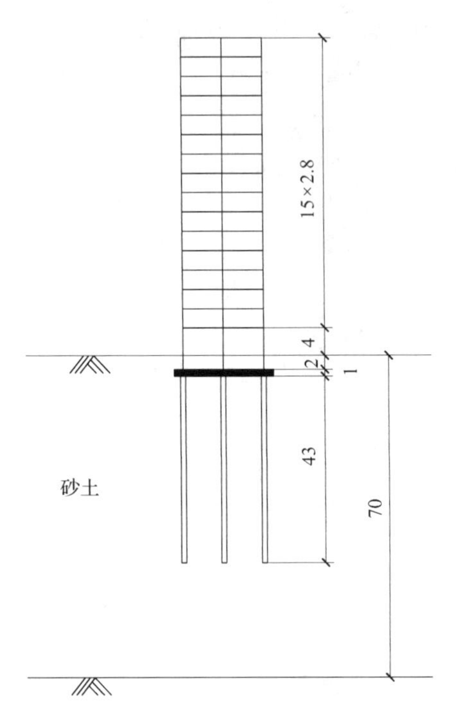

图 7.90　计算简图

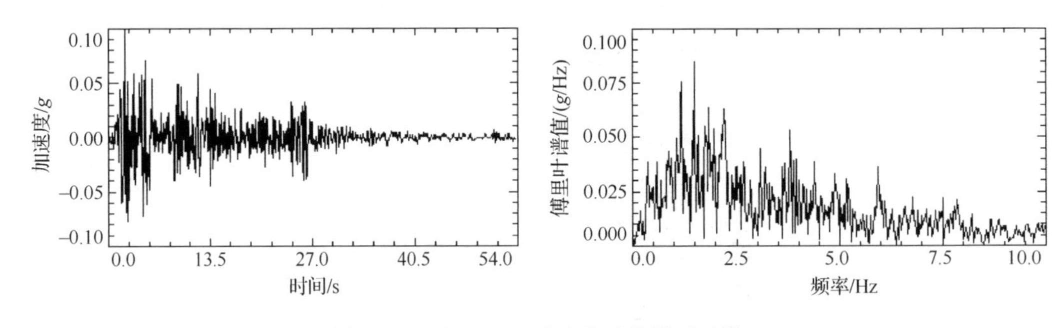

图 7.91　El Centro 波时程及其傅里叶谱

图 7.93 给出了土的孔压比增长曲线。从图中可以看出，距地表 4.5m 深的土约在 3s 开始液化，距地表 14～22.5m 的土约在 4s 开始液化，而距地表 30～70m 的土在整个振动过程中都没有液化，尤其在桩端的振动孔隙水压比很小，小于 0.10。

图 7.94 给出了有效应力法和总应力法计算的加速度时程比较，图 7.95 给出了土体中各点有效应力法和总应力法计算的加速度傅里叶谱值比较，图中“土中”为距地表 25m 处两排桩之间的点，“土表”为距结构 30m 远处的土表点。由图可见，地基土的液化和软化具有明显的低频放大和高频滤波作用，对于 5Hz 以上成分的波动，几乎全部被过滤。对于总应力法，土中和土表加速度反应的频谱成分主要集中在 0.5～2.5s，这也正是输入的 El Centro 波能量最大的频段。对于有效应力法，由于考虑了振动孔隙水压力的影响，使得计算体系更具柔性，高频滤波效应更加显著，傅里叶谱曲线向低频一侧移动，与总应力法相比，有效应力法求得的土表、土中的加速度反应峰值要小 10%，有效应力法求得的

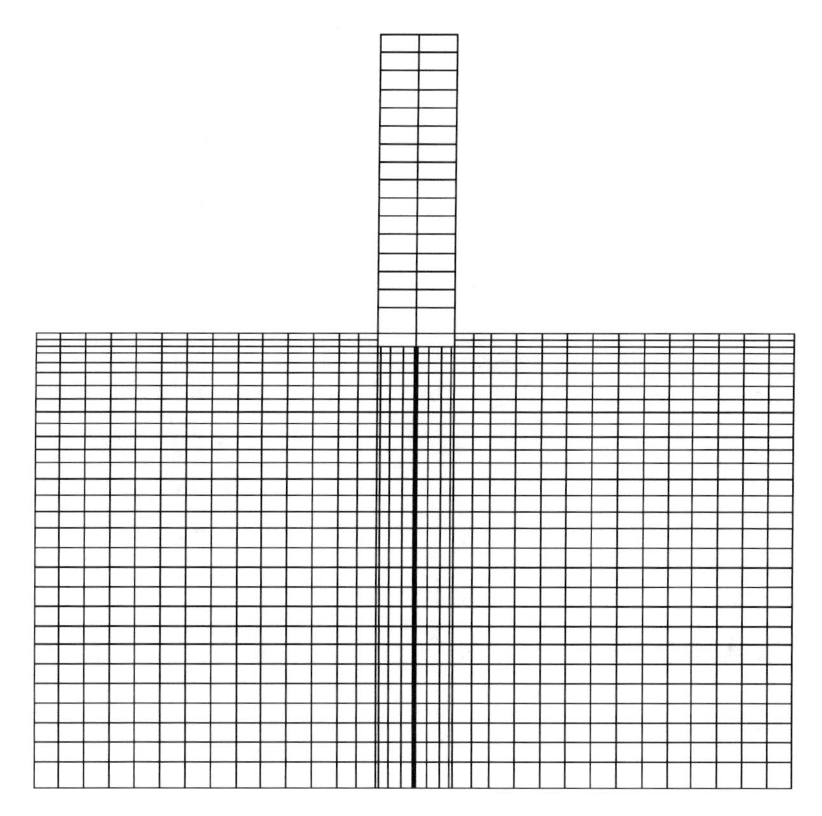

图 7.92　网格划分图

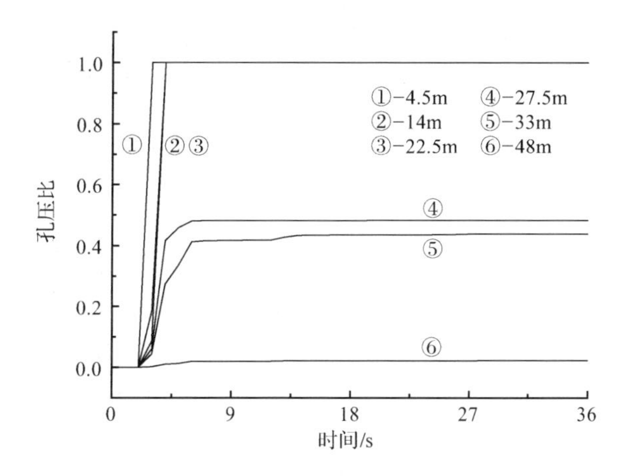

图 7.93　土中各点孔压比增长曲线

底层加速度反应峰值要小 10%，而顶层加速度反应峰值要小 17%。因浅层土在 3s 以后液化，不能再传递地震动，其后的地表加速度反应很小。上部结构的加速度反应在大部分地基土液化以后也逐渐减小。图中距地表 25m 的“土中”点的土一直没有液化，因此此处的加速度反应一直较大。

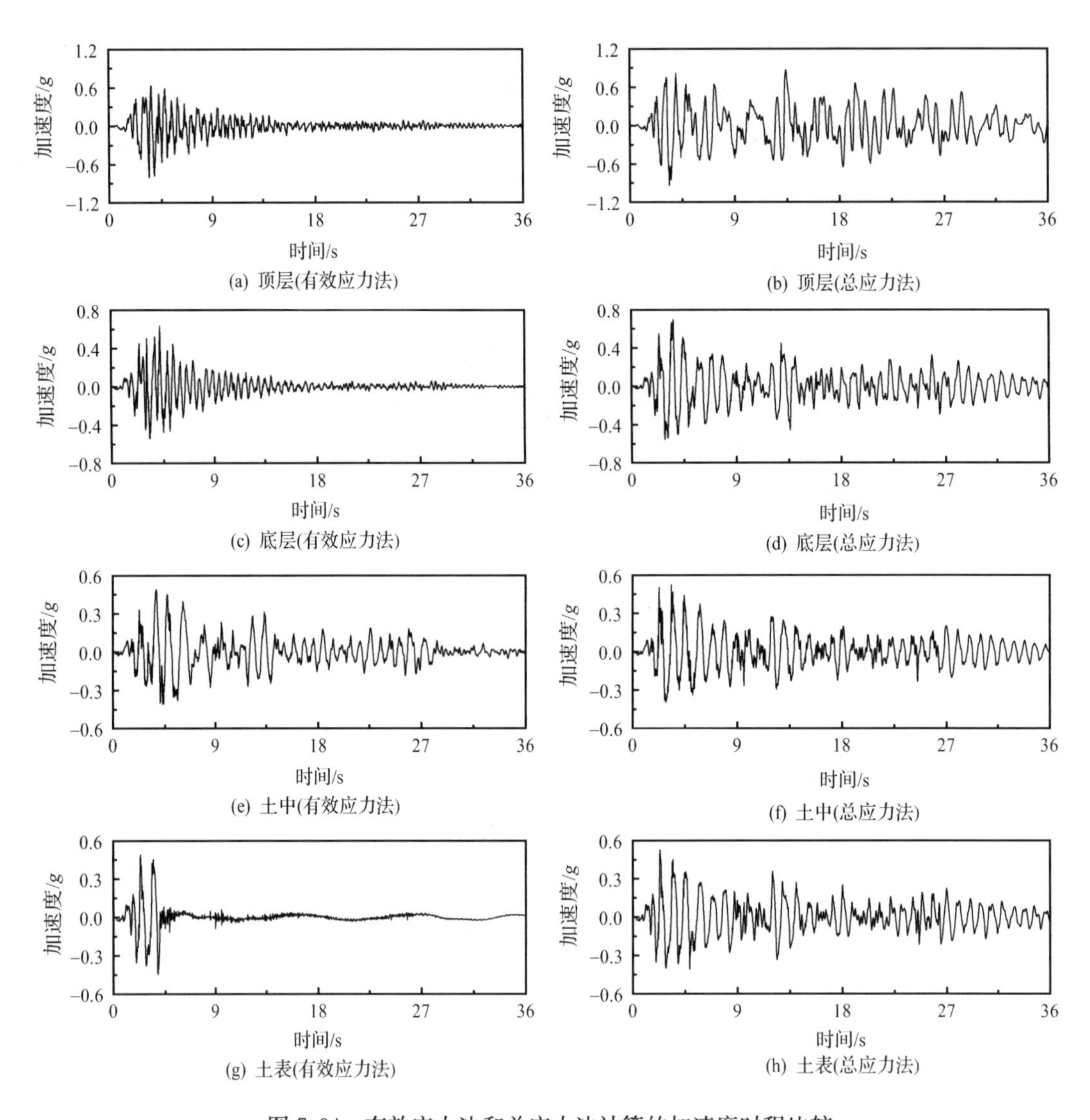

图 7.94 有效应力法和总应力法计算的加速度时程比较

3. 上海地区典型建筑的地震反应分析

在上海地区的典型土层中存在着可液化的土层，如砂土层、砂质粉土层等，为了研究地震作用下这些土层的液化、软化对上部结构地震响应的影响，本节计算了上海地区典型桩基-高层建筑相互作用体系的地震反应分析。结构的平面布置如图 7.89 所示，计算简图如图 7.90 所示，网格划分如图 7.92 所示，输入地震动如图 7.91 所示，且将加速度峰值调至 0.6g。土层的分布及其计算参数见表 7.19。计算中采用的本构模型及计算参数的取值见 7.7.2 节所述。

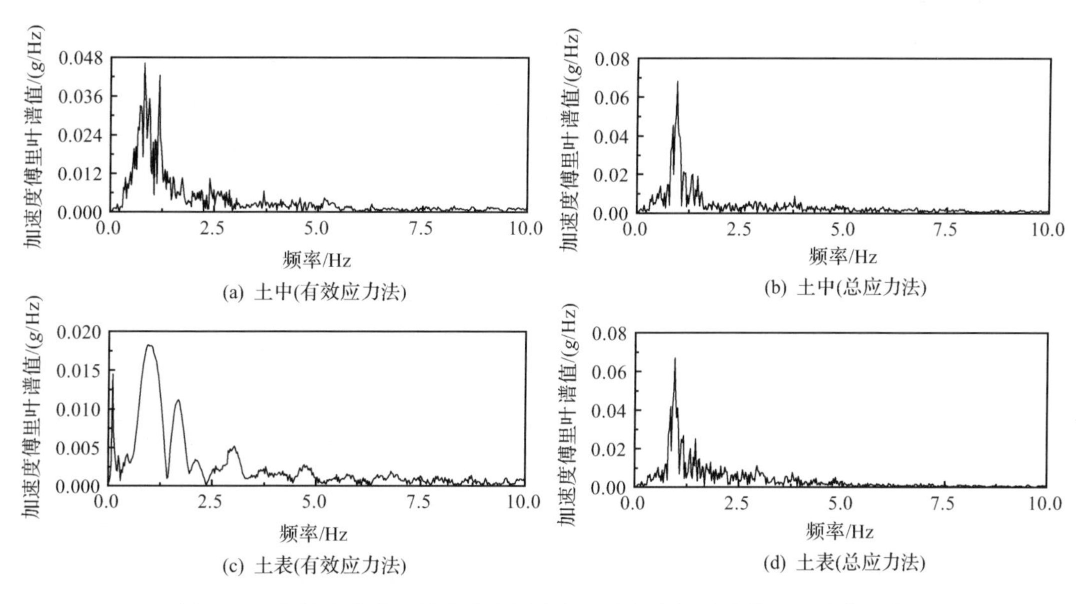

(a) 土中(有效应力法)

(b) 土中(总应力法)

(c) 土表(有效应力法)

(d) 土表(总应力法)

图 7.95 有效应力法和总应力法计算的土中各点加速度傅里叶谱值比较

表 7.19 土层物理力学参数(静力)

序号	土层名称	埋深/m	厚度/m	弹性模量/MPa	密度/(kg/m³)	泊松比	内聚力/kPa	内摩擦角/(°)
②	褐黄色黏性土	0	3	4	1900	0.45	10	23.8
③	灰色淤泥质粉质黏土	3	7	3.5	1750	0.45	15.6	14
④	灰色淤泥质黏土	10	10	2.5	1750	0.45	13.4	12
⑤	灰色黏性土	20	5	5	1820	0.45	10	23.8
⑥	暗绿色黏性土	25	5	8	2000	0.45	26	22.3
⑦	粉细砂	30	15	15	1920	0.40	0	34
⑧	粉质黏土夹粉砂	45	30	7	1900	0.40	10	25

图 7.96 给出了土中不同深度处的孔压比增长曲线,可以看出,粉细砂层在 6s 以后发生液化,其他土层的孔隙水压比很小,在 0.02～0.06。这符合常识中砂土可液化,而黏土不会液化,只会出现软化的现象。在砂土液化后,将粉细砂的动剪切模量取为一较小值,以研究粉细砂层液化对上部结构地震反应的影响。图 7.97 给出了分别采用有效应力法和总应力法算得的加速度时程比较。可见,两种计算方法得到的上部结构的加速度反应基本一致,说明粉细砂层的液化对上部结构的加速度反应基本没有影响。原因在于,桩穿透于多个土层,且桩周围的大部分土层未发生液化,所以局部的液化并没有对整个结构的地震反应产生明显的影响。

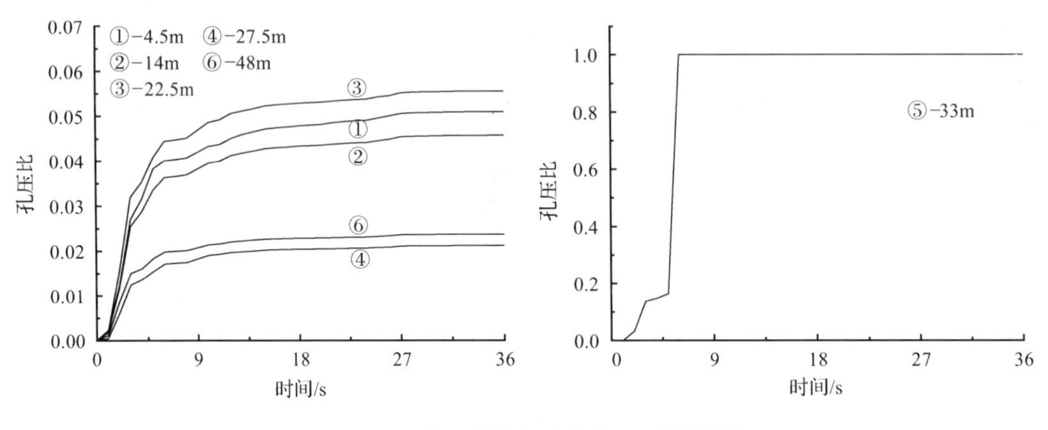

图 7.96　土中不同深度处的孔压比增长曲线

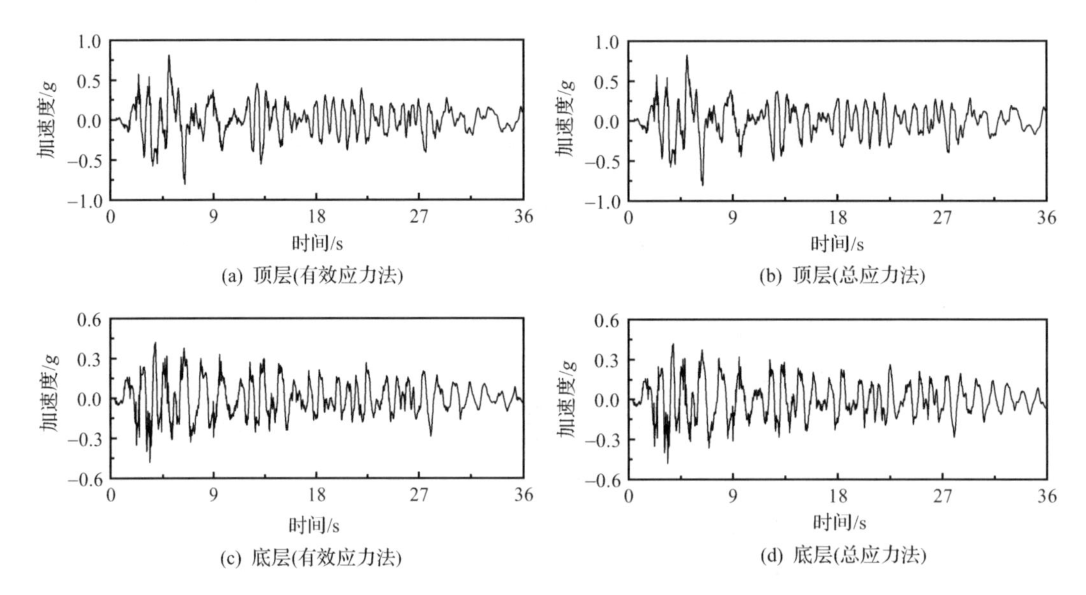

图 7.97　有效应力法和总应力法计算的加速度时程比较

参 考 文 献

[1] Mendoza M J, Auvinet G. The mexico earthquake of september 19, 1985-behavior of building foundation in Mexico city. Earthquake Spectra, 1988, 4(4): 835-853.

[2] 王亚勇,皮声援. 台湾 9·21 大地震特点及震害经验. 工程抗震,2000,(2):42-46.

[3] Chou W. The January 17, 1995 Kobe Earthquake-an EQE summary report[2001-05-20]. http://www.eqe.com/.

[4] The Great Hanshin Earthquake. Japan-A report of the 1995 earthquake in Kobe and the Osaka Bay area and assessment of future insurance implications. Canada: Alexander Howden Group Limited, 1995.

[5] Earthquake Disaster Mitigation Research Center. The 1999 Turkey earthquake report on the Kocaeli, Turkey Earthquake of August 17, 1999. EDM Technical Report, 2000.

[6] A survey report for building damages due to the 1995 Hyogo-Ken Nanbu Earthquake. Building Research Institute, Ministry of Construction, 1996.

[7] 刘惠珊. 桩基震害及原因分析——日本阪神大地震的启示. 工程抗震,1999,(1):37-43.

[8] EERI special earthquake report-October 1999. The Izmit (Kocaeli), Turkey Earthquake of August 17, 1999. http://www.eeri.org/.

[9] 中华台湾建筑师公会. 九二一集集大地震震灾调查、建筑物耐震能力评估修复补强专辑. 台湾:中华台湾建筑师公会,1999.

[10] Wolf J P. Dynamic Soil-Structure Interaction. Englewood Cliffs: Prentice-Hall, 1985.

[11] Maugeri M, Novità D. Dynamic SSI investigation in the frequency-domain on a scaled steel frame by shaking table tests. Computational Methods and Experimental Measurements XI. 4, 2003: 309-319.

[12] Pitilakis D, Dietz M, Wood D M, et al. Numerical simulation of dynamic soil-structure interaction in shaking table testing. Soil Dynamics and Earthquake Engineering, 2008, 28: 453-467.

[13] Han Y C. Dynamic behavior of single piles under strong harmonic excitation. Canadian Geotechnical Journal, 1988, 25: 523-534.

[14] 钱德玲,夏京,卢文胜,等. 支盘桩-土-高层建筑结构振动台试验的研究. 岩石力学与工程学报,2009,28(10):2024-2030.

[15] 尚守平,刘可,姚菲. 基于土与结构相互作用的铰桩——人工土复合地基结构减震的振动台试验研究. 建筑结构,2007,37(6):8-11.

[16] 沈朝勇,周福霖,黄襄云,等. 高层结构考虑土与地下室相互作用的振动台试验和理论分析. 地震工程与工程振动,2007,27(6):148-153.

[17] 宋二祥,武思宇,王宗纲. 地基-结构系统振动台模型试验中相似比的实现问题探讨. 土木工程学报,2008,41(10):87-92.

[18] 姜忻良,李岳. 土-桩-偏心结构相互作用体系振动台试验研究. 建筑结构学报,2010,31(8):106-111.

[19] 徐景锋. 考虑SSI效应储油罐抗震性能振动台子结构实验研究. 哈尔滨:哈尔滨工业大学博士学位论文,2013.

[20] 尚守平,鲁华伟,邹新平,等. 土与结构相互作用大比例模型试验研究. 工程力学,2013,9:41-46.

[21] 吕西林. 结构抗震模型试验的相似条件//朱伯龙. 结构抗震试验. 北京:地震出版社,1989:8-13.

[22] 吕西林,陈跃庆,等. 结构-地基动力相互作用体系的振动台模型试验研究. 地震工程与工程振动,2000,20(4):20-29.

[23] 陈跃庆,吕西林,李培振,等. 分层土-基础-高层框架结构相互作用体系振动台模型试验研究. 地震工程与工程振动,2001,21(3):104-112.

[24] 李培振,陈跃庆,吕西林,等. 较硬分层土-桩基-结构相互作用体系振动台试验. 同济大学学报(自然科学版),2006,34(3):307-313.

[25] Lu X L, Li P Z, Chen B, et al. Numerical analysis of dynamic soil-box foundation-structure interaction system. Journal of Asian Architecture and Building Engineering, 2002, 1(2): 9-14.

[26] Lu X L, Li P Z, Chen B, et al. Computer simulation of the dynamic layered soil-pile-structure interaction system. Canadian Geotechnical Journal, 2005, 42(3):1-8 .

[27] Riemer M. 1-g modeling of seismic soil-pile-superstructure interaction in soft clay//Proceedings of 4th Caltrans Seismic Research Workshop, Sacramento, 1996.

[28] Hardin B O, Drnevich V P. Shear modulus and damping in soils: Design equations and curves. Journal of the Soil Mechanics and Foundations Division, ASCE, 1972, 98(SM7): 667-691.

[29] Martin P P, Seed H B. One-dimensional dynamic ground response analyses. Journal of the Geotechnical Engineering Division, ASCE, 1982, 108(7): 935-952.

[30] 王天龙,胡文尧. 上海覆盖土层的地震反应分析//高大钊. 软土地基理论与实践. 北京:中国建筑工业出版社,1992.

[31] Lysmer J, Kulemeyer R L. Finite dynamic model for infinite media. Journal of Engineering Mechanics, ASCE, 1969, 95: 759-877.

[32] 孙海涛. 地铁遂道抗震设计和人工神经网络. 上海:同济大学博士学位论文,1999.

[33] Stewart J P, Seed R B, Fenves G L. Empirical evaluation of inertial soil-structure interaction effects, report No.

PEER-98/07. Berkeley：University of California，1998.

[34] Veletsos A S，Verbic B. Vibration of viscoelastic foundations. Earthquake Engineering and Structural Dynamics，1973，2(1)：87-102.

[35] Crouse C B，Hushmand B，Luco J E，et al. Foundation impedance functions：Theory versus experiment. Journal of Geotechnical Engineering，ASCE，1990，116(3)：432-449.

[36] Bielak J. Dynamic behaviour of structures with embedded foundations. Earthquake Engineering and Structural Dynamics，1975，3(3)：259-274.

[37] Building Seismic Safety Council. NEHRP Recommended provision for seismic regulation for new buildings，Part 1 Provisions and Part 2 Commentary. Washington D C：Federal Emergency Management Agency，1997.

[38] 加藤大介他. 地震荷重-地震動の予測と建築物の応答. 东京：日本建筑学会，1992.

[39] Budhu M，Davies T G. Nonlinear analysis of laterally loaded piles in cohesion-less soils. Canadian Geotechnical Journal，1987，24(3)：89-296.

[40] Gazetas G，Makris N. Dynamic pile-soil-pile interaction，Part 1：Analysis of axial vibration. Earthquake Engineering and Structural Dynamics，1991，20(2)：115-132.

[41] 陈国兴，谢君斐，张克绪. 桩和群桩的静刚度及动力阻抗(Ⅰ). 世界地震工程，1995，(2)：45-50.

[42] 黄雨，陈竹昌，周红波. 上海软土的动力计算模型. 同济大学学报，2000，28(3)：359-363.

[43] 陈国兴，谢君斐，张克绪. 考虑地基土液化影响的桩基高层建筑体系地震反应分析. 地震工程与工程振动，1995，15(4)：93-103.

[44] 张克绪. 饱和砂土的液化应力条件. 地震工程与工程振动，1984，4(1)：23-28.

[45] 周健，胡晓燕. 上海软土地下建筑物抗震稳定分析. 同济大学学报，1998，26(5)：492-497.

第 8 章　复杂高层建筑工程抗震研究实例

本章按结构类型(复杂体型框架结构、复杂体型剪力墙结构、复杂体型框架-剪力墙结构、复杂体型框架-筒体结构、复杂体型多塔楼弱连接结构、复杂体型钢管混凝土结构、复杂体型混合结构、复杂体型多筒体结构、立面开大洞门式结构、巨型组合结构)介绍了各类复杂高层建筑结构抗震研究成果的工程应用实例,包括结构特点、模型试验、计算分析和现场实测等内容。

8.1　复杂体型框架结构

8.1.1　工程概况

上海久百城市广场位于上海市静安区,其南侧为地铁 2 号线静安寺站,东临机场城市航站楼,北临南京西路,为一集商场、办公、餐饮于一体的综合性商厦。占地面积 $10690m^2$,地面以上总建筑面积为 $76927m^2$,地面以下总建筑面积为 $13566m^2$。结构地下 1 层,其中地下 1 层层高 6.3m;地面以上共 9 层,1 层层高 5.75m,2～9 层层高 5.40m,结构总高度 48.95m。结构平面示意图见图 8.1,建筑结构模型图见图 8.2。

上海久百城市广场为钢筋混凝土框架结构,只有在楼电梯部位有少量剪力墙。南北方向长约 132.7m,东西方向宽约 105.2m。结构在 3 层以上(含 3 层)各层楼面沿平面长边方向布置有长约 72.5m 的中庭。中庭将结构分为平面布置不对称的东西两翼,其中西翼南立面在结构 6 层以上整体收进,东翼南立面随结构高度增加逐渐收进,东西两翼北面在中庭转角部位相连接,南面在 3 层、4 层和 5 层各有一钢桥连接。另外,为了满足建筑功能的需要,结构多处设置有竖向不连续柱。该商厦结构体型非常复杂,在地震作用下结构反应复杂,可能出现较大的扭转反应,有必要对结构薄弱部位和结构的扭转效应进行较深入的研究。

8.1.2　结构超限情况

1) 结构超限情况检查

上海久百城市广场结构布置存在平面及竖向不规则,主要有:①结构平面凹进大大超过该投影方向总尺寸的 30%,达到了 75%;②结构多处设置有竖向不连续柱,中庭布置有 5 根斜柱,竖向也不连续,采用了斜柱转换、三角托架转换和大梁转换三种不同方式;③结构从第 2 层开始局部收进,6 层以上整体不规则收进,收进尺寸远超过 25%。

2) 结构超限结论及针对性研究

上海久百城市广场属于平面及竖向特别不规则的复杂体型高层建筑,超出现行设计规范的内容较多[1]。该工程于 2001～2002 年设计,为确保其结构设计安全可靠,建设方

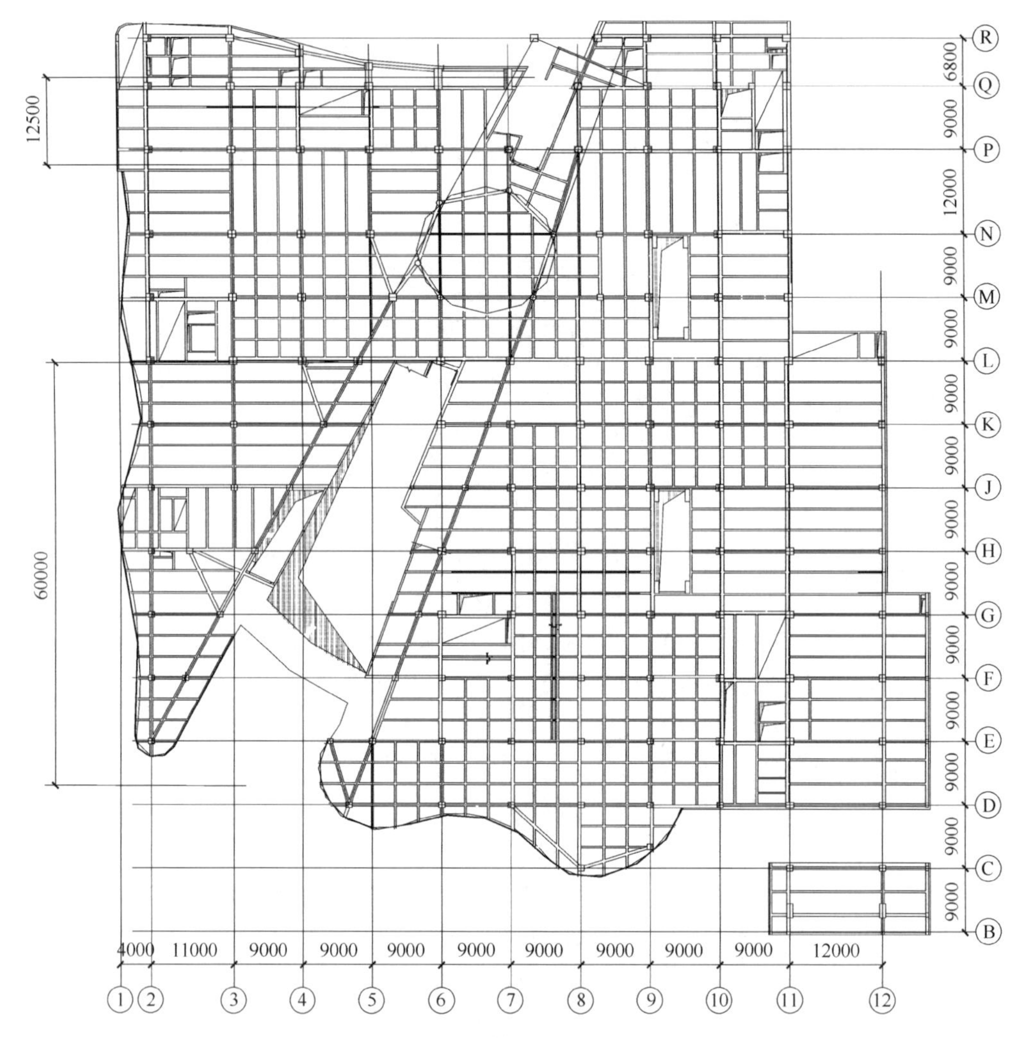

图 8.1　结构平面示意图

图 8.2　建筑结构模型图

委托同济大学土木工程防灾国家重点实验室进行整体结构模型模拟地震振动台试验；对整体结构进行了计算分析；在原型结构竣工后，还利用现场环境随机振动进行了结构动力性能测试，检验了模型试验结果的可靠性。

8.1.3　试验研究内容

1. 整体结构模型模拟地震振动台试验[2]

上海久百城市广场整体结构模型设计为动力相似模型，由微粒混凝土、镀锌铁丝(网)模拟钢筋混凝土，由紫铜模拟钢结构。主要动力相似关系为：$S_l = 1/25$，$S_E = 1/10$，$S_a = 1.2$。模型总高度为 2400mm，其中模型本身高 2000mm，模型底座厚 400mm，模型总质量为 22.6t，其中模型和附加质量为 15.4t，底座质量为 7.2t。试验前对振动测试系统进行标定，建筑结构模型图见图 8.2。

加速度传感器测点共 47 个，所有楼层均布置 2～3 个加速度测点，以测定结构的扭转反应。位移传感器共 6 个，布置在结构屋面层和 6 层，每层各 3 个(X 向 2 个、Y 向 1 个)。

根据上海地区 7 度抗震设防及Ⅳ类场地要求，选用以下地震记录作为振动台输入。

(1) El Centro 波，美国 1940 年地震记录，原波持时 53.73s，最大加速度：南北方向 341.7cm/s^2，东西方向 210.1cm/s^2，竖直方向 206.3cm/s^2，场地土属Ⅱ～Ⅲ类，近震。

(2) Pasadena 波，为 1952 年 7 月 21 日美国加利福尼亚地震记录，持时 77.26s，最大加速度：南北方向 46.5cm/s^2，东西方向 52.1cm/s^2，竖直方向 29.3cm/s^2，场地土属Ⅲ～Ⅳ类，远震。

(3) 上海人工地震波 SHW2，该地震波由《上海市建筑抗震设计规程》(DBJ 08-9—92)(1996 年局部修订增补)提供，适合上海Ⅳ类场地的人工拟合地震波，阻尼比为 0.05，最大加速度幅值为 35.0cm/s^2。该地震波适宜在上海地区的工程中应用。

从 7 度多遇地震到罕遇地震依次模拟不同水准地震对结构的作用；并采用白噪声对其进行扫频，分析模型自振频率和结构阻尼比的变化情况；采集结构模型加速度和位移反应数据；对结构变形和开裂状况进行宏观观察。

在不同设防烈度水准地震作用前后，均用白噪声对结构模型进行扫频试验。通过对各加速度测点的频谱特性、传递函数以及时程反应的分析，可以得到模型结构在不同设防烈度水准地震作用前后的自振频率、阻尼比和振型形态。要直接测定出模型结构多阶振型相对比较困难，但模型结构在各试验阶段结束后频率变化情况可以比较正确地得到，结果如下：①模型结构前三阶频率分别为 3.081Hz(X 向平动)、3.437Hz(Y 向平动)、4.977Hz(扭转)；②模型结构的低阶振型的振动形态主要为整体平动和整体扭转；③模型结构频率随输入地震动幅值的加大而降低，而阻尼比则随结构破坏的加剧而提高；④在完成设防烈度罕遇地震考核试验后，模型结构前三阶频率分别降低为 1.066Hz(X 向平动)、2.001Hz(Y 向平动)、2.132Hz(扭转)。

根据相似关系可推算出原型结构在不同设防烈度水准地震作用前后的自振频率和振动形态。结构前三阶振型分别为 X 向平动、Y 向平动和整体扭转，前三阶频率分别为 0.318Hz、0.355Hz 和 0.514Hz，相应的周期分别为 3.145s、2.817s 和 1.946s，扭转周期与第一平动周期之比为 0.62,满足有关设计标准的要求。

结构在地震作用下具有明显的扭转振动反应,局部楼层具有较大的层间位移。在 7 度多遇地震作用下,结构有较明显的位移、扭转变形;最大层间位移角与规范规定的1/550 限值非常接近。在 7 度基本烈度地震作用下,结构发生开裂,自振频率下降,刚度降低。

在 7 度罕遇地震作用下,结构大多数节点区域出现不同程度的开裂,局部开裂严重部位出现混凝土压碎、崩落现象;结构自振频率进一步下降,刚度有较大程度的降低,结构总位移角为:X 向 1/171,Y 向 1/156;层间位移角最大值为:X 向 1/80,Y 向 1/76,个别部位层间位移角最大值为 1/70,满足钢筋混凝土框架结构罕遇地震作用下最大层间位移角小于 1/50 的要求。

模拟地震振动台试验表明,原结构满足我国抗震设计规范"小震不坏,大震不倒"的设计要求,但原结构设计方案中可能存在以下的薄弱部位:①结构 2~6 轴与 E~H 轴间中庭两翼钢桥支座部位附近的竖向构件;②结构中庭西翼 6 层结构整体收进部位及其相邻部位梁柱节点区域;③结构中庭北侧转角部位 2 层以上斜柱;④结构 1~5 轴与 N~R 轴范围内 2 层以上梁柱节点区域。

2. 现场结构动力性能测试

原型结构施工完成后,在不同楼层依次布置加速度传感器,测试整体结构在环境随机振动下的反应,获得整体结构动力特性。与振动台试验和计算分析进行比较,结果较吻合。

8.1.4 计算分析内容

采用 SAP84 有限元结构分析通用程序对调整后的建筑结构进行三维计算分析。建立了薄膜楼板模型。在结构构件强度与配筋验算中,考虑重力荷载及地震组合作用,重力荷载的分项系数取 1.2,地震分项系数取 1.3。抗震设防烈度按 7 度考虑,采用上海市的设计反应谱,场地类别为Ⅳ类,近震,场地特征周期取 $T=0.9$s。采用振型分解反应谱法计算地震反应,各振型贡献按 SRSS 组合[2]。采用《上海市建筑抗震设计规程》中 SHW1 波、SHW2 波进行结构的弹性时程反应分析,地面运动最大加速度为 35gal。计算中,楼板为弹性模型,模态阻尼比均按 0.05 取值。结构计算模型如图 8.3 和图 8.4 所示。

计算结果包括:①结构动力特性;②抗震变形验算;③结构构件强度与配筋验算。主要结论如下。

(1) 结构扭转周期与第 1 平动周期之比为 0.90,远大于试验值,但仍满足规范要求。

(2) 计算得到的结构顶点位移角及结构最大层间位移角均未超出规范限值。

(3) 底层柱轴压比验算结果表明:2 轴与 N 轴、12 轴与 G 轴、12 轴与 F 轴交汇处的三根柱子轴压比较高,但满足框架结构一级抗震等级的要求。

(4) 验算各个构件的配筋未发现超筋现象。

(5) 时程分析结构反应较反应谱法结果略大,但仍未超出规范限值。

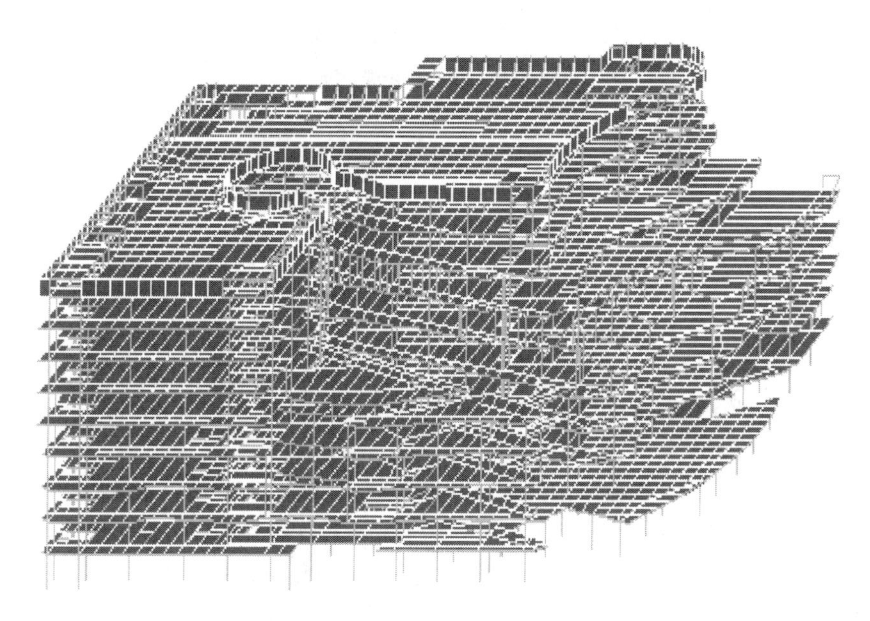

图 8.3　结构计算模型轴侧图一

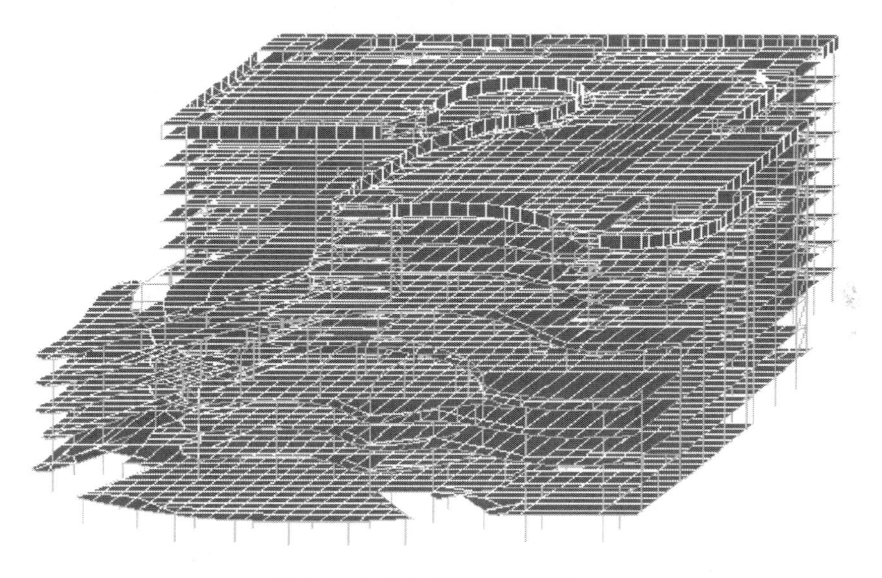

图 8.4　结构计算模型轴侧图二

8.1.5　针对超限的结构措施

根据上述研究工作，提出针对超限的结构措施如下。

(1) 框架结构抗震等级整体提高到一级。

(2) 采取有效措施增加结构的抗扭刚度或减小结构刚度中心和质量中心的偏心。

(3) 适当增加结构薄弱部位构件的强度和延性。

(4) 采用局部增加剪力墙的方式进行结构调整，以有效地降低整体结构扭转反应。

该工程在设计和施工中已按试验和计算分析结果采取了相应的措施，提高了结构的抗震能力。该工程已建成投入使用，产生了很好的社会效益和经济效益。

8.2 复杂体型剪力墙结构

8.2.1 工程概况

上海世茂滨江花园 2 号楼为 53 层的超高层住宅建筑，中部屋顶高度为 160.80m，为当时（2000 年）国内最高的住宅建筑，其平面及建筑立面图见第 2 章图 2.11。结构平面呈狭长折线布置，两翼呈 35°角弯折，四个核心筒 A、B、C 和 D 沿平面折线均匀布置，结构体系为核心筒-剪力墙（短肢剪力墙）结构。初步的设计计算表明，结构在地震作用下的弹性位移反应满足我国现行规范和规程的要求。但结构层间位移相对较大，且有较明显的扭转反应。为了验证设计计算结果，确定结构薄弱部位和扭转情况，确保该住宅大厦结构设计的安全和可靠，同济大学土木工程防灾国家重点实验室振动台试验室接受建设单位的委托，对该大楼结构的抗震性能进行了研究。采用研究方法为：对整体结构进行抗震计算分析；制作一个 1/25 比例的微粒混凝土整体结构模型，进行等效地震荷载试验和模拟地震振动台试验[3]。

8.2.2 结构超限情况

该大楼高度较高，高宽比较大，超过了规范（1991 年高层规程）的高度限值；平面形状不规则；结构在 48 层以上局部收进，并有局部大空间和错层，竖向布置特别不规则；为满足景观需要，大厦外立面有较大的窗洞，造成部分外立面剪力墙墙肢的宽度偏小，形成短肢剪力墙。因此，该工程属于高度超高、平面和立面布置特别不规则并有较多短肢剪力墙的超限高层建筑工程[1]。

8.2.3 结构抗震研究内容

通过整体结构的缩尺模型试验和现场动力性能测试，研究结构的抗震性能，包括以下内容。

（1）测定结构的频率及遭受设防烈度（7 度）不同水准地震作用后的结构自振周期和阻尼比。

（2）研究结构在遭受 7 度多遇地震、7 度基本烈度地震及 7 度罕遇地震作用时的加速度、位移、扭转反应和重要构件的应变反应。

（3）确定结构的薄弱部位。

（4）研究结构在等效地震荷载作用下的反应，给出等效地震荷载作用下的结构侧向位移，供计算分析对比。

（5）现场测试结构的动力性能参数，为同类结构的抗震分析积累数据。

8.2.4 结构抗震试验研究

1. 整体结构模型的设计制作和等效地震荷载静力试验

复杂高层钢筋混凝土结构模型不同于其他大比例的普通混凝土结构，它有着其自身的特点。模型设计时需要根据原型结构体型大、质量大和模型比例小的特点确定相似条件，在现有的条件下使试验结果能最有效地反映原型结构的特性。

这里主要研究地震作用下结构的抗震性能，因此设计时着重考虑满足抗侧力构件的相似关系，使墙、梁、板构件及其节点满足尺寸、配筋(注：配筋按等强换算)等相似关系，用设置配重的方法满足质量和活荷载的相似关系。在设计模型各相似关系时，还需相应考虑施工条件、吊装能力和振动台性能参数等方面的因素。模型的主要相似关系见表 8.1。

表 8.1 模型结构的主要相似关系

物理参数	长度 S_L	弹性模量 S_E	应力 S_σ	质量密度 S_ρ	时间 S_t	频率 S_f	加速度 S_a
相似常数	1/25	0.3	0.3	0.3	0.1	10	4.0

该模型主体采用微粒混凝土和镀锌铁丝制作，梁、板、墙等构件尺寸及配筋由相似关系计算得出。剪力墙、暗柱、梁和板中配置点焊铁丝网或镀锌铁丝。微粒混凝土设计强度为 8.3～13.3MPa，设计弹性模量为 9330～10830MPa；实测强度和弹性模量见表 8.2。

表 8.2 模型结构混凝土强度和弹性模量

结构构件		强度 f_{cu}/MPa		弹性模量 E_0/MPa	
		设计值	实测值	设计值	实测值
墙、柱、梁	20 层以下	13.3	13.1	10800	13500
	21～32 层	11.7	7.9	10500	10100
	33 层以上	10.0	6.5	10000	7700
楼板		8.3	11.5	9300	12500

由于模型缩比较大、模型尺寸较小、精度要求较高，对施工有特殊要求。外模采用木模整体滑升；内模采用泡沫塑料，这种材料易成型、易拆模，即使局部不能拆除，对模型刚度的影响也很小。将内模切割成一定形状，形成构件所需的空间，绑扎好钢筋后进行浇筑，边浇筑边振捣密实，每一次浇筑一层，达到一定强度后再安置上面一层的模板及配筋，重复以上步骤，直到模型全部浇筑完成。完工后模型总高度为 7334mm，其中模型高 7034mm，底座厚 300mm；模型总的质量为 22.3t，其中模型和附加质量 17.3t，底板质量 5.0t。

等效地震荷载试验的最大荷载值按设计院提供的多遇地震下原型结构按反应谱用 SATWE 计算的结果换算，换算按照控制楼层的总弯矩等效的原则。考虑到结构模型尚需进行弹塑性动力试验，为防止在静力荷载下结构进入非线性阶段，试验的最大荷载按换算结果的 70%取值。

等效地震荷载加载方向为 Y 轴方向(平面的短边方向)，分别集中在第 10、20、30、40、

48 和 54 层的楼板处。由于结构平面狭长，为使荷载分布接近实际状况，将各加载层的等效荷载再分成四个集中荷载，分别施加于四个核心筒位置。荷载分 10 个等步长进行同步加载。在等效地震荷载作用下，模型结构的各加载步的楼层位移情况如图 8.5 所示。

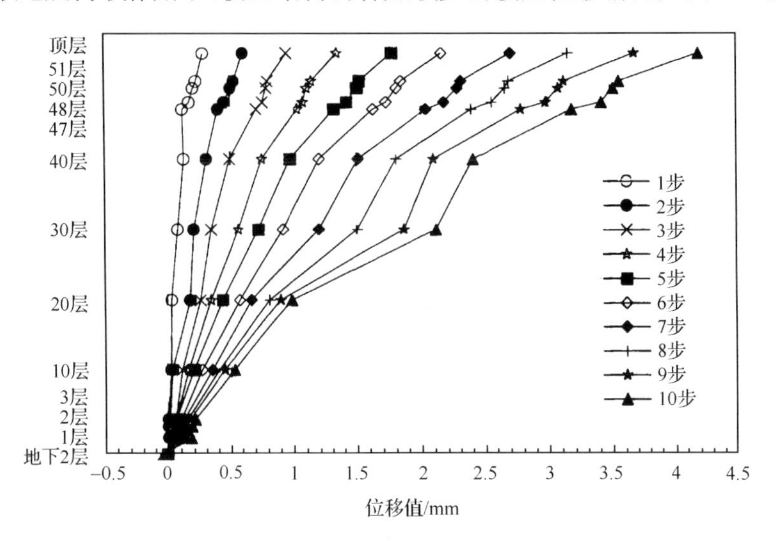

图 8.5　模型结构各加载步的楼层位移

2. 模拟地震振动台试验

根据 7 度抗震设防及Ⅳ类场地要求，选用以下地震记录作为振动台台面激励：①El Centro 波（1940 年）；②Pasadena 波（1952 年）；③上海人工地震波 SHW2；④人工拟合地震波 LY2，是根据《上海市建筑抗震设计规程》（DBJ 08-9—92）地震反应谱拟合的地震波，$\xi=0.05$ 记为 LY2，作为台面激励。LY2 时间历程约 50s，其中 10～20s 为主要振动历程。台面激励主振方向为结构平面短边方向（振动台 X 方向及原型结构平面 Y 方向）。

试验中共布置加速度传感器 26 个，位移传感器 3 个，应变片 17 个。

试验步骤为：①设防烈度不同水准地震波输入前后，对模型进行白噪声扫频，测量模型的自振频率、振型和阻尼比等动力特征参数；②由台面分别输入 El Centro 波、Pasadena 波、上海人工地震波 SHW2 和人工拟合地震波 LY2，地震波持续时间按相似关系压缩为原地震波的 1/10，输入方向分为单向、双向和 35°方向。输入加速度幅值取对应于基本烈度 7 度地震作用及其相应的多遇地震、罕遇地震的峰值，按相似关系调整从小到大依次输入以模拟不同水准地震作用对大楼的影响；③根据试验采集的加速度、位移和应变的数据，分析模型结构的地震反应。此外，在试验过程中，对结构变形和开裂状况进行宏观观察。模型在振动台上试验的照片如图 8.6 所示。

1）试验现象

（1）7 度多遇地震波输入。

按加载步骤依次输入不同的台面激励。其中当 SHW2 和 LY2 作用时，模型结构有较大的位移反应。当沿 35°方向激励时，模型有较明显的扭转反应。

在 7 度多遇地震波输入下，未发现模型开裂。但是，根据频谱分析，模型在 X 方向和

Y方向(坐标方向见图2.11和图8.7)的自振频率有所下降,说明模型结构可能已有肉眼观测不到的微裂缝。

(2) 7度基本烈度地震波输入。

结构在7度基本烈度作用下的反应与在7度多遇作用下的反应具有一致性,当SHW2和LY2作用时,模型结构产生强烈振动,并导致模型出现可见裂缝。尤其是LY2沿Y向作用后,结构出现了较多裂缝,可能是由于LY2的作用时间相对较长,能量较大,导致结构地震反应增大。为安全起见,后续试验步骤中,未再采用LY2地震波输入。

(3) 7度罕遇烈度地震波输入。

在7度罕遇烈度地震作用下,模型结构扭转振动更加明显。模型不仅在底部几层产生破坏,而且在高低层相邻处48层(即平面弯折和立面收进部位)和其下10多层楼板出现开裂,但结构未发生局部或整体倒塌。

图8.6　模型在振动台上试验的照片

2) 模型结构动力特性

在设防烈度不同水准地震作用前后,均用白噪声对结构模型进行扫频试验。通过对各加速度测点的频谱特性、传递函数以及时程反应的分析,可以得到:①模型结构前三阶频率分别为3.296Hz(*Y*向平动)、4.040Hz(*X*向平动)、4.517Hz(扭转),扭转周期与第一平动周期之比为0.73;②模型结构的振型较复杂,除了整体结构平动、扭转,还有左右两翼结构局部振动,然而,由于试验时传感器布置有限,复杂的振型很难直接测得;③结构频率随地震烈度的提高而降低,而阻尼比则随结构破坏的加剧而提高,在遭遇不同水准地震波作用后,模型*Y*向第一阶自振频率由3.296Hz下降为1.953Hz,相应的阻尼比由3.7%上升为6.6%;模型*X*向第一阶自振频率由4.040Hz下降为2.197Hz,相应的阻尼比由4.8%上升为7.2%。试验表明,结构最终整体等效抗侧刚度约为开裂前的35%(*Y*向)和29.6%(*X*向)。

3) 模型加速度反应

模型加速度反应值由压电式加速度传感器获得,通过系统标定转换成加速度值。试验数据表明:①在7度多遇烈度地震作用下,SHW2和LY2的结构反应较大,35°方向地震作用时结构产生明显的扭转振动,结构在40层以上有明显的鞭梢效应;②在7度基本烈度地震作用下,SHW2和LY2的结构反应较大,35°方向地震作用时结构产生明显的扭转振动,结构在40层以上有明显的鞭梢效应;③在7度罕遇烈度地震作用下,SHW2的结构反应较大,35°方向地震作用时结构产生明显的扭转振动,结构在40层以上有明显的鞭梢效应。

4）模型位移反应

模型位移反应值从两方面获得：一方面由是试验室自制的大量程位移传感器获得，另一方面由加速度值积分获得。数据分析表明，两种方法测得的位移时程吻合较好。与加速度反应类似，在三个水准的三种地震波输入下，SHW2 和 LY2 的结构位移反应较大，表 8.3 给出了 SHW2 地震波以不同水准输入时模型各层相对于台面的位移最大值。

表 8.3　不同水准地震作用下模型各层相对于台面的位移最大值　（单位：mm）

位置	多遇地震(SHW2)			基本烈度(SHW2)			罕遇地震(SHW2)		
	Y 向	Y-35°方向		Y 向	Y-35°方向		Y 向	Y-35°方向	
	Y	Y	X	Y	Y	X	Y	Y	X
顶层	9.424	9.179	3.339	25.179	23.213	10.282	38.500	30.031	25.135
48 层	7.442	7.687	2.464	20.462	18.505	7.431	30.284	23.769	20.919
40 层	5.590	5.908	1.869	15.666	13.319	5.796	19.866	17.950	15.493
30 层	3.647	3.935	1.007	10.255	8.853	3.975	14.747	11.653	10.223
20 层	2.027	2.152	0.635	5.420	4.919	1.932	8.269	7.521	5.208
10 层	0.798	0.825	0.315	2.072	1.860	0.878	3.542	3.433	2.452
3 层	0.238	0.246	0.109	0.555	0.532	0.312	0.983	2.759	0.967
1 层	0.085	0.077	0.119	0.130	0.148	0.356	0.146	0.280	0.792
台面	0	0	0	0	0	0	0	0	0

8.2.5　原型结构的抗震计算分析

1. 计算模型

计算模型不包括地下室。梁、柱均为一维构件，计算中采用空间梁单元模拟，允许其轴向拉压变形，每个节点具有三方向平动和三个转动共计 6 个自由度。剪力墙是高层结构的主要抗侧力构件，既要承受水平荷载作用，又承受竖向荷载作用，计算中采用特殊的板壳类墙体单元模拟剪力墙，该单元是在常规板壳单元的基础上专为土建结构开发的 4 节点单元，每个节点有 6 个自由度，可以和梁柱单元任意连接。它既有平面内刚度，又具有平面外抗弯刚度。考虑楼板的柔性，采用板壳单元模拟楼板。计算模型包括梁柱单元共计 28729 个，墙单元 9915 个，楼板单元 9702 个，共计 14907 个节点。计算模型示意图见图 8.7。采用北京大学微机结构分析通用有限元程序 SAP84(5.0 版)进行计算分析。

2. 主要计算参数

结构抗震设计为：7 度设防，Ⅳ类场地土，近震。采用振型分解反应谱法和弹性时程分析法分别进行抗震计算。地震影响系数曲线按《上海市建筑抗震设计规程》(DBJ 08-9—92)选择。结构时程反应分析采用按《上海市建筑抗震设计规程》生成的地震地面加速度时程。分别考虑了连梁刚度折减与否对结构地震反应的影响，连梁刚度折减时折减系数取 0.55。

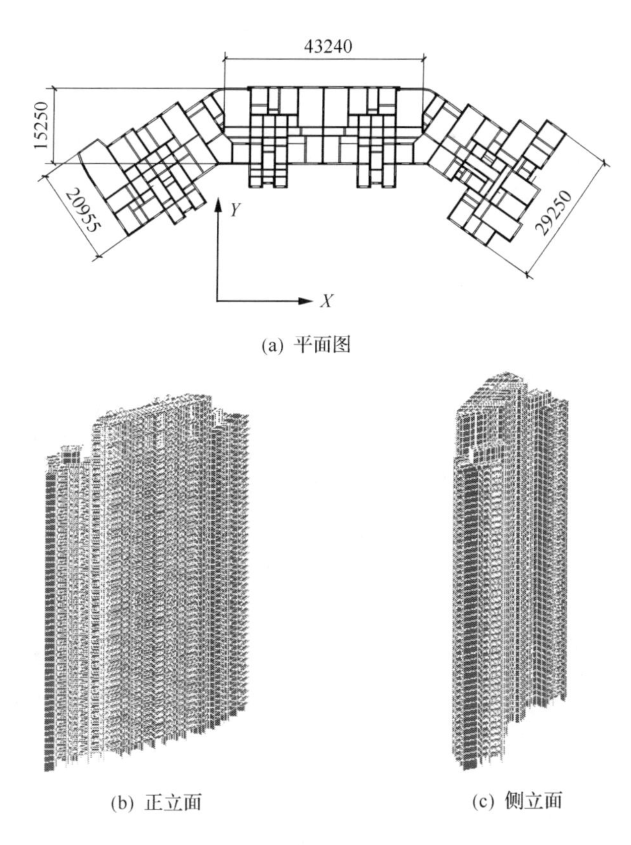

(a) 平面图

(b) 正立面　　(c) 侧立面

图 8.7　计算模型示意图

3. 主要计算结果

1）结构自振特性

共计算了 18 个自振周期，前 12 个自振周期见表 8.4。

表 8.4　结构自振周期及振型特征　　（单位：s）

振型序号	1	2	3	4	5	6
周期(无折减)	3.6086	2.6766	1.4319	0.8647	0.7138	0.5417
周期(有折减)	3.6414	2.7324	1.4481	0.8772	0.7289	0.5866
特征	*Y* 向	扭转	*X* 向	*Y* 向	*X* 向+扭	对中轴弯
振型序号	7	8	9	10	11	12
周期(无折减)	0.4929	0.4297	0.4143	0.3747	0.3720	0.3282
周期(有折减)	0.5004	0.4519	0.4224	0.3844	0.3775	0.3447
特征	*X* 向	*Y* 向+扭	*Y* 向	*X* 向	扭转	对中轴弯

2）地震反应的振型分解反应谱法计算结果

地震作用下各楼层的弹性反应位移及层间位移角采用振型分解反应谱法计算求得，各振型贡献按 SRSS 进行组合。该工程平面布置比较复杂，计算模型中考虑了楼板的弹性变形，平面中东翼筒体、中部东侧筒体、中部西侧筒体及西翼筒体的地震反应各不相同，计算分析中均以最大值进行控制。最大层间位移和结构顶点位移值见表 8.5。

表 8.5　结构地震反应位移

工况		层间位移 δ/mm	δ/h	楼层	规范限值	顶点位移 Δ/mm	Δ/H
X向地震作用	N154-Ⅰ	1.130	1/2654	49	1/800	51.03	1/3151
	N154-Ⅱ	1.195	1/2510	49	1/800	53.29	1/3017
	N063	1.556	1/1927	31	1/800	63.51	1/2375
	N097	0.983	1/3052	25	1/800	45.59	1/3527
	N217	1.425	1/2104	41	1/800	63.80	1/2520
	N257	2.206	1/1359	37	1/800	84.93	1/1776
Y向地震作用	N154-Ⅰ	3.365	1/891	54	1/800	134.50	1/1195
	N154-Ⅱ	3.402	1/881	53	1/800	135.77	1/1184
	N063	4.098	1/732	41	1/800	148.89	1/1013
	N097	3.680	1/815	52	1/800	147.76	1/1088
	N217	3.084	1/972	50	1/800	120.74	1/1331
	N257	2.360	1/1271	42	1/800	82.35	1/1831

注：N154-Ⅰ表示连梁无折减；N154-Ⅱ表示连梁刚度按 0.55 折减。

3) LY2 人工波时程反应分析

根据《上海市建筑抗震设计规程》(DBJ 08-9—92)生成上海Ⅳ类土人工波 LY2 进行结构的弹性时程反应分析，地面运动最大加速度为 35gal。结构顶点最大位移值和最大层间位移角见表 8.6。

表 8.6　LY2 地震波作用结构时程反应位移

工况	层间位移 δ/mm	δ/h	楼层	规范限值	顶点位移 Δ/mm	Δ/H
X 向地震输入	1.535	1/1954	41	1/800	65.03	1/2472
Y 向地震输入	5.473	1/548	45	1/800	206.65	1/778

4) SHW2 地震波时程反应分析

类似于前段的时程反应分析，采用《上海市建筑抗震设计规程》(DBJ 08-9—92)建议的 SHW2 地震波进行结构的弹性时程反应分析，地面运动最大加速度为 35gal。结构顶点最大位移值和最大层间位移角见表 8.7。

表 8.7　SHW2 地震波作用结构时程反应位移

工况	层间位移 δ/mm	δ/h	楼层	规范限值	顶点位移 Δ/mm	Δ/H
X 向地震输入	1.683	1/1782	47	1/800	62.17	1/2586
Y 向地震输入	5.633	1/532	47	1/800	210.48	1/763

4. 计算结果分析

(1) 结构第二振型为扭转振型，且自振周期较长，与结构基本自振周期之比约为74%。

(2) 结构第2主轴方向主振型自振周期较短，与结构基本自振周期之比不足40%。

(3) 由振型分解反应谱法计算得到的结构顶点最大反应位移角及结构质心附近处最大层间位移角分别为1/1013、1/891，均未超出规范限值。

(4) 由振型分解反应谱法计算得到的结果表明：结构局部，特别是远离中轴线的两翼会出现较大的地震反应位移，如东翼电梯井处层间位移角最大可达1/732。

(5) 由弹性时程反应分析的结果可知，两条地震波作用下结构在Y向的最大层间位移角分别达到1/548和1/532，大于设计规程限值(1/800)，建议设计时采取适当措施予以加强。

8.2.6 原型结构抗震性能评价

1. 结构自振特性

由模型试验推算和原型结构整体分析得到的结构自振特性如表8.8所示，表中也列出了现场实测的结构动力性能参数，由表可见，用三种方法求得的结构动力特性比较接近。

表8.8　原型结构的自振特性

序号		1	2	3	4	5	6
模型试验推算	频率/Hz	0.330	0.404	0.452	1.355	1.380	2.368
	振型形态	整体Y向平动	整体X向平动	整体扭转	整体Y向平动	整体扭转	整体X向平动
原型结构计算	频率/Hz	0.275	0.366	0.691	1.140	1.372	1.705
	振型形态	整体Y向平动	整体扭转	整体X向平动	整体Y向平动	X向+扭转	对中轴弯
现场实测	频率/Hz	0.352	0.469	0.586	1.523	—	1.914
	振型形态	整体Y向平动	整体扭转	整体X向平动	整体Y向平动	—	整体X向平动

2. 结构的位移反应

由模型试验推算的原型结构在三水准地震作用下的最大位移反应如表8.9所示。

表8.9　由模型试验推算的原型结构的最大位移反应

位置	多遇地震		基本烈度地震		罕遇地震	
	Y	X	Y	X	Y	X
顶点位移角	1/860	1/2220	1/240	1/670	1/180	1/260
48～顶层	1/720	1/1010	1/200	1/260	1/130	1/130
40～48层	1/570	1/1650	1/150	1/460	1/70	1/150

续表

位置	多遇地震		基本烈度地震		罕遇地震	
	Y	X	Y	X	Y	X
31～40层	1/730	1/1550	1/190	1/520	1/170	1/190
21～30层	1/810	1/3100	1/220	1/590	1/180	1/230
11～20层	1/1100	1/3870	1/310	1/950	1/240	1/370
4～10层	1/1750	1/3540	1/460	1/1210	1/250	1/490
1～3层	1/2140	1/4520	1/630	1/1770	1/120	1/70
地下室	1/3950	1/5588	1/2800	1/2900	1/1010	1/1340

3. 结构薄弱部位

总体上讲，该住宅大厦结构体型复杂，不仅平面狭长，而且剪力墙翼缘较小，平面弯折处布置的墙肢较少，结构抗侧刚度较低，在多遇地震作用下结构部分楼层层间位移反应较大，超过了规范1/800的限值(试验－1/570，计算－1/532)。在基本烈度地震作用下，结构有较多开裂，主要集中在底部几层，刚度进一步降低，自振频率下降；结构在40层以上有明显的鞭梢效应。

在罕遇地震作用下，结构除底部数层开裂严重外，48层楼板及以下10余层楼板在立面收进、平面弯折处开裂，刚度严重降低，自振频率下降；结构在40层以上有明显的鞭梢效应；相对而言，结构平面弯折、立面收进的48层及其下10多层抗侧力构件和楼板的刚度和强度较低。

4. 设计建议

该工程结构高度较高，平面布置很不规则，立面有局部收进，造成结构的变形及扭转效应较大。建议根据计算分析和试验研究结果，从总体上适当增加结构刚度和强度，特别是外围构件的强度和刚度，以减少结构的变形和改善结构的扭转振动。

应对结构30～48层的抗侧力构件及楼板在弯折处进行适当加强，并对有明显鞭梢效应的40层以上的抗侧力结构构件进行强度和延性方面的加强。

8.3 复杂体型框架-剪力墙结构

8.3.1 工程概况

上海浦东香格里拉酒店扩建工程位于上海市浦东新区，是由一栋41层、总高度152.8m的塔楼和4层裙房组成的超高层框架-剪力墙结构。该工程设有地下室2层，地面以上37层，另加避难楼层2层(分别位于10～11层和24～25层)，其中地下1层层高4.55m，地下2层层高3.00m，地面以上1层层高6.05m，2层层高6.00m，3层层高5.00m，4层层高6.00m，5层和6层层高5.00m，7～35层层高3.40m，36层层高5.40m，

37 层层高 5.00m，上下避难楼层层高 4.50m。结构高宽比为 4.52。该工程结构 1～4 层结构平面如图 8.8 所示（N1～N10 轴线部分省略，下同），塔楼 5 层（转换层）结构平面如图 8.9 所示，塔楼 5 层以上结构平面如图 8.10 所示，结构立面如图 8.11 所示。

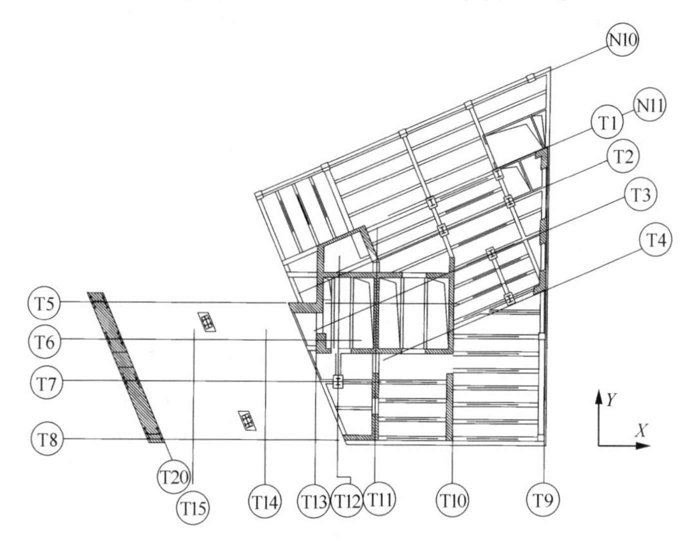

图 8.8　1～4 层结构平面图

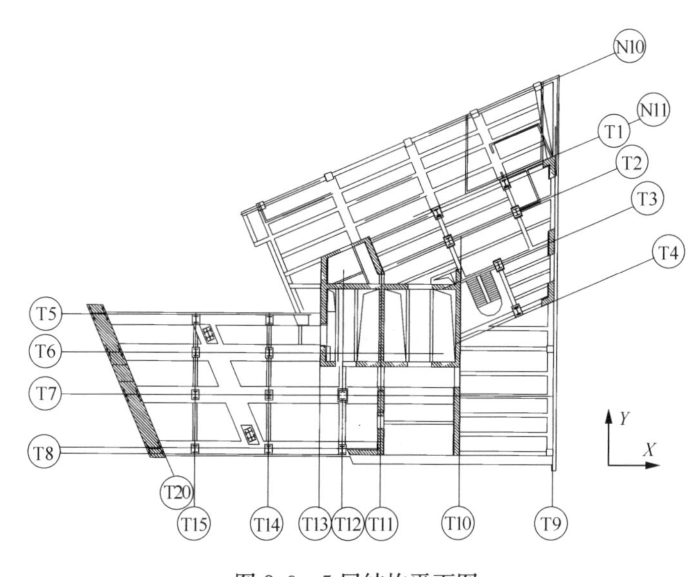

图 8.9　5 层结构平面图

8.3.2　超限情况

该工程塔楼部分总高度为 152.8m，顶部钢桁架局部高度达到 180m，结构高度超过了《上海市建筑抗震设计规程》（DBJ 08-9—92）中框架-剪力墙结构体系 140m 的上限值。另外，塔楼结构下部开有宽 25.6m、高 23m 的孔洞，在 5 层存在着局部转换；结构平面布置特别不规则，在地震作用下，结构可能出现较大的扭转反应。同济大学土木工程防灾国家

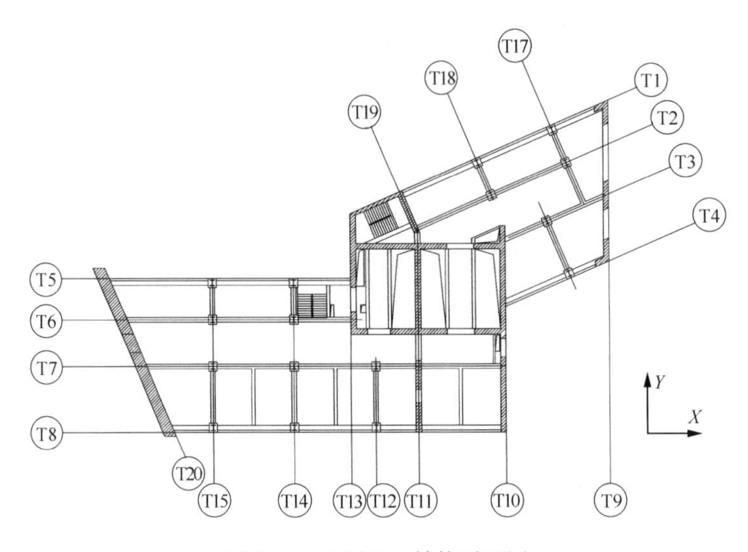

图 8.10　5 层以上结构平面图

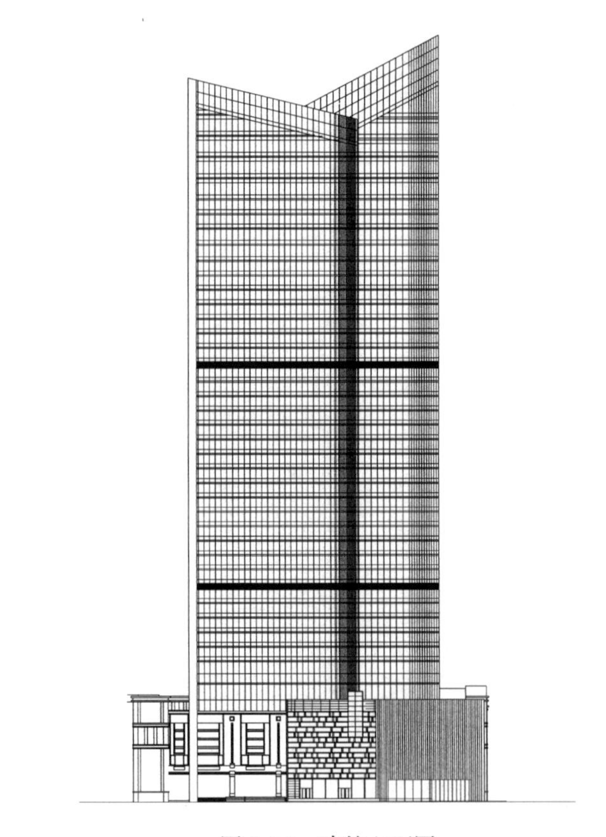

图 8.11　建筑立面图

重点实验室振动台试验室受建设单位的委托，对该大楼进行模拟地震振动台模型试验研究和结构抗震计算分析，考察结构在设防地震作用下是否存在薄弱部位，检验结构能否满足抗震设防要求，并在综合考虑试验结果和计算分析的基础上，提出相应的改进措施[4-6]。

8.3.3　试验研究内容

(1) 测定结构的动力特性及在受上海地区设防烈度(7 度)不同水准地震作用后的结构自振周期和阻尼比。

(2) 研究结构在遭受 7 度多遇地震、7 度基本烈度地震、7 度罕遇地震作用时结构的加速度、位移、扭转反应和重要构件的应变反应。

(3) 确定结构的薄弱部位,重点考察结构竖向转换层是否能达到设计要求、结构是否出现扭转破坏、结构在设防地震作用下是否会出现薄弱部位、能否满足抗震设防要求。

8.3.4　振动台整体模型试验

1. 模型设计与施工

高层钢筋混凝土结构模型不同于其他大比例的普通混凝土结构,它有着其自身的特点。模型设计时需要根据原型结构体型大、质量大和模型比例小的特点确定相似条件,在现有的设备条件下使试验结果能最有效地反映原型结构的特性。

该试验主要研究地震作用下结构的抗震性能,因此设计时着重考虑满足抗侧力构件的相似关系,使墙、梁、板构件及其节点满足尺寸、配筋(注:配筋按等强换算)等相似关系,用设置配重的方法满足质量和活荷载的相似关系。在设计模型各相似关系时,还需适当考虑施工条件、吊装能力和振动台性能参数等方面的因素。上海浦东香格里拉酒店扩建工程结构模型相似关系见表 8.10。

表 8.10　模型相似关系

物理性能	物理参数	微粒混凝土模型	备注
几何性能	长度	1/25	控制尺寸
	应变	1	—
材料性能	弹性模量	0.25	控制材料
	应力	0.25	
	泊松比	1	
荷载性能	集中力	4.00×10^{-4}	—
	线荷载	0.01	—
	面荷载	0.25	—
	力矩	1.60×10^{-5}	—
动力性能	阻尼	1.03×10^{-3}	—
	周期	0.10329	—
	频率	9.68	—
	速度	0.39	—
	加速度	3.75	控制试验
	重力加速度	1	
模型高度		约 7.2m	含底板
模型质量		约 14.8t	含配质量

上海浦东香格里拉酒店扩建工程结构模型主体采用微粒混凝土、镀锌铁丝和紫铜片(模拟型钢)制作,梁、板、墙等构件尺寸及配筋由相似关系计算得出。剪力墙、梁和板中配点焊铁丝网或镀锌铁丝。实测微粒混凝土强度和弹性模量见表 8.11 和表 8.12。试验时的模型相似关系均按微粒混凝土强度和弹性模量实测值,对模型附加质量进行了调整。

表 8.11 模型材料抗压强度

施工日期	层数	柱强度标准值实测值/MPa	板强度标准值实测值/MPa
2002.3.16	1层	6.16	5.57
2002.3.23	4层	6.94	—
2002.4.4	10层	6.44	4.03
2002.4.7	13层	4.17	3.53
2002.4.18	23层	5.67	5.60
2002.4.25	29层	4.90	—

表 8.12 模型材料弹性模量

施工日期	层数	柱弹性模量实测值/MPa	板弹性模量实测值/MPa
2002.3.16	1层	11014	9585
2002.3.23	4层	11484	—
2002.4.4	10层	9452	7158
2002.4.7	13层	6512	8200
2002.4.18	23层	8227	9706
2002.4.25	29层	8360	—

由于模型缩比较大、模型尺寸较小、精度要求高,对模型施工有较高的要求。上海浦东香格里拉酒店扩建工程结构模型外模采用木模整体滑升,内模采用泡沫塑料。泡沫塑料易成型、易拆模,即使局部不能拆除,对模型刚度的影响也很小。在模型施工之前,首先将内模切割成一定形状,形成构件所需的空间,绑扎好铁丝后进行浇筑,边浇筑边振捣密实,每一次浇筑一层,达到一定强度后再安置上面一层的模板及配筋,重复以上步骤,直到模型全部浇筑完成。模型总高度为 7200mm,其中模型本身高 6900mm,模型底座厚 300mm,模型总质量为 14.8t,其中模型和附加质量 9.8t,底座质量 5.0t。模型安装在振动台上试验前的照片如图 8.12 所示。

2. 试验输入地震波

根据上海地区 7 度抗震设防及Ⅳ类场地要求,选用以下地震记录作为振动台输入:①El Centro 波;②Pasadena 波;③上海人工地震波 SHW2。

3. 测点布置

图 8.12　模型安装在振动台上的照片

1) 加速度传感器布置

加速度传感器测点共 36 个，分别布置在 1、3、5 层，下避难层，11、15、20 层，上避难层，25、31、37 层，大屋面及小屋顶。其中在结构 5 层、上避难层、屋面层、小屋顶布置有多组加速度传感器，以测定结构的扭转反应。

2) 位移传感器布置

位移传感器布置在结构屋面层、上避难层和 5 层，每层各 2 个，共 6 个。

3) 应变片布置

应变测点布置在底层、4 层、5 层剪力墙、柱和转换大梁等主要构件和结构受力集中部位，共 20 个。

4. 试验步骤

试验加载工况按照 7 度多遇烈度、7 度基本烈度、7 度罕遇烈度的顺序分三个阶段对模型结构进行模拟地震考核。在不同设防烈度水准地震波输入前后，对模型进行白噪声扫频，测量模型的自振频率、振型和阻尼比等动力特征参数，白噪声激励峰值为 0.07g。在进行每个试验阶段的地震考核时，由台面依次输入 El Centro 波、Pasadena 波和上海人工地震波 SHW2。地震波持续时间按相似关系压缩为原地震波的 1/9.68，输入方向分为双向或单向水平输入。台面输入加速度峰值，依据基本烈度 7 度地震作用及其相应的多遇地震、罕遇地震的峰值，按相似关系确定，以模拟不同设防烈度水准的地震作用。

5. 试验现象描述

1) 7 度多遇地震波输入阶段

按加载步骤依次输入 El Centro 波、Pasadena 波和 SHW2 波。在各地震波作用时，模型结构有较大的位移反应和扭转反应，模型表面未见肉眼可见裂缝。地震波输入结束后用白噪声扫描发现模型自振频率有一定程度下降，说明结构已有观测不到的微小裂缝出现。从总体上看，该试验阶段模型结构仍基本处于弹性工作阶段，模型结构满足“小震不坏”的抗震设防目标。

2) 7 度基本烈度地震波输入阶段

结构在 7 度基本烈度作用下的反应与在 7 度多遇作用下的反应具有一致性，当地震波作用时，模型结构顶部的动力反应较大，模型多处出现可见裂缝。具体裂缝位置为：在 El Centro 波 23°方向输入后，T10 轴 6 层剪力墙出现竖直裂缝；在 Pasadena 波 X 向输入后，T10 轴 7 层和 8 层剪力墙出现竖直裂缝；在 Pasadena 波 Y 向输入后，T10 轴 6 层剪力墙出现竖直裂缝；在 Pasadena 波，23°方向输入后，T1 轴 7 层梁、剪力墙连接部位出现裂缝；在 SHW2 波 X 方向输入后，T1 轴 6 层梁、剪力墙连接部位出现裂缝；在 SHW2 波 23°方向输入后，结构多处出现裂缝。

在该试验阶段各地震波输入作用下，由于结构局部薄弱节点出现微裂缝，导致结构的自振频率大幅度下降。

3) 7 度罕遇烈度地震波输入阶段

在 7 度罕遇地震波作用下，模型结构的位移和扭转反应更为显著，模型的柱、梁、楼板和剪力墙多处出现开裂破坏。具体裂缝照片见图 8.13 和图 8.14。

图 8.13　5～17 层裂缝开展照片

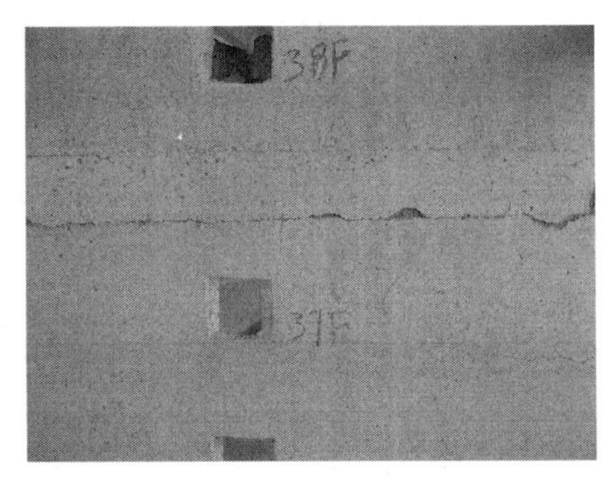

图 8.14　22～38 层裂缝开展照片

在该试验阶段各地震波作用下，由于微裂缝的进一步开展和加剧，结构自振频率进一步下降，模型结构的刚度急剧下降，但结构局部及整体并未发生倒塌。

6. 模型结构动力特性

在不同设防烈度水准地震作用前后，均用白噪声对结构模型进行扫频试验。通过对各加速度测点的频谱特性、传递函数以及时程反应的分析，可以得到模型结构在不同设防烈度水准地震作用前后的自振频率、阻尼比和振型形态如表 8.13 所示。从表中可以看出以下几点。

(1) 模型结构前三阶频率分别为 3.081Hz(X 向平动)、3.437Hz(Y 向平动)、4.977Hz(扭转)。

(2) 模型结构的低阶振型的振动形态主要为整体平动和整体扭转。

(3) 模型结构频率随输入地震动幅值的加大而降低,阻尼比则随结构破坏的加剧而提高。

(4) 在完成设防烈度罕遇地震考核试验后,模型结构前三阶频率分别降低为 1.066Hz(X 向平动)、2.001Hz(Y 向平动)、2.132Hz(扭转)。

表 8.13　模型自振频率、阻尼比与振型形态

工况	自振特性	1	2	3	4	5	6	7	8	9
地震作用输入前	频率/Hz	3.081	3.437	4.977	10.782	14.894	17.534	20.147	31.295	31.988
	阻尼比	0.045	0.046	0.035	0.024	0.037	0.02	0.018	0.014	0.026
	振型形态	X 向平动	Y 向平动	整体扭转	X 向平动	Y 向平动	整体扭转	X 向平动	X 向平动	Y 向平动
7 度多遇地震输入后	频率/Hz	2.726	3.201	4.622	9.48	13.748	16.354	18.251	28.918	30.221
	阻尼比	0.036	0.043	0.038	0.033	0.033	0.039	0.034	0.022	0.027
	振型形态	X 向平动	Y 向平动	整体扭转	X 向平动	Y 向平动	整体扭转	X 向平动	X 向平动	Y 向平动
7 度基本烈度输入后	频率/Hz	1.778	2.37	3.179	6.28	10.785	11.85	12.18	—	—
	阻尼比	0.055	0.04	0.071	0.059	0.054	0.061	0.056	—	—
	振型形态	X 向平动	Y 向平动	整体扭转	X 向平动	Y 向平动	整体扭转	X 向平动	—	—
7 度罕遇地震输入后	频率/Hz	1.066	2.001	2.132	4.267	8.296	8.655	9.652	16.474	—
	阻尼比	0.124	0.143	0.126	0.068	0.051	0.076	0.016	0.042	—
	振型形态	X 向平动	Y 向平动	整体扭转	X 向平动	Y 向平动	整体扭转	X 向平动	Y 向平动	—

8.3.5　用模型试验结果评价原型结构的抗震性能

1. 原型结构的动力特性

根据相似关系可推算出原型结构在不同设防烈度水准地震作用前后的自振频率和振动形态如表 8.14 所示。结构前三阶振型分别为 X 向平动、Y 向平动和整体扭转,前三阶频率分别为 0.318Hz、0.355Hz 和 0.514Hz,相应的周期分别为 3.145s、2.817s 和 1.946s。

表 8.14　原型结构自振频率与振型形态

工况	自振特性	1	2	3	4	5	6	7	8	9
地震作用前	频率/Hz	0.318	0.355	0.514	1.114	1.539	1.811	2.081	3.233	3.305
	振型形态	X 向平动	Y 向平动	整体扭转	X 向平动	Y 向平动	整体扭转	X 向平动	X 向平动	Y 向平动
7 度多遇地震后	频率/Hz	0.282	0.331	0.477	0.979	1.420	1.689	1.885	2.987	3.122
	振型形态	X 向平动	Y 向平动	整体扭转	X 向平动	Y 向平动	整体扭转	X 向平动	X 向平动	Y 向平动
7 度基本烈度后	频率/Hz	0.184	0.245	0.328	0.649	1.114	1.224	1.258	—	—
	振型形态	X 向平动	Y 向平动	整体扭转	X 向平动	Y 向平动	整体扭转	X 向平动	—	—
7 度罕遇地震后	频率/Hz	0.110	0.207	0.220	0.441	0.857	0.894	0.997	1.702	—
	振型形态	X 向平动	Y 向平动	整体扭转	X 向平动	Y 向平动	整体扭转	X 向平动	Y 向平动	—

2. 原型结构位移反应

可以根据模型的位移反应通过相似关系求得原型结构的反应。模型位移反应值从两方面获得：一方面由 LVDT 大量程位移传感器获得；另一方面由加速度值积分获得。数据分析表明，两种方法测得的位移时程吻合较好。不同设防烈度水准地震作用下原型结构各层的位移最大值见表 8.15，层间位移角最大值见表 8.16。各种输入工况下原型结构的扭转反应最大(包络)值如表 8.17 所示。

表 8.15　不同烈度水准地震作用下原型结构位移最大值　　(单位：mm)

位置	7 度多遇		7 度基本		7 度罕遇	
	X	*Y*	*X*	*Y*	*X*	*Y*
总位移角	1/885	1/982	1/366	1/335	1/171	1/156
屋面	173	156	418	456	896	982
37 层	167	142	400	436	849	939
31 层	137	126	353	412	614	711
25 层	112	83	281	304	454	521
上避难层	107	76	273	281	411	483
20 层	86	57	209	197	291	345
15 层	60	38	143	124	188	217
11 层	42	25	95	100	126	158
下避难层	36	23	81	72	111	112
5 层	9	6	16	18	25	24
3 层	5	4	9	9	19	10

表 8.16　不同烈度水准地震作用下原型结构层间位移角最大值

位置	7 度多遇		7 度基本		7 度罕遇	
	X	*Y*	*X*	*Y*	*X*	*Y*
31 层～屋面	1/804	1/943	1/234	1/254	1/89	1/80
25～30 层	1/825	1/993	1/269	1/236	1/99	1/85
上避难层	1/882	1/836	1/191	1/218	1/80	1/76
21 层～上避难层	1/823	1/1033	1/290	1/301	1/143	1/108
16～20 层	1/818	1/1055	1/275	1/352	1/149	1/119
11～15 层	1/866	1/1293	1/291	1/140	1/186	1/161
下避难层	1/875	1/884	1/298	1/344	1/218	1/134
5 层～下避难层	1/1019	1/1944	1/361	1/613	1/280	1/246
3～4 层	1/2801	1/3280	1/1045	1/476	1/322	1/436
1～2 层	1/2713	1/2678	1/1310	1/1814	1/701	1/787

表 8.17　原型结构扭转角最大值

相对位置	7 度多遇	7 度基本	7 度罕遇
屋面	0.175	0.522	0.850
上避	0.094	0.282	0.368
5 层	0.017	0.046	0.094

3. 整体模型试验研究得到的主要结论

(1) 在 7 度多遇地震作用下，结构有较明显的位移、扭转变形，结构自振频率略有下降；结构总位移角为：X 向 1/885，Y 向 1/982；层间位移角最大值为：X 向 1/804，Y 向 1/836；原型结构能够满足我国现行抗震规范“小震不坏”的抗震设防标准。但应特别注意的是，结构 X 向下避难层以上各楼层以及 Y 向下避难层和上避难层的最大位移角与现行规范规定的 1/800 限值非常接近。

在 7 度基本烈度地震作用下，结构发生开裂(主要集中在结构 6～8 层 T10 轴剪力墙位置以及结构 36 层以上部位)，自振频率下降，刚度降低。

在 7 度罕遇地震作用下，结构出现多处开裂，尤其是结构顶部 36 层以上部位，由于层高大于标准层层高，致使该部位地震反应较大，开裂比较严重。结构自振频率进一步下降，刚度有较大程度的降低，结构总位移角为：X 向 1/171，Y 向 1/156；层间位移角最大值为：X 向 1/80，Y 向 1/76，发生在上避难层及以上部位。原型结构宏观上能够满足我国现行抗震规范“大震不倒”的抗震设防标准，但层间位移角最大值不满足设计规范的要求。

(2) 结构薄弱部位：上海浦东香格里拉酒店扩建工程，平面立面布置不规则，结构地震反应较大。根据该工程模型结构模拟地震振动台试验结果可以初步认定结构竖向转换层(5 层)满足设计要求，原结构设计方案中可能存在的薄弱部位为：①结构 T10 轴剪力墙 6～8 层及 26 层以上部位；②结构 T1 轴剪力墙 5 层以上部位；③结构 20 层以上梁柱节点；④结构顶部 36 层以上部位。

(3) 对设计的建议：根据上海浦东香格里拉酒店扩建工程模型结构模拟地震振动台试验结果，特提出如下建议：①建议适当增加结构上避难层及其上部楼层结构竖向构件的强度和刚度，以使最大层间位移角满足规范要求；②建议适当增加结构上避难层及其上部楼层的抗扭刚度或采取有效措施减小结构刚度和质量的偏心；③建议对结构 T1 轴剪力墙 5 层以上部位及 T10 轴剪力墙局部部位作适当加强；④建议适当减小 36 层和 37 层层高，或采取有效措施，增加 36 层、37 层、屋面及出屋面层的楼板平面内刚度。

8.3.6　原型结构的抗震计算分析

1. 弹性地震反应分析

计算模型仅包括地面以上 39 层结构，总高度为 152.8m，屋顶装饰结构作为荷载加于屋顶楼板。采用 SAP84 有限元结构分析通用程序对建筑结构进行三维计算分析，梁柱单元采用三维梁杆单元；楼板分别按弹性模型和刚性模型两种情况考虑，弹性楼板全部采用板壳单元;墙体采用 SAP84 所提供的墙单元模型;计算模型包括梁柱单元数 4843,墙单元数 1565,楼板单元数 1621,共计节点数 4015。计算模型示意图见图 8.15。取平行于 NA～NG 轴方向为 X 向,平行于 N1～N11 轴方向为 Y 向。结构计算总质量为 109504t (结构自重+恒、活载,不包括地下室顶板)。

计算分析内容包括:①结构动力特性;②抗震变形验算。

抗震设防烈度按 7 度考虑,采用上海市的设计反应谱,场地类别为Ⅳ类,近震,场地特征周期取 $T=0.9$s。采用振型分解反应谱法计算地震反应,各振型贡献按 SRSS 组合。还分别采用《上海市建筑抗震设计规程 》(DBJ 08-9—92)建议的 SHW1、SHW2 地震波进行结构的弹性时程反应分析,地面运动最大加速度为 35gal。计算中,楼板为弹性模型,模态阻尼均按 0.05 取值。结构弹性分析的计算模型如图 8.15 所示。

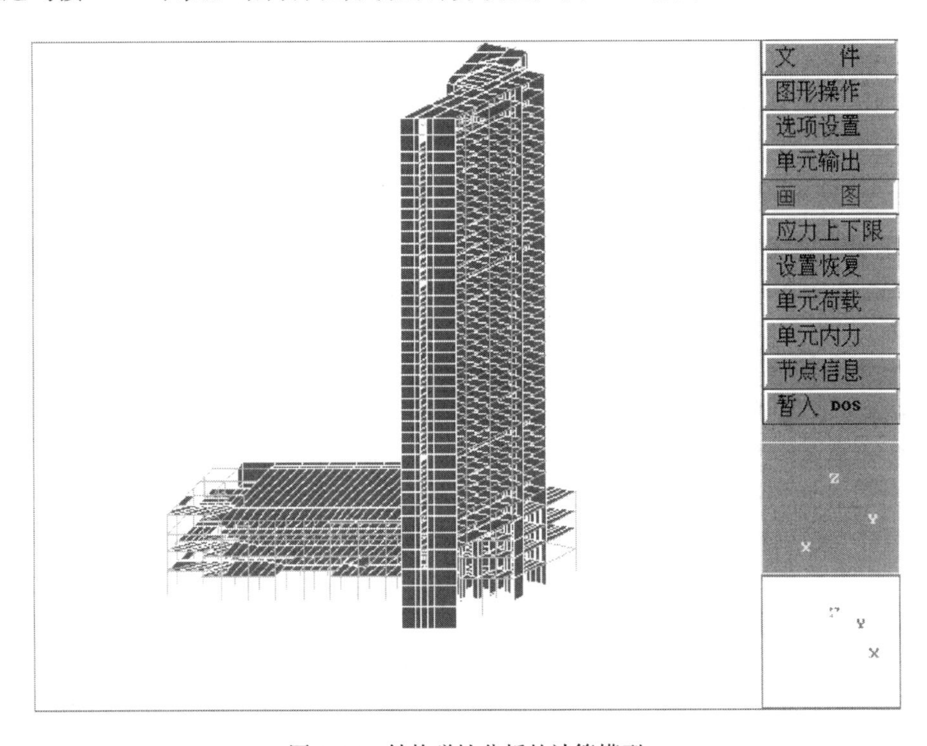

图 8.15 结构弹性分析的计算模型

共计算了 18 个自振周期,前六阶数据见表 8.18。

表 8.18 结构自振周期及振型特征

模型参数		1	2	3	4	5	6
弹性楼板模型	周期/s	2.6983	1.9640	1.7633	0.6560	0.6139	0.5788
	特征	X 向	Y 向	扭转	Y 向 (2 阶)	X 向 (2 阶)	裙 Y+塔扭
刚性楼板模型	周期/s	3.4671	2.9590	1.7234	0.9959	0.6995	0.5393
	特征	Y 向	X 向	扭转	Y 向 (2 阶)	X 向 (2 阶)	裙 Y+塔扭

结构地震反应的主要计算结果如下：① 按刚性楼板模型计算得到扭转与第一阶及第二阶平动周期之比分别为 0.50 及 0.58，按弹性楼板模型计算得到扭转与第一阶及第二阶平动周期之比分别为 0.65 及 0.90；② 按弹性楼板假设，用振型分解反应谱法计算得到的结构顶点反应位移角及结构典型节点处最大层间位移角分别为 1/1510 及 1/1089，均未超出规范限值；③ 用振型分解反应谱法和弹性时程反应分析法计算，对于 SHW1 地震波输入，结构反应比反应谱法结果偏小较多；对于 SHW2 地震波输入，结构反应较反应谱法结果略大，结构瞬时顶点反应位移角及结构典型节点处最大层间位移角分别为 1/1326 及1/901，仍未超出规范限值。

2. 弹塑性时程反应分析

1）计算模型

在整体计算中，框架梁柱纤维杆元模型，即在两端塑性铰长度内，采用纤维子单元，其中塑性铰长度近似取 $l_p = B_h/2$ 或 $l_p = C_b/2$（B_h 为梁断面高、C_b 为柱断面宽）；在杆件中部，采用弹性杆子单元。

剪力墙采用纤维墙元计算模型。其中在 6 层以下（转换层的上一层），由于受力较为复杂，每一楼层间分为三等分，即分为三个计算段，纤维子单元设于每计算段的中间，纤维长度即为每计算段长度，其部分断面如图 3.89(a)所示；剪切子单元设于计算段中间的一微段内，单元长度为无穷小，并用刚杆与上下端相连。在 7 层及以上，考虑到剪力墙楼层间弯矩变化较为平缓，同时为了减少庞大的计算工作量及存储空间，每一楼层间仅设一个计算单元。纤维子单元设于楼层中间，计算长度即为楼层高度，其部分断面如图 3.89(b)所示；剪切子单元设于楼层中间的一微段内，单元长度为无穷小，并用刚杆与上下端相连。

标准层的计算单元布置如图 3.90 所示。为了考虑楼板的约束作用，在每一跨间设置交叉轴力杆（轴向刚度很大，抗弯刚度为零）。楼层质量按楼板的作用分布于每个轴线交点上。标准层的单元节点划分如图 3.91 所示。按以上方式建立整体结构的三维空间计算模型如图 3.92 所示。

2）时程分析的主要计算结果

根据以上建立的 39 层上海浦东香格里拉酒店二期大楼的结构计算模型，采用 Y-Fiber3D 计算软件，对该结构按不同强度的地震波激励分别进行计算。振动台试验采用的激励波形有 El Centro 波、Pasadena 波、上海人工波 SHW2，并对各种波形进行了多种工况的振动台试验，其中对 El Centro 波和 Pasadena 波进行了 X 向、Y 向的双向地震激励，对上海人工波 SHW2 进行了 X 向、Y 向的单向地震输入。在本章的计算分析中，仅对上海人工波 Y 向进行了不同加速度峰值的时程计算，为了与试验结果对比，加速度峰值采用相应原型结构的加速度峰值，分别为：0.035g（7 度多遇地震）、0.1g（7 度基本烈度地震）和 0.22g（7 度罕遇地震），时间步长为 0.02s。

在上海人工波 SHW2 的三种地震波峰值下，计算得到的各楼层最大位移及层间位移如表 8.19 所示，发现在各地震波下，结构无明显薄弱层，结构的层间位移角满足规范要求，主塔楼的扭转位移比也在规范的控制范围之内。

表 8.19　SHW2 地震波下的楼层位移及层间位移

楼层	0.035g		0.1g		0.22g	
	楼层位移/m	层间位移/mm	楼层位移/m	层间位移/mm	楼层位移/m	层间位移/mm
3	0.003	1.95	0.011	8.02	0.053	22.62
5	0.008	3.50	0.031	12.35	0.144	25.35
11	0.033	4.11	0.101	11.23	0.370	32.26
12	0.038	5.65	0.116	15.39	0.404	35.17
16	0.055	4.38	0.163	11.93	0.621	31.48
21	0.078	4.52	0.222	12.06	0.704	16.22
26	0.100	4.43	0.279	11.45	0.800	19.19
27	0.105	5.81	0.294	14.92	0.820	20.25
33	0.131	4.14	0.358	10.45	0.963	18.07
39	0.144	6.23	0.423	14.26	0.974	22.19
40	0.151	6.22	0.438	15.72	0.996	22.01

计算得到的各地震波峰值下的顶层位移(39 层顶板)如图 8.16 所示。

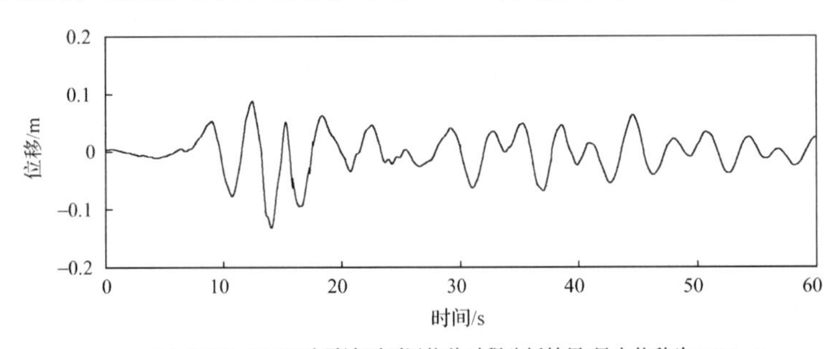

(a) 0.035g SHW2地震波下顶层位移时程分析结果(最大位移为0.151m)

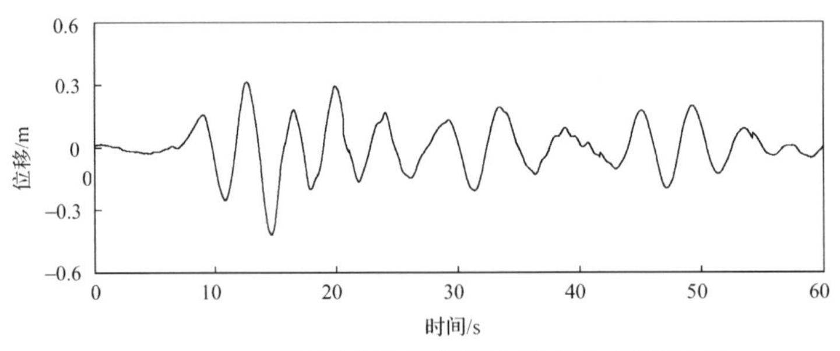

(b) 0.1g SHW2地震波下顶层位移时程分析结果(最大位移为0.438m)

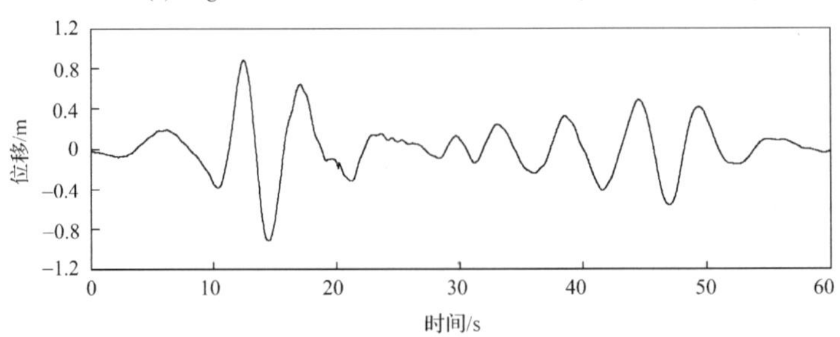

(c) 0.22g SHW2地震波下顶层位移时程分析结果(最大位移为0.996m)

图 8.16　各加速度峰值下的顶层位移时程

3）结构抗震性能评价

通过上述的弹塑性时程分析，发现在各地震波作用下，结构各楼层变形总体比较均匀，无明显的薄弱层，在小震和大震作用时结构的最大层间位移角分别满足规范的要求，说明结构总体上达到了“小震不坏、大震不倒”的抗震设防目标。

8.4　复杂体型框架-筒体结构

8.4.1　中国南方电力调度大厦

1. 工程概况

中国南方电力调度大厦结构总高度为 94m，总建筑面积为 36200m²。其中地面以上共 18 层，1 层、4 层、9 层、10 层层高均为 8.4m，18 层层高为 5.8m，其余各层层高为 4.2m，结构平面尺寸为 44m×44m。该大楼 1～4 层布置有平面尺寸为 26.3m×26.3m 的大厅，5 层设型钢混凝土转换大梁，10 层以上结构收进成 L 形。该大楼 1～4 层、5 层、6～9 层和 10～18 层的结构平面布置如图 8.17 所示，立面和剖面示意如图 8.18 所示。

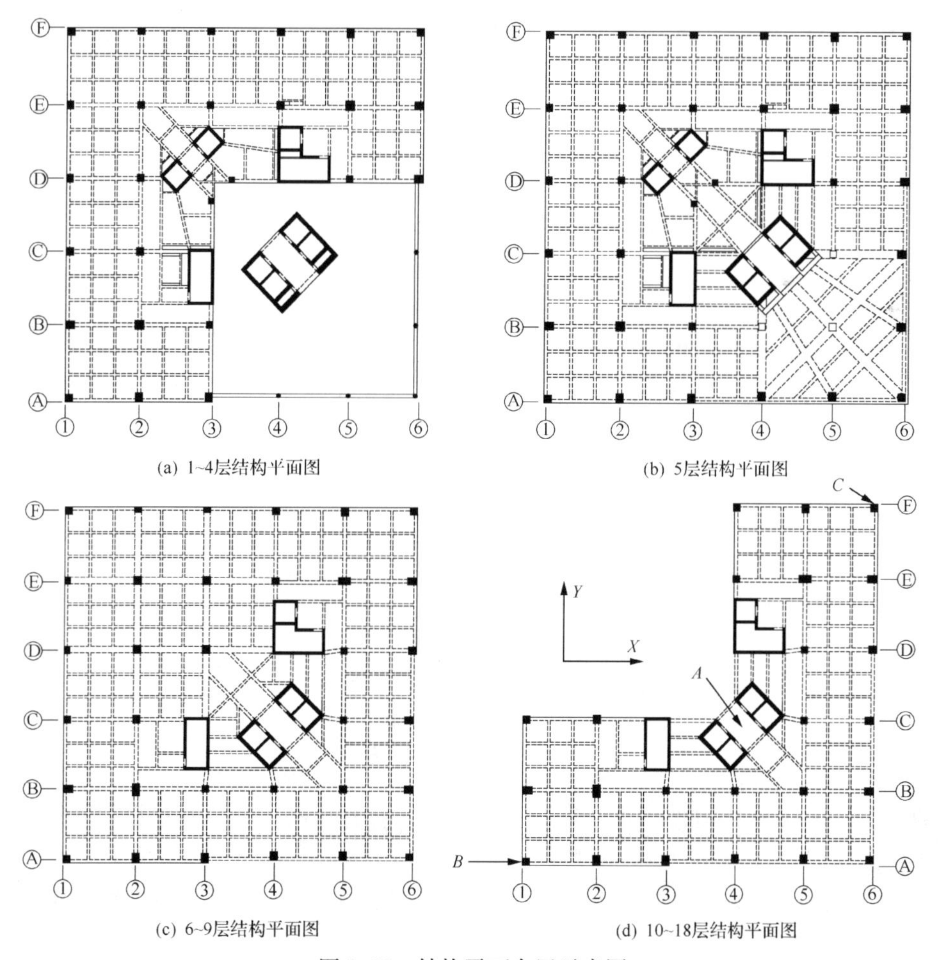

图 8.17　结构平面布置示意图

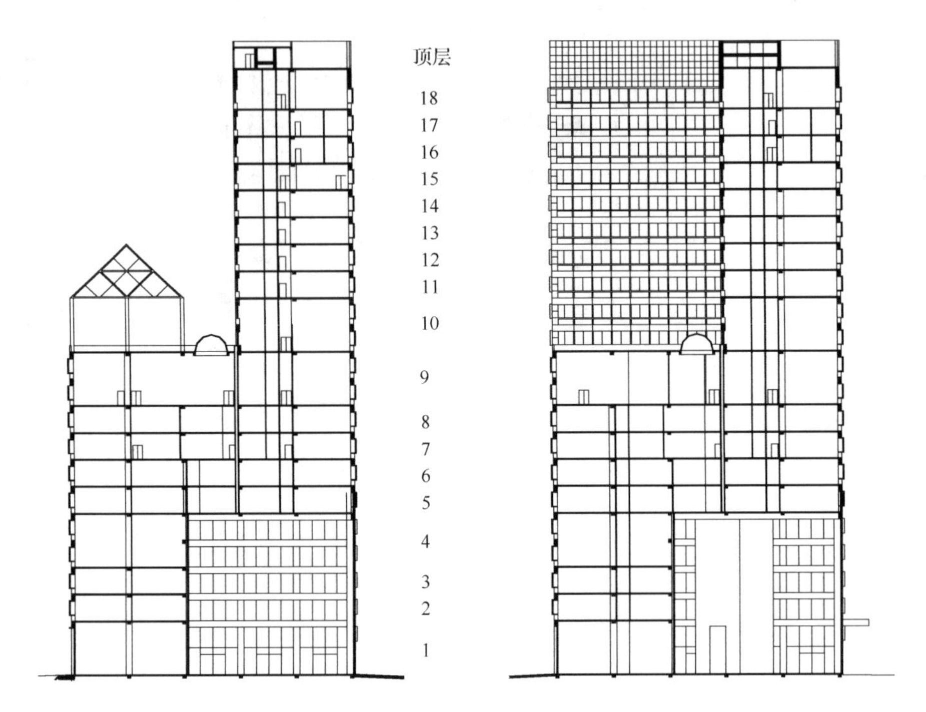

图 8.18　立面和剖面示意图

2. 结构超限情况

该大楼平面布置在多个楼层成 L 形，局部突出长度大于 40%，属于平面特别不规则；立面沿高度方向有较大的收进，收进尺寸大于 40%，多数楼层层高变化较大，且底部 4 层有较大面积(大于 30%)的楼板缺失，属于竖向特别不规则；该大楼下部、中部和上部结构的重心和刚心不重合，且有较大的偏差，在地震作用下，结构可能出现较大的扭转反应。因此，该工程属于平面、立面特别不规则，且存在明显扭转效应的超限高层建筑工程[1]。

3. 结构抗震研究的内容

同济大学土木工程防灾国家重点实验室振动台试验室受建设单位的委托，对该大楼的抗震性能进行了综合研究。研究内容包括以下几个方面。

(1) 对整体结构进行抗震计算弹性分析。

(2) 设计制作一个 1/20 比例的微粒混凝土整体结构模型，进行模拟地震振动台试验：①测定结构的振型及在遭受广州地区设防烈度(7 度)不同水准地震作用后的结构自振周期和阻尼比；②研究结构在遭受 7 度多遇地震、7 度基本烈度地震、7 度罕遇地震作用时结构的加速度、位移、扭转反应和重要构件的应变反应；③确定结构的薄弱部位，重点考察结构是否出现扭转破坏、结构竖向转换层是否能达到设计要求、结构在设防地震作用下是否会出现薄弱层、能否满足抗震设防要求。

(3) 参照振动台模型试验结果，建立原型结构的整体计算模型，对原型结构进行推覆分析 (pushover analysis)，以研究结构在各个设防水准下的抗震性能。

4. 整体结构模型的振动台试验研究

1) 模型设计与制作

试验模型设计原则上应严格按照相似理论进行，但对于高层钢筋混凝土结构，要做到模型与原型完全相似十分困难。这里主要研究地震作用下结构的抗震性能，模型设计着重考虑满足抗侧力构件的相似关系，使墙、梁、板构件及其节点满足尺寸、材料及配筋相似，用设置配重的方法满足质量和活荷载的相似关系。本节试验模型设计的主要相似系数见表 8.20。

表 8.20　模型主要相似系数

参数	长度 S_l	弹性模量 S_E	应力 S_σ	质量密度 S_ρ	时间 S_t	频率 S_f	加速度 S_a
相似系数	1/20	0.15	0.15	1.67	0.17	6	1.8

试验模型采用微粒混凝土、镀锌铁丝和紫铜片制作。微粒混凝土的主要性能参数与级配和原型混凝土具有较好的相似性，可以很好地模拟原型混凝土的力学性能，镀锌铁丝和紫铜片焊接管则用来模拟钢筋和型钢管。试验模型微粒混凝土强度和弹性模量的实测值如表 8.21 所示。完工后模型如图 8.19 所示，模型总高度为 5200mm，其中模型本身高 4900mm，模型底座厚 300mm，模型总质量为 13.8t，其中模型和附加质量为 10.3t，底座质量为 3.5t。

表 8.21　模型混凝土强度和弹性模量

位置	强度 f_{cu}/MPa		弹性模量 E_0/MPa	
	墙柱梁	楼板	墙柱梁	楼板
1层	2.86	2.00	5609	4356
4层	2.67	2.16	5279	4840
9层	1.94	1.85	4000	4221
12层	1.76	1.75	5414	5202
15层	1.72	1.72	4200	4956
屋面	1.76	1.56	3816	4286

图 8.19　试验模型

2) 试验方案

(1) 输入地震波。

根据该建筑场地土类别，选用 El Centro 波、Taft 波两条天然地震记录和一条根据该建筑场地土特性生成的人工拟合地震波作为模拟地震振动台试验输入。台面输入地震波峰值和时间按照建筑抗震设计要求和模型相似关系确定，以模拟不同设防烈度水准地震作用。

(2) 测试方案。

该模型试验的测试项目包括加速度、位移和应变。其中加速度传感器 28 个，分别布置在模型结构1层(振动台台面)、2层、4层、5层、9层、10层、11层、15层、18层楼面和结构顶部屋面的A-1轴位置,5层、10层和结构顶部屋面的F-6轴位置,以及结构顶部屋面的A-6轴位置,每一测点布置两个加速度传感器,分别对应于模型结构的X向和Y向。在模型结构5层、10层和结构顶部屋面布置多组加速度测点是为了更加全面地测定模型结构在地震作用下的扭转振动反应。应变测点总计14个,分别位于1层、4层和10层A-6柱、C-6柱、D-6柱、F-6柱,以及5层D-6柱和F-6柱的中部,用于测定这些楼层柱的应变反应。位移传感器4个,分别布置在模型结构10层的A-1和F-1轴以及结构顶部屋面的A-1和F-4轴位置,用于测定模型结构的位移反应。

(3) 试验步骤。

根据抗震设防要求,模型试验按照7度多遇烈度、7度基本烈度、7度罕遇烈度到8度罕遇烈度的顺序,从小到大分四个阶段对模型结构的抗震性能进行模拟地震试验考核。模拟地震试验考核的工况顺序以及各试验工况模型结构X向和Y向的设计与振动台台面的实际加速度峰值如表8.22所示。在每一阶段地震试验前后,分别对模型进行双向白噪声扫频,测量模型结构的自振频率、振型和阻尼比,相应工况序号为1、8、15、22和30。

3) 模型试验结果

(1) 试验过程与试验现象描述。

在7度多遇烈度试验阶段:模型结构在El Centro波、Taft波作用下,结构有明显的扭转反应,但模型表面未见肉眼可见裂缝。7度基本烈度试验阶段:模型结构的地震反应规律与7度多遇烈度试验阶段基本相似,其中El Centro波及Taft波输入时结构的扭转效应更为明显,模型结构2层和4层部分梁柱节点出现微裂缝。7度罕遇烈度试验阶段:模型结构的位移反应较大,可以非常明显地观察到结构的扭转振动,模型结构下部楼层梁柱节点的微裂缝进一步发展,同时模型结构4~12层多处梁柱节点以及模型结构短肢剪力墙出现开裂。在第四试验阶段的第一个试验工况El Centro波X主振方向试验(工况序号23)结束后,模型结构发生明显破坏,筒体底部墙体的混凝土被压碎露筋,梁柱节点出现大量裂缝,局部位置发生混凝土剥落现象,此时模型底座梁顶的实际加速度峰值略小于8度罕遇烈度地震加速度峰值。出于安全方面考虑,该阶段后续地震试验取消,直接进行白噪声扫频试验后终止试验。

(2) 模型结构动力特性。

通过对试验前和不同阶段试验后的白噪声扫频试验结果的分析处理,可以得到模型结构的频率、阻尼比和振型形态及其随地震烈度提高的变化情况如表8.23所示。从表中可以看出,模型结构的振型较复杂,扭转振动为结构第一阶振型,除了结构整体平动和扭转振型,还存在侧翼摆动;随地震烈度的提高和结构破坏的加剧,结构频率逐渐降低,结构阻尼比逐渐增大。

(3) 模型加速度反应。

图8.20为7度多遇烈度地震和7度罕遇烈度地震作用下模型结构的绝对加速度反应包络图。从图中可以看出,模型结构X向的加速度反应在局域大空间部位有明显的增大现象,7度多遇和7度罕遇时加速度突变值分别是其上部楼层加速度值的1.42和2.36倍。表明局域大空间对结构的加速度反应及其分布规律具有较大的影响。

表 8.22　模拟地震试验工况及其试验输入加速度峰值

(单位:g)

地震波	第一阶段试验(7 度多遇)					第二阶段试验(7 度基本)					第三阶段试验(7 度罕遇)					第四阶段试验(8 度罕遇)				
	工况序号	X 向		Y 向		工况序号	X 向		Y 向		工况序号	X 向		Y 向		工况序号	X 向		Y 向	
		设计	实际	设计	实际		设计	实际	设计	实际		设计	实际	设计	实际		设计	实际	设计	实际
El Centro	2	0.06	0.06	0.05	0.05	9	0.18	0.19	0.14	0.15	16	0.40	0.40	0.32	0.33	23	0.72	0.66	0.58	0.57
	3	0.05	0.05	0.06	0.06	10	0.14	0.16	0.18	0.18	17	0.32	0.33	0.40	0.42	24	0.58	—	0.72	—
Taft	4	0.06	0.05	0.05	0.05	11	0.18	0.21	0.14	0.15	18	0.40	0.43	0.32	0.33	25	0.72	—	0.58	—
	5	0.05	0.05	0.06	0.06	12	0.14	0.18	0.18	0.19	19	0.32	0.30	0.40	0.37	26	0.58	—	0.72	—
人工波	6	0.06	0.06	—	—	13	0.18	0.17	—	—	20	0.40	0.41	—	—	27	0.72	—	—	—
	7	—	—	0.06	0.07	14	—	—	0.18	0.18	21	—	—	0.40	0.42	29	—	—	0.72	—

表 8.23　模型自振频率和阻尼比

振型序号	试验前			第一阶段试验后			第二阶段试验后			第三阶段试验后			第四阶段试验后		
	频率/Hz	阻尼比	振型	频率/Hz	阻尼比	振型	频率/Hz	阻尼比	振型	频率/Hz	阻尼比	振型	频率/Hz	阻尼比	振型
1	2.21	0.022	扭转	2.21	0.027	扭转	1.91	0.030	扭转	1.32	0.131	Y 向	1.03	0.161	Y 向
2	2.50	0.029	X 向	2.50	0.020	X 向	2.20	0.025	X 向	1.47	0.102	X 向	1.17	0.100	X 向
3	2.79	0.037	Y 向	2.79	0.035	Y 向	2.35	0.051	Y 向	4.41	0.030	扭转	3.96	0.054	X 向
4	6.46	0.027	扭转	6.21	0.034	扭转	6.03	0.029	扭转	5.28	0.055	X 向	4.12	0.050	Y 向
5	8.24	0.039	X 向	8.09	0.043	X 向	7.21	0.044	X 向	6.00	0.038	Y 向	8.97	0.046	Y 向
6	9.27	0.029	Y 向	9.26	0.026	Y 向	8.37	0.025	Y 向	11.16	0.037	Y 向	9.09	0.054	X 向
7	16.18	0.026	X 向	16.03	0.026	X 向	15.00	0.030	X 向	11.18	0.045	X 向	—	—	—
8	18.98	0.015	侧翼 YX	18.68	0.022	侧翼 YX	17.22	0.031	侧翼 YX	13.09	0.030	侧翼 XY	—	—	—
9	19.70	0.013	侧翼 XY	19.56	0.013	侧翼 XY	17.64	0.015	侧翼 XY	—	—	—	—	—	—

注：X 向、Y 向、扭转、侧翼 YX 和侧翼 XY 分别表示 X 向平动、Y 向平动、整体扭转、Y 向侧翼 X 向摆动和 X 向侧翼 Y 向摆动。

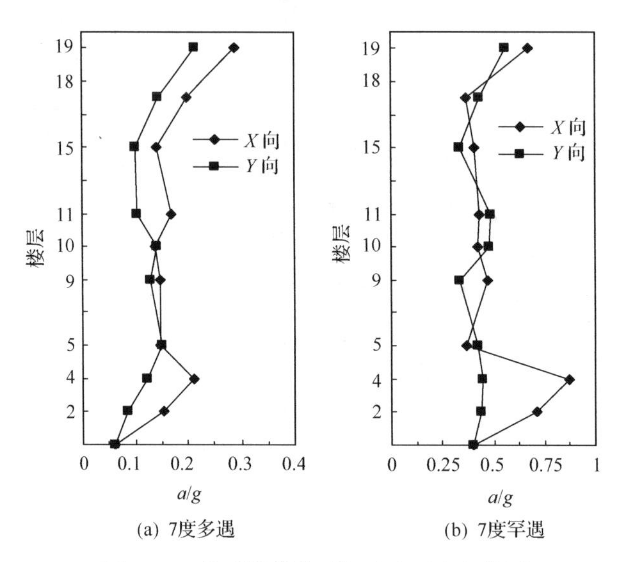

(a) 7度多遇　　(b) 7度罕遇

图 8.20　模型结构绝对加速度反应包络图

(4) 模型位移反应。

模型位移反应从位移传感器实测位移和经位移传感器校准的加速度反应积分位移两个途径获得。图 8.21 给出了 7 度多遇烈度地震和 7 度罕遇烈度地震作用下模型结构相对于台面的位移反应包络图。从图中可以看出,7 度多遇地震作用下模型结构 Y 向的位移反应在局域大空间部位出现了明显的增大现象,7 度罕遇地震作用下模型结构位移反应在局域大空间部位的增大现象相对不明显。

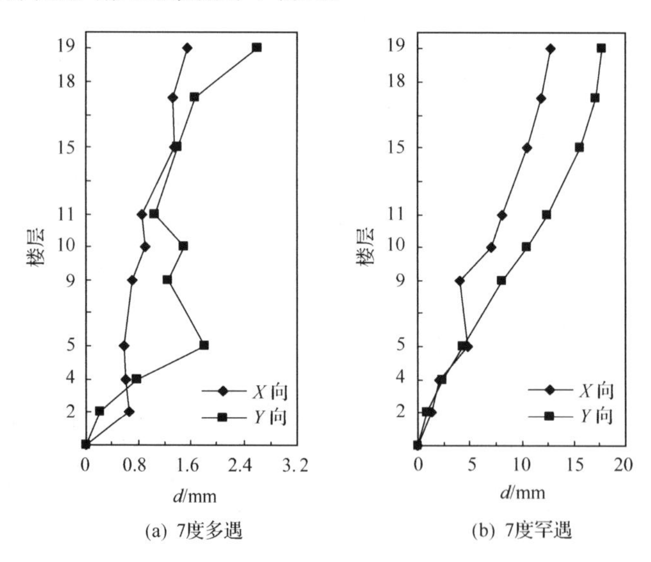

(a) 7度多遇　　(b) 7度罕遇

图 8.21　模型结构位移反应包络图

(5) 模型应变反应。

试验测得的模型各测点的应变反应值是各次试验加载过程的应变增量值。应变测试结果表明:模型结构大空间部位柱的应变相对较大,对于同一试验阶段不同地震波输入,

El Centro 波作用时应变值相对较大。试验量测到的最大应变增量为 5.12×10^{-4}，发生在 1 层的 A-6 柱上。在大空间部位，模型结构 1 层(底层)和 5 层(转换层上部相邻楼层)柱的应变值略大于 4 层(转换层下部相邻楼层)柱的应变值。

(6) 模型开裂破坏特征。

试验过程中，模型结构的开裂首先发生在与局域大空间部位相关联的结构下部楼层，在 7 度罕遇地震作用下，大空间部位发生了由于过大的扭转反应造成的结构筒体底部墙体局部压碎破坏(图 8.22(a))和转换大梁梁端斜向开裂(图 8.22(b))。试验结束后仔细观察，发现模型结构上部也发生了框架结构和短肢剪力墙结构中常见的梁端受弯破坏(图 8.22(c))和短肢剪力墙受剪破坏(图 8.22(d))现象。总体上看，模型结构破坏最为严重的部位发生在局域大空间部位，表明局域大空间部位为结构的薄弱部位。

(a) 结构筒体剪力墙局部压碎

(b) 梁端受扭破坏

(c) 梁端受弯破坏

(d) 短肢剪力墙受剪破坏

图 8.22　模型结构开裂破坏形式

4) 结构扭转振动反应分析

通过对模型结构在地震作用下的加速度和位移反应实测结果的分析比较，可以对模型局域大空间部位上部楼层(5 层)、上部结构立面收进起始楼层(10 层)等结构立面刚度突变部位和结构顶部屋面扭转振动反应及其与平动反应的对比关系进行深入研究。图 8.23 和图 8.24 分别给出了 7 度多遇和 7 度罕遇 El Centro 波作用下模型结构 5 层、10 层和顶部屋面的平均平动(X 向)位移和扭转位移时程反应。这里模型结构的扭转位移

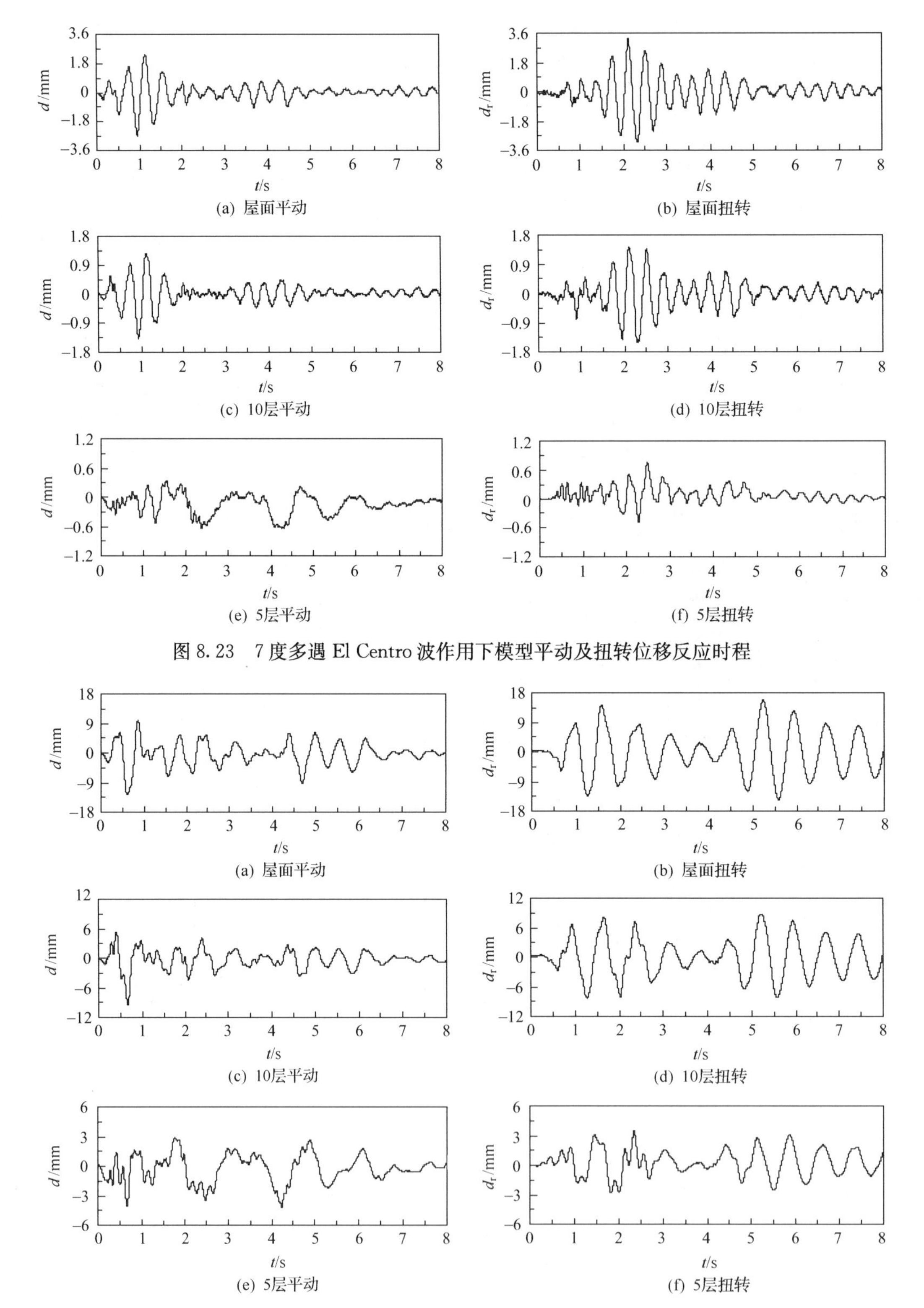

(a) 屋面平动　(b) 屋面扭转

(c) 10层平动　(d) 10层扭转

(e) 5层平动　(f) 5层扭转

图 8.23　7 度多遇 El Centro 波作用下模型平动及扭转位移反应时程

(a) 屋面平动　(b) 屋面扭转

(c) 10层平动　(d) 10层扭转

(e) 5层平动　(f) 5层扭转

图 8.24　7 度罕遇 El Centro 波作用下模型平动及扭转位移反应时程

反应定义为结构对角测点位移反应之差，即结构特定楼层对角测点之间的相对线位移反应。从图 8.23 和图 8.24 中可以看出，模型结构局域大空间部位上部楼层、上部结构立面收进起始楼层和结构顶部屋面的扭转位移与平动位移属于同一数量级，有些甚至大于平动位移，说明结构存在非常明显的扭转振动反应。

为了更加准确地描述模型结构在不同地震波作用下，结构立面刚度突变部位和结构顶部屋面扭转反应和平动反应之间的相对大小及其变化规律，特定义结构扭转效应系数 η 为结构扭转反应峰值与结构平动反应峰值之比。图 8.25 和图 8.26 分别给出了结构加速度扭转效应系数 η_a 和位移扭转效应系数 η_d 在 7 度多遇和 7 度罕遇 El Centro 波、Taft 波和人工波作用下沿结构高度的变化情况。从图 8.25 中可以看出，模型局域大空间部位上部楼层的加速度扭转效应系数明显大于结构顶部的扭转加速度扭转效应系数，表明大空间部位的局部扭转加速度振动反应非常显著。从图 8.26 中可以看出，模型结构位移扭

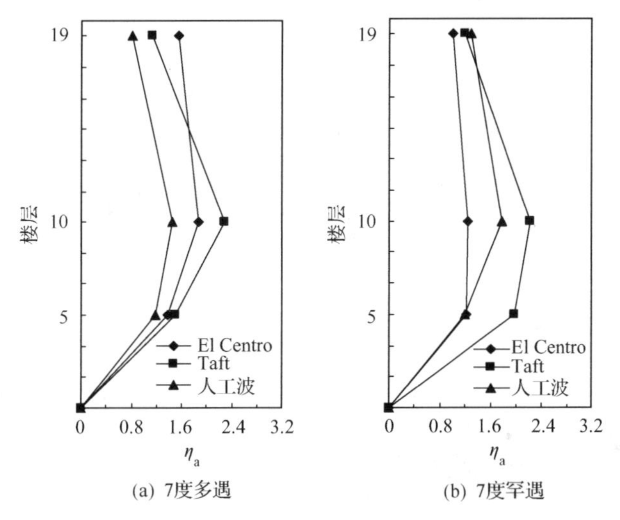

(a) 7度多遇　　(b) 7度罕遇

图 8.25　模型结构加速度扭转效应系数

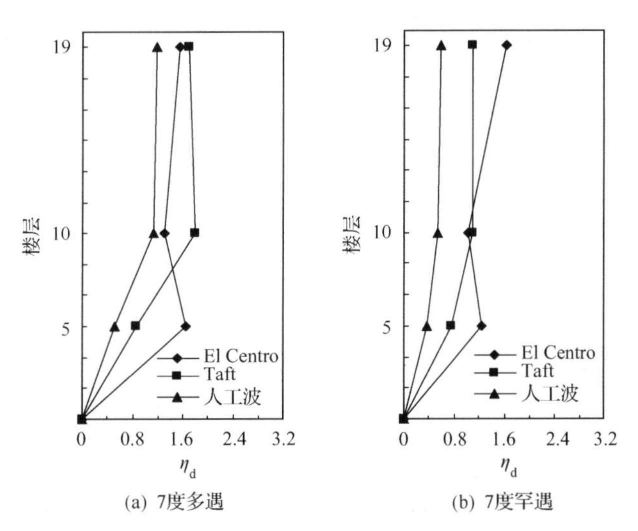

(a) 7度多遇　　(b) 7度罕遇

图 8.26　模型结构位移扭转效应系数

转效应系数沿结构高度的变化相对较平缓，但在 El Centro 波作用时局域大空间部位的扭转位移反应较大。

5. 原型结构抗震计算分析

1）多遇地震作用下结构的弹性分析

(1) 计算模型。

计算模型仅包括地面以上 18 层结构，总高度为 94m。屋顶电梯机房等部位局部高度为 97.2m。梁柱单元采用三维梁杆单元；楼板为柔性，全部采用板壳单元；墙体采用 SAP84 所提供的墙单元模型；计算模型包括梁柱单元数 7471，墙单元数 858，楼板单元数 3375，共计节点数 4982。计算模型示意图见图 8.27。结构计算总重量为 47089t(结构自重+恒、活载，不包括地下室顶板)。

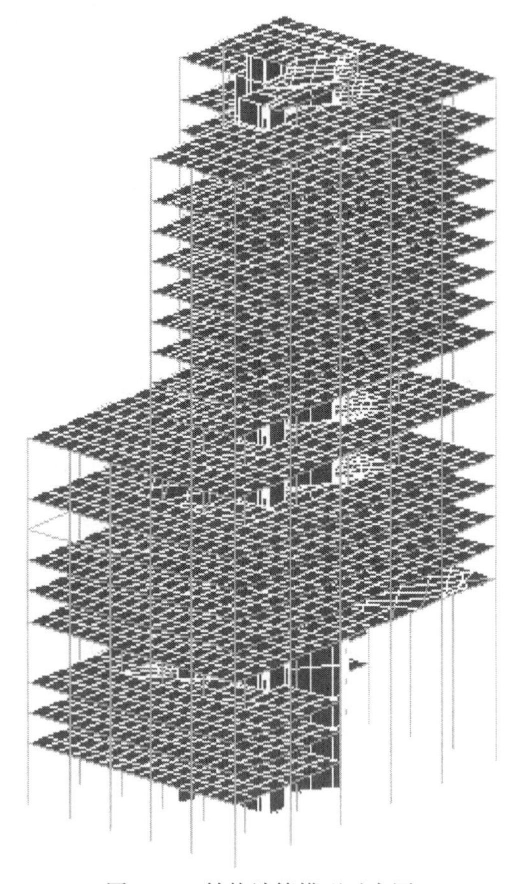

图 8.27　结构计算模型示意图

(2) 计算方法及主要计算参数。

采用 SAP84 有限元结构分析通用程序对该结构进行三维计算分析。计算分析内容包括：①结构动力特性；②抗震变形验算；③结构构件强度与配筋验算。

结构构件强度与配筋验算中，考虑重力荷载及地震荷载的组合作用，重力荷载的分项系数取 1.2，地震荷载分项系数取 1.3。抗震设防烈度按 7 度考虑，采用国家规范的设计反应谱，场地类别为Ⅱ类，近震。采用振型分解反应谱法计算地震反应，各振型贡献按 SRSS 组合。

(3) 结构自振特性。

共计算了 18 个自振周期，前 12 阶模态的自振周期见表 8.24，由表可见，结构的扭转特性比较明显，与振动台模型试验结果一致。

表 8.24　结构自振周期及振型特征

参数	1	2	3	4	5	6
周期/s	3.0852	2.5903	2.4705	1.0890	0.8501	0.7270
特征	扭转	*X* 向 + 扭	*Y* 向	扭转	*X* 向	*Y* 向
参数	7	8	9	10	11	12
周期/s	0.5827	0.4269	0.3764	0.3607	0.2911	0.2769
特征	扭转	*X* 向 + 扭	扭转	对角	扭转	10 层楼板

(4) 采用振型分解反应谱法计算求得的结构地震反应。

地震作用下各楼层的弹性反应位移及层间位移角采用振型分解反应谱法计算求得，各振型贡献按 SRSS 进行组合。采用周期折减系数计入隔墙对结构的刚度贡献，取周期折减系数为 0.80。典型节点 N1～N4 分别选择在正方形平面周边的四角柱子处；典型节点 N5～N8 分别选择在正方形平面周边靠近边中点的柱子处；典型节点 N9～N12 则选择在结构中心部位电梯井及楼梯间位置处。它们基本上可以代表结构整体地震反应位移的特征，以及结构刚度突变部位的地震反应位移特征。

结构地震反应位移(含顶层位移、顶层位移角及层间位移角)数值见表 8.25。

表 8.25　结构地震反应位移

工况		层间位移角 δ/h	顶层位移 Δ/mm	顶层位移角 Δ/H	工况		层间位移角 δ/h	顶层位移 Δ/mm	顶层位移角 Δ/H
X 向地震输入作用	N1	1/1318	50.33	1/1868	*Y* 向地震输入作用	N1	1/1496	45.50	1/2066
	N2	1/1082	31.79	1/1585		N2	1/1663	20.99	1/2401
	N3	1/1117	59.72	1/1574		N3	1/1806	40.21	1/2338
	N4	1/1826	37.85	1/2483		N4	1/1901	38.84	1/2420
	N5	1/1315	50.79	1/1851		N5	1/1558	44.14	1/2130
	N6	1/1184	56.59	1/1661		N6	1/1788	40.93	1/2297
	N7	1/1855	38.55	1/2438		N7	1/2011	37.26	1/2523
	N8	1/2183	32.72	1/2873		N8	1/1840	39.65	1/2371
	N9	1/2007	37.77	1/2573		N9	1/1866	41.01	1/2370
	N10	1/1873	40.66	1/2391		N10	1/1971	39.75	1/2445
	N11	1/2204	35.09	1/2770		N11	1/1932	39.84	1/2440
	N12	1/2145	36.02	1/2699		N12	1/1954	39.47	1/2463
	最大	—	59.72	1/1574		最大	—	45.50	1/2066

结构的最大层间位移与该层平均层间位移之比见表 8.26。根据《建筑抗震设计规范》(GB 50011—2010)有关条文的说明，结构各层的抗侧刚度定义为：$K_i=V_i/\Delta u_i$，其中，K_i为 i 层的抗侧刚度，V_i为 i 层的剪力，Δu_i为 i 层的层间位移。表 8.27 给出各层抗侧刚度相对于结构底层抗侧刚度的比值。由于地震作用下，层剪力沿高度的分布呈递减的趋势，故各层的相对抗侧刚度亦具有类似的变化趋势。第 4、9、10 层层高有变化的部位其抗侧刚度亦存在明显的突变。

表 8.26　结构最大层间位移及平均位移

工况	平均层间位移/mm	最大层间位移/mm	比值
X 向地震输入	20.05	26.31	1.312
Y 向地震输入	25.86	32.46	1.255

表 8.27　结构各层间抗侧刚度比

方 向	1	2	3	4	5	6	7	8	9
X 向	1.000	1.127	1.007	0.481	0.852	0.719	0.655	0.599	0.241
Y 向	1.000	1.127	1.021	0.496	0.819	0.682	0.620	0.568	0.232
方 向	10	11	12	13	14	15	16	17	18
X 向	0.257	0.419	0.393	0.362	0.329	0.291	0.243	0.185	0.084
Y 向	0.205	0.372	0.338	0.304	0.269	0.232	0.188	0.139	0.062

(5) 弹性时程反应分析。

采用广东省地震工程勘测中心提供的未来 50 年超越概率为 63%的场址区人工合成加速度时程(水平向)进行结构的弹性时程反应分析，加速度峰值为 42.5529 gal。计算中模态阻尼均按 0.05 取值。结构顶点最大位移值和最大层间位移角见表 8.28。

表 8.28　场址区人工地震波作用结构时程反应位移峰值

工况		层间位移 δ/mm	位移角 δ/h	规范限值	顶层位移 Δ/mm	顶层位移角 Δ/H	规范限值
X 向地震	N1	2.533	1/3316	1/800	19.461	1/4830	1/900
	N3	1.227	1/3424		19.219	1/4891	
	N4	2.638	1/3184		19.416	1/4841	
	N12	2.470	1/3401		19.876	1/4890	
Y 向地震	N1	1.226	1/3426	1/800	18.293	1/5139	1/900
	N3	0.970	1/4328		17.482	1/5377	
	N4	1.878	1/4472		17.392	1/5405	
	N12	1.030	1/4077		18.387	1/5286	

比较表 8.25 与表 8.28 的数值，时程分析法计算得到的位移结果仅相当于振型分解反应谱法结果的 35%左右。原因之一是：振型分解反应谱法计算中采用的地震影响系数曲线为国家《建筑抗震设计规范》(GB 50011—2010)建议值，而时程法计算采用的地震输入时程则是场址区人工合成加速度时程，两者的频谱特性并不相同。

根据国家《建筑抗震设计规范》(GB 50011—2010)5.2.5 条款要求：剪力系数不应小于规定楼层最小地震剪力系数值(7 度区，基本周期小于 3.5s 的结构，限值为 1.6%)。依此值对表 8.28 数值进行调整后得到的结果列于表 8.29。

表 8.29　调整后的结构时程反应位移峰值

工况		层间位移 δ/mm	位移角 δ/h	规范限值	顶层位移 Δ/mm	顶层位移角 Δ/H
X 向地震	N1	10.693	1/785	1/800	82.157	1/1144
	N3	5.180	1/811		81.135	1/1159
	N4	11.137	1/754		81.967	1/1147
	N12	10.427	1/805		83.908	1/1158
Y 向地震	N1	3.613	1/1162	1/800	53.902	1/1744
	N3	2.858	1/1468		51.512	1/1824
	N4	5.534	1/1517		51.247	1/1834
	N12	3.035	1/1383		54.179	1/1794

(6) 计算结果分析。

① 由于结构平面布置基本上沿一条对角线对称布置，而在另一条对角线方向上，结构转换层上下的刚度中心相互错位，从而造成结构扭转效应比较突出，其第一阶模态为扭转振动。

② 由振型分解反应谱法计算得到的结构顶点位移角及结构典型节点处最大层间位移角分别为 1/1574、1/1082，均未超出规范限值。

③ 底层及 2 层部分柱的轴压比超限比较严重，特别是由于 2 层柱采用的混凝土标号比底层低，造成 2 层柱的超限更为严重；6 层以下的中柱均存在不同程度的轴压比超限情况；6 层柱最大轴压比数值为 0.81，7 层柱最大轴压比数值为 0.74，7 层以上柱子轴压比均满足规范限值。

④ 4～6 层有部分连梁的尺寸偏小，引起抗剪强度不足，抗剪筋超筋。

⑤ 根据场址区人工合成加速度时程计算得到的结构顶点位移角及结构典型节点处最大层间位移角分别为 1/4830、1/3184，比振型分解反应谱法计算结果偏小较多；原因之一是：振型分解反应谱法计算中采用的地震影响系数曲线为《建筑抗震设计规范》(GB 50011—2010)建议值，而时程法计算采用的地震输入时程则是场址区人工合成加速度时程，两者的频谱特性并不相同。

⑥ 由于按时程反应计算得到的基底剪力系数远小于规范规定的楼层最小地震剪力系数值，根据规范要求，应对结果进行调整。调整后得到的结果表明，结构核心筒处的反应位移仍满足规范限值要求，但角柱处反应位移略微超过。

⑦ 计算结果表明，单向地震作用时，在垂直于地震作用方向上结构的位移反应及加速度反应均较大，说明结构的扭转效应相当显著。

2) 静力非线性分析

静力非线性分析(pushover analysis)时的计算模型与弹性分析时基本相同，但省略了楼板单元，采用本研究小组自行开发的高层结构非线性分析程序。梁柱及剪力墙配筋根据广东省建筑设计院提供的配筋简图而得到。梁柱纵向钢筋为Ⅱ级钢，混凝土强度等级，柱：1层C40，2～12层C35，13层以上C30；梁：1～2层C35，2～13层C30，14层以上C25。计算时分别考虑了材料强度的设计值和标准值，此外还考虑了几何非线性。7度地震，Ⅱ类场地土。由于该工程地下室的抗侧刚度远远大于上部结构抗侧刚度，且地下室顶板厚度较大，在计算时结构的固定端取在±0.00处。该算例总结点数1016个，单元总数1722个，自由度总数2460，失衡力收敛精度为1%。一次全过程分析计算机耗时327min(2002年)。

各层竖向荷载一次性加载于结构上，且在推覆过程中始终保持不变。水平推覆荷载根据振型分解反应谱法取前9阶振型计算得到(采用2010年抗震新规范)，水平推覆荷载作用位置为竖向质量中心，各层水平推覆荷载的基本值见表8.30。为了便于对比分析，表8.31中列出了按倒三角形分布确定的水平荷载，从表中可以看出，沿竖向不规则的建筑结构如果采用倒三角形分布，则水平荷载的误差较大。

表8.30　多遇地震下各层水平推覆荷载的基本值 P_s　(单位：kN)

层数	1	2	3	4	5	6	7	8	9	10
推覆荷载	76.85	143.1	205	309.6	300.2	268.4	232.7	209.4	295	251.3
层数	11	12	13	14	15	16	17	18	基底剪力	—
推覆荷载	246.6	231.1	220.6	233.3	282.8	372.4	496.1	1897	6279.45	—

表8.31　多遇地震下按倒三角形分布各层水平推覆荷载的基本值 P_s　(单位：kN)

层数	1	2	3	4	5	6	7	8	9	10
推覆荷载	53	79.6	106.1	273.3	200.6	235.6	269.1	334.3	401.2	300.8
层数	11	12	13	14	15	16	17	18	基底剪力	—
推覆荷载	322.3	343.8	365.3	386.7	408.1	429.7	451.2	1424.4	6279.45	—

(1) 结构水平位移情况。

结构顶点位移、层间位移见图8.28和图8.29。图8.28中A点、B点、C点平面位置

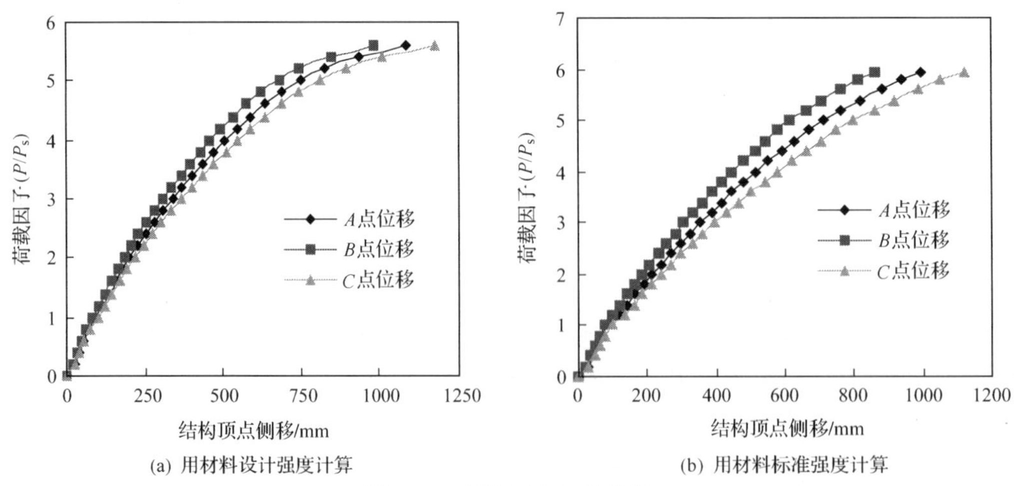

(a) 用材料设计强度计算　　(b) 用材料标准强度计算

图8.28　结构顶点位移曲线

见图 8.17。从图 8.28 中可以看出,三根曲线在加载初期基本接近。随着荷载的加大,三根曲线逐步分离,这反映了该结构产生了较为明显的扭转效应,该结构极限最大顶点位移为 1174mm(设计强度)和 996mm(标准强度),最大顶点位移角为 1/79 和 1/93。

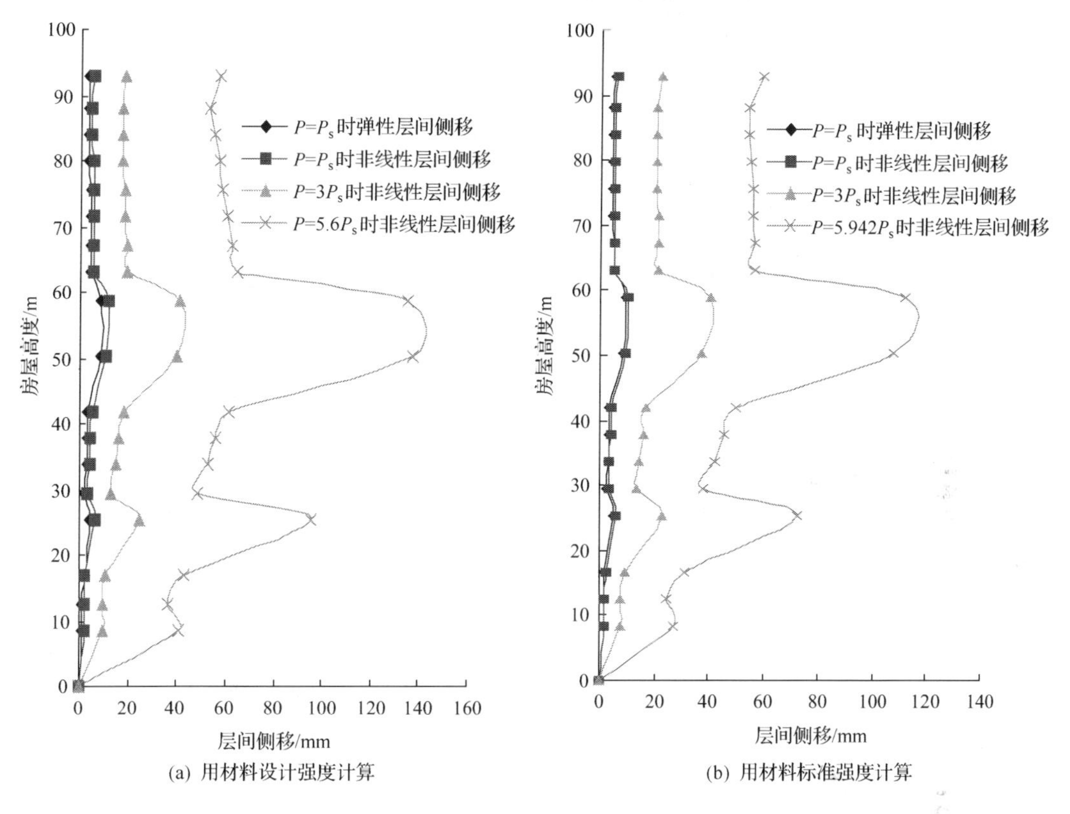

图 8.29　静力非线性分析得到的层间位移曲线

从图 8.29 中可以看到,该结构沿竖向产生了明显的薄弱楼层,主要出现在 1 层、4 层、9 层、10 层,最大层间位移角出现在第 9 层,达到了 1/61(材料设计强度)和 1/78(材料标准强度),满足规范 1/50 的最大限值的要求,但不满足小于 1/100 的要求,很显然这一楼层需要进行加强处理。9 层、10 层正好是建筑立面收进的过渡楼层,9 层为方形平面,而 10 层则为 L 形平面,不仅如此,9 层还抽掉了部分柱子。

(2) 结构刚度衰减变化情况。

结构刚度衰减变化曲线见图 8.30。在多遇地震作用下,结构刚度的退化并不太明显,随着推覆荷载的不断增大,刚度退化明显加剧,到推覆破坏时,结构刚度参数仅为弹性时的 14%(材料设计强度)和 20%(材料标准强度)。随着刚度的退化,结构的周期也不断延长,第一振型的周期与刚度退化的关联度最大,当材料取设计强度时,破坏时结构自振周期为弹性周期的 2.63 倍(弹性时 $T_1=3.21$s,破坏时 $T_1=8.45$s)。当材料取标准强度时,破坏时结构自振周期为弹性周期的 2.06 倍(弹性时 $T_1=3.21$s,破坏时 $T_1=6.584$s)。

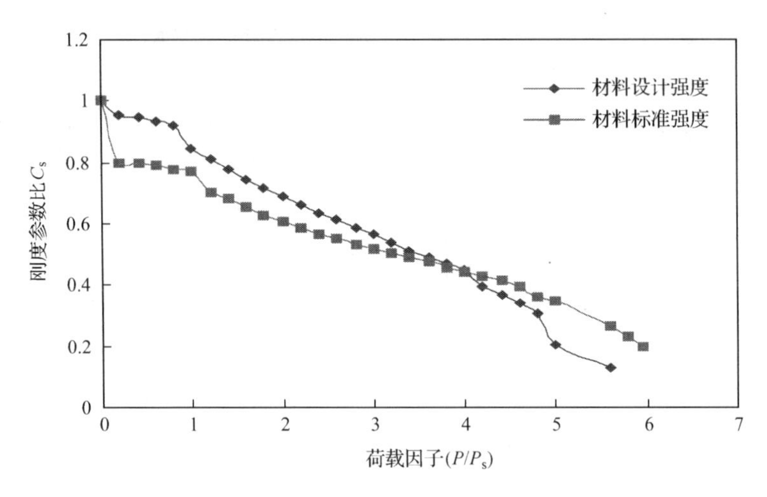

图 8.30　刚度参数衰减变化曲线

(3) 小结。

中国南方电力调度大厦虽然层数不多，结构总高度也不大，但由于它平面体型复杂、结构沿竖向不连续、每层层高较大且不均匀，这些都使得该结构对抗震极为不利。通过对该结构进行非线性推覆分析，可以得到以下几点结论：①在 7 度罕遇地震作用下，该结构存在明显的薄弱楼层，主要出现在 1 层、4 层、9 层、10 层，最大层间侧移角出现在 9 层，达到了 1/61(材料设计强度)和 1/78(材料标准强度)；②从平面上三个不同位置处的位移曲线可以看到，该结构存在着明显的扭转效应；③总体上，该结构抗侧刚度不足，已建议在实际结构设计时应予适当加强。

6. 原型结构抗震性能评价

1) 结构动力特性

根据模型试验结果按相似关系可以推算出原型结构前 9 阶振型的自振频率、周期及振动形态如表 8.32 所示。原型结构第一阶自振周期为 2.71s，为整体扭转；结构第二阶自振周期为 2.40s，为 X 向平动；结构第三阶自振周期为 2.15s，为 Y 向平动。结构扭转振动周期大于结构平动周期。

表 8.32　原型结构自振频率和振型

阶数	频率/Hz	周期/s	振型	阶数	频率/Hz	周期/s	振型
一	0.37	2.71	扭转	六	1.55	0.65	Y 向
二	0.42	2.40	X 向	七	2.70	0.37	X 向
三	0.47	2.15	Y 向	八	3.16	0.32	侧翼 YX
四	1.08	0.93	扭转	九	3.28	0.30	侧翼 XY
五	1.37	0.73	X 向				

注：X 向、Y 向、扭转、侧翼 YX 和侧翼 XY 分别表示 X 向平动、Y 向平动、整体扭转、Y 向侧翼 X 向摆动和 X 向侧翼 Y 向摆动。

按弹性计算分析得到的原型结构的第一阶自振周期为 3.0852s，为整体扭转；结构第二阶自振周期为 2.5903s，为 X 向平动；结构第三阶自振周期为 2.4705s，为 Y 向平动。计算得到的各阶自振周期均大于模型试验推算的周期，这是大部分模型试验结果的普遍现象，主要是由于模型材料的强度、刚度变化较大，容易形成节点和局部构件的强度和刚度过大。

2）结构位移反应

根据模型试验结果推算出的结构总位移角和层间位移角最大值如表 8.33 所示。在 7 度多遇烈度地震作用下，结构总位移角最大值 X 向为 1/2410，Y 向为 1/1315；层间位移角最大值 X 向为 1/1203，Y 向为 1/804。在 7 度罕遇地震烈度作用下，结构总位移角最大值 X 向为 1/271，Y 向为 1/207；层间位移角最大值 X 向为 1/197，Y 向为 1/137。

表 8.33　结构位移角反应最大值

位置	多遇地震		罕遇地震	
	X	Y	X	Y
总位移角	1/2410	1/1315	1/271	1/207
18～顶层	1/1329	1/2109	1/223	1/474
15～17 层	1/1247	1/1478	1/254	1/269
11～14 层	1/1203	1/1328	1/231	1/204
10 层	1/1375	1/1131	1/197	1/167
9 层	1/1604	1/804	1/252	1/137
5～8 层	1/1228	1/1053	1/236	1/171
4 层	1/1698	1/1053	1/244	1/272
2～3 层	1/2405	1/2545	1/373	1/185
1 层	1/2624	1/3215	1/352	1/370

由振型分解反应谱法计算得到的结构顶点位移角及结构典型节点处最大层间位移角分别为 1/1574、1/1082，均未超出规范限值；但弹性时程分析法得到的个别楼层的最大层间位移角大于 1/800，说明个别楼层的刚度偏小。

根据静力非线性分析的结果，在 7 度罕遇地震作用下，该结构存在明显的薄弱楼层，主要出现在 1 层、4 层、9 层、10 层。最大层间侧移角出现在 9 层，达到了 1/61（材料设计强度）和 1/78（材料标准强度），虽然能满足抗震规范对框架结构 1/50 的要求，但不满足对框架-筒体结构 1/100 的要求，结构的整体刚度和强度需要加强。

3）结构的薄弱部位和抗震设计建议

该工程为局域大空间复杂体型高层建筑结构，扭转振型为结构的第一阶振型，将导致结构的局部扭转反应远大于楼层质心处的反应；该工程由于立面收进以及层高变化较大，存在着明显的薄弱楼层，这些楼层的强度和刚度应适当加强。由于结构的最大层间位移角不完全满足规范要求，在增加结构的整体刚度和强度的同时，还应采取有效措施增加结构局域大空间部位的抗侧和抗扭刚度，确保结构满足抗震设防要求。

8.4.2　北京财富二期高层办公楼

1. 工程概况

北京财富中心二期办公楼高 264m，地上共 59 层(局部 61 层)，抗侧力体系由核心筒、钢管混凝土外框架和伸臂桁架三部分组成。建筑外轮廓平面尺寸约 64m×41.5m。塔楼沿东西方向高宽比达到 6.41，核心筒高宽比为 16.6，尺寸较短，刚度较小，因此在该方向采用伸臂桁架和腰桁架形成的加强层(28 层、44 层)来增大结构的侧向刚度，控制侧向位移。结构立面和平面布置图如图 8.31 所示。

该工程在核心筒底部加强区(基础底部至地上 19 层)的主要墙体内设置钢板及钢暗撑形成组合钢板剪力墙及带钢暗撑剪力墙。各剪力墙内部均设置了型钢暗柱和钢暗梁，以有效约束组合钢板剪力墙中的钢板，充分发挥钢板的承载能力。其余各层剪力墙内设置钢筋混凝土暗支撑和型钢暗柱，48 层至屋顶层的核心筒剪力墙局部收进。塔楼周边外框架则由力学及抗震性能优异的钢管混凝土柱和钢框梁构成。由于结构平面长边中部建筑有凹进部位，结构梁在此处有错位，故腰桁架采用两道 U 型环桁架的布置方案[4]。根据《高层建筑混凝土结构技术规程》(JGJ 3—2002)，型钢混凝土框架-钢筋混凝土筒体结构在 8 度区的最大适用高度为 150m，该结构超出此限值 114m，即超出了 76%，属于高度超限高层建筑工程。

鉴于此，对北京财富中心二期办公楼进行了 1/30 缩尺模型的振动台试验。通过试验结果的分析并与大型通用有限元分析软件 ETABS、ANSYS 的计算结果相比较，研究该结构在地震作用下的动力特性和结构的动力反应，进而评价整体结构的抗震性能，以验证和优化结构设计。

2. 试验设计

在结构模型设计制作过程中，未考虑土-结构相互作用，仅对原型上部结构进行模拟。模型结构嵌固在刚性底座上，其结构形式严格按照设计院提供的设计图纸资料确定。按动力相似理论进行模型设计，对正截面承载能力的控制，依据抗弯能力等效原则；对斜截面承载力的模拟，按照抗剪能力等效原则。首先确定结构的几何和物理相似常数，并由此得到反映相似模型整个物理过程的其他相似条件。

为了模型施工简单可行，同时保证将结构抗侧刚度的变化控制在允许误差范围内，根据其他工程模型试验的经验，在确保结构整体性能一致的前提下，经过研究论证，采取以下措施适当简化模型的设计与制作：①主要结构构件严格满足相似关系；②构件节点按设计计算要求制作；③忽略次要构件，如结构周边梁、楼面次梁、楼面较小的开洞等；④核心筒上墙体的开洞适当进行了归一化处理。

1) 模型材料及相似关系的确定

根据相似关系的要求，模型材料一般应具有尽可能低的弹性模量和尽可能大的比重，同时在应力-应变关系方面尽可能与原型材料相似。因此，北京财富中心二期办公楼动力模型选用微粒混凝土、镀锌铁丝和铁丝网来模拟原型结构的钢筋混凝土部分，采用紫铜模

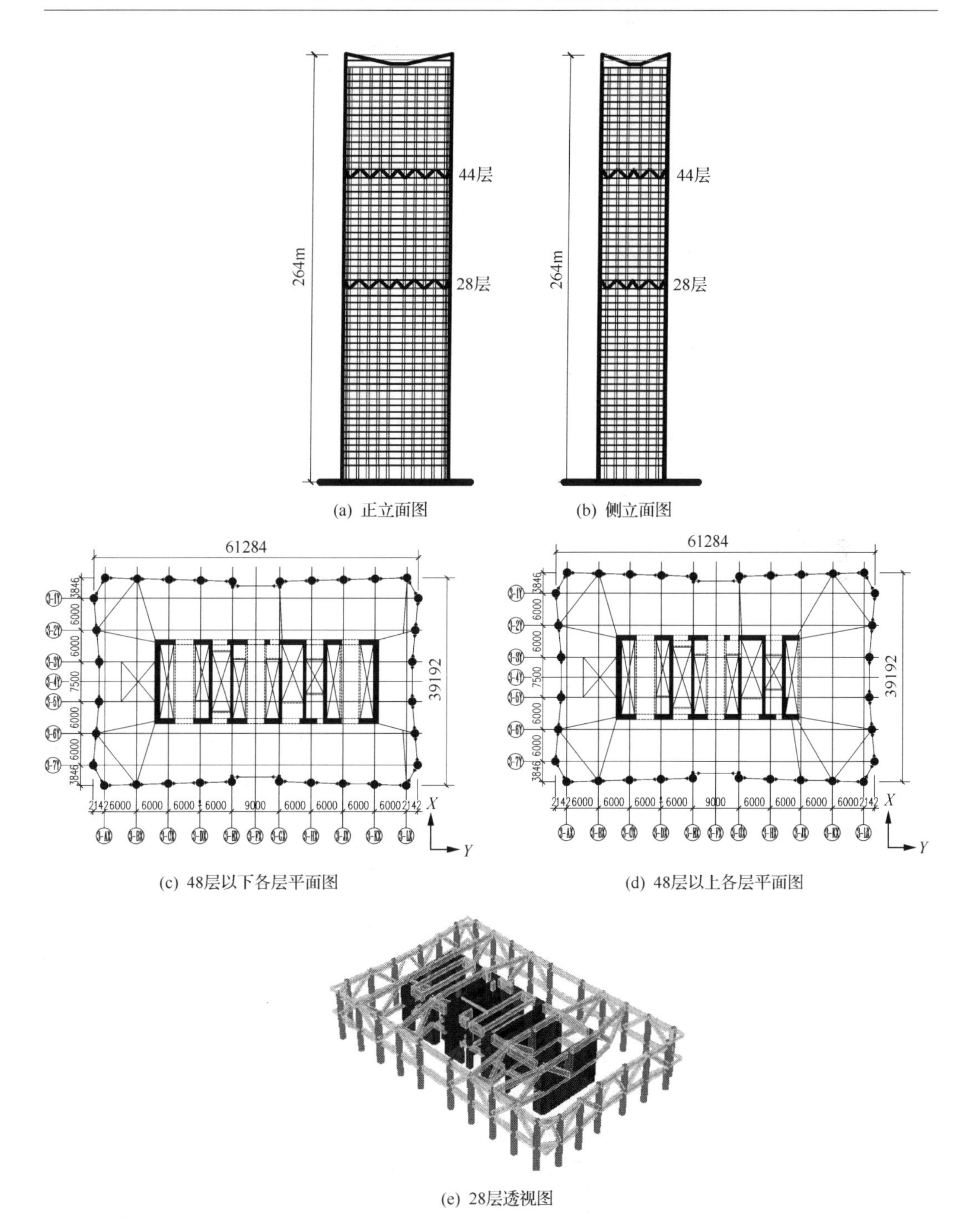

(a) 正立面图　(b) 侧立面图

(c) 48层以下各层平面图　(d) 48层以上各层平面图

(e) 28层透视图

图 8.31　结构立面图、标准平面图和加强层透视图

拟原型结构的钢板和型钢。在模型的设计和制作中为使构件控制截面的内力相似，各结构构件的几何尺寸和配筋均由相似关系计算得出。试验最终采用的模型相似关系见表 8.34。

表 8.34　模型结构相似关系

物理性能	物理参数	试验相似常数	备 注
几何性能	长度	1/30	控制尺寸
材料性能	应变	0.66	控制材料
	弹性模量	0.34	
	应力	0.22	
	质量密度	2.24	
	质量	8.30×10^{-5}	
荷载性能	集中力	2.49×10^{-4}	—
	线荷载	7.47×10^{-3}	
	面荷载	0.22	
	力矩	8.30×10^{-6}	
动力性能	周期	8.57×10^{-2}	—
	频率	11.66	
	加速度	3.00	控制试验
	重力加速度	1.00	

2）模型设计、施工及传感器布置

该试验中，对钢筋混凝土梁、柱和楼板采用抗弯、抗剪等效的原则进行设计。对钢板、型钢柱和型钢梁内部的钢骨，按照刚度等效和抗剪等效的原则进行设计，对形状不规则的型钢构件进行了截面规则化等效模拟，并用增加配重的方法来满足结构水平方向的质量相似要求。

施工完成后的模型结构总高度为 9.093m，其中模型底座高 0.3m，模型净高 8.793m。试验根据原型结构各楼层质量分布，按相似关系确定模型各楼层质量，模型附加质量按面积均匀布置在核心筒外围楼板上。根据该项目的结构特点，在模型不同高度处共布置了 68 个传感器，其中加速度传感器 39 个，位移传感器 12 个，应变片 17 个。模型刚性底座和加强层桁架的制作见图 8.32。完成质量块布置和传感器安装后的模型结构见图 8.33。

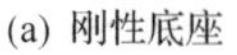
(a) 刚性底座

(b) 加强层桁架

图 8.32　模型制作过程

3）地震激励的选择及试验工况

模拟地震振动台试验台面激励的选择主要根据地震危险性分析、场地类别和建筑结构动力特性等因素确定。试验时根据模型所要求的动力相似关系对原型地震记录加以修正后，作为模拟地震振动台的输入。根据设防要求，输入加速度幅值从小到大依次增加，以模拟多遇、基本和罕遇地震水准下对结构的作用。

图 8.33　结构模型全图

财富中心二期办公楼位于 8 度抗震设防烈度区，场地类别为Ⅱ类（场地特征周期 0.37s）。根据建设场地的条件及动力特性，选取了三条单向地震记录和两条双向天然地震波（Taft 波和 El Centro 波）作为振动台台面激励，三条单向地震记录中 GSM1 和 GSM2 为天然波、GSM3 为人工波。单向地震加速度记录的时程和反应谱如图 8.34 所示，图中地震记录加速度最大值被折减为 0.10g。

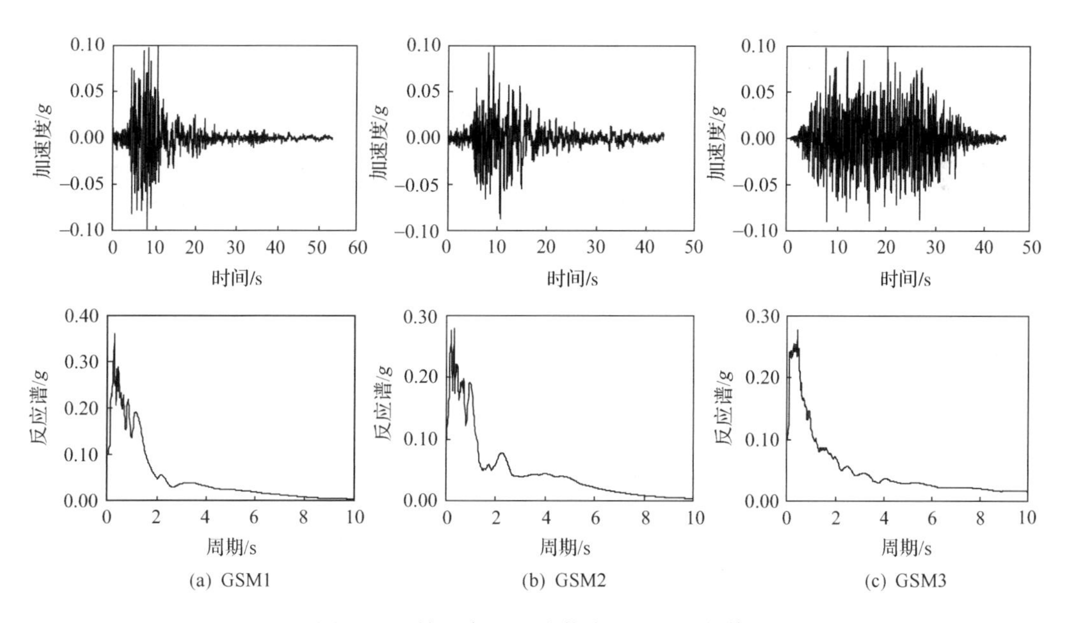

图 8.34　输入台面地震激励时程和反应谱

共进行了四个阶段共 45 个工况的模拟地震振动台试验，分别按照 8 度多遇、8 度基本、8 度罕遇和 9 度罕遇的顺序由台面依次输入。在每个试验阶段进行时，由台面依次输入 GSM1、GSM2、GSM3、Taft 波和 El Centro 波。地震波持续时间按相似关系压缩为原地震波的 1/11.66。按照有关规范的规定及模型试验的相似关系要求，4 个试验阶段的台面输入加速度峰值按照动力相似关系分别被调整为 0.21g、0.60g、1.20g 和 1.86g 以模拟不同水准的地震作用。对于双向地震波，两输入方向加速度幅值之比为 1∶0.85。在不同水准地震波输入前后，对模型进行双向白噪声扫频，以量测结构的自振频率、振型和阻尼比等动力特性参数，用以确定结构刚度下降的幅度。

3. 模型试验结果及分析

1) 模型的破坏过程及破坏现象

在 8 度多遇地震波输入后，模型表面未发现可见裂缝。地震波输入结束后用白噪声进行扫频，发现模型自振频率基本未发生变化，说明结构尚未发生开裂破坏，该试验阶段模型结构处于弹性工作阶段。

在 8 度基本地震试验阶段，模型结构的反应规律与 8 度多遇地震试验阶段基本相似，从外观观察未发现明显的破坏现象。

在 8 度罕遇地震波输入下，部分钢梁翼缘屈服，部分钢梁端部翼缘撕裂，个别核心筒连梁端部开裂。

在 9 度罕遇地震波输入结束后，加强层 28 层及 44 层的腰桁架和伸臂桁架均未出现破坏。伸臂桁架与上下楼板相交面、与剪力墙连接处混凝土均未脱落，未发现裂缝。各层钢框梁均有轻度屈曲现象发生，其中东西立面，部分钢框梁鼓曲现象较为严重。核心筒底部完好，未发现裂缝。局部楼层核心筒连梁出现裂缝。北立面 48 层及以上各层剪力墙局部缩进，缩进处剪力墙暗柱混凝土严重剥落。具体破坏现象详见图 8.35。

2) 模型结构动力特性

在不同水准地震作用前后，采用白噪声对结构模型进行扫频。通过对各加速度测点的频谱特性、传递函数以及时程反应的分析，得到模型结构的自振频率、阻尼比和振动形态。结果表明，模型结构的低阶振型的振动形态主要为平动和整体扭转。模型结构前三阶自振频率分别为 2.27Hz(X 向平动)、2.84Hz(Y 向平动)和 4.54Hz(扭转)。直至 8 度罕遇地震作用结束，X 向频率没有降低，Y 向频率由试验前的 2.84Hz 降低为 2.29Hz。钢管混凝土外框架-钢板混凝土剪力墙组合结构体系表现出优良的抗震性能。在 9 度罕遇地震试验结束后，模型结构前 3 阶频率分别为 1.66Hz(X 向平动)、1.70Hz(Y 向平动)和 3.40Hz(扭转)，分别降低了 26.9%、40.1%和 25.1%。

3) 模型结构加速度放大系数

模型结构在不同水准地震作用下各层加速度放大系数包络图如图 8.36 所示。总体而言，在各级地震作用下，X 向与 Y 向最大加速度反应规律基本相同。从图中可以看出，结构顶部由于质量及刚度均较小，加速度增加较快，顶层鞭梢效应非常明显。随着台面输入地震波加速度峰值的提高，结构出现一定程度的破坏，模型刚度退化，同一楼层加速度放大系数逐步减小。在结构下部(19 层以下)，由于设有钢板剪力墙，层刚度较大，加速度放大系数沿楼层增长较快。结构加强层(28 层和 44 层)处由于设有伸臂桁架和腰桁架，沿结构高度方向刚度突变，加强层附近楼层的最大加速度反应有减小趋势。

(a) 钢梁屈曲　　(b) 钢框梁端部屈曲

(c) 连梁出现裂缝　　(d) 暗柱混凝土剥落

图 8.35　模型结构破坏现象

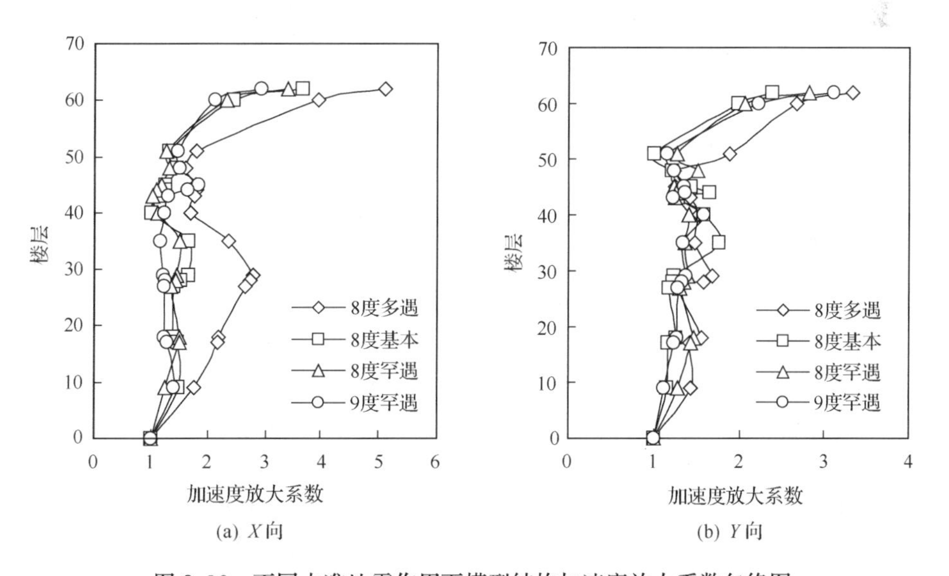

(a) X向　　(b) Y向

图 8.36　不同水准地震作用下模型结构加速度放大系数包络图

4) 模型结构应变反应

模型底部剪力墙、底层柱的应变随地震作用的增加而增大，剪力墙应变比底层柱应变增大幅度快。从8度基本到9度罕遇地震作用下，伸臂桁架斜撑在主向 X 向地震波作用下，是所有测点中应变最大的构件。说明伸臂桁架使外柱与核心筒间水平力得以直接传递，有效地提高了结构的抗侧刚度。伸臂桁架斜撑应变大于弦杆应变，随着地震烈度的增大，斜撑与弦杆间应变差逐渐增大。

4. 原型结构抗震性能分析

1) 原型结构动力特性

根据相似关系可以推算出原型结构在不同水准地震作用下的自振频率和振动形态。结构在经受地震作用前的前三阶振型分别为 X 向平动、Y 向平动和扭转，前三阶频率分别为0.195Hz、0.244Hz和0.389Hz，相应的周期分别为5.137s、4.106s和2.568s。结构扭转为主的第1自振周期与 X 向及 Y 向第一阶平动自振周期之比分别为0.500和0.625，小于《高层建筑混凝土结构技术规程》(JGJ 3—2002)规定的限值0.85。

表8.35中列出了试验推算得到的、ANSYS和ETABS软件计算得到的原型结构前6阶初始自振频率和振型。从表中结果可见，除了第一阶扭转振型的试验推算频率与软件计算结果有较大差异，其余各阶振型的初始值均吻合较好。图8.37为结构前三阶振型形态，图8.38为振动台模型试验与ANSYS软件计算得到的前两阶平动振型的振形图，由此可见试验能够很好地反映原型结构的动力特性。

表8.35 原型结构初始自振频率和振型

振型序号	f_T/Hz	f_A/Hz	f_E/Hz	f_T/f_A	f_T/f_E	振型
1	0.195	0.178	0.178	1.096	1.096	X 向平动
2	0.244	0.216	0.194	1.130	1.258	Y 向平动
3	0.389	0.288	0.270	1.351	1.441	扭转
4	0.584	0.684	0.579	0.854	1.009	Y 向平动
5	0.756	0.689	0.709	1.097	1.066	X 向平动
6	0.828	0.862	0.846	0.961	0.979	扭转

注：表中 f_T 为根据模拟地震振动台试验的试验结果推算得到的自振频率；f_A 为ANSYS有限元程序计算得到的自振频率；f_E 为ETABS有限元程序计算得到的自振频率。

2) 原型结构位移及位移角

通过对加速度时程处理并进行积分变换，可以获得相对振动台台面的位移响应时程。图8.39为各级地震波输入下，X 向及 Y 向各测点相对台面位移的最大值与楼层的关系曲线。可以看出，除了顶部鞭梢效应较明显，各层位移的最大值沿高度大致上呈线性分布，上部大、下部小，这表明外围钢-混凝土组合框架和剪力墙核心筒之间具有较好的协同工作性能。在8度多遇地震作用下，X 向位移比 Y 向位移大，说明 X 向刚度小于 Y 向刚度。而在之后的试验阶段，两个方向的位移相当，这与结构的自振频率变化相对应。

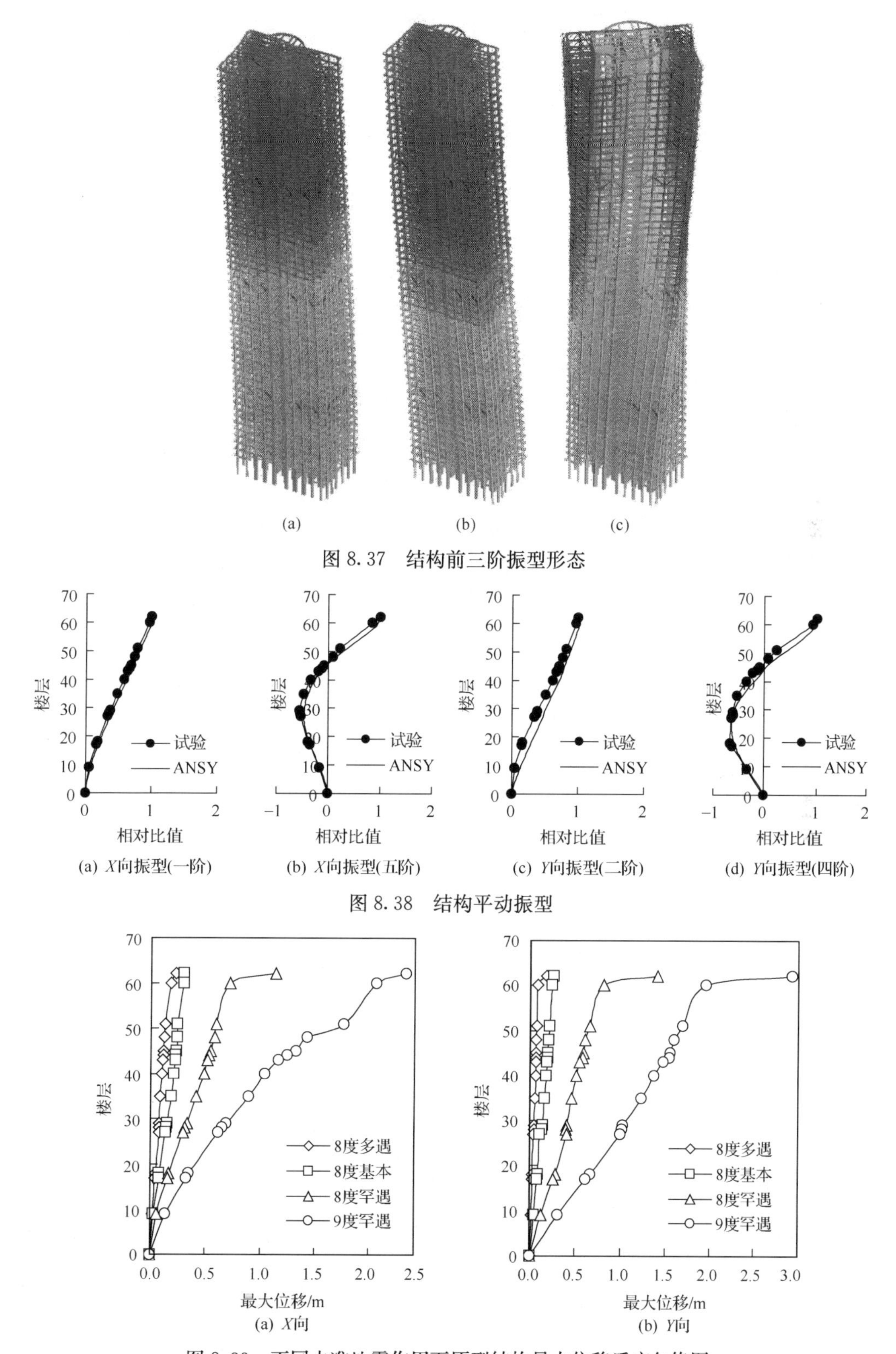

图 8.37 结构前三阶振型形态

图 8.38 结构平动振型

图 8.39 不同水准地震作用下原型结构最大位移反应包络图

在8度多遇地震作用下，X向总位移角为1/1384，层间位移角最大值为1/665，Y向总位移角为1/3075，层间位移角最大值为1/706，小于《高层建筑混凝土结构技术规程》(JGJ 3—2002)的限值1/500。ANSYS计算得到的X向层间位移角最大值为1/615，Y向层间位移角最大值为1/913。ETABS计算得到的X向层间位移角最大值为1/540，Y向层间位移角最大值为1/674。在8度罕遇地震作用下，X向总位移角为1/352，层间位移角最大值为1/124，Y向总位移角为1/313，层间位移角最大值为1/187，小于《高层建筑混凝土结构技术规程》(JGJ 3—2002)的限值1/100。

从层间位移角沿结构的竖向分布可以看出，伸臂桁架和腰桁架的设置使得加强层的侧向刚度相对其相邻层要大些，直到输入加速度峰值相当于9度大震时，桁架的刚度增强作用仍然很明显。

3) 原型结构剪力分布

根据模型结构的加速度反应和结构楼层的质量分布，可以得到原型结构在不同水准地震作用下的剪力分布，又根据相似关系可以确定原型结构的剪力分布以及剪重比。原型结构在不同水准地震作用下的楼层剪力包络图如图8.40所示，剪重比列于表8.36。从图中可以看出，楼层剪力分布较均匀，楼层剪力大致呈三角形分布，在8度多遇地震作用下，ANSYS软件计算值与试验推算值相差不大。在8度多遇地震作用下，试验推算得到的X向和Y向最大基底剪力分别为71083 kN和89416 kN，剪重比分别为2.81%和3.70%。随着输入地震动幅值的增大，剪重比逐渐增大。

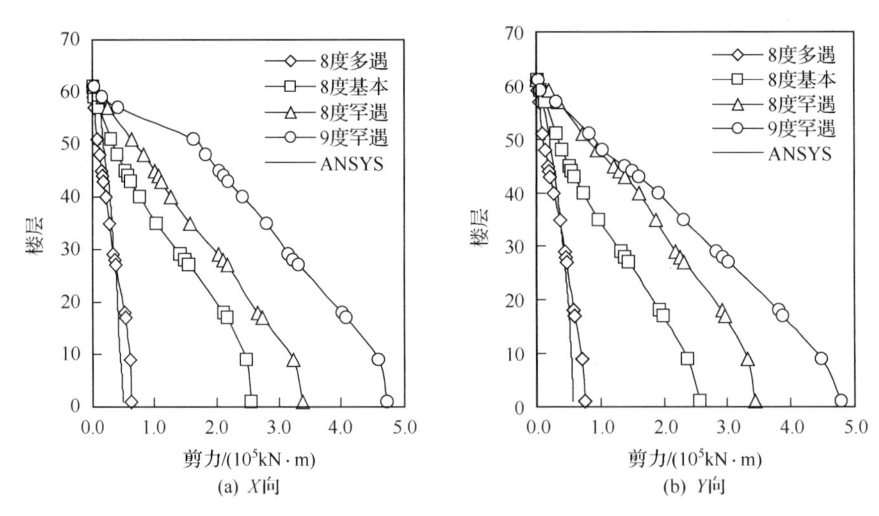

图8.40 不同水准地震作用下原型结构最大剪力包络图

表8.36 不同水准地震作用下原型结构剪重比

位置	8度多遇		8度基本		8度罕遇		9度罕遇	
	X向	Y向	X向	Y向	X向	Y向	X向	Y向
基底	2.81	3.70	7.65	9.63	13.98	14.20	19.51	19.82

5. 结论及建议

(1) 根据模型动力反应特征和开裂情况，北京财富中心二期办公楼的结构设计方案能够满足工程所在地8度抗震设防要求。

(2) 试验推算得到的原型结构前三阶振型依次为 X 向平动、Y 向平动和扭转，前三阶自振周期分别为5.137s、4.106s和2.568s。结构扭转为主的第一阶自振周期与 X 向及 Y 向第一阶平动自振周期之比分别为0.500和0.625，扭转效应不明显，满足规范要求。试验推算得到的前六阶频率与软件分析结果相差不大，模型试验可以很好地反映结构的动力性能。

(3) 钢管混凝土外框架-钢板混凝土组合剪力墙体系表现出优良的抗震性能，直至8度罕遇地震作用结束，结构刚度仍无明显衰减。

(4) 通过设置伸臂桁架和周边腰桁架形成的加强层能够有效地增加整体结构的抗侧刚度。结构顶部有较明显的鞭梢效应。

(5) 与加强层相邻的楼层相对较弱，设计中可适当加强，或适当调整加强层自身的侧向刚度，减小其与相邻楼层结构侧向刚度比的变化幅度。

(6) 建议结构设计时对原结构做如下改进：①宜适当增加加强层相邻楼层构件的延性；②楼面四个角部连接钢框架与核心筒的钢梁梁端应予以适当加强；③改善48层及以上各层剪力墙局部收进处剪力墙暗柱的抗震性能；④适当增加屋顶层的强度和延性，以避免因鞭梢效应引起的结构破坏。

8.5 复杂体型多塔楼弱连接结构

8.5.1 上海长寿商业广场

1. 工程概况

上海长寿商业广场地下一层，地上主体结构30层，总高度为114.60m。广场总建筑面积9.5万 m^2；6层裙房为商业用途，层高为4.80～5.00m，主要柱网尺寸为8.40m×8.40m，框-剪结构，其中塔楼核心筒剪力墙落地布置；塔楼与裙房结构转换层为位于裙房屋面标高以上的箱型梁式转换层。7层以上A、B两个塔楼为剪力墙结构高层住宅，层高2.80m；两塔楼建筑结构平面均呈风车状布置，7～28层为标准层，29层起立面收进，为跃层复式住宅。30层以上为机房和水箱层。该广场建于Ⅳ类场地土，7度抗震设防要求。结构平面图见图8.41，建筑立面图见图8.42。

2. 主要结构特点

上海长寿商业广场为典型的大底盘多塔楼钢筋混凝土高层建筑结构，其结构布置有如下特点：①裙房为较大跨度的框剪结构，塔楼则为较小开间的剪力墙结构，且两者结构轴线交错30°～60°布置；②在裙房屋面以上分别布置箱形梁式转换层，能有效转换塔楼竖向作用，而塔楼水平地震作用则大大增加屋面区域的结构内力；③裙房建筑平面布置有较大中庭，使得连体部分结构楼板平面内刚度、强度削弱较多；④结构体型复杂，平面和立面质量和刚度分布不均匀。

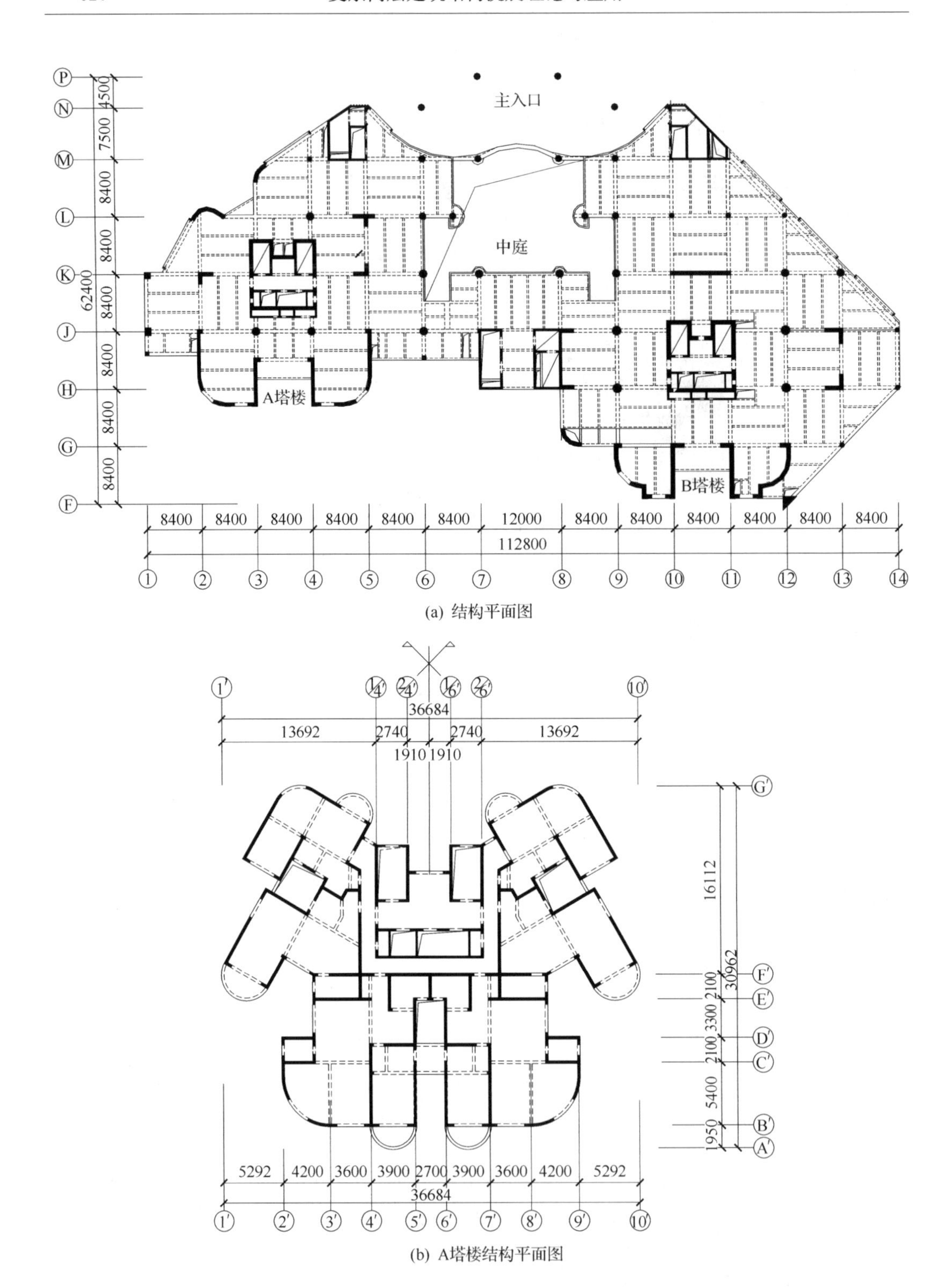

(a) 结构平面图

(b) A塔楼结构平面图

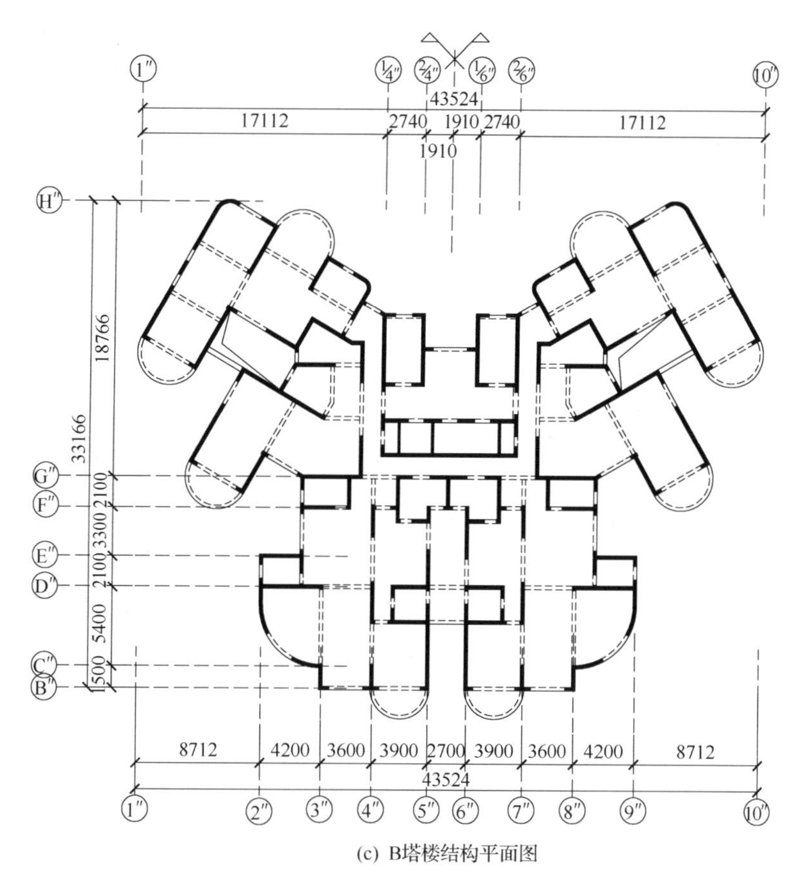

(c) B塔楼结构平面图

图 8.41 上海长寿商业广场平面图

为验证该复杂体型多塔楼大底盘高层建筑抗震性能，为抗震设计和审查提供试验和理论依据，同济大学土木工程防灾国家重点实验室设计制作了整体结构模型，进行了模拟地震振动台试验，对整体结构进行了计算分析，并在原型结构竣工后，采用脉动法对双塔楼结构动力特性进行了现场实测。

3. 试验研究内容

1）整体结构模型模拟地震振动台试验

上海长寿商业广场整体结构模型按动力相似关系设计，其主要相似参数为：$S_L = 1/25$，$S_E = 1/6$，$S_a = 3.0$。模型主体采用微粒混凝土和镀锌铁丝制作，柱、梁、板、墙等构件尺寸及配筋均满足控制截面承载能力相似要求。微粒混凝土设计强度等级为C6.0～C10.0，弹性模量为4000～8000N/mm²。

整体结构模型包括一层地下室和地上全部结构。竣工后总高度5.112m，其中模型高度为4.812m，底板厚0.300m。模型总质量为15.8t，其中模型质量为5.8t，底板质量为5.9t，配附加质量4.1t。图8.43为整体结构模型。

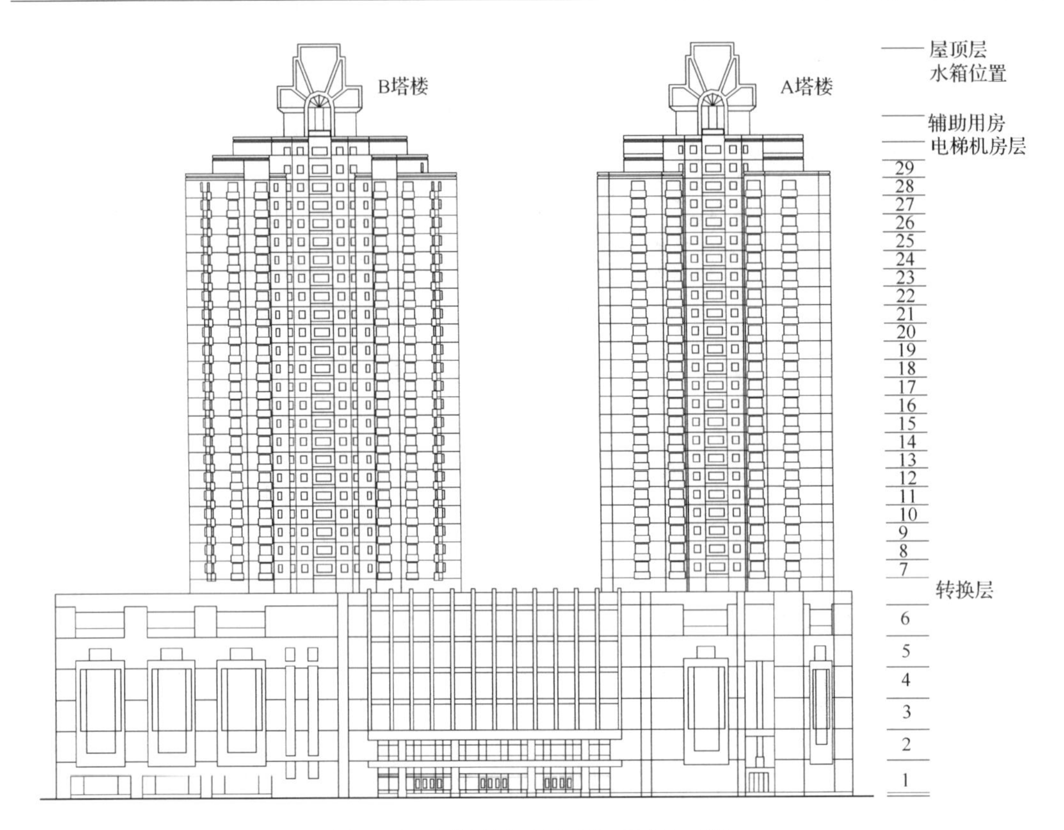

图 8.42　上海长寿商业广场建筑立面图

图 8.43　上海长寿商业广场结构模型

试验时分别在模型地下室、7层转换层、两塔楼15层、23层、29层和屋顶层，沿X、Y和Z主轴方向布置加速度传感器，共计30个。在模型底层和7层转换层的主要构件处布置应变测点，共9个。

考虑到场地为Ⅳ类场地土，且原型结构体型复杂，选定五种台面激励模拟地震作用，即El Centro波、Pasadena波、上海规范地震波SHW2以及场地拟合地震波CJK波和NHH波。其中CJK波和NHH波由上海市地震局根据本地区不同深度土层特性、不同潜在震源分布等工作成果，进行建设场地地震危险性分析，并参考已有地震记录拟合而成。后三种人工拟合波形仅按水平单向振动，其中SHW2波沿X轴输入，CJK波沿与X轴呈30°输入，NHH波则沿与X轴呈60°输入。

在各水准地震激励前后用白噪声对模型进行扫频，得到模型各阶自振频率和阻尼比。结构第一阶振型为A、B两塔沿水平向共同振动，频率为8.34Hz，阻尼比0.043；结构第二阶振型以A塔沿水平向振动为主，频率为28.72Hz，阻尼比0.033；结构第三阶振型则以B塔沿水平向振动为主，频率为28.48Hz，阻尼比0.038。

总体上讲，模型频率随地震输入水准提高而有所降低，而阻尼比有所提高，特别是较高水准时变化趋势加快，反映出结构随地震加速度加大而开裂破坏程度加剧的过程。B塔竖向自振频率比A塔略低，且随地震输入加大，B塔竖向自振频率下降趋势也比A塔快，说明B塔结构转换层相对刚度和承载能力均比A塔略低。各阶频率主峰值附近均可见伴生的频率峰值出现，表现出双塔结构相互作用的特点。随着地震输入加大，塔楼间裙房屋面楼板的开裂，双塔结构相互作用逐步降低，伴生的频率峰值也相应降低。在设防烈度地震输入后，裙房屋面和楼板平面内有较大变形，特别是裙房屋面板多处开裂，各塔楼带局部裙房分别工作，第一阶频率分解成两个，频率值下降；此时A塔楼前两阶频率分别为5.09Hz、17.64Hz，B塔楼前两阶频率分别为5.49Hz、17.72Hz。根据相似关系，可推算原型结构自振频率。结构第一阶频率为0.96Hz(整体平动)，第二阶频率为3.29Hz(A塔平动)，第三阶频率为3.32Hz(B塔平动)。

在7度多遇地震作用下，构件无开裂现象；结构侧向总变形和层间位移角均较小。在7度基本地震作用下，结构裙房底层、2层和6层的部分柱、剪力墙和连梁开裂，塔楼间裙房屋面出现裂缝，结构进入弹塑性工作阶段，自振频率开始下降，抗侧刚度降低。在7度罕遇地震作用下，结构裙房各层柱、剪力墙、连梁裂缝增加，塔楼间裙房3层至屋面开裂，转换层上7层剪力墙局部开裂；结构侧向变形主要发生在裙房和转换层上数个楼层。各水准地震作用下结构变形值参见表8.37，满足我国现行高规的要求。

表8.37　地震作用下结构侧向变形

地震水准	侧向位移	A塔楼		B塔楼	
		X向	Y向	X向	Y向
7度多遇	总位移角	1/1360	1/1860	1/1130	1/2810
	层间位移角	1/1050	1/1400	1/1080	1/1660
7度罕遇	总位移角	1/240	1/330	1/310	1/740
	层间位移角	1/160	1/200	1/210	1/450

模拟地震振动台试验表明，上海长寿商业广场原型结构满足我国现行抗震规范“小震不坏、大震不倒”的设防要求，但原型结构设计方案中可能存在薄弱部位：①裙房楼屋面楼板中庭削弱处（塔楼之间）；②塔楼第7层剪力墙。

2）原型结构动力特性现场测试

在上海长寿商业广场整体结构封顶后，现场装修过程中，课题组成员采用脉动法对广场结构进行动力特性测试。在结构地下室、6层或7层、10层（A塔和B塔）、15层（A塔和B塔）、20层（A塔和B塔）、25层（A塔和B塔）、30层（A塔和B塔）。按现场交通和布线条件，将测试分成裙房、A塔和B塔三个测区。每一工况振动采集记录时间不少于15min。

测试完成后对各测点传递函数和频谱曲线进行分析，获得原型结构动力特性。表8.38汇总了现场测试、计算分析和模型试验结果。其中模型试验结果已经按相似关系换算到原型结构频率值，TAT计算结果由设计院提供。

表8.38　上海长寿商业广场结构动力特性脉动测试结果

项目	动力特性	振型序号					
		1	2	3	4	5	6
现场脉动测试	频率/Hz	1.05	1.41	2.74	3.32	3.65	4.63
	振型形态	整体平动	整体扭转	A塔平动	塔楼相对扭转	B塔平动	塔楼相对扭转
STRAND 7计算分析	频率/Hz	0.867	1.009	2.290	2.463	2.527	3.266
	振型形态	整体平动	整体扭转	A塔平动	塔楼相对扭转	B塔平动	塔楼相对扭转
TAT计算分析	频率/Hz	0.890	0.912	1.451	2.326	2.433	2.500
	振型形态	整体平动	整体扭转	A塔平动	塔楼相对扭转	B塔平动	塔楼相对扭转
模型试验	频率/Hz	0.96	—	3.29	—	3.32	—
	振型形态	整体平动	—	A塔平动	—	B塔平动	—

结构脉动测试结果表明：①现场测试、计算分析和整体结构模型试验的结构频率基本接近；②现场测试和计算分析的结构振型较复杂，平动振型都略带扭转变形；③结构平动、扭转周期比满足现行规范的要求。

4. 计算分析内容

采用G+D Computing公司研发的基于Windows环境的大型有限元分析软件系统STRAND 7，对上海长寿商业广场进行原型结构动力特性、振型分解反应谱弹性分析及弹塑性时程分析。

计算模型中，梁、柱均为空间梁单元，剪力墙为壳元，楼板为壳元，塔楼平面范围内的楼板考虑平面内刚性假定。材料参数按材性试验结果确定。梁单元弹塑性性能按如下方式考虑：轴向拉压弹塑性由梁截面应变状态决定，选取理想弹塑性模型；弯曲主平面内弯曲恢复力特性由梁端的弯曲曲率决定，选取的是三线型模型，不考虑刚度退化。壳元弹塑性性能按如下方式考虑：将混凝土膜考虑为各向同性材料，而钢筋膜则考虑为具有正交性的材料，仅在混凝土膜和钢筋膜平面内考虑弹塑性，应力-应变关系分别按理想弹塑性模式考虑。计算模型的质量分布按住宅荷载标准和设计图纸选定。阻尼矩阵由程序自行生成、确定。计算模型见图 8.44，该模型总节点数为 11601 、梁单元数为 8462、壳元数为 16905。

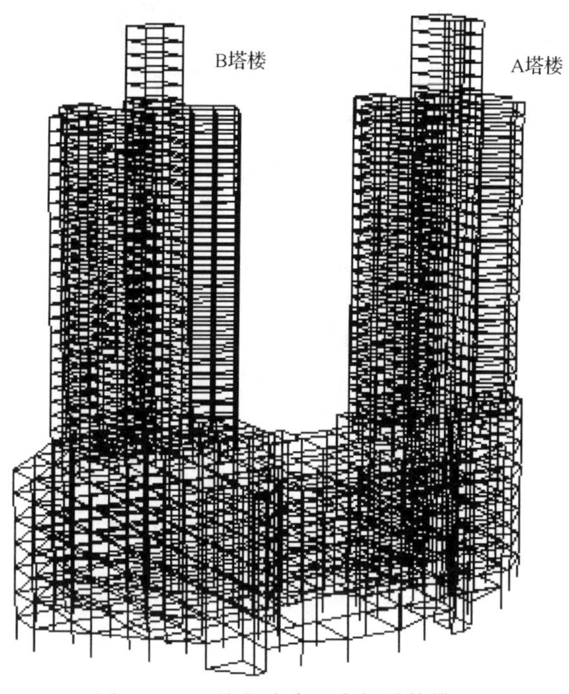

图 8.44　上海长寿商业广场计算模型

1）动力特性

根据 STRAND 7 计算得到结构动力特性数据见表 8.39。

表 8.39　上海长寿商业广场结构动力特性比较

参数	振型序号					
	1	2	3	4	5	6
计算频率/Hz	0.867	1.009	2.290	2.463	2.527	3.266
模型试验频率/Hz	0.96	—	3.29	—	3.32	—
振型形态	整体平动	整体扭转	A 塔平动	塔楼相对扭转	B 塔平动	塔楼相对扭转
误差/%	−10	—	−30	—	−24	—

比较表 8.39 中的计算结果与试验结果，可以发现计算频率比试验频率丰富，两者数值差别也较大，且计算平动振型都略带扭转。分析两者差别产生的原因有三个：①计算模型梁柱单元端部未考虑刚域；②试验时传感器布置数量有限，未能准确捕捉结构扭转振型；③试验采用白噪声激励，两塔楼结构相对振型不能有效激发出来。其中第③点是多塔楼结构动力特性所特有的现象。

2）振型分解法弹性位移结果

表 8.40 给出了多遇地震作用下结构弹性位移反应结果。可见计算结果和试验结果两者总体上比较接近，满足“小震不坏”的抗震要求。

3）弹塑性时程分析位移结果

用 STRAND 7 对上述计算模型结构进行弹塑性时程分析，取 El Centro 地震输入，峰值取罕遇 7 度地震（0.22g），水平双向作用。表 8.41 为罕遇地震作用下结构部分楼层弹塑性位移反应结果。

表 8.40　上海长寿商业广场结构弹性位移反应

楼层	方向	计算位移/mm	试验位移/mm	误差/%
A 塔 29 层	X	77	59	31
	Y	74	59	25
B 塔 29 层	X	83	72	15
	Y	75	31	142
A 塔裙房顶	X	31	21	48
	Y	27	18	50
B 塔裙房顶	X	43	28	54
	Y	14	12	17

表 8.41　上海长寿商业广场结构弹塑性位移反应

楼层	方向	计算位移/mm	试验位移/mm	误差/%
A 塔 29 层	X	293	321	−9
	Y	318	297	7
B 塔 29 层	X	292	275	6
	Y	182	201	−9
A 塔裙房顶	X	110	121	−9
	Y	81	75	8
B 塔裙房顶	X	115	107	7
	Y	76	87	−13

在罕遇地震作用下，层间位移反应见表 8.42，变形相对较大的部位基本一致。结构最大层间位移角发生在 7 层（塔楼底部）附近，结构变形性能满足规范“大震不倒”的抗震要求。

表 8.42　上海长寿商业广场结构层间位移反应

位　置		计算分析最大层间位移角		模型试验最大层间位移角	
		位置	数值(δ/h)	位置	数值(δ/h)
A 塔	X 向	7 层	1/200	7～15 层	1/160
	Y 向	7 层	1/220	7～15 层	1/200
B 塔	X 向	7 层	1/230	7～15 层	1/210
	Y 向	7 层	1/230	7～15 层	1/260

4）弹塑性时程分析加速度结果

结构加速度反应计算时程曲线与试验曲线比较见图 8.45，其中试验加速度反应在时间和幅值都按相似关系作了调整。图中细线为计算曲线，粗线为试验曲线。

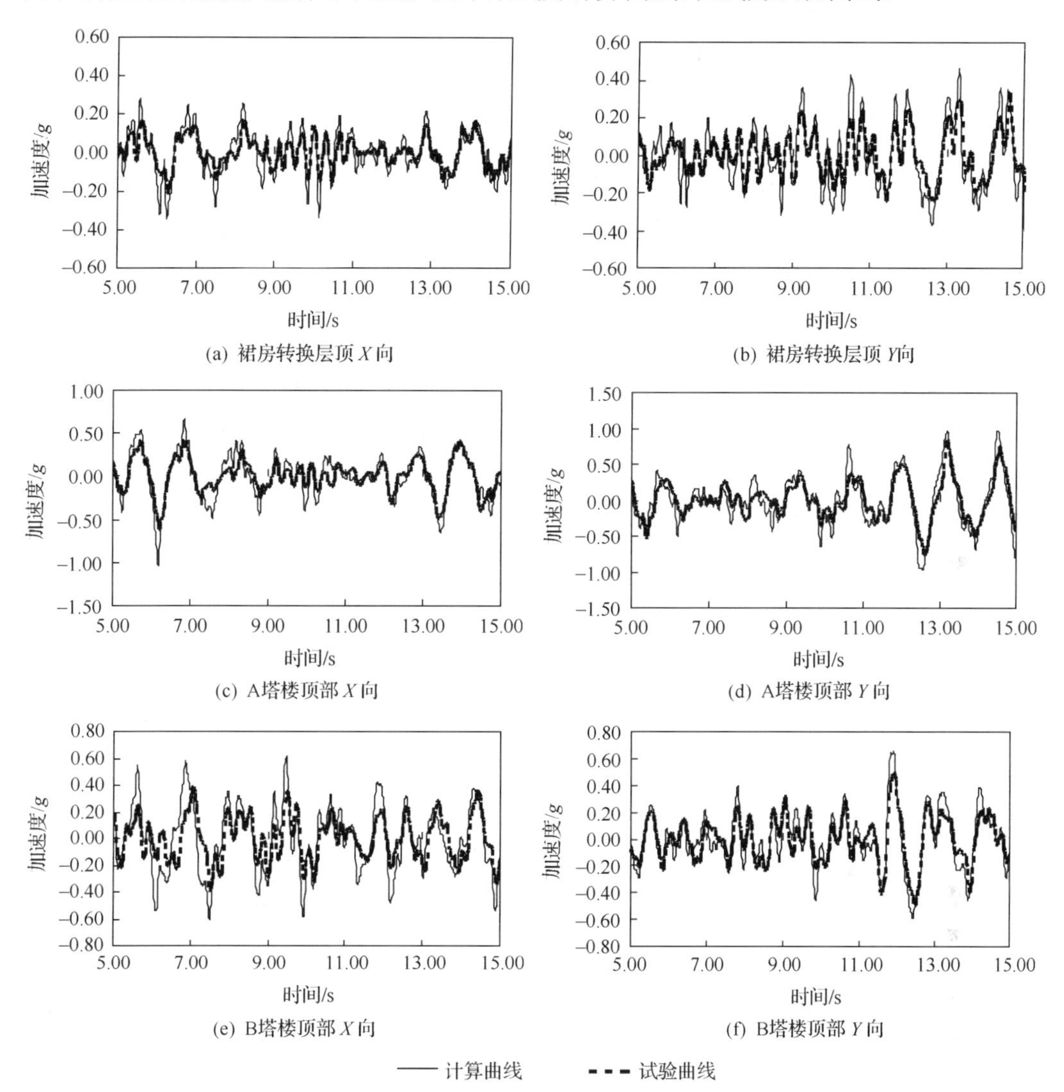

图 8.45　结构计算与试验加速度反应

5. 结构加强和改进措施

根据上述研究工作，建议结构设计时采取以下的改进措施。

(1) 在复杂体型多塔楼建筑结构设计时，考虑有利抗震的概念设计和必要的抗震构造措施极为重要。例如，结构传力路径应尽量简单明确；调整结构布置方式，尽量避免结构刚度变化较大或转换层上下的轴线变化太大；楼层重心和刚心沿高度分布应尽量在一条铅直线上，且刚心与重心在各楼层应尽量重合等。

(2) 中庭削弱处，7 层裙房楼屋面及其下 3 层楼面板、梁和柱等构件，应适当增加结构配筋以增强联体结构的抗御变形和耗能能力。

(3) 适当增加塔楼第 7 层(转换层上)剪力墙刚度和延性。

(4) 对结构大底盘开裂后，即单塔楼带小裙房的抗震性能进行分析，保证在大震后结构仍有相当的抗震能力。

8.5.2　上海交银金融大厦

1. 工程概况

上海交银金融大厦建于上海浦东金融贸易区，其主体结构由钢筋混凝土框筒和端部实腹筒等组成。建筑结构平面呈梯形反对称布置，如图 8.46 所示，整个建筑由南北两个塔楼组成，如图 8.47 所示，标准层高 4.1m，北塔楼地面以上 55 层，塔顶标高 230.35m (CD 高塔)，南塔楼地面以上 48 层，塔顶标高 197.55m(AB 低塔)。两塔楼每 13 层为一段。每一段中有 12 层为办公楼，1 层为加强层兼技术层。整个塔楼共设三层加强层，分别位于第 13 层、26 层和 39 层。每一加强层上有两座桁架天桥连接南北两个塔楼，并在两桁架天桥间设两榀交叉桁架，以增强两个塔的连接。

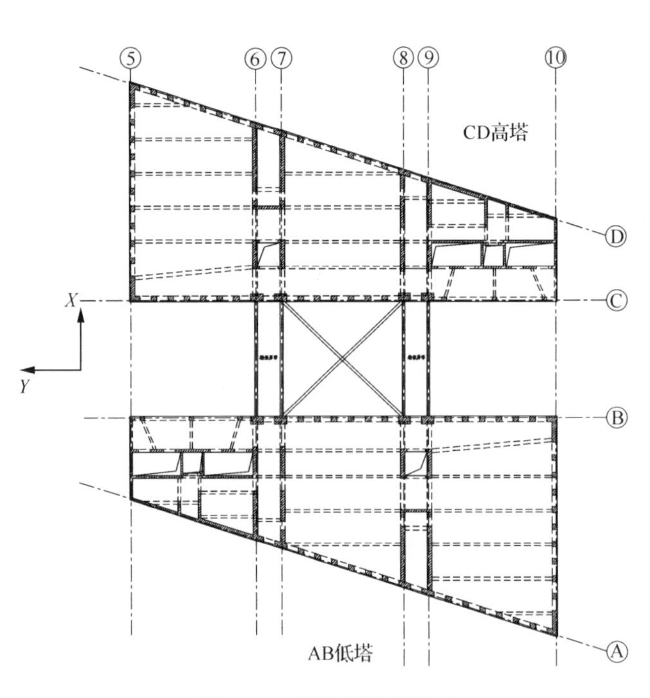

图 8.46　标准层结构平面

图 8.47　试验模型立面示意图

2. 结构超限情况分析

由于交银金融大厦外形和结构特殊，两座塔楼的高宽比较大，单塔楼的高宽比超过 11；塔楼南北向的刚度较弱，虽然两座塔楼间通过三个技术层的六榀桁架进行连接，但连接刚度仍然较小。同时由于两座塔楼的高度不同，两塔楼存在动力特性差异。尽管在设计中通过调整部分结构构件的尺寸，来协调两塔楼的刚度和变形，由于交银金融大厦外形和结构比较特殊，两塔楼变形仍将通过连接桁架予以协调。因此，连接桁架的刚度和强度将直接影响到整个建筑物的动力性能和地震破坏机理。

为了确保交银金融大厦结构设计的安全和可靠，同济大学土木工程防灾国家重点实验室受设计单位的委托，对交银金融大厦结构的抗风和抗震性能进行了研究，研究包括：制作一个 1/33 比例的微粒混凝土整体结构模型，进行等效风载静力试验和模拟地震振动台试验；采用不同于设计时的计算程序，对该大楼结构进行整体结构抗震计算分析，以综合评价该结构的抗震能力，并对结构设计提出建议[7,8]。

3. 试验研究的主要内容

（1）测定结构的振型及在受不同级别地震作用后的结构自振周期和阻尼。

（2）研究结构在遭受 7 度多遇地震、7 度基本烈度地震和 7 度罕遇地震作用时的加速度、位移、扭转反应和重要构件的应变反应。

（3）确定结构的开裂烈度、破坏烈度、破坏形式和破坏机理。

（4）检验地震作用对天桥的影响及天桥与主楼连接刚度的合理性。

（5）研究结构等效风荷载反应，给出等效风荷载下的结构侧向位移及重要构件的应变值。

4. 模型结构振动台试验

1）模型设计与制作

与其他高层建筑结构的模型试验一样，该工程的模型设计和施工需严格按照相似理论的要求进行。该试验主要研究地震作用下结构的抗震性能，因此设计时着重考虑满足抗侧力构件的相似关系，使墙、柱、梁、板构件及其节点满足尺寸、配筋（注：配筋按等强换算）等相似关系，用设置配重的方法满足质量和活荷载的相似关系。在设计模型各相似关系时，还需相应考虑施工条件、吊装能力和振动台性能参数等方面的因素。模型的主要相似关系如表 8.43 所示。

表 8.43　模型相似系数

关系	物理参数	相似系数	备注
几何关系	长度	1/33	控制参数
	线位移	1/33	—
	面积	0.0009	—
	角位移	1	—
材料关系	弹性模量	1/2.96	控制参数
	混凝土强度	1/6.92	控制参数
	泊松比	1	—
	质量密度	1	—
	等效质量	6.96×10^{-5}	—
	刚度	6.06×10^{-3}	控制参数

续表

关系	物理参数	相似系数	备注
动力关系	周期	0.107	控制参数
	频率	9.334	—
	速度	0.283	—
	加速度	2.640	控制参数
	重力加速度	1	—
荷载关系	集中荷载	1.84×10^{-4}	—
	力矩	5.57×10^{-5}	—

该模型主体采用微粒混凝土和镀锌铁丝制作，柱、梁、板、墙等构件尺寸及配筋由相似关系计算得出。柱中纵向钢筋与箍筋的连接采用锡焊。部分柱的纵向钢筋与箍筋及梁、板中配点焊铁丝网或镀锌铁丝。微粒混凝土设计强度指标为C3.8～C7.5，设计弹性模量为5000～6000N/mm^2。模型制作时在第1层、第2层和每隔三层均留了试块，用以测试模型混凝土的实际强度和弹性模量。实测强度平均后的试验值/原型值为1/6.92，实测弹性模量平均后的试验值/原型值为1/2.96。

交银金融大厦结构原型的天桥桁架为钢结构，按相似关系折算，求得的模型钢桁架上弦、下弦杆截面面积在7mm^{2}左右，由于截面积过小，容易造成构件失稳破坏，且加工困难，在天桥桁架模型的设计和制作中采用了角型铝材，根据等强度原理，模型铝材的截面积在8.8mm^{2}左右。此外，为了避免斜腹杆失稳，使构件造成破坏失真，模型中的斜腹杆采用了与上弦、下弦杆相同的型材。角型铝材的截面参数、强度及与原型截面积之比见表8.44。

表 8.44　角型铝材参数

边长/mm	厚度/mm	屈服强度/(N/mm^2)	弹性模量/(N/mm^2)	强度比(试验值/原型值)	弹性模量比(试验值/原型值)
2×8.8	0.5	170	3.3×10^4	0.81	1/6.24

由于模型缩比较小(1/33)，模型尺寸较小，精度要求较高，对施工有特殊要求。根据作者及其团队多年的实践经验，采用有机玻璃板作为外模，这样既可以使浇筑表面平整光滑，又可在浇筑过程中及时发现问题，保证浇筑密实；内模采用泡沫塑料，这种材料易成型、易拆模，即使局部不能拆除，对模型刚度的影响也很小。将内模切割成一定形状，形成构件所需的空间布置，绑扎好钢筋后进行浇筑，边浇边振捣密实，每一次浇筑一层，次日安置上面一层的模板及配筋，重复以上步骤，直到模型全部浇筑完成。完工后模型总高度为7.280m，其中模型高6.980m，底座厚0.3m；模型总的质量为8.8t，其中模型和附加质量为6.58t，底板质量为2.22t。

2）模型试验时输入的地震波

根据“交银金融大厦——方案设计”中提供的资料，原型场地属Ⅳ类场地，结构按7度设防，考虑原型结构的动力特性，试验选定三种地震波作为模拟地震振动台试验的基本输入波型，另在模型弹性阶段增加长江口波、南黄海波两种波型，以做参考比较。三种基本地震波型为：①上海人工地震波（SHW2），该地震波由《建筑抗震设计规程》（DBJ 08-9—92）（1996 年局部修订增补）提供，适合上海Ⅳ类场地，$\xi=0.05$，最大加速度幅值 35.0cm/s^2；②El Centro 波，该地震波选用 1940 年 5 月 18 日美国 IMPERIAL 山谷地震发生时在 El Centro 现场的实测记录；③Pasadena 波，该波为 1952 年 7 月 21 日美国加利福尼亚地震记录；④CJK 和 NHH 波，由上海市地震局根据本地区大量地震危险性分析成果，分别采用人造地震技术和已有地震记录，考虑本地不同深度土层特性的影响，人工合成的地震波形。该两种波形仅按水平单向振动考虑。

试验时将最大加速度幅值根据各次加载步骤的具体要求分别进行调整。

3）测点布置

加速度传感器布置：加速度传感器测点共 28 个，竖向布置见图 8.48。加速度传感器在同一层上沿 X、Y 双向布置，低塔在 40 层、高塔在 48 层的 X 向各布置两个加速度传感器以测定结构的扭转状况。

位移传感器布置：位移传感器主要用于等效风荷载静压下模型水平位移的测试，在地震作用下的位移测量采用加速度积分值。

结构主要构件应变片布置：对天桥桁架的上弦、下弦和斜腹杆、底层墙柱、5 层墙梁及 40 层、41 层墙柱进行应变测量。

传感器数量总计：应变片 20 个，加速度传感器 28 个，位移计 6 个（X 向、Y 向分别测量）。

4）试验步骤

（1）由台面输入白噪声，测量模型的动力特征参数（自振频率、振型和阻尼）。

（2）由台面分别输入单向、双向以及三向地震波（上海人工地震波、El Centro 波、Pasadena 波，其持续时间缩为原波形的 1/9.334），输入加速度幅值取对应于基本烈度 7 度地震作用及其相应的多遇地震、罕遇地震的峰值，从小到大依次输入以模拟不同烈度地震作用对大厦的影响。7 度罕遇地震波输入完成以后，视模型损坏状况，输入对应于 8 度基本烈度（0.3g）和 8 度罕遇地震作用的加速度幅值的地震波。

5）试验现象

（1）7 度多遇地震波输入：在 7 度多遇地震波输入下，未发现模型开裂。天桥桁架构件完好，没有屈曲现象。

（2）7 度基本地震波输入：在 7 度基本地震波输入下，未发现肉眼可见裂缝，天桥构件完好。但是，根据频谱分析，模型在 X 向和 Y 向的自振频率有所下降，说明模型局部构件有损伤。

（3）7 度罕遇地震波输入：①在上海人工波 0°方向输入后，CD 高塔 D 轴和⑩轴交接处剪力墙底层根部出现可见裂缝，CD 高塔 C 轴处底层柱中部出现微小裂缝；②在上海人工波 90°方向输入后，CD 高塔 D 轴和⑩轴交接处剪力墙底层根部明显开裂，CD 高塔 C 轴处底层柱中部和底部出现明显裂缝，混凝土剥落，40 层⑥轴桁架斜腹杆出现轻微压屈；③在第 20 试验工况 El Centro 波 0°方向输入后，40 层⑨轴桁架斜腹杆也出现轻微压屈；④在第 22 试验工况 Pasadena 波 0°方向输入后，40 层桁架水平交叉桁架出现轻微屈曲。

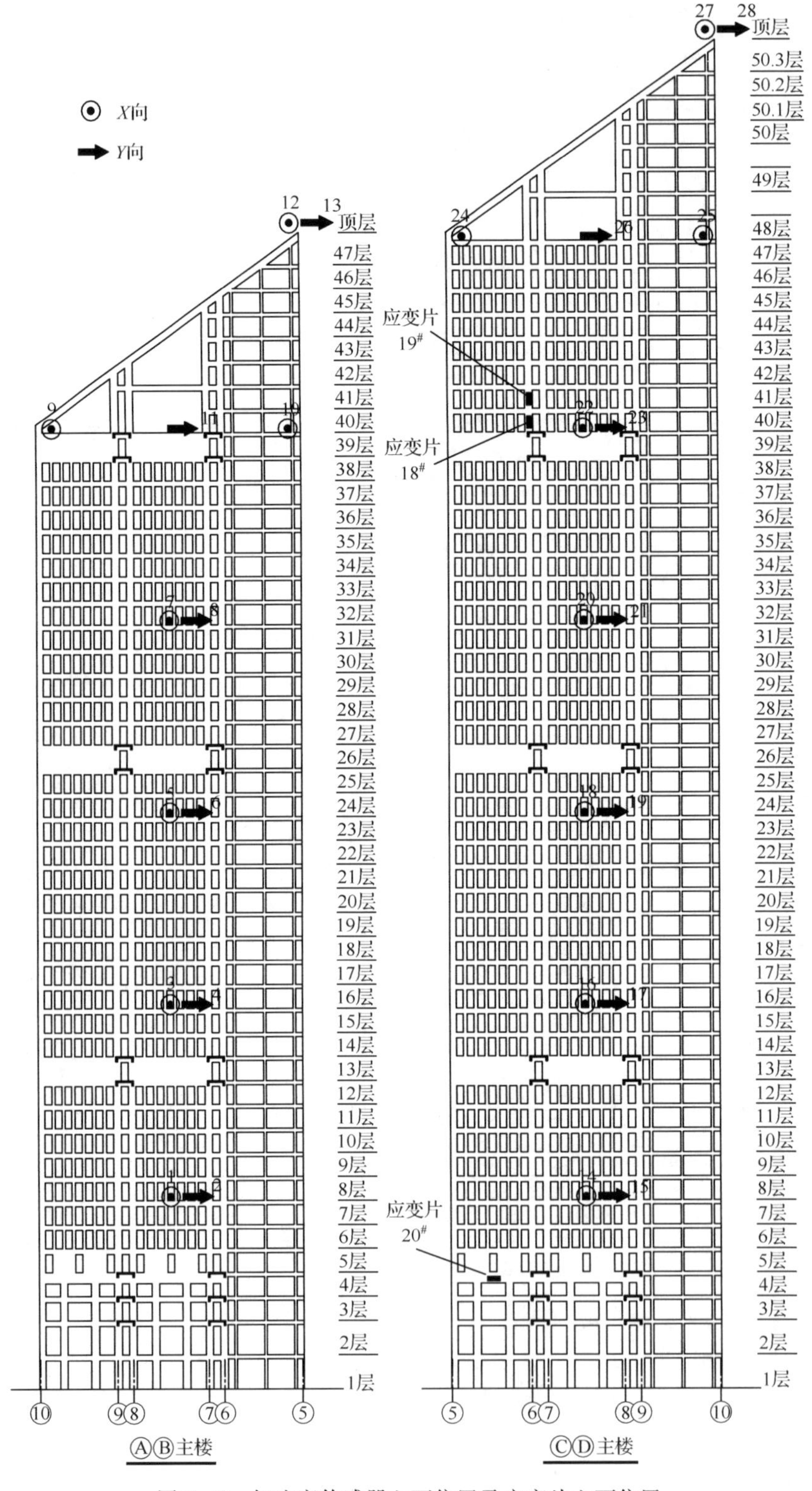

图 8.48 加速度传感器立面位置及应变片立面位置

(4) 8度基本烈度(0.3g)地震波输入：在上海人工波0°方向加载时，27层⑥轴桁架斜腹杆出现压屈。在上海人工波90°方向加载时，CD塔C轴处底层边柱破坏，混凝土完全剥落，钢筋外露，其余裂缝均有较大扩展，桁架屈服程度加剧。在Pasadena波0°方向加载时，40层水平交叉桁架出平面压屈。

(5) 8度罕遇地震波输入后，结构开裂和破坏加剧，但并未发生局部倒塌或整体倒塌。

6) 模型动力特性

(1) 输入台面各级地震波前后均用白噪声对模型进行扫频，前三次扫频得到的频谱图如图8.49和图8.50所示，其频率和阻尼比见表8.45。模型的实际振型并不完全沿X或Y向振动，一般近似把X向加速度传感器测得的振动定义为X向振动，近似把Y向加速度传感器测得的振动定义为Y向振动。

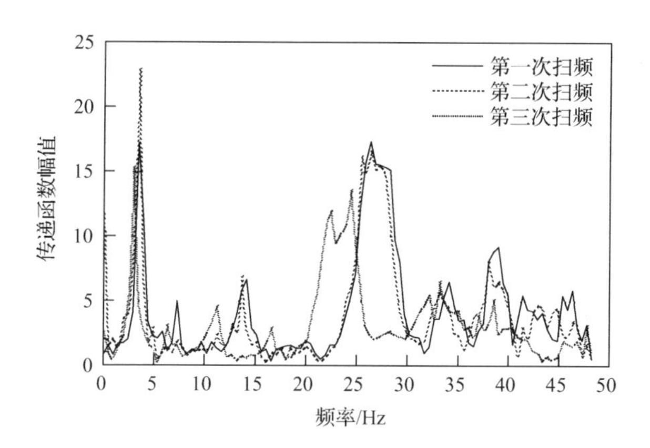

图8.49 三向白噪声扫频AB塔X向频谱

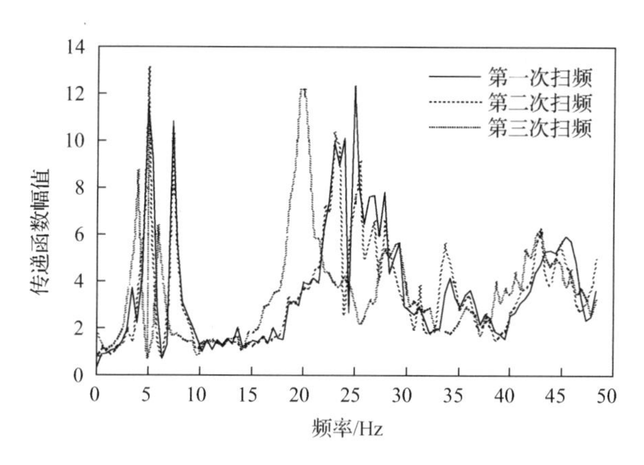

图8.50 三向白噪声扫频AB塔Y向频谱

(2) 从地震波输入后模型的频率变化中可看出，7度多遇地震波输入后，X向和Y向的自振频率基本不变，说明模型结构尚处于弹性阶段，7度基本烈度地震波输入后，X向和Y向的自振频率有所减小，说明模型结构刚度有所改变，模型有轻微损伤，虽然此时模型表面未见肉眼可察觉的裂缝；7度罕遇地震波输入后，模型出现裂缝，结构刚度开始明显减小。随着地震波输入幅度的增大，模型结构的自振频率不断下降。

表 8.45　六次白噪声扫频的模型自振频率和阻尼

参数		AB塔				CD塔				扭转
		1	2	3	4	1	2	3	4	
第一次扫频	频率/Hz	3.418	4.883	14.160	24.952	3.418	4.883	14.160	18.066	7.324
	阻尼	0.084	0.071	0.032	0.039	0.079	0.087	0.029	0.021	0.028
	方向	X	Y	X	Y	X	Y	X	Y	—
第二次扫频	频率/Hz	3.418	4.883	13.672	22.949	3.418	4.883	13.672	17.578	7.324
	阻尼	0.064	0.050	0.020	0.018	0.064	0.054	0.021	0.026	0.032
	方向	X	Y	X	Y	X	Y	X	Y	—
第三次扫频	频率/Hz	2.930	3.906	11.230	20.020	2.930	3.906	11.230	14.160	5.859
	阻尼	0.072	0.083	0.036	0.040	0.079	0.076	0.040	0.040	0.051
	方向	X	Y	X	Y	X	Y	X	Y	—
第四次扫频	频率/Hz	2.441	2.441	9.227	15.625	2.441	2.441	9.277	10.254	4.395
	阻尼	0.116	0.145	0.054	0.063	0.107	0.199	0.063	0.069	0.072
	方向	X	Y	X	Y	X	Y	X	Y	—
第五次扫频	频率/Hz	1.953	1.953	7.812	11.719	1.953	1.953	7.812	9.277	3.418
	阻尼	0.155	0.525	0.073	0.071	0.172	0.141	0.076	0.057	0.092
	方向	X	Y	X	Y	X	Y	X	Y	—
第六次扫频	频率/Hz	1.953	1.953	7.812	10.254	1.953	1.465	8.301	6.836	—
	阻尼	0.272	0.168	0.080	0.077	0.245	0.204	0.122	0.118	—
	方向	X	Y	X	Y	X	Y	X	Y	—

(3) 在试验过程中，对模型进行了 6 次白噪声扫频，得到的模型自振频率和结构阻尼比见表 8.45。从表中可发现整个试验过程中 CD 塔 X 向第一阶频率由 3.418Hz 下降至 1.953Hz，相应阻尼比由 0.079 上升到 0.245；Y 向第一阶频率由 4.883Hz 下降至 1.465Hz，相应阻尼比由 0.087 上升到 0.204。表明模型至全部试验结束后结构的等效刚度仅为开裂前的 33%（X 向）和 16%（Y 向）。

7) 模型动力反应

在每次加载下各层的最大加速度反应和动力放大系数表现出如下的特点：①在 7 度多遇地震波输入下，三向地震波输入下的加速度反应比单向和双向地震波输入的加速度反应要小；②最大加速度均发生在顶层处，在 40 层以下部位，加速度放大系数相对较小，在 40 层以上部位，两塔楼相对独立部分加速度放大系数 K 有明显加大；③随烈度提高加速度放大系数总体上有所降低，说明模型刚度下降，结构进入非线性状态。

根据试验测得的模型结构的位移反应，可以求得模型结构顶点位移角和最大层间位移角，如表 8.46 所示。

表 8.46　模型结构顶点位移角和最大层间位移角

位移角		7度多遇		7度基本		7度罕遇	
		X	Y	X	Y	X	Y
AB塔	顶点位移角	1/1287	1/3175	1/481	1/609	1/258	1/274
	最大层间位移角	1/1084	1/1012	1/427	1/495	1/210	1/164
CD塔	顶点位移角	1/1237	1/2696	1/427	1/530	1/212	1/187
	最大层间位移角	1/797	1/1097	1/227	1/500	1/102	1/150

5. 原型结构的弹性有限元计算分析

1) 计算程序和计算模型

采用北京大学SAP84(4.0版)程序,以便与设计人员所采用的SOFISTIK及ETABS计算结果比较。整个结构的计算简图见图8.51,离散化后的总自由度数为50748。

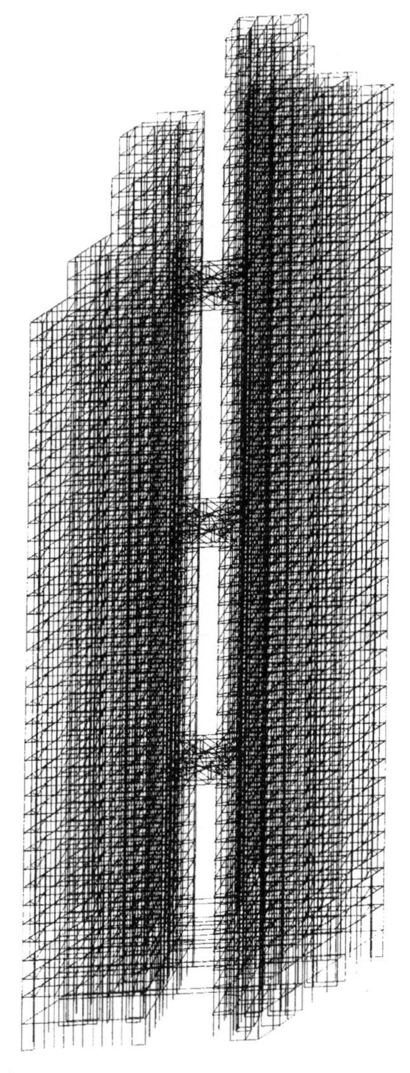

图8.51　整体结构有限元分析计算简图

2) 结构计算模型的简化

梁、柱均为一维构件,采用空间梁单元模拟其受力状态。允许其有轴向拉压变形、轴向扭转变形和计入剪切作用的弯曲变形。梁单元的每个端点具有六个自由度:三个方向的平移和三个转动。对应地每个端点可作用三个端力和三个力矩。

剪力墙是高层结构的主要抗侧力构件,既承受水平荷载作用,又承受竖向荷载作用;采用板壳墙单元来模拟剪力墙。该单元是在板壳单元的基础上,根据静力凝聚原理专为土建结构开发的,为四节点单元,每个节点有六个自由度,可以和梁柱单元任意连接。它既有平面内刚度,又具有平面外弯曲刚度。而且,为了提高精度,程序还可以进行内部子结构的自动细化,细化后每个节点也是六个自由度,增加的内部自由度则再由静力凝聚将其消去。该单元可以处理开洞及不开洞的剪力墙,是目前墙单元中通用性较强,性能较好的单元。并且,由于板壳墙单元每个节点有六个自由度,所以它的功能并不局限于用来模拟剪力墙,还可以用于模拟深梁、转换大梁等。各道转换大梁均采用板壳墙单元下加梁单元来模拟(托梁)。

关于混凝土构件中的配筋，本研究采用折合弹性模量法计入了配筋情况对结构整体动力特性的影响。剪力墙按标高分段设计配筋率，水平向在0.50%～0.70%，垂直向在0.6%～1.0%；计算中，底部取平均配筋率0.8%，中段取0.7%，顶部取0.6%计算折合弹性模量；柱的设计配筋率在1.1%～2.0%，计算中取平均配筋率1.5%计算折合弹性模量；梁的设计配筋率在1.1%～2.5%，计算中取平均配筋率1.5%计算折合弹性模量。

3) 主要计算结果

计算得到的前几阶自振周期列在表8.47中，表中也列出了模型试验推算的结果、现场实测的结果，以进行对比[8]。

表8.47　原型结构自振频率和周期

参数	1	2	3	4	5	6	7	8
频率/Hz	0.333	0.471	0.713	1.379	1.757	2.433	2.519	2.755
模型推算的周期/s	3.005	2.125	1.402	0.725	0.569	0.411	0.397	0.363
现场实测周期/s	3.413	2.560	1.720	—	—	—	—	—
有限元计算周期/s	3.261	2.755	2.171	0.964	0.874	0.714	0.637	0.506
振型方向	整体 X	整体 Y	整体扭转	整体 X	CD塔 Y	AB塔 Y	CD塔 X	AB塔 X

弹性计算得到的结构的顶点位移角和最大层间位移角如表8.48所示。由表可见，结构在多遇地震时的位移反应满足设计规范的要求，Y向的弹性刚度大于X向。

表8.48　弹性计算得到的原型结构顶点位移角和最大层间位移角

位移角	AB塔		CD塔	
	X	Y	X	Y
顶点位移角	1/1964	1/2847	1/1768	1/2055
最大层间位移角	1/1519	1/2278	1/1242	1/1414

6. 原型结构的抗震性能评价

1) 自振频率

根据相似关系，可得原型结构自振频率，见表8.47。表中也列出了现场测试和有限元计算分析的结果，可见用模型试验预测的原型结构的动力性能还是比较可靠的，有限元计算结果前三阶周期与实测结果也符合较好。

2) 位移反应

原型结构顶点位移角和最大层间位移角如表8.49所示，由表可见，原型结构的最大层间位移角满足设计规范的要求。需要说明的是，由于材料相似关系的调整，使原型结构的位移有所减小，而几何相似关系不变，因此，原型结构的顶点位移角和最大层间位移角略小于模型结构的相应数据，这在用模型试验结果评价原型性能时要特别注意。

表 8.49　原型结构顶点位移角和最大层间位移角

位移角		7 度多遇		7 度基本		7 度罕遇	
		X	*Y*	*X*	*Y*	*X*	*Y*
AB 塔	顶点位移角	1/1397	1/3293	1/522	1/632	1/280	1/285
	最大层间位移角	1/1176	1/1142	1/446	1/514	1/228	1/202
CD 塔	顶点位移角	1/1342	1/3019	1/463	1/549	1/231	1/153
	最大层间位移角	1/865	1/1238	1/247	1/518	1/110	1/111

3）大楼扭转变形

AB 塔的 40 层和 CD 塔的 48 层在 *X* 向两端分别布置两个加速度传感器，根据两个传感器所测得的位移差来测定大楼的扭转变形。在 7 度多遇地震作用下，AB 塔最大扭转变形角为 0.053°，CD 塔最大扭转变形角为 0.064°；在 7 度基本烈度地震作用下，AB 塔最大扭转变形角为 0.182°，CD 塔最大扭转变形角为 0.233°；在 7 度罕遇地震作用下，AB 塔最大扭转变形角为 0.562°，CD 塔最大扭转变形角为 0.666°。说明结构在 7 度罕遇地震作用前，质量中心与刚度中心基本重合，结构扭转变形很小。在 7 度罕遇地震作用后，由于 CD 塔底部剪力墙开裂，结构刚度中心产生变化，结构扭转变形开始加大。

4）总体抗震性能

（1）交银金融大厦的高度已超过《钢筋混凝土高层建筑结构设计与施工规程》的规定，没有现成的规范可遵守。我国在超高层建筑抗震设计方面的经验不够，因此结构设计时应采取比较严格的要求。试验表明交银金融大厦在 7 度多遇地震和风荷载的作用下，结构基本上处于弹性阶段，变形在规范容许的范围以内。

（2）虽然大厦建筑平面布置和外形特殊，但其结构刚度分布比较合适，在 7 度基本烈度和罕遇烈度的地震作用下，两塔楼的振动可基本保持一致，桁架连接体系能有效工作，从而能保证整个结构的整体性。

（3）从试验总体结果来看，交银金融大厦的结构型式独特，结构设计合理有效，结构的强度和变形符合抗震设计要求。

7. 结构可能存在的薄弱部位

经试验和分析，结构薄弱部位按破坏程度从强到弱依次为：①CD 高塔 C 轴，⑨轴至⑩轴柱；②CD 塔端部筒体剪力墙底层部位；③40 层、27 层水平交叉桁架出平面的稳定；④40 层桁架各杆件受压稳定；⑤D 轴与⑧轴相交处柱底层部位；⑥D 轴与⑤轴、A 轴与⑩轴相交处底层至 2 层柱及柱与 2 层、3 层梁连接结点；⑦顶层斜梁与墙柱等连接部位；⑧1 层、2 层和 3 层天桥走道板与两塔楼连接结点。

8. 设计建议

尽管从总体上看，上海交银金融大厦结构设计满足抗震要求，但为了改善其抗震性能，在设计条件允许的情况下，建议采取以下抗震措施。

（1）适当加强 CD 高塔端部筒体 1 层、2 层剪力墙与下部结构的连接，以避免端部在大地震作用下，因端部受力集中，产生水平贯通裂缝，出现脆性破坏。

(2) 加密CD高塔C轴上⑨轴至⑩轴柱的箍筋，来提高柱在反复拉压作用下的延性。

(3) 增加天桥桁架斜腹杆及水平交叉桁架平面外稳定性，避免其因失稳而过早退出工作。

(4) 加强顶层斜梁与⑤轴和⑩轴墙柱的连接刚度，防止此部位的剪切破坏及伴随其后所产生的斜梁与⑥轴柱、⑦轴柱、⑧轴柱、⑨轴柱连接部位的破坏。

(5) 3层、4层和5层天桥走道板与塔楼连接区域需有较好变形能力和延性，使之在罕遇地震下不产生脆性破坏而发生坠落。

8.6　复杂体型钢管混凝土结构

8.6.1　工程概况

同济大学教学科研综合楼是同济大学百年校庆标志性建筑，也是目前全国高校钢结构第一高楼(2007年)，东临四平路，北靠国康路，西接同济大学建筑设计研究院大楼，南侧与同济大学行政楼相邻，处在整个校园区域的东北角，占地面积为15615m^2，总建筑面积为46240m^2，地下1层，地上21层，建筑高度约为100m，钢结构总重7600余t，是一幢集教学、科研、办公等多项功能于一体的综合性建筑。

8.6.2　结构特点

该建筑外形方正，平面呈正方形，但楼面布置自下而上呈螺旋状：每三层为一建筑单元，由两层对齐的L形平面和一层正方形平面楼层组成，各单元自下而上顺时针旋转布置。从立面上看，建筑物每隔三层均有规律地缺失部分楼层，形成局部三层高的大空间楼层和中间16m×16m的贯通中庭。同济大学教学科研综合楼整体结构采用方钢管混凝土柱-钢梁组成的带支撑的框架结构体系，电梯井筒部分采用带支撑的密柱框架，楼板采用压型钢板组合楼板，这是国内第一幢也是最高的采用方钢管混凝土柱的框架结构。为了减小扭转效应，该结构还采取了消能减震支撑方案，在结构外围设置了56个黏滞阻尼器，阻尼器与支撑以三层为一单元沿建筑周边旋转布置，且每三层设一道周边带状桁架。结构典型平、立面示意图如图8.52和图8.53所示。

由于该建筑结构体型复杂，结构形式国内罕见，为确保该高层结构设计的安全性和可靠性，在同济大学土木工程防灾国家重点实验室进行了整体结构的模拟地震振动台试验和典型节点的反复荷载试验，并对模型结构和原型结构分别进行了非线性时程分析[9]。

8.6.3　试验研究内容

在综合考虑振动台性能参数、施工条件和吊装能力等因素后，同济大学综合楼振动台试验模型的主要相似关系确定为：$S_l=1/15$，$S_E=1/5$，$S_a=3$。模型设计主要依据构件层次上的相似原则，并用增加配重的方法来满足结构水平方向的质量相似要求。模型主体制作材料为微粒混凝土和紫铜，模型阻尼器和原型阻尼器的制作原理基本一致，液体材料

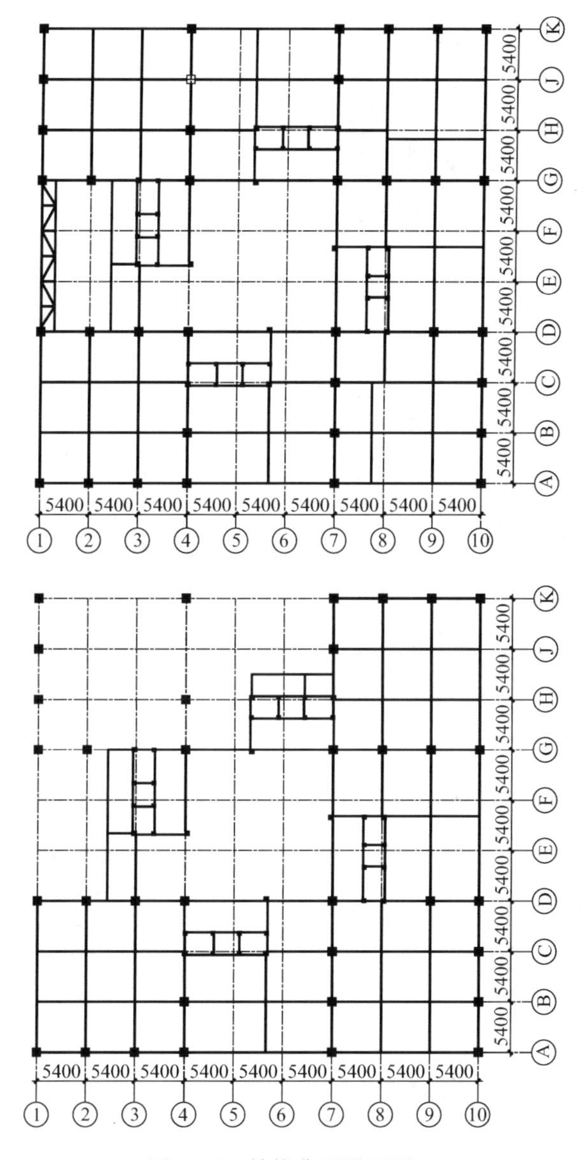

图 8.52　结构典型平面图

为液态硅油，阻尼器阻尼力计算公式为

$$F_{\mathrm{d}} = C_{\mathrm{d}}\left|V_{\mathrm{c}}\right|^{\alpha}\mathrm{sign}(V_{\mathrm{c}}) \tag{8.1}$$

式中，F_{d} 是阻尼力；V_{c} 是阻尼器活塞相对阻尼器外壳的运动速度；α 是常数指数，对于模型和原型阻尼器均取 0.15；C_{d} 是黏滞阻尼系数，模型阻尼器取 0.3kN/(mm/s)$^{\alpha}$，原型阻尼器取 250kN/(mm/s)$^{\alpha}$。

完工后模型总高 6.7m，总重 19t（包括底梁和配重）。模型在振动台上的照片如图 8.54 所示。

根据同济大学综合楼的结构特点，在结构的关键部位布置了相应的传感器。其中，位移传感器布置 8 个，用于监测关键层处的位移；加速度传感器布置 35 个，用于监测结构在

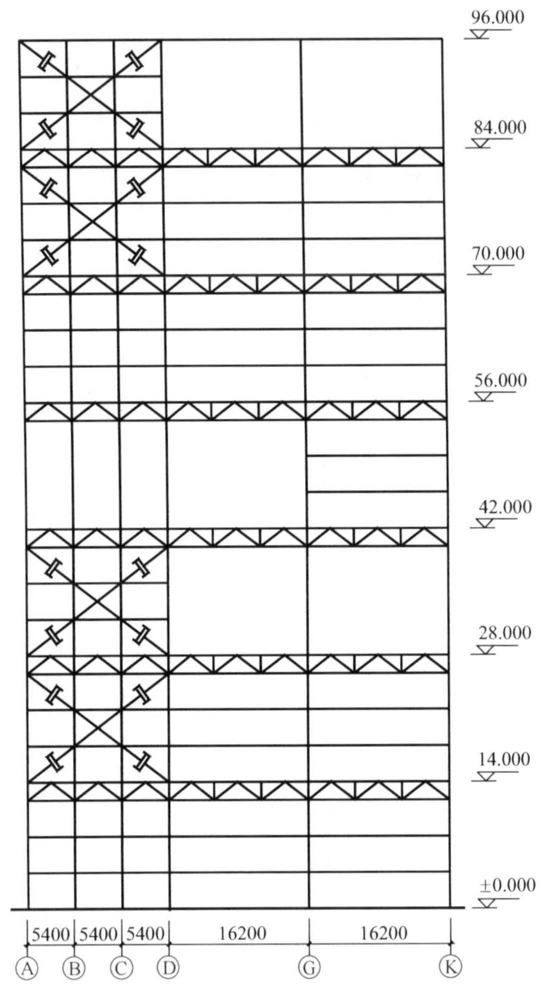

图 8.53 结构典型立面图

图 8.54 振动台上模型全景

不同楼层处的加速度反应，并通过积分得到结构在不同水准地震波作用下的位移反应；应变片布置 24 个，16 个位于结构重要抗侧力构件上，8 个位于有代表性的阻尼器连杆上，以分组计算阻尼力和阻尼器耗能。

根据上海地区 7 度抗震设防和Ⅳ类场地土的要求，考虑结构的动力特性，选用了 El Centro 波、Pasadena 波和上海人工波 SHW2 作为振动台输入的台面激励。试验加载工况按照 7 度多遇、7 度基本烈度、7 度罕遇和 8 度罕遇的顺序分四个阶段对模型结构进行模拟地震试验。为了考察阻尼器对结构动力特性和地震反应的影响，在结构安装阻尼器前后，分别进行了 7 度多遇阶段的试验，其他各阶段均为有阻尼器试验。在不同水准地震波输入前后，对模型进行白噪声扫频，测量结构的自振频率、振型和阻尼比等动力特性参数。各阶段的试验结果及试验现象总结如下。

(1) 模型结构前两阶自振频率都为 1.628Hz，振动形态分别为 X 向平动和 Y 向平动，根据相似关系可知，原型结构的前两阶自振频率都为 0.243Hz。

(2) 在7度多遇试验阶段后，模型表面未发现可见破坏。白噪声扫描结果显示模型结构自振频率没有发生变化，说明试验阶段模型结构处于弹性状态，层间位移角最大值为：X向1/460，Y向1/541，小于规范限值1/300的要求，结构能够满足我国现行抗震规范“小震不坏”的抗震设防标准。

(3) 在7度基本烈度试验阶段后，模型结构仍未出现明显的破坏现象，但结构的后几阶自振频率略有下降，说明铜管内混凝土发生微小裂缝或部分梁端变形、支撑变形等，整体结构基本处于弹性工作阶段，层间位移角最大值为：X向1/202，Y向1/210。

(4) 在7度罕遇地震试验阶段各地震波输入下，大柱距间带状桁架下弦略有平面外变形，部分构件节点焊缝开裂，结构的自振频率有所下降，其中第一阶频率下降20%，结构层间位移角最大值为：X向1/77，Y向1/82，满足规范中应小于1/50的要求，但稍大于对消能减震结构宜小于1/80的要求。结构满足“大震不倒”的抗震设防要求。

(5) 8度罕遇地震试验阶段(8度罕遇时，振动台Y向输入能力已不足，因此改为X向单向激励，即沿结构东西方向进行)，模型结构中、下部破坏现象比较明显：南、北立面3层、6层、9层、12层大柱距间部分带状桁架下弦平面外半波状压屈，小柱距间部分带状桁架腹杆压屈或拉断；5层、8层、11层部分交叉斜撑出现压曲或拉断现象；结构中、下部有少数梁端翼缘扭曲。但结构外围可见的主要铜管混凝土框架柱表面未出现任何破坏现象。此时，白噪声扫描结果显示结构自振频率有较大下降，其中第1阶频率下降了40%。

(6) 不同水准地震作用下结构的扭转反应始终不大，顶层角点处由扭转引起的侧移在其总侧移最大值中的比例仅为5%～9%。

(7) 阻尼器安装后，模型结构的自振频率基本不变，说明该阻尼器的附加刚度很小；7度多遇地震作用下，有阻尼器结构的各项地震反应都有不同程度的减小。

综上所述，该结构未出现明显的薄弱层，结构整体扭转反应相对较小，阻尼器发挥了一定的消能减震作用。但该结构中的一些局部构件和连接需要进一步加强，以改善结构的抗震性能，具体如下：①建议增加结构中下部大柱距间带状桁架平面外刚度或增设下弦侧向支撑，以保证其平面外稳定；②适当增加小柱距间的桁架腹杆与上下弦杆的连接强度和刚度，以保证其不过早地压屈或拉断；③由于十字形交叉斜撑刚度大，大震下易于屈服或拉断从而失去作用，建议改为软钢阻尼器(ADAS)，以使其屈服后仍能发挥一定的耗能作用。

8.6.4　计算分析内容

1. 计算模型

对该结构采用三维空间杆系模型进行弹塑性时程分析，为减少计算自由度，根据结构楼面布置特点，引入了分段刚性楼板假定。梁、柱、斜撑均采用考虑杆端双向弯矩和轴力耦合作用的多弹簧模型，并通过对混凝土等效单轴本构模型参数的合理选取考虑了钢管混凝土柱中钢管对核心混凝土的约束效应。为考虑带状桁架平面外失稳并减少计算自由度，将其等效为梁单元，由试验破坏现象和带状桁架屈曲分析计算结果可知，其平面外失稳是由地震力作用下的桁架两端反向弯矩引起，因此，采用端部弯矩铰杆件模型来近似模拟周边带状桁架，弯矩铰采用双线性弹性滞回模型，其屈服荷载取一阶弹性屈曲荷载，即忽略带状桁架平面外失稳后较小的耗能能力。计算程序采用结构非线性分析程序 CANNY。对于改进后的原型结构，其带状桁架下弦增加了侧向支撑，可以有效地防止平面外失稳，因此在桁架弹塑性分析的基础上，确定等效桁架梁的弯矩铰采用双线性随动硬化模型，其屈服荷载和屈服后的切线刚度根据桁架弹塑性分析的结果确定。

2. 模型结构计算分析及试验验证

1) 模型结构动力特性

模型结构初始自振周期的计算值和试验值的对比见表 8.50，表中除给出了采用前述简化模型的 CANNY 计算结果，还列出了采用实际桁架并考虑楼板弹性变形的 ETABS 计算结果。从表中可以看出，除了第三阶，其余几阶的自振周期的计算值和试验值都吻合得较好(如前所述，第三阶自振周期的试验值因白噪声扫描结果中第三阶自振反应不明显，未能准确的找到)。由此可见，所采用的结构计算模型在弹性阶段可以较好地反映试验模型的动力特性。

表 8.50　模型结构自振周期计算值和试验值对比　　(单位：s)

项目	振型序号							
	1	2	3	4	5	6	7	8
CANNY	0.663	0.649	0.473	0.213	0.208	0.153	0.115	0.111
ETABS	0.637	0.634	0.489	0.210	0.206	0.157	0.113	0.112
试验值	0.614	0.614	0.341	0.207	0.207	0.146	0.105	0.102

2) 模型结构顶点位移反应对比

不同地震水准的 SHW2 波和 El Centro 波作用下模型结构顶点的位移时程曲线如图 8.55～图 8.62 所示，Pasadena 波作用下的情况与此类似，不再列出。从图中可以看出，对于 7 度多遇工况，无阻尼器模型结构的计算和试验曲线吻合较好，而有阻尼器模型结构的两条曲线前半段吻合较好，位移峰值的大小和出现的时刻基本一致，但后半段计算曲线比试验曲线衰减得快，说明计算所得阻尼器的减震效果要比试验大，原因可能是模型阻尼器尺寸和位移行程过小，而端部球铰连接处存在的间隙影响了阻尼器的减震效果。随着地震水准的提高，阻尼器连接间隙的影响也随其位移行程的增大而减小，时程曲线的

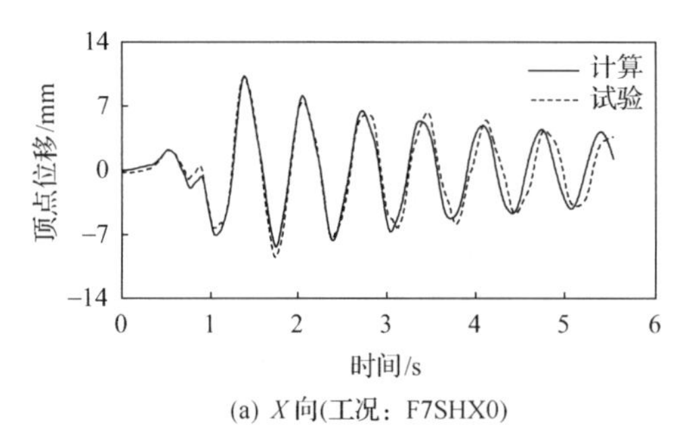

(a) X 向(工况：F7SHX0)

(b) Y 向(工况：F7SHY0)

图 8.55　7 度多遇 SHW2 波(无阻尼器)

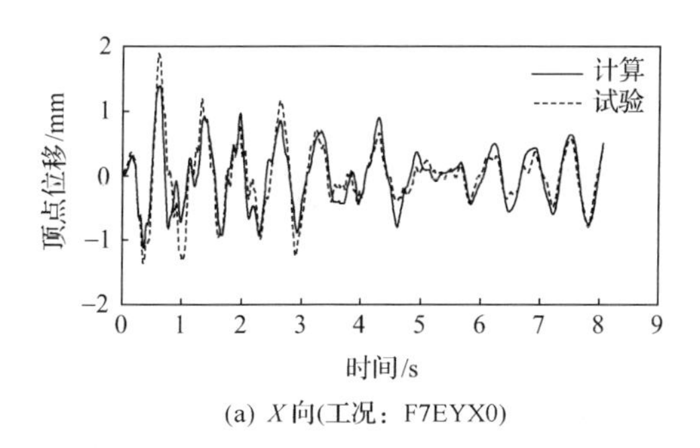

(a) X 向(工况：F7EYX0)

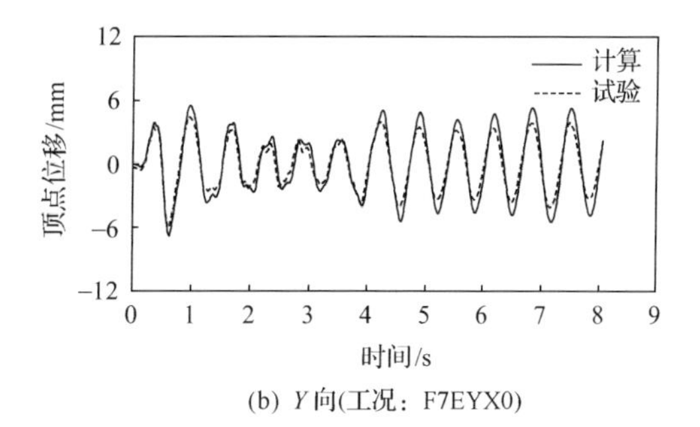

(b) Y 向(工况：F7EYX0)

图 8.56　7 度多遇 El Centro 波(无阻尼器)

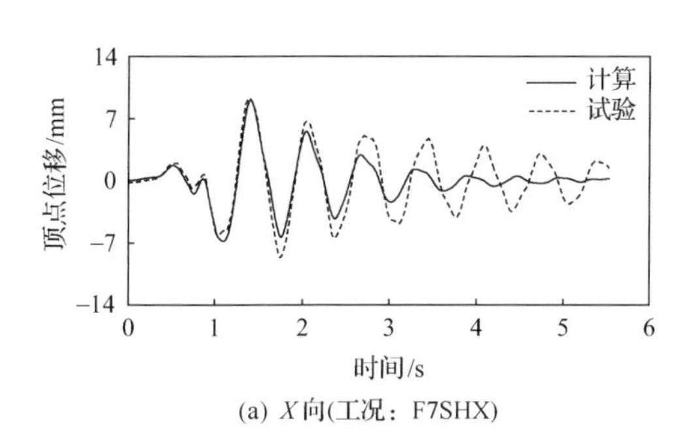

(a) X 向(工况：F7SHX)

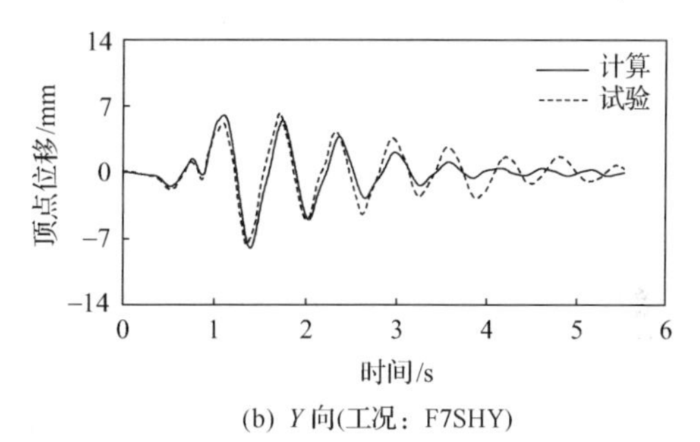

(b) Y 向(工况：F7SHY)

图 8.57　7 度多遇 SHW2 波(有阻尼器)

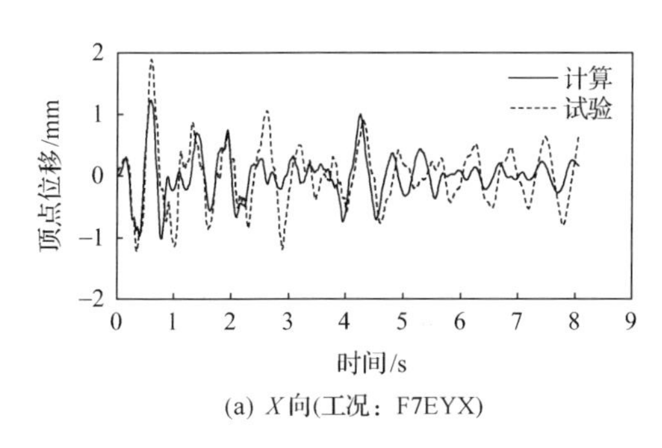

(a) X 向(工况：F7EYX)

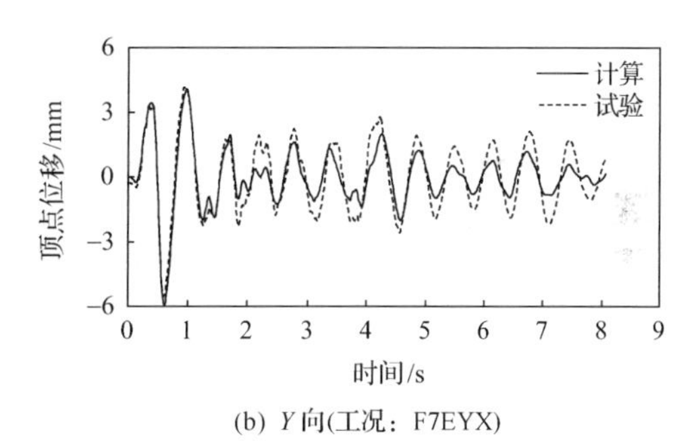

(b) Y 向(工况：F7EYX)

图 8.58　7 度多遇 El Centro 波(有阻尼器)

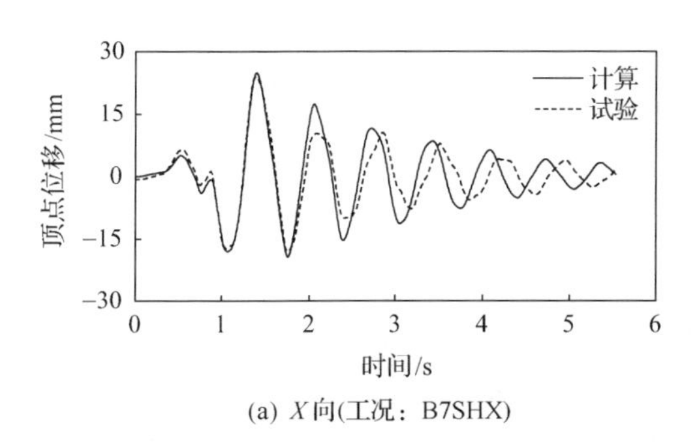

(a) X 向(工况：B7SHX)

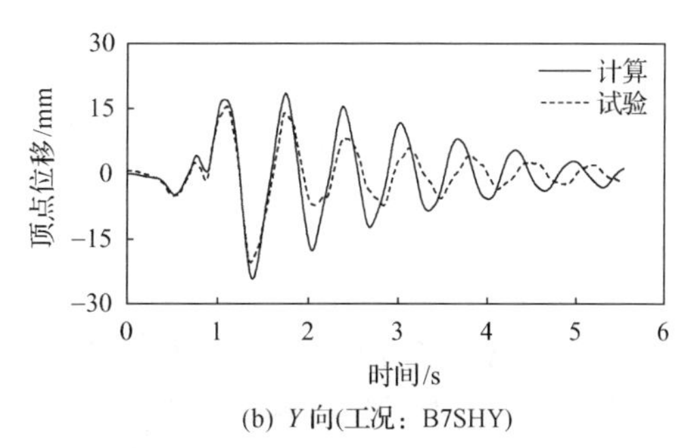

(b) Y 向(工况：B7SHY)

图 8.59　7 度基本烈度 SHW2 波(有阻尼器)

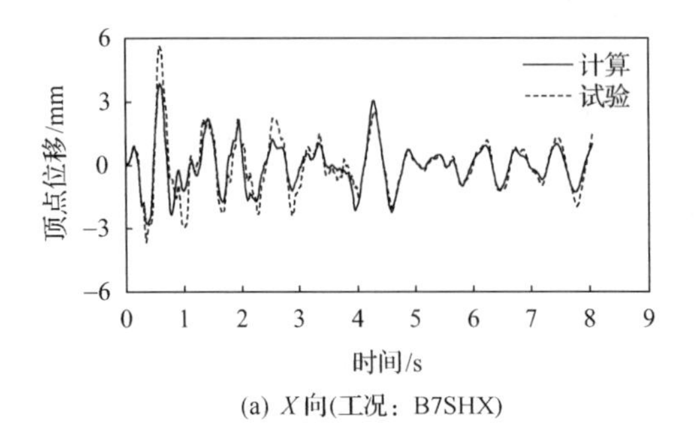

(a) X向(工况：B7SHX)

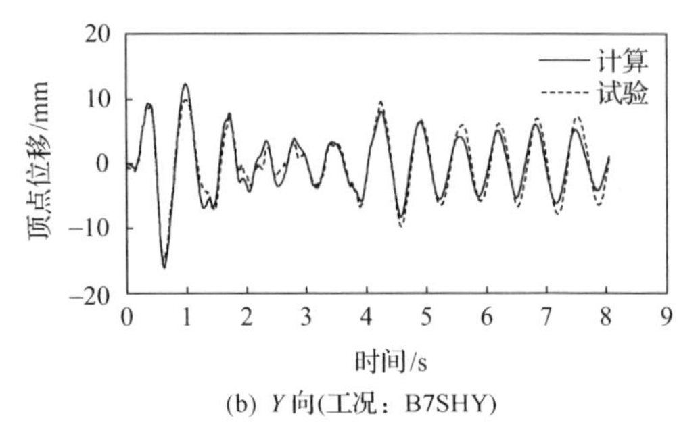

(b) Y向(工况：B7SHY)

图 8.60　7 度基本烈度 El Centro 波(有阻尼器)

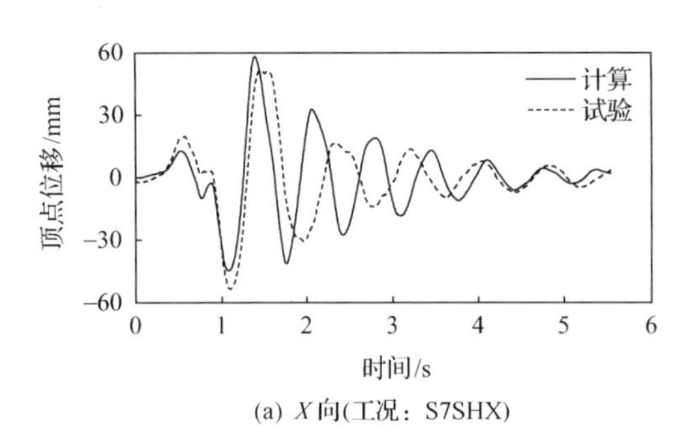

(a) X向(工况：S7SHX)

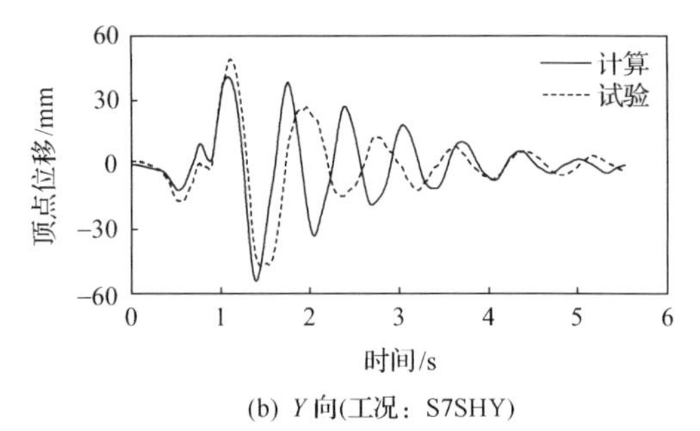

(b) Y向(工况：S7SHY)

图 8.61　7 度罕遇 SHW2 波(有阻尼器)

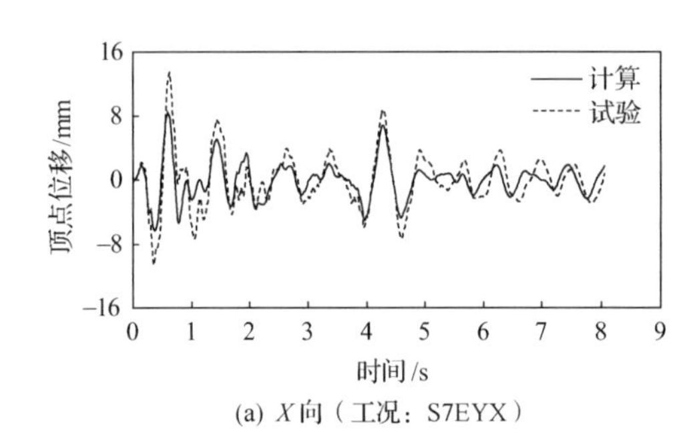

(a) X向（工况：S7EYX）

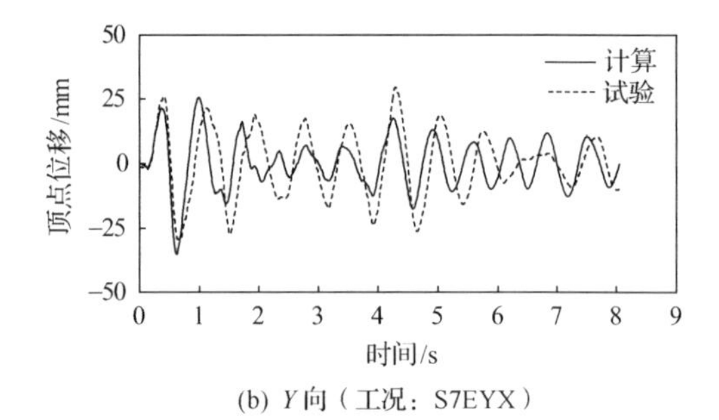

(b) Y向（工况：S7EYX）

图 8.62　7 度罕遇 El Centro 波(有阻尼器)

峰值位移和出现的时刻基本吻合，但时程曲线后半段出现了一定的相位差，这主要与试验模型在试验过程中多次连续试验的损伤累积所导致的刚度退化有关。从图中可以看出：不同水准地震作用下，模型结构在 SHW2 波作用下的顶点位移反应最大，且 X 向和 Y 向峰值反应差别不大，此外，7 度多遇阶段，阻尼器安装后，模型结构顶点位移峰值减小不大，但有阻尼器结构后期的振动衰减明显快于无阻尼器结构。

3) 模型结构层间位移反应包络值对比

不同水准地震作用下有阻尼器模型结构层间位移角包络值曲线对比如图 8.63 所示(图中曲线为各地震波计算曲线的总包络值曲线，下面凡未注明何种地震波作用下的包络值曲线，均与此相同)。从图中可以看出，各水准地震作用下模型结构层间位移角分布规律的计算结果和试验结果基本一致。对于试验中 7 度罕遇工况模型结构 4 层、5 层层间位移角反应突然增大，本节分析后认为是由测量偏差引起的，而非此处形成薄弱层，此处的计算结果则进一步证明了这一点。

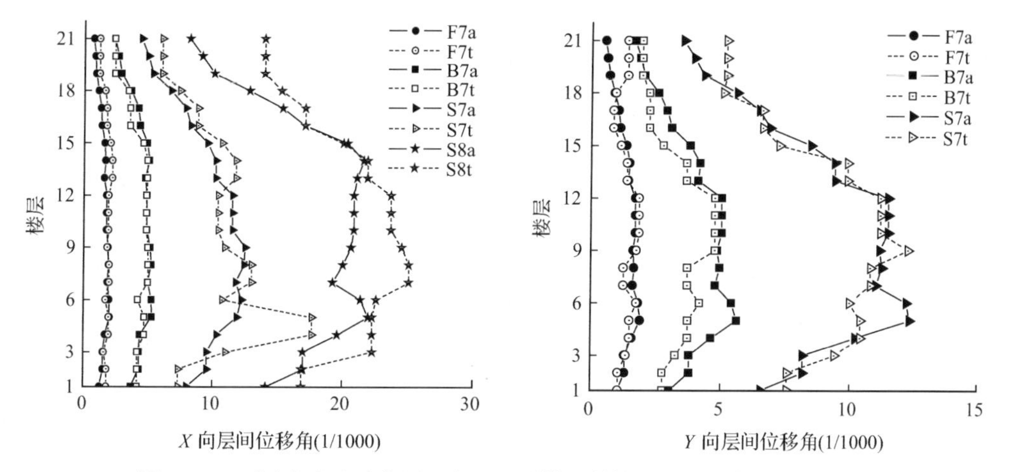

图 8.63　不同水准地震作用下有阻尼器模型结构层间位移角包络值对比

a 为计算结果；t 为试验结果

4）模型结构层间剪力包络值对比

不同水准地震作用下有阻尼器模型结构层间剪力包络值曲线对比如图 8.64 所示。模型结构楼层剪力的试验值是由上部楼层的惯性力相加得到，各楼层惯性力的试验值受加速度传感器布置数量和布置位置的限制，只能近似得到，因此楼层剪力的试验值和计算值之间有一定的差异，但两者大体吻合，趋势相同。

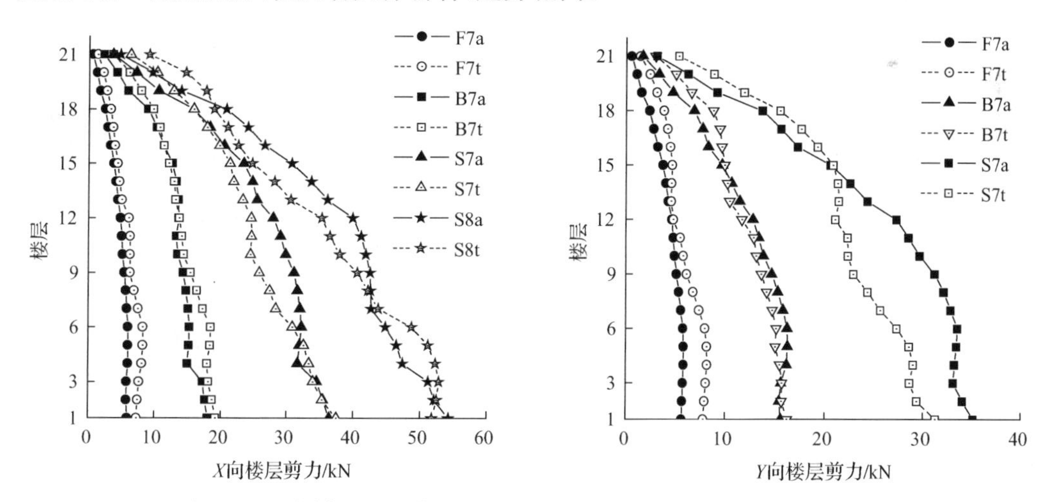

图 8.64　不同水准地震作用下有阻尼器模型结构层间剪力包络值对比

a 为计算结果；t 为试验结果

从上述模型结构计算结果和振动台试验结果的各项对比中可以看出，本节所采用的计算模型可以较好地反映同济综合楼模型结构的动力特性以及各阶段地震作用下的结构反应特征，在此基础上对改进后原型结构进行弹塑性时程分析，可以全面、可靠地了解实际结构的抗震性能，以弥补试验的不足和局限性。

3. 原型结构计算分析

改进后原型结构带状桁架下弦增设了侧向支撑，有效地防止了平面外失稳。本节按照改进后的原型结构进行建模分析，着重研究了不同烈度地震作用下，结构的地震反应及其抗震性能，以及阻尼器的消能减震效果。前述模型结构试验结果及计算结果显示，不同烈度地震作用下，结构各项地震反应的包络值由 SHW2 波和 Pasadena 波控制，而 El Centro 波作用下结构反应较小，因此，原型结构计算中只选用了 SHW2 波和 Pasadena 波，且 Pasadena 波始终以结构反应较大的激励方向作为主激励方向。

1）原型结构动力特性

原型结构前三阶自振周期分别为 4.06s、3.95s、3.17s，振动形态分别为 X 向平动、Y 向平动和扭转，扭转第 1 自振周期与前两阶平动自振周期之比分别为 0.78 和 0.80，两者都小于 0.85，满足《高层建筑混凝土结构技术规程》(JGJ 3—2002)的要求。

2）原型结构位移反应

计算结果显示：不同水准地震作用下，原型结构层间位移角分布规律与前述模型结构的计算结果相似，最大层间位移角出现在结构的中下部，该结构不存在明显的薄弱层。原型结构层间位移角最大值为：7 度多遇地震作用下，X 向 1/527，Y 向 1/504；7 度罕遇地震作用下，X 向 1/98，Y 向 1/91，均能满足抗震规范中对于消能减震框架结构的限值要求。

3）原型结构扭转反应

7 度多遇和 7 度罕遇地震作用下，结构顶层扭转角最大值分别为 1/2862 和 1/635，结构顶点由扭转引起的侧移最大值与其总侧移最大值的比值分别为 6.5%和 7.8%，从中可以看出结构的扭转反应不大。

4）原型结构阻尼器消能减震效果分析

7 度多遇地震作用下，阻尼器耗散掉地震输入总能量的 54%～58%，与无阻尼器结构相比，大大加快了结构峰值反应后的振动衰减，但对结构的峰值反应影响相对较小（顶点侧移峰值减小 1%～8%，层间位移峰值减小 5%～7%），主要原因是阻尼器提供的阻尼力较小，层间位移角最大楼层处阻尼器提供的总水平控制力仅占楼层剪力的 8%左右，而在结构位移反应最大时刻阻尼器耗散的能量也仅占此时地震输入总能量的 15%左右，因此要消减结构的峰值反应，只有加大阻尼器水平控制力对结构层间剪力的比重，即增大结构峰值反应时刻阻尼器的耗能比重。7 度基本地震作用下，阻尼器耗散掉地震输入总能量的 40%～48%，7 度罕遇地震作用下，阻尼器耗散掉地震输入总能量的 15%～22%，随着地震输入能量的增大和结构自身耗能的增加，阻尼器的消能减震效果减小，对结构峰值反应几乎没有影响，但对后期结构振动的衰减仍有一定的作用。由以上分析可知，所采用的阻尼器由于其水平控制力相对楼层剪力的比重较小，未能有效地消减结构层间位移的峰值反应，仅对结构的振动衰减有一定的效果，但采用此阻尼器结构的层间位移角已足以满足规范要求。

5）原型结构屈服机制

由于 7 度多遇和 7 度基本烈度各地震波作用下，原型结构各构件均没有形成塑性铰，结构处于弹性状态，因此，下面仅讨论7度罕遇和8度罕遇烈度各地震波作用下结构构件所形成的塑性铰数量及其分布情况。

(1) 7度罕遇 X 主向 Pasadena 波作用下，主框架柱和电梯间角柱都没有产生塑性铰；2～15层有部分梁产生塑性铰，其中3～5层和10～14层产生塑性铰的梁较多，6～9层较少，这和前述该波作用下的层间剪力和层间位移角的分布规律一致；2～12层沿 X 向布置的斜撑大部分屈服，部分带状桁架斜腹杆或弦杆屈服。

(2) 7度罕遇 X 向 SHW2 波作用下，结构仅2～9层有少量框架柱出现了塑性铰；2～11层有较多的梁出现塑性铰，其中4层、5层最多，此处有超过一半沿 X 向布置的梁出现了塑性铰；5层、8层、11层沿 X 向布置的斜撑全部屈服，带状桁架的破坏情况也比 Pasadena 波作用下的严重。

(3) 8度罕遇 X 主向 Pasadena 波作用下，结构底层部分主框架柱固定端出现了塑性铰，结构上部仅有小部分主框架柱屈服，16层以下电梯间角柱形成的塑性铰增多；17层以下有较多的梁出现塑性铰，其中以10～14层最多，因此，8度罕遇 Pasadena 波作用下10～14层层间位移角增大明显；2～17层沿 X 向布置的斜撑全部屈服，而沿 Y 向仅有一根屈服，这主要是由于 Pasadena 波两个方向分量的频谱成分不同所造成的。

(4) 8度罕遇 X 向 SHW2 波作用下，结构底层大部分主框架柱固定端出现了塑性铰，结构上部屈服的主框架柱数量仍然不多，仅4层、6层稍多，而相当部分的电梯间角柱形成了塑性铰；17层以下，大部分沿 X 向布置的型钢主梁屈服，其中3～8层几乎全部屈服，因此图8.63中此处层间位移角突出明显；2～14层沿 X 向布置的斜撑全部屈服；3～15层带状桁架多数屈服，其中3～9层沿 X 向布置的带状桁架几乎全部屈服。

综上所述，7度罕遇烈度地震作用下，结构底层柱固定端没有形成塑性铰，上部各层也仅有极少数柱子形成塑性铰，其主要分布在L形楼面的角点处，而主梁、斜撑、桁架则有较多屈服，因此，整体结构在7度罕遇地震作用下的屈服机制属于强柱弱梁的梁铰型总体屈服机制，其延性和耗能性能较好。8度罕遇特大地震作用下，结构上部主框架柱所形成的塑性铰依然较少，而底层主框架柱仅在底部固定端形成较多的塑性铰，此时结构中下部沿地震作用方向的绝大部分主框架型钢梁、斜撑及带状桁架屈服，由此导致结构部分楼层层间位移角突然增大，但结构此时的屈服机制仍然属于强柱弱梁的梁铰型总体屈服机制，数量众多的屈服梁吸收和耗散了大量地震能量，因此，只要柱底固定端具有较好的延性，整体结构就能持续产生较大的变形而不倒塌。

8.6.5　结构加强及改进措施

(1) 在大柱距间带状桁架下弦增设侧向支撑，以保证其平面外稳定。

(2) 增强结构底层方钢管混凝土框架柱的强度，以避免大震下柱底固定端过早产生塑性铰，并采取措施提高其延性，使梁铰型屈服机制能够充分耗散地震能量，以保证主体结构不倒塌。

该工程已于2006年12月建成，并在2007年5月同济大学建校100周年庆典活动时投入使用。

8.7　复杂体型混合结构

8.7.1　LG 北京大厦

1. 工程概况

LG 北京大厦位于北京朝阳区东长安街(建国门外大街)南侧,处于二环和三环中间位置,由两座对称布置的塔楼及附属裙房组成,占地面积约为 10000m^2,总规划建筑面积为 151345m^2。塔楼结构地下 4 层,地上 31 层,地面以上结构总高度为 140.497m,在 2002 年设计时为抗震设防烈度 8 度区最高的混合结构高层建筑。塔楼标准层平面近似椭圆,长轴方向长 42.75m,短轴方向宽 41.504m,标准层层高 3.96m,单塔高宽比约为 3.4,核心剪力筒高宽比约为 10.5。图 8.65 为塔楼标准层结构平面布置,图 8.66 为其主体结构透视图。

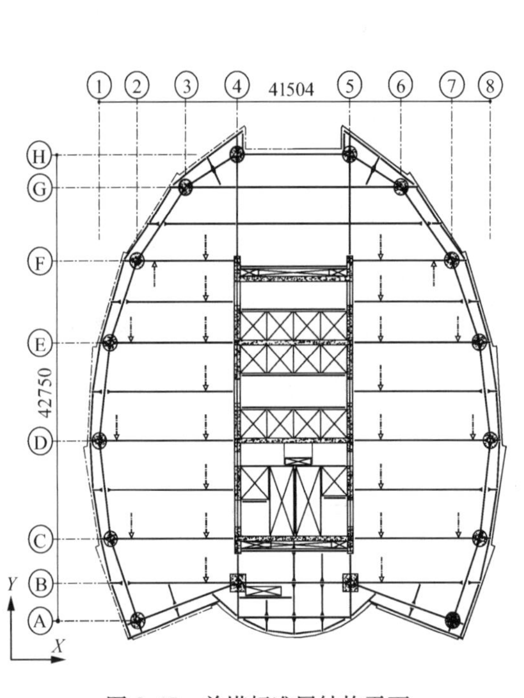

图 8.65　单塔标准层结构平面

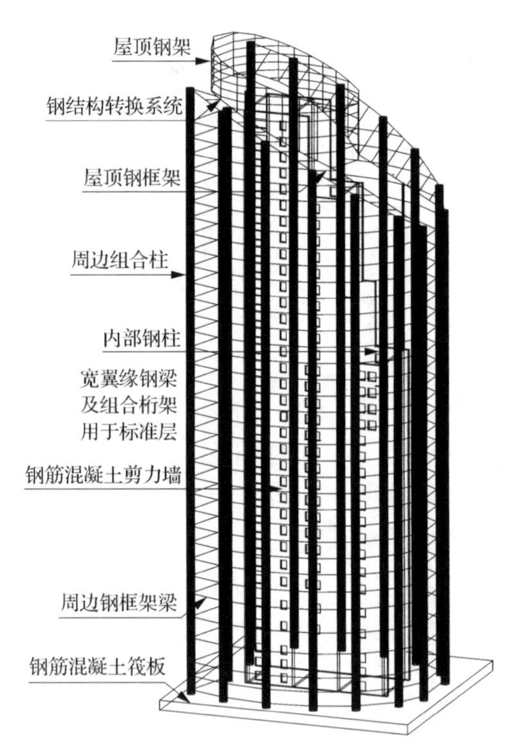

图 8.66　单塔主体结构透视图

2. 塔楼主要结构特点

LG 北京大厦塔楼采用典型的 SRC 框架-核心筒混合结构体系,结构布置有以下主要特点:①竖向承重及水平抗侧力构件主要由外围型钢混凝土框架和内部型钢混凝土核心筒组成;②框架柱采用圆形和方形 SRC 柱,截面直径为 1.2～1.5m(方形边长 1.5～

1.6m)；③楼面水平构件采用工字钢梁和钢桁架，其中框架和核心筒之间 X 向连梁采用空腹式钢桁架，其他均为实腹式型钢梁；④标准层核心筒为 25.5m×12m 矩形平面，X 向墙厚 450mm，Y 向墙厚 600mm，核心筒与楼层面积之比为 1∶5.63，筒体高宽比为 10.5。核心筒采用型钢混凝土剪力墙，纵横墙体交接处及各层楼板高度处均设置有垂直和水平型钢钢骨；⑤楼面钢梁(钢桁架)-型钢混凝土柱节点采用柱型钢贯通式刚性节点，钢梁(钢桁架)和剪力墙之间采用半刚性连接节点，通过高强螺栓将钢梁(钢桁架)的腹板(桁架端板)和墙体预埋件相连。

LG 北京大厦位于北京 8 度地震区，由于目前国内外工程界对混合结构抗震性能系统性的研究不够深入，对混合结构抗震性能没有形成统一的认识，尤其缺乏在高烈度地震区设计、建造此类高层建筑的理论依据和实践经验。鉴于这种现状，为考察实际结构的抗震性能，为混合结构高层建筑在高烈度地震区应用的可行性进行论证并提供试验和理论依据，同济大学土木工程防灾国家重点实验室与北京市建筑设计研究院合作，进行了 LG 北京大厦塔楼结构整体模型模拟地震振动台试验，对整体结构进行了计算分析，并在原型结构竣工后，采用脉动法对塔楼结构动力特性进行了现场测试[10,11]。

3. 试验研究内容

1) 结构整体模型模拟地震振动台试验

LG 北京大厦塔楼结构整体模型设计为动力相似模型，由微粒混凝土、镀锌铁丝(网)模拟钢筋混凝土，由紫铜片模拟钢结构。主要动力相似参数为：$S_l=1/20$，$S_E=0.3$，$S_a=3.0$。制作完成的模型总高度为 7.325m，总质量为 20.86t；其中模型高 7.025m，模型及配重为 16.26t。底座高 0.3m，重 4.6t。图 8.67 为塔楼结构整体试验模型。

试验时分别在模型底座、1 层、3 层、5 层、6 层、11 层、17 层、20 层、23 层、26 层、29 层、31 层和出屋面结构上布置 X 和 Y 向加速度传感器，共计 38 只；并于结构 10 层、20 层及出屋面结构层沿 X 向和 Y 向各布置 1 个、共计 6 个大量程位移传感器(LVDT)；此外，还在部分桁架、梁-墙节点区铜梁腹板及上、下翼缘处布置有应变测点，共计 18 个。

图 8.67　结构整体模型

根据北京 8 度抗震设防烈度区及Ⅱ类场地土要求，选定 El Centro 波、Taft 波和北京人工地震波 GB11 作为振动台台面激励，分别按 8 度多遇、8 度基本和 8 度罕遇的顺序依次输入，以模拟不同水准地震对结构的作用，并在各水准地震作用台面激励输入前、后输入双向白噪声进行扫频，以记录、分析模型结构自振频率及阻尼的变化。

试验结束后通过对各加速度测点的频谱特性、传递函数及时程反应进行分析，可得到模型结构在不同设防水准地震作用前后的自振频率、阻尼比和振型形态，结果如下：①模型结构的低阶振型主要表现为整体平动和扭转，其前三阶振型的初始自振频率分别为4.319Hz(*X*向平动)、4.883Hz(*Y*向平动)和6.761Hz(整体扭转)，对应阻尼比分别为0.043、0.046和0.026；②模型结构频率随输入地震动幅值的加大而降低，而阻尼比则随结构破坏加剧而提高；③每个试验阶段结束后，白噪声扫频显示模型结构高阶振型的振动形态顺序发生变化，*Y*向平动和整体扭转振型提前，显示模型结构*Y*向刚度退化速度较快；④在完成设防烈度罕遇地震考核试验后，模型结构的前两阶频率分别为2.817Hz(*Y*向平动)和3.005Hz(*X*向平动)，对应阻尼比分别为0.085和0.052。模型结构的各阶自振频率、振动形态和阻尼比都发生了较大改变。

根据相似关系，可由模型结构试验结果推算得到原型结构在不同设防水准地震作用前后的自振频率和振动形态。由试验结果推算得到的原型结构第一阶振型为*X*向平动，频率0.557Hz；结构第二阶振型为*Y*向平动，频率为0.630Hz；结构第三阶振型为整体扭转，频率为0.872Hz；对应的周期依次为1.794s、1.587s和1.146s。结构第一阶扭转振型周期和第一阶平动振型周期之比为0.64，满足有关设计标准要求。

在8度多遇地震作用下，结构有较为明显的平动和扭转变形，结构自振频率略有下降，结构构件无明显开裂，基本处于弹性工作范围。结构总弹性位移角为：*X*向1/1488，*Y*向1/1939；层间弹性位移角最大值为：*X*向1/1008，*Y*向1/1005。8度基本烈度地震作用下，主体结构开裂，结构进入弹塑性工作阶段，自振频率进一步下降，刚度降低。8度罕遇地震作用下，结构自振频率、刚度有较大幅度下降，裂缝进一步开展，部分结构构件损坏较严重，结构侧向变形加大。结构总弹塑性位移角为：*X*向1/222，*Y*向1/165；层间弹塑性位移角最大值为：*X*向1/120，*Y*向1/101。结构层间弹塑性位移角小于1/100，满足我国现行高规要求。

模拟地震振动台试验表明，LG北京大厦塔楼原型结构满足我国现行抗震规范“小震不坏、大震不倒”的设防标准，但原型结构设计方案中可能存在如下薄弱部位：①塔楼31层以上出屋面结构；②塔楼17～23层之间部分；③靠近框架梁柱节点处的柱截面。

2) 原型结构动力特性现场测试

为检验、校核设计计算及地震振动台试验分析结果，积累关于混合结构体系高层建筑的动力特性资料，同济大学国家重点实验室工作人员采用脉动法在LG北京大厦主体结构封顶、内装修尚未进行之前，利用环境脉动随机激振对东塔楼结构动力特性分两阶段进行了现场测试：第一阶段测点布置于B4层、1层、8层、16层、24层和30层；第二阶段测点布置于B4层、1层、4层、12层、16层、20层和30层。

测试完成后通过对各测点传递函数及频谱图进行分析，可得原型结构沿各方向的振动特性(表8.51)。为便于对比，表8.51中也列出了理论分析及模型试验结果。

结构动力特性测试结果表明：①结构实测频率和理论分析及振动台试验结果接近，振型曲线形状和振动台试验结果基本一致；②结构*X*向与*Y*向频率接近，除了顶部数层，两方向振型基本一致，表明结构平面布置在两方向均较均衡，没有明显的强弱轴；③振型形

表 8.51　结构动力特性比较　　（单位：Hz）

项目	动力特性	振型序号					
		1	2	3	4	5	6
脉动实测	频率/Hz	0.49	0.59	0.83	2.00	2.05	2.35
	方向	$X1$	$Y1$	$T1$	$X2$	$Y2$	$T2$
计算频率	STRAND7/Hz	0.5414	0.6476	0.7855	2.103	2.199	2.310
	方向	$X1$	$Y1$	$T1$	$X2$	$Y2$	$T2$
	SATWE/Hz	0.4028	0.5985	0.8497	1.7191	1.9853	2.1906
	方向	$X1$	$Y1$	$T1$	$X2$	$Y2$	$T2$
模型试验	频率/Hz	0.557	0.630	0.872	2.157	2.181	2.229
	方向	$X1$	$Y1$	$T1$	$X2$	$Y2$	$T2$
项目	动力特性	振型序号					
		7	8	9	10	11	12
脉动实测	频率/Hz	3.86	4.01	—	4.40	5.43	—
	方向	$Y3$	$X3$	—	$X4$	$Y4$	—
计算频率	STRAND7/Hz	3.877	4.079	4.319	4.487	5.402	5.464
	方向	$T3$	$Y3$	$X3$	垂直振动	$X4$	$Y4$
	SATWE/Hz	3.3422	3.5997	4.0128	4.5086	4.9092	5.1125
	方向	$T3$	$Y3$	$X3$	$X4$	$T4$	$Y4$
模型试验	频率/Hz	2.423	4.047	4.362	5.258	5.646	5.695
	方向	$X3$	$T3$	$X4$	$Y3$	$T4$	$X5$

注：Xi、Yi 和 Ti 分别表示 X、Y 向及扭转第 i 阶振型。

态较舒缓，无明显突变，这与结构沿 X 向和 Y 向质量、刚度分布均匀相吻合；④结构实测扭转、平动周期比 X 向 0.59、Y 向 0.71，满足高规要求；⑤结构前 12 阶振型频率计算、实测及振动台试验结果相互之间都比较接近，且前六阶振型的振动次序也一一对应，表明振动台试验及理论分析结果真实反映了原型结构的动力特性及抗震性能。

4. 计算分析内容

1）模型结构

采用澳大利亚 G+D Computing 公司研究开发的基于 Windows 环境的大型有限元仿真软件系统 Strand 7 建立 LG 北京大厦塔楼模型结构的三维计算模型，进行模型结构动力特性及弹塑性动力时程分析。

建模时所有梁、柱构件均定义为 Strand 7 中赋有不同截面及材料属性的 beam 单元，核心筒墙体及楼板定义为 plate/shell 单元。模型结构材料强度等级主要参照材性试验结果确定，结构弹塑性分析时根据 Strand 7 规定对单元材料的非线性定义如下：beam 单元的弯矩-曲率（M-ϕ）关系采用 Section Builder 程序的计算结果；plate/shell 单元的非线性 σ-ε 关系采用约束混凝土 σ-ε 的分析结果，构件滞回准则选用 Strand 7 中包含的 Takeda 模型。计算模型质量及其沿楼层分布完全按照试验模型配置。阻尼矩阵由程序根据振型阻尼法自动计算、确定。

模型结构的三维计算模型见图 8.68,该计算模型高 6.99815m,总质量为 16.66t,节点总数为 5282,梁单元总数为 6501,板/壳单元总数为 5353。

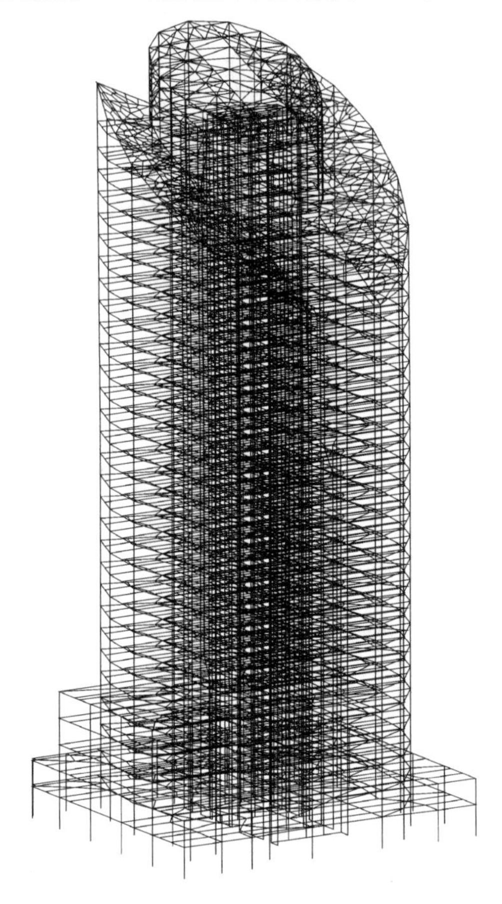

图 8.68　三维计算模型

主要计算内容包括模型结构动力特性、结构顶部节点位移时程对比及核心筒混凝土纤维应力等,计算结果概述如下。

(1) 动力特性。

模型结构前六阶振型自振频率及振动形态列于表 8.52,为便于对比,表中列出了对应的试验结果。

表 8.52　模型结构动力特性比较

项目	动力特性	1	2	3	4	5	6
计算频率	频率/Hz	4.313	4.545	6.200	14.82	16.40	18.63
	方向	$X1$	$Y1$	$T1$	$Y2$	$X2$	$T2$
模型试验	频率/Hz	4.319	4.883	6.761	16.714	16.902	17.278
	方向	$X1$	$Y1$	$T1$	$X2$	$Y2$	$T2$
误差/%		1.39	6.92	8.29	11.33	2.97	7.82

表 8.52 中数据表明，理论计算模型和试验模型前六阶振型自振频率最大相差约 10%，且前三阶振动形态也一一对应，表明计算模型较为真实地反映了试验模型的动力性能，具备了进行结构弹塑性动力时程分析的前提条件。

(2) 结构顶部节点位移时程对比。

图 8.69 为 8 度不同设防水准地震作用阶段输入 El Centro 波和北京人工地震波 GB11 时试验模型 30 层 A 测点(计算模型第 4004 号节点)位移时程曲线对比。图中各时程曲线对比结果显示：在 8 度多遇地震波作用下，结构顶部节点计算位移时程和振动台试验结果符合程度较好，表明计算模型及参数取值比较准确地反映了模型的结构特点；在 8 度基本烈度地震波作用下，随着模型局部开裂，结构进入非线性变形阶段，此时计算位移时程和试验结果出现一定偏差，但二者峰值位移及出现时刻仍比较接近；进入 8 度罕遇地震波作用阶段，由于计算程序无法考虑结构损伤累积，计算位移时程和试验结果已出现较大偏差。

(3) 核心筒混凝土纤维应力。

在 8 度多遇地震波作用下，核心筒混凝土应力峰值较小，基本处于弹性范围内。在 8 度基本烈度地震波作用下，核心筒角部、墙体洞口角部及刚度突变处应力集中，拉应力峰值超过微粒混凝土抗拉强度，混凝土受拉开裂，但压应力峰值尚未达到微粒混凝土抗压强度，这和试验时核心筒未出现墙体角部压溃、钢筋屈曲现象一致。除了上述部位，模型核心筒中部(10～18 层附近)混凝土出现峰值拉应力，这也和试验时最早观察到水平裂缝的部位基本一致(11 层和 12 层外围 SRC 柱)。

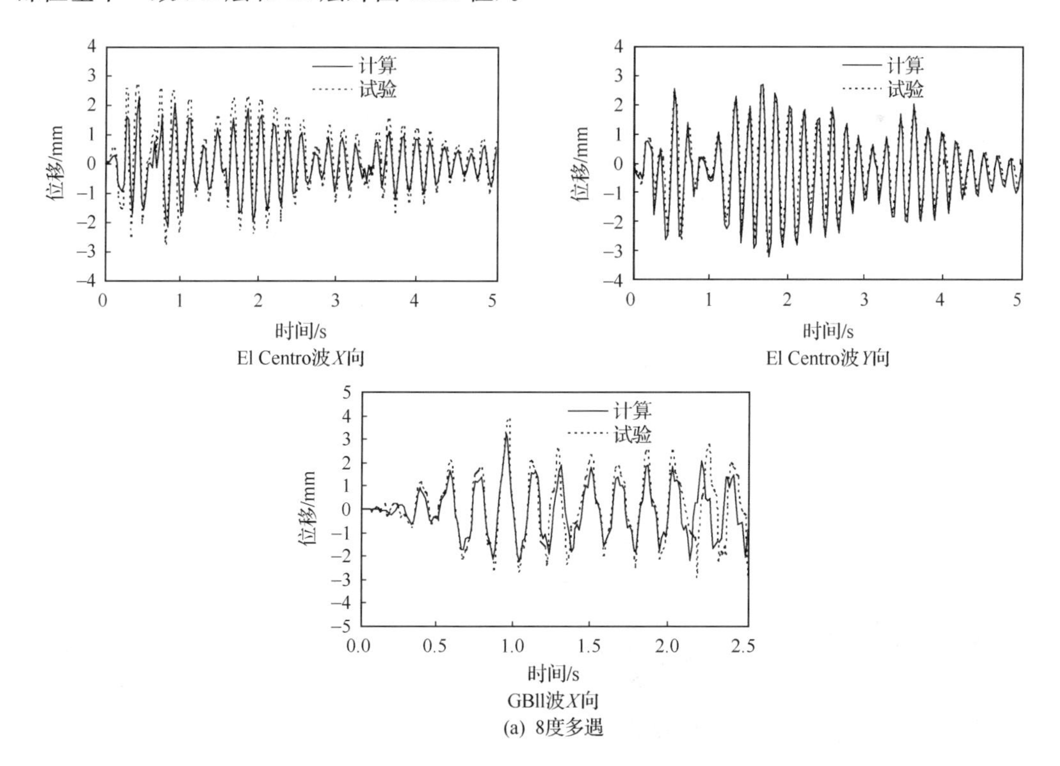

(a) 8度多遇

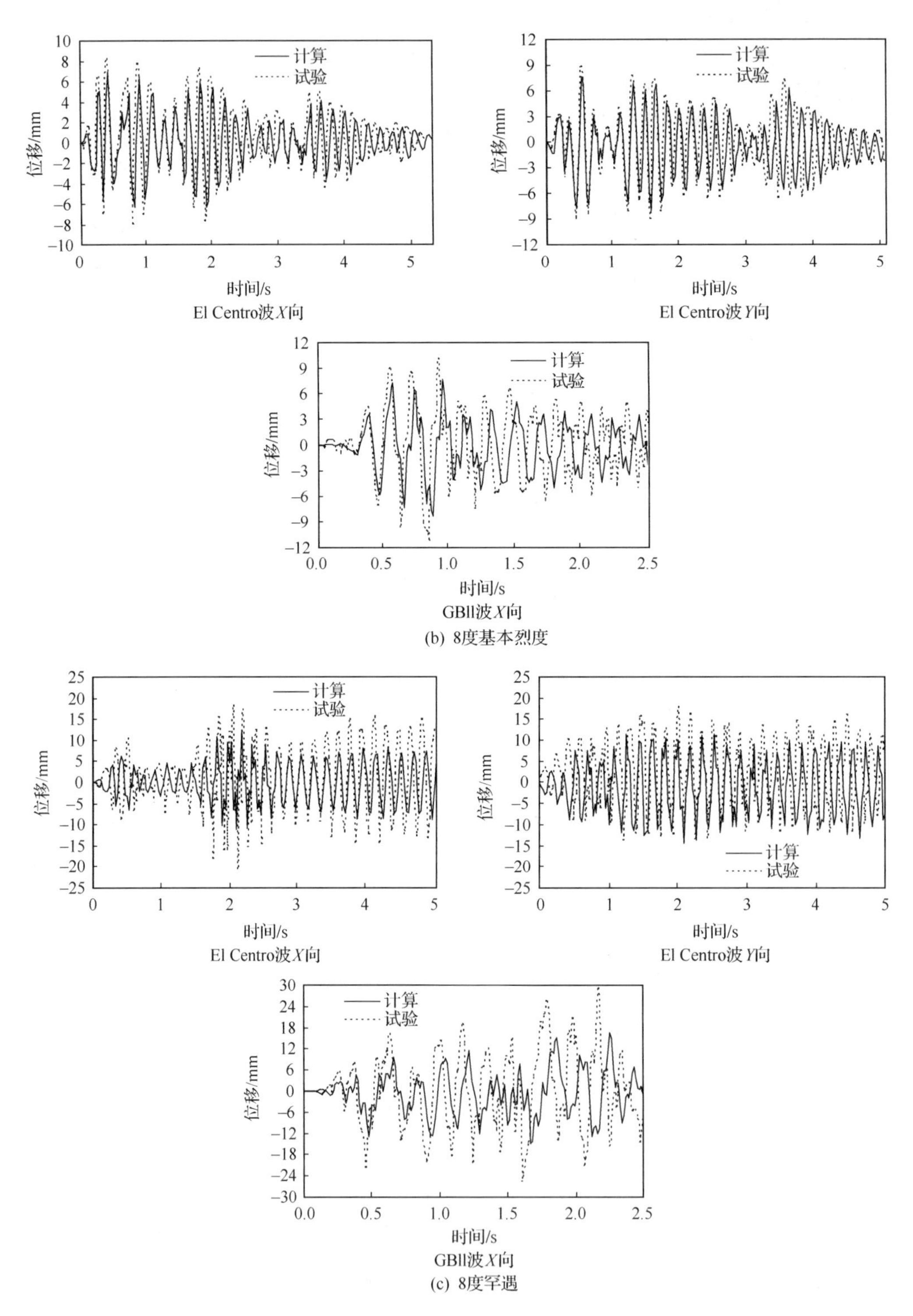

图 8.69　试验模型 30 层 A 测点(计算模型第 4004 号节点)位移时程对比

上述计算结果表明，理论计算模型在动力特性、中等烈度以下地震波作用时的位移反应、应力分布等方面和试验结果符合较好，能比较客观、真实地反映试验模型的主要特点。同时模型计算结果也从侧面证明本节所采用的计算程序、构件单元类型选用及参数设置等均较为合理。

2) 原型结构

在试验模型计算结果的基础上，同样采用 Strand 7 对原型结构建模并进行三维计算分析。原型结构计算模型中梁、柱构件均定义及参数确定方法、原则、取值等同模型结构。完成后的原型结构计算模型总质量为 65522t，节点总数为 5281，梁单元总数为 6501，板/壳单元总数为 5353。

原型结构计算内容主要有结构动力特性分析和弹塑性动力时程分析。在进行原型结构弹塑性时程分析时，输入地震波根据场地特点和抗震设防要求选用 El Centro 波、Taft 波和北京人工地震波 GB11，考虑双向输入，各输入波加速度峰值及双向输入时的比例关系完全按国家规范《建筑抗震设计规范》(GB 50011—2010)规定确定，共进行了 8 度多遇、8 度基本和 8 度罕遇地震波作用时各 6 个工况(X、Y 向主振)下的弹塑性时程分析。

主要计算结果包括：①结构动力特性；②抗震变形验算；③结构底部剪力时程及剪重比；④底层框架柱承担的剪力比等。分析、整理计算结果可得如下主要结论。

(1) 原型结构前六阶振型自振频率计算值和试验推导结果非常接近(表 8.52)，振动形态也一一对应，第一阶平动、扭转振型计算频率之比分别为 0.69 和 0.824，均小于 0.85，满足《高层建筑混凝土结构技术规程》(JGJ 3—2002)的要求。

(2) 原型结构初始抗侧刚度沿高度分布较均匀，无明显薄弱楼层。

(3) 8 度多遇地震波作用下，原型结构最大层间弹性位移角计算值为：X 向 1/1914、Y 向 1/1298；8 度罕遇地震波作用下，原型结构最大层间弹塑性位移角计算值为：X 向1/356、Y 向 1/293，满足《高层建筑混凝土结构技术规程》(JGJ 3—2002)限值要求及“小震不坏、大震不倒”的抗震设防标准。

(4) 8 度多遇及 8 度基本地震波作用下，原型结构计算层间位移角包络曲线和试验结果较为接近。8 度罕遇地震波作用下，结构进入弹塑性变形阶段后相对薄弱楼层的形成部位和试验情况基本一致。

(5) 原型结构弹塑性时程分析得到的结构底部剪力峰值随着输入地震波加速度峰值增大而增大，当输入地震波加速度峰值相同时，计算得到的结构底部剪力峰值基本接近，其中底部剪力峰值 X 向以 Taft 波 X 向主振输入时略大；Y 向则以 El Centro 波 Y 向主振输入时略大，其变化趋势和上部结构的位移反应基本一致。

(6) 弹塑性时程分析得到的原型结构剪重比极值普遍大于振型分解反应谱法计算结果，且振型分解反应谱法及少数地震波时程分析得到的剪重比不能满足规范对楼层最小剪力系数的要求，因此在进行混合结构高层建筑抗震设计时，按规范要求对振型分解反应谱法得到的楼层地震剪力效应进行调整，并采用多条加速度时程进行补充计算不仅重要而且是必须的。

(7) 原型结构弹塑性时程分析表明，除了少数地震波，底层框架柱所承担的地震剪力约占结构总剪力的 50%，这和传统认知有一定出入。因此，关于 SRC 框架-核心筒混合结构中框架部分所承担的总剪力的比例大小及影响因素还需要进一步研究、探讨。

(8) 原型结构弹塑性时程分析显示随着地震波加速度峰值增大，框架柱所承担剪力的比重下降，表明在 SRC 框架-核心筒混合结构中，核心筒在抵抗水平地震荷载中处于主导地位，框架部分作用有限。

5. 结构加强及改进措施

根据上述研究工作，建议结构设计时进行如下加强或改进。

(1) 增强出屋面结构的强度和延性。

(2) 建议适当增强塔楼 17～23 层结构构件的抗侧力刚度。

(3) 加强框架梁柱结点处框架柱的强度，或采取适当措施弥补框架柱因楼面钢梁伸入造成钢梁上、下翼缘处框架柱截面的削弱。

8.7.2 上海世茂国际广场

1. 工程概况

上海世茂国际广场是一幢超高层综合性大厦，位于上海市市中心闻名中外的南京路步行街的起点，集豪华宾馆、餐饮、娱乐、会议、高雅商业为一体。整个建筑由塔楼、裙房和广场三部分组成，塔楼地上 60 层，地下 3 层；裙房 10 层，屋顶标高 48.430m，塔楼共有 60 层，屋顶标高 246.560m，底层平面示意图和北立面示意图如图 8.70 和图 8.71 所示。整体结构形式为混合结构，即塔楼为巨型钢骨柱外框架核心筒结构，裙房为钢筋混凝土框剪体系，广场部分为钢管混凝土柱支撑网架结构。广场与裙房在 7 层、8 层楼板和 10 层屋顶板浇筑成一整体，塔楼与裙房、广场间设缝，采用两端铰接的水平连杆进行连接；立面上在塔楼前后有两个由楼层平面逐渐内收形成的斜面：自 37 层直角斜边开始内收至 46 层

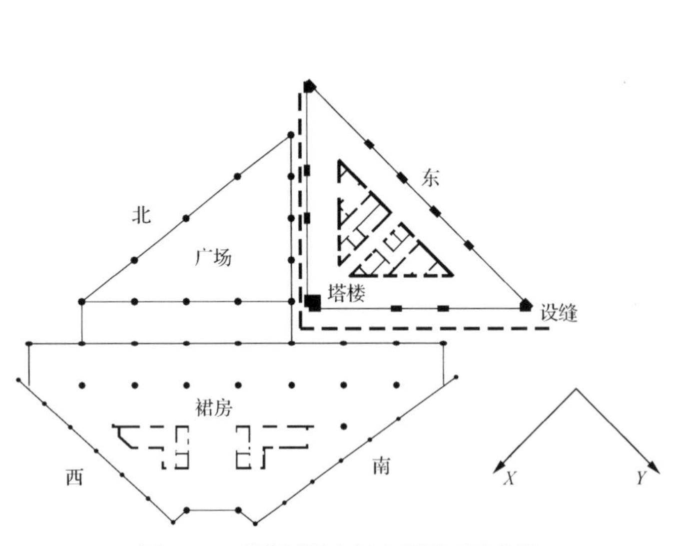

图 8.70 世茂国际广场底层平面示意图

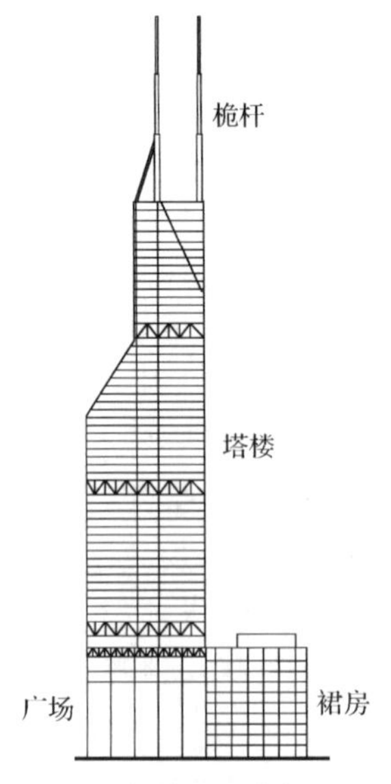

图 8.71 世茂国际广场北立面示意图

为第一个斜面，自 51 层直角顶点开始内收至 60 层为第二个斜面；塔楼结构有三个刚度突变楼层，即在 11 层、28 层、47 层外框架增设加强钢桁架，并通过刚臂与芯筒连接。塔楼屋顶桅杆高度为 86.440m，顶点处高 333m。

上海世茂国际广场其结构体系复杂主要体现在：①通过连杆连接三个完全不同的结构体系，其对整体抗震性能的贡献有待研究；②塔楼建筑高度为 333.000m；平面形状为等腰直角三角形，立面上有三个刚度加强层、两个收缩斜面，竖向刚度分布不规则，超过了规范要求，属于超限高层；③整体结构的质心与刚度中心不重合，容易发生扭转效应。

2. 模型设计与制作

1) 相似关系

高层建筑结构模型不同于其他大比例的建筑结构模型，它有着其自身的特点。这里主要研究地震作用下结构的抗震性能，因此设计时着重考虑满足抗侧力构件的相似关系，使墙、梁、板构件及其节点区域满足尺寸、配筋（按等强换算）等相似关系，用设置配重的方法满足质量和活荷载的相似常数。在设计模型各相似关系时，综合考虑施工条件、吊装能力和振动台性能参数等方面的因素。上海世茂国际广场结构模型的相似关系见表 8.53。

表 8.53　模型与原型主要相似系数

物理量	相似系数	物理量	相似系数
长度	1/35	时间	0.0976
弹性模量	1/4	频率	10.25
应力	1/4	加速度	3
质量密度	2.92	速度	0.293
等效质量	6.80×10^{-5}	集中荷载	2.04×10^{-4}

2) 模型制作

为了保证相似关系中对模型材料尽可能低的弹性模量和尽可能大的比重要求，上海世茂国际广场结构模型制作时选用微粒混凝土模拟原型结构的混凝土材料，镀锌铁丝模拟原型结构的钢筋，铜板模拟原型结构的型钢。各结构构件的几何尺寸和配筋均由相似关系计算得出。结构模型外模采用木模整体滑升，内模采用泡沫塑料。施工完成后模型总高度为 9.864m，其中模型本身高 9.514m，模型底座厚 0.350m，模型在振动台上试验前的照片如图 8.72 所示。模型总质量为 18.7t，其中模型和附加质量 13.3t，底座质量 5.4t。

图 8.72　试验前的模型

3. 模拟地震振动台试验

试验在同济大学土木工程防灾国家重点实验室振动台试验室的 MTS 三向六自由度模拟振动台上进行。根据设防要求，输入加速度幅值从小到大依次增加，以模拟多遇地震、基本烈度、罕遇地震等不同水准地震对结构的作用。试验过程中，采集模型结构在不同水准地震作用下不同部位的加速度、位移和应变等数据，同时对结构变形和开裂状况进行观察[12]。

1）试验输入地震波

原型结构的场地属于Ⅳ类场地，抗震设防烈度为 7 度，根据原型结构的动力特性和场地条件，选定三种地震动作为振动台模拟地震输入波：①El Centro 波；②Pasadena 波；③上海人工地震波 SHW2。

2）测点布置

根据上海世茂国际广场的结构特点，在结构的关键部位，如桁架加强层、立面收缩层和桅杆部位等，依次布置相应的传感器，以测定结构的地震反应。位移传感器布置 6 个，用于检测裙房屋面以及塔楼底板、10 层、37 层、48 层和屋面的位移。应变片测点布置 16 个，分布在框架柱和塔楼加强桁架和桅杆根部，用于测量其在各种地震工况下的应力变化情况。加速度传感器共布置 33 个，除了在塔楼的底板、12 层、29 层、37 层、48 层、屋面和 10 层裙房这些关键层面上布置，在广场的 8 层和 10 层上也布置相应的加速度传感器，以便了解该部分的地震反应情况。

3）试验步骤

试验加载工况按照 7 度多遇烈度、7 度基本烈度、7 度罕遇烈度的顺序分三个阶段对模型结构进行模拟地震考核，如表 8.54 所示。在每个设防烈度不同水准地震波输入前后，对模型进行白噪声扫频，测量结构的自振频率、振型和阻尼比等动力特征参数。地震波持续时间及台面输入加速度峰值根据相似关系中的加速度关系确定，以模拟设防烈度不同水准下的地震作用。

表 8.54　模拟地震动振动台试验步骤

烈度水准	工况	地震激励	主振方向	激励方向	烈度水准	工况	地震激励	主振方向	激励方向
	1	第一次白噪声		双向	7 度基本烈度	13	Pasadena	Y	双向
7 度多遇	2	El Centro	X	双向		14	SHW2	X	单向
	3	El Centro	Y	双向		15	SHW2	Y	单向
	4	Pasadena	X	双向		16	第三次白噪声		双向
	5	Pasadena	Y	双向	7 度罕遇	17	El Centro	X	双向
	6	SHW2	X	单向		18	El Centro	Y	双向
	7	SHW2	Y	单向		19	Pasadena	X	双向
	8	SHW2	120°	单向		20	Pasadena	Y	双向
	9	第二次白噪声		双向		21	SHW2	X	单向
7 度基本烈度	10	El Centro	X	双向		22	SHW2	Y	单向
	11	El Centro	Y	双向		23	第四次白噪声		双向
	12	Pasadena	X	双向					

4. 模型结构试验主要结果

1) 试验现象

当台面输入 7 度多遇地震后，模型表面未发现可见裂缝，塔楼与裙房、广场之间连杆连接保持完好，未出现破坏现象，用白噪声扫频发现模型自振频率略有下降，总体上模型结构处于弹性工作阶段。在完成 7 度基本烈度地震输入后，在塔楼外框架角柱 9～13 层根部、裙房出屋面机房柱根部等局部出现可见裂缝，塔楼与裙房、广场之间有一根连杆破坏，白噪声扫频结果也表明，模型结构频率降低，刚度下降。在 7 度罕遇地震作用下，结构破坏比较明显：塔楼外框架柱 9～13 层柱端部裂缝继续开展；裙房框架柱 3～7 层在柱端部或者中部出现明显裂缝，部分位置混凝土压碎、剥落，裂缝贯穿，如图 8.73 所示；裙房出屋面机房柱端裂缝明显扩大、贯穿，最终机房整体倒塌；塔楼与裙房、广场之间连杆全部拉断或压曲，失去连接作用，如图 8.74 所示。

图 8.73　裙房柱顶混凝土开裂剥落

图 8.74　裙房与塔楼之间连杆破坏

2) 模型结构动力特性

地震作用前模型结构前三阶振型频率依次为 2.740Hz、3.737Hz、6.851Hz，振动型态为 X 向平动、Y 向平动和整体扭转。在不同烈度地震作用后前三阶振型频率变化幅度如图 8.75 所示。在 7 度多遇地震前后模型结构频率保持不变或略有降低，表明模型没有或出现极少微裂缝；7 度基本烈度地震后，模型结构频率有一定的下降，下降幅值比 7 度多遇前后下降幅值增大，说明模型结构出现裂缝导致结构刚度降低。而 7 度罕遇地震后，模型结构频率下降加剧，刚度比前一阶段有明显的降低。随着地震作用加强，模型结构的抗侧刚度不断减小，至 7 度罕遇地震作用后，有效抗侧刚度仅为开裂前的 36%，表明结构抗侧体系破坏相当严重。

3) 模型结构加速度反应

在各水准地震作用下，模型结构主体部分加速度放大系数一般没有超过 6.2，各水准地震作用下模型结构 X 向加速度放大系数包络图如图 8.76 所示。结果表明，随着地震烈度的提高，模型刚度退化、阻尼增大，结构进入非线性后使动力放大系数有所降低。另

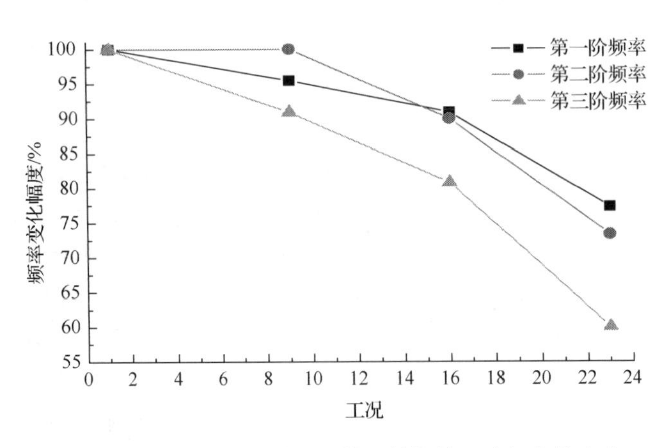

图 8.75　各水准地震输入后模型结构前三阶频率的变化

外桅杆顶部的加速度放大系数则远大于模型塔楼屋面，7 度多遇水准地震作用时 X 向的加速度放大系数达到 40.530，7 度基本烈度时为 44.409，7 度罕遇时为 23.234，这是由于桅杆的刚度远小于主体结构，刚度突变导致鞭梢效应。

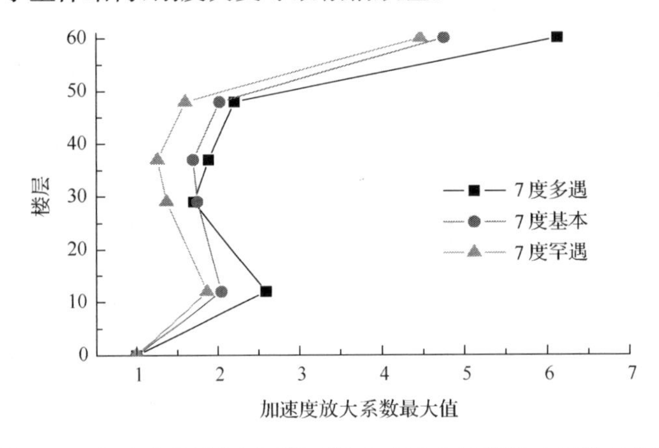

图 8.76　各水准地震作用下模型结构 X 向加速度放大系数包络图

塔楼中点处的加速度反应要远小于同一楼层角点处的加速度反应，以塔楼屋面为例：7 度多遇地震作用下，塔楼屋面中点处 X 向加速度放大系数最大值为 6.130，角点处为 8.694；7 度基本烈度地震作用下，中点处 X 向加速度放大系数最大值为 4.755，角点处为 10.112；7 度罕遇地震作用下，中点处 X 向加速度放大系数最大值为 4.46，角点处为 7.745。造成这一显著差异的主要原因是扭转效应导致角点处加速度反应加剧，扭转振型对结构加速度反应影响显著。

4）模型结构位移反应

在 7 度多遇地震作用下，模型结构位移反应较小，塔楼屋顶 X 向位移反应最大值为 5.193mm，随着地震烈度的加大，模型结构位移反应加剧，到 7 度罕遇地震作用时其 X 向位移反应最大值达到 74.365mm，图 8.77 反映了各水准地震作用下模型结构相对台面 X 向位移最大值的变化。桅杆位移反应则相当强烈，其数值是塔楼屋顶反应的 2.4～3.7 倍，鞭梢效应明显。模型结构 X 向与 Y 向的刚度差异也体现在两方向位移反应结果。同一烈度、同一水准、同一地震波输入下，X 向的最大位移值都要大于 Y 向的最大位移值，图 8.78 是 7 度罕遇地震作用下模型结构各楼层 X 向与 Y 向相对台面位移最大值的对比。塔楼与裙房之间连杆的连接效果可以通过塔楼与裙房之间的相对位移进行判断。表 8.55 为各水准地震作用下塔楼与裙房之间相对位移最大值，由表中数据可以看出，在小震作用下塔楼与裙房间相对位移较小，表明连杆作用良好，塔楼与裙房整体协同作用；在 7 度罕遇地震作用下，连杆处塔楼与裙房间的相对位移较大，表明连杆作用失效，塔楼与裙房分离，在地震作用下各自振动。

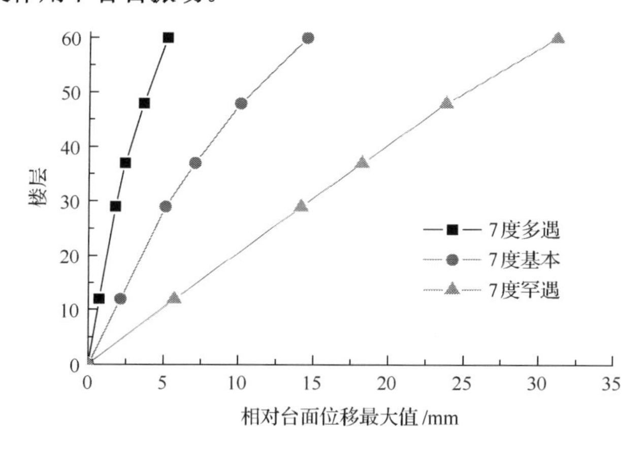

图 8.77　各水准地震作用下模型结构 X 向位移包络图

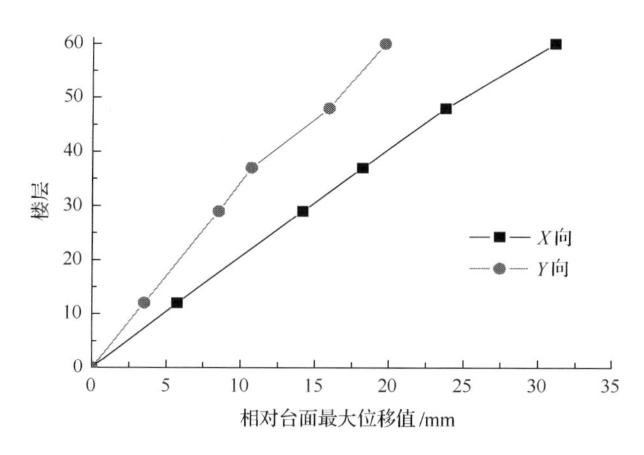

图 8.78　7 度罕遇地震作用下模型结构位移包络图

表 8.55　各水准地震作用下塔楼与裙房之间相对位移最大值　（单位：mm）

方向	7 度多遇	7 度基本烈度	7 度罕遇
X 向	0.385	1.845	6.456
Y 向	0.668	2.348	6.807

5）模型结构应变反应

混凝土柱应变最大增幅都出现在塔楼外框架角柱根部。7 度多遇地震作用下，底层柱最大应变增幅为 128$\mu\varepsilon$；7 度基本烈度地震作用下，底层柱最大应变增幅为 344$\mu\varepsilon$；7 度罕遇地震作用下，底层柱应变最大增幅则达到 1074$\mu\varepsilon$。加强桁架构件最大应变均出现在 11 层桁架端腹杆处，7 度多遇地震作用下，最大应变增幅为 121$\mu\varepsilon$；7 度基本烈度地震作用下，最大应变增幅为 320$\mu\varepsilon$；7 度罕遇地震作用下，最大应变增幅达到 667$\mu\varepsilon$。

6）模型结构扭转反应

由于整体结构的刚度不均匀分布，塔楼特殊的平面和立面在地震作用下模型结构扭转效应明显。随着地震作用加大，扭转效应加剧。在各水准地震作用下，模型结构中塔楼、裙房与广场各部分的扭转角见表 8.56。

表 8.56　各水准地震作用下模型结构的扭转角

位置	7 度多遇	7 度基本烈度	7 度罕遇
塔楼	1/1825	1/461	1/168
裙房	1/1025	1/331	1/129
广场	1/719	1/219	1/135

7）塔楼与裙房、广场之间连杆作用

模型结构中在塔楼与裙房、广场之间布置连杆连接，在弹性阶段让刚度较大的塔楼通过连杆协同体形较差、刚度较弱的裙房和广场共同作用，改善其抗震性能；在塑性阶段，连杆断开，让裙房和广场等建筑物的破坏不加剧主塔楼的地震破坏。试验现象和数据分析表明，多遇地震作用下，连杆连接作用正常，裙房的总位移角要小于塔楼，X 向尤为明显，仅为塔楼部分的 64%；罕遇地震作用下，连杆断开失效，各建筑独立，裙房的总位移角则明显高于塔楼部分，X 向为主楼的 1.6 倍，Y 向为 2.6 倍。

5. 原型结构的抗震分析

1）分析模型的建立和计算参数的确定

本节在确定结构的整体计算模型、钢筋混凝土柱和钢筋混凝土剪力墙构件的非线性分析模型、材料本构关系的基础上，利用 CANNY2005 程序对上海世茂国际广场主塔楼模型振动台试验进行了计算分析和对比验证，表明所采用分析模型能够较正确地模拟真实结构的变形特点；随后对该复杂体型的框架-核心筒结构原型在各级烈度地震作用下的结构反应进行了弹塑性时程分析计算，探究了该结构体系在地震作用下的变形特征和破坏模式，对该结构的整体抗震性能做出了综合评估[13]。

(1) 单元分析模型。

钢筋混凝土柱和钢筋混凝土剪力墙构件是框架-核心筒结构中主要的水平抗侧力构件，本节分析时均采用端部纤维分析模型，如图 8.79 和图 8.80 所示，其中杆端纤维混凝土柱分析模型由两端的纤维条和中间弹性杆共同组成，通过特定的柔度分布曲线积分来形成单元刚度矩阵，该模型能考虑双向弯曲和受压变形的耦合作用。空间纤维剪力墙分析模型不仅能考虑压弯的耦合作用，还能通过对模型中嵌有的剪切弹簧进行适当的模拟，来充分反映剪力墙剪切变形的非线性特征。

(2) 采用的材料本构关系。

纤维分析模型中各纤维采用基于材料的应力-应变关系，其中混凝土采用的等效单轴

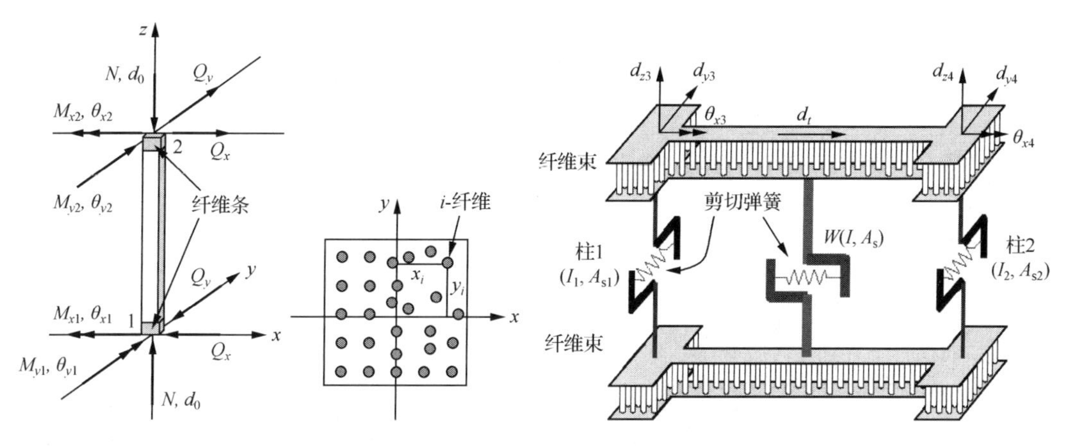

图 8.79　杆端纤维混凝土柱分析模型　　　图 8.80　空间纤维剪力墙分析模型

应力-应变关系模型如图 8.81 所示，考虑了箍筋的约束作用，将核心约束混凝土和表层非约束混凝土区别对待，其差异主要体现在受压骨架曲线(2—3—4)上的具体取值有所不同。压应变区域应力-应变骨架曲线采用 Hoshikuma 与 Kawashima 的研究成果[5]，由三部分组成：指数曲线上升段 2、直线下降段 3 和残余应力水平段 4，各段曲线的函数关系如式(8.2)和式(8.3)所示。

$$\sigma=\begin{cases}E_{\mathrm{c}}\varepsilon\left[1-\dfrac{1}{n}\left(\dfrac{\varepsilon}{\varepsilon_{\mathrm{cc}}}\right)^{n-1}\right], & 0\leqslant\varepsilon\leqslant\varepsilon_{\mathrm{cc}}\\ \sigma_{\mathrm{cc}}-E_{\mathrm{des}}(\varepsilon-\varepsilon_{\mathrm{cc}}), & \varepsilon_{\mathrm{cc}}\leqslant\varepsilon\leqslant\varepsilon_{\mathrm{cu}}\\ \lambda_{\mathrm{c}}\sigma_{\mathrm{cc}}, & \varepsilon_{\mathrm{cu}}\leqslant\varepsilon\end{cases}\tag{8.2}$$

式中，n 为上升段 2 曲线系数；σ_{cc} 为对应于最大应变 $\varepsilon_{\mathrm{cc}}$ 的应力值；E_{des} 为约束混凝土下降段 3 的刚度；$\varepsilon_{\mathrm{cu}}$ 为极限应变；λ_{c} 为残余应力系数，约束混凝土计算取用 0.2，E_{c} 为混凝土弹性模量。其余参数取值如下：

$$n=\frac{E_{\mathrm{c}}\varepsilon_{\mathrm{cc}}}{E_{\mathrm{c}}\varepsilon_{\mathrm{cc}}-\sigma_{\mathrm{cc}}},\quad \sigma_{\mathrm{cc}}=\sigma_{\mathrm{ck}}+0.76\rho_{\mathrm{s}}\sigma_{\mathrm{sy}},\quad \varepsilon_{\mathrm{cc}}=0.002+0.0132\frac{\rho_{\mathrm{s}}\sigma_{\mathrm{sy}}}{\sigma_{\mathrm{ck}}}$$

$$E_{\mathrm{des}}=11.2\frac{\sigma_{\mathrm{ck}}{}^{2}}{\rho_{\mathrm{s}}\sigma_{\mathrm{sy}}},\quad \varepsilon_{\mathrm{cu}}=\varepsilon_{\mathrm{cc}}+\frac{(1-\lambda_{\mathrm{c}})\sigma_{\mathrm{cc}}}{E_{\mathrm{des}}}$$

其中，σ_{ck} 为混凝土抗压强度；σ_{sy} 为箍筋强度；ρ_{s} 为箍筋和纵向钢筋的体积配筋率。

$$\sigma=\begin{cases}E_{\mathrm{c}}\varepsilon\left[1-\dfrac{1}{n}\left(\dfrac{\varepsilon}{0.002}\right)^{n-1}\right], & 0\leqslant\varepsilon\leqslant0.002\\ \dfrac{\sigma_{\mathrm{ck}}}{0.005}(0.007-\varepsilon), & 0.002\leqslant\varepsilon\leqslant0.007\\ 0, & 0.007\leqslant\varepsilon\end{cases}\tag{8.3}$$

式中，上升段 2 曲线系数 $n=\dfrac{E_{\mathrm{c}}\times0.002}{E_{\mathrm{c}}\times0.002-\sigma_{\mathrm{ck}}}$，$\sigma_{\mathrm{cc}}=\sigma_{\mathrm{ck}}$，$\varepsilon_{\mathrm{cc}}=0.002$，$\varepsilon_{\mathrm{cu}}=0.007$。

钢筋的本构模型如图 8.82 所示，考虑了钢筋的包兴格效应和强度硬化。

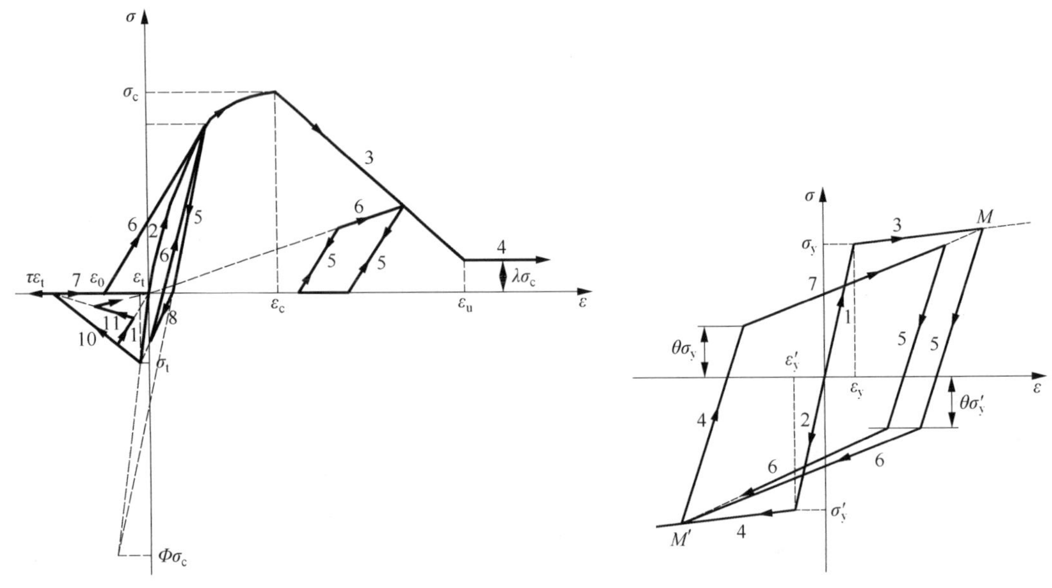

图 8.81　混凝土反复加载应力-应变关系模型　　图 8.82　钢筋反复加载应力-应变关系模型

(3) 计算分析模型及参数的确定。

框架-核心筒结构中核心筒部分，采用由多片剪力墙组合来近似模拟，这些组合的剪力墙在连接处变形保持协调一致。结构中包含的构件单元有钢筋混凝土梁、钢筋混凝土柱、钢筋混凝土剪力墙、钢梁、钢柱、劲性混凝土柱、劲性混凝土剪力墙和加强桁架。钢梁和钢柱相对较为简单，对这单一材料构件直接采用杆端纤维模型进行模拟。对于抗侧力构件中的劲性构件，即型钢混凝土柱和型钢混凝土剪力墙，分析模型与普通混凝土柱和剪力墙构件相同，只是在混凝土柱和剪力墙截面基础上，采用 CANNY2005 中组合截面方式增添定义型钢截面来模拟钢骨，如图 8.83 所示，计算时考虑型钢对构件刚度和强度贡献，不考虑型钢与混凝土之间的黏结滑移变形。加强桁架单元均位于楼层的三个加强层处，从 SATWE 弹性计算结果来看，由于桁架的加强作用导致这三层刚度加大，构件变形较小，因此可设定桁架单元为线弹性变形，不考虑其非线性变形特征。上海世茂国际广场结构中一些构件截面为异形截面形式，如图 8.84 所示，这些构件截面在 CANNY 中无法实现定义，因此需要将其进行截面等效代换，处理为常规矩形截面形式。处理原则的顺序依次是：两方向抗弯刚度相等，轴向变形刚度相等及剪切刚度相等。

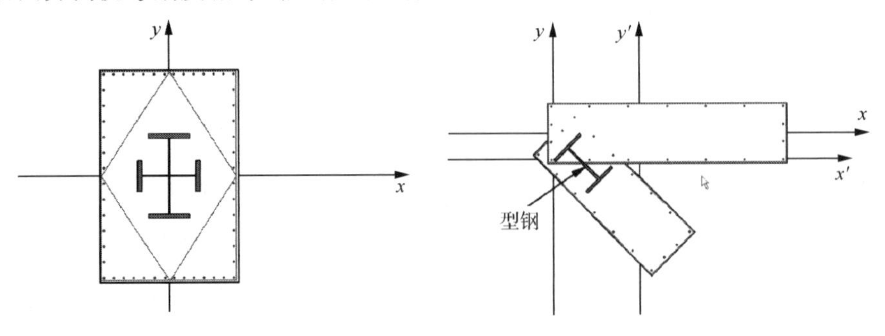

图 8.83　CANNY 中定义的典型型钢混凝土柱和剪力墙截面

建模时忽略辅助构件和某些起传递荷载作用的次要构件，同时对出结构屋面电梯井部分构件不予考虑，核心筒部分剪力墙进行简化合并，模型结构和原型结构的计算模型规模一致，总共包含有柱单元 2273 个，梁单元 2822 个，桁架单元 120 个，墙单元 1003 个，节点 2332 个，自由度数为 11846，最终建立的计算模型立面图和典型标准层平面图如图 8.85 所示。由于 CANNY 程序本身限制原因，目前尚只能采用刚性楼板假定。由于该结构为混合结构体系，除了主要的钢筋混凝土构件，还包含有相当数量的钢构件和型钢混凝土组合构件，计算时阻尼取用 4%。

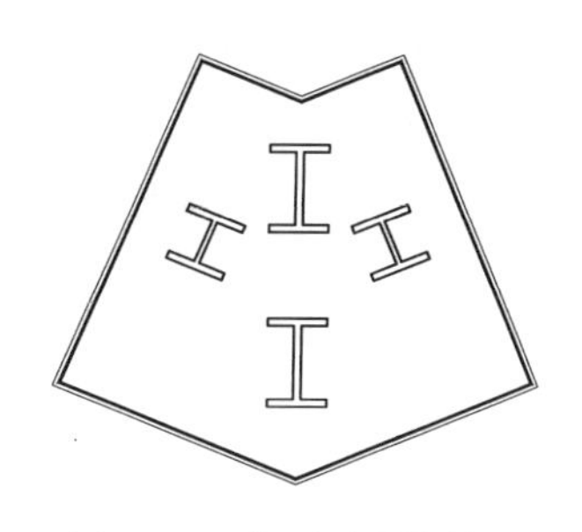

图 8.84　典型异形柱截面

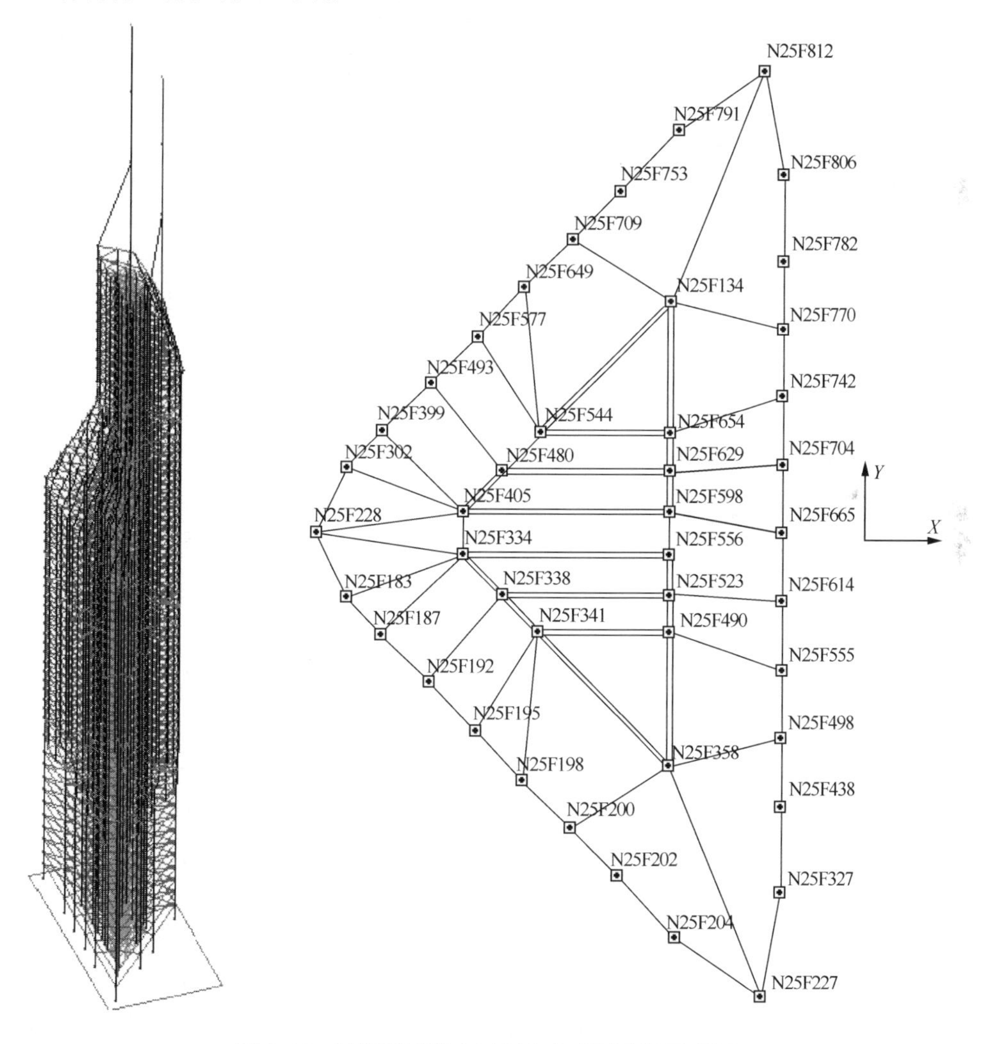

图 8.85　计算模型的立面图和典型标准层平面图

2）分析方法的试验验证

为了验证本节取用的计算分析模型和确定的计算参数的准确性，对该结构的比例为

1/35 的模型振动台试验进行了模拟计算。模态分析前三阶振型频率计算结果与试验结果对比如表 8.57 所示，振动型态相同，依次分别为 X 向平动、Y 向平动和扭转，振型频率计算结果与试验结果的相对误差均在 10%以内。

表 8.57　模型结构前三阶振型频率计算与试验对比　（单位：Hz）

项目	振型		
	1	2	3
试验	2.740	3.737	6.851
计算	2.505	3.984	6.120
方向	X 向平动	Y 向平动	扭转

地震反应模拟计算时地震波选用振动台试验中模型结构位移响应较大的 Pasadena 波和 SHW2 波，考虑到振动台试验过程中实际输入地震波波形和加速度峰值与设定地震输入波形和峰值稍有差异，模拟计算时输入地震波取用振动台试验时布置在底板上的加速度仪记录结果。结构顶层位移时程是反映结构变形的主要特征指标之一。图 8.86～图 8.88 分别给出了三种烈度地震作用下各工况模型结构顶层 X 向位移时程计算与试验的结果对比曲线。

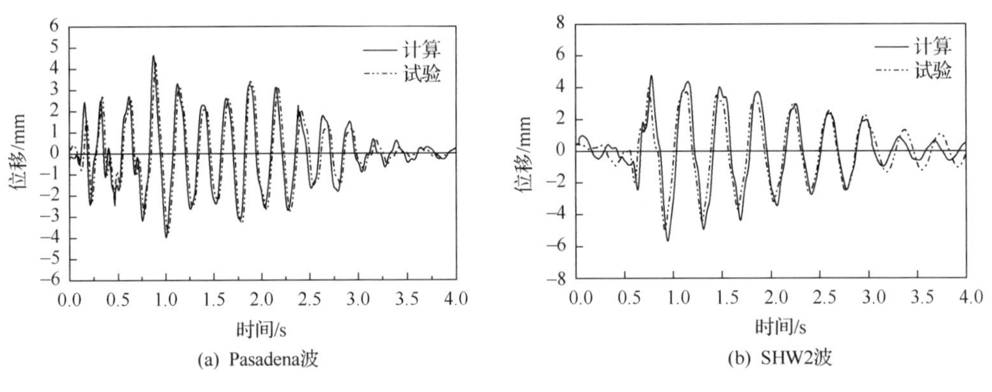

图 8.86　7 度多遇烈度地震作用下模型结构顶层 X 向位移时程计算与试验对比

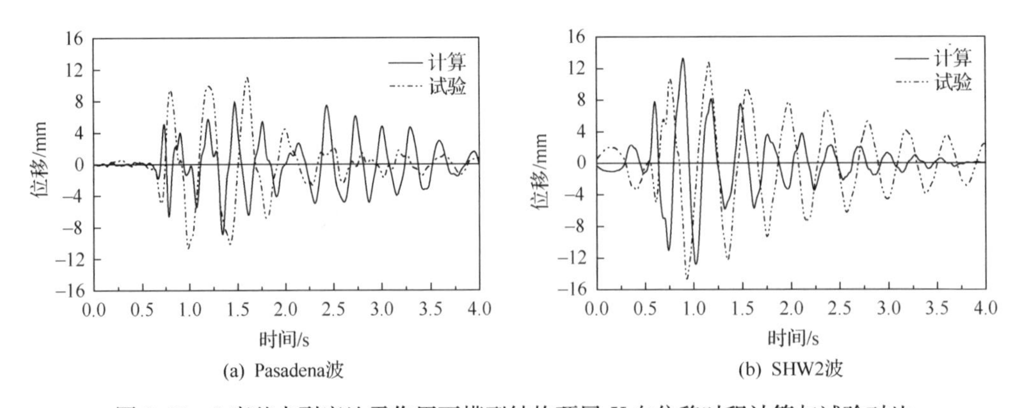

图 8.87　7 度基本烈度地震作用下模型结构顶层 X 向位移时程计算与试验对比

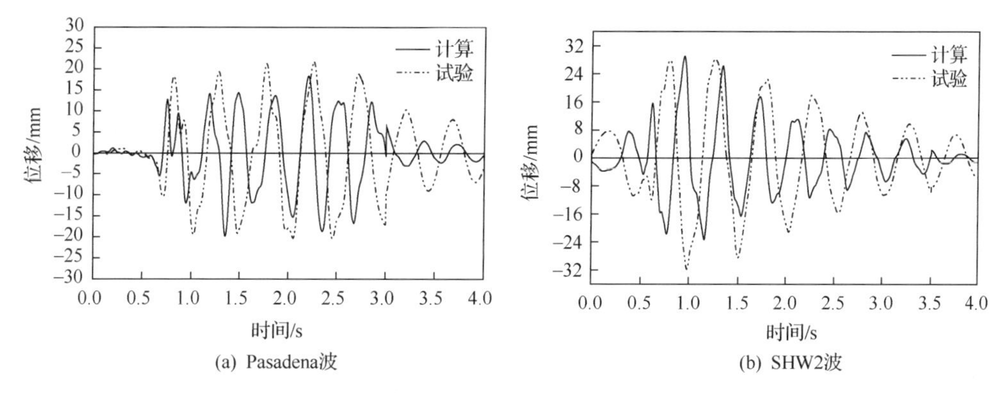

图 8.88　7 度罕遇烈度地震作用下模型结构顶层 X 向位移时程计算与试验对比

结果表明，在 7 度多遇烈度地震作用下，模拟计算的模型结构顶层位移时程与试验结果吻合较好，如图 8.86 所示，这表明本节取用的计算模型和相关计算参数能较正确地模拟模型结构弹性阶段的变形特征和结构特点；在 7 度基本烈度和 7 度罕遇烈度地震作用下，位移时程计算曲线与试验曲线有一定的偏差，主要表现在相位出现偏移，但位移响应峰值较为接近，模拟计算结果低于试验结果。分析原因，作者认为主要有两个：一是模型结构试验时对同一模型先后进行了一系列的试验输入，随着试验的开展，模型结构的损伤不断累积，造成后期试验工况时结构刚度下降，自振周期变大，位移响应有所增加，而计算模型中没有反映损伤积累这一现象；二是计算模型中采用刚性楼板假定以及核心筒的剪力墙单元合并处理操作，都与实际结构有一定的误差。这两方面因素综合作用导致位移计算结果均低于试验结果这一现象。综合模拟计算和振动台试验的模态和位移时程的对比结果，可以证明本节采用的分析方法能较好地描述上海世茂国际广场主楼的结构特点及变形特征，验证本节分析中所建立的计算模型、采用的单元分析模型和取用参数是可行的。

3) 弹塑性时程分析结果

在上述研究基础上，对原型结构按照 7 度多遇烈度、7 度基本烈度和 7 度罕遇烈度分别依次输入 El Centro 波、Pasadena 波和 SHW2 波进行时程反应计算，加速度峰值分别取用 35gal、100gal 和 220gal。从层间位移角、框架柱分担剪力和构件变形几个方面来评定该结构体系在地震作用下的变形性能。最后对原型结构在 8 度罕遇烈度(400gal)地震作用下的非线性反应进行了模拟计算，讨论了特大地震作用下该结构体系的变形特征。

(1) 结构层间位移角分布。

层间位移角是反应结构变形特征的重要指标。从同一烈度、不同地震波作用下原型结构的地震反应结果来看，X 向位移角以 Pasadena 波激励最为显著，Y 向则是 SHW2 波较为突出。不同烈度地震作用下原型结构两方向层间位移角包络结果如图 8.89 所示。

7 度多遇烈度地震作用时本节计算 X 向最大层间位移角出现在 28 层，为 1/1533，Y 向最大层间位移角出现在 42 层，为 1/1673 ，均低于 1/800 的限值，满足规范要求。同时 11 层、27 层和 47 层三个加强层的加强作用显著，在这些层及附近楼层形成明显拉缩凹角，有力地约束了结构的整体变形。随着地震作用的加强，原型结构的位移角增加显著。7 度基本烈度地震作用下 X 向最大层间位移角为 1/450，Y 向为 1/481；7 度罕遇烈度地震作用下 X 向最大层间位移角为 1/204，Y 向为 1/242，未超出规范 1/100 的限值要求。

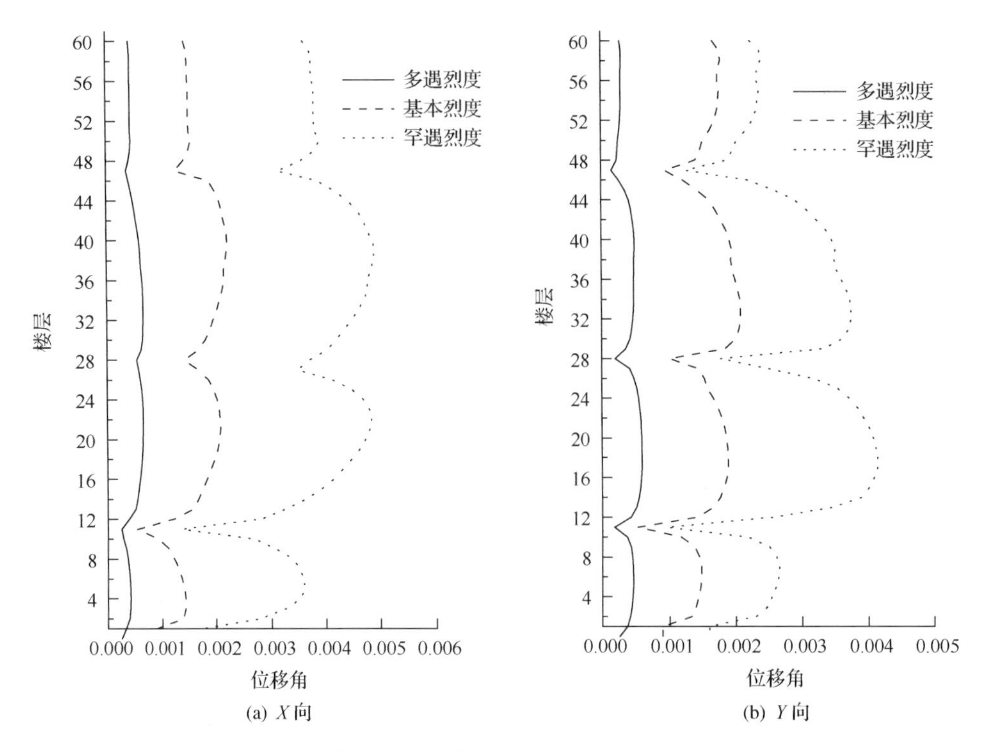

图 8.89　7 度各烈度地震作用下两个方向层间位移角包络图

计算结果表明，在各级烈度地震作用下，所关注的两个收缩立面所处的楼层区间(37～46 层和 51～60 层)并没有出现明显的位移突变情况，其变形都低于国家规范限值要求。

(2) 框架柱承担层剪力比例。

概念设计中为了保证框架二道抗震防线能发挥实际作用，设计规范要求各层框架柱所承担地震剪力不应小于结构底部总剪力的 20%和框架部分地震剪力最大值的 1.5 倍二者的较小值。因此有必要考察该结构在各级地震作用下该结构框架部分是否能承担这一剪力比例要求，形成有效的二道抗震防线。图 8.90 给出了各级烈度地震作用下框架柱承担两方向层间剪力占各层层间剪力比例的分布曲线，从图中可以看出以下几点。

① 在 11 层、28 层和 47 层三个加强层处框架所承担的剪力比例要明显高于其他楼层的比例，以 7 度多遇烈度 X 向地震作用为例，三个加强层处柱承担层剪力比例分别达到 41.4%、26.5%、40.7%，而其他楼层主要集中在 10%～25%。其原因主要在于各加强层处设置了加强桁架后增强了这些楼层框架的刚度，增加了框架与核心筒之间刚度的对比关系，使得框架能够分担较大比例的水平地震作用力，同时在这些楼层的框架与核心筒之间设置了伸臂桁架，加强了框架与核心筒之间的连系作用，能够传递给框架较多的水平地震作用。

② 无论 X 向还是 Y 向，36～47 层柱承担剪力比例增加迅速，且在 47 层达到峰值。这除了 47 层是加强层的因素，另一原因是该结构在这一高度区间三角形斜边收缩变化。在此立面收缩过程中框架部分的柱截面和数量变化不大，而核心筒剪力墙则不断收缩，截面变小，因此导致核心筒的相对刚度降低，所分担的水平地震作用减少，与此同时框架柱承担层间剪力比例大幅上升，直至到达第二加强层 47 层达到峰值。

③ 各层柱所承担层间剪力比例随着地震作用强度有所变化，随着地震作用的加强，第一加强层11层以下柱承担层间剪力比例基本不变，11层以上各楼层则柱承担比例上升，尤其X向更为突出，X向各级地震作用下28层柱所承担剪力比例分别为15.4%、19.69%、25.3%。这一规律充分反映了该结构体系的变形特征：在小震作用下，均处于弹性阶段时核心筒的相对刚度较大，承担了绝大部分地震作用，随着地震作用强度的增加，核心筒由于承担地震作用比例大而率先进入非线性，刚度相应有所降低，而框架在协同承担地震作用过程中贡献比例增加，所以柱承担剪力比例也相应上升。

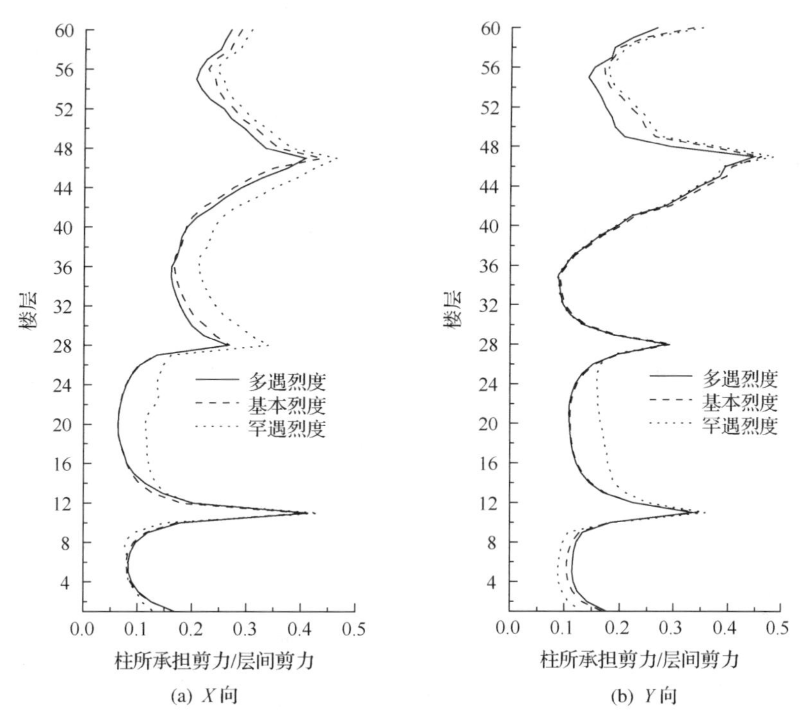

图8.90　各级烈度地震作用下两个方向框架柱所承担剪力与层间剪力比例关系

(3) 典型构件的变形。

要更为详细地了解框架-核心筒结构在地震作用下的变形特点，需要考察各构件在地震作用下变形具体开展情况和分布规律。接下来以各级烈度X向Pasadena波主激励地震作用为例，以图8.91所示的典型柱(C1)和剪力墙(W1)单元为考察对象，观察各构件变形情况和规律。

① 典型柱单元。

框架柱是该结构体系中的主要抗侧力构件，其变形分布规律是考察的重点。

考察时以图8.91中所示各楼层的C1构件为对象，不同烈度地震下柱构件底部X向弯矩和转角峰值分布规律如图8.92所示。由计算结果可以看出以下几点。

(a) 除了底层，不同烈度地震作用下在三个加强层处出现了弯矩内力和转角变形峰值，这与框架柱承担剪力比例分布规律相似，其原因仍主要是这些楼层的刚度加强作用致使框架贡献增加。

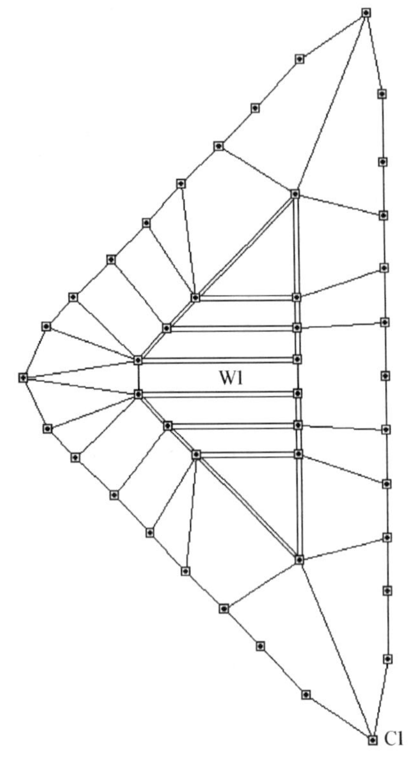

图 8.91 考察的典型柱和墙单元位置示意

(b) 随着地震作用强度的增加,各层柱所承担内力增加,尤其是加强层增幅最为显著。以 12 层为例,7 度多遇烈度地震作用下弯矩为 28513kN · m,7 度基本烈度增加到 7 度多遇烈度的 2.44 倍,达到 69714.1kN · m,7 度罕遇烈度为 7 度多遇烈度的 3.91 倍,达到 111480.1kN · m,而底层柱这两个倍数分别为 2.16 倍和 3.10 倍,均明显低于 12 层。

(c) 比较加强层弯矩与转角峰值关系随着地震作用强度增加的变化规律可以发现,两者并不是成比例关系变化。随着地震作用的增加,加强层柱端弯矩内力增加迅速,7 度罕遇烈度地震作用下 12 层柱底弯矩甚至超出了底层柱底的弯矩值,但转角虽然随着地震作用的增强也有一定的增加,但增幅远低于内力的增加幅度。这一现象是因为加强层处与其他楼层相比,加强层柱截面尺寸增加,或者加大了埋置型钢截面,增强了柱的刚度,所以致使转角的增加幅度低于弯矩的增加幅度。

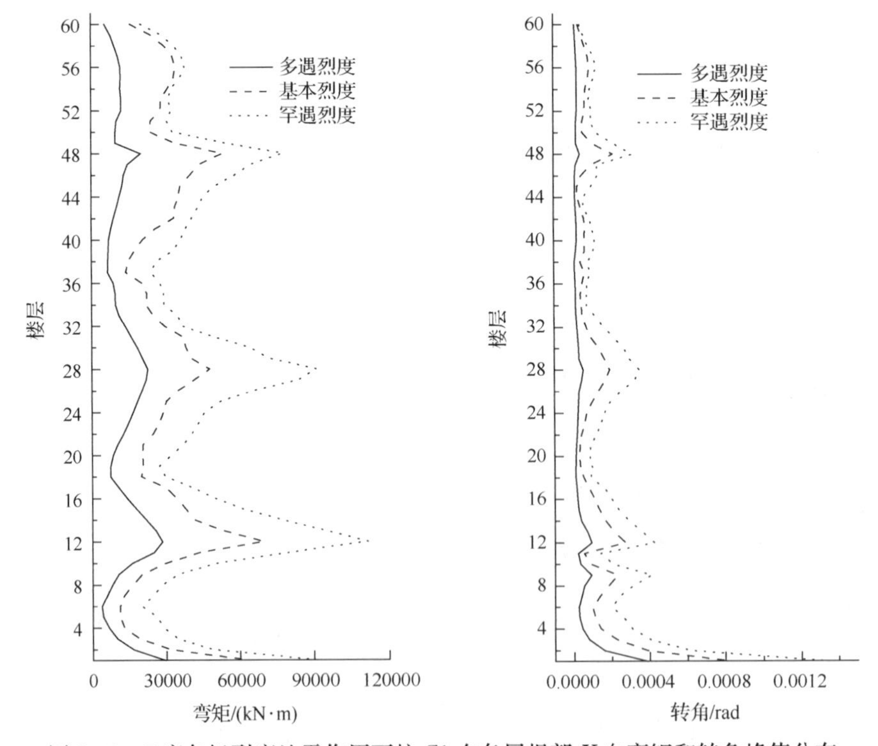

图 8.92 7 度各级烈度地震作用下柱 C1 在各层根部 X 向弯矩和转角峰值分布

(d) 从转角变形分布可以看出，除了各加强层出现变形峰值，在9层也出现一变形峰值。这是因为设计时考虑加强层作用，该柱在10～12层截面尺寸加大，且设置加强型钢，增加了截面刚度，9层柱与之相比刚度则明显偏低，但承担的内力并没有太大差异，所以在此形成一较大的转角变形峰值。这一分析结论与振动台试验结果吻合一致。振动台试验时曾在7度各级地震作用完成后进行了8度罕遇地震激励试验，试验过程中7层该柱出现断裂现象，表明此处柱为一刚度过渡不均产生的薄弱部位。这对加强层结构设计时保证刚度渐进变化的合理区间提出了警示，该结构设计虽然在加强层上下各一楼层也增加了相应的柱构件刚度，但仍在加强层以下两层处出现薄弱构件，因此需要扩大刚度渐变区间来避免该现象的发生。

② 典型剪力墙单元。

核心筒的变形特征是另一考察重点。以图8.91中所示底层W1作为考察对象，研究其在各级地震作用下的变形规律。7度多遇烈度地震作用下W1底部弯矩-转角的滞回曲线以及剪切变形都表现为线性变化，整体结构完全处于弹性阶段，仅列出W1在7度基本烈度和7度罕遇烈度地震作用下底部弯曲变形和剪切变形的滞回曲线，如图8.93和图8.94所示。结果表明，7度基本烈度地震作用下，W1的剪切变形仍然是线性变化，但

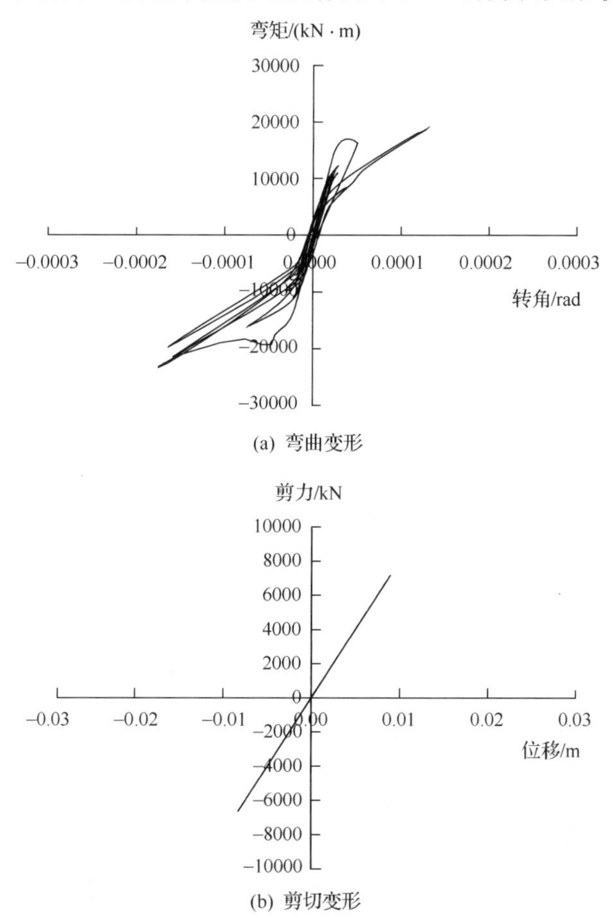

图8.93　7度基本烈度下底层W1根部弯矩-转角关系和剪力-剪切变形关系

弯曲变形已初现滞回环曲线，说明在此阶段底部剪力墙已经开裂，变形主要以弯曲变形为主。7 度罕遇烈度地震作用下，不仅剪力墙弯曲变形的非线性特征加剧，同时剪切变形曲线也出现非线性特征，形成明显滞回环，此时底部剪力墙的变形表现为弯曲非线性变形和剪切非线性变形共存。

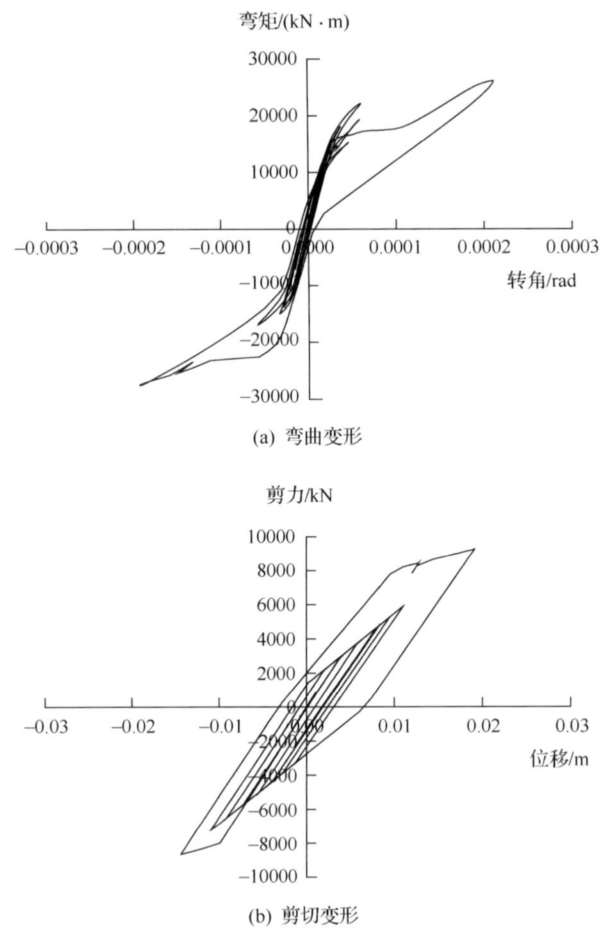

(a) 弯曲变形

(b) 剪切变形

图 8.94　7 度罕遇烈度下底层 W1 根部弯矩-转角关系和剪力-剪切变形关系

(4) 特大地震作用下结构变形分析。

为深入探求该结构体系的非线性特征，进行了特大地震作用(400gal)下原型结构的变形模拟计算。在 400gal 地震 El Centro 作用下结构的最大层间位移角分布有以下特点：X 向最大层间位移角出现楼层迅速下移，转移到结构第 6 层，表现为显著隆起，最大层间位移角达到 1/12。表明原型结构在特大地震作用下，结构表现出显著的非线性特征，并在第 6 层形成破坏，与模型振动台试验在 8 层出现破坏的变形特征较为一致。Y 向最大层间位移角出现在第 44 层，数值达到 1/54，但最大层间位移角分布则表现不甚规则，这与在特大地震作用下结构反应过大有关。

图 8.95 和图 8.96 给出了在 400gal 地震作用下典型柱和剪力墙构件的变形滞回曲线。从这些结果图形可以看出，在特大地震作用下结构各构件非线性特征非常明显，柱

C1 的 X 向和 Y 向弯曲变形与7度罕遇地震作用相比有大幅增加，非线性变形开展最为充分的是剪力墙构件，典型剪力墙构件 W1 的非线性弯曲变形和非线性剪切变形均相当显著，如图 8.96 所示。

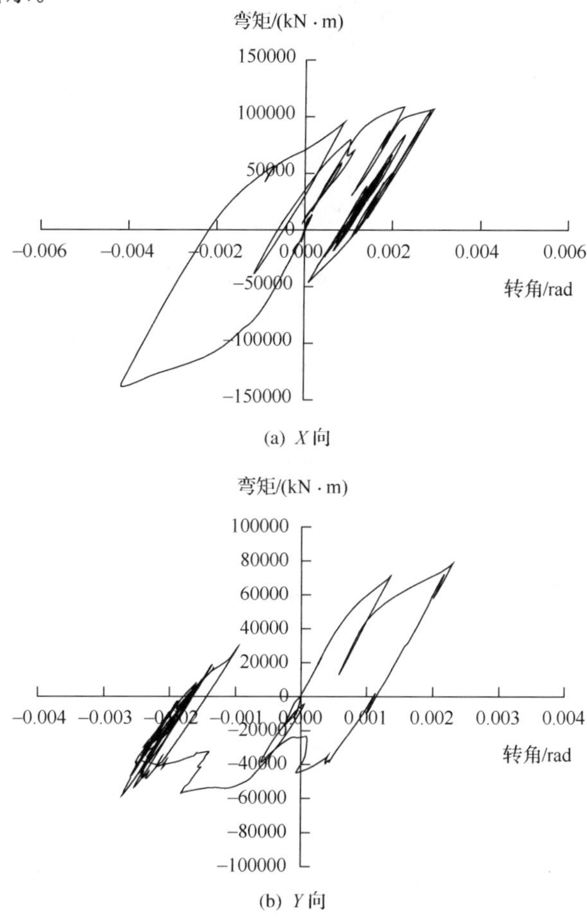

图 8.95　400gal 地震激励时底层 C1 根部 X 向和 Y 向弯矩-转角滞回曲线

4）抗震性能评估

通过对上海世茂国际广场主楼原型结构进行7度三水准以及8度罕遇烈度地震作用的弹塑性时程分析，可以对该复杂体型框架-核心筒结构的抗震性能做出相应的评估。

（1）在7度多遇烈度地震作用下，原型结构 X 向和 Y 向最大层间位移角分别为 1/1533 和 1/1673，大震作用下 X 向和 Y 向最大层间位移角为 1/204 和 1/242，均未超出规范规定的变形限值要求，表明该结构体系在设防烈度地震作用下未表现出明显薄弱楼层。

（2）框架-核心筒结构中核心筒是主要水平抗侧力构件，承担了绝大部分水平地震作用，除了局部加强层，框架承担水平地震作用比例均低于 30%。但随着地震作用的加强，核心筒由于地震作用强烈逐步进入非线性，刚度有一定下降，导致框架部分承担地震作用比例逐渐增加，能形成较为有效的二道抗震防线。同时计算结果表明，在地震作用过程中，核心筒变形开展的顺序是首先筒体出现裂缝，弯曲变形为主要变形成分并逐步出现非线性现象，随着地震作用强度的增加，筒体弯曲变形进一步迅速增加，与此同时剪切变形

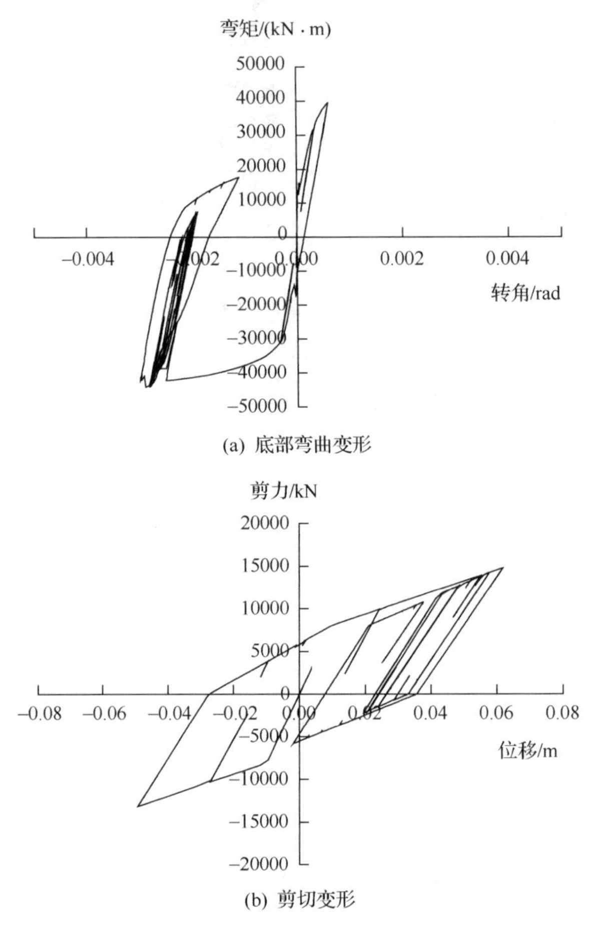

图 8.96　400gal 地震激励时底层 W1 根部弯矩-转角关系和剪力-剪切变形关系

成分迅速增加，并表现出非线性特征，进而发展为弯曲非线性变形和剪切非线性变形同时并存的变形特征。

(3) 设置加强层能有效控制整体结构在地震作用下的变形程度。对加强层处框架构件的考察结果表明，加强层处框架部分虽然刚度增幅较大，承担地震作用比例明显增加，但加强层未出现明显薄弱构件。必须注意有必要适度增加加强层附近的刚度变化的高度区间，设计方案中采用的三层(包括加强层)变化区域降低了楼层刚度变化幅度，但仍在该区域相邻楼层柱构件出现了变形突增现象，因此需要进一步加大刚度变化区间楼层数量，进一步降低刚度变化幅度，其合理变化楼层数量有待深入探讨。

6. 原型结构抗震性能分析

根据相似关系可推算出原型结构在不同设防烈度水准地震作用前后的动力特性，以及原型结构在不同设防烈度水准地震作用下的变形反应，由此来评价原型结构的抗震性能。

1) 原型结构动力特性

原型结构在设防烈度不同水准地震作用前后的自振频率和振动形态，如表 8.58 所示。原型结构前三阶振型分别为 X 向平动、Y 向平动和整体扭转，对应的自振频率分别为0.267Hz、0.365Hz、0.669Hz，相应的周期分别为3.475s、2.740s和1.495s。

表8.58　震前和各水准地震作用后原型结构频率和振动形态

工况	自振特性	振型序号								
		1	2	3	4	5	6	7	8	9
自由振动	频率/Hz	0.267	0.365	0.669	1.058	1.264	1.580	1.848	2.176	2.784
	振型形态	X向平动	Y向平动	扭转	X向平动	Y向平动	扭转	X向平动	Y向平动	扭转
多遇地震后	频率/Hz	0.255	0.365	0.608	1.033	1.240	1.483	1.824	2.115	—
	振型形态	X向平动	Y向平动	扭转	X向平动	Y向平动	扭转	X向平动	Y向平动	—
基本烈度地震后	频率/Hz	0.243	0.328	0.523	0.997	1.058	1.459	1.811	1.824	—
	振型形态	X向平动	Y向平动	扭转	X向平动	Y向平动	扭转	X向平动	Y向平动	—
罕遇地震后	频率/Hz	0.207	0.267	0.401	0.790	0.827	1.009	1.422	1.508	—
	振型形态	X向平动	Y向平动	扭转	Y向平动	X向平动	扭转	Y向平动	X向平动	—

2) 原型结构位移反应

在各水准地震作用下原型结构的位移反应如表8.59和表8.60所示，可见其数值均未超过规范要求。在7度多遇地震作用下，塔楼、裙房和广场的总位移角均较小，裙房与广场两个方向的总位移角均要小于塔楼，三部分结构整体完整；在7度基本烈度地震作用下，三部分的总位移角则比较接近，裙房与广场的总位移角增加要高于塔楼；在7度罕遇地震作用下，三部分总位移角的差别更明显，裙房和广场的总位移角要明显高于塔楼部分，表明在连杆作用失效后，三个结构体系在地震作用下各自独立工作。由表8.60可以看出

表8.59　各水准地震作用下原型结构位移最大值和最大位移角

位置	位移	7度多遇		7度基本烈度		7度罕遇	
		X	Y	X	Y	X	Y
塔楼	位移最大值/mm	185.12	104.44	468.56	289.11	1136.76	661.27
	总位移角	1/1332	1/2361	1/526	1/853	1/217	1/373
裙房	位移最大值/mm	24.17	20.47	94.76	85.76	362.00	340.86
	总位移角	1/2005	1/2367	1/511	1/565	1/134	1/142
广场	位移最大值/mm	20.52	15.70	87.91	56.84	326.52	282.84
	总位移角	1/2361	1/3086	1/551	1/852	1/148	1/171

表8.60　各水准地震作用下原型结构塔楼层间位移角及扭转角

位置	7度多遇		7度基本烈度		7度罕遇	
	X	Y	X	Y	X	Y
屋面至桅杆顶	1/147	1/195	1/80	1/106	1/46	1/54
48层至屋面	1/968	1/1467	1/353	1/462	1/169	1/233
37～48层	1/984	1/1120	1/399	1/493	1/201	1/161
29～37层	1/1032	1/1169	1/395	1/506	1/188	1/218
12～29层	1/1384	1/2145	1/535	1/847	1/212	1/351
底层至12层	1/2433	1/3281	1/816	1/1081	1/305	1/501
扭转角	1/1825		1/461		1/168	

塔楼最大层间位移发生在48层与屋面之间。值得注意的是,桅杆在各水准地震作用下的变形均相当强烈,远高于塔楼屋顶部分。

7. 结论与建议

模型结构模拟地震振动台试验数据结果表明,该工程结构选型较为合理,未出现明显薄弱环节。塔楼以弯曲型变形为主,最大层间位移出现在塔楼上部,并未超过国家规范限值要求。在塔楼和裙房、广场之间设置连杆连接,在多遇地震作用下能起到协同作用,提高整体的抗震性能。

值得注意的是,在塔楼11层有结构加强层,塔楼12层刚度骤然变弱,在此区段楼层地震作用反应很大,尤其是外框架角柱在强震作用下出现贯穿裂缝,引起较大的塑性变形。多遇地震作用下,塔楼、裙房和广场连成整体,有一定的扭转变形,罕遇地震作用下,主塔楼与裙房、广场分离,塔楼本身体型因素致使其扭转效应较为突出;另外塔楼屋顶桅杆和裙房屋顶机房鞭梢效应明显,地震作用下变形较大。基于上述分析,对该建筑结构体系的设计提出以下建议。

(1) 建议改善塔楼10层以下外框架角柱受力性能,提高11层刚度变化区域结构构件的强度和延性。

(2) 建议采取措施改善结构整体和塔楼的抗扭刚度,减小结构刚度与质量的偏心。

(3) 建议改善桅杆体系的抗震性能;增加裙房出屋面构件的强度和延性。

(4) 建议改善塔楼与裙房、广场间连接构件性能,从而进一步改善整体结构抗震性能,减轻结构的震害。例如,可以采用阻尼器连接裙房与塔楼,以代替现设计中的钢连杆等。

8. 工程建成后的现场结构动力性能测试

对已经建成的上海世茂国际广场整体结构进行脉动测试,以期获得原型结构的动力特性。测试分析结果作为已经完成研究工作的补充,并为设计和使用提供参考数据。

脉动测试工作在结构封顶后短期内进行。此时底部广场已投入使用,但是由于主塔楼尚未投入使用,正在进行装修。现场测试工作1～2个工作日。表8.61为结构动力特性的比较。

表8.61　结构动力特性比较

参数	振型序号				
	1	2	3	4	5
方向	*X*1	*Y*1	*T*1	*X*2	*Y*2
脉动频率/Hz	0.29	0.49	0.88	0.98	1.17
模型试验推算频率/Hz	0.267	0.365	0.669	1.058	1.264
计算分析/Hz	0.237	0.299	0.381	0.822	1.298
参数	振型序号				
	6	7	8	9	—
方向	*T*2	*X*3	*Y*3	*T*3	—
脉动频率/Hz	1.47	2.15	2.64	—	—
模型试验推算频率/Hz	1.58	1.848	2.176	2.784	—
计算分析/Hz	0.708	0.997	1.755	1.131	—

现场测试得到的前面几个频率与模型试验、计算分析得到的结果符合较好。受现场条件和测试分区的影响，高阶振型的频率误差较大。

8.8　复杂体型多筒体结构

8.8.1　广州南航大厦

1. 工程概况

广州南航大厦位于广州市天河区，总建筑面积 11.32 万 m^2，主楼地上 61 层，地下 3 层。结构顶标高为 204.2m。主楼结构为现浇钢筋混凝土多筒体-框架结构，其中地下 3 层至地上 6 层框架柱为钢管混凝土柱，7～15 层为钢管混凝土芯柱，16 层以上为钢筋混凝土柱。主楼设有两个水平加强层，位于 23 层和 40 层，中心筒与四个角筒及框架柱用整层高的钢桁架相连。广州南航大厦的平面示意图如图 8.97 所示。由于该大厦的高度已超过《钢筋混凝土高层建筑结构设计与施工规程》的规定，结构形式新颖独特，设计时(1998 年)没有现成的规范可遵循。为确保该大厦结构设计安全可靠，同济大学接受委托进行抗震研究，制作了一个 1/25 比例的微粒混凝土结构模型，进行了地震模拟振动台试验，并进行了整体结构抗震分析[14]。

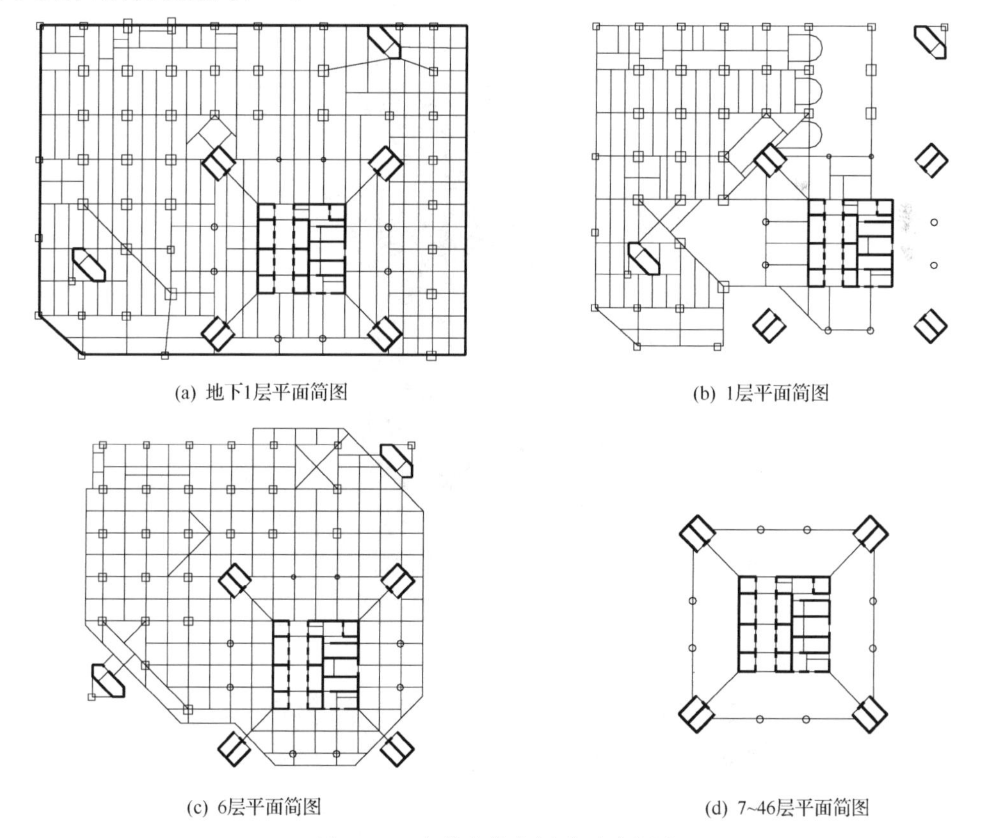

(a) 地下1层平面简图　(b) 1层平面简图

(c) 6层平面简图　(d) 7~46层平面简图

图 8.97　广州南航大厦平面示意图

2. 模型设计与制作

模型的动力相似关系如表 8.62 所示。

表 8.62　模型/原型动力相似关系

几何相似关系		材料相似关系		动力特性相似关系	
尺寸	$S_l=1/25$	应力	$S_\sigma=1/7$	时间	$S_t=1/13.87$
位移	$S_d=1/70$	弹性模量	$S_E=1/2.5$	频率	$S_f=13.87$
		质量密度	$S_\rho=1.3$	速度	$S_v=1/5.05$
				加速度	$S_a=2.75$

模型总高度为 9.60m，其中模型高 9.35m，底板厚 0.25m；模型总质量为 16.83t，其中模型和配重为 13.08t，底板质量为 3.75t。模型在振动台上的照片如图 8.98 所示。

图 8.98　广州南航大厦模型

该模型微粒混凝土设计强度指标为 C4.3～C8.6，设计弹性模量为 12.0～14.4kN/mm^2，实测强度和弹性模量见表 8.63 和表 8.64。

表 8.63　模型材料抗压强度(1999年10月10日)

日期	层数	构件	破坏轴力/kN	试验值 /(N/mm²)	设计值 /(N/mm²)	原型值 /(N/mm²)
7月6日	2	板	22　22　28	4.8	5.7	40
		柱	44　41　39	8.3	8.6	60
7月15日	5	板	31　32　30	6.2	5.7	40
		柱	52　52　52	10.4	8.6	60
7月20日	8	板	18　20　26	4.3	4.3	30
7月28日	11	板	34　37　37	7.2	4.3	30
		柱	45　50　47	9.5	7.1	50
8月1日	14	板	22　24　22	4.5	4.3	30
		柱	49　46　50	9.7	7.1	50
8月4日	17	板	33　30　28	6.0	4.3	30
		柱	43　43　45	8.7	7.1	50
8月12日	22	板	60　60　60	12	4.3	30
		柱	48　48　48	9.6	7.1	50
8月29日	36	板	10　10　11	2.1	4.3	30
		柱	28　30　28	5.7	5.7	40
9月3日	41	柱	34　34　33	6.7	4.3	30
		板	19　20　22	4.1	5.7	40
9月9日	47	板柱	28　18　19	4.3	4.3	30
9月17日	53	板柱	22　20　20	4.1	4.3	30

表 8.64　模型材料弹性模量(1999年10月11日)

日期	层数	构件	试验值 /(10^4N/mm²)	设计值 /(10^4N/mm²)	试验值/原型值	原型值 /(10^4N/mm²)
7月6日	2	板	1.125	1.300	1/2.89	3.25
		柱	1.445	1.440	1/2.50	3.60
7月28日	11	柱	1.642	1.380	1/2.10	3.45
8月4日	17	柱	1.242	1.380	1/2.78	3.45
8月12日	22	柱	0.916	1.380	1/3.77	3.45
8月29日	36	板	0.567	1.200	1/5.29	3.00
		柱	1.056	1.300	1/3.08	3.25
9月3日	41	柱	0.614	1.300	1/5.29	3.25
9月9日	47	板柱	0.724	1.200	1/4.14	3.00
9月17日	53	板柱	0.615	1.200	1/4.88	3.00

3. 振动台模拟地震试验过程简述

1) 试验输入地震波

该建筑场地属Ⅱ类场地，结构按7度抗震设防，考虑原型结构的动力特性，试验选定三种地震波作为地震模拟振动台试验的输入波：①El Centro 波；②Taft 波；③人工拟合地震波。

2) 测点布置

沿模型高度在 X、Y、Z 三个方向布置加速度传感器，共25个，竖向位置见图8.99，在7层和28层上的平面位置见图8.100。其余各层的平面位置基本同7层和28层。

3) 试验步骤

(1) 由台面输入白噪声，测量模型的动力特性参数(自振频率、振型和阻尼)。

(2) 由台面分别输入单向、双向以及三向地震波信号(El Centro 波、Taft 波和广州人工地震波，其时域缩为原波形的1/13.87)，输入加速度幅值取对应于7度地震相应的多遇、基本烈度和罕遇以及8度罕遇地震的峰值，从小到大依次改变以模拟不同烈度地震对结构的作用。

4) 试验现象

(1) 7度多遇地震波输入：在7度多遇地震波输入下，未发现模型有开裂现象。根据白噪声输入后的频谱分析，模型的自振频率基本不变。

(2) 7度基本烈度地震波输入：①在输入 El Centro 波时，J 轴与3轴相交处角筒与5层框架相接处楼板出现近45°水平裂缝；②在输入 Taft 波时，A 轴与10轴相交处角筒与7层框架相接处连梁的两个端部出现水平裂缝；③在输入广州人工波时，A 轴与10轴相交处角筒与7层框架相接处楼板出现近45°水平裂缝。根据频谱分析，模型在 X 向和 Y 向的自振频率已有所下降，这也说明模型已经开裂。

(3) 7度罕遇地震波输入：①在输入 El Centro 波时，G 轴与2轴、H 轴与4轴相交处6层柱顶出现水平裂缝；J 轴与3轴相交处角筒与7层框架相接处楼板出现裂缝；②在输入 Taft 波时，J 轴与8轴、J 轴与9轴相交处6层柱顶出现水平裂缝；③在输入广州人工波时，J 轴与7轴相交处6层柱顶、H 轴与4轴相交处4层柱顶水平开裂。根据频谱分析，模型的自振频率又下降了一些，说明模型的破坏加剧，震害加重。

(4) 8度罕遇地震波输入：①在输入广州人工波时，A 轴与1轴相交处塔楼角筒与6层、7层框架相接处扁梁端部出现水平裂缝；②在输入 Taft 波时，连接 A 轴与7轴相交处塔楼角筒和裙楼角筒的5层、6层连梁的两端部出现竖向裂缝；③再次输入 Taft 波时，所有筒体底部水平裂缝贯通。试验结束后，发现57层屋面上的柱子根部混凝土开裂剥落，屋顶斜柱与直柱相交处开裂，连接主楼角筒与框架的屋面板水平开裂。根据频谱分析，模型的自振频率又下降了许多。

5) 模型动力特性

(1) 输入台面各级地震波前后均用白噪声对模型进行扫频，可以得到频率和阻尼比的变化，阻尼比采用半功率法计算。模型的实际振型并不完全沿 X 或 Y 向振动，这里近似把 X 向加速度传感器测得的振动定义为 X 向振动，近似把 Y 向加速度传感器测得的振动定义为 Y 向振动。该模型前四阶 X 向和 Y 向的振型分别见图8.101和图8.102。

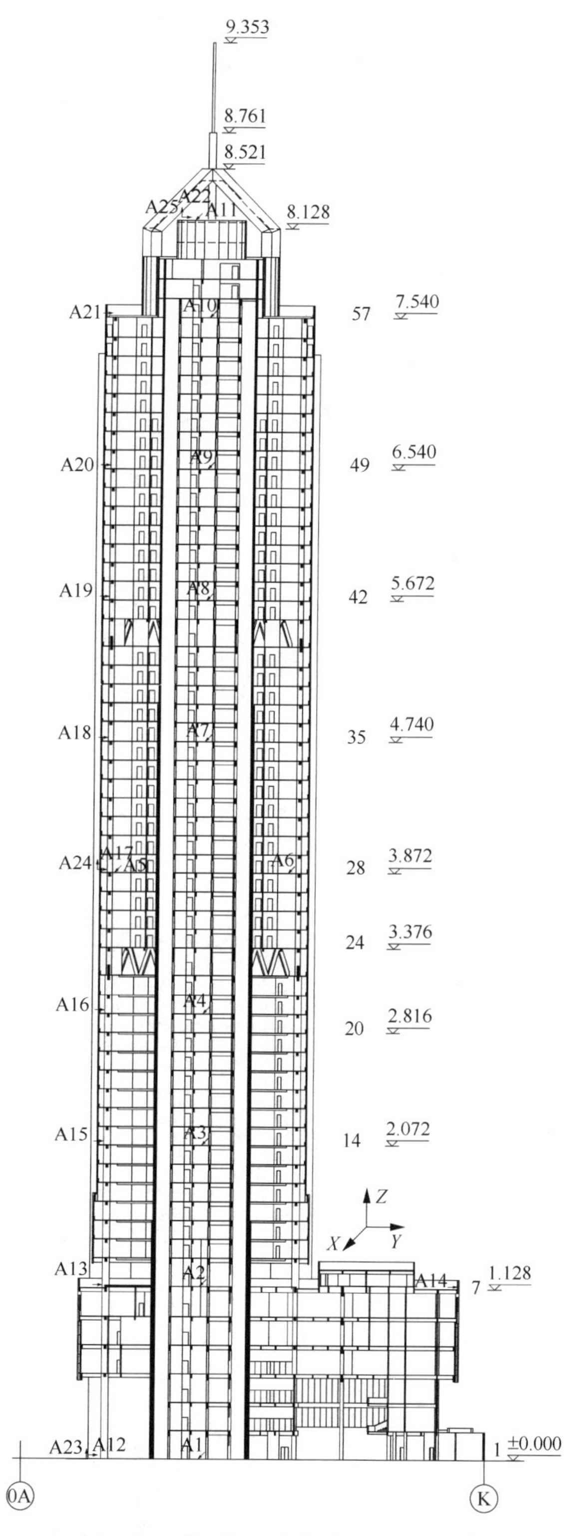

图 8.99　模型加速度传感器竖向布置图

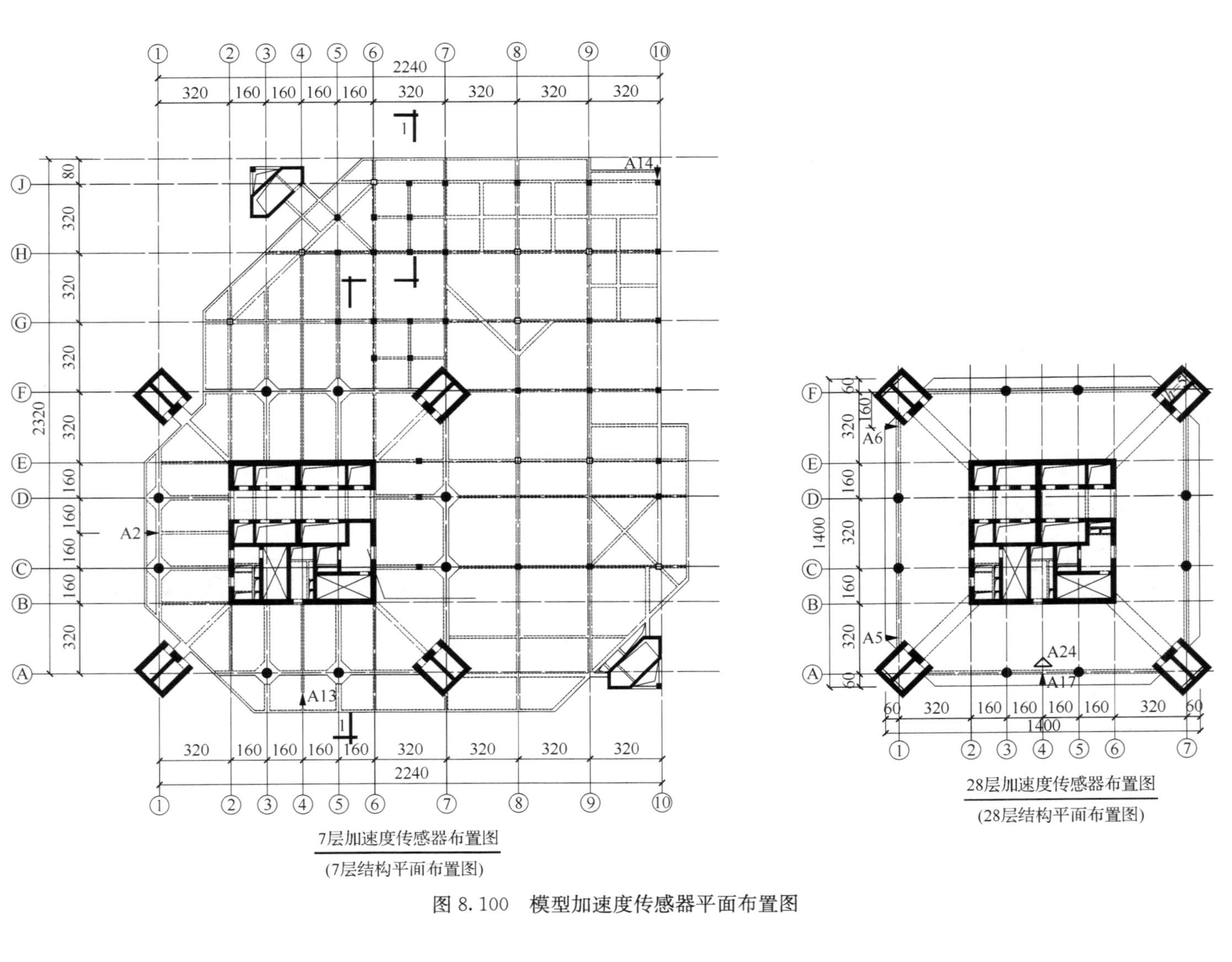

7层加速度传感器布置图
(7层结构平面布置图)

28层加速度传感器布置图
(28层结构平面布置图)

图 8.100　模型加速度传感器平面布置图

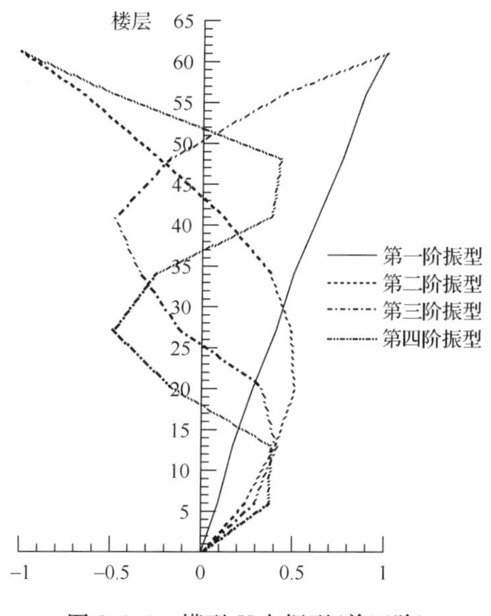

图 8.101　模型 X 向振型(前四阶)

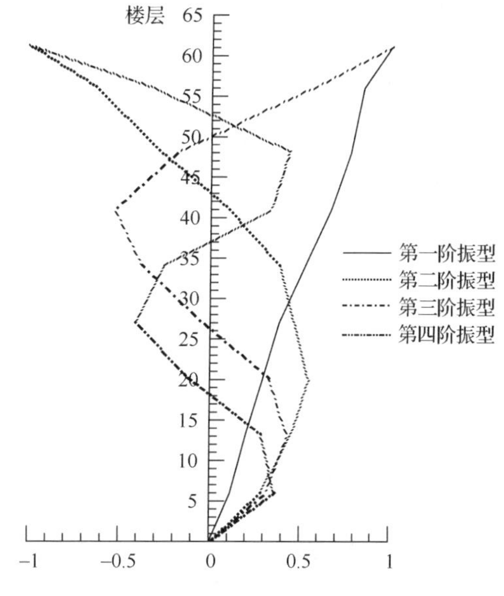

图 8.102　模型 Y 向振型(前四阶)

(2) 从各级地震波输入后模型的自振频率变化中可看出，7 度多遇地震波输入后，模型的自振频率基本未变；7 度基本烈度地震波输入后，X 向和 Y 向的自振频率均有所减小，说明模型已经开裂，结构的刚度减小。随着地震波输入幅度的增大，模型的震害不断加剧，结构刚度不断减小，模型的自振频率随之减小。

(3) 试验结束时模型 X 向的第一阶自振频率由弹性时的 3.68Hz 下降至 2.29Hz，Y 向第一阶自振频率由弹性时的 3.34Hz 下降至 2.9Hz，表明此时模型的等效刚度仅为开裂前的 38.7%(X 向)和 46.9%(Y 向)，可见模型 X 向的刚度退化比 Y 向严重。

6) 模型加速度反应

试验得到各次地震作用下各层的最大加速度反应，求得的各层最大加速度放大值 K 分布见图 8.103。试验结果表明如下。

(1) 在同级地震波输入下，三向 El Centro 波和 Taft 波输入下的加速度反应比广州人工地震波单向和双向输入下的加速度反应要大。

(2) 最大加速度反应都发生在顶层处，且明显比下面几层大，说明结构顶部刚度有较大的削弱，产生了一定程度的鞭梢效应。除了裙房和顶部几层，其余层的质量与刚度分布较均匀，故这些层的加速度放大系数不存在较大的突变。

(3) 从各层的加速度放大系数包络图来看，模型的加速度反应以第一阶振型为主，第二、三阶振型的影响也比较大。因为从地震波的功率谱曲线中可以看出：结构的第一阶振型的自振频率远离地震波的高功率谱段，而结构的第二、三阶振型的自振频率位于地震波的高功率谱段。

(4) 在同级地震波输入下，模型 X 向的加速度反应比 Y 向要大，因为模型 X 向的自振频率比 Y 向大，更接近地震波的高功率谱段。

(5) 随着输入地震波烈度的提高，加速度放大系数逐渐减小，说明模型刚度不断下降，结构进入非线性。

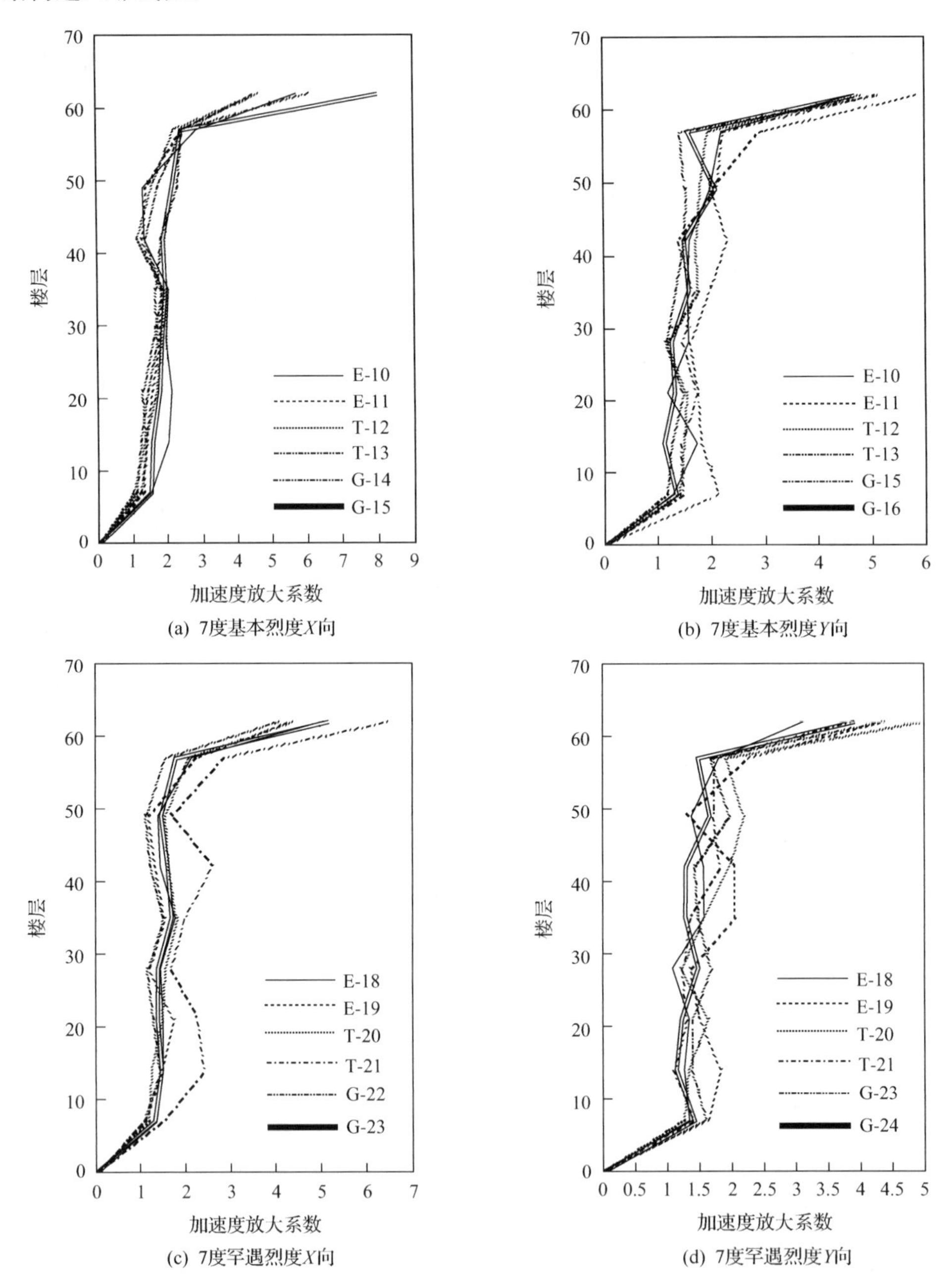

图 8.103　各次地震作用下各层最大加速度放大值 K 分布

7）模型位移反应

记录的加速度时程信号经过基线校正和滤波处理后，再通过两次积分可以求出位移时程曲线。试验得到各次地震作用下各层的最大位移反应；最大位移包络图见图 8.104。试验表明如下。

(1) 在同级地震波输入下，三向 El Centro 波和 Taft 波输入下的位移反应比广州人工地震波单向和双向输入下的位移反应要大。

(2) 最大位移反应都发生在顶层处，从各层的最大位移包络图来看，模型的位移反应主要受第 1 振型控制，高阶振型也有一定影响。

(3) 在同级地震波输入下，模型 X 向的位移反应比 Y 向要大，原因同加速度反应。

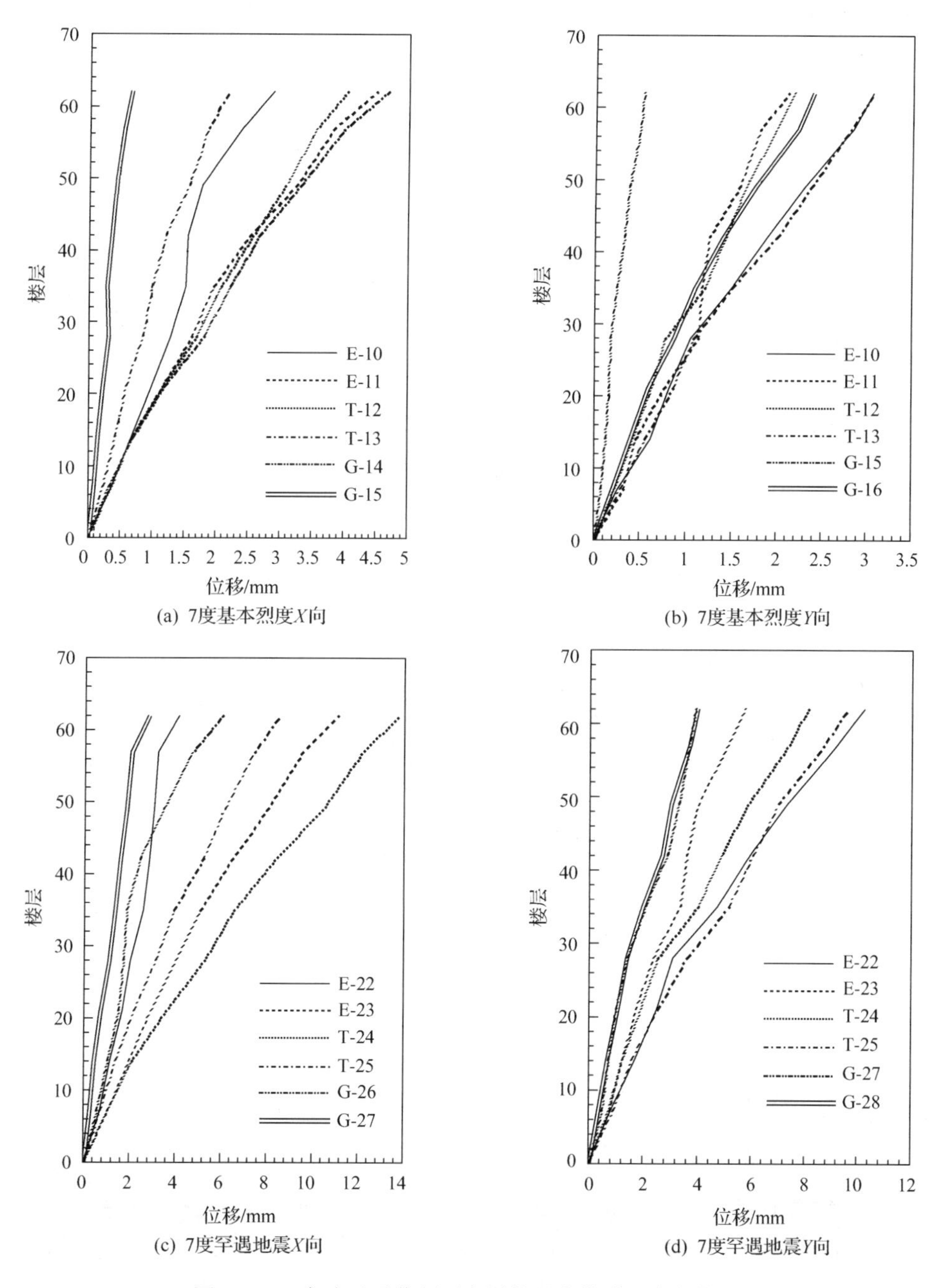

图 8.104　各次地震作用下各层的最大位移反应包络图

4. 原型结构抗震性能

1) 自振频率

根据相似关系,可得原型结构自振频率,见表 8.65。试验中所测的自振频率一般比理论计算结果要偏大一些,主要原因如下:①理论计算时未考虑梁、柱端刚域的影响,而实际结构中梁、柱截面很大,梁端、柱端有刚域存在,影响较大;②模型配重不足,重力失真,使模型构件应力状态与原型不同,应力水平较低,相应的弹性模量比按规范方式确定的值高。

表 8.65 原型结构自振频率

参数	振型序号							
	1	2	3	4	5	6	7	8
频率/Hz	0.24	0.27	0.97	1.07	2.04	2.27	3.39	4.32
周期/s	4.15	3.77	1.04	0.93	0.49	0.44	0.30	0.23
振型方向	Y	X	Y	X	Y	X	Y	X

2) 原型结构的弹性地震反应计算分析

用 SAP84 得到的结构动力特性计算结果见表 8.66。

表 8.66 结构动力特性计算结果

模态号	周期/s	频率/Hz	振型特征
1	4.779	0.209	Y 向平动,第一阶振型
2	4.545	0.220	X 向平动,第一阶振型
3	2.019	0.495	扭转,第一阶振型
4	1.335	0.749	Y 向平动,第二阶振型
5	1.131	0.884	X 向平动,第二阶振型
6	0.732	1.366	扭转,第二阶振型,天线部分变形较大
7	0.641	1.559	局部振动,Y 向,主体部分变形很小,天线部分变形很大
8	0.594	1.684	局部振动,X 向,主体部分变形很小,天线部分变形很大
9	0.591	1.692	局部振动,Y 向,主体部分变形很小,天线部分变形很大
10	0.511	1.957	X 向,第三阶振型,主体、天线部分变形都较大
11	0.461	2.170	扭转,第三阶振型,天线部分变形较大
12	0.387	2.584	扭转为主,天线部分变形较大
13	0.309	3.234	扭转和 X 向平动(第四阶振型),天线部分变形较大
14	0.305	3.276	扭转为主,天线部分变形较大
15	0.263	3.800	扭转,有 Y 向平动,天线部分变形较大

用振型分解反应谱法计算得到的 X 向地震作用下各楼层最大位移及最大层间位移角如下:主体结构顶(高度为 215.6m)的 X 向位移为 89.6mm($H/2406$),天线顶(高度为 245.22m)的 X 向位移为 107.0mm($H/2292$);主体结构最大层间位移角为 1/1607,位于 40 层。此外,在 X 向地震作用下,各楼层 Y 向位移也约为 X 向位移的 1/6。

计算得到的 Y 向地震作用下楼层最大位移及最大层间位移角如下：主体结构顶（高度为 215.6m）的 Y 向位移为 82.9mm（$H/2601$），天线顶（高度为 245.22m）的 X 向位移为 97.4mm（$H/2518$）；主体结构最大层间位移角为 1/1937，位于 33 层和 36 层。此外，在 Y 向地震作用下，各楼层 X 向位移约为 Y 向位移的 1/6。

3）由模型试验结果推算的原型结构的位移反应

由模型试验结果推算的原型结构最大位移反应如下：7 度多遇时主体结构屋面最大位移 X 向为 125.87mm，Y 向为 109.33mm，相应的总位移角分别为 1/1622 和1/1868；7 度基本烈度时主体结构屋面最大位移 X 向为 342.18mm，Y 向为 245.69mm，相应的总位移角分别为 1/597 和 1/831；7 度罕遇时主体结构屋面最大位移 X 向为 1069.23mm，Y 向为 714.66mm，相应的总位移角分别为 1/191 和 1/286；8 度罕遇时主体结构屋面最大位移 X 向为 3408.61mm，Y 向为 2538.91mm，相应的总位移角分别为 1/60 和 1/80。

4）结构的扭转变形

分别在 7 层和 28 层楼面同一方向上各布置了两个加速度传感器，根据两个传感器所测得的位移差可测出大楼的扭转变形。结构上部的扭转反应比下部大，在 7 度多遇地震作用下最大扭转变形角为 0.028°，在 7 度基本烈度地震作用下最大扭转变形角为 0.067°，在 7 度罕遇地震作用下最大扭转变形角为 0.188°，在 8 度罕遇地震作用下最大扭转变形角为 0.437°。说明结构质量中心与刚度中心基本重合，结构扭转变形很小。

5）抗震能力评价

(1) 在 7 度多遇地震作用下，结构基本处于弹性阶段，主体结构屋面最大位移 X 向为 125.87mm，Y 向为 109.33mm，相应的总位移角分别为 1/1622 和 1/1868，满足抗震设计规范对变形的要求。

(2) 在 7 度基本烈度地震作用下，由于裙房角筒刚度很大，而框架刚度较小，两者变形不一致，引起两者相接处上部几层楼板和连梁开裂；裙房 6 层外圈周边柱顶部弯曲开裂。以上这些部位的开裂裂缝，根据试验观察相对较小，可修复，其他构件基本完好。结构满足中震可修的规范要求。

(3) 在 7 度罕遇地震作用下，裙楼角筒与框架相接处楼板和连梁的裂缝进一步发展，并向下部几层发展，裙房 6 层结构更多的外周边柱顶部开裂；由于受鞭梢效应影响，屋顶斜柱相交处节点开裂，57 层屋顶上柱子根部开裂；7 层主楼由于刚度突变，引起该层的柱子根部开裂（由于模型中钢管升至 7 层中部，无法看到裂缝，但该处应变值已超过混凝土的开裂应变，而原型中钢管升至 6 层顶部）。总体上结构的变形不大，不存在薄弱层，压区混凝土未达到压碎状态，结构不会倒塌，满足“大震不倒”的规范要求。

(4) 在 8 度罕遇地震作用下，由于楼面变形不一致，主楼角筒与框架相接处扁梁及 A 轴上连接主楼角筒与裙楼角筒的连梁端部开裂；由于倾覆力矩较大，各筒体的首层剪力墙底部弯曲开裂。

(5) 由于结构本身的自振周期很长，结构对于卓越周期较长的地震波的反应较大，如在本试验中模型在 El Centro 波和 Taft 波作用下的反应比在广州人工波作用下的要大。

6）结构的薄弱部位

根据试验现象与分析，结构薄弱部位按破坏程度从严重到轻微依次为：①裙房角筒与框架的连接部位(包括楼板和连梁,尤其是顶部3层);②裙房顶层外围周边柱子;③57屋顶上的柱子及斜柱相交处节点;④2层、3层2轴上F轴～G轴的框架梁;⑤裙房底层角柱;⑥主楼角筒与框架的连接部位(尤其是有裙房的几层和顶部几层);⑦A轴上连接主楼角筒与裙房角筒的连梁;⑧主楼7层柱子;⑨所有筒体的底层剪力墙。

5. 抗震设计建议

广州南航大厦的高度已超过《钢筋混凝土高层建筑结构设计与施工规程》的规定,没有现成的规范可遵守。由于我国在超高层建筑抗震设计方面的经验不够,在结构设计时应采取比较严格的要求,保证主要构件有较大的强度和延性储备。尽管该结构设计宏观上已满足"小震不坏、中震可修、大震不倒"的抗震设计要求,但在细节设计中还应注意以下几点。

(1) 适当加强角筒与框架连接部位的刚度和强度,尽量避免在与裙房角筒相接的楼板中开洞。

(2) 提高裙房外围周边柱(特别是顶层柱)的延性,尽可能地实现"强柱弱梁"。

(3) 改善屋顶斜柱相交处节点的构造处理及该柱与57层屋面的连接处理。

(4) 加强A轴上连接主楼角筒与裙房角筒的连梁及2层、3层2轴上F轴～G轴的框架梁的刚度和强度。

(5) 钢管柱升至7层顶(原设计升至6层顶),减小裙房顶层与第7层之间强度和刚度的突变。

(6) 加强筒体剪力墙首层的配筋,特别要注意施工缝部位的连接,避免剪力墙在大震作用下产生水平贯通裂缝。

8.8.2 上海世博会中国馆

1. 工程概况

上海世博会中国馆是2010年上海世博会的核心建筑之一,位于上海世博会园区浦东区域中心位置,中国馆由国家馆、地区馆及港澳台馆三部分组成。中国馆以"东方之冠"为设计理念,国家馆居中升起,形如冠盖;层叠出挑,制拟斗拱(以下简称中国馆)。从浦江对岸远眺,其气势有城郭墙垣之威武;从世博轴上近观,其形态如楼台门第之高耸。若沿江而下,轻舟渐近,则可见中国馆以浦东陆家嘴现代建筑为背景,雄踞浦江之滨。

中国馆结构首层架空,只保留四个楼电梯间作为竖向交通和设备管井之用。自33.3m标高以上向上层层展开,展厅面积逐渐扩大并向外挑出,形成下部小上部大的倒梯形造型,至屋顶60.3m标高处最大悬挑跨度达33m。展厅内除四个楼电梯间外不设柱。

中国馆采用钢-混凝土混合结构,结构总高度68.0m,主体结构为四个18.6m×18.6m的钢筋混凝土筒体,33.3m标高以上楼盖逐层向外挑出,呈四棱台斗冠状,至屋顶60.9m标高处最大悬挑长度达33.8m,平面尺寸由底部的69.9m×69.9m伸展到屋面的137.5m×137.5m。为减小大悬挑所产生的挠度,屋面悬挑部分施加有水平预应力。

在四个筒体外侧标高33.3m处,共挑出20根800mm×1500mm的矩形钢管混凝土斜撑，为标高 36.3～60.9m 处的悬挑楼盖体系提供竖向支承，形成建筑的倒梯形造型。标高 36.3～49.5m 楼面采用型钢梁-混凝土板梁板体系，标高 60.9m 屋面采用钢桁架-混凝土板梁板体系。其结构平面图及剖面图如图 8.105 所示。

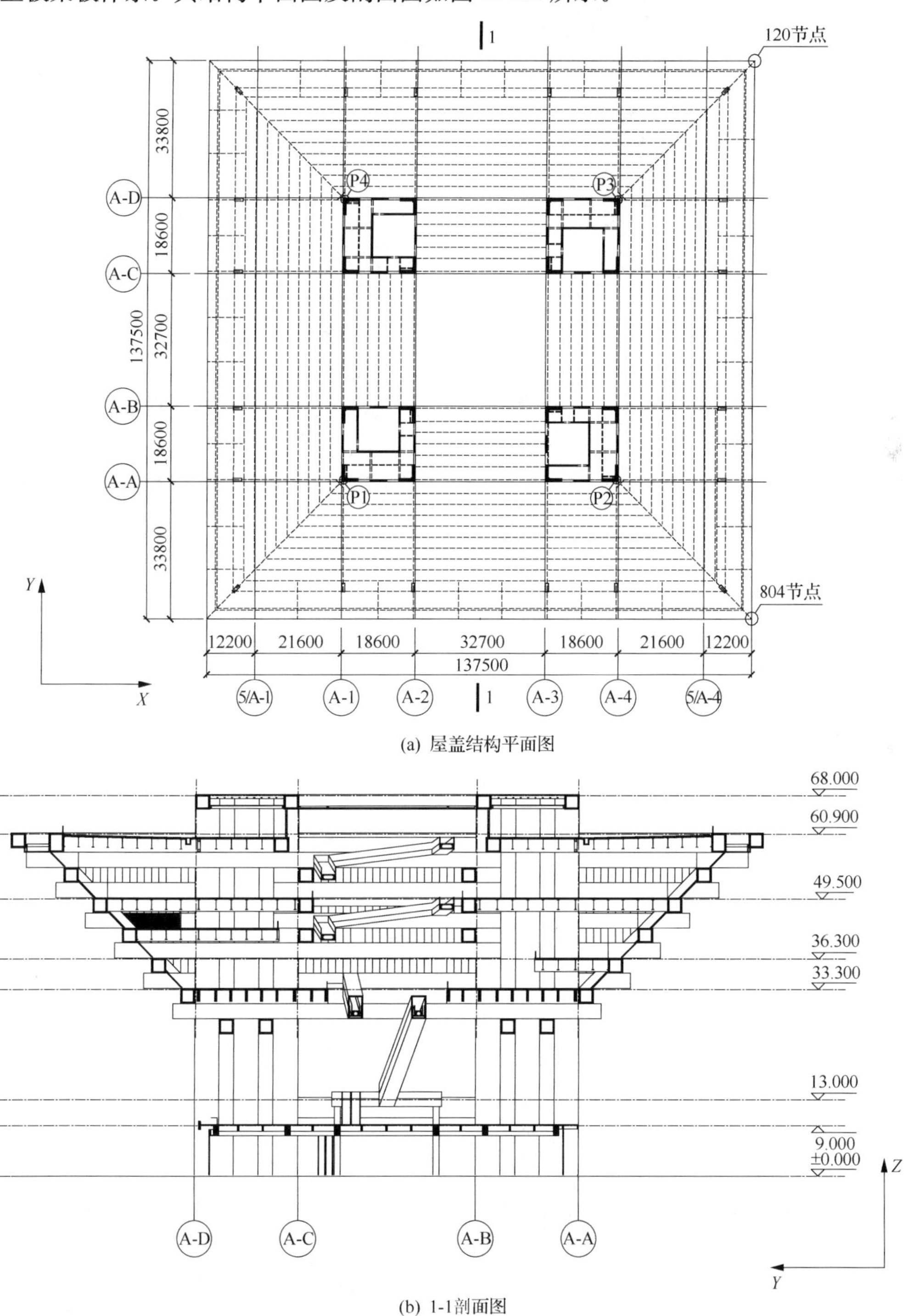

(a) 屋盖结构平面图

(b) 1-1剖面图

图 8.105　结构平面及剖面图

根据《建筑抗震设计规范》、《混凝土结构设计规范》、《高层建筑混凝土结构技术规程》和《高层建筑钢结构技术规程》等现行规范标准的规定，该建筑结构主要超限情况如下。

(1) 竖向不规则：建筑正立面外倾，质量分布特别不均匀，自 33.3m 标高以上向上层出挑，至屋顶 60.3m 标高处最大悬挑跨度达 33m，竖向刚度变化大。

(2) 平面特别不规则：①楼板局部不连续，该工程设 32.7m×32.7m 的中庭，在标高 38.7～46.8m 楼板错开布置，属于平面不规则中的楼板局部不连续；②结构周期比超限，结构扭转为主的第一自振周期 T_t 与平动为主的第一自振周期 T_1 之比大于 0.9，未能满足《高层建筑混凝土结构技术规程》(JGJ 3—2002)4.3.5 条的要求。由于建筑造型上的需要，由下至上随着展厅范围的伸展，质量分布范围增大，导致扭转振型成为第一振型，周期比(T_t/T_1)达到 1.17。

2. 振动台模型试验

1) 相似关系

该结构为倒梯形造型，悬挑部分大且质量分布极不均匀，因此竖向地震动加速度及结构自重对结构的影响较重要。为消除重力失真的影响，结构的加速度相似比尽量取为 1；综合考虑到实验室台面的大小和实验室可以实现的混凝土强度关系确定长度相似比和应力相似比。结构模型的相似关系见表 8.67。

表 8.67 世博会中国馆结构模型相似关系

物理性能	物理参数	相似常数	备注
几何性能	长度	1/27 (0.037)	控制尺寸
材料性能	应变	1.0	—
	等效弹性模量	1/7 (0.1429)	控制材料
	等效应力	1/7 (0.1429)	
	质量密度	3.8571	—
	质量	1.9596×10^{-4}	—
荷载性能	集中力	1.9596×10^{-4}	—
	线荷载	5.291×10^{-3}	—
	面荷载	0.1429	—
	弯矩	7.2579×10^{-6}	—
动力性能	周期	0.1925	—
	频率	5.196	—
	速度	0.1925	—
	加速度	1.0	控制试验
	重力加速度	1.0	
模型总重		24.78t	含配重和底座质量
模型高度		2.819m	含底板

建成后的结构模型如图 8.106 所示，模型总高度为 2.819m，其中模型底座厚

0.300m，模型高度为2.519m。模型总质量为24.78t，其中模型和附加质量20.48t，底座质量4.3t。

图8.106　上海世博会中国馆振动台试验模型

2）振动台模型试验过程

（1）测点布置。

在模型斜撑、连梁、筒体间钢梁、桁架以及顶层屋盖上等位置，共布置了13个位移计、15个应变片、45个加速度计。

（2）输入台面地震激励。

根据7度抗震设防及Ⅳ类场地要求，选用El Centro波、Pasadena波、上海人工波SHW2地震记录作为振动台台面激励。

（3）试验步骤。

试验加载工况按照7度多遇烈度、7度基本烈度和7度罕遇烈度的顺序分三个阶段对模型结构进行模拟地震试验。在不同水准地震波输入前后，对模型进行白噪声扫频，测量结构的自振频率、振型和阻尼比等动力特征参数。在进行每个试验阶段的地震试验时，由台面依次输入El Centro波、Pasadena波和SHW2波。地震波持续时间按相似关系压缩为原地震波的1/5.196，输入方向分为X、Y、Z单向输入和三向输入。各水准地震下，台面输入加速度峰值均按有关规范的规定及模型试验的相似关系要求进行了调整，以模拟不同水准地震作用。

3）模型试验结果

（1）试验现象。

7度多遇地震试验阶段，按加载顺序依次输入El Centro波、Pasadena波和SHW2波。各地震波输入后，模型表面未发现可见裂缝。地震波输入结束后用白噪声扫描，发现模型自振频率未下降，说明结构尚未发生微小裂缝，本试验阶段模型结构处于弹性工作阶段，模型结构满足“小震不坏”的抗震设防目标。

在7度基本地震试验阶段，主体结构基本完好，小部分筒体连梁产生细微裂缝。

在7度罕遇地震试验阶段，很多连梁产生裂缝，部分筒体产生较大裂缝。屋面楼板产生多条裂缝。

在8度罕遇地震试验阶段，绝大部分连梁产生裂缝，剪力墙也产生大量裂缝。

对试验裂缝按构件进行分析，分析结果如下。

① 筒体连梁：7度基本地震输入后，部分筒体连梁开始出现细微裂缝；8度地震后，绝大部分筒体连梁出现裂缝，其中贯穿裂缝甚多，特别是对应原型结构33.3m处的连梁，破坏较严重。

② 剪力墙：7度基本地震输入后，部分对应原型结构33.3m位置附近剪力墙出现细微裂缝；8度地震后，部分剪力墙出现较长的裂缝，其中结构北立面的筒体剪力墙根部出现两条竖向裂缝，其中一条长度有420mm，另一条长度有180mm左右，而且有混凝土轻微剥落现象。

③ 斜撑:7 度基本地震后约 6 根斜撑有变形,其中南北立面 A-3 轴处的两根斜撑变形较严重,在罕遇地震作用下,但变形未有较明显发展。

④ 屋面楼板在 7 度罕遇时形成多条裂缝。

(2) 动力特性。

在不同水准地震作用前后,均用白噪声对结构模型进行扫频试验。通过对各加速度测点的频谱特性、传递函数以及时程反应的分析,得到模型结构在不同水准地震前后的自振频率、阻尼比和振型形态。

① 模型结构初始状态时前三阶频率分别为 4.590Hz(扭转)、5.340Hz(Y 向平动)和 5.343Hz(X 向平动)。

② 模型结构的低阶振型的振动形态主要为整体扭转和平动。

③ 模型结构频率随输入地震动幅值的加大而降低,阻尼比的变化规律不甚明显。

在完成 8 度罕遇地震试验阶段后,模型结构前三阶频率分别降低为 3.305Hz(扭转)、3.812Hz(Y 向平动)和 3.305Hz(X 向平动)。

(3) 加速度反应。

随着台面输入地震波加速度峰值的提高,模型刚度退化,结构出现一定程度的破坏后,动力放大系数有所降低。在 8 度罕遇地震时结构的加速度放大系数有部分小于 1,表明结构的刚度下降大,非线性反应大。

(4) 位移反应。

模型位移反应值从两方面获得:一方面由 ASM 位移传感器获得;另一方面由加速度值积分获得。

① 同一烈度、同一水准下输入 El Centro 波、Pasadena 波和 SHW2 波地震波,模型结构 X 向的位移反应比 Y 向的位移反应大。

② 同一烈度、同一水准的不同地震波输入时,在 7 度多遇和 7 度基本地震时,以 SHW2 波输入时模型结构的位移反应为最大,在 7 度罕遇和 8 度罕遇地震时以 Pasadena 波输入反应大。这说明结构的最大位移不仅取决于输入烈度的大小,还取决于地震波的频谱特性及与结构自振特性的关系,同时说明结构的动力特性随着结构刚度的下降而不断变化。

(5) 扭转反应。

结构各层扭转角可以通过同一楼层两端测点的位移时程相减得出相对位移时程,确定最大相对位移后计算出扭转角最大值。

在地震作用下,模型结构扭转反应很小,最大扭转角出现在 2.233m 处。在 7 度多遇地震作用下,模型 2.233m 处最大扭转角为 1/12306;在 7 度基本地震作用下,其扭转角最大值为 1/4769;在 7 度罕遇地震作用下,其扭转角最大值为到 1/3467;在 8 度罕遇地震作用下,其扭转角达到 1/2780。在 7 度多遇地震作用下,楼层位移比最大值出现在 2.233m 处,X 向地震作用下位移比最大值为 1.21,Y 向地震作用下位移比最大值为 1.18;在 7 度基本地震作用下,楼层位移比最大值出现在 2.233m 处,X 向地震作用下位移比最大值为 1.13,Y 向地震作用下位移比最大值为 1.05;在 7 度罕遇地震作用下,X 向地震作用下位移比最大值为1.13，Y向地震作用下位移比最大值为1.03；在8度罕遇地震作用下，X向地震作用下位移比最大值为1.16，Y向地震作用下位移比最大值为1.02。

4）原型结构反应

（1）动力特性。

经模型第一次白噪声扫频得出频率后，再经相似关系推算原型结构前三阶自振频率为0.883Hz、1.027Hz、1.028Hz；振动形态为扭转、Y向平动、X向平动；相应的周期分别为1.133s、0.973s和0.973s，所以结构Y向和X向的刚度相差很小。

通过多次输入后的白噪声扫描结果可以看出，结构频率随输入地震动幅值的增大而降低，但在7度基本烈度地震作用下结构频率下降幅度很小，直到7度罕遇地震作用下结构的频率才下降较大，结构遭受7度罕遇地震后扫频结果与第一次白噪声扫频结果相比，扭转频率下降5.8%，Y向频率下降9.5%，X向频率下降23.8%。其中X向平动频率受地震输入影响较大，下降幅度也较大。8度罕遇地震后，结构前三阶自振频率为0.636Hz、0.734Hz、0.636Hz。结构遭受8度罕遇地震后扫频结果与第一次白噪声扫频结果相比，扭转频率下降28.0%，Y向频率下降28.6%，X向频率下降38.1%。

（2）结构地震反应及震害预测。

在7度多遇地震作用下，结构的位移反应较小，当沿X向和Y向单向输入时，结构总位移角最大值为：X向1/2459，Y向1/5104；层间位移角最大值为：X向1/2003(9.000～33.300m)，Y向1/3123(33.300～49.500m)；当沿X主向三向输入时，结构总位移角最大值为1/5582，层间位移角最大值为1/2846，结构处于弹性阶段，小于《高层建筑混凝土结构技术规程》(JGJ 3—2002)的限值1/1000的要求，结构没有开裂等破坏，原型结构能够满足我国现行抗震规范“小震不坏”的抗震设防标准目标；结构的扭转反应较小，楼层位移比最大值为：X向1.21(2.233m)，Y向1.18(2.233m)，基本满足《高层建筑混凝土结构技术规程》(JGJ 3—2002)的位移比限值不宜大于1.2、不应大于1.5的要求。

在7度基本烈度地震作用下，结构自振频率和刚度稍有降低，剪力墙有少量细微裂缝，小部分连梁端部产生细微裂缝。结构满足“中震可修”的抗震设防标准目标。

在7度罕遇地震作用下，结构自振频率有一定下降，结构出现部分开裂破坏，结构总位移角最大值为：X向1/444，Y向1/749；层间位移角最大值为：X向1/352(9.000～33.300m)，Y向1/634(9.000～33.300m)，满足《高层建筑混凝土结构技术规程》(JGJ 3—2002)的限值1/100的要求。原型结构能够满足我国现行抗震规范“大震不倒”的抗震设防标准。在7度罕遇地震作用下，33.3m处部分连梁(截面尺寸800mm×4500mm)遭到较严重破坏，形成斜向贯通裂缝，是结构的一个薄弱部位。

3. 上海世博会中国馆抗震计算分析

1）计算模型

结构标高±0.000处作为计算模型嵌固端。弹性计算时采用ANSYS程序进行整体建模和计算分析。计算模型包括下部四个筒体、标高9.0m处筒体间一层框架结构、标高38.7～60.3m的楼盖体系以及20根方钢管混凝土斜撑。

结构中的梁、柱、斜撑、杆件采用Beam单元模拟；楼板考虑其弹性变形，采用Shell单元模拟。计算模型共包括Beam单元数12374、Shell单元数9087，共计单元数21461、节点数9685。结构计算总质量为1.23×10^{5}t。

按7度抗震设防要求，分别输入7度多遇和7度罕遇烈度的地震波，天然地震波输入同时包括X向、Y向和Z向，三方向加速度时程峰值的比值为1∶0.85∶0.65，X向为主方向，其加速度时程峰值分别取35cm/s²和220cm/s²，取El Centro和Pasadena的南北向波作为X向的输入波，人工模拟地震波SHW2仅输入X向。

为方便分析，计算模型示意图、模型计算节点编号如图8.107、图8.108和图8.109所示。

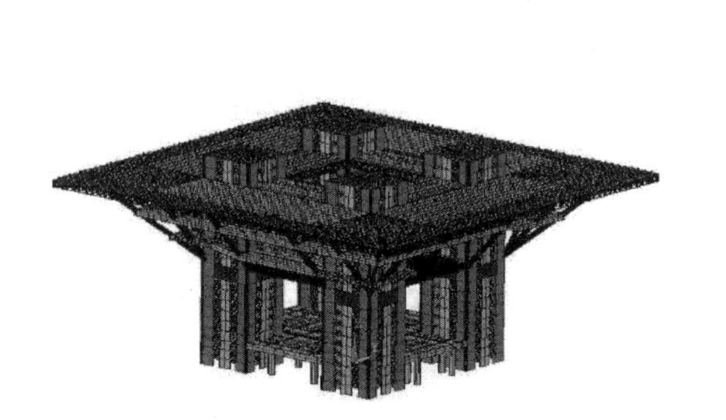

图8.107　计算模型示意图

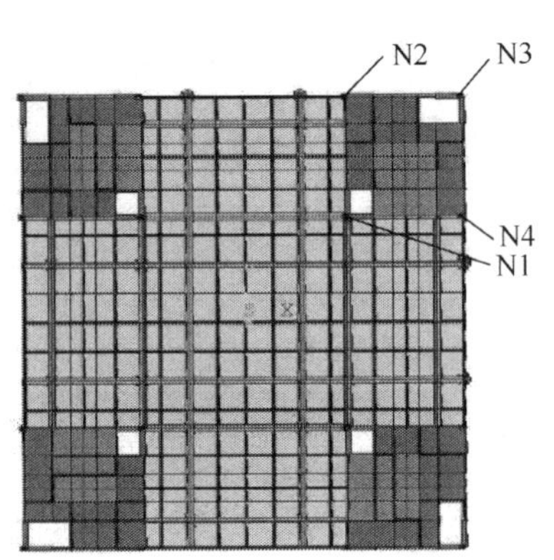

图8.108　典型节点系N1～N4平面位置

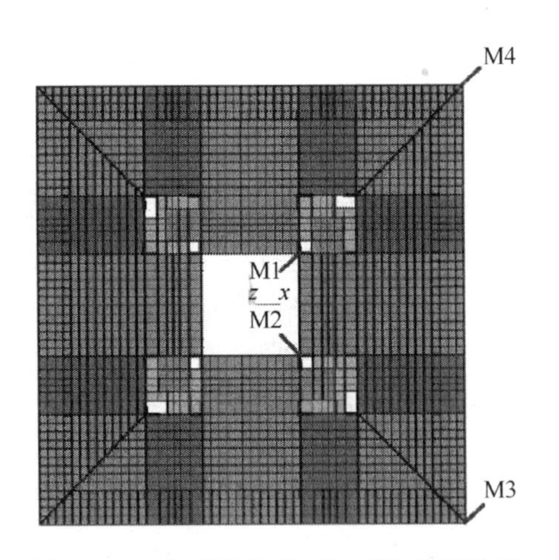

图8.109　典型节点系M1～M4平面位置

2）结构自振特性计算结果

共计算了结构前900阶自振周期，X向和Y向的有效质量系数分别为92.9%、93.4%。

表8.68列出了前六阶主要振动模态的周期及对应的模态特征。

表 8.68　结构自振周期及特征

振型序号	周期/s	频率/Hz	振型特征
1	1.36	0.7361	整体绕 Z 轴扭转
2	1.14	0.8806	整体 Y 向一阶平动
3	1.13	0.8849	整体 X 向一阶平动
4	0.47	2.1177	整体 Y 向二阶平动
5	0.46	2.1570	整体 X 向二阶平动
6	0.45	2.1971	大跨悬挑楼盖沿 X 向，角部和中部翘曲

3）反应谱法地震响应计算结果

（1）位移响应。

由反应谱法计算整体结构地震响应，取 900 阶模态参与计算，各振型贡献按 CQC 法进行组合。结构在 X 向地震和 Y 向地震作用下的顶层位移及最大层间位移角数值见表 8.69。

表 8.69　结构地震反应顶层及层间位移角

节点系列	X 向地震作用			Y 向地震作用		
	顶层位移/mm	最大层间位移角 δ/h	最大位移角位置/m	顶层位移/mm	最大层间位移角 δ/h	最大位移角位置/m
N1	29.52	1/1856	58.1	30.26	1/1779	44.1
N2	29.91	1/1781	58.1	30.33	1/1784	44.1
N3	29.94	1/1780	58.1	31.11	1/1739	44.1
N4	29.54	1/1875	58.1	31.04	1/1708	58.1

（2）扭转位移比（表 8.70）。

表 8.70　结构扭转位移比

X 向地震作用			Y 向地震作用		
平均位移/mm	最大位移/mm	扭转位移比	平均位移/mm	最大位移/mm	扭转位移比
26.1	27.4	1.05	27.77	29.32	1.06

（3）结构基底剪力（表 8.71）。

表 8.71　结构基底地震反应力

工　况	基底剪力/kN	剪重比/%
X 向地震作用	68544	5.57
Y 向地震作用	68168	5.54

（4）剪力墙应力。

取四个筒体的外侧和内侧墙体作为分析对象。各向地震作用下，墙体最大应力结果见表 8.72；表中最大剪应力为第一主应力与第三主应力差值的一半；表中转换层指标高为 28.8～33.3m 的楼层。

表 8.72　墙体最大应力及位置

工况	墙体	最大竖向正应力		墙面内水平剪应力		最大剪应力	
		数值/(N/mm²)	位置	数值/(N/mm²)	位置	数值/(N/mm²)	位置
X 向地震作用	1	7.80	转换层邻层	2.53	转换层	4.68	转换层邻层
	2	9.55	标高 9.0m	0.92	标高 9.0m	3.99	标高 9.0m
Y 向地震作用	1	7.18	墙底部	0.84	转换层邻层	3.59	墙底部
	2	8.12	转换层邻层	2.62	转换层邻层	4.31	转换层邻层

4) 上海人工波 SHW2 作用下的结构地震响应

(1) 位移响应。

选取上海人工波 SHW2 作为输入地震波，分别沿 X 向及 Y 向作用于结构，采用振型叠加法计算结构的时程响应。取 900 阶振型参与计算，各模态阻尼比取 0.04，计算得到结构各节点的响应位移时程。结构的层间位移角分布如图 8.110 和图 8.111 所示。

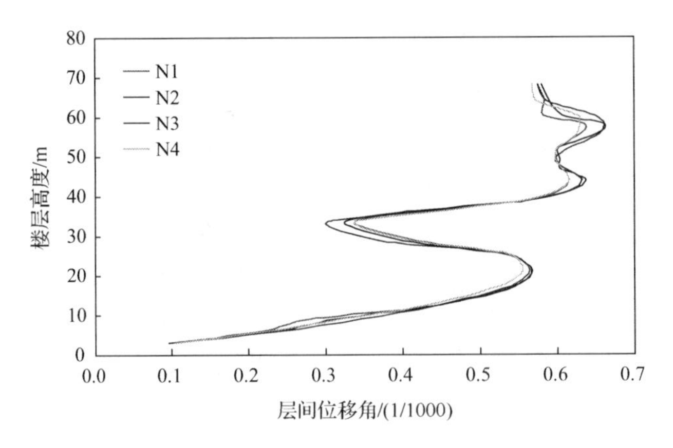

图 8.110　水平向地震作用下 N1～N4 节点系的层间位移角包络曲线

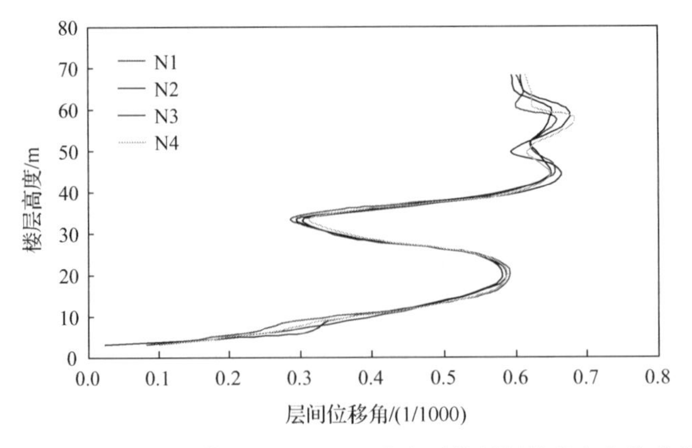

图 8.111　Y 向地震作用下 N1～N4 节点系的层间位移角包络曲线

SHW2人工波沿各方向作用时，结构各典型节点系的顶层位移及最大层间位移角数值见表8.73。

表8.73　结构地震反应顶层及层间位移角时程峰值

节点系列	X向地震作用			Y向地震作用		
	顶层位移/mm	最大层间位移角 δ/h	最大位移角标高/m	顶层位移/mm	最大层间位移角 δ/h	最大位移角标高/m
N1	33.4	1/1572	58.1	34.1	1/1527	58.1
N2	33.8	1/1511	58.1	34.1	1/1541	58.1
N3	33.8	1/1511	58.1	35.0	1/1477	58.1
N4	33.4	1/1590	58.1	34.3	1/1464	58.1

(2) 扭转位移比(表8.74)。

表8.74　结构扭转位移比

X向地震作用			Y向地震作用		
平均位移/mm	最大位移/mm	扭转位移比	平均位移/mm	最大位移/mm	扭转位移比
28.4	29.8	1.05	30.9	32.6	1.05

(3) 结构基底剪力(表8.75)。

表8.75　结构基底剪力值及剪重比

工　况	峰值/kN	剪重比/%
X向地震作用	67901	5.52
Y向地震作用	67204	5.46

(4) 剪力墙应力(表8.76)。

表8.76　墙体最大应力及位置

工况	墙体	最大竖向正应力		墙面内水平剪应力		最大剪应力	
		数值/(N/mm^2)	位 置	数值/(N/mm^2)	位 置	数值/(N/mm^2)	位 置
X向地震作用	1	7.62	转换层邻层	2.50	转换层	4.18	转换层邻层
	2	5.40	标高60.3m	0.93	标高9.0m	4.80	标高9.0m
Y向地震作用	1	6.87	墙底部	0.78	转换层	3.44	墙底部
	2	7.22	转换层邻层	2.49	转换层邻层	4.23	转换层邻层

(5) 楼盖应力(表8.77)。

各向地震作用下顶层位移最大时，标高33.3m处楼盖X向正应力基本为拉应力；标高60.3m处楼盖X向正应力基本为拉应力。

表 8.77　楼盖应力　(单位：N/mm^2)

标高	类型	X 向地震作用		Y 向地震作用	
		拉应力	剪应力	拉应力	剪应力
33.3m	众　值	0.94	0.43	0.93	0.42
	峰　值	1.91(1)	1.91(2)	3.06(3)	1.92(4)
60.3m	众　值	1.87	0.40	1.99	0.41
	峰　值	3.37(5)	1.82(6)	3.49(7)	1.86(8)

注：(1)、(2)、(3)、(4)号峰值出现在筒体角部，为局部应力集中情况；(5)、(6)、(7)、(8)号峰值出现筒内楼板开洞处，为局部应力集中情况。

5) 小震作用下的计算分析及结论

同时采用振型分解采用谱法及时程分析法对上海世博会中国馆整体结构的地震响应进行了计算，结构在 El Centro 地震波双向输入、Pasadena 地震波双向输入以及 SHW2 地震波单向输入下的地震反应分析结论如下。

(1) 结构第一阶振型为整体绕 Z 轴扭转，自振周期为 1.36s，与平动为主的第一阶自振周期(1.14s)之比为 1.19。

(2) 结构典型节点系的最大层间位移角，时程法计算结果平均值为 1/1693，反应谱法计算结果为 1/1708，均出现在大跨悬挑楼盖处，结构的变形满足规范限值。

(3) 反应谱法和时程法计算得到的响应结果基本一致，结构层间位移均满足规范限值。

(4) 典型筒体剪力墙墙体，墙面内剪应力、最大剪应力最大值，基本出现在转换层(标高 28.8～33.3m)及其邻层；标高 33.3m 和标高 60.3m 处，楼盖在筒体角部处、楼盖与斜撑相交处和筒内楼板开洞处出现局部应力集中现象。

6) 大震作用下的弹塑性时程分析

(1) 构件有限元模型。

采用 NosaCAD2005 结构分析程序对上海世博会中国馆结构进行弹塑性时程分析，对该结构抗震性能和抗震机理进行研究。梁柱杆单元采用三段变刚度杆单元模型，由位于中部的线弹性区段和位于杆两端的弹塑性段组成。以受弯为主的钢梁、混凝土梁和型钢混凝土梁单元截面的弹塑性段弯矩-曲率骨架曲线分别采用二折线和三折线模型，三折线模型滞回曲线如图 8.112 所示。由于柱受双向弯矩作用，并受到轴力变化影响，柱单元弹塑性段采用纤维模型，纤维模型中的混凝土本构模型如图 8.113 所示，钢和钢筋纤维采用理想弹塑性的二折线模型，并考虑屈服强化。对于桁架结构中的二力杆也采用纤维模型来反映其弹塑性受力-变形情况。

分析对象中杆件截面复杂多样，包括钢和混凝土柱，钢梁、型钢混凝土梁和混凝土梁、钢管混凝土斜撑等，其弹塑性分析的相关参数，如杆件截面纤维模型参数、截面弯矩-曲率骨架曲线参数等，由 NosaCAD2005 根据截面几何参数、材料参数和配筋等进行生成。典型梁截面弯矩-曲率骨架曲线参数如表 8.78 所示。

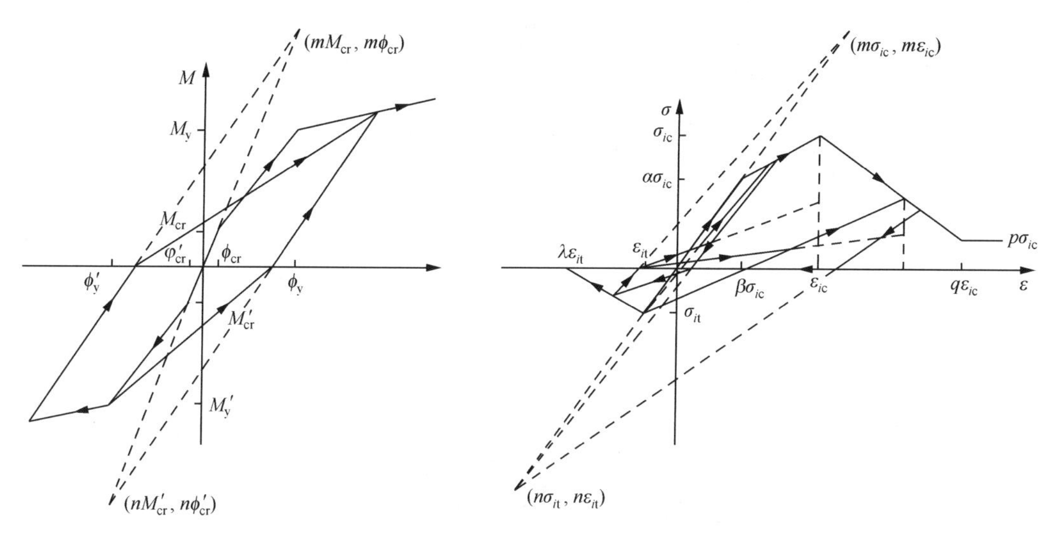

图 8.112　三折线弯矩-曲率滞回模型

图 8.113　混凝土纤维本构模型

表 8.78　典型梁截面弯矩-曲率骨架曲线参数

构件材料	截面尺寸/mm	配筋率/型钢尺寸/mm	M_{cr}/(kN·m)	ϕ_{cr}/(1/mm)	M_y/(kN·m)	ϕ_y/(1/mm)	M_u/(kN·m)	ϕ_u/(1/mm)
混凝土	400×2000	3.6%	667	9.814×10^{-8}	9449	1.452×10^{-6}	10022	1.158×10^{-5}
	1000×2000	3.6%	1668	9.814×10^{-8}	23625	1.452×10^{-6}	25055	1.158×10^{-5}
Ⅰ型钢混凝土	500×2200	300×1800×16×36	1341	1.094×10^{-7}	9998	1.220×10^{-6}	13595	3.858×10^{-6}
	400×2200	200×1800×14×36	1073	1.094×10^{-7}	7823	1.226×10^{-6}	10669	3.601×10^{-6}
Ⅰ型钢	350×1800×20×36	—	—	—	7193	1.661×10^{-6}	9978	4.984×10^{-6}
	350×1800×14×36	—	—	—	6123	1.605×10^{-6}	8506	4.815×10^{-6}
	250×1200×12×25	—	—	—	2146	2.442×10^{-6}	2979	7.325×10^{-6}

注：Ⅰ型钢尺寸为:宽×高×腹板厚度×翼缘厚度。

筒体的结构平面布置较为复杂,外墙开洞较多,内设多道横隔墙。筒体墙体采用平板壳精细有限元模型,平板壳单元中膜单元带有旋转自由度,可以方便地与连梁相连接。平板壳单元面外按弹性计算,仅考虑面内非线性。墙体单元中的钢筋采用弥散模式,在某一方向上按配筋率均匀分布,钢筋的本构模型仍采用理想弹塑性模型。混凝土本构模型采用单轴等效应力-应变关系模型,单轴等效应力-应变关系滞回曲线与纤维模型中的混凝土本构模型(图 8.113)相同,但考虑正交方向上应力状态对强度的影响。混凝土开裂模型采用分布裂缝模式。采用单轴等效混凝土材料模型的板壳单元,可反映墙体的开裂、压碎、配筋应力-应变状态等非线性情况。

(2) 整体结构计算模型。

整体结构计算模型由杆单元和平板壳单元组成,杆单元用于梁柱和桁架杆构件,平板壳单元用于建立墙体和筒体结构,楼板采用弹性楼板假定,弹性楼板也用平板壳单元来建立。60.9m 标高处楼面板所施加的水平预应力,采用加等效平衡荷载来考虑其作用。

结构计算模型的建模借助了 AutoCAD 的大部分图形编辑功能,有效提高了空间复杂体型结构的建模效率。结构整体计算模型如图 8.114 所示。该模型中包含 11575 个节点,20489 个单元,其中二力杆单元 292 个,框架杆单元 11321 个,四边形平板壳单元 8819 个,三角形平板壳单元 57 个。

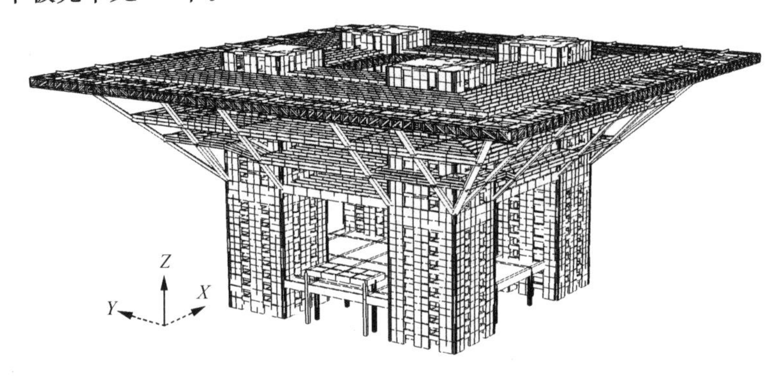

图 8.114　结构整体计算模型

计算模型的材料强度值采用设计强度,结构各部位构件所用材料及设计强度见表 8.79。

表 8.79　结构构件材料及设计强度

构件部位	材料	抗压强度/MPa	抗拉强度/MPa
除 33.3m、50.1m、60.9m 标高处以外的其他楼盖	C30	14.3	1.43
柱	C35	16.7	1.57
33.3m、50.1m、60.9m 标高处楼盖	C40	19.1	1.71
剪力墙	C50	23.1	1.89
型钢混凝土斜撑	C60	27.5	2.04
钢梁、钢桁架、型钢	Q345B	345	345

(3) 时程反应计算及结果分析。

选用三条地震加速度时程曲线作为输入,两条为天然地震波,一条为人工模拟地震波,天然地震波分别为 El Centro 波和 Pasadena 波,人工模拟地震波为 SHW2。

动力方程的阻尼采用瑞利阻尼,按混合结构考虑,采用 4.0%的阻尼比。采用 Newmark 法进行时程计算,γ 值取 0.5,β 值取 0.25。

时程分析前先将初始荷载分 20 步加载到结构上。初始荷载包括重力荷载代表值和等效预应力荷载。为减小屋面大悬挑所产生的挠度,屋面悬挑部分施加有水平预应力,计算分析时该水平预应力被转化成等效静力荷载,以考虑预应力效应。

三种 7 度罕遇地震波作用下，标高 60.9m 大跨度悬挑屋盖角点 804 节点(图 8.105(a))的位移时程如图 8.115 所示，其位移时程的最大幅值如表 8.80 所示，从位移时程和位移幅值可以看出，结构在相同加速度峰值的不同地震波作用下的反应有一定差异。结构在 Pasadena 地震波作用下的水平 X 向反应最小，在 El Centro 和 SHW2 地震波作用下的水平 X 向反应较大，Pasadena 地震波作用下的 804 节点水平 X 向位移时程的最大幅值比 El Centro 和 SHW2 地震波作用下的小约 30%或以上。屋盖角点 804 节点的垂直位移在 El Centro 波作用下的反应最大，罕遇地震作用下其幅值达到 316.7mm，为悬挑长度的 1/153。

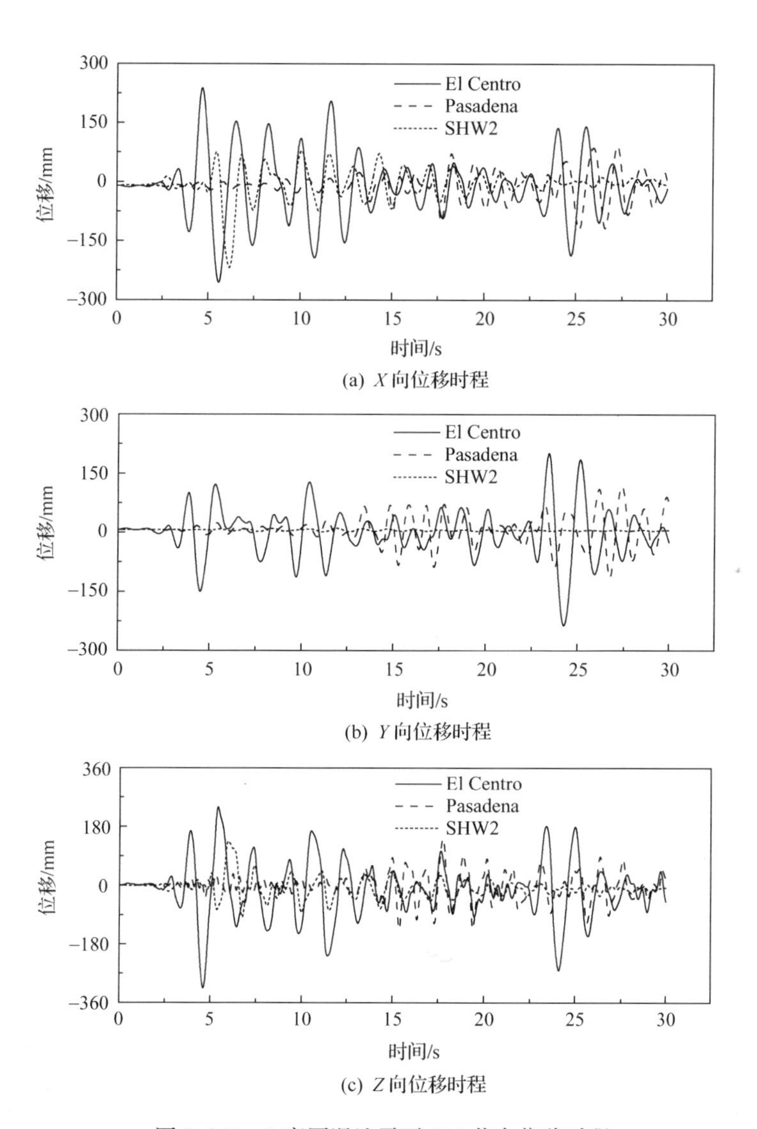

(a) X 向位移时程

(b) Y 向位移时程

(c) Z 向位移时程

图 8.115　7 度罕遇地震下 804 节点位移时程

表 8.80　804 节点位移时程最大幅值

地震波		X 向位移/mm	Y 向位移/mm	Z 向位移/mm
多遇	El Centro	31.18	33.64	42.57
	Pasadena	19.63	22.06	33.21
	SHW2	28.27	0.99	26.91
罕遇	El Centro	248.37	241.76	316.70
	Pasadena	110.65	119.71	143.24
	SHW2	208.09	4.96	135.08

注：表中位移幅值已扣除初始位移。

图 8.116 给出了 7 度罕遇 El Centro 波作用下屋面两个角部 804 节点和 120 节点的 X 向位移时程。可以看出两个角点的 X 向位移基本相同，最大相差 52.21mm，屋面结构平面内转角仅为 3.80×10^{-4} rad，虽然结构的第一阶振型为扭转形态，但在地震作用下，扭转振型未被激励起来。

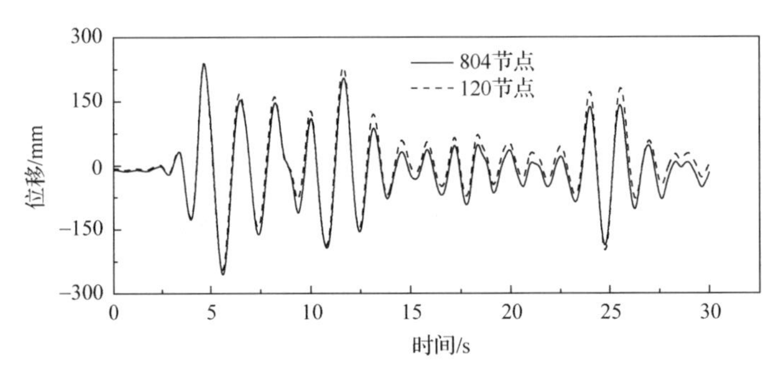

图 8.116　7 度罕遇 El Centro 波下 804 和 120 节点 X 向位移时程

因在 El Centro 地震波作用下结构的反应最大，图 8.117 给出了 7 度罕遇 El Centro 地震波作用下结构的破坏情况 。从图中可以看出，结构的塑性铰主要出现在四个筒体的连梁端部；标高 33.3～50.1m 楼面，少量与筒体连接处梁出铰；底层部位小部分筒体内墙边缘混凝土压碎；下部框架一些柱子出铰；筒体 28m 标高高度开口处边缘部分混凝土压碎。顶层楼面基本未出现塑性铰。为标高 36.3～60.9m 处的悬挑楼盖体系提供支承的矩形钢管混凝土斜撑也未出现塑性铰。

从 NosaCAD 中给出的结构破坏顺序来看，四个筒体的连梁端部出铰在先，随后是底层部分筒体内墙边缘混凝土压碎。内墙边缘混凝土压碎可能是该处墙体较宽，导致墙体边缘混凝土应力较大所致。

罕遇地震作用下，下部框架结构和上部展厅楼面梁出现了一些塑性铰，但塑性铰均未超过构件极限承载能力。7 度罕遇 El Centro 地震波作用下，4 号混凝土柱单元顶部 X 向弯矩-曲率滞回曲线和 18077 号混凝土梁单元左端弯矩-曲率滞回曲线分别如图 8.118 和图 8.119 所示，4 号柱单元和 18077 号混凝土梁单元位置如图 8.117 所示。4 号混凝土柱单元杆端采用的是纤维截面模型，18077 号混凝土梁单元杆端采用的是三折线弯矩-曲率滞回模型。折线模型的屈服点较为明显，而纤维模型屈服区域为曲线过度段。从

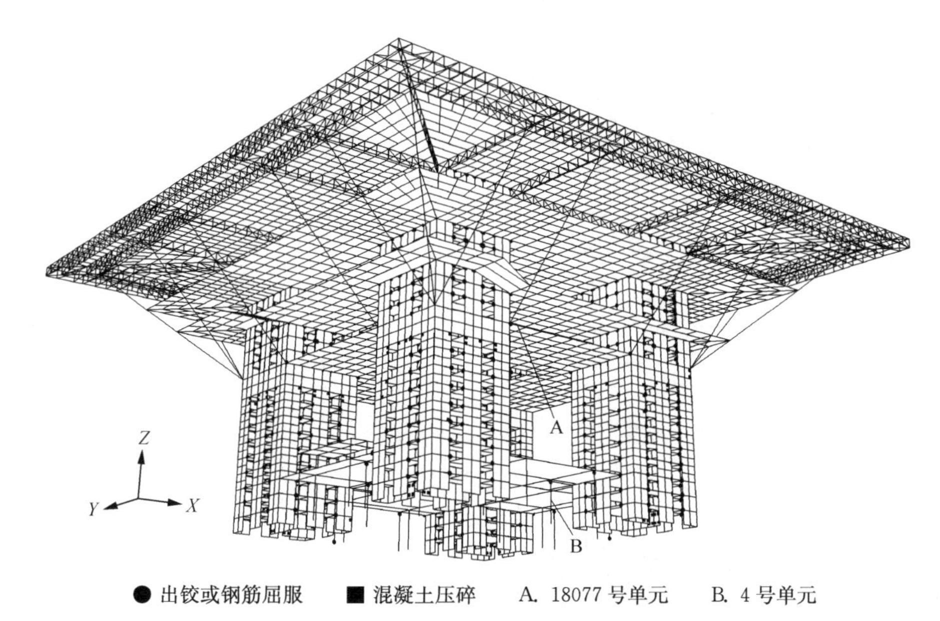

图 8.117　7 度罕遇 El Centro 地震波作用下损坏情况

图 8.118 和图 8.119 可以看出，4 号混凝土柱顶端和 18077 号混凝土梁左端都到达和超过了屈服点，但尚未到达极限强度点。

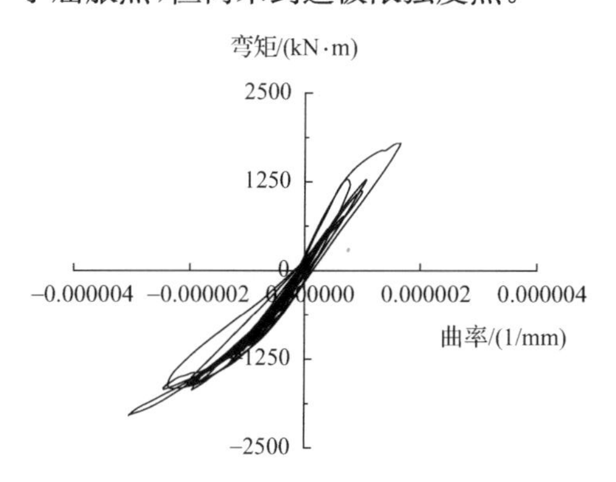

图 8.118　7 度罕遇 El Centro 波 4 号单元柱顶部 X 向弯矩-曲率滞回曲线

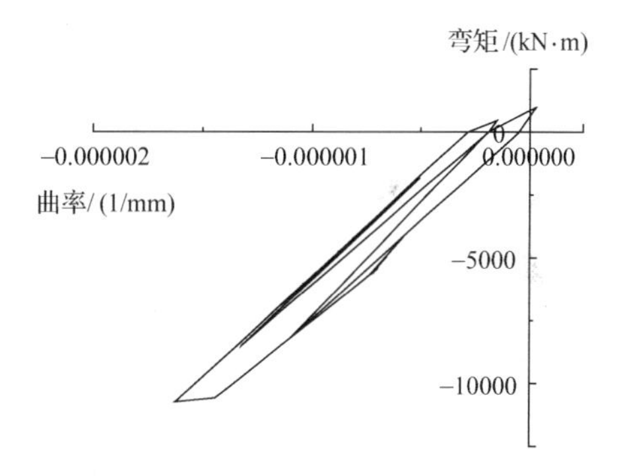

图 8.119　7 度罕遇 El Centro 波 18077 号单元梁左端弯矩-曲率滞回曲线

7 度罕遇 Pasadena 和 SHW2 地震波作用下的结构的破坏相对要小一些，形式基本相同。

选择四个筒体结构的四个角点，考察它们在时程分析中的最大层间位移角。对比三种地震波的计算结果可知，多遇和罕遇 El Centro 波作用所产生的层间位移角都是最大的。图 8.120 显示了在罕遇 El Centro 波作用下四个支撑筒角点处的层间位移角包络图。图中四个角点 P1、P2、P3、P4 的对应位置见图 8.105(a)。

7 度罕遇地震下，层间位移角最大值为 1/137，小于 1/100，同样满足现行抗震规范的要求。

结构重力荷载代表值为 1.065×10^{6}kN，表 8.81 给出了三条地震波 7 度多遇和 7 度罕遇情况下结构的最大基底剪力及相应的剪重比。从表中同样可以看出，El Centro 波

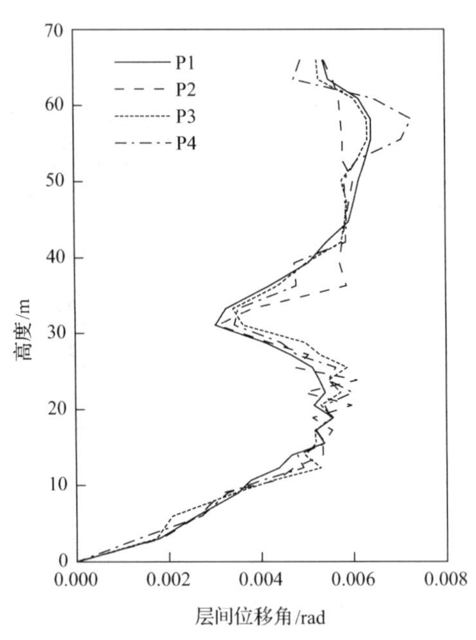

图 8.120　7 度罕遇 El Centro 波作用下筒体结构层间位移角包络图

和 SHW2 波作用下的基底剪力反应值较大。在 7 度罕遇地震作用下，由于结构部分进入塑性状态，相对多遇地震，罕遇地震下最大基底剪力未同地震波输入加速度等比例加大。

表 8.81　基底剪力及剪重比

地震波		X 向		Y 向	
		基底剪力/kN	剪重比/%	基底剪力/kN	剪重比/%
多遇	El Centro	62430	5.9	63343	6.0
	Pasadena	34289	3.2	43354	4.1
	SHW2	58390	5.5	—	—
罕遇	El Centro	230392	21.6	231239	21.7
	Pasadena	165778	15.6	150997	14.2
	SHW2	247341	23.2	—	—

多遇和罕遇地震作用下，20 根钢管混凝土斜撑的应力水平较低，在罕遇地震作用下混凝土应力在 1.47～14.04MPa，钢材应力在 6.98～79.25MPa。将其改为钢管柱后再进行时程分析，构件仍未出现破坏，钢材应力在 21.49～158.46MPa。为减少构件自重，建议此 20 根钢管斜撑不灌注混凝土。四个筒体部分内墙较宽，这些墙体底部靠近边缘部分应力较大，罕遇地震作用下出现少量混凝土压碎情况，建议减小内墙肢宽度，在墙肢较宽的内墙中设置竖缝或设置填充墙。

(4) 弹塑性时程分析的主要结论。

通过对上海世博会中国馆结构进行弹塑性时程分析，得出以下结论。

① 经历 7 度罕遇烈度地震作用时，塑性铰首先出现在支撑筒的水平连梁上，这有利于上部结构耗散地震输入能量，减少下部主要承重结构的损坏。

② 经过 7 度罕遇烈度地震作用，支撑悬挑楼面和屋盖的钢管斜撑未出现破坏，可有效保证上部悬挑结构的安全。虽然部分梁和柱端出现了一些塑性铰，但塑性铰均未超过构件极限承载能力，满足大震不倒的要求。

③ 虽然结构的第一阶振型为扭转形态，但在地震作用下，扭转振型未被激励起来，没有出现对结构非常不利的扭转反应。

④ 相同烈度、相同水准的不同地震波作用下的结构各项反应有一定差异，选用合理的和一定数量的地震波进行时程分析，有利于全面了解结构的抗震能力。

4. 上海世博会中国馆结构动力特性现场实测

1）测试内容

测试共分为三个部分进行。

（1）进行本次测试比较关心的扭转频率的识别，在标高为 60.3m 的楼层沿楼面边缘两个方向布置 8 个传感器，一个方向布置 5 个传感器，另一个方向布置 3 个传感器。传感器方向垂直于相应主轴方向，同时在接近结构质心的位置布置 2 个传感器，通过不同测点间分析结果的比较以得到模态频率、阻尼等结构动力特性信息。屋面测点布置示意如图 8.121 所示。

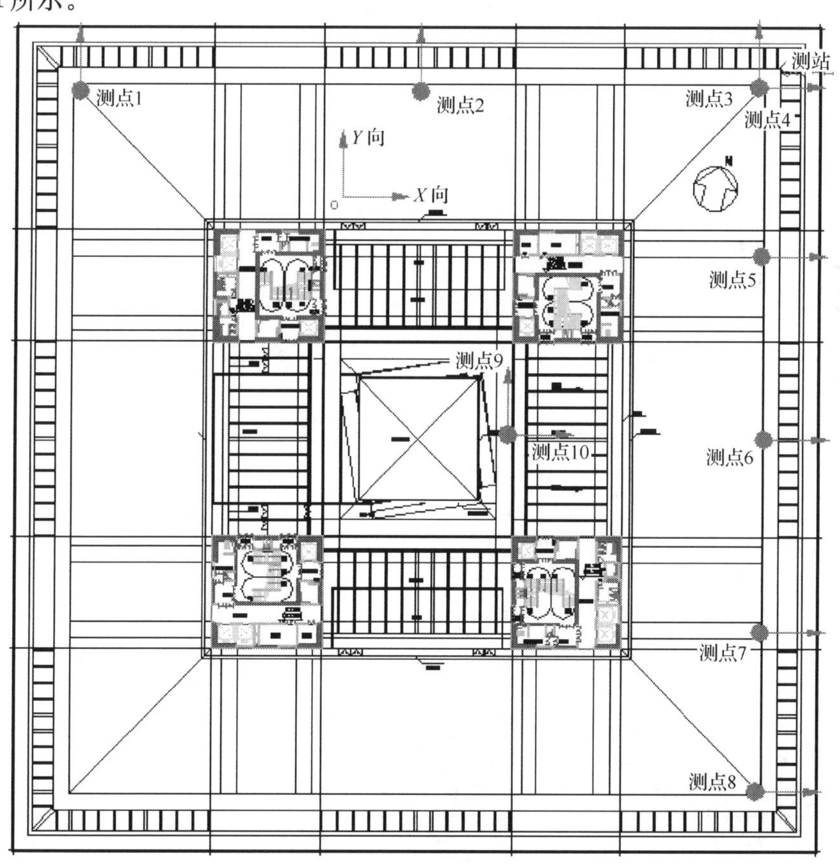

图 8.121　屋面测点布置示意图

(2) 在编号为 HXT-A01 的核心筒内进行振型测试，在结构标高为 40.4m 楼面布置测站，然后分别在标高为 0.00m、9.0m、33.3m、40.4m、49.5m、60.3m 和 64.5m 布置测点，本组别测试共有 8 个测点，先进行 X 向，再进行 Y 向测试。通过分析振动数据得到中国馆相关振型。振型测点布置示意如图 8.122 所示。

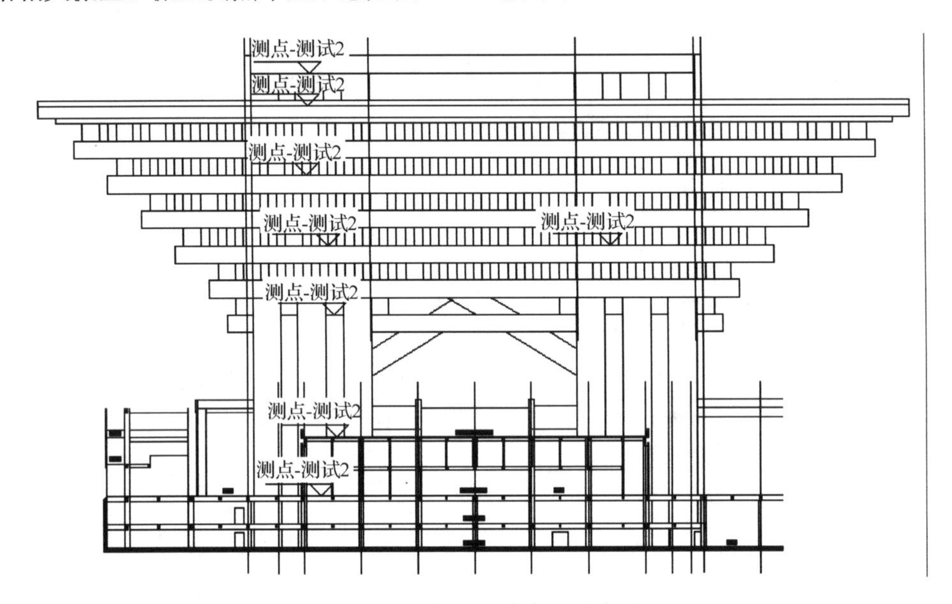

图 8.122　振型测点布置示意图

(3) 在 49.5m 楼面最大跨度对应的中心点进行竖向振动测试，进行 5 个工况的测试，对应无人走动、1 人走动、2 人走动、3 人走动和 6 人走动，以获得相应振动情况资料。

整个测试的所有工况汇总如表 8.82 所示。

表 8.82　中国馆测试工况汇总

组别	工况	测站操作楼面	测试内容	测点数量	预计时间	采样频率
1	布线	60.3m	—	—	0.5h	—
1	工况 1	60.3m	传感器三向标定	8	0.5h	50Hz
2	布线	60.3m	—	—	15min	—
2	工况 2	60.3m	X 向主轴及部分 Y 向	8	2h	20Hz
3	布线	60.3m	—	—	15min	—
3	工况 3	60.3m	Y 向主轴及部分 X 向	8	2h	20Hz
4	布线	49.5m	—	—	2h	—
4	工况 5	49.5m	X 向振型测试	8	0.5h	20Hz
4	工况 6	49.5m	Y 向振型测试	8	0.5h	20Hz
5	布线	49.5m	—	—	15min	—
5	工况 9	49.5m	Z 向振动测试	2	0.5h	100Hz

2) 测试结果

(1) 动力特性如表 8.83 所示。

表 8.83　中国馆动力特性分析结果

模态	自振频率/Hz	阻尼比/%	方向
1	0.9082	0.72	X 向平动
2	0.9180	1.35	Y 向平动
3	0.9326	1.36	扭转
4	3.2471	0.49	Y 向平动
5	3.3594	0.52	X 向平动
6	4.0576	0.74	扭转

(2) 振型。

通过识别功率谱上相应模态频率的幅值和利用传递函数等，并对结果进行归一化修正，得到结构前几阶平动和扭转振型。X 向第一阶振型和第二阶振型如表 8.84 和表 8.85 所示。Y 向第一阶振型和第二阶振型如表 8.86 和表 8.87 所示。

表 8.84　中国馆 X 向第一阶振型

模态频率/Hz	0.9082
方向	X 向平动
楼层标高	幅值
64.5m	1.000
60.3m	0.778
49.5m	0.491
40.4m	0.333
33.3m	0.198
9.00m	0.024
0.00m	0.000

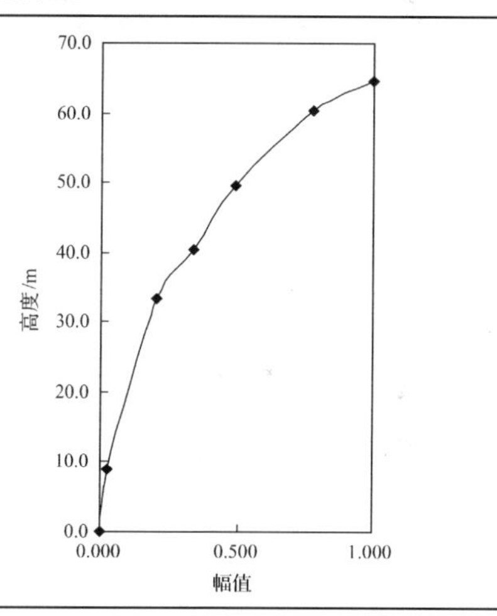

表 8.85　中国馆 X 向第二阶振型

模态频率/Hz	3.3594
方向	X 向平动
楼层标高	幅值
64.5m	−0.386
60.3m	−0.176
49.5m	0.173
40.4m	0.598
33.3m	1.000
9.00m	0.364
0.00m	0.000

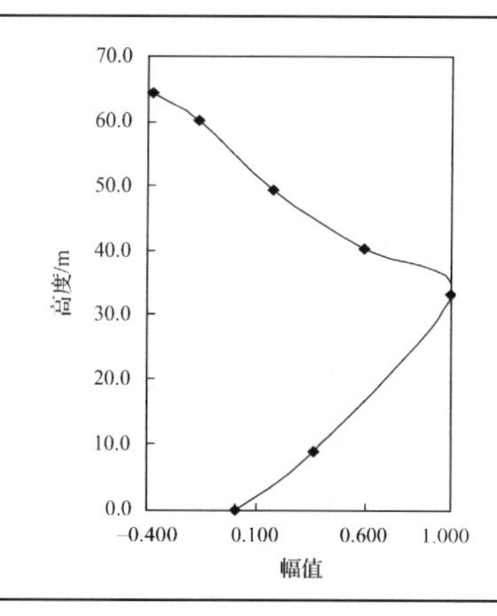

表 8.86　中国馆 Y 向第一阶振型

模态频率/Hz	0.9180
方向	Y 向平动
楼层标高	幅值
64.5m	1.000
60.3m	0.669
49.5m	0.423
40.4m	0.362
33.3m	0.196
9.00m	0.022
0.00m	0.000

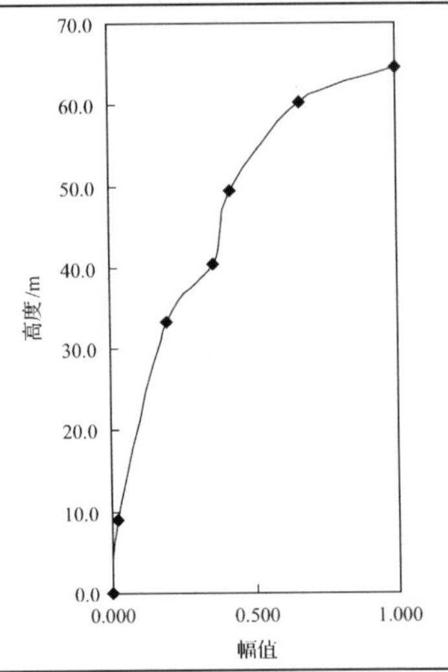

表 8.87　中国馆 Y 向第二阶振型

模态频率/Hz	3.2471
方向	Y 向平动
楼层标高	幅值
64.5m	−0.613
60.3m	−0.179
49.5m	0.309
40.4m	0.753
33.3m	1.000
9.00m	0.372
0.00m	0.000

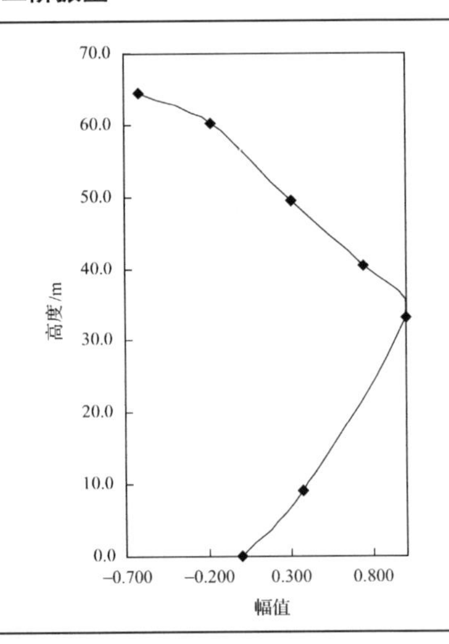

(3) 竖向振动的测试结果(表 8.88)。

表 8.88　49.5m 楼面竖向振动结果

工况	加速度峰值/gal	高频滤波结果/gal
无人走动	0.9465	0.8565
1 人走动	2.612	1.738
2 人走动	5.495	2.661
3 人走动	3.967	2.684
6 人走动	5.131	3.964

3）结论

通过对中国馆进行现场动力测试及分析，得到了中国馆的自振频率、阻尼比和振型等信息，并对中国馆49.5m处的室内振动情况做了分析，结论如下。

(1) 中国馆X向第一阶自振频率为0.9082Hz，阻尼比为0.72%；Y向第一阶自振频率为0.9180Hz，阻尼比为1.35%；第一阶扭转频率为0.9326Hz，阻尼比为1.36%。

(2) 中国馆前三阶模态频率非常接近。测试时现场正进行初步装修，楼层质量尚未达到设计值；可以预计，当楼层质量增加时，扭转周期的增长将明显大于平动周期，从而可能导致扭转成为第一频率。但不能改变三个方向第一频率比较接近的基本特性。

(3) 在多人走动情况下，49.5m楼层最大跨度中点处竖向振动加速度峰值达到5gal左右。多人走动时楼面竖向振动反应峰值差异较大，说明在不同的激励下，竖向振动反应峰值可能会有较大的变化。

8.9 立面开大洞门式结构

8.9.1 上海凯旋门大厦——工程概况

上海凯旋门大厦建于上海铁路新客站附近，它是一幢办公综合楼，由华东建筑设计研究院设计。大厦地下2层，地上31层，长62.1m，宽24.3m，高99.9m，立面开有高76.3m、宽达13.5m的门洞。上海凯旋门大厦是国内第一栋门式结构建筑，于1992年12月确定设计方案并开展抗震研究，1993年2月开始施工，1996年6月建成。在设计和建设时，是国内最高和最复杂的钢筋混凝土门式建筑。该工程的平面示意图如图8.123所示，立面示意图及现场照片如图8.124所示。

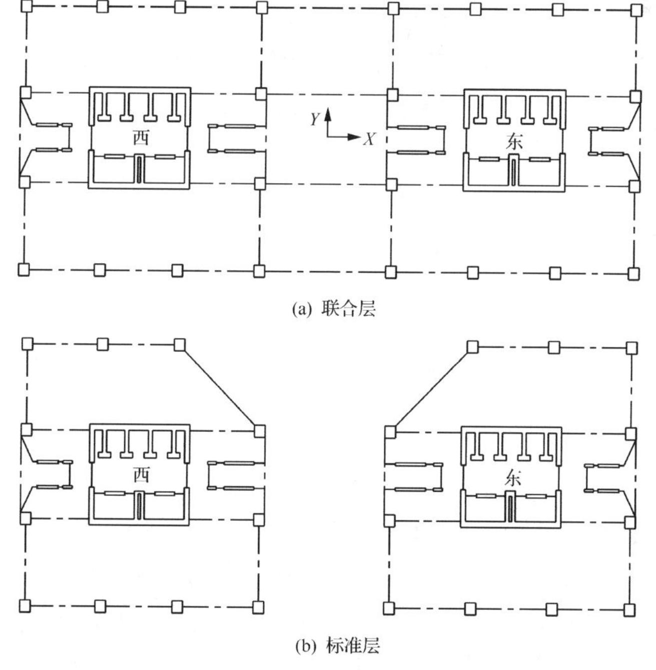

(a) 联合层

(b) 标准层

图8.123 结构平面示意图

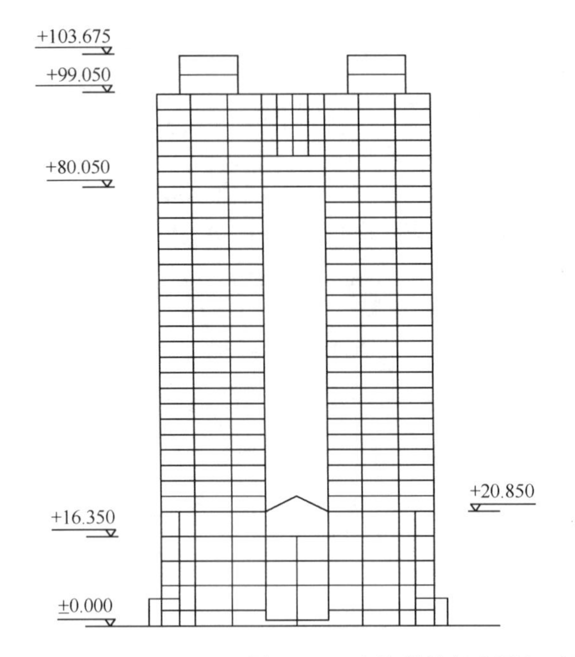

图 8.124 上海凯旋门大厦立面示意图及现场照片

8.9.2 整体结构振动台模型试验研究

1. 模型设计与施工

根据原型的有关参数和振动台的台面尺寸及承载能力，首先确定模型试验的几何相似系数为 1/25，即取 $S_l=1/25$（模型与原型的比例为 1/25）；为了方便起见，确定质量密度的相似系数为 1.0，即 $S_\rho=1.0$；模型所采用的微粒混凝土的弹性模量同原型设计混凝土的弹性模量之比为 1∶5；为了模拟破坏过程，应变相似系数必须取为 1.0。由以上相似系数不难推出其他物理量的相似系数，表 8.89 为模型的相似关系。

表 8.89 上海凯旋门大厦模型的相似关系

物理量	公式	相似系数	物理量	公式	相似系数
长度	S_l	1/25	应力	$S_\sigma = S_E S_\varepsilon$	1/5
质量密度	S_ρ	1	时间	$S_t = S_l \sqrt{S_\rho/S_E}$	0.0894
质量	$S_m = S_\rho S_l^3$	6.4×10^{-5}	频率	$S_f=l/S_t$	11.18
弹性模量	S_E	1/5	位移	S_l	1/25
应变	S_ε	1	加速度	$S_a = S_l/S_t^2$	5.0

模型由微粒混凝土、钢丝网和镀锌铁丝组成。根据本节模型的最小尺寸和振捣条件，微粒混凝土最大粒径设计为 2mm。该模型试验为同济大学振动台试验室早期进行的试验，对微粒混凝土的配合比也进行了设计和反复试验，以取得较为可靠的配合比参数。混凝土的配合比见表 8.90。每层混凝土均制作 7cm×7cm×7cm 的立方体试块，以确定微

粒混凝土的强度；制作 10cm×10cm×30cm 的棱柱体试块，以确定微粒混凝土的弹性模量。微粒混凝土的强度和弹性模量实测结果见表 8.91。

表 8.90　微粒混凝土的配合比参数

混凝土标号	细骨料 0～0.6mm	粗骨料 0.6～2mm	水泥 425#	水
C12	1.52	2.51	1	0.7
C10	1.78	2.20	1	0.75
C8	2.0	2.05	1	0.75

表 8.91　微粒混凝土强度和弹性模量的实测结果

楼　层	强度/(N/mm²)		弹性模量/(N/mm²)	
	实测	设计	实测	设计
地下 2～6 层	11.3	12.0	9738	7200
7～12 层	8.71	10.0	7002	6900
13 层至顶	6.79	8.0	6593	6500

模型结构中，柱、梁的纵向钢筋用到的镀锌铁丝规格有：16#、18#、20#、22# 镀锌铁丝，柱中箍筋采用 22# 镀锌铁丝，箍筋与柱中纵向钢筋的连接采用锡焊；楼板、剪力墙采用 22# 点焊方孔钢丝网成品，规格有：30×30 网孔径、40×40 网孔径、50×50 网孔径和 60×60 网孔径。

由于模型比例较小，精度要求较高，对施工有特殊要求。该模型采用了有机玻璃板作为外模，这样可以在浇筑过程中及时发现问题，保证浇筑密实。内模采用泡沫材料，这种材料易于拆模，即使局部不能拆除，对模型的刚度和质量影响也很小。将内模切割成一定形状，形成构件所需的空间，布置绑扎好钢筋后进行浇筑，边浇边振捣密实，每搅拌一次浇筑一层，第二天安置上一层模板及配筋，重复以上步骤，直至模型全部浇筑完成。施工过程中检查构件尺寸、整体垂直度等。完工后的模型总高度为 4.749m，其中模型高度为 4.449m，底板厚 0.300m。模型总重 12.790t，其中模型重 5.960t，底板重 6.830t，模型外形照片见图 8.125。

图 8.125　模型在振动台上的照片

2. 振动台模拟地震试验设计

1) 试验目的

获取结构的自振频率和振型。测量结构在遭受7度多遇、7度基本烈度和7度罕遇地震作用时的加速度、位移和应变反应,观察结构的开裂、破坏部位和破坏形式。

2) 测点布置

分别在1层、7层、14层、20层、26层沿 X 向和 Y 向布置加速度传感器,在屋面布置更多的加速度传感器以测量可能的扭转振动,传感器总共21个。

3) 试验用地震波

上海凯旋门大厦场地类别属Ⅳ类场土,根据原型场地条件、原型结构的动力特性选用了 El Centro 波、Pasadena 波和根据上海东方明珠电视塔地震危险性分析得到的人工地震波作为模拟地震振动台试验的输入波,这个人工地震波是满足预期地震加速度峰值、反应谱特性和持续时间等统计参数的模拟地震波。

4) 试验过程

在试验开始前和试验结束后,分别用白噪声对模型进行扫描,以测定结构在各阶段的自振频率。当输入多向地震波时,水平向主振方向与次振方向的峰值比例按照一般地震波的统计结果定为1∶0.8,竖向与主振方向的峰值比例定为1∶0.65。模型试验的地震波输入步骤见表8.92。

表8.92　模型试验的地震波输入步骤

烈度	序号	输入波形	地震波峰值/(m/s^2)		
			X向	Y向	Z向
	1	白噪声	1.00	1.00	1.00
7度多遇	2	El Centro	1.75	0.00	0.00
	3	El Centro	0.00	1.40	0.00
	4	El Centro	1.75	1.40	0.00
	5	El Centro	1.75	1.40	1.14
	6	Pasadena	1.75	1.40	1.14
	7	人工地震波	1.75	1.40	1.14
7度基本烈度	8	El Centro	5.00	4.00	3.25
	9	Pasadena	5.00	4.00	3.25
	10	人工地震波	5.00	4.00	3.25
7度罕遇	11	El Centro	10.00	8.00	6.50
	12	Pasadena	10.00	8.00	6.50
	13	人工地震波	10.00	8.00	6.50
	14	白噪声	1.00	1.00	1.00

3. 主要试验结果

在7度多遇地震作用下,未发现可见裂缝。在7度基本烈度地震作用下,当输入 El

Centro 波时，仍未发现可见裂缝；当输入 Pasadena 波后，6 层、7 层、8 层、10 层、11 层柱开裂，部分柱钢筋鼓出；当输入人工地震波后，原裂缝扩张，25 层柱开裂。在 7 度罕遇地震作用下，当输入 El Centro 波后，裂缝继续扩大，7 层、8 层楼面梁开裂；当输入 Pasadena 波时，裂缝继续扩大，剪力墙、楼面、梁开裂，26 层吊柱开裂；当输入人工地震波后，结构普遍开裂，裂缝已无法一一统计，结构顶部几层出现了许多竖向裂缝，东楼北侧 11 层柱混凝土剥落，钢筋屈服，已失去承载能力。

1）模型的动力特性

模型上各测点的动力响应信号由设置在该点的加速度传感器记录，记录信号存入 VAX 机，利用快速傅里叶变换，将模型上各测点记录的加速度动态信号对台面上记录的白噪声振动加速度信号求互功率谱，将模型上各测点处记录的加速度动态信号求自功率谱，再根据响应谱峰值就可确定固有频率和振型的大小，一个峰值是否是系统的固有频率，应从各测点的自功率谱图综合分析。输入台面地震波前用白噪声对模型进行扫频得到的频率见表 8.93。

表 8.93 模型的动力特性

项目	振型序号				
	1	2	3	4	5
频率/Hz	7.093	10.336	12.002	28.915	38.190
阻尼比	0.0345	0.0542	0.0238	0.0276	0.0221
振型形式	Y 向	X 向	扭转	Y 向	扭转
项目	振型序号				
	6	7	8	9	10
频率/Hz	38.735	46.919	52.920	54.557	66.013
阻尼比	0.0222	0.0179	0.0122	0.0116	0.0173
振型形式	X 向	X 向	扭转	X 向	Y 向

模型试验的实测值表明：①扭转频率旁都伴有平动频率，很难区分，这一现象将导致结构在地震动下容易引发扭转振动；②X 向的部分振型为两塔楼之间的相对振动，如第 7 阶振型。

2）在试验过程中模型的频率变化

通过谱分析，可得到每次地震波输入后模型两方向第一频率的变化情况。从各个阶段实测的频率可看出，当第一次 7 度多遇三向地震波（El Centro）输入时，X 向自振频率下降，结构刚度开始改变，表明模型有微裂缝；当 7 度多遇地震 Pasadena 波输入时，Y 向自振频率下降；随着地震波烈度的增大，结构刚度不断减小；当 7 度罕遇地震人工地震波输入时，模型 X 向的第一阶自振频率降至 4.910Hz，Y 向的第一阶自振频率降至 4.365Hz，等效刚度明显降低。试验中还发现，输入地震波试验结束后，部分裂缝闭合，刚度有所恢复。

3）模型加速度反应

在相同的地震烈度作用下，结构的动力放大效应越明显，结构的地震反应也越强烈。根据加速度传感器记录得到的加速度时程响应，可以计算得到在不同烈度下，结构不同部位的动力放大系数(图 8.126～图 8.128)。由图可见:①结构模型开裂后,在东塔楼中部高度处加速度反应较大,且随着开裂程度的加深,加速度反应越来越大,这是由于开裂后结构刚度下降,自振频率降低,高阶振型与地震波卓越频率合拍,从而在塔楼中部引起很大的加速度反应;②动力放大系数随烈度提高而减小,说明模型刚度下降,阻尼增大,结构进入非线性后使动力放大系数有所降低;③单向输入、双向输入和三向输入时,各点 X、Y 向的动力放大系数差异不大;④即使在同一地震烈度作用下,由于不同的地震波,有不同

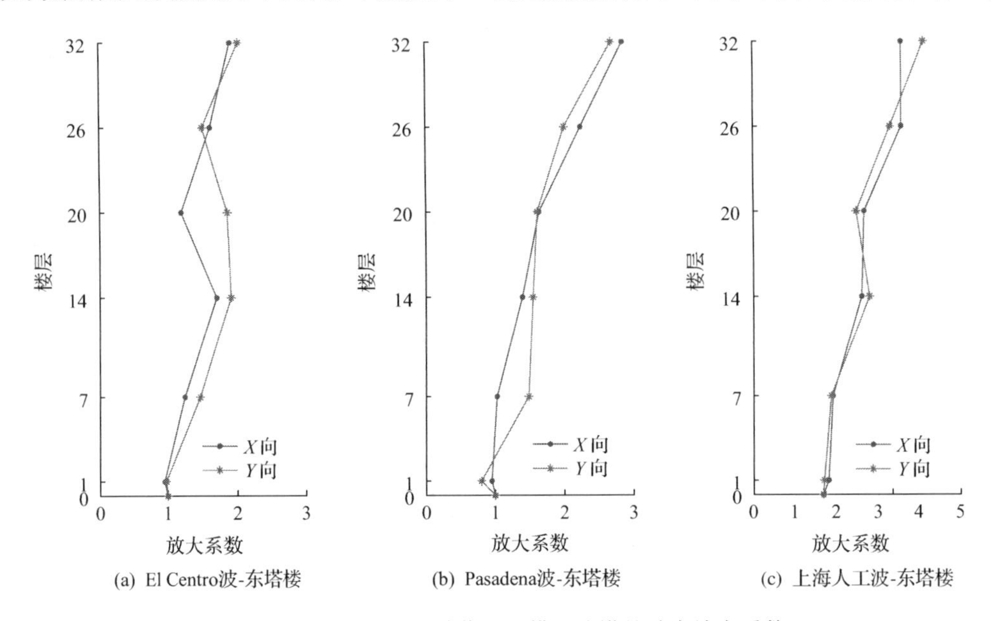

(a) El Centro波-东塔楼　(b) Pasadena波-东塔楼　(c) 上海人工波-东塔楼

图 8.126　7 度多遇地震波作用下模型连塔的动力放大系数 K

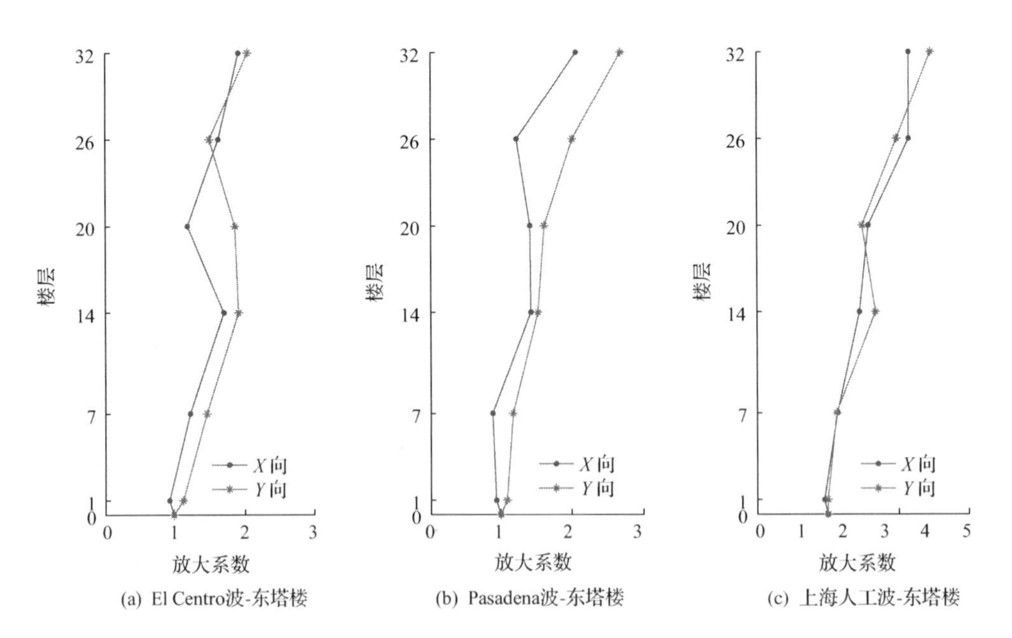

(a) El Centro波-东塔楼　(b) Pasadena波-东塔楼　(c) 上海人工波-东塔楼

图 8.127　7 度基本烈度地震波作用下模型连塔的动力放大系数 K

的频谱特性和持续时间，所以结构的反应也不同，因此用几种不同的地震波来研究结构的反应、开裂及破坏是必要的。

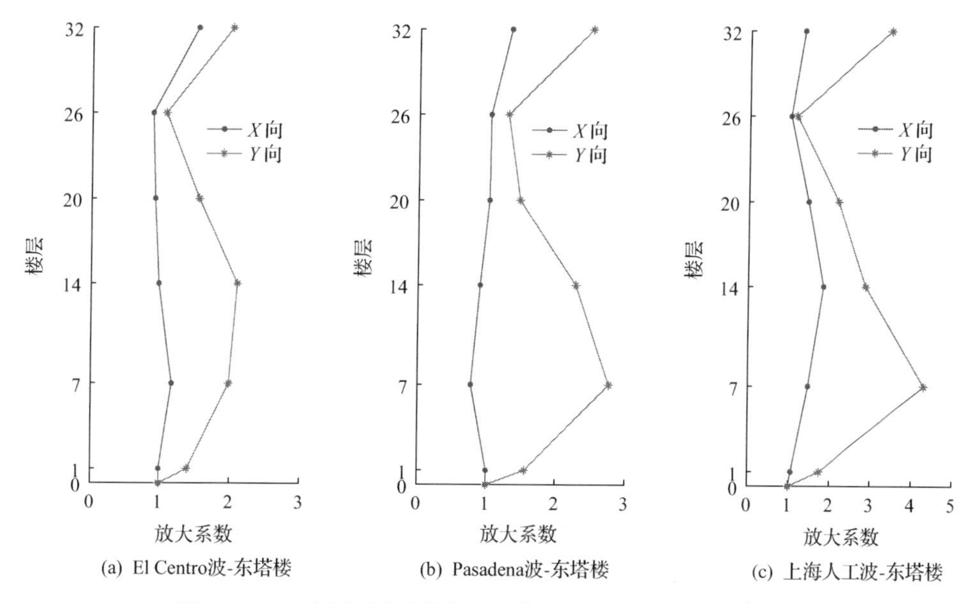

图 8.128 7 度罕遇地震波作用下模型连塔的动力放大系数 K

4）模型位移反应

对加速度响应信号中的噪声进行滤波，再经两次积分就可得到模型的位移反应。各次地震波输入时模型各点相对于台面的位移反应最大值见表 8.94～表 8.96。由表可见：①在模型的顶部，东西两侧位移基本接近，在模型两塔楼中部，东西两侧位移相差较大，说明扭转反应对结构顶部作用不大，而对塔楼中部影响很大；②两塔楼之间相对位移反应较大，多遇地震时 X 向为 0.25mm，Y 向为 0.22mm；基本烈度地震时 X 向为 0.50mm，Y 向为 1.42mm；罕遇地震时 X 向为 1.70mm，Y 向为 2.21mm。

表 8.94 7 度多遇地震波作用下模型结构相对于台面的最大位移反应(单位：mm)

层数	位置	地震波	El Centro		Pasadena		人工波	
			X 向	Y 向	X 向	Y 向	X 向	Y 向
32	东	Max	1.02	1.53	0.87	3.13	1.31	2.75
	西	Max	0.99	1.42	0.79	3.07	1.35	2.78
26	中	Max	0.86	0.88	0.72	2.43	1.17	2.14
20	东	Max	0.76	0.92	0.65	1.75	1.01	1.69
	西	Max	0.65	0.83	0.53	1.85	0.94	1.80
14	东	Max	0.44	0.61	0.45	1.11	0,62	1.05
	西	Max	0.53	0.68	0.42	1.12	0.87	1.27
7	东	Max	0.29	0.43	0.23	0.53	0.39	0.55
	西	Max	0.32	0.40	0.31	0.52	0.57	0.54
1	中	Max	0.11	0.34	0.13	0.27	0.17	0.38

表 8.95　7 度基本烈度地震波作用下模型结构相对于台面的最大位移反应　(单位:mm)

层数	位置	地震波	El Centro		Pasadena		人工波	
			X 向	Y 向	X 向	Y 向	X 向	Y 向
32	东	Max	2.49	6.19	4.14	8.56	5.07	8.70
	西	Max	2.49	6.53	3.91	8.94	5.20	8.69
26	中	Max	2.16	4.79	3.48	6.84	4.45	6.81
20	东	Max	1.81	3.16	3.01	4.76	3.74	4.88
	西	Max	1.78	3.65	2.66	5.40	3.48	5.75
14	东	Max	1.17	2.18	1.76	2.87	2.62	2.99
	西	Max	1.43	2.85	1.78	3.54	2.62	4.41
7	东	Max	0.68	1.34	1.00	1.06	1.31	1.13
	西	Max	0.82	1.50	0.99	1.46	1.81	2.09
1	中	Max	0.19	0.95	0.26	0.79	0.34	0.43

表 8.96　7 度罕遇地震波作用下模型结构相对于台面的最大位移反应(单位:mm)

层数	位置	地震波	El Centro		Pasadena		人工波	
			X 向	Y 向	X 向	Y 向	X 向	Y 向
32	东	Max	5.52	12.75	10.92	14.01	15.86	20.68
	西	Max	5.21	13.14	10.93	14.74	14.90	17.94
26	中	Max	4.60	10.29	9.60	11.67	13.02	16.05
20	东	Max	4.26	7.72	7.91	8.19	11.52	11.97
	西	Max	3.44	8.30	7.44	10.01	9.82	14.18
14	东	Max	2.66	5.16	5.08	5.31	7.71	7.96
	西	Max	2.79	6.26	5.86	7.02	7.60	8.83
7	东	Max	1.21	2.65	2.36	2.40	3.56	4.39
	西	Max	1.77	3.01	3.67	3.00	4.40	4.15
1	中	Max	0.32	1.89	0.35	1.81	0.46	2.63

4. 模型试验小结

(1) 门式高层建筑结构的扭转频率和平动频率靠得很近,在地震波激励下容易发生扭转振动,扭转振动对结构动力反应有较大影响。

(2) 门式高层结构在 X 向存在着两塔楼之间相对振动的振型,相对振动的幅值发生在两塔楼的中部,因此在两塔楼中部存在很大的动力反应。

(3) 随着地震烈度的提高,结构模型刚度下降,阻尼增大,动力放大系数降低。

(4) 单向输入、双向输入和三向输入时,各点在 X、Y 向的动力放大系数差异不大。

8.9.3 原型结构抗震性能评价

1. 原型结构的动力特性

由模型试验结果推算的原型结构的自振频率如表 8.97 所示，表中也列出了用 SAP84 计算得到的相应数据。由表可见，试验得到的频率一般都大于计算值，主要有两方面的原因：一是模型试验中的模型制作和测试技术；二是计算模型中没有考虑梁柱节点刚域的影响，导致计算的各阶频率均小于试验得到的频率。

表 8.97 原型结构的自振频率对比

项目	振型序号				
	1	2	3	4	5
试验值	0.634	0.924	1.073	2.585	3.414
计算值	0.335	0.499	0.694	1.299	1.779
试验/计算	1.893	1.852	1.548	1.990	1.919
振型形式	Y 向	X 向	扭转	Y 向	扭转
项目	振型序号				
	6	7	8	9	10
试验值	3.463	4.195	4.731	4.877	5.902
计算值	1.887	2.608	2.739	2.835	3.622
试验/计算	1.835	1.609	1.727	1.726	1.629
振型形式	X 向	X 向	扭转	X 向	Y 向

2. 原型结构的抗震能力

根据上述的振动台模型试验和结构计算分析，上海凯旋门大厦的抗震能力评价如下。

(1) 在 7 度多遇地震作用下，结构基本处于弹性阶段，仅部分构件出现微裂缝，结构设计总体上满足抗震规范的要求。

(2) 在 7 度基本烈度地震作用下，结构开裂，塔楼处部分柱钢筋屈服，设计基本满足“中震可修”的要求。

(3) 在 7 度罕遇地震作用下，结构普遍开裂，塔楼处柱严重破坏，局部丧失承载能力，但结构不会发生局部或整体倒塌，设计满足“大震不倒”的要求。

(4) 虽然该结构满足抗震设计规范的要求，但门式结构总体上不利于抗震，结构中存在着明显的薄弱环节：由于结构中部开有巨大的门洞，使结构刚度在该部位发生突变，而原设计中该部位的混凝土强度等级又低于下部结构，从而使结构的薄弱部位由传统结构中的底部变为门式结构中的塔楼中下部；塔楼中下部的首先开裂将导致结构自振频率下降，使高阶振型与场地卓越频率合拍，引起较大的高阶反应，而这种反应对结构中下部影响最大，从而引起更大的开裂和破坏。这些特点在设计中应特别重视。

(5) 原则上，在中强地震区应尽量不采用门式建筑。当受建筑造型限制必须采用门式结构时，设计中应注意以下几点：①尽量使结构刚度和质量沿两个水平主轴对称，避免过大的扭转；②加强两个塔楼中下部的强度和延性，不宜在该部位降低混凝土强度等级；③在有条件时，可以采用积极的抗震和消能减震方法，例如，在上部两个塔楼的连接部位采用消能减震支座，加大结构的阻尼，减小结构的地震反应。

8.9.4　原型结构现场动力性能测试

1. 动力特性实测结果

现场实测时间为 1998 年 7 月，实测时结构处于正常使用状态，测试结果见表 8.98，记录信号的功率谱如图 8.129 和图 8.130 所示。

表 8.98　上海凯旋门大厦动力特性现场测试结果

编号	振型	频率/Hz	周期/s	阻尼比
1	南北向	0.557	1.795	0.01359
2	东西向	0.723	1.383	0.01780
3	扭转	0.938	1.066	0.01569
4	南北向	2.236	0.447	0.00452
5	扭转	3.301	0.303	0.00072
6	东西向	3.310	0.302	0.01249
7	东西向	3.711	0.269	0.01237
8	扭转	4.463	0.224	0.08289

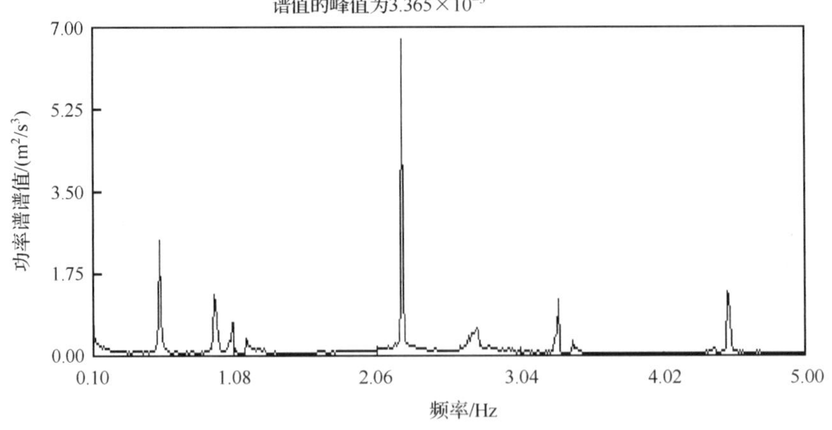

图 8.129　上海凯旋门大厦屋面南北向测点功率谱

2. 实测结果与模型试验和计算结果比较

由于上海凯旋门大厦结构的复杂性，我们曾采用 SAP84 程序，对该结构进行了精细的计算分析，限于当时的计算条件，计算时未考虑梁对柱的约束作用，周期比较见

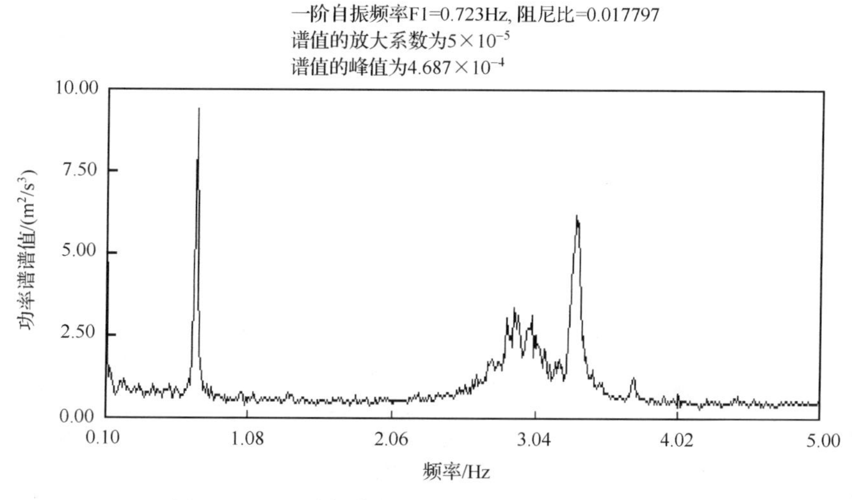

图 8.130　上海凯旋门大厦屋面东西向测点功率谱

表 8.99，可知，计算周期大于实测结果和模型试验结果，而模型试验结果与实测结果较接近。

表 8.99　上海凯旋门大厦自振周期比较

振型	实测结果/s	模型试验结果		计算结果	
		周期/s	误差/%	周期/s	误差/%
南北向	1.795	1.577	−12.14	2.985	66.30
东西向	1.383	1.082	−21.76	2.004	44.90
扭转	1.066	0.932	−12.57	1.441	35.18
南北向	0.447	0.387	−13.42	0.770	72.26
扭转	0.303	0.293	−3.30	0.562	85.48
东西向	0.302	0.289	−4.30	0.530	75.50
东西向	0.269	0.294	9.29	0.383	42.38
扭转	0.224	0.269	20.09	0.365	62.95

8.10　巨型组合结构

8.10.1　上海环球金融中心

1. 工程简介

2004 年复工建设的上海环球金融中心位于上海陆家嘴金融贸易区，是一栋以办公为主，集商贸、宾馆、观光、展览及其他公共设施于一体的大型摩天大楼，主楼外形见图 8.131。主楼地下 3 层，地上 101 层，地面以上高度为 492m，拟建成目前世界上主体结构最高的建筑物。该建筑物的主楼建筑面积为 252935m²，群房建筑面积为 33370m²，地下室为 63751m²，总建筑面积为 350056m²。典型楼层平面如图 8.132～图 8.134 所示。该建筑物采用由巨型柱、巨型斜撑以及带状桁架构成的三维巨型框架结构、钢筋混凝土核心筒结构和连接核心筒和巨型柱的伸臂钢桁架结构所组成的三重结构体系(具体参见图 3.94),核心筒结构体系见图 8.135。

图 8.131　上海环球金融中心立面效果

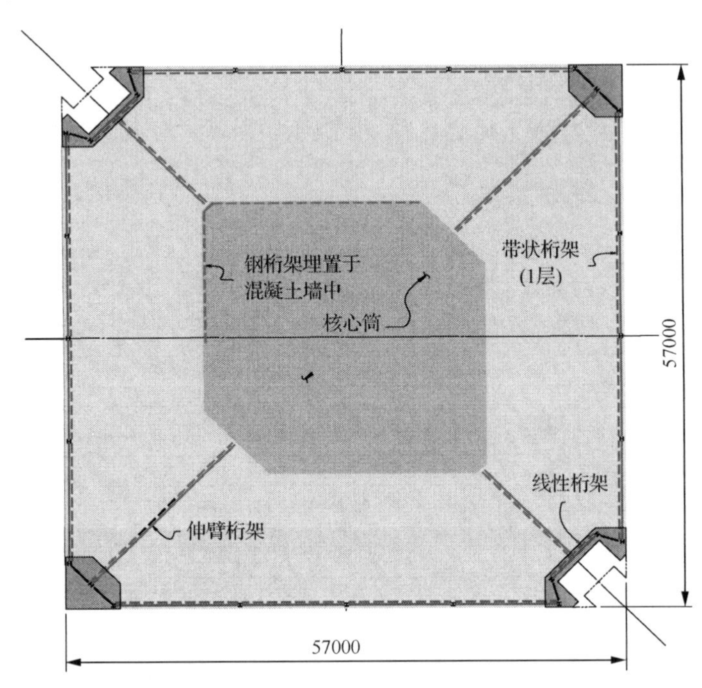

图 8.132　底部区域楼层平面

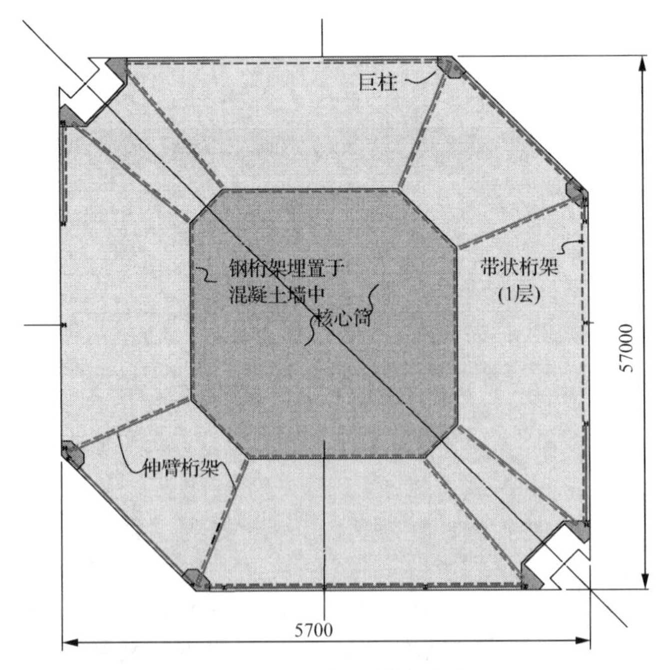

图 8.133　中部区域楼层平面

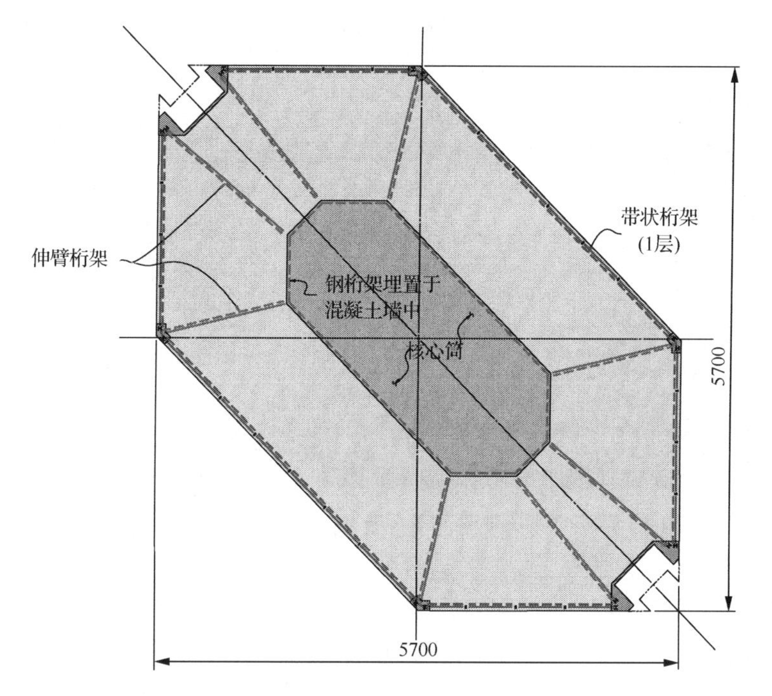

图 8.134　上部区域楼层平面

上海环球金融中心结构体系的复杂性主要体现在以下几个方面。

(1) 结构高度及高宽比都超过《高层建筑混凝土结构技术规程》(JGJ 3—2002)的规定限值。

(2) 结构类型为混合结构。核心筒在 79 层以下采用钢筋混凝土剪力墙，79 层以上则采用钢支撑体系；巨型斜撑、伸臂采用钢管混凝土；带状桁架采用钢桁架；巨型柱采用型钢混凝土。

(3) 沿结构高度方向设置了三道伸臂。伸臂桁架采用三层高的钢桁架。

(4) 沿结构高度方向每 12 层设置一个带状桁架，把外围柱子的荷载传递给巨型柱。

(5) 建筑物采用了多重抗侧力体系。

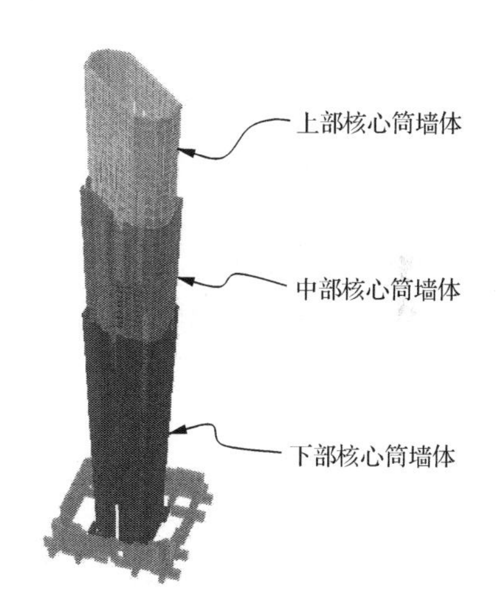

图 8.135　核心筒结构体系

鉴于上海环球金融中心结构体系及结构布置的复杂、结构高度和体型的超限，为了确保该建筑结构的抗震安全性和可靠性，除了进行常规的计算分析、有效的设计手段和构造措施，有必要对该结构进行基于性态的抗震设计研究，以更深入、直观、全面地研究该结构的抗震性能[15-17]。

2. 抗震设防标准

《建筑抗震设计规范》(GB 50011—2010)采用“小震不坏、中震可修、大震不倒”的设防目标，其对应于“小震、中震、大震”三个地震水准的发生概率，50 年超越概率分别为 63%、10%和 2%～3%。

该工程所处地区中国上海市的抗震设防烈度为 7 度。根据中国国家标准《建筑工程抗震设防分类标准》(GB 50223—2008)，该建筑物的重要性等级为乙类，即在地震时其使用功能不能中断或需尽快恢复的建筑。因此该建筑物的地震作用按 7 度考虑，抗震构造措施按 8 度考虑。7 度小震、中震、大震和 8 度大震所对应的地震地面加速度分别为 35gal、100gal、220gal、400gal。

上海属软土地基，场地类别为Ⅳ类，对应的场地特征周期为 0.9s。

鉴于该工程的重要性和复杂性，除了满足现行设计标准，特制定其抗震性能水准如下。

(1) 在 7 度小震和中震作用下，结构基本处于弹性状态，结构完好无损伤。

(2) 在 7 度大震作用下，结构构件允许开裂，但开裂程度控制在可修复的范围内，开裂部位在可控制的范围内，主要抗侧力体系(巨型框架、巨型斜撑)在按标准强度计算时不屈服。

(3) 在 8 度大震作用下，结构可能出现严重的破坏，但不能倒塌。

以上这些抗震性能主要通过精细有限元弹性分析、不同强度地震作用下的弹塑性时程分析、主要部位的节点应力分析以及整体振动台模型试验、节点试验等手段来实现或验证。

3. 结构性能目标

1) 7 度小震和中震下的结构弹性状态

层间位移角不大于 1/500，理论分析和模型试验中结构不出现裂缝，钢筋应力不超过屈服强度，混凝土压应力不超过抗压强度的 1/3，在地震作用后结构变形基本恢复，节点处在弹性状态，地震作用后的结构动力特性与弹性状态的动力特性基本一致。

2) 7 度大震下结构开裂程度和范围的控制

层间弹塑性位移角不大于 1/100，巨型框架、斜撑、伸臂等主要抗侧力结构出现轻微损坏和轻微裂缝，局部区域允许构件内钢筋屈服；RC 核心筒允许开裂，但开裂处钢筋不屈服，按材料强度标准值计算的 RC 核心筒的受剪承载力大于 7 度大震的弹性地震剪力；楼层梁端可以出现塑性铰，拉区钢筋屈服但未进入强化阶段，压区混凝土应变小于极限压应变；主要抗侧力构件的节点未出现明显开裂且应力未达到屈服状态。

3) 8 度大震下结构不发生倒塌

主要抗侧力构件开裂严重，压区和拉区钢筋基本屈服，有一些已进入强化阶段，压区混凝土应变接近其极限压应变；主要节点进入屈服状态但不脱落。

4. 结构理论分析

为了确保结构抗震性能目标的实现，进行了结构精细有限元分析、弹塑性时程分析、节点应力分析、结构整体模型振动台试验和节点试验。

1）结构精细有限元分析

（1）计算分析模型。

计算采用国际著名的大型通用有限元结构分析程序ANSYS。考虑到巨型结构体系中各类构件对结构整体受力性能的影响各不相同，建立计算模型时采用了不同的处理方式。位于建筑物四角的巨型柱是构成该结构的承重及抗侧力体系的主要构件，其横截面特征尺度达5m以上，比标准层层高尺寸4.2m还要大，已远远超出经典有限元梁柱单元的适用范围，故计算中对41层以下巨型柱均采用ANSYS程序中的实体单元进行模拟，并在每层范围内沿层高及横截面方向均进行了细分，以期合理计算出该类结构的刚度。对构成巨型结构体系的巨型斜撑、带状桁架以及连接核心筒的伸臂桁架则采用常规的梁柱单元模拟，但采用相对比较细密的单元划分。计算模型考虑了楼面板弹性，采用板壳单元模拟，核心筒剪力墙也采用板壳单元模拟。整个有限元计算模型共包括实体单元2028个、板壳单元24903个、梁柱单元32376个，共计单元数为59307、节点数为65130。

（2）计算分析结果。

结构前三阶振型分别为两个方向的平动和1个扭转，对应的周期为6.4060s、5.4008s、2.7724s，结构扭转周期与第一、二阶平动周期之比分别为0.433和0.513，均小于中国规范0.85的限值。

两个方向的最大层间位移角分别为1/1037和1/1067，均小于中国规范1/500的限值。

结构的最大层间位移与平均位移比在20层以下均非常接近1，在20层以上、91层以下均不大于1.2，91层以上略有增加，但最大值不超过1.4的中国规范限值，表明该结构整体扭转效应不大，顶部钢结构的扭转效应略微增大。

2）原型结构弹塑性时程分析

采用本书作者自编的混凝土结构弹塑性时程分析程序（TBNLDA）进行计算，为了检验该程序的准确性和可靠性，在对上海环球金融中心大厦原型结构进行弹塑性时程分析之前，首先对该大厦振动台模型结构进行了弹塑性时程分析，将计算分析的结果与试验结果进行对比研究，结果表明，模型结构弹性自振周期与试验结果较为吻合，模型结构的地震反应与试验结构也基本接近，限于篇幅，略去了详细的模型结构对比分析的结果。

（1）原型结构计算简图。

为了使对试验模型结构进行弹塑性时程分析成为可能，本节对试验模型结构进行了简化，仅保留了带状桁架楼层、伸臂楼层，其余楼层均略去。计算模型结构仅保留了主要的三重抗侧力结构体系——巨型框架结构体系、伸臂结构体系和核心筒结构体系，略去了支撑在巨型框架上的柱和梁，这样计算模型结构共14层（主体部分共12层，帽带桁架2层），楼层结构平面布置见图8.136，模型结构立面见图8.137。为了使沿房屋竖向的单元划分比较均匀，本节将带状桁架之间的巨型柱和核心筒采用了细分单元，细分单元数见图8.137中的虚线。

（2）原型结构材料。

混凝土采用普通硅酸盐混凝土，钢筋采用HRB335级钢筋，型钢采用Q235钢材。混凝土强度等级：1～5层采用C60；6～7层采用C50；8层以上采用C40。混凝土的力学性

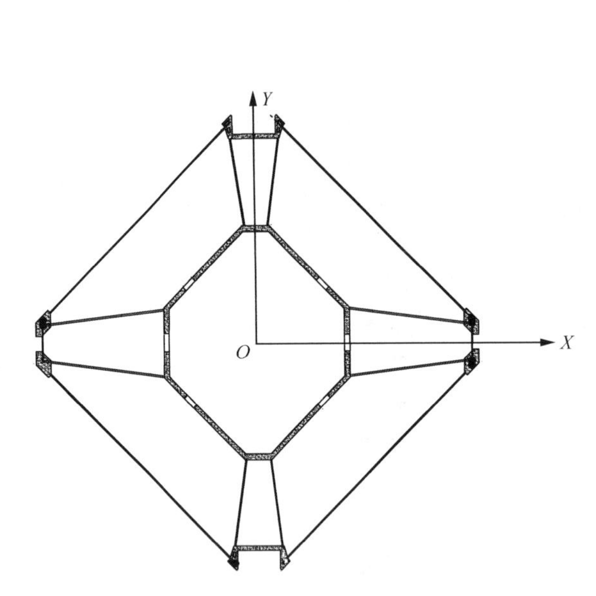

图 8.136　结构平面布置

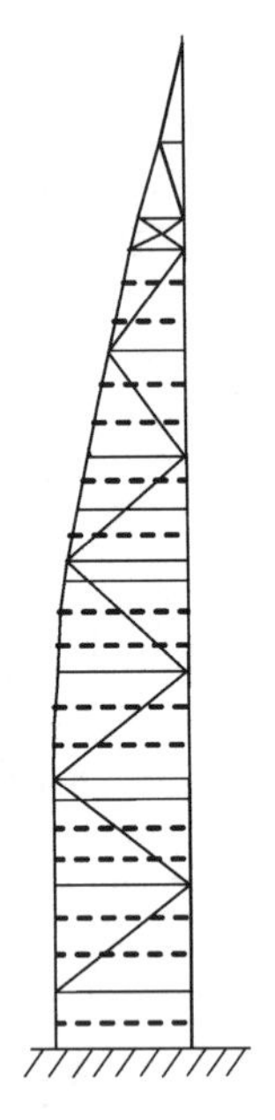
图 8.137　结构立面计算简图

能见表 8.100。钢筋和型钢的力学性能见表 8.101。该工程采用的钢筋和型钢具有明显的屈服台阶，因此其应力-应变关系采用理想弹塑性模型。

表 8.100　混凝土力学性能指标

混凝土强度等级	轴心抗压强度设计值 f_c/MPa	与 f_c 相对应的应变 ε_c	极限压应变 ε_u	轴心抗拉强度设计值 f_t/MPa	弹性模量 E_c/MPa
C60	27.5	0.00203	0.003654	2.04	36000
C50	23.1	0.00192	0.003648	1.89	34500
C40	19.1	0.00179	0.00344	1.71	32500

表 8.101　钢筋和型钢的力学性能指标

材料	原点弹性模量 E_0/MPa	强度设计值 f_y/MPa
钢筋	2.0×10^5	360
型钢	2.1×10^5	210

(3) 计算输入地震波。

模型结构振动台试验采用了三条地震波，在计算分析时，选取了其中的两条：El Centro 地震波和上海人工 SHW2 地震波。在 El Centro 地震波中，考虑了两个方向地震的共同作用，在上海人工 SHW2 地震波中，由于是人工合成波，仅考虑了单方向的地震作用。每一条地震波又考虑了 7 度小震、中震、大震和 8 度大震四种情况。计算输入地震波的时间间隔为 0.02s，El Centro 地震波和上海人工 SHW2 地震波的持续时间分别为 53.48s 和 36.88s。计算输入地震波工况组合见表 8.102。结构的阻尼比为 0.05。

表 8.102　计算输入地震波工况

计算工况序号	地震水准	地震波名称	地震输入加速度峰值/gal	
			X 向	Y 向
1	7度小震	El Centro	29.75	35
2	7度小震	SHW2	35	—
3	7度小震	SHW2	—	35
4	7度中震	El Centro	85	100
5	7度中震	SHW2	100	—
6	7度中震	SHW2	—	100
7	7度大震	El Centro	187	220
8	7度大震	SHW2	220	—
9	7度大震	SHW2	—	220
10	8度大震	El Centro	340	400
11	8度大震	SHW2	400	—
12	8度大震	SHW2	—	400

(4) 原型结构的动力特性。

在对原型结构进行时程分析计算之前，首先进行了结构在弹性状态下的动力特性分析，得到了原型结构的弹性自振周期。当原型结构在不同水准地震作用后，该结构会出现不同程度的混凝土开裂、钢筋屈服、混凝土压碎、刚度退化等现象，它的综合宏观反应就是结构的自振周期不断地延长，为此程序分别计算了各种地震水准作用后的结构自振周期。在不同地震水准作用后的结构自振周期见表 8.103。在经历了 7 度小震、中震、大震和 8 度大震作用后，结构第一阶振型周期分别为弹性周期的 1.065、1.180、1.394、1.615 倍。

表 8.103　结构自振周期　(单位：s)

振型	弹性周期	7度小震	7度中震	7度大震	8度大震
第一阶	6.5	6.92	7.67	9.06	10.5

(5) 构件开裂及屈服情况。

在对结构进行弹塑性时程分析中，结构构件开裂及钢筋屈服的情况描述如下(以 14 层的计算结构模型进行描述)。

① 7 度小震作用。结构未出现明显的开裂现象。1 层(相当于原型结构的 1～6 层)各构件的应力明显小于其他楼层。在 2 层与 1 层相交处，四角的巨型柱首先出现了裂缝，巨型柱中型钢和钢筋的应力达到了 190MPa，混凝土压应力为 13MPa；内核心筒的型钢和钢筋应力为 180MPa，混凝土压应力为 10MPa。巨型斜撑的应力和应变均很小，最大应力为 80MPa。

② 7 度中震作用。裂缝未有明显的发展，结构构件还未屈服。

③ 7 度大震作用。结构构件出现了普遍的开裂现象。1 层巨型柱中的钢筋应力很

小,远远没有达到钢筋的屈服强度,1 层核心筒中的钢筋应力达到了 100MPa。2 层巨型柱中,个别(局部)钢筋和型钢均已屈服,混凝土的压应变已经进入了混凝土应力-应变关系曲线中的下降段,即混凝土的压应变已经大于 0.002,有些部位已经达到了混凝土的极限压应变。巨型斜撑中的应力未达到型钢的屈服强度。

④ 8 度大震作用。结构构件中拉、压应变越来越大。底部区域构件也出现了开裂,底部区域巨型柱中钢筋的应力达到 290MPa,核心筒中钢筋的应力达到 350MPa。6 层巨型柱中的钢筋已经达到了其屈服强度,型钢的应力已经进入了强化阶段,型钢应力达到了 410MPa,6 层巨型柱中混凝土的压应变达到了 0.009,可以判定混凝土已被压碎。中部区域巨型斜撑中的钢筋应力也已达到屈服强度。

(6) 结构层间位移。

不同地震水准作用下,结构各层最大位移包络图如图 8.138 所示,结构层间最大位移角包络图如图 8.139 所示。

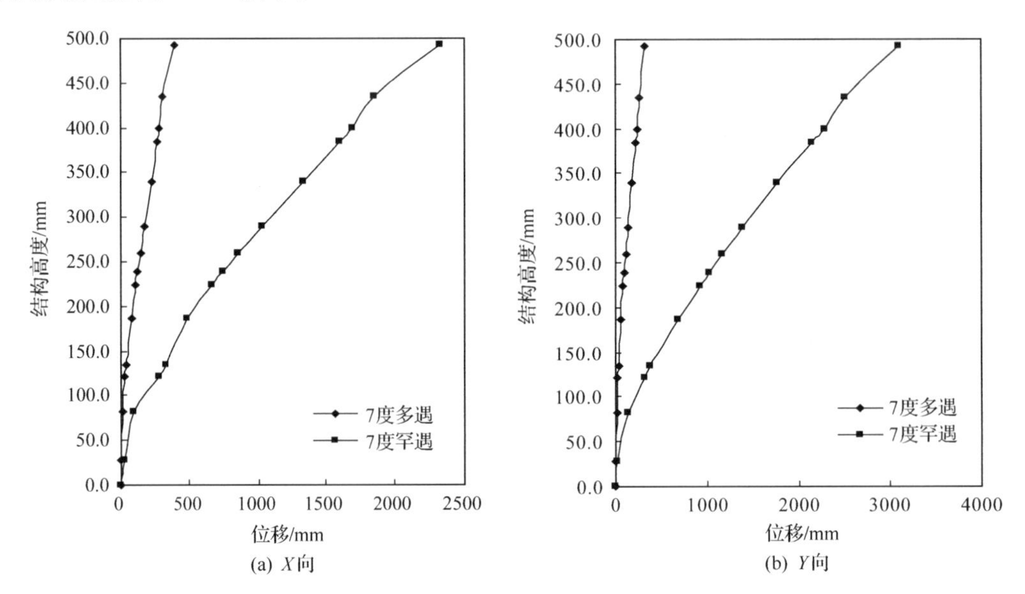

图 8.138 不同地震水准作用下结构位移包络图

从以上结构位移包络图可以看出,该结构不存在明显的薄弱楼层。两个方向结构的顶点位移角分别为:在 7 度小震作用下,1/1258(X 向)、1/1499(Y 向);在 7 度大震作用下,1/211(X 向)、1/159(Y 向)。两个方向结构最大层间位移角分别为:在 7 度小震作用下,1/934(X 向)、1/1066(Y 向);在 7 度大震作用下,1/158(X 向)、1/115(Y 向)。结构最大层间位移角出现的位置在不同烈度水准下均在结构的中上部。

3) 节点应力分析

为了确保节点的抗震性能,根据上海市超限高层抗震专项审查的意见,需对该工程的重要节点进行试验研究和应力分析,验证在 7 度大震下节点是否基本保持弹性性质。节点楼层选在 54 层和 55 层之间,其位置为巨型柱和带状桁架的连接处(图 8.140)。

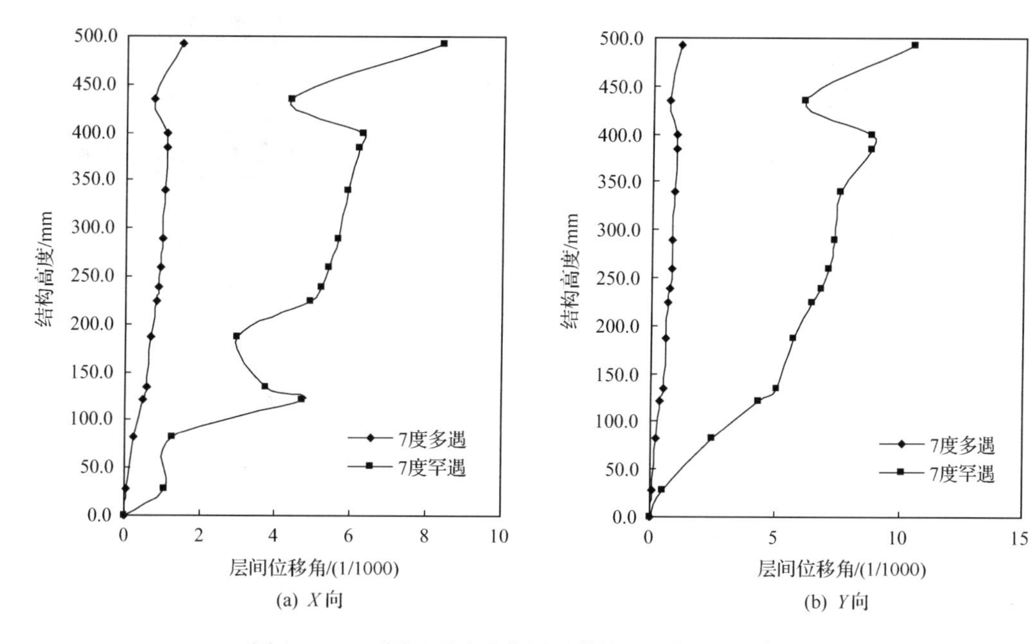

图 8.139　不同地震水准作用下结构层间位移角包络图

(1) 试件设计。

综合考虑试验设备能力和对型钢混凝土试件的加载要求，确定试件与原型结构的比例为 1∶7。采用了两种性质的试件：一种为型钢试件（仅作为与型钢混凝土试件的对比之用）（图 8.141 和图 8.142）；另一种为型钢混凝土试件（图 8.143）。每种试件均为两组。

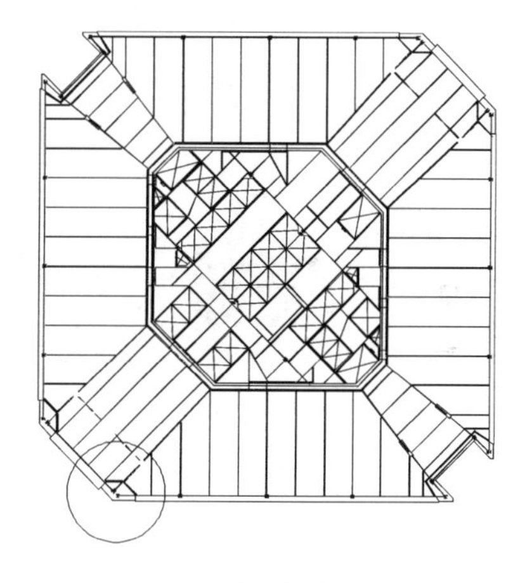

图 8.140　试验节点平面位置

(2) 有限元计算分析。

采用大型通用有限元软件 ANSYS 对试件进行了静力分析和屈曲分析。

钢骨试件实体有限元分析的结果同试验实测值基本吻合。从计算分析结果中可以看出，在相当于 7 度小震下，节点区域最大应力为 28MPa，根据简单推算，在 7 度大震下，节点区域弹性应力为 168MPa，远远低于 345MPa 的钢材屈服应力；在 8 度大震下，节点区域弹性应力为 305MPa，也未达到屈服。

弹性屈曲第一模态的特征值为 205，相当于端部加载 2050kN 的情况，而 7 度大震、8 度大震计算得到的端部荷载分别为 1200kN、2182kN。因此在 7 度大震作用下，节点不可能发生弹性屈曲破坏，即使在 8 度大震下，节点也刚刚达到屈曲。

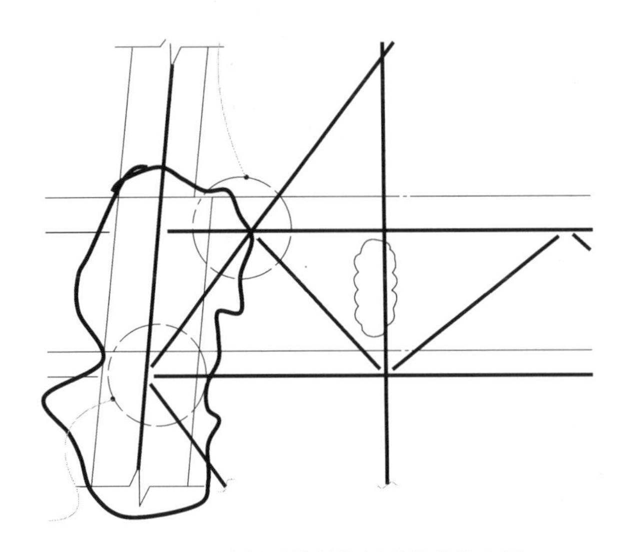

图 8.141　选择试件的楼层及构件的布置

图 8.142　型钢试件

图 8.143　型钢混凝土试件

5. 结构试验研究

1) 整体模型振动台试验

(1) 试验模型的简化。

由于原型结构非常高，为了满足实验室制作场地高度的要求，采用了小比例的几何相似关系(1/50)。根据相似关系的要求，模型材料一般应具有尽可能低的弹性模量和尽可能大的比重，同时在应力-应变关系方面尽可能与原型材料相似。基于这些考虑，上海环球金融中心的动力试验模型由微粒混凝土、紫铜、铁丝制作。

为了解决小比例模型的施工问题，该试验对结构模型进行了部分简化，简化依据建立在理论分析和对比计算的基础上。具体简化办法是：对于除带状桁架、伸臂桁架、筒体转换等特殊楼层外的标准层，每隔一层抽去一层楼板；被抽去楼层的荷载均平分至该楼层的上、下相邻层。简化以后试验模型结构为63层。

利用有限元软件ANSYS对该结构进行了两种对比计算：一是计算原结构；二是计算抽去部分标准层楼板后的简化结构。计算结果表明，简化前、后结构的自振周期的最大差异是2.33%；不同地震作用下的动力反应差异不大，如结构层间位移的最大差异为5.59%，层间位移角的最大差异为8.15%，结构层间位移角沿竖向的分布特征无显著改变。这一结果表明，对试验模型进行简化是可行的。

(2) 试验过程。

模拟地震振动台试验的台面激励的选择主要根据地震危险性分析、场地类别和建筑结构动力特性等因素确定。试验时根据模型所要求的动力相似关系对原型地震记录做修正后，作为模拟地震振动台的输入。根据设防要求，输入加速度幅值从小到大依次增加，以模拟多遇到罕遇不同水准地震对结构的作用。

在遭遇强烈地震作用后，模型结构的频率和阻尼比都将发生变化。在模型承受不同水准的地震作用前后，一般采用白噪声对其进行扫频，得到模型自振频率和结构阻尼比的变化，以确定结构刚度下降的幅度。

根据7度抗震设防及Ⅳ类场地要求，选用了三条地震波作为振动台台面激励：El Centro地震波、San Fernando地震波和上海人工地震波SHW2。试验加载工况按照7度多遇烈度、7度基本烈度、7度罕遇烈度和8度罕遇烈度的顺序分四个阶段对模型结构进行模拟地震试验。地震波持续时间按相似关系压缩为原地震波的1/12.49，各水准地震下，台面输入加速度峰值均按有关规范的规定及模型试验的相似关系进行了调整。

(3) 试验结果。

① 试验现象描述。

7度小震试验阶段。各地震波输入后，模型表面未发现肉眼可见裂缝。地震波输入结束后用白噪声扫描得到模型结构前三阶频率分别为2.306Hz(X向平动)、2.306Hz(Y向平动)、5.290Hz(扭转)，与弹性自振频率相同，说明结构尚未发生微小裂缝，本试验阶段模型结构处于弹性工作阶段，模型结构满足“小震不坏”的抗震设防目标。

7度中震试验阶段。未发现裂缝，白噪声扫描得到模型结构前三阶频率分别为2.17Hz(X向平动)、2.17Hz(Y向平动)、7.687Hz(扭转)，结构的自振频率略有下降，基本处于弹性工作阶段。

7度大震试验阶段。外观观察还未发现明显的破坏现象，结构轻微开裂，白噪声扫描得到模型结构前三阶频率分别为2.035Hz(X向平动)、2.035Hz(Y向平动)、7.189Hz(扭转)，结构的自振频率继续下降，但下降幅度不明显。

8度大震试验阶段。巨型柱出现多处可见裂缝、局部混凝土压碎，型钢柱出现压屈现象，但模型结构未倒塌。白噪声扫描得到模型结构前三阶频率分别为1.628Hz(X向平动)、1.763Hz(Y向平动)、3.847Hz(扭转)，与7度大震后的自振频率比较有明显下降。8度大震后拍到的模型结构破坏情况见图8.144和图8.145。破坏较严重的区域集中在5～6层，其余区域破坏现象不明显。

图 8.144　8 度大震后 5～7 层巨型柱破坏情况

图 8.145　8 度大震后 12 层巨型柱破坏情况

② 模型结构位移反应。

在 7 度小震下，层间位移角最大值为 1/539(*X* 向)、1/707(*Y* 向)。小于《高层建筑混凝土结构技术规程》(JGJ 3—2002)的限值 1/500 的要求。

在 7 度大震下，层间位移角最大值为 1/127(*X* 向)、1/151(*Y* 向)。小于《高层建筑混凝土结构技术规程》(JGJ 3—2002)的限值 1/100 的要求。

2) 节点试验

节点试件如图 8.142 和图 8.143 所示，节点区域各构件名称如图 8.146 所示。

(1) 型钢试件试验结果。

在相应于 F 杆在 1.05 倍小震荷载水平下，F-A 杆发生平面外失稳。在所施加的荷载条件下杆件的平面外失稳破坏先于其他破坏模式发生。

节点的塑性发展迟于杆件的塑性发展，54 层节点在靠近 F 杆(对应 53 层柱段)附近的塑性发展缘于试验中杆件平面外发生的失稳变形。

节点行为表现出非铰接节点的性能。由于节点局部区域内存在的相连杆件都是线刚度较大的杆件，在对这些杆件分析时，考虑节点的非铰接性质将更加符合实际情况。

(2) 型钢混凝土试件。

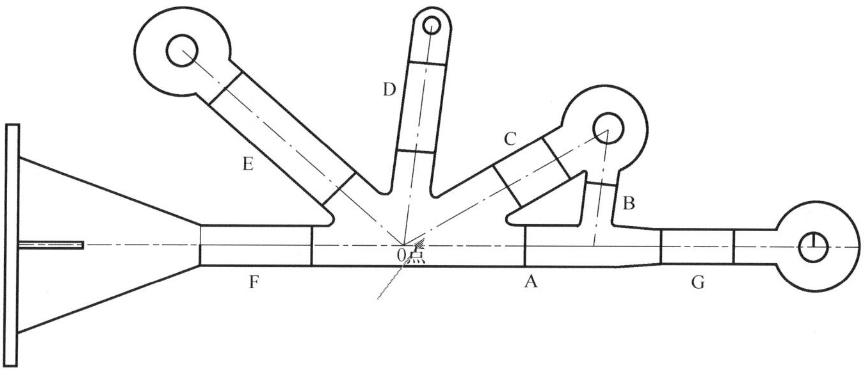

图 8.146　节点区域各构件名称

A杆．54层柱；B杆．桁架上弦；C杆．斜撑；D杆．桁架下弦；E杆．斜撑；F杆．53层柱；G杆．55层柱

① 试验现象描述。

在7度小震和7度中震之间，F杆区域混凝土表面观察到若干垂直于杆轴方向的微小裂缝，但在荷载循环中，该裂缝没有进一步发展。型钢测点的所有应变保持在弹性范围内。

在7度中震和7度大震之间，F杆区域混凝土表面在垂直杆轴方向裂缝生长的同时，出现若干斜向裂缝；型钢测点除个别点外保持在弹性范围内。

在7度大震下，F杆区域混凝土表面出现若干平行杆轴方向的裂缝，节点区混凝土表面出现斜裂缝。E杆、C杆型钢与节点区表面混凝土之间出现裂隙。E杆、C杆外露在节点区外的型钢测点应变超过钢材屈服应变。节点区型钢的测点应变仍在弹性范围内。

当对试件施加了相当于7度大震地震水平1.33倍的荷载时，F杆以外靠近约束区处混凝土部分被压碎；试件在荷载保持不变的情况下变形增长。

型钢混凝土有效阻止了纯型钢试件中发生的杆件平面外的失稳。

构件破坏现象主要为混凝土表面裂缝的发生和开展，包括杆件周边混凝土和节点区外包混凝土在内。但是直至罕遇地震水平下仍不影响构件的承载能力。

② 节点试验结论。

型钢混凝土节点试件在相当于7度小震荷载水平下裂缝的发展和生长不明显。

在相当于7度大遇地震水平的荷载作用下，型钢混凝土试件的节点基本保持弹性性质。

对试件追加了超过7度罕遇地震水平1.33倍的荷载作用，在此情况下，型钢混凝土节点内的型钢仅有个别点发生少量超屈服应变，节点区内箍筋基本保持弹性。由于试件中混凝土和节点板型钢的强度都比结构设计所定强度值低，试件中对应柱段的混凝土面积比实际小，所以在实际结构中还可期望该节点有更大的保持弹性的能力。

6. 小结

根据该工程重要性程度和超限情况，合理确定了该结构的抗震性能目标，并提出了一些量化的目标参数。

采用ANSYS通用软件对该结构进行了精细有限元分析，得到了该结构在弹性状态下的抗震性能，采用自编程序TBNLDA进行了弹塑性时程分析，掌握了该结构在不同地震水准作用下结构的开裂、屈服和破坏程度。

整体振动台模型试验和节点试验所得到的结果对理论分析成果起到了一个很好的验证作用，同时对结构抗震性能的评定也是一个不可或缺的补充。通过详细的理论分析和试验结果，可以得出该结构能够满足本节所制定的结构抗震性能目标，具体结论如下。

(1) 在7度小震作用下，精细有限元分析得到的层间最大位移角为1/1037(X向)、1/1067(Y向)；7度小震地震波作用下，弹塑性时程分析得到的最大层间位移角分别为1/934(X向)、1/1066(Y向)，均满足了规范1/500的要求。理论分析和试验结果表明，7度小震作用后，结构自振周期基本不变，构件和节点中的应力不大，也无开裂现象发生。因此结构处于弹性工作状态，满足7度小震的结构性能目标。

(2) 在7度中震作用下，弹塑性时程分析和整体振动台模型试验结果表明，结构自振周期变化很小，裂缝未有明显发生，构件中的应力远未达到屈服；节点试验也表明节点区域在弹性工作状态，因此结构基本处于弹性工作状态，满足7度中震的结构性能目标。

(3) 在7度大震作用下，弹塑性时程分析得到的最大层间位移角分别为1/158(X向)、1/115(Y向)；整体振动台模型试验得到的最大层间位移角分别为：1/127(X向)、1/151(Y向)，均满足规范1/100的弹塑性变形要求。试验和理论分析表明，结构未出现明显的薄弱楼层，节点区域钢骨应变仍在弹性范围之内，满足7度大震的结构性能目标。

(4) 在8度大震作用下，节点仍能维持良好的工作性态，整体振动台模型试验表明，结构在5～7层出现了严重开裂，局部混凝土被压碎，但结构的其他区域仍未发生明显的破坏迹象，能维持结构不倒塌的工作状态，满足8度大震的结构性能目标。

8.10.2　上海中心大厦

1. 工程概况

上海中心大厦位于上海浦东新区陆家嘴中心区，所处地块东至东泰路，南依银城南路，北靠花园石桥路，西邻银城中路，向西与著名的上海外滩隔江相望，与周围的东方明珠广播电视塔、金茂大厦、上海环球金融中心等建筑组成上海重要的天际线。

上海中心大厦项目由一幢124层塔楼(建筑高度632m，结构高度580m)和一个7层商业裙房(高度38m)组成，整个场地下设5层地下室，基础埋深约为25.4m。该工程是一幢以甲级写字楼为主的综合性大型超高层建筑，其他建筑功能包括商业、酒店、观光娱乐、会议中心和交易五大功能区域。塔楼外形幕墙呈三角形旋转上升状，内部办公平面由九个圆形建筑彼此叠加构成，共分八个区域，各区域含有一个空中花园。楼层结构平面由底部(一区)直径83.6m逐渐收进并减小到42m(八区)。中央核心筒底部为边长30m的方形混凝土筒体。从第五区开始，核心筒四角被削掉，逐渐变化为十字形，直至顶部。建筑平面和建筑立面示意图如图8.147所示。整个结构的高宽比为7，核心筒高宽比为19。

塔楼采用巨型框架-核心筒-外伸臂结构体系，设置了六道外伸臂桁架。该结构体系既满足了建筑使用功能的要求，在结构上有所创新，又满足了经济性的要求，做到了技术

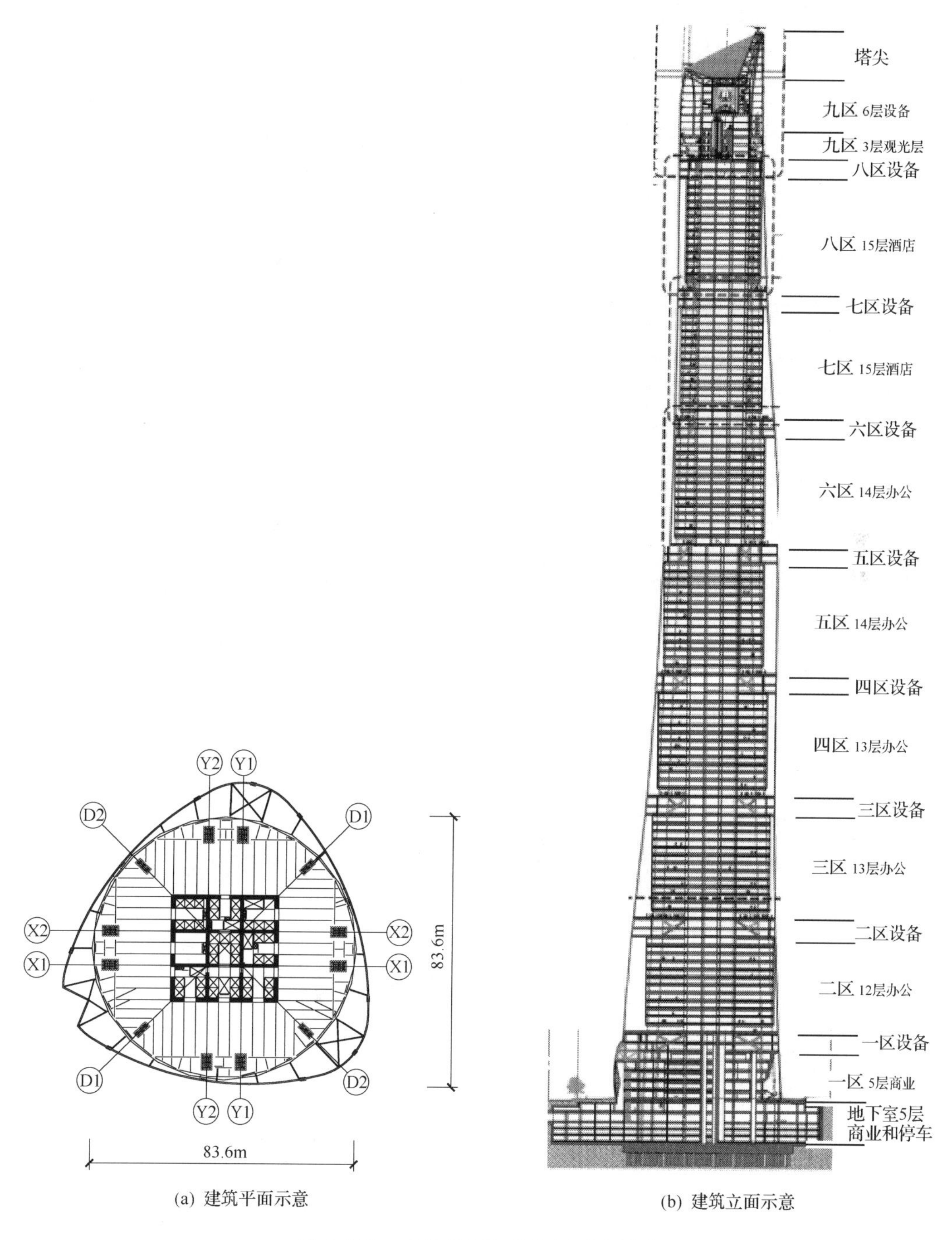

(a) 建筑平面示意

(b) 建筑立面示意

图 8.147 建筑平面和建筑立面示意图

先进、安全可靠、经济合理。

该结构的巨型框架由八个巨柱和每个加强层设置的两层高箱型空间伸臂桁架相连而成，如图 8.148 所示。巨型框架的八根巨柱在第八分区终止，四根角柱在第五分区终止。在六区以下沿建筑对角位置布置的四根角柱主要用于减少箱型空间桁架的跨度。巨型框架中的巨柱采用型钢混凝土柱。箱型空间桁架既作为抗侧力体系巨型框架的一部分，又作为转换桁架支承位于建筑周边的重力柱，相邻加强层之间的楼层荷载由重力柱支承并通过转换桁架传至八根巨柱和四根角柱，从而减少巨柱由侧向荷载(风或地震)引起的上拔力。巨型框架的两层高箱型空间桁架上下弦杆，斜杆及腹杆均采用 H 形截面。位于各加强层的八道箱型空间桁架如图 8.149 所示，作为巨柱之间的有效抗弯连接，与巨型柱一起形成一个巨型框架结构体系。

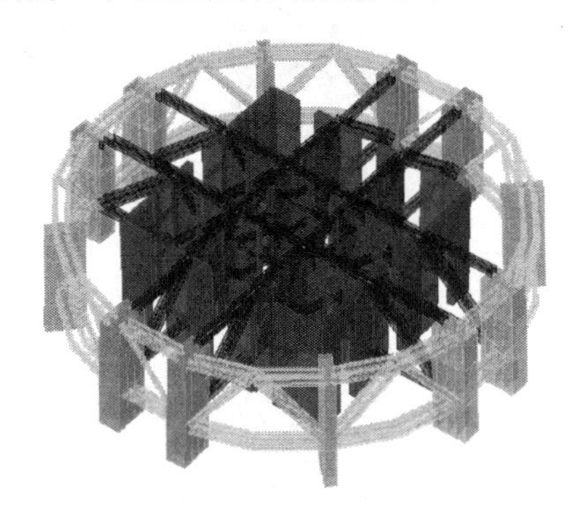

图 8.148　伸臂桁架所在加强层结构示意图

图 8.149　箱型空间环带桁架

该塔楼的抗震设防烈度为 7 度，抗震设防类别为乙类。根据规范要求，设计单位对塔楼可能存在的超限项目进行逐一检查。主要的超限内容如下：①结构高度超限；②该结构存在伸臂及空间转换桁架，属于 B 级复杂高层建筑；③各加强层处径向桁架最长悬挑 14m，楼层平面尺寸突变，但有规律。

2. 模型抗震试验的相似关系[18]

利用子课题前述相似关系设计方法，并综合考虑同济大学振动台性能参数、施工条件和吊装能力等因素，确定试验采用的模型相似关系见表 8.104。

表 8.104　结构模型相似关系

物理性能	物理参数	微粒混凝土模型	备注
几何性能	长度	0.02	控制尺寸
材料性能	应变	1.00	控制材料
	弹性模量	0.26	
	应力	0.26	
	质量密度	3.87	
	质量	3.10×10^{-5}	
	泊松比	1.00	
荷载性能	集中力	1.04×10^{-4}	—
	线荷载	5.20×10^{-3}	
	面荷载	0.26	
	力矩	2.08×10^{-6}	

续表

物理性能	物理参数	微粒混凝土模型	备注
动力性能	阻尼	4.01×10^{-4}	控制试验
	周期	0.077	
	频率	12.96	
	速度	0.26	
	加速度	3.36	
	重力加速度	1.000	
模型质量		25t	含配重、底板

结构模型总高度为13.04m，其中模型底座高0.4m，模型高度为12.64m，模型全貌如图8.150所示。试验根据原型结构各楼层质量分布，按相似关系确定模型各楼层质量，模型附加质量按面积均匀布置在核心筒外围楼板上。模型总质量为24.974t，其中模型质量为3.828t，附加质量为17.064t，底座质量为4.082t。

(a) 模型完成后全貌

(b) 模型在振动台上试验

图8.150　上海中心振动台模型试验照片

3. 模型试验过程

1）测点布置

根据结构特点，在模型不同高度处布置加速度传感器，在加强层、设备层及顶部、底部等部位布置位移测点，在加强层、设备层的桁架上及底层剪力墙、巨柱、角柱等受力复杂处布置应变片。在参考《上海中心大厦结构超限审查会送审报告》计算结果，同时听取甲方和设计方意见后，确定布置加速度传感器59个，位移传感器19个，应变片24个。

2）输入台面地震激励

根据7度抗震设防及Ⅳ类场地要求，选择表8.105所列的四条地震波记录作为振动台台面激励：MEX006～008、US1213～1215、人工波S79010～9012、上海人工波SHW3。上海人工波仅进行单向输入，其他三条地震波均三向输入，分别考虑以X向为主方向和以Y向为主方向输入。

表8.105 试验用的地震记录简介

地震记录编号		分量	地震名	地震时间	记录台站	场地类别
1-1	MEX006	N00E	Mexico City Earthquake	1985年9月19日	Guerrero Array, Vile, Mexico	E
1-2	MEX007	N90E				
1-3	MEX008	UP				
2-1	US1213	UP	Borrego Mountain Earthquake	1968年4月8日	Hollywood Storage, Penthouse, Los Angeles, Cal.	D
2-2	US1214	North				
2-3	US1215	East				
3-1	S79010	—	Artificial Records of Acc. for Minor EQ. Level of Intensity 7	—	—	4
3-2	S79011	—				
3-3	S79012	—				
4	SHW3	—	上海人工波	—	—	4

3）试验步骤

试验加载工况按照7度多遇、7度基本、7度罕遇和7.5度罕遇的顺序分四个阶段对模型结构进行模拟地震试验。在不同水准地震波输入前后，对模型进行白噪声扫频，测量结构的自振频率、振型和阻尼比等动力特征参数。在进行每个试验阶段的试验时，由台面依次输入地震波MEX006～008、US1213～1215、人工波S79010-12、上海人工波SHW3。地震波持续时间按相似关系压缩为原地震波的0.076，输入方向分为单向或三向水平输入。在各水准地震作用下，台面输入加速度峰值均按有关规范的规定及模型试验的相似关系要求进行了调整，以模拟不同水准地震作用。

4. 模型试验结果

1）试验现象

在7度多遇地震试验阶段，按加载顺序依次输入上海人工波SHW3、MEX006～008波、US1213～1215波以及人工波S79010～9012。各地震波输入后，模型表面未发现肉眼可见裂缝。地震波输入结束后用白噪声进行扫描，发现模型自振频率基本未发生变化，说明结构尚未发生开裂、破坏，该试验阶段模型结构处于弹性工作阶段，模型结构满足"小震不坏"的抗震设防目标。

在7度基本地震试验阶段，输入地震波后，模型结构的反应规律与7度多遇地震试验阶段基本相似。在第三次白噪声扫频后，发现模型自振频率与第一次白噪声扫频结果相比，基本未发生变化。从模型外观观察未发现明显的裂缝和破坏现象。

在 7 度罕遇地震试验阶段，在 23 工况 MEX 地震激励结束后进行了第四次白噪声扫频，此时结构第一阶（X 向平动）自振频率与第一次白噪声扫频结果相比下降 10.1%，第二阶（Y 向平动）自振频率下降 4.7%，第三阶扭转频率没有变化。在进行 26 工况，即 S790 地震激励 X 主向时，八区质量块有脱落现象。7 度罕遇地震波输入结束后进行了第五次白噪声扫频。与第一次白噪声扫频结果相比，此时结构第一阶（X 向平动）自振频率下降 14.2%，第二阶（Y 向平动）自振频率下降 9.5%，第三阶扭转频率没有下降，其余高阶自振频率绝大多都下降。此时能够观察到，一区巨柱有横向、斜向裂缝；二区巨柱局部有少量裂缝；在六区、七区、八区的巨柱有少量横向为主的裂缝；核心筒上没有裂缝。由于质量块布置较满，核心筒裂缝观测受到一定限制。

模型结构经受三向 7 度罕遇地震作用后，仔细观察模型整体结构的破坏情况，并对结构第一阶频率变化情况做初步分析后，决定进行三向 7.5 度罕遇地震试验。

在进行 7.5 度罕遇地震试验时，多个工况进行时有质量块脱落的现象，主要在五区、八区和塔冠部位。七区、八区和塔冠局部若干传感器脱落。在 30 工况，即 MEX 波结束后，进行了第六次白噪声扫频。此时，结构的前两阶自振频率与 7 度罕遇地震激励结束后相比没有变化；与第一次白噪声扫频结果相比，第三阶扭转频率下降了 16.1%。所有工况结束后，进行了第七次白噪声扫频。与第一次白噪声扫频结果相比，此时结构第一阶（X 向平动）自振频率下降了 18.9%，第二阶（Y 向平动）自振频率与第五次白噪声扫频结果一致，仍旧是下降了 9.5%，第三阶扭转频率下降了 21.5%。

一区巨柱水平裂缝增多，巨柱的侧面裂缝增长，但基本没有贯穿裂缝。二区巨柱裂缝增多。六～八区巨柱水平裂缝较多，多数裂缝横向贯穿巨柱表面。墙体出现较多裂缝，集中在四区、六～八区加强层以下 1～2 层。五区和六区的环带桁架下弦杆局部有屈曲现象。塔冠与核心筒连接的部位出现混凝土剥落的现象，塔冠的桁架杆多处屈曲。

2）动力特性

（1）在未承受地震作用（W1）时，模型结构前三阶频率分别为 1.69Hz（X 向平动）、1.69Hz（Y 向平动）和 2.97Hz（扭转）。

（2）在完成 7 度多遇地震试验（W2）后，模型结构第一阶自振频率为 1.69Hz（X 向平动），第二阶自振频率为 1.69Hz（Y 向平动），第三阶自振频率为 2.97Hz（扭转），前三阶频率均没有降低，说明结构处于弹性状态，刚度没有下降。

（3）在完成 7 度基本地震试验（W3）后，模型结构第一阶自振频率为 1.69Hz（X 向平动），第二阶自振频率为 1.69Hz（Y 向平动），第三阶自振频率为 2.97Hz（扭转），前五阶频率均没有降低，第六阶自振频率为 5.38Hz（扭转），下降 2.9%，说明结构基本处于弹性状态，刚度有所下降，试验中未观察到肉眼可见裂缝。

（4）在完成 7 度罕遇 MEX 波试验（W4）后，模型结构第一阶自振频率为 1.52Hz（X 向平动），降低 10.1%；第二阶自振频率为 1.61Hz（Y 向平动），降低 4.7%；第三阶自振频率为2.97Hz（扭转）；第一阶第二阶自振频率均有所降低，说明结构刚度进一步下降，试验中观察到少量细微的裂缝。

（5）在完成 7 度罕遇地震试验阶段（W5）后，模型结构第一阶自振频率为 1.45Hz（X

向平动)，降低 14.2%；第二阶自振频率降低为 1.53Hz(Y 向平动)，降低 9.5%；第三阶自振频率为 2.97Hz(扭转)，没有降低；第一阶第二阶自振频率继续降低，说明结构损伤增加，刚度进一步下降，试验中观察到已有的裂缝有所扩展并且裂缝数量有所增加。

(6) 在完成 7.5 度罕遇地震 MEX 波试验(W6)后，模型结构第一阶自振频率为 1.45Hz(X 向平动)；第二阶自振频率为 1.53Hz(Y 向平动)；第三阶自振频率为 2.49Hz(扭转)，降低 16.2%；第三阶自振频率有所降低，说明结构损伤进一步增加，刚度继续下降，试验观察到裂缝范围进一步扩展，数量增多。

(7) 在完成 7.5 度罕遇地震试验(W7)后，模型结构第一阶自振频率为 1.37Hz(X 向平动)，降低 18.9%；第二阶自振频率降低为 1.53Hz (Y 向平动)，降低 9.5%；第三阶自振频率为 2.33Hz(扭转)，降低 21.5%；第一阶和第三阶自振频率继续降低，结构损伤严重，结构表面能观察到众多细密裂缝，分布广泛。

(8) 模型结构的低阶振型的振动形态主要为平动和整体扭转。

(9) 模型结构频率随输入地震动幅值的加大而降低，结构 X 向频率的降低速率比 Y 向快，高阶频率的降低速率比低阶快。

3) 加速度反应

(1) 随着台面输入地震波加速度峰值的提高，模型刚度退化、阻尼比增大，结构出现一定程度的破坏后，动力放大系数有所降低。

(2) 由于加强层的作用，结构八个区的加速度整体上没有放大很多，且变化较为均匀。

(3) 核心筒从 24 层开始收进，到 39 层开始变成十字形，加速度反应在此层之后增大明显，尤其在 7 度罕遇和 7.5 度罕遇时增大显著。

(4) 从第九区到塔冠部位，加速度放大系数比较大。塔冠部分的加速度放大系数比顶层的加速度放大系数有数倍的增长，鞭梢效应非常明显。

4) 位移反应

(1) 同一烈度、同一水准下输入 SHW3、MEX、US 和 S790 地震波，模型结构 X 向的位移反应大于 Y 向的位移反应。

(2) 楼层位移分布整体较均匀，在部分地震波作用下结构加强层位移有减小趋势。

(3) 模型结构顶层以及塔冠部分的位移反应较大，鞭梢效应明显。

(4) 结构 X 向在 7 度多遇、7 度基本、7 度罕遇烈度地震作用下，当 US 波输入时有最大位移反应；在 7.5 度多遇烈度地震作用下，当 S790 波输入时有最大位移反应。结构 Y 向在 7 度多遇、7 度基本烈度地震作用下，当 SHW3 波输入时有最大位移反应；在 7 度罕遇烈度地震作用下，当 MEX 波输入时有最大位移反应；在 7.5 度罕遇烈度地震作用下，当波输入 S790 波时有最大位移反应。这说明结构的最大位移不仅取决于输入地面加速度的大小，还取决于地震波的频谱特性及结构自振特性。

(5) 层间位移角在加强层楼层上下减小，在普通层增大。在 7 度基本、7 度多遇烈度地震作用下，加强层 X 向层间位移角减小趋势明显；在 7 度多遇、7 度基本、7 度罕遇烈度地震作用下，加强层 Y 向层间位移角减小趋势非常明显。

5. 原型结构反应

1) 动力特性

原型结构前六阶自振周期分别为 7.669s、7.699s、4.364s、3.042s、3.042s、2.339s；振动形态分别为 X 向平动（第一阶）、Y 向平动（第二阶）、扭转振动（第三阶）、X 向平动（第四阶）、Y 向平动（第五阶）、扭转振动（第六阶）。

结构频率随输入地震动幅值的增大而降低，结构的阻尼比随结构破坏的加剧而呈增大趋势。结构遭受 7 度罕遇地震后扫频结果与第一次白噪声扫频结果相比，第一阶自振频率下降 14.2%，第二阶自振频率降低 9.5%，第三阶自振频率没有降低。结构遭受 7.5 度罕遇地震后扫频结果与第一次白噪声扫频结果相比，第一阶自振频率下降 18.9%，第二阶自振频率降低 9.5%，第三阶自振频率降低 21.5%。

2) 结构地震反应及震害预测

在 7 度多遇地震作用下，结构自振频率未发生变化，结构处于弹性阶段。结构的位移反应和扭转反应均较小，且结构没有开裂、塑性变形等破坏现象。结构顶层（124 层）扭转角的平均值为 1/3026，所有楼层扭转位移比均小于 1.2；X 向层间位移角平均值的最大值为 1/510，Y 向层间位移角平均值的最大值为 1/576，小于《高层建筑混凝土结构技术规程》(JGJ 3—2002)限值1/500。原型结构能够满足“小震不坏”的抗震设防目标。

在 7 度基本烈度地震作用下，结构前三阶频率未发生变化，第六阶自振频率下降 2.9%，说明刚度基本没有变化，结构基本处于弹性阶段。结构顶层（124 层）扭转角的平均值为1/1136，所有楼层扭转位移比均小于 1.2；除了九区（117～124 层）X 向层间位移角平均值为 1/180，略大于 1/200，其余所有楼层 X 向层间位移角平均值均小于 1/200，所有楼层 Y 向层间位移角平均值均小于 1/200。没有可见的开裂、塑性变形等破坏现象，巨柱、核心筒剪力墙、伸臂桁架、环带桁架等关键构件保持弹性，满足“中震可修”的抗震设防目标。

在 7 度罕遇地震作用下，模型结构第一阶自振频率降低 14.2%，第二阶自振频率降低 9.5%。一区巨柱发现明显裂缝，二区巨柱局部有少量裂缝。结构顶层（124 层）扭转角的平均值为 1/90，所有楼层扭转位移比均小于 1.2；除了九区（117～124 层）X 向层间位移角平均值为 1/80，略大于 1/100，其余所有楼层 X 向层间位移角平均值均小于 1/100，Y 向层间位移角平均值均小于 1/100。基本满足《高层建筑混凝土结构技术规程》(JGJ 3—2002)限值 1/100 的要求。一区较多巨柱有横向为主的裂缝，二区部分巨柱有横向为主的裂缝，在六、七、八区的巨柱上发现少量横向为主的裂缝；在核心筒上没有发现裂缝；伸臂桁架、环带桁架没有明显的塑性变形。巨柱、核心筒剪力墙、伸臂桁架、环带桁架等关键构件均未屈服，原型结构满足“大震不倒”的抗震设防目标。

在 7.5 度罕遇地震作用下，结构自振频率进一步下降，第一阶自振频率降低 18.9%，第二阶自振频率降低 9.5%，第三阶自振频率降低 21.5%。一区、二区、六～八区巨柱表面有较多水平裂缝；墙体有较多裂缝，主要集中在四区、六～八区加强层以下 1～2 层；五区和六区的环带桁架下弦杆局部有屈曲现象；塔冠与结构顶部核心筒连接的部位出现混凝土剥落现象;塔冠下部桁架杆多处屈曲。但未发生结构构件脱落现象,结构保持了较好的整体性,不会造成结构的倒塌。

试验过程中发现,高阶振型影响比较大。结构九区及塔冠部分加速度及位移反应较大,鞭梢效应明显。

综上所述的结构模型抗震试验结果,上海中心结构总体上满足《上海中心大厦项目结构超限审查会送审报告》中的抗震性能目标及现行规范的抗震设防要求。

6. 上海中心大厦地震反应分析及抗震性能评价

1) 计算程序、计算方法及主要计算参数

采用国际著名的大型通用有限元结构分析程序 ANSYS,进行三维整体建模和弹性分析。为了更好地模拟混凝土构件的性能和提高计算速度,采用大型通用有限元结构分析程序 ABAQUS 计算弹塑性地震反应。结构抗震设防烈度按 7 度考虑,时程分析分别采用上海人工波 SHW3、ATS000～090(Kocaeli, Turkey 1999/08/17, Station: Ambarli)、CHY004(Chi-Chi, Taiwan 1999/09/20, Station: CHY004)作为地震输入。在上海人工波 SHW3 输入时,仅考虑单向作用;在 ATS000～090、CHY004 地震波输入时,考虑双向地震输入。

2) 计算模型

计算模型包括地下一层和地面以上 125 层结构和顶部的钢桁架,利用 ANSYS 程序进行三维空间建模。结构巨柱采用 Solid 单元模拟;梁、型钢柱和斜撑采用 Beam 单元模拟;墙体采用 Shell 单元模拟;楼板考虑其弹性变形,也采用 Shell 单元模拟。楼面梁与钢筋混凝土筒体及楼层周边梁的连接按刚接处理。水平桁架各构件之间的连接也按刚接处理。墙体之间的连梁,按剪力墙开洞进行处理。

弹性阶段,考虑巨柱内型钢及配筋对构件刚度的影响。由型钢(或钢筋)与混凝土变形协调条件导出等效弹性模量。由于构件截面尺寸及混凝土标号随结构楼层而变化,等效参数数值亦随标高取值各不相同。型钢构件按钢材实际的材性参数设定。

弹塑性阶段,型钢构件,按钢材实际的屈服强度设定屈服点,屈服以后,材料的模量取为其弹性阶段模量的 1/10;混凝土构件,初步计算采用二折线模型,屈服点取为 $f_p = f_{crk} + 0.3(f_{ck} - f_{crk})$,其中 f_{ck} 为混凝土抗压强度标准值,f_{crk} 为混凝土抗拉强度标准值。屈服以后,材料的模量取为其弹性阶段模量值的 1/10。

分析中仅考虑了巨型柱、框架柱、框架梁、剪力墙、连梁的材料非线性,因为这些是主要抗侧力构件,其余构件按弹性考虑。

计算模型共包括:Beam 单元 47033 个、Shell 单元 64994 个、Solid 单元 14528 个,共计单元数 126555、节点数 139837。整体结构计算模型示意图见图 8.151。1～6 层结构计算模型示意图如图 8.152 所示,典型加强层(35 层、36 层) 计算模型示意图如图 8.153 所示。

结构计算总质量为 7.129×10^5 t(结构自重+0.5×活荷载)。

图 8.151　计算模型透视图

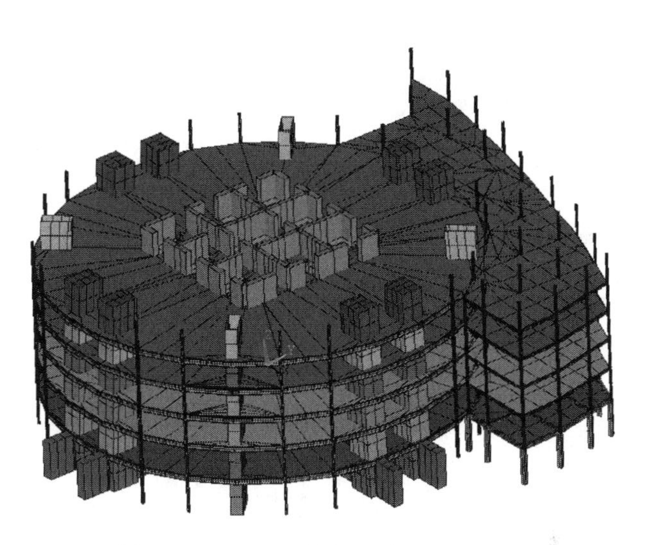

图 8.152　1～6 层结构计算模型示意图

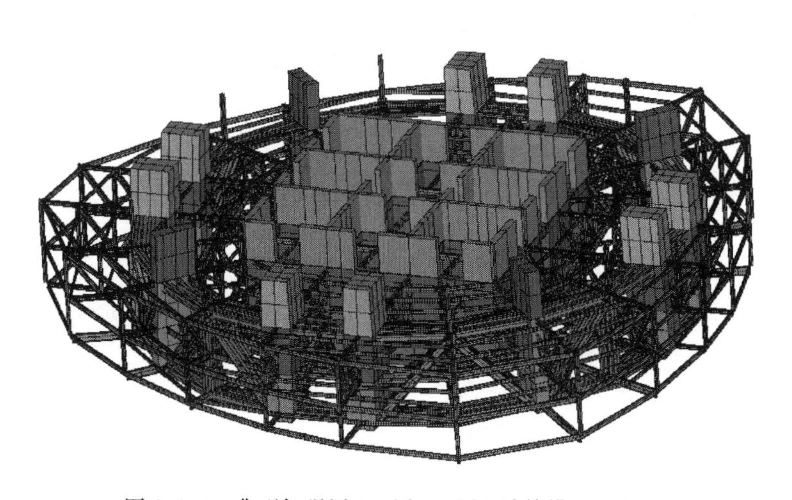

图 8.153　典型加强层(35 层、36 层) 计算模型示意图

3) 结构自振特性计算结果

共计算了 40 阶自振模态,结构第一阶模态的周期为 8.8625s。各方向的有效参与质量及前 18 阶主要振动模态的周期、频率、振型参与质量及对应的模态特征详见表 8.106 和表 8.107。

表 8.106　各方向有效质量系数　　(单位:t)

X 向有效参与质量	Y 向有效参与质量	结构计算总质量
673405 (94.5%)	670781 (94.1%)	712900

表 8.107　结构自振周期及特征

振型序号	周期/s	频率/Hz	X 向振型参与质量	Y 向振型参与质量	振型特征
1	8.8625	0.1128	18494	1003	X 向 1 阶平动
2	8.8105	0.1135	−989	18472	Y 向 1 阶平动
3	4.6537	0.2149	110	41	1 阶扭转
4	3.1481	0.3177	−13153	−1439	X 向 2 阶平动
5	3.0868	0.3240	1445	−13003	Y 向 2 阶平动
6	2.2198	0.4505	348	17	2 阶扭转
7	1.5453	0.6471	7946	545	X 向 3 阶平动
8	1.5096	0.6624	−599	7858	Y 向 3 阶平动
9	1.3589	0.7359	−522	23	3 阶扭转
10	1.0037	0.9963	−2831	3	X 向 4 阶平动
11	0.9801	1.0203	−5136	−430	Y 向 4 阶平动
12	0.9570	1.0449	434	−5796	局部模态
13	0.7876	1.2697	331	11	4 阶扭转
14	0.7074	1.4137	3989	368	X 向 5 阶平动
15	0.6846	1.4607	−341	4240	Y 向 5 阶平动
16	0.6621	1.5104	−8	−44	局部模态
17	0.6286	1.5909	526	−46	复杂高阶模态
18	0.6206	1.6112	−7	74	复杂高阶模态

4) 7 度小震反应谱法(上海规范谱)地震响应计算结果

由反应谱法计算整体结构地震响应，取 40 阶模态参与计算，各振型贡献按 SRSS 进行组合。典型节点 N1、N2、N3、N4、N5、N6 和 N7 位置标注见图 8.154。

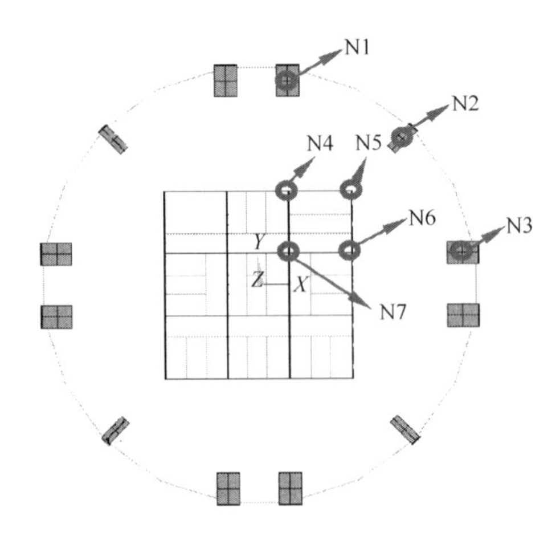

图 8.154　典型节点位置示意图

结构地震反应顶层位移及层间位移角如表8.108所示，结构基底地震剪力如表8.109所示，结构楼层角部位移及平均位移如表8.110所示。

表8.108 结构地震反应顶层位移及层间位移角

节点系列	X向地震作用				Y向地震作用			
	顶层位移 Δ/mm	最大层间位移角 δ/h	最大位移角位置(楼层)	底层位移角 δ/h	顶层位移 Δ/mm	最大层间位移角 δ/h	最大位移角位置(楼层)	底层位移角 δ/h
N1	395.75	1/884	112	1/18545	396.71	1/896	115	1/66756
N2	167.71	1/1259	63	1/18037	168.28	1/1257	64	1/24832
N3	398.68	1/887	115	1/61500	396.22	1/891	112	1/26178
N4	493.69	1/873	131	1/16700	492.49	1/878	126	1/56721
N5	112.80	1/1582	46	1/15479	112.80	1/1531	46	1/21654
N6	495.79	1/872	130	1/26476	492.13	1/883	130	1/25290
N7	495.79	1/871	127	1/19857	492.49	1/878	126	1/27042

注：N1和N3点的顶层位置为118层，N2点的顶层位置为68层，N5点的顶层位置为52层。

表8.109 结构基底地震剪力

工况	基底剪力/kN	剪重比/%
X向地震作用	1.5825×10^5	2.264
Y向地震作用	1.6206×10^5	2.318

表8.110 结构楼层角部位移及平均位移

工况	位移				位移角			
	最大位移/mm	平均位移/mm	最大比值	位置	最大位移角	平均位移角	最大比值	位置
X向	2.702	2.388	1.131	4层	1/2047	1/2357	1.152	24层
Y向	1.071	0.986	1.087	3层	1/7075	1/8512	1.203	3层

注：1层和2层位移和位移角的绝对数值极小，误差成分过大，不在统计之列。

5) 7度小震上海人工波SHW3作用下的结构地震响应

以下选取结构反应较大的上海人工波SHW3作为输入，分别沿X向及Y向作用于结构，采用时程分析法计算结构的时程响应，计算得到结构各节点的响应位移时程和加速度时程。最大位移反应和层间位移角如表8.111所示，结构基底剪力如表8.112所示，反应扭转的位移见表8.113。

表8.111 SHW3波作用结构地震反应顶层位移峰值及层间位移角

节点系列	X向地震作用				Y向地震作用			
	顶层位移 Δ/mm	最大层间位移角 δ/h	最大位移角位置(楼层)	底层位移角 δ/h	顶层位移 Δ/mm	最大层间位移角 δ/h	最大位移角位置(楼层)	底层位移角 δ/h
N1	359.09	1/952	112	1/17215	367.39	1/957	98	1/61690
N2	155.16	1/1220	63	1/16450	148.98	1/1215	65	1/21891

续表

节点系列	X 向地震作用				Y 向地震作用			
	顶层位移 Δ/mm	最大层间位移角 δ/h	最大位移角位置(楼层)	底层位移角 δ/h	顶层位移 Δ/mm	最大层间位移角 δ/h	最大位移角位置(楼层)	底层位移角 δ/h
N3	361.49	1/971	115	1/55772	367.07	1/957	95	1/22763
N4	438.00	1/887	126	1/14067	451.41	1/899	126	1/42589
N5	100.70	1/1576	47	1/13503	94.93	1/1582	47	1/18201
N6	439.60	1/875	127	1/21137	451.19	1/935	128	1/20781
N7	439.61	1/868	127	1/15593	451.42	1/897	126	1/20999

注：N1 和 N3 点的顶层位置为 119 层，N2 点的顶层位置为 69 层，N5 点的顶层位置为 53 层。

表 8.112　SHW3 波作用结构基底剪力

工　况	基底剪力/kN	剪重比/%
X 向地震作用	0.8912×10^5	1.27
Y 向地震作用	0.9217×10^5	1.32

表 8.113　SHW3 地震波作用结构楼层角部位移及平均位移

工况	位移				位移角			
	最大位移/mm	平均位移/mm	最大比值	位置	最大位移角	平均位移角	最大比值	位置
X 向	6.261	4.258	1.071	5 层	1/2358	1/2638	1.119	24 层
Y 向	2.702	2.388	1.131	4 层	1/6071	1/7358	1.212	3 层

注：1 层和 2 层位移和位移角的绝对数值极小，误差成分过大，不在统计之列。

6）7 度大震作用下的结构弹塑性地震响应

采用大型通用有限元结构分析程序 ABAQUS 进行建模和计算，输入地震波最大幅值为 200gal，分别沿 X 向和 Y 向作用于结构，采用时程分析法计算结构的时程响应，计算得到结构各节点的位移时程和加速度时程。上海人工波 SHW3 作用下结构的楼层位移峰值和层间位移角如表 8.114 所示，楼层位移和层间位移角沿高度的分布如图 8.155 和图 8.156 所示。

表 8.114　SHW3 波作用结构地震反应顶层位移峰值及层间位移角

节点系列	X 向地震作用				Y 向地震作用			
	顶层位移 Δ/mm	最大层间位移角 δ/h	最大位移角位置(楼层)	底层位移角 δ/h	顶层位移 Δ/mm	最大层间位移角 δ/h	最大位移角位置(楼层)	底层位移角 δ/h
N1	1742.42	1/181	110	1/3128	1721.80	1/184	108	1/10724
N7	2107.69	1/186	110	1/3201	2127.36	1/177	125	1/4008

注：N1 点的顶层位置为 118 层。

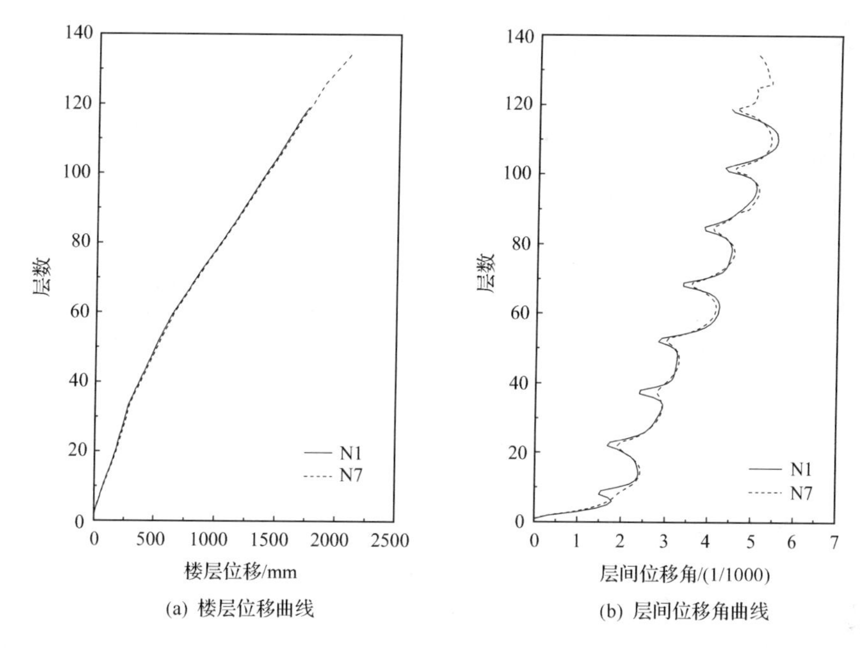

图 8.155　*X* 向地震作用结构典型节点处的非线性楼层位移和层间位移角曲线

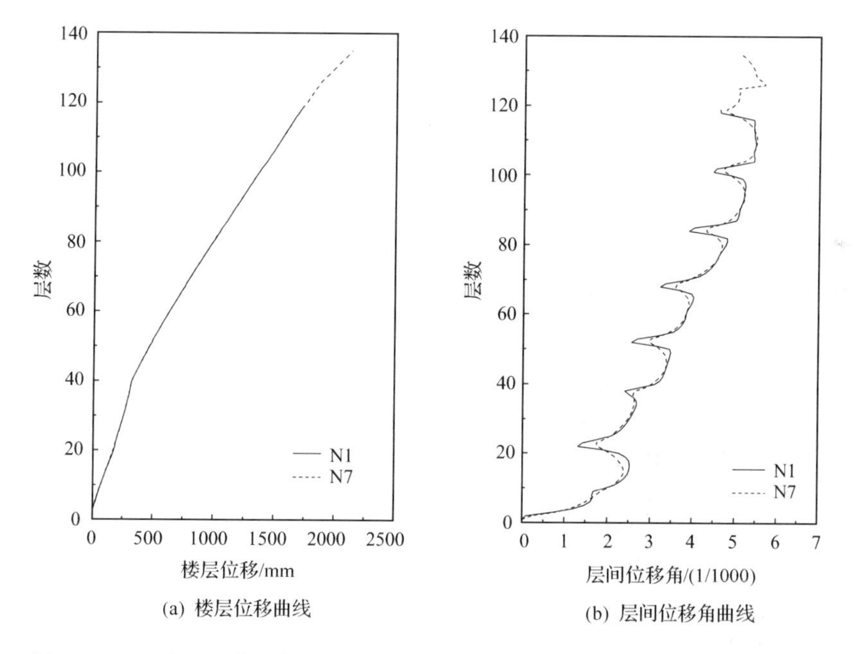

图 8.156　*Y* 向地震作用结构典型节点处的非线性楼层位移和层间位移角曲线

7) 弹塑性时程分析的主要结论

对上海中心大厦整体结构的地震响应进行了计算,包括上海人工地震波单向输入、ATS000～090 地震波双向输入、CHY004 地震波双向输入的弹塑性时程分析,主要结论如下。

(1) 上海人工波 SHW3 大震作用下结构时程响应计算得到的典型节点处最大层间位移角为 1/177，ATS000～090 地震波双向输入大震作用下结构时程响应计算得到的典型节点处最大层间位移角为 1/252；CHY004 地震波双向输入大震作用下结构时程响应计算得到的典型节点处最大层间位移角为 1/191；时程分析法得到的大震作用下结构变形满足规范限值要求。层间位移角曲线沿结构竖向的变化形态表明，各个带状桁架所在楼层抗侧刚度较大且相对于邻近楼层有较大突变。

(2) 罕遇地震下，筒体内埋钢板和型钢均处于弹性状态，钢筋亦未屈服，墙体主要在加强层附近开裂，混凝土压碎范围极小，伸臂桁架、环带桁架基本处于弹性状态；巨柱在一定范围开裂(主要集中在加强层附近)，但无压碎；角柱在少量部位发生开裂，亦无压碎；从下向上大范围的连梁发生破坏，具有理想的屈服耗能机制。与前面定义的构件层次的抗震水平相比较，可以认为在构件层次上满足抗震性能目标要求。

(3) 核心筒的中心部位损伤相对外围较大，而位于中心部位的 $X1$、$X2$ 轴与 $Y1$、$Y2$ 轴(图 8.147)相比，$Y1$、$Y2$ 轴的核心筒和连梁损伤相对较大。7 度罕遇地震下核心筒受压损伤相比受拉损伤范围小很多，较大程度的受拉损伤主要分布在加强层附近，尤其集中在结构上部的六～八区加强层附近；连梁损伤集中在核心筒中心部位，外围损伤相对较小。

参考文献

[1] 吕西林，李学平. 超限高层建筑工程抗震设计中的若干问题. 建筑结构学报，2002，23(2)：13-18.

[2] Lu X L, Zhang H Y, Lu W S, et al. Shaking table testing of a U-shaped plan building model. Canadian Journal of Civil Engineering, 1999, 26(6): 746-759.

[3] 赵斌，卢文胜，吕西林，等. 超高层剪力墙(短肢剪力墙)-筒体结构整体模型振动台试验研究. 建筑结构学报，2004，25(3)：14-21.

[4] 阮永辉，吕西林. 带水平加强层的超高层结构的力学性能分析. 结构工程师，2000，(4)：12-16.

[5] 黄勤勇，吕西林. 转换层上、下刚度比对框支剪力墙结构抗震性能的影响. 结构工程师，2003，(1)：17-23.

[6] 蒋欢军，吕西林，卢文胜. 转换大梁与剪力墙暗柱节点低周反复荷载实验. 同济大学学报，2004，32(4)：431-435.

[7] 王灵，吕西林. 双塔楼弱连接体高层建筑结构抗震性能研究. 四川建筑科学研究，1999，(3)：48-51.

[8] 吕西林，施卫星，沈剑昊，等. 上海地区几幢超高层建筑振动特性实测. 建筑科学，2001，17(2)：36-39.

[9] 吕西林，孟春光，田野. 消能减震高层方钢管混凝土框架结构振动台试验研究和弹塑性时程分析. 地震工程与工程振动，2006，26(4)：231-238.

[10] 武敏刚，吕西林. 混合结构振动台模型试验研究与计算分析. 地震工程与工程振动，2004，24(6)：103-108.

[11] 李检保，吕西林，卢文胜，等. 北京 LG 大厦单塔结构整体模型模拟地震振动台试验研究. 建筑结构学报，2006，27(2)：10-14，39.

[12] 龚治国，吕西林，卢文胜，等. 混合结构体系高层建筑模拟地震振动台试验研究. 地震工程与工程振动，2004，24(4)：99-105.

[13] 吕西林，龚治国. 某复杂高层建筑结构弹塑性时程分析及抗震性能评估. 西安建筑科技大学学报，2006，38(5)：593-602.

[14] 蒋欢军，吕西林，卢文胜，等. 广州南航大厦模型地震模拟振动台试验研究. 四川建筑科学研究，2001，(1)：31-33.

[15] 吕西林，邹昀，卢文胜，等. 上海环球金融中心大厦结构模型振动台抗震试验. 地震工程与工程，2004，24(3)：57-63.

[16] Lu X L, Zou Y, Lu W S, et al. Shaking table model test on Shanghai World Financial Center Tower. Earthquake Engineering and Structural Dynamics, 2007, 36(4): 439-457.
[17] 吕西林，朱杰江，刘捷. 上海环球金融中心结构简化弹塑性时程分析及试验验证. 地震工程与工程振动，2005，25(2)：34-42.
[18] 蒋欢军，和留生，吕西林，等. 上海中心大厦抗震性能分析和振动台试验研究. 建筑结构学报，2011，32(11)：55-63.